四庫農學著作彙編

廣陵書社

農政全書

明·徐光啓 撰

欽定四庫全書　　子部四

農政全書目録　　農家類

卷十一
農事
占候
正月 二月 三月 四月 五月
六月 七月 八月 九月 十月
十一月 十二月 日 月 星
風 雨 雲 霧 霞
虹 雷 電 冰 霜
雪 山 地 水 草
花 木 潮 飛禽 走獸
龍 魚 雜蟲
卷十二
水利
總論 西北水利
卷十三
水利
東南水利上
卷十四
水利
東南水利中
卷十五

水利
東南水利下
卷十六
水利
水利策 浙江 滇南 水利疏
卷十七
水利
灌溉圖譜
卷十八
水利
利用圖譜
卷十九
水利
太西水法上
卷二十
水利

荒政

救荒本草十四 草部葉可食十九種根可食二種根葉皆可食四種葉及實皆可食五種根及實皆可食一種

卷六十

荒政

野菜譜 六十種

臣等謹案農政全書六十卷明徐光啓撰光啓有詩經六帖已著録是編總括農家諸書裒為一集凡農本三卷皆經史百家有關民事之言而終以明代重農之典次田制二卷一為井田一為歴代之制次農事六卷自營治開墾以及授時占候無不具載次水利九卷備録南北形勢兼及灌溉器用諸圖譜後六卷則為泰西水法考明史光啓本傳光啓從西洋人利瑪竇學天文歴算火器盡其術崇禎元年又與西洋人龍華民鄧玉函羅雅

谷等同修新法歴書故能得其一切捷巧之術筆之書也次為農器四卷皆詳繪圖與王禎之書相出入次為樹藝六卷分穀蓏蔬果四子目次為蠶桑四卷又蠶桑廣類二卷廣類者木棉麻苧之屬也次為種植四卷皆樹木之法次為牧養一卷兼及養魚養蜂諸細事次為製造一卷皆常需之食品次為荒政十八卷前三卷為備荒中十四卷為救荒本草末一卷為野菜譜亦類附焉其書本末咸該常變有備蓋合時令農圃水利荒政數大端條而貫之滙歸于一雖采自諸書而較諸書各舉一偏者特為完備明史稱光啓編修兵機屯田鹽筴水利諸書又稱其負經濟才有志用世於此書亦略見一斑矣乾隆四十六年三月恭校上

總纂官臣紀昀臣陸錫熊臣孫士毅

總校官臣陸費墀

欽定四庫全書

農政全書卷一

明 徐光啟 撰

農本

經史典故

神農氏曰炎帝以火名官斲木為耜揉木為耒耒耨之用以教萬人始教耕故號神農氏白虎通云古之人民皆食禽獸肉至於神農用天之時分地之利制耒耜教民農作神而化之使民宜之故謂之神農典語云神農

嘗草別穀烝民粒食後世至今賴之農丈人一星在斗西南老農主稼穡也其占與糠畧同與箕宿邊杵星相近蓋人事作乎下天象應乎上農星其殆始於此也后稷名曰棄棄為兒時如巨人之志其遊戲好種植麻麥及為成人遂好耕農相地之宜宜穀者稼穡之民皆法之帝堯聞之舉為農師帝舜曰棄黎民阻饑汝后稷播時百穀詩曰思文后稷克配彼天立我烝民莫匪爾極

帝命率育奄有下國俾民稼穡豳風七月之詩陳王業之艱難蓋周家以農事開國實祖於后稷所謂配天社而祭者皆後世仰其功德尊之之禮實萬世不廢之典也

嘗聞古之耕者用耒耜以二耜為耦而耕皆人力也至春秋之間始有牛耕用犂山海經曰后稷之孫叔均始作牛耕是也嘗考之牛之有星在二十八宿丑位其來著矣謂牛生於丑宜以是月至祭牛宿及令各加蒭豆養牛以備春耕

漢食貨志后稷始甽田以二耜為耦

藝文志農九家百四十一篇農家者流蓋出農稷之官播百穀勸耕桑以足衣食

書洪範八政一曰食二曰貨玄扈先生曰生之者衆食之者寡此言食也為之者疾用之者舒此言貨也

周公曰嗚呼君子所其無逸先知稼穡之艱難乃逸則知小人之依

禮王制國無九年之蓄曰不足無六年之蓄曰急無三年之蓄曰國非其國也三年耕必有一年之食九年耕必有三年之食以三十年之通雖有凶旱水溢民無菜色

孝經庶人章用天之道春則耕種夏則芸苗秋則穫刈冬則入廩分地之利分別五土之高下隨所宜而播種之謹身節用身恭謹則遠恥辱用節省則免饑寒以養父母此庶人之孝也

周制種穀必雜五種以備災害種即五穀謂黍稷麻麥豆也還廬樹

桑菜茹有畦瓜瓠果蓏殖於疆埸雞豚狗彘毋失其時女脩蠶織則五十可以衣帛七十可以食肉入者必持薪樵輕重相分班白不提挈冬民既入婦人同巷相從夜績女工一月得四十五日服虔曰一月之中又得夜半為十五日凡四十五日必相從者所以省費燎火同巧拙而合習俗也

管子民無所游食必農民事農則田墾田墾則粟多粟多則國富玄扈先生曰有所游食必不農今世是也

管仲相齊與俗同好惡其稱曰倉廩實而知禮節衣食

足而知榮辱
莊子長梧封人曰昔予為禾稼而鹵莽種之其實亦鹵
莽而報予芸而滅裂之其實亦滅裂而報予來年深其
耕而熟耰之其禾繁以滋予終年厭飧
李悝為魏文侯作盡地力之教以為地方百里提封九
萬頃除山澤邑居參分去一為田六百萬畮治田勤謹
則畮益三升（臣瓚曰當言三斗謂治田勤則畮加三斗也）不勤則損亦如之
地方百里之增減輒為粟百八十萬石矣又曰糴甚貴

傷民甚賤傷農民傷則離散農傷則國貧故甚貴與甚
賤其傷一也
氾勝之書湯有旱災伊尹作為區田教民糞種負水澆
稼（氾扶嚴反水名又姓出燉煌濟北二望本姓凡氏避地於氾水因改焉）
史記太史公曰居之一歲種之以穀十歲樹之以木百
歲來之以德德者人物之謂也今有無秩祿之奉爵邑
之入而樂與之比者命曰素封故曰陸地牧馬二百蹄
（漢書音義曰五十疋）牛蹄角千（漢書音義曰百六十七頭也馬貴而牛賤以比為率）千足羊
澤中千足彘（韋昭曰二百五十頭）水居千石魚陂（徐廣曰魚以斤兩為計也）山
居千章之材安邑千樹棗燕秦千樹栗蜀漢江陵千樹
橘淮北常山已南河濟之間千樹萩陳夏千畝漆齊魯
千畝桑麻渭川千畝竹及名國萬家之城帶郭千畝畝
鍾之田（徐廣曰六斛四斗也）若千畝巵茜（徐廣曰巵音支鮮支也茜音倩一名紅藍其花染繒赤黃也）千畦薑韭（徐廣曰十畦二十五畝駰案韋昭曰畦猶隴也）此其人皆與
千户侯等
漢文帝時賈誼說上曰漢之為漢幾四十年矣公私之

積猶可哀痛即不幸有方二三千里之旱國胡以相恤
卒然邊境有急數十百萬之衆國胡以餽之夫積貯者
天下之大命也苟粟多而財有餘何為而不成以攻則
取以守則固以戰則勝懷敵附遠何招而不至今毆民
而歸之農使天下各食其力末技游食之人轉而緣南
畝則蓄積足而人樂其所矣
張堪拜漁陽太守開稻田八千餘頃勸民耕種以致殷
富百姓歌曰桑無附枝麥穗兩岐張君為政樂不可支

王符曰一夫不耕天下受其飢一婦不織天下受其寒今舉俗舍本農趨商賈是則一夫耕百人食之一婦桑百人衣之以一奉百孰能供之

劉陶曰民可百年無貨不可一朝有饑故食為至急也

仇覽為蒲亭長勸人生業為制科令至於果菜為限雞豚有數農事既畢乃令子弟羣居就學其剽輕游恣者皆役以田桑嚴設科罰躬助喪事振恤窮寡期年稱大化

唐張全義為河南尹經黃巢之亂繼以秦宗權孫儒殘暴居民不滿百戶四境俱無耕者全義招懷流散勸之樹藝數年之後都城坊曲漸復舊制諸縣戶口率皆歸復桑麻蔚然野無曠土全義出見田疇美者輒下馬與僚佐共觀之召田主勞以酒食有蠶麥善收者或親至其家悉呼出老幼賜以茶綵衣物民間言張公不喜聲伎見之未嘗笑獨見佳麥良繭則笑耳有田荒穢者則集衆杖之或訴以乏人牛乃召其鄰里責之曰彼誠乏人牛何不助之衆皆謝乃釋之由是鄰里有無相助故比戶皆有蓄積凶年不饑遂成富庶焉

李襲譽嘗謂子孫曰吾負京有田十頃能耕之足以食河內千樹桑事之可以衣能勤此無資於人矣

諸家雜論上

管子夫管仲之匡天下也其施七尺瀆田悉徙五種無不宜其立後而手實其木宜蚖菕與杜松其草宜楚棘見是土也命之曰五施五七三十五尺而至於泉呼

音中角　赤壚歷強肥五種無不宜其麻白其布黃其草宜白茅與雚其木宜赤棠見是土也命之曰四施四七二十八尺而至於泉呼音中商其水白而甘其民壽　黃唐無宜也唯宜黍秫也宜縣澤行廧墻同落地潤數毀難以立邑置廧其草宜黍秫與茅其木宜櫄櫌桑見是土也命之曰三施三七二十一尺而至於泉呼音中宮其泉黃而糗流徙　斥埴宜大菽與麥其草宜萯雚其木宜杞見是土也命之曰再施二七十四尺而至於

泉呼音中羽其泉鹹水流徙　黑埴宜稻麥其草宜苹蓨其木宜白棠見是土也命之曰一施七尺而至於泉呼音中徵其水黑而苦凡聽徵如負豬豕覺而駭凡聽羽如鳴馬在野（一作鳴鳥在樹）凡聽宮如牛鳴窌中凡聽商如離羣羊凡聽角如雉登木以鳴音疾以清凡將起五音凡首先主一而三之四開以合九九以是生黃鍾小素之首以成宮三分而益之以一為百有八為徵不無有三分而去其乘適足以是生商有分而復於其所以是

成羽有三分而去其乘適足以是生角　墳延者六施六七四十二尺而至扵泉陝之芳七施七七四十九尺而至扵泉祀陝八施八七五十六尺而至扵泉杜陵九施七九六十三尺而至扵泉延陵十施七十尺而至扵泉環陵十一施七十七尺而至扵泉蔓山十二施八十四尺而至扵泉付山十三施九十一尺而至於泉付山白徒十四施九十八尺而至扵泉中陵十五施百五尺而至扵泉青山十六施百一十二尺而至扵泉青龍之

所居庚泥不可得泉赤壤㔝山十七施百一十九尺而至扵泉其下青商不可得泉陛山白壤十八施百二十六尺而至扵泉其下駢石不可得泉徒山十九施百三十三尺而至扵泉其下有灰壤不可得泉高陵土山二十施百四十尺而至扵泉　山之上命之曰縣泉其地不乾其草如茅與走其木乃構鑿之二尺乃至扵泉山之上命曰復呂其草魚腸與蕕其木乃柳鑿之三尺而至扵泉山之上命曰泉英其草蘄白昌其木乃楊鑿之

五尺而至扵泉山之材其草兢與薔其木乃格鑿之二七十四尺而至扵泉山之側其草葍與蔞其木乃品榆鑿之三七二十一尺而至扵泉　凡草土之道各有穀造或高或下各有草木葉下扵攣攣下扵莧莧下扵蒲蒲下扵葦葦下扵雚雚下扵蔞蔞下扵荓荓下扵蕭蕭下扵薜薜下扵萑萑下扵茅凡彼草物有十二衰各有所歸　九州之土為九十物每州有常而物有次　羣土之長是為五粟五粟之物或赤或青或黑或黃或白

五粟五章五粟之狀淖而不肕剛而不𣪠不濘車輪不汙手足其種大重細重白莖白秀無不宜也五粟之土若在陵在山在隫在衍其陰其陽盡宜桐柞莫不秀長其榆其柳其檿其桑其柘其櫟其槐其楊羣木蕃滋數大條直以長其澤則多魚牧則宜牛羊其地其樊俱宜竹箭藻黽楢檀五臭生之薜荔白芷䕷蕪椒連五臭所校寡疾難老士女皆好其民工巧其泉黃白其人夷姤五粟之土乾而不格湛而不澤無高下葆澤以處是謂粟土粟土之次曰五沃五沃之物或赤或青或黃或白或黑五沃之物各有異則五沃之狀剽怷橐土蟲易全處怷剽不白下乃以澤其種大苗細苗赨莖黑秀箭長五沃之土若在丘在山在陵在岡若在陬陵之陽其左其右宜彼羣木桐柞扶櫄及彼白梓其梅其杏其桃其李其秀生莖起其棘其棠其槐其楊其榆其桑其杞其枋羣木數大條直以長其陰則生又之楂梨其陽則安樹之五麻若高若下不擇疇所其麻大者如箭如葦大

長以美其細者如雚如蒸欲有與名大者不類小者則治揣而藏之若衆練絲五臭疇生蓮與䕷蕪藁本白芷其澤則多魚牧則宜牛羊其泉白青其人堅勁寡有疥騷終無痟酲五沃之土乾而不斥湛而不澤無高下葆澤以處是謂沃土沃土之次曰五位五位之物五色雜色各有異章五位之狀不塥不灰青怷以菭及其種大葦無細葦無赨莖白秀五位之土若在岡在陵在隫在衍在丘在山皆宜竹箭求黽楢檀其山之淺有蘢與斥羣木安逐條長數大其桑其松其杞其茸種木胥容榆桃柳楝羣藥安生姜與桔梗小辛大蒙其山之梟多桔符榆其山之末有箭與苑其山之傍有彼黃虻及彼白昌山藜葦芒羣藥安聚以圍民殃其林其漉其槐其楝其柞其穀羣木安逐鳥獸安施既有麋麃又且多鹿其泉青黑其人輕直省事少食無高下葆澤以處是謂位土位土之次曰五隱五隱之狀黑土黑菭青怵以肥芬然若灰其種櫑葛赨莖黃秀恚目其葉若苑以蓄殖果

木不若三土以十分之二是謂蒠土蒠土之次曰五壤五壤之狀芬然若澤若屯土其種大水腸細水腸赨莖黃秀以慈忍水旱無不宜也蓄殖果木不若三土以十分之二是謂壤土壤土之次曰五浮五浮之狀捍然如米以葆澤不離不圻其種忍蒠忍葉如雚葉以長狐茸黃莖黑莖黑秀其粟大無不宜也蓄殖果木不如三土以十分之二凡上土三十物種十二物　中土曰五忢五忢之狀廪焉如壏潤濕以處其種大稷細稷赨莖黃

秀以慈忍水旱細粟如麻蓄殖果木不若三土以十分之三忢土之次曰五纑五纑之狀强力剛堅其種大邯鄲細邯鄲莖葉如扶櫄其粟大蓄殖果木不若三土以十分之三纑土之次曰五壏五壏之狀芬焉若糠以肥其種大荔細荔青莖黃秀蓄殖果木不若三土以十分之三壏土之次曰五剽五剽之狀華然如芬以脈其種大秬細秬黑莖青秀蓄殖果木不若三土以十分之四剽土之次曰五沙五沙之狀粟焉如屑塵厲其種大貧

細貧白莖青秀以蔓蓄殖果木不若三土以十分之四沙土之次曰五塥五塥之狀纍然如僕累不忍水旱其種大樛杞細樛杞黑莖黑秀蓄殖果木不若三土以十分之四凡中土三十物種十二物　下土曰五猶五猶之狀如糞其種大華細華白莖黑秀蓄殖果木不如三土以十分之五猶土之次曰五弘五弘之狀如鼠肝其種青梁黑莖黑秀蓄殖果木不如三土以十分之五弘土之次曰五殖五殖之狀甚澤以疏離圻以臞塉其種

雁膳黑實朱跗黃實蓄殖果木不如三土以十分之六五殖之次曰五觳五觳之狀婁婁然不忍水旱其種大菽細菽多白實蓄殖果木不如三土以十分之六觳土之次曰五鳧五鳧之狀堅而不骼其種陵稻黑鵝馬夫蓄殖果木不如三土以十分之七鳧土之次曰五桀五桀之狀甚鹹以苦其物為下其種白稻長狹蓄殖果木不如三土以十分之七凡下土三十物其種十二物凡土九十其種三十六

野與市爭民金與粟爭貴又曰狄諸侯畆鍾之國也故粟十鍾而錙金程諸侯山東之國也故粟五釜而錙金商子曰金生而粟死粟死而金生金一兩生於境內粟十二石死於境外粟十二石生於境內金一兩死於境外好生金於境內則金粟兩死倉府兩虛國弱好生粟於境內則金粟兩生倉府兩盈國強

呂覽曰（玄扈先生曰古農家之書甚多于今罕傳呂相所集諸篇概有所本亦可覩見一二矣）凡農之道厚之為寶斬木不時不折必穗稼就而不穫必

遇天菑夫稼為之者人也生之者地也養之者天也是以人稼之容足耨之容耰據之容手此之謂耕道是以得時之禾長稠而穗大本而莖我疏機而穗大其粟圓而薄糠其米多沃而食之彊如此者不風先時者莖葉帶芒以短衡穗矩而芳奪秮米而不香後時者莖葉帶芒而末衡穗閱而青零多秕而不滿得時之黍芒莖而徼下穗芒以長摶米而薄糠舂之易而食之不噮而香如此者不飴先時者大本而華莖殺而不遂葉藁短穗後時者小莖而麻長短穗而厚糠小米鉗而不香得時之稻大本而莖葆長稠疏機穗如馬尾大粒無芒摶米而薄糠舂之易而食之香如此者不益先時者大本而莖葉格對短稠短穗多秕厚糠薄米多芒後時者纖莖而不滋厚糠多秕庣辟米不得恃定熟卬天而死得時之麻必芒以長疎節而色陽小本而莖堅厚枲以均後熟多榮日夜分復生如此者不蝗得時之菽長而短足其美二七以為族多枝數節競葉蕃實大菽則圓小菽

則摶以芳稱之重食之息以香如此者不蟲先時者必長以蔓浮葉疏節小莢不實後時者短莖疏節本虛不實得時之麥稠長而莖黑二七以為行而服薄糕而赤色稱之重食之致香以息使人肌澤且有力如此者不蚼蛆先時者暑雨未至胕動蚼蛆而多疾其次羊以節後時者弱苗而穗蒼狼薄色而美芒是故得時之稼興失時之稼約莖相若稱之得時者重粟之多量粟相若而舂之得時者多米量米相若而食之得時者忍饑是

故得時之稼其臭香其味甘其氣章百日食之耳目聰明心意叡智四衛變彊硇氣不入身無苛殃黃帝曰四時之不正也正五穀而已矣審時篇

后稷曰子能以窐為突乎子能藏其惡而揖之以陰乎子能使吾土靖而甽浴土乎子能使保溼安地而處乎子能使雚夷毋淫乎子能使子之野盡為冷風乎子能使藁數節而莖堅乎子能使穗大而堅均乎子能使粟圜而薄糠乎子能使米多沃而食之彊乎無之若何凡

耕之大方力者欲柔柔者欲力息者欲勞勞者欲息棘者欲肥肥者欲棘急者欲緩緩者欲急溼者欲燥燥者欲溼上田棄畝下田棄甽五耕五耨必審以盡其深殖之度陰土必得大草不生又無螟蜮今兹美禾來兹美麥是以六尺之耜所以成畝也其博八寸所以成甽也耨柄尺此其度也其耨六寸所以間稼也地可使肥又可使棘人肥必以澤使苗堅而地隙人耨必以旱使地肥而土緩草端大月冬至後五旬七日菖始生菖者百草之先生者也於是始耕孟夏之昔殺三葉而穫大麥日至苦菜死而資生而樹麻與菽此告民地寶盡死凡草生藏日中出豨首生而麥無葉而從事於蓄藏此告民究也五時見生而樹生見死而穫死天下時地生財不與民謀有年瘞土無年瘞土無失民時無使之治下知貧富利器皆時至而作渴時而止是以老弱之力可盡起其用曰半其功可使倍不知事者時未至而逆之時既往而慕之當時而薄之使其民而郄之民既郄乃

以良時慕此從事之下也操事則苦不知高下民乃逾處種稑禾不為稑種重禾不為重是以粟少而失功任地篇

凡耕之道必始於壚為其寡澤而後枯必厚其靹為其唯厚而及鐃者莖之堅者耕之澤其靹而後之上田則被其處下田則盡其汙無與三盜任地夫四序參發大甽小畝為青魚胠苗若直獵地竊之也既種而無行耕而不長則苗相竊也弗除則蕪除之則虛則草竊之

也故去此三盜者而後粟可多也所謂今之耕也營而無獲者其蚤者先時晚者不及時寒暑不節稼乃多菑實其為晦也高而危則澤奪陂則埒見風則僨高培則拔寒則彫熱則脩一時而五六死故不能為來不俱生而俱死虛稼先死衆盜乃竊望之似有餘就之則虛農夫知其田之易也不知其稼之疏而不適也知其田之際也不知其稼居地之虛也不除則蕪除之則虛此稼之傷也故晦欲廣以平甽欲小以深下得陰上得陽然

後咸生稼欲生於塵而殖於堅者慎其種勿使數亦無使疏於其施土無使不足亦無使有餘熟有耰也必務其培其耰也植植者其生也必先其施土也均均者其生也必堅是以晦廣以平則不喪本莖生於地者五分之以地莖生有行故遬長弱不相害故遬大衡行必得縱行必術正其行通其風夬心中央帥為泠風苗其弱也欲孤長也欲相與居其熟也欲相扶是故三以為族乃多粟凡禾之患不俱生而俱死是以先生者美米後生者為粃是故其耨也長其兄而去其弟樹肥無使扶疏樹墝不欲專生而族居肥而扶疏則多粃墝而專居則多死不知稼者其耨也去其兄而養其弟不收其粟而收其粗上下安則禾多死厚土則孽不通薄土則蕃轓而不發壚埴冥色剛土柔種免耕殺蟲使農事得（辨土篇）

亢倉子曰人捨本事末則不一令不一令則不可守不可戰人捨本事末則其產約其產約則輕流徙輕流徙

則國家時有災患皆生遠志無復居心人忘本而事末則好智好智則多詐多詐則巧法令巧法令則以是為非以非為是古先聖王之所以理人者先務農業農業非徒為地利也貴其志也人農則樸樸則易用易用則邊境安邊境安則主位尊人農則童童則少私義少私義則公法立力博深農則其產複其產複則重流散重流散則死其處無二慮是天下為一心矣天下一心軒轅几遽之理不是過也古先聖王之所以茂耕織者以

為本教也是故天子躬率諸侯耕藉田大夫士第有功級勸人尊地產也后妃率嬪御蠶於郊桑公田勸人力婦教也男子不織而衣婦人不耕而食男女貿功資相為業此聖王之制也故敬時受日埒實課功非老不休非疾不息一人勤之十人食之當時之務不興土功不料師旅男不出御女不外嫁以妨農也黄帝曰四時之不可正正五穀而已耳夫稼為之者人也生之者天也養之者地也是以稼之容足耨之容耰耘之容手是謂

耕道農攻食工攻器賈攻貨時事不龔敓之以土功是謂大凶凡稼蚤者先時暮者不及時寒暑不節稼乃生災冬至已後五旬有七日而昌生於是乎始耕事農之道見生而藝生見死而穫死天發時地產財不與人期有年祀土無年祀土無失人時迨時而作遇時而止老弱之力可使盡起不知時者未至而逆之既往而慕之當其時而薄之此從事之下也夫耨必以旱使地肥而土緩稼欲產於塵土而殖於地堅者慎其種勿使數亦無使踈於其施土無使不足亦無使有餘畎欲深以端畒欲沃以平下得陰上得陽然後咸生立苗有行故速長强弱不相害故速大正其行通其中疏為冷風則有收而多功率稼望之有餘就之則踈是地之竊也不除則蕪除之則虛是事之傷也苗其弱也欲孤其長也欲相與居其熟也欲相與扶三以為族稼乃多穀凡苗之患不俱生而俱死是以先生者美米後生者為粃是故其耨也長其兄而去其弟樹肥無使扶踈樹墝不欲專

生而獨居肥而扶踈則多粃墝而專居則多死不知耨者去其兄而養其弟不收其粟而收其粃上下不安則稼多死得時之禾長稠而大穗圜粟而薄糠米飴而香舂之易而食之强失時之禾深芒而小莖穗鋭多粃而青蕢得時之黍穗不芒以長團米而寡糠失時之黍大本華莖葉膏短穗得時之稻莖葆長稠稠如馬尾失時之稻纖莖而不滋厚糠而菑死得時之麻踈節而色陽堅枲而小本失時之麻蕃柯短莖岸節而葉蟲得時之

菽長莖而短足其莢二七以為族多枝數節競葉繁實稱之重食之息失時之菽必長以蔓浮葉虛本疎節而小莢得時之麥長稠而頸族二七以為行薄翼而蕣色食之使人肥且有力失時之麥胕腫多病弱苗而翜穗是故得時之稼豐失時之稼約庶穀盡宜從而食之使人四衛變强耳目聰明凶氣不入身無苛殃善乎孔子之言冬飽則身温夏飽則身涼夫温涼時適則人無病疢人無病疢是疫癘不行疫癘不行咸得遂其天年故

曰穀者人之天是以興王務農王不務農是棄人也王而棄人將何國哉農道篇

戴埴論曰玄扈先生曰書不删無逸詩不删豳風夫子告須之辭亦猶孟子不欲並耕之意耳樊遲學稼學圃夫子固以須無志於大而鄙之然夫子所謂不如老農圃則是真實之辭古者人各有一業一事一物皆有傳授問樂必須夔問刑必須臯農事非后稷不可禾麻菽麥秬秠穈芑各有土地之宜方苞種褎發秀穎栗各有前後之序本末源流特槩見於生民七月

周禮攷職事曰稼穡樹藝及任農以耕事任圃以樹事是各有職老農老圃益習聞其故家遺俗窮耕植之理者也此許行所以學農家今以所傳齊民要術亦可想農圃之梗概管子地員一篇載土地所宜比禹貢尤詳悉亢倉子說農道大有意義稼容足耨容耰耘容手謂之耕道人耨以旱使地肥而土緩稼欲產於塵而殖於堅其種勿使數亦無使跡踈施土無使不足亦無使有餘畎欲深而端畝欲沃以平下得陰上得陽然後盛生吾

苗有行故速長强弱不相害故速大苗其弱也欲孤其長也欲相與居其熟也欲相與扶其耨也長其兄而去其弟樹肥無扶踈樹墝不欲專生而獨居肥而扶踈則多粃墝而專居則多死其說禾黍稻麻菽麥得時失時尤詳且悉與呂氏春秋大概畧同昔李斯請史官非秦紀皆燒所不去者醫藥卜筮種樹之書藝文志神農二十篇野老十七篇宰氏十七篇董安國十六篇尹都尉十四篇趙氏五篇氾勝之十八篇王氏六篇蔡癸一篇

九家百十四篇要之各有傳授不可例以夫子鄙須遂
謂無此學也
賈思勰齊民要術叙曰蓋神農為耒耜以利天下堯命
四子敬授民時舜命后稷食為政首禹制土田萬國作
乂殷周之盛詩書所述要在安民富而教之管子曰一
農不耕民有饑者一女不織民有寒者倉廩實知禮節
衣食足知榮辱傳曰人生在勤勤則不匱語曰力能勝
貧謹能勝戹蓋言勤力可以不貧謹身可以避戹故李

悝為魏文侯作盡地利之教國以富強秦孝公用商君
急耕戰之賞傾奪鄰國而雄諸侯淮南子曰聖人不恥
身之賤也愧道之不行也不憂命之長短而憂百姓之
窮是故禹為治水以身解於陽盱之河湯由苦旱以身
禱於桑林之野神農憔悴堯瘦臞舜黎黑禹胼胝由此
觀之則聖人之憂勞百姓亦甚矣故自天子以下至於
庶人四肢不勤思慮不用而事治求贍者未之聞也故
田者不彊囷倉不盈將相不彊功烈不成仲長子曰天

為之時而我不農穀亦不可得而取之青春至焉時雨
降焉始之耕田終之簠簋惰者釜之勤者鍾之矧夫不
為而尚乎食也哉譙子曰朝發而夕異宿勤則菜盈傾
筐且苟有羽毛不織不衣不能茹草飲水不耕不食安
可以不自力哉鼂錯曰聖王在上而民不凍不饑者非
耕而食之織而衣之為開其資財之道也夫寒之於衣
不待輕煖饑之於食不待甘旨饑寒至身不顧廉恥一
日不再食則饑終歲不製衣則寒夫腹饑不得食體寒
不得衣慈母不能保其子君亦安得以有民夫珠玉金

銀饑不可食寒不可衣粟米布帛一日不得而饑寒至
是故明君貴五穀而賤金玉劉陶曰民可百年無貨不
可一日有饑故食為至急陳思王曰寒者不貪尺玉而
思裋褐饑者不顧千金而美一食千金尺玉至貴而不
若一食裋褐之惡者物時有所急也誠哉言乎神農倉
頡聖人者也其於事也有所不能矣故趙過始為牛耕
實勝耒耜之利蔡倫立意造紙豈方縑牘之煩且耿壽

邑之常平倉桑弘羊之均輸法益國利民不朽之術也諺曰智如禹湯不如常耕是以樊遲請學稼孔子荅曰吾不如老農然則聖賢之智猶有所未達而況於凡庸者乎猗頓魯窮士聞陶朱公富問術焉告之曰欲速富畜五牸乃畜牛羊子息萬計九真廬江不知牛耕每致困乏任延王景乃令鑄作田器教之墾闢歲歲開廣百姓充給燉煌不曉作耬犂及種人牛功力既費而收穀更少皇甫隆乃教作耬犂所省傭力過半得穀加五又

燉煌俗婦女作裙攣縮如羊腸用布一疋隆又禁改之所省復不貲茨充為桂陽令俗不種桑無蠶織絲麻之利類皆以麻枲頭貯衣民惰窳少麤履足多剖裂血出盛冬皆然火燎炙充教民益種桑柘養蠶織履復令種苧麻數年之間大賴其利衣履温煖今江南知桑蠶織履皆充之教也五原土宜麻枲而俗不知績織民冬月無衣積細草臥其中見吏則衣草而出崔寔為作紡績織絍之具以教民得免寒苦黄霸為潁川使郵亭鄉官

皆畜雞豚以贍鰥寡貧窮者及務耕桑節用殖財種樹鰥寡孤獨有死無以葬者鄉部書言霸具為區處某所大木可以為棺某亭豚子可以為祭吏往皆如言龔遂為渤海勸民務農桑令口種一株榆百本薤五十本葱一畦韭家二母彘五母雞民有帶持刀劍者使賣劍買牛賣刀買犢曰何如帶牛佩犢春夏不得不趨田畝秋冬課收斂益畜果實菱芡吏民皆富實召信臣為南陽好為民興利務在富之躬勸耕農出入阡陌止舍

鄉亭稀有安居時行視郡中水泉開通溝瀆起水門提閼凡數十處以廣溉灌民得其利畜積有餘禁止嫁娶送終奢靡務出於儉約郡中莫不耕稼力田吏民親愛信臣號曰召父童恢為不其令率民養一豬雌雞四頭以供祭祀買棺木顔裴為京兆乃令整阡陌樹桑果又課以閑月取材使得轉相告戒教匠作車又課民無牛者令畜豬投貴時賣以買牛始者民以為煩一二年間家丁車大牛整頓豐足王丹家累千金好施與周人之

急每歲時後察其强力收多者輒歷載酒肴從而勞之便於田頭樹下飲食勸勉之因留其餘肴而去其惰者獨不見勞各自恥不能致丹其後無不力田者聚落以致殷富杜畿為河東課勸耕桑民畜牸牛草馬下逮雞豚皆有章程家家豐實此等豈好為煩擾而輕費損哉蓋以庸人之性率之則自力縱之則惰窳耳故仲長子曰叢林之下為倉庾之坻魚鼈之堀為耕稼之場者此君長所用心也是以太公封而斥鹵播嘉穀鄭白成而

關中無饑年益食魚鼈而數澤之形可見觀草木而肥墝之勢可知又曰稼穡不修桑果不茂畜産不肥鞭之可也拖落不完垣墻不牢掃除不淨笞之可也此督課之方也且天子親耕皇后親蠶况夫田父而懷窳惰乎李衡於武陵龍陽汎洲上作宅種甘橘千樹臨卒勑兒曰吾州里有千頭木奴不責汝衣食歲上一疋絹亦可足用矣吳末甘橘成歲得絹數千疋恒稱太史公所謂江陵千樹橘與千户侯等者也樊重欲作器物先種梓漆時人嗤之然積以歲月皆得其用向之笑者咸求假焉此種殖之不可已也玄扈先生曰余勸人種樹或曰不能待何法而可余曰不能待速種為可諺曰一年之計莫如種穀十年之計莫如樹木此之謂也書曰稼穡之艱難孝經曰用天之道因地之利論語曰百姓不足君孰與足漢文帝曰朕為天下守財矣安敢妄用哉孔子曰居家理故治可移於官然則家猶國國猶家是以家貧思良妻國亂思良相其義一也夫財貨之生既艱難矣用之又無節凡人之性好懶惰

矣率之又不篤加以政令失所水旱為災一穀不登胔腐相繼古今同患所不能止也嗟乎且饑者有過甚之願渴者有兼量之情既飽而後輕食既煖而後輕衣或由年穀豐穰而忽於蓄積或由布帛優贍而輕於施與窮窘之來所由有漸故管子曰桀有天下而用不足湯有七十里而用有餘天非獨為湯雨菽粟也蓋言用之以節仲長子曰飽魚之肆不自以氣為臭四夷之人不自以食為異生習然也居積習之中見生然之事孰自

知也斯何異蓼中之蟲而不知藍之甘乎今采拓經傳爰及歌謠詢之老成驗之行事起自耕農終於醯醢資生之業靡不畢書號曰齊民要術其有五穀果蓏非中國所植者存其名目而已種植之法蓋無聞焉捨本逐末賢哲所非日富歲貧饑寒之漸故商賈之事闕而不録花草之流可以悦目徒有春花而無秋實匹諸浮僞蓋不足存鄙意曉示家童未敢聞之有識故叮嚀周至言提其耳每事指斥不尚浮辭覽者無或嗤焉

齊民要術云淮南子曰夫地勢水東流人必事焉然後水潦得谷行禾稼春生人必加功焉故五穀遂長聽其自流待其自生大禹之功不立而后稷之智不用禹決江疏河以為天下興利不能使水西流后稷闢土墾草以為百姓力農然而不能使禾冬生豈其人事不至哉其勢不可也食者民之本民者國之本國者君之本是故人君上因天時下盡地利中用人力是以羣生遂長五穀蕃殖教民養育六畜以時種樹務修田疇滋殖桑麻肥磽高下各因其宜丘陵阪險不生五穀者以樹竹木春伐枯槁夏取果蓏秋畜蔬食（菜食曰蔬穀食曰食）冬伐薪蒸以為民資是故生無乏用死無轉屍故先王之政四海之雲至而修封疆（四海雲至之月也）蝦蟆鳴燕降而通路除道矣（燕降二月）陰降百泉則修橋梁（陰降百泉十月）昏張中則務種穀（一月昏張星中於南方朱鳥之宿）大火中則種黍菽（大火昏中六月）虛中則種宿麥（虛昏中九月）昴星中則收斂畜積伐薪木（昴星西方白虎之宿季秋之月收斂蓄積）所以應時修備富國利民霜降而樹穀冰泮而

求穫欲得食則難矣又曰為治之本務在安民安民之本在於足用足用之本在於勿奪時（言不奪民之農要時）勿奪時之本在於省事省事之本在於節欲（節止貪欲）節欲之本在於反性（反其所受於天之所性也）未有能搖其本而靜其末濁其源而清其流者也夫日回而月周時不與人遊故聖人不貴尺璧而重寸陰難得而易失也故禹之趨時也履遺而不納冠挂而不顧非其爭先也而爭其得時也楊泉物理論曰種作曰稼收斂曰穡稼欲熟穡欲速此良農

之務也漢書食貨志曰種穀必雜五種以備災害師古曰歲田有宜及水旱之利也種即五穀謂黍稷麻麥豆也田中不得有樹用妨五穀不有樹而當五穀且倍焉蓰焉者乎齊桓公問於管子曰饑寒室屋漏而不治垣牆壞而不築為之奈何管子對曰沐塗樹之枝公令左右沐塗樹之枝其年民被布帛治屋築垣公問此何故管子對曰齊夷萊之國也一樹而百乘息其下以其不稍也衆鳥居其上丁壯者挾丸操彈居其下終日不歸父老拊枝而論終日不去今吾沐塗樹之枝日方中無尺陰行者疾走父老歸而治產丁壯歸而有業力耕數耘收穫如寇盜之至恐為風雨所損也還廬樹桑菜茹有畦還繞也瓜瓠果蓏殖於疆埸雞豚狗彘毋失其時女修蠶織則五十可以

衣帛七十可以食肉入者必持薪樵輕重相分班白不提攜冬民既入婦人同巷相從夜績女工一月得四十五日服虔曰一月之中又得夜半為十五日凡四十五日也必相從者所以省費燎火同巧拙而合習俗師古曰省費燎火之費也燎所以為明火所以為溫也董仲舒曰春秋他穀不書至於麥禾不成則書之以此見聖人於五穀最重麥禾也趙過為搜粟都尉過能為代田一畝三甽歲代處故曰代田此為代田歲易甽非歲易田也代田與區田同意古法也苗生葉以上稍耨隴草因隤其土以附苗根

故其詩曰或芸或耔黍稷薿薿芸除草也耔附根也言苗稍壯每耨輒附根比盛暑隴盡而根深能風與旱能讀曰耐故薿薿而盛也其耕耘下種田器皆有便巧率十二夫為田一井一屋故畝五頃便巧之為利如此昌不為便巧用耦犂二牛三人一歲之收常過縵田畝一斛以上善者倍之善者之為利如此昌不善過使教田太常三輔大農置功巧奴與從事為作田器二千石遣令長三老力田及里父老善田者受田器學耕稼養苗狀君臣之用心於民如此蘇林曰為法意狀也民或苦

少牛亡以趨澤趨及也澤雨之潤澤也故平都令光教過以人輓犂過奏光以為丞教民相與庸輓犂能者之虛心如此不虛不能不能不虛師古曰庸功也言換功其作也義亦與傭賃同率多人者田日三十畝少者十三畝以故田多墾闢過試以離宮卒田其宮壖地宮壖地謂外垣之內內垣之外也守離宮卒閒而無事因令壖地為田也此時未有形家者言辛不受其排擯生於郭璞之後者難矣課得穀皆多其勞田畝一斛以上令命家田三輔公田豈有無賞而能成所欲成者乎韋昭曰命家謂受爵命一爵謂父土以上令得田以田優之也師古曰令力成反又教邊郡及居延城韋昭曰居延張掖縣也時有田卒也是

後邊城河東弘農三輔太常民皆便代田用力少而得穀多

農政全書卷一

欽定四庫全書

農政全書卷二

明 徐光啟 撰

農本

諸家雜論下

閻閎序王禎農桑通訣曰巡撫山東右副都御史安州邵公得元王禎氏農書顧右布政使長興顧公謂茲實大關民事而政之首也當轉寫善本即布政使司刻之

以廣流布示吾民勤衣食之原而期享樂利之休盛心也刻半左布政使固始李公至乃趣完刻余為言以著公意言曰天之生也與以所長則限之以短其于人也賦性獨靈而制生養之材甚艱人之欲生也固不待聖人有作孰不求所以自活而聖人者亦人之欲生者也今無論羲農軒堯以來想巢燧之初觀時造始實求自永其生而天遂命之人遂宗之君臣道與衣食之原漸以開矣是故耕穫鉏報陰陽蚕莫之節宜順也高下遷

隰燥濕寒煥之氣宜候也溲制生化土木金石之物宜悉也糞灌培蒔剛柔疏密之性宜辨也水旱蟲盜捍禦守視之役宜力也采摘修捋生熟急緩之度宜中也飲飼閑放好惡新故之情宜調也牝牡生息老嫩去留之班宜審也堆積攤曬風雨霧露之防宜豫也碾礴碓磑精麤簸篩之計宜準也倉窖轉般鼠雀浥漏之虞宜際也積散出内盈縮低翔之數宜算也是故農事修則食用贏衣用裕器用精財用饒而生養遂矣是故天子則

君人養人者也士以上皆裨君長民者也君不知稼穡逞欲殄物民因以極民火動而元命揺醫論且然況君以民為命者乎故君知稼穡則知懼長民而數民事衣食縣官不宣心力猶慵者懈主人將轉雇君子當廉勤自樹忍以穀恥乎故仕知民事則知愧是故聖人之重衣食也王公躬耤以先耕后夫人親蠶以先織卿大夫士以及内子胥與事焉而治本重矣故曰民事不可緩也今簡王氏書首以通訣繼以器譜而終以諸種民事

通諸上下者益備矣是故得嘉種而缺利器則難播與失種同制利器而昧要訣則逆時與無器同故得其訣器可假而使也利諸器種可羅而下也度要訣以達沖和之化儲利器以運制用之機富嘉種以取十千之報比屋上農矣吾又恐浮食末作未緣南畒藝將孰載方農之殷使輒不時則功孰與成今民不但六也盡歸而農誠未即得盍若寬見農而不妨其務俾自趨利而樂生乎是故解内之遠重也黜集之煩數也迎候之紛沓

也力役之勤悴也守戍之隔離也讞報之留滞也六者于古已然而害農一也嗚呼是書據六經該羣史旁兼諸子百家以及殊方異俗咸著亦用心矣從政者無害農皆以此利農者訓農則王氏撰述之初意郤公刊布之盛心當惠徧吾人豈有窮乎雖然以今昏旦之中考農祥則失度西涼白麥之熟較南夏則違時故雪而迅霆桃源之夫呼涷雷爻稚牛骨而子漸之谿峒土人數十年而食假鬼或贏馬驢耕或鴨羣鉏稻稻一熟也或

三熟蕎秋種也或春種是以有老媼捕秧有少婦列肆有以蕨肥田又淋其灰汁作菹南河之南有車鐵輪野馬之川牛服鞍甌越之微塗筏釜或隔年見如樹或二月食櫻桃蠶家于舟苗獨藏穗閩隴之野尚營窗而土處則九域民事物候固多端而難律也中土耕一犂三牛水田水牛故一犂一牛一牛三犂耬犂也而載之墾耕篇則誤矣王氏又謂餘甘獨泉產也往泛昆明則食之是猶賈勰要術附槃多摩廚徒示博耳故擊壤食葵

今俗所少葛龍牧笛取具事目聞之農老曰必毋蒼生烝下種則一年可耩之日少余亦嘗曰必草人法糞田亦恐渴澤不得鹿墳壤之不得麋也故曰通其變使民不倦神而明之存乎其人真知農哉邵公名錫李公名緋顧公名應祥皆以進士顯余往給事中邵公則都給事中云

王盤農桑輯要序曰聖天子臨御天下使斯民生業富樂而永無饑寒之憂詔立大司農司不治他事而專以勸課農桑為務行之五六年功効大著民間墾闢種藝之業增前數倍農司諸公又慮夫田里之人雖能勤身從事而播殖之宜蠶繅之節或未得其術則力勞而功寡獲約而不豐矣於是徧求古今所有農家之書披閱參考刪其繁重摭其要切纂成一書曰農桑輯要凡七卷鏤為板本以進呈畢將頒布天下屬余題其卷首余嘗論豳詩知周家所以成八百年興王之業者皆由稼穡艱難積累以致之讀孟子書見論語王道丁寧反覆

皆不出乎夫耕婦蠶五雞二彘無失其時老者衣帛食肉黎民不饑不寒數十字而已大哉農桑真斯民衣食之源有國者富強之本王者所以興教化厚風俗敦孝弟崇禮教致太平躋斯民於仁壽未有不權輿於此者矣然則二書之出其利益天下豈可一二言之哉

于永清序鄺廷瑞便民圖纂曰昔漢天子家令鼂錯紆籌計邊事募民徙塞實廣虛以威匈奴先為居室置田具器相其陰陽之和流泉之味土地之宜草木之饒使

民樂其業有長居心無他使之也上谷雲中壤接三輔東漢控胡魏然西北重鎮於今稱絶塞焉虜款以來烽燧無警者二十餘年矣完固阜殷宜益倍曩昔乃閒陌耗斂罄懸杼倚浦羸襏襫不給於南畝而庚餔韋複告匱於北山關以北石田畝土蕪穢汚萊無耕桑林澤之業一切機利悉倒制於借壤雁民白登於西計文讕滿屛名規役租積逋且萬計尺伍執殳之夫雕勉脫巾單產孱民飴菫荼練緼不鉥於體乃裔徼習呰窳猥云輸

財効力疆腹殊其藉令方內有數千里水旱之災大庚之金不輦於塞林林寄生之衆將安所哺啜褸䙕慰啼號哉汜勝齊民之術顧安可置弗講也鄺廷瑞便民圖纂凡三卷分類凡一十有一列條凡八百六十有六自樹藝占法以及祈涓之事起居調攝之節芻牧之宜微瑣製造之事捆摭該備大要以衣食生人為本是故繪圖篇首而附纂其後歌咏嗟嘆以勸勉服習其艱難一切日用飲食治生之具展卷臚列無煩咨諏所稱便民

者非耶雖然是便民者也非民所能自便者也長民者衣食縣官受若值而斆民事不幾以穀䘏乎其務宣厥心力以惠綏拊循若人期會必審毋奪時徵發有度毋盡力約束有章毋煩令故曰表地掩畝刺草殖穀農夫庶衆之事也利濟百姓使民不偷將率之事也農夫庶衆之事圖纂既纚纚詳之矣將率之事長人者其勗諸

王禎農桑通訣孝弟力田篇曰孝弟力田古人曷為而並言也孝弟為立身之本力田為養身之本二者可以

相資而不可以相離也聖人使天下之人莫不衣其衣而食其食親其親而長其長然其教之者莫先於士養之者莫重於農士之本在學學之本在耕是故士為上農次之工商為下本末輕重昭然可見耆田有井黨有庠遂有序家有塾新穀既入子弟始入塾距冬至四十五日而出聚則行鄉飲正齒位讀教法散則從事於耕故天下無不學之農詩曰黍稷薿薿攸介攸止烝我髦士即漢力田之科是已帝舜聖人也萬世而下言孝者

莫加焉而耕歷山伊尹之訓曰立愛惟親立敬惟長而耕於莘野其他如冀缺長沮桀溺荷蓧丈人之徒皆以耕為事故天下亦少不耕之士周官大司徒三歲大比考其德行道藝而先孝友即漢孝悌之科是已古者崇本抑末其教民也以孝弟為先其制形也亦以不孝不弟為重加意於立身之本如此當其生也宅不毛者有里布田不耕者出屋粟民無職事者出夫家之征及其死也不畜者祭無牲不耕者祭無盛不樹者無槨不蠶

者不帛不績者不衰加意於養身之本又如此于斯時也家給人足上下有序親疎有禮末作之流亦鮮矣又安有游惰者哉至於瘖聾跛躃斷趾侏儒各以其器食之彼癃疾之人猶有所事而後食況於手足耳目無故者哉漢代去古未遠立為孝弟力田之科高帝令賈人不得衣絲乘車重租稅以困辱之惠帝雖稍弛商賈之禁然猶市井子孫不得為官仕皆所以崇本而抑末也至文帝時風俗之靡公私之匱賈誼尚以為言帝感其

說乃開籍田嘗詔曰孝弟天下之大順也其遣謁者勞賜又詔曰力田民生之本也其賜力田帛二匹而以戶口率置力田常員各率其意以導民焉唐太宗亦詔民有見業農者不得轉為工賈工賈有舍見業而力田者免其調夫末作之民尚有益於世用古人且若是抑之而況世降俗末又有出於末作之外者舍其人倫惰其身體衣食之費反侈於齊民以有限之物供無益之人上之人不惟不抑之反從而崇之何哉農人受飢寒之

苦見游惰之樂反從而羨之至去隴畝棄耒耜而趨之是民之害也又豈特逐末而已哉

王禎農桑通訣地利篇曰周禮遂人以歲時稽其人民而授之田野教之稼穡凡治野以土宜教甿今去古已遠江野散閑在上者可不稽諸古而驗於今而以教之民哉夫封畛之別地勢遼絕其間物產所宜者亦往往而異焉何則風行地上各有方位土性所宜因隨氣化所以遠近彼此之間風土各有別也自黃帝畫野分州

得百里之國萬區至帝嚳創制九州統領萬國堯遭洪水天下分絶使禹治之水土既平舜分為十有二州尋復為九州禹平水土可事種藝乃命棄曰黎民阻飢汝后稷播時百穀是水平之後始播百穀者稷也孟子謂后稷教民稼穡樹藝五穀謂之教民意者不止教以耕耘播種而已其亦因九州之别土性之異視其土宜而教之歟今按禹貢冀州厥土惟白壤厥田惟中中兖州厥土黑墳厥田惟中下青州厥土白墳厥田為上下徐

州厥土赤埴墳厥田為上中揚州厥土惟塗泥厥田惟下下荆州厥土惟塗泥厥田惟下中豫州厥土惟壤下土墳壚厥田惟中上梁州厥土青黎厥田惟下上雍州厥土黄壤厥田惟上上由是觀之九州之内田各有等土各有差山川阻隔風氣不同凡物之種各有所宜故宜於冀兖者不可以青徐論宜於荆揚者不可以雍豫擬（率人為惰者必此言也）此聖人所謂分地之利者也周禮保章氏掌天星以星土辨九州之地所封封域皆有分星今

按淮南子中央曰鈞天其星角亢氐東方曰蒼天其星房心尾東北曰變天其星箕斗牽牛北方曰玄天其星須女虚危營室西北方曰幽天其星東壁奎婁西方曰皓天其星胃昴畢西南方曰朱天其星觜巂參東井南方曰炎天其星輿鬼柳七星東南方曰陽天其星張翼軫（角亢氐鄭兖州東郡入角一度東平任城山陰入角六度泰山入角十二度濟北陳留入亢五度濟陰入氐一度東平入氐七度房心宋豫州潁川入房一度汝南入房二度沛郡入房四度梁國入房五度淮陽入心一度魯國入心三度楚國入心四度箕尾燕幽州上谷入尾一度漁陽入尾三度右北平入尾七度西河上郡

北地遼西東入尾十度涿郡入尾十六度渤海入箕一度樂浪入箕三度玄菟入箕六度廣陽入箕九度涼入箕十度斗牽牛須女吳城揚州九江入斗一度廬江入斗六度豫章入斗十度丹陽入斗十六度會稽入牛一度臨淮入牛四度廣陵入牛八度泗水入女一度六安入女六度虚危齊青州齊國入虚六度北海入虚九度濟南入危一度樂安入危四度東萊入危九度平原入危十一度菑州入危十四度營室東壁衛并州安定入營室一度天水入營室八度隴西入營室四度酒泉入營室十一度張掖入營室十二度武都入東壁一度金城入東壁四度武威入東壁六度燉煌入東壁八度奎婁胃魯徐州東海入奎一度琅琊入奎六度高密入婁一度城陽入婁九度膠東入胃一度昴畢趙冀州魏郡入昴一度鉅鹿入昴三度恒山入昴五度廣平入昴七度中山入昴八度清河入昴九度信都入畢三度趙郡入畢八度安平入畢四度河間入畢十度真定入畢十三度

觜參魏益州廣漢入觜一度越巂入觜三度蜀郡入參一度犍爲入參三度牂牁入參五度巴郡入參八度漢中入參九度益州入參七度東井輿鬼秦雍州雲中入東井一度定襄入東井八度雁門入東井十六度代郡入東井二十八度太原入東井二十九度上黨入輿鬼二度柳七星張周三輔弘農入柳一度河南入七星二度河東入張一度河內入張九度翼軫楚荊州南陽入翼六度南郡入翼十度江夏入翼十二度零陵入軫十一度桂陽入軫六度武陵入軫十度長沙入軫十六度其土產名物各有證驗此天地覆載一定古今不可易者蓋其土地之廣不外乎是但所屬遐裔不無遼絕若能自內而外求由近而及遠則土產之物皆可推而知之矣大抵風土之說總而

言之則方域之多大有不同詳而言之雖一州之域亦有五土之分似無多異周禮大司徒以土會之法辨五地之物生一曰山林二曰川澤三曰丘陵四曰墳衍五曰原隰以土宜之法辨十有二土之名物十二分野之土各有所宜下其名謂白壤黑墳之類辨其物謂所生之物以相民宅而知其利害以阜人民以蕃鳥獸以育草木以任土事辨十有二壤之物而知其種以教稼穡樹藝遂以教民春耕秋穡然稼穡樹藝只有周禮草人掌土化之法以物土相其宜以為之種凡糞種騂剛用牛赤緹用羊墳壤用麋渴澤用鹿鹹潟用貆勃壤用狐埴壚用豕彊檃堅也用蕡輕㶒脆也用犬凡所以糞種者皆謂煮取汁也此謂占地形色為之種者一取牛羊等汁以溲種而化之使美則得其宜矣若今之善農者審方域田壤之異以分其類參土化土會之法以辨其種如此可不失種土之宜而能盡稼穡之利是圖之成非獨使民奉為訓則抑亦望當世之在民上者按圖考傳隨地所在悉知風土所別種藝所宜雖萬里而遥四海之廣舉在

目前如指掌上庶乎得天下農種之總要國家教民之先務此圖之所以作也幸試覽之

玄扈先生曰五地十二壤周官舊法此可通變用之者也若謂土地所宜一定不易此則必無之理立論若斯固後世惰窳之吏游閒之民媮不事事者之口實耳古來蔬果如頗稜安石榴海棠蒜之屬自外國來者多矣今薑荸薺之屬移栽北方其種特盛亦向時所謂土地不宜者也凡地方所無皆是昔無此種或有之而偶絕果若盡力樹蓺殆無不可宜者就令不宜或是天時未合人力未至耳試為之無事空言抵捍也第其中亦有

不宜者則是寒暖相違天氣所絕無關於地若荔枝龍眼不能踰嶺橘柚橙柑不能過淮他若蘭茉莉之類亦千百中之一二故此書載二十八宿周天經度甚無謂吾意欲載南北緯度如云某地北極出地若干度令知寒暖之宜以辨土物以興樹蓺庶為得之

馬一龍農說曰農為治本食乃民天天界所生人食其力周書無逸曰君子所其無逸先知稼穡之艱難則知小人之依故聖人治天下必本於農神農之教歷山不改其業禹稷之後莘野猶振其風蓋斯民之生以食為天而人無穀氣七日則死者其天絕也天之生人必

賦以資生之物稼穡是也物産於地人得為食力不致者資生不茂矣故世有游食之民則民窮而財盡况以供無厭之欲而欲天下安生樂業以無飢也得乎古者一夫受田百畝不奪其時仰事俯育皆有賴也其上不求其民不爭以力足食而已至於後世人皆厭於力食而務以其力食人是以獸相食矣而天下嘗不治嗚呼君以民為重民以食為天食以農為本農以力為功所因如此而司農之官教農之法勸農之政憂農之心見諸詩書者惓惓焉

力不失時則食不困知時不先終歲僕僕爾故知時為上知土次之知其所宜用其不可棄知其所宜避其不可為力足以勝天矣知不踰力者雖勞無功

此總言用力體要時言天時土言地脉所宜主稼穡力之所施視以為用不可棄若欲棄之而不可也不可為

亦然合天時地脉物性之宜而無所差失則事半而功倍矣知其可不先乎

故畜陽不極發生乃徹

此以下詳說知時之義皆用不可棄避不可為之事上云時者主陰陽之候而言陽主發生陰主斂息物之生息隨氣生降故冬至之後一陽起於下則羣陰推而漸出寒凝固結於上所以遏其洩耳及陽氣出地物生呈露流衍布濩而不窮畜之藏大數然是以桃李冬花無氷不殺草春秋紀之以病懲陽農家者有云冬耕宜早春耕宜遲云早其在冬至之前云遲其在春分之後冬至前者地中陽氣未生也春分後者陽氣半於土之上下也其意皆在陽榮陰衛欲使微陽之氣不洩求其壯盛而已於此不知所避一則初升而踏其踵一則方啓而裂其膚宜非童而牿未壯盛而先亢者乎亢則害牿則亡陽氣殆盡其生安得不微乎畜陽之意不止於冬凡日為陽雨為陰和暢為陽沍結為陰展伸為陽斂蹙為陰動為陽靜為陰淺為陽深為陰晝為陽夜為陰繁殖之道惟欲陽含土中運而不息陰來其外斂密而不出若陽洩於外則陰入其中生機轉為殺機矣

凝陰在上其氣固嗇

歲久不耕之地純陰固結非假太陽之力追擷何以和散又冬春二時不見天陽亦猶是耳今夫圈垣之土未嘗生物正以內不含陽陰不外固而火煅之地藏氷不貽者絕其地脉而中無陽氣來至也竊窺神化之妙陽根陰物之所以生也陰根陽物之所以成也生者謂之化成者謂之變　玄扈先生曰火煅藏氷別有理令藏熱炭之甓暑月可藏氷宜非絕地脉耶

陽自下起發其內之一本以出於外諸陰皆死者陰自下起斂其外之散齊以入於內諸陽皆生者

此蓋言二氣始終之定理也諸陽謂自復以至夬也復十一月之卦也夬三月之卦也十二月為臨正月為泰二月為大壯復自坤中來一陽始生

成位於冬至至泰而開開而壯壯而夬四月復全乎乾矣諸陰謂自姤以至剝也姤五月之卦也剝九月之卦也六月為遯七月為否八月為觀姤自乾中來一陰始生成位於夏至至否而塞塞而觀觀而剝十月復全乎坤矣上下者乾坤分列之位升降者陰陽往來之氣內外者神化合辟之妙斂發者萬物生成之機出入者循環無窮之端一本散殊相禪以為始終者也大抵二氣陰陽之至當主日月為義春秋二分晝夜相半氣之平也春分後晝漸永日在地下之刻少秋分後夜漸永日在地下之刻多陰陽消長係於是矣

陽上而不抑遂以精洩陰下而不濟亦難以形堅

損有餘補不足則精不洩而形可堅矣天地之間陽常有餘陰常不足然扶陽抑陰古聖至言易曰亢龍有悔又曰下濟而光以是見陽之精洩由於不抑陰之形脆者由於無所濟也今有上農土地饒糞多而力勤其苗勃然興之矣其後徒有美

穎而無實粟俗名肥腸此正不知抑損其過而猜決者耳其法何以斷其浮根剪其附葉去田中積汚以燥裂其膚理則抑矣及其總秸俱成農功已畢或土力既衰潤滋不繼淫潤未去清氣有傷此正不知補助故粒米有空頭枯瘠粉黛諸病也是故含生者陽以陰化達生者陰以陽變察陰陽之故參變化之機其知生物之功乎生則化成則變然必成而後有生陽根陰也生而後有成陰根陽也成者謂之變脫其本根易其故體生者謂之化融液所畜暢茂其緒故冬至之後生意皆含夏至之後生色皆達含者化之機達者變之漸陰陽互為其根求其所以然微妙而難悉也一化一變理不盡顯物自相形機緘所存非審察參詳則天地生物之功莫之有知矣夫含生者先天也以後天為之體達生者後天也以先天為之神養生家欲求先天之氣當思化裏一變非化不能變非變

則化者終於化矣推之事理亦然凡事之立其始甚幾微充廣必成大盛必衰衰必敝敝則變不變則毀毀則熄此知道者之所深憂乎圖善變而不毀者其諸取法於農故聖人推日星定四時分節候而示民以則陰陽列於四時早晚見於節候歲氣係於日星期三百有六旬有六日也日窮於次月離于紀星回于天此一歲之終也日行速而月遲故有餘日而以閏月收之天行健而日月不能及故有歲差而以六十年約之一歲之中春而夏夏而秋秋而冬四時順布也四時有八節立春春分立夏夏至立秋秋分立冬冬至也冬至以後陽漸長立春陽之出也春分陽氣之中也立夏得陽三之二至夏至而極矣夏至以後陰漸長立秋陰之出也秋分陰氣之中也立冬得陰三之二至冬至而極矣堯命羲和日中星鳥以殷仲春日永星火以正仲夏宵中星虛以殷仲秋日短星昴以正仲冬不詳其餘者以一中一極前後

測之耳冬至一陽生主生主長夏至一陰生主殺主成故曰生者陽也成者陰也含雖未見其生達雖未見其殺而幾已在矣夫發其生者與其晚也寧早收其成者與其早也寧晚此陽進而前陰退而後之道也衆知膏瘠不如原隰衆知蕪平不如淺深肥饒為膏砂瘦為瘠高者為原下者為隰蕪荒而不治者也平成熟也農家栽禾啟土九寸為深三寸為淺土之生物膏則茂瘠則不茂而人之相地成熟則美荒廢則不美此皆易知而莫不知也至如地之高下有氣脉所行而生氣鍾其下者有氣脉所不鍾而假天陽以為生氣者故原之下多土骨而隰之下皆積泥啟原宜深啟隰宜淺深以接其生氣淺以就其天陽蓋土骨如人身之經絡而積泥如人身之餘肉耳經絡者氣血流行之所餘肉者塊然附贅之區也常治者氣必衰再易者功必倍患因無備命在有滋將

衰而沃之助其力也欲倍而壯焉收其全矣沃莫妙於滋源壯須求其固本此因土材而以人力補相之衰者土力衰也倍者所獲倍也患言水暵蟲傷之類溝堰陂洫桔槔筧並潤燥以時濟及浚築制造為之預者則有備而無患矣命言生發收藏之元所滋之事有二以人力者灌溉鋤耘塗壅也以物力者泥糞灰秕稿卉也禾苗資土以生土力乏則衰沃之所以助土力之乏易田併兩歲之力不壯則不能兼收所生以致倍然沃助其衰壯求其倍勢也猶有不待其衰未衰而先沃之白塊之間者此素問所謂滋化源之意耳滋其衰者過滋或至於不能勝而病矣滋源則無是也固本者要令其根深入土中法在禾苗初旺之時斷去浮面絲根略燥根下土皮俾頂根直生向下則根深而氣壯可以任其土力亢而過洩者水奪此謂偏陽不長者濟之以之發生實穎實粟矣

陰也何謂亢如既犂之後犂土在田冬春二時皆無雨雪太陽燥烈破塊之間盡為枯體陰不外周陽不內畜氣之過洩矣水奪者以水奪之也奪其過洩之陽藉其潤澤之液包含融結以成發生之功蓋天一生水水為陰氣之微過火俱化化則合併為用不惟不為害而反為利焉故君子貴不驕富不修賢智不先人處崇高而憂履盛滿而戒不待以水奪之而自然不至於亢也**歛而固結者火攻**此謂獨陰不生者濟之以陽也何為歛失於鋤墾蘙翳蔽其天陽污濁淫其膚理陰沍久而不開生意塞而不達氣之固結矣火攻者以火攻之也攻其故結之陰假其焚燎之力疏道蒸騰以宣發育之氣蓋地二生火火為陽氣之微過水俱變變則轉易死氣以為生亦不害矣水云奪者必久浸而後可奪火云攻者必猛烈而後可攻然奪之欲其過洩於外者返而攻之欲其固結於內者去也陰陽善惡其用舍去留之分有不可誣者如此**鎡錤寸**

隙不立一毛鬱蒸所至並鍾五賊此又揭工力時氣所害為甚者言也鎡錤寸隙墾之不遍也雖所餘徑寸他日禾根適當之則詰屈不入茁雖長生亦必以漸消盡而至於濯濯然今俗云縮科是已故犁鋤者必使翻抄數過田無不耕之土則土無不毛之病五賊食禾之蟲也熱氣積於土塊之間暴得雨水醞釀蒸濕未經信宿則其氣不去禾根受之遂生蟲烈日之下忽生細雨灌入茁底留注節榦或當晝汲太陽之氣得水激射熱與濕相蒸遂生蟊朝露浥日濛雨日中黦綴葉間單則化氣合則化形遂生蟓熱踵於下濕行於稿爽日與雨外薄其膚遂生蝝歲交熱化不雨不暘晝晦夜暍而風氣不行遂生螢五賊不去則嘉禾不興故灌田者先須以水遍過收其熱氣旋即去之然後易以新水栽禾無害不過一遍易去者雖久浸不見日中雨露或以長牽或以辣鹵披拂勿以凝着則蟲不生近者田家治蟲之法多以石灰桐油布於葉上亦可殺也**知天之時識地之宜昧其苞命亦無以善其後**此承上以起下也苞命見下**故祖氣不足母胎有虧其踵不踵胎氣不完其胎不胎雖成必敗蓋親下之本既久去地而傷母之體豈能全天哉**祖氣主穀子之在秸者言也母胎主穀子之脫秸者言也祖氣不足謂未及冬至而先刈者其一歲之氣既未充足以之為種母胞有虧矣草木之生其命在土生成化變不離土氣踵踵相接生生無已焉若脫土久氣不連屬生之踵異於胎成之則不全其數或半途而剝或成穗而秕故收種者當於冬至之後熱治高土散布其上覆以疏草障蔽鳥雀壅以畬灰滋潤燥枯至清明時決之使芽除草護糞頻助其長此第一義也其次草最美種繫之風簷季春之始置諸深汪勿令近泥半月氣足布地而芽

此雖不傷已落第二義矣但世俗浸種晝沉夜眼畬釀鬱蒸逼之使違胎中受病拔不可去長芽嫩脆拋撒下田跌蹼折損種種不免迷而不悟不知何見耳**夫善本者斯圖末慮終者貴謀始推陳而致新氣以交併積盛脫胎而洗髓精以剝換化生**上言天時土性人力種穀備矣此下言治禾也種得水始芽芽得土始苗移苗置之別土二土之氣交併於一苗生氣積盛矣然其始不脫則陳腐之體猶存髓不洗則濁淫之氣終在欲其推而壯壯而盛盛而不衰也得乎故天地之間氣之積盛者力在交併精之化生者功在剝換不然同類而異形一本而殊末果何在哉此在交併與剝換者得不得之差耳**達順則豐覆逆乃稿縱橫成列紀律不違密邇為儔尺寸如範**栽苗者當如是也先以一指塘泥然後以二指嵌苗

置其中則苗根順而不逆縱橫之列整則易於耘盪疎密各因其地之肥瘠為儔疎者每畝約七千二百科密則數踰於萬地肥而密所收倍於疏者矣○地肥更不宜密農書曰瘠田欲稠但害生於稂莠法謹於芟耘與其滋蔓而難圖孰若先務於決去故上農者治未萌其次治已萌矣已萌不治農其農何稂莠惡草之害苗者芟耘皆去草之事蔓草之延生也滋益甚也蔓難圖也出左氏皆務決去而求必得之亦古語引此以見惡不可縱漸不可長之意上農深於農理勤於農事者也未萌根株在土也上農者智力兼至知稂莠之害苗不惟不容其延蔓於根芽未萌之時先有以治之矣是以用力少而成功多不使其害及於苗所養至而所以生全者大也已萌而治之其功次於是矣已萌而不治者必至於蔓而不可圖為農也何以謂之農哉歎

而哀之詞知道者可以深長思也夫雜草之法數與草齊南稉北黍天所生地所宜人所賴以養者種之良也物之良者必貴貴非賤等良畏惡朋雜治也惡草之害苗者不可勝數而其為物也尤易生焉所治之法不多則不可去天生五穀所以養人可貴之物也貴者難成而易傷賤者易起而難制於此辨之不早蛛其潛滋暗長而後治之則其根株深固枝葉暢茂盤結而輔翼者勢盛於苗矣雖其上農其無如之何故農家者流思其力不足以盡圖之備假諸物其始也直木而耒其次也橫木而耜又其次編木而齒曲木末而鏈鑿木首而鋤繼之以撥終之以塗無不加以鐵焉以直

木而錢堅也攻之無遺類矣草之滋生無窮而人之用力有限不能不假於物以為力勝之具耳今之耒而耕者有大畊小畊閒抵卷掄大抵勤與惰之殊也譏抄過過之說已見於前其耙者亦多不求細熟平整粗塊龐泥凸則曝日先燥窪則注水過深是以一垣之間禾之豐瘁頓異且又妙在旋抄旋耙旋耙旋蒔則燥濕和均渾水澄泥聚於根坎有壅培之力也多苗新土黃色轉青乃用搗盪搗盪雖以去草實以面苗盡田之浮泥易行橫根而下之實土難入頂本頂本入土不深橫根布於泥面則得土之生氣不厚枝葉雖繁抽心不茂矣搗砍斷其泥面橫根使其頂根入土深受積厚多生之氣其後抽心始高而結穗長碩也鏟鋤皆削草器撥以手拾去餘草塗以泥壅蔽田皮既撥則洩去多水留少水在田夾泥為塗塗時以手捻去禾心宿水候田中有燥裂即上水灌之禾心宿水既去燥時免其濕釀清入新水又助潤滋清氣矣養苗

至此除草已盡物不能再假。力不能再加然意外之虞尚不保其無也玄扈先生曰至哉言矣鋤棉鋤桑斷其橫根皆此理也說者謂種樹不實斷其直根非也正宜留直根去橫根耳但樹大者宜漸去之如是而猶存者可不畏夫此又申言稂莠之難去可畏之甚也蓋惡草賤而易生有一根踵遺於地忽不覺其蔓矣衛生固難成功亦不易華而欲實風雨不作時將穫矣燥則多損侵以成腐此言養之係於人而成之係於天也稻花必在日色中始放雨入則閉其竅而不花風烈則損其花而不實二者皆秕穀之患也及其成穀將穫土太燥則米粒乾損水多而過浸則班黑成腐二者又皆敗成之病也陰晴燥濕是豈人力可致哉農家至此猶不得自盡況以委之蕪穢而求其不敗也可乎故可貴之物不產非時不安非類欲其至足以遂斯民之天而農也如之何不力此總結通篇旨意蓋穀不足則食不足食不足則民之所天不遂物之可貴如此苟非順時調護何以得之農者當知自力矣

農政全書卷二

農政全書卷三

明 徐光啟 撰

農本

國朝重農考

馮應京曰昔黃帝畫井分疆依神農耒耨之教導生民之利稼穡為寶所從來矣堯謹授時禹勤溝洫稷播嘉種弘配天之烈而邠風陳詩於耜舉趾築場納稼之間

王化基焉周官體國經野安擾邦國辨以土宜分為井牧有徑畛涂道以正其疆界有溝洫澮川以宜其水澤安甿以田里利甿以興鋤勸甿以時器任甿以疆理而帝王所為因天規地率育羣生之良法於是乎大備泰開阡陌而井制廢玄扈先生曰商鞅相秦專以農戰強國讀開塞耕戰書可見矣而謂其廢先王井田疆理溝洫道涂之制可乎後世不曉以為廣地計也不知廢此古制地則荒矣世有若是之愚商君乎夫鞅之開阡陌者古者一夫受田百畝皆有限制鞅尚首功得五甲首而隸五家又制為武功爵使有功者田連阡陌廢先王百畝限田之法耳太史公病之以是為并兼之始也豈謂其剗平疆理廢先王之徑畛溝洫而

變為平原廣隰平哉漢去古未遠文帝有其時而不為唐太宗銳意復古可為而無其臣新莽非其人周世宗非其時而王道卒不可復矣三代以後善法古而師其意惟是皇祖二百年来藉餘烈以休養庶幾登平上理矣而邇乃財殫民窮誰獨無根本之慮書不云乎法祖攸行皇祖宵旰民依垂憲萬世芳躅固班班可述也而列宗踵武恤民亦各有懿政在謹用揚勵綴以諸臣末議備考鏡焉繫我太祖高皇帝天縱聖神憫元政之昏虐目擊羣

雄無救民者覩提一劍拯元元於水火諸艱凶疾阨之苦業身嘗在田間復輿衆英賢深究民生利病故注意於農事者獨詳渡江初即以康茂才為營田使諭之曰比兵亂隄防頹圮民廢耕作而軍用浩穰理財莫先於務農故設營田司命爾此職巡行隄防水利之事俾高無患乾旱不患潦務以時蓄洩毋負委託已又以茂才所屯田積穀獨充仞而他將皆不及申令各督率軍士及時開墾以收地利又下令田五畝至十畝者栽桑麻木棉各半畝十畝以上倍之有司親臨督勸惰不如令者罰謂中書省臣曰為國以足食為本大亂未平民多轉徙失本業而軍國費悉自民出今春和時宜令有司勸農事勿奪其時仍覩其一歲中之收穫多寡立為勸懲吳元年冬祀圜丘世子從上命左右導之徧歷農家觀其居處飲食器用還謂之曰汝亦嘗知吾農民之勞苦至此乎夫農樹藝五穀身不離泥塗手不釋耒耜而茅茨草榻麄衣糲飯其以供國家經費甚苦故令汝一

知之欲汝常念農勞取用有節使不至於飢寒也上自舉義旗以来兵革倥偬百務草創未遑獨計所為救寧吾民以厚其生蓋不嘗勤摯如此矣比登大寶洪武元年即詔遣周等百六十四人往浙西覈田畝經理以實聞毋妄有增損為民病二年二月上躬享先農以后稷氏配遂耕籍田於南郊又命皇后率内外命婦蠶北郊供郊廟衣服如儀自是歲為常是歲五月駕幸鍾山由獨龍岡步至淳化門乃騎而入謂侍臣曰朕不歷農畝

者久適見田者冐烈暑而耘心惻然憫之不覺徒步至於此農為國本百需皆所出而苦辛若是為司牧者亦嘗憫念之乎三年以中原久被兵田多荒蕪命省臣議計民授田設司農司掌其事夏久不雨乃擇六月朔四鼓帝素服草屨徒步詣山川壇躬禱設槀席露坐晝暴於日夜卧於地皇太子捧榼進農家食凡三日已而大雨霑足中書省臣奏言太原等衛屯田宜税上曰邊軍勞苦能自給足矣其勿徵四年興廣西水利修治興安

縣馬援故所築靈渠三十六陡水可溉田萬頃已又命工部遣官往廣東買耕牛給中原諸屯種之民有司考課令必書農桑學校之績違者罰（令皆紙上栽桑矣）聞士卒有饋運渡遼海溺死者終夕不寐乃命羣臣議屯田法以圖長久十四年上加意重本抑末下令農民之家許穿細紗絹布商賈之家止許穿布農民之家但有一人為商賈者亦不許穿細紗著大誥言古田井於官驗丁給民士農工各有專務商出於農貿易於農隙朕思治

窮源與民約告凡鄰里互相知丁互知務業絶不許有逸夫二十年上又念民貧富不均富者畏避差役往往以田產詭寄飛灑奸弊百出有司莫能詰而貧者益困乃遣國子生武淳等隨所在稅糧多寡定為九區區設糧長四人集耆民履畝丈量圖其田之方圓曲直美惡寬狹若丈尺書主名及田四至如魚鱗相比次彙為冊謂之魚鱗圖冊上之而經界於是乎始正先是詔兵興來所在流徙所棄田許諸人開墾業之（果行此二百年百倍富於文景矣）即田主歸有司於附近撥給耕作不聽爭惟墳墓

房舍還故主不聽占已又詔陝西河東山東北平等處民間田土聽所在民儘力開墾為永業毋起科二十一年戶部郎劉九臯言古狹鄉民遷於寬鄉欲地不失利民有恒業也河北諸處自兵後田荒居民少宜徙山東西之民往就耕上曰山東多曠土不必遷遷山西潞澤民無田者往業之令耕種蠲繇仍戶給鈔二十錠備農具馬冬下令五軍都督府謂養兵而不病於農莫若屯

田若但使兵坐食於農農必敝其令天下各衛所督兵屯種以舒國用已又命移湖杭温台蘇松諸郡無田之民往耕淮河迤南滁和等處閒田仍為蠲賦給鈔諭戶尚書楊靖曰國家使百姓衣食足給不過因其利而利之要在處置得宜毋使有司為侵擾也武定侯郭英請築魯王塋所享堂周垣上曰使民以時柰何當耕種之日急築垣以奪農時乎止之二十七年令戶部移文天下課百姓植桑棗里百戶種秧二畝始同力運柴草燒

地已乃耕比三燒三耕已乃種秧高三尺分植之五尺闊為壠每百戶初年課二百株次年四百株三年六百株栽種訖具如目報違者謫戍邊又以湖廣辰永寶衡等處宜桑而種者少命於淮徐取桑種二十石送其處給民種之尋遣監生人材詣天下督吏民修農田水利而具勅天下諸陂塘湖堰可瀦畜旱暵宜洩瀉防霖潦者各因地修治毋怠亦毋得妄興工役疲吾民二十八年旨下戶尚書言百戶為里春秋耕穫之時一家無力

百家代之又命天下鄉置一鼓遇農月晨鳴鼓衆皆會及時力服田其惰者里老督併之不率者罰里老惰不督勸亦罰蓋當是時榛莽之地在在禾麻游散之民人人錢鎛每月旦召京師父老躬諭以力田敦行於都哉高皇帝之為烈也體天地養萬物之心師帝王經井牧之意仁義既效樂利無窮而猶蠲租之詔無歲不下遣賑之使有玩必誅恒若飢寒之迫吾民注望子臣之繼厥志至今讀嘉瓜一贊雖千萬世休忘勸農之句而情

見乎詞矣則豈非世世率繇之盛軌哉建文帝嗣極之元年即下養老墾田賑貧減租之詔而方孝孺志恢王道謂井田為必可行雖當羽檄旁午一時君若臣煞不忘保民之思焉文皇帝入纘大統乃命寶源局鑄農器給山東等諸被兵處徵耕牛於朝鮮送至萬頭每頭酧以絹一疋布四疋以其牛分給遼東諸屯士當謂戶尚書曰近因兵戈蝗旱民流徙廢業不及今勸相使儘力農畝將不免有失所者其發遣人督勸毋怠首命靖

安僕王忠往北平安屯田軍民整理屯種已又允工尚書黄福奏給陝西行都司所屬屯田牛具如北平例諭令寧夏各屯於四五屯内擇一屯有水草者四圍浚濠廣丈五尺深如廣之半築土城高二丈開八門以便出入而聚旁近四五屯輜重糧草於此俾無警各分屯耕牧有警則驅牛羊入保待援兵使寇至無掠又命各都司摘差官軍給牛種耕開田視歲收之數定考較法謂之樣田除官收正糧及種子外餘糧悉以與軍廣東

奏蕃夷入貢方物請運民力接運上曰為君務養民今番貢無定期而農民少暇日假令自春至秋入貢不絶皆役民豈不妨農事其俟十一月農畢乃令接運閩柳州自正月至六月不雨憂形於色乃命户部亟遣人往視之又下詔中外軍民子弟自削髮冒為僧者并其父兄發五臺山輸作畢日就北京為民種田車駕北征有告軍士取民田穀飼馬者面責之曰農終歲胼胝以供國用汝獨不念耶斬以狥文皇帝躬親戎馬者四五載念民勞止時加撫綏已復三犂殊庭司農拮据不遑惟是留意邊計所畫屯田法甚具斯亦厚農裕國一長畧矣昭皇帝當監國時台州啓修復河道諭工部以春秋而議不時可令農隙修築嘗赴召過鄒縣道逢飢民惻然下馬入民舍視民男女皆衣百結竈釜傾仆歎曰民瘼不上聞至此乎召父老問所苦賜以尚食復責山東布政使石執中曰民窮若此動念否執中以奏免田租對曰民飢且死尚及徵租耶速發官粟賑之人六斗毋

懼擅發吾見上自奏也及登極詔下言郡縣水旱缺食有司即體勘賑濟其民流徙田土抛荒者為覈實除豁召别佃中官田聽照民田例起科已諭户部令天下衛所屯田軍士不許擅差妨其農務違者處重法工給事中郭永清疏乞令有司如舊制嚴督里老百姓以時闢田園修陂堰種桑棗從之上嘗促詔賑淮徐山東飢言救困窮當如拯焚溺不可緩其重民命如此伏睹寳籙所載云上嗣位每曰為人君止於仁故弘施霈澤諭民

隱急農事日以恤人為務在位僅十月而德政加多廟號曰仁允矣哉章皇帝舊勞於外知小人之依禮部進籍田儀注上覽之謂侍臣曰先王制籍田以奉粢盛以率天下務農所貴有實心耳誠體祖宗之心念創業艱難憂恤蒼生使明德至治達於神明則黍稷之薦不待親耕誠輕傜薄賦使之以時而貴農重穀禁止遊食則人咸趨稼不待勸率斯盖識禮之意矣已因春雨頻降令戶部移文郡縣均徵傜勸農桑貧不給者發倉賑之

時有建言洪武中命天下栽桑棗令砍伐殆盡有司不督民更栽致民無所資上曰古宅不毛者罰里布祖宗養民意甚重其申令郡縣督民以時栽種仍遣官巡視嘗謁陵道中憫秉耒者為賜鈔因御製耕夫記識不忘又嘗諭吏部臣以欲使農民得所在擇賢守令因出御製憫農詩一章示之而喜雨則有詩織婦則有詩豳風圖則又有長詩令揭便殿資儆勵又令北直隸地方照洪武二十八年山東河南事例民間新墾田地無多寡不起科有氣力者儘力種（率此言也以至于今桑利遍天下矣）盖嘗反覆章皇帝養民懿政而深有味乎其言也曰朕祗奉祖宗成憲諸司事有奏請者必考舊典兢兢民事斯固其法祖大端云明興七十載於茲高皇帝深仁厚澤業奠不拔之基而農業艱辛載在皇陵碑記垂務本之訓傳自文皇鋤禾日當午之詩授于仁廟休養生息堂構相承天下方脫鋒鏑湯火之苦守令尚保舉久任肅法宇下役簡賦薄安堵蕃富號稱治平比英廟沖齡嗣位臨以

太皇太后猶襲餘庥無忘民瘼楊士奇等上言太祖篤意養民備荒有制又聞濬陂塘修築圩壩以備水旱歲久弊滋水利多湮請遣京廉幹者往督有司平糴備荒修復陂塘圩壩即用以殿最有司得旨令亟行之盖本朝高章一創一守光禹湯而邁成康其傳家經國惟是重農為啟佑而億萬載無疆惟休厥有本矣景泰間商學士輅陳邊務言口外田地極廣其附城堡膏腴先經在京勛臣等家占作莊田其餘閑田又被鎮守總參等

官占為業軍士無近便田地可耕下所司查議錄成迄私蓄積寖寡而盜寖繁乃下令申飭洪武中預備四倉之制先政蕩然矣括鍰金糴粟及勸借里戶以備旱澇已又招民輸粟補官暨贖罪而督有司積粟視州邑大小有差法具備乃貴戚內臣則往往有莊田又有皇莊田做宋季公田租課典以中官所侵奪鄰近民家業甚橫賴敬皇帝仁明稍裁以法一時貴戚近幸斂手不敢肆云當弘治初上允戶尚書請令禮部于耕籍儀註內增上

中下農夫各十人服常服執農器引見行禮乃令終畝人賜布一疋又允撫臣言疏治河南彰德等府州縣渠堰凡王府屯官之兼并豪右碾磨之侵據悉釐正之尋又遣工侍郎濬吳淞白茅港以泄積水當是時上方銳意圖治農桑不擾蠲恤頻行十八年培植深固延至正德之季猶能挈無缺之金甌以付肅皇夫亦孝廟之不忘國恤所貽者遠也肅皇帝起自潛邸適公私蠧耗之後御宇二十年以前軫念民事尤切允給事中底蘊言改皇莊為官田禁諸勳戚家不許朦朧陳乞一掃中葉來畿甸民之擾害又下詔言農衣食所出王政之首務也各該撫巡所屬官帶農田銜者不許營別差委務督令舉職循行勸課其原未設官者委佐貳主之歲嚴課其殿最其土田為水衝沙塞江海坍淤者節有豁除所司不能究宣獨優富家不及貧弱加之攤派包賠細民滋困其擇廉節官勘覈豁除之九年建先蠶壇於北郊十年行祈穀禮於大祀殿已而召翟學士鑾等偕往西

苑視收穫帝御豳風亭諭諸臣曰農之勞苦親見為真我聖祖嘗有訓曰衣帛當思織婦之勞食粟當念農夫之苦以此觀之委為粒粒辛苦也又建無逸殿書周書無逸篇於其壁題其旁亭曰省耕曰省斂倉曰恒裕刻興獻考睿製農家忙律於殿壁御為文記之意念遠矣十八年還自顯陵途中為賦麥浪詩十九年禱雨宮中有應二十年禱雪有應皆為賦詩志喜時蓋玄修未啟嚴嵩未柄用南北兵戈未熾而上所為垂章光于部屋

灑露潤於窮甿盖猶有恭儉之思焉穆皇帝清淨化民寛仁馭下二年之耕籍三年之賑災休有烈光雖非久上賓貽謀弘遠矣嗣我皇上天挺英睿虔始勵精萬歷初允輔臣議清丈均賦者用蘇民困非盡地利求增税也恩意深篤一時府州縣無敢不行丈量法者撫按官督課嚴核其清强敏鍊撫字忠愛之吏因得自効而諸方田法令纎悉明具人習步算而賦均異時虚糧貽累之弊盡汰步算乃待此時習耶且亦何能習也十三年春久不雨屢禱未

應命禮部具躬禱南郊儀以聞上曰朕步行不乘輦百官隨行天象災旱朕為黎庶祈禱豈憚遠勞乃齋居夙戒擇四月十七昧爽步詣郊壇祭禱如儀上於幄次諭輔臣等曰天時亢旱雖由朕不德亦因天下有司多貪暴為民害干天和自今其慎選毋忽仍步還宮浹旬乃大雨是舉也宛然高皇帝憂旱芳規矣已因中州大饑特出內帑遣鍾御史化民持節往賑而慈聖宮中宫各為捐助費不下數十萬中外莫不歌舞皇仁乃頃者征

繕日煩繭絲遍天下議者惓惓罷升種譬病癰疽不遑念元氣藉使應砭而愈正費調治臣請言調治之方則無如重農矣公出獄余賠之未及勞苦輙道此數語甚切又亟與余索江南農師以治江北之田仁人之言哉國家奠鼎燕京即勝國之故都也國當泰定時翰林學士虞集議以為京師東瀕海數千里北極遼海南濵青齊皆萑葦之所生也海潮日至紆為沃壤謂宜用浙江之法築堤捍水為之田聽富民願耕者合其衆分授以地定其等為之疆畔能以萬夫耕者授以萬夫

之田為萬夫之長能以千百夫耕者亦如之十年後田成有積蓄命以官高者佩印符許傳子孫如軍官之法則近可以民兵十萬以衛京師禦島夷遠可紓東南萬里航海饋運之危難而江海游食輕剽之民亦幸有歸議中格後竟以海運不繼亟為海口萬戶之設大都本集言然已無及矣本朝海運既廢軍國大命獨倚重於漕儲頃復黃淮梗塞轉運艱阻且倉庾無二年之蓄水旱有不時之憂而三輔顧多曠土海壖幸成沮洳在在

可耕可鑿嘉靖中給事中秦鰲詹事霍韜皆扼腕言之週年給事中徐貞明念西北水利事褁糧從二三屬吏解事者經度之信其必可行以為京東輔郡皆負山控海負山則泉深而土澤控海則潮淤而壤沃諸州邑泉從地湧一決即通水與田平一引即至具可疏鑿成田如寮雲之燕樂莊平峪之水峪寺及龍家務莊三河之唐會莊順慶屯地皆其著者薊州城北則有黄厓營城西則有白馬鎮鎮國莊城東則有馬伸橋夾林河而下

城南則有別山鋪反夾陰流河而下至於陰流濱疏渠皆田也遵化西南平安城夾運河而下及沙河鋪地方又鐵廠湧珠湖以下至韭菜溝上素河下素河百餘里夾河皆可田遷安北徐流營山下湧出五泉合流入桃林河又三里橋湧泉流入灤河又蠶姑廟湧泉成河夾河皆可田盧龍燕河營湧泉成河及營東五泉湧漫四出至張家莊撫寧西臺頭營河流亦自燕河營湧泉而來皆可田豐潤南則大寨及刺榆坨史家河大王莊東則榛子鎮西則鵶洪橋夾河五十餘里皆可田玉田清莊塢導河可田後湖莊疏湖可田三里屯及大泉小泉引泉可田其間有民棄不業之地有屯地有牧地民棄不業者召民業之助其力屯牧地屬官者闢其蕪而收其入先之京東數處兆其端而畿内列郡可漸行也先之畿内列郡引其緒而西北之地可漸行也在邊陲則先之薊鎮而諸鎮可漸行至瀕海則先之豐潤而遼海以東青徐以南皆可漸而行也乃陳興水利十四便益

言甚悉又謂行水之地高則開渠卑則築圍急則激取緩則疏引其最下者遂以為受水之區勢固不可强如懷慶當丹沁下流而真定尤滹沱所必衝安能久而無患令致力當先於水源先其源則流微而易御田其上流則水殺而無衝激汎濫之虞疏上竟沮浮議不果行先是臺臣周用因河數衝淤議及東省水利以為治河墾田事相表裏田不治則水不可治運河以東濟南東昌兖州三府州縣雖有汶沂洸泗等河與民間田地曽

不相貫注每年泰山徂徠山水驟發則漫為巨浸潰決城郭漂沒廬舍與河無異一值旱則又故無陂塘渠堰蓄水以待急遂致齊魯之間方四五千里之地一望赤地蝗蝻四起草穀俱盡此皆溝洫不修之故今欲修溝洫非謂一一如古也古人原是如此但各因水勢地勢之宜縱横曲直隨其所向自高而下自小而大自近而遠盈科而進委之於海莫若正疆理以稽工程集人力以助夫役蠲荒糧以復流移專委任以責成功持定論以察羣

議毋以欲速而輙更張毋以小利而生沮撓則治河裕民之計也事需後張瀚之請墾鳳淮田地疏耦兩府地廣人稀一望黃茅紅蓼多不耕之地間有耕者又苦旱澇雨多則横潦瀰漫無處歸束無雨則任其燋萎救濟無資是以飢饉窘迫烟稀土曠此地界連蕭碭汝潁逋逃之藪積久不無隱憂宜得專官教民稼穡夫水土不平耕作無以施方必先度量地勢高下跟尋水所歸宿濬河以受溝之水開溝渠以受横潦之水官道之衝設

大堤以通行偏小之村亦增卑以成徑惟欲於道傍多開溝洫使接續通流水由地中行不占平地又度低窪處所多開塘堰以瀦蓄之夏潦之時水歸溝塘亢旱之日可資引溉高者麥低者稻平衍地多則木棉桑枲皆得隨宜樹藝土本膏腴地無遺利遍野皆衣食之資矣次則招撫流移寛慰安揷量撥地土處給牛種蠲逋負緩起科又或招致江南客戶或勸諭本土地鄰或審擬徒夫無力者令供役開濬有力者出資給食皆僉事可

得專行議既允惜其時不講于任官之道而猥以委之貪穢之吏臬僉竟令以人廢盛舉也若東南水利呂光洵條議特詳謂三吳古稱澤國其西南翕受太湖陽城諸水形勢尤卑而東北際海岡隴之地視西南特高高者田常苦旱卑者田常苦澇昔人治之高下曲盡其致既於下流之疏為塘浦導諸湖之水由北以入於江由東以入於海而又㳂引江潮流行於岡隴之外岡隴海涘也岡隴之外則海矣是以瀦洩有法而水旱皆不為患近來縱浦横

塘多湮塞不治惟二江頗通曰黃浦曰劉家河然太湖諸水源多而勢盛二江不足以洩而岡隴諸支河此處實非岡隴盖近海之地比下鄉稍高耳如吾松之稱沙岡竹岡者皆是也又多壅絕無以資灌溉於是上下俱病而歲常告災治之之法當自要害始先治澱山等處一帶茭蘆之地導引太湖之水散入陽城昆承三泖等湖又開吳淞江并太盈趙屯等浦洩澱山之水以達於海濬白茆港并鮎魚口等處洩昆承之水以注於江開七浦鹽鐵等塘洩陽城之水以達於江

又導田間之水悉入於小浦小浦之水悉入於大浦使流者各有所歸而瀦皆有所洩則下流之地治而澇無所憂矣凡岡隴支河湮塞不治者皆濬之深廣使復如舊則上流之地亦治而旱無所憂矣此三吳水利之大經也潘鳳梧有言水利微妙通知者少自非殫思熟見鮮能究其源委試舉嘉湖餘可類推夫防護修葺之法小民最無知全賴上人真知而禁之如湖州之圩低其港常闊人憚於增外僅為修內故水益闊易衝而湖州多淹崇桐之土高其港常窄人憚於開外日為填出故水益窄易涸而崇桐多乾此其言盖與光洵議互相發云湖州地下無土崇桐地高土多無土者將何增外土多者其傍河之田不肯增土以為岡隴凡高下鄉皆然低鄉築圩高鄉開河如是而已中州濱河之區歲苦馮夷衝嚙顧以全河建瓴而下當秋水時至百川灌河方數千里之水曾無一溝一澮為之停蓄以故頻受其患而不獲資尺寸之利若乃鄴之漳水南陽之鉗盧陂昔人率用以廣灌溉宋於河北諸州水所積處興堰六百里置斗門引

定水灌田民賴其利何至於今皆沒沒也關中引涇通渭故有鄭國渠白渠諸跡可尋并州西南若汾若沁盡可引注為農田用李冰為蜀守壅江水作堋穿二江通舟楫因以溉諸郡今陸海固在也三楚漢沔西來大江中貫洞庭浩淼誠盡力溝洫開渠建閘在在腴壤何至如今之鹵莽而穫廣南沿海多淤沙饒沃容有未興之利八閩江右畝窄人稠乃中原迤北之境則極目荒莽水無嚮導田不懇發小人之情安土重遷寧就飢餓終

無適樂土之慮故民之為言瞑也謂瞑瞑無知猶羣羊聚畜然須牧者之所置之置之茂草則肥澤繁息置之磽鹵則零耗善乎崔寔之言之也我高皇帝深維理道數徙民就業寛鄉移人通財以贍蒸黎猶彷彿乎井授遺意而嗣後絕未有踵行之者何哉若屯放梳爬非不嚴也而託名逃荒巧為影占者弊仍未易究詰乃邊鎮如遼東如宣大如甘肅視國初屯糧之原額今且不啻損十之五即雖叅罰之例故未嘗廢亦惟是較多寡于

催科曾未聞有以撫流移闢草萊上功幕府者又何暇責以建阡陌浚溝洫導利於非常之原乎昔有為行經界寓地網之議者以為敵騎利在平曠易為馳突今邊塞率平原曠野險阻實稀宜因屯田定其經界開為溝洫就用田者之力每一里共濬一溝界如古井田之制一可以息爭端二可以備旱潦三可以阻敵騎四者或我兵車禦敵即可依此為常陣免臨時掘塹之勞此蓋本吳玠在天水軍制金騎遺法也今井制堙廢久矣聞山東登萊猶存畎澮而邊騎竟以勢難踰越不敢犯寧夏多水田有溝塹夏月種作則塞馬不能來故稱安寧以斯知廣畝濬川所以興利厚農亦以設險守國且也計口授田俾有恒產庶人人樂本業而安為黔首即有豪傑難以率亂故三代盛時人必里居地必井畫帝王治天下之大經大法率不外此方正學有言流俗謂井田不可行者以吳越言之山溪險絕而人民稠也夫山溪之地雖成周之世亦用貢法而豈強欲堙卑夷高以

盡井哉但使人人有田田各有公田通力趨事相救相恤不失先王之道則可矣而江漢以北平壤千里盡而井之甚易為力也嗟乎自限田名田之議先漢不即行而貧富益遠唐李翺宋林勳倣古井田意分劈講畫作平賦政本二書甚具而宋儒張子厚有買田一方畫為數井之思且講求法制以為不刑一人而可復時皆不售淳熙中朱文公熹知漳州欲行經界獨丈量隱稅令貧富得以實自占非復若限田均田之難而亦竟為豪

家猾吏所排沮所以深致慨于井田之未易復也生民之計將無已遂窮乎亦惟是我高皇帝宸慮精詳時時體田遺意即召人墾荒亦必驗丁撥給限定田畝不許抛荒流移而御製大誥續編且惓惓以田不井授為憾諸所為農田計久遠者酌古準今足為萬世法程至明也余嘗謂夏后五十殷人七十非厚民而多予之田乃限民不得多種也吾高皇帝真得此意矣故曰朙明主意見自然到此不可學不必學也當其時三尺新懸有司奉行惟謹未嘗特為農事設專官人盡農官也以農桑責之郡縣以

屯種責之衛所非農事修舉不得注上考官愈增事愈廢矣何也事廢而後增官官增謂事舉矣而其實不能舉事也盖設官分職原以為民孔曰富之孟曰制田里教樹畜舍此更何事事哉嗣後不察而增設府州縣勸農佐貳設屯田水利枲臣又或特遣重臣諸牧民之長其賢者亦或體上愛養至意不然者且見以為業有專官而已可弛擔也先臣吳世忠嘗咄嗟道之矣曰臣任給事中時具言水利為農田急務幸准覆行及備員湖藩而所屬陂塘池堰湮塞如故為豪

家填占迷失者在在有之有塘寬十百餘畝無勺水可資若占塘為田則豪家也塘寬而無勺水可資則非豪家也召里老咨問云往朝廷重農州縣以水利為急差官清理歲有修築於時豪强不敢填占民以實保結故亢旱而農田有救百姓有所賴也邇年州縣官惟勾攝詞訟之為急其餘塘堰冊報類非覈實豪强填占又置不問雖奉勘合行視特科索里户供應而去初曷嘗一至郊野見所謂陂塘渠堰為何若哉及亢旱無收恩旨蠲免則已先期督徵入官民

未沾惠而國用不足往往又額外科征之此獄訟所以日繁而盜賊滋有也嗚呼自昔而已然矣將何以挽其流乎古天子巡狩入其境田野闢受上賞荒蕪不治蒙顯罰近世設按察司察此務分巡御史巡此務也竊查憲綱一欵農桑乃生民衣食之源仰本府州縣行移提調官常用心勸諭農民趁時種植仍將種過桑麻等項田畝計料絲綿等項分豁舊有新收數目開報先臣霍韜發憤言此乃巡按御史急務也今則徒為文具而已

旌舉守令何曾稱某守某令興過若干水利勸過若干農桑乞勅都察院舉行其在陝西山西北直隸河南尤為至急而週年都御史孫丕揚請以保民實政五事課有司庶幾申明高皇帝要束柰何率弁髦之也守令分符而治一方儼然古封建侯伯之尊昔尼父孜孜矻矻無一同一旅以抒其猷士抱遺經遇主輒提千里之封乃民事不以關心而一任蒿萊之彌望謂誦法何富教先勞亦私議于車塵馬足之間而已痛哉可為慟哭者也趙邦清之為滕縣也均田治

水儲粟賑災恕勞有所不避此有司之則也

農政全書卷三

欽定四庫全書

農政全書卷四

田制

玄扈先生井田攷

明 徐光啓 撰

井田攷

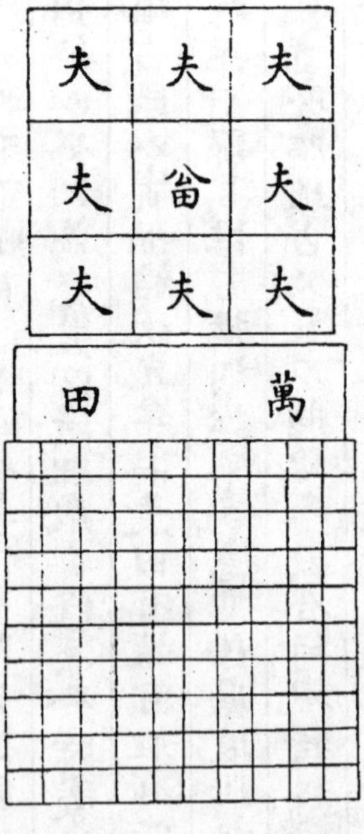

夫	夫	夫
夫	公	夫
夫	夫	夫

萬田

周禮小司徒經土地而井牧其田野九夫為井四井為邑四邑為丘四丘為甸四甸為縣四縣為都以任地事而令貢賦

王禎曰按古制井田九夫所治之田也鄉田同井井九百畝井十為通通十為成成十為終終十為同積萬井九萬夫之田也井間有溝成間有洫同間有澮所以通水於川也遂人盡主其地歲出稅各有等差以治溝洫

陳祥道曰三屋為井井方一里九夫四井為邑邑方二里三十六夫十六井為丘丘為四里百四十四夫六十四井為甸甸方八里五百七十六夫二百五十六井為縣縣方十六里二千三百四夫一千二十四井為都都方三十二里九千四百十六夫

考工記匠人為溝洫耜廣五寸二耜為耦一耦之伐廣尺深尺謂之甽田首倍之廣二尺深二尺謂之遂九夫為井井間廣四尺深四尺謂之溝方十里為成成間廣八尺深八尺謂之洫方百里為同同間廣二尋深二仞謂之澮專達于川凡天下之地埶兩山之間必有川焉大川之上必有涂焉

注曰三夫為屋屋具也一井之中三屋九夫三三相具以出賦稅共治溝也方十里為成成中容一甸甸方八里為出田稅緣邊一里治洫方百里為同同中容四都六十四成方八十里出田稅緣邊十里治澮

遂人凡治野夫間有遂遂上有徑十夫有溝溝上有畛

百夫有洫洫上有涂千夫有澮澮上有道萬夫有川川上有路以達于畿

注曰十夫二隣之田百夫一酇之田千夫二鄙之田萬夫四縣之田遂溝洫澮皆所以通于川也萬夫者方三十三里少半里九而方一同以南畝圖之則遂從溝橫洫從澮橫九澮而川周其外焉去山陵林麓川澤溝瀆城郭宮室涂巷三分之制其餘如此以至于畿則中雖有都鄙遂人盡主其地

司馬法六尺為步步百為畮畮百為夫夫三為屋屋三為井井十為通通十為成十成為終十終為同

書曰予决九川距四海濬畎澮距川

左氏傳曰少康之在虞思有田一成有衆一旅

按蔡氏註書畎澮之制但據周禮言之葢虞夏之制已無所考然少康有田一成有衆一旅與一甸六十四井五百一十二家之數畧同則田制亦不甚異也

孟子曰夏后氏五十而貢殷人七十而助周人百畝而徹其實皆什一也

陳祥道曰夏商周之授田其畝數不同何也禹貢於九州之地或言土或言作或言乂葢禹平水土之後有土見而未作有作焉而未乂則于是時人工未足以盡地力故家五十畝而已洎歷商周則田浸闢而法備矣故商七十而助周百畝而徹詩曰信彼南山維禹甸之畇畇原隰曾孫甸之我疆我理南東其畝則法畧于夏備于周可知矣

劉氏曰王氏謂夏之民多家五十畝而貢商之民稀家七十而助周之民尤稀家百畝而徹熊氏謂夏政寛簡一夫之地税五十畝商政稍急一夫之地税七十畝周政極煩一夫之地盡税焉而所税皆十一賈公彥謂夏五十而貢據一易之地家二百畮而税百畝也商七十而助據六遂上地百畝菜五十畝而税七十五畝也周百畝而徹據不易之地百畝全税之如三子之言則古之民常多而後世之民愈少古之税常輕而後世之税愈重古之地皆一易而後世之地皆不易其果然哉

玄扈先生曰按三代制產多寡不同諸家之説互異劉氏一首疑之夫謂古民多後世之民少必不然也生人之率大抵三十年而加一倍自非有大兵革則不得减唐虞至周養民幾二千年雖其間兼并者歲有度不能减生人之半二代革命所殺甚少春秋時所殺亦少直至戰國乃殺人以數十萬計此皆唐虞之代所留也度

殷時人當數十倍於夏周時數十倍於殷耳安得謂古時人多而後世少乎且禹驅蛇龍以居人謂人多而田少欲多授而不足無是理也謂古稅輕後稅重此無從辨其然不然但如熊氏之說則夏商皆二十稅一矣乃既賦田于民又有稅有不稅而所稅者必于十一此成何政體乎亦無是理也謂古地一易而後世之地不易此於理宜有之何者人少地多則歲易人多地少則不易耳但如賈公彥之說則夏實二百畝而貢殷實百五

十畝而助即歲易者以二當一亦當言百畝奈何二百畝而反謂五十畝乎亦無是理也三家之言大都曲說劉氏之疑民多少是也而疑歲易之田亦誤以愚意言之此其間有一可論有一不可論嘗考尺度畝法周之百畝當今田二十四畝五分有奇而已若夏尺夏畝與周等者其五十畝當今田十二畝有奇而已而謂足以食八口之家乎且聖王制產必度民之力可治必度民之用可足何至夏周之間所差一倍非夏之民勤于食則周之民勤于力矣此其尺度畝法必有異同乃夏商之故今不可考也此所謂不可論者也其可論者則三代聖王所為厚于民者非以多予之田為厚而以少與之田為厚譬食小兒者非以多予之食為愛而以少予之食為愛也語曰務廣地者荒詩曰無田甫田惟莠驕驕故后稷為田一畝三畎伊尹作為區田負水澆稼古之治田者盡力盡法而不務多大禹時稷為農師未久也於是洪水初治作乂之土甚多深恐其民務于廣地以致荒蕪故限田五十不得踰制而使精于其業人人

用后稷之法即此五十之田可以足八口之食矣治田既少業既耑精積久之後因生便巧如后稷之耕兩耜為耦其孫叔均遂作牛耕是也便巧既多人力有餘至于殷周遂以漸加多而其田亦治故由七十而至于百畝要使人之力足以治田田之收足以食人必不至于務廣而荒耳然周人治田既稍廣畜積必倍多故周禮能以九年耕餘三年之食矣今世貧人無卓錐而廣虛

之地數口之家軏田二三百畝鹵莽滅裂豐年則爲薄收水旱則盡荒矣此上之無法以敎之無制以限之故也

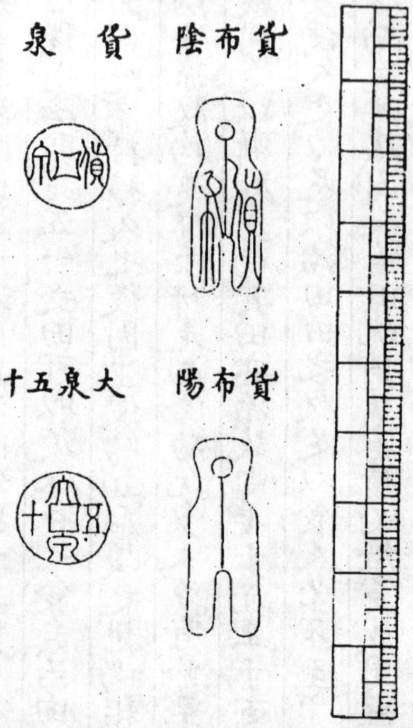

考尺度按古者度以絲起隋志曰蠶所吐絲爲忽十忽爲秒十秒爲毫十毫爲氂十氂爲分考工記玉人璧羡度尺好三寸以爲度好三寸所以爲璧也好璧之孔也羡其兩旁以益上下所以爲羡也袤十寸廣八寸所以爲度尺也則是十寸八寸皆爲尺矣以十寸之尺起度則十尺爲丈十丈爲引以八寸之尺起度則八尺爲尋倍尋爲常此周制也自漢以來世無正尺律度量衡靡有孑遺度無自起儒先所謂子穀秬黍中者徒有空言了無

實驗心竭于思口弊于議不能決也惟晉大始中中書監荀勗尺按古物七品多合一曰姑洗玉律二曰小呂三曰西京銅望臬四曰金錯望臬五曰銅斛六曰古錢七曰建武銅尺依尺鑄律時得漢時故鐘吹律命之皆應然時好推遷諸代異制隋書載尺十有五等以荀尺為本大槩周尺漢劉歆尺建武銅尺宋祖冲之所傳尺皆與荀氏一體他如晉田父玉尺漢官尺魏杜夔尺晉後尺魏前尺中尺後尺東魏後尺銀錯銅龠尺後周玉

尺宋氏尺萬寶常水尺劉曜渾儀尺梁朝俗間尺各與荀互異自隋以來荀尺亦莫傳用唐有張文收律尺有景表尺五代有王朴律尺宋則太府寺有尺四等又高若訥嘗按古尺十五等李照胡瑗之鄧保信各有黍尺崇寧中魏漢津乞用聖上指尺又紹興中内出金字牙尺二十八遂以其中皇祐二年所造大樂中黍尺作景鍾然不知以何法絫黍程正叔定周尺以為當省尺五寸五分弱而省尺之度卒難攷詳朱元晦家禮載司馬

氏及攷定雅樂黃鐘尺不明言長短則周尺之制迄無成說獨丁度建言歷代尺度屢改惟劉歆鑄銅斛之世所鑄錯刀大泉五十王莽天鳳中鑄貨布貨泉之類不聞後世有鑄者遂以此四物參按分寸正同況經籍制度皆起周世劉歆術業之博祖冲之筭數之妙晉荀氏之詳密既合姬周之尺則最可法者焉但惜其事尋罷竟不施用今試以諸品泉刀攷之按漢志王莽更鑄大錢徑寸二分文曰大泉五十天鳳五年作貨布長二寸

五分廣一寸首長八分有奇廣八分其圜好徑二分半足枝長八分間廣二分其文右曰貨左曰布貨泉徑一寸文右曰貨左曰泉以貨布一分為率絫較其首身足枝長廣之數以為尺又以大泉之寸二分貨泉之徑寸較之彼此毫釐無差足明丁之議為至當而丁尺荀尺漢尺周尺一然無異諸家影響之說悉可廢矣葢古人制度必徵實乃信非可以揣摩定非可以口舌爭不見古物而欲知古人之制自不可得荀丁二氏蹠實之見

千載同符今荀氏所攷古物七事多不可得而漢錢傳于世者則往往有之據此以求周漢之度以尋昔人定律制器營室分田之數殆為灼然無疑者也

計周尺一尺當今浙尺八寸當今織染所欽降金星牙尺六寸四分自後田畝俱以周尺計定别用今尺準之

六尺為步

方尺

司馬法六尺為步

每步積三十六尺

步百為畝

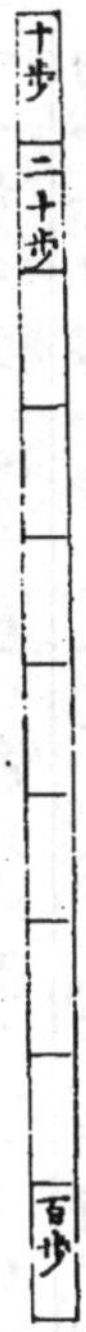

十步　二十步　百步

司馬法步百為畝

考工記匠人為溝洫耜廣五寸二耜為耦一耦之伐廣尺深尺謂之甽

古者耜一金兩人并發之其壟中曰畝畝上曰伐伐之言發也甽與伐高深廣各尺一畝之中三甽三伐廣六尺長六百尺以此計畝故曰終畝曰竟畝鄭注畝方百步者非是

每一畝積三千六百尺

古之一畝以尺計得面方六十尺自之得積三千六百尺以下畝法俱折方取易算故

以步計得面方十步自之得積百步

今時畝法以步計得面方十五步四分九釐一毫九絲三忽二微零自之得積二百四十步為畝

六尺為步以尺計得面方九十二尺九寸五分一釐六毫零自之得積八千六百四十尺為畝以三十六尺而一得積二百四十步

五尺為步以尺計得面方七十七尺四寸五分九釐六毫零自之得積六千尺為畝以二十五尺而一得積二百四十步

以丈計畝得面方七丈七尺四寸五分九釐六毫自之得積六十丈為畝以二尺五寸而一得積二百四十步

古之一畝以今法準之每浙尺八寸準古一尺得面方四十八尺自之得積二千三百零四尺以今畝法

八十六百四十尺而一得田二分六釐六毫六絲六
忽零
以六尺為步計之得面方八步自之得積六十四步
以今畝法二百四十步而一得田二分六釐六毫六
絲六忽零後言浙尺準古其尺法步法畝法俱倣此
若以牙尺六寸四分準古一尺得面方三十八尺四
寸自之得一千四百七十四尺五寸六分以令畝法
六千尺而一得田二分四釐五毫七絲六忽

以五尺為步計之得面方七步六分八釐自之得積
五十八步九分八釐二毫四絲以今畝法二百四十
步而一得田二分四釐五毫七絲六忽後言牙尺準古其尺法步畝法俱倣此

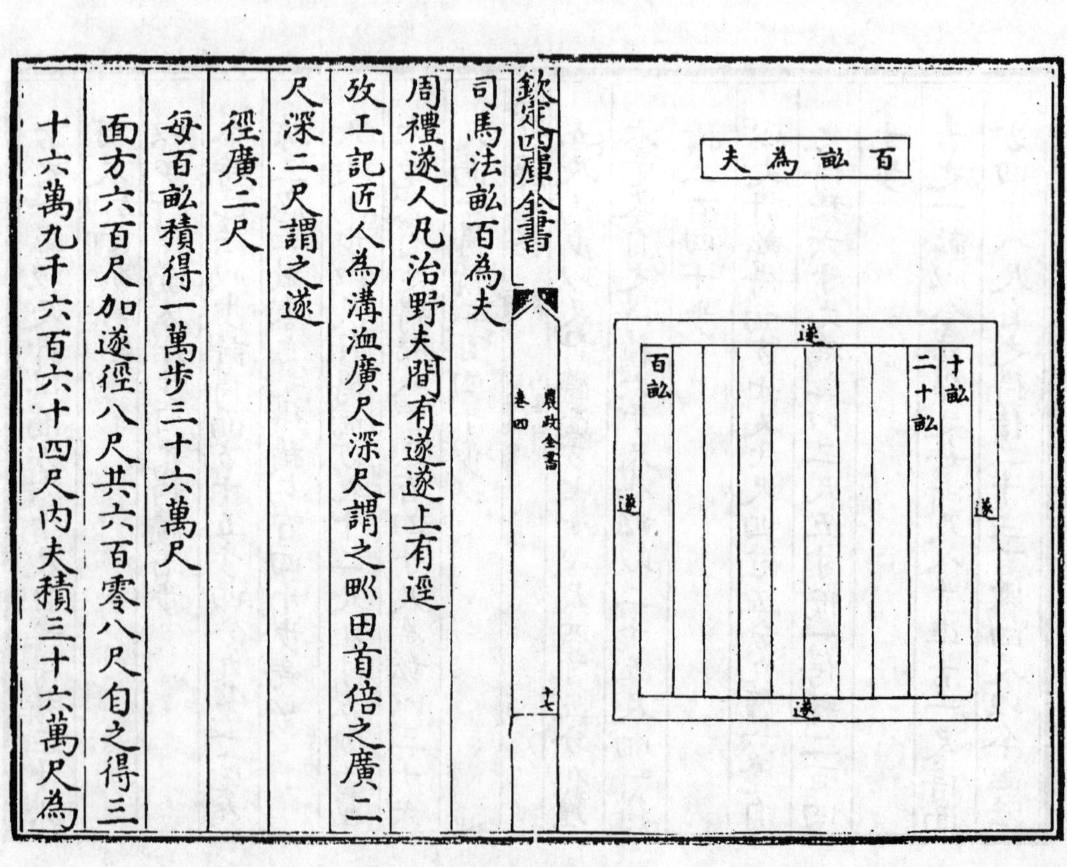

司馬法畝百為夫
周禮遂人凡治野夫閒有遂遂上有逕
攷工記匠人為溝洫廣尺深尺謂之畎田首倍之廣二
尺深二尺謂之遂
逕廣二尺
每百畝積得一萬步三十六萬尺
面方六百尺加遂逕八尺共六百零八尺自之得三
十六萬九千六百六十四尺內夫積三十六萬尺為

田百畝遂逕積九十六百六十四尺得二畝六分八
釐四毫一六
古之百畝今浙尺畝法筭得二十六畝六分六釐六
毫六絲六忽一六
遂徑七分一釐六毫
今牙尺筭得二十四畝五分七釐六毫
遂徑六分五釐九毫七絲

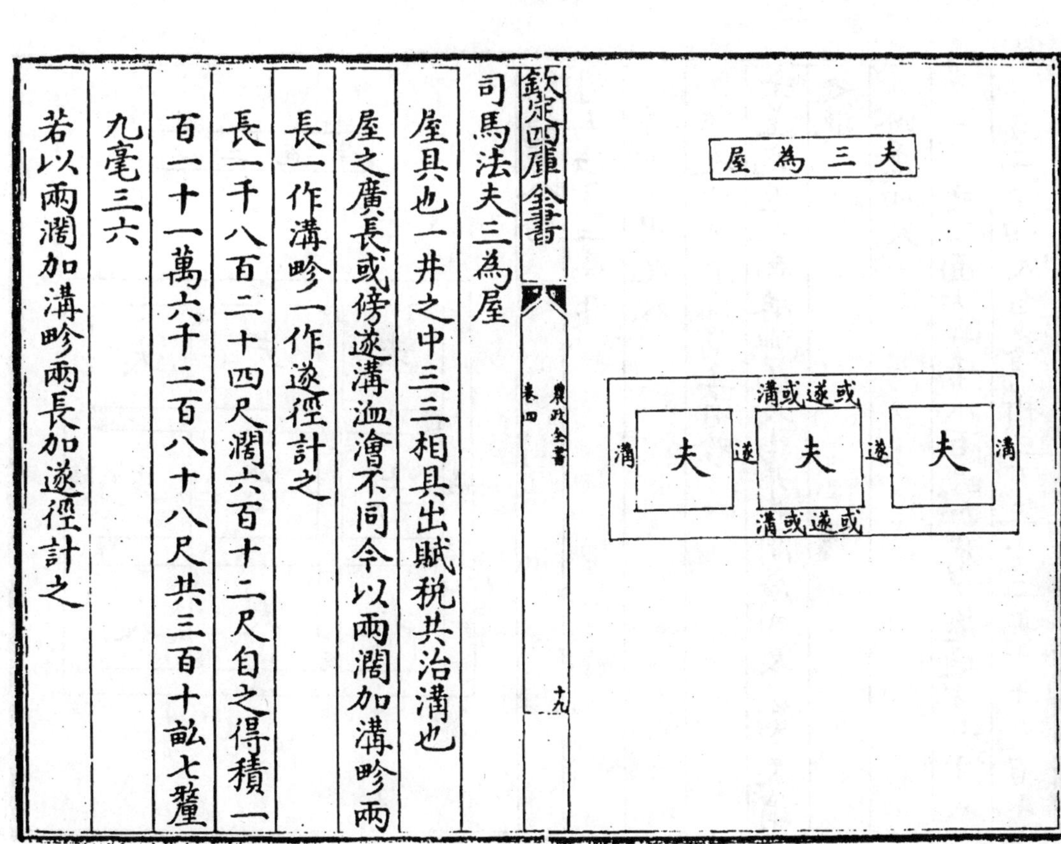

司馬法夫三為屋
屋具也一井之中三三相具出賦稅共治溝也
屋之廣長或傍遂溝洫澮不同今以兩濶加溝畛兩
長一作溝畛一作遂徑計之
長一千八百二十四尺濶六百十二尺自之得積一
百一十一萬六千二百八十八尺共三百十畝七釐
九毫三六
若以兩濶加溝畛兩長加遂徑計之

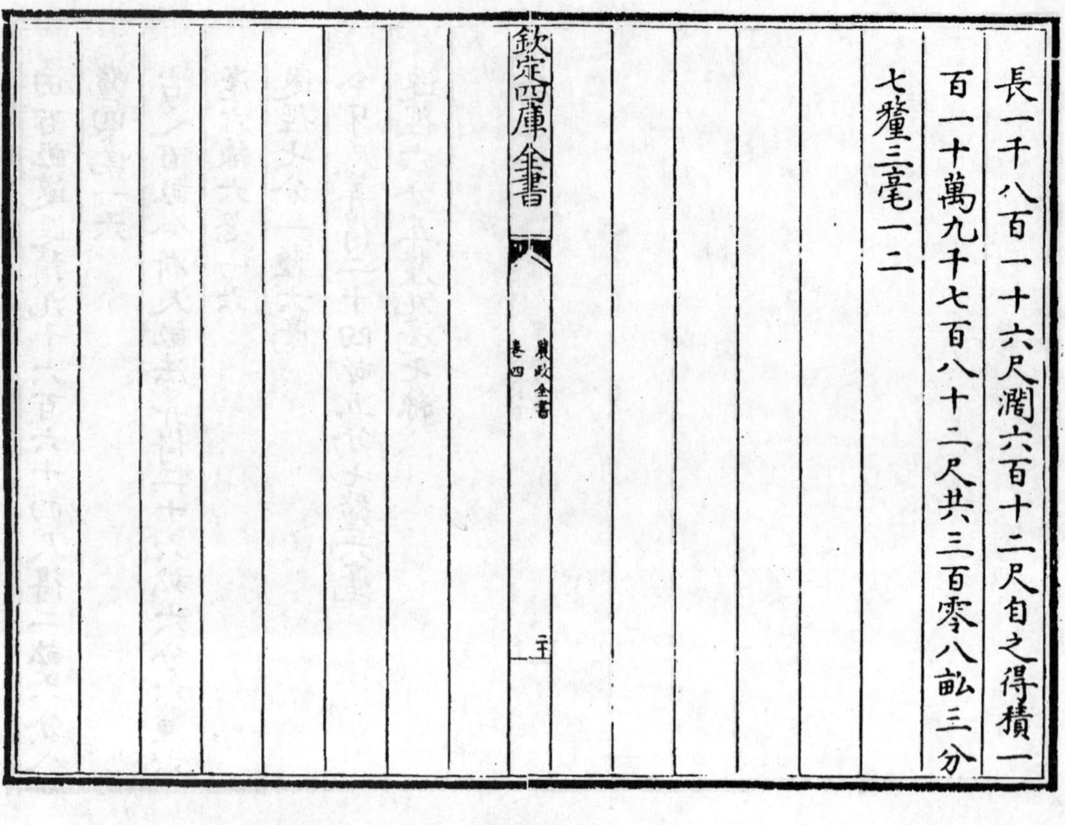
長一千八百一十六尺濶六百十二尺自之得積一百一十萬九千七百八十二尺共三百零八畝三分七釐三毫一二

欽定四庫全書　　農政全書　卷四

屋三為井

溝
遂　夫　遂　夫　夫
遂　遂
溝　夫　公田　夫　溝
遂　遂
夫　夫　夫
遂　遂
溝

欽定四庫全書　　農政全書　卷四

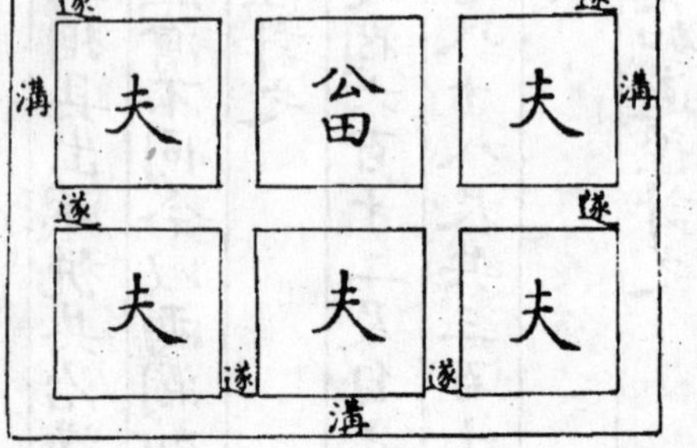

司馬法屋三為井

井方一里九夫

遂人十夫有溝溝上有畛

考工記匠人為溝洫九夫為井井間廣四尺深四尺謂之溝

畛廣四尺

一井之田面方一千八百尺加溝畛遂逕方一千八百二十四尺自之得積三百三十二萬六千九百七

十六尺

內九夫積三百二十四萬尺為田九百畝

溝畛積五萬七千八百五十六尺

遂逕積二萬九千一百二十尺二積共二十四畝一

分六釐

四井為邑

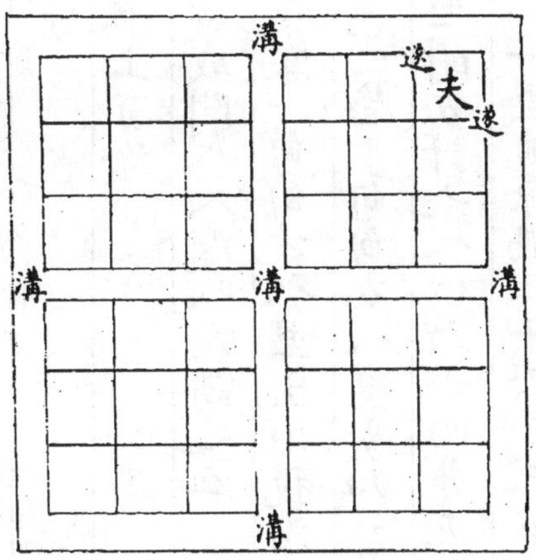

溝　遂　夫　遂　溝　溝　溝　溝

小司徒四井為邑

邑方二里三十六夫

一邑之田面方三千六百尺加溝畛遂徑面方三千

六百四十尺自之得一千三百二十四萬九千六百

尺

內田積一千二百九十六萬尺為田三千六百畝溝

畛遂逕積二十八萬九千六百尺得八十畝四分四

釐四毫一六

四邑為丘

溝 溝 溝
井 邑 井 邑
丘
邑 井 邑 井
溝 溝

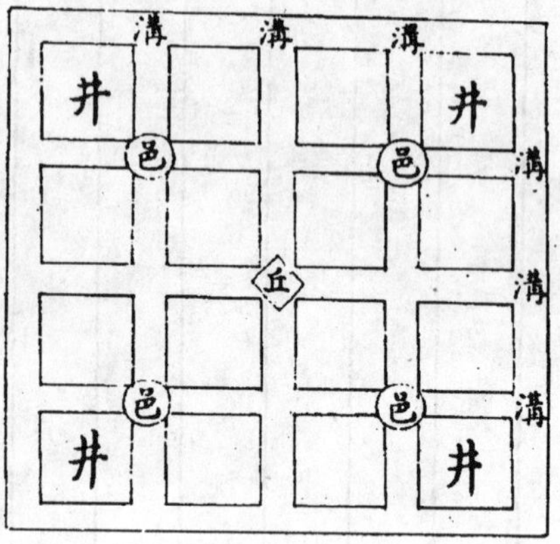

小司徒四邑為丘

丘方四里十六百百四十四夫

一丘之田面方七千二百尺加溝畛遂逕七十二尺其面方七千二百七十二尺自之得積五千二百八十八萬一千九百八十四尺

內田積五千一百八十四萬尺得一萬四千四百畝溝畛遂逕積一百零四萬一千九百八十四尺得二百八十九畝四分四釐

四丘為甸

洫 溝
旁加一里
邑 丘 成中一甸 丘 邑
旁加一里 洫 旁加一里 洫
旁加一里
洫

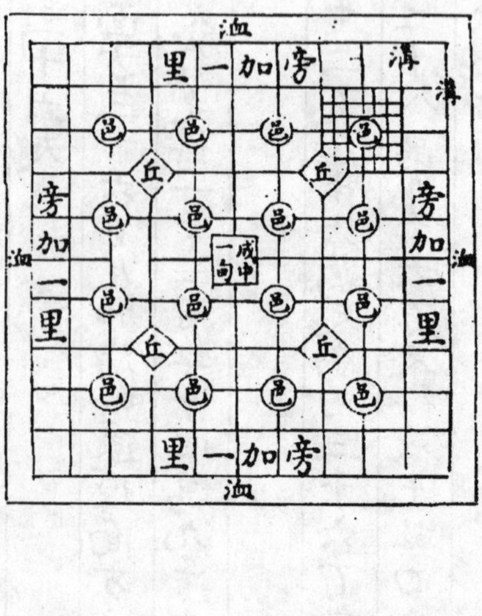

小司徒四丘為甸

司馬法井十為成

遂人百夫有洫洫上有涂

匠人方十里為成成間八尺深八尺謂之洫

成方十里成中容一甸甸方八里出田稅沿邊一里治洫四井為邑四登于甸甸方八里旁加一里故方十里甸之八里開方計之八八六十四井五百七十六夫出稅旁加一里通廉隅三十六井三百二十四

夫治洫

涂亦廣八尺

一成之田面方一萬八千尺加洫涂溝畛遂逕一百八十四尺共一萬八千一百八十四尺自之得積三億三千零六十五萬七千八百五十六尺內積三億二千四百萬尺為田九萬畝餘積六百六十五萬七千八百五十六尺得洫涂溝畛遂逕共一千八百四十九畝四分四毫一六

一甸之田面方一萬四千四百尺自之得積二億零七百三十六萬尺為田五萬七千六百畝廉隅積一億一千六百六十四萬尺為田三萬二千四百畝共得出税田九萬畝

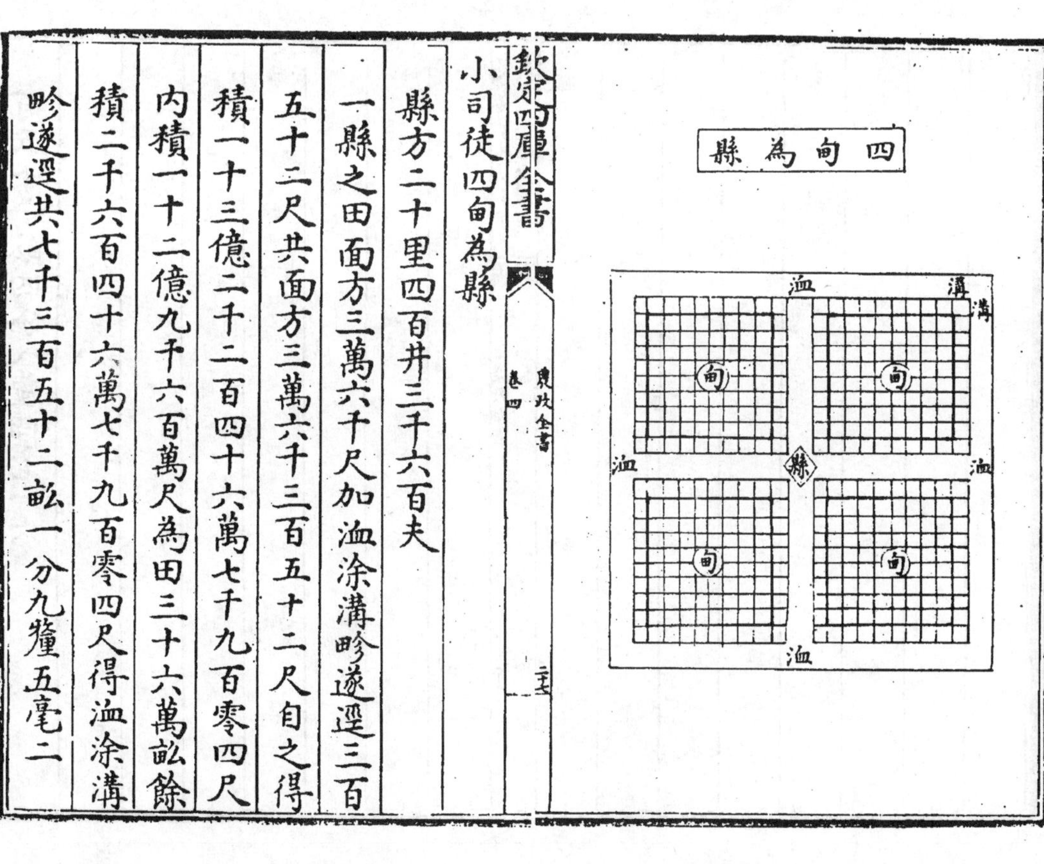

小司徒四甸為縣

縣方二十里四百井三千六百夫

一縣之田面方三萬六千尺加洫涂溝畛遂逕三百五十二尺共面方三萬六千三百五十二尺自之得積一十三億二千一百四十六萬七千九百零四尺內積一十二億九千六百萬尺為田三十六萬畝餘積二千六百四十六萬七千九百零四尺得洫涂溝畛遂逕共七千三百五十二畝一分九釐五毫二

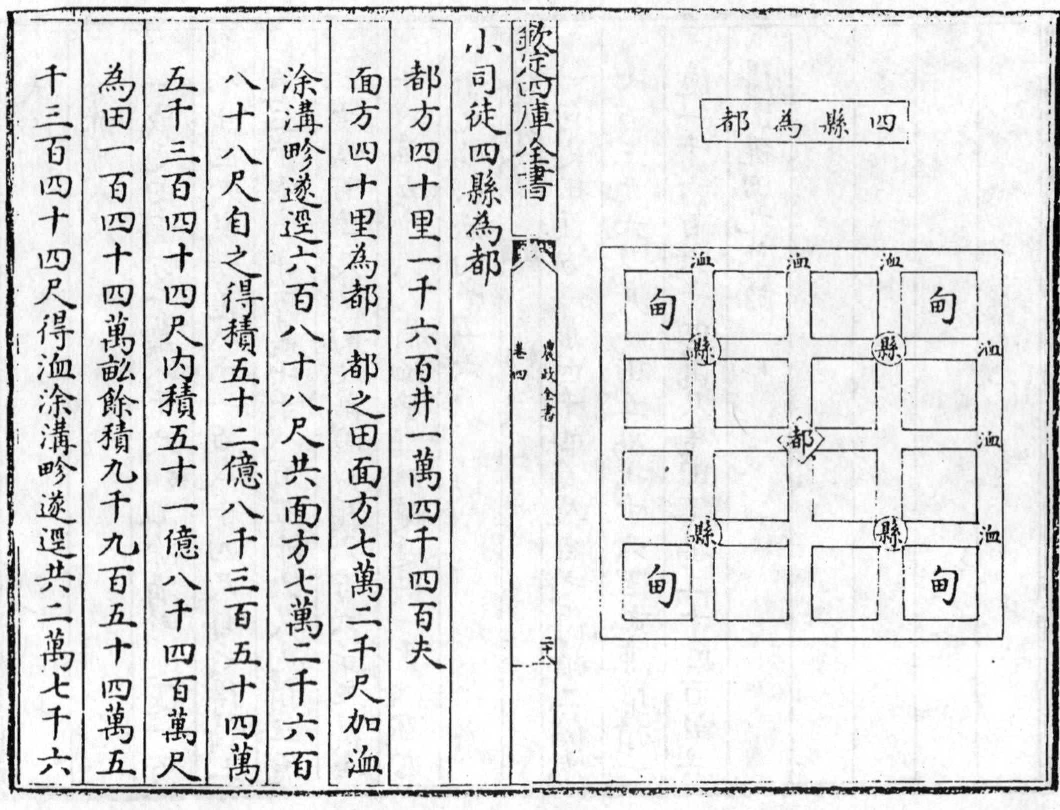

小司徒四縣為都

都方四十里一千六百井一萬四千四百夫

面方四十里為都一都之田面方七萬二千尺加洫涂溝畛遂遻六百八十八尺共面方七萬二千六百八十八尺自之得積五十二億八千三百五十四萬五千三百四十四尺內積五十一億八千四百萬尺為田一百四十四萬畝餘積九千九百五十四萬五千三百四十四尺得洫涂溝畛遂遻共二萬七千六百五十一畝四分八釐四毫一六

四都為同

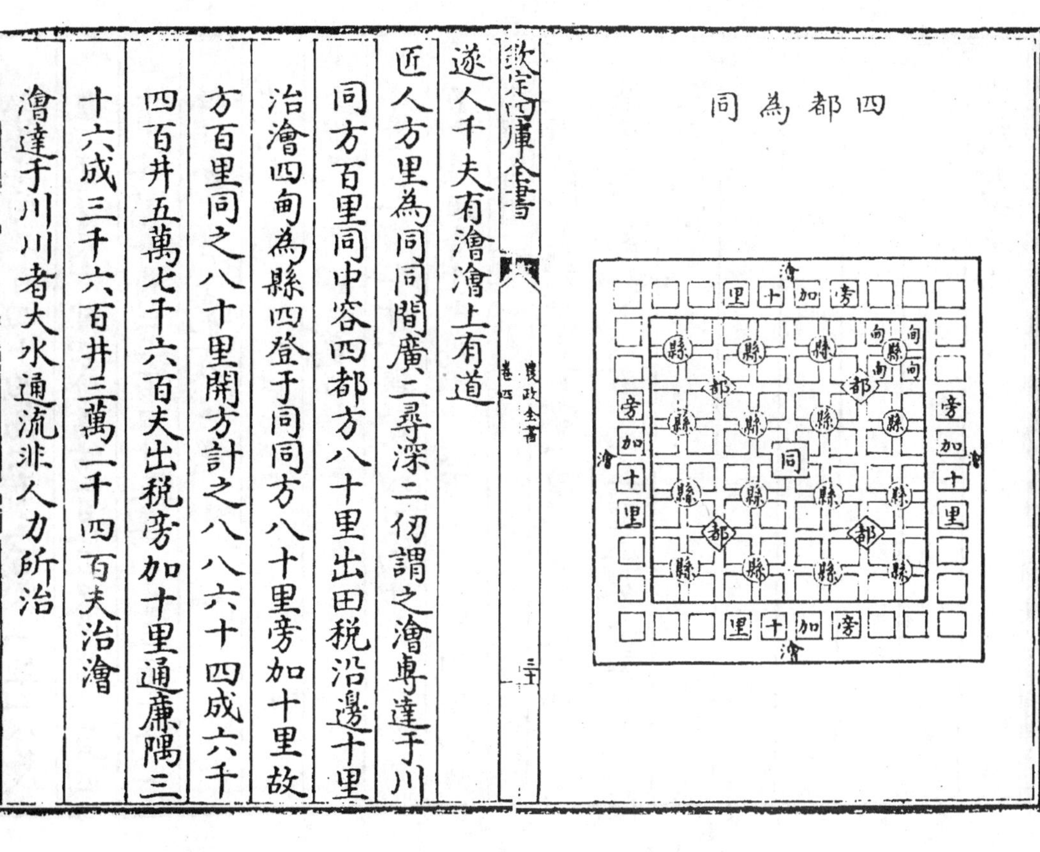

遂人千夫有澮澮上有道

匠人方里為同同間廣二尋深二仞謂之澮專達于川

同方百里同中容四都方八十里出田稅沿邊十里治澮四甸為縣四登于同同方八十里旁加十里故方百里同之八十里開方計之八八六十四成六千四百井五萬七千六百夫出稅旁加十里通廉隅三十六成三千六百井三萬二千四百夫治澮

澮達于川川者大水通流非人力所治

道廣二尋

井田之制備于一同

一同之田面方一十八萬尺加澮道六十四尺洫涂一百四十四尺溝畛七百二十尺遂逕八百尺共得面方一千七百二十八尺六而一得三萬零二百八十八步自之得積九億一千七百三十六萬二千九百四十四步以畝法積百步而一得九百一十七萬三千六百二十九畝四分四釐內六十四成積五億

七千六百萬步為田五百七十六萬畝廉隅三十六成積三億二千四百萬步為田三百二十四萬畝共得出稅田九百萬畝澮道洫涂溝畛遂逕共一十七萬三千六百二十九畝四分四釐

若以面方一十八萬一千七百二十八尺自之得積尺三百三十億零二千五百零六萬五千九百八十四尺以畝法三千六百尺而一得田數與前術同

今時浙尺八寸當古一尺六尺為步二百四十步為

畝算得田二百四十四萬六千三百零一畝一分八釐四毫牙尺六寸四分當古一尺五尺為步二百四十步為畝算得田二百二十五萬四千五百一十一畝一分七釐一毫一絲七忽

古之九百萬

今浙尺二百四十萬畝

今牙尺二百二十一萬一千八百四十畝

古之澮道等十七萬三千六百二十九畝四分四釐

今浙尺四萬六千三百零一畝一分八釐四毫

今牙尺四萬二千六百七十一畝一分七釐一毫一絲七忽

農政全書卷四

欽定四庫全書

農政全書卷五

明　徐光啓　撰

田制

農桑訣田制篇

王禎曰器非農不作田非器不成周禮遂人凡治野以土宜教甿稼穡而後以時器勸甿命篇之義導所自也夫禹别九州其田壤之法固多不同而稷教五穀則樹藝之方亦隨以異故皆以人力器用所成者書之各有科等用列諸篇之右

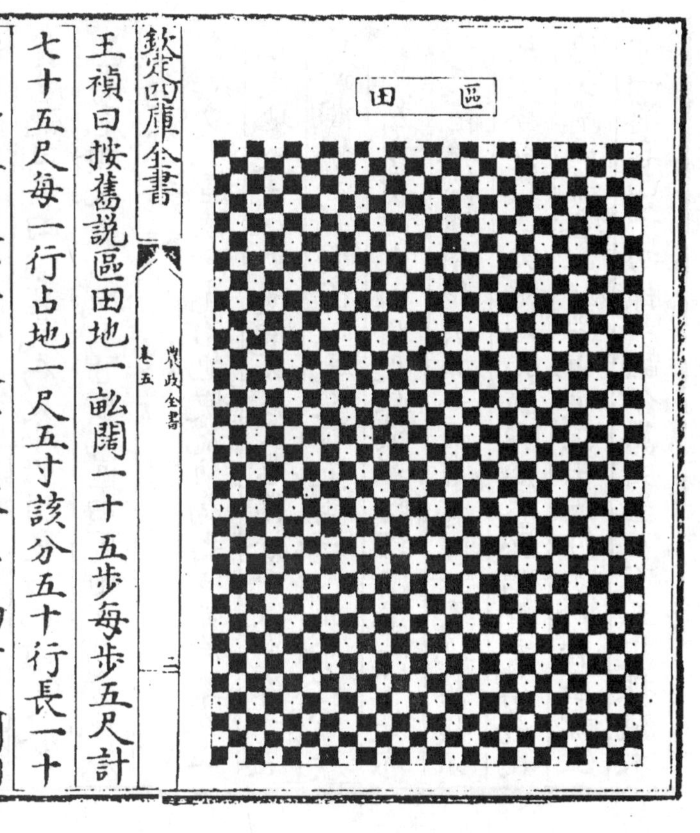

王禎曰按舊說區田地一畝闊一十五步每步五尺計七十五尺每一行占地一尺五寸該分五十行長一十六步計八十尺每行一尺五寸該分五十四行長闊相乘通二千七百區空一行種於所種行内隔一區種一區除隔空外可種六百七十五區每區深一尺用熟糞一升與區土相和布穀勻覆以手按實令土種相著苗出看稀稠存留鋤不厭頻旱則澆灌結子時鋤土深壅其根以防大風搖擺古人依此布種每區收穀一斗每畝可收六十六石今人學種可減半計玄扈先生曰當攷古今度量又參攷氾勝之書及務本書謂湯有七年之旱伊尹作為區田教民糞種負水澆稼諸山陵傾阪及田丘城上皆可為之其區當于閑時旋旋掘下正月種春大麥二三月種山藥芋子三四月種粟及大小豆八月種二麥豌豆節次為之不可貪多夫儉豐不常天之道也故君子貴思患而預防之如嚮年壬辰戊戌饑歉之際但依此法種之皆免飢殍此已試之明效也竊謂古人區種之法本為禦旱濟時如山郡地土高仰歲歲如此種蓺則可常熟惟近家瀕水為上其種不必牛犁但鑿钁墾斸又便貧難大率一家五口可種一畝已自足食家口多者隨數增加男子兼作婦人童稚量力分工定為課業各務精勤若糞治得法沃灌以時人力既到則地利自饒雖遇災不能損耗用省而功倍田少而收多全家歲計指期可必實救貧之捷法備荒之要務也詩云昔聞伊尹相湯日救旱有方由聖智限將一畝作田規計

區六百六十二星分碁布滿方疇參錯有條相列次耕畬元不用牛犂短鋤長鑱皆佃器糞腴灌溉但從宜庚坂窮原俱美地舉家計口各輸力男女添工到童稚坎餘種耨非重勞日課同趨等娛戲菽粟諸芋雜數品辦作儲糧接充餌歲餘五口儘無飢倍種兼收仍不啻久知豐歉歲不常大抵古今同一致

賈思勰曰區田以糞氣為美非必須良田也諸山陵近邑高危傾阪及丘城上皆可為區田區田不耕旁地庶

盡地力凡區種不先治地便荒地為之以畝為率令一畝之地長十八丈廣四丈八尺當横分十八丈作十五町町間分為十四道以通人行道廣一尺五寸町皆廣一尺五寸長四丈八尺尺直横鑿町作溝溝一尺深亦一尺積穰於溝間相去亦一尺甞悉以一尺地積穰不相受令弘作二尺地以積穰種禾黍於溝間夾溝為兩行去溝兩邊各二寸半中央相去五寸旁行相去亦五寸一溝容四十四株一畝合萬五十七百五十株種禾黍令上有一寸土不可令過一寸亦不可令减一寸凡區種麥令相去二寸一行一溝容五十二株一畝凡四萬五千五百五十株麥上土令厚二寸凡區種大豆令相去一尺二寸一溝容九株一畝凡六千四百八十株禾一斗有五萬一千餘粒黍亦少此少許大豆一斗一萬五千餘粒區種荏令相去三尺胡麻相去一尺區種天旱常溉之一畝常收百斛上農夫區方深各六寸間相去九寸一畝三千七百區一日作千區區種粟二十粒美糞一升合土和之畝用種二

升秋收區別三升粟畝收百斛丁男長女治十畝十畝收千石歲食三十六石支二十六年中農夫區方九寸深六寸相去二尺一畝千二十七區用種一升收粟五十一石一日作三百區下農夫區方九寸深六寸相去二尺一畝五百六十七區用種六升收二十八石一日作二百區諺曰頃不比畝善謂多惡不如少善也區中草生拔之區間草以剗剗之若以鋤鋤苗長不能耘之者以劬鐮比地刈其草矣

又曰兖州刺史劉仁之昔在洛陽於宅田以七十步之地域為區田收粟三十六石然則一畝之收有過百石矣少地之家所宜遵用也

玄扈先生曰區收一斗畝六十六石即區田一畝可食二十許人矣蓋古今斗斛絶異周禮食一豆肉飲一豆酒中人之食也孔明每食不過數升而仲達以為食少事煩若如今斗則中人豈能頓盡孔明數升已自不少而廉頗五斗得無太多計如今之畝若斗則每畝可收數石可食兩人以下耳見文學張弘言有糞壅法即令常種稻田亦可得穀畝二十許斛也近年中州撫院督民鑿井灌田竊意遠水之地自應種旱穀若鑿井以為水田此令民終歲狷狷也若云救旱穀則炎天燥土一井所灌其潤幾何必須教民為區田家各二三畝以上一家糞肥多在其中遇旱則汲井溉之此外田畝聽人自種旱穀則豐年可以兩全即遇大旱而區田所得亦足免於飢窘比於廣種無收效相遠矣

圃田

圃田種蔬果之田也周禮以場圃任園地註曰圃樹果蓏之屬其田繚以垣牆或限以籬塹負郭之間但得十畝足贍數口若稍遠城市可倍添田數至半頃而止結廬于上外周以桑課之蠶利內皆種蔬先作長生韭一二百畦時新菜二三十種惟務多取糞壤以為膏腴之本應有天旱臨水為上否則量地鑿井以備灌溉地若稍廣又可兼種麻苧果穀等物比之常田歲利數倍此園夫之業可以代耕至于養素之士亦可托為隱所因

得供瞻又可宦遊之家若無别墅就可棲身駐迹如漢陰之獨力灌畦河陽之閑居鬻蔬亦何害于助道哉

圃田

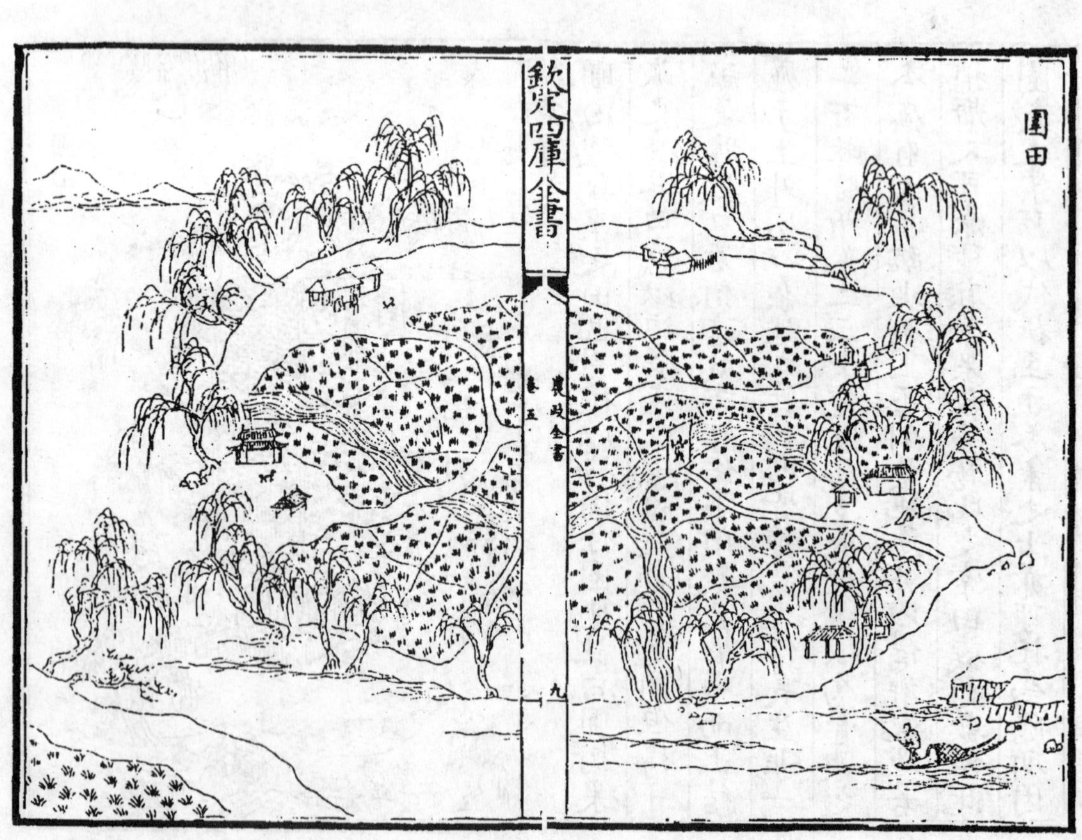

圍田築土作圍以繞田也蓋江淮之間地多藪澤或瀕水不時渰沒妨于耕種其有力之家度視地形築土作堤環而不斷内容頃畝千百皆為稼地後值諸將屯戍因令兵衆分工起土亦傚此制故官民異屬復有圩田謂疊為圩岸捍護外水與此相類雖有水旱皆可救禦凡一熟餘不惟本境足食又可贍及鄰郡實近古之上法將來之永利詩云度地置圍田相兼水陸全萬夫興力役千頃入周旋俯納環城地穹懸覆幕天中藏仙洞

秘外逮月宮圓蟠亘參淮甸紆回際海壖官民皆紀號遠近不相緣守望將同井寬平却類川隰桑宜葉沃堤柳要根駢交往無多迳高居各一廛偶因成土著元不異民編生業團鄉社囂塵隔市廛溝渠通灌溉塍埂互連延俱樂耕耘便猶防水旱偏翻車能沃槁瀽穴可抽泉攤綠秧鋤後均黃刈稏前總治新稅籍素表屢豐年黍稌及億秭倉箱累萬千折償依市直輸納帶逋懸歲計仍餘羨牙商許懋遷補添他郡食販入外江船課最

司農績治優都水擢

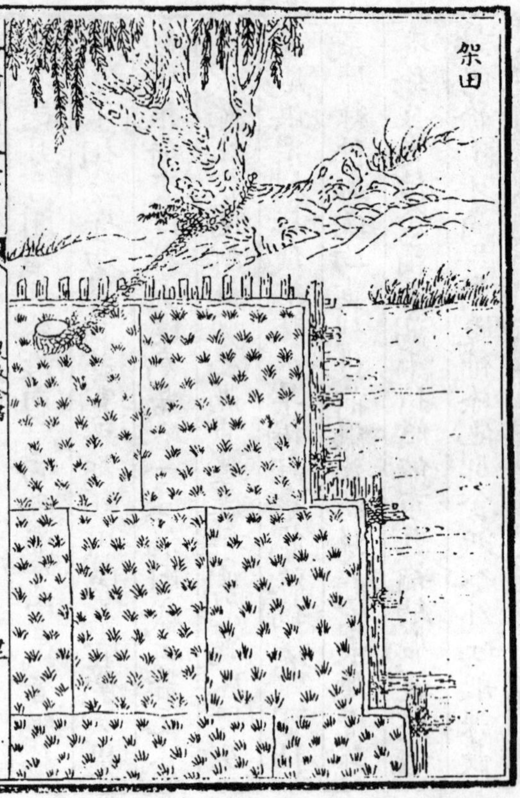

架田

架田架猶筏也亦名葑田集韻云葑菰草也葑亦作湗江東有葑田又淮東二廣皆有之東坡請開杭之西湖狀謂水涸草生漸成葑田（玄扈曰東坡所云與此異）考之農書云若深水藪澤則有葑田以木縛為田坵浮繫水面以葑泥附木架上而種蓺之其木架田坵隨水高下浮泛自不渰浸周禮所謂澤草所生種之芒種是也芒種有二義鄭玄謂有芒之種若今黃穋穀是也一謂待芒種節過乃種今人占候夏至小滿至芒種節則大水已過然後

以黃穋穀種之於湖田然則有芒之種與芒種節候二義可並用也黃穋穀自初種以至收刈不過六十七日亦以避水溢之患竊謂架田附葑泥而種既無旱暵之災復有速收之效得置田之活法水鄉無地者宜傚之

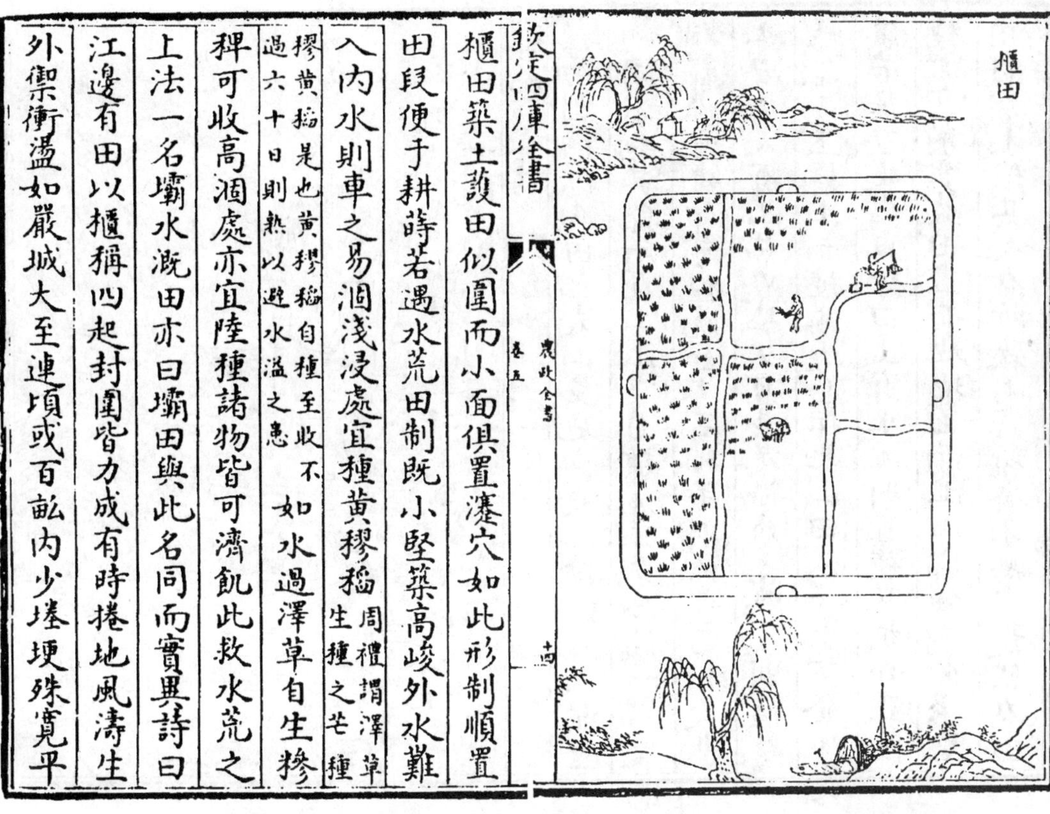

櫃田築土護田似圍而小面俱置瀽穴如此形制順置田段便于耕蒔若遇水荒田制既小堅築高峻外水難入內水則車之易涸淺浸處宜種黃穋稻（周禮謂澤草生種之芒種穋黃稻是也黃穋稻自種至收不過六十日則熟以避水溢之患）如水過澤草自生穇稗可收高涸處亦宜陸種諸物皆可濟飢此救水荒之上法一名壩水溉田亦曰壩田與此名同而實異詩曰江邊有田以櫃稱四起封圍皆力成有時捲地風濤生外禦衝盪如嚴城大至連頃或百畝內少塍埂殊寬平牛犁展用易為力不妨陸耕及水耕

梯田

梯田謂梯山為田也夫山多地少之處除磊石及峭壁例同不毛其餘所在土山下自横麓上至危巔一體之間裁作重磴即可種蓺如土石相半則必疊石相次包土成田又有山勢峻極不可展足播殖之際人則傴僂蟻沿而上耨土而種躡坎而耘此山田不等自下登陟俱若梯磴故總曰梯田上有水源則可種秫秔如止陸種亦宜粟麥蓋田盡而地地盡而山山鄉細民必求墾佃猶勝不稼其人力所致雨露所養不無少穫然力田至此未免糲食又復租稅隨之良可憫也詩云世間田制多等夷有田世外誰名題非水非陸何所兮危巔峻麓無田蹊層磴横削高為梯舉手捫之足始躋傴僂前向防顛擠佃作有具仍兼攜隨宜墾斸或東西知時種早無噬臍稗苗亟耨同高低十九畏旱思雲霓凌冒風日面且黧四體臞瘁肌若刲糞有薄穫勝稗荑力田至此嗟彼啼田家貧富如雲泥貧無錐置富望迷古稱井地今可稽一夫百畝容可棲餘夫田數猶半圭我今豈獨非黔黎可無片壤充耕犂

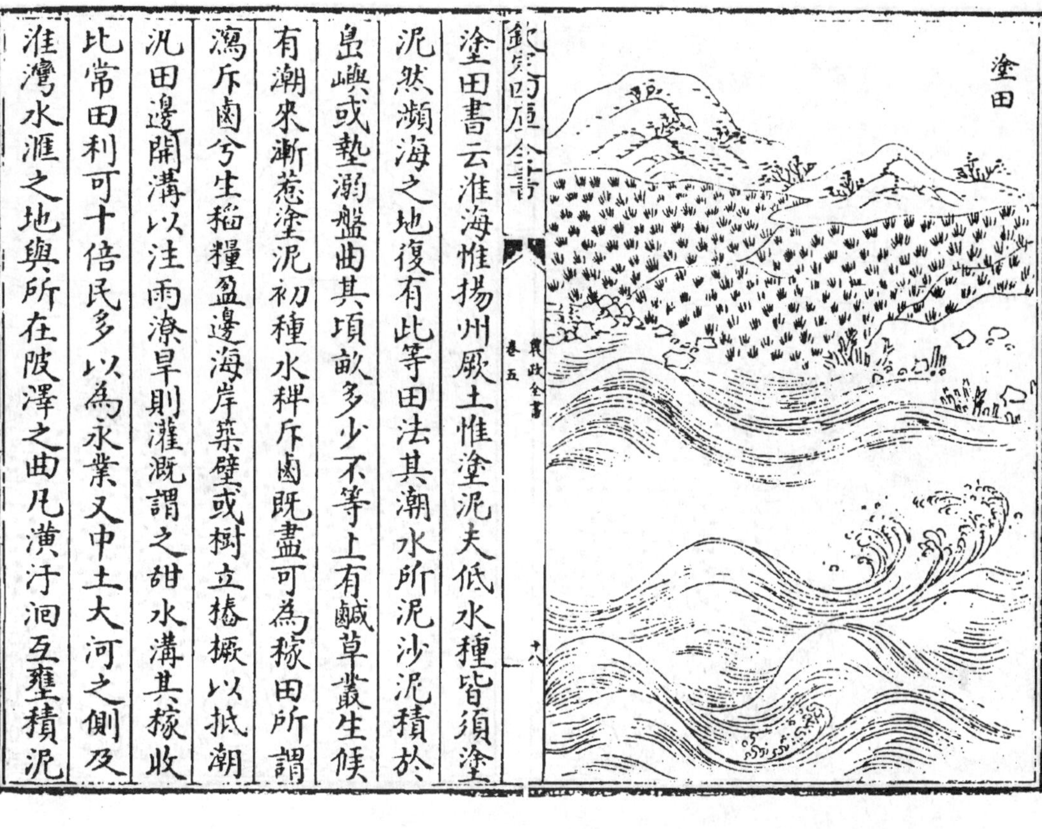

塗田書云淮海惟揚州厥土惟塗泥夫低水種皆須塗泥然瀕海之地復有此等田法其潮水所泥沙泥積於島嶼或墊溺盤曲其頃畝多少不等上有鹹草叢生候有潮來漸惹塗泥初種水稗斥鹵既盡可為稼田所謂瀉斥鹵兮生稻糧盈邊海岸築壁或樹立樁橛以抵潮汎田邊開溝以注雨潦旱則灌溉謂之甜水溝其稼收比常田利可十倍民多以為永業又中土大河之側及淮灣水滙之地與所在陂澤之曲凡潢汙洄互壅積泥滓退皆成淤灘亦可種蓺秋後泥乾地裂布撒麥種於上其所收比淤田之效也夫塗田淤田各因潮漲而成以地法觀之雖若不同其收穫之利則無異也詩云書稱淮海惟揚州厥土塗泥來已久今云海嶠作塗田外拒潮來古無有霖潦滲漉斥鹵盡沆泲已豈三載後又有河淤水退餘禾麥一收倉廩阜昔聞漢世有民歌涇水一石泥數斗且溉且糞長禾黍衣食京師億萬口稔知燕地多陂渠後魏裴延儁為幽州刺史修復燕地故戾陵諸堨及范陽督亢渠溉田萬餘頃為利十倍糞溉膏腴倍常畝若云是地可塗田先願滋培根本厚闕政令知水利先昔司馬溫公言令闕政水利居其一天下豈無霖雨手玄扈先生曰溫公亦解此但令王介甫為之便不是東坡輩又附會而排笮之何哉

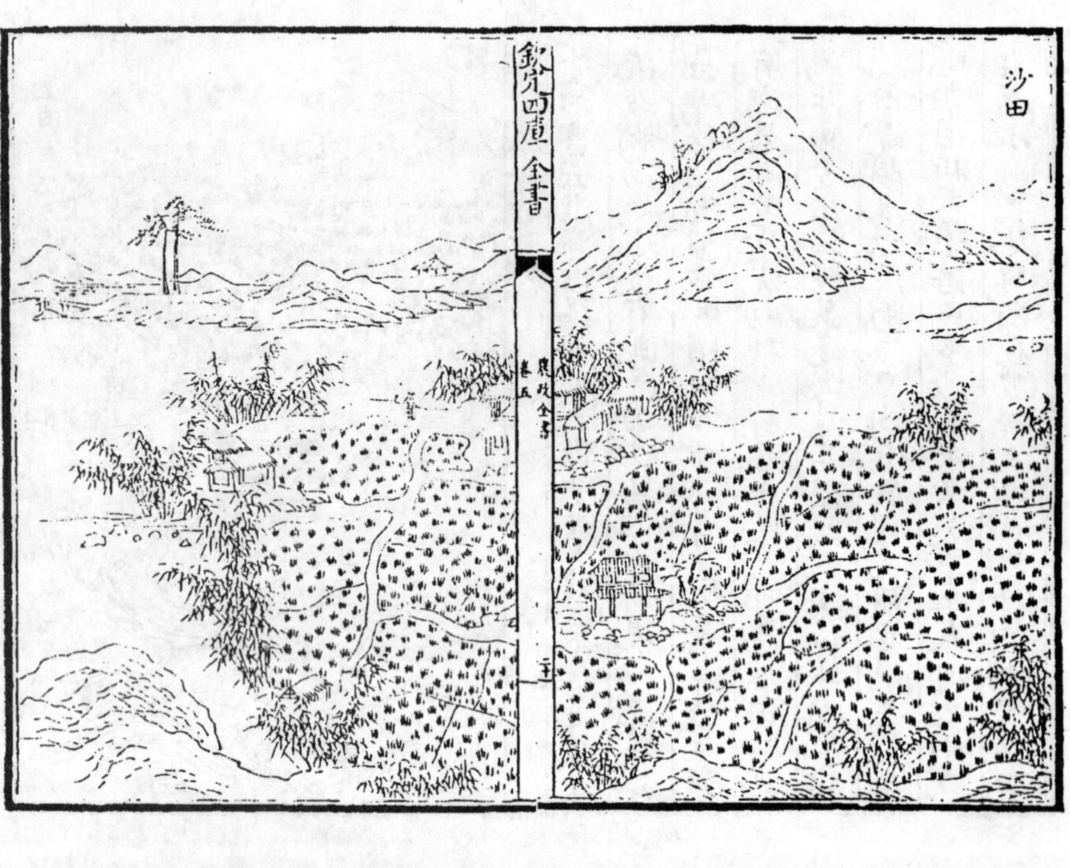

沙田南方江淮間沙淤之田也或濵大江或峙中州四圍蘆葦駢密以護堤岸其地常潤澤可保豐熟普為塍埂可種稻秫間為聚落可蓺桑麻或中貫湖溝旱則平溉或傍繞大港澇則洩水所以無水旱之憂故勝他田也舊所謂坍江之田廢復不常故畝無常數稅無定額正謂此也宋乾道年間近習梁俊彦請稅沙田以助軍餉既施行矣時相葉顒奏曰沙田者乃江濵出没之地水激于東則沙漲于西水激于西則沙復漲于東百姓

隨沙漲之東西而田焉是未可以為常也且比年兵興兩淮之田租並復至今未徵況沙田乎其事遂寢時論是之今吾國家平定江南以江淮舊為用兵之地最加優恤租稅甚輕至於沙田聽民耕墾自便令為樂土愚嘗客居江淮目擊其事輒為之賛云江上有田總名曰沙中開畝畝外繞蒹葭耐經水旱遠際雲霞耕同陸土橫亘水涯内備農具傍泊魚杈易勝畦埂肥漬菭華普宜稻秫可殖桑麻種則雜錯收則倍加潮生上溉水夾

分乂澇須浚港旱或舁車地為永業姓隨其家三時力穡多稼逾秏公私彼此播縱通遐租賦不常豐稔惟嘉

玄扈先生曰肥積苔華此四字弗輕誦過是糞壤法也今濱湖人漉取苔華以當糞壅甚肥不可不知王君既作贊而糞壤篇又不盡著其法此為不精矣余讀農書謂王君之詩學勝農學其農學絶不及苗好謙暢師文輩也

又曰苔華壅田惟濱湖之北者乃可夏月苔乘風則聚於北岸故也

農政全書卷五

農政全書卷六

明　徐光啟　撰

農事

營治上

齊民要術曰凡人家營田須量己力寧可少好不可多惡假如一㹀牛總營得小畝三頃據齊地大畝一頃三十五畝也每年一易必須頻種其雜田地即是來年穀資欲善其事先利其器悅以使人人忘其勞且須調習器械務令快利秣飼牛畜常須肥健撫恤其人常須歡悅觀其地勢乾濕得所凡秋收了先耕蕎麥地次耕餘地務遣深細不得趂多看乾濕隨時蓋磨著切見世人耕了仰著土塊並待孟春蓋若冬乏水雪連夏亢陽徒道秋耕不堪下種無問耕得多少皆須旋蓋磨如法如一㹀牛兩個月秋耕計得小畝三頃經冬加料餧至十二月內即須排比農具使足一入正月初未開陽氣上

即更蓋所耕得地一遍凡田地中有良有薄者即須加糞糞之其踏糞法凡人家秋收後治糧場上所有穰穀穢等並須收貯一處每日布牛脚下三寸厚每平旦收聚堆積之還依前布之經宿即堆聚計經冬一具牛踏成三十車糞玄扈先生曰不止牛也凡猪羊皆倣此作而以灰及雜草藁布之至十二月正月之間即載糞糞地計小畝畝别用五車計糞得六畝勻攤耕蓋著未須轉起自地亢後但所耕地隨向蓋之待一段總轉了即横蓋一遍計正月二月兩個月

又轉一遍然後看地宜納粟先種黑地微帶下地即種糙種然後種高壤白地其白地候寒食後榆莢盛時納種以次種大豆油麻等田然後轉所糞得所耕五六遍每耕一遍蓋兩遍最後蓋三遍還縱横蓋之候昏房心中下黍種無問穀小畝一升下子則稀概得所候黍粟苗未與壠齊即鋤一遍黍經五日更報鋤第二遍候未蠶老畢報鋤第三遍如無力即止如有餘力秀後更鋤第四遍油麻大豆並鋤兩遍止亦不厭旱鋤穀第一遍耕科定每科只留兩莖更不得留多每科相去一尺玄扈先生曰古一尺大約今一尺三寸有餘後齊民要術中尺寸倣此兩壠頭空務要深細第一遍鋤未可全深第二遍唯深是求第三遍較淺於第二遍第四遍較淺

齊民要術耕田篇曰田陳也樹穀曰田象形從口從十阡陌之制也耕種也從耒井聲一曰古者井田劉熙釋名曰田填也五穀填滿其中犂利也利發土絶草根耨似鉏以薅禾也斸誅也主以誅鉏根株也凡開荒山澤

田皆七月芟艾之草乾即放火至春而開墾其林木大者劉殺之葉死不扇便任耕種三歲後根枯莖朽以火燒之耕荒畢以鐵齒鎘楱再遍杷之漫擲黍穄勞亦再徧明年乃種爲穀田凡耕高下田不問春秋必須燥濕得所爲佳若水旱不調寧燥不濕燥雖耕塊一經得雨地則粉解濕耕堅垎胡洛數年不佳諺曰濕耕澤鋤不如歸去言無益而有損濕耕者白背速鎘楱之亦無傷否則大惡也春耕尋手勞古曰耰今曰勞說文曰耰摩田器今人亦名勞曰摩秋耕待白背勞秋多風若不尋勞地必虛燥秋田塌實塌勞令地硬諺曰耕而不勞不如作暴蓋言澤難遇喜天時故也桓寬鹽鐵

論曰茂木之下無豊草大塊之間無美苗凡秋耕欲深春夏欲淺犁欲廉勞欲再犁廉耕細牛復不疲再勞地熟旱亦保澤也秋耕掩青者為上比至冬月青草復生者其美與小豆同也初耕欲深轉地欲淺耕不深地不熟轉不淺動生土也菅茅之地宜縱牛羊踐之踐則浮根七月耕之則死非七月復生矣凡美田之法綠豆為上小豆胡麻次之悉皆五六月中穊美懿反漫種也種七月八月犁掩殺之為春穀田則畝收十石農桑輯要曰一石大約今二斗七升十石今二石七斗有奇也後齊民要術中石斗倣此其美與蠶矢熟糞同凡秋收之後牛力弱未及即秋耕者穀黍穄

粱秫茇之下即移羸速鋒之也恒潤澤而不堅硬乃至冬初嘗得耕勞不患枯旱若牛力少者但九月十月一勞之至春稿種亦得魏文侯曰民春以力耕夏以鋤耘秋以收斂雜陰陽書曰亥為天倉耕之始呂氏春秋曰冬至後五旬七日菖生菖者百草之先生者也於是始耕高誘注曰菖菖蒲水草也淮南子曰耕之為事也勞織之為事也擾擾勞之事而民不舍者知其可以衣食也人之情不能無衣食衣食之道必始耕織之物若耕織始初甚勞終必利也衆又曰不能耕而欲黍粱不能織而喜縫裳無其事而求其功難矣氾勝之書曰凡耕之本在於趣時和土務糞澤旱鋤穫春凍解地氣始通土一和解夏至天氣始暑陰氣始盛土復解夏至後九十日晝夜分天地氣和以此時耕田一而當五名曰膏澤皆得時功春地氣通可耕堅硬強地黑壚土輒平摩其塊以生草草生復耕之天有小雨復耕和之勿令有塊以待時所謂強土而弱之也春候地氣始通椓橛木長尺二寸埋

尺見其二寸立春後土塊散上沒橛陳根可拔此時二十日以後和氣去即土剛以此時耕一而當四和氣去耕四不當一杏始華榮輒耕輕土弱土望杏花落復耕耕輒藺之草生有雨澤耕重藺之土甚輕者以牛羊踐之如此則土強此謂弱土而強之也春氣未通則土歷適不保澤終歲不宜稼非糞不解慎無旱耕須草生至可種時有雨即種土相親苗獨生草穢爛皆成良田此一耕而當五也不如此而旱耕塊硬苗穢同孔出不可

鋤治反為敗田秋無雨而耕絶土氣土堅垎名曰脂田及盛冬耕泄陰氣土枯燥名曰脯田脯田與脂田皆傷田二歲不起稼則一歲休之凡爱田常以五月耕六月再耕七月勿耕（玄扈先生曰古治田者歲易故可夏耕今居廣虛之地者宜仍用古法若麥田種秋苗自然五六月耕不待論也）謹摩平以待種時五月耕一當三六月耕一當再若七月耕五不當一冬雨雪止輒以蔺之掩地雪勿使從風飛去後雪復蔺之則立春保澤凍蟲死來年宜稼得時之和適地之宜田雖薄惡收可畝十石

崔實四民月令曰正月地氣上騰土長冒橛陳根可拔急菑强土黑壚之田二月陰凍畢澤可菑美田緩土及河渚水處三月杏華勝可菑沙白輕土之田五月六月可菑麥田崔寔政論曰武帝以趙過為搜粟都尉教民耕殖其法三犁共一牛一人將之下種挽耬皆取備馬日種一頃至今三輔猶賴其利今遼東耕犁轅長四尺迴轉相妨既用兩牛兩人牽之一人將耕一人下種二人挽耬凡用兩牛六人一日纔種二十五畝其懸絶如此（按二犁共一牛若今三脚耬矣未知耕法如何今自濟州迤西猶用長轅犁兩脚耬長轅耕平地尚可於山澗之間則不任用且迴轉至難費力未若齊人蔚犁之柔便也兩脚耬種壠𥟖亦不如一脚耬之得中也）

農桑通訣墾耕篇曰墾耕者農功之第一義也墾除荒也耕犁也（古文耕作畊蓋古井田之制今從耒井聲故作井）凡墾闢荒地春曰燎荒（如平原草萊深者至春燒荒趁地氣通閏草芽欲發根荄柔脆易為開墾）夏曰掩青（夏曰草茂時開謂之掩青可當草糞但根鬚壯密須藉强牛乃可蓋莫若春為上）秋曰芟荑（其次秋暮草木叢密時先用鎒刀徧地芟倒暴乾放火至春而開墾乃省力）如泊下蘆葦地内必用劚刀引之犁鑱隨耕起撥（音伐）特易牛乃省力沾山或

老荒地内科木多者必須用钁斸去餘有不盡根科（俗謂之埋頭科也）當使熟鐵煆成鑱尖（套於退舊生鐵鑱上）縱遇根株不至擘缺妨誤工力或地段廣潤不可徧劚則就斫枝莖覆於本根上候乾焚之其根即死而易朽又有經暑雨後用牛曳磟碡或輥子之所斫根查上和泥碾之乾則挣死一二歲後皆可耕種其林木大者則劉殺之（謂剝斷樹皮其樹立死）葉死不扇便任種蒔三歲後根株莖朽以火燒之則通為熟田矣周禮薙氏掌殺草春始生而萌之夏日

至而夷之秋繩（去聲）而芟之冬日至而耜之（書薙作夷謂芟草也）又柞氏掌攻草木及林麓夏日至令刊陽木而火之冬日至令剝陰木而水之註云刊剝謂斫去次地之皮即此謂除木也詩曰載芟載柞其耕澤澤蓋謂芟草除木而後可耕也大凡開荒必趁雨後又要調停犁道淺深麄細淺則務盡草根深則不至塞撥麄則貪生費力細則貪熟少功唯得中則可耕荒畢以鐵齒鎘鏟鎘鏟過漫種黍稷或脂麻綠豆耙勞再徧明年乃中為穀田今漢

沔淮潁上率多創開荒地當年多種脂麻等種有痛收至盈溢倉箱速富者如舊稻塍內開耕畢便撒稻種直至成熟不須薅拔緣新開地內草根既死無荒可生若諸色種子年年揀淨別無稗莠數年之間可無荒穢所收常倍於熟田蓋曠閑既久地力有餘苗稼鬯茂子粒蕃息也諺云坐賈行商不如開荒言其獲利多也除荒墾闢之功如此若夫耕犁之事又有本末上古聖人制耒耜以教耕耨三代以上皆耦耕謂兩人合二耜而耕之詩曰亦服爾耕十千維耦者此也春秋之時后稷之裔孫叔均始作牛耕至漢趙過增其制度三犁一牛則力省而功倍今之耕者大率祖此（玄扈先生曰三犁一牛者耬犁非耕犁也）周禮遂人治野以時器勸甿言農夫之耕當先利其器也故詩曰三之日于耜四之日舉趾又曰有略其耜俶載南畝周禮車人為耒耜耜有三等今易耒耜而為犁不問地之堅强輕弱莫不任使欲淺欲深求之犁箭箭一而已欲廉欲猛取之犁梢梢一而已然則犁之為器

豈不簡易而利用哉耕地之法未耕曰生已耕曰熟初耕曰塌再耕曰轉生者欲深而猛熟者欲淺而廉此其畧也農書云旱田穫刈纔畢隨即耕治曬暴加糞壅培而種豆麥蔬茹因而熟土壤而肥沃之以省來歲功役其所收又足以助歲計晚田宜待春乃耕為其藁秸堅韌必待其朽腐易為牛力也北方農俗所傳春宜早晚耕夏宜兼夜耕秋宜日高耕中原地皆平曠旱田陸地一犁必用兩牛三牛或四牛以一人執之量牛强弱耕

地多少其耕皆有定法所耕地內先並耕兩犂墢皆內向合為一壠謂之浮疄自浮疄為始向外繳耕終此一段謂之一繳之外又間作一繳耕畢於三繳之間歇下繳却自外繳耕至中心劃作一疄盖三繳中成一疄也其餘欲耕平原率皆傚此南方水田泥耕其田高下濶狹不等以一犂用一牛挽之作止回旋惟人所便高田早熟八月燥耕而熯之以種二麥其法起墢為疄兩疄之間自成一畎一段耕畢以鋤橫截其疄洩利其水謂之腰溝二麥既收然後平溝畎蓄水深耕俗謂之再熟田也下田熟晚十月收刈既畢即乘天晴無水而耕之節其水之淺深常令墢半出水面日暴雪凍土乃酥碎仲春土膏脈起即再耕治又有一等水田泥淖極深能陷牛畜則以木杠橫亘田中人立其上而鋤之南方人畜耐暑其耕四時皆以中晝此南北地勢之異宜也古者分田之制一夫一婦受田百畝以其地

有肥磽故有不易一易再易之别不易之地家百畝謂可以歲耕之也一易之地家二百畝謂歲耕其半也再易之地家三百畝謂歲耕百畝三歲而一周也先王之制如此非獨以為土敝則草木不長氣衰則生物不遂也抑欲其財力有餘深耕易耨而歲可常稔今之農夫既不如古往往租人之田而耕之苟能量其財力之相稱而無鹵莽滅裂之患則豐壤可以力致而仰事俯育之樂可必矣今備述經傳所載農事之法兼高原下田地勢之宜自北自南習俗不通曰墾曰耕作事亦異通變謂道無泥一方則田功修而稼穡之務可以次第而舉矣

種蒔直說云古農法犂一耮六今人只知犂深為功不知耮細為全功耮功不到土麤不實下種後雖見苗立根在麤土根土不相着不耐旱有懸死蟲咬乾死等諸病耮功到土細又實立根在細實土中又碾過根土相着自耐旱不生諸病

韓氏直說曰為農大綱一則牛欺地二則人欺苗牛欺地則所種不失其時人欺苗則省力易辦反是則徒勞無益矣凡地除種麥外並宜秋耕先以鐵齒耮縱橫耮之然後插犂細耕隨耕隨勞至地大白背時更耮兩徧至來春地氣透時待日高復耮四五徧其地爽潤上有油土四指許春雖無雨時至便可下種秋耕之地荒草自少極省鋤工如牛力不及不能盡秋耕者除種粟地

外其餘黍豆等地春耕亦可大抵秋耕宜早春耕宜遲秋耕宜早者乘天氣未寒將陽和之氣掩在地中其苗易榮（玄扈先生曰月令地氣沮泄之說為近若寒暖之氣豈能掩在地中乎）遇秋天氣寒冷有霜時必待日高方可耕地恐掩寒氣在內令地薄不收子粒春耕宜遲者亦待春氣和暖日高時依前耕櫳

農桑通訣耙勞篇曰凡治田之法犂耕既畢則有耙勞耙有渠疏之義勞有蓋磨之功今人呼耙曰渠疏勞曰

蓋磨皆因其用以名之所以散撥去芟平土壤也桓寬鹽鐵論曰茂木之下無豐草大塊之間無美苗耙勞之功不至而望禾稼之秀茂實粟難矣齊民要術云耕荒畢以鐵齒鎈再徧耙之蓋鐵齒鎘鎈已為之先再用耙鎘鎈而後勞之也今人但耕地畢破其塊撥而後用勞平磨乃為得也齊民要術云耕地深細不得趂多看乾濕隨時蓋磨待一段總轉了橫蓋一徧每耕一徧蓋兩徧最後蓋三徧還縱橫蓋之種麥地以五月耕三徧種麻地耕五六徧倍蓋之但依此法除蟲災外小小旱乾不至全損緣蓋磨數多故也又云春耕隨手勞秋耕待白背勞（蓋春多風不即勞則致地虛燥秋田濕濕速勞則恐致地堙）又曰耕欲廉勞欲再凡已耕耙欲受種之地非勞不可諺曰耕而不勞不如棄暴切見世人耕了仰著土塊並待孟春蓋若冬乏冰雪連夏亢陽徒道秋耕不堪下種也然耙勞之功非但施於納種之前亦有用於種苗之後者齊民要術曰穀田既出櫳每一遇雨白背時蓋以帖齒鎘鎈縱橫

耙而勞之耙法令人坐上數以手斷其草草塞齒則傷苗如此令地熟軟易鋤省力此用於種苗之後也南方水田轉畢則耙耙畢則抄（抄見農器譜）故不用勞其耕種陸地者犂而耙之欲其土細再犂再耙後用勞乃無遺功也北方又有所謂撻者與勞相類齊民要術云春種欲深宜曳重撻（春氣冷生遲不曳撻則根虛雖生輒死）雖生夏氣熱而速曳撻遇雨必致堅垎春澤多者或亦不須撻必欲撻者須待白背濕撻令地堅硬也又用曳打場圃極為平實今

人凡下種耬種後惟用砘車碾之然執耬種者亦須腰繫輕撻曳之使壠土覆種稍深也或耕過田畝土性虛浮者亦宜撻之打令土實也今當耕種用之故附于耙勞之末然南人未嘗識此蓋南北習俗不同故不知用撻之功至於北方遠近之間亦有不同有用耙而不知用勞有用勞而不知用耙亦有不知用撻者今並載之使南北通知隨宜而用無使偏廢然後治田之法可得論其全功也

農桑輯要曰治秧田須殘年開墾待冰凍過則土酥來春易平且不生草平後必晒乾入水澄清方可撒種則種不陷土中易出玄扈先生曰落秧宜清易拔落散宜濁易生根壅田或河泥或麻豆餅或灰糞各隨其地土所宜麻豆餅畝三十斤和灰糞棉餅畝三百斤插禾前一日將棉餅化開勻攤田內杪然後插禾或草

齊民要術收種篇曰凡五穀種子浥鬱則不生生者亦尋死種雜者禾則早晚不均舂復減而難熟糶賣以雜糅見疵炊爨失生熟之節所以特宜存意不可徒然粟黍穄粱秫常歲歲別收選好穗絕色者函封高懸之玄扈先生曰收種特宜窖藏晉人云函封多不生謬也至春治取別種以擬明年種子耬耩秫種一斗可種一畝量其家田所須種子多少種之其別種種子常須加鋤鋤多則無秕也先治而別埋先治場淨不雜窖埋又勝器盛還以所治穰草蔽窖玄扈先生曰窖藏為佳者土中恒受生氣故將種前二十許日開出水洮浮秕去則無莠即曬令燥種之依周官相地所宜而糞種之周官曰草人掌土化之法以物地相其宜而為之種鄭玄注曰土化之法化之使美以物地占其形色為之種黃白宜以種禾之屬凡糞種騂剛用牛赤

緹用羊墳壤用麋渴澤用鹿鹹潟用貆勃壤用狐埴壚用豕彊檃用蕡輕爂用犬此草人職鄭玄注曰凡所以糞種者皆謂煮取汁也赤緹縓色也渴澤故水處也潟鹵也貆貒也勃壤粉解者埴壚粘疏者彊檃強堅者輕爂輕脆者故書騂為挈墳作盆杜子春挈讀為騂謂地色赤而土剛強也鄭司農云用牛以牛骨汁漬其種也謂之糞種墳壤多盆鼠也壤白色蕡麻也玄謂墳壤潤解

氾勝之書曰種傷濕鬱熱則生蟲也取麥種候熟可穫擇穗大強者斬束立場中之高燥處曝使極燥無令有白魚有輒揚治之取乾艾雜藏之麥一石艾一把藏以瓦器竹器順時種之則收常倍取禾種

擇高大者斬一節下把懸高燥處苗則不敗

農桑輯要曰氾勝之書曰牽馬令就穀堆食數口以馬踐過為種無蚄等蟲也薄而不能糞者以原蠶矢雜禾種種之則禾不蟲又取馬骨剉一石以水三石煮之三沸漉去滓以汁漬附子五枚玄扈先生曰如此農家宜種附子今成都彰明縣民間多種之不營他業也三四日去附子以汁和蠶矢羊矢各等分撓令洞洞如稠粥先種二十日時以溲種如麥飯狀當天旱燥時溲之立乾薄布數撓令乾明日復溲天陰

雨則勿溲六七溲而止輒曝謹藏勿令復濕至可種時以餘汁溲而種之則禾稼不蝗蟲無馬骨亦可用雪汁雪汁者五穀之精也使稼耐旱常以冬藏雪汁器盛埋於地中治穀如此則收常倍玄扈先生曰北方斥鹵之地最宜積雪地方多春旱故也

農桑通訣播種篇曰書稱黎民阻饑汝后稷播時百穀詩言降之種稑稙穉菽麥奄有下國俾民稼穡蓋言天相后稷之功也後之農家者流皆祖述之以至于今其法悉備周禮司稼掌巡邦野之稼而辨其種稑之種周知其名與其所宜地以為法而縣于邑閭農書云種蒔之事各有攸序能知時宜不違先後之序則相繼以生成相資以利用種無虛日收無虛月何匱乏之足患凍餒之足憂哉正月種麻枲二月種粟脂麻有早晚二種三月種早麻四月種豆五月中旬種晚麻七夕以後種萊菔菘芥八月社前即可種麥經兩社即倍收而堅好如此則種之有次第所謂順天之時也地勢有良薄山

澤有異宜故良田宜種晚薄田宜種早良田非獨宜晚早亦無害薄田種晚必不成實山田宜種強苗以避風霜澤田種弱苗以求華實孝經援神契曰黃白土宜禾黑墳宜麥赤土宜菽汙泉宜稻所謂因地之宜也南方水稻其名不一大槩為類有三早熟而緊細者曰秈晚熟而香潤者曰粳早晚適中米白而黏者曰秫二者布種同時每歲收種取其熟好堅栗無秕不雜穀子曬乾蔀藏置高爽處至清明節取出以盆盎別貯浸之三日

漉出納草篅中晴則暴暖浥以水日三數遇陰寒則浥以溫湯候芽白齊透然後下種須先擇美田耕治令熟泥沃而水清以既芽之穀漫撒稀稠得所秧生既長小滿芒種之間分而蒔之旬日高下皆遍北土高原本無陂澤遂一曲而田者納種如前法既生七八寸拔而栽之凡下種之法有漫種耬種瓠種區種之別漫種者用斗穀盛種挾左腋間右手料取而撒之隨撒隨行約行三步許即再料取務要布種均勻則苗生稀稠得所秦

晉之間皆用此法南方惟種大麥則點種其餘粟豆麻小麥之類亦用漫種其法甚備齊民要術云凡種欲牛遲緩行種人令促步以足躡壟底欲土實種易生也今人製造砘車隨耬種子後循壟碾過使根土相著功力甚速而當瓠種者竅瓠貯種隨行隨種務均勻犁隨掩過覆土既深雖暴雨不至插撻暑夏最為耐旱且便於撮鋤今燕趙間多用之又曰菜茹有畦瓜瓠果蓏殖於疆埸則是五穀之外蔬蓏亦不可闕者故穀不熟曰飢菜不熟曰饉物理論云百穀者三穀各二十種菜果各二十種共為百穀蓋蔬果之實所以助穀之不及也是故烹葵食瓜乃繫之豳風農桑之詩畜菜取蔬互見於月令收斂之後然地有肥瘠能者擇焉時有先後勤者務焉

若夫種蒔之法姑畧陳之凡種蔬蓏必先燥曝其子地不厭良薄即糞之鋤不厭頻旱即灌之用力既多收利必倍大抵蔬宜畦種蓏宜區種畦地長丈餘廣三尺必

種數日斸起宿土雜以蒿草火燎之以絕蟲類併得為糞臨種益以地糞治畦種之區種如區田法區深廣可一尺許臨種以熟糞和土拌勻納子糞中候苗出料視稀稠去留之又有芽種凡種子先用淘淨頓瓠瓢中覆以濕巾三日後芽生長可指許然後下種先於熟畦內以水飲地勻摻芽種復篩細糞土覆之以防日曝此法菜既出齊草又不生

玄扈先生曰非草不生也草生遲於菜不得同孔而出

少而易鋤矣

凡菜有蟲擣苦參根併石灰水潑之即死苟能依上法種蒔非止家可足食餘者亦可為資生之利

農政全書卷六

農政全書卷七

明 徐光啟 撰

農事

營治下

農桑通訣鋤治篇曰傳曰農夫之務去草也芟夷蘊崇之絶其本根勿使能殖則善者信矣蓋稂莠不除則禾稼不茂種苗者不可無鋤芸之功也又說文云鋤言助也以助苗也故字從金從助凡穀須鋤乃可滋茂詩曰其鎛斯趙以薅荼蓼按齊民要術云苗生如馬耳則鏃鋤諺曰欲得穀馬耳鏃稀豁之處鋤而補之凡五穀惟小鋤之為良小鋤者非直省功穀亦大勝大鋤者草根繁茂用功多而收功亦少苗出壠則深鋤不厭數周而復始勿以無草而暫停鋤者非止除草乃地熟而穀多糠薄米息鋤得十遍便得八米也春鋤起地夏為鋤草故春鋤不用觸濕六月已後雖濕亦無嫌春既淺陰未覆地濕鋤則地堅夏苗陰厚地不見日故雖濕亦無害矣管子曰為國者使民寒耕而熟芸除草也又云候黍粟苗未與壠齊即鋤

一徧經五七日更報鋤第二徧候未蠶老畢報鋤第三徧無力則止如有餘力秀後更鋤第四徧脂麻大豆並鋤兩徧止亦不厭早鋤穀第一徧便科定每科只留兩三莖更不得留多每科相去一尺兩壠頭空務欲深細第一徧鋤未可全深第二徧惟深是求第三徧交淺于第二徧第四徧又淺于第三徧蓋穀科大則根浮故也諺云穀鋤八遍餓殺狗為無糠也其穀畝得十石斗得八米此鋤多之效也其所用之器自撮苗後可用以代

耰鋤者名曰耬鋤見農器譜其功過鋤功數倍所辦之田日不啻二十畝或用劐子其制頗同如耬鋤過苗間有小豁眼不到處及壠間草葳未除者亦須用鋤理撥一遍為佳别有一器曰鏟營州以東用之又異于此凡耘苗之法亦有可鋤不可鋤者旱耕塊撥苗葳同孔出不可鋤治此耕者之失難責鋤也曾氏農書芸稻篇謂禮記有曰仲夏之月利以殺草可以糞田疇可以美土彊蓋耘除之草和泥渥漉深埋禾苗根下漚罨既久則草腐爛而泥土肥美嘉穀蕃茂矣大抵耘治水田之法必先審度形勢先于最上處豬水勿致走失然後自下旋放旋芸之其法須用芸爪不問草之有無必徧以手排漉務令稻根之傍液液然而後已荆揚厥土塗泥農家皆用此法又有足芸為木杖如拐子兩手倚之以用力以趾塌撥泥上草葳擁之苗根之下則泥沃而苗興其功與芸爪大類亦各從其便也玄扈先生曰不如手芸之細今創有一器曰芸盪以代手足工過數倍宜普效之芸盪是二事俱不可已

薅文曰養苗之道鋤不如耨耨今小鋤也鋤後復有薅拔之法以繼成其鋤之功也夫稂莠荑稗雜其稼出蓋鋤後莖葉漸長使可分别非薅不可薅即芸也故有薅鼓薅馬之說其北方村落之間多結為鋤社成十家為率先鋤一家之田本家供其飲食其餘次之旬日之間各家田皆鋤治自相率領樂事趨功無有偷惰間有病患之家共力助之故田無荒穢歲皆豐熟秋成之後豚蹄盂酒遞相犒勞名為鋤社甚可效也今採摭南北耘耨之

法備載于篇庶善稼者相其土宜擇而用之以盡鋤治之功也

種蒔直說曰芸苗之法其凡有四第一次曰撮苗第二次曰布第三次曰擁第四次曰復（俗謂添功）一次不至則稂莠之害秕糠之雜入之營州之内以鋤營州之東以鏟爰有一器出於鋤者名曰耬鋤撮苗後用一驢帶籠觜挽之初用一人牽慣熟不用人止一人輕扶入土二三寸其深痛過鋤力三倍所辦之田日不啻二十畝今燕

趙多用之名曰劐子劐子之制又少異于此（劐子第一遍即成溝子較根未成不耐旱耬鋤刃在土中故不成溝子第二遍加擗土木鴈翅方成溝子其上分壅穀根）擗土（用木厚三寸闊三寸長六寸取成三角様前為尖頭空一竅長一寸闊半寸穿于鐵鋤柄上壓鋤刃上）韓氏直說如耬鋤過苗間有小豁不到處用鋤理撥一遍如種黍粟大小豆等田當用一尺三寸寬脚種蒔下種（易使鋤耬故也）如種麻麥用狹脚種蒔則可

農桑通訣糞壤篇曰田有良薄土有肥磽耕農之事糞壤為急糞壤者所以變薄田為良田化磽土為肥土也（玄扈先生曰田附郭多肥饒以糞多故村落中民居稠密處亦然凡通水處多肥饒以糞壅便故）古者分田之制上地家百畝歲一耕之中地家二百畝間歲耕其半下地家三百畝歲耕百畝三歲一周蓋以中下之地瘠薄磽确苟不息其地力則禾稼不蕃後世井田之法變强弱多寡不均（非為田不均亦為人不均所以稠密之地農人多無立錐廣虛之野即又務廣地而荒之）所有之田歲歲種之土敝氣衰生物不遂為農者必儲糞朽以糞之則地力常新壯而收穫不減孟子所謂百畝之糞上農夫食九人也踏糞之法凡人

家于秋收場上所有穰穀等並須收貯一處每日布牛之脚下三寸厚經宿牛以蹂踐便溺成糞平旦收聚除置院内堆積之每日亦如前法至春可得糞三十餘車至夏月之間即載糞糞地地畝用五車計三十車可糞六畝匀攤耕蓋即地肥沃兼可堆糞行又有苗糞草糞火糞泥糞之類苗糞者緑豆為上小豆胡麻次之（蠶豆大麥皆好）悉皆五六月穊種七八月犁掩殺之為春穀田則畝收十石其美與蠶矢熟糞同此江淮迤北用為常法草

糞者于草木茂盛時芟倒就地内掩罨腐爛也記禮有曰仲夏之月利以殺草可以糞田疇可以美土疆今農夫不知此乃以其耘除之草棄置他處殊不知和泥渥漉深埋禾苗根下漚罨既久則草腐而土肥美也江南三月草長則刈以踏稻田歲歲如此地力常盛江南壅田者如翹蕘陵苕皆特種之非野草也恐首蓿亦可壅稲農書云種穀必先治田積腐藁敗葉剗薙枯朽根荄遍鋪而燒之即土暖而爽及初春再三耕耙而以窖罨之肥壤雍之麻枲舒棒反

穀殺皆可與火糞窖罨穀殺朽腐最宜秧田必先渥漉精熟然後踏糞入泥盪平田面乃可撮種其火糞積上同草木堆疊燒之土熟冷定用碌軸碾細用之江南水地多冷故用火糞種麥種蔬尤佳又凡退下一切禽獸毛羽親肌之物最為肥澤積之為糞勝于草木毛羽和㝷湯積之久則漬腐如欲速潰置韭菜一握其中明日爛盡矣下田水冷不論下田近泉源處即冷亦有用石灰為糞治則土暖而苗易發下田水不得冷惟山田泉水未經日色則冷闊廣用骨及蚌蛤灰糞田亦因山田水冷故也為山田者宜委曲導水使先經日色然後入田則苗不粜然糞田之法得其中則可若驟用生糞及布糞過多糞力峻熱即燒殺物反為害矣火糞力壯南方治田之家常於田頭置塼檻窖熟而後用之雖熟亦不得過多多用者須臘月下之其田甚美北方農家亦宜效此利可十倍又有泥糞於溝港内乘船以竹夾取青泥杴撥岸上凝定裁成塊子擔去同火糞和用比常糞得力甚多或用小便亦可澆灌但確美惡不同治之各有宜也夫黑壤之地信美矣然肥生者立見損壞不可不知土壤氣脉其類不一肥沃磽

沃之過不有生土以解之則苗茂而實不堅磽确之土信惡矣然糞壤滋培則苗蕃秀而實堅栗土壤雖異治得其宜皆可種植今田家謂之糞藥言用糞猶用藥也凡農居之側必置糞屋低為簷楹以避風雨飄浸屋中必鑿深池甃以磚甓凡掃除之草藏燒燃之灰簸揚之糠秕斷藁落葉積而焚之沃以肥液積久乃多凡欲播種篩去瓦石取其細者和匀種子疏把撮之待其苗長又撒以壅之何物不收為圃之家于厨棧下深闊鑿一

池細甃使不滲洩細甃有良法宜用水庫法造之每舂米則聚礱簸穀殼及腐草敗葉漚漬其中以收滌器肥水與滲漉泔淀漚久自然腐爛一歲三四次出以糞苧因以肥桑愈久愈茂而無荒廢枯摧之患矣又有一法凡農圃之家欲要計置糞壤須用一人一牛或驢駕雙輪小車一輛諸處搬運積糞月日既久積少成多施之種藝稼穡倍收桑果愈茂歲有增羡此肥稼之計也北土不用糞壤作此甚有益夫掃除之猥腐朽之物人視之而輕忽田得之為膏潤唯

務本者知之所謂惜糞如惜金也故能變惡為美種少收多諺云糞田勝如買田信斯言也凡區宇之間善於稼者相其各方地理所宜而用之庶得乎土化漸漬之法沃壤滋生之效俾業擅上農矣

農桑通訣灌溉篇曰昔禹決九川距四海濬畎澮距川然後播奏庶艱食烝民乃粒此禹平水土因井田溝洫以去水也後井田之法大備于周周禮所謂遂人匠人之治夫間有遂十夫有溝百夫有洫千夫有澮萬夫有川遂注入溝溝注入洫洫注入澮澮注入川故田畝之水有所歸焉此去水之法也若夫古之井田溝洫脉絡布于田野旱則灌溉潦則泄去故說者曰溝洫之於田野可決而決則無水溢之害可塞而塞則無旱乾之患又荀卿曰修隄防通溝洫之水潦安水藏以時決塞則溝洫豈特通水而已哉水藏即後世之水櫃考之周禮稻人掌稼下地以水澤之地種穀也以瀦蓄水以防止水以遂均水以列舍水以澮瀉水此又平地之制與遂人匠人異

也後世灌溉之利實昉於此至秦廢井田而開阡陌於今數千年遂人匠人所營之迹無復可見惟稻人之法低濕水多之地猶祖述而用之天下農田灌溉之利大抵多古人之遺跡如關西有鄭國白公六輔之渠關外有嚴熊龍首渠河内有史起十二渠自淮泗及汴通河自河通渭則有漕渠郎州有右史渠南陽有召信臣鉗盧陂廬江有孫敖芍陂潁川有鴻隙陂廣陵有雷陂浙左有馬臻鏡湖興化有蕭何堰西蜀有李冰文翁穿江

之迹皆能灌溉民田為百世利興廢修壞存乎其人夫言水利者多矣然不必他求别訪但能修復故迹足為興利此歷代之水利下及民事亦各自作陂塘計田多少於上流出水以備旱涸農書云惟南熟于水利官陂官塘處處有之民間所自為溪堨（音遏）水蕩難以數計大可溉田數百頃小可溉田數十畝若溝渠陂堨上置水閘以備啟閉若塘堰之水必置涸（音寒）竇以便通泄此水在上者若田高而水下則設機械用之如翻車筒輪戽

斗桔槔之類挈而上之如地勢曲折而水遠則為槽架竹筒陰溝浚渠陂柵之類引而達之此用水之巧者若不灌及平澆之田為最或用車起水者次之或再車三車之田又為次也其高田旱稻自種至收不過五六月其間或旱不過澆灌四五次此可力致其常稔也傳子曰陸田者命懸于天人力雖修水旱不時則一年功棄（陸田獨不可灌乎古井田之法皆為陸田也）水田制之由人人力苟修則地利可盡天時不如地利地利不如人事此水田灌溉之

利也方今農政未盡興土地有遺利夫海内江淮河漢之外復有名水萬數枝分派别大難悉數内而京師外而列郡至於邊境脉絡貫通俱可利澤或通為溝渠或蓄為陂塘以資灌溉安有旱暵之憂哉復有圍田及圩田之制凡邊江近湖地多閑曠霖雨漲潦不時淹没或淺浸瀰漫所以不任耕種後因故將征進之暇已戍于此所統兵衆分工起土江淮之上連屬相望遂廣其利亦有各處富有之家度視地形築土作堤環而不斷内

地率有千頃旱則通水澇則洩去故名曰圍田又有據水築為堤岸復疊外護或高至數丈或曲直不等長至瀰望每遇霖潦以圩水勢故名曰圩田（此等初為人利久而漸多亦或妨于瀦水詳浙中復鏡湖議可見也至如北土淀内有水至多急而營之此而慮其為鏡湖也尚早尚早）溝瀆以通灌溉其田亦或不下千頃此又水田之善者又如近年懷孟路開浚廣濟渠廣陵復引雷陂廬江重修芍陂似此等處畧見舉行其餘各處陂渠川澤廢而不治不為不多倘能循按故迹或創地利通溝瀆蓄陂

澤以備水旱使斥鹵化而為膏腴汚藪變為沃壤國有餘糧民有餘利然考之前史後魏裴延儁為幽州刺史范陽有舊督亢渠漁陽燕郡有故戾諸堰皆廢延儁營造而就溉田萬餘頃為利十倍今其地京都所在尤宜疏通導達以為億萬衣食之計故秦渠若其畧曰鄭國在前白渠起後舉插如雲決渠為雨且溉且糞長我禾黍衣食京師億萬之口夫舉事興工豈無今日之延儁倘有成效不失本末先後之序庶灌溉之事為農務之

大本也

農桑通訣勸助篇曰書曰相小人厥父母勤勞稼穡厥子不知稼穡之艱難乃逸蓋惡勞好逸者常人之情偷惰苟且者小人之病上之人苟不明示賞罰以勸助之則何以獎其勤勞而率其怠倦歟周禮載師凡宅不毛者有里布謂罰以二里二十五家之泉也田不耕者出屋粟謂罰以三家之稅粟也凡民無職事者出夫家之征謂雖閑民猶當出夫稅家稅也閭師言無職者出夫布不畜者祭無牲不耕者祭無盛不植者無椁不蠶者不帛不績者不衰先王之于民如此豈為厲農夫哉凡欲振發而飭其蠱獎使之率作興事耳是以地無遺利民無趨末田野治而禾稼遂倉廩實而府庫充則斯民寧復有餓莩流離之患哉月令孟春之月命田司相土地所宜五穀所殖以教導民必躬親之孟夏勞農勸民無或失時其有失時行罪無疑季冬命田官告民出五種命農計耦耕事古人之于農蓋未嘗一日忘也後世

勸助之道不明其民往往去本而趨末故諺曰以貧求富農不如工工不如商刺繡紋不如倚市門此說一興天下之民勇于棄耒耜而爭販鬻婦人舍機杼而習歌舞惰游末作習以成俗一遇凶飢食不足以充其口腹衣不足以蔽其身體懷金形鵠立以待盡者比比皆是昔成王適于田以其婦子之饁彼南畝攘其左右而嘗其旨否愛民如此田野安得而不治黍稷安得而不豐文帝所下三十六詔力田之外無他語減租之外無異說

逐末之民安得而不務本太倉之粟安得而不紅腐比上之人重農如此至于承流宣化之官又在于守令之賢各盡其職勸如勸課務求實效及覽古之循吏如黄霸之治頴川勸種樹（謂樹藝五穀）龔遂之治渤海課農耕何武行部必問墾田茨充為令益治桑柘召信臣治南陽開溝瀆為民利任延治九眞易射獵為牛耕張堪守漁陽開稲田皇甫隆治燉煌教耬犂此先賢勸助之迹載諸史冊今天下之民寒而思衣皆知有桑麻之事飢而

思食皆知有稼穡之功則男務耕鋤女事紡織蓋有不待勸而後加勤者況諄諄然諭之懇懇然勞之哉況又加實意行實惠驗實事課實功哉如或不然上之人作無益以妨農時斂無度以困民力般樂怠慠不能以身率先于下雖課督之令家至而户説之民亦不知所勸也今長官皆以勸農署銜農作之事已猶未知安能勸人借曰勸農比及命駕出郊先為文移使各社各鄉預相告報期會齋斂祗為煩擾耳柳子厚有言雖曰愛之其實害之雖曰憂之其實讐之種樹之喻可以為戒庶長民者鑒之更其宿弊均其惠利但具為教條使相勉勵不期化而民自化矣又何必命駕鄉都移文期會耿下誣上而自邀功利然後為定典哉

農桑通訣收穫篇曰孔氏書傳云種曰稼斂曰穡種斂者歲事之終始也食貨志云力耕數耘收穫如盗賊之至蓋謂收之欲速也故物理論曰稼農之本穡農之末本輕而末重前緩而後急稼欲熟收欲速此良農之務

也記曰種而不耨耨而不穫譏其不能圖功收終也是知收穫者農事之終為農者可不趨時致力以成其終而自廢其前功乎月令仲秋之月命有司趣民收斂季秋之月農事備收孟冬之月循行積聚無有不斂至于仲冬農有不收藏積聚者取之不詰皆所以督民收斂使無失時也禹貢曰二百里納銍三百里納秸服蓋納銍者截禾穗而納之納秸者去穗而刈其藁納之也詩言刈穫之事最多臣工詩曰命我衆人庤乃錢鎛奄觀

銍艾（銍艾二器見農器譜）七月詩云九月築場圃十月納禾稼言
農功之備也載芟之詩云載穫濟濟有實其積萬億及
秭良耜之詩云穫之挃挃積之栗栗其崇如墉其比如
櫛以開百室皆言收穫之富也凡農家所種宿麥早熟
最宜早收故韓氏直說云五六月麥熟帶青收一半合
熟收一半若候齊熟恐被暴風急雨所摧必致抛費每
日至晚即便載麥上場堆積用苫密覆以防雨作如搬
載不及即于地內苫積天晴乘夜載上場即攤一二車

薄則易乾碾過一遍翻過又碾一遍起稭下場揚子收
起雖未淨直待所收麥都碾盡然後將未淨稭稈再碾
如此可一日一場比至麥收盡已碾訖三之一矣大抵
農家忙併無似蠶麥古語云收麥如救火若少遲慢一
值陰雨即為災傷遷延過時秋苗亦誤鋤治今北方收
多肝䤹（杉去聲）用麥綽䤹麥覆于腰後籠內籠滿則載而
積于場一日可收十餘畝較之南方以鐮刈者其速十
倍（南方梅天多雨雨時連秸刈豎著屋下候乾若只䤹取穗積之必腐）凡北方種粟秋熟
當速刈之齊民要術云收穀而熟速刈乾速積（刈早則鎌傷刈晚則穗折遇風則收減濕積則藁爛積晚則耗損連雨則生耳）南方收粟用粟鑒摘穗
北方收粟用鐮并藁刈之田家刈畢稇而束之以十束
積而為䅳然後車載上場為大積積之視農功稍隙解
束以旋旋鏡穗撻之南方水地多種稻秫早禾則宜早
收六月七月則收早禾其餘則至八月九月詩云十月
穫稻齊民要術曰稻至霜降穫之此皆言晚禾大稻也
故稻有早晚大小之别然江南地下多雨上霖下潦劉

刈之際則必須假之喬扦多則置之笐架待晴乾曝之
可無耗損之失齊民要術云收禾之法熟過半斷之刈
穄欲早刈黍欲晚皆即濕踐穄踐訖即蒸而浥之黍宜
晒之令燥凡麻有黃莩則刈刈畢則漚之刈菽欲晚葉
落盡然後刈脂麻欲小束以五六束為一叢斜倚之候
口開乘車詣田抖擻還叢之三日一打四五遍乃盡耳
粱秫收刈欲晚早刈損實大抵北方禾黍其收頗晚而
稻熟亦或宜早南方稻秫其收多遲而陸禾亦或宜早

通變之道宜審行之

農桑通訣蓄積篇曰古者三年耕必有一年之食九年耕必有三年之食雖有旱乾水溢民無菜色豈非節用預備之效歟冢宰眡年之豐凶以制國用量入以為出祭用數之仂而又以九貢九賦九式均節之取之有制用之有度此理財之法有常而國家之蓄積所以無闕也國無九年之蓄曰不足無六年之蓄曰急無三年之蓄曰國非其國矣蓄積者豈非有國之先務乎周禮倉

人掌粟入之藏以待邦用若不足則止餘法用有餘則藏之以待凶而頒之遺人掌邦之委積以待施惠鄉里之委積以恤民之囏阨關市之委積以養老孤郊里之委積以待賓客野鄙之委積以待羇旅縣都之委積以待凶饑以此見先王蓄積皆為民計非徒曰藏富于國也彼有損下以自益剥民以自豐如商王鉅橋之粟隋人洛口之倉所積雖多豈先王預備憂民之意哉大抵無事而為有事之備豐歲而為歉歲之憂是故國有國之蓄積民有民之蓄積當粒米狼戾之年計一歲一家之用餘多者倉箱之富餘少者儋石之儲莫不各節其用以濟凶乏此固知堯之時有九年之水湯之時有七年之旱而國亡捐瘠所謂蓄積多而備先具者豈皆藏于國哉蓋必有藏于民者矣今之為農者見小近而不慮久遠一年豐稔沛然自足侈費妄用以快一時之適所收穀粟耗竭無餘一遇小歉則舉貸出息于兼并之家秋成倘稱而償之歲以為常不能振拔其間有收刈

甫畢無以餬口者其能給終歲之用乎嘗聞山西汾晉之俗居常積穀儉以足用雖間有飢歉之歲庶免夫流離之患也傳曰收斂蓄藏節用御欲則天不能使之貧信斯言也近世利民之法如漢之常平倉穀賤則增價糴之不至于傷農穀貴則減價而糶之不使之傷民唐之義倉計墾田頃畝多寡豐年納穀而藏之凶年出穀以賙貧乏官為主之務使均平是皆斂其餘以濟不足雖遇儉歲而不憂飢殍也然嘗考之漢史賈生言于文

帝曰漢之為漢幾四十年公私之積猶可哀痛彼一時也自文帝躬行節儉以化天下至景帝末年太倉之粟陳陳相因而民亦富庶人徒見古之蓄積常有餘後之蓄積常不足豈天之生物不如古之多人之謀事不如古之智蓋古之費給有限而後之費給無窮無怪乎有餘不足之不同也

農政全書卷七

欽定四庫全書

農政全書卷八

明 徐光啟 撰

農事

開墾

諸葛昇（選貢壽昌人定遠知縣）墾田十議曰江淮偏瘠已久流離觸目可虞謹陳開荒十議以盡地力以厚民生事（兩淮古昔與兩浙兩浙等何以至是）照得卑職受事此中三閱歲於茲熟計利奬其有民生最利時事最急者則無如墾田一議墾田在西北為利而在鳳陽一屬尤利之利者也竊見鳳屬頻年以來旱澇為祟蝗螣再罹疫癘流行道殣相繼小民蕭條滿目則徹鄉土之思生計無聊則寡性命之樂以故慓悍輕生離鄉遠竄者十之七而迫窮為盜偷延喘息者十之三斯時也彼已不自用其命而督之以科條威之以箠楚又將安用之則有操之以法度莫如養之以膏澤膏澤者墾田是也田墾則民自聚民聚則財

自豐膏澤行而法度有所恃矣此無他貨利者此中之不足而隴畝者此中之有餘因其有餘而開之則於勢易更從其有餘而收之則為功倍也以此謹擬墾田十議以備採擇施行

一築塘壩以通水利

古者畫井而田甽達於溝溝達於洫洫達於澮逆壅順洩而皆取利於水今淮以南田無宿水靠雨為秋而陂塘壩堰之利修築不時疏通無法以致雨驟則狂瀾四溢助河為虐稍乾則揚塵涸底赤地如焚而旱澇皆以為民害豈直地勢使然哉卑職蒞任三稔皆遇旱預計水利為築陶家堰楚漢泉等壩十數處凡近壩之田得水灌溉俱獲全熟及秋後淫霖支流就壑而亦無衝決之虞是築堤明驗也為其事無其功者未嘗覩之也第州縣有簿書之繁修築有工食之費巡行阡陌動經旬日一處不督理而小民之偷惰者如故矣合無責治農一官專司水利遍歷郊圻尋往昔舊跡如池塘之閼塞者開濬之溝澮

之壅滯者疏導之灣潤間視地之高下為堰之淺深而限之閘之高則開渠卑則築圍急則激取緩則疏引水由地中行無枯竭亦無泛濫而荒土皆沃壤矣鳳陽之水無可激取者不過用濡東兩成語耳

一設廬舍以復流移

江淮歲罹災祲貧民糊口四方逃竄境外郊野幾為一空間有招集拊循稍稍復業者隴畝雖荒故土猶在惟是廬舍數椽原係草土築成初無棟宇完固歲月既久風雨摧淋遂成圮壞修築限於無資食息苦於無地彷徨四顧寧無轉徙之他哉議量於荒田最多之處或鄉落寥廓之場量動無礙修理官銀為蓋草房每處約百十餘間使受廛之衆襁褓而來者咸得棲身而托足焉則往來行旅無戒於途犬吠雞鳴相聞於境生齒漸至庶蕃而草萊可以漸闢矣

一借耔種以時播插

照得頻年蝗旱二釜不登民間擔石之儲方罄出以供

枵腹豈復留餘為播種計乎及無種下田始借貸於有力之家倍其息猶靳弗與者貧民計所收不足償所貸而且苦於無貸則有舍已之田代人耕作及去而之他者比比然矣本縣每春夏之交借種四五千石至六月中猶有借晚種而佈者雖得升合如獲珠璣誠籽粒之艱也合無預設種子一倉大州縣約十處小州縣約五六處每倉約稻一千石歲祲賑濟不與焉專以待開荒者給借之法則酌戶內人口之多寡及所墾田畝之廣

狹以為差實有田如千畝始給種如千石而收成之際一視歲之荒歉為息之厚薄大豐則三息之次豐則二息之僅豐則一息之不豐不歉則收其本而蠲其息如或大歉則并其本而蠲之至於杜冒濫稽真偽則責成於鄉約保甲長官惟為綜核焉借種之大畧備是矣

一蕃樹畜以厚生殖

王者之政不過制田里教樹畜而已況議樹畜於江北較江南尤易江南寸土無閒一羊一牧一豕一圈喂牛馬之家芻豆而飼馬江北則林多豐草澤盡菹洳縱馬放牛可以無人牧圉使做養伍字之法而牲畜不遍野乎江南園地最貴民間蒔蔥薤於盆盎之中植竹木於宅舍之側在郊桑麻在水菱藕而利藪共爭誰能餘隙地江北則廢圃荒畦鞠為茂草深陂廣澤一望惟蓼蘋耳使盡開百穀之利而一蔬一菓皆民食也民有自然之利相安於媮惰而不興地有不盡之力竟同於稿壤而莫取比饑寒切身流離遠去始覓草根木實以延

旦夕之喘何不早計乎議於數口之家必畜雞豚牛羊之利開荒而外每種蔬菓花麻各一畦有隙地者仍襍種梨棗桑柳等木保甲長一一籍記鄉約彙送州縣稽查行之不十年而江淮皆樂土矣此吾太祖之令甲有司之歲事也後稍淩夷當朝覲造冊則虛捏報數今都不省視并紙上栽桑云云人間亦不知為何語

一總軍屯以嚴規避

江北荒田民荒者十之三軍荒者十之七民荒者州縣督馬軍荒者有司過而不敢問揆厥所繇曰此田係某

伍下積負徵粮而逃者也領其田必且償其負而民不敢佃又曰此攤荒已久開墾必大費誅鋤之力比方成熟而本軍還奪焉而民不敢佃所以一望膏腴之地坐視為黄茅紅蓼之區則已耳然亦有本軍名佃而貽累更多本軍糊口所急先期執券收完二粮以供枵腹及旗甲徵收屯官勒比而上納不前則又藉口為某某百姓所占本官不察謬呈倉屯督儲等衙門批行所在官司株連蔓引罄産重輸小民無收獲之利而先受賠累

之苦不有視軍屯為陷穽者乎合無自今伊始凡有佃屯認粮者取其合同文券陳告管屯衙門准給印信執照仍置印信文簿登記查攷民以所給印信文約投本縣掛號亦置文簿登記叅核俾民得安心開墾儘力耕種收熟之時照所佃糧額竟赴管屯衙門當官完納請給印信實收隨以實收赴縣掛號額糧外每畝量出錢若干文以為屯造幇搽之費亦於交納時交付本軍附載印信實收之後此外不得重科以滋煩擾開墾之後須佃種十年方許更易不得因成熟有利而遽奪之庶公私兼足軍民兩利矣北方土地雖曠莽然棄置不耕者獨鳳陽為多皆軍屯也此條良是要其根本尤在子粒額重故在軍累軍在民累民天下軍皆然也必廟堂主計者知開墾勝於拋荒大有更張則屯政乃可問矣

一禁越告以專農業

江北田地拋荒半由訐越拖累一詞入官株累者必數人一詞未結守候者必數月而三時已奪矣況軍民雜處詞訟交搆凡遇關提多占怯不發而勢必批行於各

屬遠控於隔江小民之畏赴各屬赴隔江也猶其畏赴湯火也更必分控於上司以抵之故有一人而數處行提者一罪而數處發落者貧民將安所奔命焉自非雄經自盡則有迷門而竄矣一竄之後前案照提數年之内永不敢歸而所遺田地俱荒而三徵四差復貽賠累於本戶而本戶亦竄矣則由各屬之自立藩籬而不由一體關會也本縣詳議凡各軍民詞訟自下而上俱乞批原籍問理如遇批發隔屬容請改批或情輕事小已

經本處斷結者竟註銷則軍民不苦於拖累而農業得專矣

一嚴保甲以專責成

今之保甲即古之井田也井田之制久湮而出入守望相友相助之意不可做而行乎本縣議每巨鎮大集人烟湊集之處則拆為數井人烟稀少鄉村聯絡之處則合為一井孤懸遠僻之處則自為一井每井之內推一有行者為甲長推一有力者為保長若處中宮然而以

八家翼之非為不法同井之人得以覺察糾舉甲保長轉聞之官或朋比容隱為他人所告發或官府另有所咨訪則一井與本犯同罪又責令同井之人或遇火盗必互相救援爭忿須為解分不得坐視當耕種收穫之時緩急相周各相幇助如古通力合作之意一人荒業則九人共督如其不然則荒業者坐罪而同井之人罪亦如之如此不但稽核之法有所責成亦且保伍之中各有聯絡而少離竄之蹟矣

一籍客戶以蕃丁口

聞有分土無分民苟踐吾土食吾毛而受吾役即吾民也安問土著客戶哉鳳屬當勝國兵亂之後生齒未繁里邑消索高皇帝常遷松常蘇杭嚴紹金處之民以實之占籍坊里世為編民今外郡之人貿易經營於邑中者踵相接頗亦起家欲遷居占籍焉里人不許得非以客之利主之不利乎不知若輩占籍此中則彼剏世業長子孫輸賦均傜與吾共其利亦與我同其勞今不許

則彼歲權子母捆載而歸以其家為內帑以吾邑為泉府所謂滔滔者如逝波不返也彼受贏我誠受其絀土人殆未之思耳（但是荒蕪之處人情盡然由年流徙又仰給於他方可謂不恕矣）況毎奉憲檄招撫流移流移尚許占籍乃有力墾種者獨不之許乎本縣議令凡外郡商賈有置事產而願受廛者悉許其占籍坊里入仕當差則歸附既多荒蕪自闢十年生聚十年教訓生齒不嵬然與江以南埒乎（故當勝之何者賦役甚輕故也）

一改折贖以資工作

凡擬罪以懲不肖也而律文不尤嚴造意故犯之條乎今乃槩為收贖之例彼豪悍之民作奸犯科者曾何愛于錙銖且曰吾儘捐槖中金無幾而三尺之加於我者止如是而不肖之心豈有懲焉至於貧窘之人詿誤犯法者必且質田廬鬻妻子以僅完一罪金矢方入而囊篋已罄矣且也出之小民追比不勝若剝膚入之官帑主司不免恣胥濫豈直謂贖鍰所入遂與俸禄同養廉

乎哉今議凡造意故犯徒配者勿槩擬有力有力杖者間令納賑稻勿槩折贖錢或與無力者同准其工作所限之期如所答之數以為差以開無主荒田焉則一州縣之中計歲所徒杖者不下數什伯計歲所墾之田不下數千萬矣 余嘗思祖宗流罪之法不廢而北土之田盡墾則國富兵强久矣亦此意也

一役徒夫以供開濬

古者城旦之役原以備工作亦以動其悔悟之心而開之生全之路今之徒配者則不然其有力行賄者則倩保代役官吏染指其間不以差委避則以逃病申其無力者縲絏長羈衣食缺乏徒坐而斃耳徒配非重辟與其瘐死於獄中孰若生全於隴畝之為得耶本縣看得近驛之處每多荒田責令有力農人或殷實馬戶帶領耕作每人日給倉穀二升為飯食之費供役一日准筭徒限一日如有親識願助供役者亦准通筭總計三百六十工為一年滿即釋放有司核其所墾過田若干畝一歲所入穀若干石而籍記焉除牛種工本所餘量為

該驛廩糧之費庶可免加派於小民也如此不但徒配得生全之路而附驛一帶無復蒿萊狐兔之區矣亦開荒之一奇也 如此必須驛丞吾輩人為之近錫山有夫頭倪某等養徒夫以墾田甚多如此人以為督郵可也

總督漕運巡撫軍門戶部右侍郎兼都御史陳批墾田一說處處當行而江北淮南尤急本院數以語人人鮮應者得此十議而知天下事任之在人非其人不能任即非其人不能言也 亦有非其人而言者知言者乃能辨之 該縣有此識

見當遂力行以奠一方之生以為各屬之望本院將樂觀其成焉（當世寧有幾人非無其人也上無其人所求不存焉故也）

玄扈先生曰凡開墾必當告明屯院行文道府出示禁約庶無阻撓北人不知墾田有利于彼以我南人異鄉不無嫌忌南北初交定生矛盾四五年後或親或友可無爭鬭涿州可為驗矣

凡買地必得成段方圓庶可築圍打埂隨高就低耙平成田畜水耕種有奸狡之輩不云侵占地畝則云淹壞

田禾易起爭端水溝必得買通庶無阻塞如墾新城地原有徐尚寶開成溝瀆但得府道明文立碑為記可永無阻塞之病矣招來佃戶量其財力撥田少給牛種近地卜居搭橋建閘使居民便於行走此要務也明年開田今年先收買粮食庶佃戶歸心人衆則無餘地也

汪應蛟海濱屯田疏曰海濱屯田試有成效酌議留軍併懇召民兼種以資兵餉以永固重地臣竊見天津葛沽一帶咸謂此地從來斥鹵不耕種間有近河滋潤種藝豆者每畝收不過二斗臣竊以為此地無水則鹻得水則潤若以閩浙瀕海治地之法行之穿渠灌水未必不可為稻田而一時文武將吏諸人無肯應命者至今春始買牛制器開渠築堤一時並舉計葛沽白塘二處耕種共五千餘畝內稻二千畝其糞多力勤者畝收四五石餘三千畝或種葛豆或旱稻葛豆得水灌溉糞多者亦畝收一二石惟旱稻竟以鹻立槁臣近巡歷天津親詣查勘據副總兵陳燮稟稱水稻約可收六千餘石

葛豆可收四五千石於是地方軍民始信閩浙治地之法可行於北海而臣與各官益信斥鹵可盡變為膏腴也夫天津當河海咽喉為神京牖戶自倭警震鄰開府設鎮署將增兵而其地益重今鯨波雖息內備未忘矧中原多事之秋尤未雨徹桑之日現在水陸兩營兵尚存四千人歲費餉六萬餘兩原無請給內帑俱加派民間欲留兵不免於病民欲恤民無以給兵臣嘗早夜熟思惟有屯田可成斯得足食長策然名募之兵非有室

家婦子之助計一夫不過耕種四五畝即畝收三石不過六萬石而可墾荒田連壤接畛奚啻六七千頃若盡依今法爲之開渠以通蓄洩爲之築堤以防水澇每千頃各致穀三十萬石以七千頃計之可得穀二百餘萬石非獨天津六萬金之餉可以取給即以充近鎮之年例省司農之轉饋無不可者且地在三岔河外海潮上溢取以灌溉於河無妨白塘以下多地原無粮差白塘以上爲靜海縣民或五畝十畝而析一畝糧差不過一

分八釐民願賣則給價不願則田仍給種於民情無拂就中經理得宜行之久遠可不謂國家萬世之利哉惟是地廣則墾治之難田多則耕種之難又招徠數千家而後能任數千頃之地必羣聚數萬之人而後能供數十萬畝之耕如地方十里爲田五百四十頃一面濱河三面開渠與河水通深廣各一丈五尺四面築堤以防水澇高厚各七尺又中間溝渠之制條分縷析大約用夫六十萬人而後可以成功

河中起土築堤之餘四倍
於堤又四十九分堤之五

不知安
在何處

無論北人慵惰憚於力作即有南方善耕之人誰能集衆裹糧百十爲羣越數千里以從難成之役其富商大賈衣輕乘肥操奇贏坐收三倍又誰肯捐數萬金之資以勞形哉此闢地生財之說雖屢廑廟議而未睹成績也臣今爲計惟有用軍墾田以田分民軍能墾而不能盡種民能種而不必自墾軍有月糧而無僱值之費民無勞役而享可耕之田然後趨之若流水應之如赴聲策無便於此者然非見在水陸兩營之兵所能

獨成也彼以四千之衆勤力於二萬畝之耕又三農之餘無廢其坐作擊刺之條其操畚鍤而從事於濬築所就能幾何哉

欲成此非勸誘富民不可此禹舊法也
軍墾民種而大半收之此爲何法哉

臣請以防海官軍用之於海濱墾地計左右兩營軍共六千併水陸兩營之兵總得萬人除人各耕種外每歲開渠築堤可成田數百頃一面召募邊地殷實居民及南人有資本者聽其分領承種少或五十畝多不過一二頃悉令倣照南方取水種稻本年開耕姑免起科以償

其牛種器具之費次年每畝定收稻米五斗以後永為世業其軍兵自種五畝每名定收稻米一石五斗如此重稅民必不來則軍為徒勞矣其有父兄子弟願領種餘田聽各營中軍總哨及天津三衛官舍有率其子弟童僕願領者聽誰願領者固宜旋舉旋廢總之多不許過二頃數年之後荒地漸闢各軍兵且屯且練民間可省養兵之費重地永資保障之安邊境狼烽長靜兩營官軍常留屯可也萬一邊釁可虞復調春秋遞防可也至於米粟漸多可支邊鎮之年

例民居漸廣可實海邑之版圖并一切署置調度事宜容職次第區畫具奏非可以一端盡也先是二十五年春戶部奏覆天津巡撫萬世德題天津開田一事查山東之長島遼東之千家庄俱係海壖曠地此皆海島而諱言之曰海壖其實海島何妨屯守哉近因倭警撥調軍士且耕且防不踰年而各獲萬計又查得天津沿海一帶節該科臣戴士衡徐元正並題膠河水淡可樹嘉禾撫按設法招墾此策良是勝汪公遠矣祇因連值兵荒官無餘餉民無餘力坐是因循日久竟未奏效合候命下本部移咨天津海防巡撫都御史督行各該兵備道即將各哨上環海荒田地南自靜海北至直沽永平等處并諭遠近軍民人等各自備工本儘力開種官給印照世為己業成熟三年之後方許收稅酌量本地所獲花利每畝上地納穀一斗中地六升下地三升另項收貯專備海防餉費此外不許別項科擾如有力大能開墾鑿池濬溝築堤建閘並隨便經理不相牽制每歲終撫臣躬親巡督果有成效如長山

島千家庄之補助軍餉者即分別墾田多寡輸餉厚薄酌議賞格徑自舉行至於有力大能捐本倡率者另題優叙庶幾人自勸勉地闢而根益增兵農兼濟上下相資計無善於此矣

沈一貫山東營田疏曰臣聞軍國之需最先足食生財之道貴在聚民頃因倭氛飈起海防戒嚴創設天津登萊巡撫以圖戰守更責內地巡撫計處兵食器械以資接濟今山東巡撫缺蒙特允以尹應元往彼整飭之臣

查其舊勅山東廵撫原有營田一事後亦具文而不行今日時務特宜重此臣請皇上於勅書内特許便宜則可望山東一省不請戶部不派小民而自裕其海防之資臣惟山東古齊魯地春秋時管仲擁魚鹽之利通財積貨獨稱富强至今舉臂勝事無不服藉輔其君桓公尊王室攘夷狄為五霸首自秦皇帝則輓黄腄負海之粟矣今登萊則古黄腄也其菽粟狼戾苦無所洩民甚病之延至漢時尚稱十二之國餉饋關中冠帶天下何其雄也乃今則僅僅裁自給而司農悉仰之

江南該省甫一防海輙告不足甘棄沃饒坐視匱乏此豈無土哉無人故耳該省六府大抵地廣民稀而近東海上尤多拋荒謂宜脩管子之法管子曰凡有地牧民者務在四時守在倉廩國多財則遠者來地闢舉則民留處今日之事宜令廵撫得自選廉幹官員吏部所選何官其所幹何事將該省荒蕪土地逐一查覈頃畝的數多方招致能耕之民如江西福建浙江山西及徽池等處不問遠近凡願入籍者悉許報名擇便宜為之正疆定界署置安插辯其行沃原隰之宜以生五穀六畜之利語云荒田不耕纔耕便爭必嚴輯土人而告戒之毋阻毋爭凡拋荒積逋一切蠲貸與之更始或聽和買或聽分種其新籍之名則為編戶排年為里為甲循阡履畝勸耕勸織或又聽其寄學應舉量增解額以作興之聽其試武科充吏役納粟官以榮進之毋藉為兵以駭其心毋重其課以竭其財有恩造于新附而無侵損于土著務令相安相信相生相養既有餘力又為之洵濬溝渠内接

漕流以輕其車馬負擔之力使四方輻輳于其間米多價平則鳴吠相應不煩遠輸而獲利已多海渠交通則商賈坌來魚鹽肆出而其利益廣不出數年可稱天府夫本地自稱富庶足以省司農請發之煩免百姓加派之苦紓九重東顧之憂增環海長城之重矣今第有司安循常而憚改作居民席世業而患分授必且曰地皆主籍原無拋棄田皆耰鋤曾何荒蕪而不知東人之習為惰農也已久即所謂主籍耰鋤者悉皆鹵莽滅裂而

興荒蕪正等耳海內盡然即南人亦未免此高允有言方一里田三萬七千頃若勤之則畝益三升不勤則畝損三升乃百里損益之率為粟三百二十萬斛況其廣者乎東土之貨棄於地東人之力藏於身安能如新集者勤而相勸以復周漢之齊魯哉是事也宜專責巡撫之力擔勇任而令巡按以時稽察之且重司道之選如近日霍鵬之在肅州以墾田聞豈乏其人可令各舉而用之以為率且精有司之選如先年中其學趙蛟楊果輩皆勤敏精

幹治邑如家豈乏其人宜不限科貢異流而器使以為長不必別立農官就府縣見職可以責任不許別請錢糧就本省倉庫可以通融事本不難得人即易數年前鄭汝壁巡撫此地有其志矣而被流言以去美業不終臣甚惜之皇上奮誅島夷海內方喁喁嚮風樂趨王事況招狹鄉之民以就寬鄉之地人心所欲因民之利而利事亦不勞管仲之事功雖不足為天下士大夫願而姑取救時亦當有奮然而任者思文后稷亦不足願歟且聞江北畿南可墾甚多又不特山東為然也以此風之利可益開矣奉聖旨令財匱餉艱公私俱困地方官只圖那借別省搜索窮民全不講求地利生財之法覽卿奏具見謀國忠猷務本正論便行與山東巡撫督率有司著實修舉還著巡按御史稽查勤惰以行賞罰都添入勅內永遠遵行

附耿橘開荒申曰常熟縣為設法開墾荒田以裕民生以裨國計事竊照本縣坐濱江海田地高下不齊肥瘠

參半兼以賦役繁重民生游惰以故田多荒蕪蕭條滿野然非土性之荒也水利未修旱潦無備荒者且歲有益焉則熟之難流移未還勞來未至則熟之難積逋未豁原主告爭民雖有欲懇之心鮮不蛇豕視則熟之難風俗頹敗邪行交作民不務本則熟之難卷查萬歷二十八九兩年間前任趙知縣清勘坍荒有二項焉一曰板荒一曰坍江闔縣四百八十四里內勘出舊板荒田地一萬二千四十三畝一分九釐八毫於內蘆葦荒田

地七百一十九畝六釐四毫茭草荒田地四千八百六十七畝六分九釐九毫又新荒田地一萬九千二百五十二畝九分八毫又勘出坍江田地并高明坍沙二萬三百五十八畝七分五釐坍江沈淪遂將縣存留米抵補板荒隰畛具存復熟有待第入未限緩徵蘆葦則每已米一石祗徵銀二錢五分茭草每已米一石祗徵銀一錢二分五釐並不派其本色已經詳允立石矣卑縣自愧綿才無能彷彿萬一而民生國計攸關不敢不

盡其犬馬之愚試以荒田言之本縣錢糧太重催徵屬第一難事但有緩之一字即斷斷乎不可徵矣自二十九年勘緩之後及今又四閱禩矣不聞有荒者之復熟第見有熟者之告荒何耶一冒荒名幸脱徵輸視其田為身外之物頻年莽莽而弗之恤即草澤之利竊取私收猶畏乎人知而稼穡之事東作西成遂絕於南畝年復一年人效其人將安所窮耶卑縣查勘水利遍詣各鄉遂設為方畧招民開墾一如左列欵斷不少變毫芒

此令一申未及半月即據二十五等都七等啚民陳福黄表等來告共願墾田俱發開荒多者念畝少者十畝最少者五畝俱註名荒田冊中嗣今已往將開墾之人日益衆荒蕪之地日益開民生國計兩有裨乎至於坍江一項雖糧經豁免而土之在水原無喪失有坍則有漲此坍則彼漲其常理也合無清查沿江自白茆一帶凡有新漲之田俱令計畝陞科若荒田中果有沙瘠不堪耕種者即以此糧補之而荒糧即與豁除期於不失原額而已坍者熟田漲者白塗漸以成蕩故抵補不盡

一招撫流移入戶

錢糧之重也差役之繁也水旱之無救也民未有不流徙他方者田地拋荒職此之由合無刊刻告示遍揭各鄉令其宗族親戚里排公正人等轉相告布招致歸耕歸者必曲為安全務俾得所

一盡豁積逋

查得荒田一項戶係逃絕糧從緩征自二十九年勘緩

以至於今實未嘗有釐毫之輸納也二十九年以上又可知矣積久如是民雖有告墾之心實有所懼而不敢前即本縣諭以免追亦有所疑而不敢信是荒田無復熟之期即糧無可完之日矣合無明給帖文凡荒糧在二十九年勘緩之列者今以往盡免追徵今而後照開墾事例三年半稅五載全科乃大張告示俾百姓家喻戶曉如是則疑懼釋而胼胝集矣

一酌給牛種

小民應詔來耕也有有牛種者亦有無牛種者乃濟農倉穀當此春日正出陳易新之會也合無畧倣古人補助之遺意查開墾小民委無工本及無大戶借給者許赴縣告濟量其墾田多寡工力難易酌給濟農倉穀作牛種之資仍令該區大戶保領至秋成後祇照原數還倉不追耗利

一矜免雜差

告認告墾之民悉蠢愚孱弱可矜之民也其里排總甲塘圖等項雜役本縣斷不差用而里排總甲塘圖等役奸民不無乘機索詐者如解軍巡邏挑河築岸諸名色是已合無明給帖文為照一切雜差悉從矜免如有前項人等欺其愚弱或勞其筋力或科其毫釐者許執帖赴縣口稟即將前項人等從重究擬

一禁絕豪强兼并

荒田之為荒也久矣原戶何在而任其莽莽若是積欠若是夫荒而棄之熟而收之人任其勞己享其利此奸民故智而告墾者之所以不來也合無大張告示令新

舊拋荒各原戶赴縣告認要將某區坵原田若干自某年拋荒今來認墾某年半稅某年全徵一一認明以後按所認年分催科其無人告認者許別戶告墾要將某區某坵某業戶田若干一向拋荒今來告墾某年半稅某年全科一一告明給帖為照發該區公正督領開墾以後照所墾年分催科如是而成熟之後復有原戶告爭告絕告贖者即豪强兼并之徒也此法立而崇本務

實之人將安心芟柞草其有墾乎

一禁占蘆葦茭草徼利

板荒荒也蘆葦茭草猶之乎荒也乃有等惰民嬾戶不為久遠長慮逐茭蘆之微利棄稼穡之大寶不惟自不力墾抑又忌人之墾究其心不過借荒名以逭錢糧挾小利而懷苟安致令土田漸蹐於石版闌闠日入於蕭條國計歲虧乎正額如之何其可者合無大張告示凡蘆葦茭草等地悉令開墾復熟即有原戶私占者並許

別戶告墾有原戶恃頑不容別戶告墾者許該區公正呈舉究治

一明定稅期

三年半稅五載全科凡開荒者類然而吏書作弊或未及應稅之期而出帖勘查良民受其擾及其逾應稅之期而沈匿不舉奸民專其利合無於帖文內刊載五等年分照依原來斗則填註某年免稅某年起稅某年免稅若干某年起稅若干某年全科若干一樣二紙合同用印一給業戶備照一落該房粘卷仍挨順年月編成字號以便查考使小民知稅科一定奸者不得幸免良者無他煩費各各安心畢力也更宜議寬寬則勝於久荒萬萬矣

一分任各區公正

公正者糧長之別名一區之領戶也前官查理坍荒及催徵錢糧率用此輩此輩亦稔熟土性民情況且保惜身家每規畫調度小民視以為從違故開荒之事非責成此輩不可合無將各區荒田以十分為率分別難易

著該管公正分投督開或以身先或借工本或多方招徠每年限田若干務在開完三年之後必於無荒凡告認告墾告討牛種之真贋與夫開墾之虛實及秋後還倉等事一一委之有能盡心竭力悉闢荒蕪者本縣量行獎賞若玩愒不忠及有虛冒情弊者定按法究治

一驅打行惡少歸農

打行之風本縣頗盛凡愚民有報讐復怨之事爭挨其黨查得此輩皆係無家惡少東奔西趍之徒合無容孥

渠魁及被人告發者枷示之後發於各區開荒仍著該區公正收管季終赴縣遞改行從善結狀仍隨鄉約會聽講夫枷示以殺其飄揚跋扈之氣開荒務使有恒産恒心之歸此變易風俗之一道而草亦有墾矣但以重農之意復祖宗流罪之法則此數輩皆可歸農否者則空言也

一驅賭博遊手歸農

賭博之事蕩敗之媒盜之胚胎也本縣此風頗盛合無容等開場者相容者枷示及被人告發者悉發各區開荒仍著大戶收管季終赴縣遞改行從善結狀仍隨鄉

約會聽講夫重懲開場相容則勾引無人而又并驅歸農以約其散漫之身而抑其狂惑之志庶此風可變而草亦有墾矣

一驅販鹽無籍歸農

本縣地濱江海兼以白茆滸浦福山三丈諸港與通泰海門各鹽場徑對風帆一指俄頃可達且於彼每鹽一觔價不過一釐幾毫於此則五六釐矣且於彼衣布米荳之屬咸可相貿於此則銀錢始售矣無耕耨獲刈之勞而立享數倍之利此販鹽者之所以紛紛也卑縣除一面責令巡鹽主簿巡撿司巡撿以至本縣練兵福山把總等官各嚴緝拏外除拒捕者斬絞列械者追配毫無姑息外其小船無械與無船有鹽等小販合無杖之以懲其過發之開荒以遂其生仍令該區公正收管季終赴縣遞改行從善結狀仍隨鄉約會聽講夫大販必除小販歸耕日漸月化草亦有墾矣

一驅訟師扛棍歸農

俗之敝也訟師扛棍互相為市此輩多係無家窮棍合無懲創之後發於各區開荒著落公正收管每季終赴縣遞改行從善結狀仍隨鄉約會聽講夫重之刑威以革其面驅之耕種以拘其身刁狡無良之念將銷鎔於南畝而草亦有墾矣按耿橘號藍陽萬歷三十四年任常熟知縣水利荒政俱為卓絕

農政全書卷八

欽定四庫全書

農政全書卷九

明 徐光啓 撰

農事

開墾

玄扈先生墾田疏曰京東水田之議始於元之虞集萬歷間尚寶卿徐貞明踵行之今良涿水田猶其遺澤也職廣其說為各省直槩行墾荒之議然以官爵招致狭

鄉之人自輸財力不煩官帑則集之策不可易也集之言曰京師之東瀕海數千里北極遼海南濱青齊萑葦之場也海潮日至淤為沃壤用浙人之法築堤捍水為田聽富民欲得官者合其衆分授以地官定其畔以為限能以萬夫耕者授以萬夫之田為萬夫之長千夫百夫亦如之三年後視其成以地之高下定額以次漸征之五年有積蓄命以官就所儲給以禄十年不廢得世襲如軍官之法職按集所言海濱之地今斥鹵難用其可用者或窒礙難行而海內荒蕪之沃土至多棄置不耕坐受匱乏殊非計也職故祖述其說稍覺未安者别加裁酌期于通行無滞今并條議事宜列款如左

一墾荒足食萬世永利而且不煩官帑招徠之法計非武功世職如虞集所言不可或疑世職所以待軍功今輸財力以墾田而得官與事例何異則職嘗辯之矣唐虞之世治水治農禹稷兩人耳而能平九州之水土粒天下之烝民當時之經費何自出乎蓋皆用天下之巨

室使率衆而各效其力事成之後樹為五等之爵以酬之禹貢一篇所以不言經費弟于則壤成賦之後終之曰錫土姓而已故曰建萬國以親諸侯若必以軍功封則生民之初何所事而得萬諸侯乎後來兼併之世乃以武得官則生人而封比之殺人而封者猶古也況虞集尚言世襲如軍官之法職所擬者不管事不陞轉不出征空名而已田在爵在去其田去其爵矣即世襲又空名也名為給之禄禄其所自墾者猶食力也事例之

官為天下之最大害者為其理民治事筦財耳衙所之空衙安得與事例比乎今之事例歲不過六十萬此法行不數年而公私並饒即事例可罷欲重名器尤宜出此但恐空銜無實人未樂趨故必以空銜為根著而又使得入籍登進以示勸凡狹鄉之人才必衆進取無因以此歆之自然麏集又疑土著之民不能相容則另立屯額科舉鄉試不與土人相參也以此均民而實廣虛甚易矣或又疑舉額加增則仕途壅滯不知今之壅仕

途者非科貢也事例也今墾田入學其中式以漸增加若增至百名則墾田已得千萬畝歲入至輕亦得百餘萬石而藏富于民者更不可數計矣此時漸革事例以舉人入選猶患其少耳何壅滯之有

一或疑均民之說以為人各安其居樂其業足矣何事紛紛率天下而路乎不知徙遠方之民以實廣虛漢人有此法矣自漢以來永嘉之亂靖康之亂中原之民傾國以去所存無幾耳南之人衆北之人寡南之土狹北之土蕪無恠其然也司馬遷曰本富為上末富次之姦富為下北人居閒曠之地衣食易足不務畜積一遇歲祲流亡載道猶不失為務本也南人太衆耕墾無田仕進無路則去而為末富姦富者多矣末富未害也姦富者目前為我大蠹而他日為我隱憂長此不已尚忍言哉今均民之法行南人漸北使末富姦富之民皆為本富之民民力日紓民俗日厚生息日廣財用日寬唐虞三代復還舊觀矣若均浙直之民于江淮齊魯均八閩之民于兩廣此于人情為最便而于事理為最急者也

一虞集言三年之後視其成以地之高下定其額以次漸征之職今言開墾之月即定歲入之米何也祖宗朝有開荒永不起科之例不行久矣必於三年之後即目前無定則之田人將恫疑而不就也職今擬定上田每畝一斗下田照本地科則折筭名為一斗以半為其倖入實出五升而已其止於五升者板荒無粮之地向來棄置而盡力墾治為費已多畝出五升不為薄也其半

荒者原有本地糧額決不可少正額之外加出五升亦不輕矣且今日之大利在田墾而粟賤和糴易而畜積多耳不在多取也況有歲入之米為據即可以定其所墾之田即可以定其入籍之人彼應募者又何吝此兩年之入乎

一耕墾武功爵例

二人耕水田十畝入米一石二十人耕百畝入米十石為小旗內以五石為本名粮餘半納官小旗給帖許立籍廣種

五十人耕二百五十畝入米二十五石為總旗內以十二石五斗為名粮餘半納官總旗許嫡男一名考縣童生

一百人耕五百畝入米五十石為試百戶內以二十五石為俸餘半納官試百戶許縣考童生二人

一百五十人耕七百五十畝入米七十五石為百戶內以三十七石五斗為俸餘半納官百戶許縣考童生三人

二百人耕一千畝入米一百石為副千戶內以五十石為俸餘半納官副千戶許縣考童生四人

二百五十人耕一千二百五十畝入米一百二十五石為正千戶內以六十二石五斗為俸餘半納官正千戶許縣考童生五人

三百人耕一千五百畝入米一百五十石為指揮僉事內以七十五石為俸餘半納官指揮僉事許縣考

童生六人

三百五十人耕一千七百五十畝入米一百七十五石為指揮同知內以八十七石五斗為俸餘半納官指揮同知許縣考童生七人

四百人耕二千畝入米二百石為指揮使內以一百石為俸餘半納官指揮使許縣考童生八人

一凡應募者不論南北官民人等但各自備工本到閑曠地方或認佃無主荒田或自買半荒堪墾之田即于

本處報官府縣即與查勘丈量明白編立步口號開造魚鱗圖冊類報本道就令開墾成田入米之後該道仍親詣丈勘申詳題請給劄俱准世襲職銜與衛所官一體行事仍給劄文令嫡親子弟孫姪考試有司照驗帖文事理仍准同官五員連名保結即與收考其以他人冒頂倖進者依冒籍律同保連坐向後如闕田闕米本身及倖進子弟俱追劄革職除名或雖納米而無實墾田畝者罪同其自副千戶以上本身願改文官職銜者或

文官已經休致而願進階及加銜加服色者咨送吏部酌量相應職級奏請定奪若勳戚大臣雖不以衛所職銜為重而能為國為民將自己莊田開墾成熟者聽其推及族姓或自願請給恩典者該部代為陳奏取自上裁

一凡墾田者若買到有主半荒之田此田原有本地粮差俱要於本等粮差之外另自納米為水田歲入之數其負欠本等粮差者先將納米扣足後筭歲入

一所墾之田若是板荒地土未入粮額者聽憑告官開墾水旱耕種止納餘米官民軍竈人等不許生端科索擾害若是民田拋荒無主者聽其告官佃種止完承佃之後本地應出粮差有司不得指以舊逋勒令賠納開墾成熟原主復來爭業者遵奉恩詔事例斷給荒田價值

一凡墾田必須水田種稻方准作數若以旱田作數者必須貼近泉溪河沽淘泊朝夕常流不竭之水或從流

水開入腹裏溝渠通達因而畦種區種旱稻二麥棉花黍稷之屬仍備有水車器具可以車水救旱築有四圍堤岸可以捍水救潦成熟之後勘果水旱無虞也依後開法例准折水田一體作數若不近流水無法可以通濬而能鑿井起水區種畦種成熟者用力為艱定以一畝准水田一畝其以若干畝准一畝者止納一畝餘米旱田餘米除旱稲小麥准作米數外有以黍稷豆等上納者照依時價加添作數

一旱田通水灌溉者即古人井田之制損地愈多其田
愈沃今定准折之數除有見成河沽泉溪淘治之外其
以實地開作渠溝塍岸者每百畝損田十畝即准水田
百畝損田五畝准作五十畝損田三畝准作三十畝損
田二畝准作二十畝二畝以下不准作數
一凡實地種水田須多開溝澮作徑畛費田二十分之
一以上方為成田近大川者減三之一寧可過之無不
及焉若平原漫衍無徑涂溝洫望幸天雨水旱無備者

謂之不成田不准作數勘時全要備細查明造册其成
田入米授職考試之後復有水旱災傷以致抛荒不能
遽復者許告明於别處墾補其抛荒不報止以納米搪
塞者事發本身子弟俱行削革餘田沒官另募墾種有
首告者以半充賞
一凡水行地皆可灌凡地得水皆可佃故地須水灌必
委曲用其水水須地行必委曲用其地凡應募人衆或
買或佃或認開積荒所承地土倘去江河溪澗稍遠中

間開通溝洫畜洩水道須從隣田經過要從附近人户
買田開濬者須憑地方人等議同和買比于時值量加
半倍多至一倍為止墾户不得以應募為辭抑勒强買
田主亦不得以方圓為辭高求價值違者許各具情赴
官聽候裁斷
一墾田用水其間開塞築治之事有與地方官民相關
者或和害互相爭執工費互相推諉院道宜選委賢能
官員親詣查勘斟酌調停務期兩利無害一切興修工

費有應屬原係官民者有應屬墾田官民者有共利共
害應均攤出辦者俱須從公裁處無得曲徇一面之詞
致有偏累亦無得因其互爭槩從廢閣以致有害不除
有利不舉兩下亦宜平心聽處如有偏執成心理屈求
伸者合行盡法究罪
一墾田去處有大工作如開河渠造牐壩等有肯一力
造辦者有集合衆力造辦者俱報官勘明與工功成報
勘如費銀一千兩准作水田一千畝一體授職入籍但

無入米亦無官俸此外本人別有開墾地畝照數納米給俸

一邊方緊急去處于耕種地所造如式弔角空心敵臺一座約用銀一千兩者准水田一千畝更高大多費者勘實遞加准田之數但造臺受職者止許受職入籍亦無入米無官俸此外開墾田畝照常入米給俸其所造敵臺平時即與本官居住仍令于臺上各備大小火銃藥弩等件遇有邊警集戶下壯丁于臺上射打若殺賊

數多獲有功級照依邊方事例一體給賞其能自備馬匹盔甲軍火器械本官率領戶下壯丁遇有零犯大舉與官軍犄角殺賊獲有功級而願陞者於屯衛職級之外另陞職級悉依軍政事例給黃世襲此項職級與耕墾無與不在闕田闕米革除職名之限願賞者聽

一衛邊要地人人憚往獨能築治臺堡開墾地畝者與內地難易迥絕應照遼東諸生順天鄉試事例特立邊字號令其中式稍易以示激勸

一令撫按司道職掌勅中皆帶管田官不須耑設第人情各是所習各安所近須擇其耑意明農者使居其任可矣獨府州縣佐宜歸併他務選用一員專理以便責成

一開墾去處所選用司道府縣正佐聽在京九卿科道訪實保舉遍知農田水利及有志富民足國者從優選授或未蒙保舉而自願告就查無規避情弊者聽果有成績從優陞遷或加銜管事其任久功多者破格超遷

以示優異或就於本處超遷以便責成

一議者言荒地有司多有隱匿私稅者故以荒為利最忌開墾此或未必盡充囊橐即以給官中公用或抵補荒粮亦屬非法且境內之土盡闢人必聚何慮無財用今後功令既頒就墾既衆若猶仍故習生端藉口或詭言境無荒蕪或禁止和買或抑勒承佃如此沮人心撓成議者該撫按司道訪實叅處

一新授指揮以下官員俱用附近衛所名色別稱屯田

職銜如附近其衛者即銜稱其衛屯田指揮使位本官之下如指揮使即序本衛指揮使之下本衛指揮同知之上也若此地官員既多願自於緊要去處設立屯衛衙門及屯學者聽其行移文案若關職級等事俱經繇本衛印官申詳院道若田土錢粮事宜經繇府州縣申詳或有迫切及枉抑難明事情徑自陳告院道不關本衛所之事

一屯衛所官員除有軍功世襲外其餘但以耕墾入米

為事不在征調之限其戶下丁夫除自願應募充兵者聽其餘不許邊方將官用強勒充家丁以致人心不安良法沮壞如有故違者許被害人輕則陳告重則奏請處治因而媢詐者計贓論罪

一凡以墾田授職者通不許私自頂名代職違者以假官論子弟考試者以冒籍論其田沒入官另行名募耕種首告者以沒田一半充賞

一生員入學俱於附近衛府州縣總計與考童生二十名進學一名生員五名科舉一名科舉計二十五名即題准加額中式一名俟本學生員滿二百名別立屯學設廪膳十名增廣十名四年一貢滿三百名各設十五名三年一貢滿四百名各設二十名二年一貢廪生止用名目捱貢其廪膳銀姑俟成功之日財用充足另與設處貢生舉人進士牌坊銀兩俱照京府事例行文原籍支給

一鄉場中另立屯字號不論京省每科舉二十五名中

式一名會場不必遽加甲科之額會塲腳色要開見在某處屯衛原籍某處硃墨卷要照原籍地方開填南北中字樣不得用屯衛地方開寫驟侵北土之額後果鄉試中式數多聽候臨期另行題請定奪

一若止願墾田不願入籍登仕者或於授官入籍額外多墾者皆免其歲入餘米止完本田上粮差

一開墾成熟之田不許地方豪右用強奪占用價勒買違者赴合於上司陳告處治其墾田納米之外獲有餘

米許依時價糶賣各衙門不許指以官價為名減值勒買違者亦聽被害人陳告處治如衙門人役指官抑買者呈發計贓論罪

一各省直漕粮江南民運白粮耗費最為煩苦自今墾田以後屯衛所官員人等有於近京去處收穫餘米自出脚力搬運到來白粮於戶部光祿寺等衙門漕粮於戶部倉場總督等衙門告明即許將合式粮米照例上納給與印信倉收執照類總移文彼處漕運巡撫等衙

門轉下所司照數給與應解正耗貼役等米石車水脚等銀兩免其解運其民戶情願扣除本名及子壻族親名下應納銀米者聽其盡數扣除有司不得留難抑勒重復徵收違者許被害人徑赴合于上司陳告參處在京各衙門仍照軍民粮運見行規則刊刷易知單冊給與納戶以便交納扣除

一律法有流罪三等久廢不行大率比附軍徒引例擬斷推原其故當因杖流人犯二三千里之外了無拘管亦無資藉勢難存立不若軍徒既有衛所驛遞官長鈐束新軍亦有月粮三斗徒犯亦有站銀二分少資餬口故流罪廢而比附軍徒勢不得已也今既設立屯衛官員皆在廣虛之地若將流罪人犯解赴收管令作佃徒以當差操擺站即得服田食力務本營生以此聚人辟土正合古人徙民之意亦不至牽合比擬使罪不麗法法不當罪矣犯人本身除有血戰功級照例升賞外其餘墾田雖多終身不得除罪受職其子弟以墾田頃畝入米考試上進者聽

一既墾成熟而棄去者如未授職名另募人耕種已授者革職除名遺下田畝亦另募耕種所在有司軍衛鹽司等衙門不得指以義田貼役養廉草束產鹽條鞭等項名目勒作官田以致逆沮人心棄置永利其另募者無開墾之勞本身授職與子弟考試准其半給半給者如耕二千畝原該指揮使子弟八人與考今止授副千戶四人與考也若委係邊地危險或兵荒倥偬而能應

慕補缺者仍准全給

農政全書卷九

欽定四庫全書

農政全書卷十

明 徐光啓 撰

農事

授時

農桑通訣曰授時之說始於堯典自古有天文之官重黎以上其詳不可得聞堯命羲和厯象日月星辰考四方之中星定四時之仲月南方朱鳥七星之中殷仲春則厥民析而東作之事起矣以東方大火房星之中正仲夏則厥民因而南訛之事興矣以西方虛星之中殷仲秋則厥民夷而西成之事舉矣以北方昴星之中正仲冬則厥民隩而朔易之事定矣然所謂厯象之法猶未詳也舜在璿璣玉衡以齊七政說者以為天文器後世言天之家如洛下閎鮮于妄人輩述其遺制營之度之而作渾天儀厯家推步無越此器然而未有圖也葢二十八宿周天之度十二辰日月之會二十四氣之推移

七十二候之遷變如環之循如輪之轉農桑之節以此占之四時各有其務十二月各有其宜先時而種則失之太早而不生後時而蓺則失之太晚而不成故曰雖有智者不能冬種而春收農書天時之宜篇云萬物因時受氣因氣發生時至氣至生理因之今人雷同以正月為始春四月為始夏不知陰陽有消長氣候有盈縮冒昧以作事其克有成者幸而已矣此圖之作以交立春節為正月交立夏節為四月交立秋節為七月交立

冬節為十月農事早晚各疏於每月之下星辰干支別為圖圖使可運轉北斗旋於中以為準則每歲立春斗杓建於寅方日月會於營室東井昏見於牛建星辰正於南由此以往積十日而為旬積三旬而為月積三月而為時積四時而成歲一歲之中月建相次周而復始氣候推遷與日歷相為體用所以授民時而節農事即謂用天之道也夫授時歷每歲一新時圖常行不易非歷無以起圖非圖無以行歷表裏相參轉運而無停渾天之儀粲然具在是矣然按月農時特取天地南北之中氣立作標準以示中道非膠柱鼓瑟之謂若夫遠近寒暖之漸殊正閏常變之或異又當推測晷度斟酌先後庶幾人與天合物乘氣至則養之節不至差謬此又圖之體用餘致也不可不知務農之家當家置一本考歷推圖以定種蓺如指諸掌故亦名曰授時指掌活法之圖

馮應京曰按天地氣候南北不同也廣東福建則冬木

不凋而其氣常煖如北之宣大則九月服纊而天雪矣乃草木蔬穀自閩而浙自浙而淮則二候每差一旬至於徐魯之間則五月萌芽方莖是則此圖當以活法參之益不可膠議以求效也

授時之圖

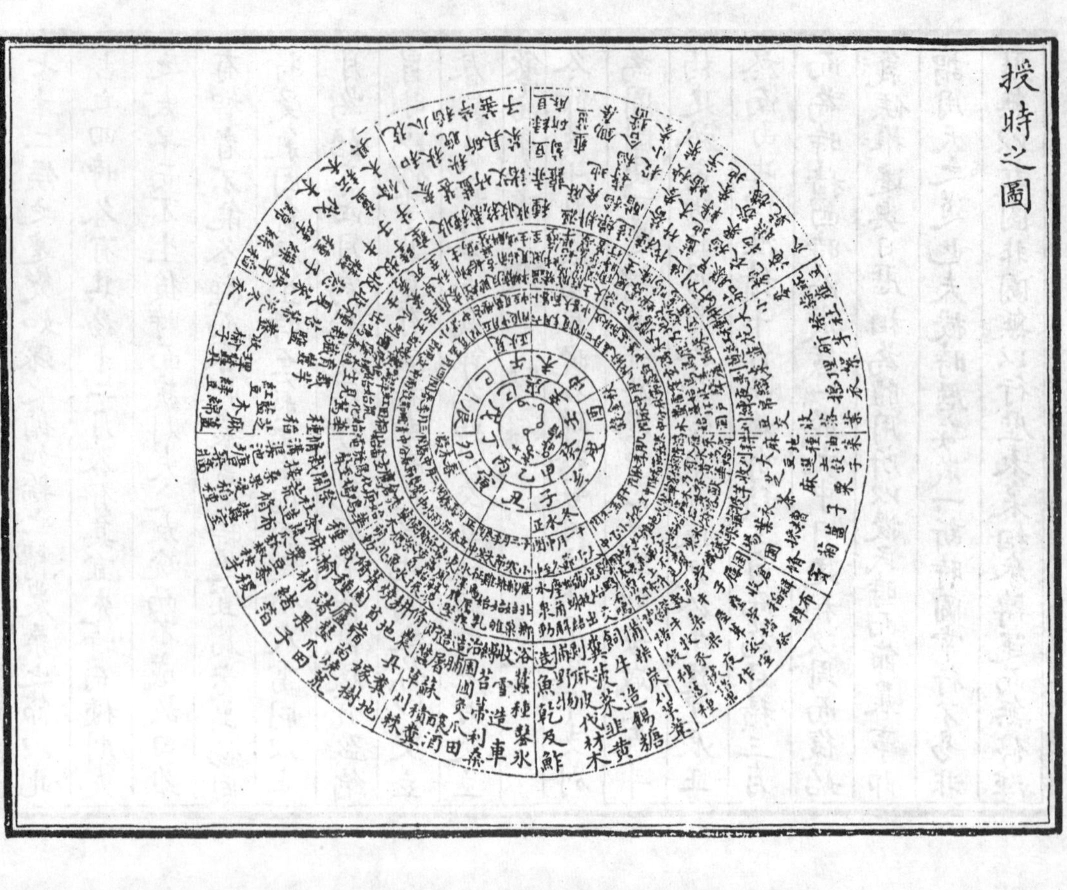

孟春立春節氣首五日東風解凍次五日蟄蟲始振後五日魚上氷次雨水中氣初五日獺祭魚次五日鴈候北後五日草木萌動次仲春驚蟄節氣初五日桃始華次五日倉庚鳴後五日鷹化為鳩次春分中氣初五日玄鳥至次五日雷乃發聲後五日始電次季春清明節氣初五日桐始華次五日田鼠化為鴽後五日虹始見次穀雨中氣初五日萍始生次五日鳴鳩拂其羽後五日戴勝降於桑凡此六氣一十八候皆春氣正發生之

令

月令曰孟春之月日在營室昏參中旦尾中其日甲乙其帝太皡其神句芒其蟲鱗其音角律中太簇其數八其味酸其臭羶其祀戶祭先脾東風解凍蟄蟲始振魚上氷獺祭魚鴻鴈來是月也天子乃以元日祈穀於上帝乃擇元辰天子親載耒耜措之於參保介之御間帥三公九卿諸侯大夫躬耕帝籍天子三推三公五推卿諸侯九推反執爵於太寢三公九卿諸侯大夫皆御命

曰勞酒是月也天氣下降地氣上騰天地和同草木萌動王命布農事命田舍東郊皆修封疆審端徑術善相丘陵阪險原隰土地所宜五穀所殖以教道民必躬親之田事既飭先定準直農乃不惑是月也乃修祭典命祀山林川澤犧牲毋用牝禁止伐木毋覆巢毋殺孩蟲胎夭飛鳥毋麛毋卵毋聚大衆毋置城郭掩骼埋胔若孟春行夏令則雨水不時草木蚤落國時有恐行秋令則其民大疫飇風暴雨總至藜莠蓬蒿並興行冬令則

水潦為敗霜雪大摯首種不入

元日五更雞鳴時點火把照桑棗果木等樹則無蟲以刀斧斑駁敲打樹身則結實此謂之嫁樹　是日用尖刀刮破桃樹皮　是月命女工趨織布典饋釀春酒

是月十五日賤糯糜炒令焦和穀種子　是月教牛修農具築牆園開溝渠修蠶室整屋漏織蠶箔　此月栽樹為上時上半月栽者多結子南風不可栽

下子　茄　瓜　薏苡　諸般花子　葫蘆匏

扦插　楊柳　石榴　梔子

栽種　松　桑　榆　柳　棗　葱　葵　韭　麻

胡桃　榛子　松子　杏子　椒　牛蒡子　菠菜

竹宜初二日　雜樹木宜上日　木綿花　苦蕒　山藥

冬瓜宜初十日　黃瓜　萵苣生菜　四月芥　種薑

種芋

接換　梨子　林檎　棗　柿　栗　桃　梅李　李

以上並雨後

澆培　石榴　梨子　海棠　栗　棗　柿　梅　桃

杏　林檎　胡桃以上並下旬

收藏　無灰臘糟　蒸臈酒　合小豆醬

雜事　接諸般花木果樹　移諸般花木果樹　壠瓜地　修諸色果木　修接桑樹　騸諸色樹木騸與嫁同

月令曰仲春之月日在奎昏弧中旦建星中其日甲乙其帝太皥其神句芒其蟲鱗其音角律中夾鍾其數八其味酸其臭羶其祀戶祭先脾始雨水桃始華倉庚鳴鷹

化為鴽是月也日夜分雷乃發聲始電蟄蟲咸動啓戶始出先雷三日奮木鐸以令兆民曰雷將發聲有不戒其容止者生子不備必有凶災日夜分則同度量鈞衡石角斗甬正權概是月也耕者少舍乃修闔扇寢廟畢備毋作大事以妨農之事是月也毋竭川澤毋漉陂池毋焚山林天子乃鮮羔開氷仲春行秋令則其國大水寒氣總至寇戎來征行冬令則陽氣不勝麥乃不熟民多相掠行夏令則國乃大旱暖氣早來蟲螟為害

齊民要術曰二月順陽習射以備不虞春分中雷乃發聲先後各五日寢別內外蠶事未起命縫人浣冬衣徹複為袷其有嬴帛遂供秋服 凡浣故帛用灰汁則色黃而且肥擣小豆細末下絹簁投湯中以洗之潔白而柔韌勝皂莢矣 可糶粟黍大小豆麻麥子等收薪炭 炭聚之下碎末勿令棄之擣簁煮淅米泔溲之更擣令熟丸如雞子曝乾以供籠爐種火之用輒得達曙堅實耐久愈炭十倍

初二日東作興俗謂上工日田家雇傭工之人俱此日執役之始故名上工

泥蠶室 春百果木根則子牢 此月雨水中埋諸花樹條則活 中旬種稻為上時

下子 麻子 紅花 山藥 白扁豆 桑椹

扦插 蒲桃 石榴

栽種 槐 穀楮 栗 松 銀杏 棗 皂莢 菊 茶 薤 木瓜 桐樹 決明 百合 胡麻 黃精 木槿 茨菰 甘蔗 雜菜 藕 芋 宜雨多 竹 茄 瓜 莧 枸杞 萱草 蒼朮 芭蕉 萵苣 紫蘇 烏豆 豌豆 茱萸 韭 夏蘿

蔔 茗帚 大葫蘆 菘菜 大豍豆

壓條 桑條

接換 柑 橘 柿 棗 橙 柚 杏 栗 桃 梅 梨 李 胡桃 銀杏 楊梅 枇杷 沙柑 石榴 紫丁香 以上春分前後皆可

澆培 柑 橘 橙 柚 蒲萄

收藏 百合曲 槐牙 皂角 新茶

雜事 移諸般花果(並忌南風火日) 理蠶事 春耕宜遲恐陽氣未透 揷諸色樹木 解樹上裹縛 二月二日取枸杞菜煮湯沐浴令人光澤不老不病

月令曰季春之月日在胃昏七星中旦牽牛中其日甲乙其帝太皡其神勾芒其蟲鱗其音角律中姑洗其數八其味酸其臭羶其祀户祭先脾桐始華田鼠化為鴽虹始見萍始生天子薦鮪於寢廟乃為麥祈實是月也生氣方盛陽氣發泄句者畢出萌者盡達不可以内是

月也命司空曰時雨將降下水上騰循行國邑周視原野修利隄防道達溝瀆開通道路毋有障塞田獵罝罘羅網畢翳餧獸之藥毋出九門是月也命野虞毋伐桑柘鳴鳩拂其羽戴勝降於桑具曲植蘧筐后妃齋戒親東鄉躬桑禁婦女毋觀省婦使以勸蠶事既登分繭稱絲効功毋有敢惰是月也命工師令百工審五庫之量金鐵皮革筋角齒羽箭幹脂膠丹漆毋或不良百工咸理監工日號毋悖於時毋或作為淫巧以蕩上心是月也乃合累牛騰馬遊牝於牧犧牲駒犢舉書其數命國儺九門磔攘以畢春氣行冬令則寒氣時發草木皆肅國有大恐行夏令則民多疾疫時雨不降山林不收行秋令則天多沉陰淫雨早降兵革並起

齊民要術曰是月也蠶農尚閑可利溝瀆葺治墻屋修門户警設守備以禦春饑草竊之寇是月盡夏至煖氣將盛日烈暵燥利用漆油作諸日煎藥可糶黍買布四月繭既入簇趨繰剖綿具機杼敬經絡草茂可燒灰是

月也可作棄蛹以禦賓客可糴麪及大麥弊絮

下子 茨菰(宜穀雨日) 麻子

栽種 菉豆 茶(宜陰地) 粟 穀 大豆(宜上旬) 秫稌 石榴 松 百合 山藥 黄瓜 紫草 紅花 甘蔗 茇 早芝蔴 雞頭 絲瓜兒(宜社日) 葵菜 薑 香菜 早稻(宜上旬) 地黄 梔子 藍 紫蘇 茭白 芋 綿花 杏 瓠子 菠菜(宜月末) 葫蘆 桑葚 紵麻

收藏 芥菜 桐花 毛羽衣物 清明醋 次茶

書畫入焙中 又可栽茶宜陰地 諸般瓜宜初三日或辰戌日

葫蘆宜清明日

移植 擻 茄秧 枸杞苗 蒲百合 柚 橘 橙

柑

接換 楊梅 橙 柑 棗 栗 柿 枇杷

雜事 犁秋田 梅上接杏杏上接梅 埋楮樹 收

菌 開溝 修牆 防雨 浸穀種 修蠶

孟夏立夏節氣初五日螻蟈鳴次五日蚯蚓出後五日王瓜生次小滿中氣初五日苦菜秀次五日靡草死後五日麥秋至次仲夏芒種節氣初五日螳螂生次五日鵙始鳴後五日反舌無聲次夏至中氣初五日鹿角解次五日蜩始鳴後五日半夏生次季夏小暑節氣初五日溫風至次五日蟋蟀居壁後五日鷹始鷙次大暑中氣初五日腐草為螢次五日土潤溽暑後五日大雨時行凡此六氣一十八候皆夏氣正長養之令

月令曰孟夏之月日在畢昏翼中旦婺女中其日丙丁其帝炎帝其神祝融其蟲羽其音徵律中仲呂其數七其味苦其臭焦其祀竈祭先肺螻蟈鳴蚯蚓出王瓜生苦菜秀是月也繼長增高毋有壞墮毋起土功毋發大衆毋伐大樹是月也天子始絺命野虞出行田原為天子勞農勸民毋或失時命司徒循行縣鄙命農勉作毋休於都是月也驅獸毋害五穀毋大田獵農乃登麥是月也聚畜百藥靡草死麥秋至孟夏行秋令則苦雨數來

五穀不滋四鄙入保行冬令則草木蚤枯後乃大水敗其城郭行春令則蝗蟲為災暴風來格秀草不實

防有露傷麥但有沙霧用䔶麻散絟長繩上侵晨令兩人對持其繩於麥上牽拽抹去沙霧則不生蟲

是月收諸色菜子斫倒就地晒打收之用瓶罐盛貯標記名號 是月收蠶蜂 此月伐木不蛀

下子 芝麻

扦插 梔子

栽種 椒 松 大豆 紫蘇 麻宜夏至前十日 晚黄瓜

葵 蓮 菉豆 白莧 荷根宜立夏前三日 梔子

枇杷

收藏 絲綿 大麥 乾薑 萵芥 鹽春菜 蘿蔔

子 笋乾 芋魁 蠶豆 甜菜乾 晚菜乾

雜事 晒白菜 移茄 包梨 鋤葱芋 斫竹

月令曰仲夏之月日在東井昏亢中旦危中其日丙丁其帝炎帝其神祝融其蟲羽其音徵律中蕤賓其數七其味苦其臭焦其祀竈祭先肺小暑至螳蜋生鵙始鳴反舌無聲天子命有司為民祈祀山川百源祀百辟卿士有益於民者以祈穀實是月也農乃登黍天子乃以雛嘗黍羞以含桃令民毋艾藍以染毋燒灰毋暴布門閭毋閉關市毋索挺重囚游牝别羣則縶騰駒班馬政是月也日長至陰陽爭死生分君子齋戒處必掩身毋躁止聲色毋或進薄滋味毋致和節嗜欲定心氣鹿角解蟬始鳴半夏生木槿榮是月也毋用火南方可以居高明

可以遠眺望可以升山陵可以處臺榭仲夏行冬令則雹凍傷穀道路不通暴兵來至行春令則五穀晚熟百螣時起其國乃飢行秋令則草木零落果實早成民殃於疫

齊民要術曰五月芒種節後陽氣始虧陰慝將萌煖氣始盛蠱蠹並興乃弛角弓弩解其徽弦張竹木弓弩弛其弦以灰藏旃裘毛毳之物及箭羽以竿挂油衣勿辟藏霖雨將降儲米穀薪炭以備道路陷滯不通是月也陰陽爭血氣散夏至先後各十五日薄滋味勿多食肥醲距立秋無食煮餅及水引餅夏月食水時此二餅得水即堅强難消不幸便為宿食傷寒病矣試以此二餅置水中即可驗惟酒引餅入水即爛矣可糴大小豆胡麻糴穬大小麥收弊絮及布帛至後糴麰䴸曝乾置甖中密封使不生虫至冬可養馬 十三是竹醉日可移竹

下子 夏菘菜 夏蘿蔔

栽種 挿稻秧 晚大豆 晚紅花 香菜

收藏 豆醬 烏梅 酕豆 木綿 菜子 蠶種

豌豆　紅花　白酒　芝蔴　槐花　小麥　大蒜
藍青　椹子　蘿蔔子
雜事　斫竽　埋桃杏李梅核在牛糞内尖向上易出
浸蠶種　斫桑　芒種後壬日入梅梅日種草無
不活者　五月五日蒿苣成片放厨櫃内辟虫蛀衣
帛等物收蒿苣葉亦得
月令曰季夏之月日在柳昏火中旦奎中其日丙丁其
帝炎帝其神祝融其蟲羽其音徵律中林鍾其數七其

味苦其臭焦其祀竈祭先肺温風始至蟋蟀居壁鷹乃
學習腐草為螢天子命漁師伐蛟取鼉登龜取黿命澤
人納材葦是月也命四監大合百縣之秩芻以養犧牲
令民無不咸出其力以共皇天上帝名山大川四方之
神以祠宗廟社稷之靈以為民祈福是月也命婦官染
采黼黻文章必以法故無或差貸黑黄蒼赤莫不質良
毋敢詐偽以給郊廟祭祀之服以為旗章以別貴賤等
級之度是月也樹木方盛命虞人入山行木無有斬伐
不可以興土功不可以合諸侯不可以起兵動衆毋舉
大事以摇養氣毋發令而待以妨神農之事也水潦盛
昌神農將持功舉大事則有天殃是月也土潤溽暑大
雨時行燒薙行水利以殺草如以熱湯可以糞田疇可
以美土疆季夏行春令則穀實鮮落國多風欬民乃遷
徙行秋令則丘隰水潦禾稼不熟乃多女災行冬令則
風寒不時鷹隼蚤鷙四鄙入保
齊民要術曰六月命女工織縑練（絹及紗縠之屬）可燒灰染青

紺雜色七　此月斫竹不蛀
扦插　楊柳
栽種　小蒜　冬葱　油麻（宜上旬日）　白莧　秋葵　葵菜
林檎　蘿蔔　菜豆　葫蘿蔔　晚瓜　蔓菁
收藏　米麥醋　三黄醋　豆豉　醬瓜　瓜乾　劄
蘇　紫草　綿絲　蘿蔔　楮實　白朮　雨衣
麻皮　麴（宜伏中）　七寶瓜　酒藥　鮝魚　槐花
二麥　椒

雜事　洗甘蔗　鋤竹園地　染水藍　培灌橙橘　斫柴　做氷梅　打炭墼　打糞墼　耕麥地　耘稻　鋤芋　是月飯不餿法用生莧菜薄鋪在上蓋之過夜則不至餿壞

立秋之節首五日涼風至次五日白露降後五日寒蟬鳴次處暑氣首五日鷹乃祭鳥次五日天地始肅後五日禾乃登次仲秋白露之節首五日鴻雁來次五日玄鳥歸後五日羣鳥養羞次秋分氣初五日雷乃收聲次

五日蟄蟲坏戶後五日水始涸次季秋寒露之節初五日鴻雁來賓次五日雀入大水為蛤後五日菊有黃花次霜降氣初五日豺乃祭獸次五日草木黃落後五日蟄蟲咸俯凡此六氣一十八候皆秋氣正收斂之令

月令曰孟秋之月日在翼昏建星中旦畢中其日庚辛其帝少皥其神蓐收其蟲毛其音商律中夷則其數九其味辛其臭腥其祀門祭先肝涼風至白露降寒蟬鳴鷹乃祭鳥是月也農乃登穀天子嘗新命百官始收斂完隄防謹壅塞以備水潦修宮室坏牆垣補城郭孟秋行冬令則陰氣大勝介蟲敗穀戎兵乃來行春令則其國乃旱陽氣復還五穀無實行夏令其國多火災寒熱不節民多瘧疾

齊民要術曰七月四日命置麴室具箔槌取淨艾六日饌治五穀磨具七日遂作麴及曝經書與衣作乾糗擣葸耳處暑中向秋節浣故製新作袷薄以備始涼糶大小麥豆收縑練

栽種　蕎麥　蒿菜　蔥　苜蓿　蘿蔔　菠菜宜月末日　赤豆　姜　菜　蔓菁　旱菜　冬葵　芥菜立秋前

收藏　採松子　割藍　米醋　鹹豉　茄乾　瓜乾　瓜種　瓜蒂　紫蘇　地黃　角蒿可辟蛀　花椒　荆芥　松栢子　糟茄　糟瓜　醬瓜　荷葉　楮子　芙蓉葉治腫

雜事　斫伐竹木　分薤　剝棗　刈草　作澱　耕菜地　秋耕宜早恐霜後掩入陰氣　收黃葵花治湯

火傷 七月七日晒曝革裘無蟲

月令曰仲秋之月日在角昏牽牛中旦觜觿中其日庚辛其帝少皥其神蓐收其蟲毛其音商律中南吕其數九其味辛其臭腥其祀門祭先肝盲風至鴻雁來玄鳥歸群鳥養羞是月也養衰老授几杖行糜粥飲食乃命司服具飭衣服文繡有恒制有小大度有長短衣服有量必循其故冠帶有常是月也可以築城郭建都邑穿竇窖修囷倉乃命有司趣民收斂務畜菜多積聚乃勸

種麥毋或失時其有失時行罪無疑是月也日夜分雷始收聲蟄蟲坏户殺氣浸盛陽氣日衰水始涸日夜分則同度量平權衡正鈞石角斗甬是月也易關市來商旅納貨賄以便民事四方來集遠鄉皆至則財不匱上無乏用百事乃遂仲秋行春令則秋雨不降草木生榮國乃有恐行夏令則其國乃旱蟄蟲不藏五穀復生行冬令則風災數起收雷先行草木蚤死

齊民要術曰八月暑退涼風戒寒趣練縑帛染綵色擘絲治絮製新浣故及韋履賤好預買以備冬寒刈萑葦蒭茭涼燥可上弓弩繕理檠鋤正縛鎧弦遂以習射弛竹木弓弧糴種麥糶黍

栽種 大蒜 罌粟 寒豆 苦蕒 苧麻 蔓菁

諸般菜 葱子 大麥 牡丹 芍藥 分韭根

芥子 麗春 小麥 菱 於芋根 木瓜 花椒

收藏 醋姜 茄醬 茄乾 糟茄 棗子 淹韭

晚黄瓜 地黄酒 芝蔴 栗子 柿子 韭花

柿漆 斫竹

移植 早梅 橙橘 枇杷 牡丹

雜事 踏麯 鋤竹園地 是月防霧傷棗棗熟着霧則多損蘇麻散絟於樹枝上則可辟霧氣或用稭稈於樹上四散絟縛亦得

月令曰季秋之月日在房昏虚中旦柳中其日庚辛其帝少皥其神蓐收其蟲毛其音商律中無射其數九其味辛其臭腥其祀門祭先肝鴻雁來賓雀入大水為蛤菊

有黃華豺乃祭獸戮禽是月也申嚴號令命百官貴賤無不務內以會天地之藏無有宣出乃命冢宰農事備收舉五穀之要藏帝籍之收於神倉祗敬必飭是月也霜始降則百工休乃命有司曰寒氣總至民力不堪其皆入室是月也大饗帝嘗犧牲告備於天子合諸侯制百縣為來歲受朔日與諸侯所稅於民輕重之法貢職之數以遠近地土所宜為度是月也草木黃落乃伐薪為炭蟄蟲咸俯在內皆墐其戶乃趣獄刑毋留有罪收

祿秩之不當供養之不宜者是月也天子乃以犬嘗稻先薦寢廟季秋行夏令則其國大水冬藏殃敗民多鼽嚏行冬令則國多盜賊邊境不寧土地分裂行春令則暖風來至民氣解惰師興不居

齊民要術曰九月治場圃塗囷倉修竇窖繕五兵習戰射以備寒凍窮厄之寇存問九族孤寡老病不能自存者分厚徹重以救其寒

栽種　椒　菊　茱萸　地黃　蠶豆　牡丹　水仙

宜月初　柿　蒜　萱草　芥菜　茨麥　芍藥　罌粟九日　諸般冬菜

分栽　櫻桃　桃　楊

移植　枇杷　橙　雜果木

收藏　栗　諸色豆稈　五穀種　油麻　甘蔗　梔子　紫蘇　木瓜　韭子　牛蒡子　冬瓜子　菉豆　茄種　栗子　枸杞　榧子　皂角　黃菊　槐子　蟹殼治產後兒枕疼　茶子　紫草子

雜事　掘薑出土　草包石榴橘栗蒲萄　采菊　築牆圃　斫竹木　斫苧　收雜種

立冬之節首五日水始冰次五日地始凍後五日雉入大水為蜃次小雪中氣初五日虹藏不見次五日天氣騰地氣降後五日閉塞而成冬次仲冬大雪節氣初五日鶡鴠不鳴次五日虎始交後五日荔挺出次冬至中氣初五日蚯蚓結次五日麋角解後五日水泉動次季冬小寒節氣初五日雁北鄉次五日鵲始巢後五日雉

始雊次大寒中氣初五日雞始乳欵冬華次五日征鳥厲疾後五日水澤腹堅凡此六氣一十八候皆冬氣正養藏之令

月令曰孟冬之月日在尾昏危中旦七星中其日壬癸其帝顓頊其神玄冥其蟲介其音羽律中應鍾其數六其味鹹其臭朽其祀行祭先腎水始氷地始凍雉入大水為蜃虹藏不見是月也天子始裘命有司曰天氣上騰地氣下降天地不通閉塞而成冬命百官謹蓋藏命

有司循行積聚無有不斂坏城郭戒門閭修鍵閉慎管籥固封疆備邊境完要塞謹關梁塞徯徑飭喪紀辨衣裳審棺槨之厚薄塋丘壠之大小高卑厚薄之度貴賤之等級是月也天子乃祈年於天宗大割祠於公社及門閭臘先祖五祀勞農以休息之是月也乃命水虞漁師收水泉池澤之賦毋或敢侵削衆庶兆民以為天子取怨於下其有若此者行罪無赦孟冬行春令則凍閉不密地氣上泄民多流亡行夏令則國多暴風方冬不寒蟄蟲復出行秋令則雪霜不時小兵時起土地侵削

齊民要術曰十月培築垣牆塞向墐戶上辛命典饋漬麴釀冬酒作脯腊先氷凍作涼餳煮暴飼可析麻緝績布縷作白履不借（草履之賤者曰不借）賣縑帛弊絮糶粟豆麻子

移植　橙　柑　橘

栽種　大小豆　春菜　生薑　蘿蔔

收藏　地黃　著蓮菜　天蘿子　茶子　橘皮　天豆　栗子　薏苡　椒　冬瓜子　芙蓉條　石橘

蘿蔔　山藥　枸杞　皂角　苧

雜事　移葵　接花果　澆灌花木　穫稻　納禾稼

開磚　煮膠　收炭　造牛衣　修牛馬　塞北戶　用蓋爐　石堦砌　收二桑葉　壅苧麻　耘麥地　收豬種　泥飾牛馬屋　壓桑

月令曰仲冬之月日在斗昏東辟中旦軫中其日壬癸其帝顓頊其神玄冥其蟲介其音羽律中黃鍾其數六其味鹹其臭朽其祀行祭先腎氷益壯地始坼鶡鴠不

鳴虎始交天子命有司曰土事毋作慎毋發蓋毋發室屋及起大衆以固而閉地氣沮泄是謂發天地之房諸蟄則死民必疾疫又隨以喪命之曰暢月是月也命奄尹申宮令審門閭謹房室必重閉省婦事毋得淫雖有貴戚近習毋有不禁乃命大酋秫稻必齊麴蘖必時湛熾必潔水泉必香陶器必良火齊必得兼用六物大酋監之毋有差貸天子命有司祈祀四海大川名源淵澤井泉是月也農有不收藏積聚者馬牛畜獸有放佚者

取之不詰山林藪澤有能取蔬食田獵禽獸者野虞教道之其有相侵奪者罪之不赦是月也日短至陰陽爭諸生蕩君子齋戒處必掩身身欲寧去聲色禁嗜欲安形性事欲靜以待陰陽之所定芸始生荔挺出蚯蚓結麋角解水泉動日短至則伐木取竹箭是月也可以罷官之無事去器之無用者塗闕廷門閭築囹圄此以助天之閉藏也仲冬行夏令則其國乃旱氛霧冥冥雷乃發聲行秋令則天時雨汁瓜瓠不成國有大兵行春令則蝗蟲為敗水泉咸竭民多疥癘

齊民要術曰冬十一月陰陽爭血氣散冬至日先後各五日寢別內外可釀醢糶秔稻粟豆麻子　此月如有雪則收貯雪水埋地中混穀種倍收不怕

栽種　小麥　油菜　萵苣　桑

移植　松栢　檜

收藏　鹽水蘿蔔　牛蒡子　豆餅　水果子　鹽菜

宜冬至前

澆培　石榴　柑　橘　橙　柚　梨　栗　棗　柿

雜事　做酒藥　接雜木　造農具　夾笆籬　澆菜　伐木　斫竹　打豆油　置碎草牛腳下春糞田　盦芙蓉條　試穀種　鋤油菜

月令曰季冬之月日在婺女昏婁中旦氐中其日壬癸其帝顓頊其神玄冥其蟲介其音羽律中大呂其數六其味鹹其臭朽其祀行祭先腎雁北鄉鵲始巢雉雊雞乳是月

也命漁師始漁天子親往乃嘗魚氷方盛水澤腹堅命取氷氷以入令告民出五種命農計耦耕事修耒耜具田器乃命四監收秩薪柴以共郊廟及百祀之薪燎是月也日窮於次月窮於紀星回於天數將幾終歲且更始專而農民毋有所使天子乃與公卿大夫共飭國典論時令以待來歲之宜凡在天下九州之民者無不咸獻其力以共皇天上帝社稷寢廟山林名川之祀季冬行秋令則白露早降介蟲為妖四鄙入保行春令則胎

夭多傷國多固疾命之曰逆行夏令則水潦敗國時雪不降氷凍消釋

齊民要術曰十二月休農息役惠必下浹遂合耦田器養耕牛選任田者以俟農事之起去猪盍車骨（後三歲可合瘡膏藥）及臘日祀炙箑（箑一作萐燒飲治刺入肉中及樹瓜田中四角去蟲）

栽種　橘　松　花樹　麥（宜臈日）　桑　蕪蘇

收藏　臘米　臘水　臈酒　臘肉　臘葱　風魚　脯腊　臘糟　猪脂　氷

雜事　造農具　舂米　舂粉　浸米（可止瀉痢）　浸燈心　剥桑　壓果木　添桑泥　墩牡丹土　合臘藥　掃　以猪脂啗馬　臘水作麪糊褾背（不蛀）　伐竹木

農政全書卷十

欽定四庫全書

農政全書卷十一

明 徐光啟 撰

農事

占候

正月凡春雷和雨反寒必多雨諺云春寒多雨水元宵前後必有料峭之風謂之元宵風　凡春有二十四番花信風梅花風打頭楝花風打末　上八日宜晴此夜

若雨元宵如之諺云上八夜弗見參星月半夜弗見紅燈　上元日晴春水少括云上元無雨多春旱清明無雨少黃梅夏至無雲三伏熱重陽無雨一冬晴　雨水後陰多主少水高下大熟諺云正月罌坑好種田

二月十二日夜宜晴可折十二夜夜雨二月最怕夜雨若此夜晴雖雨多亦無所妨越人陳元義云二月內得十二個夜晴則一年雨晴調匀更十二夜中又雨爲水潦年歲矣十夜以上雨水鄉人盡叫苦　初四有水謂之春水　初八日前後必有風雨　諺云清明斷雪穀雨斷霜言天氣之常　東作既興早起夜眠春間最爲要緊古語云一年之計在春一日之計在寅

三月清明晒得楊柳枯十隻糞缸九隻浮　清明無雨少黃梅　雨打紙錢頭麻麥不見收雨打墓頭錢今年好種田　清明午前晴早蠶熟午後晴晚蠶熟　清明日喜晴諺云簷頭插柳青農人休望晴簷頭插柳焦農人好作嬌　若清明寒食前後有水而渾主高低田禾大熟四時雨水調　穀雨日雨主魚生諺云一點雨一

個魚　穀雨前一兩朝霜主大旱是日雨則魚生必主多雨二麥紅腐不可食用　月内有暴水謂之桃花水則多梅雨無滂亦無乾雪不消則九月霜不降雷多歲稔虹見九月米貴

四月以清和天氣爲正　必作寒數日謂之麥秀寒即月令麥秋至之後　夏至日風色看交時最要緊屢驗月中看魚散子占水黃梅時水邊草上看散子高低以卜水增止　立夏日看日暈有則主水諺云一番暈

添一番湖塘是夜雨損麥諺云二麥不怕神共鬼只怕四月八夜雨大抵立夏後夜雨多便損麥蓋麥花夜吐雨多花損故麥粒浮秕也　月内日暖夜凉主少水諺云日暖夜寒東海也乾虹見米貴

五月諺云初一雨落井泉浮初二雨落井泉枯初三雨落連太湖又云一日値雨人食百草又云一日晴一年豐一日雨一年歉　立梅芒種日是也宜晴陰陽家云芒後逢壬立梅至後逢壬梅斷或云芒種逢壬是立黴

按風土記云夏至前芒種後雨爲黄梅雨田家初插秧謂之發黄梅逢壬爲是　芒後半月内西南風諺云梅裏西南時裏潭潭但此風連吹兩日雨立至　畏雷諺云梅裏雷低田折舍回言低田巨浸屋無用也甚驗或云聲多及震响反旱往往經試才有雷便有雨遍插秧之患大抵芒後半月謂之禁雷天又云梅裏一聲雷時中三日雨　立梅日早雨謂之迎梅雨一云主旱諺云雨打梅頭無水飲牛雨打梅額河底開坼一云主水諺云迎梅一寸送梅一尺雜占云此日雨卒未晴試以二日比較近年纔是無雨雖有黄梅亦不多不可不知也

重五日只宜薄陰但欲晒得蓬癟(步結切枯病也)便好大晴主水雨主絲綿貴大風雨主田内無邊帶風水多也

至後半月爲三時頭時三日中時五日末時七日時雨中時主大水若末時縱雨一番枯云夏至未過水袋未破諺云時裏一日西南風准過黄梅兩日雨又云時雨西南老龍奔潭皆主旱全不應晚轉東南必晴諺云朝

西暮東風正是旱天公　末時得雷謂之送時主久晴諺云迎梅雨送時雷送去了便弗回　諺云黄梅天日幾番顛　冬青花占水旱諺云黄梅雨未過冬青花未破冬青花已開黄梅雨不來　夏至端午前叉手種年田　夏至日雨落謂淋時雨(主久雨)其年必豊　夏至有雲三伏熱如吹西南風急吹急沒慢吹慢沒　黄梅寒井底乾　端午日雨來年大熟　分龍之日農家于是日早以米篩盛灰籍之紙至晚視之若有雨點迹則秋

不熟穀價高人多閙糶　五月二十日大分龍無雨而有雷謂之鎖雷門　田家五行曰至正壬辰春末夏初水至既非桃花亦非黄梅去而復來進退不已余家所種低田數多正苦于揷種過時田中積水車洿未有乾期此日尚且勉強督工喜晴固好然八風周旋正不知吉凶如何至申時忽東南陣起見掛帆雨隨有雷三四聲方且驚愕忽見一老農拱手仰天且連稱慚愧不已因問其故答云今日無雨而有雷謂之鎖龍門復拱手

相賀喜躍或問此處無雨他處却雨如何老農云晴雨各以本境所致為占候也㓜聞父老言前宋時平江府崑山縣作水災隣縣常熟却稱旱上司謂接境一般高下之地豈有水旱如此相背之理不准後申其里人直赴于朝訴諸史丞相丞相怪問亦然衆人因泣下而告曰崑山日日雨常熟只聞雷丞相謂有此理悉聽所陳至今吳中相傳以為古諺又諺云夏雨隔田晴又云夏雨分牛脊又云龍行熟路正此謂也其年果熟晴多雨少自此日至立秋止雨兩番　月内虹見麥貴有三卯宜種稻有應時雨　諺云二十分龍廿一雨破車閣在弄堂裏二十分龍廿一鬭拔起黄秧便種豆

六月初頭一劑雨夜夜風潮到立秋　六月蓋夾被田裏不生米　六月西風吹遍草八月無風秕子稻　處暑雨不通白露枉相逢　三伏中大熱冬必多雨雪

蝍蟟蟬叫稻生芒　六月有水謂之賊水言不當有也

小暑日晴雨亦要看交時最緊　六月初三日畧得

雨主秋旱收乾稻蘇秀人云此日畧得雨則西山及南海不斫篘竿　初三日雨難槁稻諺云六月初三晴山篠盡枯零六月初三一陣雨夜夜風潮到立秋　小暑日雨名黄梅顛倒轉主水東南風及成塊白雲起至半月舶棹風主水退兼旱無南風則無舶棹風水卒不能退諺云舶棹風雲起旱魃精空歡喜仰面看青天頭巾落在麻坼裏東坡詩云三時已斷黄梅雨萬里初來舶棹風正此日也　諺云六月不熱五穀不結老農云三

伏中稿稻天氣又當下壅時最要晴晴則熟故也又云六月盖夾被田裏無張屁言凉冷則雨多雨多則水大沒田無疑矣月令云季夏行秋令則丘隰水潦禾稼不熟又云伏裏西北風臘裏船不通主冬冰堅秋稻秕又云六月無蠅新舊相登米價平　夏秋之交稿稻還水後喜雨諺云夏末秋初一劑雨賽過唐朝一囤珠言及時雨絶勝無價寶也　諺云秋前生蟲損一莖發一莖秋後生蟲損了一莖無了一莖螟蝨螣賊是也

七月秋蒔到秋六月秋便罷休　朝立秋凉颼颼夜立秋熱到頭　立秋日天晴萬物少得成熟小雨吉大雨主傷禾齊民要術云晴主歲稔未詳孰是　有雷損晚稻諺云秋霹靂損晚穀大抵秋後雷多晚稻少收非但忌此日　喜西南風主田禾倍收諺云三日三石四日四石　七月有雨名洗車雨主八月有蓼花諺云七月七無洗車八月八無蓼花

八月旱禾怕北風晚禾怕南風　朔日晴主冬旱宜薑略得雨宜麥一云風雨宜麥主布貴麻子貴十倍又云凡朔要晴唯此月要雨好種麥　白露雨爲苦雨稻禾霑之則白颯蔬菜霑之則味苦諺云白露日個雨來一路苦一路又云白露前是雨白露後是鬼其時之雨片雲來便雨稻花見日吐出陰雨則收正吐之時暴雨忽來卒不能收遂致白颯之患若連朝雨反不爲災不免擔閣吐秀有皮殼厚之病　秋分要微雨或陰天最妙主來年高低田大熟　喜雨諺云麥秀風搖稻秀雨澆

此言將秀得雨則堂肚大穀穗長秀實之後雨則米粒圓見收數　畏旱諺云田怕秋乾人怕老窮秋熱損稻旱則必熟　怕秋水撩稻諺云雨水淹沒產全收不見半　八月又作新涼諺云處暑後十八盆湯　又云立秋後四十五日浴堂乾　中旬作熱謂之潮熱又名八月小春　十八日潮生日前後有水謂之横港水

九月初有雨多謂之秋水　早稻嵐晚稻嵐落縵天蓼花水浴車嵐路雨　中氣前後起西北風謂之霜降信

有雨謂之溼信未風先雨謂之料信雨霜降前來信易過善後來信了信必嚴毒此信乾濕後信必如之諺云霜降了布衲著得言已有暴寒之色　重九日晴則冬至元日上元清明四日皆晴雨則皆雨又主竈荒括云重陽無雨一冬晴詳上元下　諺云九日雨米成脯又云重陽濕漉漉穰草千錢束

十月立冬晴則一冬多晴雨則一冬多雨亦多陰寒諺云賣絮婆子看冬朝無風無雨哭號咷　立冬日西北

風主來年旱天熱　晴過寒諺云立冬晴過寒弗要櫪柴積又主有魚　雨主無魚諺云一點雨一個模魚鴒

冬前霜多主來年旱冬後多晚禾好　十六日為寒婆生日晴主冬暖此說得之崇德輿人徐伯和自江東石洞秩滿而歸云彼中客旅遠出專看此日若晴煖則但隨身衣服而已不必他備言極有准也　月內有雷主災疫諺云十月雷人死用耙推有霧俗呼曰沫露主來年水大仍相去二百單五日水至老農咸謂極驗或云要看霧著水面則輕離水面則重諺云十月沫露塘溢十一月沫露塘乾　冬初和暖謂之十月小春又謂之晒糯穀天漸見天寒日短必須夜作諺云十月無工只有梳頭吃飯工又云河東西好使犁河射角好夜作

立冬前後起南北風謂之立冬信月內風頻作謂之十月五風信　諺云冬至前後鴻水不走

十一月冬至古語云明正暗至又諺云晴乾冬至濕漉年二說相反諺曰乾冬濕年坐了種田又云鬧熱冬至

冷淡年蓋無人尚冬欲晴故也或云冬至雨年必晴冬至晴年必雨此說頗准　至後九九氣諺云一九二九相喚弗出手三九廿七離頭吹觱篥四九三十六夜眠如露宿五九四十五太陽開門戶六九五十四貧兒爭意氣七九六十三布衲擔頭擔八九七十二貓狗尋陰地九九八十一犁耙一齊出　沈存中筆談云是月中遇東南風謂之歲露有大毒若飢感其氣開年著瘟病又云風色多與下年夏至相對　農桑輯要云欲知來

年五穀所宜是日取諸種各平量一升布囊盛之埋窖陰地後五日發取量之息多者歲所宜也　月内雨雪多主冬春米賤有雷主春米貴冬至前米價長後必賤落則反貴諺云冬至前米價長貧兒受長養冬至前米價落貧兒轉蕭索有霧主來年旱諺云一日折過十月内三日　闕　風雨來春少水

十二月立春在殘年主冬暖諺云兩春夾一冬無被暖烘烘　至後第三戌爲臘臘前三兩番雪謂之臘前三

白大宜菜麥諺云若要麥見三白又云臘雪是被春雪是鬼又主來年豐稔諺云一月見三白田翁笑嚇嚇又主殺蝗子　占風諺云今夜東北明年大熟　月内有霧主來年有水風雨主來年六月七月内横水　十二月裡霧無水做酒庫霧主半月旱准十月内五日霧冰結後水落主來年旱冰結後水漲名上水冰主水若緊厚來年大水　十二月謂之大禁月忽有一日稍暖即是大寒之候諺云一日赤膊三日齷齪　諺云大寒須守火無事不出門　又云大寒無過丑寅大熱無過未申

論日　日暈則雨諺云月暈主風日暈主雨　日脚占晴雨諺云朝又天暮又地主晴反此則雨　日没後起清白光數道下狹上闊直起亘天此特夏秋間有之俗呼青白路主來日酷熱　日生耳主晴雨諺云南耳晴北耳雨日生雙耳斷風截雨若是長而下垂通地則又名白日幢主久晴　日出早主雨出晏主晴老農云此

特言久陰之餘夜雨連旦正當天明之際雲忽一掃而捲即光日出所以言早少刻必雨立驗言晏者日出之後雲晏開也必晴亦甚准蓋日之出入自有定刻實無早晏也愚謂但當云晴得早主雨晏開主晴不當言日出早晏也　日外自雲障中起主晴諺云日頭楚雲障晒殺老和尚　日没返照主晴俗名為日返塢一云日没臙脂紅無雨也有風　玄扈先生曰日返塢明朝水或没路日打洞明朝晒背痛　間二候相似而所主不同何也老農云返照在日没之

前臙脂紅在日沒之後　諺云烏雲接日明朝不如今日又云日落雲沒不雨定寒又云日落雲裡走雨在半夜後已上皆主雨此言一朶烏雲漸起而日正落其中者　諺云日落烏雲半夜枵明朝晒得背皮焦此言半天元有黑雲日落雲外其雲夜必開散明必甚晴也又云今夜日沒烏雲洞明朝晒得背皮痛此言半天上雖有雲及日沒下去都無雲而見日狀如巖洞者也　已上皆主晴甚驗

論月　月暈主風何方有闕即此方風來

論旬中尅應　新月下有黑雲橫截主來日雨諺云初三月下有橫雲初四日裡雨傾盆　月盡無雨則來月初必有風雨諺云廿五廿六若無雨初三初四莫行船廿五日謂之月交日有雨主久陰廿七日最宜晴諺云交月無過廿七晴　廿七廿八交月雨初二初三勿肯晴

論星　諺云一個星保夜晴此言雨後天陰但見一兩星此夜必晴　星光閃爍不定主有風　夏夜見星密主熱　諺云明星照爛地來朝依舊雨言久雨正當黃昏卒然雨住雲開便見滿天星斗豈但明日有雨當夜亦未必晴　黃昏上雲半夜消黃昏消雲半夜澆若半夜後雨止雲開星月朗然則必晴無疑

論風　夏秋之交大風及有海沙雲起俗呼謂之風潮古人名之曰颶風言其具四方之風故名颶風有此風必有霖淫大雨同作甚則拔木偃禾壞房室決堤堰其

先必有如斷虹之狀者見名曰颶母航海之人見此則又名破帆風　凡風單日起單日止雙日起雙日止諺云西南轉西北搓繩來絆屋又云半夜五更西天明拔樹枝又云日晚風和明朝再多又云惡風盡日沒又云日出三竿不急便寬大凡風日出之時必略靜謂之風讓日大抵風自日內起者必善夜起者必毒日內息者亦和夜半息者必大凍已上並言隆冬之風　諺云風急雨落人急客作又云東風急被簑笠風急雲起愈

急必雨　諺云東北風雨大公言艮方風雨卒難得晴俗名曰牛筋風雨指丑位故也　諺云行得春風有夏雨言有夏雨應時可種田也非謂水必大也經驗　諺云春風踏脚報言易轉方如人轉報不停脚也一云既吹一日南風必還一日北風荅報也二說俱應　諺云西南早到晏弗動草言早有此風向晚必靜　諺云南風尾北風頭言南風愈吹愈急北風初起便大　春南夏北有風必雨　冬天南風三兩日必有雪　大凡

喜忌風雨在得中為准假如此一時即占候喜何方風得此風色為正徵和極應若是顛狂大作則反為凶又云好此一時即忌何方風遇此風徵最奚若得大作反不為災占雨亦然也往往歷試甚驗蓋亦過猶不及之理也琴瑟絃索調得極和則天道必是一望畧無纖毫方能如是若是調卒不齊則必陰雨之變蓋亦氣候所到而然也若高潔之弦忽自寬則因琴床潤濕故也主陰雨之象春初夏末天氣暴暄凡庭柱與板壁之類溫潤如流汗主有陣頭雨至田蠶火占水旱之事燒生炭盆中法並同俱載十二月之内　颶母船上人名曰破蓬掛蓋言見此物蓬必為風所破矣　天氣濕熱鬱蒸主有風古語云熱極則生風　語云東南風跳擲三日退一尺

論雨　諺云雨打五更日晒水坑言五更忽然雨日中必晴甚驗　晏雨不晴　雨著水面上有浮泡主卒未晴　諺云一點雨似一個釘落到明朝也不晴一點雨

似一個泡落到明朝未得了　諺云天下太平夜雨日晴言不妨農也　諺云上牽晝下牽齋下晝雨嘀嚌　諺云病人怕肚脹雨落怕天亮亦言久雨正當昏黑忽自明亮則是雨候也　雨夾雪難得晴　諺云夾雨夾雪無休無歇　諺云快雨快晴道德經云飄風不終朝驟雨不終日　凡雨喜少惡多　凡久雨至午少止謂之遣晝在正午遣或可晴午前遣則午後雨不可勝　竈灰帶溫作塊天將變作雨兆　齋前風晝後雨並言

難止　雨怕天亮是天明時忽雨此日不得晴也若卧黑忽明亮反是雨候則何時晴耶

論雲　雲行占晴雨諺云雲行東雨無蹤車馬通雲行西馬濺泥水沒犁雲行南雨潺潺水漲潭雲行北雨便足好晒穀　上風雖開下風不散主雨　諺云上風皇下風隘無蓑衣莫出外　雲若砲車形起主大風　雲起下散四野滿日如烟如霧名曰風花主風起　諺云西南陣單過也落三寸言雲陣起自西南來者雨必多

尋常陰天西南陣上亦雨　諺云太婆年八十八弗曾見東南陣頭發又云千歲老人不曾見東南陣頭雨沒子田言雲起自東南來者絕無雨　凡雨陣自西北起者必雲黑如潑墨又必起作眉梁陣主先大風而後雨終易晴　天河中有黑雲生謂之河作堰又謂之黑豬渡河黑雲對起一路相接亘天謂之女作橋雨下闊則又謂之合羅陣皆主大雨立至少頃必作滿天陣名通界雨言廣闊普徧也若是天陰之際或作或止忽有雨作橋則必有掛帆雨脚又是雨脚將斷之兆也不可一例而取　諺云旱年只怕沿江跳水年只怕北江紅一云太湖晴上文言亢旱之年望雨如望恩纔是四方遠處雲生陣起或自東引而西自西而東所謂沿江跳也則此雨非但今日不至必每日如之即是久旱之兆也澇年每至晚時雨忽至雲稍浮北似霞非霞紅光曜日雨必隨作當主夜夜如此直至大暑而後已謂之北江紅此吳語也故指北江為太湖若是晚霽必兼西天但

晴無雨諺云西北赤好晒麥　陰天卜晴諺云朝要天頂穿暮要西脚懸又云朝看東南暮看西北　諺云魚鱗天不雨也風顛此言細細如魚鱗斑者一云老鯉斑雲陣晒殺老和尚此言滿天雲大片如鱗故云老鯉往往試驗各有准　秋天雲陰若無風則無雨　冬天近晚忽有老鯉斑雲起漸合成濃陰者必無雨名曰護霜天諺云識每護霜天不識每著子一夜眠

論霧　莊子云騰水上溢為霧爾雅云地氣上天不應

曰霧凡重霧三日主有風諺云三朝霧露起西風若無風必主雨又云霧露不收即是雨

論霞　諺云朝霞暮霞無水煎茶主旱此言久晴之霞也　諺云朝霞不出市暮霞走千里此皆言雨後乍晴之霞暮霞若有火燄形而乾紅者非但主晴必主久旱之兆朝霞雨後乍有定雨無疑或是晴天隔夜雖無今朝忽有則要看顏色斷之乾紅主晴間有褐色主雨滿天謂之霞得過主晴霞不過主雨若西天有浮雲稍厚

雨當立至

論虹俗呼曰鱟　諺云東鱟晴西鱟雨諺云對日鱟不到晝主雨言西鱟也若鱟下便雨還主晴

論雷　諺云未雨先雷船去步來主無雨　諺云當頭雷無雨卯前雷有雨凡雷聲響烈者雨陣雖大而易過雷聲殷殷然響者卒不晴　雷初發聲微和者歲內吉猛烈者凶　雪中有雷主陰雨百日方晴　東州人云一夜起雷三日雨言雷自夜起必連陰

論電　夏秋之間夜晴而見遠電俗謂之熱閃在南主久晴在北主便雨諺云南閃一年北閃眼前　北閃俗謂之北辰閃主雨立至諺云北辰三夜無雨大怪言必有大風雨也

論冰　冰後水長名長水冰主來年水冰後水退名退水冰主旱若冰堅可履亦主水

論霜　每年初下只一朝謂之孤霜主來年歉連得兩朝以上主熟上有鎗芒者吉平者凶春多主旱　毛頭

霜主明日風雨

論雪　其詳在十二月下霽而不消名曰等伴主再有雪久經日照而不消亦是來年多水之兆也

論山　遠山之色清朗明爽主晴嵐氣昏暗主作雨起雲主雨收雲主晴尋常不曾出雲小山忽然雲起主大雨　久雨在半山之上山水暴發一月則主山崩却非尋常之水

論地　地面濕潤甚者水珠出如流汗主暴雨若得西

北風解散無雨　石磉水流亦然　四野鬱蒸亦然

論水　夏初水中生苔主有暴水諺云水底起青苔卒逢大水來　水際生靛青主有風雨諺云水靣生青靛天公又作變　諺云大水無過一周時言天道久雨山澤發洪大水橫流江河陡漲之易也　諺云大旱不過周時雨大水無非百日晴言天道須是久晴則水方能退也故論潮者云晴乾無大汛合而言之可見水漲之易退之難也如此　凡東南風退水西北反爾此理蓋

只是吳中大湖東南之常事往來初冬大西北風湖水泛起吳江人家皆懼浸水中風息復平謂之翻湖水纔是南風連吹半月十日便可退水三二尺又不還漲　水邊經行聞得水有香氣主雨水驟至極驗或聞水腥氣亦然　河內浸成包稻種既沒復浮主有水

論草　草得氣之先者皆有所驗薺菜先生歲欲甘葶藶先生歲欲苦藕先生歲欲雨蒺藜先生歲欲旱蓬先生歲欲流水藻先生歲欲惡艾先生歲欲病孟月占之

五穀草占稻色草有五穗近本莖為早色腰末為晚禾隨其穗之美惡以斷豐歉未必極驗但其草每年根根相似　菰蕩內春初雨過菌生俗呼為雷菌多則主旱無則主水　草屋久雨菌生其上朝出晴暮出雨諺云朝出晒殺暮出濯殺　看窠草一名千戈謂其有刺故也蘆葦之屬叢生于地夏月暴熱之時忽自枯死主有水　諺云頭苧生子没殺二苧二苧生子没殺三苧　茭草水草也村人嘗刈其小白嘗之以卜水旱味甘

甜主水已來亦未止味餿氣主旱已來亦已定

論花　梧桐花初生時赤色主旱白色主水　匾豆五月開花主水　杞夏月開結主水　藕花謂之水花魁開在夏至前主水　野薔薇開在立夏前主水　麥花晝夜主水　扁豆鳳仙花開在五月主水　槐花開一遍糯米長一遍價

論木　雜陰陽書曰禾生于棗或楊大麥生于杏小麥生于桃稻生于柳或楊黍生于榆大豆生于槐小豆生

于李麻生于楊或荆 師曠占術曰杏多實不虫者來年秋禾善五木者五穀之先欲知五穀但視五木擇其木盛者來年多種之萬不失一也 凡竹笋透林者多有水 楊樹頭並水際根乾紅者主水此說恐每年如此不甚應

論潮 每半月逐日候潮時有詩訣云午未未申申寅寅卯卯辰辰巳巳午午半月一遭輪夜潮相對起仔細與君論 十三二十七名曰水起是為大汛各七日二

十初五名曰下岸是為小汛亦各七日 諺云初一月半午時潮又云初五二十夜岸潮天亮白遥遥又云下岍三潮登大汛 凡天道久晴雖當大汛水亦不長諺云晴乾無大汛雨落無小汛

論飛禽 諺云鴉浴風鵲浴雨八哥兒洗浴斷風雨鳩鳴有還聲者謂之呼婦主晴無還聲者謂之逐婦主雨 鵲巢低主水高主旱俗傳鵲意既預知水則云終不使我沒殺故意愈低既預知旱則云終不使我晒殺故意愈高朝野僉載云鵲巢近地其年大水 海燕忽成群而來主風雨諺云烏肚雨白肚風 赤老鴉含水叫旱主雨多人辛苦叫晏晴多人安閒農作次第 夜間聽九逍遥鳥叫卜風雨諺云一聲風二聲雨三聲四聲斷風雨 鸛鳥仰鳴則晴俯鳴則雨 鵲噪早報晴明白乾鵲 主冬寒天雀群飛翅聲重必有雨雪 鬼車鳥北人呼為九頭虫夜聽其聲出入以卜晴雨自北而南謂之出窠主雨自南而北謂之歸窠主晴古詩云月黑

夜深聞鬼車 喫鵲叫主晴俗謂之賣蓑衣 鸕叫諺云朝鸕晴暮鸕雨 夏秋間雨陣將至忽有白鷺飛過雨竟不至名曰截雨 家雞上宿遲主陰雨 燕巢做不乾淨主田內草多 母雞背負雞雛謂之雞䭾兒主雨 喫井水禽也在夏至前叫主旱諺云夏前喫井叫有車個恰喫無車個嘯 鵜鶘一名淘河鵜鶘之屬其狀與常異每來必主大水近至正庚寅五月十八日方梅水漲忽見此怪數十自西而東衆謂沒田先兆一老農

云不妨夏至前來曰犁湖至後曰犁途以其嘴之形狀相似湖言水深途言水淺今至後八日此後兩脚斷水退矣雖然疑信不決後果天晴高下皆得成熟若此至前至後便分禍福兩端可謂奇驗占候者慎之玄扈先生曰凡異常禽鳥至皆大水徵

論走獸 獺窟近水主旱登岸主水有驗 圍塍上野鼠爬泥主有水必到所爬處方止 鼠咬麥苗主不見收咬稻苗亦然倒在根下主磬下米貴銜在洞口主囤頭米貴 狗爬地主陰雨

每眠灰堆高處亦主雨狗咬青草吃主晴 狗向河邊吃水主水退 鐵鼠其臭可惡白日銜尾成行而出主雨 貓兒吃青草主雨 絲毛狗褪毛不盡主梅水未止

論龍 龍下便雨主晴凡見黑龍下主無雨縱有亦不多白龍下雨必多水鄉諺云黑龍護世界白龍讓世界 龍下頻生旱諺云多龍多旱 龍陣雨始自何十路只多行此路無處絕無諺云龍行熟路

論魚 魚躍離水面謂之秤水主水漲高多少增水多少 凡鯉鯽魚在四五月間得暴漲必散子散不盡水未止 盛散水勢必定夏至前後得黃鱔魚甚散子時雨必止雖散不甚水終未定最緊 車溝內魚來攻水逆上得鮎主晴得鯉主水諺云鮎乾鯉濕又云鯽魚主水鱔魚主晴 黑鯉魚脊翼長接其尾主旱 夏初食鯽魚脊骨有曲主水 漁者網得死鱖謂之水惡故魚著網即死也口開主水立至易過口閉來遲水旱不定

鰕籠中張得鱘魚風水 夏至前田內晒死小魚主水口開即至易過閉反是

論雜蟲 水蛇蟠在蘆青高處主水高若干漲若干回頭望下水即至望上稍慢 水蛇及白鰻入蝦籠中皆主大風水作 春暮暴煖屋木中出飛蟻主風雨平地蟻陣作亦然 鱉探頭占晴雨諺云南望晴北望雨 田角小螺兒名曰鬼螄浮于水面主有風雨 石蛤蝦蟆之屬叫得響亮成通主晴諺云杜恰叫三通不用問

家公言報晚晴有准也　田雞噴水叫主雨　蚱蜢蜻蜓黄蝱等虫在小滿以前生者主水俗呼是魚口中食謂其纔經風雨俱死于水故也　黄梅三時内蝦蟆尿曲有雨大曲大雨小曲小雨　二鼇初出變化得多主水　蚯蚓俗名曲蟮朝出晴暮出雨　夏至日蟹上岍夏至後水到岸

農政全書卷十一

欽定四庫全書

農政全書卷十二

明　徐光啟　撰

水利

總論

荒政要覽論禁淤湖蕩曰古之立國者必有山林川澤之利斯可以奠基而蓄衆川主流澤主聚川則從源頭達之澤則從委處蓄之川流淤阻其害易見人皆知濬治者萬頃之湖千畝之蕩堤岸頽壞鮮知究心甚有縱豪强阻塞規覓小利者不知澤不得川不行川不得澤不止二者相為體用易卦坎為水坎則澤之象也為上流之壑為下流之源全繫乎澤澤廢是無川也況國有大澤澇可為容不致驟當衝溢之害旱可為蓄不致遽見枯竭之形必究晰於此而水利之説可徐講矣

荒政要覽曰水利之在天下猶人之血氣然一息之不通則四體非復為有矣故大而江河川澤微而溝洫畝

澮其小大雖不同而其疏通瀵利不可使一息壅閼則一也故成周溝洫之制與井田並行匠人之職方井之地廣四尺者謂之溝十里之成廣八尺者謂之洫百里之同廣二尋者謂之澮夫自四尺之溝積而至於二尋之澮其捐膏腴之地以為溝洫者凡幾也小司徒經土地而井牧其田野說者謂田稅之所出則百井之地出田稅六十有四而三十六井則治洫也萬井之地出田稅者四千九十有六井而五千有奇則治溝與洫也夫

自一成之地積而至於一同萬夫之衆其捐賦稅之入以治溝洫者凡幾也成周之君豈不愛膏腴之地賦稅之入而棄以為無用之溝洫哉誠以所棄者小而所利者大也然其所以得溝洫之利者治之者非一官領之者非一人營溝行水之制則職之匠人俾任浚瀵之功止水蓄水之令則領之稻人俾專儲蓄之利夫既有以浚之又有以積之此所以旱澇均無患也自經界之不明而先王溝洫之制漫無可考至於後世與水爭地貪尺寸之利而遂遺無窮之害矣

荒政要覽曰按地平天成禹錫玄圭後畢世經營只是濬渠築岸以養稼穡夫子稱之曰卑宮室而盡力乎溝洫此論王夏之日也或疑言疏瀹不兼言封築則堤岸似屬餘事不知井田之制百步為畝深尺廣尺為田間水道而不立封限百畝為遂遂上有徑十夫有溝溝上有畛百夫有洫洫上有涂千夫有澮澮上有道萬夫有川川上有路言致力溝洫則畛涂在其中禹貢稱九澤

必曰既陂是彭蠡震澤之底定亦藉陂障圍豬成澤開濬封築信非兩事也於此想見唐虞三代之用民力專用之於此而已 玄扈先生曰商君傳曰為田開阡陌封疆而賦稅平必非破壞而平夷之也

西北水利

郭守敬傳曰守敬字若思順德邢臺人習水利巧思絶人世祖召見面陳水利六事其一中都舊漕河東至通州引玉泉水以通舟歲可省僱車錢六萬緡通州以南於蘭榆河口徑直開引由蒙村跳梁務至楊村還河以

避淨雖淘盤淺風浪遠轉之患其二順德達泉引入城中分為三渠灌城東地（海內如是者甚多）其三順德灃河東至古任城失其故道沒民田千三百餘頃此水開修成河其田即可耕種自小王村徑滹沱合入御河通行舟栰其四磁州東北滏漳二水合流處引水由滏陽邯鄲洺州永年下經雞澤合入灃河可灌田三千餘頃其五懷孟沁河雖澆灌猶有漏堰餘水東與丹河餘水相合引東流至武陟縣北合入御河可灌田二千餘頃其六黃

河自孟州西開引少分一渠經由新舊孟州中間順河古岸下至溫縣南復入大河其間亦可灌田二千餘頃每奏一事世祖嘆曰任事者如此人不為素餐矣授提舉諸路河渠四年加授銀符副河渠使至元元年從張文謙行省西夏先是古渠在中興者一名唐來其長四百里一名漢延長二百五十里他州正渠十皆長二百里支渠大小六十八灌田九萬餘頃兵亂以來廢壞淤淺（古今之際可恨如此）守敬更立牐堰皆復其舊二年授都水少

監守敬言舟自中興沿河四晝夜至東勝可通漕運及見查泊兀郎海古渠甚多宜加修理又言金時自燕京之西麻峪村分引蘆溝一支東流穿西山而出是謂金口其水自金口以東燕京以北灌田若干頃其利不可勝計兵興以來典守者懼有所失因以大石塞之今若按視故蹟使水得東流上可以致西山之利下可以廣京畿之漕又言當於金口西預開減水口西南還大河令其深廣以防漲水突入之患帝善之十二年丞相伯

顏南征議立水站命守敬行視河北山東可通舟者（不行視誰則知之非其人若何行視）自陵州至大名又自濟州至沛縣又南至呂梁又自東平至綱城又自東平清河逾黃河古道至與御河相接又自衛州御河至東平又自東平西南水泊至御河乃得濟州大名東平汶泗與御河相通形勢為圖奏之二十八年有言灤河自永平挽舟踰山而上可至開平有言瀘溝自麻峪可至尋麻林朝廷遣守敬相視灤河不可行瀘溝舟亦不通守敬因陳水利十

有一事一相視即言者莫敢妄言不相視而直指為妄言即郭生亦無由自見第非郭生固不諳相視耳其大都運糧河不用一畝泉舊原別引北山白浮泉水西折而南經甕山泊自西水門入城環滙於積水潭復東折而南出南水門合入舊運糧河每十里置一牐比至通州凡為牐七距牐里許上重置斗門互為提閼以通舟止水帝覽奏喜曰當速行之於是復置都水監俾守敬領之帝命丞相以下皆親操畚牐倡工待守敬指授而後行事置牐之處往往於地中偶值舊時轍木

時人為之感服船既通行公私省便先是通州至大都陸運官糧歲若干萬石方秋霖雨驢畜死者不可勝計至是皆罷之三十年帝還自上都過積水潭見舳艫蔽水大悅名曰通惠河守敬又言於澄清牐稍東引與北壩接且立牐麗正門西令舟楫環城往來志不就而罷大德二年召守敬至上都議開鐵幡竿渠守敬奏山水頻年暴下非大為渠堰廣五七十步不可執政吝於工費以其言為過縮其廣三之一俗吏之為害如此明年大雨山水注下渠不能容漂没人畜廬帳幾犯行殿成宗謂宰臣曰郭太史神人也自然之理何神之有哉守敬在西夏常挽舟溯流而上究所謂河源者又嘗自孟門以東循黃河故道縱廣數百里間各為側量地平或可以分殺河勢或可以灌溉田土具有圖誌又嘗以海而較京師至汴梁地形高下之差謂汴梁之水去海甚遠其流峻急而京師之水去海至近其流且緩其言信而有徵此水利之學其不可及者也

丘濬曰井地之制雖不可行而溝洫之制則不可廢北方正可井田正可如古人之制但不必限田耳今京畿之地地勢平衍率多洿下一有數日之雨即使淹没不必霖潦之久輒有害稼之苦農夫終歲勤苦盼盼然而望此麥禾以為一年衣食之計賦役之需垂成而不得者多矣良可憫也北方地經霜雪不甚懼旱惟水潦之是懼十歲之間旱者什一二而潦恒至六七也旱非不懼其所傷不如潦多耳旱而蝗大可懼也而蝗又生於潦也為今之計莫若少倣遂人之制每郡以境中河水為

主又隨地勢各爲大溝廣一丈以上者以達於大河又各隨地勢各開小溝廣四五尺以上者以達於大溝又各隨地勢開細溝廣二三尺以上者委曲以達於小溝其大溝則官府爲之小溝則合有田者共爲之細溝則人各自爲於其田每歲二月以後官府遣人督其開挑而又時常巡視不使淤塞如此則旬月以上之雨下流盈溢或未必得其消涸（下流何故盈溢乃可不爲措置）若夫旬日之間縱有霖雨亦不能爲害矣朝廷於此又遣治水之官疏

通大河使無壅滯又於夾河兩岸築爲長隄高一二丈許則衆溝之水皆有所歸不至溢出而田禾無淹没之苦生民享收成之利矣是亦王政之一端也

徐貞明請亟修水利以預儲蓄疏曰臣惟神京雄據上遊以御六合兵食厥惟重務宜近取諸畿甸而自足乃食則轉漕兵則清勾皆若取給於東西不可一日缺者豈西北古稱富强之地不足以裕食而簡兵乎夫賦税所出括民脂膏而軍船之費夫役之煩常以數石而轉一石東南之力竭矣而河流多變運道時梗忠於謀國者鏡勝國之往事以慮變於將來竊有隱憂焉是竭東南之力而不能保國計於無虞此西北水利所當亟修者也軍丁遣戍雖有骨肉而軍裝出於户丁幇解出於里遞每軍不下百金東南之民困而軍非土著志不久安輒賂衛官以私回衛官利其初見之賂又可以頂軍而冒糧也輒縱之而使回又皆冒支存恤月糧是困東南之民而不能使軍政之有賴此東南軍勾所當議停

者也臣待罪該科水利修舉職掌攸關先任山陰時於軍勾之苦又嘗目擊敢竭愚衷爲皇上陳之西北之地夙號沃壤皆可耕而食也惟水利不修則旱潦無備旱潦無備則田里日荒遂使千里沃壤莽然彌望徒枵腹以待江南非策之全也臣聞陝西河南故渠廢堰在在有之山東諸泉可引水成田者甚多今且不暇遠論即如都城之外與畿輔諸郡邑或支河所經或澗泉所出可皆引之成田北人未習水利惟苦水害而水害之未

除者正以水利之未修也蓋水聚之則為害而散之則為利（棄之則為害用之則為利）今順天真定河間等處地方桑麻之區半為沮洳之場揆厥所由以上流十五河之水而泄於猫兒一灣欲其不泛濫而壅塞勢不能也今誠于上流疏渠濬溝引之成田以殺水勢下流多開支河以泄橫流其淀之最下者留以瀦水淀之稍高者皆如南人圩岸之制則水利興而水患亦除矣此畿內之水利所宜修也臣又嘗考元史學士虞集建議欲於京東瀕海

地方如浙人築塘捍水成田惜其議中格及末年海運不繼始有海口萬戶之設已無救於元事矣臣嘗臨文歎惋恨集言不早售於當時令自永平灤州以抵滄州慶雲之境地皆萑葦土實膏腴集議斷然可行當全盛之時河漕歲通而思患預防紛然獻議獨於集議尚廢焉未講若倣其意招撫南人築塘捍水雖北起遼海南濱青齊皆可成田有不煩轉漕於江南而自足者其思患預防之深意又不止於開河通漕而已此瀕海之水利所宜修也議者或以水利久廢驟而行之必役重而民擾勢逆而功難臣以為不然蓋施為緩急在當時酌而行之耳民所素業者姑置勿問而荒蕪不治人所共棄者而經畧其端則不棄者羣起以效力矣功力難施者姑置勿問而勢順費省功力易成者從而經畧其端則難成者以漸而就緒矣順民之情因地之勢亦何憚而不為哉伏乞勅下工部酌議覆請特命憲臣實心為國為民者假以事權不沮浮議需以歲月不求近功將

畿輔諸郡及京東瀕海水利相度土宜率先修舉或撫窮民而給其牛種或任富室而緩其科稅或選健卒而分建屯營或招南人而許其占籍諸凡招徠勸相俱許便宜行事俟行之稍有成績次及山東河南陝西等處地方將江南歲運酌量改折助其費而究其功東南之歲運漸減西北之儲畜常裕不惟民力可紓而國計永保于無虞矣東南之民素稱柔脆本不宜於遠戍也勾補無用莫不知之而軍伍日漸虛耗又不能舉其法而

盡廢今徒致嚴於勾補之中而不議處於勾補之外非計之得也各處軍戶除戶絕法當除豁及戶內消耗止有老弱不堪法當紀錄外其有應解軍戶丁田衆多不願遠戍者如匠班事例量徵軍班行分其戶為三等而上下其班行上戶若干中戶若干下戶若干俱解赴應戍之所以資名募班行既定可免歲歲清勾軍戶無遠戍之苦里遞免解送之勞此班行之有益於民所當議者也歲徵班行或類解京師或轉發該衛就使名募土

著則可揀擇壯丁不至老弱充數得備禦之實用土著安居永無逃亡之患存恤月糧又可裁革併資名募此班行之有益於國所當議者也議者或以清勾則解丁永戍班行則每歲誅求似於軍政有礙臣以為不然夫所裨於軍政者不當眩於勾補之虛數當求名募之實用耳今軍班歲出不甚多然積數歲以通募則一軍之班雖募兩軍可也軍戶畏於軍補漸脫戶而隱丁若止徵班行軍戶必無隱脫則一時之名募遂為經制可也較之清勾有虛數而無實用所得不又倍哉伏乞勅下兵部酌議覆請查照先年匠班事例將應解軍丁免其解補每年量徵班行以資名募將存恤月糧裁革以杜虛冒使南北之勾補永罷西北之行伍漸充不惟民困獲甦而軍政坐見其有賴矣又照畿內諸郡邑統轄既分事多牽制先因亟拯民溺以奠內地事宜議欲專遣憲臣一員竟以畿內差多未經允行臣以為水利重務必專其事權方克有濟各省清軍先有專差近淅江南

直隸雲貴四川因先差御史養病陞任停差令各巡撫御史兼攝惟湖廣廣東廣西江西福建尚有專差是以政體未一伏乞敕下都察院酌議覆請專差老成憲臣一員經畧畿內水利如畿內差多則裁減別差并歸水利亦便將前各省清軍御史取回別差俱令巡按御史兼攝則水利之事權專而清軍之政體一矣豈有一年一差而能經畧此事者若久任按臣又不可蓋此撫院之事所宜久任而責成功焉耳但得其人又何煩別設耶

徐貞明西北水利議 即潞水客談

徐子儆入諫垣居無何以罪逐客有唁於潞水之湄者見徐子屛居野寺中讀書意適無懟色則數徐子曰子以外吏一朝列侍從之班際聖明在上固希世之遇也曾不能早節馴行效尺寸以圖報塞乃抱嬰而往將自棄於明時且子嘗欲乞身以奉菽水使子亟成其志寧有今日哉奔走竄逐間負國恩而違親養忠孝兩無當也予竊為子悲之徐子聞言零淚緣纓生客而與之語曰客之數予予則悲矣客亦惡知予哉予始待罪垣中

首疏西北水利事水衡當事者迂其言置不省予乃撫膺而嘆曰當今經國訏謨其大且急孰有過於西北水利者乎雖然概而行之則效遠而難臻驟而行之則事駭而未信蓋西北皆可行也盍先之於畿輔畿輔諸郡皆可行也盍先之於京東永平之地京東永平之地皆可行也盍先之於近山瀕海之地近山瀕海之地皆可行也盍先之數井以示可行之端則效近而易臻事狎而人信又恐其難於遙度也則又裹糧屬一二解事者

走永平瀕海近山之境相度而經畫之既得其水土之性疆理之詳始信其事之必可行而猶冀其言之獲售也欲再疏以請草具將上適與罪會使予得罪稍緩則疏必再上或庶幾其言之獲售使予不欲再疏以售其言則乞養以退當在始疏報罷之時寧濡忍以及罪譴負國恩而違親養誠如客言予則悲矣客亦惡知予哉客曰予聞天下事諫官皆得言之今天子銳意化理子職諫數月即水利報罷寧無崇論竑議可以動聽而中當

事者之指乃諰諰焉惟訏水利之復行亦左矣徐子曰禹功茂矣而濬畎距川乃其盡力而終身者騶孟談王田里樹畜厥惟先務客惡得以水利而左之予將為客悉其利夫雨暘在天而時其蓄洩以待旱潦者人也乃西北之地旱則赤地千里潦則洪流萬頃惟寄命於天以幸其雨暘時若庶幾樂歲無飢耳此可以常恃哉惟水利興而後旱潦有備其利一也神京北峙財賦取給於東南忠於謀國者鏡勝國之往事懷杞人之隱憂尚

有出於河流外者惟興水利近取常裕視東南為外府可也中人之治生必有附居常稔之田始可以安土而無飢乃國家全盛之勢據上游以控六合獨待哺於東南近廢可耕之田遠資難繼之餉豈計之全哉今運早而積久儲蓄信有賴矣然遲早而收之不及其熟有浥損之患久積而散之恒過其期有紅腐之憂水利既興則田疇之間要皆倉庾之積其利二也東南轉輸每以數石而致一石民力竭矣而國計所賴欲暫紓之而未

能也惟西北有一石之入則東南省數石之輸所入漸富則所省漸多（玄扈先生曰此條西北人所諱也慎弗言慎弗言）先則改折之法可行久則蠲租之詔可下東南民力庶幾獲甦其利三也昔禹播九河而溝洫之修尤盡力固以利民亦以分殺支流而不以助河之虐河之無患溝洫其本也周定王以後溝洫漸廢而河患種種矣今河自關中以入中原合涇渭漆沮汾沁伊洛瀍澗及丹沁諸川數千里之水當夏秋霖潦之時諸川所經無一溝一澮可以停注曠野洪流盡入諸川其勢既盛而諸川又會入於河流則河流安得不盛流盛則其性自悍急性悍則遷徙自不常固勢所必至也今誠自沿河諸郡邑訪求古人故渠廢堰師其意不泥其迹疏為溝澮引納支流使霖潦不致泛溢於諸川則並河居民得水利成田而河流漸殺河患可弭矣其利四也古人之畫地而國也曰我疆我理南東其畝既順土而宜民亦設險而禦侮也晉之邀齊也必曰盡東其畝以為戎車之利晉之利齊之害

也今西北之地平原千里寇騎得以長驅若使溝洫盡舉則田野之間皆金湯之險而田植以榆柳棗栗既資民用又可以設伏而避敵其利五也往者劉六劉七之亂持竿一呼從者數萬則游惰歸之也蓋業農者縻其田里惟游惰之民輕去鄉土而易於為亂今西北之境土曠而民游識者常惴惴焉誠使水利興而曠土可墾而游民有所歸消釁弭亂深且遠矣其利六也東南之境生齒日繁地若不勝其民而民皆不安其土乃西北

蓬蒿之野常疾耕而不能偏蘇子謂聚則爭於不足之中散則棄於有餘之外其不均固如此也今若招撫南人修水利以耕西北之田則民均而田亦均矣其利七也東南多漏役之民而西北罹重由之苦則以南之賦繁而役減北之賦省而由重也使田墾而民聚民聚則賦增而北由可輕其利八也徐公但見江浙之役而未見他方之役耳若三吳之苦忍言哉忍言哉沿邊諸境有轉輸不能至者招商以代輸蓋有數頃之國國於一商遂棄業以他徙其有曲避轉輸

之苦者則私以折色兌軍商得苟安軍無宿儲即承平勿論設有烽警何以待之惟近邊田墾轉輸不煩其利九也屯田之成熟者多屬隱占久則難稽矣然亦不必稽也西北非無田之為患而不墾之為患彼既墾而熟矣何必歸官始為國家之利哉惟自其荒蕪不理者召募墾之則新屯固種種也兵之壯悍者既心恥於負耡而其羸弱者又力疲於荷戈驅兵為農勢固難行惟募之為農而簡之為兵則心安而力奮屯政無不舉矣不必

言簡只是人衆便可名募其自為保聚者聽可也今遣人但足衣食使招為家丁此將官之詐局今天下浮戶依富家以為田客者何限募而集之可立致也募農以修水利修水利以舉屯政其利一也塞上之卒土著者少不得已而有募軍則居行給餉為費不貲又不得已而有班軍則春秋遞往疲於奔命又不得已而按籍勾補解撤方登逃亡旋報閭閻重困行伍又虛若近塞水利既修屯政大舉田墾而人聚人聚而兵足可以省遠募之費可以蘇班戍之勞可以停勾補之

苦其利十有一也宗祿勢將難繼咸切憂之而莫肯任其議將以難遺後人而後之難更有甚於今日此不可不亟為之圖也世有勇於建議者則曰裁其祿弛其禁而已夫不資之以謀生而徒曰裁其祿則飢寒者孰恤不定之以安居而徒曰弛其禁則流離者孰依我聖天子睦族展親之仁必不忍其至是也昔范文正以兩府祿入尚能廣義田以廩族人矧以國家之大而不能使天潢之派皆飽食而安居乎今西北之地曠土彌望於

其間擇人所棄者官為墾闢分井而田如中尉以下量歲禄之意授田若干使得安居而食其土其後支庶漸繁田不再授蓋既授之以田開其治生之端彼知田不再授則皆及其始授之時勤儉明農於其間以歲食之餘漸墾田而擴產為長子孫之計其雄桀者不失為富家翁即庸拙者亦可以依田力穡其與坐食多餒散處失所者相去遠矣其利十有二也昔之有志者嘗欲倣井田之遺意授民之産而惜其時之不可痛豪强之兼并限民之田而恨其勢之難行今若於西北空閑之地

修舉水利則倣古井田亦可也限民名田亦可也古昔養民之政以漸可舉其利十有三也但真治田是即井田之法舍此別無法矣故實有意為民民田自均不必限民名田且令之舉事正須得豪强之力而先限之田可乎何時無豪強與下民何害顧用之何如耳禹治水土建萬國其后王君公皆豪强也古者以井畫地度地居民比閭族黨井自為界民不可多得尺寸之地而地亦不可多得一介之民民與地均相適也今通都大邑之民踵接肩摩而爭繁習靡多梗化而敗俗其爭少習樸者惟寥廓之鄉為然今若畫井居民裒益其多寡使民與地均如古比閭族黨之意則教化可興而俗尚自美其利十有四也客曰信如子言水之利溥矣西北皆可行獨先於京東者何居徐子曰京東輔郡而薊又重鎮固股肱神京緩急所必須者矧今地負山控海負山則泉深而土澤控海則潮淤而壤沃利水尤易易也予所屬二三解事者蓋遍歷山海之境閱兩月而返披圖出示如指諸掌也為言諸州邑泉從地湧一決而

通土人謂之仰泉彼中隨地可得尋覓但大小異耳水與田平一引而至流泉也比比皆然姑摘其土膏腴而人曠棄即可修舉以兆其端者自西歷東如密雲縣之燕樂莊平峪縣之水峪寺及龍家務莊三河縣之唐會莊順慶屯地皆其著者薊州城北則有黃厓營城西則有白馬泉鎮國莊城東則有馬伸橋夾林河而下城南則有別山舖及夾陰流河而下至於陰流淀疏渠皆田也遵化西南平安城夾運河而下及沙河舖地方又鐵廠湧珠湖以下至韭菜溝

上素河下素河百餘里夾河皆可成田遷安縣北徐流營山下湧出五泉合流入桃林河又三里橋湧泉流出灤河又蠶姑廟湧泉成河遷安蓺桑甚盛故宜有蠶姑廟耶然聞其人蓺桑者皆剝皮造紙恐昔人曾治蠶而後稍廢耳與灤河相接夾河皆可田之地盧龍縣燕河營湧泉成河及營東五泉湧漫四出至張家莊撫寧縣西臺頭營河流亦自燕河營湧泉而來皆可田自西而東如豐潤縣南則大寨及刺榆坨史家河大王莊之地東則榛子鎮西則鴉洪橋夾河五十餘里皆可田

玉田縣清莊塢蕖河可田懷柔縣之壂髻山下可作水田百頃後湖莊疏湖可田三里屯及大泉小泉引泉可田其間有民所不業之地有屯地有牧馬草地屯草之地屬於官官為闢其蕪而收其利不難也至於民不業者名民業之官為助其力何至連阡以棄鞠為茂草乎名民應有鼓舞之方官出費則不可恐人以為口實也至於瀕海可田則自水道沽關黑崖子墩起至開平衛南宋家營之地東西度之百餘里南北度之百八十里皆隸豐潤其地與吳越瀕海之沃區相等此田成則東南一大郡也寶坻靜海皆如是靜海之葛沽高地皆已田今萑葦彌望而繫名於勢族然葦之利微即勢族亦無厚入於其間也若如吳越人田而耕之則利十倍於葦即捐其一以與勢族使不失其舊入勢家亦何憾焉今勢族即十倍何害愚意止求粟多價賤耳昔虞文靖公之議東極遼海南濱青徐瀕海皆可田之地今豐潤實其中境欲舉其議而行之玆非其先當致力者乎蓋先之京東數處以兆其端而京東之地皆可漸而行也先之京東以兆其端而畿內而列郡皆可漸

而行也先之畿內列郡而西北之地皆可漸而行也在邊陲則先之薊鎮而諸鎮皆可漸而行也至於瀕海則先之豐潤而遼海以東青徐以南皆可漸而行也夫事有小用則宜大則局而不通大用則宜小則窘而難布玆其試之一井究之天下無不利者事有旦夕計功而遠猷不存積久考成而近效難覩玆其暫之歲收久之永賴無不利者特端之于京東數處因而推之西北一歲開其始十年究其成而萬世席其利矣客曰西北之人

歲苦水害奈何利之且彼宿苦其害而子驟言其利其不信亦何異乎徐子曰嗟乎水在天壤間本以利人非以害之也惟不利斯為害矣（以利為害何事不然）人實貽之而咎水可乎蓋聚之則害而散之則利棄之則害而用之則利如血之在人身流貫於肢節而潤澤其肌膚一有壅注則上而為癰下而為痔又或溢出於口鼻而因以戕其軀遂曰血之於人害也亦舛矣今之咎水之害者即山川之委原未悉胡不引人身觀之也古昔盛時列國

分布畫井而田甽達於溝溝達於洫洫達於澮澮達於川縱横因其地勢以取利於水今西北皆其故疆也豈古以為利而今以為害乎且東南之民爭涓流於尺寸之間何者彼固利之也謂水利於南而獨為北害此必無之理也客曰南北均利水矣而北之視南亦有難易乎徐子曰北易客乃咤曰子固好奇甚言北之利於水耳烏得而稱北易也徐子曰客何異予言哉南方之民披簑而耕抱濕而穫蓋恒與雨相值也長夏苗將立槁則訟風伯而祝雨師盻盻焉以一沾濡為快乃西北之雨多於長夏而耕穫之時少雨其易於南天時則然也（說南北難易利害未盡事理）西北地曠而水夷稍一疏引水即為利東南之地高下相懸有轉水於數仞之深者再日不雨則桔槔之深徹於郊原竭人力以資灌溉苦且難地勢使然也考之古昔甽深尺許遂深二尺溝深四尺洫深八尺澮深二仞而已未有如東南轉水於數仞之深者（遂溝洫澮皆以去水非以奠水也）至如京東山之湧泉溢地而出河之

支流等地而平其于西北尤為易易也東南瀕海歲多潮患蓋海之勢趨於東南也遼海以及青徐有海之饒而鮮潮之患其難易又彰彰矣（潮患於東南等特未覩其利故未覩其害耳惟仲秋之潮挾風雨而至者則西北所少西北之雨多在伏秋之間也）奈何目為萑葦之塲而棄之不田乎予謂北易蓋有據而言之也客曰南北水利修廢頓殊亦有由乎徐子曰水利修廢由于人之聚散而旋轉之機上實握之西北在三代盛時溝洫時修農功畢舉厥後魏史起引漳水溉鄴鄴以富秦開鄭

國渠溉舃鹵之地四萬餘頃關中為沃野秦以富强至漢文翁溉灌繁田千七百頃而蜀饒白公穿渠引涇水溉田四千五百餘頃而民以饒富馬援引洮水種秔稻而狄道並塞之民得以樂業虞詡復三郡激河浚渠為屯田而省內郡之費蓋三代之時溝洫遍於列國水之為利也宏魏秦國擅其利文翁以下諸子人興其利水之為利也專然皆在西北之境若東南稱水利者在漢以前惟馬臻開鑑湖而已他未有聞也及五胡之亂中

原生齒漸耗從晉室而東徙者謂之僑人久則安其土而樂其生西北民散而東南利興非細故也即如東南之饒三吳稱最在禹貢揚州之域厥土塗泥厥田下下而已漢之時亦一澤國耳惟晉室既東民日聚而利漸興然其財賦亦未至於今日之盛也至五代時錢鏐竊據以稱饒及南宋偏安以致富則民益聚利益興而財賦遂甲於天下矣靖康之亂北人南來者更多嘗考宋紹興五年屯田郎中樊賓言荊湖江南與兩浙膏腴之田彌亘數千里無人可耕則地有遺利中原士民扶攜南渡幾千萬人則人有餘力若使流寓失業之人盡田荒閒不耕之田則地無遺利人無遺力以資中興由此觀之則宋室方南之時東南尚有曠棄之地及其季年人多而田少豪右擅陂湖以自殖地利盡而民不聊生者聚故也東南地利盡而西北曠厥有由哉南宋以東南支軍國之費故其民窮然其正賦亦止如今五分之一耳今國家當全盛時兵戈不試者二百餘年西北生齒日漸繁夥而東南之民爭附於輦轂之下誠

勞來安集於其間則民聚而利無不興矣即晝井而溝洫之亦不難也矧秦漢以下其興利而足民者獨不能尋其迹師其意而行之乎何至待哺於江南也彼其竊據稱饒偏安致富者亦不得已耳乃今國家奚賴焉其機固在一旋轉間也客曰西北水利吾固知其舊矣然吾聞懷慶紀守嘗因丹沁支流疏渠成田民頗利之紀去而田亦遂廢又如真定楊中丞之家居也亦嘗募南人緣水墾田歲入甚饒及滹沱旁決桑田之變祇聯息

間耳豈久廢之餘固難卒舉者乎徐子曰是所謂廢食於噎非通論也夫利水之法高則開渠卑則築圍急則激取緩則疏引其最下者遂以為受水之區因其勢不可強也然其致力當先於水之源源則流微而易御不在源即在委源恒流委恒漲故無驟溢驟乾之患若非源非委在其中流者亦必恒流不絕不溢或絕而可引溢而可捍者也田漸成則水漸殺水無汎溢之虞田無衝激之患彼懷慶當丹沁之下流而真定尤滹沱所必衝者也安能久而無患哉蓋不先於其源之故也嘗考桑乾水

發於渾源州經保安之境則自懷來夾山而下至瀘溝橋狼窩地方衝溢為患漫至彰儀門先朝屢經修築為費不貲今保安境上聞有用土牛逼水成田者恐亦不能久而無患也若督責有人多方招募使桑乾上流皆引成田則豈惟保安之田恃以無患而懷來以下水患亦殺矣予又嘗物色瀛海之間如元城窪羅家灣窪郝家莊窪高橋鋪窪章家橋窪皆連阡黑壤廢為水區非不可田顧以下流受黑洋等九河之水非先致力於水

源未可徼利旦夕而終貽水患也西北之水一開濬遂可無患而為利大要濬上流入洵濬下流入海而已余嘗為有司及鄉縉言之以為然而當事者不知此理遂中止客曰子論甚悉然世之疑而不遽行者亦有說焉一難於得人二憚於費財三畏於勞民四忌於任怨五狃於變習子亦不可不察也徐子曰徵子言予亦籌之夫畏事者既因循而不理喜事者又輕率而罔功固矣得人之難也是必有經畧之功而無紛更之擾使利興而民不知則善矣世固有能任之者亦不如宋人專以勸農之名亦

不如今制責以水利之職蓋勸農而興水利牧養斯民之首務也今若另設勸農而水利又有專職則若于牧養斯民之外增勸農水利一事彼之號為牧養斯民者又將何為耶今之開府持節與藩臬守令皆以牧養斯民也勸農水利責將誰諉惟於開府持節者得人以擇藩臬以擇守令久任而責成之殿最繫焉利興而民不知者可坐而致也世之言費者吾惑焉夫捐數萬金之費於春而收數萬石之穫於秋費於帑而償於田此庸

人操十一之利者尚甘心焉曾謂善於謀國者而顧以費為憚乎欲行此必不宜費公帑欲貺貺者曰欲害我若用公帑即其口何可支耶且始而為穫繼是有興即以所獲者為資漸而廣焉不煩再費也畏於勞民雖蘇文忠公嘗有是論文忠公之言曰天下久平民物滋息四方遺利皆畧盡矣今欲鑿空尋訪水利所謂即鹿無虞豈惟徒勞必大煩擾所在追集老少相視可否吏卒所過雞犬一空審如文公之言民信勞矣予謂不必於牧養斯民之外而專設勸農水利者

亦恐其喜事勞民如文忠公之言也誠得牧養斯民者擇其勢順而功省之處暫出官帑募願就之民經畧其端以示倡率之機使民灼然知水利可興則必有競勸而爭先者庶令不煩而事自集若概以水利役民使貧民苦於追呼妨其生業而富家反擅其利予嘗見水利使者檄下諸邑閱治水利輒飽吏胥之橐而害及閭左此文忠公所以極論而深嘆也怨生有二妨小民之業怨隱而害深奪豪右之利怨顯而謗速既不概以水利役民民無追呼之擾怨不叢於小民矣而豪右之利亦國家之利也即此言推之便可不勞小民而事集矣何必奪之周禮使世祿地主之有力者與其廣瀦鉅野之可以利民者曰主以利得民曰藪以富得民彼小民欲自利而力有所不逮官為倡率豪右從而競勸於其間則借豪右之力以廣小民之利固主與藪之遺意也方欲藉之矧曰奪乎此何以任怨為也北之治田也逸南之治田也勞彼其以惰心而秉之以逸習卒以驅之宜有未從者然彼之

鹵莽而耕亦鹵莽而穫所入固微也以南之勞治北之田則一畝之入倍於數畝而旱潦可以無憂北之治田獨有田者安於故習耳其力作之人何嘗不勞苦哉蓋其勞不下南人而淡泊過之夫越人治水田大都用北人之力也誠一驅之其嗜利之心必潛易其好逸之習且相率而為逸者以其習之故然比閭族黨皆然也官為倡率有能爭先力田者稍優異之則皆恥於逸而趨於勞矣昔張全義起于羣盜其尹河南也當喪亂之後白骨蔽地荆棘彌望居民不滿百户全義擇人以修屯政招徠農户流民漸歸

遠近趨之如市全義為政寛簡出見田疇美者輙下馬與僚佐共觀之名田主勞以酒食有蠶麥善收者或親至其家悉呼出老幼賜以茶綵衣物民間言張公不喜聲伎見之未嘗笑獨見佳麥良蠶則笑耳有田荒蕪者則集衆杖之或訴以乏人牛則召鄰里責之曰彼乏人牛何不助之由是鄉里相助比户有積蓄在洛四十年遂成富庶蓋其勸農力本生聚教誨變荒墟為富壤非偶然也誠使西北牧養斯民者能以全義之心為心未

有狃於故習而不變者不一日倡率而遂曰習之難變可乎夫得人而任捐公帑以募就役之民宜怨讟不生惰習可變而田功畢舉矣乃若不費公帑不煩募民而田功自舉者予又得而熟籌焉邊地屯田以餉軍也其道有三倡力耕之機定賞功之典廣世職之法而已内地墾田以阜民也其道有三優復業之人立力田之科開贖罪之條而已蓋大將固偏裨卒伍所望而趨也今諸邊沃土多大將養廉之地使大將肯以其地畫井以田以率偏裨卒伍無不響應而競耕者昔郭子儀因河中軍嘗乏食乃自耕一畝將校以是為差于是士卒皆不勸而耕是歲河中野無曠土軍有餘糧昔宋廖給事中剛亦嘗首陳是説也將卒捐生而赴敵者冀以功而獲賞也今若計田行賞又如廖給事所謂執耒而安方之操戈之危豈不特易此賞一行萬頃不難得者信然矣今富民得納貲以列武弁冗職而軍政無裨也若倣虞公靖公之意聽富民欲得官者能以萬夫耕則為萬

夫之長千夫百夫亦如之先試以虛銜綏其征科俟其田入既饒積蓄漸充則命以官而量征其税就所征者給以禄佩之印綬得世其官練集其耕夫以寓兵於其間真良法也（第一宜戒此人衆何患無兵而先以此遂沮之乎）民之流離棄其業而畏不敢復蓋瘡痍未起科督又嚴甚則舉其宿負者而取盈焉此宜上有以招徠之蠲其負寛其征時其賑貸則流離兢復荒蕪漸墾矣（寓兵於農此是古人不及今人處往以為美談而欲效之可謂習而不察也乎居聽其教習以防禦盜賊則可）漢之盛時孝弟力田同

科蓋務本重農以寓勸率之微權也今若定為之制有能於荒蕪之鄉墾田而井者田得自業而輸其稅於官官因稅而稽田因田而定等上者如納粟待銓次者遥授散職納粟官得理民治事此方今最弊也又其次者補胥吏而役於官則力田者競起矣贖罪有條借貸墨以行私者何限也使令罪而有力者捐貲墾田官課其墾田之費與贖罪相當則歸其田而收其稅即無力宜遠配者亦得近屬於田畝之間以力墾田而贖其罪此固法行而人亦樂

從也言墾田而借資於鬻爵贖罪猶病弱者以參苓為劑而以烏毒為引也愚意欲以世爵誘人則文靖之意而捐貲酧之非鬻爵而使之治事也此兩策相去遠矣若今之軍徒有名無實則以田作當擺站差操甚善又律文流罪正欲徙民以實空虛也營田之策行可以復行流罪之法尤大善也倘舉數者而行之屯田可興墾田可多又何必費出公帑而役煩募民哉客曰就子數說尚有可疑者捐生而獲邊賞積汗馬之勲而獲世職欲以田畝之勞並之可乎玄扈先生曰為此論者蕭何不得與韓彭論功乎力田贖罪田固彼之田也稅入幾何恐無以足經費而佐司農之急談何容易子更籌之徐子

曰審時度勢各有攸當也敵及既接軍功為先邊烽稍寧屯政急矣倘屯政舉而邊地墾食足兵强虜來而應之有勝算虜去而守之有長策又何軍功之足羨乎若徒尚軍功則忽內修而啟外釁非國家之福也且邊人之剽悍者勇於赴其椎魯者樂於力田各以其長邀上之賞又何妨焉今邊地久蕪師不宿飽非懸殊格亦何望屯政之修乎即兵興之時轉餉勤勞亦得與對疊者論功客何疑之至於世職之法所繫于今日之邊務者

尤非小也今之武弁能因世閥以樹功名者固亦有之然其閒困乏孱弱僅存者種種矣惟其先世汗馬之勞不忍遽廢則可耳欲藉以練卒而應敵必不能也彼富民欲得官者能以萬夫耕則其財力智識已出於萬人之上能以千百人耕者亦出于千百人之上其財力智識既足以為主帥之倚用使之部耕夫以為勝卒又皆其衣食安養者心附而力倍其與今之武弁困乏孱弱剝贏卒以自肥固天壤懸也子孫席其世業亦不至於

遠替即有替者又必有財力智識之人代其業而繼其官邊圉之間轉弱為强兹其大端矣瀕海之地國初皆設墩臺分戍瞭守以備南倭今草頭沽關之水道沽關以至於新橋海口赤洋海口等處遺址尚存日漸圮廢遐想國初設墩分戍固將備倭亦以其地勢懸使瀕海墩戍連絡于其間則内地有梗此路可通行又防微慮遠之深意也惟其初設墩戍稀少曩後日漸增然無田可耕則墩戍漸廢勢必至也今若於瀕海闢田以世職

之法屯駐於其間其中更多委曲須議久之田益闢而人益衆則海上為樂土瀕海有通道即内地有梗南北不至懸隔于國初設墩分戍之意固相成也國家分兵而屯授之以田統於衛所之官法非不詳然久則田隱占而屯亦漸廢蓋田授于官兵非已業也惟富民得官屯駐則其田固已業子孫相承稽覈自詳無隱占之患蓋井田而寓封建之意也如此勝于封建封建者生殺爵禄自制也今予之空名如封君而不得治事理民欲其治事理民或將兵也我又得選而用之也謂封建為美而慕之亦猶向者寓兵勸農之說乎夫富民捐已之貲闢荒區以輸税養耕夫以寓兵其利于國者多矣就其所入給以禄朝廷御之以虚名使之世其職而守其業有增課之饒無養兵之費又何靳而不與乎彼即汗馬之勛者禄入兵費皆仰給于縣官歲糜而無補安可以此例論也今民間子弟入胄監者例得輸三百五十金若使力田者於荒蕪之野墾田三百五十畝得比輸三百五十金者而同科則國家一時雖未得三百五十金之入而歲收三百五十畝之税歲歲積之

其得更倍諺謂千鎰而家藏不若銖兩而時入此尤易也田少而殺與贖罪而入者即是可推也若恐力田可同於輸金則必有僞增田畝以欺上或始而墾旋而廢難以一一稽之則又不然夫民間始繫名於胄監距其入銓得官之時多者三十年少亦不下二十年所墾之田歲入官税總而計之當不止於三百五十金彼既墾田歲以其田之入而輸官不難也亦何樂於僞田增税歲以厲已乎即有田僞而税負者有司將時稽而除其

名彼亦何利焉若謂國用方詘經費之内歲少三之一必賴開納以紓其急不能徐徐以待歲税之入則亦思之未詳也盖經費之廣由于各邊主客兵餉所費為多若各邊屯政漸舉則經費自省況力田者得以田自利而歲税又取足于田之所入其從之固易則以力田而應者比今輸金之人必且數倍（果數倍則選法如何）其願輸金者仍輸金不因此而廢彼二者並行國用又何患焉（事例非所以足也乃所以不足也）行之積久田闢而税廣費省而用足則力

田之科與輸金者皆可漸罷（此漸可行鄉舉里選之法何時可罷）又不必商盈詘于財賄酌多寡于開納也客曰勝國都燕且百年虞文靖公之議格焉未行我國家定鼎于兹又二百年矣通漕理財紛然建議而西南水利未聞舉其議而行者子何惓惓於今日也徐子曰勝國往事已無足論虞文靖公之言既不獲售於泰定可為之時及季年東南有梗思其言倣其意設海口萬户已無救於元事矣可勝慨哉今國家承平既久竭東海之力尚不足以裕

西北之儲幸外夷之歎貢修内地之水利千載一時不可失也若駭然而圖之其將及乎此予之所以惓惓也客曰時信可行矣然子方以罪逐宜引咎緘晦庶幾補過乃又鼓舌談國家之大計非所謂位卑而言高者乎是益其罪也徐子愀然曰子何言葵藿在崖谷之陰見日則傾者植性之定也人臣居江湖之遠憂時益切者秉義之常也茍補國計即閭閻尚得言之矧予固聖天子所嘗置諸左右而責以獻納者安敢以一出遂自遠

哉且與客談而私識焉又何罪也客於是起而嘆曰嗟乎子去矣其有味於子之言而冀其復行者予曰望之徐子曰是非予所敢知也然予曩上疏報罷大司馬譚公惜予言未行公又自言久歷塞上深知其必可行也王開府寓書於予肯身任其事戚元戎欲減南兵之願農者惟開府是用（吾輩不足信譚王戚諸公亦不足信耶有何長慮直是短見耳）盖往時塞上少南人今南人應募至者成市其方待募而未收與募退而不願還者皆可驅之為農即數千人呼吸

而集也夫開府抱濟時之畧而元戎有銷兵之心乃大司馬公又握石畫于其間卽予去二三同志多是予言倘有再疏以請者西北水利庶其興乎惟國是裨奚必言之自予也予曩冀言行遅回未去適罹玆罪客謂負國恩而違親養予亦何以自解倘人有舉其言而行者予因得以效其區區又或予之罪狀久而稍紓將陳情以遂其私力耕以奉老親歌詠太平竊比於擊壤之遺民豈不幸與客意良厚予將黽勉於君親間以無忘客

之大賜談巳客散徐子拏舟南去玄扈先生曰北方之可為水田者少可為旱田者多公只言水田耳而不言旱田不知北人之未解種旱田也

農政全書卷十二

欽定四庫全書

農政全書卷十三

明　徐光啟　撰

水利

東南水利上

宋范仲淹上呂相公并呈中丞咨目曰去年姑蘇之水踰秋不退其為民之長豈敢曲阻焉然初未甚曉惑於羣說及按而視之則了然可照今得一二而陳焉願埀

鈞造審而勿倦則浮議自破斯民之福也姑蘇四郊畧平窊而為湖者十之二三西南之澤尤大謂之太湖納數郡之水湖東一派濬入于海謂之松江積雨之時湖溢而江壅横没諸邑雖北壓揚子江而東抵巨浸河渠至多堙塞已久莫能分其勢矣惟松江退落漫流始下或一歲之水久而未耗來年暑雨復為沴焉人必薦飢可不經畫今疏導者不惟使東南入於松江又使西北入于揚子之于海也其利在此或曰江水已高不納此

流其謂不然江河所以為百谷王者以其下之豈獨不下於此耶江流或高則必滔滔旁來豈復姑蘇之有乎矧今開畝之處下流不息亦明驗矣或曰日有潮來水安得下某謂不然大江長淮無不潮也來之時刻少退之時刻多故大江長淮會天下之水畢能歸於海也或曰沙因潮至數年復塞豈人力之可支某謂不然新導之河必設諸閘常時扃之禦其潮來沙不能塞也每春理其閘外工減數倍矣旱歲亦扃之駐水灌田可救熯

涸之災潦水則啟之疏積水之患或謂開畝之力重勞民力某謂不然東南之田所植惟稻大水一至秋無他望災沴之後必有疾疫乘其羸敗十不救一謂之天災實由飢耳或謂力役之際大廢軍食某謂不然姑蘇歲納苗米三十四萬斛官司之糴又不下數十百萬斛去秋蠲放者三十萬官司之糶無復有焉（玄扈先生曰宋時歲納之少如此蠲放之多如此）如豐穰之歲春役萬人人食三升一月而罷用米九千石耳荒歉之歲日食五升名民為役而賑濟一月而罷用米萬五千石耳量此之出較彼之入孰為費軍食哉（何消如此計算力役者皆人也不力役其人遂不食耶）或謂陂澤之田動成渺瀰導川而無益也某謂不然吳中之田非水不植減之使淺則可播種非決而涸之然後為功也昨開五河洩去積水今歲和平秋望七八積而未去猶有二三未能播種復請增理數道以分其流使不停壅縱遇大水其去必速而無來歲之患矣（此理通於天下之水何必東南）又松江一曲號曰盤龍父老傳云出水猶利如總數道而開

之災必大減蘇秀間有秋之半利已大矣畝澮之事職在郡縣不時開導刺史縣令之職也然今之所興作橫議先至非朝廷主之則無功有毀也守土之人恐非建事之意矣蘇常湖秀膏腴千里國之倉庾也浙漕之任及數郡之守宜擇精心盡力之吏不可以尋常資格而授之恐功利不至重為朝廷之憂且失東南之利也

元任仁發水利集曰議者曰古者吳淞江狹處尚二里餘尤不能吞受太湖之水於是添浚三十六浦以佐之

且後時有渰没田疇之患今所開江二十五丈置閘十座其能去水幾何其利則未知也答曰所開江身二十五丈置閘十座每閘濶二丈五尺可以泄水二十五丈吳淞江緣潮水往來之故也此必然之畫古人論泄水之法極詳范文正公曰三分其時損居二焉謂如一日十二時晝夜兩潮四時辰潮漲八時辰潮落所設之閘晝夜皆去水之時也所以終江面二里之寛不如十閘之功也吳淞二里上海浦未大也黄浦既濶二里餘已代吳淞洩水矣豈開江二十五丈遂足當二里之舊吳淞

哉任亦不達於水理亦不考於古今之故矣且閘止能閉潮無入豈能晝夜皆去水而當二里餘之舊江也況今東南有上海浦泄放澱山湖三泖之水東則劉家港耿涇疏通昆承等湖之水吳淞江置閘十座以居其中潮平則閉閘而拒之潮退則開閘以放之滔滔不絶勢若建瓴直趨于海實疏通瀦水之上策也與古三江其勢相劣若夫時水雖太湖汪洋瀰漫其涸亦可待矣旱則閉閘瀦水以灌溉乃一舉兩得其利也議者曰吳淞江自古無閘今置之非也何不開濶疏通使江復故

道一任潮水往來豈不便易答曰治水之法先度地形之高下次審水勢之往來幷追源泝流各順其性古人謂水歸深源又曰沙泥隨潮而來清水蕩滌而去今所往上海劉家港等處水深數丈今所開之河止二丈五尺若不置閘以限潮沙則渾潮捲沙而來清水歸深源而去新開江道水性不順兼以河沙約住河泥不數月間必復淺塞前工俱廢故閘不可不置也范文正公曰新導之河必設諸閘正此謂也若欲再復吳淞江之故

道須候諸閘啟閉流深衆水歸源其汹湧之勢孰得而制禁當於此諸閘都閉挑開一處堰壩任潮水往來借清水力東衝而洪自復成江矣大謬無此理考工記曰善溝水者水齧之之謂也議者曰吳淞江前時流通今日何為而塞豈非海變桑田之説黄河日走千里非人力所可為者歟答曰東坡有言若要吳淞江不塞吳江一縣人民可盡徙於他處庶使上流寛瀉清水力盛沙泥自不能積何致有堙塞之患哉疏通清水以滌渾潮自是正論後來東南治水宜倣

（此意然潴水之處日淤日淺亦天地自然之勢不然寶帶垂虹何自而立哉）歸附之後將太湖東岸水出去處或釘木為栅或用土草為堰或築狹河身為橋置為驛路及有湖泖港汊又慮私鹽船往來多行塞斷所有水脈不通清水日弱渾潮日盛沙泥日積而吳淞江日就淤塞今日江勢正與東坡所見合如曰海變桑田黃河奔突一時之謂（謂黃河非人力可為亦謬）則聖人手足胼胝盡力溝洫皆虛言也聖人豈欺我哉所當盡人力而為可見也議者曰錢氏有國一百有餘年止長

盈年間一次水災亡宋南渡一百五十餘年止景定間一二次水災今則一二年或三四年水災頻仍其故何也答曰錢氏有國亡宋南渡全藉蘇湖常秀數郡所產之米以為軍國之計當時盡心經理使高田低田各有制水之法其間水利當興水害當除合役居民不以繁難合用錢糧不吝浩大又使名卿重臣專董其事富豪上戶美言不能亂其法財貨不能動其心凡利害之端可以興除者莫不備舉又復七里為一縱浦十里為一橫塘（或作五里一縱浦）田連阡陌位位相承悉為膏腴之產設有水患人力未嘗不盡遂使二三百之間水患罕見欽惟國朝四海一統人才畢集擢居重任者或未知風土之所宜也以為浙西地土水利與諸處同一例任地之高下任天之水旱所以一二年間水災頻仍皆不諳風土之同異故也（諸處何獨不然蓋天地之間無一處不宜興修水利者）議者曰蘇州地勢低與江水平故曰平江故稱澤國其地不可作田必然之理也今欲圍築硬岸亦逆土之性耳答曰晉

宋以降倉廪所積悉仰給于浙西水田之利故曰蘇湖熟天下足若謂地勢高下不可作田以為必然之理此誠無用之論也浙西之地低于天下而蘇湖又低於浙西澱山湖又低於蘇州此低之又低者也彼中富户數千家于中每歲種植茭蘆埋釘樁笆委埋封土圍築硬岸豈非逆土之性何為今日盡成膏腴之田此明效之驗不可掩也既是澱山最低之湖經理尚可以為田卻說已成之田不可作田天下寧有是理也議者曰水旱

天時非人力所可勝自來討究浙西治水之法終無寸成荅曰浙西水利明白易曉特行之不得其要何謂無成大抵治水之法其事有三浚河港必深濶築圍岸必高厚置閘竇必多廣設遇水旱有河港深濶隄防而秉除之自然不能為害（河港浚濶圍岸隄防閘竇秉除）倘有人力不至而一切委數于天天下寧有豐年也東坡有言浙西水旱此謂人事不修之積非時之數今之謂也昔范文正公親開海浦時議者阻之公鋭意完具排浮議疏浚横潦

數年大稔乃謂終無寸利為是說者皆聽受富家驅使而妄為無稽之言也（何處水旱非緣人事不修人不講不做耳東南久做久講所以有人如此說）議者曰吳淞江開之後自合浙西永無水害何為大德十年自濟以南直至浙西有水害甚深荅曰且體比年浙西所收子粒分數比之淮北數幾十倍皆吳淞江三閘并諸壩口出放澇水之力以未開吳淞江之前大德七年亦遭水害所收子粒分數比大德十年不及三分之一以此論之則水監豈為無功天災流行水淹為害人力之所致可不備禦隄防之若除一分之害則享一分之利謂當永無水害乃不近人情之論為執政者不當便聽其言不察是否乃直謂無功而輙罷之正如咽喉噎而廢食也況自歸附以來二三十年所積之病豈半年工役之所能盡哉議者曰行都水監既是有益衙門何謂衆口一詞皆謂無益而明議罷之荅曰民可使由之不可使知之事之利害久而復明非高識遠見熟于世務通于水利者安知有久遠無窮之利彼愚民

無知但見一時工夫之繁豪民肆奸有吝供輸募夫之費所以百般阻撓但為無益以敗事殊不知浙西有數等之水拯治方畧皆不相同非專司不能盡力責其成功使水監衙門真如無事古之有國者亦廢而不舉久矣何謂周漢唐宋之世未嘗不一日用心盡力經營水利之事列之史傳代不乏人故諺曰水利通民力鬆斯言信矣并浙西水利低下之地不須水監拯治即今中原高阜之鄉安用水監河道司為哉然則高阜之處水

監既不可缺而低下之處乃謂不必置立何不思之甚也議者曰水利不可不修今隴西唐宋二渠正是責於有司疏浚田禾有收民便不擾浙西水利與隴西一體責之有司兼管豈不便哉答曰隴西唐宋二渠長湖水也浚成深渠水自下流何難拯治浙西地面有江海河浦湖泖蕩漾溪澗溝渠汊涇浜漕漊等名水有長流活水潴定死水往來潮水泉石迸水霖淫雨水風決漲水潮泥渾水南來交水風潮賊水海嘯淫水等名水名既

異則拯治方畧亦殊豈可以唐宋二渠長流水例之哉畧舉浙西治水碓堰壩水函石倉石囤蘧篨土帚剌子水管銅輪鐵鈀木杴木井木簎木匣水車風車手戽桔槔等器（牐竇碶斗門）隴西未必有也今設為此策乃不知地理之人如醯雞井蛙豈足與議遠大之事宋賢如范文正公蘇文忠公朱文公王荆公皆命世大儒經綸天下之大材尚各各建策設官置兵盡力經營水利之事不令有司兼管必有所見而為之當時有司兼管何往而不敗事為是說者未必長於蘇范諸公之議也況浙西地形高下水旱不均古人有言東州之官莫問西州之利或利於此必害於彼（此事今於畿輔最急）便有彼疆我界之分若無水監通行管領一體整治何能用心協力于均水利也哉

劉鳳續吳錄曰蘇之三江曰吳淞江曰婁河即婁江曰黄浦即東江昔嘉定尹龍晉以御史左官濬治吳淞百年以來淤滯民大被其利名之御史河方鑿地時獲一

石上云得一龍江水通蓋豫記之矣近巡撫海公復疏之後乃專官以憲令督視者累手蓋吳利水稻其豐穰惟在水之節宣得其所昔單諤有書繼則沈憲副啓圖志尤詳實不越禹貢所云三江既入震澤底定二言也

玄扈先生曰淞江之側有小聚落名三江口酈善長云淞江自湖東北逕七十里至江水分流謂之三江口吳越春秋載范蠡去越乘舟出三江口入五湖皆謂此也三江即禹貢所指者宜興士人單鍔著吳中水利書其

說謂蘇松常三州之水瀦為太湖湖之水溢于松江以入海故少水患今吳江岸界于松江太湖之間岸東則江岸西則湖江東則大海也自慶歷二年欲便糧道遂築此隄橫截江流五十里遂致太湖之水常溢而不洩浸灌三州之田又覩岸東江尾與海相接之處茭蘆叢生沙泥漲塞而又江岸之東自築岸以來沙漲今為民居民田雖增吳江一邑之賦而三州之賦不知反損幾百倍矣今欲洩太湖之水莫若先開江尾茭蘆之地遷

沙村之民運其所漲之泥然後以吳江岸鑿其土為木橋千所以通糧運隨橋谼開茭蘆為港走水仍於下流開白蜆安亭二江使太湖之水由華亭青龍入海則三州水患必滅元祐中東坡在翰苑奏其書請行之

吳恩吳中水利曰蘇州之地北枕長江東表溟海而水泉之勢則與江平故曰平江郡然江水復高于海而平江之水決之赴海則順導之出江則平是以禹開三江於內地決震澤之豬由三江以入海而底定之功垂之百代逮至有宋則因吳越錢氏舊議決湖水以入楊子江而其地之高下不甚相懸所以易為通塞也唐人竊見一時利害輕視禹迹不尋三江之舊而遂築長隄橫截江湖之上凡四十五里以通漕舟今寶帶橋一路是也所賴以洩湖波之怒下通吳淞者則有松陵治東之出耳而元人又有垂虹石梁之築雖足以為公私病涉之利而於東南經久之規殆未嘗有深思遠慮以及之者矣故其橋洞雖設而梗塞日滋沙淤寖高而咽喉益

隘終不若宋時木橋之為得也今二橋不可去而三江之上流實在於此今欲順其歸海之勢而議者欲去二橋兩旁之塞大濬而擴清之使其深廣峻發（湖不自淺而清水果盛則二橋之兩旁何由而塞）此一說也惟不得禹之故道而范文正公乃欲導之以出楊子江於是有開濬白茆之議蓋因唐郡守李人原開常熟塘借湖水以救旱而後人因之以分太湖之水耳議者又欲分太湖之上流於是單諤欲開濬百瀆橫塘以分荊谿之流又欲濬石隄江尾茭

蘆之地改木橋以通壅蘇文忠公獨取其説上之於朝乃謂雖增吳江一縣之税顧二州之逋失者蓋不貲也獨以開江又不能經久通利於是郟亶論其不便蓋自沿江東自江陰逶常熟太倉一路高阜之地謂之堈身凡三百餘里濶厚亦不下數十里其土瓷而高燥脉理椎結此天所以限長江而奠生民者也其中則為低下之田為圍百萬畝其南則有太湖之壅馮陵於上一遇水潦則泛溢旁出以蕩没低田無所於救民天所寄國

需所出遂為魚龍之宮識治者蓋所不忍而必欲為之所者矣且水潦之年江水必漲今鑿堈身以出湖波（堈身豈所以限長江乃海之涯也）是引湖水以浸低田而出江之流又未免為江潮之壅遏則倒流入田其勢亦易見矣又江潮之入也常速出也常緩不幾歲月淤積泥沙其塞可期而待也而其子郟僑復申其説識者又多採之今欲不廢已陳之隄橋而又欲疏通久長之利則必悉舉衆議而於奮入蕪湖之水限之不使東注復修常州十四瀆

北出之防而下之江陰則於太湖之上流可以分殺矣又於吳江江尾之壅決去不疑而下開澱山湖以便吳淞江之入如是而始通白茆入江之路則可久得其益也永樂中夏忠靖公開濬白茆通八十九年而今開鑿不過二十年而塞者得非人力有缺也如錢氏之撩淺軍歟得非隄防未至也如宋人之設閘留清駛以滇之歟得非濬法未詳也如古之曲則深直則塞歟凡此皆可細究而通謀盡利之方厚民益國之務莫有急於此

時者矣然置閘之法則不可比京口江陰之例蓋京口借江水以通漕不得不閘以禦其去江陰地居常熟之上江水尤高其外潮之入也有時而内水之出也有限故亦可閘非比白茆之口即今已一百餘丈矣若欲置閘則必厚築兩旁厚築兩旁則内水之出也益隘將欲疏之適以阻之矣（江濶而以閘束之可乎必如任仁發之説江二十五丈則十閘乃可今言兩旁支港置閘亦妙但河身必與江等深而閘口必與江容等例為是）然欲留清水以滌淤沙則如之何謂宜大疏兩旁支港使節節深濬横置

木閘大則石閘俟潮來即閉潮退則開庶可少得奠沙之益矣然撩淺之夫則終不能廢也其撩淺之法募人為卒官為雇值設四指揮以督事今若用之則指揮不必設而以各縣治水縣丞主之官為雇卒而又有本府水利通判督之於上使憂勤相須以期事功事不有益矣乎夫東南諸郡國家之外府也而蘇之貢賦又半於東南一遇旱澇至於逋亡者不知有若干人於茲矣隄防之修旱暵之備實有不可緩焉者若救旱之法則必

先於近山高阜之地多為積水池如前人開鑿穹窿支溝瀦蓄雨泉以待用而于堈身之地則使多穿陂塘而又必官為之處上下提督則百錢石米之富可復見於今日也不然則東南民事將不知其所終矣然此其大畧也來源去委并列於後

一太湖所受之水吳為澤國其藪具區其浸五湖又曰震澤曰笠澤即今太湖也酈道元曰萬水所聚觸地成川一自建康常潤宜興由荊溪以入一自天目宣歙臨安苕霅諸溪以入周圍五百里浸決三州而瀦聚汪洋盈溢東注則皆東南出吳江奔流分三道以入海謂之三江禹治之舊跡也

一三江遺迹史記正義吳地記所載三江並難尋究唐宋土人所稱獨指吳淞一江為存耳今考自吳縣鱸塘即俗人所謂鮎魚口北折經郡城之婁門者為婁江從吳江縣長橋東北合龎山湖者為淞其自大姚分支入長洲縣界滙澱山湖東出嘉定縣界合於黃浦經嘉定

之江灣青浦東北行名吳淞江者為東江此曲說也震澤出海實無三江禹貢所謂自指大江為三江耳

一太湖小肢其東出胥口與別流滙于石湖復東行抵郡城折北至閶門婁東入常熟塘下入白茆浦其分水墩北走覶溝橋散出楊涇者皆入常熟塘其合沙湖者入崑山至和塘直入太倉者歸於海及分合于吳淞江向東而行

一吳江右隄隔塞江路自唐元和中刺史王仲舒築石

隄以達松江糧運長亘數十里横截江路隄外為江隄内為湖雖橋洞僅通五十三處名曰寶帶橋而宣洩細澀終不輕快回流積淤漸盤蘆葦而向所謂可畝千浦之江遂為淺渚平沙之境矣當時經制權宜實為有益不虞水道漸塞竟為諸郡良田之梗也

一垂虹橋復阻東流之勢自石隄横截江路所恃以東注者淞陵治東之淺也但湖水為石隄所拘湍怒流急遂折縣治之旁為二於是風濤盛而公私隔矣慶歷中

縣尉王庭堅作木橋以利來往而吳淞江獨眇然通利至元泰定中州判張顯祖遂構石梁而虛洞列至六十之外僅如管窺蓋不知前人立木之意也遂使流沙日壅裹湖水而不得出而山源溪澗之來又成日至其泛溢自恣瀰漫浸淫無怪乎其然矣

一澱山湖狹隘不能展舒吐納吳中諸湖惟澱山為最下而界崑山吳江長洲之間南屬華亭而太湖之水入淞江藉此以為傳送者也元時尚有僧寺特立湖中今則寺在良田之中則水路之隘可知議者欲復闢其故道暢而通之則未易為力然此湖獨為低下而吐納之機實在於此則其說或可採也（自古無濬湖受水者不知濬法如何）

一白茆河形夫水性帶東南則稍下帶北則稍高而今之白茆則直向東北合亦從其下趨之勢因其勢而利導之古之善經也而近年開鑿已非夏忠靖舊開之路是以通塞久近為驗較然矣其必於近江二三十里處相其形便開向東南以從其性或可久得其利也

一夾浦橋不可立湖自大姚分肢一從柳胥港瓜涇而北又一從吳江縣北門委直北至夾浦橋而入以下吳淞此僅一脉之存耳國初尚有石梁為水齧廢而周文襄公乃使造舟為梁鎖兩端而中貫之以通行者至今為便而近者鄉人又謀壘石此政不可許也

一疏通次第夫旱暵之年來源必少霜降水涸可以賦功若使先疏上源則下流必壅合無先啟白茆之路乎其次則七丫浦又其次則吳江隄長橋之瀆而又次則

理百瀆以北以下江陰之江分荆溪之注又次則理宣歙九陽江之水以入蕪湖而中間各縣隄渠水竇之設則分投就近得利之家隨宜開浚則施工之日遂為三州有秋之望矣

一開江始末夫田租始加於漢唐而徵輸遂極於後代徵法愈倍則耕法愈詳何者民之苦於不得已也故沿江之民鑿堈身以救旱而於其中低窪之處了不相涉而水潦之年則太湖被隄橋之壅泛溢瀰漫而各縣之

低田遂成巨浸於是内水高而江水下而見者遂欲决之以入於江此開江之説所由起也暫時處置實為有益及至江水復漲則内水高而不得出亦有時而然者此皆一時所見而欲節宣不費永益良田以無失東南之利者則人事之修不可以不詳定也然禹治震澤則分疏東南之流以歸于海無紛紛多事而後人開江得一益或生一事至紛紜補葺煩切而不可救而又不能已者何也盖自井邑丘甸之設則必有卒兩軍師之制水利之興則江防不可不留意也一自江陰之江開始以通魚塩之利耳而竟開北兵窺南之路偽吴守之以捍吴而國家得之以入金陵一自福山之江開為張士誠襲蘇之逕而國家亦因之以取吴一自許浦白茆之江開而金人每於此窺宋其後李寶破敵兵於此遂設許浦軍而白茆乃有制置節度之設宿重兵而恒恐其不足一自劉家港之江開而元人以之通海運交六國市舶而朱清張瑄之徒為患不絶其後二人招懐而海

邊之軍鎮遂相望而列矣然永樂中尚有倭賊之寇又設守禦千户所于崇明沙今縱不能如禹之行水而上下煩勞則皆開江之利啟之也然地維開張本為國家之用而竊發時見未清消弭之源則其敦本厚民之實力田務農之政誠不可漫為之説者矣但積沙既為漲灘而富家因為已有是以客土恃勢力以負國暴水縱積怒以困民其害相因而不解也

農政全書卷十三

欽定四庫全書

農政全書卷十四

明 徐光啓 撰

水利

東南水利中

荒政要覽曰戊戌正月太祖高皇帝令康茂才為營田使上諭之曰比因兵亂隄防頽圮民廢耕耨故設營田司以修築隄防專掌水利今軍務實殷用度為急

理財之道莫先於農事故命爾此職分巡各處俾高無患乾卑不病潦務在蓄洩得宜大抵設官為民非以病民若但使有司增餙館舍迎送奔走所至紛擾無益於民而反害之則非付任之意

正統五年庚申令天下有司秋成時修築圩岸濬陂塘以便農作仍具數繳報候考滿以憑黜陟

夏原吉奏治蘇松水利疏曰成化五年上以蘇松水旱為憂命臣特往疏治八月遣都御史俞吉齎水利集以賜臣原吉講究拯治之法臣與共事官屬及諳曉水利者參考輿論頗得梗槩蓋浙西諸郡蘇松最居下流太湖綿亘數百里受納杭湖宣歙諸州溪澗之水散注澱山等湖以入三江頃為浦港湮塞滙流漲溢傷害苗稼拯治之法要在浚滌吳淞江諸浦導其壅塞以入于海但吳淞江延袤二百五十餘里廣一百五十餘丈西接太湖東通大海前代屢浚屢塞不能經久自下江長橋至夏駕浦約一百二十餘里雖云通流多有狹淺之處自

夏駕浦抵上海縣南蹌浦口一百三十餘里湖沙漸漲已成平陸欲即開浚工費浩大且灔沙游泥浮泛動盪難以施工臣等相視得劉家港即古婁江徑通大海常熟之白茆港徑入大江皆繫大川水流迅急宜浚吳淞江南北兩岸安亭等浦港以引太湖諸水入劉家白茆二港使直注江海又松江大黃浦乃通吳淞江要道今下流壅遏難流傍有范家浜至南蹌浦口可徑通海宜浚令深闊上接大黃浦以達泖湖之水此即禹貢三江

入海之迹每年水涸之時修築圩岸以禦暴流如此則事功可成於民為便也

徐貫治東南水患疏曰弘治八年臣等竊見嘉湖常鎮水之上流蘇松水之下流上流不浚無以開其源下流不浚無以導其歸於是會同委官人等將蘇州府吳江長橋一帶茭蘆之地疏濬深闊導引太湖之水散入澱山陽城昆承等湖又開吳淞江并大石趙屯等浦洩澱山湖水由吳淞江以達于海開白茆港并白魚洪鮎魚口等

處洩昆承湖水以注于江又開七浦鹽鐵等塘洩陽城湖水以達于海下流疏通不復壅塞開湖水之溇涇洩天目諸山之水自西南入於太湖開常州之百瀆洩荆溪之水自西北入于太湖又開各斗門以洩運河之水由江陰以入江上流疏通不復湮滯自弘治七年十一月十七日興工至八年二月十五日畢幸而一向天氣晴和人無疫癘凡百衆庶爭先效勞即今水患稍弭人無墊溺之憂田有豐稔之望是非臣等之能皆皇上

盛德大福廣被東南之所致也

吳巖興水利以充國賦疏曰弘治十四年竊惟國家財賦多出於東南而東南財賦皆資于水利是故禹之治水也以四海為壑而盡力乎溝洫宋元以來諸儒以開江置閘治田為東南第一義有由然矣夫何近年以来東南地方下流淤塞圍岸傾頹疏導不得其法葺治不得其人臣等備員該科於地方水利嘗悉心推究謹將東南水利之切要者二事曰疏濬下流曰修築圍岸一疏濬

下流臣嘗考之浙西諸郡蘇松最居下流太湖綿亘數百餘里受納天目諸山溪澗之水由三江以入於海是太湖者諸郡之水所瀦而三江又太湖之所洩也禹貢所謂三江既入震澤底定是已若下流淤塞衆水泛溢渰沒禾稼為害匪輕為今之計要在隨其源委相其利害酌量便宜為之區處如白茅港七浦塘劉家河此蘇州東北洩水之大川如吳淞江大黃浦此蘇松南北交境與松江南境洩水之大川而吳淞之南北與白茆諸

港又各有支渠引上流諸水以歸於其中而並入于海此所謂源委者也就其中論之蘇州之七浦塘劉家河松江之大黄浦並皆深闊通利無阻惟白茅一港自弘治七年疏濬之後今二十五六年吳淞一江自天順間疏濬之後今六十有餘年聞之白茆入海之處潮沙壅積勢若丘阜吳淞雖名一江僅如溝洫潮回水落雖舟楫亦艱於行其旁渠港亦多湮塞下流既壅上流曷歸加以霪霖能不泛溢此其利害之可見者也今能濬白

茆一港使之通利如七浦劉家河則蘇州東北之水有所歸而不積矣濬吳淞一江使之通利如大黄浦則吳淞南北兩界之水有所歸而不積矣一修築圍岸臣嘗考之浙西之田高下不等隨其多寡各自成圍遠近相望吳越以來素稱膏腴宋儒范仲淹嘗論于朝曰江南圍田中有渠外有門閘旱則開閘引江水之利澇則閉閘拒江水之害旱澇不及為農美利雖然圍田全仗乎岸塍岸塍常利於修築修築堅完旱澇有備否則反是

臣願自今以後每歲於農隙之時治農府州縣官督令田主佃戶各將圍田取土修築水漲則專增其裏水涸則仍築其外務令高闊堅固可通往來隨其旱澇而車戽出入如此先事有備而田皆成熟矣

葉紳請治水以防災荒疏曰弘治十六年竊惟直隸之蘇松常浙江之杭嘉湖約其土地雖無一省之多計其賦稅實當天下之半況他郡所輸猶多雜賦六郡所出純為粳稻玄扈先生曰公知六郡之水利修可以當天下之半不知天下之水利修皆可為六郡也誠國

國家之基本生民之命脈不可一日而不經理也若水道不通為六郡農田之害所係亦重矣夫天目諸山之水瀦為太湖而六郡環乎其外太湖之水又由江河以入于海間昔入于溧陽則為堰壩以遏其衝於常州則穿港瀆以分其勢於蘇松則開江河以導其流惟是入海之處潮汐往來易為湮塞故前代或置開江之卒或置撩淺之夫以時浚治僅免水患歷歲既久其法廢弛遂致諸湖巨浸壅遏其中江河故道淤漲於外土民利

其膏腴或堰而為田築而為圍是以淤没田疇漂淪廬舍固其所也方弘治四年一澇迨五年復澇今歲大水視昔尤甚伏乞聖明思念東南大害於廷臣中選差有才力通曉水利者一二員授以節鉞重以委任前會同撫按講求民瘼設法賑恤俟民困稍甦然後指定地方分投相視何地為山水入湖之衝何港為太湖入海之道自源徂流一一講究相與度其經費量其事期然後大加浚治使下流得以宣洩然當此飢饉之際欲興

大役若非任事者處之得其道則民力不堪不能不重困也

胡體乾修舉水利六款疏曰嘉靖十年禹之治水有三導川入海洩之以去害也瀦水為澤蓄之以興利也濬畝及川又之以播種也蓋高山大原衆水雜流必有一低下處為之壑如人之有腹臟焉彭蠡震澤是也旁溪別緒萬派朝宗必有一合流入海之川為之洩如人之有腸胃焉江淮河漢是也今以三吳水利觀之有宣歙杭湖數郡之山原而導之得所入然後有太湖之汪洋有太湖環五百里之容受而洩之得所歸然後有蘇松常嘉湖五郡之財賦漫衍浸注為蕩為漾縱横分合為浜為塘於是江浦領之經帶迂迴而放之海此吳中形勢之大都亦諸方言水利之準則矣禹貢載治水成功則曰九川滌源九澤既陂四海會同而盡力溝洫乃則壤陳宅中事也故總叙其事不過始之以決九川距四海終之以濬畎澮距川今列水利事宜一曰禁淤湖蕩廣水利之翕聚也二曰疏經河通其幹也三曰開溝渠濬其

支也四曰築堤岸防川澤之泛濫固田間之圍欄也并山鄉積水沿海護塘共為六條所採昔人之議俱江南治水方略引以為例他可類推云

呂光洵修水利以保財賦重地疏曰嘉靖十年二臣聞善治病者必攻其本善救患者必探其源水利之興廢乃吳民利病之源也臣嘗巡歷各該地方相視高下詢問父老頗得其說輒敢條為五事仰俟聖明裁擇一曰廣

疏濬以備瀦洩二曰修圩岸以固横流三曰復板閘以防淤澱四曰量緩急以處工費五曰專委任以責成功何謂廣疏濬以備瀦洩蓋三吳之地古稱澤國其西南翕受太湖陽城諸水形勢尤卑而東北際海岡隴之地視西南特高大抵高者其田常苦旱卑者其田常苦澇昔人治之高下曲盡其制既於下流之地疏為塘浦導諸河之水由北以入于江由東以入於海而又畝引江潮流行於岡隴之外是以瀦洩有法而水旱皆不為患

近年以來縱浦横塘多湮塞不治惟二江頗通一曰黄浦二曰劉家河然太湖諸水源多而勢盛二江不足以洩之而岡隴支河又多堙絶無以資灌溉於是上下俱病而歲常告災臣據各府所報河浦湮塞之處在下流者以百計而其大者六七所在上流者亦以百計而其大者十餘所治之之法當自要害者始宜先治澱山等處一帶茭蘆之地導引太湖之水散入陽城昆承三泖等湖又開吳淞江并大石趙屯等浦洩澱山之水以達于海濬白茆港并鮎魚口等處洩昆承之水以注于江開七浦塩鐵等塘洩陽城之水以達于江又導田間之水悉入于小浦小浦之水悉入于大浦使流者皆有所歸而瀦皆有所洩則下流之地治而澇無所憂矣乃濬臧村等港以溉金壇濬滆港等河以溉武進濬艾祁通波以溉青浦濬顧浦吳塘以溉嘉定濬大瓦等浦以溉崑山之東濬許浦等塘以溉常熟之北凡岡隴支河湮塞不治者皆濬之深廣使復其舊則上流之地亦治而

旱無所憂矣此三吳水利之大經也何謂修圩岸以固横流蓋四府最居東南下流而蘇松又居常鎮下流其水易瀦而難洩雖導河濬浦引注于江海而每遇秋霖泛漲風濤相薄則河浦之水逆行田間衝齧為患宋轉運使王純臣常令蘇湖作田塍禦水民甚便之而司農丞郟亶亦云治河以治田為本其說多可採行臣嘗詢問故老以為二三十年以前民間足食無事歲時得因其餘力營治圩岸而田益完美近年空乏勤苦救死不

瞻不暇修繕故田圩漸壞而歲多水災是吳下之田以
圩岸為存亡也失今不治則坍沒日甚而農桑日蹙矣
宜令民間如往年故事每歲農隙各出其力以治圩岸
圩岸高則田自固雖有霖潦不能為害且足以制諸湖
之水不得漫行而咸歸于河浦則河浦之水自高於江
江之水自高於海不待決洩自然湍流而岡隴之地亦
因江水稍高又得畝引以資灌溉益不但利于低田而
已何謂復板閘以防淤澱河浦之水皆自平原流入江
海水漫而潮急沙隨浪湧其勢易淤不數年即沮洳成
陸歲修之則不勝其費昔人權其便宜去江海十餘里
或七八里夾流而為閘一時隨宜啓閉以禦淤沙歲旱
則閉而不啓以蓄其流歲澇則啓而不閉以蓄其流閘
有三利蓋謂此也而宋臣郟僑亦云錢氏循漢唐遺事
自松江而東至于海又導海而北至于揚子江又沿江
而西至于江陰界一河一浦大者皆有閘小者皆有堰
臣按郡志蓋與僑之言頗合然多湮廢惟常熟縣福山

閘尚存正德間巡按御史謝琛議復吳塘等閘而不果
即今金壇縣議復莊家閘江陰縣議復桃花閘嘉定縣
議於橫瀝練塘等處各置閘如舊臣訪諸故老皆以為
便以是推之凡河浦入海之地皆宜置閘然後可以久
而不壅益不獨數處為然也何謂量緩急以處工費夫
經略得宜則事易集施為有漸則民不煩往歲凡有興
作皆併役于一時是以功未成而財食告匱為今之計
宜令所在有司檢勘其水利害大其水利害小其水最
急其水差緩其最大而急者則今歲修之次者明年修
之次者又明年修之則興作有序民不知勞而其工費
之資亦可以先時而集矣但方今歲時荒歉公私俱絀
既不可加斂于民而內帑又不敢望乞將見年未完錢
糧條糧解大户侵欺者督令有司設法清追數十餘萬
兩存留在官略倣宋臣范仲淹以官糧募飢民修水利
之法行令有司查審應賑人數籍其老病無力者為一
等壯健有力者為一等無力者日給米一升聽其自便

有力者日給米三升就令開濬通將前項官銀及賑濟錢糧一體通融給散各另造冊查考則官不徒費民不徒勞所謂一舉而兩利者也

林應訓修築河圩以備旱潦以重農務事文移曰萬歷五年任直隸巡按為照溝洫圩岸皆以備旱潦而為三農之急務人人所當自盡者縱使官府開深江浦而各區各圖之溝洫圩岸不修則終無以獲灌溉之利杜浸淫之患也除幹河支港工力浩大者官為估計處置興工外至於

田間水道應該民力自盡為此酌定式則出給簡明告示緣圩張掛仍刻成書冊給散糧里令民一體遵守施行

一定式樣以便稽查吳中之田雖有荒熟貴賤之不同大都低鄉病澇高鄉病旱不出二病而已病澇者則以修築圩岸為急圩岸既各高厚雖有水溢自難潰入而淹沒之矣病旱者則以開濬溝洫為急溝洫既各深通雖遇旱乾自可引流而灌注之矣況開渠者勢必置土于圩旁築圩者理當取土於溝內二者又自有相成之機矣今後不必差官泛然丈量該府縣止分別孰為低鄉當急修圩孰為高鄉當急開渠每年府縣水利官先時議定開築之法如開溝洫不論舊時疏通與否其闊即以兩傍老岸為主其深務以一丈二尺為率若相地宜應加深闊者聽決不許減少前數挑起之土務要置在舊隄之內就便護隄庶使雨水不能淋漓復流于河如附近有低田堪以培高者即以其土培之亦可至於

極高地方不用隄岸而土無堆放者亦即就靠內一邊攤放益高鄉多種荳棉一時不妨陸種挑得河深則灌溉自利內中田畝仍自不妨於水種也若惜此尺寸之地弗令攤土沿河堆積復入河中無水灌溉則內中田畝悉成枯槁矣至於築圍岸不論舊時完固與否其底闊務要一丈其面闊務要六尺其高如底之數底闊一丈而高五尺者是塹堵也南方土性浮虛圩高一丈面闊六尺其底必二丈六尺然猶過峻稍令人畜登降一兩年後必無面矣要必三丈以外方可若如下方所言則墻也非岸也若應加高厚者聽決不

不許減少前數如田過五百畝以上者便要從中增築一界岸一千畝以上者便要從中增築二界岸每界岸底闊四尺面闊二尺高與外圩平岸之兩傍仍可栽種菽麥如極低鄉或近湖蕩深處難于取土者就便分別令民於圩内傍圩之田起土增築岕外再築圩岸一層高止一半如階級之狀岸上遍挿水楊圩外雜植茭蘆以防風浪衝激取土之田計其所損量派各田出銀津貼俟後陸續罱取河泥填平照舊耕種永無後憂是所

損者小而所益者大也若互相吝惜不分界岸即如今年霪雨連旬洪水一發車救不前全圩無望矣又有一等低窪田畝嵌坐中心無從蓄洩有願開鑿通河運泥增高者聽廢田之價衆戶均認廢田之稅牽攤本圩照此式樣給示遍諭委官分投區畫每一圩為一圖明白貼說前件每一圖作二本一送縣備照一付圩甲諭衆俟至冬十月刻日出示興工

一定夫役以杜騷擾各鄉溝洫圩岸雖有長短廣狹不齊然不過為一圩之田而設也故田少則圩必小田多則圩必大而環圩之溝洫因之此水利此圩之田則當役此圩有田之户矣各縣即令塘長備開某圩周圍若干丈外環溝洫若干丈圩内之田若干畝某人得業若干畝共該圍岕若干丈不論官民士庶隨田起役各自施工如田横闊一丈者築岕一丈此法誤矣要須計算本圩之田與本圩之岸平分丈尺不宜偏累近岸之田開河亦然多有一家數畝狹長之田全並河岸者既盡壞其田復盡用其力非偏累乎横闊十丈者築岕十丈開河亦然對河兩家各開

其半溝頭岕側非一家所能辦者計畝出夫衆共協力挨序編號置簿稽查仍備載前圖之後興工之日塘長亦不必沿門催夫徒取需求科派之議先期五日挿標分段責令圩甲播告各戶某日興工聽其至期各行照段用力如式挑築一設圩甲以齊作止塘長之設舉一區而言之也一區之中各有數圩若不立甲何以統衆而集事也計當僉舉殷實之家充之但一時僉報諸弊俱生或圖展脱或營冒充無不至矣各縣不必僉報即

以本圩田多者為之雖其殷實與否不可知然其田既甲于一圩之中則其人自足以當一圩之長矣興工之日塘長責令圩甲躬行倡率某日起工某日完工庶幾有所統領而無泛散不齊之弊中有業户不聽倡率聽其開名呈治如圩甲不行正身充當或至別行代頂查出枷號示衆是圩之有甲也專為本圩修濬而立工完即罷非如里長有勾攝之苦亦非如塘長有奔走之煩雖一時倡率不無勞費然利歸其田又非若驅之赴公

家之役者等也

一嚴省視以責成功訪得常年非不議行修濬而水利之官多不下鄉乃使各區塘長至縣報數或朔望遞結而已如此虛文何益實事今後興工之日各塘長圩甲務要在圩時時催督開濬工完未可便行開壩放水俱聽各府縣掌印官并水利官分投親勘如一圩不完責在圩甲一區不完責在塘長輕則懲戒重則罰治本院與該道又不時間出以察之如一縣中有十處不完責在縣官一府有二十處不完則官又有不得不任其咎矣

一禁侵截以通便利訪得各鄉水利原自疏通近多豪家適已自便於上流要害廣種茭葑稍有淤墊即謀佃為田所司不察輕付執照亦有居民貪圖小利竭澤而漁沿流置斷及有挑出田内泥土增廣田圩堆放竹排木排横截河港甚有上鄉全賴潮水灌溉奸猾人户乃於浦口下流設堰横截百般刁難然後放水入内又其

甚者假以報税起科遂侵為已物瀦水專利以致内地灌溉無資若不通行嚴禁終為水道之梗今後各府縣水利官責令各塘長圩甲凡有侵截之家即便報出姑令改正免罪至於灘田先年曾經丈量收入會計冊内無礙水道者姑聽如舊其未經徵糧者盡數報官開除

荒政要覽曰萬歷戊子年水大蘇州自沉湖澱湖三泖抵松江一望滔天河水高出田間數尺其一二堤岸高厚處仍有不妨插蒔者乃知大澇時吳田盡可作湖百

姓生命寄於堤岸並沿河堤圍阻截水勢成田田間各自成圩又藉圩岸隔斷若堤岸不堅緻卒然崩潰諸農盡作魚鼈矣蘇松地形卑下當震澤委流數郡山原之水從此入海若非年年濬渠築圍田卒汙萊在所不免

玄扈先生量算河工及測驗地勢法 萬歷癸卯送上海劉邑侯

一量某河自某處起至某處止共實該應開河幾何丈尺 每步五尺每二十步立一木界樁編定號數自某處起天字一號盡十號又起地字一號盡十號直編至某處止要見若干號數若干丈尺 凡丈尺俱用官尺算每二步折一丈

一量每號木界樁下兩岸準平相去今闊幾何丈尺木樁下老岸至河中心水底今深幾何丈尺算該兩岸斜平至底見在河身空處每丈已得幾何方數中有坳突又用法加減實該河身空處每丈已得幾何方數今照原議或新議所酌定河面應闊幾何丈河底應闊幾何丈應加深幾何尺算該木樁下兩老岸各去土幾何尺河底中心去土幾何尺河岸兩傍各去土幾何尺此號

內十丈河身中共該起土幾何方數 兩岸各用步弓量至二十步足此岸下定木樁人足抵樁立對岸人亦於步盡處站定樁上人將矩度對岍準平對岸人竪起奁竿權繩取直將奁夾靠定奁竿漸移向下兩岸取平對岸人即於平處站定或用土石記定樁上人用矩度對準人足或記處看在直景何度何分用地平測遠法算得河面闊處河狹者只用竹篾沽步弓對岍量之亦得次將丈竿竪起河中心權繩取直將矩極對準水面丈竿盡處用勾股量深法算即得木樁至水面股數再加水深數即得河底深數或用重矩勾股量深法亦得或于水際兩傍取平對準樁頂用重矩重表勾股量高法算亦得或不用算法逕將奁竿奁定橫尺用竪尺那移逐步量下至水際總算竪尺多少數亦得或只於水次竪起一丈竿權繩取直依前兩岸取平法樁上人用矩極照看亦得後二法於淺狹河道用之尤便次將兩岸闊數河底深數用積方法算即得河身見在每丈已

得幾何方數中有坳突亦用套竿量取高下小步弓量取圓徑用堆積法扣算加減即得見在實該河身方數次將議定河面應闊之數比照原闊應加幾何用木石記定即於兩岸記處用套竿量至折半處即今應開河底中處比原樁深幾何比照今議應深幾何即得今應加深幾何或用二繩各長如今議闊數之半中用轆轤交接復用一繩記取尺寸繫權墜下亦得或中繫方空木用丈竿溜下亦得次于新河底中處用套竿量開如

新議河底闊數盡處記定視其高下即知今應加深左傍幾何右傍幾何次將兩老岸加闊河底加深河底兩傍加深五法用積方法總算即得此號內十丈河身中共該起土幾何方數註入號簿

一量見在河身面闊底深酌量堋定之數折中議定今應開面底二闊丈尺數及加深尺數　河身底面腰深廣必須三法相稱方得上下相承不致坍壞若河底深闊岸勢高峻不免隨時崩坍開闊河底虛費工力似應

用前量深法量今木樁下至河底算定勾幾何股幾何弦幾何量取數處便見何等勾股方得免坍今新開勾股欲依舊數量行加勾減股不致大段懸絕大率要令勾數少於股數則弦上陂陀不致坍損兩股之間即河底闊數就令稍狹政自無妨

一用衆測水驗今河底深淺酌量加深之數　今見在河底深淺不同若酌定加深尺數一槩開濬即深者愈深淺者仍淺水走不順極易湞淤且前量下樁編號止

據見在老岸未免高下不齊所云量深諸法亦止據號樁下至本號河底未得通河準平就用矩極以漸量算亦止能測驗地勢若水走之勢西高東下仍與地勢稍異必須水準方平但長流之水消長不易隨流測量一人可就此方潮汐每日再消再長時刻不同測驗未易必須用衆同時量度相應照前編定號樁若干即每樁用兵夫一名各帶短槍或木棍一條不拘大小刀一把每隊長另帶銃一門并火藥火繩藥線諸物照號樁編

給號票令各守號樁約潮退將涸未漲時西境火炮應聲俱發砲響後各兵夫悉于各號河底中心將木梶量定水痕用刀刻記回繳號票隨驗所刻水痕尺寸註定票上編成號簿逐一扣算酌量加深之數即河身砥平不致停積渾水以成淺淤若行此法與矩極參驗用前量深加闊之法便可絲毫不爽

一河工完後考驗課程果否如法　河面河底闊數量法具前兩岸弦上用繩取直考驗俱易惟獨深數易殺

如留取樣墩即可培高如釘下樣樁便易拔起別有用沽絡樣樁者亦可挖井取出有打水線者亦恐中途節水作弊有用輪車推驗者河闊便難造施用有用木鵞推移者難施于未放水之河今只用前量深諸法如極深極闊者宜用勾股度高度深法如河身稍狹欲求便易即用套竿漸量法或慮遣委工役究轉欹斜那移作弊即欲轆轤下繩方空下竿二法其轆轤方空或加三或加五以驗底闊弦直尤便此二法須極力挺直纔得取平無法可令加高毫末即令開河工役自用量度亦難作弊

一量所開河其境起至其處如前法已得曲折弦若干丈尺今欲知直弦幾何丈尺東西直股幾何丈尺南北直勾幾何丈尺東邊地形下于西邊幾何丈尺要見本處地形沿河而來幾何丈而下一尺東西直股幾何丈而下一尺南北直勾幾何丈而下一尺其大勾股之弦于二十四向中當作何向　先於其境第一號量至第二號用繩取直下定指南鍼審定繩直于三百六十分

度內定是何向注于號簿如河岸廻曲一號中可分作二或作三四格定注實格完又用矩極于第一號上立一人持丈竿取直于第二號上立對準取平又互換覆看對準取平即知第二號下于第一號幾何尺寸注于號簿每號俱用此二法至號盡而止事畢布算先將逐號小弦依本號坐向與子午鍼對算即知小勾幾何與卯酉鍼對算即知小股幾何逐號算成小勾股注于號

簿次將小勾積算即知大勾小股積算即知大股以大勾股求弦即知大直弦丈尺以大勾股依子午卯酉鍼上取弦即知大直弦于二十四向中定作何向又用矩極所測高下分寸積算便知二境相去高下之數亦便知沿河而來每幾何丈尺而下一尺次用大勾股歸除之即知直股上每幾何丈尺而下一尺直勾上每幾何丈尺而下一尺

玄扈先生看泉法曰取過泉過泉者乃山泉遠來大旱

不絕其流橫來將下流作壩水隨壩長乃無限之水又看流之緩急緩者源小急者源大又看嚴冬不凍其氣如霧即春夏用水之時又無竭涸之患此過泉之當取也　棄仰泉仰泉者乃地泉也其泉即從本地而起水來有限不能隨壩長有限之水即有鉅河其流必緩嚴冬必凍用水之時必有乾涸之患矣此仰泉之當棄也

又曰源大亦可用也過泉孰非仰泉乎

又有大河如涿州拒馬河固安渾河其水皆可用此亦可激取用之是在人耳　顧非動支朝廷錢糧築堤建閘鉅費望固此水不敢用也

又曰王鍔用拒馬河水以鑄泉余數舉以問人無應者亦激取之法也

凡看地勢墾水田可蓄可洩即可田矣入水之處地勢宜高洩水之處地勢宜低水能行動看其下稍愈低愈妙可無淹沒之患矣北邊于夏至後時發泅波地勢宜平坦廣闊則無衝激之患矣土色不拘黃黑堅則為佳

土鬆總是漏水地取土作圍注水于內水不漏去此土即可田矣土鬆別有用處何必水田地內稍有石子不妨農事如是純沙則不可用也

農政全書卷十四

欽定四庫全書

農政全書卷十五

水利

東南水利下

明 徐光啓 撰

耿橘大興水利申回稿照東南之難全在賦稅而賦稅之所出與民生之所養全在水利蓄瀦洩有法則旱澇無患而年穀每登國賦不虧也計常熟縣民間田租之入最上每畝不過一石二斗而實入之數不過一石乃

粮之重者每畝至三斗二升而實費之數殆逾四斗是什四之賦矣玄扈先生曰蘇松大率如此常鎮嘉湖次之以故為吾民者一遇小小水旱輒流散四方逋負動以數萬計焉嗟嗟賦不可減歲不可必元元其何以為命則惟有水利大興俾歲時無害為今日救時之急務矧本縣坐落江海之交潮汐三面而至且居蘇常諸府下流諸湖水由此入海其水之利害視他處為尤鉅而其經理為尤急也卑職以其暇日單騎輕舠遍歷川原進諸父老講求水利之故凡地形高下之宜水勢通塞之便疏瀹障排之方大小緩急之序夫田力役之規官帑補助之則經營量度之法催督考驗之術一一條畫著為圖說以至區里利害之殊土性肥瘠之異錢粮輕重之等田野荒熟之故風俗淳澆之由形勢險夷之辨無不備具務紓百世之訏謨期垂一方之永利為此將查歷過通縣河圩形勢繪圖貼說造冊具申

開河法凡九條

一照田起夫量工給食

宋臣范仲淹曰荒歉之歲召民為役日以五升因而賑濟此宋時斗斛也幸勿慮多益老成長慮之見如此常熟民素驕侈傭趂之人頗少況挑河非重其直不應故莫善于照田起夫量工給銀之法然照田起夫亦難言矣說者謂有近水利者遠水利者不得水利者及田止十畝以下者分為四等除十畝以下者免役外餘以三等為伸縮益

往年之役如此職深以為不然本縣之田未有不藉水而成者但河有枝幹之殊水有大小之異耳水大者則當施瀦蓄之法水小者則當施疏鑿之方彼幹河引江湖之水而枝河非引幹河之水者乎田近幹河者稱利矣田近枝河者非幹河之利乎若必為四等之說則奸户積書朦朧作弊上户那而為中户中户那而為下户近利那而為遠利遠利那而為不得利而田少愚弱之氓反差重役如小民之偏苦何故開河必觀水勢所向

無一寸不受水利之田亦無一寸不應開河之田應用其區其圖之民必無論大户小户通融驗派然後于法均于事便于民無擾耳

派夫之法先弔黄册查明該區該啚坐圩田地總數分區分啚未必與河道相應要當以河道為主隨令區書將業户一一註明然後通融算派其河應役田若干畝每田若干畝坐夫一名田多者領夫田少者湊補足數名曰協夫其勘明坍江板荒田地俱豁免如此貧富適均衆築易舉矣

一水利不論優免

濬河以備旱澇便轉輸也論田而士夫之田多於小民河成而灌運之利當亦多于小民故同心協力舉地方之大利在士夫原有此意矣職客歲開濬福山河以此意白之本縣士夫士夫咸各樂從興工之日倡率鼓舞工反先于百姓而百姓蒸蒸無不子來趨事爭先恐後已有成績矣今後凡濬河築岸之事必如往規庶勞逸均而上下悦服也

一准水面算土方多寡分工次難易

開河之法其說甚難均是河也中間不無淤塞深淺之殊地形亦有高下凹凸之異而土方之多寡工次之難易必有判焉不相同者宋臣郏僑云以地面為丈尺不以水面為丈尺不問高下匀其淺深欲水之東注必不可得須于勘河之時先行分段編號算土之法若本河有水即沿河點水有深淺不同之處差一尺者即另為一段假如通河水深一尺而有深二尺者即易段也深三尺者又易段也深四尺者極易段也深與議開尺寸

等者免挑段也濶做此各立樁編號以記之隨令精算者逐段計筭土方其法每土四傍上下各一丈為一方每方計土一千尺假如本河議開面濶五丈底濶三丈水面下開深五尺每長一丈該土二方誤筭矣然不言總深亦難筭其實數假若原深一丈而加深廣五尺該土二方又八百尺也假若不論原深以此權說應開實土則有水一尺者實開土一方又五百二十尺也有水二尺者實開土一方零八十尺也有水三尺者開土六百八十尺也有水四尺者開土三百二十尺也又如某段水深一尺該究土方四分實開土一方六分為難工某段水深二尺該究土方八分實開一方二分為易工三尺四尺五尺做此濶做此若本河無水即督夫先于中心挑一水線深廣各三尺或二尺務要徹頭徹尾一脉通流却於水面上丈量露出餘土有厚薄不同之處差一尺者另為一段假如通河皆餘土一尺而有餘二尺者即難段也餘三尺者又難段也餘四尺者大難段也餘五尺者極難段也立樁編號筭土如前法但此乃計水上之土而水下應挑之土可一律齊矣然後通筭本河該寔開土若干方兩旁得

利田若干畝起夫若干名每夫該土若干方分工定宕第從土方土少者宕長土多者宕短齊土方不齊丈尺而後夫役為至均河形為至平也

附打水線法

水線至平也而人心不平奸巧百出如三十三年開福山塘打水線十數日不成會工官皆不知職既識破其術隨設法五里委一官官各乘馬一里委一皂皂各飛奔如是往來不停看其水線不令陰阻乃一日而成奸巧立破何以故渠功少者於水線中暗藏小壩官來則暫決之過則壩住雖土高無水之地而兩頭藏壩中間水可不絶此奸不破高低不明水線為虛何以知其然也陰壩初決者其水流動不然者其水靜定也

一分工定宕

難易有號矣土方有數矣而夫役之來道里遠近不同市野食宿異便而土性亦有緊漫堅散之殊崖峭不無

險夷高下之别强者奸者於此爭利焉倘無術以處之亦非盡善之道也然此不可為之河濵宜先為之于堂上查照區圖遠近自頭至尾筭定丈尺摧定工次要令遠近適中一一明註比工簿内用印發各千百長照簿竪立夫樁一定不移庶紛爭之擾可免而亦無作奸之處矣第初時量河最要的確臨期分宕務秉至公不則吏書虚報丈尺而實尅夫價者有矣强梁之徒夫多宕少者亦有矣大都正官能一親行自無此弊上司親行尤妙

一堆土法

夫役偷安類于近便岸上抛土不思老岸平坦一遇天雨淋漓此土隨水流入河心條挑條塞徒費錢粮徒勞夫工亦竟何益必于河岸平坦之處務令遠挑二十步之外照魚鱗法層層散堆若有懶夫就便亂抛者重究若有古岸高出田上者即挑土岸内相帮以固子岸亦可其平岸之處不得援此為例若岸有半圯之處即宜挑土補塞築成高岸挑成一層堅築一番層層而上岸必堅牢一舉兩得不可姑置岸上待後日築之後來日久人玩貽害河道不小也若田中有漊蕩或原因取土致田深陷者即用河土塡平若岸邊有民房有園亭逼近不便挑土者即令業户自定樁笆于房園邊旋築成岸亦兩利之道也若河狹則不可耳

一考工法

金藻水學曰勤省視者官廉能也或不省視與無廉能同省視不賞罰與不省視同賞罰不繼續與不賞罰同

職亦曰廉能矣省視矣賞罰矣繼續矣而無考驗之法與不廉能不省視不賞罰不繼續同夫考工之法先必立信樁樣樁以防其奸偽樣樁者用木橛刻畫尺寸與應濬尺寸同信樁則一木橛可已法于號段既定之後每段將畫尺木橛釘入河心與水面平本河無水者與水線之水面平俗所謂水平樁是也俟開方之後以此橛為凖盖橛露一尺則工滿一尺矣故曰樣樁却將二橛書明號段直對樣樁釘入兩岸老土深與岸平名曰

信樁此樁四㨿封識老岸數尺不許拋土鎮壓致難認記另具直丈竿一條丈篙一條立竿樣樁之項拽篙信樁之上以量虛河深淺如篙在竿十尺上則虛河深十尺矣必十尺以下所有尺寸乃筭實工虛河尺丈籍而藏之夫役認宕時又各立小樁書某字第幾號某千長下百長某分管領夫某協夫某應濬長若干名曰夫樁又按仰月形三濶丈尺之數為横丈竿三條俱畫尺寸做成木輪車架此三竿每查工之日必攜籍持竿拽篙

架車而往先稽號樁而知其宕之長短即據信樁樣樁拽篙竪竿而得其工之淺深工完之後沿河推運三竿車而驗其工之濶狹勤慎在目賞罰必加而後人力齊工不虛耳必信樁者虞樣樁之上下其手也又虞老岸之偽增其高也驗老岸驗信樁驗樣樁驗三竿車而後偽無容矣迨工完之後復打水線以驗之有淤滯處隨令復濬務求線道通流方可决壩放水其或濬深水多打水線不便則于放水之後用木鵞沿河較數木鵝者用直木一條長與河深平鐵裹其下端隨濬過尺寸處拴繫長繩兩岸拽之直立水中循水面而進遇鵝仆處則土高水淺處也將該管千百長究治仍令撈泥務如原議分數須木鵞通行無滞然後為完工矣

附輪竿式

此仰月形也而腹底三濶乃可以滿載水而又經久若止用面底二濶斜坡而下是曰斧形易于傾圮矣若上下同濶是曰筐形更易圮矣

輪竿式

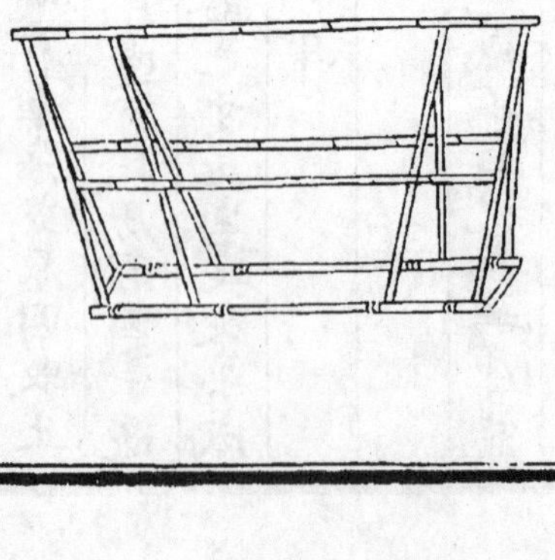

一分管員役

諺曰寧管千軍莫管一夫言無紀律而難御也故督責之法必自下而上由小及大則工程易起故每宕百丈必用百長一名分催十丈必用千長一名督催然此役須點該區田多大戶充之蓋大戶必愛惜身家又衆所推服令此輩各照信地千長立一小旗一大樁百長立一小樁各書應管丈尺分數千長催百丈百長催小夫而水利官又專督千百長責任攸分大小相驅然後畢

職不時親詣稽查考其工次別其勤惰量加賞罰即頑猾之民亦不得不盡其力矣

附用千百長法

千百長非身家才幹兼全者不能服衆通來照將夫冊點用十得八九乃法立弊生區書將大戶田花分灑小戶于冊首點者半係小戶除將該書枷號外其千長多用該區公正不足則令公正舉報乃參之將夫始稱得人得人而工不難完矣

一立章程賞勤罰惰以示鼓舞

號段定矣宕認夫集矣催督有人矣然衆力難齊衆心難一不有以約之則勤者何所勸而惰者無以懲將使勤而為惰矣今定一河工比簿每十日親查一次是為一限假如本河自水面而下應開深五尺則第一限要見工二尺為浮泥易做也二限黃泥難做要見工一尺五寸三限通完深闊如式工大者亦以此法寬立期限凡比工每百長管百夫就以十夫為一分千長管十百

長就以一百長為一分又立一賞功單如依限如式開完者即給一功單日後遇有過犯許齎單贖罪以示勸其有奸頑惰功者即查千百長該管十分中一分不及限者責各小夫二分不及限者並責百長三分不及限者並責千長以示懲庶章程既立賞罰明而民自鼓舞莫敢躭延矣

附比簿式

都

領夫　　田

協夫

共實熟田　　夫　應開土方

算派

今派　字　號歸見　尺　寸　分工

算該開河　　丈

初限　日開深　尺開濶　尺堆土離河　丈　尺

月　日起至　日止

二限　日開深　尺開濶　尺堆土離河　丈　尺

月　日起至　日止

三限　日開深　尺開濶　尺堆土離河　丈　尺

月　日起至　日止

附功單式

水利功單

常熟縣為頒賞功單以昭勸懲事照得本縣賦重民疲田多無瘠高阜者因水利之不通坐澤者皆岸塍之低薄每遇旱潦防救無資本縣為民父母安忍坐視以故修河築岸不惟勞瘁但應爾等勤惰不齊相應激勸特置功單果有濬築如式蚤完工次者錄給功單後日遇有過犯許齎赴贖罪決不輿示須至單者

右給付　　收執

年　月　日給

縣　常字　號

一幹河甫畢刻期齊濬枝河

凡田附幹河者少而附枝河者多葢河有枝幹譬之樹焉千百枝皆附一幹而生是幹為重矣然敷葉開花結子功在于枝不可忽也彼枝河切近坵圩灌溉之益所關匪細若濬幹河而不濬枝河則枝河反高水勢難以逆上而幹河兩旁所及有限枝河所經之多田反成荒棄即幹河之水又焉用之法當于幹河半工之時即耑官料理枝河責令各枝河得利業戶但照田論工一齊

並舉仍責令該枝河千百長催督務要先期料理停妥俟幹河工完之日先放各枝河水放畢隨于各枝河口築一小壩俟小壩成然後決大壩而放湖水其工之次第如此葢濬幹河時凡幹河水悉放之枝河而後大工可就濬枝河時凡枝河之水悉歸之幹河而後衆小工易成況枝河高幹河低不過一決之力若先放湖水則方浚之初水勢必大此時枝河不能直入必假車戽勞費鉅矣濬河者往往于幹河告成之後心懈力疲置枝

河于不問為民者亦曰姑俟異日也而前工荒矣葢機不可失而勞不可辭其工之始終又如此幹河之大者量給官銀枝河則專用民力焉

築岸法凡五條

一圍岸分難易三等及子岸同脚異頂法

老農之言曰種田先做岸葢低田患水以圍岸為存亡也低鄉如此矧本縣東南一帶極目汪洋十年九澇故有田無岸與無田同岸不高厚與無岸同岸高厚而無子岸與不高厚同今考修圍之法難易略有三等一等難修係水中突起無基而成又兩水相夾易於浸倒須用木樁甚則用竹笆又甚則石礟方可成功樁笆黄石宜佐官帑難委民力民力酌量出工工大繁者并佐以官帑二等次難係平地築基較前稍易不用樁笆三等易修係原有古岸而後稍頹塌者止費修補之力築法水漲則專增其裏水涸則兼補其外此二等岸專用民力三等岸脚闊皆九尺頂闊皆六尺高以一丈為率又須相

度田形以為高卑大抵極低之田務築極高之岸雖大潦之年而圍無恙田必登乃為築岸有功耳廣詢父老詳稽水勢能比往昔大潦之水高出一尺則永無患矣其田之稍高者岸亦不妨稍卑惟田有高卑而岸能平齊則水利大成矣子岸者圍岸之輔也較圍岸又卑一二尺葢慮外圍水浸易壞故內作此以固其防築法與圍岸同脚而異項如圍岸頂闊六尺子岸須頂闊八尺方為堅固其脚基總闊二丈須一齊築起為妙圍岸一

名圩岸又名正岸子岸一名副岸又俗名畖塌總之一岸也

一戧岸岸外開溝難易亦分三等

圍田無論大小中間必有稍高稍低之别若不分别彼此各立戧岸將一隙受水遍圍汪洋將彼此推諉勢必難救稍高者曰吾禍未甚也將觀望而不之捍稍低者曰吾瑣瑣者奈此浩浩何將畏難而不敢捍如此則圍岸雖築亦屬無用法于圍内細加區分其高其低其稍

高其稍低其太高其太低隨其形勢截斷另築小岸以防之葢大圍如城垣小戧如院落二者不可缺一萬一水漬外圍纔及一戧可以力捍即多及數戧亦可以衆力捍乃家自為守人自為戰之法築時要于堤田外邊開溝取土内邊築岸内岸既成外溝亦就外溝以受高田之水使不内浸内岸以衛低田之稼俾免外入又為高低兩便之法此岸大略亦有三等一等難修係地勢窪下從水築起者雖不似圍岸之難工力亦頗稱鉅二等次難係稍低之地岸亦稍𤰞且平地築起較前稱易三等稍高之地其岸亦高三等岸俱脚濶五尺頂濶三尺高𤰞隨地形為之俱民力自築

一圍外依形連搭築岸圍内隨勢一體開河

宋臣范仲淹言于朝曰江南圍田每一圍方數十里中有河渠外有門閘旱則開閘引江水之利潦則閉閘拒江水之害旱潦不及為農美利我朝吳嵒之疏有曰治農之官督令田主佃户各將圍岸取土修築髙濶堅固旱則車水以入潦則車水以出夫車水出入以救旱潦

常熟之田亦多有之但此能禦小小旱潦而不能禦大旱大潦須建閘開渠如文正之言乃盡水田之制而得水利之實今查各圩疆界多係犬牙交錯勢難逐圩分築况又不必于分築者惟看地形四邊有河即隨河做岸連搭成圍大者合數十圩數千百畆共築一圍小者即一圩數十畆自築一圍亦可但外築圈岸内築戧岸務合規式不得鹵莽其大小圍内除原有河渠水勢通

利及雖無河渠而田形平穏者照舊外不然者必須相度地勢割田若干畝而開河渠益土之不平而水之弗便或四面高中心下如仰盂形者或中心高四面下如覆盂形者或半高半下或高下宛轉諸不等形者外岸既成其何以救腹裏之旱澇故須因形制宜或開十字河或丁字一字月樣弓樣等河小者一道大者數道於河口要處建閘一座或數座旱澇有救高下俱熟乃稱美田又不但為旱澇高下之用而已柴糞草餅水通船

便可無難于搬運云

一築岸務實及取土法

凡築岸先實其底下脚不實則上身不堅務要十倍工夫堅築下脚漸次累高加土一層又築一層杵搗其面棍鞭其旁必錐之不入然後為實築也法如岸高一丈其下五尺分作一次加土每加五寸築一次上五尺乃作五次加土每加一尺築一次如此用工何患不實一勞永逸法當如是但低鄉水區不患無堅築之人而患無可用之土合無先按圩中形勢果有仰盂覆盂高下不等宜開十字丁字一字月樣弓樣等河渠者查議的確申明開鑿取土以築其岸高下旱澇均屬有救計無便于此者田價衆戶均出遺糧申入緩徵項下候有陞科抵補不然者即查附近有何浜漊淤淺可濬者斬壩戽水就其中取土築岸岸既得高而河又得深計亦無便于此者然潭塘任陽唐市五瞿湖南畢澤諸極低之鄉往往田浮水面四邊純是塘涇又圩段延袤大者千

項小者五六十項中間包絡水蕩數十百處河渠既多而浜漊又深無撮土可取也本縣再四思維此等處須查本地有老板荒田其糧已入緩徵項下年久無人告墾者查明坵段丈尺出示聽民採土築岸又不然者須查有新荒田與夫九荒一熟究且必有板荒者與夫年遠廢基遺址不便耕種者查議的確糧入緩徵項下俱聽民採土築岸又不然者須查本地有茭蘆場之介居水次止收草利止徵蕩稅者申免其稅聽民採土築岸

但茭蘆場俱占于大姓納百一之税享十倍之利人所不敢詰官所不能問處之為難然與大利者無恤小言本縣壽已熟矣又不然者令民于岸裏二丈以外開溝取土其溝寧廣無深深不過二尺違者有刑夫就岸取土岸高溝深内外水浸岸旋為土法之所深忌也但離岸遠則岸址寛而溝水未能即侵溝身淺則受水少而填塞後易為力但所取之溝諭令佃人匀攤田面之土兼篙外河之泥一年内務填平滿無令損岸始得又查

本縣低鄉土脉有三色不堪用者有烏山土有灰蘿土有竪門土烏山土性堅硬而質腴種禾茂且多實但湊理疏而透水以之築岸易高以之障水不容灰蘿土即烏山之根入田一二尺其色如灰捏之不成團浸之則漫漶無論障水不能即杵之亦不必堅矣竪門土其性不横而直其脉自于水底貫穿圍岸雖固水却從田底溢出欲圍而救之無益也此三者築法必從岸脚先掘成溝深三尺或用潮泥或取别境白土實之然後以本土築岸其上方為有用此等處俱屬一等難工宜佐以官帑

附魚鱗取土法

田面上四散挑土俗呼為抽田肋高鄉以此法換土捶田挑田肋置于岸邉篙河泥蓋于田面而田益熟矣其法方一尺取一鍬四散掘之如魚鱗相似此法亦可取土築岸但用力多見功少

一業戶出本佃戶出力自佃窮民官為出本

常熟之岸胡何其多壞而不修耶詢諸父老其故有五小民困于工力難繼則苟且目前而不修大戶之田與小民之田錯壤而處一寸之瑕並累其百丈之瑜即大戶亦徘徊四顧而不修又有小民而佃大戶之田者佃者原非已業業者第取其租則彼此躭誤而亦不修或業戶肯出本矣而佃戶者心虞其岸成而或為他人更佃也竟虛應故事而不實修或工費浩大望助于官官又以錢糧無處厚責于民則公私相吝因循苟且而不

修無恠乎田圩日壞也除一等難修之岸另行查議外
其二三等易修者即令業戶各于秋成之後出給工本
俾佃戶出力修築官為省視高厚堅實務如規式若窮
戶自佃已田者查果貧難官給工本開河工本倣此

附佃戶對支業戶工食票

佃戶支領工食票

常熟縣為大興水利以足民足國事切惟國家賦稅賴租稅以輸將業戶田租賴佃戶以耕種業戶佃戶實有一體相須休戚相關之義本縣督民濬河築岸不能盡徒官帑量其工程難易着令各業戶出備工食給付佃戶備工此雖一時小費實貽無窮後利邑中如法付佃者固有而挾情偏民者不無擬合給票為式如業戶某人應濬河一丈應給佃戶某人工食米若干築岸一丈應給佃戶某人工食米若干着各該公正塡註票尾佃戶執票對支領訖方付業戶執照如有指扣賴租宿債准據佃戶者即將原票繳還公正類齊造冊繳縣至納租日許令佃戶加倍算除設使目今因而情慢工決定行嚴提枷責加倍罰工不恕須至票者

計開

業戶　區　公正

應濬　估定每丈給工食米

應築　估定每丈給工食米

共應給工食米

右給付佃戶　准此

年　月　日給

縣　常字　號

附守岸法

正岸六尺通人行于岸八尺間而無用宜種植其上
法惟種藍為最上盖藍之為物必增土以培其根愈
培愈高種藍三年岸高尺許其有土名烏山不宜于
藍者或種麻豆或種菜茹亦得蓋利之所出民必惜
之但禁鋤時勿損其岸可也若正岸外址令民蒔葑
或種菱其上盖菱與葑其苗皆可禦浪使岸不受齧
況菱實可啖葑苗可薪又其下皆可藏魚利之所出
民必惜之岸不期守自無虞矣

附建閘法

宋臣范仲淹有言修圍濬河置閘三者如鼎足缺一
不可郟僑亦云漢唐遺法自松江而東至于海遵海
而北至于楊子江沿江而西至于江陰界一浦一港
大者皆有閘小者皆有堰以外控江海而內防旱澇
也夫所謂遵海沿江而至于江陰界者半係常熟地
方自令考之惟白茆港口福山港口七浦之斜堰僅

有閘蹟其他更不多見何也蓋有閘必有守閘者寇盜豪强不利于大閘者十九而江海口地多曠廓守之為難況波濤衝蝕水道又有遷徙之患勢必難存者此等閘工費動逾千金銷燬不逾數月置而不論可也至於圍田之上流涇浜之要口小閘小堰外抵橫流内泄漲溢關係旱澇不小且工費亦不多如之何其不為之所用工費驗田均派如某區某圖應建閘若干座合用物料銀若干兩得利某圩某字號田

若干畝驗法每畝該銀五釐以下者民力自為之一分者官助二釐壩堰法同此

附水利用湖不用江為第一良法

水縣地勢東北濱海正北西北濱江白茆湖水極盛者達于小東門此海水也白茆之南若鐺脚港陸和港黄浜湖漕石撞浜皆為海水自白茆抵江陰縣金涇髙浦唐浦四馬涇吴六涇東瓦浦西瓦浦滸浦千步涇中沙涇海洋塘野兒漕耿涇崔浦蘆浦福山港萬家港西洋港陳浦錢巷港奚浦三丈浦黄泗浦新庄港烏泥港界涇等港口數十處皆江水也江潮最勝者及于城下縣治正西西南正南東南三面而下東北而注之海注之江者皆湖水也此常熟水利之大經也夫湖水清灌田田肥其來也無一息之停江水渾灌田田瘦其來有時其去有候來之時雖髙于湖水而去則泯然矣乃正北西北東北正東一帶小民第知有江海而不知有湖不思濬深各河取湖水

無窮之利第計略通江口待命于潮水之來當潮之來也各為小壩以留之朔望汛大水盛則爭取焉逾期迅小水微則坐而待之曾不思縣南一帶享湖水之利者無日無夜無時而不可灌其田也夫江水寧惟利小抑且害大彼其浮沙日至則河易淤來去衝刷而岸易崩往往濬未幾而塞隨之矣厥害一江水灌田沙積田内田日薄一遇水雨浮沙滲入禾心禾日枯厥害二湖水澄清底泥淤腐農夫甯取擁田年

復一年田愈美而河愈深江水浮沙日積于河而不可取以為用徒淤其河厥害三況江口通流鹽船盜艘揚帆出入百姓日受其擾厥害四欲求永利而驅四害宜何如曰沿江大小港浦於淺者隨急緩濬之濬之時必於港口築壩濬畢而壩不決則湖水不出而江水不入清濁判于一堤利害懸于霄壤而此河亦永永無勞再濬何也縣以南凡用湖水者未聞有

塞河也此不待大智而後見也獨無良之民偷填與謠為可慮耳然此亦論其常耳若大旱之年湖水竭江水盛大澇之年江水低湖水高不妨決壩以濟之但濬河每先幹河而後枝河枝河未濬而身高湖水低不能上濟江潮稍高足以濟之則壩亦不復留矣福山港小壩正坐此弊吁安得並舉幹枝而成此悠遠之利也

附興工止工

凡事號令信則民從不信則民弗從濬築大事動大衆可不慎乎所以預行勘定某河某區啚應開某岸某區啚應用田若干或某字號某圩田若干某民力某官督俱註明各河岸下出示三月民無異言隨刊成冊再不更改章程既立衆志皆定然後每年擇其最急者而為之其法每十月滌場之後下令興工官為省視至次年三月終東作之期放工則事有緒而農不妨工易舉矣

農政全書卷十五

欽定四庫全書

農政全書卷十六

明 徐光啟 撰

水利

浙江水利附修築海塘滇南水利

紹興二十三年諫議大夫史才言浙西民田最廣而平時無甚害太湖之利也近年瀕湖之地多為兵卒侵據累土增高長堤彌望名曰壩田旱則據之以溉而民田不沾其利澇則遠近泛濫而民田盡沒欲乞盡復太湖

舊迹使軍民各安田疇均利二十九年知平江府陳正同言相視到常熟諸浦舊來雖有潮汐之患每得上流迅湍可以推滌不致淤塞後來被人戶圍裹湖瀼為田認為永業乞加禁止戶部奏在法瀦水之地衆共溉田者輒許人請佃承買幷請佃承買人各以違制論乞下平江府明立界至約束人戶毋得占射圍裹有旨從之

永和五年太守馬臻始築塘立湖周三百十里溉田九千餘頃人獲其利輿地志山陰南海縈帶郊郭白水翠巖互相映發若鏡若圖任昉述異記云軒轅氏鑄鏡湖邊因得名紹興二十九年上因與同知樞密院王綸論溝洫利害云往年宰臣皆欲盡乾鑑湖云歲可得米十萬石朕答云若旱無湖水引灌即所損未必不過之凡慮事須及遠也綸曰貪目前之小利忘經久之遠圖最謀國之深戒

復鏡湖議曰會稽山陰兩縣之形勢大抵東南高西北低其東南皆至山而北抵于海故凡水源所出總之三

十六源當其未有湖之時水蓋西北流入于江以達于海自東漢永和五年太守馬公臻始築大堤瀦三十六源之水名曰鏡湖堤之在會稽者自五雲門東至于曹娥江凡七十二里在山陰者自常喜門西至于小西江一名錢清凡四十五里故湖之形勢亦分為二而隸兩縣隸會稽曰東湖隸山陰曰西湖東西二湖由稽山門驛路為界出稽山門一百步有橋曰三橋橋下有水門

以限兩湖湖雖分為二其實相通凡三百五十有八里灌溉民田九千餘頃湖之勢高于民田民田高于江海故水多則泄民田之水入於江海水少則泄湖之水以溉民田而兩縣湖及湖下之水啓閉又有石牌以則之一在五雲門外小凌橋之東今春夏水則深一尺有七寸秋冬水則深一尺有二寸會稽主之一在常喜門外跨湖橋之南今春夏水則高三尺有五寸秋冬水則高二尺有九寸山陰主之會稽地形高於山故曾南豐陰

述杜杞之說以為會稽之石水深八尺有五寸山陰之石水深四尺有五寸是會稽水則幾倍山陰今石牌淺深乃相反蓋今立石之地與昔不同今會稽石立於瀕隄水淺之處山陰石乃立湖中水深之處是以水則淺深異於曩時其實會稽之水常高于山陰二三尺於三橋閘見之城外之水亦高於城中二三尺於都四閘見之乃若湖下石牌立於都泗門東會稽山陰接壤之際春季水則高三尺有二寸夏則三尺有六寸秋冬季皆二

尺凡水如則乃固斗門以蓄之其或過則然後開斗門以泄之自永和迄我宋幾千年民蒙其利祥符以來並湖之民始或侵耕以為田熙寧中朝廷興水利有廬州觀察推官江衍者被遣至越訪利害衍無遠識不能建議復湖乃立石牌以分內外牌內者為田牌外者為湖凡曰牌內之田始皆履畝許民租之號曰湖田政和末郡守方侈進奉復廢牌外之湖以為田輸所入於府自是環湖之民不復顧忌湖之不為田者無幾矣隆興改

元十一月知府事吳公芾因歲饑請于朝取江衍所立石牌之外盜為田者盡復之凡二百七十七頃四十四畝二角二十二步計工度廬先從禹廟後唐賀知章放生池開濬百餘日訖工每歲期以農隙用工至農務興而罷然次鑿出入阡陌詢故老面形勢度高卑始知吳公未得復湖之要領為高必因丘陵為下必因川澤豈有作陂湖不因高下之勢而徒欲資畚鍤以為功哉馬公惟知地勢之所趨橫築隄塘章捍三十六源之水故

湖不勞而自成歷歲滋久淤泥填塞之處誠或有之然湖所以廢為田者非直以此也蓋以歲月彌遠湖塘既寖壞斗門堰閘諸私小溝固護不時縱閘無節湖水盡入江海而瀕湖之民始得增高益卑盜以為田使其隄塘固堰閘堅斗門啓閉及時暗溝禁窒不通則湖可坐復民雖欲盜耕為尺寸田不可得也紹熙五年冬孝宗皇帝靈駕之行府縣懼漕河淺涸盡塞諸斗門固護諸堰閘雖當霜降水涸之時不雨者踰月而湖水僅減一

二寸湖田被浸者久之訖事決隄開堰放斗門水乃得去是則復湖之要又較然可見者也夫斗門堰閘陰溝之為泄水均也然泄水最多者曰斗門其次曰諸堰若諸陰溝則又次焉今兩湖之為斗門堰閘陰溝之類不可殫舉大抵皆走泄湖水處也吳公釋此不察槩槩從事於開濬之誤矣故吳公所開湖才數年皆復為田故湖廢塞殆盡而水所流行僅有從橫枝港可通舟行而已每歲田未告病而湖港已先涸矣昔之湖本為民田之利而今之湖反為民田之害蓋春水泛漲之時民田無所用水而耕湖者懼其害已輒請于官以放斗門官不從相與什伯為羣決隄縱水入于民田之内是以民常于春時重被水潦之害至夏秋之間雨或愆期又無瀦蓄之水為灌溉之利于是兩縣無處無水旱監司府縣亦無歲無賑濟利害曉然甚易知也然則湖其可不復乎道聽塗說者方以闕上供失民業為說是不然夫湖田之上供歲不過五萬餘石兩縣歲一水旱其所損

所放賑濟勸分殆不啻十餘萬石其得失多寡蓋已相絕矣湖之為田若蕩地者不過餘二千頃耕湖之民多亦不過數千家之小利而使兩縣湖下之田九千頃民數萬家歲受水旱饑饉而弗之恤利害輕重亦甚相遠况湖未為田之時其民豈皆無以自業乎使湖果復舊水常瀰滿則魚鱉蝦蛭之類不可勝食茭荷菱芡之實不可勝用縱民採捕其中其利自博何失業之足慮哉次鐸論載既畢又有援執舊說而詰之曰從子之說不

必濬湖使深必須增隄使高且懼隄高壅水萬一決潰必敗城郭于時為之柰何是又未知形勢利害者也夫水之湍急者其地或狹不能容于是有衝激決溢之患今湖之水源不過三十六所而湖廣餘三百里以其地容其水裕如也況自水源所出北抵于隄及城遠者四五十里近猶一二十里其水勢固已平緩於衝隄也何有且隄之去漢如此其久是必有虧無增今誠築隄增於高者二三尺計其勢方與昔同昔不慮其決而今顧

慮之何哉

給事傅崧卿守鄉郡時侍郎陳槖上夏葢河議曰槖前因至上虞境内過夏葢湖而備究湖田之為害實吾民今日倒懸之若有不得不言者古人設陂湖以備旱歲王仲嶷建請以為田乃引鑑湖自然淤澱已成田陸為說又有不妨民間水利之語其欺罔甚矣（玄扈先生曰凡湖皆自然淤澱但不宜多作田以盡之使水無所容耳）然佃戶占請之初各有畝數不敢侵冒當時湖之為田者纔十二三佃戶止於高仰處作埭未敢淈湖以自便民田尚被其利但滀水不如曩日之多故諸鄉之田歲歲有旱處比年以來冒佔不已今則湖盡為田矣以夏葢湖推之諸處可以類見槖所知者止上虞餘姚其他四邑皆不及知上虞餘姚所管陂湖三十餘所而夏葢湖最大周迴一百五里自來蔭注上虞縣新興等五鄉及餘姚縣蘭風鄉此六鄉皆瀕海土平而水易洩田以畝計無慮數十萬唯藉一湖灌溉之利今既涸之為田若雨不時降則拱手以視禾稼

之焦枯耳其他諸湖所灌注皆不下數百頃植利人戶倚以為命而乃盡奪之一遇旱暵非唯赤子饑餓僵踣道路而計司常賦虧失尤多雖盡得湖田租課十不補其三四又況每遇旱歲湖田亦隨例申訴官中檢放與民田等昨見上虞丞言曾蒙上司差委相度湖田利害因點對靖康元年建炎元年湖田租課除檢放外兩年共納五千四百餘石而民田緣失陂湖之利無處不旱兩年計檢放秋米二萬二千五百餘石只上虞一縣如

此以此論之其得其失豈不較然民間所損又可見矣但當時以湖田租課歸御前與省計自分兩家雖得湖田百斛而常賦虧萬斛嬖倖之臣猶將曰此百斛者御前所得也不穀湖田何以有此省計虧羨我何知哉今湖田租課既充經費則漕臺郡守固當計其得失之多寡而辨其利害夫公上之與民一體也有損于公有益于民猶當為之況公私俱受其害可不思所以革之耶建炎一年春邑民嘗訴湖田之害於撫諭使者使者下

其狀于州縣上虞令陳休錫遂悉罷境內之湖田翟師以未得朝廷指揮數窘之陳不為變是歲越境大旱如諸暨新嵊赤地數百里農夫無事于銍艾獨上虞大熟餘姚次之餘姚七鄉通江潮蔭注兼有燭溪湖等數處不可作田不曾廢故亦熟而上虞新興等五鄉被夏蓋湖之利尤為倍收其冬新嵊之民糴於上虞餘姚者屬路不絕向使陳令行之不果則邑民救死不暇況他境乎夫以一縣令尚能為之橐之所望于左右宜如何

王廷秀曰水利記鄞縣東西凡十三鄉東鄉之田取足於東湖俗所謂前湖是也西南鄉之田所恃者廣德一湖環百里周以堤塘植榆柳以為固四面為斗門碶閘方春山之水泛漲時皆聚于此溢則洩之江夏秋交民或以旱告則令佐躬親相視開斗門而注之湖高田下勢如建瓴閱日可浹雖甚旱亢決不過一二而稻已成熟矣唐正元中民有請湖為田者詣闕投匭以聞朝廷重其事為出御史按利否御史李後素銜命詢咨本末

利害之實鋼劖利者置之法湖得不廢後素與刺史及其寮一二公唱和長篇記其事而刻之石詩語記湖之始興於時已三百年當在魏晉也國初民或因淺淀盜耕有司正其經界禁其侵占太平興國中禁黠民之窺其利而欲私之復進狀請廢湖朝下其事于州遣從事郎張大有驗視力言其不可廢且摘唐御史之詩叙致詳繳記于石刻熙寧二年知縣事張詢令民濬湖築堤工役甚備曾子固為作記歷道湖之為民利本末曲折

以戒役人不輕于改廢也元祐中議者復唱廢湖之説直龍圖舒亶信道閒居鄉里庸詰折之記其事于林村資壽院緣雲亭壁間謂其利有四不可廢久之有俞襄復陳廢湖之議守葉棣深罪襄不得騁遂走都省獻其策蔡京見而惡之拘送本貫政宣間淫侈之用日廣茶鹽之課不能給官用事務興利以中主欲一時佻躁趨競者爭獻括天下遺利以資經費率皆以無為有縣官刮民膏血以應租數時樓异試可丁憂服除到闕蔡

京不喜樓而鄭居中喜之除知隨州不滿意也异時高麗入貢絶洋泊四明易舟至京師將迎館勞之費不貲崇寧加禮與遼使等置來遠局于明中樓欲捨隨而得明會辭行上殿于是獻言明之廣德湖可為田以其歲入儲以待麗人往來之用有餘且欲造畫舫百柁專備麗使作涉海二巨航如元豐所造以須朝廷遣使上説即改知明州下車興工造舟而經理湖為田八百頃募民佃租歲入米僅二萬石於是西七鄉之田無歲不旱異時膏腴今為下地廢湖之害也

東錢湖濬議曰東錢湖一名萬金湖以其為利重也在唐曰西湖益鄮縣未徙時湖在縣治之西也天寶三年縣令陸南金開廣之宋屢濬治周回八十里受七十二溪之流四岸凡七堰曰錢堰曰大堰曰莫枝堰曰高湫堰曰栗木堰曰平湖堰曰梅湖堰水入則蓄雨不時則啓閘而放之鄞定海七鄉之田資其灌溉茭葑葦蒲荷茭滋蔓不除湖輒湮塞淳熙四年魏王鎮州請于朝大

浚之是年二月七日准尚書省劄子為魏王奏然當時所除茭葑未出湖堤既復填淤嘉定七年提刑程覃攝守捐緡錢置田收租欲歲給濬治之費朝廷許其盡復舊址而後來有司奉行不虔田租浸移他用湖益湮寶慶二年尚書胡榘守郡請于朝得度牒百道米一萬五千石又濬之十月命水軍番上迭休且募七鄉之食水利者助役各給劵食祁寒輟工明年春夏之交役再舉農不使妨耕兵不使妨閱募漁戶徐再之十月七日告

成胡公猶懼其無以繼也奏以羸錢二萬八千三百四十七緡有奇增置田畝合舊穀碩俾羸三千令翔鳳鄉長顧泳之主之分漁戶五百人為四隅人歲給穀六石隨茭葑之生則絶其種立管隅一人管隊二十人以轄之有旨悉如請自此不雍葑者十六年幾無湖矣淳祐壬寅冬制守陳垲因歲稔農隙命制幹林元晉僉判石孝廣行買葑之策不差兵不調夫隨舟大小葑多寡聽其求售交葑給錢各有司存初至數百人已而棹舟累粮至者日千餘可見遠近樂趨向也淘湖所收率以佐

郡家支遣至此方全為淘湖之用元大德間世家有以湖為淺淀請以撩田若干畝入官租者時都水營田分司追斷復為湖延祐新志所謂欲塞錢湖此其漸也後因鄉民告有司舉行淘湖掏七鄉有田食利之家分畝步高下量撥湖葑隨田多寡闊狹俾浚之積葑于塘岸然宿葑春泛冬沈次年復生則有司所行為具文耳近年重修嘉澤廟有渥靈之異茭葑不泛荷茭蕁蘆生之者鮮

然未足恃也但大旱之年放水湖下一舉而涸知其積淤年久蓄水至淺東鄉河道又皆淺澁舊稱一湖之水可滿三河半今僅一河而竭是可憂也又況職守者不謹關啓碶閘傍湖人民通同漁戶每于水溢之時乘時射利私自開閘網魚洩水無度沿江堰壩又失修理日夜傾注于江防旱之策果安在哉其原置買葑田畝自元收以入官大明因之洪武二十四年本縣耆民陳進建言水利差官董其事于農隙之時令七鄉食利之家出力淘浚雖能少除葑草而根在復生況湖上溪澗沙

土隨雨而下久不治則淤塞如舊矣

徐獻忠山鄉水利議曰我松瀕海數被倭患予寓居吳興屢見各縣山鄉旱災不收大受饑困山鄉平田既少一遇旱暵泉流枯涸既無所資坐以待斃有司者徒見下鄉平田頗有潤色不肯特為奏免糧稅予按視其地皆坐不知水利之故元儒梁寅有鑿池溉田之議其略云畎畝之間若十畝而廢一畝以為池則九畝可以無

灾患百畝而廢十畝以為池則九十畝可以無灾患予嘗至上虞之下溉湖觀之方知梁子之議可行而永久利民矣有志經國者當相視一鄉之中擇其最高仰者割為陂湖先均其税額于衆利之民次營别業以捕失田之户大展陂岸使廣而多受雖亢旱之年不至耗涸從高瀉下均資廣及沾潤一畨可以經月雖有凶災不能及矣惟水庫為妙止費大耳然山鄉措置灰石沙等止費工力不費大錢鈔況陂湖之利魚鰕雜產茭葦叢生貧者資以養生富者因而便利

大雨一注衆流復積前者既瀉後者復蓄山鄉水利無逾此者故叔孫之芍陂汝南之鴻隙陂古人成績可以引見自非為民父母者力主其事愚民誰肯割其成業者爭至于下鄉之田亦有高亢不通資灌者莫若照依北方掘鑿大井上置轆轤汲引之利亦足自辨民可樂成不可謀始若出力任事維存乎人必須久任方有成功也

俞汝為註曰海邉斥鹵地方恃護塘隔絶鹽潮雨水洗去鹵性有圍築成田者築堤鑿河引内湖之水以資灌溉而水遠難致雨澤稍稀使乏車救十年三熟此與山鄉地形勢相類近年民間告明官府豁除掘損田畝之粮于田心中開積水溝為夏秋車戽計凡溝漊多處其田多熟或于遶宅開池則近宅之地必有收成此蘇松沿海地方試之有成效者但細訪老農云每十畝之中用二畝為積水溝纔可救五十日不雨若十分全旱年分尚不免于枯竭況一畝乎大

抵水田稲苗全賴水養炎日消水甚易以十日消水二寸計之五十日該消去田間水一尺即二畝溝中亦不免于消水總計其潤是溝中常有五六尺之積斯足用耳豈可望于夏秋亢旱之日且稲苗生長秀實該用水浸溉一百二十日十畝取二畝作積水溝僅救半旱斯言非謬必于山原上勢相視窪下可蓄水處築圍大澤或環數里或環數十里上流之水涓涓不息庶足救濟全旱矣常與潘知縣鳳梧熟論西

北墾荒之要潘云若計開田先計潴水真確見也

永樂間平江伯陳瑄奉命以四十萬卒修海岸八百里

海寧捍海塘記曰浙西江南之地抑潮捍海之利以千計是塘為急樹石培土在在為力其工以萬計是塘為大風猛潮峻不勝衝嚙近海之濵難築而善崩者以百計是塘為切塘無壞浙以西無海患塘不葺江以南且海患況浙哉夫是塘其創也自顧尹泳始其工頗力其修也或十載或五載民至于今獨稱楊郡丞冠其工頗

固嗣是而修築者不唯不固且不力有司病焉是歲七八月之間風潮倍于昔而塘之決亦倍于昔郡大夫蕭公有憂焉于是具狀以上于大司空李公李公曰盍亟圖之於是具狀以上于司空大夫林公林公曰吾事也于是林公館于其地蕭公往來于其塗取財於郡帑鳩卒于邑里伐石于太湖負土於草蕩散公而甃之列卒而築之分官而蒞之塘高若干丈自下以上尺無弗堅者塘長若干丈自北以南丈無弗實者塘濶若干丈自內以外寸無弗密者一木一石其度其畫其堅其實其密無弗經林公者經始于九月落成于十有一月而塘告成

石海塘記曰淳祐十六年定海縣新築石塘成其高十有一層側厚數尺數平倍之袤六千五十尺有羸基廣九尺斂其上半之羸又十之五高下若一從横布之如碁局仆巨木以奠其地培厚土以實其背植萬樁以殺其衝役夫匠軍民積土至三千餘萬而人不告勞閱春

夏二時舍田趨役而農不告病伐石于山石頹而役者不傷運之于海波平而舟楫無恐以己酉春正月己未初基越六月甲寅凡十有七旬又五日而訖事先是定海塘以土木從事歲有決溢之虞丁酉之秋江海為一民廬官寺營壘師屯被害尤酷知縣事陳公亮拟用石板以護其外僅支數年大水至則與之俱去蔑有存者歲在戊申風濤屢驚九月守臣岳甫始合軍丁之辭以告于上命部使者與守行視覈其費以聞詔賜緡錢六

萬五千有奇聖訓丁寧毋得苟簡及是告成不徑于素

石海塘記

二谷山人水利策曰夫滇南水利於天下猶之彈丸黑子也然而滇之人非穀不養穀非農不入農非水利不植聞之曰水利之在天下猶人之有血氣一指之搐一足之皸固亦仁人之所隱也請先論古今之所以異者而質以芻蕘之慮可乎夫自禹陂九澤以來三代之君蓋靡不以農為急而其臣曾莫以水利稱者非無其人

也誠以神禹其功灑沈澹災施于後世後世賴之故抑鴻水非徒已昏墊也亦以興溝洫興溝洫非徒灌溉也亦以殺流故禹之稱曰盡力溝洫而周官稻人亦曰溝以蕩水澮以瀉水則九州之地何者非穀土土之所漸何者非水利乎自秦開阡陌水利乃興于是史不絕書以為偉績章氏俊卿所謂名生于不足者也究而論之非獨鄭國史起鄧晨白居易程卜元爾也李冰文翁之于蜀也鄭當時白公之於渭也番係之于汾也莊熊羆之於洛也趙充國之於鮮水也皆其著者也鄧艾張闓之于晉也刁雍裴延儁之于魏也雲得臣李襲稱之于唐也兒寬因於鄭國杜詩因于召信臣王景劉義欣因于孫叔敖許景山因于蕭何或襲或創或微或鉅雖人自為制地自為制而其疏導蓄泄之宜夫固三代溝洫之遺也我國家撫有滇土漸之文教鎮之重兵兵之屯者什七以耕什三以肄其恩厚矣其慮深矣為兵慮也爰有屯田為田慮也爰有水利法至密也夫何近年以

來政軍稍弛什七者耗什三者饑乃有如明問所憂水旱者何歟是有說也夫曲靖之水洱海之旱患之久矣而未聞有治之者不重也今有司所重乃在夫藏府貯積酤榷盈縮泉布出入徵輸緩急之間即自詭以足國裕民之理盡矣而曾不知其本其說在任氏之窖粟也昔者漢楚之際豪傑爭居金玉任氏獨窖粟已而粟貴則金玉盡歸任氏任氏以富豪傑以貧此不知務之患也蓋金玉者以權粟而非所以養也今誠有知粟之重

者則必相務于穡而水利從此興矣故曰知務為急也
夫國家之于水利重矣秉之以憲臣籍之以專勅并屯
田職之以令于有司以彼其權之重且專也以治區區
之水而有不治者何也官侵而令不一也葢有司之水
利有分職而職憲者不得專其予奪廢置則不能以引
繩而積之功屯田利孔奸所窟也職憲者司其入而不
得司其出則不能以稽售偽而杜之弊其說在宓子之
請書史也昔者宓子令單父請善書者二人書則肘引

之醜則怒之書者以告魯君曰子賤以吾擾單父也命
毋徵發而單父治令誠能以治水之官治衆之吏功罪
之予奪倉庾之出入悉挈而還之職憲之臣則職不分
責不諉以治水而水治矣故曰任職為急也且曲靖之
水前未有也葢諸山源水合流南出東則東山西則真
峯山東焉中為草埸舊稱荒海水至以通流水去以
牧馬既而馬廢不牧地聽開墾稍稍築圍然未甚也近
十歲間則悉覈而征之于是起圍徧于荒海而水之所

委無幾矣迺始歲歲患潦而民之黃粮軍之屯粮胥病
矣及水之盛則或決圍而圍田亦病矣夫其所為病如
此治而愈之非難也而有不能者葢有二焉官不能捐
稍入之利而武弁豪右窟穴其間者倡為成功之說忍
而不能去其說在龍介之論決蹯也夫係蹄得虎而虎
決蹯非不愛也不以蹯故害其軀奈何其以小利害大
事也謂宜博詢利害即不盡除猶當先其甚者去之官
減其額歲歲稍除期以水不為災而止可矣故曰審計

為急也洱海之旱非他也梁王山之水分流而下者故
皆有壩蓄之諸甸今略已湮廢而青海周官海之流亦
罔瀦蓄以故一遇恒暘赤地千里而莫之救也夫陂塘
蓄泄前人經營以為水計慮者甚悉也其始之稍隳以
補苴易矣則廢而任之以至于大壞而有司者猶莫以
為意其說在醫師之論解㑊也夫解㑊之為病也脈理
縱緩神氣不攝無疾痛之急旦暮之虞而甚害于身玩
愒者亦然苟以避擅興之嫌偷恬靜之譽需秩滿遷次

則去之耳後來繼今者又復盡然非課之章程屬以誅賞此病不除故曰課功為急也夫知務也任職也審計也課功也四者治水之要也此非愚之言也嘗徵之古矣夫九官熙載禹稷為烈何也則以禹治水而稷治粟也鄭國在秦則關中沃野遂無凶年李冰在蜀亦沃野千里號稱陸海彼寧無雨暘天時之虞哉誠以地利勝之也此知務者也史公之歌白公之歌召父杜母之歌益民心也球稱召伯頌起新豐渠號右史則士譽也興

化之民至乃以范為姓垂之子孫皆何自致之哉此任職者也唐之世富商大賈牟利壅遏鄭白渠者一切毀之而宋臣所陳圍田湮塞水之道害尤悉馬氏所謂徒知湖之可田而不知湖外之田將胥而為水也章氏所謂豪民獲豐植之資官私享租輸之入日增歲衍而水利之故地皆為創置之良田曩之仰水利以耕者今不勝旱溢之苦倘公上不利絲毫之賦守令不恤豪右之民毋惑于紛紛之議則何害之不除哉曲靖之水是已此審計者也且禹司空也手足胼胝召伯伯也循行阡陌王尊端坐堤上蘇軾自呼營閘若是乎其急之也今玩愒之吏徒擁符車茵雍容堂皇曾不聞以時行水按視倉廩而以委小吏何也蓋宋時趙尚寬高賦皆以水利被留再任有功則陞陟無功終不得去如此則人自勸矣此課功者也嗟乎古法之不可復久矣兵農分矣溝洫廢矣嘗以為古法之僅存者莫如屯田與水利以其近之也蓋成周畝畎之制水之與田分地而處治水

之人乃美于治田一同之地至五萬夫非其重且急也先王豈輕棄土穀與耕夫哉而李悝商鞅苟以盡地力而隳經制亦惑矣李悝商鞅亦未及今所言然則法先王者法其近焉可也此水利之所以不可不講也雖然滇之水利非獨此也鄧川之龍泉勢將醫川永昌之疊水河每患淤塞其他源委當講者亦多矣

玄扈先生曰田用水疏曰謂欲論財計先當辨何者為財唐宋之所謂財者緡錢耳今世之所謂財者銀耳是

皆財之權也非財也古聖王所謂財者食人之粟衣人之帛故曰生財有大道生之者衆也若以銀錢為財則銀錢多將遂富乎是在一家則可通天下而論甚未然也銀錢愈多粟帛將愈貴困乏將愈甚矣故前代數世之後每患財乏者非乏銀錢也承平久生聚多人多而又不能多生穀也其不能多生穀者土力不盡也土力不盡者水利不修也能用水不獨救旱亦可弭旱灌溉有法滋潤無方此救旱也均水田間水土相得興雲歊霧致雨甚易此弭旱也能用水不獨救潦亦可弭潦疏理節宣可蓄可洩此救潦也地氣發越不致鬱積既有時雨必有時暘此弭潦也不獨此也三夏之月大雨時行正農田用水之候若徧地耕墾溝洫縱横播水于中資其灌溉必減大川之水先臣周用曰使天下人人治田則人人治河也是可損決溢之患也故用水一利能違數害調燮陰陽此其大者不然神禹之功僅抑洪水而已抑洪水之事則決九川距海濬畎澮距川而已何

以遽曰水火金木土穀惟修正德利用厚生唯和一舉而萬事畢乎用水之術不越五法盡此五法加以智者神而明之變而通之田之不得水者寡矣水之不為田用者亦寡矣用水而生穀多穀多而以銀錢為之權當今之世銀方日增而不減錢可日出而不窮又以宋臣李綱所言節用救弊覈實開闔貿遷諸法設誠而致行之不加賦而國用足豈虛言也謹條例如左

一用水之源源者水之本也泉也泉之別為山下出泉為平地仰泉用法有六

其一源來處高于田則溝引之溝引者於上源開溝引水平行令自入于田諺曰水行百丈過墻頭源高之謂也但須測量有法即數里之外當知其高下尺寸之數不然溝成而水不至為虛費矣

其二溪澗傍田而卑于田急則激之緩則車升之激者因水流之湍急用龍骨翻車龍尾車筒車之屬以水力轉器以器轉水升入于田也車升者水流既緩

不能轉器則以人力畜力風力運轉其器以器轉水入于田也圖見前

其三源之來甚高于田則為梯田以遞受之梯田者泉在山上山腰之間有土尋丈以上即治為田節級受水自上而下入于江河也梯田圖見田制

其四溪澗遠田而卑于田緩則開河導水而車升之急者或激水而導引之開河者從溪澗開河引水至其田側用前車升之法入于田也激水者用前激法

起水于岸開溝入田也

其五泉在于此用在于彼中有溪澗隔焉則跨澗為槽而引之為槽者自此岸達于彼岸令不入溪澗之中也

其六平地仰泉盛則疏引而用之微則為池塘于其側積而用之為池塘而復易竭者築土椎泥以實之甚則為水庫而畜之平地仰泉泉之瀵湧上出者也築土者杵築其底椎泥者以椎椎底作孔膠泥實之皆令勿漏也水庫者以石砂瓦屑和石灰為劑塗池塘之底及四旁而築之平之如是者三令涓滴不漏也此蓄水之第一法也圖見前

一用水之流流者水之枝也川也川之别大者為江為河小者為塘浦涇浜港汊沽瀝之屬也用法有七

其一江河傍田則車升之遠則疏導而車升之疏導者江南之法十里一縱浦五里一横塘縱横脈散勤勤疏濬無地無水此井田之遺意宋人有言塘浦欲

深澗謂此也

其二江河之流自非盈涸無常者為之牐與壩釃而分之為渠疏而引之以入于田田高則車升之其下流復為之牐壩以合于江河欲盈則上開下閉而受之欲減則上閉下開而洩之職所見寧夏之南靈州之北因黄河之水鑿為唐來漢延諸渠依此法用之數百里間灌溉之利纖潤無方寧城絶塞城中之人家臨流水前賢之遺可驗矣因此推之海内大川做

此為之當享其利濟亦孔多也

其三塘浦涇浜之屬近則車升之遠則疏導而車升之

其四江河塘浦之水溢入于田則堤岸以衛之堤岸之田而積水其中則車升出之隄岸者以禦水使不入也大則為黄河之帚小則為江南之圩宋人有言隄岸欲高厚謂此也車升出之者去水而藝稻或已藝而去其水使不没也

其五江河塘浦源高而流畢易涸也則于下流之處多為牐以節宣之旱則盡閉以留之潦則盡開以洩之小旱潦則斟酌開閤之為水則以準之水則者為水平之碑置之水中刻識其上知田間深淺之數因知牐門啓閉之宜也浙之寧波紹興此法為詳他山鄉所宜則傚也

其六江河之中洲渚而可田者堤以固之渠以引之牐壩以節宣之

其七流水之入于海而迎得潮汐者得淡水迎而用之得鹹水牐壩遏之以留上源之淡水職所見迎淡水而用之者江南盡然遏鹹而留淡者獨寧紹有之也

一用水之瀦瀦者水之積也其名為湖為蕩為澤為沜為海為波為泊也用瀦之法有六

其一湖蕩之傍田者田高則車升之田低則隄岸以固之有水車升而出之欲得水決堤引之湖蕩而遠

于田者疏導而車升之此數者與用流之法畧相似也

其二湖蕩有源而易盈易涸可為害可為利者疏導以洩之牐壩以節宣之疏導者懼盈而溢也節宣者損益隨時資灌溉也宋人有言牐竇欲多廣謂此也

其三湖蕩之上不能來者疏而來之下不能去者疏而去之来之者免上流之害去之者免下流之害且資其利也吴之震澤受宣歙之水又從三江百瀆注

之于海故曰三江既入震澤厎定是也

其四湖蕩之洲渚可田者隄以固之

其五湖蕩之豬太廣而害于下流者從其上源分之

江南五壩分震澤以入江是也

其六湖蕩之易盈易涸者當其涸時際水而蓺之麥

蓺麥以秋秋必涸也不涸于秋必涸于冬則蓺春麥

春旱則引水灌之所以然者麥秋以前無大水無大

蝗但苦旱耳故用水者必稔也

一用水之委委者水之末也海也海之用為潮汐為島

嶼為沙洲也用法有四

其一海潮之淡可灌者迎而車升之易涸則池塘以

畜之閘壩隄堰以留之海潮不淡也入海之水迎而

返之則淡禹貢所謂逆河也

其二海潮入而泥沙淤墊屢煩濬治者則為牐為壩

為竇以遏渾潮而節宣之此江南舊法宋元人治水

所用百年來盡廢矣近并濬治亦廢矣乃田賦則十

倍宋元民貧財盡以此故也其濬治之法則宋人之

言曰急流搔乘緩流撈剪淤泥盤吊平陸開挑令之

治水者宜兼用之也

其三島嶼而可田有泉者疏引之無泉者為池塘井

庫之屬以灌之

其四海中之洲渚多可田又多近于江河而迎得淡

水也則為渠以引之為池塘以畜之

一作原作豬以用水作原者井也作豬者池塘水庫也

高山平原與水違行澤所不至開濬無施其力故以人

力作之鑿井及泉猶夫泉也為池塘水庫受雨雪之水

而豬焉猶夫豬也高山平原水利之所窮也惟井可以

救之池塘水庫皆井之屬故易井之彖稱井養而不窮

也作之之法有五

其一實地高無水掘深數尺而得水者為池塘以畜

雨雪之水而車升之此山原所通用江南海壖數十

畝一環池深丈以上圩小而水多者良田也

其二池塘無水脈而易乾者築底椎泥以實之

其三掘土深丈以上而得水者為井以汲之此法北土甚多特以灌畦種菜近河南及真定諸府大作井以灌田旱年甚獲其利宜廣推行之也井有石井磚井木井柳井葦井竹井土井則視土脈之虛實縱横及地產所有也其起法有桔槔有轆轤有龍骨木斗有恒升筒用人用畜高山曠野或用風輪也（圖見前）

其四井深數丈以上難汲而易竭者為水庫以畜雨

雪之水他方之井深不過一二丈秦晉厥田上上則有深數十丈者亦有掘深而得鹹水者其為池塘為淺井亦築土椎泥而水留不久不若水庫之涓滴不漏千百年不漏也

其五實地之曠者與其力不能多為井為水庫者望幸于雨則歉多而稔少宜令其人多種木種木者用水不多灌溉為易水旱蝗不能全傷之既成之後或取果或取葉或取材或取藥不得已而擇取其落葉根皮聊可延旦夕之命雖復荒歲民猶戀此不忍遽去也語曰木奴千無凶年

農政全書卷十六

欽定四庫全書

農政全書卷十七

明 徐光啟 撰

水利

灌溉圖譜

王禎曰灌溉之利大矣江淮河漢及所在川澤皆可引而及田以爲沃饒之資但人情拘於常見不能通變間有知其利者又莫得其用之具今特多方捜摘既述舊以增新復隨宜而制物或設機械而就假其力或用挑浚而永賴其功大可下潤於千頃高可飛流於百尺架之則遠達穴之則潛通世間無不救之田地上有可興之雨其用水有法槩可見故輯諸篇庶資農事云

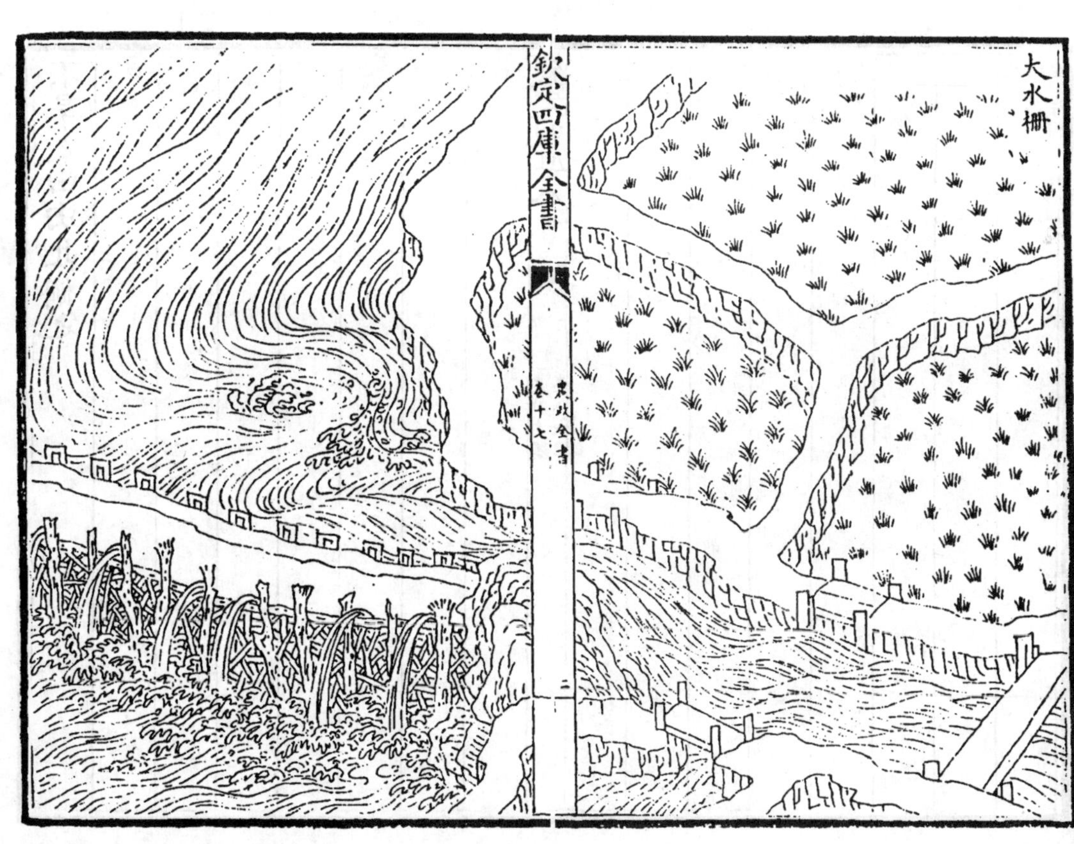

水柵排木障水也若溪岸稍深田在高處水不能及則於溪上流作柵遏水使之旁出下溉以及田所其制當流列植竪樁樁上枕以伏牛擗以柆木仍用塊石高壘衆楗斜以邀水勢此柵之小者如秦雍之地所拒川水率用巨柵其蒙利之家歲例量力均辦所需工物乃深植樁木列置石囷長或百步高可尋丈以橫截中流使傍入溝港凡所溉田畝計千萬號為陸海今特列于圖譜以示大小規制庶彼方倣之俾水為有用之水田為

不旱之田由此柵也

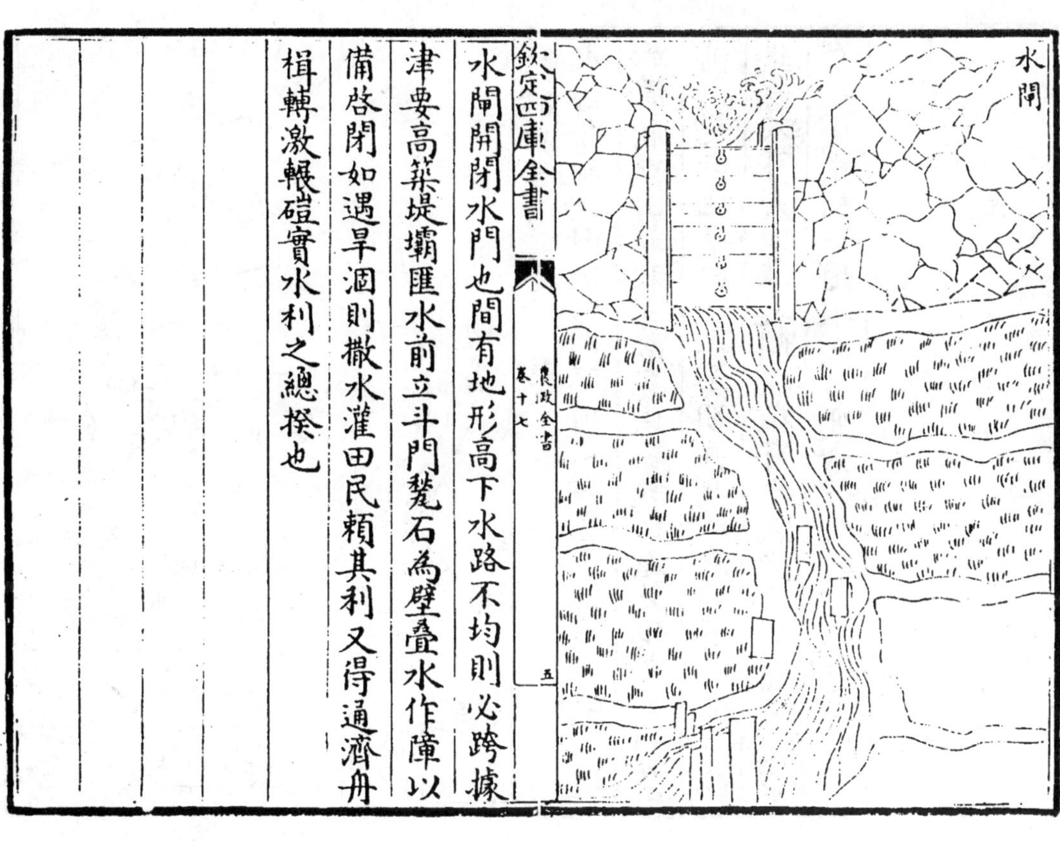

水閘開閉水門也間有地形高下水路不均則必跨據津要高築堤壩匯水前立斗門甃石為壁疊水作障以備啓閉如遇旱涸則撤水灌田民賴其利又得通濟舟楫轉激輥碓實水利之總揆也

陂塘

陂塘說文曰陂野池也塘猶堰也陂必有塘故曰陂塘周禮以瀦蓄水以防止水說者謂瀦者蓄流水之陂也防者瀦旁之隄也今之陂塘旣與上同考之書傳廬江有芍陂潁川有鴻隙陂黃陵有雷陂受敬陂陽平沛郡有鉗盧陂其各溉田大則數千頃後世故跡猶存因以為利今人有能別度地形亦效此制足溉田畝千萬此作田園特省工費又可畜育魚鼈栽種菱藕之類其利可勝言哉

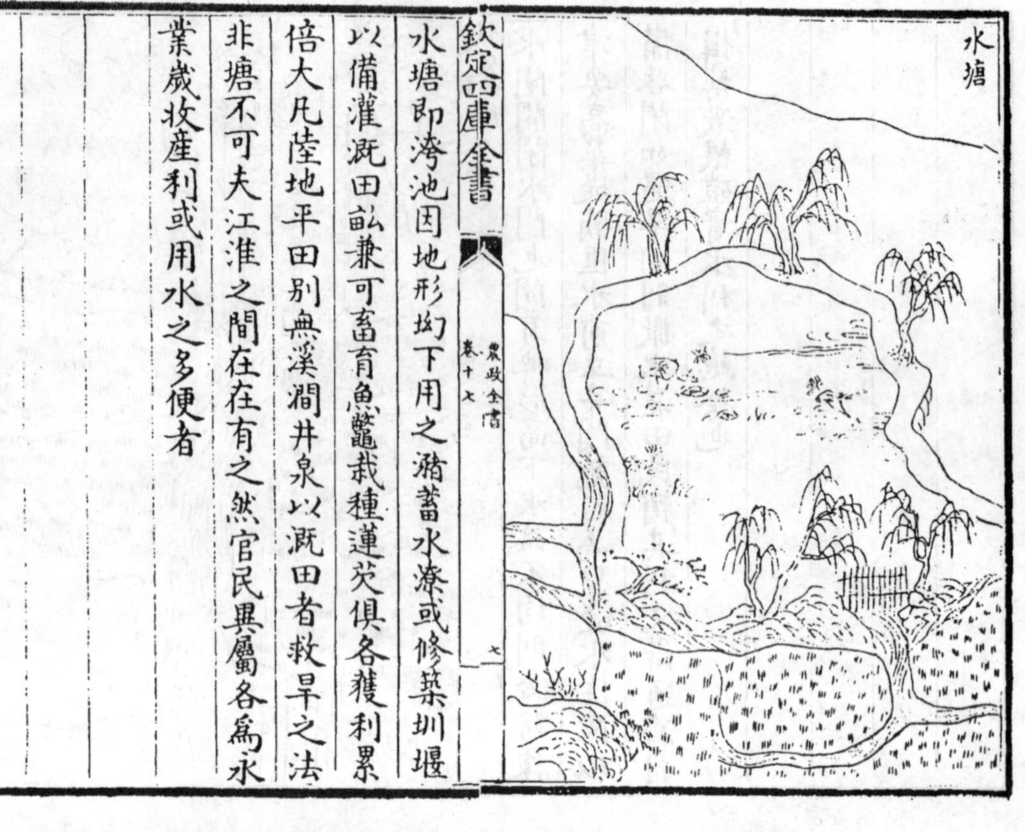

水塘即洿池因地形坳下用之瀦蓄水潦或修築圳堰以備灌溉田畝兼可畜育魚鼈栽種蓮芡俱各獲利累倍大凡陸地平田别無溪澗井泉以溉田者救旱之法非塘不可夫江淮之間在在有之然官民異屬各爲永業歲收産利或用水之多便者

翻車今人謂龍骨車也魏畧曰馬鈞居京都城内有田地可為園無水以灌之乃作翻車令兒童轉之而灌水自覆漢靈帝使畢嵐作翻車設機引水洒南北郊路則翻車之制又起于畢嵐矣今農家用之溉田翻車之制除壓欄木及列檻椿外車身用板作槽長可二丈闊則不等或四寸至七寸高約一尺槽中架行道板一條隨槽闊狹比槽板兩頭俱短一尺用置大小輪軸同行道板上下通週以龍骨板繫其在上大軸兩端各帶拐木四莖置於岸上木架之間人憑架上踏動拐木則龍骨板隨轉循環行道板刮水上岸此翻車之制關鍵頗多必用木匠可易成造其起水之法若岸高三丈有餘可用三車中間小池倒水上之足救三丈已上高旱之田凡臨水地段皆可置用但田高則多費人力如數家相博計日趨工俱可濟旱水具中機械功捷惟此為最

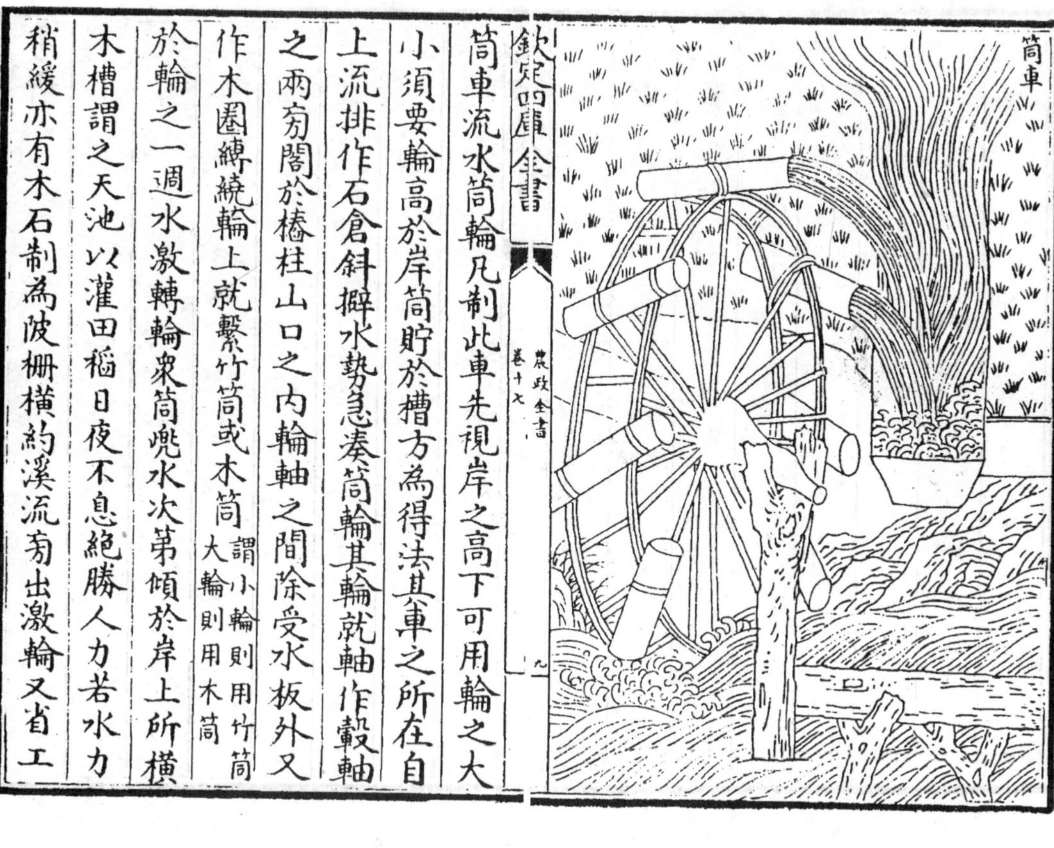

筒車流水筒輪凡制此車先視岸之高下可用輪之大小須要輪高於岸筒貯於槽方為得法其車之所在自上流排作石倉斜擗水勢急湊筒輪其輪就軸作轂軸之兩旁閣於樁柱山口之内輪軸之間除受水板外又作木圈縛繞輪上就繫竹筒或木筒謂小輪則用竹筒大輪則用木筒於輪之一週水激轉輪衆筒兜水次第傾於岸上所横木槽謂之天池以灌田稻日夜不息絕勝人力若水力稍緩亦有木石制為陂柵横約溪流旁出激輪又省工費或遇流水狹處但壘石斂水湊之亦為便易此筒車大小之體用也有流水處俱可置此但恐他境之民未始經見不知制度今列為圖譜使倣傚通用則人無灌溉之勞田有常熟之利輪之功也

玄扈先生曰凡取水之術有四一曰括二曰過三曰盤四曰吸括之道有二一曰獨刮急流水中加逼脫可括上數丈也二曰遞括不論急緩但有流水以三輪遞括可利出入也過之道有二一曰全過今之過山龍必上

水高於下水則可為之至平則止二曰二過以人力節宣隨氣呼吸苟上流高於下流一二尺便可激至百丈以上也盤之法至多此書所載凡有輪軸者皆是其妙絕者遞互輪瀉交輪疊盤可至數里山嶺但括法必須流水過法不論行止必須上流高於下流盤法在流水用水力在止水必須風及人畜之力獨吸法不論行止緩急不拘泉池河井不須風水人畜只用機法自然而上但所取不能多止可供飲倘用溉田必須多作顱亦

水轉翻車

水轉翻車其制與人踏翻車俱同但於流水岸邊掘一狹塹置車於内車之踏軸外端作一竪輪竪輪之傍架木立軸置二卧輪其上軸適與車頭竪輪輻支相間乃擗水傍激下輪既轉則上輪隨撥車頭竪輪而翻車隨轉倒水上岸此是卧輪之制若作立軸當别置水激立輪其輪輻之末復作小輪輻頭稍闊以撥車頭竪輪此立輪之法也然亦當視其水勢隨宜用之其日夜不止絶勝踏車

玄扈先生曰此却未便水勢太猛龍骨板一受齟齬即决裂不堪與今風水車同病若長流水中不如筒車為穩平流用風不佞别有一法

牛轉翻車如無流水處車之其車比水轉翻車卧輪之制但去下輪置於車傍岸上用牛拽輪轉軸則翻車隨轉比人踏功將倍之與前水轉翻車皆出新制故遠近傚之俱省工力

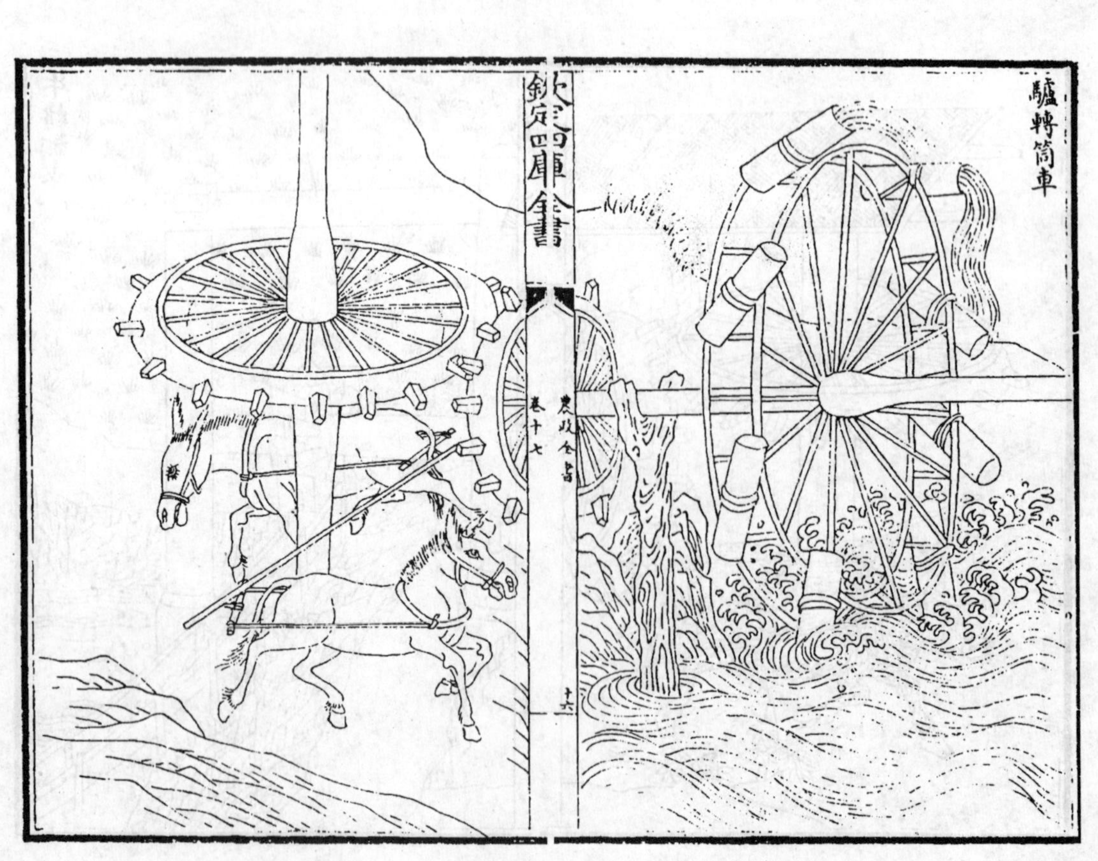

驢轉筒車即前水轉筒車但於轉軸外端別造竪輪竪輪之側岸上復置卧輪與前牛轉翻車之制無異凡臨坎井或積水淵潭可澆灌園圃勝於人力汲引

玄扈先生曰此却太拙筒車之妙妙在用水若用人畜之力是水行迂道比于翻車枉費十分之三

高轉筒車

高轉筒車其高以十丈為準上下架木各竪一輪下輪半在水内各輪徑可四尺輪之一周兩傍高起其中若槽以受筒索其索用竹均排三股通穿為一隨車長短如環無端索上相離五寸俱置竹筒筒長一尺筒索之底托以木牌長亦如之通線鐵線縛定隨索列次絡於上下二輪復於二輪筒索之間架刳木平底行槽一連上與二輪相平以承筒索之重或人踏或牛拽轉上輪則筒索自下兜水循槽至上輪輪首覆水空筒復下如

此循環不已日所得水不減乎地車岸若積為池沼再起一車計及二百餘尺如田高岸深或田在山上皆可及也所轉上輪形如輥制易繳筒索用人則如輪軸一端作掉枝用牛則制作竪輪如牛轉翻車之法或於輪轉兩端造作拐木如人踏翻車之制若筒索稍慢則量移上輪其餘措置當自忖度不能悉成

玄扈先生曰此製却可用之急流挈水雖小而行地頗高若在平水亦須用人畜之力然猶勝挈瓶也但凡車岸之制獨平水為難耳若果係迅流即數里可激而上此區區者何足以云別有水轉筒車與高轉筒車之制頗同故著其說於後圖不載

水轉筒車遇有流水岸側欲用高水可立此車其車亦高轉筒輪之制但於下輪軸端別作竪輪傍用臥輪撥之與水轉翻車無異水輪既轉則筒索兜水循槽而上餘如前例又須水力相稱如打輥磨之重然後可行日夜不息絕勝人牛所轉此誠秘術今表暴之以諭來者

連筒

連筒以竹通水也凡所居相離水泉頗遠不便汲用乃取大竹内通其節令本末相續連延不斷閣之平地或架越澗谷引水而至又能激而高起數尺注之池沼及庖湢之間如藥畦蔬圃亦可供用杜詩所謂連筒灌小圃

玄扈先生曰豈有激而高起之理若能高起必是上流受處高於下流洩處故也果高則百丈亦可不高則分寸不能但是上流高于下流一二尺即能取水至百丈

之上此則制作之巧耳

架槽

架槽木架水槽也閒有聚落去水既遠各家共力造木為槽遞相嵌接不限高下引水而至如泉源頗高水性趨下則易引也或在窪下則當車水上槽亦可遠達倘若遇高阜不免避礙或穿鑿而通若遇坳險則置之叉木駕空而過若遇平地則引渠相接又左右可移鄰近之家亦得借用非惟灌溉多便抑可潴蓄為用暫勞永逸同享其利

戽斗

戽斗挹水器也唐韻云戽抒上與切也抒水器挹也凡水岸稍下不容置車當旱之際乃用戽斗控以雙綆兩人掣之抒水上岸以溉田稼其斗或柳筲或木罌從所便也

玄扈先生曰此是岸下不必置車或所用水少權作此耳若以溉田即岸下亦是置車為妙

刮車

刮車上水輪也其輪高可五尺輻頭闊至六寸如水頗下田可用此其先於岸側掘成峻槽與車輻同闊然後立架安輪輪軸半在槽内其輪軸一端擐以鐵鉤木拐一人執而掉之車輪隨轉則衆輻循槽刮水上岸溉田便於車戽

玄扈先生曰此必水與岸相去止一二尺方可用若歲潦用以出水圩外尤便若並流水便可激輪出入則不煩人畜其利甚愽也

桔槔

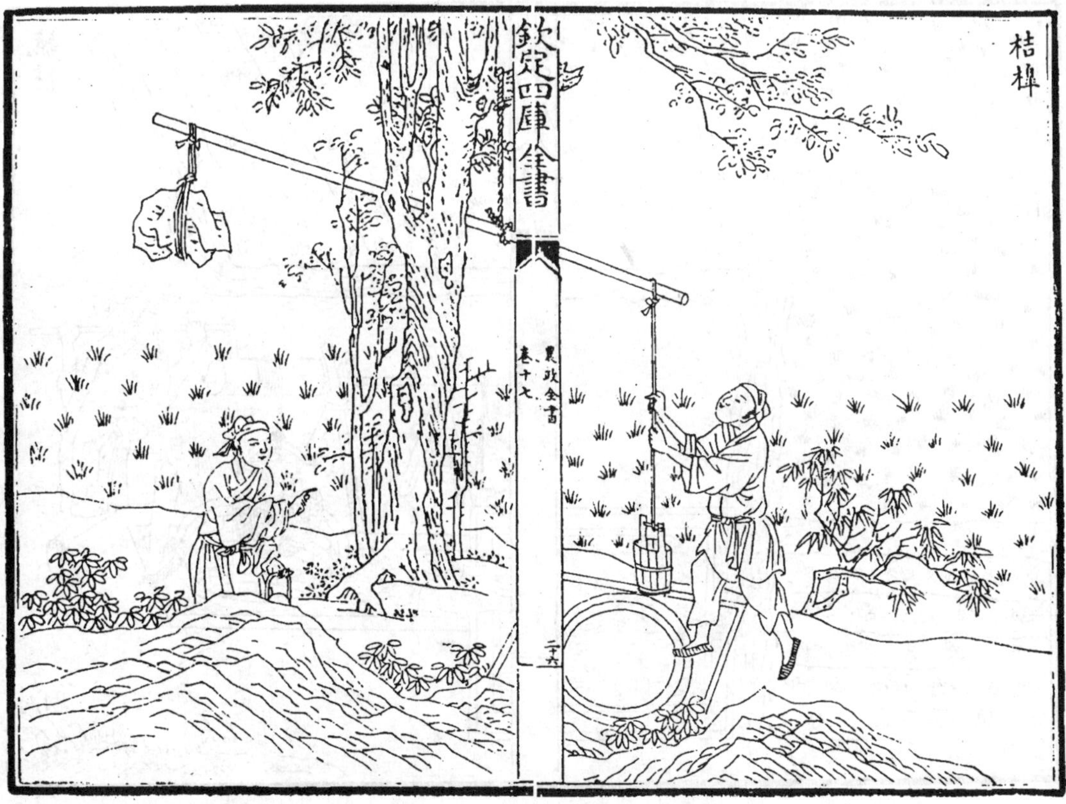

桔槹挈水械也通俗文曰桔槹機汲水也說文曰桔結也所以固屬槹臯也所以利轉又曰臯綏也一俯一仰有數在焉不可速也然則桔其植者而槹其俯仰者與莊子曰子貢過漢陰見一丈人方將爲圃畦鑿隧而入井抱甕而出灌搰搰然用力甚多而見功寡子貢曰有械於此一日浸百畦鑿木爲機重前輕挈水若抽數如沃湯其名爲槹又曰獨不見夫桔槹者乎引之則俯舍之則仰彼人之所引非引人者也故俯仰不得罪於人今瀕水灌園之家多置之實古今通用之器用力少而見功多者

轆轤

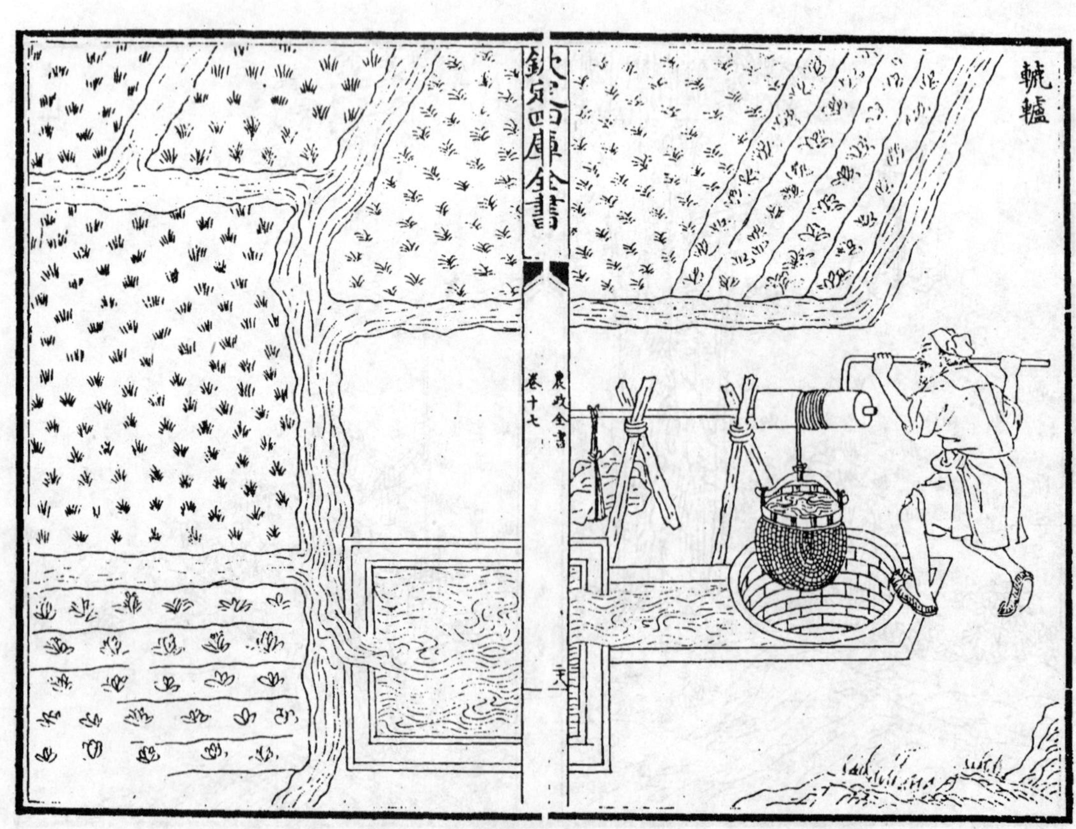

轆轤纒綆械也唐韻云圓轉木也集韻作槽轆汲水木也井上立架置軸貫以長轂其頂嵌以曲木人乃用手掉轉纒綆於轂引取汲器或用雙綆而逆順交轉所懸之器虛者下盈者上更相上下次第不輟見功甚速凡汲於井上取其俯仰則桔槔取其圓轉則轆轤皆挈水械也然桔槔綆短而汲淺獨轆轤深淺俱適其宜也

玄扈先生曰此大拙不如吸法爲妙吸法有二一用人力工費力省一不用人力作之少費工料用之却甚利益

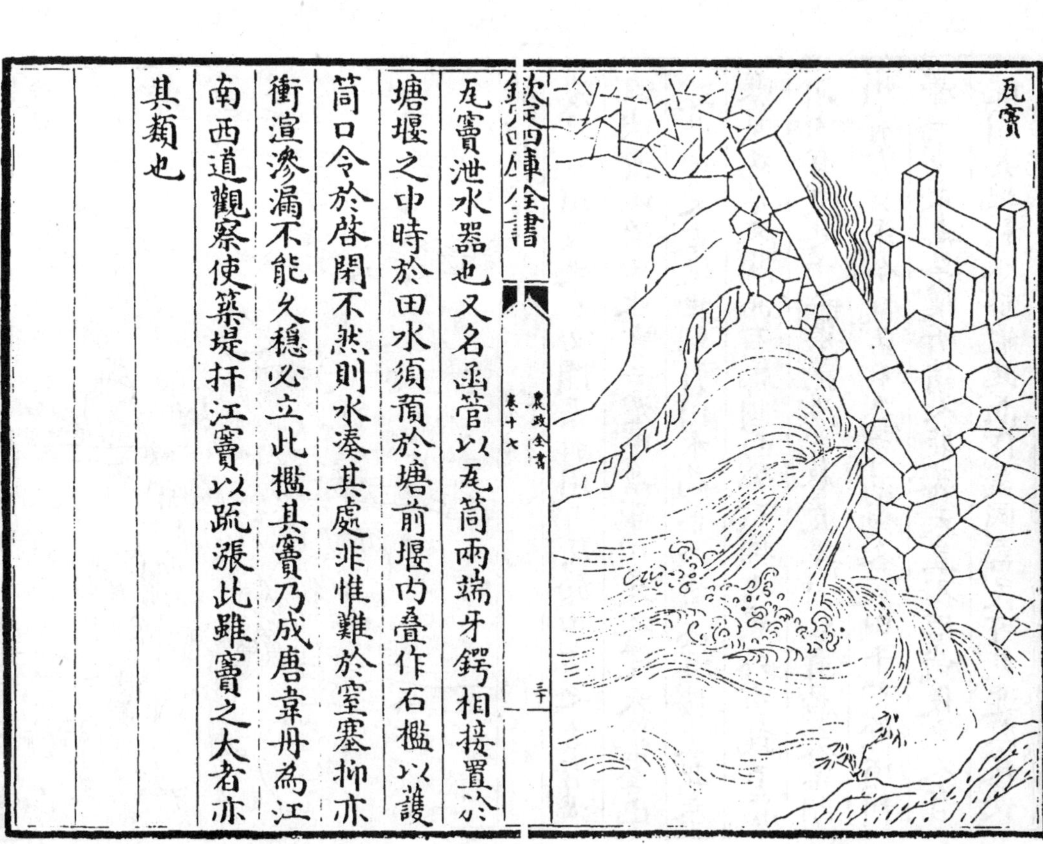

瓦竇泄水器也又名函管以瓦筒兩端牙鍔相接置於塘堰之中時於田水須賔於塘前堰内叠作石檻以護筒口令於啓閉不然則水湊其處非惟難於窒塞抑亦衝渲滲漏不能久穩必立此檻其竇乃成唐韋丹爲江南西道觀察使築堤扞江竇以疏漲此雖竇之大者亦其類也

石籠

石籠又謂之卧牛判竹或用藤蘿或木條編作圈眼大籠長可二三丈高約四五尺以籤椿止之就置田頭内貯磈石以擗暴水或相接連延遠至百步若水勢稍高則壘作重籠亦可遏止如遇隈岸盤曲尤宜周折以禦奔浪并作洄流不致衝蕩埂岸農家瀕溪護田多習此法此於起疊堤障甚省工力又有石笓擗水與此相類

浚渠

浚渠凡川澤之水必開渠引用可及於田考之古有溝洫畎澮以治田水書云濬畎澮距川是也逮夫疏鑿已遠井田變古後世則引川水為渠以資沃灌按史記秦鑿涇為渠又關西有鄭國白公六輔之渠外有龍首渠河内有史起十二渠范陽有督亢渠河北有廣戾渠朗州有右史渠今懷孟有廣濟渠俱各溉田千百餘頃利澤一方永無旱暵所謂人能勝天豈不信哉後之人有能因其地利水勢繼此而作益國富民可見速效凡長

民者宜審行之

陰溝

陰溝行水暗渠也凡水陸之地如遇高阜形勢或隔田園聚落不能相通當於穿岸之傍或溪流之曲穿地成穴以磚石為圈引水而至若別無隔礙則當踏視地形用篾索度其高下及經由處所畫為界路先引濬挈耕過後復浚掘乃作甃穴上覆元土亦是一法如灌溉之餘常流不絶又可蓄為魚塘蓮蕩其利亦博或貫穿城邑巷陌及注之園囿池沼悉周於用雖遠近大小深淺曲直不同然皆狀流内達膏澤傍通水利之中最為永

便此皆泉源在上或在平地易以通流如水在溝中當車水上之溉田則便也或遇田澇則反能撤水下之此又陰溝用水之變法

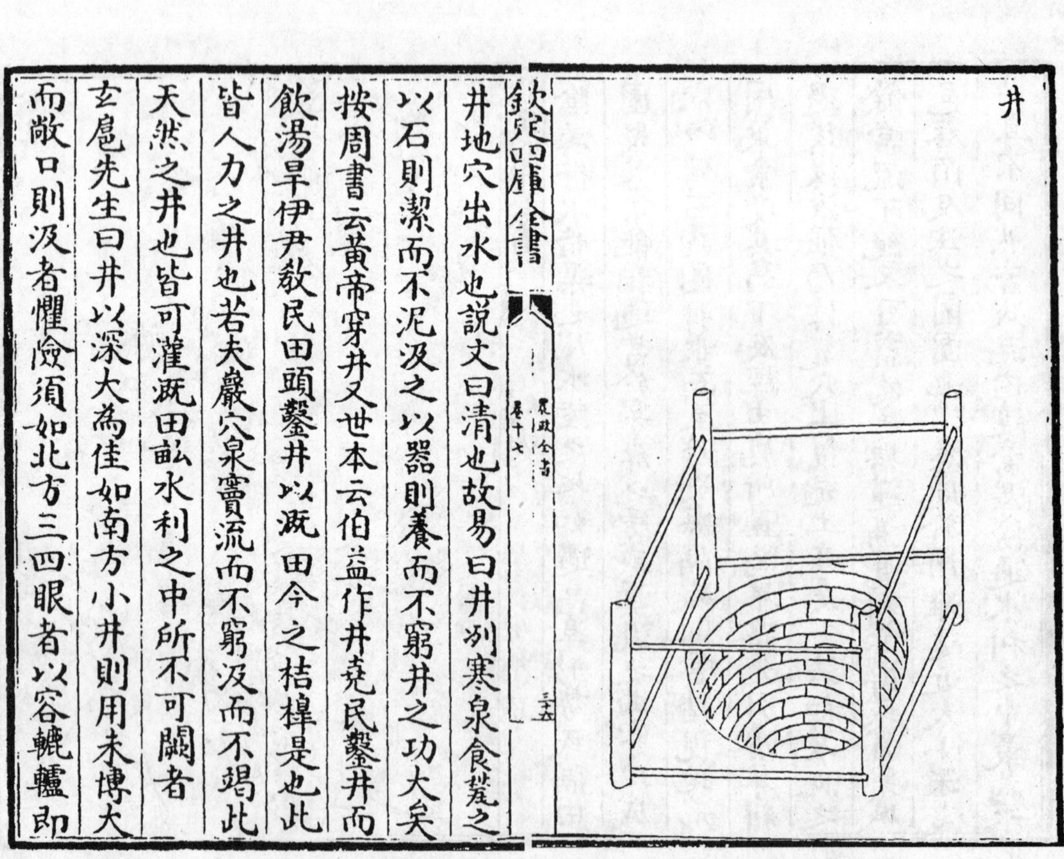

井

井地穴出水也說文曰清也故易曰井冽寒泉食甃之以石則潔而不泥汲之以器則養而不窮井之功大矣按周書云黄帝穿井又世本云伯益作井堯民鑿井而飲湯旱伊尹教民田頭鑿井以溉田今之桔槔是也此皆人力之井也若夫巖穴泉竇流而不窮汲而不竭此天然之井也皆可灌溉田畝水利之中所不可闕者

玄扈先生曰井以深大為佳如南方小井則用未博大而敞口則汲者懼險須如北方三四眼者以容轆轤即

大善矣其蓋則須極厚上施石欄焉旣言井咼不具汲法也汲有三法汲爲上轆轤次之挈綆㚔爲下轆轤又有一種上文所具在中下之間

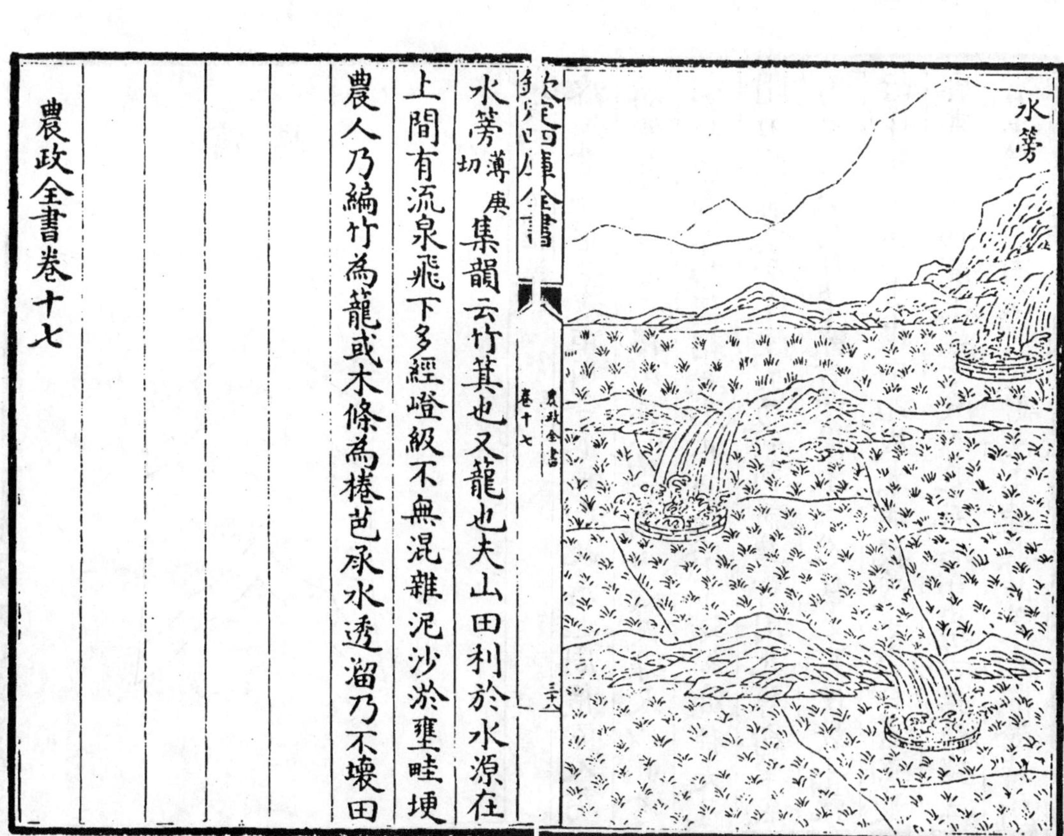

水筹薄庚切 集韻云竹箕也又籠也夫山田利於水源在上間有流泉飛下多經磴級不無混雜泥沙淤壅畦埂農人乃編竹爲籠或木條爲棬芭承水透溜乃不壞田

農政全書卷十七

欽定四庫全書

農政全書卷十八

明　徐光啟　撰

水利

利用圖譜

王禎曰水利之用衆矣惟關於農事係於食物者録之然必假他物乃可成功所以訪諸彼而得於此稽諸古而行於今啓祕於初傳斡運機而同運或造穀食代人畜之勞或導溝渠集雲雨之効或資米引於庖湢或供刻漏于田疇其餘舟楫灌溉等事已具前篇覽者當互相參攷以盡水利之用云

濬鏵

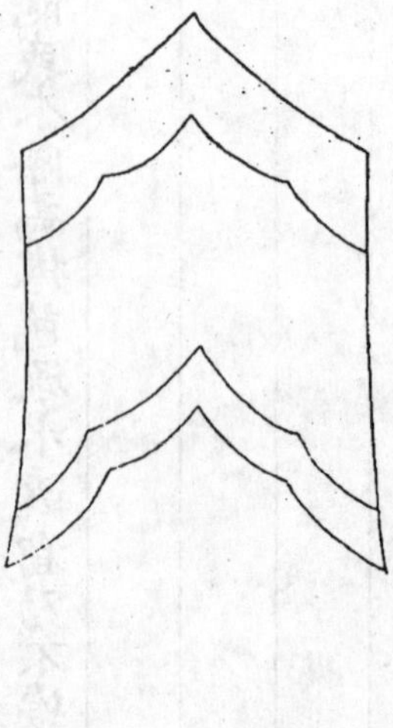

濬鏵書云濬畎澮距川今濬鏵即此濬也周禮匠人爲溝洫耜廣五寸二耜爲耦一耦之伐廣尺深尺以此考之則知濬鏵即耦耜之法其制大倍常鏵鏵亦稱是凡開田間溝渠及作陸塹乃别制箭犂可用此鏵斵犂底爲胎煆鐵爲刃犂輮貫以横木二人扶之可使數牛輓行插犂既深一去復回即成大溝挑浚之力日省萬數唐書天寶初開砥柱之險以通流石中得古鐵犂鏵上有平陸二字因改河北縣爲平陸縣此蓋先開險時所

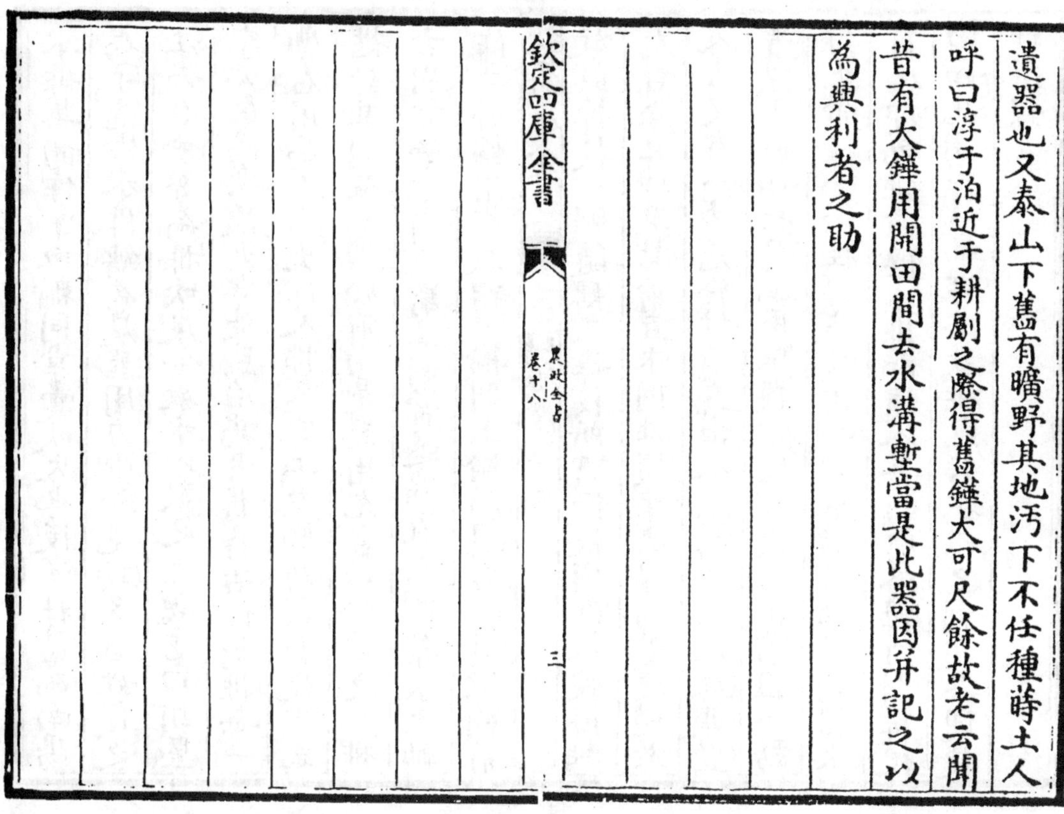

遺器也又泰山下舊有曠野其地汚下不任種蒔土人呼曰淳于泊近于耕劚之際得舊鏵大可尺餘故老云聞昔有大鏵用開田間去水溝塹當是此器因并記之以為興利者之助

水排

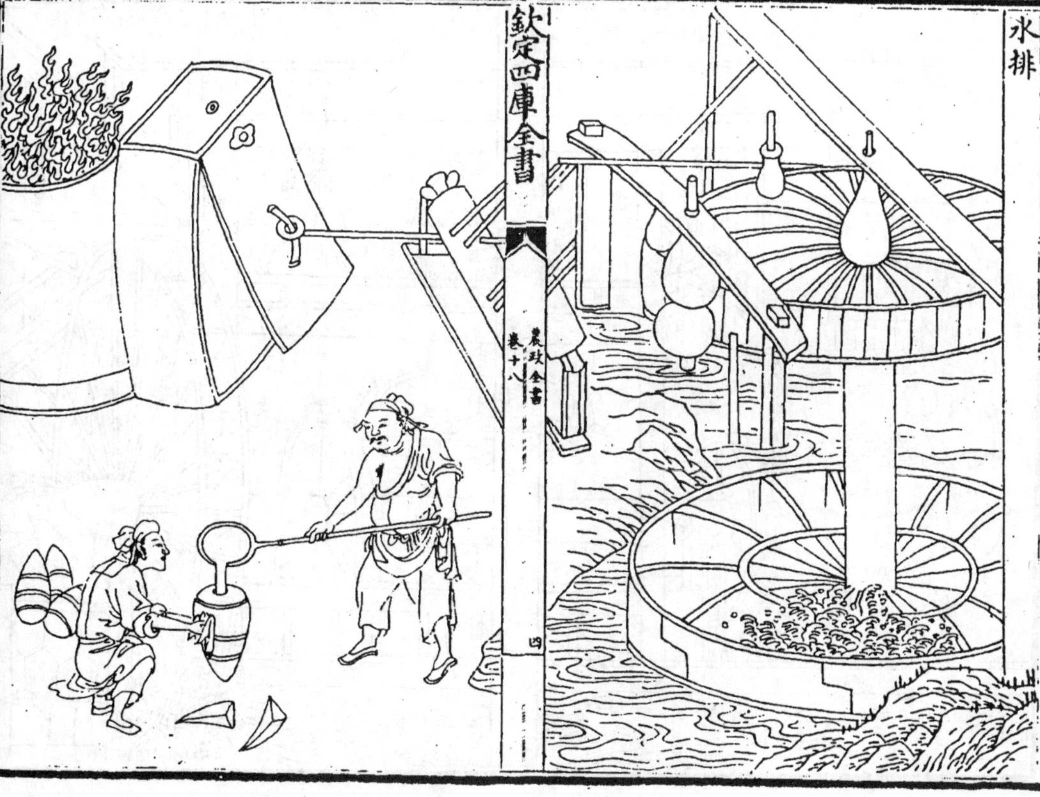

水排集韻作橐與韛同韋囊吹火也後漢杜詩爲南陽太守造作水排鑄爲農器用力少而見功多百姓便之注云冶鑄者爲排吹炭今激水以鼓之也魏志曰胡暨字公至爲樂陵太守徙監冶謁者舊持冶作馬排每一熟石用馬百匹更作人排又費工力暨乃因長流水爲排計其利益三倍於前由是器用充實以今稽之此排古用韋囊今用木扇其制當選湍流之側架木立軸作二卧輪用水激轉下輪則上輪所週絃索通激輪前旋鼓掉枝一例隨轉其掉枝所貫行桄因而推輓卧軸左右攀耳以及排前直木則排隨來去搧冶甚速過於人力又有一法先於排前直出木簨約長三尺簨頭豎置偃木形如初月上用鞦韆索懸之復於排前植一勁竹上帶捧索以控排扇然後却假水輪卧軸所列拐木自上打動排前偃木排即隨入其拐既落捧竹引排復回如此間打一軸可供數排宛若水碓之制亦甚便捷故併録此

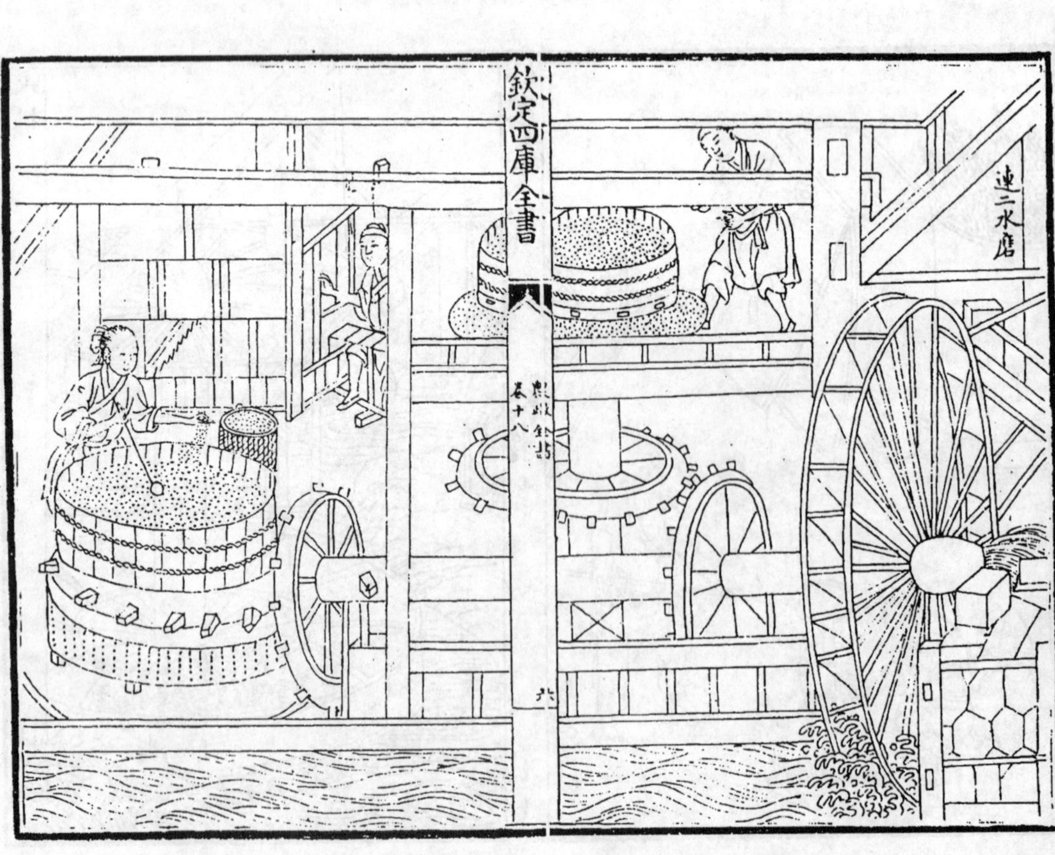

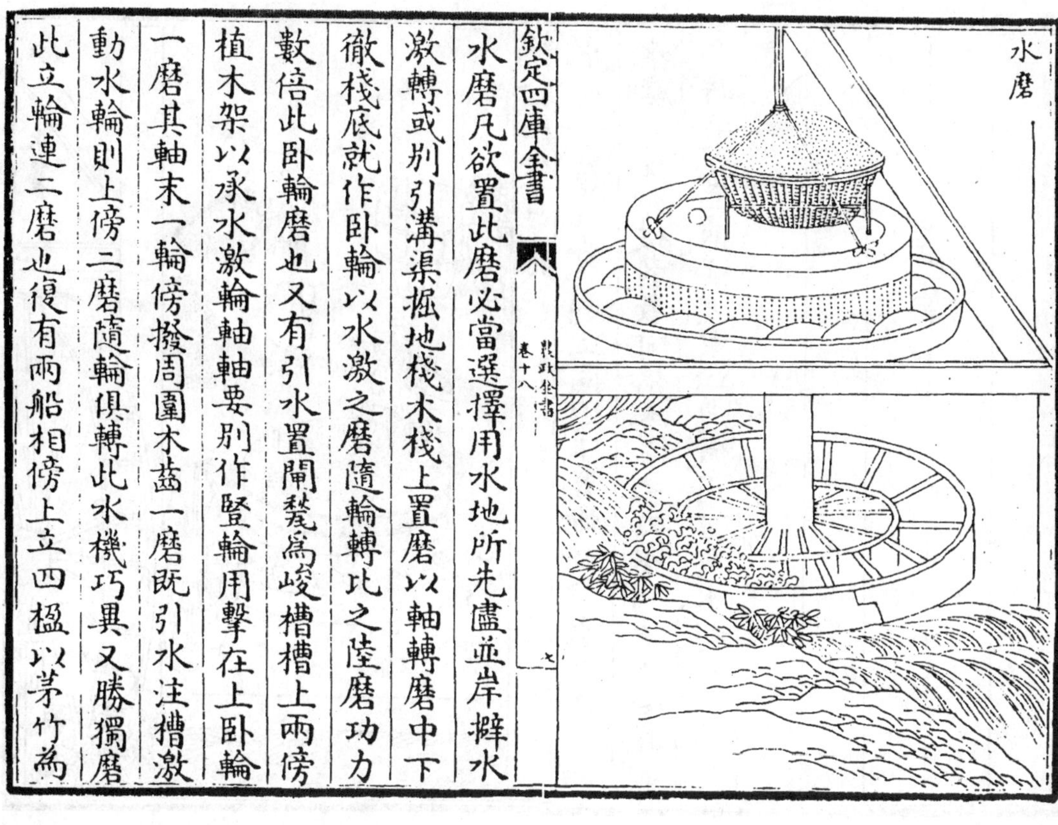

水磨凡欲置此磨必當選擇用水地所先盡並岸擗水激轉或刖引溝渠掘地棧木棧上置磨以軸轉磨中下徹棧底就作卧輪以水激之磨隨輪轉比之陸磨功力數倍此卧輪磨也又有引水置閘甃爲峻槽槽上兩傍植木架以承水激輪軸軸要别作竪輪用擊在上卧輪一磨其軸末一輪傍撥周圍木齒一磨既引水注槽激動水輪則上傍二磨隨輪俱轉此水機巧異又勝獨磨此立輪連二磨也復有兩船相傍上立四楹以茅竹爲

屋各置一磨用索纜於水急中流船頭仍斜揷板木湊水抛以鐵爪使不横斜水激立輪其輪軸通長旁撥二磨或遇泛漲則遷之近岸可許移借比他所又爲活法磨庶興利者度而用之

水礱

水礱水轉礱也礱制上同但下置輪軸以水激之一如水磨日夜所破穀數可倍人畜之力水利中未有此制今特造立庶臨流之家以憑倣用可為永利

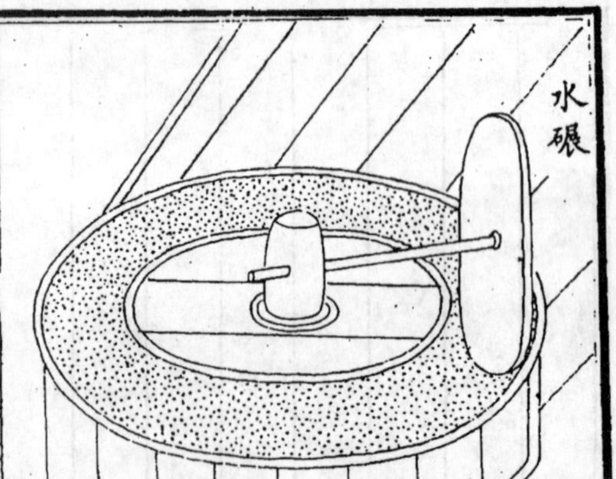

水碾

水碾水輪轉碾也後魏書崔亮教民為輾奏於方張橋東堰谷水造水輾數十區豈水輾之制自此始歟其輾制上同但下作卧輪或立輪如水磨之法輪軸上端穿其碢幹水激則碢隨輪轉循槽轢穀疾若風雨日所穀米比於陸輾功利過倍

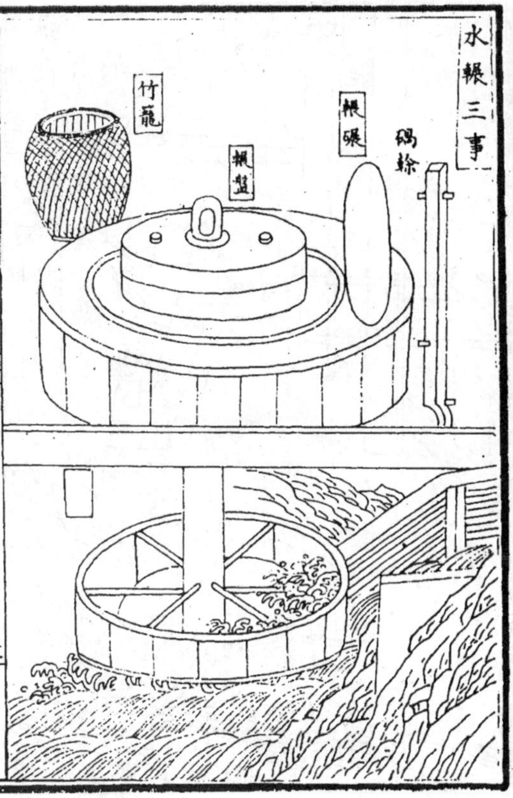

水輾三事

水輾三事謂水轉輪軸可兼三事磨礱輾也初則置立水磨變麥作麵一如常法復於磨之外周造輾圓槽如欲毀米惟就水輪軸首易磨置礱既得糲米則去礱置輥碣榦循槽碾之乃成熟米夫一機三事始終俱備變而能通兼而不乏省而有要誠便民之活法造物之潛機今創此制幸識者述焉

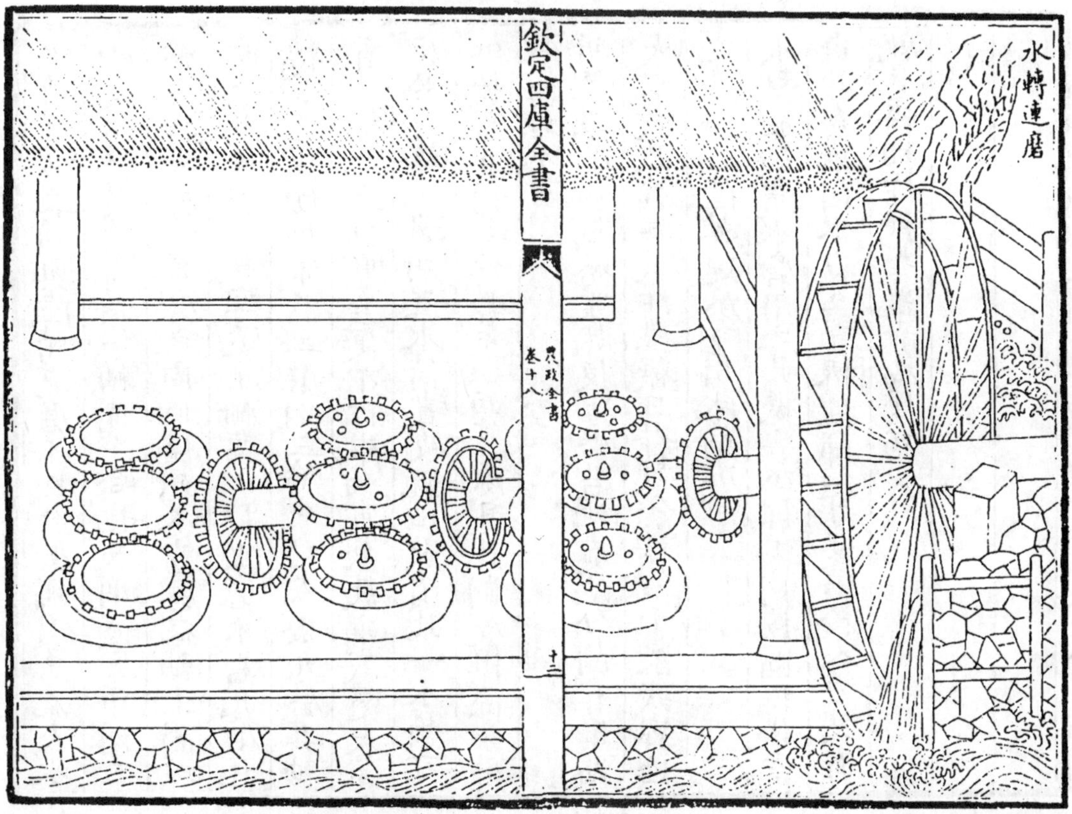

水轉連磨

水轉連磨其制與陸轉連磨不同此磨須用急流大水以湊水輪其輪高濶輪軸圍至合抱長則隨宜中列三輪各打大磨一盤磨之周匝俱列木齒磨在軸上閣以板木磨傍留一狹空透出輪輻以打上磨木齒此磨既轉其齒復傍打帶齒二磨則三輪之功互撥九磨其軸首一輪既上打磨齒復下打碓軸可兼數碓或遇天旱旋於大輪一週列置水筒晝夜溉田數頃此一水輪可供數事其利甚博嘗至江西等處見此制度俱係茶磨所兼碓具用搗茶葉然後上磨若他處地分間有溪港大水倣此輪磨或作碓輾日得穀食可給千家誠濟世之奇術也陸轉連磨下用水輪亦可

水擊麵羅隨水磨用之其機與水排俱同按圖視譜當自考索羅因水力互擊椿柱篩麵甚速倍於人力又有就磨輪軸作機擊羅亦為捷巧

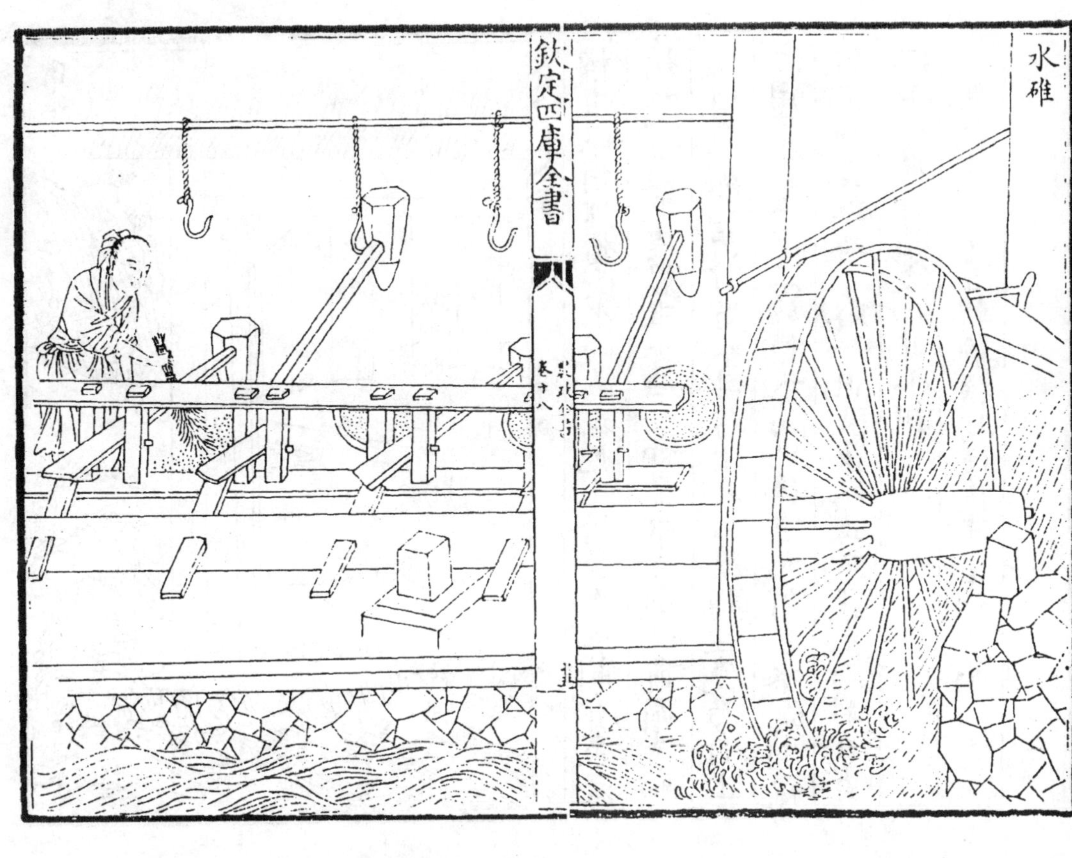

機碓水擣器也通俗文云水碓曰翻車碓杜頡作連機碓孔融論水碓之巧勝於聖人斵木掘地則翻車之類愈出於後世之機巧王隱晉書曰石崇有水碓三十區今人造作水輪輪軸長可數尺列貫橫木相交如滚搶之制水激輪轉則軸間橫木間打所排碓稍一起一落舂之即連機碓也凡在流水岸傍俱可設置須度水勢高下為之如水下岸淺當用陂柵或平流當用板木障水俱使傍流急注貼岸置輪高可丈餘自下衝轉名曰撩車碓水若高岸深則為輪減小而濶以板為級上用木槽引水直下射轉輪板名曰斗碓又曰鼓碓此隨地所制各趨其巧便也

槽碓

槽碓碓稍作槽受水以為舂也凡所居之地間有泉流稍細可選低處置碓一區一如常碓之制但前頭減細後稍深闊為槽可貯水斗餘上庇以厦槽在厦乃自上流用筧引水下注於槽水滿則後重而前起水瀉則後輕而前落即為一舂如此晝夜不止可毀米兩斛日省二工以歲月積之知非小利

玄扈先生曰不言轉輸機括使後來者何述焉

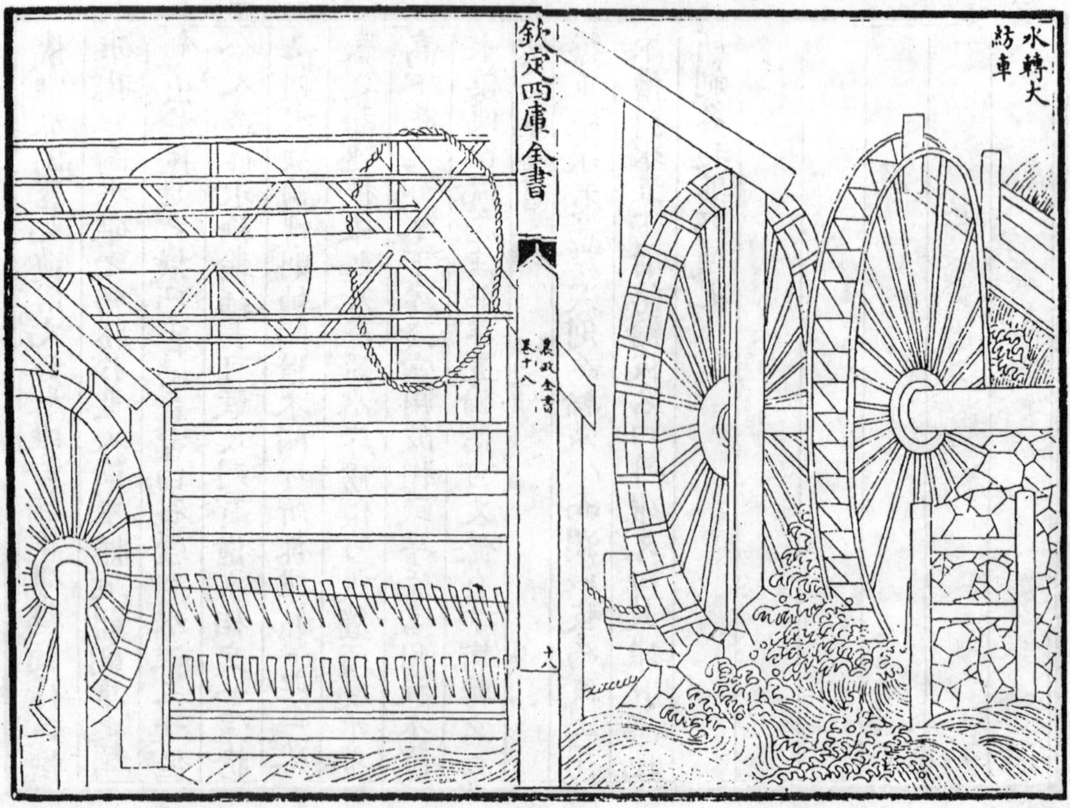

水轉大紡車

水轉大紡車比車之制但加所轉水輪與水轉翻車之法俱同中原麻苧之鄉凡臨流處所多置之今按圖寫庶他方績紡之家倣此機械比用陸車愈便且省庶同獲其利

缶

缶汲水器左傳宋災樂喜為政具綆缶爾雅疏云比卦初爻有孚盈缶注云辰在爻木上植東井井之水人所汲用缶楊惲傳曰田家作苦歲時伏臘烹羊炰羔斗酒自勞酒後耳熱仰天拊缶而呼烏烏應劭曰缶瓦器也今汲器用瓦亦缶之遺制也

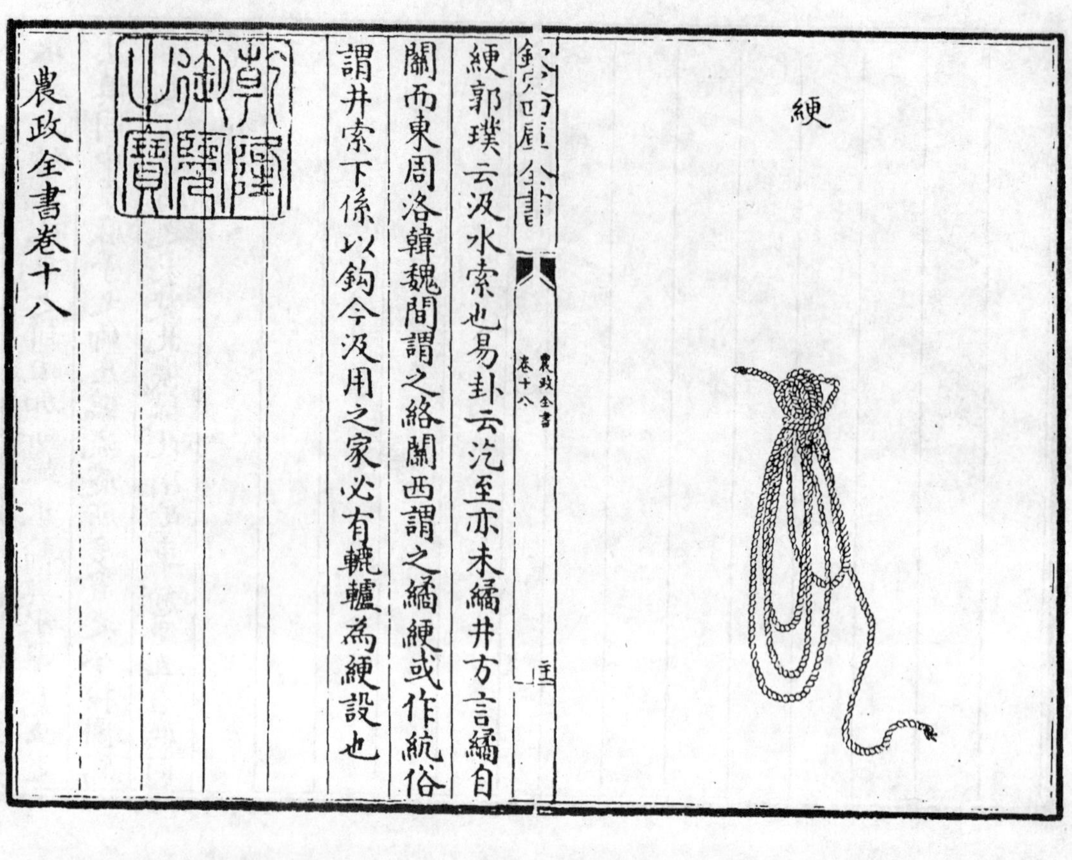

綆

綆郭璞云汲水索也易卦云汔至亦未繘井方言繘自關而東周洛韓魏間謂之絡關西謂之繘綆或作絖俗謂井索下係以鈎今汲用之家必有轆轤為綆設也

農政全書卷十八

欽定四庫全書

農政全書卷十九

明 徐光啓 撰

水利

泰西水法上

用江河之水為器一種

龍尾車記曰龍尾車者河濱挈水之器也治田之法旱則挈江河之水入焉潦則挈田間之水出焉治水之法淺涸則挈水而入方舟焉疏濬則挈水而出畚鍤焉不有水之器不有水之用三代而上僅有桔槔東漢以來盛資龍骨龍骨之制曰灌水田二十畝以四三人之力旱歲倍焉高地倍焉駕馬牛則功倍費亦倍焉溪澗長流而用水大澤平曠而用風此不勞人力自轉矣枝節一蔞全車悉敗焉然而南土水田支分櫛比國計民生于焉是賴即茲器所在不為無功已獨其人終歲勤動尚憂衣食至北土旱災赤地

千里欲拯斯患宜有進焉今作龍尾車物省而不煩用力少而得水多其大者一器所出若決渠焉累接而上可使在山是不憂高田築為堤塍而出之計日可盡是不憂潦歲與下田去大川數里數十里鑿渠引之無論水稻若諸水生之種可以必濟即黍稷菽麥木棉蔬菜之屬悉可灌溉是不憂旱濬治之功出水當五分之一今省十九焉是不憂疏鑿龍蟠之斗旱熯之年上源枯竭穿渠旁引多用此器下流之水可令復上是不憂漕也蓋水車之屬其費力也以重水車之重也以障水以帆風以運旋本身龍尾者入水不障水出水不帆風其本身無銖兩之重且交纏相發可以一力轉二輪遞互連機可以一力轉數輪故用一人之力常得數人之功又向所言風與水能敗龍尾之車也在鶴膝斗板龍尾者無鶴膝無斗板器居水中環轉而已湍水疾風彌增其利故用風水之力而常得人之功若有水之地悉皆用之竊計人力可以半省天災可以半免歲入可以倍多財計可以倍足方于龍骨之類大畧勝之然而千慮之一以當起予可也智士用之曲盡其變不盡方來或者無煩覼縷焉

龍尾者水象也象水之宛委而上升也龍尾之物有六一曰軸軸者轉之主也水所由以下而為上也二曰墻墻者以束水也水所由上也三曰圍圍者外體也所以為固抱也四曰樞樞者所以為利轉也五曰輪輪者所以受轉也六曰架架者所以制高下也承樞而轉輪也六物者具斯成器矣或人焉或水焉風焉牛焉巧者運之不可勝用也

一曰軸

圜木為軸長短無定度視水之淺深斟酌焉而為之度二十五分其軸之長以其二為之徑木之圜必中規而上下等以八繩附臬之法八平分其軸之周直繩而施之墨軸之兩端因直繩之兩端而施之墨八繩之交得

軸之心也以八平分之一分為度以度八繩之墨皆平行相等而為之界以句股求弦之法兩界斜相望而墨為之弦弦之竟軸而得一螺旋之墨因螺旋之墨而立之墻為螺墻墻之間而得螺旋之溝為螺溝螺溝者水道也軸得一墨焉則得一墻焉一溝焉水得一道焉或二之或三之四之以上同于是多則均一則專惟所為之既墻而圍之既建而迤之而轉之水則自螺旋之孔入也水之入于螺旋之孔也水自以為巳下也而不自

知其巳上也故曰軸者轉之主也水所由以下而為上也

注曰園與圓同量水淺深者下文言句四股三弦五則岸高九尺者軸之長當一丈五尺也凡作軸皆度岸高以三五之法準之二十五分之二者如軸長一丈則徑八寸如本篇第一軸立面圖巳丁長一丈則丁丙之徑八寸也此畧言軸欲大耳若徑至三寸以上不嫌長丈八寸以上不嫌長二丈也軸過小則水為之不升八繩附臬者周禮樹八尺之臬縣八繩下垂皆附于臬今軸身作線大畧似之也八平分者如軸兩端圖甲乙丙丁戊圜為軸之周所分甲乙乙丙等八分者平分度也軸之兩端卧其軸各作巳甲過心線依法分之即上下合也次于軸兩端之邊依所分各界兩兩相對各作平行直線八線附木皆平直是為八平分軸之周如立面圖巳丁庚丙諸線是也次于兩端各作

甲巳丁丙諸線則得軸兩端之各庚心也以八平分之一為度者謂以甲巳為度從庚至辛作庚辛辛壬等短界線至丙而止八線皆如之各線之短界線皆平行皆相等也墨為之弦者從庚向癸依句股法作庚癸斜弦線內纏之至子外纏之至丑至寅至卯至辰斜纏軸面竟軸而止則得一螺旋線也單線則為單墻單溝也若欲為雙溝者則平分庚丑線得午從午外上向巳內下向未亦依法

作螺旋線也若作四槽者又平分庚午于壬依法作之欲作三槽六槽九槽者先分軸為九平分欲作五槽十槽者先分軸為十平分依法作之

二曰墻

軸之上因各螺旋之繩而立之墻墻之法或編之或累之皆塗之墻之兩端不至于軸之兩端其至也無定度惟所為之以樞之短長稱之八分其軸長以其一為墻之高可減也不可加也墻其累之也欲堅而無隳也其

編之也欲密而平也其塗之也欲均而無罅也兩墻之間謂之溝溝水道也水行溝中而墻制之使無下行也故曰墻者所以束水也水所由上

注曰編墻之法削竹為柱依螺旋之線而立之每立一柱即與軸面之八平分長線為直角如立柱于本篇一圖之午即柱為垂線與庚丙長線為直角也而又與軸兩端之丙丁為一直線也若本篇二圖之癸丙是也削柱欲均安柱欲正列柱欲順立柱欲齊既畢則以繩編之畧如織箔之勢繩以麻或紵或管或布或篾惟所為之既畢以瀝青和蠟或和熟桐油和石灰瓦灰塗之或以生漆和石灰瓦灰塗之凡瀝青加蠟與桐油取和澤而止石瓦灰相半桐油或漆和之取燥濕得宜而止累墻之法取柔木之皮如桑楮之屬剥取皮裁令廣狹相等以瀝青和蠟依螺旋之線層層塗而積之累畢如前法塗之既畢而兩墻之間成螺旋之溝水

從溝行而墻不漏者是墻之善也八分之一者如軸長八尺則墻高一尺此亦畧言高之所至也一以下任意作之故曰可減不可增一法若欲為長軸則墻之高與軸之徑等

三曰圍

墻之外削版而圍之版欲無厚墻之兩端順墻柱之勢穿軸而立四柱焉依墻之高而束之環圍版之端入于環圍之外以鐵為環而約之長者中分圍之長以鐵環

約之又長者三分其長以兩環約之圍之版其相合也與其合于墻之上也皆合之以塗墻之齊圍之外皆塗之以受雨露也圍其合也欲無罅圍之合于墻也欲無罅有圍故水入螺旋之孔而不絶無罅故水行于螺旋之溝而不洩則水旋而上也故曰圍者外體也所以為固抱也

注曰圍之板量圍徑之大小與其長酌全體之重輕而制厚薄焉其長竟墻其廣一寸以上視圍徑

之小大增損之太廣而合之則角見也其內面稍剡之以就墻之圓外面者圍既合而削之當墻之盡穿軸為四柱者所以居環而受圍也如本篇三圖之卯寅辰午等是也環以堅靭之木為四弧弧各加于環柱之上合之成環焉環之下方或為溝焉居中以受圍板之端或居外或居内為刻而受之如為溝于末此居中也為刻于中此居外也于酉居内也鐵環之束在兩端者與木環相抵卯午也戌亢也或中分約之者心斗是也若兩中環者則在尾與箕也或不用鐵環以繩約之而塗之齊與劑同合以塗墻之劑者瀝青和蠟或油灰或漆灰也若塗圍之周者則漆灰為上油灰次之瀝青和蠟者恐不耐暑日也為下而欲速成則用之欲解而時脩則用之是者暑日架之則以苫蓋之水入于螺旋之孔者孔在環之内軸之外四柱之中戌亥角亢之間是也雖下向必入者以迤故水趨

于圍也既其出則在卯寅辰午之間矣一法墻之兩端以二圓板蓋之開圍板之下端而水入之開上端之圓板而出之其效同焉

四曰樞

軸之兩端鐵為之樞當心而立之樞之用在圜輪在圜若在軸者皆圜之輪在上樞方其上樞之上輪在下樞方其下樞之下方之者以居輪立樞欲正欲直不正不直者輕重不倫也既正既直輕重均轉之如將自轉焉

則雖大而無重也故曰樞者所以為利轉也

注曰當心者本篇一圖之庚心也樞之大小長短無定度量全體之輕重制大小焉量輪之所在與地之所宜制短長焉輪所在者有七下方詳之也方則止故可以居輪正者當庚之心直者與軸端圓面為直角與軸上八平分線俱為一直線也求正尚有軸端諸線可憑求直稍難焉今立一試法視一圖軸兩端諸分線以規一抵軸端邊之乙一抵樞之頂心為度次去乙抵戊量之又去戊抵巳量之皆至于樞之頂心者即樞直也如將自轉者成速之甚也

五曰輪

輪有七置輪有三式七置者當圜之中焉圜之兩端焉軸之兩端焉兩樞焉在圜者夾其圜而設之輻輻之末周之以輞焉輞樹之齒焉在軸與樞者方其處而入之轂轂樹之齒焉凡輪皆以他輪之齒發之其疾徐之數視輪與他輪之大小焉其齒之多寡焉故輪欲密附而少為之齒輪附而齒少他輪大而齒多則其出水也必疾矣故曰輪者所以受轉也

注曰輪有七置者因地勢也量物力也相大小而制疾徐也在圜之中者本篇四圖之丁是也在圜之兩端者丙與戊是也在軸之兩端者乙與巳是也在兩樞者甲與庚是也若車大而軸長出水之地高則在丁矣若平地受水而用人力畜力風力者當在甲乙丙矣用水力當在戊巳庚矣夾圜之輻子丑之類是也辛者容圜之空也壬癸輞也寅卯之類齒也方其處者軸與樞當受轂之處也辰入樞之空也戊入軸之空也午轂也酉亦轂也未申亥角之類皆齒也他輪者或人車或馬牛贏車或風車或水車之輪也此諸車之輪者非謂其大臥輪也蓋指接輪焉接輪者農家所謂撥子是也試言人車則有臥軸也臥軸之一端有接輪臥軸

之上有拐木也今于甲乙丙任置一輪焉如置在軸之乙輪即以卧軸之接輪交于乙輪人踐拐木而轉之接輪與乙輪相發也若馬牛贏車及風車則有卧軸也卧軸之兩端皆有接輪令以其一交于乙輪以其一交于彼車之大卧輪駕畜馬驅風焉而轉之接輪與乙輪相發也若水轉之車則有卧軸也卧軸之一端有接輪卧軸之上有立輪立輪之外有受水之箑也今于戊巳庚任置一輪焉

如置在軸之巳輪即以卧輪之接輪交于巳輪水激于箑而卧軸為之轉接輪與巳輪相發也疾徐之數與他輪相視者如乙巳之輪齒十二人車之接輪齒十二是拐木一轉而得一轉也如樞輪之齒八而人車之接輪齒十六是拐木一轉而得二轉也人車之接輪齒二十四是一轉而得三轉也若樞輪之齒八而駕畜驅風之卧輪齒七十二是一轉而得九轉也故曰輪欲密附密附則齒為之少他輪欲大大則齒多然而密者過密焉則力為之不任大者過大焉則遲故曰因地勢量物力相大小而制徐疾焉今圖樞輪之齒八軸輪十二圍輪十六約畧作之非定率也趣欲使兩輪之交疎密相等焉長短相入焉相關相發而不滯則足矣其小者欲無用輪方其樞之末別為衡衡之一端入于樞焉其一端植之柱焉柱之體圓又為之掉枝而首為圓孔焉以掉枝之圓孔入于柱而轉之

若大者而欲無用輪則以兩掉枝同加于柱兩人對執而轉之最大者兩掉枝之末各為持衡四人或六人對持其衡而轉之

六曰架

架者一上一下皆為砥柱或木焉或石焉或瓴甋焉柱之植欲堅以固也下柱居水中以鐵為管施之柱首迤而上向以受下樞之末制管高下量水之勢令得入于螺溝之下孔而止也上者居岸以鐵為管施之柱首迤

而下向以受上樞之末若輪與衡在上樞之末者則中樞而設之頸以鐵為山口而架樞其上出其樞之末以受輪與衡也制高下之數以句股為法而軸心為之弦弦五焉則句四焉股三焉過偃則不高過高則不升

注曰瓴甋磚也堅者其本體堅固者其立基固也上柱者本篇五圖之甲乙是也下柱者丙丁是也上管以受上樞戊也下管以受下樞己也句股法者一高一下如四圖之亢房線而置之令上樞之

末在亢下樞之末在房也三四五者如上樞之末為亢至下樞之末為房長一丈如法置之則自下樞之末房依地平作平行線自上樞之末亢作垂線而兩線相遇于氐其亢氐線必長六尺氐房線必長八尺也若迤建于岸之側謂無從作垂線者則以句股法反用之以圍板為倒弦別作一尾箕垂線為股尾為直角作尾心橫線為倒句若尾箕長一尺五寸偃仰移就之令尾心長二尺即心箕必二尺五寸而亢房線必合三四五之句股法也

凡圍板長一丈水高必六尺求多焉不可得相水度地制器者以此計之若水過深岸過高器不得過長則累接而上之累接之法亦以接輪交而相發也

龍尾一圖

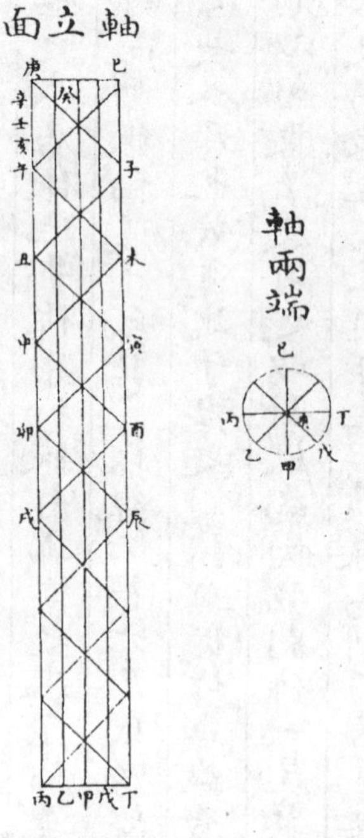

軸立面

軸兩端

龍尾二圖

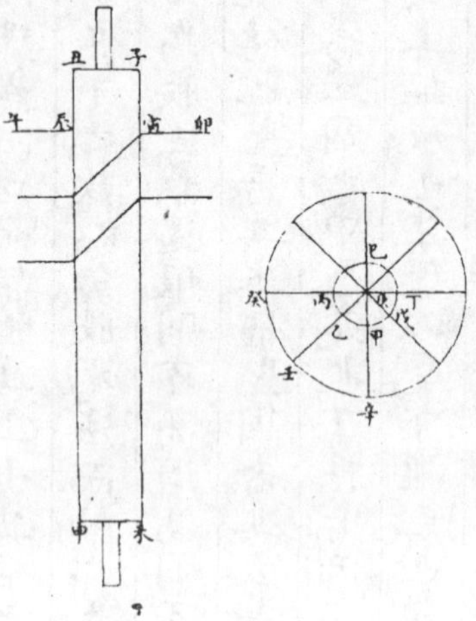

龍尾二圖

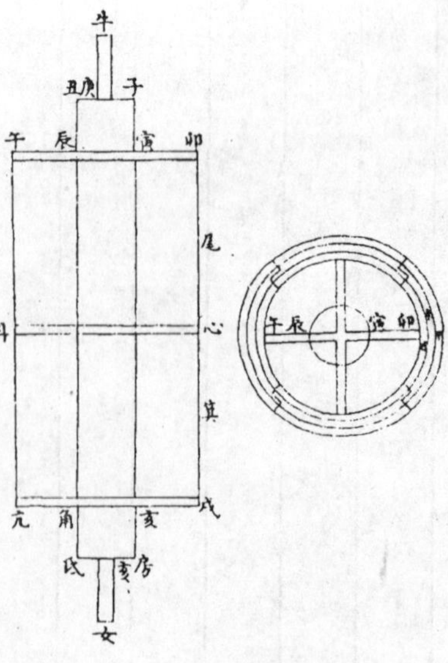

龍尾四圖

在囷之輪

在軸之輪

在樞之輪

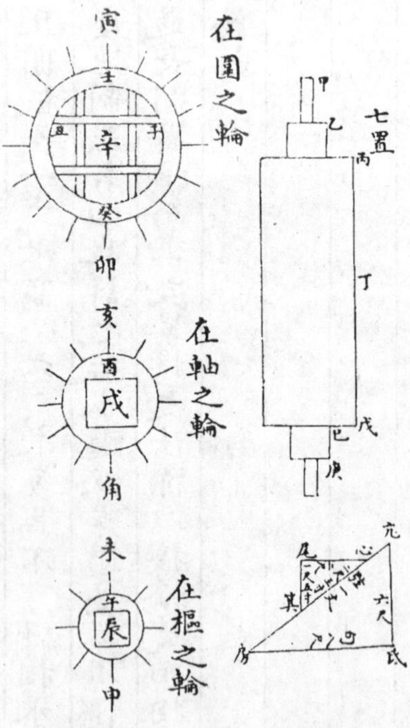

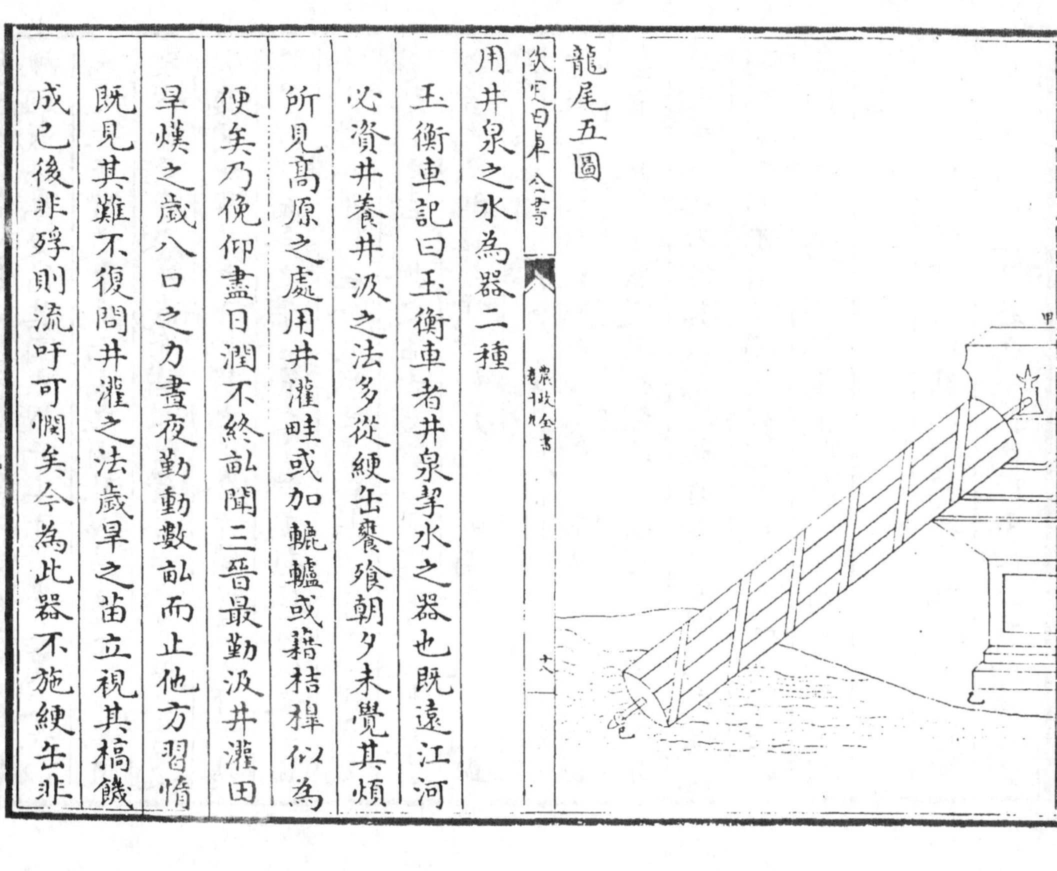

龍尾五圖

用井泉之水為器二種

玉衡車記曰玉衡車者井泉挈水之器也既遠江河必資井養井汲之法多從綆缶罋飱朝夕未覺其煩所見高原之處用井灌畦或加轆轤或藉桔槔似為便矣乃俛仰盡日潤不終畝聞三晉最勤汲井灌田旱熯之歲八口之力晝夜勤動數畝而止他方習惰既見其難不復問井灌之法歲旱之苗立視其槁餓成已後非殍則流吁可憫矣今為此器不施綆缶非藉轆轤無事桔槔一人用之可當數人若以灌畦約省夫力五分之四高地植穀家有一井縱令大旱能救一夫之田數家共井亦可無飢餓流亡之患若資飲食則童幼一人足供百家之聚矣且不須俛仰無煩提挈略加斡運其捷若抽故烟火會集之地一井之上尚可活一煢民也

玉衡者以衡挈柱其平如衡一升一降井水上出如趵突焉玉衡之物有七一曰雙筩雙筩者水所由代入也二曰雙提雙提者水所由代升也三曰壺壺者水之總也水所由續而不絕也四曰中筩中筩者壺水所由上也五曰盤盤者中筩之水所由出也六曰衡軸衡軸者所以挈雙提下上之也七曰架架者所以居庶物也七物者備斯成器矣更為之機輪焉巧者運之不可勝用也

注曰趵突泉水上出也

一曰雙筩

鍊銅或錫為雙筩其圜中規而上下等半其筩之長以為之徑下有底中底而為之圜孔以其底之半徑為孔之徑筩之旁𨷖于底而樹之管管外出而上迤也管之容其圜中規管之下端抒之以合于筩開筩之下端為揹孔融錫而合之于管管之上端亦抒之既樹之則與筩之邊為平行三分其底之徑以其一為管之徑底之圜孔為之舌以掩之舌者方版方版之旁為之樞底孔之旁為之紐樞入于紐如户焉而開闔之舌之開闔與

管之孔無相背也紐居左則管居右舌其合于底也欲密管之孔合于筩之孔欲利而無罅樞紐之動也欲不滯凡水入也必從其底之孔也有舌焉而開闔之開之則入闔之則不出左開則右闔矣是左入而右不出也是恒有一孔焉入而終無出也故曰雙筩者水所由代入也

注曰凡徑皆言圓孔也肉不與焉如本篇一圖甲至乙丙至丁是也半長為徑者徑三寸則筩長六寸如丁丙廣三寸則甲丁長六寸也半徑為孔者徑三寸孔徑一寸五分如丁丙三寸則辛壬一寸五分也上迤者斜迤而上如戊至巳丙至庚也抒者斜削之如戊至丙巳至庚是也揹長圜也欲與戊丙之孔合也融錫合之小釬也管之上邊與筩邊平行將以合于壺之下孔也巳庚是也三分之一者底徑三寸則管徑一寸未至申之度也方板者丑寅卯午是也樞者卯辰午是也紐者癸子是也舌如橐籥之舌以樞合紐令丑卯之板恒加于辛壬孔之上向丙而開闔之也

二曰雙提

旋堅木以為砧其圜中規而上下等曷知其中規而上下等也砧之大入于雙筩也欲其密切而無滯也展轉之上下之猶是也斯之謂中規而上下等當砧之心而立之柱三分其砧之徑以其一為柱之徑柱之短長無定度以水之深也井之高也斟酌焉而為之度柱之上

端為之方枘而入于衡凡水之入也入于雙筩之孔也孔有舌焉砧升則舌開而水為之入砧降則舌合而水為之不出水之入而不出者舌也舌之開闔者砧也砧之上下者柱也舌闔矣水不出矣砧又下焉水將安之則由筩之管而升于壺左右相禪也故曰雙提者水所由代升也

注曰砧形如截蔗本篇一圖酉戌亥角是也其高不言度者趣其入于筩也不轉側動摇而巳矣若

為鼎足之柱以固之即無厚可也三分之一者砧徑三寸則柱徑一寸如酉角三寸則亢氐一寸也凡雙筩入井近下則水濁近上則水竭故柱之短長宜量水深與井高也枘笋也當房心之上刻而方之為尾箕是也

三曰壺

鍊銅以為壺壺之容半加于雙筩之容其形橢圜腹廣而上下弇之弇之度視廣之度殺其十之二當其弇而設之蓋壺之底為橢圜之長徑設二孔焉皆在其徑孔之橢圜其大小也與管之上端等融錫而合之壺之兩孔各為之舌而拚之舌之制如筩中之舌也壺之内當兩孔之中而設之紐兩舌之樞悉係焉而開闔之左右相禪也當蓋之中為圜孔焉而合于中筩蓋之合于壺也欲其無罅也既成以鐵為雙環而交纒束之當其合而錮之錫以備繕治也夫水之入于管也左右禪也而終無出也水從管入者以提柱之逼之也則上衡而壺

之舌為之開以入于壺水勢盡而彼舌開則此闔矣是代入于壺也而終無出也其代入也壺為之恒滿而上溢其終無出也而有筩之容以俟其底之入也故曰壺者水之總也水所由續而不絶也

注曰半加容者如之又加半焉如雙筩共容四升則壺容六升也弇斂也腹廣而上下弇如本篇二圖甲乙丙丁形是也蓋者戊巳庚辛也橢圓之長徑底圖之乙丙是也二孔者未申也酉戌也皆在

其徑者二孔之心在乙丙線之上也二孔揹圓者如酉戌短乾亥長以合于一圓之未申巳庚也二舌者寅卯也辰午也紐者子丑也以樞合紐合寅卯之板恒加于未申孔之上向丙而開闔之也辰午加于酉戌亦如之左右相禪也葢之圓孔庚辛是也葢合于壺者巳戊加于甲丁也雙環纆束者本篇三圖之角亢氐房是也既錮之又束之者水力大而易潗也

四曰中筩

鍊銅或錫以為中筩中筩之徑與長筩旁管之徑等中筩之下端為敞口以關于葢上之孔融錫而合之其長無定度量水之出于井也斟酌焉而為之度或銅錫之中筩裁數寸其上以竹木焉續之竹木之筩之徑必與下筩之徑等其上出之徑寧縮也無贏也水之入于壺也代入也而終無出也則無所復之也必由中筩而上故曰中筩者壺水所由上也

注曰中筩者本篇三圖之坎艮庚辛是也上出之徑必縮于下合之徑者所以為出水之勢也

五曰盤

鍊銅或錫以為盤中盤之底而為之孔以當中筩之上端融錫而合之盤底之旁為之孔而植之管管外出而下迤也盤之容與壺之容等管之徑與中筩之徑等管之長無定度其下迤也及于索水之處也中筩之水其上溢也盤畜之管洩之故曰盤者中筩之水所由出也

注曰本篇四圖之甲乙丙丁盤也丙丁為孔以合于中筩之上端上端者三圖之坎艮也底旁之孔者戊巳也下迤者巳庚也

六曰衡軸

直木為衡衡之長無過井之徑雙提之柱其相去也視雙筩雙提之上枘入于衡之兩端其相去也視雙提直木為軸軸長于衡而無定度圜其尾去首二尺而圜其頸當頸尾之中而設之鑿當衡之中而設之枘衡衡也

軸縱也鑿枘而合之欲其固也軸展側焉衡低昂焉提上下焉左右相禪也故曰衡軸者所以挈雙提下上之也

注曰衡之長本篇四圖之壬辛是也枘入于衡者子丑是也軸之長卯午是也卯尾午首辰頸也衡軸鑿枘之合寅是也鑿孔也衡横軸縱卯辰子丑之交加也

七曰架

井之兩旁為之柱或石焉或瓴甋焉或木焉柱之上端為山口山口者容軸之圜也以利轉也軸之首設之小衡與衡平行也長二尺或三尺小衡之兩端設二木而三合之如句股以小衡為弦句股之交立之柄持其柄而搖之以轉軸也水之中穿井之脇而設之梁横亘焉梁之上為二陷以居雙筩之底欲其固也中其陷而設之孔稍大于雙筩之底孔水所從入也梁居水中其木必榆榆為木也無味水不受之變梁在其下柱在其上車所由孔安而利用也故曰架者所以居庶物也

注曰本篇四圖之卯亥也辰乾也柱也當辰卯為山口者以容軸之圜也小衡者申未也三合者未申酉為三角形也酉戌柄也立之柄者立柄于酉戌酉未為直角也坎艮梁也角亢氐房陷也心尾陷中孔也

若欲為專筩之車則為專筩專柱而入之中筩如恒升之法而架之而升降之其得水也當玉衡之半井狹則

為之

注曰專一也架法見恒升篇

恒升車記曰恒升車者井泉挈水之器也其用與玉衡相似而更速焉更易焉以之灌畦治田致為利益矣若為之複井井之底為竇而通之以大井瀦水以小井為筩而出之則無用筩也若江河泉澗索水之處過高龍尾之力有不能至則用是車焉挈水以升架槽而灌之或迤而建之以當龍尾

恒升者從下入而不出也從上出而不息也恒升之物有四一曰筩筩者水所由入也所以束水而上也二曰提柱提柱者水所由恒升也三曰衡軸衡軸者所以挈提柱上下之也四曰架架者所以居庶物也四物者備斯成器矣更為之機軸焉巧者運之不可勝用也

一曰筩

刳木以為筩筩之長無定度下端所至居水之中已上則易竭已下則易濁上端所至出井之上度及于索水

之處而止筩之徑無定度因井之大小索水之多寡斟酌焉而為之度筩之容任圜與方其圜中規其方中矩而上下等筩之周以鐵環約之環無定數視筩短長斟酌焉而為之數筩之下端為之底欲其密而無漏也中底而為之孔孔之方圜反其筩若圜筩而方孔七分底之徑以其四為孔之徑若方筩而圜孔七分底之徑以其五為孔之徑孔之上象孔之方圜為之舌而掩之如玉衡之雙筩掩之欲其密而無漏也開闔之欲其無滞也筩之上端為之管管外出而下迤也本廣而末狹也水從孔出焉既入而提柱之勢能以舌掩之既掩而提之提之則從管而出也故曰筩者水所由入也所以束水而上也

注曰玉衡之雙筩與中筩為二此則合之筩入于井量井淺深筩長短而置之近上趨恒得水而止近下趨無受濁而止與玉衡同也圜筩用竹尤簡用木則方筩為易焉如本篇一圖甲乙丙丁圓筩也丙丁其底也戊已底方孔也庚辛壬癸方筩也

壬癸其底也子丑底圜孔也寅方舌也酉圜舌也甲卯辛卯管也辰午未申之屬環也環之多寡疏密趣不漏而止餘見玉衡篇

二曰提柱

鍊銅以為砧圜者中規方者中矩砧之大入于筩也欲其密切而無滞也展轉之上下之猶是也當砧之心而設之孔孔之方圜孔之徑皆與筩底之孔等孔之上為

之舌以掩之舌之制如簡底之舌也直木以為柱柱有二式一用長一用短用長者為實取之柱用短者為虛取之柱實取之柱其砧入于水而升降焉其長之度下及于簡之底上出于簡之口其出于簡之口無定度趣及于衡而止虛取之柱無用長入簡數尺而止升降于無水之處以氣取之欲挈之先注水于砧之上高數寸以閉其罅而嗡之凡井淺者實取焉井深者虛取焉五分其簡之徑以其一為柱之徑砧之合于柱也鍊銅或鐵為四足隅立于方砧之四維方孔之四旁而皆上聚之聚之度趣不害于舌之開闔而止以其聚合于柱之下端合之欲其固也砧之厚以其枝于隅足也可無厚既合而入于簡砧降而底之舌為之掩砧升則開之開之則水入掩之則水不出一升一降是水恒入而不出也既入之水而砧降焉則無復之也則上衡于舌而入于砧之孔砧升而砧之舌為之掩一升一降是水恒入而不出也兩入而不出則溢于簡而出常如是虛者實者同于是故曰提柱者水所由恒升也

注曰玉衡之提柱與壺之孔之舌為二此則合之又玉衡之水皆實取此有虛取之法焉氣法也凡砧之入于簡求密切而無滯也求密切之法成砧而入之能無漏者國工也不能無漏者稍弱其砧之徑以氈罽之屬皮革之屬附于砧之四周焉附之法若砧厚者稍剡其周之上下如鼓木當其剡而刻為陷環既附而堅束之砧薄者則為兩重之砧夾其氈或革以隅足貫之而縶之柱如本篇一圖之甲乙是也四足者丙丁戊酉也砧者巳庚辛壬也砧之孔癸子也其舌丑寅也砧可無厚無厚則輕餘見玉衡篇

三曰衡

直木以為衡衡之長無定度量簡之大小水之淺深多寡焉長則輕衡之兩端皆綴之石以為重其兩重等五分其衡二在前三在後而設之鑿直木以為軸軸之長

欽定四庫全書　農政全書　卷十九

無定度圜其兩端中分其長而設之枘衡衡也軸縱也鑿枘而合之欲其固也軸之兩端各為山口之木而架之中分其衡之前而綴之提柱綴之欲其密切而利轉也抑其後重而提柱為之升揚其後重則前重降而提柱隨之也提柱之降也實取者挹水而升于砧也其升也則下入于筩而上出于筩也虛取者降而得氣焉氣盡而水繼之故曰衡者所以挈提柱上下之也

注曰氣盡而水繼之者天地之間悉無空際氣水二行之交無間也是謂氣法是謂水理凡用水之衡率此一語為之本領焉本篇三圖之甲乙衡也丙丁兩石重也戊己衡也子衡軸之交也庚辛壬癸山口之木也寅提柱也綴之于丑卯辰寅上端也午管也餘見玉衡篇

四曰架

木為井幹以持筩持之欲其固也筩之下端為盤以承之盤與筩合之欲其固也中盤而為之孔孔之徑稍强于筩底之孔之徑盤之下為鼎足而置之井底

注曰本篇四圖之卯未辰午井幹也加于地平之上申戌酉亥之間為正方之空夾筩而持之丁戊井面地平也巳庚井底也辛壬癸盤也辛子壬丑癸寅盤足也

若欲為雙升之車則雙筩焉如玉衡之法而架之而升降之此升則彼降用力一而得水二也是倍利于恒升也尤宜于江河

注曰力一水二者一升一降各得水一焉無虛用力也恒升者一升一降而得水一也架法見玉衡篇

玉衡一圖

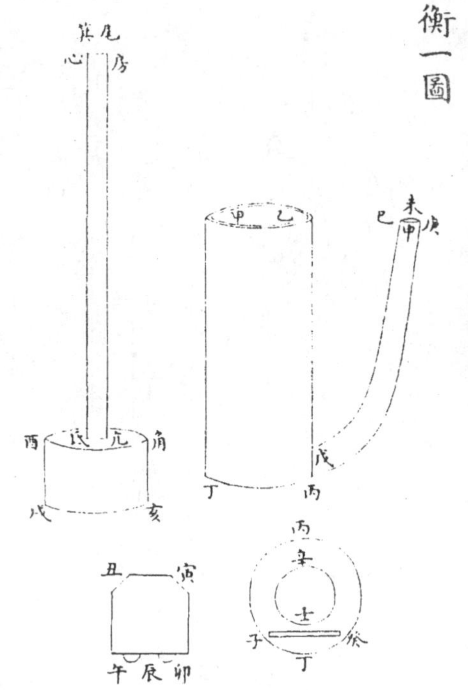

玉衡二圖

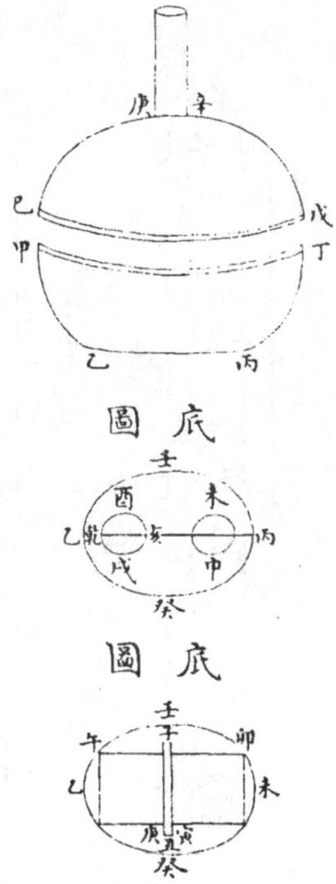

玉衡三圖

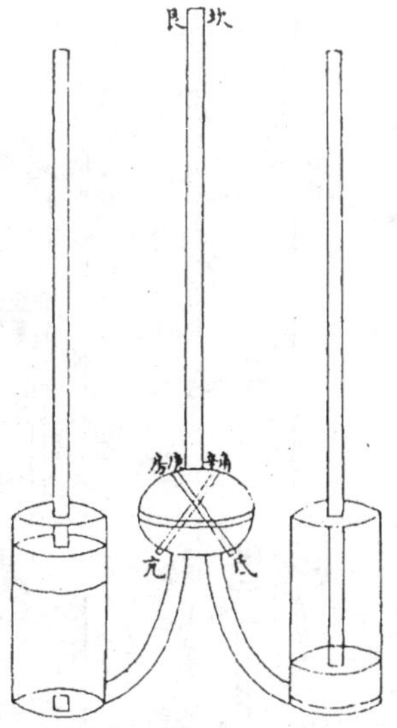

玉衡四圖

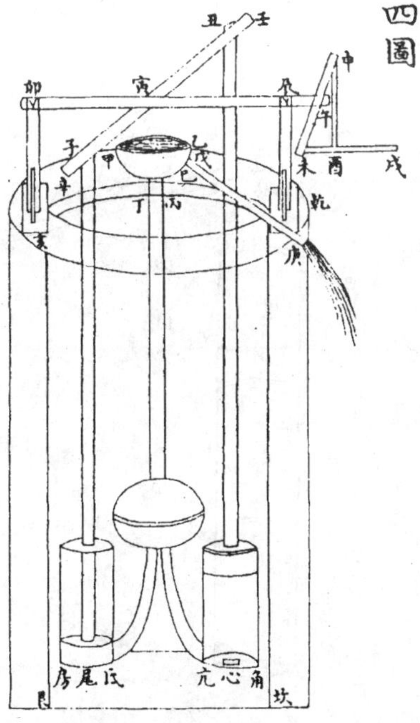

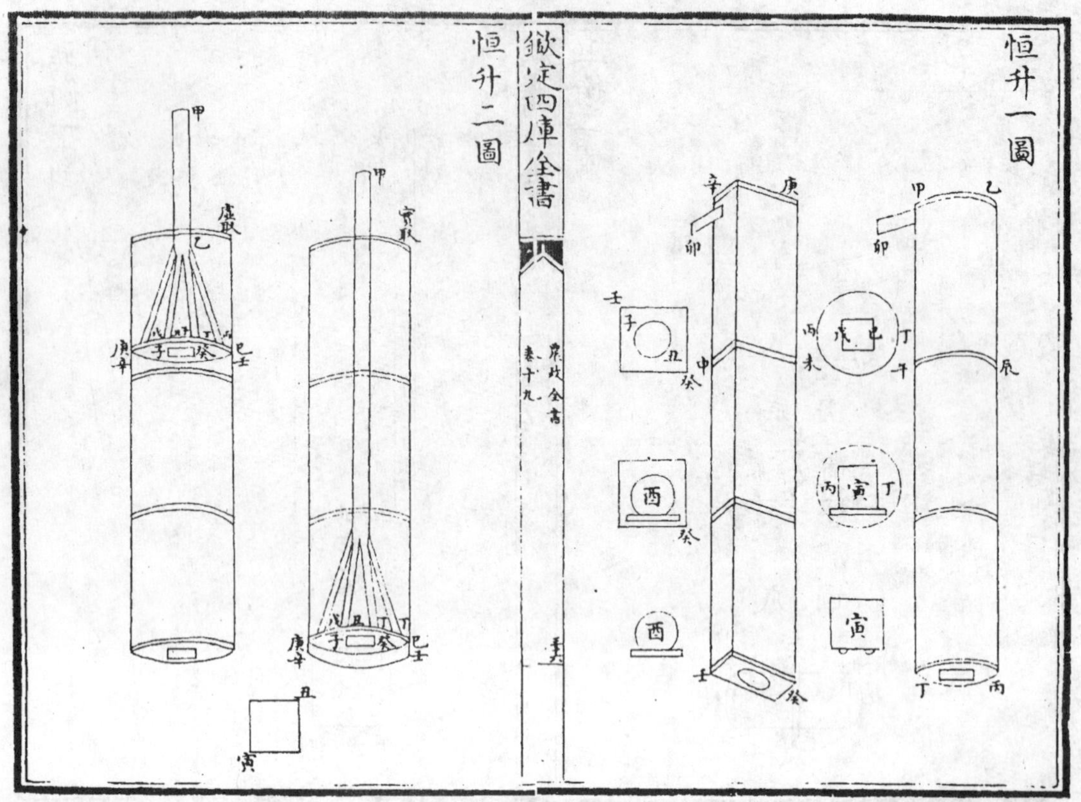

恒升三圖

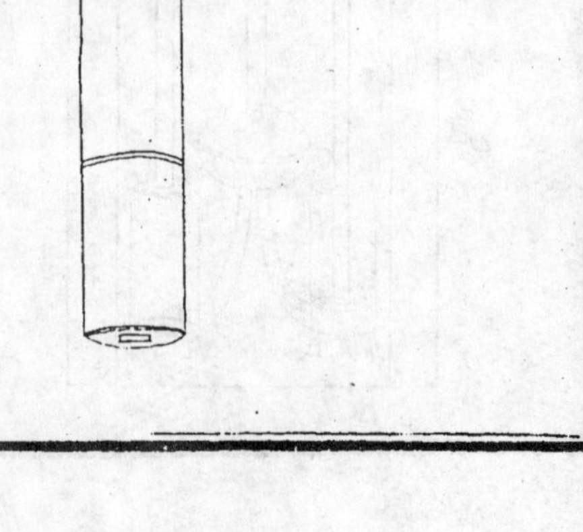

欽定四庫全書

農政全書
卷十九

恒升四圖

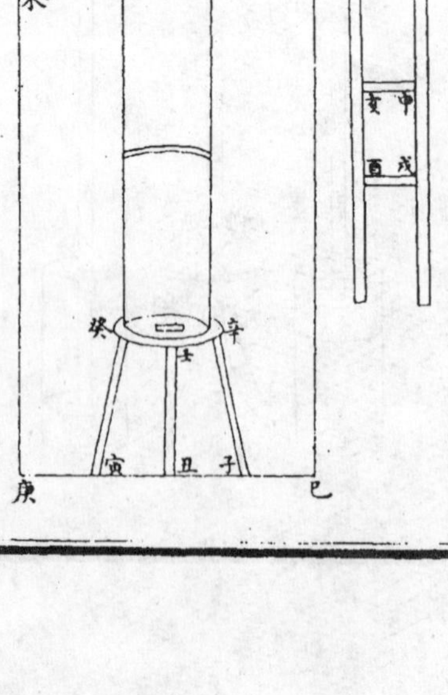

農政全書卷十九

農政全書卷二十

明 徐光啓 撰

水利

泰西水法下

用雨雪之水為法一種

水庫記曰水庫者積水之處也澤國下地水之所都平原易野厥田中中引河鑿井斯足用焉若乃重山複嶺陡澗迅流乘水之急激而自上廢人用器厥利尤大矣别有天府金城居高乘險江河溪澗境絶路殊鑿井百尋盈車載綆時逢亢旱涓滴如珠或乃絶徼孤懸恒須遠汲長圍久困人馬乏絶若斯之類世多有之臨渴為謀豈有及哉計莫如恒儲雨雪之水可以御窮而人情狃近未或先慮及其已至坐槁而已亦有依山掘地造作唐池以為旱備而彌旬不雨已成龜圻徒傷挹注之易窮不悟滲漏之實多矣西方諸國因山為城者其人積水有如積穀穀防紅腐水防漏渫其為計慮亦畧同之以故作為水庫率令家有三年之蓄雖遭大旱遇强敵莫我難焉又上方之水比于地中陳久之水方于新汲其蠲煩去疾益人利物往往勝之彼山城之人遇江河井泉之水猶鄙不肯嘗也今以所聞造作法著于篇

水庫者水池也曰庫者固之其下使無受渫也羃之其上使無受損也四行之性土為至乾甚于火矣水居地中風過損焉日過損焉夏之日大旱金石流土山焦而水獨存乎故固之故羃之水庫之事有九一曰具具者庀其物也二曰齊齊所以為之和也三曰鑿鑿所以為之容也四曰築築所以為之地也五曰塗塗所以為之固守也六曰蓋蓋所以為之羃覆也七曰注注所以為之積也八曰挹挹所以受其用也九曰修修所以為之彌縫其闕也

注曰羃防耗損亦防不潔古人井固有羃易曰井

欽定四庫全書 農政全書 卷二十 二

收勿幕齊與劑同

一曰具

水庫之物有六以備築也蓋也塗也築與蓋之物有三曰方石曰瓴甋曰石卵塗之物有三曰石灰曰砂曰瓦屑塗之物三合謂之三和之灰或砂或瓦去一焉謂之二和之灰煉灰之石或青或白欲密理而色潤否者疏而不眠煉之以薪或石炭焉火不絕二日有半而後足試之法先取一石權之雜衆石而煉之既成而出之權

之損其初三分之一此石質美而火齊得也砂有三種或取之湖或取之地或取之海海為上地次之湖又次之砂有三色赤為上黑次之白又次之辨砂之法有三挼之其聲楚楚焉純砂也諦視之各有廉隅圭角純砂也散之布帛之上抖擻之悉去之不留塵坌者純砂也否則有土雜焉以為齊則不固瓦之屑以出陶之毀瓦瓴甋鐵石之杵臼舂之而簁之無新焉而用其舊者水濯之日暴之極乾而後舂之而簁之簁之為三等細與石灰同體為細屑稍大焉與砂同體為中屑再簁之餘其大者如菽為查

注曰方石瓴甋者以豫為牆為蓋二物皆無定度也為牆之石取正方焉廣狹短長厚薄無定度牆厚則堅堅則久為蓋者或穹之穹之石合之其圓半規穹之法有三詳見下方也石卵者鵞卵之石也以豫為底也無之以小石代之大者無過一斤小者任雜焉凡石卵或小石欲堅潤而密理否者

不固昵黏也二日有半三十時足也陶窑竈也瓴甋磚也凡瓦之土勝磚之土用磚則謹擇之簁俗作篩羅也查滓也查無用簁擇其過大者去之三和之灰今匠者多用之其一則土也用土不堅以瓦屑故勝之以後法為之劑又勝之西國別有一物似土非土似石非石生于地中掘取之大者如彈丸小者如菽色黃黑孔竅周通狀如蛀窠儼然石也而體質甚輕挼之成粉舂以代砂或代瓦屑

灰汁在其空中委宛相入堅凝之後逾于鋼鐵近數十年前有發故水道者啟土之後鍬钁不入百計無所施既而穴其下方乃壞墮焉視其甃塗之灰用是物也厚半寸許耳此道由來甚久以歷年計之在漢武之世矣後此凡用和灰甚貴是物焉或作室模和灰塗之宗閟窈窕惟意所為既成之後絕勝冶銅鑄鐵矣然所在不乏計秦晉隴蜀諸高陽之地必多有之其形大段如浮石而顆細色

赤黄質脆為異耳以本草質之殆土殷孽之類也其生在乾燥之處土作硫黄氣者或產硫黄者或近温泉者火石者火井者或地中時出燐火者即有之求之法視其處草不蕃盛背茸短瘠又淺草之中忽有少分如斗許如席許大不生寸草者依此掘地數尺當可得也西國名為巴初剌那求得之大利于土石之工或并無瓦屑及砂以青白石末代之其細大之等與瓦屑同

二曰齊

凡齊以斗斛槩其物水和之三分其凡而灰居一砂居二湅之如糜謂之甃齊三分其甃齊加水一焉而調之謂之築齊塗之齊有三湅之皆如糜四分其凡而瓦查居二砂居一灰居一謂之初齊三分其凡而中屑居二灰居一謂之中齊五分其凡而細屑居三灰居二謂之末齊凡湅齊熟之又熟無亟于用無惜于力日再湅五日而成為新齊新齊積之恒以水潤之下濕之處窖藏

而土封之久而益良

注曰凡量灰必出窑之灰凡量瓦屑必出臼之屑凡量砂必日暴之砂皆言乾也如糜者今匠人所用甃牆塗牆挑而槩之之劑也太燥則不附太濕則不居加水為築劑則如稀糜沃而灌之之劑也凡治宮室築城垣造壙域皆以諸劑斟酌用之和之水以泉水江水雨水雜鹵與鹻勿用也雪水之新者勿用也凡總數也

三曰鑿

池有二曰家池曰野池家以共家野以共野共家者飲餴焉滌滌焉共野者畜牧焉溉灌焉為家池計衆霤而曲聚之承而鍾之為野池計岡阜原田水道之委而聚之而鍾之為家池必二年以上代積焉代用焉為野池專可也隨積而用之皆計歲用之數而為之容積二年以上者遞倍之或倍之容或倍其處為家池平其底中底而為之坎坎深二尺以渟其垢三分其底之徑以其一

為坎之徑牆方則稱圜則固大者圜之小者方之大者圜而方者小則不畏深也牆之周或壁立或下侈而上弇之侈弇之數無定度雖為之土囊之口可也若上侈而下弇則寡容也中侈而上下弇則難為牆也無所取之或為之複池限之以牆中牆而為之竇以通之小者埶之大者隨之互輸寫之可挹清而去濁也代積而代用也若山麓原田陂陁之地則為壺漏之池高下相承互輸寫之為野池利淺以羣飲六畜以溉田方其牆迤其一面以為涂欲為深者迤其底漸深之無坎為野池擇磽确之地不宜稼而水輳焉者可也是化無用為有用也

注曰共與供同霤簷溝也容者通高下廣狹所容受多寡之數也度池尺寸計容多寡用盤量倉窖術在九章算之粟米篇專獨也遞倍者二年則二倍三年則三倍也倍容者倍其大倍處者倍其多也倍大法亦用立方立圓術酌量作之在九章算

之少廣篇方則稱者或稱其室或稱其庭兩方相稱也方牆而大懼或墮焉圜如井周相恃為固上弇不墮亦此理也侈廣弇斂也如本篇一圖之甲乙丙丁方池也辛壬癸子圓池也二形之外或有為長方者方之屬也有六角八角以上諸角形者圓之屬也惟所為之未暇詳也戊已丑寅底坎也乙庚辛壬壁立之牆也卯辰午未戌房氐亢上弇之池也卯未戌角土囊之口也複池兩池並也牆

之實多寡大小高下任意作之埶木杙也凡脩與埶或旁渫者附之以煣木之皮而塞之壺漏之池者從上而下位置如刻漏之壺其開竇輸寫亦若漏水相承也如本篇二圖之甲乙複池也丙丁限牆也午壬申竇也戊巳庚辛壺漏之複池也壬其竇也癸子丑寅卯辰壺漏之三複池也酉與戌皆其竇也三以上任意作之其連接之處如庚至巳丑至子淺深高下亦任意作之迤之以為塗令人

畜皆邐迤而下恒及水際也凡岡阜之下山陵之麓其地瀝脂故不宜稼其勢建瓴水則轃之牲降于阿取飲既便挈以灌田趨下易達也

四曰築

築有二下築底旁築牆築底者既作池平其底則以木杵杵之或以石碓碓之杵之碓之欲其堅也依池之周而為之牆或方石焉或瓴甋焉甃之以甃齊之灰甃必乘其界牆量池之小大淺深而為之厚不厭厚若複池則為共池而中甃其限牆仍甃為行水之竇壺漏之複池則各為池而穿行水之竇也牆畢以鵞卵之石或小石墊之其底厚五寸以上不厭厚既墊之復杵之或碓之不厭堅無惜其力亦欲其平也既堅既平以築齊之灰灌之又灌之滿焉實焉平焉浮于石而止復杵之或碓之有隙焉復灌之滿實平而止中底之坎亦杵之亦牆之亦墊之而灌之如法作之凡底與牆之交碓杵或不及焉則以邊杵築之其墊與灌必謹察之而加功焉

壺漏之竇居水之衝必謹察之而加功焉凡牆皆以方長之石為之緣若遇大石焉而鑿之池以石為之底與牆與緣徑塗之有闕焉而為之縫亦杵之而牆之而緣之而墊之而灌之如法作之野池或土或石皆如之

注曰乘界俗言騎縫也緣池面壓口也縫補也本篇三圖之甲乙丙木杵也丁邊杵也戊石碓也巳辛巳庚甃牆也庚辛石墊也本篇二圖之甲乙即共池也以意度之江海之濱平原易野土疏善壞

必以甃牆處于山者如秦如晉厥土騂剛陶復陶穴壁立不墮若斯之處掘地為池雖無甃牆而徑塗之不亦可乎同志者請嘗試之

五曰塗

築畢候池之底既乾其十之八掃除之過乾則水沃之而後塗之塗之先以初齊厚五分池大者加二分之一池之底及周連塗之連塗之則周與底之交無罅也塗畢以木擊擊之欲其平以實也次日又擊之有罅焉以

鐵緊緊之乾則以水沃而緊之無罅而止三日以後皆如之候其乾十分之六而塗之中齊中齊之厚減其初二分之一亦擊之緊之次日以後皆如之候其乾十分之六而塗之末齊末齊之厚減其次二分之一亦擊之緊之次日以後皆如之候其乾十分之五以鐵緊摩之有罅焉以水沃而摩之周與底中坎之周與底複池之水竇皆同之凡周與底之交若竇必謹察之而加功焉凡塗瓴甋之牆或爍而不昵以石灰之水遍灑之作堊色乾而後塗之則昵凡塗石池與土池野池與家池皆同法凡擊欲其堅如石也摩欲其密如脂也欲其瑩如鏡也堅密以瑩更千萬年不渫也

注曰本篇四圖之甲木擊也乙鐵緊也凡三和之灰無所不可用欲厚則四塗之五塗之任意加之四塗者初一中二末一五塗者初一中三末一末塗以飾宮室之牆欲令光潤者以雞子清或桐油和之如法擊摩之欲設色以所用色代瓦屑而和之石色為上草木為下

六曰蓋

家池之蓋有二曰平之曰穹之平有二曰石版曰木版皆平而冪之為之孔以出入水穹有三曰券穹曰斗穹曰蓋穹方池皆券穹正方者或為斗穹圜池之屬皆蓋穹券穹者形覆券也又如截竹析其半而覆之兩和為之立牆斗穹者形覆斗也方其隅而四牆之趨其頂也皆以圜蓋穹者其形蓋也中高而旁周皆下垂凡穹之

空皆半規皆去緣尺而甃之甃之法皆架木以為模緣而成之甃以石則治之以趨規若瓴甋亦以趨規之模造之無之則以甃齊加損而合之穹之下為之竇以出入水在野者或穹之不則苫之或露之

注曰平蓋出入之孔有二一居中當底坎之上以抱其渟汙也一近池之緣注水入之挈水出之大小皆無定度也本篇四圖之丙丁戊己庚券穹也丁戊戊己方池兩緣也丁丙戊和牆也丙庚穹背

也辛壬癸子丑斗穹也辛壬癸丑方池緣也子穹頂也依丑辛直線為牆漸狹而上以趨子其丑子辛子皆圜線餘三同之而結于子也寅卯辰午未蓋穹也寅卯未辰圜池緣也午穹頂也旁周趨上皆為圜線其全空皆半規圜之半也空皆半規者謂丁丙戊丑子壬未午寅皆半圜形也如是則固去緣尺者池口為道將跨池以居渠也趨規之勢令工人謂之橘房形也

七曰注

凡家池以竹木為承霤展轉達之其將入于池也為之露池迎輻輳之水甃積焉以渟其滓既澱而後輸之露池之緣為竇焉以入于池露池之底為竇焉而他泄之皆以牐或以槷而節宣之凡雨之初零也必有滓也長夏之雨也必有酷熱之氣也則啟其下竇而池泄焉度可入也者塞之啟其上竇而輸之若水之來與地平不能為下竇者則澱其滓以時出之為新池俟乾極而注

之新注之水不食也既浹月更注之而後食之為二池者歲食經年之水為三池者歲食三年之水是恒得陳水焉水陳者良若為複池者既注之澄而後啟中牆之竇而輸之空池復注之如是更積之是恒得澄水焉凡池既盈而閉之則畜之金魚數頭是食水蟲或鯽魚是食水垢野池注之山原之水遂以畜諸魚可也魚之性有與牛羊相長者也

注曰澱下凝也露池不冪也如本篇五圖之甲乙

丙露池也丁上竇也戊下竇也新注不食灰氣入焉味惡也魚與牛羊相長者如鮮食羊豕之惡而肥鰱食鮮之惡而肥也

八曰挹

家池之水深其挈之則以龍尾之車更深者為之玉衡之車恒升之車無立其足則以大石為墜闕巨木而置之無夾其筩則跨池為梁而置之既出而為槽以達之若挈瓶施繘焉亦從其梁中底之坎既溉焉為嗡筩以

去其溉嗡筩者截竹而通其節或卷銅錫焉兩端塞之中底而為之孔孔之徑當底三分之一上端之旁為之孔無過三分一指可揜也揜其上孔而入之水至于底而啟之則自下孔入者皆溉也既盈揜而出之而傾之如是數入焉溉盡而止凡施筩亦從其梁野池之灌畦若田也亦以三車挈之置車亦如之池大者無跨其梁則跨之隅

注曰足謂龍尾之下樞也玉衡之雙筩恒升之筩底也筩者玉衡之中筩恒升之筩上端也繘汲井繩也本篇五圖之巳庚辛石闕巨木也壬癸梁也子丑嗡筩也寅嗡筩之底孔也卯旁孔也未申梁跨其隅也

九曰修

池無新故或渫焉修之則用細潤之石舂之簁之與灰同體亦與同量煮水百沸而投之和之日乾之復舂之簁之煮水投之如是四焉舂而簁之牛乳汁和之以塗

其隙或以生漆和而塗之

注曰同體等細也同量等分也

水庫一圖

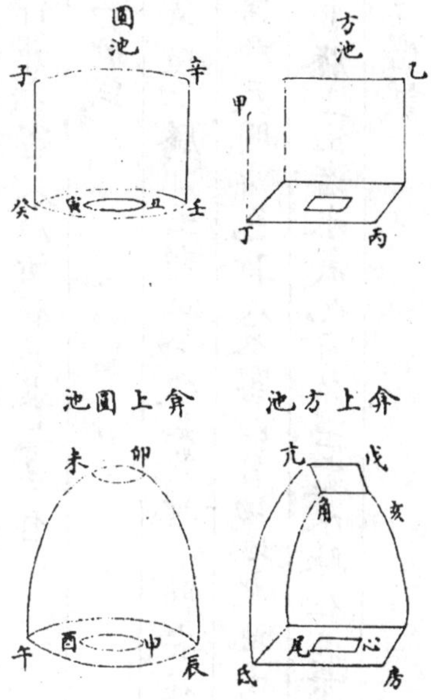

圓池

方池

弇上圓池

弇上方池

水庫二圖

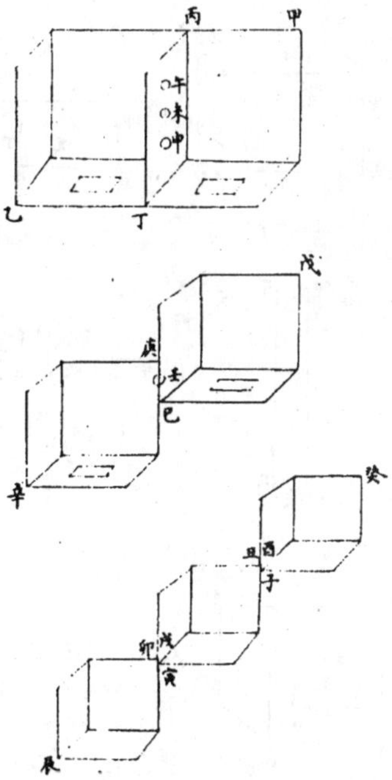

水庫三圖

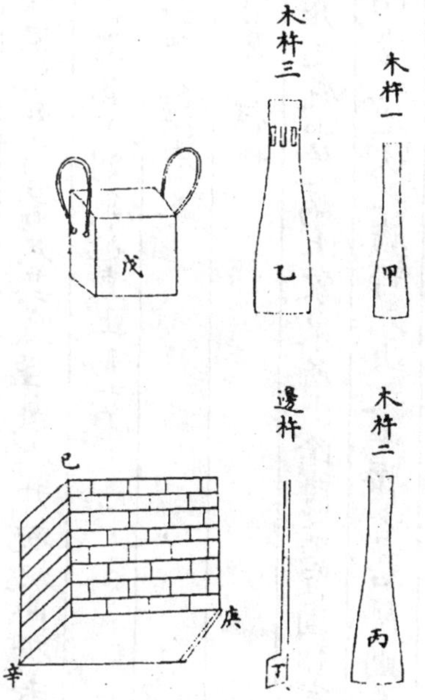

木杵一

木杵三

木杵二

邊杵

水庫四圖

券

盞

斗

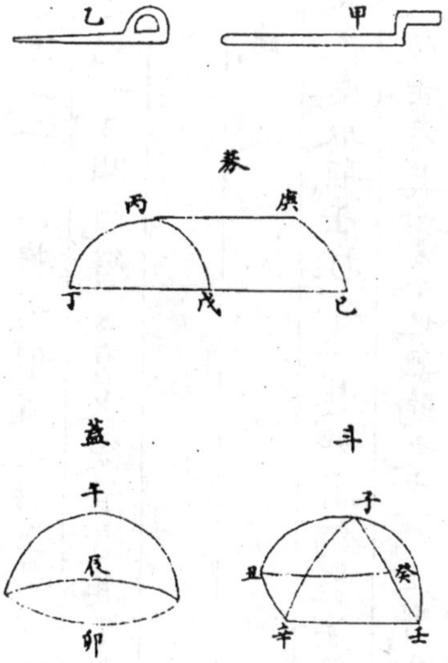

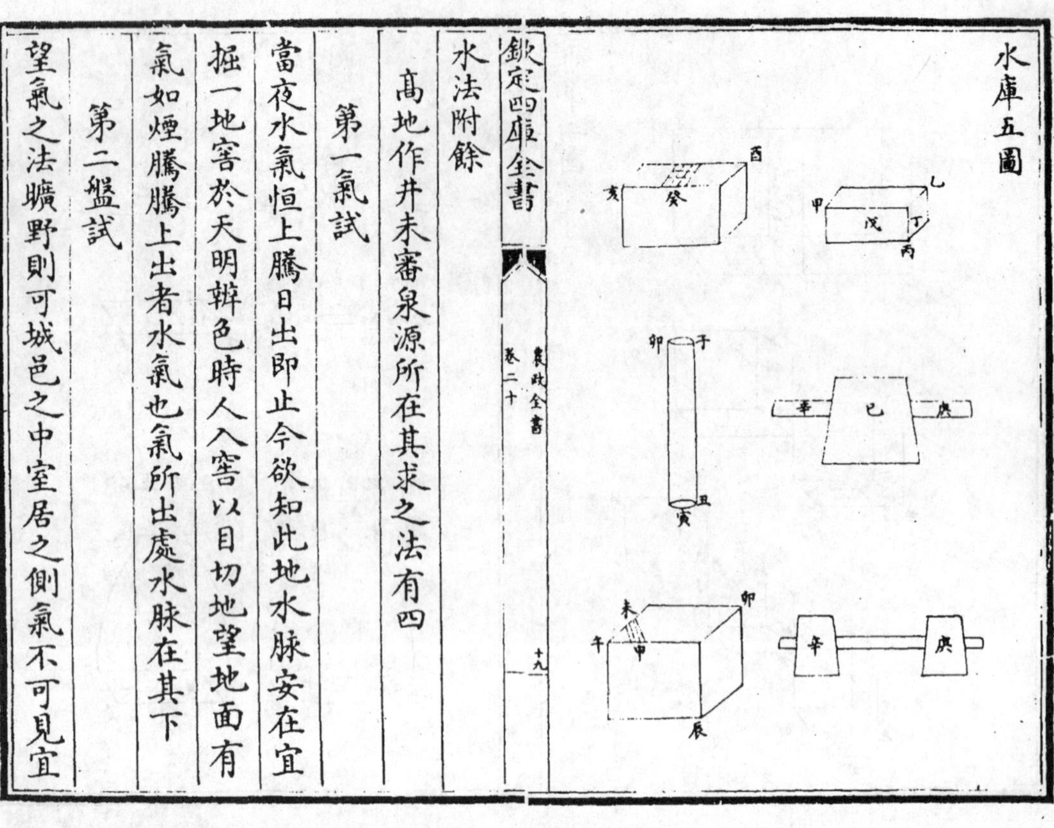

水法附餘

高地作井未審泉源所在其求之法有四

第一氣試

當夜水氣恒上騰日出即止今欲知此地水脉安在宜掘一地窖於天明辨色時人入窖以目切地望地面有氣如煙騰騰上出者水氣也氣所出處水脉在其下

第二盤試

望氣之法曠野則可城邑之中室居之側氣不可見宜掘地深三尺廣長任意用銅錫盤一具清油微微遍擦之窨底用木高一二寸以搘盤偃置之盤上乾草蓋之草上土蓋之越一日開視盤底有水欲滴者其下則泉也

第三缶試

又法近陶家之處取瓶缶坯子一具如前銅盤法用之有水氣沁入瓶缶者其下泉也無陶之處以土墼代之或用羊絨代之羊絨者不受濕得水氣必足見也

第四火試

又法掘地如前篝火其底煙氣上升蜿蜒曲折者是水氣所滞其下則泉也直上則否

鑿井之法有五

第一擇地

鑿井之處山麓為上蒙泉所出陰陽適宜園林室屋所在向陽之地次之曠野又次之山腰者居陽則太熱居陰則太寒為下鑿井者察泉水之有無斟酌避就之

第二量淺深

井與江河地脉通貫其水淺深尺度必等今問鑿井應深幾何宜度天時旱澇河水所至酌量加深幾何而為之度去江河遠者不論

第三避震氣

地中之脉條理相通有氣伏行焉強而密理中人者九竅俱塞迷悶而死凡山鄉高亢之地多有之澤國鮮焉此地震之所由也故曰震氣凡鑿井遇此覺有氣颼颼

侵人急起避之俟洩盡更下鑿之欲候知氣盡者縋燈火下視之火不滅是氣盡也

第四察泉脉

凡掘井及泉視水所從來而辨其土色若赤埴土其水味惡赤埴黏土也中為甓為瓦者是若散沙土水味稍淡若黑墳土其水良黑墳者色黑稍黏也若沙中帶細石子者其水最良

第五澄水

作井底用木為下磚次之石次之鉛為上既作底更加細石子厚一二尺能令水清而味美若井大者于中置金魚或鯽魚數頭能令水味美魚食水蟲及土垢故

試水美惡辨水高下其法有五

第一煑試

取清水置淨器煑熟傾入白磁器中候澄清下有沙土者此水質惡也水之良者無滓又水之良者以煑物則易熟

第二日試

清水置白磁器中向日下令日光正射水視日光中若有塵埃絪緼如游氣者此水質惡也水之良者其澄澈底

第三味試

水元行也元行無味無味者真水凡味皆從外合之故試水以淡為主味佳者次之味惡為下

第四稱試

有各種水欲辨美惡以一器更酌而稱之輕者為上

第五紙帛試

又法用紙或絹帛之類色瑩白者以水蘸而乾之無跡者為上也

農政全書卷二十

欽定四庫全書

農政全書卷二十一

明 徐光啟 撰

農器

圖譜一

王禎曰昔神農作耒耜以教天下後世因之佃作之具雖多皆以耒耜為始然耕種有水陸之分而器用無古今之間所以較彼此之殊效參新舊以兼行使粒食之民生生永賴焉

耒 耜

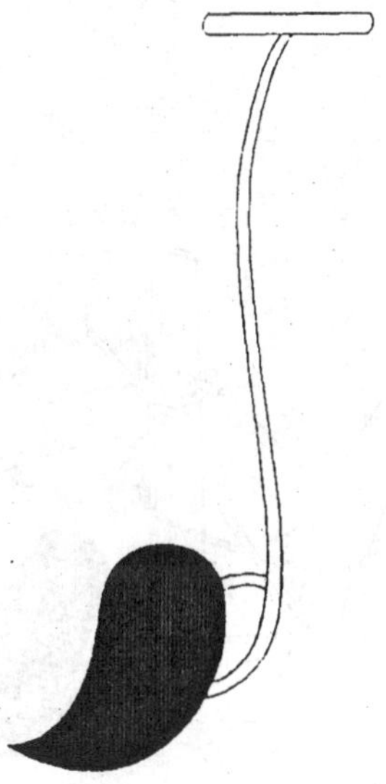

耒耜上句木也易繫曰神農氏作斲木為耜揉木為耒說文曰耒手耕曲木從木推手周官車人為耒庛長尺有一寸鄭注云庛讀如棘刺之刺刺耒下前曲接耜則耒長六尺有六寸其受鐵處歟自其庛緣其外遂曲量之以至于首得三尺三寸自首遂曲量之以至於庛亦三尺三寸合為之六尺六寸若從上下兩曲之内相望如弦量之只得六尺與步相應堅地欲直庛柔地欲句庛直庛則利推句庛則利發倨句磬折謂之中地耜臿也釋名曰耜齒也如齒之斷物也說文云耜從木吕聲徐鉉等曰今作耜周官考工記匠人為溝洫耜廣五寸二耜為耦一耦之伐廣尺深尺謂之甽鄭云古者耜一金兩人併發之其壟中曰甽甽上曰伐伐之言發也今之耜岐頭兩金象古之耦也賈公彥疏云古者耜一金者對後代耜岐頭二金者云也今之耜岐頭者後用牛耕種故有岐頭兩脚耜也耒耜二物而一事猶杵臼也

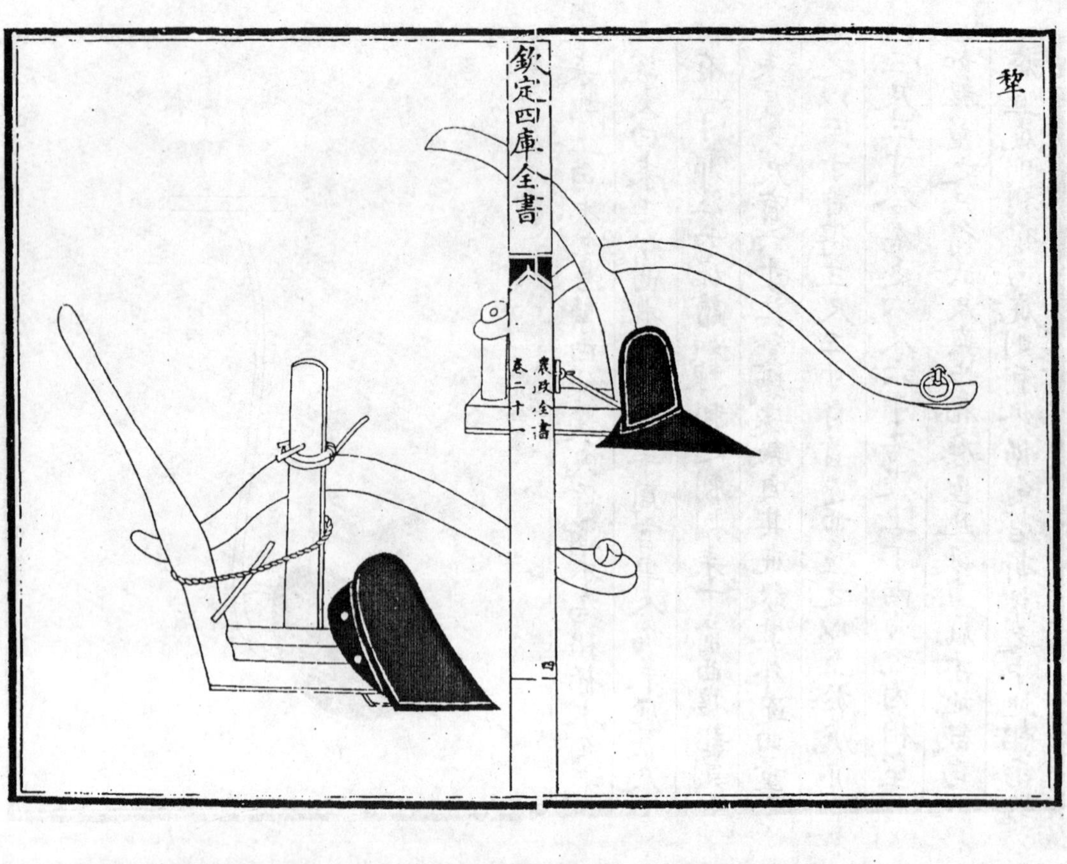

犂墾田器釋名曰犂利也利則發土絕草根也治金而為之曰犂鑱曰犂壁斵木而為之曰犂底曰壓鑱曰策額犂箭犂轅犂梢犂評犂建犂槃木金凡十有一事耕之土曰墢墢猶塊也起其墢者鑱也覆其墢者壁也故鑱引而居下壁偃而居上鑱之次曰策額皆貼然相戴自策額達于犂底縱而貫之曰箭前如程而樛者曰轅後如柄而喬者曰梢轅有越加箭可弛張焉轅之上又有如槽形亦如箭焉刻為級前高而後庳所以進退曰評進之則箭下入土也深退之則箭上入土也淺評之上曲而衡之者曰建建楗也所以抳其轅與評無是則二物躍而出箭不能止橫於轅之前末曰槃言可轉也左右繫以樫乎軛轅之後末曰梢中在手所以執耕者也鑱長一尺四寸廣六寸壁廣長皆尺微橢狹長也底長四尺廣四寸評底過壓鑱二尺策額減壓鑱四寸廣狹與底同箭高三尺評尺有三寸槃增評尺七焉建惟稱轅脩九尺梢得其半轅至梢中間掩四尺犂之終始丈

有二陸龜蒙耒耜經曰耒耜民之習通謂之犁

牛圖不載耕牛也易曰黃帝堯舜服牛乘馬引重致遠以利天下蓋取諸隨耒有用之耕者山海經曰后稷之孫叔均始作牛耕世以為起於三代愚謂不然牛若常在畎畝武王平定天下胡不歸之三農而放之桃林之野乎故周禮祭牛之外以享賓駕車犒師而已未及耕也即在詩有云載芟載柞其耕澤澤千耦其耘徂隰徂畛又曰有略其耜俶載南畝以明竭作于春皆人力也至

于穫之積之如墉如櫛然後殺時犉牡有捄其角以為社稷之報若使果用之耕曾不如迎貓迎虎列于蜡祭乎蓋牛之耕起于春秋之間故孔子有犁牛之言而弟子冉耕字伯牛禮記呂氏月令季冬出土牛示農耕早晚前漢趙過又增其制度三犁一牛後世因之生民粒食皆其力也然知資其力而不知養其力力既竭矣曾不審寒暑之異宜疫癘之救藥有冬鬻春租冀免芻豆之費壯鞭老殺猶圖皮肉之貲今勸農有官牛為農本而不加勸以致生不滋盛價失廉平田野小民歲多租賃以揭目前計其所輸已過半直是以貧者愈貧由不恤農之本故也若為民牧者當先知愛重祈報使不敢慢易絶其妄殺憫其羸瘠豐其豢牧潔其欄牢則無不字育蕃息札瘥不作耕種不失足致豐盈此誠善政務本之意也其可忽諸

耰

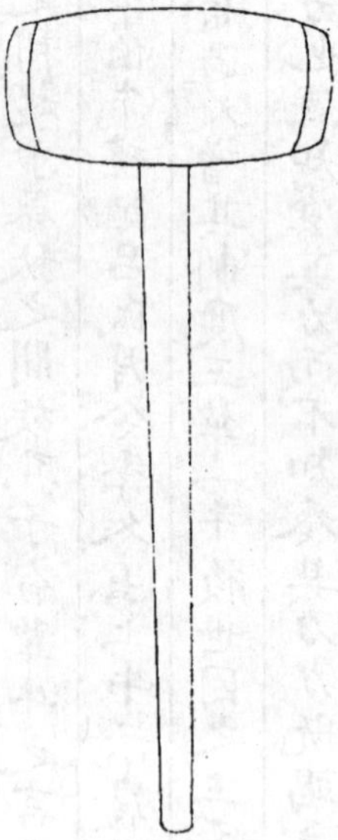

耰䎱塊器說文云耰摩田器晉灼曰耰椎塊椎也呂氏春秋曰鋤耰白梃耰椎也管子云一農之事必有一銍一椎然後成為農今田家所制無齒杷首如木椎柄長四尺可以平田疇擊塊壤又謂木斫即此耰也

方耙

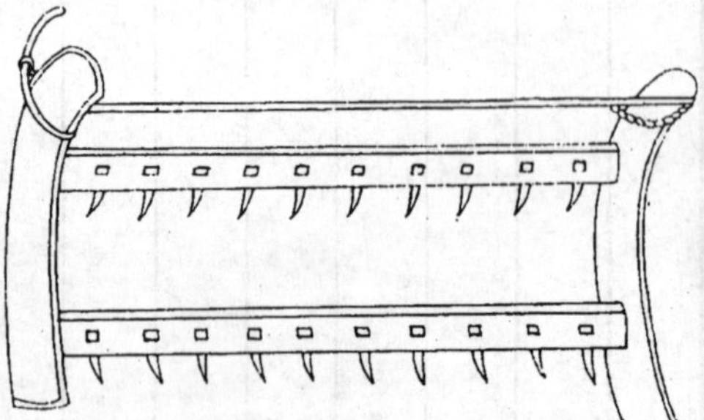

人字耙

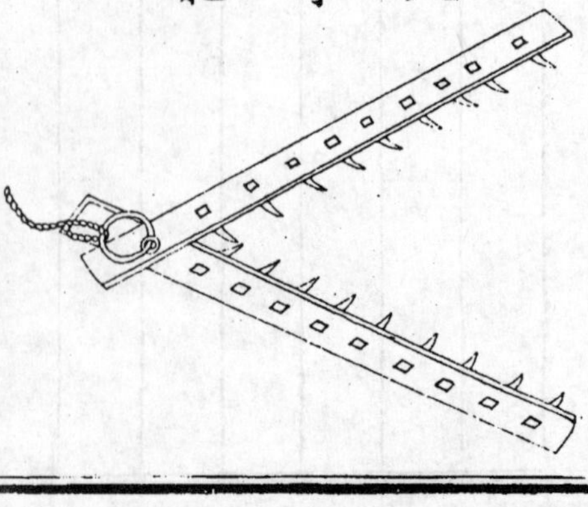

耙作爬今作䎱宋魏之間呼為渠拏又謂渠疏陸龜蒙曰凡耕而後有耙今日只知犂深為功不知耙細為全功蓋耙遍數惟多為熟熟則上有油土四指可沒雞卵為得耙桯長可五尺闊約四寸兩桯相離五寸許其桯上相間各鑿方竅以納木齒齒長六寸許其桯兩端木栝長可尺三前梢微昂穿兩木楔以繫牛挽鉤索此方耙也又有人字耙鑄鐵為齒齊民要術謂之鐵齒鍋鍨凡耙田者人立其上入土則深又當于地頭不時跂足

閃去所擁草木根茇水陸俱必用之

耖

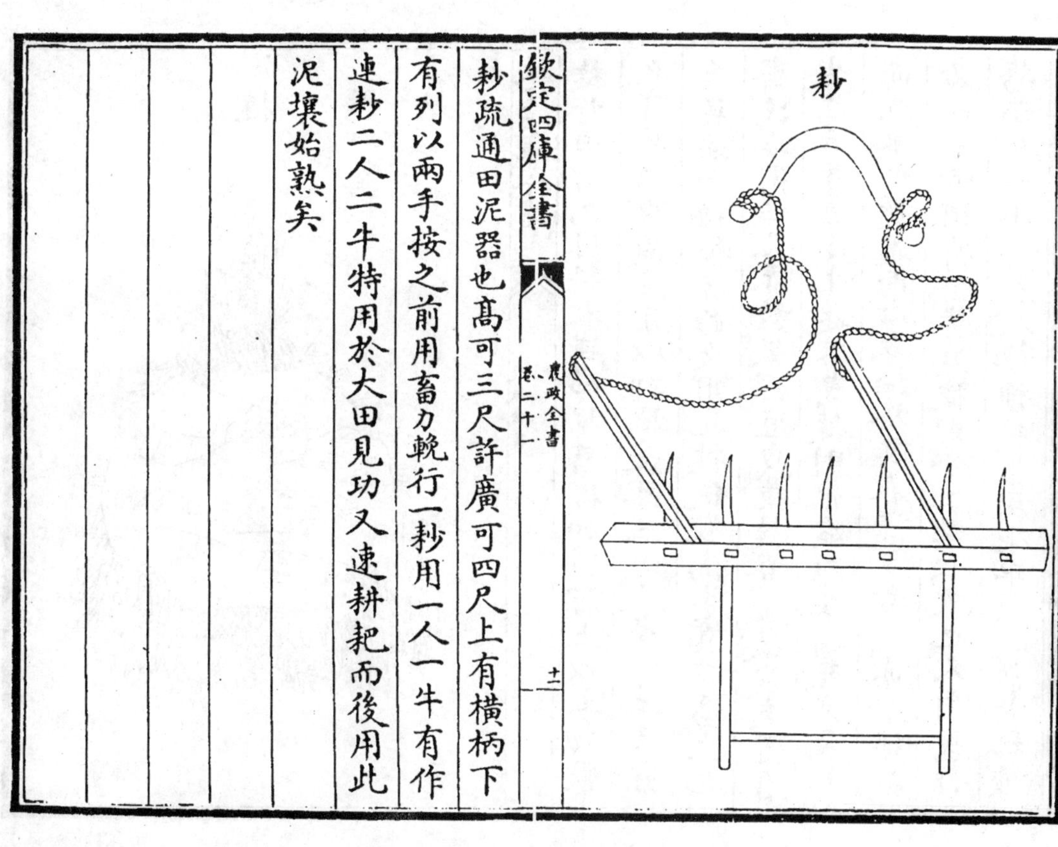

耖疏通田泥器也高可三尺許廣可四尺上有橫柄下有列以兩手按之前用畜力輓行一耖用一人一牛有作連耖二人二牛特用於大田見功又速耕耙而後用此泥壤始熟矣

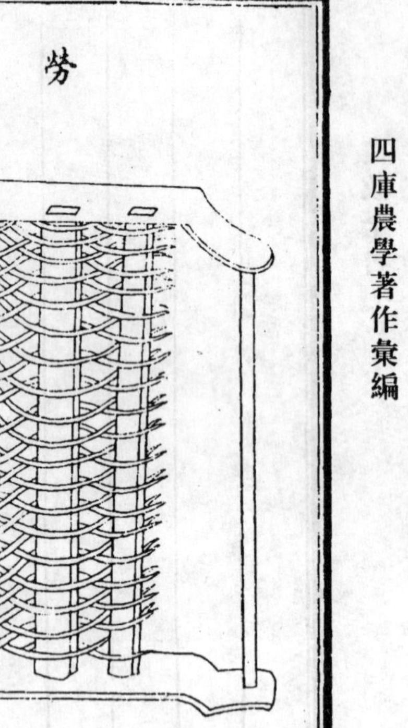

勞無齒杷也但杷梃之間用條木編之以摩田也耕者隨耕隨勞又看乾濕何如但務使田平而土潤與杷頗異杷有渠疏之義勞有蓋摩之功也齊民要術曰疏春耕尋手勞秋耕待白背勞注云春多風不即勞則致地虛燥秋田塌濕速勞則恐致地硬又曰耕欲廉勞欲再今亦名勞曰摩又名蓋凡已耕杷欲受種之地非勞不可

撻

撻打田篲也用科木縛如埽篲復加區濶上以土物厭之亦要輕重隨宜用以打地長可三四尺廣可二尺餘古農法云耬種既過後用此撻使壠滿土實苗易生也齊民要術曰凡春種欲深宜曳重撻夏種欲淺直置自生注云春氣冷生遲不曳撻則根虛雖生輙死夏氣熱而生速曳撻遇雨必致堅垎其春澤多者或亦不須撻必欲撻者須待白背濕撻則令地堅硬故也又用曳打場面極為平實今人耬種後惟用砘車碾之然執耬種

者亦須腰繫輕撻曳之使壠土覆種稍深也或耕過田畝土性虛浮亦宜撻之

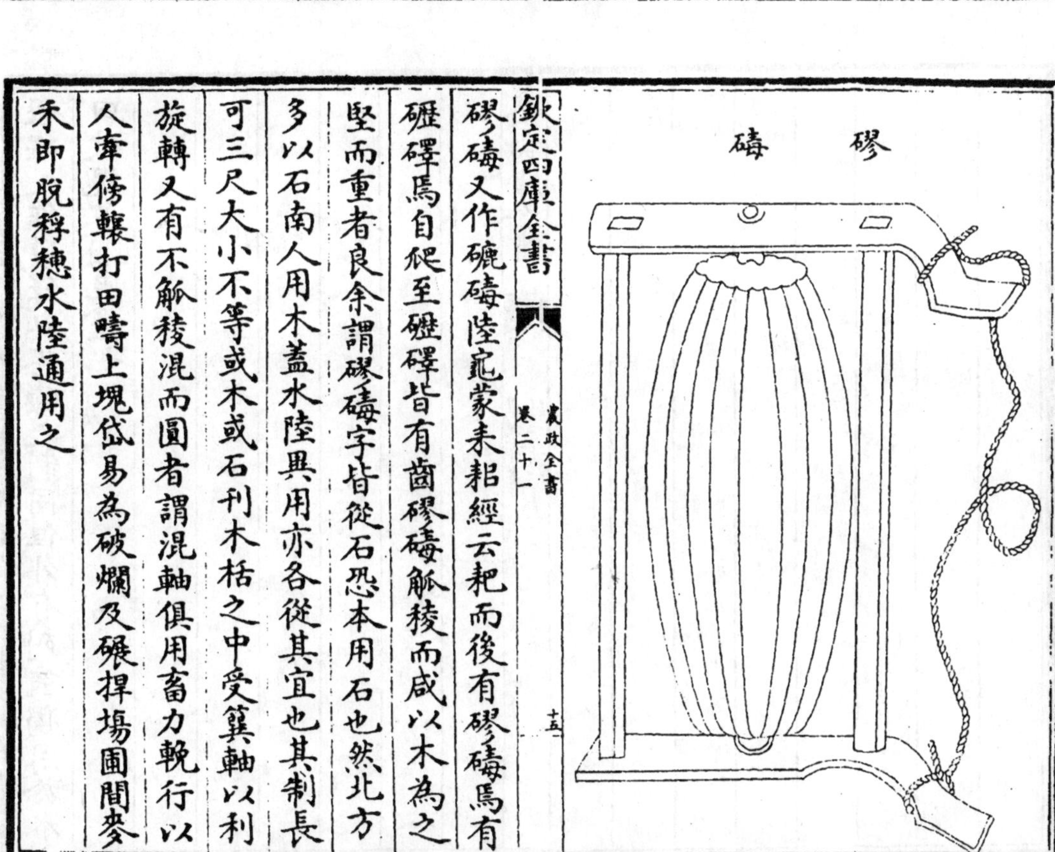

磟碡又作碌碡陸龜蒙耒耜經云耙而後有磟碡焉有礰礋焉自爬至礰礋皆有齒磟碡觚稜而已以木為之堅而重者良余謂磟碡字皆從石恐本用石也然北方多以石南人用木蓋水陸異用亦各從其宜也其制長可三尺大小不等或木或石刊木括之中受簨軸以利旋轉又有不觚稜混而圓者謂混軸俱用畜力輓行以人牽傍轅打田疇上塊垡易為破爛及碾捍場圃間麥禾即脫稃穗水陸通用之

石礰礋

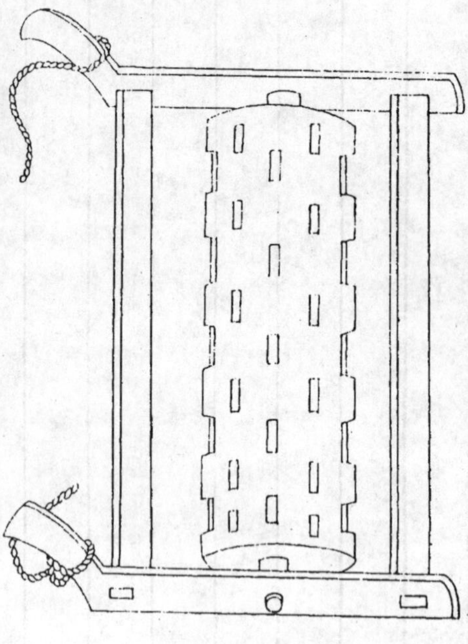

木礰礋

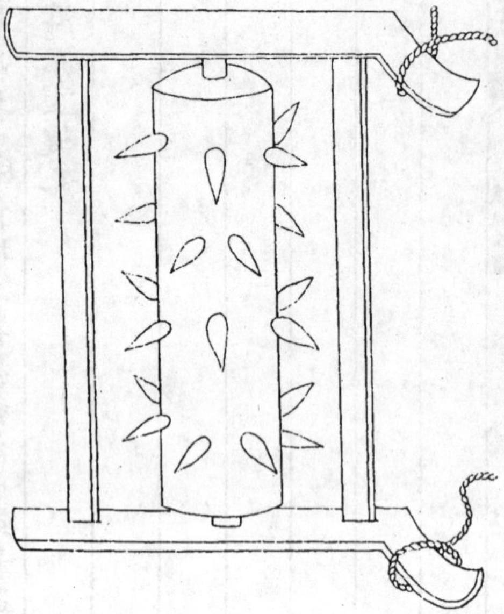

礰礋又作礳礋與磟碡之制同但外有列齒獨用於水田破塊滓溷泥塗也

瓠種

瓠種竅瓠貯種量可斗許乃穿瓠兩頭以木箄貫之後用手執為柄前用作觜（瓠觜中草莛通之以下其種）瀉種於耕壠畔（恐太深則致種於壠畔）隨耕隨瀉務使均勻又犂隨掩過遂成溝壠覆土既深雖暴雨不致枹撻暑夏最為能（與耐同）旱且便於撮鋤苗亦鬯茂燕趙及遼以東多有之齊民要術曰兩耬重構竅瓠下之以批契維腰曳之此舊制以今較之頗拙於用故從今法寡力之家比耕耙耬砘易為功也

耬車

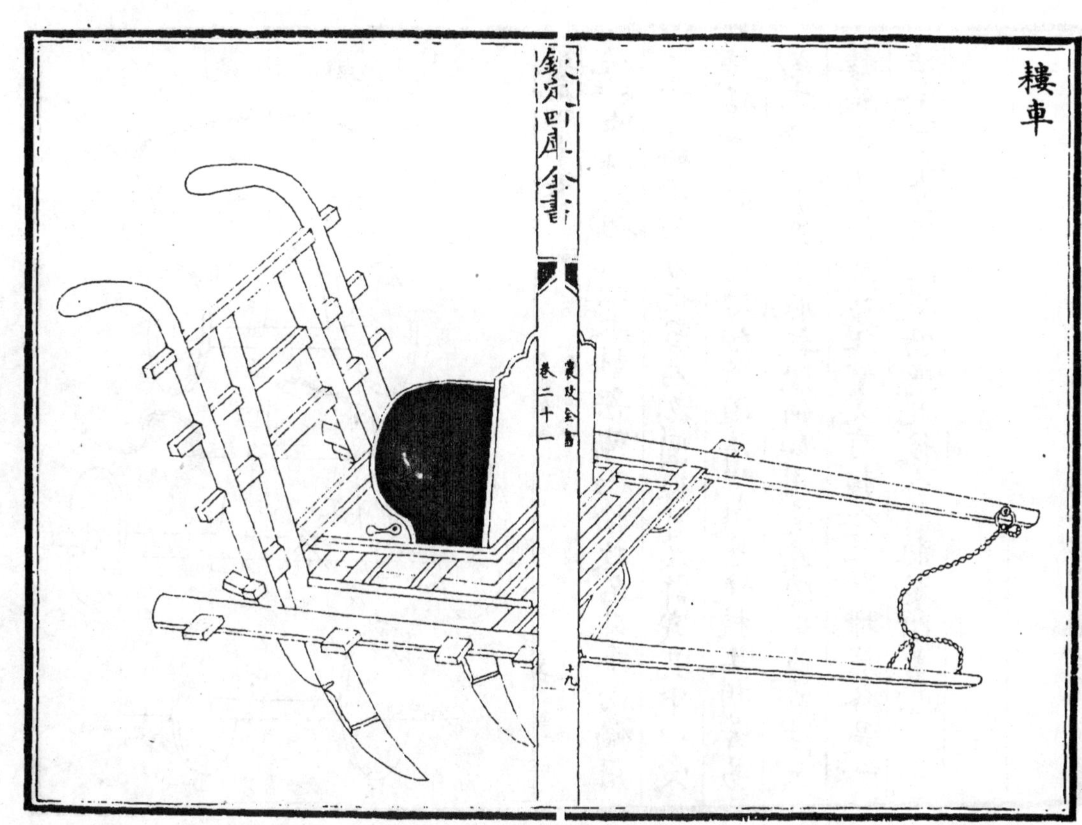

耧車下種器也通俗文曰覆種曰耧一云耧犁其金似鑱而小魏志略曰皇甫隆為燉煌太守民不知耕隆乃教民作耧犁省力過半得穀加五崔寔論曰漢武帝以趙過為搜粟都尉教民耕殖其法三犁共一牛一人将之下種輓耧皆取備焉日種一頃今三輔猶頼其利自注云按三犁共一牛若今三脚耧矣然則耧之制不一有獨脚兩脚三脚之異若今燕趙齊魯之間多有兩脚耧關以西有四脚耧但添一牛功又連地夫耧中土皆

用之他方或未經見恐難成造其制兩柄上彎高可三尺兩足中虛濶合一壠横桄四匝中置耧斗其所盛種粒各下通足竅仍旁挾兩轅可容一牛用一人牽傍一人執耧且行且摇種乃自下此耧種之體用今特圖録近有剏制下糞耧種於耧斗後另置篩過細糞或拌蠶沙耩時隨種而下覆於種上尤巧便也今又名曰種蒔曰耩子曰耧犁習俗所呼不同用則一也

砘車

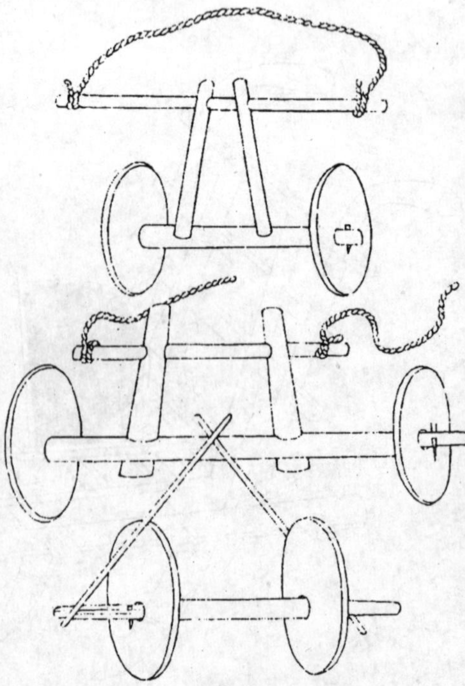

砘音屯車砘石碢也以木軸架碢為輪故名砘車兩碢用一牛四碢兩牛力也鑿石為圓徑可尺許竅其中以受

機栝畜力輓之隨耧種所過浒壠碾之使種土相著易為生發然亦看土脉乾濕何如用有遲速也古農法云耧種後用撻則壠滿土實又有種人足躡壠底各是一法今砘車轉碾溝壠特速此後人所剏尤簡當也

耕槃

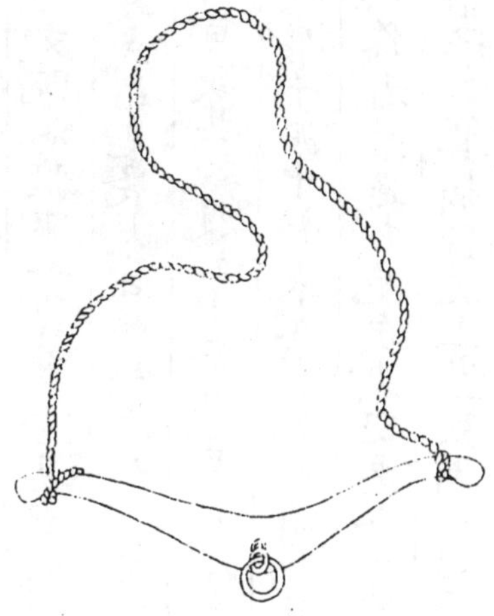

耕槃駕犂具也耒耜經云横於犂轅之前末曰槃言可轉也左右繫以樫乎軛也耕槃舊制稍短駕一牛或二牛故與犂相連令各處用犂不同或三牛四牛其槃以直木長可五尺中置鈎環耕時旋擐犂首與軛相為本末不與犂為一體故復表出之

牛軛

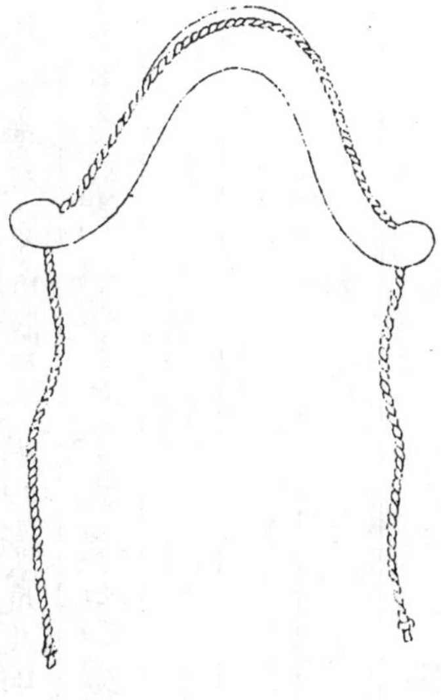

牛軛字亦作軏服牛具也隨牛大小制之以曲木竅其兩旁通貫耕索仍下繫鞅板用控牛項軛乃穩順了無軒側說文曰軛轅前木也

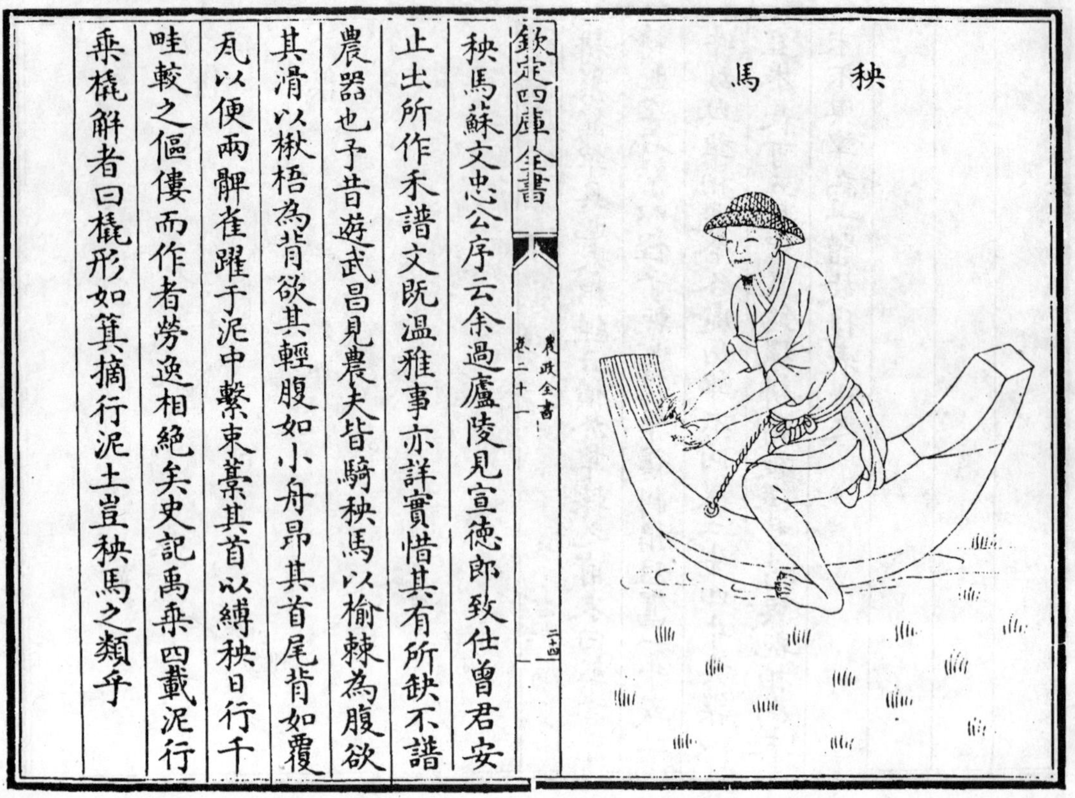

欽定四庫全書　農政全書　卷二十一　二十四

秧馬

秧馬蘇文忠公序云余過廬陵見宣徳郎致仕曾君安止出所作禾譜文既温雅事亦詳實惜其有所缺不譜農器也予昔遊武昌見農夫皆騎秧馬以榆棗為腹欲其滑以楸梧為背欲其輕腹如小舟昂其首尾背如覆瓦以便兩髀雀躍于泥中繫束藁其首以縛秧日行千畦較之傴僂而作者勞逸相絶矣史記禹乗四載泥行乗橇解者曰橇形如箕擿行泥土豈秧馬之類乎

欽定四庫全書　農政全書　卷二十一　二十五

钁

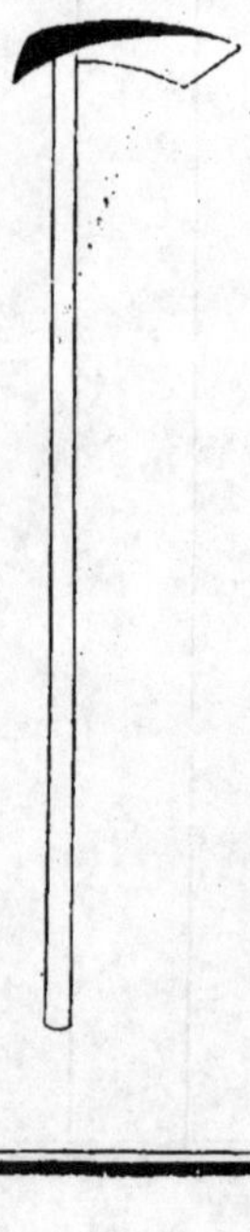

钁斸田器也爾雅謂之鐯斫也又云魯斫說文云欘主以株除物根株也蓋農家開闢地土用以斸荒凡田園山野之間用之者又有濶狹大小之分然總名曰钁

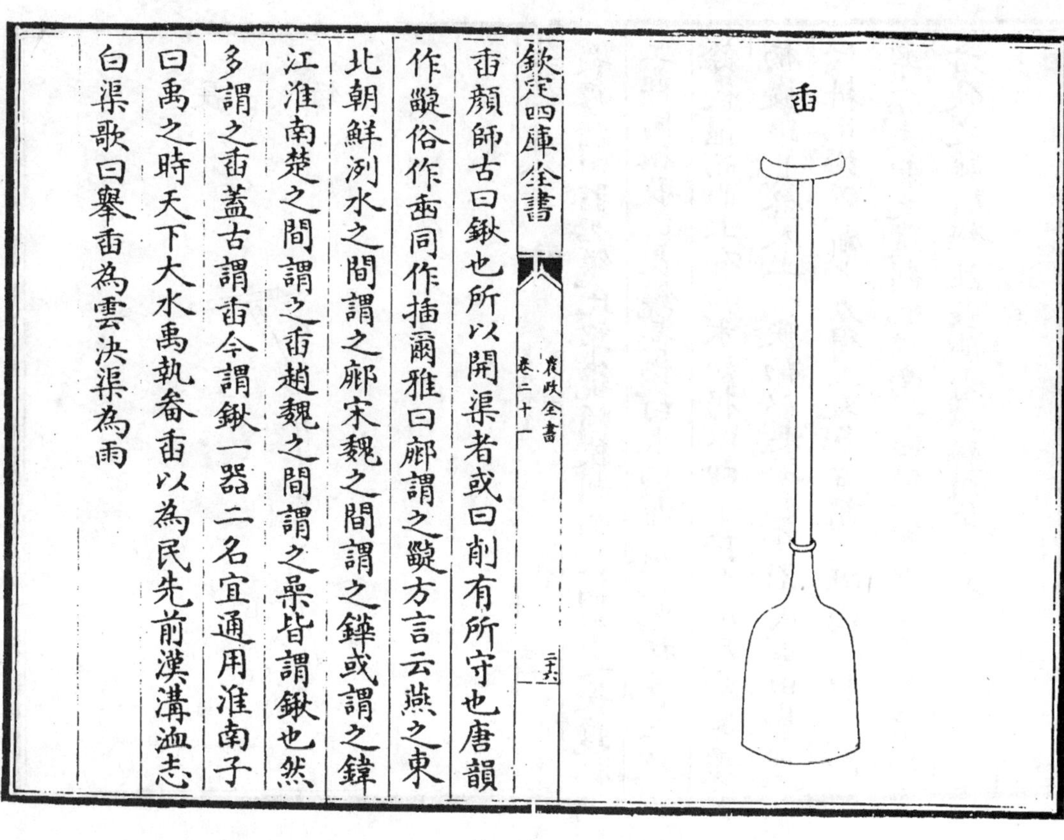

臿顔師古曰鍬也所以開渠者或曰削有所守也唐韻作疀俗作臿同作插爾雅曰㪺謂之疀方言云燕之東北朝鮮洌水之間謂之㪺宋魏之間謂之鏵或謂之鍏江淮南楚之間謂之臿趙魏之間謂之喿皆謂鍬也然多謂之臿蓋古謂臿今謂鍬一器二名宜通用淮南子曰禹之時天下大水禹執畚臿以為民先前漢溝洫志白渠歌曰舉臿為雲決渠為雨

鋒

鋒古農器也其金比犁鑱小而加鋭其柄如耒首如刃鋒故名鋒取其銛利也地若堅垎鋒而後耕牛乃省力又不乏刃古農法云鋒地宜深鋒苗宜淺齊民要術云速鋒之地恒潤澤而不硬注曰刈穀之後即鋒茇下令突起則潤澤易耕又云苗高一尺則鋒之苗生壠平鋒而不耩農書云無鏵而耕曰耩既鋒矣固不必耩蓋鋒與耩相類今耩多用歧頭若易鋒為耩亦可代也近世農家不識此器亦不知名茲特録其功用知為不可廢也

長鑱

長鑱踏田器也鑱比犂鑱頗狹制為長柄謂之長鑱杜工部同谷歌曰長鑱長鑱白木柄即謂此也柄長三尺餘後偃而曲上有横木如拐以兩手按之用足踏其鑱柄後跟其鋒入土乃捩柄以起墢也在園圃區田皆可代耕比於钁斸省力得土又多古謂之蹠鏵今謂之踏犂亦耒耜之遺制也淮南子曰伊尹之興土工也脩脚者使之蹠音隻鏵注長脚者蹠鏵得土多也

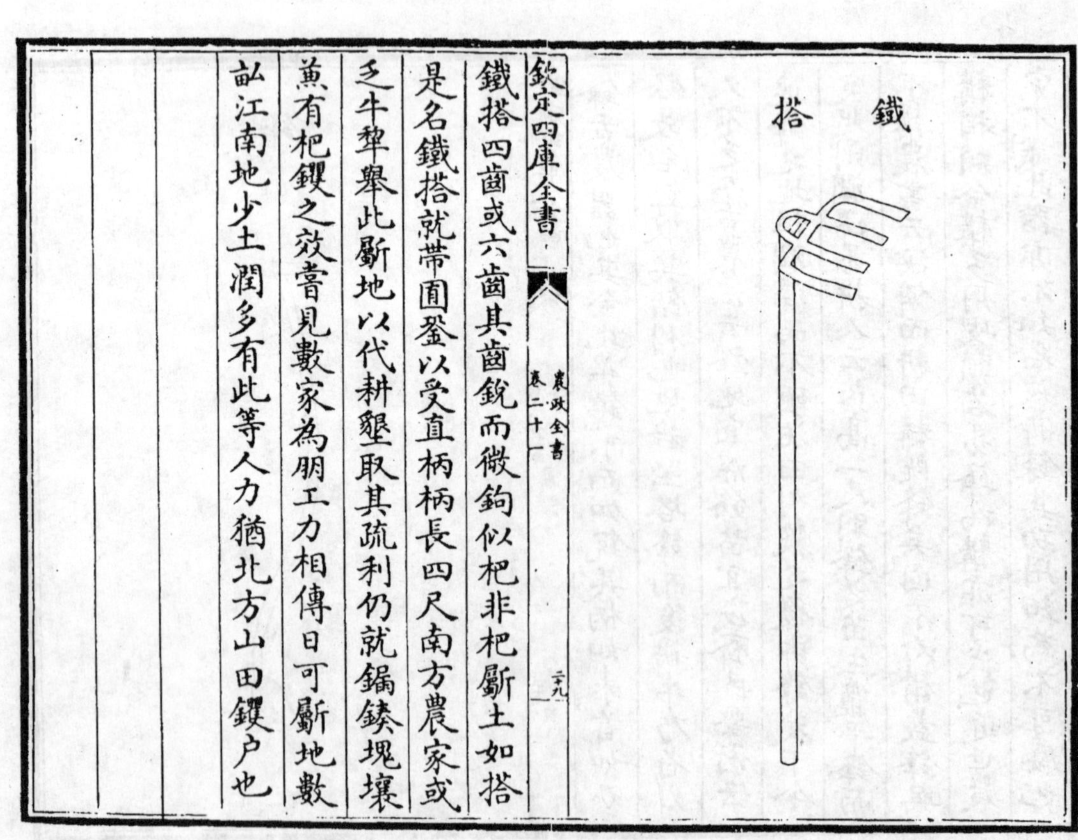

鐵搭

鐵搭四齒或六齒其齒鋭而微鉤似杷非杷斸土如搭是名鐵搭就帶圜銎以受直柄柄長四尺南方農家或乏牛犂舉此斸地以代耕墾取其疏利仍就鎷鏒塊壤兼有杷钁之効嘗見數家為朋工力相傳日可斸地數畝江南地少土潤多有此等人力猶北方山田钁户也

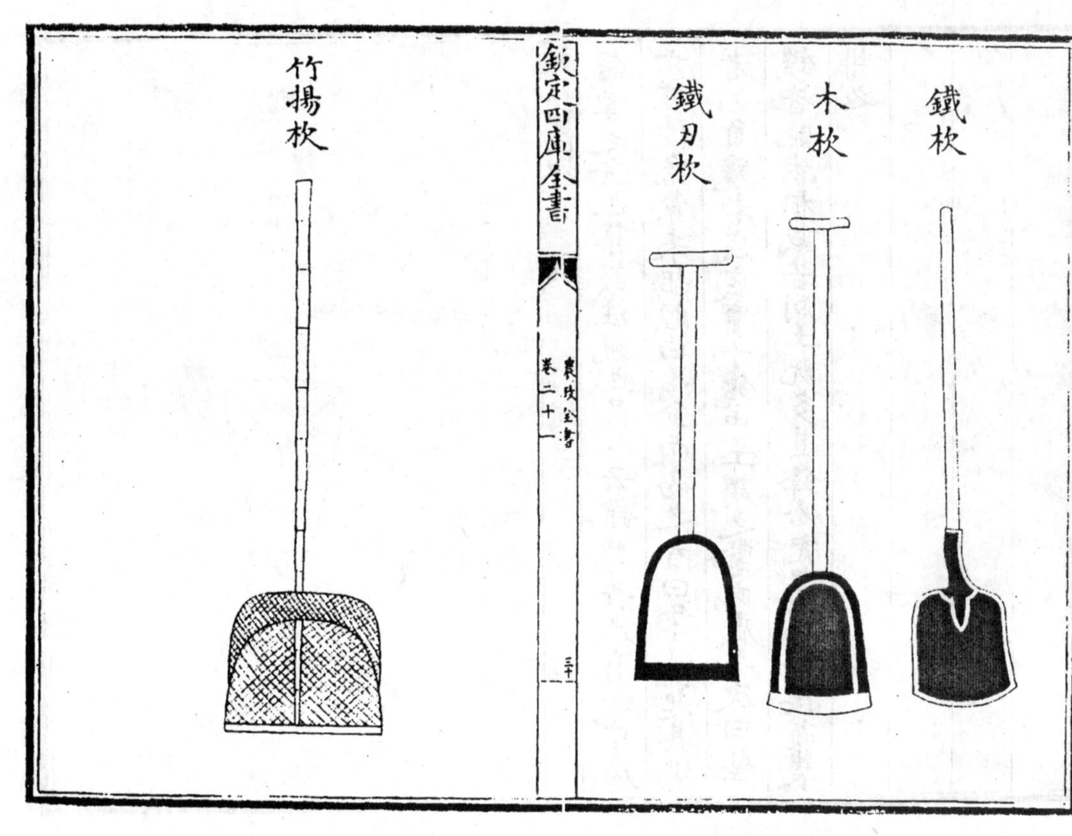

杴臿屬但其首方濶柄無短拐此與鍬臿異也煅鐵為首謂之鐵杴惟宜土工刳木為首謂之木杴可揀穀物又有鐵刃木杴裁割田間塍埂以竹為之者淮人謂之竹揚杴與江浙颺去聲籃少異今皆用之

鑱

鑱犂之金也集韻注鋭也吳人云鐵犂長尺有四寸廣六寸陸龜蒙耒耜經曰冶金而為之者曰犂鑱起其墢者也負鑱者底底實于鑱中工謂之鼈肉底之次曰壓鑱皆貼然相戴若剗土既多其鋒必禿還可鑄接貧農利之

鏵

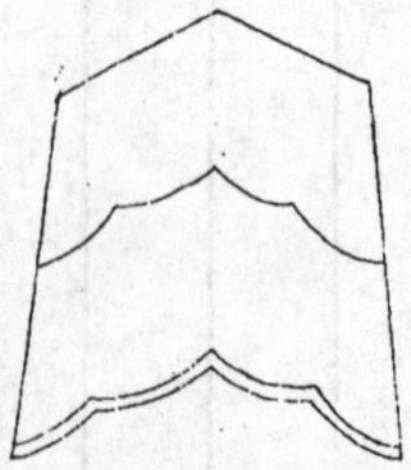

鏵集韻云耕具也釋名鏵鍤類起土也說文鏵作苿兩刃鍤也從木象形宋魏作苿集韻苿作鏵或曰削能有所穿也又鏵剗地為坎也鏵與鑱頗異鑱狹而厚惟可正用鏵闊而薄翻覆可使老農云開墾生地宜用鑱翻轉熟地宜用鏵蓋鑱開生地著力易鏵耕熟地見功多然北方多用鏵南方皆用鑱雖各習尚不同若取其便則生熟異氣當以老農之言為法庶南北互用鑱鏵不偏廢也

鏵

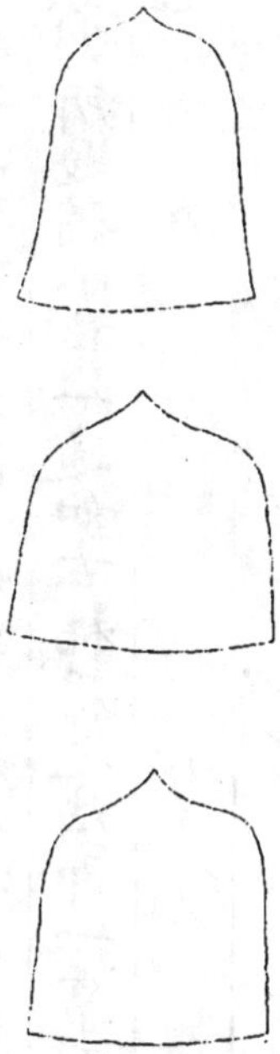

鏵犂耳也其形不一耕水田曰瓦繳曰高脚耕陸田曰鏡面曰碗口隨地所宜制也

劐

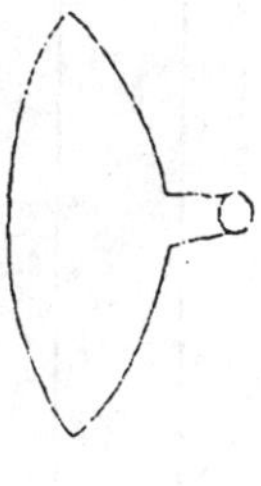

劐俗又名鏺周禮薙氏掌殺草冬日至而耜之鄭玄謂以耜側凍土而劐之其刃如鋤而闊上有深袴插於犂底所置鑱處其犂輕小用一牛或人輓行北方幽冀等處遇有下地經冬水涸至春首浮凍稍甦乃用此器劐土而耕草根既斷土脉亦通宜春種麰麥凡草莽汙澤之地皆可用之蓋地既淤壤肥沃不待深耕仍火其積草而種乃倍收斯因地制器劐土除草故名劐兼體用而言也

劐

劐農桑輯要云燕趙之間用之如鏟而小中有高脊長四寸許闊三寸插於耬足背上兩竅以繩控於耬之下柄其金入地三寸許耬足隨瀉種粒其種入土既深田亦加熟劐所過猶小犂一遍如古耦耕之法即一事而兩得也

農政全書卷二十一

欽定四庫全書

農政全書卷二十二

明　徐光啟　撰

農器

圖譜二

王禎曰錢鎛古耘器見於聲詩者尚矣然制分大小而用有等差揆而求之其鋤耨鏟盪等皆其屬也如耬鋤鐙鋤耘爪之類是其變也至于薅馬薅鼓又其輔也倘度而用之則如水陸之耘事有大功利在矣

錢

錢臣工詩曰庤乃錢鎛注錢銚也唐韻作廊器也非鍬屬也玆度其制似鍬非鍬殆與鏟同纂文曰養苗之道鋤不如耨耨不如鏟鏟柄長二尺刃廣二寸以剗地除草此鏟之體用即與錢同

鎛

鎛耨別名也詩曰其鎛斯趙以薅荼蓼釋名曰鎛迫也迫地去草也爾雅疏云鎛耨一器或云鉏或云鋤屬當質諸考工記粤獨無鎛何也粤之無鎛非無鎛也夫人而能為鎛也

耨

耨除草器易曰耒耨之利以教天下呂氏春秋曰耨柄尺此其度也其長六寸所以間稼也高誘注云耨芸苗也六寸所以入苗間廣雅又云定謂之耨爾雅曰斪斸謂之定郭曰鋤屬淮南子曰摩蜃而耨蜃大蚌也摩令利用耨此古農器也纂文曰養苗之道鋤不如耨古農法云苗生葉以上稍耨壠草因隤其土以附苗根此耨功也

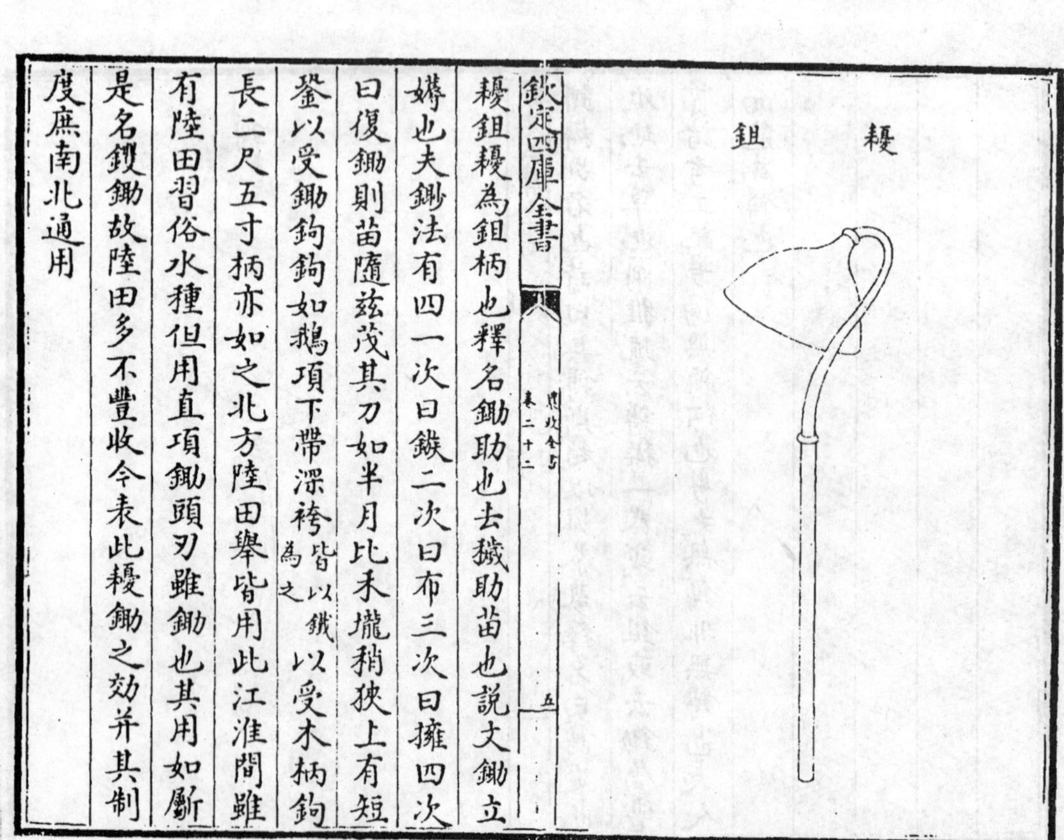

耰鉏

耰鉏耰為鉏柄也釋名鋤助也去穢助苗也說文鋤立媷也夫鋤法有四一次曰鏃二次曰布三次曰擁四次曰復鋤則苗隨茲茂其刃如半月比禾壠稍狹上有短銎以受鋤鉤鉤如鵝項下帶深袴皆以鐵為之以受木柄鉤長二尺五寸柄亦如之北方陸田舉皆用此江淮間雖有陸田習俗水種但用直項鋤頭刃雖鋤也其用如斸是名鑁鋤故陸田多不豐收今表此耰鋤之効并其制度庶南北通用

耬鋤

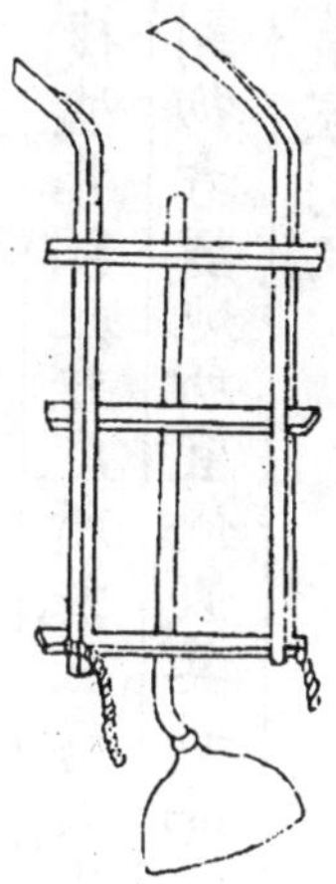

耬鋤種蒔直說云此器出自海壖號曰耬鋤耬制頗同獨無耬斗但用耬鋤鐵柄中穿耬之橫桄下仰鋤刃形如杏葉撮苗後用一驢帶籠觜挽之初用一人牽慣熟不用人止一人輕扶如土二三寸其深痛過鋤力三倍所辦之田日不啻二十畝今燕趙間用之名曰劐子劐子之制又小異於此劐子第一遍即成溝子榖根未成不耐旱耬鋤刃在土中故不成溝子第二遍加擗土木鴈翅方成溝子其土分壅榖根擗土（用木厚三寸闊三寸長八寸取成三角様前為尖中作一竅長一寸闊半寸穿於鐵鋤柄上壓鋤刃上）韓氏直說云如耬鋤過苗間有小豁不到處用鋤理撥一遍即為全功也

鐙鋤

鐙鋤剗草具也形如馬鐙其踏鐵兩旁作刃甚利上有圓銎以受直柄用之剗草故名鐙鋤柄長四尺比常鉏無兩刃角不致動傷苗稼根莖或遇少旱或熇苗之後壠土稍乾荒薉復生非耘耙耘爪所能去者故用此剗除特為徤利此創物者隨地所宜偶假其形而取便於用也嘗見江東農家用之

鏟

鏟釋名曰鏟平削也廣雅曰鏟𣸣𢾊也曰養苗之道鋤不如耨耨不如鏟鏟柄長二尺刃廣二寸以剗地除草此古之鏟也今鏟與古制不同柄長數尺首廣五寸許兩手持之但用前進攛之剗去壠草就覆其根特號敏捷今營州之東燕薊以北農家種溝田者皆用之

耘盪

耘盪江浙之間新制之形如木屐而實長尺餘闊約三寸底列短釘二十餘枚簨其上以貫竹柄柄長五尺餘耘田之際農人執之推盪禾壠間草泥使之溷溺則田可精熟既勝杷鋤又代手足（水田有手耘足耘）況所耘田數日復兼倍嘗見江東等處農家皆以兩手耘田匍匐水間膝而行前日曝於上泥潮於下豳詩農事之敘至耘苗則曰暑日流金田水若沸耘耔是事稂莠是除爬沙而指為之戾傴僂而腰為之折此耘苗之苦也今覩此器惜不預傳以濟民用茲特列敘庶愛民者精為取法

玄扈先生曰既盪仍須耘盪一（闕）

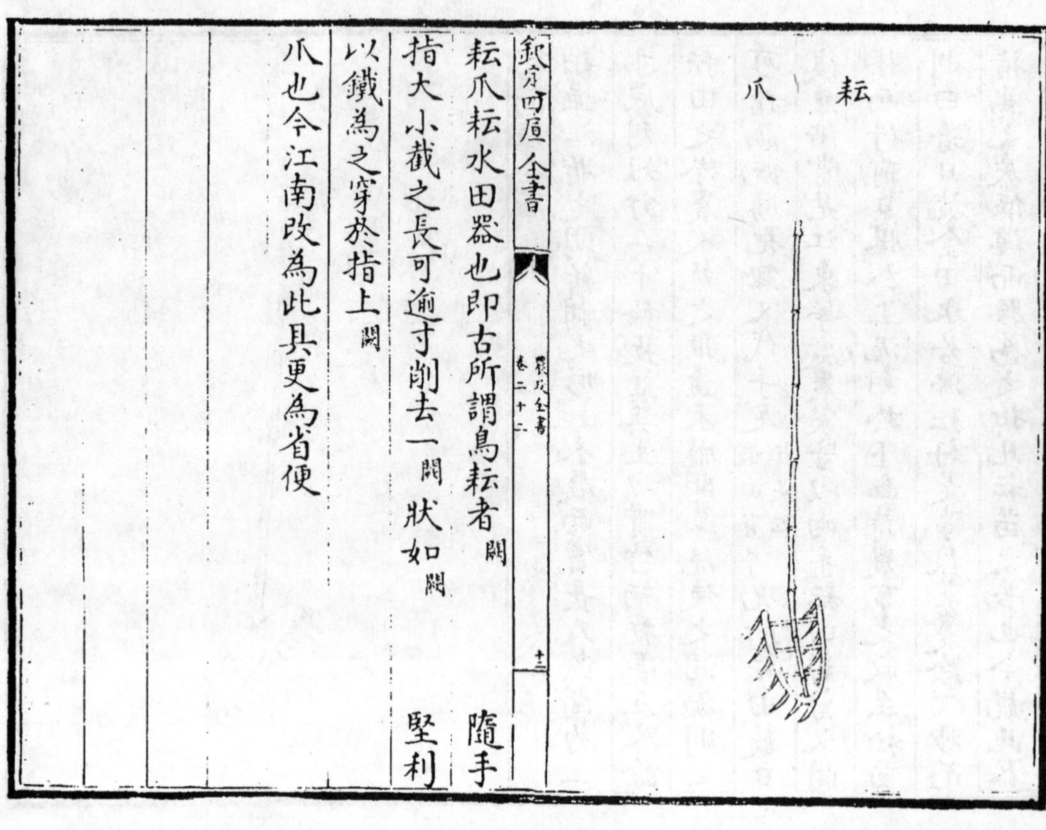

耘爪耘水田器也即古所謂鳥耘者闕 隨手指大小截之長可逾寸削去一闕狀如闕 堅利以鐵為之穿於指上闕爪也今江南改為此具更為省便

薅馬

薅馬薅禾所乘竹馬也似籃而長如鞍而狹兩端攀以竹系農人薅草之際乃寘于跨間餘裳斂之於內而上控于腰畔乘之兩股既寬行壠上不礙苗行又且不為禾葉所緒故得專意摘剔稂莠速勝鋤耨殆若狹馬之類因命曰薅馬

銍

銍穫禾穗刃也臣工詩曰奄觀銍艾書禹貢曰二百里納銍小爾雅云截穎謂之銍截穎即穫也據陸詩釋文云銍穫禾短鎌也纂文曰江湖之間以銍為刈說文云此則銍器斷禾聲也故曰銍

艾

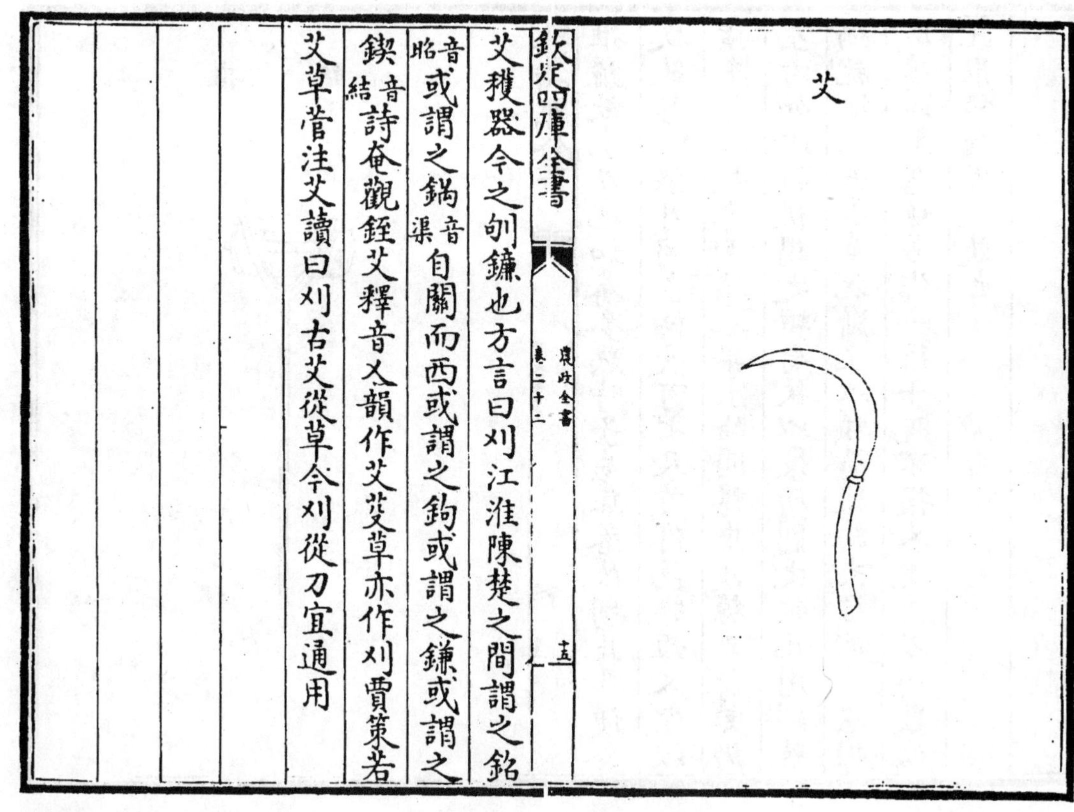

艾穫器今之刈鎌也方言曰刈江淮陳楚之間謂之鉊（音昭）或謂之鐹（音渠）自關而西或謂之鉤或謂之鎌或謂之鍥（音結）詩奄觀銍艾釋音乂韻作艾芟草亦作刈賈策若艾草菅注艾讀曰刈古艾從草今刈從刀宜通用

鎌

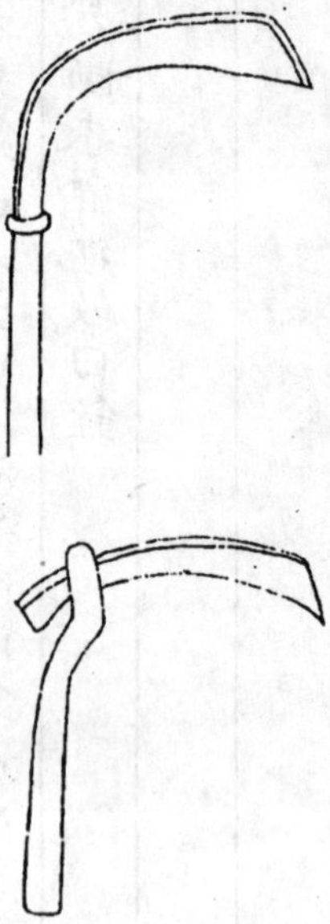

鎌刈禾曲刀也釋名曰鎌廉也薄甚所刈似廉考工又作鎌風俗通曰鎌刀自揆積芻蕘之效然鎌之制不一有佩鎌有兩刃鎌有袴鎌有鉤鎌有鎌椈之鎌皆古今通用芟器也

推鎌

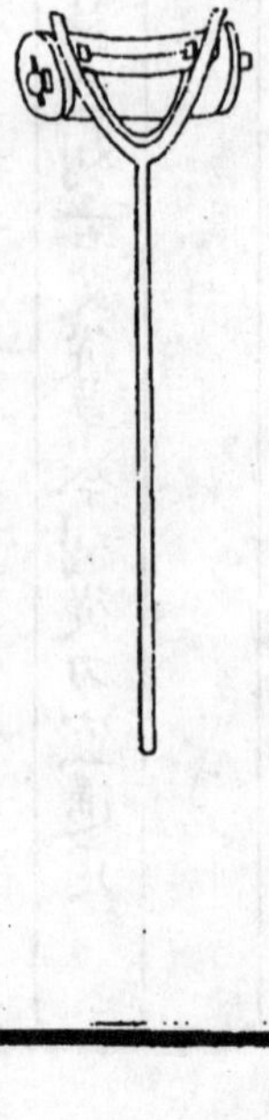

推鎌斂禾刃也如蕎麥熟時子易焦落故制此具便於收斂形如偃月用木柄長可七尺首作兩股短叉架以横木約二尺許兩端各穿小輪圓轉中嵌鎌刃前向仍左右加以斜杖謂之蛾眉杖以聚所劖之物凡用則執柄就地推去禾莖既斷上以蛾眉杖約之乃回手左擁成穆以離舊地另作一行子既不損又速於刀刈數倍此推鎌體用之效也

粟鋻

粟鋻截禾穎刃也集韻云鋻剛也其刃長寸餘上帶圓銎穿之食指刃向手内農人收穫之際用摘禾穗與銍鐮制不同而名亦異然其用則一此特加便捷耳

鍥

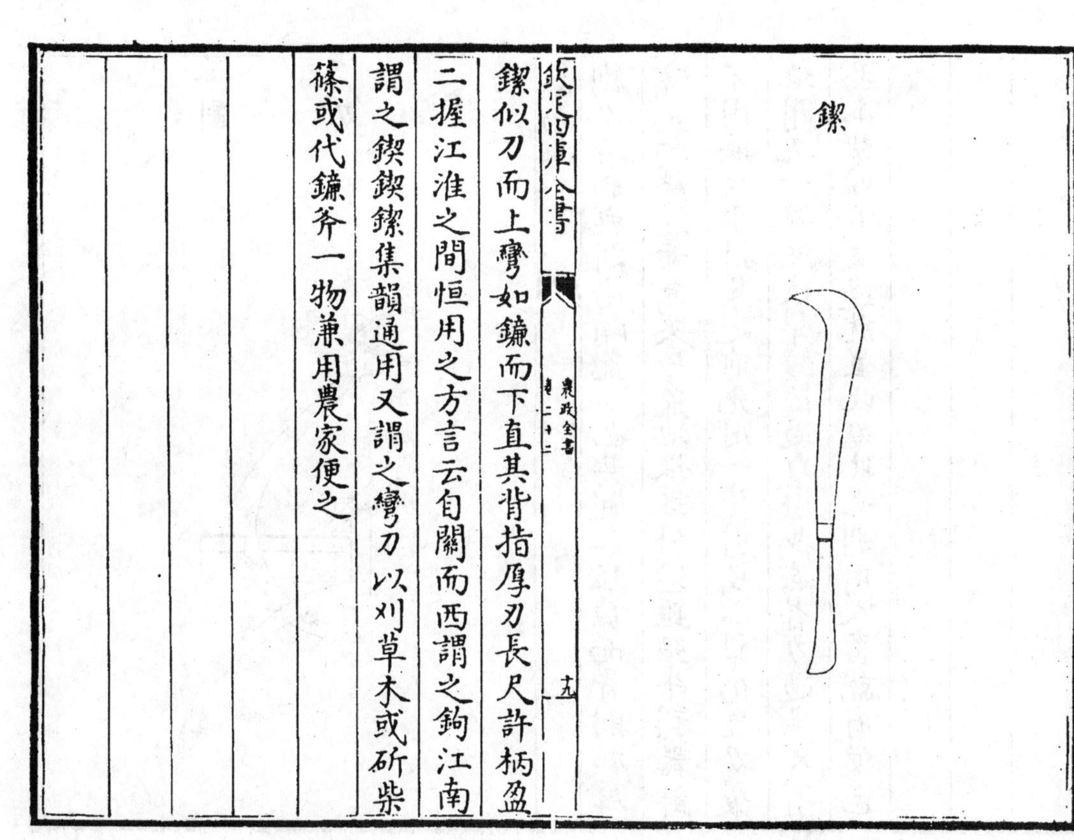

鍥似刃而上彎如鐮而下直其背指厚刃長尺許柄盈二握江淮之間恒用之方言云自關而西謂之鉤江南謂之鍥鍥鍥集韻通用又謂之彎刀以刈草木或斫柴篠或代鐮斧一物兼用農家便之

鏺

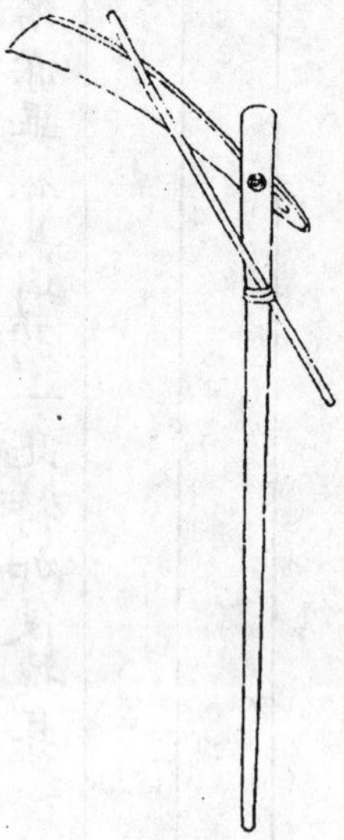

鏺集韻云鏺兩刃刈也其刃長餘二尺闊可三寸橫插長木柄内竅以逆楔農人兩手執之遇草萊或麥禾等稼折要展臂匝地芟之柄頭仍用掠草杖以聚所芟之物使易收束太公農器篇云春鏺草棘又唐有鏺麥殿今人亦云芟曰鏺蓋體用互名皆此器也

劚刀

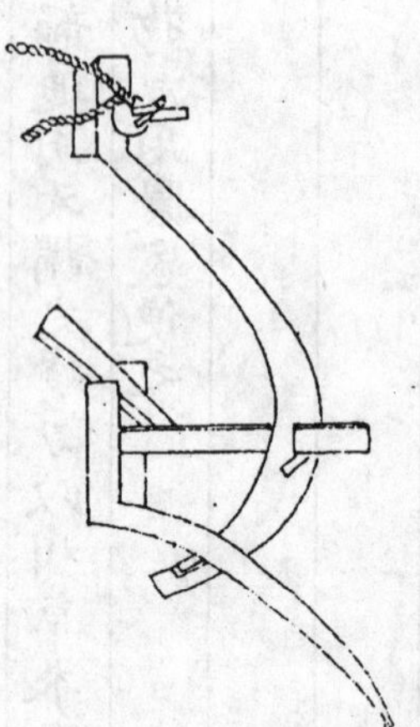

劚刀集韻與斸同斸荒刃也其制如短鐮而背則加厚嘗見開墾蘆葦蒿萊等荒地根株駢密雖强牛利器鮮不困敗故于耕犂之前先用一牛引曳小犂仍置刃裂地闢及一壠然後犂鑱隨過覆墢截然省力過半又有於本犂轅首裏邊就置此刃比之别用人畜就省便也

鐁

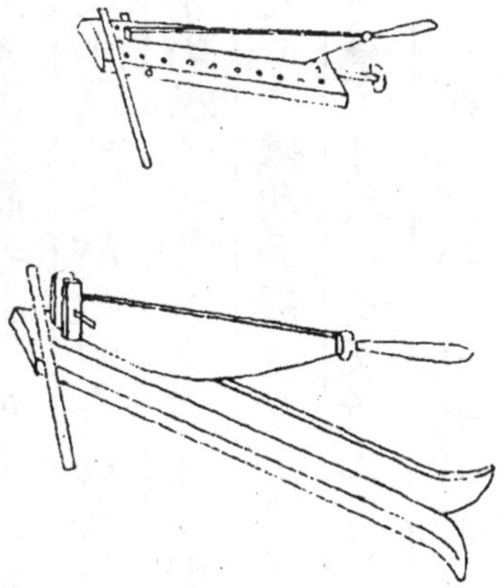

鐁（切草也）凡造鐁先鍛鐵為鐁背厚可指許內嵌鐁刃如半月而長下帶鐵袴以插木柄截木作碪長可三尺有餘廣可四五寸碪首置木簨高可三五寸穿其中以受

鐁

斧（圖不載）釋名曰斧甫始也凡將制器始以斧伐木已乃制之也周書曰神農作陶冶斧破木為耒耜鉏耨以墾草莽然後五穀興其柄為柯然樵斧桑斧制頗不同樵斧狹而厚桑斧闊而薄葢隨所宜而制也今農耕作之際修理佃具隨身尤不可闕者

鋸（圖不載）解截木也古史考曰孟莊子作鋸說文曰鋸槍唐也莊子曰禮若亢鋸之柄又曰天下好智而百姓求竭矣於是乎釿（音斤）鋸顓焉太公農器篇云钁鍤斧鋸此

鋸為農器尚矣今接博桑果不可闕者

礪

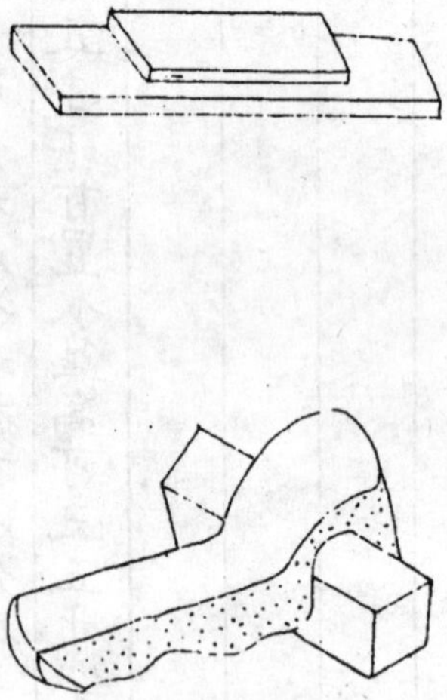

礪磨刃石也書曰揚州厥貢礪砥廣志曰礪石出首陽山有紫白粉色出南昌者最善山海經曰高梁之山多砥礪尸子曰鐵使干越之工鑄之以為劒而勿加砥礪則以刺不如擊不斷磨之以礱加之以黄砥則刺也無前擊也無下自是觀之礪與弗礪其相去遠矣今農器鐮斧鐝鏺之類非礪不可大小之家所必用也蔡邕銘曰木以繩直金以沛剛必須砥礪就其鋒鋩

大把

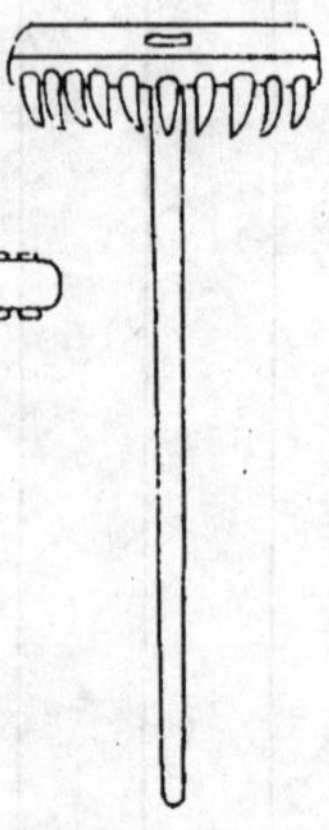

穀把

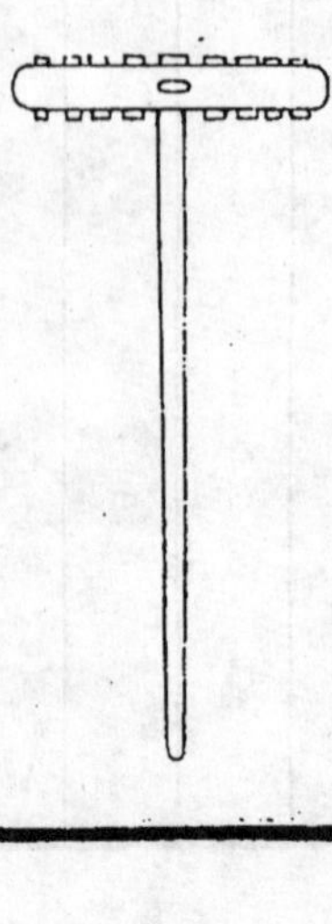

竹把

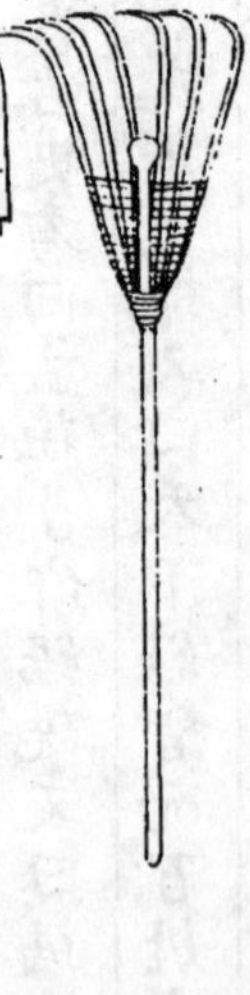

耘把

小把

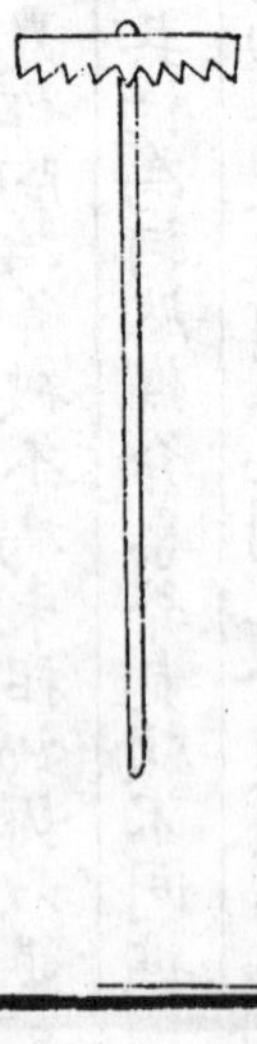

把鏤鍬器也方言云宋魏間謂之渠拏或謂之渠疏直柄横首柄長四尺首闊一尺五寸列鑿方竅以齒為節夫畦畛之間鋑剔塊壤疏去瓦礫場圃之上摟聚麥禾擁積稭穗此蓋農之功也後有穀把或謂透齒把用攤曬穀又耘把以木為柄以鐵為齒用耘稻禾竹把場圃樵野間用之

朳

朳無齒把也所以平土壤聚穀實說文云無齒為朳禾譜字作戛周生烈曰夫忠蹇朝之把朳正人國之埽篲秉把執篲除凶埽穢國之福主之利也把朳之為器也見於書傳至今不替其用為不負紀錄矣

平板

平板平摩種秧泥田器也用滑面水板長廣相稱上置兩耳繫索連軛駕牛或人拖之摩田須平方可受種即得放水浸漬匀停秧出必齊田家或仰坐檯代之終非本器

田盪

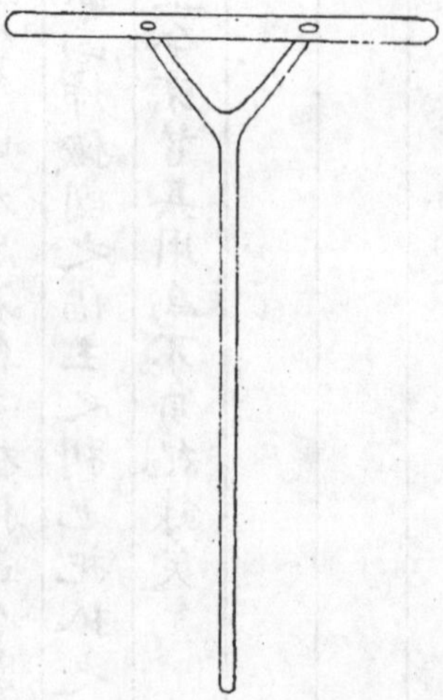

田盪均泥田器也用乂木作柄長六尺前貫横木五尺許田方耕耙尚未匀熟須用此器平著其上盪之使水土相和凹凸各平則易為秧蒔農書種植篇云凡水田渥漉精熟然後踏糞入泥盪平田面乃可撒種此亦盪之用也夫田盪與上篇耘盪之盪字同音異所用亦各不類因辯及之

輥軸

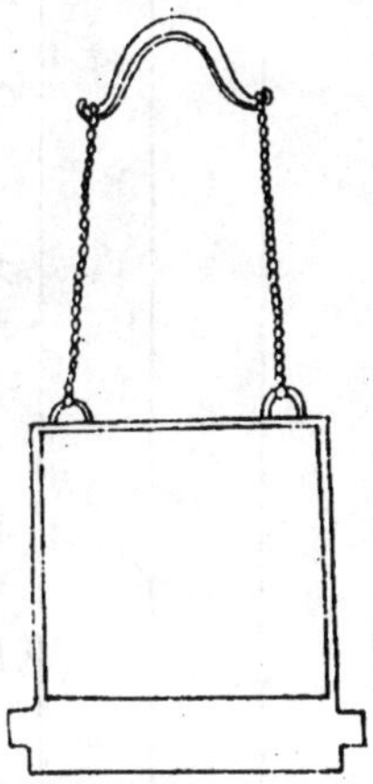

輥軸輥碾草木軸也其軸木徑可三四寸長約四五尺兩端俱作轉簨挽索用牛拽之夫江淮之間凡漫種稻田其草禾齊生並出則用此輥碾使草禾俱入泥內再宿之後禾乃復出草則不起又嘗見一方稻田不解插秧唯務撒種却於軸間交穿板木謂之鴈翅狀如磟碡而小以轅打水土成泥就碾草禾如前江南地下易於得泥故用輥軸北方塗田頗少放水之後欲得成泥故用鴈翅轅打此各隨地之所宜用也

秧彈

秧彈（平聲）秧壠以篾為彈彈猶弦也世呼船牽（去聲）曰彈字義俱同蓋江鄉櫌田內平而廣農人秧蒔漫無準則故制此長篾掣於田之兩際其直如弦循此布秧了無欹斜猶梓匠之繩墨也

杈

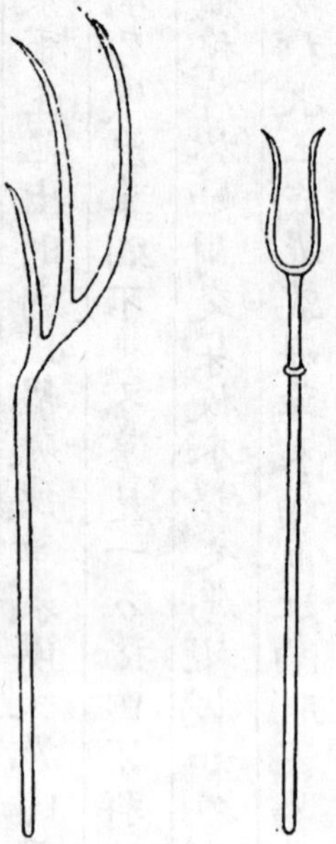

杈如加切䄻禾具也揉木為之通長五尺上作二股長可二尺上一股微短皆形如彎角以䈴取禾稈也又有以木為榦以鐵為首二其股者利如戈戟唯用叉取禾束謂之鐵禾杈

芫

笐架也集韻作筦竹竿也或省作笐今湖湘間收禾並用笐架懸之以竹木搆如屋狀若麥若稻等稼穫而菓音蒟之悉倒其穗控於其上久雨之際比於積垛不致鬱浥江南上雨下水用此甚宜北方或遇霖潦亦可倣此庶得種糧勝於全廢今特載之冀南北通用

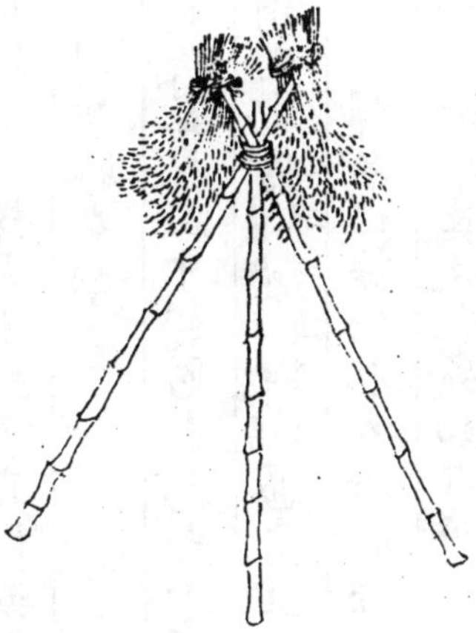

喬扞

喬扞音干挂禾具也凡稻皆下地沮濕或遇雨潦不無渰浸其收穫之際雖有禾䅶不能臥置乃取細竹長短相等量水淺深每以三莖為數近上用篾縛之又於田中上控禾把又有用長竹横作連脊挂禾尤多凡禾多則用笐架禾少則用喬扞雖大小有差然其用相類故并次之

禾鉤圖不載 歛禾具也用禾鉤長可二尺嘗見壠畝及荒蕪之地農人將芟倒禾䅶或草䅶用此匝地約之成梱

則易於就束比之手揵（力展切）甚速便也

搭爪

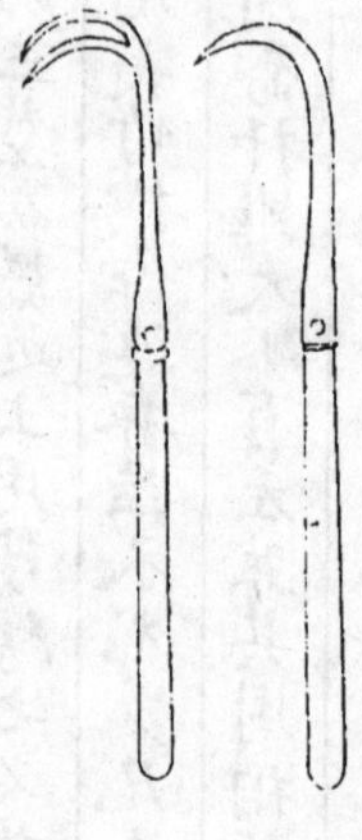

搭爪上用鐵鉤帶㮄中受木柄通長尺許狀如彎爪用如爪之搭物故曰搭爪以摞草禾之束或積或擲日以萬數速於手挈可謂智勝力也

禾擔負禾具也其長直尺五寸剡匾木為之者謂之䡅擔斫圓木為之謂之楤擔（集韻云楤音聰尖頭擔也）匾者宜負器與物圓者宜負薪與禾釋名曰擔任也力所勝任也凡山路巇嶮或水陸相半舟車莫及之處如有所負非擔不可（圖不載）

連耞

連耞 古牙切 擊禾器國語曰權節其用耒耜耞芟 耞拂也以擊草 廣雅曰柫謂之架說文曰柫架也柫擊禾連架釋名曰架加也加杖於柄頭以撾 陟爪切 穗而出穀也其制用木條四莖以生革編之長可三尺闊可四寸又有以獨挺為之者皆於長木柄頭造為擐軸舉而轉之以撲禾也方言云僉宋魏之間謂之攝 音殳 自關而西謂之柫 薄宂切 齊楚江淮之間謂之柍 音快 或謂之桲 音敕 今呼為連耞南方農家皆用之北方穫禾少者亦易辦也

刮板

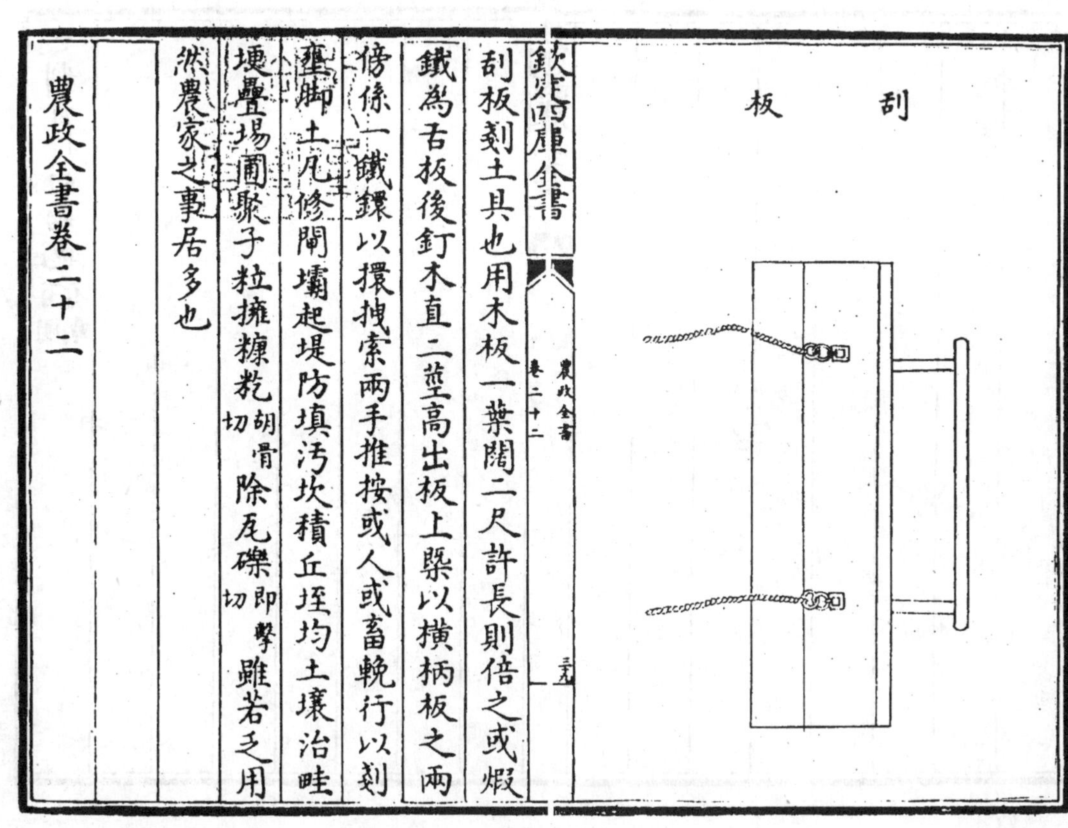

刮板刻土具也用木板一葉闊二尺許長則倍之或椵鐵為舌板後釘木直二莖高出板上槊以橫柄板之兩傍係二鐵鐶以擐拽索兩手推按或人或畜輓行以刻壅脚土凡修閘壩起堤防填汙坎積丘垤均土壤治畦埂疊場圃聚子粒擁糠粃 胡骨切 除瓦礫 郎擊切 雖若乏用然農家之事居多也

農政全書卷二十二

農政全書卷二十三

明　徐光啓　撰

農器

圖譜三

王禎曰昔聖人教民杵臼而粒食資焉後乃增廣制度而為碓為磑為礱為輾等具皆本於此至于蓄積之所古有定制而出納之用與烹飪之器尤不可闕故以嘉量繼之鬲釜終之若夫舟車之事任載所先葢南北道路之不同故水陸來行之亦異然淮漢之間俱可兼用凡務農之家隨其所便所居廬室尤不可無其動止之用理存覆載故共録於此

杵臼舂也易係辭曰黄帝堯舜氏作斷木為杵掘地為臼杵臼之利萬民以濟按古舂之制秳百一十斤稲重一秳為米二十斗為米十斗曰毇為米六斗大半斗曰粲又曰糲米一石舂為九斗曰鑿鑿米之精者斯古舂之制自杵臼始也有圖不載

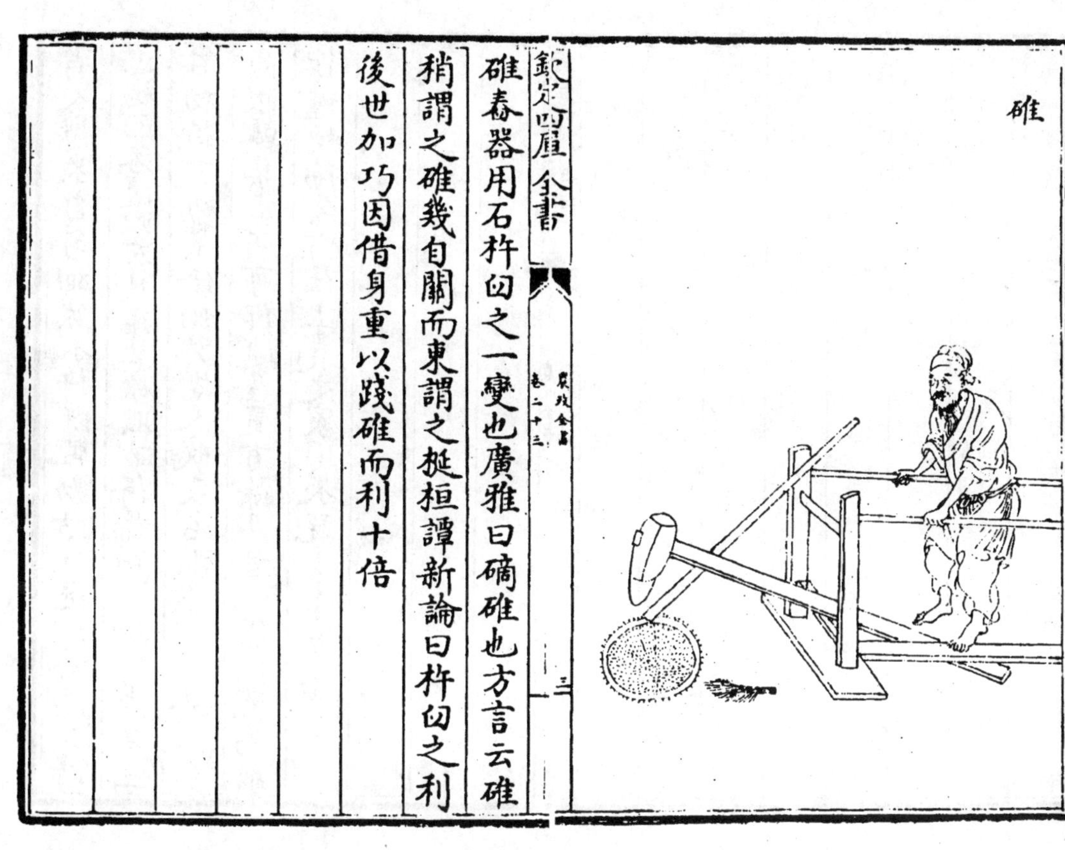

碓舂器用石杵臼之一變也廣雅曰碻碓也方言云碓稍謂之碓䃀自關而東謂之梴桓譚新論曰杵臼之利後世加巧因借身重以踐碓而利十倍

堈碓

堈碓以堈作碓臼也集韻云堈甕也又作瓬其製先掘埋堈坑深逾二尺次下木地釘三莖置石于上後將大磁堈穴透其底向外側嵌坑内埋之復取碎磁與灰泥和之以窐底孔令圓滑如一候乾透乃用半竹篘長七寸許徑四寸如合脊瓦樣但其下稍濶以熟皮周圍護之（取其滑也）倚於堈之下唇篘下兩邊以石壓之或兩竹竿刺定然後注糙於堈内用碓木杵（杵頭鐵圈束之圈内置四大牙釘搯卧之）搯于篘内堈既圓滑米自翻倒簌於篘内一搯一簌既

省人攪米自勻細然木杵既輕動防狂迸須於踏碓時已起而落隨以左足躡其碓腰方得穩順一堈可舂米三石功折常碓累倍始於浙人故又名浙碓今多於津要商旅輳集處所可作連屋置百餘具者以供往來稛船貨糴粳糯及所在上農之家用米既多尤宜置之

礱

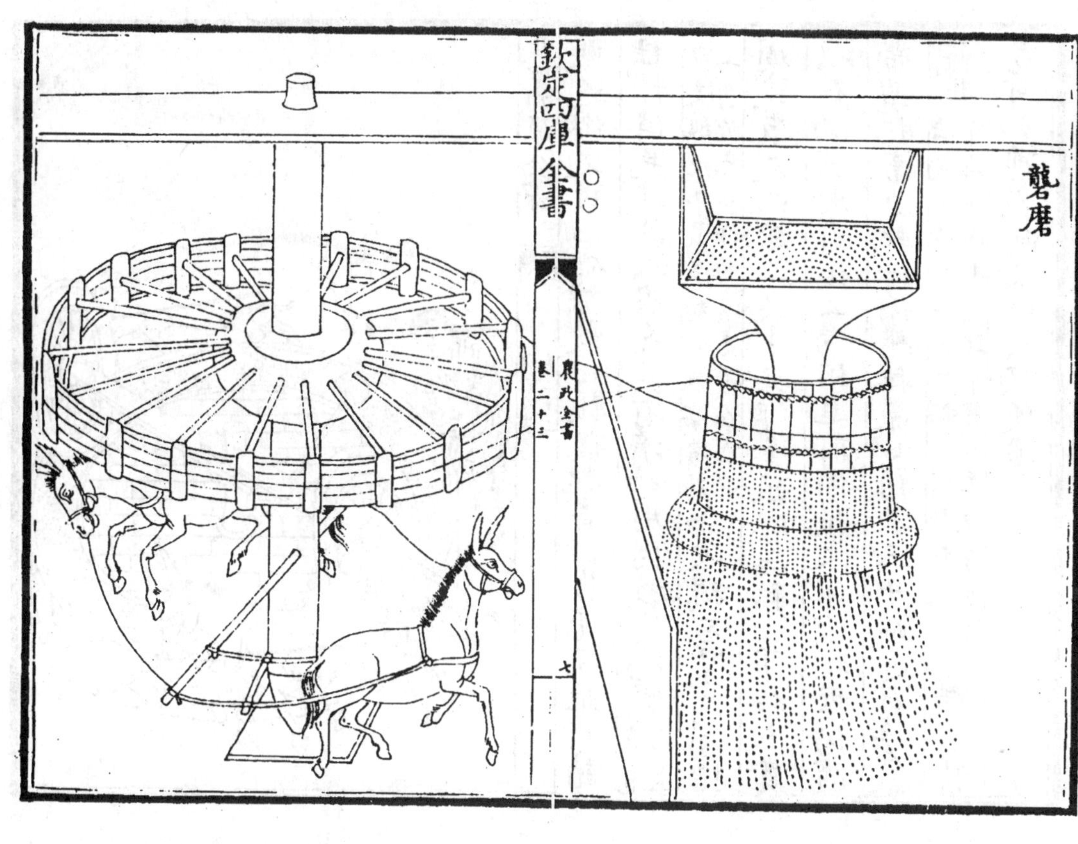

礱礱穀器所以去穀殼也淮人謂之礱江浙之間謂之礱編竹作圍內貯泥土狀如小磨仍以竹木排為密齒破穀不致損米就用拐木竅貫礱上掉軸以繩懸檁上衆力運肘以轉之日可破穀四十餘斛方謂之木礱石鑿者謂之石木礱礱礱字從石初本用石今竹木代者亦便又有廢磨上級已薄可代穀礱亦不損米或人或畜轉之謂之礱磨復有畜力輓行大木輪軸以皮弦或大繩繞輪兩周復交于礱之上級輪轉則繩轉繩轉則礱亦隨轉計輪轉一周則礱轉凡五餘周比用人工既速且省

欽定四庫全書　　農政全書　卷二十三

輾

輾通俗文曰石碣轢穀曰輾後魏書曰崔亮在雍州讀杜預傳見其為八磨嘉其有濟時用因教民為輾玄扈先生曰後魏臣工最多留心民事者將上意所先耶抑兩漢之遺人也今以糲石甃為圓槽周或數丈高逾二尺中央作臺植以簨軸上穿幹木貫以石碣有用前後二碣相逐前備撞木不致相擊仍隨帶攪把畜力輓行循槽轉碾日得米三十斛近有法製輾槽法製川沙石芹泥與糯粥同膠和之以為圓槽下以木撞緩築實直至乾透可用轢米特易可加前數此又輾之巧便者

欽定四庫全書　　農政全書　卷二十三

玄扈先生曰亮為僕射奏于張方橋東堰穀水造碓磨三十區其利十倍國用便之

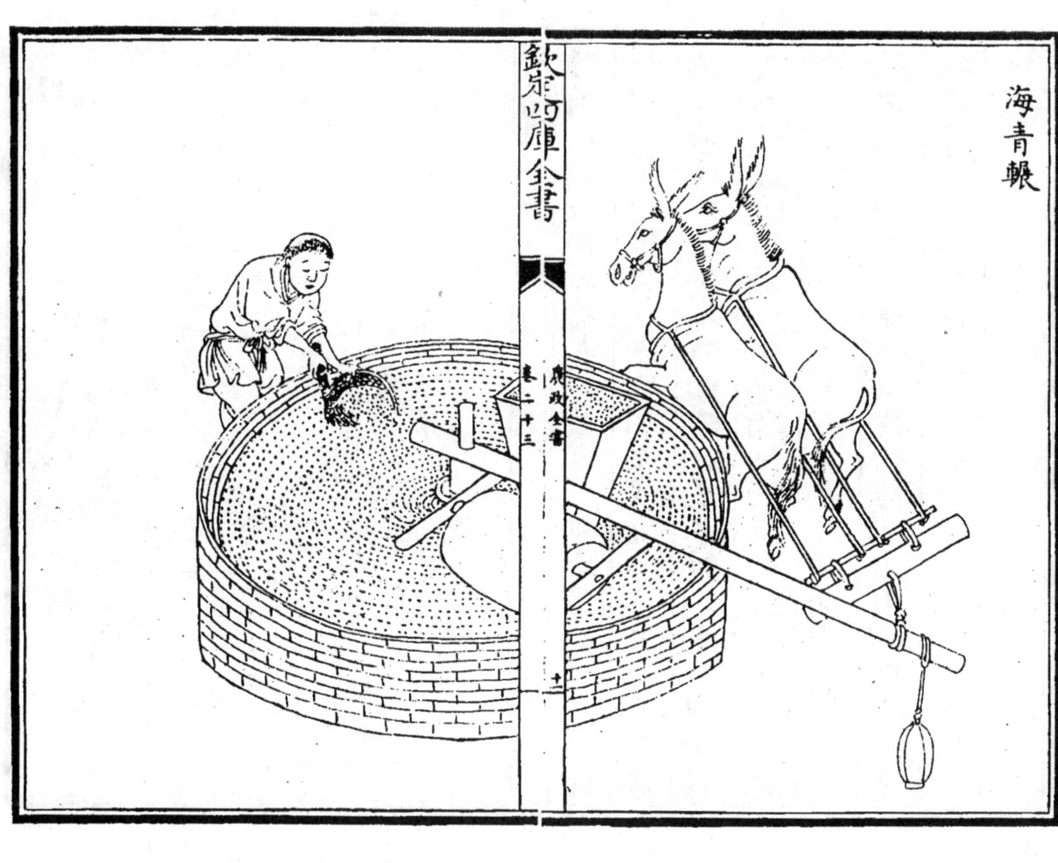

輥輾世呼曰海青輾喻其速也但比常輾減去圖槽就碢榦栝以石輥（輥徑可三尺長可五尺）上置板檻隨輾榦圓轉作竅下穀不計多寡旋碾旋收易于得米較之碢輾疾過數倍故比于鷙鳥之尤者人皆便之

玄扈先生曰江右木作槽輾山右石作搖輾皆取機勢倍勝常輾

連磨連轉磨也其制中置巨輪輪軸上貫架木下承鐏臼復于輪之周回列達八磨輪輻近與各磨木齒相間一牛拽轉則八磨隨輪輻俱轉用力少而見功多後魏崔亮在雍州讀杜預傳見其為八磨嘉其有濟時用劉景宣作磨奇巧特異策一牛之任轉八磨之重竊謂此雖並載前史然世罕有傳者今乃尋繹搜索度其可用述此制度既圖於前復敘於後庶來者傚之以廣食利（圖見水利部）

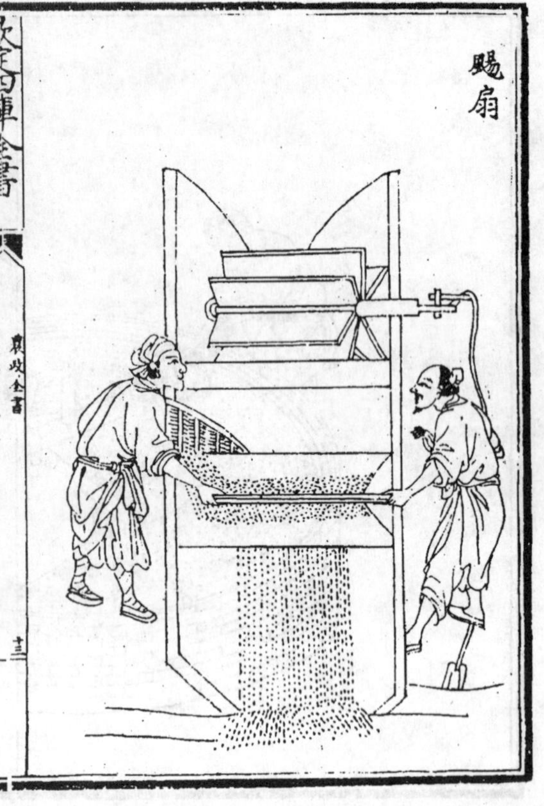

颺扇集韻云颺風飛也揚穀器其制中置簨軸列穿四扇或六扇用薄板或糊竹為之復有立扇卧扇之别各帶掉軸或手轉足躡扇即隨轉凡舂輾之際以糠米貯之高檻底通作匾縫下瀉均細如簾即將機軸掉轉搧之糠粞既去乃得淨米又有舁之場圃間用之者謂之扇車凡揉打麥禾等稼穰粃相雜亦須用此風搧比之杴擲箕簸其功數倍

礳

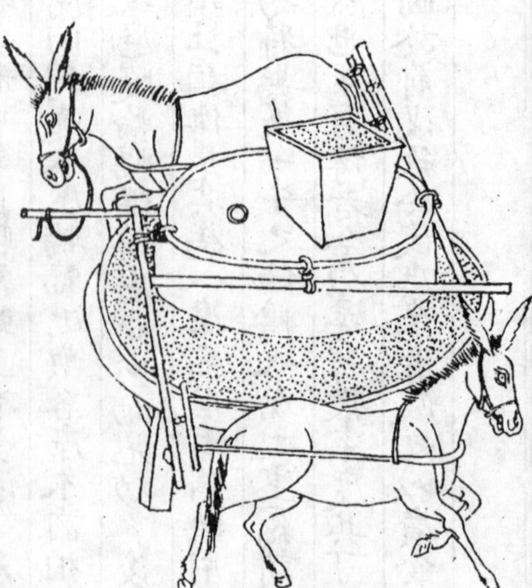

礳磨韻作磨磑也說文云礳石磑也世本曰公輸班作磑方言或謂之䃺通俗文曰填礳曰硐磨床曰摘令又謂主磨曰臍注磨曰眼轉磨曰斡承磨曰槃載磨曰床多用畜力輓行或借水輪或掘地架木下置鐏軸亦轉以畜力謂之旱水磨比之常磨特為省力凡磨上皆用漏斗盛麥下之眼中則利齒旋轉破麥作麩然後收之篩羅乃得成麪世間餅餌自此始矣

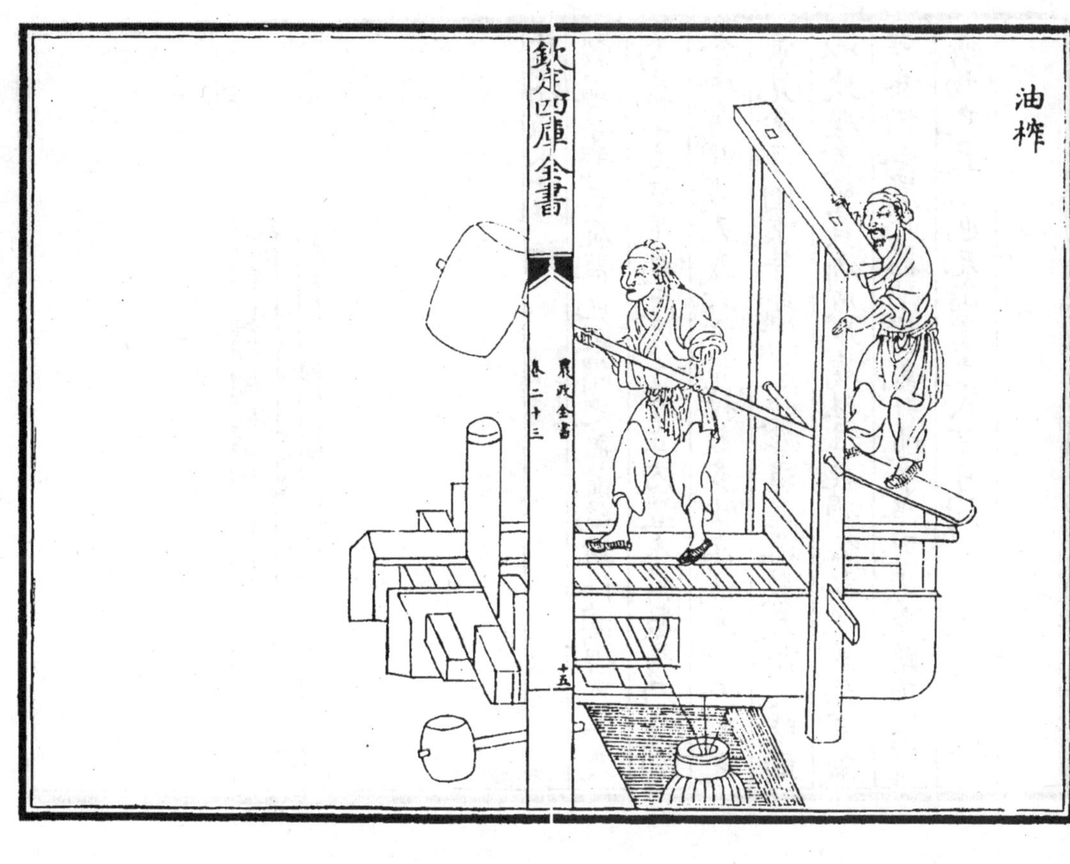

油榨取油具也用堅大四木各圍可五尺長可丈餘疊作卧枋于地其上作槽其下用厚板嵌作底槃槃上圓鑿小溝下通槽口以備注油于器凡欲造油先用大鑊爨炒芝麻既熟即用碓舂或輾碾令爛上甑蒸過理草為衣貯之圈内累積在槽横用枋桯相桚復豎插長楔高處舉碓或推擊擗之極緊則油從槽出此横榨謂之卧槽立木為之者謂之立槽傍用擊楔或上用壓梁得油甚速今燕趙間創有以鐵為炕面就接蒸釜爨項乃傾芝麻於上執枚匀攪待熟入磨下之即爛比鑊炒及舂碾省力數倍南北農家歲用既多尤宜則傚

穀盅

穀盅集韻云虛器也又謂之氣籠編竹作圍徑可一尺高或二丈底足稍大易于竪立内置木撑數層乃先列倉中每間或五或六亦量積穀多少高低大小而制之嘗見倉廩囷京等所貯米穀蒸濕結厚數尺謂之矇頭以致壓盦變黃漸成浥腐往往耗損公私坐致陷害誠可甚惜今置此器使鬱氣升通米得堅燥免蹈前弊實濟物之良法也凡儲蓄之家不可闕

窖

窖藏穀穴也史記貨殖傳曰宣曲任氏獨窖食粟楚漢相拒滎陽民不得耕米石至數萬而豪傑金玉盡歸任氏任氏以是起富嘗謂穀之所在民命是寄今藏至地中必有重遇且風蟲水旱十年之內儉居五六安可不預備凶災夫穴地為窖小可數斛大至數百斛先投柴棘燒令其土焦燥然後周以糠穩貯粟於內五穀之中惟粟耐陳可歷遠年有于窖上栽樹大至合抱內若變浥樹必先槁又謂葉必萎黃又擣別窖北地土厚皆宜作此江淮高峻土厚處或宜做之

竇

竇似窖月令曰穿竇窖鄭注云穿竇窖者入地隋曰竇方曰窖疏云隋者似方非方似圓非圓釋文云隋謂狹而長令人下掘或旁穿出土轉于它處內實以粟復以草墢封塞他人莫辨即謂竇也蓋小口而大腹竇小孔穴也故名竇

倉穀藏也釋名曰倉藏也天文集曰廩星主倉史記天官書胃為天倉此名著于天象者禮月令曰孟冬命有司修囷倉周禮倉人掌粟入之藏此名著於公府者詩

曰乃求千斯倉管子曰倉廩實而知禮節此名著於民家者今國家備儲蓄之所上有氣樓謂之厫房前有簷楹謂之明廈倉為總名蓋其制如此夫農家貯穀之屋雖規模稍下其名亦同皆係累年蓄積所在內外材木露者悉宜灰泥塗飾以辟火災木又不蠹可為永法圖不載

廩倉之別名詩曰亦有高廩萬億及秭注云廩所以藏粢盛之穗說文曰倉黃亩而取之故謂之亩或從广從

禾今農家構及無壁廈屋以儲禾穗種稑之種即古之亩也唐韻云倉有屋曰廩倉其藏穀之總名而廩庾又有屋無屋之辨也圖不載

庾鄭詩箋云露積穀也集韻庾或作𢈔倉無屋者詩曰曾孫之庾如坻如京又曰我庾維億蓋謂庾積穀多也圖不載

囷圓倉也禮月令曰修囷倉說文廩之圓者圜謂之囷方謂之京吳志周瑜謁魯肅肅指其囷以與之西京雜記曰曹元理善算囷之穀數類而言之則囷之名舊矣今貯穀圜笆泥塗其內草苫於上謂之露笆者即囷也圖不載

升十合量也前漢志云以子穀秬黍中者千二百實其龠以井水準其概二龠為合十合為升說文云升從斗象形唐韻云升成也自此至末圖不載

斗十升量也前漢志云十升為斗斗者聚升之量也說文云斗象形有柄天文集曰斗星仰則天下斗斛不平覆則歲稔

斛十斗量也前漢志云十斗為斛斛者角斗平多少之量也廣雅曰斛謂之鼓方斛謂之角周禮曰㮚氏為量改煎金錫則不耗不耗然後權之權之然後準之準之然後量之其銘曰時文思索允臻其極嘉量既成以觀四國永啓厥後茲器維則時文思索言是文德之君思求索為民立法而作量漢書五量之法用銅方尺而圓其外旁有庣焉師古曰庣不滿之處也上為斛下為斗上謂仰斛下為覆斛之底受一斗也左耳為升右耳為

合龠夫量者躍于龠合于合登于升聚于斗甬于斛職在大倉大司農掌之今農夫家所得穀數凡輸納于官販鬻于市積貯于家多則斛少則斗零則升又必槩以平之貧富皆不可闕者

概平斛斗器說文云槩杚斗斛從木既聲杚平也漢書云以井水準其概也古有豆區釜鍾庾秉之量左傳曰四升為豆四豆為區四區為釜十釜為鍾又二釜半為庾十六斛為秉皆古量之名也今唯以升斗斛為準最號簡要盖出納之司易會計也

鬲說文云鬲三足兩耳烹飪器也周禮烹人掌共鼎鑊以給水火之齊今農家乃用煑繭繅絲嘗讀秦觀蠶書云凡繅絲常令煑繭之鬲湯如蟹眼夫鬲之為器大則烹牲而供上祀小則和羹而備五味今用之以取繭絲而衣被斯民嘉其兼用遂寘名田譜之内釜煑器也古史考黄帝始造釜甑火食之道成矣易說卦曰坤為釜廣雅曰鬵鉼鬲鑊鏕鍑鍪鬵錡釜也說文釜作鬴鍑屬

魏畧曰鍾繇為相國以五熟鬲範因太子鑄之釜成太子與繇書曰昔周之九鼎咸以一體調一味豈若斯釜五味時方盖鬲之烹飪以享上帝今之嘉釜有踰兹義異錄曰南方有以沙土燒之者燒熟以土油之浄逾鐵器尤宜煮藥一斗者纔直十錢斯濟貧之具不可無者

甑炊器也集韻云甑甗也籀文作䰝或作䰖周禮陶人為甑實二鬴厚半寸脣寸說文曰𥧌甑空也爾雅曰䰝謂之鬵方言或謂之酢餾漢書項羽渡河破釜甑又任文公知有王莽之變悉賣奇物唯存銅甑以此知古人用甑雖軍旅及反側之際不可廢者或謂釜甑舉世皆用今作農器何也盖民之力田必資火食非釜甑不成以此起農事之始及穀物既登爨以釜甑又為農事之終所需莫急于此故附農器之内

箄甑箄也說文云箄蔽也所以蔽甑底也淮南子曰明鏡可以鑑形蒸食不如竹箄孔融同歲論曰弊箄徑尺不能救鹽池之鹹矣箄弊可以止鹹故也又曰弊箄甑

瓾在旃茵之上雖貧者不䅑此言易得之物也字從竹或無竹處以荆柳代之用不殊也

土鼓古樂器也杜子春云以瓦為匡以革為兩面可擊也禮運曰蕢桴而土鼓又明堂位曰土鼓蕢桴伊耆氏之樂也周禮春官籥章掌土鼓豳籥仲春晝擊土鼓龡豳詩以逆暑仲秋夜迎寒亦如之凡國祈年於田祖龡豳雅擊土鼓以樂田畯今農家拏歛之後擊鼓以祀田祖即其遺意也

農舟農家所用舟也夫水鄉種蓺之地溝港交通農人往來利用舟楫故異夫漁釣之名也

野航田家小渡舟也或謂之舴艋謂形如蚱蜢因以名之如村野之間水陸相間豈所在橋梁皆能畢備故造此以便往來制頗朴陋廣纔尋丈可載人畜一二不煩人駕但于渡水兩傍維以竹草之索各倍其長過者掣索即抵彼岸或畧具篙楫田農便之

下澤車田閒任載車也古謂箱者詩曰乃求萬斯箱又睆彼牽牛不以服箱箱即此車也周禮車人行澤者反輮又行澤者欲短轂短轂則利今俗謂之板轂車其輪用厚闊板木相嵌斲成圓様就留短轂無有輻也泥淖中易于行轉了不沾塞蓋如車制而畧但獨轅著地如犂托之狀上有望橛以擐牛軶槃索上下坡坂絶無軒輊之患漢馬援弟少遊嘗謂乘下澤車是也

大車考工記曰大車牝服二柯鄭玄謂平地任載之車世本云奚仲造車凡造車之制先以脚圓徑之高為祖

然後可視梯檻長廣得所制雖不等道路皆同軌也中原農家例用之

拖車即拖脚車也以脚木二莖長可四尺前頭微昂上立四箕以横木栝之闊約三尺高及二尺用載農具及芻種等物以往耕所有就上覆草為舍取蔽風雨耕牛輓行以代輪也

守舍看禾廬也㮚木苫草畧成結構兩人可舁木稼將熟寢處其中備防人畜或就塍坎縛草為之若于山鄉

及曠野之地宜高架牀木免有虎狼之患牛室門朝陽者宜之夫歲事逼冬風霜淒凜獸既氄毛率多穴處獨牛依人耳故宜入養密室閑之老農云牛室內外必事塗墍以備不測火災最為切要

農政全書卷二十三

欽定四庫全書

農政全書卷二十四

明 徐光啟 撰

農器

圖譜四

王禎曰芟麥等器中土人皆習用蓋地廣種多必制此法乃為收斂比之鎌鎟手穫其功殆若神速今特各各圖録庶他方業農者倣之同省工力而蓑笠篔篠之器附焉

玄扈先生曰古云收穫如寇盜之至百穀皆宜速收夏麥尤甚故曰收麥如救火此譜芟麥之器獨詳以此類而推之麥塲宜高廣莊屋宜寬大他如笐架火炕如豫宜設處以備不時之霖潦可也

麥籠盛芟麥器也判竹編之底平口綽廣可六尺深可二尺載以木座座帶四碢用轉而行芟麥者腰繫鉤繩牽之且行且曳就借使刀前向綽麥乃覆籠內籠滿則舁之積處往返不已一籠日可收麥數畝又謂之腰籠

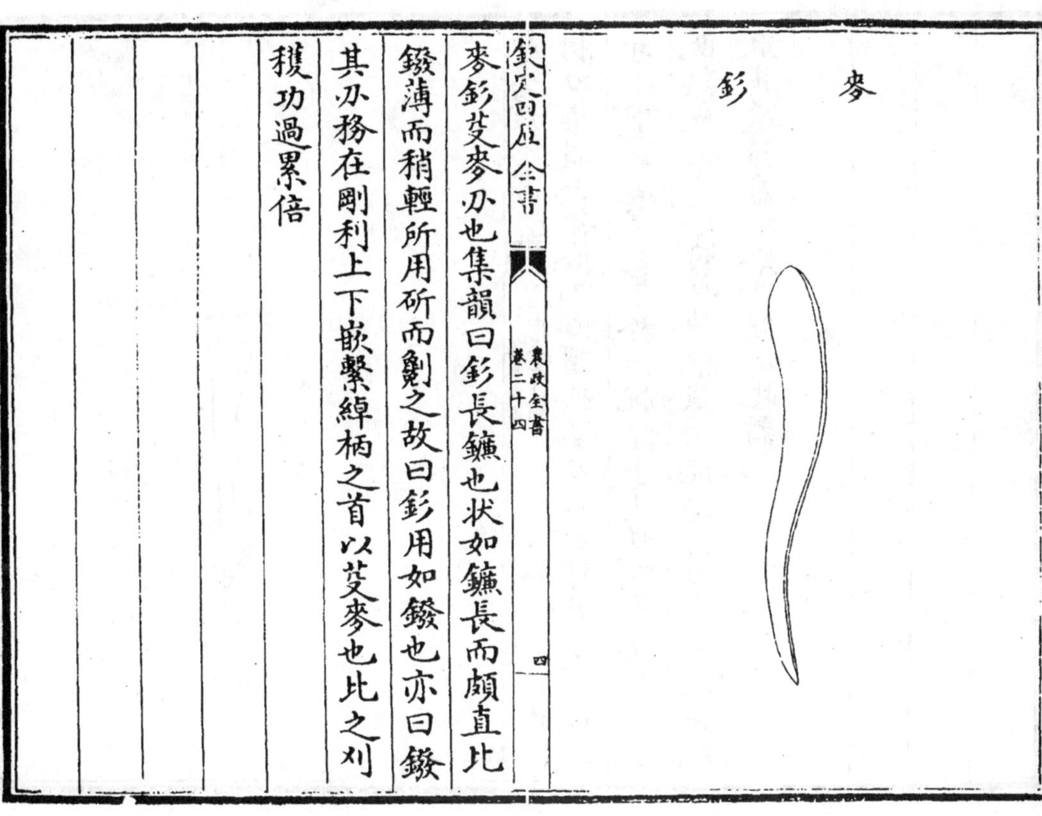

麥釤芟麥刃也集韻曰釤長鐮也狀如鐮長而頗直比鏺薄而稍輕所用斫而劖之故曰釤用如鏺也亦曰鏺其刃務在剛利上下嵌繫綽柄之首以芟麥也比之刈穫功過累倍

麥綽

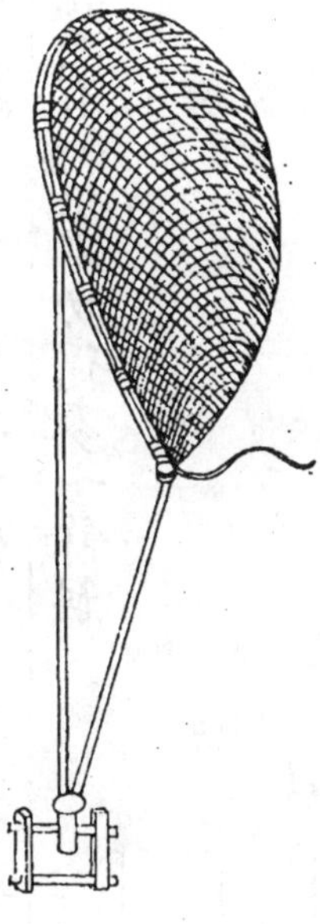

麥綽抄麥器也篾竹編之一如箕形稍深且大旁有木柄長可三尺上置釤刃下橫短拐以右手執之復於釤旁以繩牽短軸（近刃處以細竹代繩防為刃所割也）左手握而掣之以兩手齊運芟麥入綽覆之籠也嘗見北地芟取蕎麥亦用此具但中加密耳夫籠釤綽三物而一事繫於人之一身而各周於用信乎人為物本物因人而用也

捃刀

捃刀集韻云捃拾也俗謂拾麥刀刃長可五寸濶近二寸上下竅繩穿之繫於指腕隨手芟穫取其便也麥禾既熟或收刈不時莖穗狼籍不能淨盡單貧之人得以取其遺滯蓋捃拾之間用此器也

拖杷

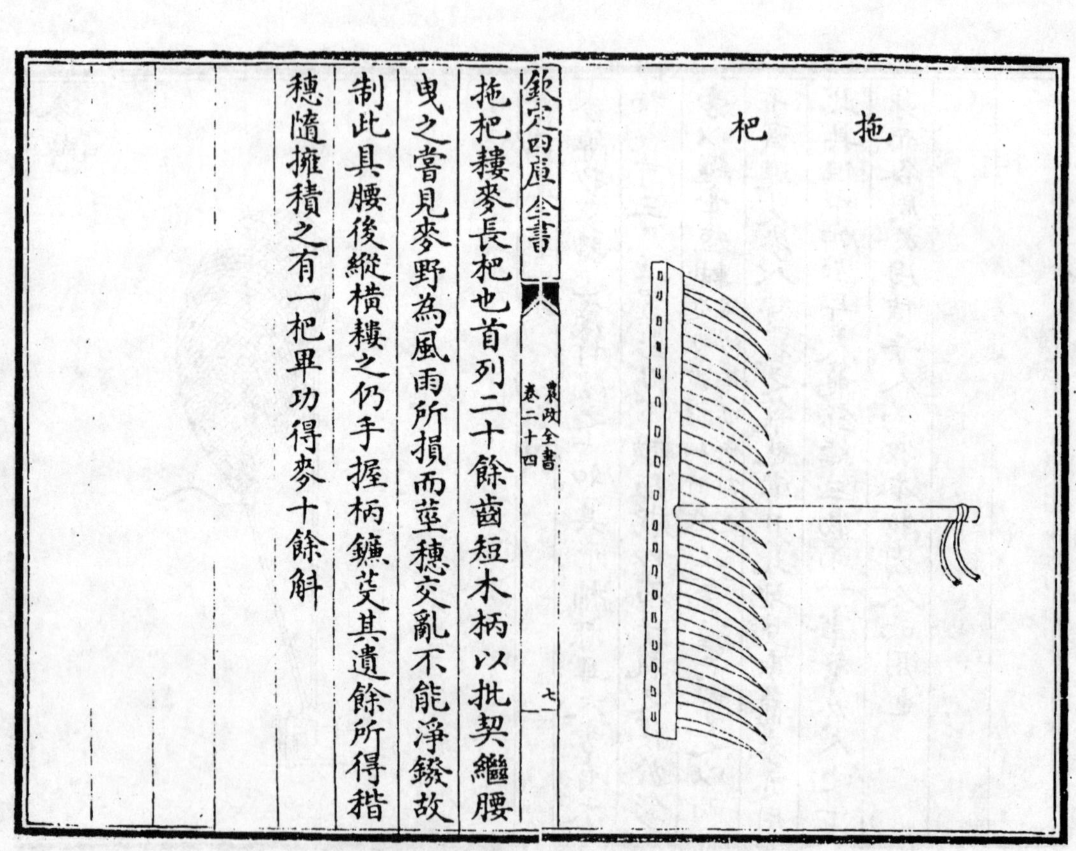

拖杷耬麥長杷也首列二十餘齒短木柄以批契繼腰曳之嘗見麥野為風雨所損而莖穗交亂不能淨鏺故制此具腰後縱橫耬之仍手握柄鏕芟其遺餘所得稭穗隨擁積之有一杷畢功得麥十餘斛

抄竿

抄竿扶麥竹也長可及丈麥已熟時忽為風雨所倒不能芟取乃別用一人執竿抄起卧穗竿舉則釤隨鏺之殊無損失必兩習熟者能用不然則有矛盾之差矣或曰措刀拖杷抄竿冗細似不足紀録而皆取之何也曰物有濟於人而遺之不可故綴於麥事之末

蓑雨衣無羊詩云何蓑何笠毛註曰蓑所以備雨笠所以禦暑唐韻云蓑草名可為雨衣又名襏襫說文云秦謂之萆爾雅曰藨侯莎蓑衣以莎草為之故音同莎又名薜六韜農器篇曰蓑薜簦笠今總謂之蓑雨具中最為輕便圖不載

笠戴具也古以臺皮為笠詩所謂臺笠緇撮今之為笠編竹作殼裏以籜箬或大或小皆頂隆而口圓可芘雨蔽日以為蓑之配也圖不載

扉

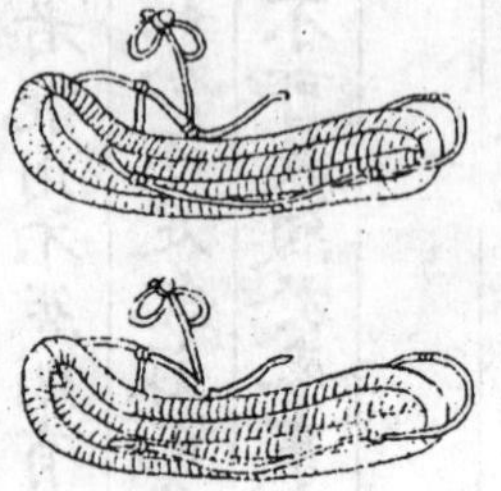

扉草履也左傳曰共其資糧扉屨說文曰扉草屨也孔疏云扉屨俱是在足之物善惡異名耳

屨

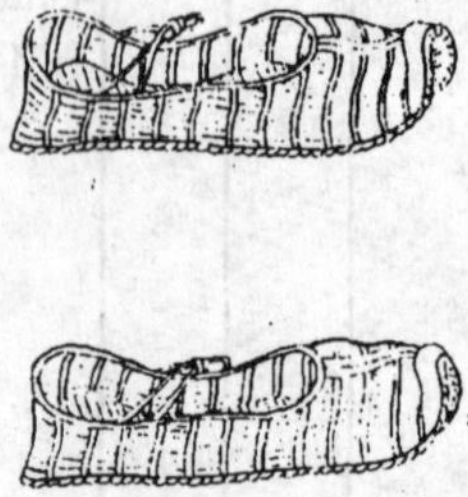

屨麻履也傳云屨滿户外蓋古人上堂則遺屨於外此常履也今農人春夏則扉秋冬則屨從省便也方言扉麤屨也徐兖之郊謂之扉自關而西謂之屨中有木者謂之複舃自關而東謂之複履其𤰞者謂之鞔音下禪婉謂之䩓絲作者謂之履麻作者謂之不借麤者謂之屦東北朝鮮列水之間謂之鞠或謂之席徐土邳沂之間大麤謂之鞠角皆屨之别名也

橇

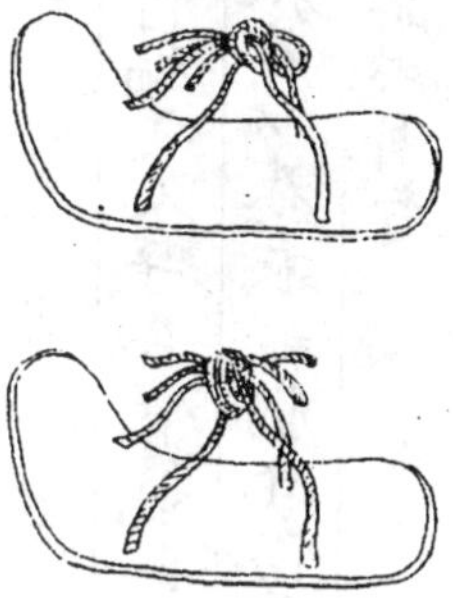

橇泥行具也史記禹乘四載泥行乘橇孟康曰橇形如箕擿行泥上嘗聞向時河水退灘淤地農人欲就泥裂漫撒麥種奈泥深恐沒故制木板為履前頭及兩邊昆起如箕中綴毛繩前後繫足底板既濶則舉步不陷今海陵人一行及刈過葦泊中皆用之

覆殼

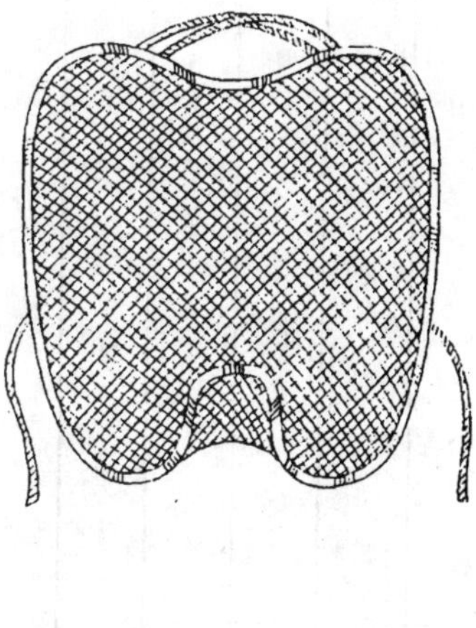

覆殼一名鶴翅一名背蓬篾竹編如龜殼裹以籜箬覆於人背繩繫肩下耘耨之際以禦畏日兼作雨具下有卷口可通風氣又分雨溜適當盛暑田夫得此以免曝烈之苦亦一壺千金之比也

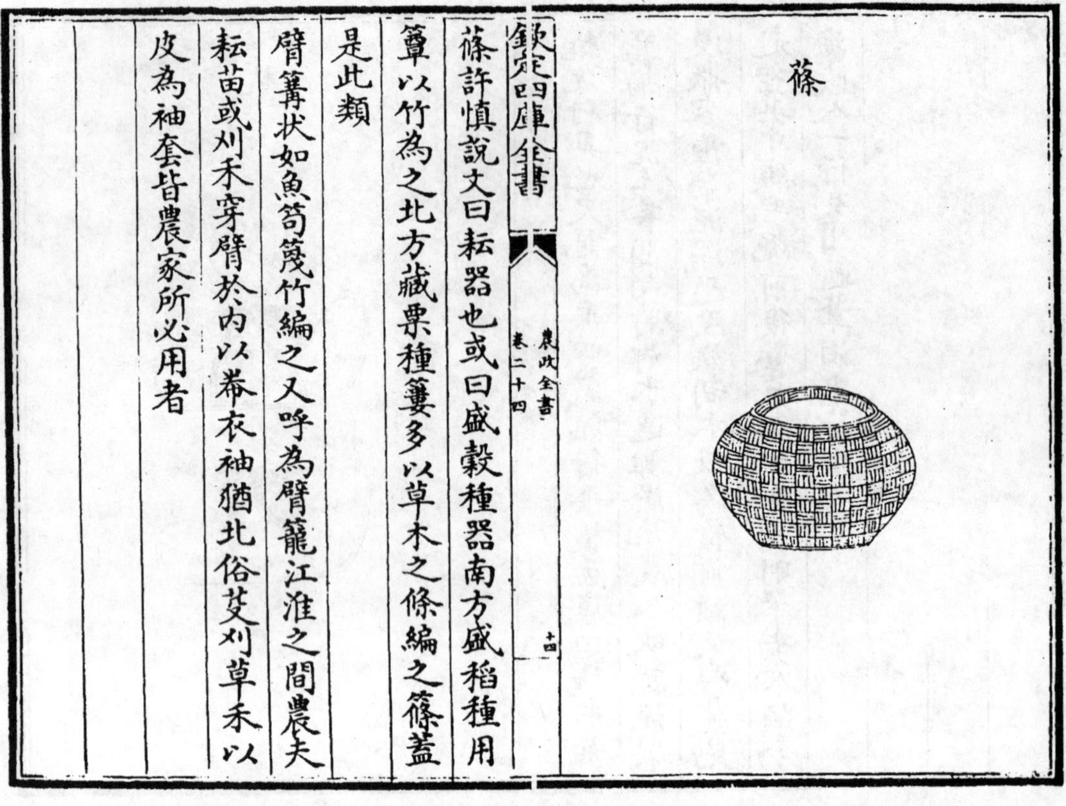

篠

蓧許慎說文曰耘器也或曰盛穀種器南方盛稻種用簞以竹為之北方藏粟種簍多以草木之條編之篠蓋是此類

臂篝狀如魚笱篾竹編之又呼為臂籠江淮之間農夫耘苗或刈禾穿臂於内以卷衣袖猶北俗芟刈草禾以皮為袖套皆農家所必用者

蕢

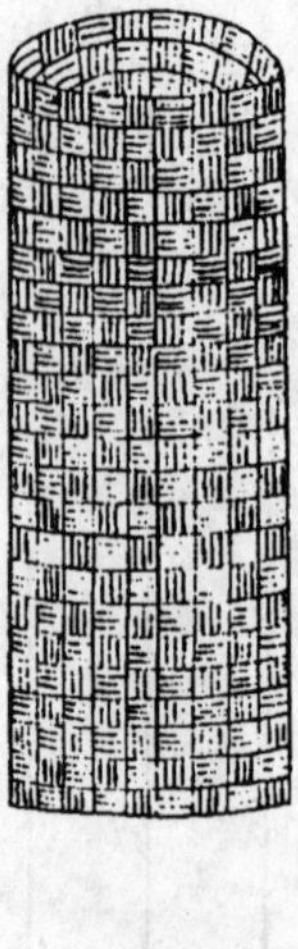

蕢草器所以盛穀也集韻作籄

筐

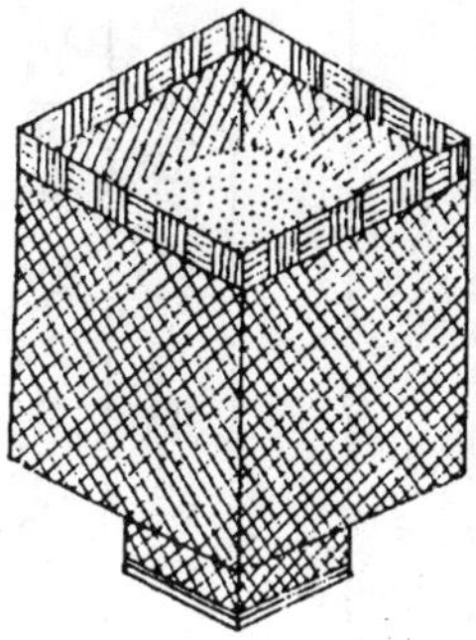

筐竹器之方者三禮圖曰大筐以竹受五斛以盛米致餼於聘賓小筐以竹受五升以盛米又曰筐以盛熬穀

筥

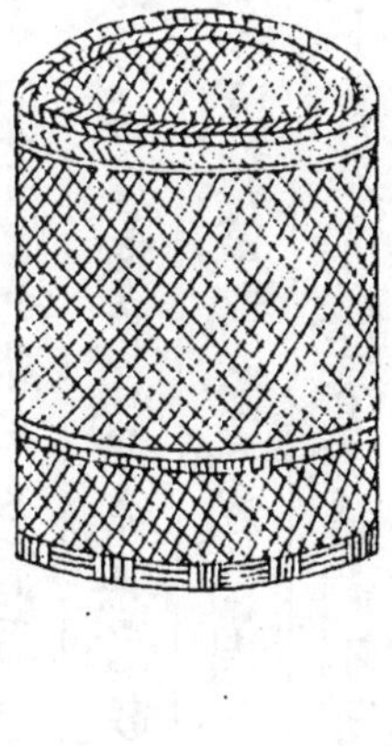

筥亦作簾竹器之圓者注曰筥圓而長但可實物而已三禮圖曰筥受五升盛饔餼之米致於賓館良耜詩曰載筐及筥左傳筐筥錡釜之器字說云筐筥一器特方圓之異云耳江沔之間謂之箕趙岱之間謂之簹淇衛之間謂之牛筐小者南楚謂之簍自關而西秦晉之間謂之箪筥其通語也

畚

畚土籠也左傳樂喜陳畚挶注云畚簣籠集韻作畚晉書王猛少貧賤嘗鬻畚為事說文云畚斷屬又蒲器也所以盛種杜林以為竹筥揚雄以為蒲器然南方以蒲竹北方用荆柳或負土或盛物通用器也

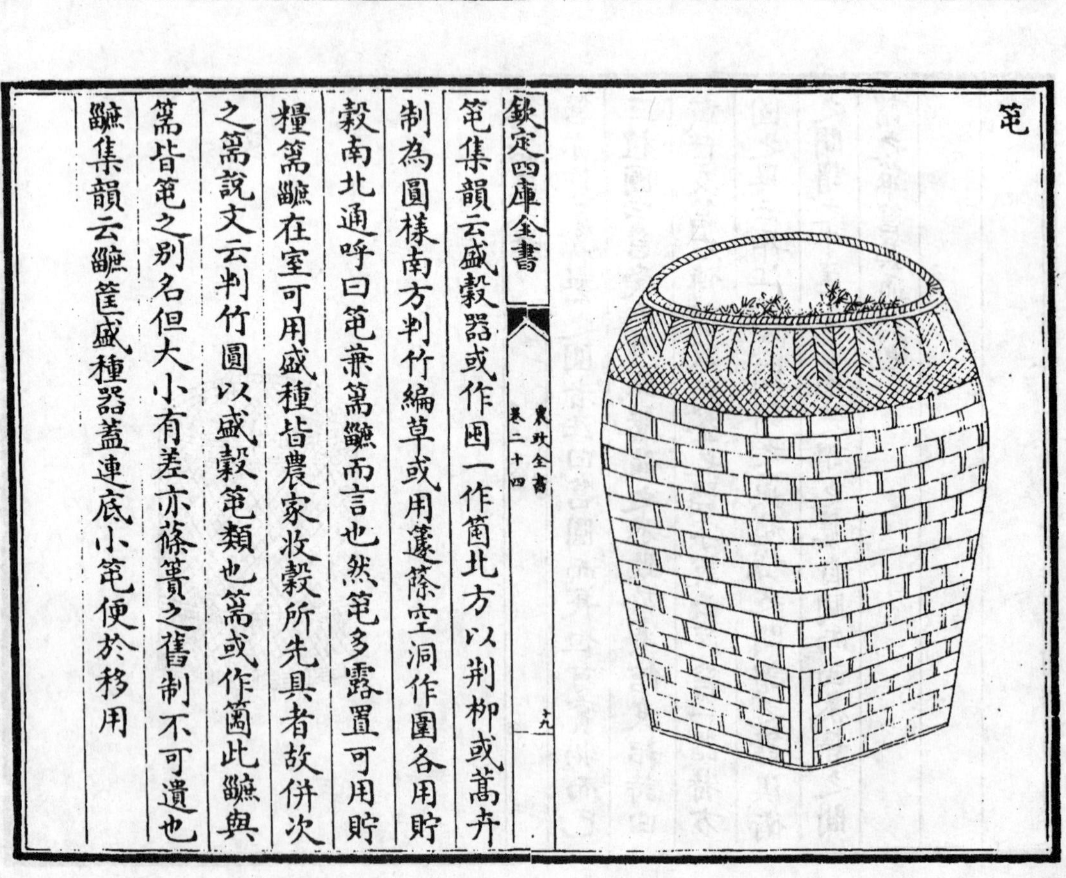

𥬠

𥬠集韻云盛穀器或作囤一作篅北方以荆柳或蒿卉制為圓様南方判竹編草或用籧篨空洞作圍各用貯穀南北通呼曰𥬠兼篅䉛而言也然𥬠多露置可用貯糧篅䉛在室可用盛種皆農家收穀所先具者故併次之篅說文云判竹圓以盛穀𥬠類也篅或作圌此䉛與篅皆𥬠之别名但大小有差亦蓧簣之舊制不可遺也

䉛集韻云䉛筐盛種器蓋連底小𥬠便於移用

籮

籮匠竹為之上圓下方挈米穀器量可一斛方言籮所以注斛陳魏宋楚之間謂之篙自關而西謂之注箕皆籮之別名也

欽定四庫全書

⿱⺮差

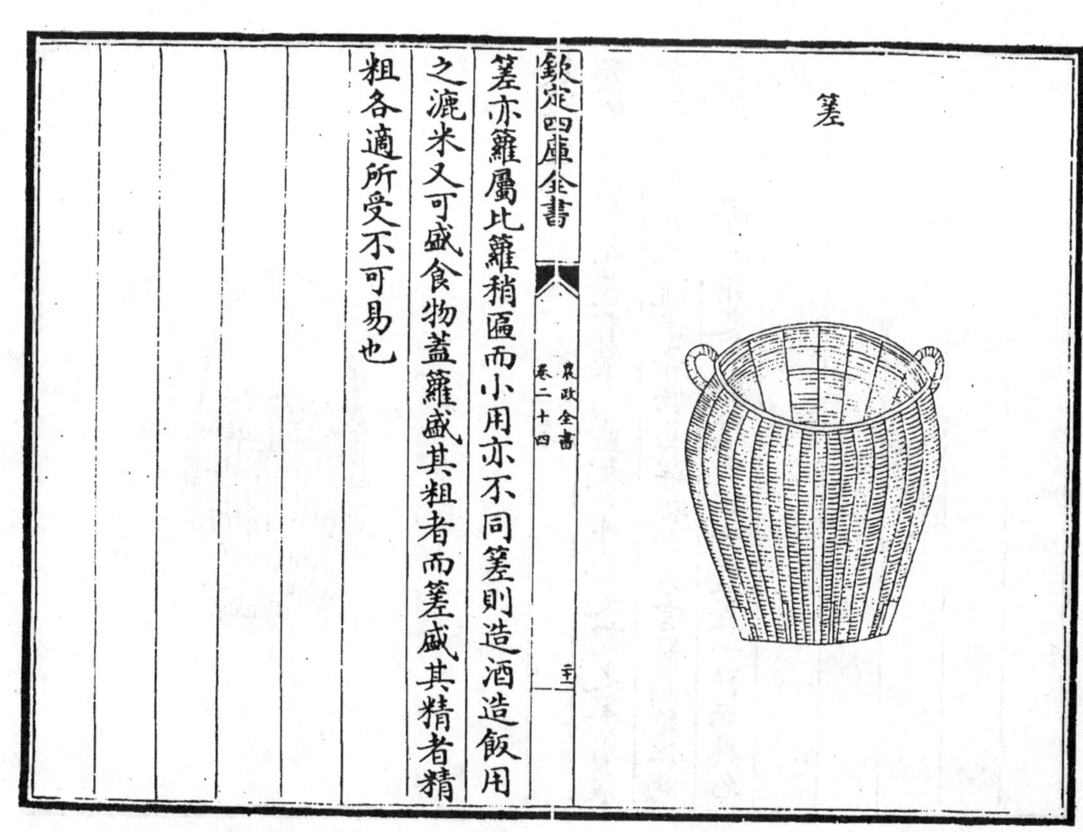

⿱⺮差亦籮屬比籮稍匾而小用亦不同⿱⺮差則造酒造飯用之漉米又可盛食物蓋籮盛其粗者而⿱⺮差盛其精者精粗各適所受不可易也

儋

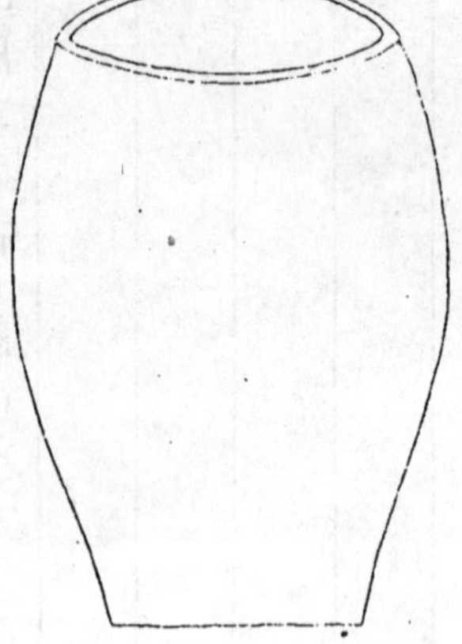

儋貯米器也漢書揚雄無儋石之儲晉劉毅家無儋石之儲應劭曰齊人名甖為儋受二斛顏師古曰儋者一人所負擔也方言云罃陳魏宋楚之間曰甋或曰瓶燕之東北朝鮮列水之間謂之瓺周洛韓鄭之間謂之甀儋或作甔字從瓦瓦器也今江淮間農家造泥為甕披以麻草用貯食米可以代儋細民甚便之

籃

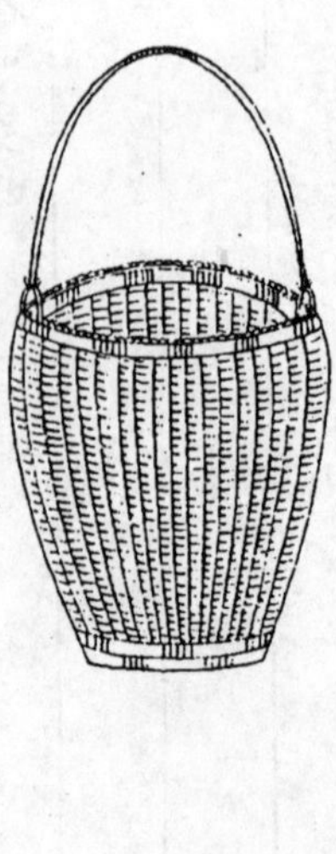

籃竹器無繫為筐有繫為籃大如斗量又謂之笭箵農家用採桑柘取蔬果等物易挈提者方言籠南楚江沔之間謂之篣或謂之笯郭璞云亦呼籃蓋一器而異名也

箕

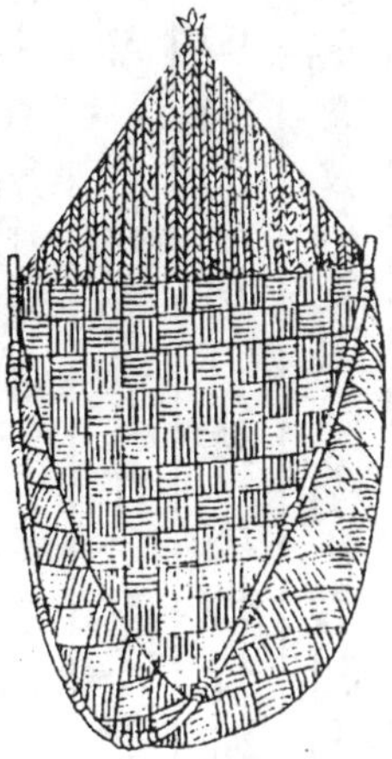

箕簸箕也說文云簸揚米去糠也莊子曰箕之簸物雖去麤留精然要其終皆有所除是也然北人用柳南人用竹其制不同用則一也詩云哆兮侈兮成是南箕箕四星二星為踵二星為舌哆侈謂踵已大而舌又廣也又維南有箕載翕其舌故箕皆有舌易播物也諺云箕星好風謂主簸揚農家所以資其用也

帚今作箒又謂之篲集韻云少康作箕帚其用有二一則編草為之潔除室內制則匾短謂之條（亦作苕）帚一則束篠為之擁掃庭院制則叢長謂之掃帚又有種生掃帚一科可作一帚謂之獨掃農家尤宜種之以備場圃間用也（圖不載）

籭竹器內方外圓用篩穀物說文云可以除麤取精集韻作簛又作簁或作篩其制有疎密大小之分然皆粒食之總用也（圖不載）

箕

箕漉米器說文淅箕也又云漉米籔又炊箕也廣雅曰淅𥫱匠箕方言云炊箕謂之縮或謂之𥲒或謂之匠江東呼為淅籤也　蓋今炊米日所用者箱飯箱也說文陳留謂飯帚曰箱從竹捎聲一曰飯器容五升今人亦呼飯箕為箱箕南曰箕北曰箱南方用竹北方用柳皆漉米器或盛飯所以供造酒食農家所先雖南北名制不同而其用則一故附類之

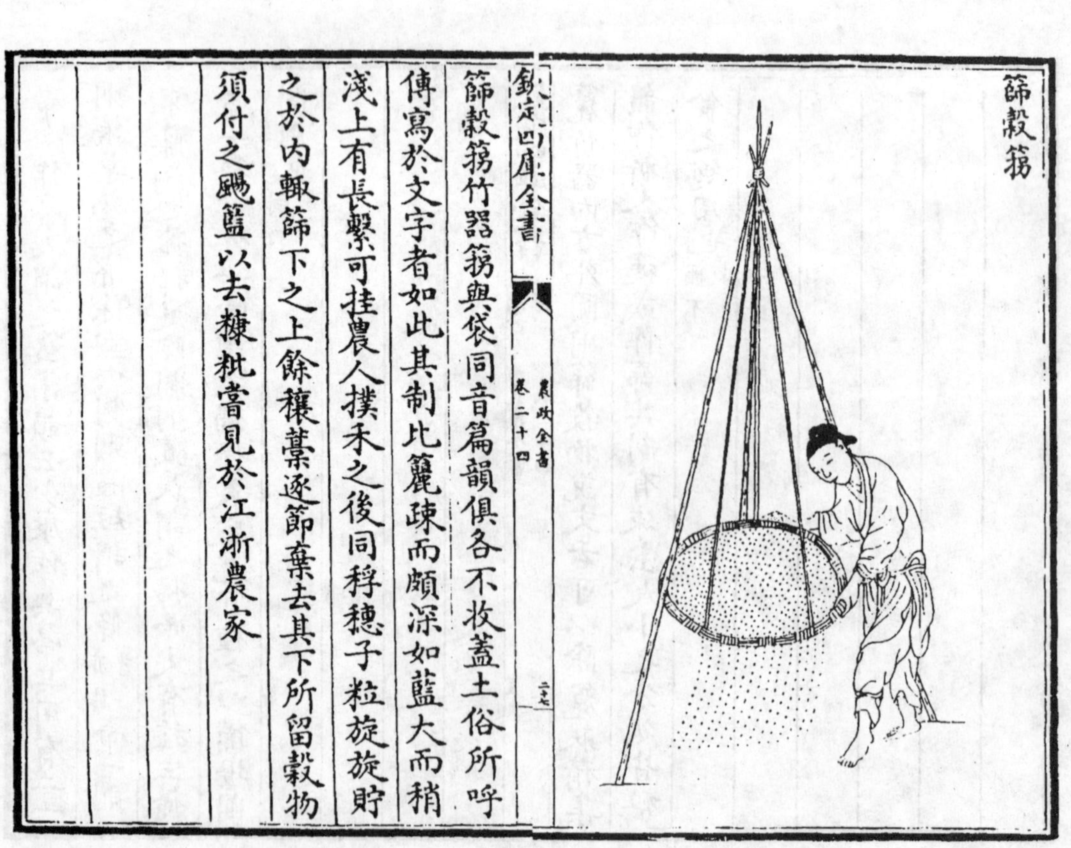

篩穀箉

篩穀箉竹器箉與袋同音篇韻俱各不收蓋土俗所呼傳寫於文字者如此其制比籭疎而頗深如籃大而稍淺上有長繫可挂農人撲禾之後同稃穗子粒旋旋貯之於內輒篩下之上餘穰藁逐節棄去其下所留穀物須付之颺籃以去糠粃嘗見於江淅農家

颺籃

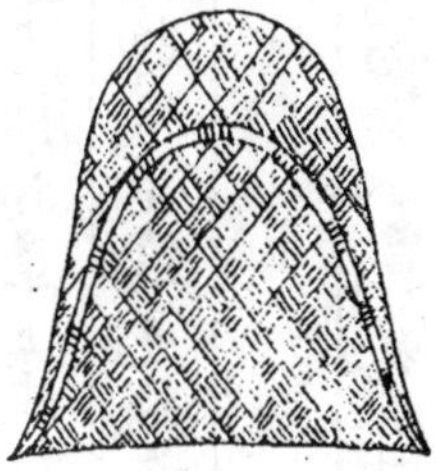

颺籃颺集韻謂風飛也籃形如簸箕而小前有木舌後有竹柄農夫收穫之後場圃之間所踩禾穗糠粃相雜執此揀而向風擲之乃得淨穀不待車扇又勝箕簸田家便之

種箪

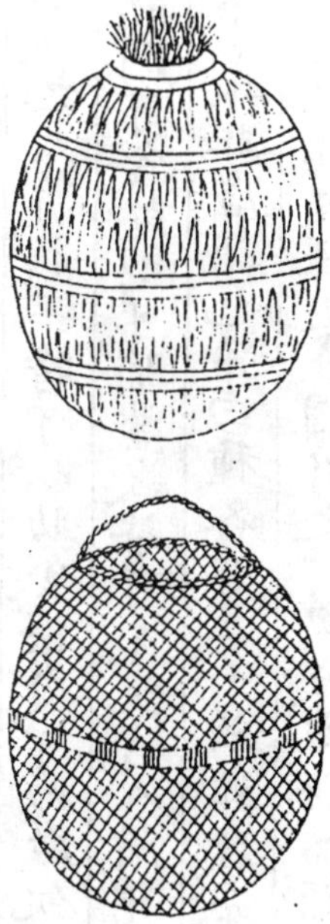

種箪盛種竹器也其量可容數斗形如圓甕上有篭口農家用貯穀種庋之風處不致鬱浥勝窖藏也古謂修箪客論語一箪食之箪食器與此字雖同然制度有大小之殊作用有彼此之効齊民要術云藏稻必用箪盖稻乃水穀宜風燥之種時就浸水內又其便也

曬槃曝穀竹器廣可五尺許邊緣微起深可二寸其中平濶似圓而長下用溜竹二莖兩端俱出一握許以便扛移趁日攤布穀實曝之蠶時農家兼用為筐但底密而不通風氣終非蠶具圖如蠶槃式已見故不載

玄扈先生曰蠶槃通風最是

摜稻簟摜抖擻也簟承所遺稻也農家禾有早晚次第收穫即欲隨手得糧故用廣簟展布置木物或石於上各舉稻把摜之子粒隨落積於簟上非惟免汚泥沙抑且不致耗失又可晒穀物或捲作笔誠為多便南方農種之家率皆制此圖不載

玄扈先生曰不如摜床為便今農家所用棧條即簟也

農政全書卷二十四

欽定四庫全書

農政全書卷二十五

明　徐光啟　撰

樹藝

穀部上

王禎百穀序曰嘗謂上古之時人食鳥獸血肉以為食至神農氏作始嘗草別穀而後生民粒食賴焉物理論曰百穀者三穀各二十種為六十種蔬菓各二十種共

為百穀注云粱者黍稷之總名稻者既種之總名菽者種豆之總名三穀各二十種為六十蔬菓之類所以助穀之不及也夫蔬熟平時可以助食儉歲可以救飢其菓實熟則可食乾則可脯豐歉皆可充飢古人所謂木奴千無凶年非虛語也雖曰種各有二十殆難枚舉今故總為編録其陂澤之產園野之材與夫雜物品類上以助百穀之闕下以補諸物之遺條列而詳具之庶幾覽者擇取而備用焉

穀名攷五穀禾麻粟麥豆也周禮註又以麻黍稷麥豆為五穀六穀者穀黍稷稻粱麥菰八穀者黍稷稻粱禾麻菽麥九穀者穀黍稷秫稻麻大小豆大小麥鄭玄註又云九穀無秫大麥而有粱菰

黍爾雅曰秬黑黍秠一稃二米郭璞曰秠亦黑黍也說文曰黍可為酒從禾入水為意　氾勝之曰黍暑也當暑而生暑後乃成也　雜陰陽書曰黍生于榆六十日秀秀後六十日成　王禎曰詩云維秬維秠秬黑黍也又曰秬鬯一卣此言黍之為酒尚矣今有赤黍米黄而黏可蒸食白黍釀酒亞於糯秫又北地遠處惟黍可生其莖穗低小可以釀酒又可作饘粥黏滑而甘此黍之有補于艱食之地也凡祭

祀以之為上盛貴其色味之美也　廣志有赤黍白黍黄黍大黑黍牛黍燕頷馬革驢皮稻尾濕屯黄田匽云鷰鴿之名

齊民要術種黍法曰凡黍穄田新開荒為上大豆底為次穀底為下地必欲熟再轉乃佳若春夏耕者下種後再勞為良一畝用子四升三月上旬種者為上時四月上旬為中時五月上旬為下時夏種黍穄與植穀同時非夏者大率以椹赤為候燥濕候黄墒種訖不曳撻常記十月十一月十二月凍樹日種之萬不失一凍樹者凝霜封著木條也假令月三日凍樹還以月三日種黍他皆倣此十月凍樹宜早黍十一月凍樹宜中黍十二月凍樹宜晚黍若從十月至正月皆凍樹者早晚黍悉宜也苗生壠平即宜耙勞鋤三遍乃止鋒而不耩苗晚耩即多折也刈穄欲早刈黍欲晚穄晚多零落黍早米不成諺曰穄青喉黍折頭皆即濕踐之久積則浥鬱操踐多兜年穄踐訖即蒸而裹之不蒸者準春米碎至春又土臭蒸則易舂米堅香氣經夏不歇黍宜曬之令燥濕聚則鬱凡黍黏者薄收穄味美者亦收薄難舂孝經援神契曰黑墳宜黍麥尚書考靈曜云夏火星昏中可以種黍氾勝之書曰先夏至二十日此時有雨彊土可種黍一畝三

升黍心未生雨灌其心心傷無實凡種黍覆土鋤治皆如禾法欲踈於禾踈黍雖科而米黄又多減及空令概雖不科而米白且均熟不減更勝踈者崔氏曰四月蠶入簇時雨降可種黍禾夏至先後各二日可種黍蟲食李者黍貴也

稷爾雅曰粢稷也禮記祭宗廟稷曰明粢南人承北音呼稷為穄謂其米可供祭也　陶弘景曰稷與黍相似　許慎曰稷五谷之長田正也此乃官名非谷號先儒又以稷為粟類也　賈思勰曰穀者總名非止為粟也然今人專以稷為穀望俗名之耳　郭璞曰今江東呼稷為粢孫炎曰稷粟也　雜陰陽書曰稷生于棗或楊九十日秀秀後六十日成　春秋說題曰粟之為言續也粟五變一變而以陽生為苗二變而

秀為禾三變而粲然為之粟四變入臼米出甲五變而蒸飯可食 宋均注云陽以一立為法故粟積大一分穗長一尺文以七列精以五立西者金所立米者陽精故西字米而為粟 廣志曰有赤粟白莖有黑格雀粟有張公班有含黃有蒼背稷有雪白粟亦名白粟又有白藍下竹頭青白逯麥擢石精狗蹹之名種云 賈思勰曰朱穀高居黃劉豬豬道慇黃聒穀黃雀懊黃續命黃百日糧又起婦黃辱稻糧奴子塲音加支穀焦金黃鶴鳴合履今一名麥爭塲此十四種早熟耐旱免蟲聒殺黃辱稻糧二種味美今墮車下馬看白羣羊懸蛇赤尾龍虎黃雀民泰馬洩繈劉豬赤李谷黃河摩糧東海黃石騎歲青莖青黑好黃陌南木隈隄黃宋黃䆉指張黃兔脂青惠目黃寫風赤一睍黃山醜頓黨黃此二十四種穗皆有毛耐風免雀暴一睍黃一種易舂寶珠黃俗得白張鄰黃白鹺谷鉤千黃張蟣白耿虎黃都奴紅茄蘆黃熏豬赤䅘與黃白莖青竹根青調母梁磊碨黃

劉沙白憎延黃赤梁穀靈忽黃獺尾青續得黃得客青孫延黃豬矢青煙熏黃樂婢青平壽黃鹿橛白鹺折作黃稗䅟阿居黃赤巳梁鹿蹄黃餞狗倉可憐黃米谷鹿橛青阿返此三十八種中麓大穀白鹺穀調母梁二種味美揮谷青阿居黃豬矢青有二種味惡黃稗䅟樂婢青二種易舂竹葉青石柳閥竹根青一名胡谷水黑穀忽泥青衝天棒雉子青鴟腳穀鴈頭青攪堆黃青子規此十種晚熟耐蟲災則盡矣 玄扈先生曰古所謂黍今亦稱黍或稱黃米稷則黍之別種也今人以音近誤稱為稷古所謂稷通稱為穀或稱粟梁與秫則稷之別種也今人亦槩稱為穀物之廣生而利用者皆以其公名名之如古今皆稱稷為穀也晉人稱蔓菁為菜吳人稱菉為藥稱陵苕為草洛陽稱牡丹為花又曰穄之苗葉莖穗與黍不異經典初不及穄後世農書輒以黍穄並稱故穄者黍之別種也郭璞注爾雅虋赤梁粟芑白梁粟皆好穀也言梁又言粟言穀故梁者稷之別種也廣志曰秫黏粟說文曰秫稷之黏者故秫亦稷之別種也凡黏穀皆可為酒秬黍黏故古人以為酒秫者黏稷亦可為酒故陶潛種五十畝秫非今之蜀秫也

齊民要術種稷法曰凡穀成熟有早晚苗稈有高下收實有多少質性有強弱米味有美惡粒實有息耗 早熟者苗短而收多晚熟者苗長而收少強苗者短黃穀之屬是也弱苗者長青白黑者是也收少者美而耗收多者惡而息也 地勢有良薄 良田宜種晚薄田宜種早良田非獨宜晚早亦無害薄地宜早晚必不成實也 山澤有異宜 山田種強苗以避風霜澤田種弱苗以求華實也 順天時量地利則用力少而成功多任情反道勞而無獲 入泉伐木登山求魚

手必虛迎風散水逆坂走丸其勢難 凡穀田菉豆小豆底為上麻黍胡麻次之蕪菁大豆為下良田一畝用子五升薄地三升穀田必須歲易二月三月種者為稙禾四月五月種者為穉禾二月上旬及麻菩楊生種者為上時三月上旬及清明節桃始華為中時四月上旬及棗葉生桑花落為下時歲道宜晚者五月六月初亦得凡春種欲深宜曳重撻夏種欲淺直置自生 春風冷生遲不曳撻則根虛雖生輒死夏氣熱而生速曳撻遇雨必堅垎其澤澤多者或亦不須撻必欲撻者宜須待白背濕撻令地堅硬故也 凡種穀雨

後為佳遇小雨宜接濕種遇大雨待薉生小雨不接濕無以生禾苗大雨不待白背濕轆則令苗瘦薉若盛者先鋤一遍然後納種乃佳也春若遇旱秋耕之地得仰壟待雨夏若仰壟匪直蕩汰不生兼與草薉俱出凡田欲早晚相雜有閏之歲節氣近後宜晚田然大率欲早早田倍多於晚早田淨而易治晚者蕪薉雖出其收多少從歲所宜非關早晚然早穀皮薄米實而多晚穀皮厚米少而虛也凡五穀惟小鋤為良小鋤者非直省功穀亦倍勝大鋤者草根繁茂用功多而收益少良田率一尺留一科劉章耕田歌深耕穊種立苗欲疏非其種者鋤而去之諺云迴車倒馬擲衣不下皆十石而收玄扈先生曰言初則迴車倒馬後則

擲衣不下所謂其生欲疎其熟欲相扶也氾勝之書曰燒黍稷則害瓠史記曰陰陽之家拘而多忌正可知梗概不可委曲從之諺曰以時及澤為上策也尚書考靈曜曰春鳥星昏中以種稷鳥朱鳥鶉火也秋虛星昏中以收斂虛玄枵也

稻爾雅曰稌稻郭璞注曰沛國今呼稻為稌郭義恭廣志云有虎掌稻紫芒稻赤芒稻白米南方有蟬鳴稻七月熟有盖下白稻正月種五月穫穫其莖根復生九月復熟青芋稻六月熟累子稻白漢稻七月熟此三稻大而且長秔有烏秔黑穬青幽白夏之名說文曰稹稻紫莖不黏者秔稻屬周處風土記曰稹稻紫莖穗稻之青穗米皆青白也字林曰秜劢稻今年死來年自生曰秜案今世有黃稻黃陸稻青稗稻豫章青稻尾紫稻青杖稻飛青稻赤甲稻烏陵稻大香稻小香稻白地稻孤灰稻一年再熟有秫稻秫稻米一名糯米俗云亂米非也有九格秫雉木秫大黃秫常秫馬身秫長江秫惠成秫黃滿秫方滿秫虎皮秫薈柰秫皆米也楊泉物理論曰稻者溉種之總名李時珍曰稻有水旱二種南方土下塗泥多宜水稻北方地平惟澤土宜旱稻古者惟下種成畦故祭祀謂之嘉蔬今皆拔秧栽種矣其種近百其穀之先芒長短大細與米之赤白紫烏堅鬆香否亦百不同也雜陰陽書曰稻生于柳或楊八十日秀秀後七十日成黃省曾理生玉鏡曰稻之粒其白如霜其性如水說文謂之稌沛國謂之稉以黏者謂之糯亦謂之秫以不黏者謂之秔亦謂之秔故氾勝之云三月而種秔四月而種秫然皆謂之稻魯論之食夫稻秔也月令之秫稻糯也糯無芒秔有芒秔之小者謂之秈秈之熟也早故曰早稻秔之熟也晚故曰晚稻京口大稻謂之秔小稻謂之秈其粒細長而白味甘而香九月而熟是謂稻之上品曰箭子其粒大而芒紅皮赤五月而種九月而熟謂之紅蓮其粒尖

色紅而性硬四月而種七月而熟曰金城稻是惟高仰之所種松江謂之赤米乃穀之下品其粒長而色斑五月而種九月而熟松江謂之勝紅蓮性硬而皮莖俱白謂之攏種稻其粒大色白稈軟而有芒謂之雪裏揀其粒白無芒而稈矮五月而種九月而熟謂之師姑秔湖州錄云言其無芒也四月謂之矮白其粒赤而稃芒白五月初而種八月而熟謂之早白稻松江謂之小白四明謂之細白九月而熟謂之晚白又謂蘆花白松江謂之大白其三月而種六月而熟謂之麥爭場其再蒔而晚熟者謂之烏口稻在松江色黑而能水與寒又謂之冷水結是為稻之下品其粒白而大四月而種八月而熟謂之中秋稻在松江八月望而熟者謂之早中秋又謂之閃西風其粒白而穀紫五月而種九月而熟謂之紫芒稻其秀最易謂之下馬看又謂之三朝齊湖州錄云言其齊熟也其在松江粒小而性柔有紅芒白芒之等七月而熟曰香秔其粒小色斑以三五十粒入他米

數升炊之芬芳馨美者謂之香子又謂之香𥻆其粒長而釀酒倍多者謂之金釵糯其色白而性軟五月而種十月而熟曰羊脂糯其芒長而殼多白斑五月而種九月而熟謂之胭脂糯太平謂之硃砂糯其白斑五月而種十月而熟謂之虎皮糯太平又云厚稃紅黑斑而紅其粒最長白稃而有芒四月而種七月而熟謂之凝陳糯太平謂之趕不著亦謂之秈糯其粒大而色白四月而種九月而熟謂之矮糯其稃黃而色赤已熟而稈微青布宜良田四月而種九月而熟謂之青稈糯其粒大而色白芒長而熟最早其色易變而釀酒最佳謂之蘆黃糯湖州謂之泥裏變言其不待日之曬也其粒圓白而稃黃大暑可刈其色難變不宜於釀酒謂之秋風糯可以代粳而輸租又謂之瞞官糯松江謂之冷粒糯其不耐風水四月而種八月而熟謂之小娘糯譬閨女然也其在湖州色烏而香者謂之烏香糯其稈挺而仆者謂之鐵梗糯芒如馬鬃而色赤者謂之赤馬鬃糯其粒

小而色白四月而種六月而熟謂之六十日稻又遲者謂之八十日稻又遲者謂之百日赤而毘陵小稻之種亦有六十日秈八十日秈百日秈之品而皆自占城來實賴水旱而成實作飯則差硬宋氏使占城珍寶易之以給於民者在太平六十日秈謂之拖犁歸有赤紅秈有百日秈俱白稃而無芒或七月或八月而熟其味白淡而紅甘在閩無芒而粒細有六十日可穫者有百日可穫者皆曰占城稻其已刈而根復發苗再實者謂之再熟稻亦謂之再撩其在湖州一穗而三百餘粒者謂之三穗子　周官曰稻人掌稼下地以瀦蓄水以防止水以溝蕩水以遂均水以列舍水以澮瀉水以涉揚其芟作田凡稼澤夏以水殄草而芟夷之澤草所生種之芒種　玄扈先生曰稻田用水隨地隨時不拘一法括之以兩言曰蓄與洩而已周禮稻人職曰以瀦蓄水以防止水皆言蓄也禹之陂九澤亦蓄也以澮瀉水言洩也禹之決九川亦洩也以溝蕩水以遂均水以列舍水者上源所蓄灑諸田間也禹盡力溝洫豎稷播奏庶艱食則用水之效也亢倉子曰得時之稻莖葆長秱穗如馬尾失時之稻纖莖而不滋厚糠而苗死又曰樹肥無使扶疏樹磽不欲專生而獨居肥而扶疏則多秕磽而專居則多死　孝經援神契曰汙泉宜稻

崔寔曰種稻美田欲稀

氾勝之書曰種稻春凍解耕反其土種稻區不欲大大則水深淺不過冬至後一百一十日可種稻稻地美用種畝四升始種稻欲濕濕者缺其塍令水道相直夏至後大熱令水道錯

齊民要術種稻法曰稻無所緣惟歲易為良選地欲近上流地無良薄水清則稻美也玄扈先生曰水田之處不在水原則在水委原欲近泉委欲近瀦非泉非瀦則於溪澗江河長流不竭之處　三月種者為上時四月上旬為中時中旬為下時先放水十日後曳陸軸十遍遍數惟多為良　地既熟淘淨種子浮者不去秋則生稗玄扈先生曰凡種子皆宜淘去浮者穀浮者秕果浮者油也　漬經三宿漉出內草篅中判竹圓以盛穀　裛之復經三宿芽生長二分一畝三升擲三日之中令人驅鳥稻苗長七八寸陳草復起以鐮侵水芟之草悉膿死稻苗漸長復須

薅薅訖決去水曝根令堅量時水旱而溉之將熟又去水霜降穫之北土高原本無陂澤隨逐隈曲而田者二月冰解地乾燒而耕之仍即下水十日塊既散液持木斫平之納種如前法既生七八寸拔而栽之既非歲易草稗俱生芟亦不死故須栽而薅之溉灌收刈一如前法畦畤大小無定須量地宜取水均而已藏稻必須用簞此既水穀窖埋得地氣則爛敗也若於久居者亦如劁麥法舂稻必須冬時積日燥曝一夜置霜露中即舂若冬舂不乾即米青赤脉起不經霜不燥曝則米碎秫稻法一切

同

王禎稻論曰稻之為言藉也稻含水盛其德也稻太陰精含水漸洳乃能化也淮南子曰江水肥而宜稻南方下土塗泥皆宜水種治稻者蓄陂塘以瀦之置堤閘以止之又有作為畦埂耕耙既熟放水勻停擲種於内候苗生五六寸拔而秧之今江南皆用此法苗高七八寸則耘之爪耘耙耘具農器譜耘畢放水熇之欲秀復用水浸之苗既長茂復事薅拔以去稂莠農家收穫尤當及時江南上雨下水收稻必用喬扦笐架乃不遺失喬扦笐架具農器譜蓋刈早則米青而不堅刈晚則零落而損收又恐為風雨損壞此九月築塲十月納稼工夫次第不可失也大抵稻穀之美種江淮以南直徹海外皆宜此稼

玄扈先生曰今人用穀種畝一斗以上密種而少糞難耘而薄收也但插蒔早者用種須少插蒔遲者用種宜稍多吾鄉人多種吉貝芒種以前甚無暇夏至前方插蒔亦有過夏至者用種不得不多亦有小暑後插蒔而用種如常則先種麻

熚心蓆草之屬田底極肥故也

齊民要術種旱稻法曰旱稻用下田白土勝黑土非言下田勝高原但下停水者不得禾豆麥稻四種雖澇亦收所謂彼此俱獲不失地利故也下田種者用功多高厚種者與禾同等也凡下田停水處燥則堅垎土乾也溼則汙泥難治而易荒墝埆而殺種玄扈先生曰旱稻有粳有糯有遲有早每畝須糞二十餘石亦懼大旱可灌之又曰旱稻稻也最須水宜用區種畦種兩法其春耕者殺種尤甚故宜五六月暵之以擬穬麥麥時水澇不得納種者九月中復一轉至春種稻萬不失一春耕者十不收五蓋誤人耳凡種下田

不問秋夏候水盡地白背時速耕杷勞頻煩令熟（過燥則堅過雨則泥所以宜速耕）二月半種稻為上時三月為中時四月初及半為下時漬種如法裛令開口耬耩稀種之（稀種者省種而生科又勝擲者）即再通勞（若歲寒早種慮時晚即不漬種恐芽焦也）其土黑堅強之地種未生前遇旱者欲得牛羊及人踐履之（䡠亦可）濕則不用一迹入稻既生猶欲令人踐壠背（踐者茂而多實）苗長三寸杷勞而鋤之鋤惟欲速（稻苗性弱不能扇草故宜數鋤之）每經一雨輒欲杷勞苗高尺許則鋒大雨無所作宜冒雨薅之科大如概者五六月中霖雨時拔而栽之（栽法欲淺令其根鬚四散則滋茂深而直下者聚而不科其苗長者亦可拔去葉端數寸勿傷其心也）又七月不復任栽（七月百草成時晚故也玄扈先生曰水稻秋長亦用此法南土立秋後十日尚可栽北土不然）其高田種者不求極良惟須廢地（過良則苗折廢地則無草）亦秋耕杷勞令熟至春黃塲納種（不宜濕下）餘法悉與下田同矣

王禎旱稻論曰今閩中有得占城稻種高仰處皆宜種之謂之旱占其米粒大而且甘為旱稻種甚佳北方水源頗少陸地沾濕處宜種此稻（玄扈先生曰賈氏齊民要術著旱稻種法頗詳

則中土舊有之乃遠取諸占城者何也賈故高陽太守豈幽燕之地自昔有之爾時南北隔絕無從得耶抑北魏時有之後絕其種耶既或昔有今無何妨昔無今有真宗從占城移之江浙江鄉從建安移之中州稍一展轉便令方內足食則執言上地不宜使人息意移植者必不可也今北土種者甚多畿內種推平峪山東推沂州不啻新城粳稻矣）

丘濬曰地土高下燥濕不同而同於生物生物之性雖同而所生之物則有宜不宜焉土性雖有宜不宜人力亦有至不至人力之至亦或可以回天況地乎宋太宗詔江南之民種諸穀江北之民種秔稻真宗取占城稻種散諸民間是亦大易裁成輔相以左右民之一事今世江南之民皆雜蒔諸穀江北民亦兼種秔稻昔之秔稻惟秋一收今又有旱禾焉二帝之功利及民遠矣後之有志於勤民者宜倣宋主此意通行南北俾民兼種諸穀有司考課書其勸相之數其地昔無而今有有成效者加以官賞（玄扈先生曰仲深先生所云南北宜兼種諸穀考課有司欲令昔無而今有者至哉言也居上者人有此心民安得歲死哉王禎有言悠悠之論率以風土不宜為說按農桑輯要云雖托之風土種藝不謹者有之種藝雖謹不得其法者有之余謂風土不宜或百中間有一二其他美種不能彼此相

通者正坐懶慢耳凡民既難慮始仍多坐井之見士大夫又鄙不屑談則先生之論將千百載為空言耶且展轉滿盈者何罪焉余故深排風土之論且多方購得諸種即手自樹藝試有成效乃廣播之倘有俯同斯志者盍急圖焉凡種不過一二年人享其利即亦不煩勸相耳

徐獻忠曰居山中往往旱荒乞得旱稻種吳石岐大參家糯紫黑色而稉者白往時宋真宗因兩浙旱荒命於福建取占城稻三萬斛散之仍以種法下轉運司示民即今之旱稻也初止散於兩浙今北方高仰處類有之者因宋時有江翺者建安人為汝州魯山令邑多苦旱

乃從建安取旱稻種耐旱而繁實且可久蓄高原種之歲歲足食種法大率如種麥治地畢豫浸一宿然後打潭下子用稻草灰和水澆之每鋤草一次澆糞水一次至于三即秀矣

粱爾雅曰虋赤苗芑白苗 郭璞註曰粱也谷之良者曰粱 陶弘景曰粱即粟類惟其芽頭色異為分別耳 廣志曰有解粱貝粱遼東赤粱蘇恭曰粱雖粟類細論則別黃粱出蜀漢閩浙間穗大毛長穀米俱粗人號竹根黃白粱穀麓扁長不似粟圓也青粱穀穗有毛而粒微青早熟而收薄止堪作餳耳 王禎曰赤白粱其禾莖葉似粟粒差大其穗帶毛芒牛馬皆不食與粟同時熟

粱秫爾雅曰粟秫也 犍為舍人曰是伯夷叔齊所食首陽草也 廣志曰秫黏粟有赤有白者有胡秫早熟及麥 說文曰秫稷之黏者案今世有黃粱穀秫桑根秫穗天培秫也

蜀秫 玄扈先生曰蜀秫古無有也後世或從他方得種其黏者近秫故借名為秫今人但指此為秫而不知有粱秫之秫誤矣別有一種玉米或稱玉麥或稱玉蜀秫蓋亦從他方得種其曰米麥蜀秫皆借名之也

齊民要術種粱秫法曰種秫欲薄地而稀一畝用子三升半 地良多雉尾苗穊穗不成 種與植稷同時 晚者全不收也 燥濕之宜杷勞之法一同稷苗收刈欲晚 性不零落早刈損實

又種蜀秫法曰春月種宜用下土莖高丈餘穗大如帚

其粒黑如漆如蛤眼熟時收刈成束攢而立之其子作米可食餘及牛馬又可濟荒其莖可作洗帚稭稈可以織箔編蓆夾籬供爨無有棄者亦濟世之一穀農家不可闕也

玄扈先生曰北方地不宜麥禾者乃種此尤宜下地立秋後五日雖水潦至一丈深不能壞之但立秋前水至即壞故北土築堤二三尺以禦暴水但求隄防數日即客水大至亦無害也

又曰秦中鹼地則種蔔秫下地種蔔秫特宜早須清明前後耩

附稗

稗爾雅曰稊英按稗禾之卑者最能亂苗其莖葉相似釋曰稊一名英似稗之穢草布生於地而稗則生下澤中故古詩曰蒲稗相因依　羅願爾雅翼曰稊與稗二物也皆有米而細小故莊子曰道在稊稗言比於穀則微細而不精道亦在焉又曰若稊米之在太倉亦言小也　玄扈先生曰稗亦有多種水曰稗旱曰稊水旱皆有植有稗

玄扈先生疏曰稗多收能水旱可救儉孟子言五穀不熟不如荑稗淮南所謂小利者皆以此且稗稈一畝可當稻稈二畝其價亦當米一石宜擇嘉種于下田藝之歲歲無絕倘遇災年便得廣植勝於流移捃拾不其遠矣

又曰北土最下地極苦澇土人多種蔔秫數歲而一收因之困敝余教之多蓺麥當不懼澇澇必於伏秋間弗及麥也澇後能疏水及秋而涸則蓺秋麥不能疏水及冬而涸則蓺春麥近河近海可引潮者即旱後又引秋潮灌之令沙淤地澤亦隨時蓺春秋麥此法可令十歲九稔若收麥後隨意種雜糧則聽命於水旱可也凡春麥皆宜雜旱稗耩之刈麥後長稗即歲再熟矣稗既能水旱又下地不遇異常客水必收亦十歲可致七八稔也

又曰下田種稗遇水澇不滅頂不壞滅頂不踰時不壞春種者先秋而熟可不及於澇或夏澇及秋而水退或夏旱秋初得雨速種之秋末亦收故宜歲歲留種待焉

汜勝之書曰稗既堪水旱種無不熟之時又特滋茂盛易生蕪穢良田畝得二三十斛宜種之備凶年稗中有米熟擣取米炊食之不減粟米又可釀作酒酒甚美醲尤踰黍秫魏武使典農種之頃收二千斛斛得米三四斗大儉可磨食也若值豐年可飯牛馬猪羊

羅願爾雅翼曰草之似穀可以養人者甚多博物志稱篩草實生海洲上食之如大麥從七月熟民斂至冬乃訖或曰禹餘糧言禹治水棄其餘糧化而為此本草稱東廧子虛賦云東廧張揖曰實可食生河西苗似蓬子似葵可為飯河

西人語曰貸我東廧償爾田粱又苪米可為飯生水田中苗子似小麥而小四月熟久食不飢爾雅所謂皇守田者也又有蒯草子亦堪食如秔米又蓬草子作飯無異秔米儉年食之此皆五穀之外可以接糧者故附著之

玄扈先生疏曰荒儉之歲於春夏月人多采掇木萌草葉聊足充飢獨三冬春首最為窮苦所恃木皮草根實耳余所經嘗者木皮獨榆可食枯木葉獨槐可食且嘉

味在下地則燕葍鐵荸薺皆甘可食在水中則藕菰米在山間則黃精山茨姑蕨苧薯蕷之屬尤衆草實則野稗黃藠蓬蒿蒼耳皆穀類也又南北山中橡實甚多可淘粉食能厚腸胃令人肥健不飢凡此諸物并救荒本草所載擇其勝者於荒山大澤曠野皆宜預種之以備飢年

農政全書卷二十五

欽定四庫全書

農政全書卷二十六

明 徐光啓 撰

樹藝

穀部下

大豆爾雅曰戎菽謂之荏菽孫炎注曰戎菽大菽也廣雅曰大豆菽也有黃落豆有御豆其豆角長有場豆葉可食有青有黃者今世大豆有黑白二種及長稍牛踐之名又有黑高麗豆鷰豆䝁豆大豆類也 豆角曰莢葉曰藿莖曰萁 寇宗奭曰有綠褐黑三種 呂覽春秋曰得時之豆長莖短足

其莢二七為族多枝數節大菽則圓小菽則團先時者必長蔓浮葉疎節小莢不實後時者必短莖疎節本虛不實 雜陰陽書曰大豆生于槐九十日秀秀後七十日熟

崔寔曰正月可種䝁豆二月可種大豆又曰二月昏參夕杏花盛桑椹赤可種大豆謂之上時四月時雨降可種大小豆美田欲稀薄田欲稠

孝經援神契曰赤土宜豆也

齊民要術曰春種大豆次植穀之後二月中旬為上時一畝用子八升三月上旬為中時一畝用子一斗四月上旬為下時一畝

用子一斗二升歲宜晚者五六月亦得然稍晚稍加種子地不求熟秋鋒之地即稿種地過熟者苗茂而實少收刈欲晚此不零落刈早損實必須耬下種欲深故豆性強苗深則及澤鋒耩各一鋤不過再葉落盡然後刈葉不盡則難治刈訖則速耕大豆性溫秋不耕則無澤種茭者用麥底一畝用子三升先漫散訖犂細淺畤而勞之旱則萁堅葉落稀則苗莖不高深則土厚不生若澤多者先深耕訖逆垡擲豆然後勞之澤少則否為其浥鬱不生九月中候近地葉有黃落者速刈之葉少不黃必浥鬱刈不速逢風則葉落盡過雨則葉爛不成

氾勝之曰大豆保歲易為宜古之所以備凶年也謹計家口數種大豆率人五畝此田之本也三月榆莢時有雨高田可種大豆土和無塊畝五升土不和則益之種大豆夏至後二十日尚可種戴甲而生不用深耕大豆須均而稀豆花憎見日見日則黃爛而根焦也穫豆之法莢黑而莖蒼輒收無疑其實將落反失之故曰豆熟於場於場穫豆即青莢在上黑莢在下又區種大豆法坎方深各六寸相去二尺一畝得千六百八十坎其坎成取美糞一升合坎中土攪和以內坎中臨種沃之坎三升水坎內豆三粒覆上土勿厚以掌抑之令種與土相親玄扈先生曰凡種宜然故用足踐用碾也一畝用種一升用糞十六石八斗豆生五六葉鋤之旱者溉之坎三升水丁夫一人可治五畝至秋收一畝十六石種之上土纔令蔽豆耳

王禎曰大豆當及時鋤治上土使之葉蔽下根麤不畏旱大豆之黑者食而充饑可備凶年豐年可供牛馬料食黃豆可作豆腐可作醬料白豆粥飯皆可拌食白黑黃三豆色異而用別皆濟世之穀也

種大豆鋤成行壠春穴下種早者二月種四月可食名曰梅豆皆三四月種地不宜肥有草則削去種黑豆三四月間種其豆亦可作醬及馬料

俞貞木種樹書曰種諸豆及麻若不及時去草必為草所蠹耗雖結實亦不多諺云麻耘地豆耘花麻須初生時耘豆雖開花亦可耘

小豆廣雅曰小豆荅也賈思勰曰小豆有菉赤白三種豍豆豌豆豇豆豰豆留豆亦其

類也小豆花曰腐婢 雜陰陽書曰小豆生于李六十日秀秀後六十日成

齊民要術曰種小豆大率用麥底然恐小晚有地者常須兼留去歲穀下以擬之夏至後十日種者為上時一畝用子八升初伏斷手為中時一畝用子一斗中伏斷手為下時一畝用子一斗二升中伏以後則晚矣熟耕耬下以為良澤多者耬耩漫擲而勞之如種麻法未生白背勞之極佳漫擲犁畤次之稿種為下鋒而不耩鋤不過再葉落盡則刈之葉未盡者難治而易濕也豆角三青兩黃拔而倒豎籠從之生者均熟不畏嚴霜從本至末全無秕減乃勝刈者牛力若少得待春耕亦得稿種凡大小豆生既布葉皆得用鐵齒鍋楱從橫杷而勞之

氾勝之曰小豆不保歲難得椹黑時注雨種畝一升豆生布葉鋤之生五六葉又鋤之大豆小豆不可盡治也古所不盡治者豆生布葉豆有膏盡治之則傷膏傷則不成而民盡治故其收耗折也故曰豆不可盡治養美田畝可十石以薄田尚可畝取五石諺曰與他作豆田斯言良美可惜也

菉豆菉豆本作綠以其色名也粒大而色鮮者為官綠皮薄粉多粒細而色深者為油綠皮厚粉少早種者呼為摘綠遲種呼為拔綠以水浸濕生白芽為菜中佳品

王禎農桑通訣曰北方惟用菉豆最多農家種之亦廣人俱作豆粥豆飯或作餌為炙或磨而為粉或作麪材其味甘而不熱頗解藥毒乃濟世之良穀也南方亦間種之

俞貞木種樹書曰種菉豆地宜瘦四月種六月收子再種八月又收中作粉豆芽菜揀菉豆水浸二宿候漲以新水淘控乾用蘆席灑濕襯地摻豆於上以濕草薦覆之其芽自長大豆芽同此

赤豆小而色赤心之穀也或云共工氏有不才子以冬至死為疫鬼而畏赤豆故於是日作粥以厭之

齊民要術曰大赤豆三月種六月旋摘遲者四月種亦可宜稀稠得所太密不實玄扈先生曰有一種米赤最能殺草

蠶豆王禎謂其蠶時始熟故名 李時珍曰莢狀如蠶亦通張騫使外國得胡豆種歸即此南土多種之蜀人收其子以備荒歉

王禎農書曰蠶豆百谷之中最為先登蒸煮皆可便食

是用接新代飯充飽令山西人用豆多麥少磨麪可作餅餌而食

玄扈先生曰蠶豆種花田中冬天不拔花秸用以拒霜至清明後拔之

又曰蠶豆八月初種臘月宜厚壅之此種極救農家之急且蝗所不食

豌豆遼志作回鶻豆居史作畢豆崔寔作豍豆即青斑豆也田野間禾中往往有之俗名小寒者是也

務本新書曰豌豆二三月種諸豆之中豌豆最為耐陳

又收多熟早如近城郭摘豆角賣先可變物舊時莊農往往獻送此豆以為嘗新葢一歲之中貴其先也又熟時少有人馬傷踐以此校之甚宜多種

玄扈先生曰豌豆與蠶豆各種蠶豆之利倍于豌十一其耐陳則一也

豇豆一名降䜶莢必雙生紅色居多故名李時珍曰開花結莢必兩兩並垂有習坎之義其子微曲如腎形所謂豆為腎穀宜以此當之

穀雨後種六月收子收來便種再生八月又收子一年兩熟

藊豆古名蛾眉俗名沿籬有黑白二種黑者名烏豆其莢狀凡十餘色嫩時可充蔬食茶料老則收子煮食白者食入藥品

清明日下種以灰蓋之不宜土覆苗長分栽搭棚引上

玄扈先生曰以口向上種粒粒出若偏種十不出一蓋豆瓣重頂土不起故爛耳

刀豆酉陽雜俎云樂浪有挾劒豆即此三月下種蔓生

清明時鋤地作穴每穴下種一粒以灰蓋之只用水澆待芽出則澆以糞水蔓長搭棚引上

黎豆古名貍豆又名虎豆其子有點如虎貍之斑故名爾雅所謂攝虎櫐三月下種蔓生江南多炒食之

麥爾雅曰大麥麰小麥麳廣志曰虜水麥其實大麥形有縫稅麥似大麥出涼州旋麥三月種八月熟出西方赤小麥赤而肥出鄭縣語曰湖豬肉鄭稀熟山提小麥至粘弱以貢御有半夏小麥有秃芒大麥有黑穬麥陶隱居本草云大麥為五穀長即今稞麥也一名麰麥似穬麥唯無皮耳穬麥此是今馬食者然則大穬二麥種別名異而世人以為一物謬矣按世有落麥者秃芒是也又有春種之穬麥也玄扈先生曰令人皆指穬為大麥　又有雀麥即燕麥也穗細長子亦小去皮作麪可救饑　蕎麥一作荍麥又作烏麥烈日曝令開口去皮取米作飯蒸食之鄭玄曰麥者接絕續乏之穀尤宜種之　許慎曰麥芒穀秋種厚埋故謂之麥麥金王而生火王而死　蘇頌曰大小麥秋種冬長春秀夏熟具四時之氣為五穀之貴

雜陰陽書曰大麥生于杏二百日秀秀後五十日成蟲食杏麥價貴

尚書大傳曰秋昏虛星中可以種麥虛北方玄武之宿八月昏中見于南方

崔寔曰凡種大小麥得白露節可種薄田秋分種中田後十日種美田惟穬早晚無常正月可種春麥盡二月止

氾勝之書曰凡田有六道麥為首種種麥得時無不善夏至後七十日可種宿麥早種則蟲而有節晚種則穗

小而少實當種麥若天旱無雨澤則薄漬麥種以酢漿并蠶矢夜半漬向晨速投之令與白露俱下酢漿令麥耐旱蠶矢令麥忍寒麥生黃色傷于太稠稠者鋤而稀之秋鋤以棘柴耬之以壅麥根故諺曰子欲富黃金覆黃金覆者謂秋鋤麥曳柴壅麥根也至春凍解棘柴曳之突絶其乾葉須麥生復鋤之到榆莢時注雨止候土白背復鋤如此則收必倍冬雨雪止以物輒蔺麥上掩其雪勿令從風飛去後雪復如此則麥耐旱多實春凍解耕如土種旋麥麥生根茂盛莽鋤如宿麥玄扈先生曰春無注雨冬無雪並宜車水灌之

區種麥法凡種一畝用子二升覆土厚二寸以足踐之令種土相親麥生根成鋤區間秋草緣以棘柴律土壅麥根秋旱則以桑落燒澆之秋雨澤適勿澆之麥凍解棘柴律之突絶去其枯葉區間草生鋤之大男大女治十畝至五月收區一畝得百石以上十畝得千石以上玄扈先生曰北土多苦春旱區種者尤便灌水令作畦種法其便宜倍勝區也

齊民要術曰大小麥皆須五月六月暵地不暵地而種其收倍薄崔寔曰五月一日菑麥田也種大小麥先時逐犂掩種者佳再倍省種子而科大逐犂掷之亦得然不如作掩耐旱其山田及剛强之地則耬下之其種子宜加五省于下田凡耬種者匪直土淺易生然于鋒鋤亦便穬麥非良地則不須種薄地徒勞種而必不收凡種穬麥高下田皆得用但必須良熟耳高田借擬禾豆自可專用下田也八月中戊社前種者為上時擲者畝用子二升半下戊前為中時用子三升八月末九月初為下時用子三升半或四升小麥宜下種歌曰高田種小麥穇䅟不成穗男兒在他鄉那得不憔悴玄扈先生曰北方有水處即高

地種之亦可灌也南上下地種之又畏濕八月上戊社前為上時擲者用子一升半中戊前為中時用子二升下戊前為下時用子二升半正月二月勞而鋤之三月四月鋒而更鋤鋤麥倍收皮薄麪多而鋒勞各得再遍為良也令立秋前治訖立秋後則蟲生蒿艾簞盛之良以蒿艾閉窖埋之亦佳窖麥法必須日曝令乾及熱埋之多種久居供食者宜作劁麥倒刈薄布順風放火火既着即以掃篲撲滅仍打之如此者夏蟲不生然惟中作麥飯及麪用耳

士農必用曰古農語云彭祖壽年八百不可忘了稙蠶

稙麥又云社後種麥爭回耬又云社後種麥爭回牛言奪時之急如此之甚也玄扈先生曰蠶早麥田亦早麥田早秋田亦早桑須趁梅前葉免致雨損

韓氏直説曰五六月麥熟帶青收一半合熟收一半若過熟則拋費每日至晚即便載麥上場堆積用苫繳覆以防雨作苫須於雨前農隙時備下如般載不及即於地內苫積天晴乘夜載上場即攤一二車薄則易乾碾過一遍翻過又一遍起稭下場揚子收起雖未淨直待所收麥都碾盡然後將未淨稭稈再碾如此可一日一場比至麥收盡已碾訖三之二農家忙併無似蠶麥古語云收麥如救火玄扈先生曰梅天雨更多故若少遲慢一值陰雨即為災傷遷延過時秋苗亦誤鋤治

俞貞木種樹書曰麥苗盛時須使人縱牧於其間令稍實則其收倍多麥屬陽故宜乾原稻屬陰故宜水澤諺云冬無雪麥不結玄扈先生曰雪可必乎秋冬宜灌水令保澤可也小麥不過冬大麥不過年種麥之法土欲細溝欲深耙欲輕撒欲勻

王禎農書曰麥種初收時旋打旋揚與蠶沙相和辟蟲傷資地力苗又耐旱凡種須用耬犂下之又用砘車碾過日種數畝益成壟易于鋤治又有漫種一法農人左手挾器盛種右手握而勻擲于地既遍則用耙勞覆之又頗省力此北方種麥之法南方惟用撮種故用種不多然糞而鋤之人工既到所收亦厚北方芟麥用釤綽腰籠一人日可收麥數畝南方收麥鐮割手棄所種麥少故也若力省而功倍當以北方為法

種大麥早稻收割畢將田鋤成行壠令四畔溝洫通水下種以灰糞蓋之諺云無灰不種麥須灰糞均調為上玄扈先生曰大麥最能藏久可以多積

種小麥須揀去雀麥草子簸去秕粒在九十月種種法與大麥同若太遲恐寒鴉至被食之則稀出少收

齊民要術曰種青稞麥治打時稍難惟伏日用碌碡碾右每十畝用種八斗與大麥同時熟好收四十石石八九斗麪堪作麨及餅飥甚美磨總盡無麩鋤一遍佳不鋤亦得

齊民要術曰種瞿麥以伏為時一名地麪良地一畝用子五升薄田三四升畝收十石渾蒸曝乾舂去皮米全不碎炊作飧甚滑細磨下絹簁作餅亦滑美然為性多穢一種此物數年不絶耘鋤之功更益劬勞

齊民要術曰種蕎麥五月耕經二十五日草爛得轉并種耕三遍立秋前後皆十日內種之假如耕地三遍即三重著子下兩重子黑上一重子白皆是白汁滿似如濃即須收刈之但對稍𠍟鋪之其白者日漸盡變為黑如此乃為得所若待上頭總黑半已下黑子盡落矣

王禎農書曰蕎麥立秋前後漫撒種即以灰糞蓋之稠密則結實多稀則結實少若種遲恐花經霜不結子蕎麥赤莖烏粒種之則易為工力收之則不妨農時晚熟故也霜降收則恐其子粒焦落乃用推鐮穫之推鐮見農器圖譜北方山後諸郡多種治去皮殼磨而為麪焦作煎餅配蒜而食或作湯餅謂之河漏滑細如粉亞于麪麥風俗所尚供為常食然中土南方農家亦種但晚收磨

食捜作餅餌以補麪食飽而有力實農家居冬之日饌也

四時類要曰曬大小麥令年收者於六月掃庭除候地毒熱衆手出麥薄攤取蒼耳碎剉拌曬之至未時及熱收可以二年不蛀若有陳亦須依此法更曬須在立秋前秋後則已有蟲生又藏麥三伏日曬極乾帶熱收先以稻草灰鋪缸底復以灰蓋之不蛀

玄扈先生曰耕種麥地俱須晴天若雨中耕種令土堅

塔麥不易長明年秋種亦不易長南方種大小麥最忌水濕每人一日只令鋤六分要極細作壠如龜背小麥旱種每畝種七升晚種九升大麥旱種種一斗晚種一斗二升麥溝口種之蠶豆豆亦忌水畏寒臘月宜用灰糞蓋之冬月宜清理麥溝令深直瀉水即春雨易洩不浸麥根理溝時一人先運鋤將溝中土耙壁鬆細一人隨後持鍬鍬土勻布畦上溝泥既肥麥根益深矣

胡麻廣雅曰胡麻一名藤弘即俗名脂麻也作芝蔴者非一名巨勝以其角巨如方勝也一名方莖以莖名一名狗虱以形名脂麻名油麻以其多油也葉名青蘘莖名麻蕉亦作麻秸中國止有大麻自漢使張騫于大宛得其種故名胡麻所以別于大麻也有遲早二種黑白赤三色俗傳胡麻須夫婦同種即茂盛久服之可以休糧賈思勰曰俗人呼為烏麻者非也今世有白胡麻八稜胡麻白者油多本草註云角作八稜者為巨勝四稜者為胡麻皆以烏者良白者劣

崔寔曰二月三月四月五月時雨降可種之

齊民要術曰胡麻宜白地種二三月為上時四月上旬為中時五月上旬為下時月半前種者實多而成月半後種者少子而多秕也種欲截雨脚若不緣濕則不生一畝用子二升漫種者先以耬耩然後散子空曳勞勞上加人則土厚不生耬耩者炒沙令燥中和半之不和沙下不均壠種若荒得用鋒耩鋤不過三遍刈束欲小束大則難燥打手復不勝以五六為一叢斜倚之不爾則風吹倒損收也候口開乘車詣田斗藪倒豎以小杖微打之還叢之三日一打四五遍乃盡耳若乘濕橫積蒸熱速乾雖曰鬱裛無風吹虧損之慮浥者不中為種子然于油無損也

王禎農書曰麻胡地所出者皆肥大其紋鵲其色紫黑取油亦多可以煎烹可以然點又可以為飯

四時類要曰種胡麻每科相去一尺為法

李時珍曰按服食家有種青蘘法云秋間取胡麻子種畦中如生菜之法候苗出采食滑美如葵

玄扈先生曰胡麻油查可壅田

農政全書卷二十六

欽定四庫全書

農政全書卷二十七

明 徐光啓 撰

樹藝

蓏部

瓜爾雅曰瓞瓝以其綿綿而生也廣雅曰土芝瓜也在木曰果在地曰蓏大曰瓜小曰瓞其子曰瓣其肉曰瓤其跗曰環謂脫花處也其蒂曰疐謂繫蔓處也廣志曰瓜之所出以遼東廬江燉煌之種為美瓜州大瓜大如斛陽城御瓜大如三升魁者名香登長二尺餘者名桂枝蜀地溫食瓜

至冬熟春白瓜正月種二月成秫泉瓜秋種十月熟許慎說文曰瓞小瓜瓞也陸機瓜賦曰括樓定桃黃瓠白傳金釵蜜筩小春大班玄骭素腕狸首虎蹯東陵出于秦谷桂髓起于巫山皆瓜名也張孟陽瓜賦曰羊骹累錯觚子市江又有烏瓜縑瓜龍肝虎掌兔頭羊髓蹏瓞六觚女臂狄無餘之屬王禎農桑通訣曰甘肅有瓠瓜大如頭枕其內甚甘割其皮綦之柔韌賫之中土以為贈送甘而有味又浙中有陰瓜宜于陰地種之秋熟冬藏至春食之如新王禎曰瓜之為種不一而其用有二供果為果瓜甜瓜西瓜是也供菜為菜瓜胡瓜越瓜是也禮記天子削瓜及瓜祭皆指果瓜也永嘉記曰永嘉寒瓜八月熟李時珍曰即寒瓜也

齊民要術曰收瓜子法常歲歲先取本母子瓜截去兩頭止取中央子本母子者瓜生數葉便結子子復早熟用中輩瓜子蔓長二三尺然後結子用後輩子者蔓長足然後結子子亦晚熟種早子熟速而瓜小種晚子熟遲而瓜大去兩頭者近蒂子瓜曲而細近頭子瓜短而喎凡瓜落疏青黑者為美黃白及班雖大而惡若種苦瓜子雖爛熟氣香其味猶苦也

又收瓜子法食瓜時美者收即以細糠拌之日曝向燥拔而簸之淨而且速也

良田小豆底佳黍底次之刈訖即耕頻頻轉之二月上旬種者為上時三月上旬為中時四月上旬為下時五月六月上旬可種藏瓜玄扈先生曰秋瓜小實中堅故中藏凡下種先以水淨淘瓜子以鹽和之鹽和則不能死先臥鋤耬却燥土不耬者坑

雖深大常雜燥土故瓜不生然後培坑大如斗口納瓜子四枚大豆三個於堆旁向陽中諺曰種瓜黃臺頭瓜生數葉搯去豆瓜愞弱苗不能獨生故須大豆為之起土瓜生不去豆則豆反扇瓜不得滋茂但豆斷汁出更成良潤勿拔之拔之則土虛燥也多鋤則饒子不鋤則無實五穀蔬菜果蓏之屬皆如此也五六月

種晚瓜

治瓜籠法但起霧未解以杖舉瓜蔓散灰於根下後一兩日復以土培其根則迴無蟲矣

又種法於良地中先種晚禾晚禾令地腴熟劁刈取穗欲令茇長秋耕之耕法弭縛犁耳起規逆耕耳弭則禾拔頭

出而不沒矣至春後復順耕亦弭縛犂耳翻之還令草頭出耕訖勞之令甚平種植穀時種之種法使行陣直兩行微相近兩行外相遠中間通步道道外還兩行相近如是作次第經四小道通一車道凡一頃地中須開十字大巷通兩乘車來去運輦其瓜都聚在十字巷中瓜生比至初花必須三四遍熟鋤勿令有草生草生脇瓜無子鋤法皆起禾茇令直豎其瓜蔓本底皆令上下四厢高微雨時得停水瓜引蔓皆沿茇上茇多則瓜多

茇少則瓜少茇多則不廣蔓廣則歧多歧多則饒子其瓜會是歧頭而生蔓歧而花者皆是浪花終無瓜矣故令蔓生於茇上瓜懸在下

區種瓜法六月雨後種菉豆八月中犂掩殺之十月又一轉即十月終種瓜率兩步為一區坑大如盆口深五寸以土壅其畔如菜畦形坑底必令平正以足踏之令其保澤以瓜子大豆各十枚遍布坑中（瓜中大豆兩物為雙藉其起土故也）以糞五升覆之（亦令均平）又以土一斗薄散糞上復以足微躡之冬十月大雪時速併力推雪于坑上為大堆至春草生瓜亦生莖葉肥茂異于常者且常有潤澤旱亦無害五月瓜便熟（其掐豆鋤瓜之法與常同若瓜子盡生則大槩掐出之一區四根即足矣）

又法冬天以瓜子數枚内熱牛糞中凍即拾聚置之陰地（量地多少以足為限）正月地釋即耕逐場布之率方一步下一斗糞耕土覆之肥茂早熟雖不及區種亦勝凡瓜遠矣（凡生糞糞地無勢多于熟糞令地小荒矣）有蟻者以牛羊骨帶髓者置瓜科左右待蟻附將棄之棄二三次則無蟻矣

汜勝之曰區種瓜一畝為二十四科區方圓三尺深五寸一科用一石糞糞與土合和令相半以三斗瓦甕埋著科中央令甕口上與地平盛水甕中令滿種瓜甕四面各一子以瓦蓋甕口水或減輒增常令水滿種常以冬至後九十日百日種之又種薤十根令週迴甕居瓜子外至五月瓜熟薤可拔賣之與瓜相避又可種小豆于瓜中畝四五升其藿可賣此法宜平地瓜收畝萬錢

摘瓜法在步道上引手而取勿令浪人踏瓜蔓及翻覆

之（踏則莖破翻則成細皆令瓜不茂而蔓早死）若無茇而種瓜者地雖美好正得長苗直引無多槃岐故瓜少子若無茇處豎乾柴亦得（凡乾柴草不妨滋茂）凡瓜所以早爛者皆由脚蹋及摘時不慎翻動其蔓故也若以理慎護及至霜下葉乾子乃盡矣但依此法則不必別種（早晚及中三輩之瓜）

黄瓜一名胡瓜白瓜即越瓜也又名冬瓜（以其至冬而熟也廣志謂之蔬菰神仙本草謂之土芝）

齊民要術曰種越瓜胡瓜法四月中種之（胡瓜宜豎柴木令其蔓緣）之收越瓜欲飽霜（霜不飽則爛）收胡瓜候色黄則摘（若待色赤則皮存而肉消）並如凡瓜於香醬中藏之亦佳（玄扈先生曰甜瓜生者以礬骨剝頂上易熟）

種法傍牆陰地作區圓二尺深五寸以熟糞及土相和正月晦日種（二月三月亦得）既生以柴木倚牆令其緣上旱則澆之八月斷其稍減其實一本但存六枚（多留則不成也）十月霜足收之（早收則爛）削去皮子於芥子醬中或美豆醬中藏之佳

便民圖纂曰種冬瓜法先將濕稻草灰拌和細泥鋪地上鋤成行隴二月下種每粒離寸許以濕灰篩蓋河水灑之又用糞澆蓋乾則澆水待芽頂灰于日中將灰揭下搓碎壅于根旁以清糞澆之三月下旬治畦鋤穴每穴栽四科離四尺許澆灌糞水須濃凡瓜種法俱同

王禎曰冬瓜初生正青綠經霜則白如塗粉其中肉及子俱白故謂之白瓜荆楚歲時記曰七月採瓜犀以為面脂本草圖經曰犀瓣也瓠亦堪作澡豆夫瓜種最多獨此瓜耐久經霜乃熟藏可彌年不壞令人亦用為蜜餞其犀用為茶果則兼蔬果之用矣

冬瓜越瓜十月區種冬則推雪著區上為堆潤澤肥好乃勝春種種常瓜宜陽地暖則易長杜詩所謂陽坡可種瓜者是也（玄扈先生曰每分栽相去三尺許）

王瓜月令四月王瓜生（廣義曰菝葜也謂之瓜者以其根似之也）

種王瓜法二月初撒種長寸許鋤穴分栽一穴栽一科每日早以清糞水澆之旱則早晚皆澆待蔓長用竹引

上作棚

絲瓜即緜瓜也嫩小者可食老則成絲可洗器滌膩種法與前同

西瓜種出西域故名玄扈先生曰按五代郃陽令胡嶠陷回紇歸得瓜種以牛糞種之結實如斗大味甚甘美名曰西瓜楊用修以西瓜晚出疑文選浮甘瓜于清泉益指王瓜不知王瓜非甘瓜也當作黄瓜

農桑通訣曰種西瓜法區行差稀多種者耬頭上漫擲勞平苗出之後根下擁作土盆欲瓜大者步留一科科

止留一瓜餘蔓花皆掐去則實大如三斗栲栳矣味寒解酒毒其子曝乾取仁淪茶亦得清明時於肥地掘坑納瓜子四粒待芽出移栽栽宜稀澆宜頻蔓短時作綿兜每朝取螢恐其食蔓待茂盛則不必

博聞錄曰種花藥最忌麝瓜尤忌之騰栽數株蒜薤遇麝不損

魚龍河圖曰瓜有兩鼻者殺人

養生書曰瓜之兩蒂者殺人玄扈先生曰商音滴木根果蒂瓜當鮑鼻皆曰商也

茄本草曰茄一名落蘇五代貽子錄作酪酥蓋以其味相似也段成式云茄蓮莖也以此名落蘇不知何自農桑通訣曰隋煬帝改茄子為崑崙瓜一種出自暹羅國者其色微紫蒂長味甘今之紫茄黄山谷所謂紫彭亨者是也又有青茄白茄白者為勝亦名銀茄有一種白者謂之渤海茄又一種白花青色稍匾一種白而匾者皆謂之番茄甘脆不澁生熟可食又一種水茄其形稍長甘而多水可以止渴此數種中土頗多南方罕得亦宜種之種茄二十科糞壅得所可供一人食張浮林頌云身𦊅百替頸附千瘤採之不勤茹之頗柔茄視他菜為最耐久供膳之餘糟丘豉腊無不宜者須廣種之

齊民要術種茄法九月熟時摘取擘破水淘子取沈者速曝乾裹置玄扈先生曰裹須布橐至二月畦種治畦下水一如葵法性宜水常取潤澤著四五葉雨時合泥移栽之若旱無雨澆水令澈澤夜栽之白日以席益勿令見日

十月種者如區種瓜法推雪著區中則不須栽其春種不作畦直如種凡瓜法者亦得唯須曉夜數澆耳

農桑通訣曰凡栽根株宜築實不實則死區中不宜有浮土恐雨泥污葉則萎而難茂栽時得晴為宜早晚澆灌之

務本新書曰茄初開花斟酌窠數削去枝葉再長晚茄

秋深老茄煮軟水浸去皮以鹽拌勻冬月食用旋添麻合為上

便民圖纂曰茄二月治畦與冬瓜同種則漫撒長寸許三月移栽栽宜稀澆以糞水宜頻每科于根上加少硫黄其實大且甘

天茄清明時撒于肥地蔓長則引上

俞貞木種樹書曰種茄子時初見根處擘開掐硫黄一星以泥培之結子倍多其大如盞味甘而益人

瓠爾雅曰瓠棲瓣衛詩曰匏有苦葉毛匏謂之瓠豳風曰八月斷壺小雅曰幡幡瓠葉詩義疏云瓠葉少時可以為羹又可淹煮極美故云采之烹之河東及播州常食之八月中堅強不可食故云苦葉 說文曰瓠一名曰壺皆匏屬也陸農師曰頭短大腹曰瓠細而合上曰匏似匏而肥圓者壺然有甘苦二種甘者供食苦者充器 詩註云不才于大惟供濟而已益以作壺濟水也 王禎曰其為物也蔓生而蓏辦夏熟而秋枯 本草云味甘冷無毒利水道止消渴惟苦者有毒不宜食 廣志曰有都瓠子如牛角長四尺有餘又有約瓠其腹甚細緣蔕為口出雍縣朱崖有千葉瓠其大者受斛餘郭子曰東吳有長柄口接釋名曰瓠畜皮瓠以為脯蓄積以待冬月用也淮南萬畢術曰燒穰殺瓠物自然也 一名瓠姑俗曰葫蘆 農桑撮要曰懸瓠可以為笙曲沃者尤善秋乃可用漆其裡匏苦瓠甘酌酒冬盛則暖夏盛則寒 王禎曰匏之為物累然而生食之無窮種得其法其實碩大小之為瓠杓大之為盆盎其濟用溥矣 玄扈先生曰甘者瓠苦者匏詩曰甘瓠累之匏有苦葉壺即瓠也

千金月令云冬至日取葫蘆盛葱根莖汁埋于庭中夏至發開盡為水以漬金玉銀石青各三分自銷暴乾如飴可休糧久服名曰金夜漿

氾勝之書曰種瓠之法以三月耕良田十畝作區方深一尺以杵築之令可居澤相去一步區種四實蠶矢一斗與土糞合澆之水二升所乾處復澆之著三實以馬

箠散其心勿令蔓延多實實細以藁薦其下無令親土多瘡瘢度可作瓢以手摩其實從蔕至底去其毛不復長且厚八月微霜下收取掘地深一丈薦以藁四邊各厚一尺以實置孔中令底下向瓠一行覆上土厚二尺二十日出黄色好破以為瓢其中白膚以養猪致肥其瓣以作燭致明一本三實一區十二實一畝得二千八百八十實十畝凡得五萬七千六百瓢瓢直十錢并直五十七萬六千文用蠶矢二百石牛耕功力直二萬六

千丈餘有五十五萬肥猪明燭利在其外

又曰區種瓠法收種子須大者若先受一斗者得收一石受一石者得收十石先掘地作坑方圓深各三尺用蠶沙與土相和令中半若無蠶沙生牛糞亦得著坑中足躡令堅以水沃之候水盡即下瓠子十顆復以前糞覆之既生長二尺餘便總聚十莖一處以布纏之五寸許復用泥泥之不過數日纏處便合為一莖留强者餘悉掐去引蔓結子子外之條亦掐去之勿令蔓延留子法初生二

三子不佳去之取第四五六區留二子即足旱時須澆之坑畔周匝小渠子深四五寸以水停之令其遥潤不得坑中下水玄扈先生曰不論草木本凡根株大者俱宜遥肥遥潤

崔寔曰正月可種瓠六月可畜瓠八月可斷瓠作蓄瓠

家政法曰二月可種瓜

農桑通訣曰凡種瓠如瓜法蔓長則作架引之

四時類要云種大葫蘆二月初掘地作坑方四五尺深亦如之實填油麻菉豆藁及爛草等一重糞土一重草如此四五重向上尺餘着糞土種十來顆子待生後揀取四莖肥好者每兩莖肥好者相貼着相貼處以竹刀子刮去半皮以刮處相貼用麻皮纏縛定黄泥封裹一如接樹之法待相着活後各除一頭又取所活兩莖準前刮去皮相著一如前法待活後唯留一莖四莖合為一本待着子揀取兩個周正好大者餘者旋旋除去食之如此一斗種可變為盛一石

又曰凡收種于九月黄熟時摘取擘開水淘洗去浮者

曝乾至春二月種如葵法常澆潤之旱即乾死俟着四五葉高可五寸許帶土移栽之

芋前漢書曰岷山之下沃野有蹲鴟顔師古注曰芋也一名土芝齊人曰莒蜀漢為最 說文曰芋大葉實根駭人者故謂之芋廣雅曰渠芋其葉謂之䕸藸姑水芋也亦曰烏芋廣志曰蜀漢既繁芋民以為資凡十四等有君子芋大如斗魁如杵蔟有草穀芋有鋸子芋有勞巨芋有青浥芋此四芋多子有淡善芋魁大如瓶少子葉如散蓋紺色紫莖長丈餘易熟長味芋之最善者也莖可作羹臛肥澁得飲乃下有蔓芋緣枝生大者次二三升有雞子芋色黄有百果芋魁大于繁多畝收百斛種一百畝以養彘有早芋七月熟有九面芋大而不美有象空芋大而弱使人易饑有青芋有素芋子皆不可食莖可為菹

凡此諸芋皆可乾又可藏至夏食之又百子芋出葉俞縣有魁芋無旁子生永昌縣有大芋二升出范陽新鄭

風土記曰博士芋蔓生根如鵝鴨卵　王禎曰芋葉如荷長而不圓莖微紫乾之亦中食根白亦有紫者其大如斗食之味甘旁生子甚夥拔之則連茹而起宜蒸食亦中為羹臛東坡所謂玉糝羹者此也煮法宜先用鹽微滲之則不糲糊

氾勝之書曰種芋區方深皆三尺取豆萁內區中足踐之厚尺五寸取區上濕土與糞和之內區中萁上令厚尺二寸以水澆之足踐令保澤取五芋子皆長三尺一區收三石

又種芋法宜擇肥緩土近水處和柔糞之二月注雨可種芋率二尺下一本芋生根欲深斸其旁以緩其土旱則澆之有草鋤之不厭數多治芋如此其收常倍又列仙傳曰酒客為梁令蒸民益種芋後三年當大饑卒如其言梁民不死案芋可以救饑饉度凶年今中國多不以此為意後生中有耳目所不聞見者及水旱風露霜雹之災便能餓死滿道白骨交橫知而不種坐致泯滅悲夫人君者安可不督課之也哉

崔寔曰正月可菹芋

家政法曰二月可種芋也

務本新書曰芋宜沙白地地宜深耕二月種為上時相去六七寸下一芋芋蓋三月衆人來往眼目多見并闇刷鍋聲處多不滋脂比火炎熱苗高則旺頻鋤其旁秋生子葉以土壅其根芋可以救饑饉蝗不能傷霜後收之冬月食不發病其餘月分不可多食霜後芋子上芋白擘下以夜漿水煠過曬乾冬月炒食味勝蒲筍區芋區長丈餘深闊各一尺區行相間一步寬則透風滋脂

便民圖纂曰芋之種須揀圓長尖白者就屋南簷下掘坑以礱糠鋪底將種放下稻草蓋之至三月間取出埋肥地待苗發三四葉於五月間擇近水肥地移栽其科行與種稻同或用河泥或用灰糞爛草壅培旱則澆之有草則鋤之若種旱芋亦宜肥地

齊民要術曰芋種宜軟白沙地近水為善芋畏旱故區宜近水深可三尺許區行欲寬寬則過風芋本欲深深則根大率二尺一根漸漸加土壅之春宜種秋宜壅立夏種不生卵秋失壅而瘦不肥霜降

捩其葉使收液以美其實則芋愈大而愈肥

汜勝之書云區方深各三尺下實豆萁尺有五寸以糞着萁上深如其萁一區種五本復以糞土上覆之旁四本中一本漸漸培之芋成萁爛皆長三尺此亦良法今之農不然但于淺土秧子俟苗成移就區種故其利亦薄其可不知此法夫五穀之種或豐或歉天時使然芋則繫之人力若種藝有法培壅及時無不獲利以之度凶年濟饑饉助穀食之不及

玄扈先生曰芋有三種一曰雞窠芋一曰香沙芋一曰截頭芋香沙芋味美根株小子少截頭芋根株大高可四五尺魁大子少惟雞窠芋魁大子多清明前十日下種三月中多用濃糞灌之四月細耘之種芋宜在稻田近牆近屋近樹之處雨露不及種稻則不秀惟芋則收五六月中起之壅根每科作小埊敦更澆濃糞二次七八月收每科并魁子可二斤二尺一本一畝得二千一百六十本為芋四千二百二十斤秋月禾苗未收斯續

乏之大用歟芋榦剝去皮乾之亦蔬茹中上品

備荒論曰蝗之所至凡草木葉無有遺者獨不食芋桑與水中菱芡宜廣種之

譜曰鋤芋宜晨露未乾及雨後令根旁空虛則芋大子多若日中耘則大熱熱則蔫

附香芋形如土豆味甘美土芋一名土豆一名黃獨蔓生葉如豆根圓如雞卵肉白皮黃可灰汁煮食亦可蒸食又煑芋汁洗膩衣潔白如玉

蓮爾雅曰荷芙蕖其莖茄其葉蕸其本蔤其華菡萏其實蓮其根藕其中菂菂中薏邢昺註云芙蕖總名也郭璞云蔤乃莖下白蒻在泥中者蓮乃房也菂乃子也薏乃心中苦薏也蓮一名水芝一名澤芝一名水旦一名水花葉圓如蓋色青翠六月開花有數色花心有黃鬚長寸餘花褪蓮房成菂菂在房如蜂子在窠六七月採嫩者生食至秋房枯子黑其堅如石謂之石蓮子其花隨晨昏為闔闢凡物先花後實獨此花實齊生其種有重臺並頭一品四面　洒金　錦邊　華山頂池產千葉蓮　滇池產衣鉢蓮　儋州清水池產四季蓮臘月尤盛　九疑山有黃蓮　金池有金蓮華洲人研之如泥以之彩繪煥爛無異真金　南海有睡蓮晝開夜入水底次日復出分香蓮一歲再結每實子十隻　分枝蓮一名底光荷一枝四葉狀如駢蓋日照則葉底陰根若葵之衛足實如玄珠可以飾佩　又有佛座蓮金鑲玉印蓮斗大紫蓮碧蓮金邊蓮瓣周圍一線色微黃　蘇州府學前

有百子蓮及黃蓮名佳都碧臺蓮花白而瓣上恒滴一翠點房之上復抽綠葉似花非花 百丈山有草花如蓮名山蓮 旱蓮出終南山服之延壽 茄蓮葉似蓮根似蘿菔味甘脆 西番蓮花雅澹自春至秋花相繼不絕 鐵線蓮花葉俱似西番花心黑如鐵線 木蓮產白鷗山佛殿前其葉堅厚如桂夏作花狀似芙蓉每花坼時聲如破竹 藕月生一節遇閏多一節有孔有絲大者如臂可作粉烝煮食補五臟實下焦與蜜同食令人腹臟肥不生蟲亦可休糧 葉及房主破血胎衣不下酒煎服葉蒂味苦主安胎去滯養血

農桑通訣曰蓮子八九月中收堅黑者于瓦上磨蓮子頭令薄取墐土作熟泥封之如三指大長二寸使蒂頭平重磨處尖銳泥乾時擲於泥中重頭沈下自然周正

皮薄易生不時即出其不磨者皮既堅厚倉卒不能生也種藕法春初掘藕根接頭著魚池泥中種之當年即有蓮花蓮子可磨為飯輕身益氣令人強健藕止渴散血常食之不可池藕二月間取帶泥小藕栽池塘淺水中不宜深水待茂盛深亦不妨或糞或豆餅壅之則益盛 玄扈先生曰深池中種藕用令種盆荷法橫種甕內以繩放下水底三吳人用大藕于下田中種之最盛

春分前栽則花出葉上凡種時藕壯大三節無損者順鋪在上頭向南芽朝上用硫黃研碎紙撚箸把篦纏藕節一二道當年有花

管子曰五沃之土生蓮故栽宜壯土然不可多加壯糞反致發熱壞藕

種蓮子法用雞子一枚開一小孔去青黃將蓮子塡滿紙糊孔三四層令雞抱之雞出取放煖處不拘時用天門冬末硫黃同肥泥或酒罈泥安盆底栽之仍用酒和水澆開花如錢

蓮子磨薄尖頭浸靛缸中明年清明所種子開青蓮花

凡蓮畏桐油宜忌之

菱周禮曰加籩之實蔆芡㮚脯 蔆陵也 爾雅謂之厥攈 音眉 按國語屈到嗜芰芰即菱也 許氏說文曰楚謂之芰秦謂之薢茩一名水栗一名沙角 武陵記三角四角者為芰兩角者為菱俗呼菱角其色有青紫之殊 陶弘景曰菱實廬江間最多皆取火燔以為米充糧今多烝食之 蘇頌曰菱處處有之葉浮水上花黃白色花落實生漸向水中乃熟 李時珍曰芰湖濼處則有之菱落泥中最易生發有野菱家菱皆三月生蔓延引葉扁而有尖光面如鏡葉下之莖有股如蝦一莖一葉兩兩相差如蝶翅狀花背日而生晝合宵炕隨月轉移

農桑通訣曰秋上子黑熟時收取散着池中自生

種法重陽後收老菱角用籃盛浸河水内待二三月發芽隨水淺深長約三四尺許用竹一根削作火通口樣箝住老菱揷入水底若澆糞用大竹打通節注之

王禎曰生食性冷煑熟為佳烝作粉蜜和食之尤美江淮及山東曝其食以為米可以當糧猶以橡為資也

李時珍曰嫩時剝食老則曝乾剁米為飯為粥為餻為果皆可代糧其莖亦可暴收和米作飯以度荒歉葢澤農有利之物也

玄扈先生曰莖之嫩者亦可為菜茹

芡本草云芡實一名雞頭莊子名雞雍管子名卯蔆古今注名鴈頭亦曰鴈喙淮南子曰雞頭已瘻注曰芡也揚雄方言云南楚謂之雞頭青徐淮泗謂之芡子其莖謂之蔿亦曰茷陶弘景曰莖上花似雞冠故名蘇頌曰其苞形類雞鴈頭故云王禎曰芡苗生水中葉大如荷皺而有刺花開向日花下結實故菱寒而芡暖李時珍曰可濟儉歉故謂之芡芡三月生葉面青背紫莖葉皆有刺其莖長丈餘有孔有絲花開結苞内有斑駁狀内裹子累累如珠内白米狀如魚目韓退之名芡為鴻頭山谷詩云剖蚌煑鴻頭是也

種法秋間熟時收取老子以蒲包包之浸水中三月間撒淺水内待葉浮水面移栽深水每科離五尺許先以麻餅或豆餅拌匀河泥種時以蘆揷記根處十餘日後每科用河泥三四碗壅之

王禎曰八月採芡擘破取子散著池中自生

又曰雞頭作粉食之甚妙河北沿溏濼居人採之舂去皮擣為粉烝潔作餅可以代糧龔遂守渤海勸民秋冬益蓄菱芡葢謂其能充饑也

又曰芡莖之嫩者名為蔿人採以為菜茹

李時珍曰秋深老時澤農廣收芡子藏至囷石以備荒歉其根狀如三菱煑食如芋

烏芋即俗名葧臍也爾雅曰凫茈凫喜食之故曰後人訛以為葧臍音相似也鄭樵通志以為地栗一名黑三稜一名芍舊名烏芋者以其形似芋而凫鷰食之也寇宗奭曰皮厚色黑肉硬而白者為猪葧臍皮薄澤色淡紫肉軟而脆者為羊葧臍李時珍曰凫茈生淺水田中其苗三四月出土一莖直上無枝葉其根白蒻秋後結顆大如山查栗子而臍有聚芽累累下生入泥底野生者黑而小食之多滓種出者紫而大食之多毛

種法正月留種種取大而正者待芽生埋泥缸內二三月間復移水田中至茂盛于小暑前分種每科離五尺許冬至前後起之耘盪與種稻同豆餅或糞皆可壅之玄扈先生曰破草鞋壅甚盛

李時珍曰肥田栽者莖近蔥蒲高二三尺三月下種霜後苗枯冬春掘收為果生食煮食皆良

董炳曰地栗能毀銷銅能辟蠱傳聞下蠱之家知有此物便不敢下

寇宗奭曰荒歲多採可以為糧

慈姑一名藉姑一根歲生十二子如慈姑之乳諸子故名一名河鳧茈一名白地栗一名水萍苗名剪刀草又名箭搭草槎丫草陶弘景曰藉姑生水田中葉有椏狀如澤瀉其根黃似芋而小煑之可啖　蘇恭曰葉如剪刀莖似嫩蒲開小白花莖深黃色五六月採葉正二月採根福州別有一種小異三月開花四時採根功亦相似又有山慈姑名同實異

種法預於臘月間折取嫩芽插於水田來年四五月如插秧法種之每科離尺四五許田最宜肥

陶弘景曰藉姑三月三日採根暴乾可療饑

李時珍曰慈姑三月生苗青莖中空霜後葉枯根乃練結冬及春初掘以為果須灰湯煑熟去皮不致麻澀戟咽也嫩莖亦可煠食又取汁可制粉霜雄黃

菰即俗名茭白也爾雅曰蘧蔬菰也又曰蒟茭郭璞曰江東呼藕紹緒如指空中可啖者為茭江南人呼菰為茭以其根交結也一名蔣草一名茭筍一名菰菜一名茭粑韓保昇曰菰根生水田中葉如蔗荻久則根盤而厚三年者中心生白薹如小兒臂中有黑脈堪啖者名菰首也　陳藏器曰菰首擘之內有黑灰如墨者名烏鬱人亦食之晉張翰思蓴菰即此也

蘇頌曰茭白生熟皆可啖其中心小兒臂者名菰手作菰首者謬其根亦如蘆根二浙下澤處最多彼人謂之菰葑削去其葉便可耕蒔　又有一種中有一粒可食所謂菰米者是也

種法宜水邊深栽逐年移動則心不黑多用河泥壅根則色白

李時珍曰葑田其苗有莖硬者謂之菰歲饑掘以當糧

寇宗奭曰菰根江湖陂澤中皆有之生水田中葉如蒲葦刈以秣馬甚肥

山藥山海經曰其草多藷藇音同署預　本草衍義曰署犯英廟諱蕷犯唐代宗

名故改為山藥　吳氏本草曰署蕷一名諸署齊越名
山芋一名修脆一名兒草一名土藷一名玉延或生臨
朐鍾山始生赤莖細蔓五月華白七月實青黃八月熟
落根種曰皮黃類芋　異苑曰薯蕷若欲掘取嘿然則
獲唱名便不可得人有植之者隨所種之物而像之也
玄扈先生曰山藥出處見山海經凡四本草復云出
嵩山北京四明東山南江永康滁州眉州大寧處處有
之令齊魯之閒尤多有二種其一黃山藥形圓長細而
甘過夏月不壞一種形如手指者大而淡春月易爛擇
種宜取皮薄光潤者若根毛粗勁種多不佳又曰山
藥各處所出不一大都形類壯大者不免虛踈入藥尤
無力閩中有一種形細如指新安一種形扁而細性堅
實味勝

地利經曰大者折二寸為根種當年便得子收子後一

冬埋之二月初取出便種忌人糞如旱放水澆又不宜
苦濕須是牛糞和土種則易成　玄扈先生曰山藥用子作種生絕細有用宿根頭者亦須根大方可用不若退用大薯斷作種為便

務本新書曰種山藥宜寒食前後沙白地區長丈餘深
濶各二尺少加爛牛糞與土相和平勻厚一尺揀肥長
山藥上有芒刺者每段折長三四寸鱗次相挨卧於區
內復以糞勻覆五寸許旱則澆之亦不可太濕忌大糞
苗長以高稍扶架霜降後比及地凍出之外將蘆頭另
窖來春種之勿令凍損

山居要術云擇取白色根如白米粒成者先收子作三
五所阬長一丈闊三尺深五尺下密布甎四面亦側布
甎防別入傍土中根即細也作阬子訖填糞土排行下
子種之填阬滿待苗著架經年已後根甚麄一阬可支
一年食種者截長一寸下種　玄扈先生曰山東種薯法沙地深耕之起土坑深二尺用大糞乾者和土各半填入坑深一尺次加浮土一尺足踐實正月中畦種薯苗上又加土壅厚二寸候苗長一尺常用水灌數日一次苗長架起春夏長苗秋深即長根根下行遇堅土即大若土太實即不長浮土太

深即長而細　又曰令江南種薯法亦用沙地正月盡耕深二尺每一步灌大糞一石候乾轉耕耙細作埒每埒相去一尺餘其種須極大者竹刀切作一二寸斷用鐵刀切易爛埒中布種每相去五六寸橫卧之入土只二寸不宜太深種後用水糞各半灌之每畝用大糞四十石苗長用葦或細竹作架三以為簇有草數耕之旱數澆之八九月掘取根向畦一頭先掘一溝深二尺漸削去土取之　又曰藏種法于南簷下向日避風處掘土窖深二尺下用礱糠鋪二三寸次下種仍以礱糠蓋之次下土蓋之臨種時起用　又曰或云山藥下種時勿用手以鍬钁下之則易大每年易人而種之

甘藷即俗名紅山藥也　異物志曰甘藷似芋亦有巨魁剝去皮
肌肉正白如脂肪南人專食以當米穀嵇含南方草木

狀曰甘藷味甘甜經久得風乃澹泊稗史彙編曰甘藷或曰芋之類根葉亦如芋大如拳有大如甌者皮紫而肉白烝食味如薯蕷性冷生於朱厓之地海中之人皆不業耕稼惟掘地種甘藷秋熟收之烝晒切如米粒作飯食之貯之以充饑是名藷糧北方人至者或盛具豕膽炙諸味以甘藷薦之若粳粟然海中之人壽百餘歲者由食甘藷故耳 圖經云江湖閩中出甘藷根如薑芋之類而皮紫極有大者一枚可重斤餘刮去皮煎煮食之俱美 玄扈先生曰藷有二種其一名山藷閩廣故有之其一名番藷則土人傳云近年有人在海外得此種海外人亦禁不令出境此人取藷藤絞入汲水繩中遂得渡海因此分種移植略通閩廣之境也兩種莖葉多相類但山藷植援附樹乃生番藷蔓地生山藷形魁壘番藷形圓而長其味則番藷甚甘山藷為劣耳蓋中土諸書所言藷者皆山藷也今番藷撲地傳生枝葉極盛若于高仰沙土深耕厚壅大旱則汲水灌之無患不熟閩廣人賴以救饑其利甚大 又曰薯蕷與山藷顯是二種與番藷為三種皆絕不相類

玄扈先生曰種藷法種須沙地仍要極肥臘月耕地以大糞壅之至春分後下種先用灰及剉草或牛馬糞和土中使土脈散緩可以行根重耕地二尺深次將藷種截斷每長三二寸種之以土覆深半寸許大略如種薯蕷法每株相去數尺俟蔓生盛長剪其莖另插他處即生與原種不異至秋冬掘起生熟烝煮任用其藏種有二法其一傳卵于九十月間掘藷卵揀近根先生者勿令傷損用軟草苞之掛通風處陰乾至春分後依前法種一傳藤八月中揀近根老藤剪取長七八寸每七八條作一小束耕地作埒將藤束栽種如畦韭法過一月餘即每條下生小卵如蒜頭狀冬月畏寒稍用草器至來春分種若原卵在土中者冬至後無不壞爛也

又曰藷根極柔脆居土中甚易爛風乾收藏不宜入土又不耐冰凍也余從閩中市種北來秋時用傳藤法造一木桶栽藤種于中至春全桶擕來過嶺分種必活春間擕種即擇傳根者持來有時傳藤或爛壞不壞者生發亦遲惟帶根者力厚易活生卵甚早也

又曰藏種三法其一以霜降前擇於屋之東南無西風有東日處以稻草疊基方廣丈餘高二尺許其上更疊四圍高二尺而虛其中方廣二尺許用稻穩襯之置種焉復用穩覆之縛竹為架籠罩其上以支上覆也上用稻草高埰覆之度令不受風氣雨雪乃已

又一法稻穩襯底一尺餘上加草灰盈尺置種其中復以灰穢厚覆之上用稻草斜苫之令極厚三法籐卵俱合并安置俱得不壞而卵較勝又以磁盆於八月中移栽至霜降如前二法藏之亦活其窖藏者仍壞爛也

又曰藏種之難一懼濕一懼凍入土不凍而濕不入土不濕而凍向二法令必不受濕與凍故得全也若北土風氣高寒即厚草苫蓋恐不免氷凍而地窖中濕氣反少以是下方仍著窖藏之法冀因愚說消息用之

又曰藏種必於霜降前下種必於清明後更宜留一半於穀雨後種之恐清明左右尚有薄淩微霜也

又曰閩中藏種籐卵俱晒七八分乾收之向後南北收藏俱宜用乾者或半用不乾者雜試之

又曰復有一閩人說留種法於霜降前剪取老藤作種先用大罈洗淨曬乾或烘乾次剪藤曬至七八分乾用乾稻草穀襯罈將藤蟠曲置稻草中次用稻草穀塞口先掘地作坎量濕氣淺深令不受濕深或二尺許淺或平地先用稻草穀或礱糠鋪底厚二三寸將罈倒卓其上次實土滿坎仍填高令罈底土高四五寸至來年清明後取起即罈中已發芽矣是說疑諸方具可用并識之

又曰藷每二三寸作一節節居土上即生枝節居土下即生根種法待延蔓時須以土密壅其節每節可得三五枚不得土即盡成枝葉層疊其上徒多無益也今擬種法每株居畝中横相去二三尺縱相去七八尺以便

延蔓壅節即遍地得卵矣若枝節已遍待生遊藤者宜剪去之猶中飼牛羊

又曰吾東南邊海高鄉多有横塘縱浦潮沙淤塞歲有開濬所開之土積於兩崖一遇霖雨復歸河身淤積更易若城濠之上積土成邱是未見敵而代築距堙也此等高地既不堪種稻若種吉貝亦久旱生蟲種豆則利薄種藍則本重若將岡脊攤入下塍又嫌損壞花稻熟田惟用種藷則每年耕地一遍斷根一遍皆能將高仰

之土翻入平田平田不堪種稻幷用種藷亦勝稻田十倍是不數年間邱阜將化為平疇也況新起之土皆是潮沙土性虛浮于藷最宜特異常土此亦任土生財之一端耳

又曰剪莖分種法待苗盛枝繁枝長三尺以上者剪下去其嫩頭數寸兩端埋入土各三四寸中以土撥壓之數日延蔓矣

又曰藷苗延蔓用土壅節後約各節生根即從其連綴

處剪斷之令各成根苗不致分力此最要法

又曰藷苗二三月至七八月俱可種但卵有大小耳卵八九月始生便可掘食或賣若未須者勿頓掘居土中日漸大南土到冬至北土到霜降須盡掘之不則爛敗矣其種宜高地遇旱災可導河汲井灌溉之在低下水鄉亦有宅地園圃高仰之處平時作場種蔬者悉將種藷亦可救水災也若旱年得水澇年水退在七月中氣後其田遂不及蓺五穀蕎麥可種又寡收而無益于人

計惟剪藤種藷易生而多收至于蝗蝻為害草木無遺種種災傷此為最酷乃其來如風雨食盡即去惟有藷根在地薦食不及縱令莖葉皆盡尚能發生不妨收入若蝗信到時能多幷人力益發土遍壅其根節枝榦蝗去之後滋生更易是蟲蝗亦不能為害矣故農人之家不可一歲不種此實雜植中第一品亦救荒第一義也

又曰凡藷二三月種者其占地也每科方二步有半而卵徧焉四五月種者地方二步而卵徧焉六月種者地

方一步有半七月種者地方一步而卵皆徧焉八月種者地方三尺以內得卵細小矣種之疎密略以此準之方二步者畝六十科也方一步有半者畝一百六科有奇也方一步者畝一百四十科也方三尺者畝九百六十科也九月畦種卵生其下如箸如棗擬作種早種而密者謹視之去其交藤

又曰人家凡有隙地悉可種藷若地非沙土可多用柴草灰雜入凡土其虛浮與沙土同矣即市井湫隘但有

數尺地仰見天日者便可種得石許其法用糞和土曝乾雜以柴草灰入竹籠中如法種之

又曰或問諸本南產而子言可以移植不知京師南北以及諸邊皆可種之以助人食無令軍民枵腹否余遽應之曰可也諸春種秋收與諸穀不異京邊之地不廢種穀何獨不宜諸耶今北方種諸未若閩廣者徒以三冬氷凍留種為難耳欲避氷凍莫如窖藏吾鄉窖藏又忌水濕若北方地高掘土丈餘未受水濕但入地窖即

免氷凍仍得發生故今京師窖藏菜果三冬之月不異春夏亦有用法煨熱令冬月開花結蓏者其收藏諸種當更易於江南耳則此種傳流決可令天下無餓人也

又曰吳下種吉貝吾海上及練川尤多頗得其利但此種甚畏風潮每至秋間纔生花實一遇風雨便受其損若大風之後更遇還風則根撥實落大不入矣若將吉貝地種諸十之一二雖風潮不損此種撲地成蔓風無所施其威也還風者一日東南一日西北之類也

又曰昔人云蔓菁有六利又云柿有七絶余續之以甘諸十三勝一畝收數十石一也色白味甘于諸土種中特為夐絶二也益人與薯蕷同功三也遍地傳生剪莖作種今歲一莖次年便可種數百畝四也枝葉附地隨節作根風雨不能侵損五也可當米穀凶歲不能災六也可充籩實七也可以釀酒八也乾久收藏屑之旋作餅餌勝用餳蜜九也生熟皆可食十也用地少而利多易于灌溉十一也春夏下種初冬收入枝葉極盛草薉

不容其間但須壅土勿用耘鋤無妨農功十二也根在深土食苗至盡尚能復生蟲蝗無所奈何十三也

又曰閩廣人收諸以當糧自十月至四月麥熟而止東坡云海南以諸為糧幾米之十六今海北亦爾矣經春風易爛壞須先曬乾藏之

又曰甘諸所在居人便足半年之糧民間漸次廣種米價諒可不至騰踊矣但慮豐年穀賤公家折色銀輸納甚艱民間急宜多種桑株育蠶擬納折銀可也

造酒法諸根不拘多少寸截斷曬晾半乾上甑炊熟取出揉爛入瓶中用酒藥研細搜和按實中間作小坎候漿到看老嫩如法下水用絹袋漉過或生或烝熟任用其入缸寒煖酒藥分兩下水升斗或用麯蘖或加藥物香料悉與米酒同法若造燒酒或即用諸酒入鍋蒸以錫兜鍪烝煮滴槽成頭子燒酒或用諸糟依法造成常用燒酒亦與米酒米糟造燒酒同法

蘿蔔爾雅葖蘆葩註云紫花菘也一名萊菔一名雹葖一名土

酥王禎曰蘆葩俗呼蘿蔔在在有之北方者極脆食之無查中原有迭秤者其質白其味辛甘尤宜生啖能解麪毒子可入藥四時皆可種然不如末伏秋初為善破甲以後便可供食老圃云蘿蔔一種而四名春曰破地錐夏曰夏生秋曰蘿蔔冬曰土酥故黄山谷云金城土酥淨如練以其潔也蘇頌曰有大小二種大者肉堅宜烝食小者白脆河朔有極大者信陽有重過二三十斤者一時種蒔之力也

齊民要術曰種蘆菔法與蔓菁同蘆菔根實粗大其角及根葉並可生食非蕪菁比也

四時類要種法宜沙糯地五月犂五六遍六月六日種鋤不厭多稠即小間拔令稀至十月收窖之又新添種

蘿蔔先深斸成畦杷平每畦可長一丈二尺闊四尺用細熟糞一擔勻布畦内再斫一遍即起覆土再耬平澆水滿畦候水滲盡撒種于上用木杴勻撒覆土苗出兩葉旱則澆之每子一升可種二十畦水蘿蔔正月二月種六十日根葉皆可食夏四月亦可種大蘿蔔初伏種之水蘿蔔末伏種皆候霜降或淹或藏皆得用如要來年出種深窖内埋藏中安透氣草一把至春透芽生取出作壟或畦下糞栽之旱則澆令得所夏至後收子可

為秋種 蘿蔔三月下種四月可食五月下種六月可食七月下種八月可食地宜肥土宜鬆澆宜頻種宜稀密則芟之肥大

農桑通訣曰種同蔓菁法每子一升可種二十畦畦可長一丈二尺闊四尺擇地宜生耕地宜熟地生則不蠹耕熟則草少凡種先用熟糞勻布畦内仍用火糞和子令勻撒種之俟苗出成葉視稀稠去留之其去之者亦可供食以踈為良踈則根大而美密則反是尺地約可二三窠厚加培壅其利自倍欲收種子

宜用九月十月收者擇其良去鬚帶葉移栽之澆灌得所至春二月收子可備時種宿根在地不經移種者為斜子種之疥而不肥按蔬茹之中惟蔓菁與蘿蔔可廣種成功速而為利倍然蔓菁北方多獲其利而南方罕有之蘆菔南方所通美者生熟皆可食淹藏腊豉以助時饌凶年亦可濟饑功用甚廣玄扈先生曰蘿蔔尅氣耗血不如蔓菁十倍

王省曾曰胡蘿蔔伏内畦種或壯地漫種頻澆灌則自然肥大

農政全書卷二十七

欽定四庫全書

農政全書卷二十八

明 徐光啓 撰

樹藝

蔬部

葵廣雅曰䔩丘葵也說文葵菜也按爾雅翼云葵揆也葵葉傾日不使照其足因知足以揆之 公儀休相食葵而美拔之不與民爭利古人採葵必待露解故一名露葵陶弘景曰葵子出少室山以秋種覆養經冬至春作子者謂之冬葵正月種者為春葵一名衛足一名滑菜言其性也賈

思勰曰有紫莖白莖二種種別有大小之殊又有鴨脚葵天有十日葵與終始故葵從癸癸陽草也其性易生不拘肥瘠地皆有之 王禎曰葵為百菜之主備四時之饌本豐而耐旱味甘而無毒供食之餘可為菹腊枯枿之遺可為榜簇子若根則能療疾咸無棄材誠蔬茹之上品民生之資助也 另有蜀葵莵葵龍葵終葵附後

齊民要術種法臨種時必燥曝葵子葵子雖經歲不浥然濕種者疥而不肥也玄扈先生曰凡種皆然不獨葵也地不厭良故墟彌善薄即糞之不宜妄種春必畦種水澆春多風旱非畦不得且畦者省地而菜多一畦供一口畦長兩步廣一步大則水難均又不用人足入深掘以熟糞對半和土

覆其上令厚一寸鐵齒杷耬之令熟足蹋使堅平下水徹澤水盡下葵子又以熟糞和土覆其上令厚一寸餘葵生三葉然後澆之（澆用晨夕日中便止）每一掐輒杷耬地令起下水加糞三掐更種一歲之中凡得三輩（凡畦種之物治畦皆如種葵法不復條列煩文）早種者必秋耕十月末地將凍散子勞之（一畝三升正月末散子亦得）人足踐踏之乃佳（踐者菜肥）地釋即生鋤不厭數五月初更種之（春者既老秋葉落未生故種此相接）六月一日種白莖秋葵（白莖者宜乾紫莖者乾即黑而澀）秋葵堪食仍留五月種者取子

（春葵子熟不均故須留中輩）於此時附地剪却春葵令根上蘖生者柔軟至好仍供常食美于秋菜掐秋菜必留五六葉（不掐則莖孤留葉多則科大）凡掐必待露解（諺曰觸露不掐葵日中不剪韭）八月半翦去（留其歧多者則去地一二寸獨莖者亦可去地四五寸）蘖生肥嫩比至收時高與人膝等莖葉皆美科雖不高菜實倍多（其不剪早生者雖高數尺柯葉堅硬全不中食所可用者惟有菜心附葉黃澀至惡煑亦不美看雖似多其實倍少）收待霜降（傷早黃爛傷晚黑澀）榜簇皆須陰中（見日亦澀）其碎者割訖即地中尋手紮之（待萎而紮者必爛）

又種冬葵法九月收菜後即耕至十月半令得三遍每耕即勞以鐵齒杷耬去陳根使地極熟令如麻地于中逐常穿井十口（井必相當邪角則妨地地形狹長者井必作一行地形正方者作兩三行亦不嫌也）井別作桔槔轆轤（井深用轆轤井淺用桔槔）柳鑵令受一石（鑵小用則功費）十月末地將凍漫散子惟概為佳（畝用子六升）散訖即再勞有雪勿令從風飛去（勞雪令地保澤葉又不蟲）每雪輒一勞之若令冬無雪臘月中汲井水普勞澆悉令徹澤（有雪則不荒玄扈先生曰無草木不待雪無雪悉宜澆凡草木冬植者皆以乾不以寒也）正月地釋驅踏破地

皮（不踏即枯涸皮破即香涸）春暖草生葵亦俱生三月初葉大如錢逐概處拔者賣生（十手拔乃禁取兒女子七歲已上皆得充事也）一升葵還得一升米日日常投看稀稠得所乃止有草拔却不得用鋤自四月八日以後則日日翦賣其翦處尋以手拌斫斸地令其起水澆糞覆之（四月亢旱不澆則不長有雨則不須四月以前雖旱亦不須澆地實保澤雪勢未盡故也）比及翦遍初者還復周而復始日日無窮至八月社日止留作秋菜九月指地賣收訖即急耕依去年法三十畝勝作十頃穀田止須一乘車牛專供

此園耕勞輦糞貴菜終歲不閑若糞不可得者五六月中穊種菉豆至七月八月犂掩殺之如以糞糞田則良美與糞不殊又省功力其井間之田犂不及者可畦以種諸菜

崔寔曰正月可作種瓜瓠葵芥䪥大小葱蒜苜蓿及雜蒜亦種此二物皆不如秋六月六日可種葵中伏後可種冬葵九月作葵菹乾葵

家政法曰正月種葵

農桑通訣曰春宜畦種種宜散種然夏秋皆可種也詩

曰七月烹葵此種之早者俗呼為秋葵遲者為冬葵又曰六月六日種葵中伏以後可種冬葵時有先後為之在人宿根在地春生嫩葉亦可採食前金人以韭蓼汁併雞肉和食謂之冷羮最為上饌

莖葉叢茂時方可刈嫩惟採擷之耳杜詩云刈葵莫放手放手傷葵根蓋傷根則不生

葵花乾入炭墼内引火耐燒　葵葉可染紙所謂葵箋也

蜀葵爾雅曰菺戎葵也郭璞注云今蜀葵也　爾雅翼云蜀葵即吳葵　夏小正云四月小滿後五日吳葵華陶弘景云吳葵即此也又有一種小者名錦葵即荊葵也爾雅謂之荍又有黄蜀葵別是一種即秋葵也

種法春初種子冬月宿根亦自生苗過小滿後長莖高五六尺花似木槿而大

李時珍曰葉嫩時亦可茹食其稭剝皮可緝布作繩

龍葵釋名曰苦葵一名苦菜一名天泡草一名鵶眼睛一名酸漿草　陶弘景云益州有苦菜乃是苦蘵即龍葵也　蘇頌曰葉如茄子葉故一名天茄子

蘇恭曰龍葵所在有之俗名苦菜然非荼也葉圓花白子若牛李子生青熟黑但堪煮食不任生噉

李時珍曰龍葵龍珠一類二種也處處有之四月生嫩苗時可食柔滑漸高二三尺莖大如筯似燈籠草而無毛五月後開小白花結子味酸亦可食

蔠葵即紫草子爾雅曰蔠葵蘩露也其葉最能承露其子垂垂如綴露故名又一名藤菜一名天葵一名御菜一名燕脂菜一名落葵落字疑蔠字相傳之訛

陶弘景曰落葵人家多種之葉可飪鮓食甚滑

李時珍曰落葵三月種之嫩苗可食五月蔓延其葉肥厚軟滑可作蔬和肉食子紫黑色挼取汁可染布物謂之胡燕脂但久則色易變

蔓菁爾雅曰蕦葑蓯說文曰葑蕪菁也一名九英菘一名諸葛菜一曰蘴蕪一名蕘一名芥　廣志曰蕪菁有紫花者有白花者　劉禹錫云諸葛亮所止令兵士皆種蔓菁者取其纔出甲可生啖一也葉舒可煑食二也久居則隨以滋長三也棄不令惜四也回則易尋而採五也冬有根可食六也　溪蠻叢話云猫獠猺獞所産馬王菜味澀多刺即諸葛菜也相傳馬以所遺故云　蘇頌曰南北皆有北土尤多河東太原所出其根極大　陳藏器本草曰蕪菁南北之通稱也今并汾河朔間燒食其根呼為蕪根塞北種者名

九英蔓菁根大并將為軍糧

齊民要術曰種不求多唯須良地故墟新糞壞墻垣乃佳若無故墟糞者以灰為糞令厚一寸灰多則爆不生也一耕地欲熟七月初種之一畝用子三升從處暑至八月白露節皆得早者作葅晚者作乾漫散而勞種不用濕濕則地堅葉焦既生不鋤九月末生收葉晚收則黄落仍留根取子十月中犂麤時拾取耕出者若不耕時則留者英不茂實不繁也其葉作葅者料理如常法擬作乾菜及釀葅者釀葅者後年正月始作耳須留第一好菜擬之其葅法列後條割訖則尋手擇治而辮之勿待萎萎而後辮則爛挂著屋下陰中風涼處勿令烟熏烟熏則苦燥則上在廚積置以苫之積時宜候天陰潤不爾多碎折久不積苫則澀也春夏畦種供食者與畦葵法同翦訖更種從春至秋得三輩常供好葅取根者用大小麥底六月中種十月將凍耕出之一畝得數車早出者根細又多種蕪菁法近市良田一頃七月初種之六月種者根雖粗大葉復蟲食七月末種者葉雖膏潤根復細小七月初種根葉俱得擬賣者純種九英九英葉根粗大欲自食者須種細根一頃取葉三十載正月二月賣作釀葅三載得一奴收根依時法一頃收二

百載二十載得一婢細剉和茎飼牛羊全擲乞猪并得充肥亞于大豆耳一頃收子二百石輸與壓油家三量成米此為收粟米六百石亦勝谷田十頃玄扈先生曰種蔓菁宜用北人畦種菜法及具下瓏種油菜法厚糞勤灌之宜得三倍收

漢桓帝詔曰横水為災五穀不登令所傷郡國皆種蕪菁以助民食然此可以度凶年救飢饉乾而蒸食既甜且美自可藉口何必飢饉若值凶年一頃乃活百人耳玄扈先生曰人久食蔬無穀氣則有菜色唯蕪菁獨否其莖根皆膏潤故也蕪菁味似芋兩物皆似穀氣故漢

詔種蕪菁以助民食而史稱食蹲鴟至死不飢

崔寔曰四月收蕪菁及芥葶藶冬葵子六月中伏後七月可種蕪菁至十月可收也

孟祺農桑輯要曰耕地宜加糞往復勻蓋秋初可種自破甲至結子皆可食十月初挽苗煠作和菜餘者曣過留根在地或慮河朔地寒凍死可於十月終以牛隔兩犂耕一犂拾去菜根之後卻將暘土擺勻據先耕出之數曣過月烝食甘而有味玄扈先生曰賈氏言種宜七月初六月種者蟲食余家七

月種者甚苦蟲惟六月種者根株稍大蟲不能傷耳遇連日陰雨易生青蟲須勤撲治

又曰十月終犂出蕪菁根數曣過冬月烝食甘而有味春生薹苗亦菜中上品四月收子打油芝麻易種收多油不發風油臨用時熬動少摻芝麻煉熟即與小油無異

臞仙神隱曰凡種蕪菁以鰻鱺魚汁浸其子曬乾種之無蟲

本草衍義曰蕪菁今世俗謂之蔓菁夏則枯當此之時蔬圃中復種之謂之雞毛菜食心正在春時諸菜之中有益無損於世有功採擷之餘收子為油玄扈先生曰蔓菁獨留根取子者當六月種明年四月收耳若供食者正月至八月無月不可種賈氏所謂自春至秋得三輩常供好菹此云雞毛菜者無亦謂其鱗次供用耳

玄扈先生曰南方種蕪菁收子多在芒種後梅雨中子既不實亦有莢中生芽者漫將作種便無大根加以密種少糞其變為菘亦無怪也今欲稀種多壅似亦無難獨梅時多雨非人力可為近立一法可得佳種凡蕪菁

春時摘薹者生子遲半月若摘薹二遍即遲一月矣宜將留種蕪菁分作三停其一不摘薹擬芒種後收子其一摘薹一遍擬夏至後收子其一摘薹二遍擬小暑後收子南方梅雨多在夏至前或時在夏至後小暑後伏時多晴分作三次收定有一兩次不秕者又復簡擇淘汰稀種厚壅無緣可變為菘矣

又曰蕪菁擇子下種出甲後即耘出小者作茹若不欲移植即取次耘出存其大者令每本相去一尺許若欲

移植俟長五七寸擇其大者移之

又曰種法先薙草雨過耕地不雨先一日灌地濕透明日熟耕作畦或耬種或漫散子覆土厚一指五六日內遇雨不須灌無雨岸水溝中遙潤之種少者噴壺下水或水斗遙灑之無澆土令實苗寸以上灌水糞

又曰種蕪菁用故墟壞牆基甚善但此地不能多宜得沙土高燥者厚壅之若欲廣植用早稻地亦佳但須六七月下種俟刈稻後作速耕糞移植

又曰有三晉人傳種蕪菁法先下子俟苗長可蒔豫耕熟地作畦每畦深七八寸起土作壠蒔苗其上壠土虛浮根大倍常也或徑子壠上下子亦得種蘆菔法同

本草圖經曰南人取北種種之初年相類至二三歲則變為菘矣 玄扈先生曰按唐本草注云菘菜不生北土有人將子北種初一年半為蕪菁二年菘種都絕有將蕪菁子南種亦二年都變土地所宜須有此例其子亦隨色變但粗細無異耳菘子黑蔓菁子紫亦大小相似據如此說則南之菘北之蔓菁種類因地必無移植之理然圖經于菘菜條下又言今京都種菘都類兩種但肥厚差不及耳則菘未嘗不宜北也余家種蔓菁三四年亦未嘗變為菘也獨其根隨地有大小亦如菘有厚薄齊民要術稱并州蕪菁根其大如椀口雖種他州子一年亦變而今三晉所產大於齊魯秦中所產大于三晉此理雖則有之顧小而為用何妨滋植耶秦中種瓜其大十倍他方他方亦不廢種瓜也王禎所謂悠悠之論率以風土不宜為說嗚呼此言大傷民事有力本良農輕信傳聞捐棄美利者多矣計根本者不可不力排其妄也又曰本草言南人種蕪菁變為菘此亦有故按菘與蕪菁本相似但根有大小耳北人種菜大都用乾糞壅之故根大南人用水糞十不當一又新傳得蕪菁種不肯加意糞壅二三年後又不知擇種其根安得不小如此便似蕪菁變為菘也吾鄉諸菜種大槩不若京師病皆坐此徒恨土之瘠薄或言種類不宜皆謬矣又耕地須極疏緩地非沙土多用草灰和之土若強緊根亦不大又曰種蔬果穀蓏諸物皆以擇種為第一義種一不佳即天時地利人力俱大半棄擲矣蕪菁子北來稍遲正值梅天南方多雨子多不實者種時

務宜簸揚或淘汰或導擇取其最粗而圓滿者種之其本末俱大若漫種秕者即十不當一也

農桑通訣曰蔓菁四時仍有春食苗夏食心謂之薹子秋可為菹冬蒸根食菜中之最有益者 杜詩云冬青飯之半 九蒸九曝可搗為粉塗帛者資之亦可為油陜西惟食此油燃燈甚明能變蒜髮

李時珍曰六月種者根大而葉蠧八月種者葉美而根小唯七月初種者根葉俱良今燕京人以瓶醃藏謂之閉甕菜

齊民要術蒸乾蕪菁根法曰作湯淨洗蕪菁根漉著一斛甕子中以苇荻塞甕裏以蔽口著釜上繫甑帶以乾牛糞然火竟夜烝之麄細約熟謹謹著牙真類鹿尾烝而賣者則收米十石也

又蕪菁作鹹葅法曰收菜時即擇取好者菅蒲束之作鹽水令極鹹於鹽水中洗菜即内甕中若先用淡水洗者葅爛其洗菜鹽水澄取清者瀉著甕中令没菜肥即止不復調和葅色仍青以水洗去鹹汁煮為茹與生菜

不殊三日抒出之粉黍米作粥清擣麥麫䴷作末絹篩布菜一行以䴷末薄坌之即下熱粥清重重如此以滿甕為限其布菜法每行必莖葉顛倒安之舊鹽汁還瀉甕中葅色黃而味美作淡葅用黍米粥清及麥䴷末味亦勝

又作湯葅法曰收好菜擇訖即於熱湯中煠出之若菜已萎者水洗漉出經宿生之然後湯煠煠訖令水中濯之鹽醋中熬胡麻油香而且脆多作者亦得至春不敗

又蘸葅法曰葅菜也不切曰蘸葅用乾蔓菁正月中作以熱湯浸菜令柔軟解辮擇治淨洗沸湯煠即出於水中淨洗便復作鹽水斬度出著箔上經宿菜色生好粉黍米粥清亦用絹篩麥䴷末澆葅布菜如前法然後粥清不用大熱其汁纔令相淹不用過多泥頭七日便熟葅甕以穰茹之如蘸酒法玄扈先生曰齊民要術所著食物烹治古今習尚不同有難施用者今錄之一見此種為用之博一見古人留心民事之勤耳大都此物兼芋魁蘆菔及菘芥諸菜之用製造之法亦依諸品從事可也

附烏菘菜八月下種九月下旬治畦分栽

夏菘菜五月上旬撒子糞水頻澆密則芟之

蒜爾雅曰蒚山蒜說文曰蒜葷菜也按初中國止有小蒜一名澤蒜餘唯山蒜石蒜自張騫使西域得大蒜種歸種之今京口有蒜山多出蒜蒜有大小之異大曰葫即今大蒜每頭六七瓣矣小曰蒜葉似細葱而澀頭小如蒜即今山蒜也王禎曰蒜性熱而有小毒氣極葷然以入臭肉掩臭氣夏月食之解暑辟瘴氣北方食餅肉不可無此家有其種多者收一二頃以供歲計今在在種之

齊民要術曰蒜宜良軟地白軟地蒜甜美而科大黑軟次之剛強之地辛辣而瘦小也

三徧熟耕九月初種種法黃墒時以耬耩逐壠手下之五寸一株（諺曰左右通鋤一萬餘株）空曳勞二月半鋤之令滿三徧（勿以無草則不鋤不鋤則科小）條拳而軋之（不軋則獨科）葉黃鋒出則辦于屋下風涼之處桁之（早出者皮赤科堅可以遠行晚則皮皺而喜碎）冬寒取穀耩布地一行蒜一行耩（不爾則凍死）收條中子種者一年為獨瓣種二年者則成大蒜科皆如拳又逾于凡蒜矣（瓦子壠底置獨瓣蒜于瓦上以土覆之蒜科橫闊而大形容殊則亦足以為異今并州無大蒜朝歌取種一歲之後還成百子蒜矣其瓣粗細正與條中子同蕪菁根其大如碗口雖種他州子一年亦變大蒜瓣變小蕪菁根變

大二事相反其理難推又八月中方得熟九月中始刈得花子至于五穀蔬果與餘州早晚不殊亦一異也并州豌豆度井陘已東山東穀子入壺關上黨苗而無實皆余目所親見傳信傳疑蓋土地之異者也）

崔寔曰布谷鳴收小蒜六月七月可種小蒜八月可種大蒜

農桑通訣曰又一種澤蒜可以香食具人調鼎率多用此根解葅更勝葱韭此物易滋蔓隨斸隨合熟時採子漫散種之按諸菜之葷者惟宜採鮮食之經日則不美惟蒜雖久而味不變嫩薹亦可為蔬

又曰種法半尺地一根鋤治令淨時加糞壅菜上一尺許漸漸撥開上頭土見白則本大不爾止益草耳或結葉亦佳

四時類要種蒜作行下糞水澆之

務本新書蒜畦栽每窠先下麥麩少許地宜虛春暖則鋤拔薹時頻澆劉麥時人多食解暑毒蒜于肥地鋤成溝壠隔二寸栽一科糞水澆之八月初可種或以牛草鞋小便浸之將種包在內一夾糞土栽之上糞令厚其

大如碗

葱爾雅曰茖山葱（說文曰葱葷菜也其色葱葱然故名葱淺綠色　凡四種由葱胡葱漢葱凍葱一名孔草中有孔也一名鹿胎初生曰葱針葉曰葱青衣曰葱袍莖曰葱白葉中涕曰葱苒諸物皆宜故又名菜伯又名和事草　王禎曰山葱宜入藥胡葱亦然食惟用漢葱凍葱耳漢葱木葱也漢葱葉大而香薄冬即葉枯宜供餐食凍葱葉細而益香又宜過冬比漢為勝或名大官葱　廣志曰葱有冬春二種有胡葱木葱山葱晉令曰有紫葱昔龔遂渤海勸農口種葱一畦非惟足供烹飪種多亦可資富梁呂僧珍其先服葱為業及貴其兄子棄業求官珍不許曰汝等自有常分不可妄求可速歸葱肆爾可謂知所本矣）

齊民要術曰收葱子必薄布陰乾勿令浥鬱（此葱性熱多喜浥鬱）

浥鬱則不生其擬種之地必須春種菉豆五月掩殺之比至七月耕數遍一畝用子四五升良田五升薄田四升炒穀拌和之葱子性澀不以穀和下不均調不炒穀則草穢生兩耬重耩竅瓠下之以批契繼腰曳之七月納種至四月始鋤鋤遍乃剪剪與地平高留則無葉深剪則傷根剪欲旦起避熱時良地三剪薄地再剪八月止八月不剪則不茂剪過則根跳若八月不止則葱無袍而損白十二月盡掃去枯葉枯袍不去枯葉春初則不茂二月三月出之良地二月出薄地三月出收子者別留之葱中亦種胡荽尋手供食乃至孟冬為菹亦不妨

崔寔曰二月別小葱六月別大葱七月可種大小葱夏葱曰小冬葱曰大

四時類要種葱炒穀攪勻塞摟一眼於一眼中種之他月葱出取其塞摟一眼之地中土培之路密恰好又不勞移

王禎曰種法先以子畦種移栽却作溝壟糞而壅俱成大葱皆高尺許白亦如之宿根在地來春倂得作種移栽之

又曰葱種不拘時先去冗鬚微晒踈行密排種之宜糞培壅猪糞雞鴨糞和粗糠壅之

韭禮記曰豐本爾雅曰藿山韭說文曰韭字象葉出地上形一種而久生故謂之韭一名草中乳言其溫補也一名起陽草一名嬾人菜以其不須歲種也蘇頌曰韭一歲三四割其根不傷至冬壅培之先春復生謂名韭白根名韭黃花名韭菁韭之美在白在黃黃乃未出土者羅願云物久必變故老韭為莧鄭玄曰久道得利陰變為陽故葱變為韭　金幼孜北征錄曰雲臺戍地有野韭人皆採食即許慎所謂𩐤也　王禎曰詩七月獻羔祭韭周禮醢人其實韭菹　禮王制庶人春薦韭以卵　杜詩夜雨剪春韭　樂天詩秋韭花初白　玄扈先生曰種樹詩云深其畦為容糞也

齊民要術曰收韭子如葱子法若市上買韭子宜試之以銅鐺盛水加子火上微煮韭子須臾芽生者好芽不生者是浥鬱矣治畦下水糞覆悉與葵同然畦欲極深韭一剪一加糞又根性上跳故須深也二月七月種種法以升盞合地為處布子于圍內韭性內生不向外長圍種令科盛薅令常淨韭性多穢數拔為良高數寸剪之初種時止一剪至正月掃去畦中陳葉凍解以鐵杷耬起下水加熟糞韭高三寸便剪之剪如葱法一歲之中不過五剪每剪杷耬下水加糞悉如初收子者一剪則

留之若旱種者但無畦與水耳耙糞悉同一種永生

崔寔曰正月掃除韭畦中枯葉七月藏韭菁（菁韭把出菁韭花也）

王禎曰凡近城郭園圃之家可種三十餘畦一月可割兩次所易之物足供家費積而計之一歲可割十次秋後可採韭花以供蔬饌之用謂之長生韭至冬移根藏于地屋蔭中培以馬糞煖而即長高可尺許不見風日其葉黃嫩謂之韭黃比常韭易利數倍北方甚珍之又有就舊畦内冬月以馬糞覆之于迎陽處隨畦以蜀黍

籬障之用遮北風至春蔬其芽早出長可三二寸則割而易之以為嘗新韭

韭二月下旬撒子九月分栽十月將稻草灰蓋三寸許又以薄土蓋之則灰不被風吹立春後芽生灰内則可取食天若晴暖二月中芽長成菜以次割取舊根常留分栽更不須撒子矣

四時類要九月收韭子種韭不如栽作行令通鋤割一遍以杷耬之令根不相接為佳如此當葉濶如薤

博聞錄韭畦若用雞糞尤好

薤（音械古文作䪥）爾雅曰薤鴻薈（一名莜子一名火葱一名藠子一名菜芝薤韭之大者也收種宜火熏故名火葱又一種山薤生山中莖葉與薤相類而差長大即爾雅所謂𦳊也亦可供食但不多有）

（王禎曰薤本出魯山平澤今處處有之葉似韭而濶本豐而白深本草云薤辛不葷五臟學道人長餌之以其能温中通神安魂魄續筋力爾漢北海太守龔遂勸農家種薤百本民獲其利）

齊民要術曰種薤宜曰軟良地三轉乃佳二月三月種（秋種亦得但春未生）率七八支為一本（諺曰葱三薤四移葱者三支為一本種薤者四支為十科然支多者科圓大故以七八為率）薤子三月葉青便出之（未青而出者肉未滿

令薤瘦）燥曝挼去莩餘切却蔓根（留蔓根而濕者即瘦細不得肥也）先重耬耩地壟燥培而種之（壟燥則薤肥耬重則白長）率一尺一本葉生即鋤鋤不厭數（薤性多穢荒則羸惡）五月鋒八月初耩（不耩則葉白短）不用剪（剪則損白供常食者別種）九月十月出賣（經久不出也）擬種子至春地釋即曝之

農桑通訣曰杜甫詩云束比青芻色圓齊玉筋頭或取其白芼酒尤佳樂天詩云酥煖薤白酒又内則曰切葱薤實諸醯以柔之碎錄云豚脂用葱膏用薤然則酒也

醯也膏也無施不可種法與韭同

薑魯論不撤薑食說文禦溼之菜也呂覽春秋曰和之美者有楊僕之薑註楊僕蜀地名史記曰種千畦薑與千户侯等春秋運斗樞云璇星散而為薑蘇頌曰薑以漢温池州者為佳苗高二三尺葉似箭竹葉而長兩兩相對薑性畏日而惡濕故秋熟則無薑初生嫩者其尖微紫名曰紫薑或作子薑宿根謂之母薑

齊民要術曰薑宜白沙地少與糞和熟耕如麻地不厭熟縱横七徧尤善三月種之先種耬耩尋壟下薑一尺一科令上土厚三寸數鋤之六月作葦屋覆之不耐寒熱故

九月掘出置屋中中國土不宜薑僅可存活勢不滋息玄扈先生曰今北土種之甚滋息矣云不宜也

崔寔曰三月清明節後十日封生薑至四月立夏後蠶大食芽生可種之九月藏茈薑蘘荷其歲若温皆待十月生薑謂之茈薑茈音紫

四時類要種薑闊一步作畦長短任地形横作壠相去一尺餘深五六寸壠中一尺一科帶芽大如三指闊蓋土厚三寸以蠶沙蓋之糞亦得牙出後有草即耘漸漸加土已後壠中卻高壠外即深不得併上土鋤不厭頻

農桑通訣曰凡種宜用沙地熟耕或用鍬深掘為善三月畦種之畦闊一步長短任地横作壟深可五七寸壠中一尺一科以土上覆厚三寸許仍以糞培之益以蠶糞尤佳芽出生草勤鋤之壟中漸漸加土培壅一法用蓆草覆之勿令他草生使薑芽自迸出覆其上六月用枝葉作棚以防日曝薑性不耐寒熱故爾或只用帶葉枯枝扦插四月竹箪爬開根土取薑母貨之不虧元本秋社前新芽頓長分

採之即紫薑芽色微紫故名最宜糟食亦可代蔬劉屏山詩云恰似勻粧指柔尖帶淺紅似之矣白露後則帶絲漸老為老薑味極辛可以和烹飪蓋愈老而愈辣者也曝乾則為乾薑醫師資之今北方用之頗廣九月中掘出置屋中宜作窖穀稈合埋之今南方地暖不用窖至小雪前以不經霜為上拔去日就土晒過用篛篰盛貯架起下用火熏三日夜令濕氣出盡卻掩篰口仍高架起下用火熏令常煖勿令凍損至春擇其芽之深者

如前法種之為効速而利益倍諺云養羊種薑子利相當

王禎曰薑宜耕熟肥地三月種之以蠶沙或腐草灰糞覆蓋每壠闊三尺便于澆水待芽發後又揠去老薑上作矮棚蔽日八月收取九十月宜掘深窖以糠粃合埋暖處免致凍損以為來年之種置火閤亦可

又云按薑辛而不葷去邪辟殟蔬茹中之拂士也日用不可闕

芥本草云芥植名水蘇 陶弘景曰芥似菘而有毛味辣可生食一名勞粗一名辣菜一名臘菜 王禎曰芥字從介取其氣辛而有剛介之性其種不一有青芥紫芥白芥南芥刺芥旋芥馬芥石芥皺葉芥蕓薹芥蜀芥即胡芥也 劉恂嶺南異物志曰南土芥高五六尺子大如雞子芥極多心嫩者為芥藍又有一種花芥葉多刻缺如蘿蔔英冬月食者俗呼臘菜春月食者俗呼春菜

齊民要術曰種芥子及蜀芥蕓薹取子者皆二三月好雨澤時種 三物性而耐寒經冬則死故須春種

又曰蜀芥蕓薹芥取葉者皆七月半種地欲糞熟蜀芥一畝 用子一升

崔寔曰六月大暑中伏後可收芥子七月八月可種芥

務本新書芥菜宜秋前種大槩雖不及蔓菁餘亦頗同子作芥花芥末如近郭芥菜宜多種蕓薹芥子種同蜀芥每畝用子四升足霜始收辛不甚香經三冬以草覆之不死至春復可供食

王禎曰今江南農家所種如種葵法俟成苗必移栽之 早者七月半後種遲者八月種 厚加倍壅草即鋤之旱即灌之冬芥經春長心中為鹹淡二俎亦任為鹽菜

又云十月收蕪菁訖時收蜀芥

又云如即收子者即不摘心夫芥之為物心多而耐久味辣而性温可搗取汁以供庖饌

務本新書曰芥藍二月畦種苗高剝葉食之剝而復生刀割則不長加火煮之以水淘浸或炒爁或拌食或包餕餡或捲餅生食頗有辛味五月園枯此菜獨茂故又曰主園菜食至冬月以草覆其根四月終結子可收作末根又生葉又食一年陝西多食此菜若中人之家但

能自種三兩畦藍菜幷一二畦韭周歲之中甚省菜錢

玄扈先生曰芥菜八月撒種九月治畦分栽糞水頻澆冬月淹藏家家用度晒乾于無煙雨處架起三年亦可食

蒝荽說文葰註可以香口其莖柔葉細而根多鬚綏綏然也一名胡荽張騫使西域始得種歸故名一名香荽幷汾之間避石勒諱胡也俗呼為蒝荽蒝乃莖葉布散之貌俗作芫非　又有一種名石胡荽亦名鵝不食草載在本草堪入藥却非此種

齊民要術曰胡荽宜黑軟青沙良地三徧熟耕樹陰下不得和

豆處亦得春種者用秋耕地開春凍解地起有潤澤時急接澤種之種法近市負郭田一畝用子二升故概種漸鋤取賣供生菜也外舍無市之處一畝用子一升疎密正好六七月種一畝用子一升先燥晒欲種時布子於堅地一升子與一掬濕土和之以脚蹉令破作兩段多種者以磚瓦蹉之亦得以木礱之亦得子有兩人人各著故不破兩段則疎密水浥而不生著土者令注入殼中則生疾而長速種時欲燥此菜非雨不生所以不求濕下也於旦暮潤時以耬耩作壠以手散子即勞令平春雨難期必先指澤蹉跎失機則不得矣地正月中凍解者時節既早雖浸芽不生但燥種之不須浸子地若二月始解者歲月稍晚恐澤少不時生失歲計矣便於燸處籠盛胡荽子一日三度以水沃之二三日則芽生於旦暮時投潤漫擲之數日悉出矣大體與種麻相似假令十日二十日未出者亦勿怪之尋自當出有草乃令拔之菜生二三寸鋤去概者供食及賣十月足霜乃收之取子者仍留根間拔令稀概即不生以草覆上覆者得供生食又不凍死又五月子熟拔取曝乾勿使令濕濕則浥鬱格柯打出作蒿篅盛之冬日亦得入窖夏還出之但不濕亦得五六年停一畝收十石都邑糶貴石堪一疋絹若地柔良不須重加耕墾者於子熟時好子稍有零

落者然後拔取直深細鋤地一遍勞令平六月連雨時穭生者亦尋滿地省耕種之勞秋種者五月子熟拔去急耕十餘日又一轉令好調熟如麻地即於六月中旱時耬耩作壠蹉子令破手散還勞令平一同春法但既是旱種不須耬潤此菜旱種非連雨不生所以不同春月要求濕下種後未遇連雨雖一月不生亦勿怪麥底地亦宜種止須急耕調雖名秋種會在六月六月中無不霖望連雨生則根強科大七月種者雨多亦得雨少

則生不盡但根細科小不同六月種者便十倍失矣大都不用觸地濕入中生高數寸鋤去穊者供食及賣作葅者十月足霜乃收之一畝兩載載直絹三疋若留冬中食者以草覆之尚得竟冬中食其春種小小供食者自可畦種畦種者一如葵法若種者挼生子令中破籠盛一日再度以水沃之令生芽然後種之再宿即生矣晝用箔蓋夜則去之晝不蓋熱不生夜不去蟲耬之凡種菜子難生者皆水沃令芽生無不即生矣玄扈先生曰畦種水澆何必須連雨乎可必乎

王禎曰先將子捍開四月五月七月晦日晚宜種種宜濕地以灰覆之水澆則易長

又曰胡荽其子搗細香而微辛食饌中多作香料以助其味於蔬菜子葉皆可用生熟皆可食甚有益于世也

齊民要術曰作胡荽葅法湯中渫出之著大甕中以煖鹽經宿水浸之明日汲水淨洗出別器中以鹽酢浸之香美不苦亦可洗訖作粥津麥䴵味如釀芥葅法亦有一種味作裹葅者亦須渫去苦汁然後乃用之矣

博聞錄曰胡荽必於月晦日晚下種

蕓薹服虔通俗文曰胡菜註羌隴氐胡多種此菜能歷霜雪故名或云塞外有地名雲臺戍始種此菜故名一名油菜　陶弘景云蕓薹乃人間所啖菜也寇宗奭曰蕓薹經冬不死辟蠹李時珍曰乃今油菜也形色微似白菜冬末春初採心為茹三月則老不可食開小黄花四瓣結莢收子灰赤色炒過榨油然燈甚明近人因有油利種者頗廣

齊民要術曰蕓薹一畝用子四升種法與蕪菁同既生亦不鋤之

又云蕓薹足霜乃收不足霜即澀

又云旱則畦水澆五月熟而收子蕓薹冬天草覆亦得取子種種又得生茹供食

王禎曰蕓薹不甚香經冬根不死

便民圖纂曰油菜八月下種九十月治畦以石杵舂穴分栽用土壓其根糞水澆之若水凍不可澆至二月間削草淨澆不厭頻則茂盛薹長摘去中心則四面叢生子多子可榨油柤可壅田

藏菜七月下種寒露前後治畦分栽栽時用水澆之待

活以清糞水頻澆遇西風則不可澆

玄扈先生曰吳下人種油菜法先于白露前日中鋤連泥草根晒乾成堆用穰草起火將草根煨過約用濃糞攪和如河泥復堆起頂上作窩如井口秋冬間將濃糞再灌三次此糞灰泥為種菜肥壅也到明年九月耕菜地再三鋤令極細作壠并溝廣六尺壠上横四科科行相去各一尺五寸用前糞灰泥勻撒土面然後將菜栽移植之明日糞之地濕者糞三水七乾者糞一水九

如是三四遍菜栽漸盛漸加真糞冬月再鋤壠溝泥鍬起加壠上一則培根一則深其溝以備春雨臘月又加濃糞生泥上春月凍解將生泥打碎正二月中視田肥瘦燥濕加減加糞壅四次二月中生薹摘取之糟醃聽用即復多生薹心花實益繁立夏後拔科收子中農之入畝子二石薪十石薪中用蠶簇也種蔓菁法宜倣此

菠菜菠薐一名赤根又名波斯草 劉禹錫云菠薐本西國中種自頗陵國將其子來今呼其名語頗訛耳 博聞錄菠菜過月朔乃生須二十七八間種之月初即生種時須以其子研開易浸脹

農桑輯要云菠薐作畦下種如蘿蔔法春正月二月皆可種逐旋食用秋社後二十日種于畦下以乾馬糞培之以備霜雪十月内以水沃之以備冬食

農桑通訣曰菠薐七八月間以水浸子殼軟撈出控乾就地以灰拌撒肥地澆以糞水芽出惟用水澆待長仍用糞水澆之則盛

春月出薹至春暮莖葉老時用沸湯掠過晒乾以備園

枯時食用甚佳實四時可用之菜也

莧爾雅曰蕢赤莧 莖葉皆高大易見故從見莧亦多種有馬齒莧鼠齒莧及糠莧此野莧也若夫赤莧白莧紫莧紅莧人莧又有五色莧皆可疏茹人白二莧亦可供藥易言莧陸夬夬謂其柔脆也列子言寧生程程生馬馬生人馬者馬莧馬盐草之類人者人參人莧之類也

農桑輯要曰人莧但五月種之園枯則食 今人有三四月種者 如欲出種留食不盡者八月收子本草云不可以莧菜與鼈同食則生鼈瘕試以鼈甲如豆片大者以莧菜封裹之置于土坑以土蓋之一宿盡變成鼈也

莧菜二月間下種三月下旬移栽于茄畦之旁同澆灌之則茂

茼蒿蓬蒿形氣同于蓬蒿故名　王禎曰同蒿者葉綠而細莖稍白味甘脆

農桑通訣曰茼蒿春二月種可為常食秋社前十日種可為秋菜如欲出種春菜食不盡者可為子俱是畦種其葉又可湯泡以配茶茗實菜中之有異味者

李時珍曰八九月下種冬春採食四月起薹花淺黃色如單瓣菊花結子近百成毬最易繁茂

甜菜古作菾釋名菾菜即莙薘也

農桑通訣曰莙薘作畦下種如蘿蔔法春二月種之夏四月移栽園枯則食如欲出子留食不盡者地凍時出于暖處收藏來年春透可栽收種或作蔬或作羹或作菜乾無不可也

本草云莖灰淋汁洗衣其白如玉

便民圖纂曰莙薘八月下種十月治畦分栽頻用糞水澆之

芹爾雅曰芹楚葵芹古作靳一名水英按生江湖陂澤間者水芹也生平地者旱芹也二月生苗其葉對節生　晉書立春日以芹芽為菜盤相餽又有紫芹出太行黃屋可制汞不可食　又一種馬芹爾雅曰茭牛蘄葉細銳可食亦芹類也　別有一種黃花者名毛芹食之殺人蛟龍食之亦病

齊民要術曰芹菜收根畦種之常令足水尤忌潘泔及鹹水澆之則死性易繁茂而甜脆勝野生者

陶隱居曰二三月芹作英時可作葅及熟爚食之

玄扈先生曰野芹須取嫩白為佳輕鹽一二日湯焯過晒須一日乾方妙

蒙古苣字小雅薄言采芑疏云苦菜也青州謂之芑　說文蒙作苣吳人呼為苣菜莖青白色摘其葉白汁出脆可生食亦可烝為茹按苣有三種白苣苦苣萵苣皆不可烹煑故通曰生菜彭乘曰萵菜自咼國來故名

農桑通訣曰萵苣作畦下種如菠薐法但得生芽先用水種浸一日於濕地上布襯置子于上以盆椀合之候芽漸出即種正二月種之可為常食秋社前一二日種者可為醃菜其莖去皮蔬食又可糟藏謂之萵笋

苜蓿爾雅翼曰木粟言其米可炊飯也　郭璞作牧宿謂其宿根自生可飼牧牛馬也

漢書西域傳曰罽賓有苜蓿大宛馬武帝時得其馬漢使採苜蓿種歸陸機與弟書曰張騫使外國十八年得苜蓿歸西京雜記曰樂遊苑自生玫瑰樹下多苜蓿苜蓿一名懷風時人或謂光風草風在其間蕭蕭然日照其花有光彩故名懷風茂陵人謂之連枝草李時珍曰二月生苗一科數十莖葉綠色入夏及秋開細黃花結小莢圓扁旋轉有刺內有米如穄米可為飯亦可釀酒

齊民要術曰地宜良熟七月種之畦種水澆一如韭法玄扈先生曰苜蓿須先剪一上糞鐵杷摇之令起然後下水旱種者重耬耩地使壟深濶竅瓠下子批契曳之每至正月燒去枯葉地液輒耕壟以鐵齒鎒榛鎒榛之更以魯斫斸其科土則滋茂矣不爾則瘦一年則三刈留子者一刈則止春初既中生噉為羹甚香長宜飼馬馬尤嗜之此物長生種者一勞永逸都邑負郭所宜種之

崔寔曰七月八月可種苜蓿

玄扈先生曰苜蓿七八年後根滿地亦不旺宜別種之根亦中為薪

紫蘇爾雅曰蘇桂荏註曰蘇荏類也故名桂荏一名赤蘇又有一種白蘇王禎曰蘇六畜所不犯類能全身遠害者于五谷有外護之功于人有燈油之用東人呼為魚以其似蘇字但除禾旁故也莖方葉圓而有尖四圍有齒肥地者背面皆紫瘦地背紫面青面背皆白即白蘇也荏子白者良黃者不美荏即今白蘇子也

齊民要術曰荏隨宜園畔漫擲便歲歲自生荏子秋末成可收蓬於醬中藏之蓬荏角也實成則惡其多種者如種穀法雀甚嗜之必須近人家種收子壓取油可以煑餅荏油色綠可愛其氣香美煑餅亞胡麻油而勝麻子脂膏麻子脂膏並有腥氣然荏油不可為澤焦人髮研為羹臛美於麻子遠矣又可以為燭良地十石多種博谷則倍收於諸田不同也為帛煎油彌佳荏油性淳塗帛勝麻油

玄扈先生曰二月三月下種或宿子在地自生

務本新書凡種五穀如地畔近道者亦可另種蘇子以遮六畜傷踐收子打油燃燈甚明或熬油以油諸物

王禎曰蘇子碾之雜米作糜甚肥美下氣補益

蘇採葉茹之或鹽或梅滷作葅食甚香夏月作熟湯飲五六月連根收採以火煨其根陰乾經久則葉不落

蓼爾雅曰薔虞蓼郭璞注虞蓼澤蓼也一名水蓼

齊民要術曰三月可種荏蓼荏性甚易生蓼尤宜水畦種也

崔寔曰正月可種蓼

家政法曰三月可種蓼

齊民要術曰蓼作菹者長二寸則剪絹袋盛沈於醬甕中又長更剪常得嫩者（若待秋子成而落莖既堅硬葉又枯燥也）取子者候實成速取之（性易凋零晚則落盡）五月六月中蓼可為虀以食莧

蘇恭曰莖赤色水挼食之勝于蓼子

寇宗奭曰水蓼造酒取葉以水浸汁和麵作麪蓋取其辛耳

蘭香羅勒也（北人避石勒諱改蘭香一名翳子草以其子能入目去翳也　韋弘賦敘曰羅勒者生崑崙之丘出西蠻之俗案今世大葉而香者名朝膊香矣　劉禹錫曰蘭香處處有之有三種一種似紫蘇葉一種葉大二十步內即聞香一種堪作生菜）

齊民要術曰三月中候棗葉始生乃種蘭香（早種者徒費子耳天寒不生）治畦下水一同葵法及水散子訖水盡蓰熟糞僅得蓋子便止（厚則不生弱苗故也）晝日箔蓋夜則去之（晝不宜見日色夜須受露氣）生即去箔常令足水六月連雨拔栽之（掐心著泥中亦活）作菹及乾者九月收（晚即乾惡）作乾者大晴時薄地刈取布地曝之乾乃挼取末甕中盛須則取用（拔頭懸者裛爛又有雀糞塵土之患也）取子者十月收（自餘雜香菜不列者種法悉與此同）

博物志曰燒馬蹄羊角成灰春散著濕地羅勒乃生

事類全書云香菜常以洗魚水澆之則香而茂溝泥水米泔亦佳夏秋採葉可作菜食或切葉以笔諸菜或於素食麵粉之類皆可覆食以助香味也

俞貞木種樹書曰香菜與土龍肶不得用糞澆澆則不香只以溝泥水米泔汁澆之佳

蘘荷說文葍苴也（搜神記作嘉草一名覆苴一名蘘草一名蒪苴與芭蕉音相近　潘岳閒居賦云蘘荷依陰　蘇頌曰荊襄江湖間多種之北方亦有春初生葉似芭蕉根似薑芽而肥其葉冬枯根堪為菹性好陰在木下生者尤美　史遊急就章曰蘘荷冬日藏其來遠矣然有赤白二種赤者堪啖　崔豹古今注云似芭蕉而白色　楊慎丹鉛錄云蘘荷注甘露甘露即芭蕉也　玄扈先生曰蘘荷絕似芭蕉芭蕉結子此不結子有時開花承甘露故又名為甘露子非蘘生之甘露也今嶺北人家所種蕉皆蘘荷耳）

齊民要術曰蘘荷宜在樹陰下二月種之一種永生亦不須鋤微須加糞以土覆其上八月初踏其苗令死（不踏則根不滋潤）九月中取旁生根為菹亦可醬中藏之十月終

以穀麥種覆之（不覆則凍死）二月掃去之

食經藏蘘荷法蘘荷一石洗漬以苦酒六斗盛銅盆中著火上使小沸以蘘荷稍稍投之小萎便出著席上令冷下苦酒三斗以二升鹽著中乾梅三升使蘘荷一鹽酢澆上綿覆罌口二十日便可食矣

崔豹曰具子花生根中花未敗可食久則消爛

冦宗奭曰八九月間醃貯以備冬月作蔬果

甘露子（苗長四五寸許根如果珠味甘而脆故名甘露）

王禎曰凡種宜於園圃近陰地春時種之用麥糠為糞地宜沾潤為佳至秋乃收

務本新書曰白地內區種暑月以麥糠蓋之承露滋肩以是得名

又云宜肥地熟鋤取子稀種其根皆連珠須耘淨方茂

又云甘露子生熟可食可用蜜或醬漬之作豉亦得

菌爾雅曰中馗菌小者菌（郭璞曰地蕈也似蓋今江東名為土菌亦曰馗厨可啖之）

（王禎曰菌皆朽株濕氣蒸浥而生中原呼菌為菌茹又為莪又一種謂之天花桑樹上生者呼為桑莪施之素食最佳雖南北異名而其用則一今江南山中松下生者名為松滑菌之種不一名亦如之野草如赤菰黃耳皆可食然辨之不精多能毒人雖甘無益也不復具載玄扈先生曰北土有羊肚菜生天定中此草根所為也南土有天仙菜此茅根所為也有竹菇竹根所為也他如天花麻菇雞㙡猴頭之屬皆草木根腐壞而成者又曰五木耳亦桑槐榆楊楮所生）

四時類要曰三月種菌子取爛構木及葉於地埋之常以泔澆令濕三兩日即生又法畦中下爛糞取構木可長六七寸截斷磓碎如種菜法於畦中勻布土蓋水澆長令潤如初有小菌子仰杷推之明旦又出亦推之三度後出者甚大即收食之本自構木食之不損人（玄扈先生曰構樹即穀樹也一名楮葉有瓣曰楮無瓣曰構見段成式酉陽雜俎）

農桑通訣曰取向陰地擇其所宜木（楓諸楮等樹）伐倒用斧碎斫成坎以土覆壓之經年樹朽以蕈碎剉勻布坎內謂之驚蕈雨雪之餘天氣蒸暖則蕈生矣雖踰年而獲以繼取及土覆之時用泔澆灌越數時則以槌棒擊樹其利則甚博采訖遺種在內來歲仍發復相地之宜易歲代種新採趁生煑食香美曝乾則為之香蕈今深山

窮谷之民以此代耕殆天出此品以遺其利也

農政全書卷二十八

農政全書卷二十九

明 徐光啓 撰

樹藝

果部上

棗爾雅曰壺棗邊要棗櫅白棗樲酸棗楊徹齊棗遵羊棗洗大棗煑塡棗蹶泄苦棗晳無實棗還味棯棗郭璞注曰今江東呼棗大而銳上者爲壺壺猶瓠也要細腰今之鹿盧棗櫅即今棗子白熟樲酢 遵實小而圓紫黑色俗呼羊矢棗即羊棗也 今河東猗氏大棗子如雞卵 蹶泄子味苦晳不著子者還味短味也 陸佃埤雅曰大曰棗小曰棘棘酸棗也 河東安邑出御棗今名落蘇 樂氏棗豐肌細核多膏肥美舊傳樂毅自燕攜來

戲谷棗即大白核小而肥 穀城紫棗長三寸 章邱脆棗實小而圓生食脆美不能久留 西王母棗冬夏有葉九月生花十一月乃熟大如李核三子一赤又云名玉文棗其實如瓶 羊角棗亦三子一赤 青城無核棗實小核僅有形食之不覺 密坊棗味佳出應天府密坊門 洛陽夏白棗 汲郡墟棗 信都大棗洪國夫人棗 堯山有歷棗 又有三星棗駢白棗灌棗狗牙棗雞心棗牛頭棗獼猴棗氐棗夕棗木棗桂棗案棗丹棗崎廉棗玉門棗水芝棗說文云樗棗也似柿而小 陶弘景曰出青州者形大而核細多膏甚甜鬱州互市者亦好微不及耳 李時珍曰棗本赤心有刺四月生小葉尖觥光澤五月開小花白色微青 本

草行義曰南北皆有之然南棗堅燥不如北棗肥美生于青晉絳者尤佳

齊民要術曰常選好味者留栽之候棗葉始生而移之棗性硬故主晚栽早者堅格生遲也三步一樹行欲相當如本年芽未出勿遽删除諺云三年不算死亦有久而復生者令牛馬履踐令淨棗性堅強不以苗掠是以耕荒穢則蟲生所以須淨地堅銳故宜踐也正月一日日出時反斧班駁椎之名嫁棗不椎則花無實子而零落也玄扈先生曰北方棗木歲歲嫁之結實繁盛而木俱內傷不堪作材候大蠶入蔟以杖擊其枝間振落狂花不打花繁則實不成全赤即收收法日日撼落之為上人家凡有阜勞之地不任耕稼者歷落種棗則任矣棗性燥故任阜勞之地

太史公曰安邑千樹棗其人與千户侯等

羣芳譜曰棗全赤即收撼而落之為上半赤而收者肉未充滿乾則色黃而皮皺將赤味亦不佳全赤久不收則皮破復有鳥雀之患一法將纔熟棗乘清晨連小枝葉摘下勿損傷通風處晾去露氣揀新缸無油酒氣者清水刷淨火烘乾晾冷取淨稈草晒乾候冷一層草一層棗入缸中封嚴密可至來歲猶鮮

齊民要術曰先治地令淨布椽於箔下置棗於箔上以椽聚而復散之一日中二十度乃佳夜仍不聚得霜露氣乾速成陰雨之時乃聚而苫之五六日後別擇取紅軟上高厨上曝之厨上者已乾雖厚一尺亦不壞擇去胖爛者其未乾者曝曬如法

食經曰作乾棗法須治淨地鋪菰箔之類承棗日曬夜露擇去胖爛曝乾收之切而曬乾者為棗脯煮熟榨出者為棗膏亦曰棗瓤蒸熟者為膠棗加以糖蜜拌蒸則更甜以麻油葉同蒸則色更潤澤擣棗膠曬乾者為棗油其法取紅軟乾棗入釜以水僅淹平煑沸漉出砂盆

研細生布絞取汁塗盤上曬乾其形如油以手摩刮為末收之每以一匙投湯盌中酸甜味足即成美漿用和米麨最止飢渴益脾胃也盧諶祭法云春祀用棗油即此

冠宗奭曰青州人以棗去皮核焙乾為棗脯以為奇果

桃爾雅曰旄冬桃褫桃山桃郭璞注曰旄桃子冬熟山桃實如桃而不解核羣芳譜曰褫桃一名毛桃味惡不堪食其仁充滿多脂可入藥鄴中記曰石虎苑中有句鼻桃重二斤洛中崑

崙桃一名王母桃一名仙人桃一名冬桃形如栝蔞表裹微赤得霜始熟味甘美 日月桃一枝二花或紅或白 波斯國扁桃形扁肉澀不堪食核狀如盆樹高五六丈圍四五尺葉似桃而濶三月開白花花落結實如桃彼地名波淡樹仁甘美番人珍之 新羅桃子可食性熱 方桃形微方 餅子桃狀如香餅味甘 油桃小於衆桃有赤斑點光如塗油月令中桃始花即此花多子小不堪啗惟取仁出汴中 常山巨核桃霜下始花盛暑方熟漢明帝時獻 緋桃俗名蘇州桃花如剪絨比諸桃開遲而色可愛 積石桃大如斗斛器 漢武帝上林苑有緗桃紫文桃金城桃 瑞仙桃色深紅花最密 絳桃千瓣 二色桃色粉紅花開稍遲千瓣極佳 金桃形長色黃如金肉粘核多蛀熟遲用柿接者味甘色黃 銀桃形圓色青白肉不粘核六月中熟 千葉桃花色淡結實少 美人桃花粉紅千葉又名人面桃不實 鴛鴦桃千葉深紅開最後結實不雙 李

桃花深紅形圓色青肉不粘核其實光澤如李一名光桃 十月桃花紅形圓色青肉粘核味甘酸十月中成熟一名古冬桃又名雪桃 水蜜桃上海有之其味亞於生荔枝 雷震紅每雷雨過輒見一紅暈更為難得 絡絲桃開時垂絲一二尺採之煉以松脂纓織成履甚輕 壽星桃樹矮而花能結大桃然不堪食 盧山有山桃大如檳榔又有白桃烏桃五月桃秋桃胭脂桃灰桃秋白桃秋赤桃綺帶桃合桃 農桑通訣曰早熟者謂之絡絲白晚熟者謂之過雁紅夏秋咸有食之不匱

齊民要術曰種法熟合肉全埋糞地中（直置凡地則不茂桃惟早實三歲便結子故不求穀也）至春既生移栽實地（若仍糞中則實小而味苦矣）栽法以鍬合土掘移之（桃性易種難栽若離本上率多死故須然矣）

又法（桃熟時牆南陽中暖處深寬為坑選取好桃數十枚擘取核即内牛糞中頭向上取好爛和土厚覆之令厚尺餘至春桃始動時徐徐撥去糞土皆因生芽合取桃種之萬不失一其味以熟糞糞之則益桃味）

桃性皮急四年以上宜以刀竪劚其皮（不劚者皮急則死）七八年便老（老則子細）十年則死（是以宜歲歲常種之）

便民圖纂曰於暖處為坑春間以核埋之蒂子向上尖頭向下長二三寸許和土移種其樹接杏最大接李紅甘

種樹書曰柿接桃則為金桃李接桃則為李桃梅接桃則為脆桃

羣芳譜曰或云種時將桃核刷淨令女子艷粧種之他日花艷而子離核

凡種桃淺則出深則不生故其根淺不耐旱而易枯近得老圃所傳云於初結實次年斫去其樹復生又斫又生但覺生蝨即斫令復長則其根入地深而盤結固百年猶結實如初

桃實太繁則多墜以刀橫斫其幹數下乃止又社日舂

根下土持石壓樹枝則實不墜桃子蛀者以煑猪首汁冷澆之或以刀疎斫之則穰出而不蛀如生小蟲如蚊俗名蚜蟲雖桐油灑之不能盡除以多年竹燈檠掛懸樹梢間則蟲自落甚驗

李時珍曰生桃切片瀹過曝乾可充果食

又酢法取桃爛自零者收去内之於甕中以物蓋口七日之後既爛漉去皮核密封閉之三日酢成香美可食

三月三日採桃花酒浸服之除百病好顏色

又三月三日取桃花陰乾為末收至七月七日取烏雞血和塗面光白潤色如玉

李附宗棣

爾雅曰休無實李痤接慮李剝赤李荊州記曰房陵南郡有名李　風土記曰南郡細李四月先熟　西京雜記曰有朱李黃李紫李綠李青李綺李青房李車下李顏回李合枝李羌李燕李猴李武帝修上林苑羣臣獻木李實大而美　麥李麥秀時熟實小有溝肥甜一名座一名接慮　南居李解核如杏堪入藥　李春李冬花春實　御黃李形大而味厚核小而甘香　均亭李紫而肥大味甘如蜜　擘李熟則自裂　餻李一名離李肥粘如餻　中植李麥前熟　趙李無核一名休　御李大如櫻桃紅黃色先諸李熟　赤駁李其實赤　冬李十月十一月熟　離核李似柰有劈裂　經李一名老李樹數年即枯　杏李味小酸似杏　綠青李出房陵　建黃李出河沂　又有黃扁李夏李青皮李赤陵李馬肝李牛心李紫粉李小青李水李扁縱李金李鼠精李晚李赤李之類今建寧者甚甘李乾皆出焉　李時珍曰李名嘉慶子出東都嘉慶坊今人呼乾李為嘉慶子綳謂既熟不復知其所自矣梵書名李曰居陵迦琳國玉華李五千歲一熟　員邱紅李鍾山李大如瓶食之生奇光　天台水晶李

便民圖纂曰取根上發起小條移栽別地待長又移栽成行栽宜稀不宜肥地肥則無實宜臘月移栽玄扈先生曰李接桃梅易活且耐久亦耐糞

齊民要術曰樹下欲鋤去草穢而不用耕墾耕則肥而無行實樹

下犂撥即死

桃李大率方兩步一根大槩連陰則子細而味不佳管子曰三沃之土其木宜梅李韓詩外傳云簡王曰春樹桃李夏陰其下秋得食其實春種蒺藜夏不得採其實秋得刺焉家政法曰二曰從梅李也

李性耐久樹得三十年老雖枯枝子亦不細嫁李法正月一日或十五日以磚著李樹岐中令實繁又臘月中以杖微打岐間正月晦日復打之亦足子也又以煑醴酪火掭著樹枝間亦良樹寒實多者故多求之以取火焉

李時珍曰用鹽曝糖藏蜜煎為果惟曝乾白李有益其法用夏李色黃便摘取於鹽中挼之鹽入汁出然後合鹽曬令萎手捻之令褊復曬更捻極褊乃止曝乾餘酒時

以湯洗之漉著蜜中可酒矣

附棠棣如李而小子如櫻桃熟食美北方呼之林思又名郁李

梅爾雅曰梅柟時英梅郭璞注曰梅似杏實酢英子雀梅廣志曰蜀名梅為橑大如雁子　綠萼梅凡梅花跗蒂皆絳紫色惟此純綠枝梗亦青實大五月熟特為清高　重葉梅花葉數層如小白蓮結實多雙　消梅實圓鬆脆多液無滓落地必碎惟可生噉不入煎造　玉蝶梅花甚可愛　冠城梅實甚大五月熟　時梅實大五六月熟　早梅四月熟冬梅實小十月可用不能熟　千葉紅梅出湘閩有福州紅潭州紅邵武紅　鶴頂梅實大而紅　鴛鴦梅花輕盈葉數層凡雙果必並蒂惟此一蒂而結雙梅

雙頭紅梅葉重或結並蒂小實不堪啖　杏梅色淡紅實扁而斑味似杏　冰梅實吐自葉蹲不花色如冰玉無核含之自融如冰　墨梅花黑如墨或云以苦楝樹接者　又有千葉黃臘梅侯梅朱梅紫梅同心梅紫蒂梅麗枝梅胭脂梅百葉梅湘梅梅先衆木而花子赤者材堅子白者材脆　接本葉皆如杏實赤于杏而酸亦生噉

便民圖纂曰春間取核埋糞地待長三二尺許移栽其樹接桃則實脆若移大樹則去其枝梢大其根盤沃以溝泥無不活者

接法春分後用桃杏體杏更耐久梅譜云江梅野生者不經栽接花小而香子小而硬

齊民要術曰栽種與桃李同

梅實採半黃者籠盛於突上熏乾者烏梅濃燒穰以湯沃之取汁以梅投之使澤乃出蒸之則不蠹烏梅入藥不任調食青者以鹽漬之日曬夜漬十晝夜為白梅亦可蜜煎糖藏以充果飣白梅調鼎和虀所在多任熟者笮汁曬收為梅醬夏月可調水飲陸機詩疏云其實酢曝乾為脯入羹臛虀中又可含以香口

食經曰蜀中取梅極大者剝皮陰乾勿令得風經二宿

去鹽汁內蜜中月許更易蜜經年如新一糖脆取青梅每百個以刀劃成路將熟令醋浸一宿取出控乾別用熟醋調沙糖一斤半浸沒入新瓶內以箬紮口仍覆碗藏地深一二尺用泥上蓋過白露節取出換糖浸

杏釋名曰甜梅廣志曰有黃杏有李杏　西京雜記曰文杏材有文彩　濟南金杏大如梨黃如橘熟最早味最勝一名漢帝杏　滎陽白杏熟時色白或微黃味甘淡而不酢　沙杏甘而多汁世稱水杏　梅杏黃而帶酢　鄴中柰杏青而帶黃　金剛拳赤大而扁肉厚味佳一名肉杏　木杏形扁色青黃味酢不堪食　山杏不堪食可收仁用　玄紫杏蓬萊杏赤杏　齊民要術曰梅花早而白杏花晚而紅梅實小而酸核有叢文杏實大而甜核無文采世人或不能辨言梅杏為一物失之遠矣　花六出者必雙仁有毒千葉者

不結實葉似梅差大色微紅圓而有尖花二月開未開色純紅開時色白微帶紅至落則純白矣實如彈丸有大如梨者生酢熟甜

便民圖纂曰熟杏和肉埋核於糞土中待長四尺許大則移栽不移則實小而苦凡薄地不生生亦不茂至春生後即換地移栽不移則實小而味苦若種下一年不可種種則肥而不實矣

四時類要曰既移不得更於糞地必致少實而味苦移須含土三步一樹概即味甘服食之家尤宜種之樹大花多實根最淺以長石壓根則花盛子牢

種杏宜近人家樹大戒移栽移則不茂正月钁樹下地通陽氣二月除樹下草三月離樹五步作畦以通水旱則澆灌遇有霜雪則燒烟樹下以護花苞

桃樹接杏結果紅而且大又耐久不枯

釋名曰杏梅皆可以為油

生杏可䐗脯作乾果食之杏熟時榨濃汁塗盤中䐗乾以手摩刮收之可和水調麨食

齊民要術曰杏子仁可以為粥多收買者可以供紙墨之直也

嵩高山記曰牛山多杏自中國喪亂百姓飢餓皆資此為命人人充飽

神仙傳曰董奉居廬山為人治病不取錢重病得愈使種杏五株輕病一株數年中杏有十數萬株杏熟於林中所在作倉宣語買杏者不須求報但自取之其一器穀便得一器杏奉悉以前所得穀賑救貧之

梨爾雅曰山樆郭璞注曰即今梨樆一名快果一名果宗一名蜜父一名玉乳廣志曰洛陽北邙張公夏梨海內惟有一樹常山真定山陽鉅野梁國睢陽齊國臨菑鉅復並梨上黨椑梨小而加甘廣都梨又云鉅鹿豪梨重六斤數人分食之新豐箭谷梨弘農京兆及扶風郡界諸谷中梨多供御陽城

秋梨夏梨三秦記曰漢武果園一名御宿有大梨如斗落地即碎取者以布囊盛之名曰含消梨荊州風土記曰江陵有石梨永嘉青田邨民家有一梨樹名曰官梨樹大一圍五寸常以貢獻名曰御梨實落地即融釋西京雜記曰上林苑有青玉梨金柯梨縹帶梨紫條梨紫梨芳梨實小青梨實大大谷梨細葉梨瀚海梨出瀚海地耐寒不枯本草圖經曰乳梨又名雪梨出宣州皮厚而肉實鵝梨出近京州郡及北都皮薄而漿多味差短於乳梨香則過之其餘有水梨消梨紫煤梨赤梨甘棠梨禦兒梨之類又有桑梨惟堪煮食今北地有香水梨最為上品太上之藥玄光梨塗山有梨大如斗紫色

齊民要術曰種者梨熟時全埋之經年至春地釋分栽之多著熟糞及水至冬葉落附地刈殺之以炭火燒頭

二年即結子若穭生及種而不栽者著子遲每梨有十許惟二子生梨餘皆生杜插者彌疾插法用棠杜棠梨大而細理杜次桑梨大惡棗石榴上插得者為上梨雖治十收得一二也杜如臂已上皆任插當先種杜經年後插之至冬俱下亦得然俱下者地死則不生也杜樹大者插五枝小者或二梨葉微動為上時玄扈先生曰凡貼法皆於葉微動時無不活者將欲開莩為下時先作麻紉纏十許匝一鋸截杜令去地五六寸斜攕竹刺皮木之際令深一寸許折取其美梨枝陽中者陰中枝則實少長五六寸亦斜攕之令過心大小長短與籤等以刀劉梨枝斜攕

之際剝去黑皮勿令傷青皮青皮傷即死拔去竹籤即插梨令至劉處木還向木皮還近皮插訖以綿裹杜樹封熟泥於上以土培覆之勿令堅固百不失一梨枝甚脆培土時宜慎之勿使掌撥護撥護則折

其十字破杜者十不收一所以然者木裂皮開虛燥故也梨既生杜旁有葉出輒去之不去勢分梨長必遲玄扈先生曰凡樹皆然凡插梨園中者用旁枝庭前者中心旁枝葉下上易收中心上聳不妨用根邊小枝樹形可喜五年方結子鳩脚老枝三年即結子而樹醜吳氏本草曰金創乳婦不可食梨多食即損人非補益之物產婦蓐中及疾病未愈食梨多者無不致病欬逆氣上者尤宜慎之

便民圖纂曰梨春間下種待長三尺許移栽或將根上發起小科栽之亦可俟幹如酒鍾大於來春發芽時取別樹生梨嫩條如指大者截作七八寸長名曰梨貼將原幹削開兩邊插入梨貼以稻草緊縛不可動月餘自發芽長大就生梨梨生用箬包裹恐象鼻蟲傷損在洞庭山用此法或用身接根接尤妙春分可插

栽梨春分前十日取旺梨笋如拐様截其兩頭火燒鐵器烙定津脉即栽於地即活

齊民要術曰凡遠道取梨者下根即燒三四寸可行數百里猶生

藏梨法初霜後即收霜多即不得經夏也於屋下掘作深陰坑底無令潤濕收梨置中不須覆蓋便得經夏摘時必令好接勿令損傷物類相感志云梨與蘿蔔相間收藏或削梨蒂種于蘿蔔上藏之皆可經年不爛今北人每於樹上包裹過冬乃摘亦妙

凡醋梨易水熟煮則甘美而不損人也

太史公曰淮北滎河南濟之間千株梨其人與千户侯等好梨多產於北土南方惟宣城者為勝

魏文帝曰真定郡梨大如拳甘若蜜脆若菱可以解煩熱參之神農經中療病之功亦為不少西路產梨處用刀去皮切作辦子以火焙乾謂之梨花嘗充貢獻實為佳果上可供於歲貢下可奉於盤珍張數稱百果之宗豈不信乎

栗附榛 爾雅曰櫟其實梂郭璞注曰有梂彙自裹 廣志曰有胡栗魏志云有東夷韓國出大栗狀如梨三秦記曰漢武帝栗園有栗十五顆一升王逸曰朔濱之栗西京雜記曰榛栗瑰栗嶧陽都尉曹龍所獻其大如拳栗之大者為板栗中心扁子為栗楔稍小者為山栗山栗之圓而末尖者為錐栗圓小如橡子者為莘栗小如指頂者為茅栗即所謂栭栗也一名栵栗可炒食之劉恂嶺表錄云廣中無栗惟新州山中有石栗一年方熟圓如彈子皮厚而味如胡桃衍義云湖北一種栗頂圓末尖謂之旋栗或云即榛栗也與栗子圓而細惟江湖有之或云即莘也陸璣疏曰栗五方皆有周秦吳揚特饒漁陽及范陽生者甘美味長他書名萬迦本草圖經云兗州宣州者最勝治腰脚之疾燕山栗小而味最甘樹高二三丈花生多刺極類櫟四月開花青黃色長條似胡桃花實有房彙大者若拳中子三四小者若桃李中子惟一二

便民圖纂曰栗臘月或春初將種埋濕土中待長六尺餘移栽二三月間取別樹生子大者接之

齊民要術曰栗種而不栽栽者雖生尋死矣要初熟出殼即於屋埋著濕土中埋必須深勿令凍若路遠者以韋囊盛之見風日則不復生矣至春二月悉芽生出而種之既生數年不用掌近凡種成之樹皆不用掌近栗性尤甚也三年內每到十月常須草裹至二月乃解不裹則凍死大戴禮夏小正曰八月栗零而後取之故不言剝之玄扈先生曰凡栗樹俱須三月解之

種樹書曰栗採時要得披殘明年其枝葉益茂

九月霜降乃熟其苞自裂而子墜者乃可久藏苞未裂者易腐也其花作條大如筯頭長四五寸可以點燈玄扈先生曰古賦云榛栗罅發栗熟自開殼落子

寇宗奭曰栗欲乾收莫如曝之欲濕收莫如潤沙藏之至夏初尚如新也藏乾栗法取稻灰淋取汁漬栗日出曬令栗肉焦燥不畏蟲得至後年春夏藏生栗法著器中細沙可煨以盆覆之至後年二月皆生芽而不蟲者也

太史公曰秦饑應侯請發五苑之棗栗由是觀之本草

所謂栗厚腸胃補腎氣令人耐飢殆非虛語

附榛周官曰似栗而小說文曰榛似梓實如小栗衞詩曰山有榛陸璣詩疏云榛有兩種一種大小枝葉皮樹皆如栗而子小形如橡子味亦如栗枝莖可以為燭詩所謂樹之榛栗者也一種高丈餘枝葉如水蓼子作胡桃味遼代上黨甚多久留亦易油壞

栽種與栗同其枝莖生樵爇燭明而無煙

太史公曰燕秦千樹栗其人與千户侯等栗之利誠不減於棗矣本草言遼東榛子軍行食之當糧榛之功亦可亞於栗也

柰廣志曰楉掩邕柰也與林檎一類而二種白者為素柰赤者為丹柰又名朱柰青者為綠柰張掖有柰酒泉有赤柰魏明帝時諸王朝京賜東城柰一匳陳思王謝曰柰以夏熟今則冬生物非時為珍恩以須為厚詔曰此柰從涼州來晉宮閣簿曰秋有白柰　西京雜記曰紫柰別有素柰朱柰　涼州有冬柰色微碧大如兔頭　上林苑紫柰大如升核紫花青汁如漆著衣難浣名脂衣柰樹與葉皆似林檎而實梢大味酸帶澀　梵言謂之頻婆

齊民要術曰不種但栽之柰之雖生而味不佳取栽如壓桑法玄扈先生曰此果最多蟲宜勤勤修治栽之如桃李法亦可接林檎

便民圖纂曰花紅將根上發起小條臘月移栽其接法與梨同摘實後有蛀處與修治橘樹同三月開花結子若八月復開花結子名曰林檎

西方多柰家以為脯數十百斛以為蓄積如藏棗栗法謂之頻婆糧

柰麨其法拾爛柰內甕盆合勿令風入六七日許當大爛以酒醃痛拌之令如粥狀下水更拌以羅漉去皮子良久澄清瀉去汁更下水復拌如初看無臭氣乃上瀉去汁置布於上以灰飲汁如作米粉法汁盡刀劚大如梳掌於日中曝乾研作末便甜酸得所芳香非常也

柰油其法以柰搗汁塗繒上曝燥取下色如油

李時珍曰今關西人以赤柰取汁塗器中曝乾名果單味甘酸可以饋遠又曰柰有冬月再實者

陶隱居云江東有之而北國最豐皆作脯

林檎一名來禽一名文林郎果一名蜜果此果味甘能來衆禽于林故有林禽來禽之名　唐高宗時紀王李謹得五色林檎似朱柰以貢帝大悅賜謹為文林郎人因呼林檎為文林郎果又云其樹從河中浮來有文林郎拾得種之因以為名　本草圖經曰木似柰實比柰差圓亦有甘酢二種甘者早熟而味脆美酢者差晚須熟爛堪啖陳士良云大長者為柰圓者為林檎夏熟小者味澀為梣又名楸子秋熟　林檎樹二月開粉紅花六七月熟又有金紅水蜜黑五種　李時珍曰其味酢者即楸子

也

栽壓法與柰同此果根不浮歲栽故難求是以須壓也又法於樹旁數尺許掘坑洩其根頭則生栽矣凡樹栽者皆然

物類相感志云林檎樹生毛蟲埋蠶蛾于下或以洗魚水澆之即止

林檎麨林檎赤熟時劈破去子心蔕日曬令乾或磨或擣下細絹篩麄者更磨擣以細盡為限以方寸匕投於椀中即成美漿不去蔕則大苦合子則不度夏留心則大酸若乾噉者以林檎麨一升和二麨二升味正適調

冷金丹林檎百枚蜂蜜浸十日取出别入蜂蜜五斤細丹砂末二兩攪拌封泥一月出之唫乾飯後酒時食一二枚甚妙

柹附椑梂君遷子說文曰柹赤實果也廣志曰小者如小杏王逸曰宛中牛柹李亢曰鴻柹若瓜張衡曰山柹本草云黃柹出近京州郡紅柹南北通有之朱柹出華山似紅柹而皮薄更甘珍諸柹食之皆善而益人衍義曰柹有著蓋柹於蔕下别生一重有牛心柹蒸餅柹皆以形得名華州有一等朱柹比諸品最小深紅色有一種塌柹又有椑柹生江淮南似柹而青黑潘岳閒居賦云梁侯烏椑之柹是也酉陽雜俎云柹有七絕一壽二多陰三無鳥巢四無蟲五霜葉可愛六嘉實七落葉肥大其樹高大四月開花黃白色八九月熟

荒政要覽曰三月間秧黑棗備接柹樹上戶秧五畦中戶秧三畦下戶秧二畦凡坡陡地內各密栽成行柹成做餅以佐民食

齊民要術曰柹有小者栽之無者取枝於椑棗根上插之栭而兗反紅藍棗似柹

便民圖纂曰冬間下種待長移栽肥地接及三次則全無核接桃枝則成金桃玄扈先生曰樹無再接之理況三次乎

藏柹柹熟時取之以灰汁澡再三令汁絕著器中可食

烘柹生柹置器中自然紅熟澀味盡去其甘如蜜

醂柹水一甕置柹其中數日即熟但性冷亦有鹽藏者有毒

烏柹火熏乾者

柹糕糯米一斗洗淨乾柹五十同擣成粉如乾煑棗泥和拌之蒸食乃佳

柹餅大柹去皮捻扁日曬夜露至乾納甕中待生白霜取出一名白柹又名柹花

柹霜即柹餅所出霜也乃柹中精液

玄扈先生曰今三晉澤沁之間多柹細民乾之以當糧也中州齊魯亦然

附椑柹一名漆柹一名綠柹一名青柹一名烏柹一名花柹一名赤棠椑椑乃柹之小而卑者故名椑他柹至熟則黃赤惟此雖熟亦青黑色擣碎浸汁謂之柹漆可以染罾扇諸物出宣歙荆襄閩廣閒大如杏惟堪生啖不可為乾也閒居賦所謂梁侯烏椑之柹是也

君遷子一名梬棗又作軟棗一名㮕棗一名牛奶柹一名丁香柹一名紅藍棗生海南樹高丈餘子中有汁如乳汁甜美吳都賦平仲君遷是也其木類柹而葉長實亦尤佳美救荒本草以為羊矢棗亦誤矣

種軟棗法陰地種之陽中則少實足霜色殷然後乃收之早收者澀不任食之也

安石榴博物志曰張騫出使西域得塗林安石國榴種以歸故名安石榴一名若榴一名丹若一名金罌一名金龎一名天漿有富陽榴實大如椀

盆海榴來自海外樹僅二尺栽盆中結實亦大直垂至盆　黃榴色微黃帶白花大于常榴結實甚多最易傳種　河陰榴中間有三十八子　四季榴四時開花秋結實實方綻旋復開花　火石榴其花如火　餅子榴花大不實　番花榴花大于餅子出山東移他省便不若鄴中記云石虎苑中有安石榴子大如盞椀其味不酸　抱朴子曰積石山有若榴　廬山記曰香爐峯頭有大盤石可坐數百人垂生石榴二月中作花色如石榴而小淡紅敷紫萼煒曄可愛　京口記曰龍剛縣有石榴　西京雜記曰有甘石榴　酉陽雜俎曰南詔有榴皮薄如紙　農桑通訣曰出河陰者最佳其樹不甚高大枝柯附幹自地便生五月開花有大紅粉紅黃白四色實有甜酸苦三種果大如盃皮赤有黑斑皮中如蜂窠有黃膜隔之

齊民要術曰栽石榴法三月初取枝大如手大指者斬令長一尺半八九枝共為一窠燒下頭二寸不燒則漏汁矣掘圓坑深一尺七寸口徑尺豎枝於坑畔環口布枝令勻調也置枯骨礓石於枝間骨石此是樹性所宜下土築之一寸上一重骨石平坎止其上令沒枝頭一寸許也水澆常令潤澤既生又以骨石布其根下則科圓滋茂可愛若孤根獨立者雖生亦不佳焉十月中以蒲裹而纏之不裹則凍死也二月初解放若不能得多枝取一長條燒頭圓屈如牛拘而橫埋之亦得然不及上法根強早成其拘中亦安骨石其斸根栽者亦圓布之安骨石於其中也玄扈先生曰石榴須于春分前剪去繁枝及樹梢則實大

便民圖纂曰石榴三月間將嫩枝條插肥土中用水頻澆則自生根根邊以石壓之則多生果又須時常剪去繁枝則力不分玄扈先生曰此果最宜多種又宜痛剗性喜肥濃糞澆之無忌當午澆花更茂盛蠶沙壅之佳不結子者以石塊或枯骨安樹乂間或根下則結子不落所謂榴得骸而葉茂也

農桑通訣曰藏榴之法取其實有稜角者用熟湯微泡

置之新甕瓶中久而不損若圓者則不可留留亦壞爛

榴房比他果最為多子北齊高延宗納妃妃母宋氏薦石榴蓋取其房中多子之義北人以榴子作汁加蜜為飲漿以代盃茗甘酸之味亦可取焉

道家書謂榴為三尸酒言三尸蟲得此果則醉也

農政全書卷二十九

欽定四庫全書

農政全書卷三十

明 徐光啓 撰

樹藝

果部下

荔枝上林賦曰離枝蜀都賦曰荔枝一名丹荔一名飣坐真人其類有三四十種以狀元香為最然不如長樂勝肉厚而味甘為種中第一第乾之不能如狀元香風味南記曰此木以荔枝為名者以其結實時枝弱而蔕牢不可摘取以刀斧劙去其枝故以為名生嶺南巴中泉福漳興化蜀渝涪二廣州郡皆有之其品閩為最蜀川次之嶺南為下樹形團圓如帷蓋葉如冬青華如橘朵如蒲萄核如枇杷殼如紅繒膜如紫綃肉白如肪花於二三月實於五六月

農桑通訣曰荔枝根浮必須加糞土以培之性不耐寒最難培植纔經繁霜枝葉枯死玄扈先生曰亦云冬夏不凋遇春二三月再發新葉初種五六年冬月覆蓋之以護霜雪種之四五十年始開花結實其木堅固有經四百餘年猶能結實者

熟時人未採百蟲不敢近人纔採摘諸鳥蝙蝠之類羣

然傷殘故採者必日中而衆採之最忌麝香遇之花實盡落凡果皆然

曬荔採下即用竹籬朗曬經數日色變核乾用火焙之以核十分乾硬為度收藏用竹籠箬葉裹之可以致遠成朶曬乾者名為荔錦其肉生以蜜熬作煎嚼之如糖霜然名為荔煎北方無此種自漢南粵以備方物於是荔枝始通中國

農桑通訣曰漢唐時命驛馳貢洛陽取於嶺南長安來於巴蜀雖曰解獻傳置之速然腐爛之餘色香味之存者無幾蓋此果若離本枝一日色變二日香變三日味

變四五日外色香味盡皆去矣非惟中原不嘗生荔之味江浙之間亦罕焉今閩中歲首亦曬乾者昔李直方第果實或薦荔枝曰當舉之首覩文帝詔羣臣曰南方果之珍異者有荔枝龍眼焉今閩中荔枝初著花時商人計林斷之以立券一歲之出不知幾千萬億水浮陸轉販鬻南北外而西夏新羅日本琉球大食之屬莫不愛好重利以酬之夫以一木之實生於海濱巖險之遠而能名徹上京外被四夷重於當世是亦有足貴者

龍眼附山龍眼龍荔廣雅曰益智龍眼也一名驪珠一名龍目一名比目一名圓眼一名蜜脾一名燕卵一名繡水團一名海珠藂一名川彈子一名亞荔枝一名荔枝奴龍眼花與荔枝同開樹亦如荔枝但枝葉稍小殼青黃色形如彈丸核如木梡子而不堅肉白而帶漿其甘如蜜熟於八月白露後方可採摘一朶五六十顆作一穗荔枝過即龍眼熟故謂之荔枝奴福州興化泉州有之比荔枝特罕木性畏寒北方亦無此種今充歲貢焉　玄扈先生曰乾龍眼肉勝荔枝且能補心氣大益人鮮食之大不如荔真堪作奴

曬龍眼採下用梅鹵浸一宿取出曬乾用火焙之以核乾硬為度如荔枝法收藏之成朶乾者名龍眼錦

附山龍眼出廣中夏月熟可噉此亦龍眼之野生者

龍荔出嶺南狀如小荔枝而肉味如龍眼其身葉亦似二果故名曰龍荔不可生噉但可熱食

橄欖附餘甘橄欖一名青果一名忠果一名諫果生嶺南及閩廣州郡性畏寒江浙難種樹大數圍實長寸許形如訶子而無稜瓣其子先生者居下後生者漸高有野生者波斯橄欖生邕州色類相似但核作兩瓣蜜漬食之綠欖色青綠核內無仁有亦乾小　烏欖色青黑肉爛而甘取肉搥碎乾自有霜如白鹽謂之欖醬仁最肥大有紋疊如海螺蛸色白外有黑皮最甘嫩　方欖出廣西兩江洞中似橄欖有三角或四角

農桑通訣曰樹峻不可梯緣但刻其根方寸許內鹽於

其中一夕子皆自落蜜藏極甜生噉煮食之並消酒解諸毒人誤食鯸鮐即河魨魚肝迷悶欲死者飲其汁立解以其木作楫撥著魚皆浮出物之相畏有如此者此果南人尤重之可作茶果其味苦酸而澀食久味方回甘故昔人名為諫果然消酒解毒亦果中之有益於人者一云以木釘釘之子亦自落

附餘甘惟泉州有之乃深山窮谷自生之物非人家所種其樹梢高其子棱形又如梅實兩頭銳始嚼味酸澀飲水乃甘九月採比之橄欖略相似以蜜藏之亦佳

櫻桃附山嬰桃爾雅曰楔荆桃郭璞注曰今櫻桃廣雅曰楔桃大者如彈丸子有長八分者有白色者凡三種孫炎云大而甘者謂之崖蜜櫻桃一名楔一名荆一名英桃一名鶯桃一名含桃一名朱櫻一名牛桃一名麥英西京雜記列櫻桃含桃為二種蘇頌曰櫻桃處處有之洛中者最勝其實深紅者謂之朱櫻紫色皮裏有細黃點者謂之紫櫻味最珍重又有正黃明者謂之蠟櫻小而紅者謂之櫻珠味皆不及極大者

齊民要術曰二月初山中取栽陽中者還種陽地陰中者還種陰地若陰陽易地則難生生亦不實此果性生陰地既入園圃便是陽中故多難得生宜堅實之地不可用虛糞也又法二三月間分有根枝栽土中糞澆即活

李時珍曰三月熟時須守護否則鳥食無遺也其法以二破竹相擊鳥聞聲自去或以網張其上鳥亦不至熟時以糞置其下則一樹齊熟鹽藏蜜煎皆可久食或同蜜擣作餻唐人以酪煎食之櫻桃經雨則蟲自內生人莫之見用水浸良久則蟲皆出乃可食也試之果然

附山嬰桃本草釋名朱桃麥櫻英豆李桃孟詵曰此嬰桃俗名李桃又名柰桃前櫻桃名櫻非桃也別錄曰嬰桃實大如菽多毛四月採陰乾陶弘景曰櫻桃即今朱櫻可煮食者嬰桃形相似而實乖異山間時有之李時珍曰樹如朱櫻但葉長尖不圓子小而尖生青熟黃赤亦不光澤而味惡不堪食

楊梅博物志云地瘴處多生楊梅一名杌子生江南嶺南山谷間會稽產者

為天下冠楊梅種類甚多大葉者最早熟味甚佳次則卞山本出苕溪移植光福山中尤勝又次為青蒂白蒂及大小松子揚州呼白者為聖僧樹若荔枝葉細青如龍眼二月開花結實如楮實子內在核上無皮殼五月熟生青熟則有白紅紫三色

便民圖纂曰六月間取糞池中浸過核收盦二月鋤地種之待長尺許次年三月移栽三四年後取別樹生子枝條接之復栽山地其根多留宿土臘月開溝於根旁高處離四五尺許以灰糞壅之不宜著根每遇雨肥水滲下則結子肥大

物類相感志云桑樹接楊梅則不酸樹上生癩以甘草釘釘之則去

鹽藏蜜漬糖製火酒浸皆佳

林邑記云邑有楊梅大如盃盌青時酸熟則如蜜用以釀酒號為梅花酎甚珍重之

葡萄 附野葡萄

張騫使大宛取葡萄實於離宮別館旁盡種之 一名蒲萄一名賜紫櫻桃 廣志曰有黃白黑三種水晶葡萄暈色帶白如著粉形大而長味甘紫葡萄黑色有大小二種酸甜二味綠葡萄出蜀中熟時色綠至若西番之綠葡萄名兔睛味勝糖蜜無核則

異品也 瑣瑣葡萄出西番實小如胡椒小兒常食可免生疸又云疸不快食之即出今中國亦有種者一架中間生一二穗雲南者大如棗味尤長波斯國所出大如雞卵可生食可釀酒最難乾不乾不可收 齊民要術曰蔓延性緣不能自舉作架以承之葉密陰厚可以避熱

便民圖纂曰二三月間截取藤枝插肥地待蔓長引上架根邊以煮肉汁或糞水澆之待結子架上剪去繁葉則子得霑雨露肥大冬月將藤收起用草包護以防凍損 其根莖中空相通暮溉其根至朝而水浸其中澆以米泔水最良以麝入其皮則葡萄盡作香氣以甘草作釘針其根則立死三元延壽書云葡萄架下不可飲酒恐蟲屎傷人 玄扈先生曰須春分便插太遲則有疑出損本

又法宜栽棗樹邊春間鑽棗樹作一竅引葡萄枝從竅中過候葡萄枝長塞滿竅子斫去葡萄根托棗以生其實如棗 十月中去根一步許掘作坑收卷葡萄悉埋之近枝莖薄安黍穰彌佳無穰直安土亦得不宜濕濕則冰凍二月中還出舒而上架性不奈寒不埋即死其歲久根莖粗大者宜遠根作坑勿令莖折其坑外處亦掘土並穰培覆之 玄扈先生曰北方必須舒卷年遠亦難南方竟以穰草裹根可也

正月末取嫩枝長四五尺者卷為小圈先治地令鬆沃之以肥種時止留二節在外春氣萌動發芽盡萃于出

土二節不一年成大棚實大而多液生子時去其繁葉遮露則子尤大忌澆人糞

齊民要術曰摘葡萄法 逐熟者一一零疊一作摘取從本至末悉皆無遺世人全房折殺者

作乾葡萄法 極熟者一一零壓摘取刀子切去蔕勿令汁出蜜兩分和內葡萄中煮四五沸漉出陰乾便成矣滋味倍勝又夏月不敗

藏葡萄法 極熟時全房折取於屋下作廕坑坑內近地鑿壁為孔插枝於孔中還築孔使堅屋子置土覆之經冬不異也

玄扈先生曰葡萄作酒極有利益然非西種不可亦可作醋作糟今山西亦作酒然不真也

附野葡萄 一名蘡薁一名山葡萄蔓生苗葉花實與葡萄相似但實小而圓色不甚紫堪為酒

銀杏一名白果一名鴨脚子 銀杏以白得名鴨脚取其葉之似其木多歷歲年其大或至連抱可作棟梁多生江南以宣城者為勝二月開花成簇青白色二更開花隨即卸落人罕見之一枝結子百十狀如楝子經霜乃熟爛去肉取核為果

便民圖纂曰春初種於肥地候長成小樹來春和土移栽以生子樹枝接之則實茂

農桑通訣曰春分前後移栽先掘深坑水攪成稀泥然後下栽子掘取時連土封用草要或麻繩纏束則不致碎破土封其子至秋而熟初收時小兒不宜食食則昏霍惟炮煮作粿食為美以澣油甚良顆如綠李積而腐之惟取其核即銀杏也

其木有雌雄之意雄者不結實雌者結實其實亦有雌雄雌者二稜雄者三稜須雌雄同種其樹相望乃結實或雌樹臨水照影或鑿一孔納雄木一塊泥之亦結

採摘 熟時以竹篦箍樹本擊篦則銀杏自落

枇杷上林賦曰盧橘 枇杷易種葉微似栗冬夏不凋冬花春實夏熟大者如雞子小者如龍眼白者為上黃者次之無核者名焦子出廣州李時珍曰枇杷非盧橘也

便民圖纂曰以核種之即出待春移栽三月宜接

橘 附柑柚佛手 禹貢曰厥包橘柚錫貢 注云大曰柚小曰橘然自是兩種橘有數種有綠橘有紅橘有蜜橘有金橘而洞庭橘為勝今充土貢又有黃橘扁小多香霧為上品芳塌橘狀大而扁外綠心紅巨瓣多液春熟甚美包橘外薄內盈隔皮可數綿橘微小極軟美可愛不多結柬橘八月花開冬結春采穿心橘實大皮光心虛可穿又有沙橘早黃橘朱橘荔枝橘乳橘

油橘橘之下品 生南山川谷及江浙荊襄皆有之木高可丈許刺出於莖間夏初生白花至冬實黃踰淮則化為枳閩中柑橘以漳州為最福州次之樹多接成惟種成者氣味尤勝

便民圖纂曰正月間取核撒地上冬月搭棚春和撒去待長二三尺許二月移栽澆忌猪糞既生橘摘後又澆有蟲則鑿開蛀處以鐵線鉤取 一說以杉木塞其孔則蟲自死取蟲訖以硫黃和土塞其竅

農桑通訣曰種植之法種子及栽皆可以枳樹截接或掇栽尤易成宜於肥地種之冬收實後須以火糞培壅

則明年花實俱茂乾旱時以米泔灌溉則實不損落

玄扈先生曰此樹極畏寒宜于西北種竹以蔽寒風又須常年搭棚以護霜雪霜降搭棚穀雨卸却樹大不可搭棚可用礱糠襯根柴草裹其幹或用蘆蓆寬裹根幹礱糠實之

須記南枝掘深坑糞河泥實底方下樹下鬆土滿半坑築實又下糞河泥方下土平坑又下糞河泥又加築實則旺凡樹耐肥者皆用此法

以死鼠浸坑中浮起取埋根中極肥

種樹書曰南方柑橘雖多然亦畏霜不甚收惟洞庭霜雖多無所損橘最佳歲收不耗正謂此焉以死鼠浸溺缸內俟鼠浮取埋橘樹根下次年必盛湼槃經云如橘得鼠其果子多（橘見屍則多實）

玄扈先生曰冬寒無損正因種者多且培植有方耳惟閩廣地暖即無損耗而實甚佳勝浙者十倍

橘柚橙柑等須於臘月根邊寬作盤連糞三次不宜著根遇春旱以水澆之雨則不必花實並茂橘之種不一惟扁橘蜜罐甜瓶為佳湘橘耐久

最忌猪糞以茅灰及羊糞壅之多生實

農桑輯要曰西川唐鄧多有栽種成就懷州亦有舊日橘樹北地不見此種若於附近面訪學栽植甚得濟用（畏寒多死北地非宜）

述異記曰越多橘柚園越人歲出橘稅

收藏（十月後將金橘安錫器內或芝麻雜之經久不壞藏菉豆中尤妙近米即爛）

又法鋪乾松毛藏于不近酒處多不壞

農桑通訣曰惟皮與核堪入藥用皮之陳者最良又宜作食料其肉味甘酸食之多痰不益人以蜜煎之為煎則佳食貨志云蜀漢江陵千樹橘其人與千户侯等夫橘南方之珍果味則可口皮核愈疾近升盤俎遠備方物而種植之獲利又倍焉其利世益人故非可與他果同日語也

柑一名木奴一名瑞金奴（農桑通訣曰柑甘也橘之甘者也莖葉無異於橘但無刺）

為興耳生江漢唐鄧間而泥山者名乳柑地不彌一里所其柑大倍常皮薄味珍脉不粘瓣食不留滓一顆之核纔一二間有全無者然又有生柑有鄧柑有海紅柑有衢柑雖品不同而温台之柑最良歲充土貢馬江浙之間種之甚廣利亦殊博 又有山柑 洞庭柑出洞庭皮細味美熟最早 甜柑每顆八瓣未霜先黃 鏝頭柑 生枝柑 平蒂柑大如升出成都 朱柑 大柑 黃柑 白柑 沙柑 江南嶺南為盛蜀次之實似橘而圓大未經霜猶酸霜後始熟柑樹猶畏氷雪

栽種與橘同

種樹書曰柑樹為蟲所食取蝗窠於其上則蟲自去柑之大者擘破氣如霜霧

李衡於武陵龍陽洲上種柑千樹謂其子曰吾州里有千頭木奴不責汝衣食歲止一疋亦足用矣及柑成歲輸絹數千疋故史游急就篇註云木奴子無凶年蓋言可以市易穀帛也

柚爾雅曰柚條又曰櫠椵郭璞曰柚屬也似橙而實酢大於橘橘皮薄味辛苦柚皮厚而肥甘其肉有甘有酸酸者名胡柑一名條一名櫾一名壺柑一名臭橙廣雅謂之鐳實有大小二種小者如柑如橙俗呼為蜜筩大者如升如瓜俗呼為朱欒有圍及尺餘者俗呼香欒閩中嶺外江南皆有之南人種其核云長成以接柑橘甚良呂氏春秋曰果之美者有雲夢之柚

佛手柑木似朱欒而葉尖長枝間有刺植之近水乃生其實如人手有指有長尺餘者皮皺而光澤味不甚佳而清香襲人置衣笥中雖形乾而香不歇可糖煎蜜煎作果甚佳擣蒜罨其蒂香更充溢浸汁洗葛紵絕勝

酸漿

金橘一名金柑一名夏橘出吳越江浙川廣間出營道者為冠五月開白花秋冬黃熟大者徑寸小者如指頭糖造蜜煎皆佳廣人連枝藏之入膾醋尤香美

便民圖纂曰金橘三月將枳棘接之至八月移栽肥地灌以糞水為佳

金豆一名山金柑一名山金橘木高尺許實如櫻桃生青熟黃形圓而光潤皮甜可食味清而香美可蜜漬

橙埤雅曰橙柚屬可登而成故字從登一名棖一名金毬一名鵠殼葉有兩刻缺者是也似橘樹而有刺葉大而形圓皮甚香厚而皺其瓤味酸唐鄧間多有之江南尤盛北地亦無此種過淮則化為枳

種植與橘同

其皮香氣馥郁可以熏衣可以芼鮮可以和菹醢可以為醬虀可以蜜煎可以糖製為橙丁可以蜜製為橙膏嗅之則香食之則美誠佳果也

其觔洗去酸汁細切和蜜鹽煎成食之亦佳

桑椹栽種別見蠶桑部爾雅曰桑辨有椹梔

農桑通訣曰嘗考之史傳三國魏武祖軍乏食乃得乾椹以濟饑魏志武祖軍無糧新鄭長楊沛進乾椹後遷沛為鄴令後漢王莽時天下大荒有蔡順採椹赤黑別盛之赤眉賊見而問之順曰黑者奉母赤者自食蓋桑椹乾濕皆可食可以救儉昔聞之故老云前金之末饑歉民多餓莩至夏初青黃未接其桑椹已熟民皆食椹獲活者不可勝計凡植桑多者椹黑時恐宜振落箔上曬乾平時可當果食歉歲可禦飢餓雖世之珍異果實未可比之適用之要故錄之

玄扈先生曰桑生椹者葉小而薄故蠶桑之家不得有椹

木瓜爾雅曰楙木瓜郭璞注曰實如小瓜酢可食一名鐵脚梨山陰蘭亭尤多西京亦有之而宣城者為佳　李時珍曰其葉光而厚其實如小瓜而有鼻津潤味不木者為木瓜圓小於木瓜味木而酢澀者為木桃似木瓜而無鼻大於木桃味澀者為木李亦曰木梨即榠樝及和圓子也鼻乃花脫處非臍蔕也

農桑通訣曰木瓜種子及栽皆得壓枝亦生栽種與桃李同法秋社前後移栽至次年率多結實勝春栽者宣城人種蒔最謹始實則簇紙花薄其上夜露日曝漸而變紅花文如生本州以充土貢故有天下宣城花木瓜之稱

廣志曰木瓜子可藏枝可為數號一尺百二十節

詩疏義曰欲啖者截著熱灰中令萎蔫淨洗以苦酒頭汁蜜之可案酒食蜜封藏百日乃食之甚美凡腰腎脚膝者服之不宜闕以蜜漬食亦堪益人蜜漬之法先切皮煮令熟著水中拔去酸味却以蜜熬成煎藏之又宜去子爛烝擂作泥入蜜與薑作煎飲用冬月尤美夫木瓜得木之正故入筋試以鉛霜塗之則失酢味受金之制也五行相尅之義於此蓋亦可驗此果既能愈疾又宜飲啖兼用有益誠可貴焉陶弘景曰木瓜最療轉筋如轉筋時但呼其名及書土作木瓜字皆愈此理亦不可解俗人拄木瓜杖云利筋脉也

樝子爾雅云似梨而酢澀埤雅曰木桃陶隱居本草注云木瓜利筋脛

又有榠樝大而黃可進酒去痰樝子澁斷痢禮記曰
樝梨曰攢之鄭公不識樝乃云是梨之不藏者雷公
炮炙論和圓子即此也李時珍曰樝子乃木瓜之酢
澀者小於木瓜色微黃蔕核皆粗核中之子小圓也

淮南子曰樹相梨橘食之則美嗅之則香莊子曰樝梨橘柚皆可於口者蓋古人以樝列於名果今人罕食之耳西川唐鄧多種此亦足濟用然樝味比之梨與木瓜雖為稍劣而以之入蜜作湯煎則香美過之亦可珍也

榠樝詩經曰木李埤雅曰木梨鄭樵通志曰蠻樝拾遺曰瘙樝李時珍曰榠樝乃木瓜之大而黃色無重蔕者也

可浸酒去痰置衣箱中殺蠹蟲

榅桲李時珍曰即榠樝之生於北土者蘇頌曰今關陝有之沙苑出者更佳其實類樝但膚慢而多毛味尤甘其氣芬馥置衣笥中亦香

寇宗奭曰食之須淨去浮毛不爾損人肺其果最多生蟲少有不蛀者

山樝爾雅曰杭子槃梅又名赤瓜子鼠樝猴樝茅樝羊梂棠梂子山裏果此物生於田原茅林中猴鼠喜食之故有諸名也

九月熟取去皮核搗和糖蜜作為樝糕以充果物亦可入藥

令人少睡有力悅志

甘蔗說文曰藷蔗也或為芋蔗或干蔗或邯睹或甘蔗或都蔗所在不同漢書離騷俱作柘有數種曰杜蔗即竹蔗綠嫩海皮味極醇厚專用作霜曰白蔗一名荻蔗一名芀蔗一名蠟蔗可作糖江東為勝今江浙閩廣蜀川湖南所生大者圍數寸高丈許又狀風蔗一丈三節見日則消遇風則折交阯蔗長丈餘眼汁曝之數日成飴入口即消彼人謂之石蜜叢生莖似竹內實直理有節無枝長者六七尺短者三四尺八九月收莖可留至來年春夏玄扈先生曰甘蔗糖蔗是二種

農桑輯要曰種法用肥壯糞地每歲春間耕轉四遍耕多更好攏去柴草使地淨熟蓋下上頭宜三月內下種

迤南暄熱二月內亦得每栽子一個截長五寸許有節者中須帶三兩節發芽於節上畦寬一尺下種處微壅上高兩邊低下相離五寸卧栽一根覆土厚二寸栽畢用水遶澆止令濕潤根脉無致渰没栽封旱則二三日澆一遍如雨水調勻每一十日澆一遍其苗高二尺餘頻用水廣澆之荒則鋤之無不開花結子直至九月霜後品嚐稭稈酸甜者或熟味苦者未成熟將成熟者附根刈倒依法即便煎熬外將所留栽子稭稈斬去虛梢

深坳窖阬窖底用草襯藉將稭稈竪立收藏於上用板蓋土覆之毋令透風及凍損直至來春依時出窖截栽如前法大抵栽種者多用上半截儘堪作種其下截肥好者留熬沙糖若用肥好者作種尤佳

煎熬法若刈倒放十許日即不中煎熬將初刈倒稭稈去梢葉截長二寸碓搗碎用密筐或布袋盛頓壓擠取汁即用銅鍋內斟酌多寡以文武火煎熬其鍋隅牆安置牆外燒火無令煙火近鍋專令一人看視熬至稠粘

似黑棗合色用瓦盆一隻底上鑽箸頭大竅眼一個盆下用甕承接將熬成汁用瓢豁於盆內極好者澄於盆流於甕內者止可調渴水飲用將好者止就用有竅眼盆盛頓或倒在瓦器內亦可以物覆蓋之食則從便慎勿置於熱炕上恐熱開花大抵煎熬者止取下截肥好者有力糖多若連上截用之亦得玄扈先生曰熬糖法未盡于此

家法政曰三月可種甘蔗

雩都縣土壤肥沃偏宜甘蔗味及荼色餘縣所無一節數寸長供獻御

農政全書卷三十

欽定四庫全書

農政全書卷三十一

明 徐光啓 撰

蠶桑

總論

易曰神農氏没黄帝堯舜氏作通其變使民不倦垂衣裳而天下治蓋取諸乾坤疏黄帝已上衣鳥獸之皮其後人多獸少事或窮乏故以絲麻布帛而製衣裳使民得宜也

禮記月令曰季春無伐桑柘鄭玄注曰愛養蠶食也

周禮曰馬質禁原蠶者注曰質平也主買馬平其大小之價直者原再也天文辰為馬蠶書蠶為龍精月直大火則浴其蠶種是蠶與馬同氣物莫能兩大故禁再蠶者為傷馬與

尚書大傳曰天子諸侯必有公桑蠶室就川而為之大昕之朝夫人浴種于川

春秋考異郵曰陽物大惡水故蠶食而不飲陽立於三春故蠶三變而後消死於三七二十一日故二十一日而繭

淮南子曰原蠶一歲再登非不利也然王者法禁之為其殘桑也

俞益期牋曰日南蠶八熟繭軟而薄椹採少多

楊泉物理論曰使人之養民如蠶母之養蠶其用豈徒絲而已哉

五行書曰欲知蠶善惡常以三月三日天陰如無日不見雨蠶大善又法埋馬牙齒於槌下令宜蠶

王禎蠶繅篇曰淮南王蠶經云黄帝元妃西陵氏始蠶蓋黄帝制作衣裳因此始也其後禹平水土禹貢所謂桑土既蠶其利漸廣禮月令曰季春之月具曲植蘧筐后妃齋戒親東鄉躬桑禁婦女毋觀毋觀去容飾也省婦使以勸蠶事婦使謂縫線組事之事蠶事既登分繭稱絲效功以供郊廟之服無有敢惰及考之歷代皇后與諸侯夫人親蠶之事昭然可見况庶人之婦可不務乎

王禎蠶館序曰蠶館皇后親蠶之所古公桑蠶室也周制天子諸侯必有公桑蠶室近川而為之築宮仞有三尺牆而外閉之后妃齋戒享先蠶而躬桑以勸蠶事后妃親蠶儀曰皇后躬桑始將一條執筐受桑將三條女尚書跪曰可止執筐者以桑授蠶母以桑適金室前漢文帝紀詔皇后親桑以奉祀服景帝詔后親桑為天下先元帝王皇后為太后幸蠶館率皇后及列夫人桑明帝時皇后諸后夫人蠶魏文帝黄初中皇后蠶于北

郊遵周典也晉武帝太康中立蠶宫皇后躬桑依漢魏故事宋孝武立蠶觀后親桑循晉禮也北齊置蠶宫皇后躬桑於所後周制皇后至蠶所桑隋制皇后親桑於位唐太宗貞觀元年皇后親蠶顯慶元年皇后武氏先天二年皇后王氏乾元二年皇后張氏並見親蠶禮玄宗開元中命宫中食蠶親自臨視宋開寶通禮郊祀録並有后親蠶祝辭此歷代后妃親蠶之事采之史編昭然可見兹持冠於篇首庶有國家者按圖考譜知蠶館之不徒名也賦云惟蠶有功於世歸美廣物產之貨貲作生人之衣被中春之月天子詔后以躬桑大昕之朝内宰時期而命祀於是詣靈壇降寶殿翠障央乎道周鳳輦翔于畿甸順春氣於東方朝先蠶於北面具夫青縹之服（皇后蠶服青上縹下深衣）侑以芳馨之薦九宫傾動藹然際以成陪班三獻禮成沛矣迎祥於回眷當其疊承寵命適對韶光擇世婦於吉卜受鞠衣於明堂（月令三月薦鞠衣祭先帝於明堂）所以崇開禁館始入公桑援條有三聽女尚書之

勸止執筐不再受宫大人之是將體之以坤儀之柔順視之以母道之慈良破蟻以來庶養至於千簿獻繭之後諒化被於多方是以命繅治之成絲就趨工而俟織玄黄朱緑染各精明黼黻文章（古者獻繭使繅遂朱緑之玄黄之以為黼黻文章）參同品色（蠶館圖不載）

王禎先蠶壇序曰先蠶猶先酒先飯祀其始造者壇築土為祭所也黄帝元妃西陵氏始蠶即先蠶也（按黄帝元妃西陵氏曰儽祖始勸蠶稼月大火而浴種夫人副褘而躬桑乃獻繭稱絲織絍之功因之廣織以供郊廟之服皇

圖要覽云伏羲化蠶西陵氏養蠶淮南王蠶經云西陵氏勸蠶稼親蠶始此禮月令季春是月也后妃齋戒享先蠶而躬桑以勸蠶事周禮天官內宰仲春詔后帥外內命婦始祭於北郊蠶於北郊以純陰也漢禮儀志皇后祀先蠶禮以中牢魏黃初中置壇於北郊依周典也晉置先蠶壇高一丈方二丈四出陛陛廣五尺皇后至西郊親祭躬桑北齊先蠶壇五尺方二丈四高陛陛各五尺外兆四十步面開一門皇后升壇祭畢而桑後周皇后至先蠶壇親饗隋制宮北三里壇高四尺皇后以太牢制幣而祭唐置壇在長安宮北苑中高四尺周圍二十步皇后並有事於先蠶其儀備開元禮宋用北齊之制築壇如中祠禮通禮義纂后親享先蠶貴妃亞獻昭儀終獻夫蠶祭有壇稽之歷代雖儀制少異然皆遞相沿襲餼羊不絕知禮之不可獨廢有天下國家者尚鑒茲哉有圖不載

王禎蠶神序曰蠶神天駟也天文辰為龍蠶辰生又與馬同氣謂天駟即蠶神也淮南王蠶經云黃帝元妃西

陵氏始蠶至漢祀宛窳婦人寓氏公主蜀有蠶女馬頭娘此歷代所祭不同然天駟為蠶精元妃西陵氏為先蠶實為要典若夫漢祭宛窳婦人寓氏公主蜀有蠶女馬頭娘又有謂三娘為蠶母者此皆後世之溢典也然古今所傳立像而祭不可遺闕故附之稽之古制后妃祭先蠶壇壝牲幣如中祠此古后妃親蠶祭神禮也蠶書云卧種之日詰旦升香割雞設醴以禱先蠶此庶人之祭也自天子后妃至於庶人之婦事神之禮雖有不同而敬奉之心一是諒為知所本矣乃作祈報之辭曰

祈惟蠶之神伊駟有星惟蠶之神伊昔著名氣鍾於此孕卵而生既桑而育既眠而興神之福汝有箔皆盈尚冀終惠用彰厥靈簇老獻瑞繭盆效成敬獲吉卜願契心盟神宜享之祈祀惟馨報龍精一氣功被多方繼當是歲神降于桑載生載育來福來祥錫我繭絲製此衣裳室家之慶閭里之光敬帥長幼詰旦升香設殽于俎奠醴於觴工祝致告神德彌彰有圖不載

郭子章蠶論曰木各有所宜土惟桑亡不宜桑亡不宜故蠶無不可事豳風之詩曰女執懿筐遵彼微行爰求柔桑則豳可蠶將仲子之詩曰無折我樹桑則鄭可蠶車鄰之詩曰阪有桑隰有楊則秦可蠶氓之詩曰桑之未落其葉沃若桑之落矣其黃而隕桑中之詩曰期我乎桑中則衛可蠶皇矣之詩曰攘之剔之其檿其柘桑柔之詩曰菀彼桑柔其下侯旬則周可蠶禹貢兗州桑土既蠶厥篚織文則魯可蠶青州厥篚檿絲管子亦曰

五粟之土其檿其桑則齊可蠶荊州厥篚玄纁則楚可蠶孟子告梁惠王曰五畝之宅樹之以桑十畝之詩曰十畝之間桑者閑閑則梁可蠶蠶叢都蜀衣青衣教民蠶桑則蜀可蠶猶之農夫之於五穀非龍堆狐塞極寒之區猶可耕且穫也今天下蠶事疎闊矣東南之機三吳越閩最夥取給於湖繭西北之機潞最工取給於閬繭予道湖閬女桑姨桑參差牆下未嘗不羨二郡女紅之廑而病四遠之惰也夫一女不績天下必有受其寒者而況乎半天下女不績也豈第五十之老帛無所出不績則逸逸則淫淫則男子為所蠹蝕而風俗日以頹壞今天下門內之德不甚質貞每歲奏牘姦淫十五毋亦蠶教不興使然與公父文伯母曰王后親織玄紞公侯夫人加之以紘綖卿之內子為大帶命婦成祭服列士之妻加之以朝服自庶士以下皆衣其夫社而賦事烝而獻功男女効績愆則有辟古之制也彼大夫之家而主猶績柰何今天下女習於逸以趨慆淫乎國家蠶

桑載在令甲凡民田五畝至十畝者栽桑麻木棉各半畝十畝以上者倍之田多者以是為差持廢不舉耳故月令躬蠶之禮魯母績愆之辟與令甲桑麻之數此三者不可謂迂而不講也

養蠶法

永嘉記曰永嘉有八輩蠶蚖珍蠶（三月績）柘蠶（四月初績）蚖蠶（四月初績）愛珍（五月績）愛蠶（六月末績）寒珍（七月末績）四出蠶（九月初績）寒蠶（十月績）凡蠶再熟者前輩皆謂之珍養珍者少養之愛蠶

者故蚖蠶種也蚖珍三月既績出蛾取卵七八日便剖卵蠶生多養之是為蚖蠶欲作愛者取蚖珍之卵藏内罌中隨器大小亦可拾紙蓋覆器口安硎泉冷水中使冷氣折其出勢得三七日然後剖生養之謂之愛珍亦呼愛子績成繭出蛾卵卵七日又剖成蠶多養之此則愛蠶也藏卵時勿令見人應用二七赤豆安器底臘月桑柴二七枚以麻卵紙當令水高下與種相齊若外水高則卵死不復出若外水下卵則冷氣少不能折其出

勢不能折其出勢則不得三七日不得三七日雖出不成也不成者謂徒績成繭出蛾生卵七日不復剖生至明年方生耳欲得陰樹下亦有泥器三七日亦有成者

雜五行書曰二月上壬取土泥屋四角宜蠶吉（案今世有三卧一生蠶四卧再生蠶白頭蠶頡石蠶蜓蠶黑蠶有一生再生之異灰兒蠶秋母蠶秋中蠶老秋兒蠶秋末老獺兒蠶鎁兒蠶同繭蠶或二蠶三蠶共為一繭凡三卧四卧皆有絲綿之別凡蠶從小與大者乃至大入蔟得飼荆魯二桑小食則桑中與魯桑荆有裂腹之患也）

齊民要術曰收取種繭必取居蔟中者（近上則絲薄近下則子不生也）屋欲四面開窻紙糊厚為籬屋内四角著火（火若在一處則冷熱不均）初生以毛掃（用荻掃則傷蠶玄扈先生曰毛掃亦傷蠶用桑葉益覆即自生矣）調火令冷熱得所（熱則焦燥冷則長遲）比至在眠常須三箔中箔上安蠶上下空置（下箔障土氣上箔防塵埃）小時採桑著懷中令煖然後切之（蠶小不用見露氣得人體則衆惡除）每飼蠶卷窻幃飼訖還下（蠶見明則食食多則生長）老時值雨者則壞繭宜於屋裏簇之薄布薪於箔上散蠶訖又薄以薪覆之一槌得安十箔

又法以大蓬蒿為薪散蠶令遍懸之於棟梁椽柱或垂繩鉤弋鶚爪龍牙上下數重所在皆得懸訖薪下微生炭火以煖之得煖則作速稍寒則作遲令人候看熱則去火蒿蓬生涼無鬱浥之憂死蠶旋墜無污繭之患沙葉不住無瘢痕之疵鬱浥則難繅繭污則絲散瘢痕則無用蓬蒿簇亦良（玄扈先生曰勝今簇遠甚而人不用之何故）其外簇者晚遇天寒則全不作繭用火易繅而絲明日曝死者雖白而漕脆縑練長衣著幾將倍矣甚者虛實失歲功堅脆懸絕資生要理安可不知哉

崔寔曰三月清明節令蠶妾治蠶室除隙穴具槌持箔籠

王禎曰育蠶之法始於擇種收繭取簇之中向陽明淨厚實者蛾出第一日者名苗蛾末後出者名末蛾皆不可用次日以後出者取之鋪連於槌箔雄雌相配至暮抛去雄蛾將母蛾於連上勻布所生子環堆者皆不用黄省曾曰放子必覆而暗之見光則其子遊散連必桑皮紙出於南潯生子數足更就連上令覆養三五日黄省曾曰覆三五日則氣乃固掛時須蠶子向外恐

有風磨損其子黄省曾曰貫連須用桑皮忌苧麻之線懸于涼處忌煙熏日炙之所冬節及臘八日浴時無令水極凍浸二日取出復掛年節後瓮內豎連須使玲瓏每十數日日高時一出每陰雨止即便曬暴黄省曾曰臘月十二浸之於鹽滷至二十四而出則利於繰絲或曰臘八日以桑柴灰或草灰淋汁以蠶連浸焉一日而出繼以雪水浸之懸乾或懸桑木之上以冒雨雪三宿而收之則耐養二月十二浴清明之曉則綿紙裹之藏於廚內俟桑芽如茶匙大則綿絮裹之暮也覆以所服之煖衣晨也覆以所蓋之煖被既出也溫以火未出也禁以火焙其浸也用桑條之灰濕其連而後摻之指而浸之於滷中即鹽化之水有分兩恐其浮也以磁器壓之其至二十四出也用河水滌去其灰或置之扁中而汏而後涼之掛之則至春生否者陰不至於背葉至二月十二浴以菜花野菜花韭花桃花白豆花揉之水中而浴之蛾之放子也一夜而止否則生蛾不齊蠶子變色要在遲速由己勿致損自變桑葉已生自辰巳間將瓮內取出舒卷提掇亦無度數但要第一日變三分第二日變七分却用子密糊封了還瓮內收藏至第三日午時又出連舒卷須要變至十分

其蠶屋火倉蠶箔並須預備蠶屋宜高廣牕戶虛明易辨眠起仍上於行㨗各置照牕每臨早暮以助高明下就附地列置風竇令可啓閉以除濕鬱若新泥濕壁用

熱火薰乾牕上用淨白紙新糊門牕各掛葦簾藁薦下蟻之時勿用雞翎等物掃拂惟在詳款稀勻不至驚傷稠疊生齊取葉著懷中令煖用利刀切極細篩於器內蓐紙上勻薄將連合於葉上蟻聞葉香自下或過時不下連及緣上連背者並棄養蠶蟻時先辟東間一間四角挫壘空龕狀如三暑以均火候謂屋小則易收火氣也停眠前後則徹去擇日安槌每槌上下閑鋪三箔上承塵埃下隔濕潤鋪砌碎桿草於上中箔以備分擡用

細切擣軟稈草勻鋪為蓐又揉淨紙粘成一片鋪蓐上安蠶初生色黑漸漸加食三日後漸變白則向食宜少加厚變青則正食宜益加厚復變白則慢食宜少減變黃則短食宜愈減純黃則停食謂之正眠眠起自黃而白自白而青自青復白自白而黃又一眠也每眠例如此候之以加減食凡葉不可帶雨露及風日所乾或浥臭者食之令生諸病常收三日葉以備霖雨則蠶常不食濕葉且不失飢採葉歸必疎爽於室中待熱氣退乃

與食蠶時晝夜之間大槩亦分四時朝暮類春秋正晝如夏夜深如冬寒暄不一雖有熟火各合斟量多少不宜一例自初生至兩眠正要溫煖蠶母須著單衣以為體測自覺身寒則蠶必寒便添熟火自身覺熱蠶亦必熱約量去火一眠之後但天氣晴明巳午之間時暫揭起牕間簾薦以通風日南風則捲北牕北風則捲南牕放入倒溜風氣則不傷蠶大眠起後飼罷三頓前開牕紙透風日必不頓驚生病大眠之後捲簾薦去牕紙天氣炎熱門口置甕旋添新水以生涼氣如遇風雨夜涼却當將簾薦放下其間自小至老蠶滋長則分之沙燠厚則擡之失分則稠疊失擡則蒸濕蠶柔軟之物不禁挼觸小而分擡人知愛護大而分擡或懶倦而不知顧惜久堆亂積遠擲高抛損傷生疾多由於此蠶自大眠後十五六頓即老得絲多少全在此數北蠶多是三眠南蠶俱是四眠日見有老者量分數減飼候十蠶九老方可入簇値雨則壞繭南方例皆屋簇北方例皆外簇

然南簇在屋以其蠶少易辦多則不任北方蠶多露簇率多損壓壅閼南北簇法俱未得中今有善蠶者一說南北之間蠶少就開牕戶屋簇之則可蠶多選於院內搆長春草厦內制蠶簇週以木架平鋪蒿梢布蠶於上用蓆泊圍護自無簇病實良策也（蠶簇見圖譜）又有夏蠶秋蠶夏蠶自蟻至老俱宜涼惟忌蚊蠅蠹秋蠶初宜涼漸漸宜煖亦因天時漸涼故也簇與繰絲法同春蠶南方夏蠶不中繰絲惟堪綿纊而已凡繭宜併于忙擇涼處薄

攤蛾自遲出免使抽繰相逼恐有不及則有瓮浥籠蒸之法士農必用云繰絲之訣惟在細圓勻緊使無褊慢節核麤惡不勻也繰絲有熱釜冷盆之異然皆必有繰車絲軠然後可用熱釜要大置於釜上接一杯甑添水至甑中八分滿甑中用一板欄斷可容二人對繰也水須當熱旋旋下繭多下則繰不及煑損此可繰麤絲單繳者雙繳者亦可但不如冷盆所繰潔淨光瑩也冷盆要大先泥其外用時添水八九分水宜温煖長勻無令

乍寒乍熱可繰全繳細絲中等繭可繰雙繳比熱釜者有精神而又堅韌也南北蠶繰之事摘其精妙筆之於書以為必效之法業蠶者取其要訣歲歲必得庶上以廣府庫之貨資下以備生民之纊帛開利之源莫此為大

元孟祺農桑輯要論蠶性曰蠶之性在連則宜極寒成蟻則宜極煖停眠起宜温大眠後宜涼臨老宜漸煖入簇則宜極煖黄省曾曰蠶之性喜靜而惡喧故宜靜室喜煖而惡濕故宜板室室靜可以避人聲之喧閙室密可以避南風之襲吹室板可以辟地氣之蒸鬱

務本新書曰養蠶之法繭種為先今時摘繭一槩併堆箔上或因繰絲不及有蛾出者便就出種罨壓熏蒸因熱而生決無完好其母病則子病誠由此也今後繭種開簇時須擇近上向陽或在苫草上者此乃强良好繭農桑要旨云繭必雌雄相半簇中在上者多雄下者多雌○陳志弘云雄繭尖細緊小雌者圓慢厚大另摘出於通風涼房内淨箔上一一單排日數既足其蛾自生免熏罨鑽延之苦此誠胎教之最先若有拳翅禿

眉焦腳焦翅焦尾熏黄赤肚無毛黑紋黑身黑頭先出末後生者揀出不用止留完全肥好者勻稀布於連上擇高明涼處置箔鋪連箔下地須灑掃潔淨蠶連厚紙為上薄紙不禁浸浴野語云連用小灰紙更妙候蛾生足移蛾下連屋内一角空處豎立柴草散蛾於上至十八日後西南淨地掘阬貯蛾上用柴草搭合以土封之庶免禽蟲傷食蓋有功於人理當如此

農桑直要云將蛾作三阬埋種田地内能使地中數年

不生刺芥

士農必用曰蠶事之本惟在謹於謀始使不為後日之患蠶眠起不齊由於變生之不一變生之不一由於收種之不得其法故曰惟在謹於謀始

又曰取簇中腰東南明淨厚實繭蛾第一日出者名苗蛾不可用（屋中置柴草上放不用蛾）次日以後出者可用每一日所出為一等單各於連上寫記後來下蟻時各為一等輩二日相次為一輩猶可次三日者則不可為將來成蠶

眠起不能齊極為患害另作一輩養則可末後出者名末蛾亦不可用鋪連於搥箔上雌雄相配當日可提掇連三五次（去其尿也）至末時後款摘去雄蛾（放在苗蛾一處）

務本新書曰深秋桑葉未黃多廣收拾曝乾搗碎於無煙火處收頓春蠶眠後用

士農必用曰桑欲落時捋葉（未欲落捋傷來年桑眼已落者短津味泥封收固）至臘月内搗磨成麪（臘月内製者能消蠶熱病瓷器内可多收飼蠶餘剩做牛料牛食甚美）

務本新書曰臘八日新水浸菉豆（每箔約半升）薄攤晒乾又淨淘白米（每箔約半升）控乾以上二物背陰處收頓以備大眠起用拌葉飼蠶

務本新書曰冬月宜收牛糞堆聚（春月旋拾恐臨時闕少）春暖踏成墼子曬乾苫起煙時香氣宜蠶

士農必用曰臘月曝牛糞春碾搥碎一半收起一半用水拌勻杵築為墼

務本新書曰臘月刈茅草作蠶蓐則宜蠶

士農必用曰收黃蒿豆稭桑梢（其餘梢乾勁不臭氣者亦可）

士農必用曰修治苫薦穀草黃野草皆可（但必令緊密一頭截齊一頭留梢者為苫兩頭齊截者為薦也○野語云苫用茅草上簇輕快又不蒸熱）

士農必用曰蠶具及繰絲器皿務要寬廣（搥箔椽切刀鎌斧缸釜等熱繰絲則釜宜大冷繰絲則釜宜小盆欲大其竈臨時治之）春磨米麪（蠶忙時不及也）

黃省曾曰切桑之刀宜濶而利其方筐之制縱八尺廣六尺其圓箔之造在盤門張公橋有火箱蠶自蟻而三眠用之

齊民要術曰修屋欲四面開牕紙糊為籬崔寔曰二月清明治蠶屋塗隙穴收拾火氣蠶小時將牛糞墼子燒令無煙移入龕內頓放如無壁龕等止於搥箔四向約量頓火近兩眠則止若寒熱不均後必眠起不齊又今時蠶屋內素無禦寒熟火止是旋燒柴薪煙氣籠熏太甚蠶蘊多成黑薦

士農必用曰治火倉屋當中掘一阬闊狹深淺量屋大小謂如一三間四椽屋四方一面可闊四尺隨屋大小加減阬周圍塼坯接壘高二尺長粘泥泥了通計深四尺細碎乾牛糞阬底上鋪攤

一層厚三四指臘月所收搥碎者帶根節麄乾柴於糞上鋪一層五寸以上徑者凡桑榆槐等堅硬者皆可柴上又鋪糞一層於柴空隙處築得極實慎不可虛虛則火焰起傷屋又熟火不能長久糞柴相間椿阬滿上復用糞厚蓋了約蠶生前七八日糞上熰熟火黑黃煙五七日於蠶蛾生前一日少開門出盡煙即閉了恐煖氣出其柴糞陷下已成熟火蠶小喜煖怕煙不可用生火又生火或驟或歇不能均勻此火既熟絕無煙氣一兩月不減不動便如無火用柴枝剔撥使煙氣熏騰也上必壘高二尺者欲使火氣上騰至室中散布均勻又防寅夜人行誤陷入也其屋乾透其壁皆煖黑婆等諸蟲盡熏了牛糞熏屋大宜蠶也蠶喜牛糞牛喜蠶沙糊牕牕上故紙却用淨白紙替換外莫捲草薦旋扯故紙糊新紙不使熱氣出去每一牕上嵌四大捲牕宜密

士農必用曰上下二箔上皆鋪切碎稈草中一箔用切碎搗軟稈草為蓐鋪案平勻仍須四邊留箔楦五七寸揉淨紙粘成一段可所鋪蓐大鋪於中箔蓐上揉紙極軟如綿

○要旨云底箔須鋪二領蠶蛾生後每日日高捲出一領曬至日斜復布於生蠶箔底明日又將底箔徹出曬曝如前番覆鋪藉使受自然陽和之氣停眠起食然後徹去

務本新書曰清明將瓮中所頓蠶連遷於避風溫室酌中處懸掛太高傷風太下傷土縠雨日將連取出通見風日那表為裏左捲者却右捲右捲者却左捲每日交換捲那捲罷依前收頓比及蠶生均避風日生發勻齊要旨云清明後種初變經和肥滿再變尖圓其中如春柳色再變蛾周盤其中如遠山色此必收之種也若頂平焦乾及蒼黃赤色便不可養此不收之種也

士農必用曰蠶子變色惟在遲速由己不致損傷自變視桑葉之生以定變子之日須治之三日以色齊為準農語云蠶欲三齊子齊蟻齊蠶齊是也其法桑

葉已生自辰巳間於風日中將箔內連取出舒卷提掇舒時連背向日曬至温不可至熱凡一舒一捲時將元捲向外者却捲向裏元向裏者却捲向外橫者豎捲豎者橫卷以至兩頭捲來中間相合舒捲無度數但要第一日十分中變灰色者變至三分收了次二日變至七分收了此二日收了後必須用紙密糊封了如法還箔內收藏至第三日於午時後出連舒捲提掇辰連手提之凡宜日日數遍須要變至十分第三次必須至午時後出連者恐第一次先變者先生蟻也蟻生在巳午時之前過午時便不生

桑蠶直說曰欲疾生者頻舒捲捲之須虛謾欲遲生者少舒捲捲之須緊實

士農必用曰生蟻惟在涼暖知時開搯得法使之莫有先後也生蟻不齊則其蠶眠起至老俱不能齊也其法變灰色已全以兩連相合鋪於一淨箔上緊捲了兩頭繩束卓立於無煙淨涼房內第三日晚取出展箔蟻不出為上若有先出者雞翎掃去不用名行馬蝗留則蠶不齊每三連虛捲為一卷放在新煖蠶屋內搥匝下隔箔上候東方白將連於院內一箔上單

鋪如有露於涼房中或棚下待半頓飯時移連入蠶房就地一箔上單鋪少間黑蟻齊生並無一先一後者和蟻秤連記寫分兩

博聞録曰用地桑葉細切如絲髮摻淨紙上却以蠶種覆於上其子聞香自下切不得以鵞翎掃撥

務本新書曰農家下蟻多用桃杖畨連敲打蟻下之後却掃聚以紙包裹秤見分量布在箔上已後節節病生多因此弊今後比及蟻生當勻鋪蓐草蓐宜搗軟塘火內燒柬一二枚先將蠶紙秤見分兩次將細細摻在蓐上蟻

要勻稱連必頻移生盡之後再秤空連便知蠶蟻分兩依此生蠶百無一損今時謂如下蟻二兩往往止布一箔重疊密壓不無損傷今後下蟻三兩決合勻布一箔若分兩多少驗此差分又慎莫貪多謂如己力止合放蟻三兩因為貪多便放四兩以致桑葉房屋椽箔人力柴薪俱各不給因而兩失

士農必用曰下蟻惟在詳款稱勻使不至驚傷而稠疊是時蠶母沐浴淨衣入蠶屋蠶屋內焚香將院內雞犬孳畜逐向遠處恐驚新蟻也又蟻生既齊

取新葉用快利刀切極細須下蟻時旋切則葉查上有津若用刀預切下則查乾無津用篩子篩於中箔蓐紙上務要勻薄須用篩子能勻不勻則食偏篩用竹編篩子亦可林黍黏亦可如小椀大篩底方眼可穿過一小指也將連合於葉上蟻自緣葉上或多時不下連及緣上連背翻過又不下者並連棄了此殘病蟻也一箔蓐上下蟻三兩蠶至老可分三十箔每蟻一錢可老蠶一箔也係長一丈闊二尺之箔如箔小可減蟻下蟻多則蠶稠為後患也養蠶過三十箔者可更加下蟻箔養蠶少者用筐可也蓐如前法

士農必用曰加減涼煖蠶成蟻時宜極煖是時天氣尚寒大眠後宜涼是時天氣已暄

又風雨陰晴之不測朝暮晝夜之不同一或失宜蠶病即生惟蠶屋得法則可以應蠶屋之制周置捲牕中伏熟火謂如蠶欲煖而天氣寒閉苫牕撥火則外寒不入和氣內生若遇大寒屢撥熟火不能勝其寒則外燒糞墼絕煙置屋中四隅和氣自然熏蒸寒退則去餘火蠶欲涼而天氣暄閉火而捲苫牕則火氣內息而涼氣外入若遇大熱盡捲苫牕不能解其熱則去其牕紙上捲照牕下開風眼牕外揵下灑潑新水涼氣自然透達熱退則捌補其牕閉塞風眼使其蠶自初及終不知有寒熱之苦病少繭成一室之功也然寒不可驟加煖熱當漸漸益火寒而驟熱則生黃轁等疾熱不可驟加風涼當漸漸開牕熱而驟風涼則變殭此又不可不知也又正熱猛著寒便禁口不食即用鍬子盛無煙熟牛糞火用杈托火鍬於槌箔下往來辟去寒氣蠶自食葉

務本新書曰蠶必晝夜飼若頓數多者蠶必疾老少者遲老二十五日老一箔可得絲二十五兩二十八日老得絲二十兩若月餘或四十日老一箔止得絲十餘兩飼蠶者慎勿貪眠以懶為累每飼蠶後再宜遶箔看一遍飼蠶葉要均勻若值陰雨天寒比及飼蠶先用乾桑柴或去葉稈草一把點火繞箔照過熇出寒濕之氣然後飼之則蠶不生病一眠候十分眠纔可住食至十分起方可投食若八九分起便投葉飼之直到老決都不齊又多損失停眠至大眠蠶欲回眠時見黃光便住食擡解直候起齊慢飼葉宜薄擲厚則多傷慢食之病

蓋因生蠶得食力須勤飼最忌露水濕葉并雨濕葉飼之則多生病

韓氏直說曰抽飼斷眠法蠶向眠時量黃白分數抽減所飼之葉漸次細切薄擲頻飼如十分中有三分黃光者即十分中減葉三分比尋常稍宜細切薄摻頻數亦宜稍頻如十分中有五分黃光即減五分比前次又細切薄摻其頻數亦宜加頻如十分中有八分黃光即減去八分比先次切令極細摻令極薄其頻亦令極頻候十分黃光不問陰晴早夜急須擡過預備箔蓐可無失悞擡過時住食起齊時投食此為抽飼斷眠之法謂抽減眠蠶之葉不致復

壓專飼未眠之蠶使之速眠不惟眠起得齊且無葉罨烘熱之病前人謂學取抽飼斷眠法年年歲計得絲蠶不可不知也

務本新書曰擡蠶要衆手疾擡若箕内堆聚多時蠶身有汗後必病損漸漸隨擡減耗縱有老者簇内多作薄皮蠶沙宜頻除不除則久而發熱熱氣熏蒸後多白殭每擡之後箔上蠶宜稀布稠則强者得食弱者不得食必遶箔遊走又風氣不通忽遇倉卒開門暗值賊風後

多紅殭布蠶須要手輕不得從高摻下如或高摻其蠶身遞相擊撞因而蠶多不旺已後簇内懶老翁赤蛹是也要旨云蠶有白殭是小時陰氣蒸損天晴急用簸箕三四具轉蠶中庭使日氣煦照擡一箔則復布一箔得日氣則盡解矣野語云蠶烘乾鬆者其蠶無病蠶烘成片濕潤白積者蠶為有病速宜擡解如正可擡却遇陰雨風冷則不敢擡用茅草細切如豈每一箔可用一斗或二斗匀撒蠶上上再摻葉移時蠶因食葉沿上其茅草能隔烘沙天晴再擡如無茅草稈草次之

士農必用曰分擡之便惟在頻款稀匀使不致先濕損傷也蠶滋多必須分之沙烘厚必須擡之失分則不勝稠疊失擡則不勝蒸濕故宜頻蠶者乖輭之物不禁觸弄小而分之猶能愛護大而擡之莫能顧惜也未免久堆亂積遠擲高拋生病損傷實由於此故宜安款而稀匀也或有不齊頻飼以督其後者使之相及而各取其齊也蠶眠不齊病原於初今既然矣當從此以治之如于純黄之中雜見其退白而向黄者是與純黄不相懸遠頻飼以督之則猶得相及飼頻則可速其眠故爾如已見純黄又多青白此與純黄既遠雖飼之之頻則亦莫及蓋蠶之變色為變之小其眠則絶食退膚為變之大也為蛹為蛾則變之尤大而至於化也凡至純黄則結嘴不食而眠如人之大病周身之氣血一為變換一晝夜静安不擾則眠為得所今以青白者尚多飼而亂之動而蹂之則眠而失其所矣比其青白者變黄而向眠則此已過眠而動起動起之初欲得少食亦如人之病起欲得少食以接氣血也以後者方眠勒其食而不投以困以餓又必待後者動起而飼之多病少絲

端為可惜故蠶經云眠起不齊絲減少良謂此也

務本新書曰初飼蟻法宜旋切細葉微篩切刀宜快快則粗細匀停不住頻飼一時辰約飼四頓一晝夜通飼四十九頓或三十六頓懶者頗疑煩冗予曰新蟻止食桑葉脂脈若頓數不多譬如寸乳嬰兒小時失乳後必羸弱病生

蟻初生須隔夜採東南枝肥葉瓮中另頓旋取細切

士農必用曰飼蟻之法當宿澆其桑旋摘其葉宿澆則多液旋摘則不乾利刃以細切之除篩以薄布之非利刃則無液非細切則蓋蟻非篩則不匀非匀則偏食然葉植之微液不能久存少頃之

間即成枯涸故須旋切而頻篩也第一日飼一復時可至四十九頓第二日飼至三十頓葉微加厚第三日飼至二十餘頓又稍加厚宜極煖宜暗大凡初蟻宜暗眠宜暗將眠及眠起宜微明向食宜明後倣此

士農必用曰擘黑法第三日巳午時間於別槌上安三箔如前初安槌法微帶燠薄掲蟻款手擘如小棊子大布於中箔可盈滿不留植也可漸漸加葉飼旱晴可捲東牕苫使受東照及當日背風牕自此後常日宜如此天陰早暮且不宜至夜則閉凡迎風牕苫及西照牕苫不可開蠶畏風也後皆倣此雖大眠後喜涼亦可以避其猛風也漸漸變色隨色加減食

至純黄則不飼是謂頭眠不以早晩擡過

士農必用曰擡頭眠蠶眠結背不食皮膚退换蠶之一大變也別槌上布四箔上下隔塵潤中二箔安蠶用蓐如前薄帶沙燠掲蠶分如大棊子大布滿中二箔沙燠厚則蒸蠶生病一復時可六頓次日可漸漸加葉可開捲牕一半初向黄時宜極暖眠定宜暖起齊宜微暖擡頭眠飽食正食時擡名擡飽食分如小錢大布滿三箔辨色加減食

士農必用曰擡停眠分如小錢微大布滿六箔起齊頭食宜薄一復時可四頓次日可漸加葉辨色加減或全開捲牕惟避風牕當初向黄時宜暖眠定宜微暖起齊宜温擡停眠飽食法如前蠶可撥可摻不須分掲可布滿十二箔然不可高抛遠置恐損蠶身辨色加減食

務本新書曰大眠起燠宜頻除蠶宜頻飼或西南風起將門牕簾薦放下此際不宜擡解箔上布蠶須相去一指布蠶一箇取臘月所藏菉豆水浸微生芽曬乾磨作細麪臘月所藏白米蒸熟作粉亦可第四頓收食拌葉匀飼解蠶

熱毒絲多易繰堅韌有色如葉少去秋所收桑葉再搗為末水洒新葉微濕摻末拌匀接闕飼蠶比食豆麪係本食之物又蔓菁亦可接蠶屋南簷外先所架立搭棚櫺柱此時搭蓋

士農必用曰擡大眠分如折二錢大布滿二十五箔起齊投食一復時可三頓第一頓宜薄但可覆白第二頓比前又薄仍覆白第三頓如第一頓覆白此三頓食如不短則其蠶至老食慢次日可漸加葉辨色加減頓數可全開捲牕照牕過熱則更劚開牕紙但不至熱則不拘此例初向黄時宜微暖眠定宜温齊宜涼可落蓐大眠起投

食後第六七頓可落蓐全去沙燠蓐草患即是擡飽食可分至三十箔辨色加減食正食時每飼後可挾葉篚遶槌巡之但見箔上有班黎處即摻葉補合蠶至大眠後正食時闕一分葉即減一分絲也但見有班黎處是蠶先食葉透也即當補合不如此則後來多有薄收也拌米粉臘月內成造者至第七八頓食後於已午時間將切下葉攤在箔上元扈先生曰大眠後尚切葉食令人全不爾不知北土何如宜詳問之亦不知令人不切無害否宜兩試之新水洒拌極勻待少時納羅白粉子拌令極勻每葉一筐用新水一升粉子四兩如無止用新水一筐可飼一箔所有之蠶皆可飼一頓拌桑麵令蠶體充實為繭堅厚為絲堅韌也切葉

洒拌新水極勻羅桑麵拌勻於大眠後間飼三五頓假令每頓飼葉二筐今止用一筐減葉一半如蠶盛葉闕大眠後間飼之五頓亦無妨蠶食不闕不可用擡沙子大眠飼食第十一二頓間可擡擡如前法全去沙燠不如此則不禁蒸鬱臨老生病難以抽繰蠶欲老飼之宜細薄宜頻養老如養小亦如人老多食則傷若不如此則食葉不淨其葉蒸溫帶葉入蔟所結繭亦濕潤如經鹽水此名蔟汁繭難抽繰宜微暖如人老不禁寒涼然亦可相度當時天氣涼暖消息斟酌大意比大眠後未老時宜微暖也依按其法蠶自螘至老不過二十四五日過此日數愈多桑愈費而絲愈少也

韓氏直說曰蠶自大眠後十五六頓即老得絲多少全在此數日葉足則絲多不足則絲少見有老者依抽飼斷眠法飼之候十蠶九老方可就箔上撥蠶入蔟如是則無蔟汁蒸熱之患繭必早作而多絲養蠶無巧食到便老

桑蠶直說曰四眠蠶別是一種與養春蠶同但第三眠止擡開十五箔擡飽食二十箔大眠擡三十箔

黃省曾曰蠶之自蟻而三眠也俱用切葉其替擡也用糠籠之灰糝焉則蠶體快而無疾或布網而替擡其飼火蠶也必勤葉盡即飼毋使饑吞火氣而病其替蠶也

食半而替則功省而蠶不勞其三眠之起也斤分於一筐一筐之蠶可以得繭八斤為絲一車而十六兩其蟻之初出也以薔薇之葉焙燥揉碎之糝之蟻上聞香而集之於上乃以鵞翎拂下其層火也炭之團爇之而灰以過之瓦以覆之溫溫然而已綿被以隔之而後置之於被之上焉若熾焉或饑焉則傷於火其長也焦黃不食而死勿食水葉食則放白水而死雨中之所採也必拭乾之或風戾之

蔟以稻草為之殺疏之必潔則不牵絲乃握而束之厚藉以所殺疏之草殺可以禦地濕可以承墜蠶乃以握許登之勿覆以紙至次日少以稻稈糝焉以屬其作綴之未成者勿用萊萁善絆擾而薄繭七日而摘半月而蛾生（交五月節梅風吹之則生）凡蠶色之青也為老之候其在蔟而有雷則以退紙覆之以護其畏

繭長而瑩白者細絲之繭大而晦色青葱者粗絲之繭皆捋去其蒙戎之衣其内漬而漬濕者謂之陰繭及薄

而雜者綿之繭可為粗絲不可以經日經日則絲爛而難抽不可以焚香焚香則蛆穴而難抽大者謂之麄工繰之不可及也淹而甕之泥之（每大缸用鹽四兩荷葉包之於缸甕之口又塞荷葉實）至七日而蛾死泥之也仍數視之有少罅則蛾生凡拈絲綿之線一分銀是拈一兩其為綿也蛾口為最上岸次之黃繭又次也繭衣者為最下蛾口者出蛾之繭也上岸者繰湯無緒撈而出者也繭衣繭外之蒙茸蠶初作繭而營者也

蠶不可以受油鑊之氣不可以受煤氣不可以焚香亦不可以佩香零陵香亦在所忌否則焦黃而死不可以入生人否則遊走而不安箔蠶室不可以食薑豆養之人後高為善以筐計凡二十筐庸金一兩看繰絲之人南潯為善以日計每日庸金四分一車也六分其上蔟也而無火則繰之也必不淨蠶婦之手不可以擷苦蕒手有苦蕒之氣令蠶青爛食之者亦不可以入蠶之室

韓氏直說曰稙蠶疾老少病省葉多絲不惟收却今年蠶又成就來年桑稙蠶生於穀雨不過二十三四日老方是時桑葉發生津液上行其桑斫去比及夏至（夏至後一陰生津液不上行）可長月餘其條葉長盛過於往歲至來年春其葉生又早矣積年既久其桑愈盛蠶自早生

韓氏直說曰晚蠶遲老多病費葉少絲不惟晚却今年蠶又損却來年桑世人惟知婪多為利不知趨早之為大利壓覆蠶連以待桑葉之盛其蠶既晚明年之桑其

生也尤晚矣

務本新書曰蠶有十體寒熱饑飽稀密眠起緊慢（謂飼時緊慢也）

蠶經曰蠶有三光白光向食青光厚飼皮皺為饑黃光以漸住食

韓氏直說曰蠶有八宜方眠時宜暗眠起以後宜明蠶小幷鋪紙時宜暖宜暗蠶大幷起時宜明宜涼向食時宜有風（避迎風窗開下風窗）宜加葉緊飼新起時怕風宜薄葉慢

飼蠶之所宜不可不知反此者為其大逆必不成矣

蠶經曰蠶有三稀下蟻上箔入簇

蠶經曰蠶有五廣一人二桑三屋四箔五簇（謂苫蓆蒿稍等）

務本新書蠶忌曰忌食濕葉　忌食熱葉　蠶初生時忌屋內掃塵　忌煎煿魚肉　不得將煙火紙撚於蠶房內吹滅　忌側近舂搗　忌敲擊門窗箔及有聲之物　忌蠶房內哭泣叫喚　忌穢語淫辭　夜間無令燈火光忽射蠶屋窗孔　未滿月產婦不宜作蠶母　蠶母不得頻換顏色衣服洗手長要潔淨　忌帶酒人將桑飼蠶及擡解布蠶　蠶生至老大忌煙燻　不得放刀於竈上箔上　竈前忌熱湯潑灰　忌產婦孝子入家　忌燒皮毛亂髮　忌酒醋五辛羶魚麝香等物　忌當日迎風窗　忌西照日　忌正熱著猛風暴寒　忌正寒陡令過熱　忌不淨潔人入蠶屋　蠶屋忌近臭穢

務本新書曰簇蠶地宜高平內宜通風勻布柴草布蠶宜稀密則熱熱則繭難成絲亦難繰東北位幷養六畜

處樹下阬上糞惡流水之地不得簇（野語如天氣暄熱不宜日午簇蠶蠶光不禁日氣晒暴故也）

士農必用曰治簇之方惟在乾暖使內無寒濕（簇中繭病有六一簇汚二落簇三遊走四變赤蛹五變殭六黑色簇汚之病蠶老食葉不淨其葉蒸濕帶葉入簇故繭亦濕潤此為簇汚其餘五病皆地濕天寒所致○玄扈先生曰亦不止為地濕天寒自擇種至上簇無時不可得病也）

蠶欲老可簇地盤燒令極乾除掃灰淨於上置簇（玄扈先生曰此是北法南方正值梅天萬難作此所以皆須屋內簇定須著火）

韓氏直説曰安圓蔟於卓高處打成蔟脚一蔟可六箔蠶十分中有九分老者宜少摻葉名上馬葉就箔上用簸箕般去宜款手摻於箔上自東南起頭不合落地務令稀匀上復覆梢蒿或苴蒿復摻蠶如前至三箔覆梢倒根在上如此則蔟圓又穩自後蠶可近上摻至六箔覆蒿令蔟圓上用箔圍苫繳蔟頂如亭子様防雨至晚又用苫將蔟從下繳至上苫相接日出高時捲去至晚復繳三日外繭成不用馬頭蔟亦依上苫繳柴薪要廣蔟又玲瓏中間宜架起蠶多者宜馬頭蔟放脚宜南北曬蔟上蠶後第

三日辰巳時間開苫箔日曬至未時復苫蓋如前如當日過熱上搭單箔遮日色 翻蔟上蠶時被雨霑濕雨纔止纔晴即選一蔟地盤如雨濕了則取乾墻上不以原覆治蔟之法如前成繭不成繭翻騰遷移別蔟封苫如前小雨則不須但可曝曬又有一法臨蔟有雨只於蠶屋中本槌下地面上安蔟開了門牕使透風氣早夜或陰雨變寒則開門牕添牛糞火比翻蔟之法又為妙也又一法槌箔上虚撒蒿槌周圍蔟梢與蒿箔苫圍之蠶自作繭猶勝於雨中蔟也

務本新書曰繭宜併手忙擇涼處薄攤蛾自遲出免使抽繰相逼

士農必用曰繰絲之訣惟在細圓匀緊使無褊慢節核接頭為節疙瘩為核麤惡不匀也生繭繰為上如人手不及殺過繭慢慢繰殺繭法有三一日曬二鹽浥三蒸蒸最好人多不會日曬損繭鹽浥者穩熟釜可繰粗絲單繳者雙繳亦可但不如冷盆所繰者潔淨光瑩也釜要大置於竈上如蒸竈法釜上大盆甑接口添水至甑中八分滿甑中用一板攔斷可容二人對繰也繭少者止可用一小甑水須熱宜旋旋下繭多下則繰絲不及煑損冷盆可繰全繳細絲中等繭可繰雙繳比熱釜者有精神而又堅韌雖曰冷盆亦是大溫也盆要

大先泥其外口徑二尺五寸之上者預先翻過用長粘泥泥底并四圍至唇厚四指將至唇漸薄日曬乾名為串盆用時添水八九分水宜溫煖常匀無令乍寒乍熱釜要小口徑一尺以下者小則下繭少繭欲頻下多下則煑過又不匀也用突竈半破塼坏圓壘一遭中空直桶子様其高比繰絲人身一半其圓徑相盆之大小當中壘一小臺徑比盆底大坐串盆於小臺上其盆要比圓壘高一唇靠元壘安打絲頭小釜竈比圓壘低一半擀火透圓壘竈子後火煙過處名擀火與擀火相對圓壘匝近上開煙突口做一卧突長七八尺以上先於安突一面壘

一臺比突口微低又相去七八尺外安一臺高五尺或就用牆或用木為架子用長一丈椽二條斜磴在二臺上二椽相去闊一塼坏許用磚坏泥成一臥突二椽上平鋪塼坏一層兩邊側立上復平蓋泥了便成一卧突也須與竈口相背謂如竈口向南突口向北是也繰盆居中火衝盆底與盆下臺煙焰透盆過煙出卧突中故得盆水常溫又勻也又得煙火與繰盆相遠其繰絲人不為煙火所逼故得安詳也○軠車床高與盆齊軸長二尺中徑四寸兩頭三寸用榆槐木四角或六角臂通長一尺五寸六角不如四角軠角少則絲易解臂者輻條也或雙輻或單輻雙輻者穩須脚踏又繰車竹筒子宜細細似織絹穩筒子鐵

條子串筒兩椿子亦須鐵也兩豎椿子上橫串鐵條鐵條串筒子既輕又科也不如此則不能成絶妙好絲古人有言工欲善其事必先利其器餘如常法○打絲頭人用一小釜內添水九分滿竈下燃麄乾柴柴細旋添火不勻停候水大熱下繭於熱水內下繭宜少不宜多多則煮過絲絲少用筯輕剔撥令繭滚轉遍勻挑惹起囊頭粗絲頭名囊頭手捻住於水面上輕提掇數度復提起其囊頭下即是清絲摘去囊頭如重手攪撥囊頭又於手拐子纏數遭可長五七尺將繭上好絲十分中去了二三分實為可惜如輕手剔撥起囊頭長不過五尺也一手撮捻清絲一手用漏杓窈繭款送入溫水盆內

杓底上多鑽眼子為漏杓漏撈更好將清絲掛在盆外邊絲老翁上盆邊釘插一橛子名絲老翁○玄扈先生曰如此分得極勻為安詳故即熟釜亦宜如此○繰絲人用一將絲老翁上清絲約十五絲之上黄絲粗減繭數總為一處穿過錢眼錢下繭擠聚名絲窩又名絮盤繳過當頭蛾眉杖子上兩繳杖子下兩繳掛於軠上又取絲老翁上清絲如前掛於軠子兩箇絲窩其頭齊行右脚踏軠右轉長切照覷撥掠兩絲窩於內有繭絲先盡蛹子沉了者繭絲斷了繭浮出絲窩者其絲窩減小即取清絲約量添加務要兩絲窩大小長均

眼專覷手頻撥頻添添不過三四絲失添則細了多添則粗了如或手添不迭脚慢踏軠其絲較爭粗如或手添得多了脚緊踏軠其絲較爭細手脚相應亦可取勻也○玄扈先生曰緊慢可為粗細都無此理○添絲搭在絲窩上使有接頭將清絲用指面喂在絲窩內自然帶上去便無接頭也此名全繳絲圓緊無疙瘩上等也中作紗羅上等疋段如蛾眉杖上只兩繳名雙繳絲不甚圓緊有小疙瘩中等也不中紗羅中中等疋段如蛾眉杖上只一繳名單繳絲又名歇口絲綸慢有大疙瘩不中疋段只中絹帛亦不堅壯此單繳歇口絲多只是熟釜中絲也○玄扈先生曰今軠處繰絲皆只雙繳亦無蛾眉杖而秦王諸家亦并不言全繳雙繳單繳之異葢古法之廢已久著書者亦只抄寫節畧舊文而已未見今北繰車不知有蛾眉杖否宜索一具觀之玄扈先生曰愚意要作連冷盆釜俱改用沙鍋或銅鍋

比鐵釜絲必光亮以一鍋專煮湯供絲頭釜二具串盆二具繅車二乘五人共作一鍋二釜共一竈門火煙入於卧突以熱串盆一人執爨以供二釜二盆之水為溝以瀉之為門以啓閉之二人直釜專打絲頭二人直盆主繅即五人一竈可繅繭三十斤勝於二人一車一竈繅絲十斤也是五人當六人之功一竈當二繅之薪矣并具圖於後

圖原闕

韓氏直說曰蠶成繭硬紋理粗者必繅快此等繭可以蒸餾繅冷盆絲其繭薄紋理細者必繅不快不宜蒸餾此上宜繅熱盆絲也其蒸餾之法用籠三扇用軟草札一圈加於釜口以籠兩扇坐於上其籠不以大小籠内匀鋪繭厚三四指許頻於繭上以手背試之如手不禁熱可取去底扇卻續添一扇在上亦不要蒸得過了過了則軟了絲頭亦不要蒸得不及不及則蛾必鑽了如手背不禁熱恰得合宜於蠶房槌箔上從頭合籠内繭在上用手微撥動如箔上繭滿打起更攤一箔候冷定上用細柳梢微覆了其繭只於當日卻要蒸盡如蒸不盡來日必定蛾出如此繅絲一月一般繅快釜湯内用鹽一兩油半兩所蒸繭不致乾了絲頭（如餾繭多油鹽旋入）

務本新書曰凡養夏蠶止須些小以度秋種慮恐損壞萌條有誤明年春蠶桑葉今時養熱蠶以紙糊牕因避飛蠅遮盡往來風氣天晴暑熱生病陰則濕主白醭陰晴俱不便當以紗糊牕陳稈草作薦（紙條先貼紗邊餘紙就糊）

牕上中間以線繫紗在牕櫺上蠶罷以水潤紙揭下明年再用或用荻簾粗麻線繫織凡牕繫定不當泥之遮蔽飛蠅透脱風氣另擗一房不令雜人出入決要南北牕以剪剪葉旦暮擡分兼夜頻飼○秋蠶初生時去三伏猶近暑氣仍存蠶屋多生濕潤正要四通八達風氣往來蓋初生却要涼快以陳稈草作薦勿用麥稭一日一擡夫擡多生白𧖴一眠宜温再眠如春門牕俱掛薦簾屋内須用無煙熟火大眠全要喧暖大忌北風寒氣勿飼雨露冷葉春秋蠶法首尾顛倒深宜

體測○簇蠶時相次秋高恐值夜寒風冷不能作繭可於簇西北埋柱繫椽箔遮禦北風寒氣三兩夜之間便可作繭玄扈先生曰斟酌用火

士農必用曰夏蠶此别是一等俗謂三生蠶春養出夏種夏養出秋種秋養出來春種不可間闕闕則絶其種○玄扈先生曰令人呼二蠶種甚細然余家用春蠶種夏月養之仍得良繭也自蟻至老俱宜涼忌蠅蟲先於蠶生前用麥糠擁於蠶房壁脚下燒之去濕氣及諸蟲子擘黑後須一日早晨一擡其餘並與養春蠶同此蠶不可多養止欲收秋蠶種多則損葉然只可科採桑中穴條取葉也○秋蠶一名原蠶採葉不無傷桑春蠶不幸遇天災不得已養之以補歲計然不宜植宜穉也初宜涼漸漸宜暖與養春蠶正相反其間體候須欲得所初可摘葉蠶大則捋葉初欲紗糊牕漸漸天寒上復用紙糊留捲牕簇與繅絲法如前要旨熱蠶槌底亦宜用麥糠麥麩燒之又大路上踏踐起乾塵土墊三四寸生蠶日于槌底攤平可辟著濕簇秋蠶多於簇必用熟火或致焚燒不若止於映北風處為簇簇底用麥麩均鋪簇則用乾桑柴為稍新乾麥麩為草得自然温暖之氣不須用火矣經雨則倒簇○玄扈先生曰今人不養秋蠶止以夏蠶作來春種亦生又云秋蠶以補歲計此言甚妙秋時多晴更比春蠶為穩今人先言二蠶不食頭葉致昧秋蠶補歲計之理不知二蠶何故不食頭葉夏秋蠶俱要計算除炆熄

農政全書卷三十一

欽定四庫全書

農政全書卷三十二

明 徐光啓 撰

蠶桑

栽桑法

桑爾雅曰桑辨有葚梔（郭璞曰辨半也葚與椹同半有椹半無椹者名梔）女桑（俗稱桑之小而條長者）桋桑山桑（似桑材中作弓及車轅）檿桑（即柘也飼蠶絲中琴瑟亦材之美者也典術云桑乃箕星之精徐鍇曰桑音若東方自然神木之名乃蠶所食也）

王禎種植篇曰貨殖傳云山居千章之材安邑千樹棗燕秦千樹栗蜀漢江陵千樹橘齊魯千樹桑其人皆與千户侯等其言種植之利博矣觀柳子厚郭橐駝傳稱駝所種樹或移徙無不活且碩茂早實以蕃他人效之莫能如也又曰種樹之不可無法也考之於詩帝省其山柞棫斯拔松柏斯兑周之所以受命也樹之榛栗椅桐梓漆衛文公之所以興其國也夫以王侯之富且貴猶以種樹為功況於民乎周禮太宰以九職任萬民一曰三農生九穀二曰園圃毓草木其為民事之重尚矣然則種植之務其可緩乎種植之類夥矣民生濟用莫先於桑故首述而備論之

王禎曰桑種甚多不可徧舉世所名者荆與魯也荆桑多椹魯桑少椹葉薄而尖其邊有瓣者荆桑也凡枝幹條葉堅勁者皆荆之類也葉圓厚而多津者魯桑也凡枝幹條葉豐腴者皆魯之類也荆之類根固而心實能久遠宜為樹魯之類根不固心不實不能久遠宜為地

桑然荆之條葉不如魯葉之盛茂當以魯桑條接之則能久遠而又盛茂也魯為地桑而有厭條之法傳轉無窮是亦可以久遠也荆桑所飼蠶其絲堅韌中（去聲）紗羅用禹貢稱厥篚檿絲（註曰檿山桑也此荆之美而尤者也）蓋魯桑之類宜飼大蠶荆桑宜飼小蠶

博聞録曰白桑少子壓枝種之若有子可便種須用地陰處其葉厚大得繭重實絲每倍常

齊民要術曰桑柘熟時收黑魯椹（黄魯桑不耐久諺曰魯桑百豐錦帛言其

桑好功省用力即日以水淘取子曬燥仍畦種常薅令淨明年正月移而栽之率五尺一根凡栽桑不得者無他故正坐犂撥耳是以須概不用稀且概則長疾大都種椹長遲不如壓枝之速無栽者乃種椹也其下常劚掘種綠荳小豆二豆良美潤澤栽後二年慎勿採沐小採者長倍遲大如臂許正月中移之亦不須髡率十步一樹陰相接者則妨禾豆行欲小犄角不用正相當相當者則妨犂須取栽者正月二月中以鉤弋壓下枝令著地條葉生高數寸仍以燥土壅之土濕則爛明年正月中截取而種之住宅上及園畔固宜即定其田中種者亦如種椹法先穊種一二年然後更移之

王禎曰齊民要術載收椹之黑者剪去兩頭惟取中間一截葢兩頭者其子差細種則成雞桑花桑中間一截其子堅栗則枝幹堅強而葉肥厚將種之時先以柴灰淹揉次日水淘去輕秕不實者曬令水脉才乾種乃易生

齊民要術曰凡耕桑田不用近樹傷桑破犂所謂兩失其犂不著處劚斷令起斫去浮根以蠶矢糞之去浮根不妨耧犂十五年

任為弓材一張二百亦堪作履一兩六十裁截碎木中作錐刀靶一箇直三文二十年好作犢車材一乘直萬錢欲作鞍橋者生枝長三尺許以繩繫旁枝木橛釘著地中令曲如橋十年之後便是渾成柘橋一具直絹一疋欲作快弓材者宜於山石之間北陰中種之其高原山田土厚水深之處多掘深坑於坑之中種桑柘者隨坑深淺或一丈五尺直上出坑乃扶疎四散此樹條直異於常材十年之後無所不任一樹直絹十疋

柘葉飼蠶絲可作琴瑟等絃清鳴響徹勝於凡絲遠矣

氾勝之書曰種桑法五月取椹著水中即以手漬之以水灌洗取子陰乾治肥田十畝荒田久不耕者尤善好耕治之每畝以黍椹子各三升合種之黍桑當俱生鋤之桑令稀疏調適黍熟穫之桑生正與黍高平因以利鐮摩地刈之曝令燥後有風調放火燒之常逆風起火桑至春生一畝食三箔蠶玄扈先生曰取葚與雞蛋食之糞中淘出種者更不生葚

王禎曰剝桑十二月為上時正月次之二月為下大抵

桑多者宜省斫桑少宜省剝農桑要旨云平原淤壤土地肥虛荆桑魯桑種之俱可若地連山陵土脉赤硬止宜荆桑士農必用云種藝之宜惟在審其時月又合地方之宜使之不失其中蓋謂栽培之宜春分前後十日及十月並為上時春分前後以及發生也十月號陽月又曰小春木氣長發之月故宜栽培以養元氣此洛陽方佐千里之所宜其他地方隨時取中可也大抵春時及寒月必於天氣晴明巳午時藉其陽和如其栽子已

出元土忽變天氣風雨即以熱湯調泥培之暑月則必待晚涼仍預於園中稀種麻麥為蔭惟十一月栽種不生活

四時類要曰種桑土不得厚厚即不生待高一尺又上糞土一遍

務本新書曰四月種椹東西掘畦熟糞和上耬平下水水宜濕透然後布子或和黍子同種椹藉水力易為生發久遮日色或預於畦南畦西種穄後藉穄蔭遮映夏日長至三二寸旱則澆之若不雜黍種須旋搭矮棚於上以箔覆蓋晝舒夜捲處暑之後不須遮蔽至十月之後桑與黍稭同時刈倒順風燒之仍摻糞土蔽灰春煖滋茂次年移栽

一法熟地先耕黍一壠另捲草索截約一托以水浸軟麪飯湯更妙索兩頭各歇三四寸中間勻抹濕椹子十餘粒將索臥於黍壠內索兩頭以土厚壓中間摻土薄覆隔一步或兩步依上卧一索四面取齊成行久旱宜

澆十月刈燒加糞如前冬春擁雪蓋糞清明前後掃去霖雨持覷稀稠移補比之畦種旋移省力決活早二年得力如舊有椹春種更妙後宜菜園墻固護或慮索繫碎以黍椹相和於葫蘆内點種過處用箒掃勻或慮天旱宜就黍壠内撥土平勻順壠作區下水種之

又法春月先於熟地内東西成行勻稀種穄次將桑椹與穄沙相和或炒黍穀亦可趁逐雨後於穄北單耩或點種比之搭矮棚與黍同種緣穄陰高密又透風露雖

種十數畝亦不甚委曲費力

士農必用曰種子宜新不宜陳新椹種之為上隔年春種多不生蔭畦搭棚為上蘇麻次之黍苗又次之桑芽出間令相去五七寸營造尺寸也他倣此頻澆過伏可長至三尺割去蘇麻至十月內附地割了撒亂草走火燒過火不可大恐損根糞草蓋至來春把耬去糞草澆每一科自出芽三數箇留旺者一條已成根則不須蔭可頻澆至秋魯桑可長五七尺荆桑可長三四尺魯桑可移為地桑荆桑可移入園養之

務本新書曰夫地桑本出魯桑次以魯桑萌條如法栽培揀肥旺者約留四五條鋤治添糞條有定數葉不繁多衆葉脂膏聚於一葉其葉自大即是地桑栽地桑法秋地於熟白地內深耕一為如壠加糞撥土為區如無牛摳區亦可春分前後取臘月所埋桑條揀有萌芽處各盤七八寸或一尺鍬區下水卧條栽之覆土約厚三四指深厚則難生以手按匀區東南西種蘇五七粒五月之後芽葉微高旋添糞土已後條高便作地桑或揀魯桑草兒秋間埋頭深栽更疾得力

士農必用曰地桑之功惟在治之如法不致荒燥無樹桑之家純用地桑則人力倍省有樹桑兼地桑之家樹桑既成地桑可止而勿用加澆三之功使之滋長至其蠶大眠之後或樹桑不能將至則可溉取地桑使晚蠶至終者不致缺食○布地桑法牆圍成園將園內地或牛犁或钁劚熟方五尺內掘一阬每地一畝今栽二百四十科方深各二尺阬內下熟糞三升生糞不中壯地少用和土匀下水一桶調成稀泥將畦內種成魯桑連根掘出一科自根上留身六七寸其餘截去截斷處火鐵上烙過每一阬栽一根將根坐於泥中欲疾見功者栽二根按至阬底提三五次欲令根鬚皆順按桑身填與地平擁周圍熟土令阬滿次日築實匝阬四邊築下土至半阬根下土自實不實則根土不相著多懸死上半阬擁熟土輕築令平滿附身土不可築實實則芽難生用虛土封堆如大鐵子樣可厚五七寸周圍自成環池水澆於內芽出於土四五指每一根止留一二條澆鋤如法當年可長五尺餘次年附根割條葉飼蠶須用厚背鋼鐮一割要斷鈍鐮一割不能斷則條楂又齊雨浸傷根地桑不要放出身只要縣從土中長出身出土名為腳高身上所長條不旺又多被風雨擺折割過處每一根盤周圍數芽出每一科可許留四五條餘者間去年年附

地割之根漸旺留條漸多野魯桑根科栽之亦可全如前法也桑三年後正長旺五年後根相交根交則不旺春時將相交根斫斷掘去添上糞土或澆過或得雨即復長旺次後斟酌其根欲大將壓成栽子園別園如前法栽之三年後新桑茂盛養蠶斫桑時將舊桑根上只斫一條隔年自成一根分出栽為行桑如此傳轉無有盡期然魯桑斫飼蠶其絲少堅韌可斟酌栽荆桑樹於大眠後以葉間飼之

韓氏直說曰地桑須於近井園內栽之有草則鋤無雨則澆比及蠶生可澆三次其葉自然早生桑種自有早生者遲生者須擇其早生者為地桑則可

鍾化民曰種桑在正二月至八月亦可種根要理直泥要挨緊當以水糞澆灌方有生意玄扈先生曰初種不用糞

桑有二種一種有桑椹即以桑椹植地一二月即出一種將桑樹桑條攀至於地以泥壓於其上每一桑眼即發一枝待至二三尺長其桑有根用剪剪下移種於地上即成桑樹如今年壓明年起明年又壓後年又起生生不窮

黃省曾藝桑總論曰有地桑出於南潯有條桑出於杭之臨平其鬻之時以正月之中上旬其鬻之地以北新關內之江將橋旭旦也擔而至陳於梁之左右午而散大者株以二厘其長八尺其種也耨地而糞之截其枝謂之嫁留近本之枝尺餘許深埋之出土也寸焉培而高之以泄水墨其瘢或覆以螺殼或塗以蠟而瀝青油煎封之是防梅雨之所侵糞其周圍使其根四達若直灌其本則聾而死未活也不可灌水灌以和水之糞二年而盛其在土也月一鋤焉或二起翻也必尺許灌以純糞遍沃於桑之地使及其根之引者不摘葉也三年則其發茂禁損其枝之奮者桑之下厥草木留則茂蠶之時其摘也必潔淨遂剪焉南潯之剪價以七分必於交湊之處空其榦焉則來年條滋而葉厚歲歲剪條則盛禁原蠶之飼飼則來年枝纖而葉薄桑之壅也以糞以蠶沙以稻草之灰以溝池之泥以肥土其初藝之壅也以水藻以棉花之子壅其本則煖而易發玄扈先生曰以豆餅以棉餅以麻餅以豬羊牛馬之糞初春而修也去其枝之枯者樹之低小者啓其根而糞泥壅

之不然則葉遲而薄凡擇桑之本也皺皮者其葉必小而薄白皮而節踈芽大者為柿葉之桑其葉必大而厚是堅蒴而多絲高而白者宜山岡之地或牆隅而籬畔五月也收桑椹而水淘少曬焉畦而種之至冬而焚其梢及明年而分種之短而青者宜水鄉之地正二月也木鈎攀之土壓朞年而截之移而種之歲糞也二其壓也濕土則條爛焦土則根生撒子而種不若條而壓其為桑之害也有桑牛尋其穴桐油抹之則死或以蒲母

草草之狀也如竹葉其桑葉之葉癩也亦以草汁而沃之桑之下可以藝蔬其藝桑之園不可以藝楊藝之多楊甲之蟲（玄扈先生曰楊不可絶宜勤捕之）是食桑皮而子化其中焉二月而接也有插接有劈接有壓接有搭接有換接穀而接桑也其葉肥大桑而接梨也則脆美桑而接楊梅也則不酸勿用雞脚之桑其葉薄是薄蒴而少絲其葉之生黄衣而皺者木將就槁名曰金桑蠶則不食先椹而後葉者其葉必少有柘蠶焉是食柘而早蒴其青桑無子而葉不甚厚者是宜初蠶望海之桑種之術與白桑同是皆臘月開塘而加糞即壅之以土泥或二或三六七月之間乃去其蟲開塘加糞壅土宜遲紫藤之桑其種高大是不用剪其葉厚大尤早種之也宜通於竈屋不必開塘而糞壅惟幼稚之時待冬而糞或二或三以臘月為佳

務本新書曰桑生一二年脂脉根株亦必微嫩春分之後掘區移栽區北直上下栽成土壁壁底旁鍬其土下

水三四外將桑草兒靠壁栽立根科須得勻舒以土堅覆土壁地區地約高三二寸大抵一切草木根科新栽之後皆惡搖擺故用土壁遮禦北風迎合日色也今時移栽小桑微帶根鬚上無寸土但經路遠風日耗竭脂脉栽後難活縱活亦不榮旺却稱地法不宜此係拙謬今後應栽小樹若路遠移多約十餘樹通為一束於根鬚上蘸沃稀泥泥上糝土上以草包（或席蒲包）包內另用淳泥固塞仍辦夾車箱兩頭不透風日中間順卧樹身上

以蓆草覆蓋預於栽所掘區下糞樹到之時晝便下水依法栽培秋栽法平昔栽桑多於春月全樹移栽春多大風吹擺加之春雨艱得又天氣漸熱芽葉難禁故多不活活亦遲得力若是斫去元幹再長樹身桑聞鐵腥愈旺地桑是其驗也迤南地分十月埋栽河朔地脈頗寒故宜秋栽霖雨內為上時區深一尺之上平地約留樹身一二指餘者斫去栽罷地須堅築以土封瘞比及地凍於上約量添糞春煖之後就糞撥為土盆雨則可聚旱則可澆

樹南春先種穄比及霖雨以來芽條叢茂就作地桑或削去細條存留旺者一二枝次年便可成樹或是就壓傍條一樹又消十餘比之全樹栽者樹樹必活桑亦榮茂也十月木迷宜栽埋頭桑截去桑身栽如秋栽冬月根脉下行乘春併發一年之間長過元樹栽二年之上桑穀雨其間但有芽葉不旺者以硬木貼樹身去地半指一斧截斷快鏟更妙糝土封其樹瘞樹南種黍五七粒十餘日始出芽條旱則頻澆立夏之後不宜此法大暑則不能一歲之中除大寒時分不能移栽其餘月分皆可

農桑要旨云凡新栽桑斫科採葉須得宜初栽後成科時中心長條上葉勿採其餘在傍脚科止捋其葉且勿剶斫盖令枝條繁密就為藩蔽以防牛畜咽咬掣擺拖挽之患後中心枝既粗即可剶斫在旁科條木根既盛脂脉盡歸中心枝便可長成大樹堅久茂盛不生糖心

士農必用曰種藝之宜惟在審其時月又合地方之宜使之不失其中栽培所宜春分前後十日十月內並為

上時春分前後以及發生也十月號陽月又曰小春木生長之月故宜栽培以養元氣

又曰桑者易生之物除十一月不生活餘月皆可仍須於園內稀種穄或麻黍為蔭每歲三月三日晴雨卜桑之貴賤

養樹桑法牆圍成圍大小隨人所欲將園內地耕劚熟方三尺許掘一阬阬之方澤下糞水與栽地桑法同將畦內種出荊桑全條連根掘出栽培亦如前法但所築實土與地平上

復用土封身一二尺周圍自成環池無雨則澆待桑身長至一大人高割去稍子則橫條自長任令滋長休科去新條當春不宜科科了數年不旺十二月內或次年正月科則不妨如澆治有功至秋可長大如壯椽十月內或次年春可移為行桑若不如此于園內養成從小便栽為行桑者多被風雨搴畜損壞野荊桑不成身者移根於園內養之亦同栽培如地桑法芽出留旺者一條長至如大人高其科養法如前

務本新書曰壓條法寒食之後將二年之上桑全樹以挑橛法定掘地成渠條上已成小枝者出露土上其餘

條樹以土全覆樹根週圍撥作土盆旱宜頻澆如無元樹止就桑下脚窠依上掘渠埋壓六月不宜全壓

士農必用曰春氣初透時將地桑邊傍一條稍頭折了三五寸屈倒於地空處多用栽子多屈幾條隨人所欲地上先挑一渠可深五指餘卧條於內用鉤橛子即釘住條短則二箇長則三箇懸空不令著上其後芽條向上生如細杷齒狀橫條上約五寸留一芽其餘剥去可飼小蠶至四五月內晴天巳午時間橫條兩邊取熱溏土壅橫條上成壠橫條即為卧根至晚澆其根科當夜卧根生鬚至秋其芽條茁為條身至十月或次年春分前後際卧根根頭截斷取出土隨間空處斫斷一拐子條每一根為一栽此法出盾栽子無窮

務本新書曰栽條法秋暮農隙時分預掘下區藉地氣經冬藏濕又分減栽時併忙區方深各二尺之上熟糞一二升與土相和納於區內土宜北高南下以留冬春雨雪餘區准此臘月內揀肥長魯桑條三二枝通連為一窠快斧斫下即將楂頭於火內微微燒過每四五十條與

稈草相間作一束卧於向陽阬內阬深長三四尺當預掘下防冬深地凍難掘以土厚覆春巳分後取出却將元區跑開下水三四升布粟三二十粒將條盤曲以草索繫定卧栽區內覆土約厚三四指如或出露條尖三二寸覆土宜厚尺餘俱當堅築仍以虛土另封條尖已後芽生虛土自脫先於區南種蘇地宜陰濕時時澆之若全卧栽者已後逐旋添土芽條長高斫去傍枝三年可以成樹或就作地桑

栽桑梢據埋頭栽桑斫下桑梢相連三二枝為一窠栽如前法或於蘿蔔內穿過一枝假藉氣力更妙掘區堅埋依前法

壠種桑條秋耕熟地二月再擺勻東西起畛約量遠近撥土為區將臘月元埋桑條栽依前法或是單根肥長桑條依上栽之亦可

栽種桑條者若舊桑多處可以多斫萌條若是少處又處斫伐太過次年悞蠶故具種椹壓條栽條之法三者

擇而行之

士農必用曰插條法墻圍成園掘阬如地桑法大葉魯桑條上青眼動時科條長一尺之上截斷兩頭烙過每一阬內微斜插三二條待芽出封堆虛土三五寸每一根科止留一條至秋可長數尺次年割條葉飼蠶止怕當年三伏日澆灌不缺無不活者畦內插亦可如當處無可採之條預於他處擇下大葉魯桑臘月割條藏於土穴如藏花果法接頭透風則乾了候至桑樹條上青眼微動時開穴藏條上眼亦動截烙栽培用度如前

玄扈先生曰齊民要術云種椹而後移栽移栽而後布行務本新書云畦種之後即移為行桑無轉盤之法二法皆可也

士農必用曰園內養成荊魯桑小樹如轉盤時於臘月內可去不便枝梢小樹近上留三五條梡口以上樹留十餘條長一尺以上餘者皆科去至來春桑眼動時連根掘來於漫地內濶八步一行行內相去四步一樹相

對栽之栽培澆灌如前法桑行內種在濶八步牛耕一繖地也行內相去四步一樹破地四步已要可成大樹相對則可以橫耕故田不廢墾桑不致荒荊棘圍護當年橫枝上所長條至臘月科令稀勻得所至來年春便可養蠶

士農必用曰科斫樹桑惟在稀科時斫依時斫也使其條葉豐腴而早發不致蠶之饑也稀則條自豐葉自腴今年科不過時則長條豐美明年之葉自然早發而又腴潤也○又科斫之利惟在不留中心之枝容立人于其內轉身運斧條葉偃落于外比之摘負高几遠樹上下科有心之樹者一人可敵數人之功條不可几几則費芟科之功葉薄而無味是故科斫為蠶事之先務時人不知預治于農隙之時而徒費功力于蠶忙之日人則倍勞蠶復失

所如得其法使樹頭易得其條條上易得其葉蠶不待食葉以時至又其葉潤厚農語曰鋤頭自有三寸澤斧頭自有一倍桑柰中之法名曰剝桑臘月中悉去其冗所存之條甚疏又于所存條根之上僅留四眼餘皆去之其所留者明年則為杈其眼中所發青條可長三數尺其葉倍常光潤如沃蠶過老而手採之獨留一向外之條滋養及秋其長以至尋丈臘月復科之如前歲久則所留之科重繁復從下斫去既周而復始洛陽河東亦同山東河朔則異于是必留明條疑風土所宜然欲一試此剝桑之法而未果也又斫樹法自移栽時長五七尺高便割去梢既不留中心其條自向外長樹長大中心可容立一人如長成樹者當中有身及枝者亦可斫去也科條法凡可科去者有四等一瀝水條向下垂者一刺身條向裏生者一駢指條相併生者遂去其一一冗脞條雖順生卻稠冗臘月為上正月次之臘月津脈未上又農隙人家春科只圖容易剝皮卻損了津液也欲用桑皮將臘月正月科下條向陽土內培了至二月中取之自可剝

士農必用曰接換之妙荆桑根株接魯桑條也惟在時之和融手之審密封繫之固擁包之厚使不至疎淺而寒凝也春分前十日為上時前後五日為中時然取其條眼襯青為時尤妙此不以地方遠近皆可準也然必待晴暖之日以藉其陽和也接不密則氣泄難通擁包不固厚則風寒入而害之也果之一生者質小而味惡旣一接之則質碩大而味美桑亦如是故接換之接時取遠處有者預先取下可節氣

內割取其條其採取培養之法全如採條桑內所說如取接萌處過遠者可于未曾盛油新沛裹中與蒲包穰一處樁了外密封不透雖行千里不致凍損果木宜三年條其藏及接法亦同玄扈先生曰莫如當年條為妙三年之說不然也且接時必待月暗自下弦至上弦皆可晦尤妙自上弦至下弦皆忌望尤險

劈接法先附地平鋸去身幹於砧盤傍向下一寸半皮肉上用快刀子尖向上左右斜批豁兩道至平面其下尖其上濶一指中間批豁斷者剔去其批豁了處如一鴉觜樣渠子也兩壁有斜面無平底其尖淺向上漸深至平面可深至半指許接頭可長五寸其粗細如一指許者於根頭一寸半內量留一半將其外一半左右削兩刀子成喬麥楞樣令頭尖口內噙養溫煖嵌於砧盤傍所批渠子內極要緊密須使老樹肌肉與接頭肌肉相對著於一砧盤上如此接至數箇斟酌砧盤大小用新牛糞和土成泥封泥其接頭周遭又用新桑皮纏繳牢固上又用牛糞土泥封泥了所繳桑皮然後用濕土封堆接頭上可厚五寸大小斟酌其樹盤周圍棘刺遮護接頭

生條芽出土長高一二尺約量留三二條用依柱如前玄扈先生曰揆子淺深量樹大小及接頭粗細其緊要處只在皮對皮骨對骨耳更緊要處在縫對縫

又曰接大桑宜劈接插接小桑宜搭接壓接附地接者封泥擁培如前半身截成砧盤接者但其縫罅上用紙封又用破蓆片包繫如仰盆子様内盛潤土培養其接頭勿令透風用無底瓦罐盆子代蓆片亦可土乾則洒水所包土上條芽長出其所包土亦休取去至秋條長成接處長定所包土不用也如接頭都活則斟量横枝多少樹之氣力留之壓接者可就於横

枝上截了留一尺許然尺寸不可定惟取樹勢圓也於接頭上眼外方半寸刀尖刻斷皮肉至骨欵揭下帶眼皮肉一方片其眼底骨上一小心子如米粒此是一芽生氣之根揭時用指甲尖剗起令其小心子帶于皮肉之上口噙少時取出印濕痕於横枝上復噙養之用刀尖依濕痕四圍刻斷皮肉揭去露骨將接頭上靨皮嵌貼上其眼向上勿令顛倒上下兩頭用新細薄桑皮繫了斟酌其緊慢太緊則生氣不通太慢則不相附著俱難活也用牛糞和泥眼四邊泥了其所貼之靨多少可量其樹之大小又接小芽條可用搭接法就畦内將已

種出荆桑隔年芽條去地二寸許向土削成馬耳狀將一般粗細魯桑接頭亦削成馬耳狀兩馬耳相搭細桑皮繫了牛糞泥封濕土擁培其芽條出土可留一二芽至秋長如一大人高明年可移入園中養之其法如前全要大小一般令其縫對縫取藏接頭側近有接頭者土中種之其高原山田土厚水深之處多掘深阬中種桑柘者隨阬深淺或一丈丈五尺直上出阬乃扶疎四散此樹條直異於常材十年之後無所不任

博聞録曰柘葉多叢生榦疎而直葉豐而厚春蠶食之其絲以冷水繰之謂之冷水絲柘蠶先出先起而先蝁柘葉隔年不採者春再生必毒蠶如不採夏月皆要打落方無毒

齊民要術曰種柘法耕地令熟耬耩作壠柘子熟時多收以水淘汰令淨曝乾散訖勞之草生拔却勿令荒沒三年間劚去堪為渾心扶老杖十年中四破為杖任為馬鞭胡牀十五年任為弓材亦堪作履裁截碎木中作

錐刀靶二十年好作犢車材欲作鞍橋者生枝長三尺許以繩縳旁枝木橛釘著地中令曲如橋十年之後便是渾成柘橋欲作快弓材者宜於山石之間北陰

柘桑比桑葉澁薄十減二三又招天水生牛蠹等蟲若種薥黍其稍葉與桑等如此叢亦不茂如種菉豆黑豆芝麻瓜芋其桑鬱茂明年葉增二三分種黍亦可農家有云桑發黍黍發桑此大概也

務本新書曰假有一村兩家相合低築圍墻四面各一百步若户多地寬更甚省力一家該築二百步墻内空地計一萬步每一步一桑計一萬株一家計分五千株若一家孤另一轉築墻二百步内空地止二千五百步依上一步一桑法止得二千五百株其功之不侔如此恐起爭端當於園心以籬界斷比之獨力築墻不止桑多一倍亦遞相藉力容易句當

務本新書曰桑皮抄紙春初剃斫繁枝剥芽皮為上餘月次之桑木為弓弩射則耐挽拽桑義素食中妙物又五木耳桑槐榆柳楮是也桑槐者為良野田中者恐有毒不可食

農政全書卷三十二

欽定四庫全書

農政全書卷三十三

明 徐光啓 撰

蠶桑

蠶事圖譜

王禎曰蠶繅之事自天子后妃至於庶人之婦皆有所執以共衣服故篇目以蠶室為首示率天下之蠶者其作用之門如曲植鈎筐之類與夫軠斧繭絲之法必先精曉習熟而後可望於獲利今條列名件一一備述又

使世之繒纊其身者皆知所自出也

蠶室記曰古者天子諸侯皆有公桑蠶室近川而為之築宮仞有三尺棘墻而外閉之三宮之夫人世婦之吉者使入蠶室奉種浴於川桑于公桑此公桑蠶室也其民間蠶室必選置蠶宅負陰抱陽地位平爽正室為上南西為次東又次之若室舊則當淨掃塵埃預期泥補若逼近臨時墻壁濕潤非所利也夫締構之制或草或瓦須内外泥飾材木以防火患復要間架寬敞可容椽箔牕戸虛明易辨眠起仍上于行椽各置熖牕每臨蠶暮以助高明下就附地列置風竇令可啓閉以除濕欝考之諸蠶書云蠶時先辟東間養蟻停眠前後撤去西牕宜遮西晒尤忌西南風起大傷蠶氣可外置墻壁四五步以禦所有蠶神室蠶神像宜于高空處安置凡一切忌惡之事邪穢之氣辟除蠲潔夙夜齋敬不致褻慢余觀蠶書云毋治堰毋誅草毋沃灰毋室入外人四者神實惡之如能依上法自然宜

蠶不必泥于陰陽家拘忌巫覡女巫也等誘惑至使回換門戸諂禱神祇虛費財用實無所益故表而出之以為業蠶者之戒銘曰世業農桑既興我室比臨蠶月復事塗飾挑剪祓除神主斯立曲植既具錡筐乃集連蟻方生若不厭窓婦以毋名育有慈德爰求柔桑入此飼食寒燠身先是為體測上無踈薄下無濕浥簾箔垂門竈火在壁夜牕或遮風竇時窒頗忌北風空障西日他工莫興外人勿入庇護攸安漸至捉績祈祀以時顧獲終

吉神實相之簇如雪積分繭秤絲來告功畢

火倉

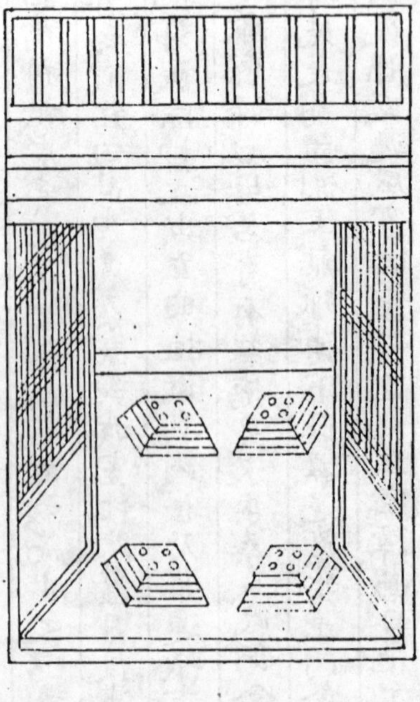

擡爐

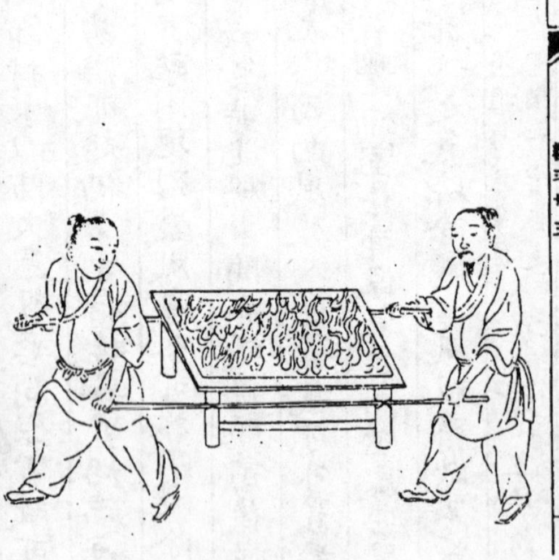

火倉凡蠶生室內四壁挫壘室龕狀如三星務要玲瓏頓藏熟火以通煖氣四向勻停蠶家或用旋燒柴薪烟氣熏籠蠶蘊熱毒多成黑蔫今制為擡爐先自外燒過薪糞牛糞舁入室內各龕約量頓火隨寒熱添減若寒熱不均後必眠起不齊已上出諸蠶書農書云蠶火類也宜用火以養之用火之法須別作一爐令可擡舁出入火須在外燒熟以穀灰蓋之即不暴烈生焰夫擡爐之制一如矮床內嵌燒爐兩旁出柄二人舁之以送熟火

蠶箔

蠶箔曲薄承蠶具也禮具曲植曲即箔也周勃以織薄曲為生顏師古注云葦薄為曲北方養蠶者多農家宅院後或園圃間多種萑葦以為箔材秋後芟取皆能自織方可四丈以二椽棧之懸於槌上至蠶分擡去蓐時取其卷舒易用南方萑葦甚多農家尤宜用之以廣蠶事

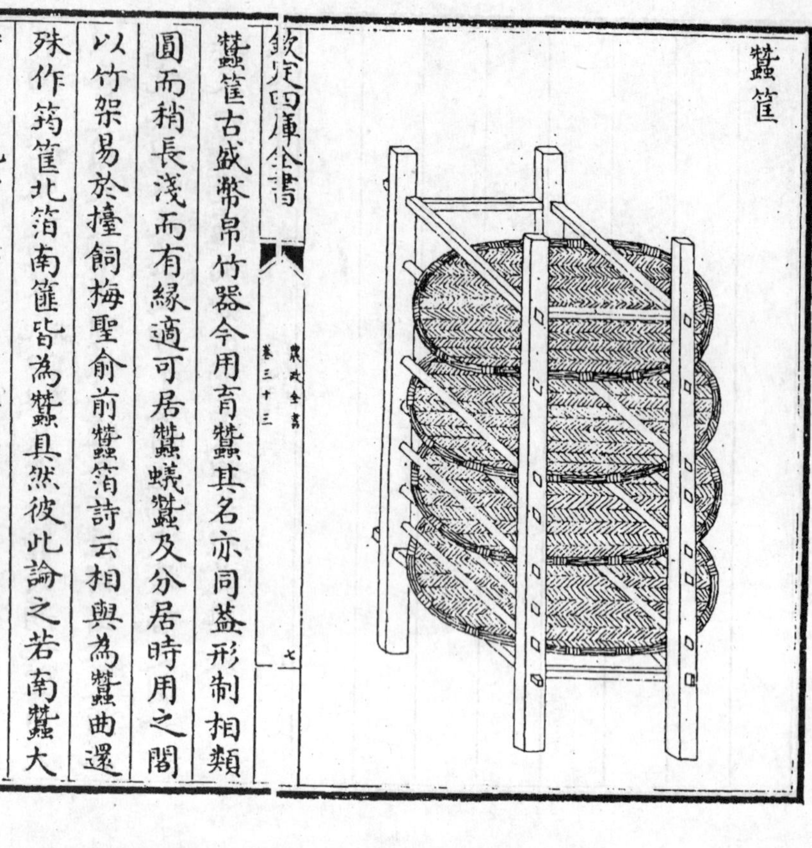
蠶筐

蠶筐古盛幣帛竹器今用育蠶其名亦同蓋形制相類圓而稍長淺而有緣適可居蠶蟻蠶及分居時用之閣以竹架易於擡飼梅聖俞前蠶箔詩云相與為蠶曲還殊作筠筐北箔南簾皆為蠶具然彼此論之若南蠶大時用箔北蠶小時用筐庶得其宜兩不偏也

蠶盤

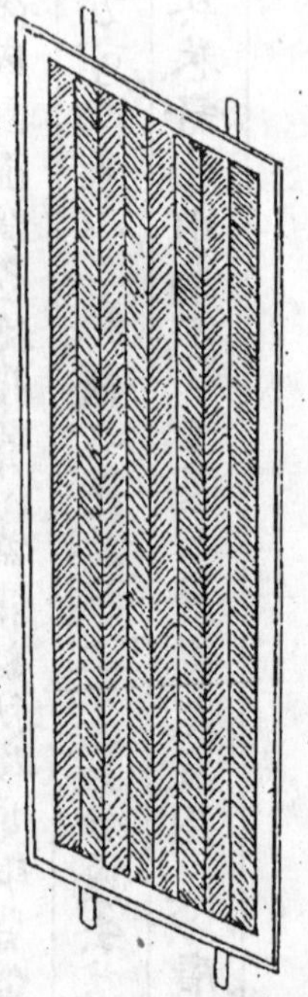

蠶盤盛蠶器也秦觀蠶書云種變方尺及乎將繭乃方尺四織萑葦範以蒼莨竹長七尺廣五尺以為筐懸筐中間九寸凡槌十懸以居食蠶今呼筐為槃又有以木為框以竦簟為底架以木槌用與上同

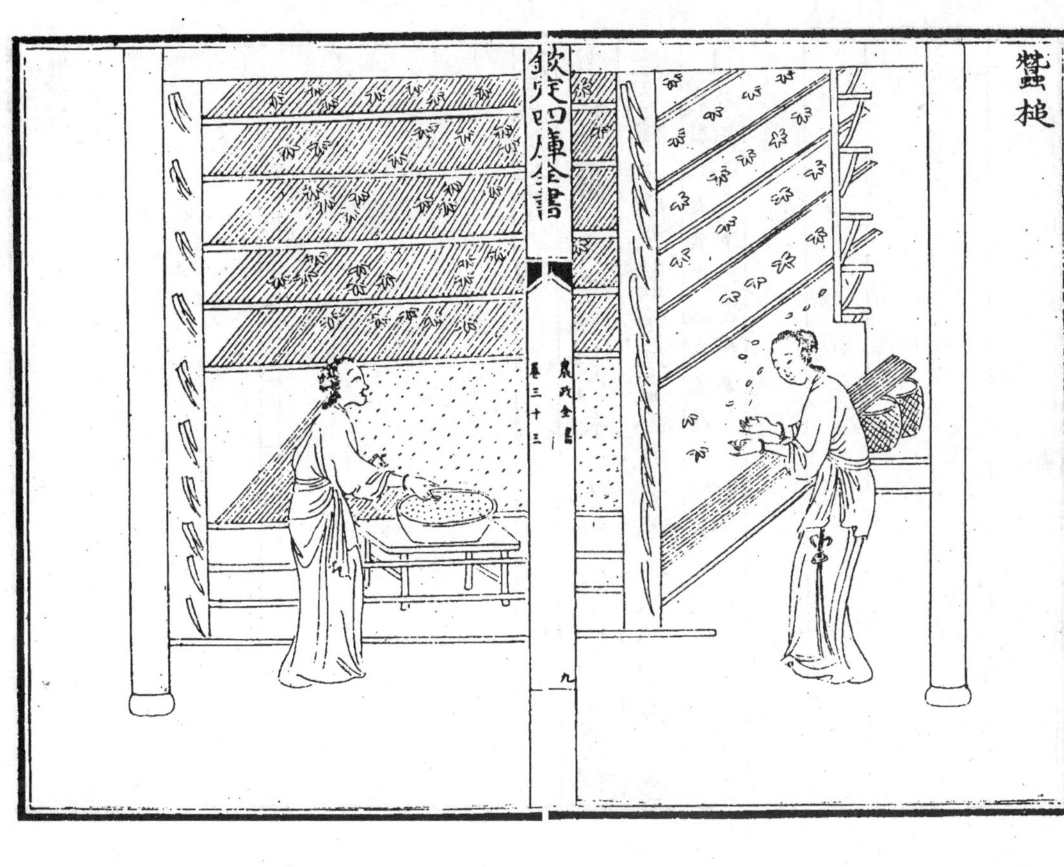

蠶槌禮季春之月具曲植植即槌也務本直言云穀雨日竪槌立木四莖各過梁柱之高夫槌隨屋每間竪之其立木外旁刻如鋸齒而深各每莖挂桑皮繞繩(蠶不宜麻)四角按二長掾掾上平鋪葦箔稍下縋之凡槌十懸中離九寸以居擡飼之間皆可移之上下農桑直說云每槌上中下閣鋪三箔上承塵埃下隔濕潤中備分擡

蠶椽

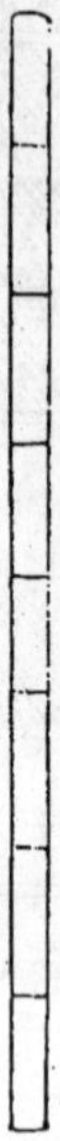

蠶椽架蠶箔木也或用竹長一丈二尺皆以二莖為偶控於槌上以架蠶箔須直而輕者為上久不蠹者又為上為蠶因食葉上緣之蠹屑不能透砂事見農桑要旨

蠶架

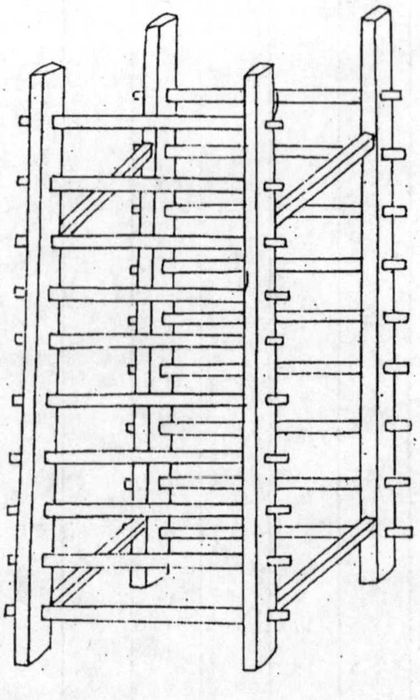

蠶架閣蠶槃筐具也以細枋四莖竪之高可八九尺上下以竹通作横桄十層層每皆閣養蠶槃箔隨其大小葢篚用小架槃用大架此南方槃篚有架猶北方椽箔之有槌也

蠶網

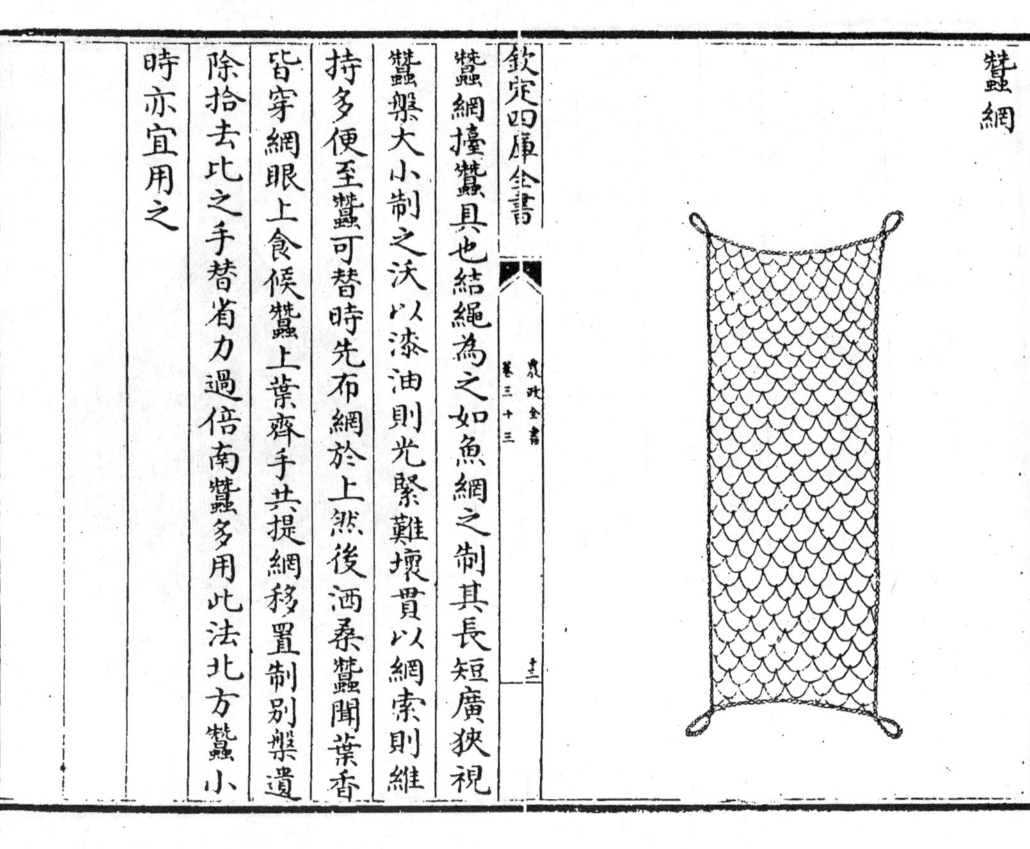

蠶網擡蠶具也結繩為之如魚網之制其長短廣狹視蠶槃大小制之沃以漆油則光緊難壞貫以網索則維持多便至蠶可替時先布網於上然後洒桑蠶聞葉香皆穿網眼上食候蠶上葉齊手共提網移置制別槃遺除拾去比之手替省力過倍南蠶多用此法北方蠶小時亦宜用之

蠶杓

蠶杓集韻杓作勺量器也周禮勺容一升所以斟(舉朱切挹也酌也)酒說文曰杓音標今云酌物為杓以勺從木姑與今同此作蠶杓斲木刳之首大如椀柄長三尺許如槃蠶空(去聲)隙或飼葉偏踈則必持此送之以補其處至蠶老歸簇或稀密不倫亦用均布儻有不及復以竹接其柄此南俗蠶法北方箔簇頗大臂指間(去聲)有不能周徧亦宜假此以便其事幸毋忽諸

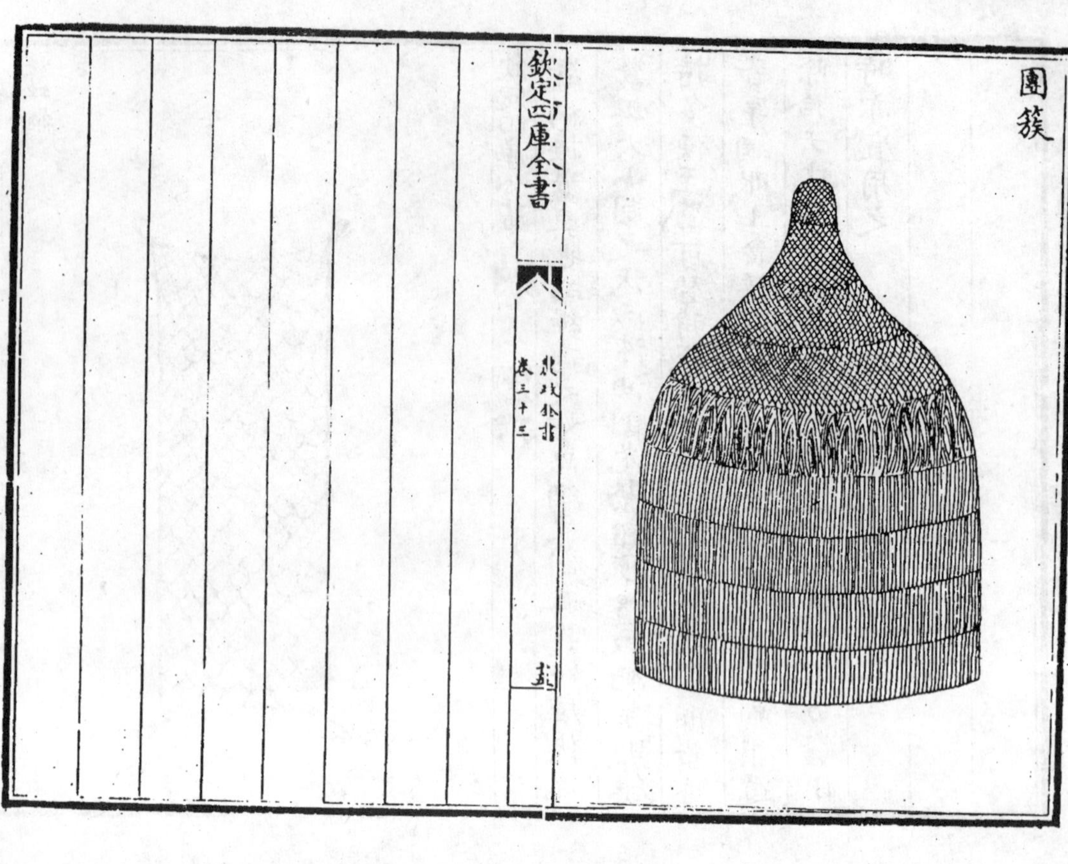

馬頭蔟

蠶蔟農桑直說云蔟用蒿稍叢柴苫席等也凡作蔟先立蔟心用長椽五莖上撮一處繫定外以蘆箔繳合是為蔟心仍周圍勻豎蒿梢布蠶蔟訖復用箔圍及苫繳蔟頂如圓亭者此圜蔟也又有馬頭長蔟兩頭植柱中架橫梁兩傍以細椽相搭為蔟心餘如常法此横蔟皆北方蠶蔟法也嘗見南方蠶蔟止就屋內蠶槃上布短草蔟之人既省力蠶亦無損又按南方蠶書云蔟箔以杉木解枋長六尺闊三尺以箭竹作馬眼槅插茅疎密

得中復以無葉竹篠從横搭之簇背鋪以蘆箔而竹茂透背面縛之即蠶可駐足無跌墜之患此皆南簇較之上文北簇則蠶有多少故簇有大小難易之不同也然嘗論之南北簇法俱未得中何哉夫南簇蠶少規制狹小殆若戲技故獲利亦薄北簇雖大其弊頗多蒿薪積疊不無覆壓之害風雨侵浥亦有翻倒之虞謂經雨倒簇也蠶桑直說云簇蠶時雨被沾濕纔晴不以成繭不成繭翻倒別簇如雨少則暴乾復外內寒燠之不勻或高下稀密之易所以致簇病內生繭少皆由此

故習俗既久未能遽革今聞善蠶者一法約量本家有蠶多少選於院內空地就添椽木苫草等物作連脊厦屋尋常別用至蠶老時置簇於內隨其長短先構簇心空直如洞就地掘成長槽隨宜闊狹旁可人行以備火患謂用火法也蠶書云已入簇微用熟灰火溫之待入網漸漸加火不宜中輟稍冷游絲亦止繰之即斷多煑爛作絮不能一緒扣盡矣外則用以層架隨層卧布蒿梢以均蠶居既畢用重箔圍之若蠶少屋多疏開牕戶就內簇之亦可如此則上有芘覆下無濕潤架既寬平蠶乃自若

又總簇用火便于炤料南北之間去短就長制此良法宜皆用之則始終無慊矣

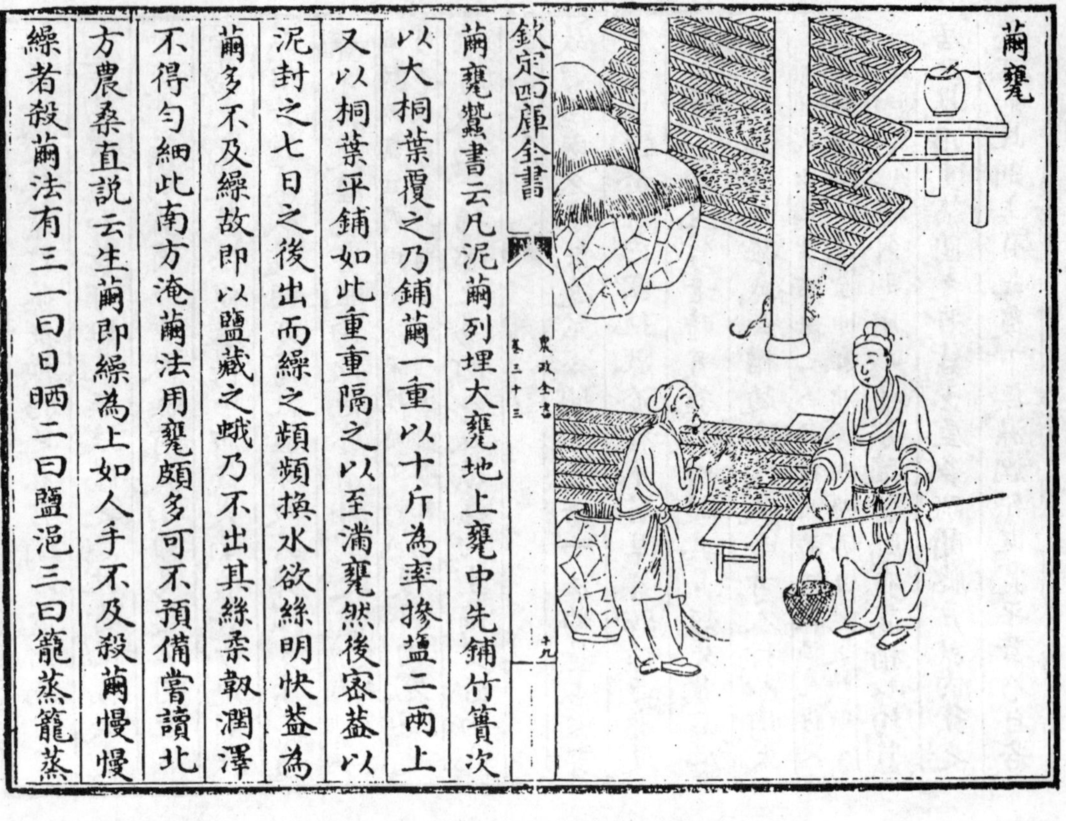

繭甕蠶書云凡泥繭列埋大甕地上甕中先鋪竹簀次以大桐葉覆之乃鋪繭一重以十斤為率摻鹽二兩上又以桐葉平鋪如此重重隔之以至滿甕然後密蓋以泥封之七日之後出而繰之頻頻換水欲絲明快益為繭多不及繰故即以鹽藏之蛾乃不出其絲柔韌潤澤不得勻細此南方淹繭法用甕頗多可不預備嘗讀北方農桑直說云生繭即繰為上如人手不及殺繭慢慢繰者殺繭法有三一曰日晒二曰鹽浥三曰籠蒸籠蒸最好人多不解日晒損繭鹽浥甕藏者穩

繭籠

繭籠蒸繭器也農桑直說云用籠三扇以軟草扎圈加於釜口以籠兩扇坐於其上籠內勻鋪繭厚三指許頻於繭上以手試之如手不禁熱可取去底扇卻續添一扇在上如此登倒上下故必用籠也不要蒸得過了過則軟了絲頭亦不要蒸得不及不及則蠶必鑽了如手不禁熱恰得合宜此用籠蒸繭法也將已蒸過繭于蠶房擡箔上役頭合籠內繭在上用手撥動如箔上繭滿打起更攤一箔候冷定上用細[illegible]了只于當日都要蒸盡如蒸不盡來[illegible]如此繰絲有一般快釜湯內用鹽二[illegible]

欽定四庫全書
農政全書 卷三十三

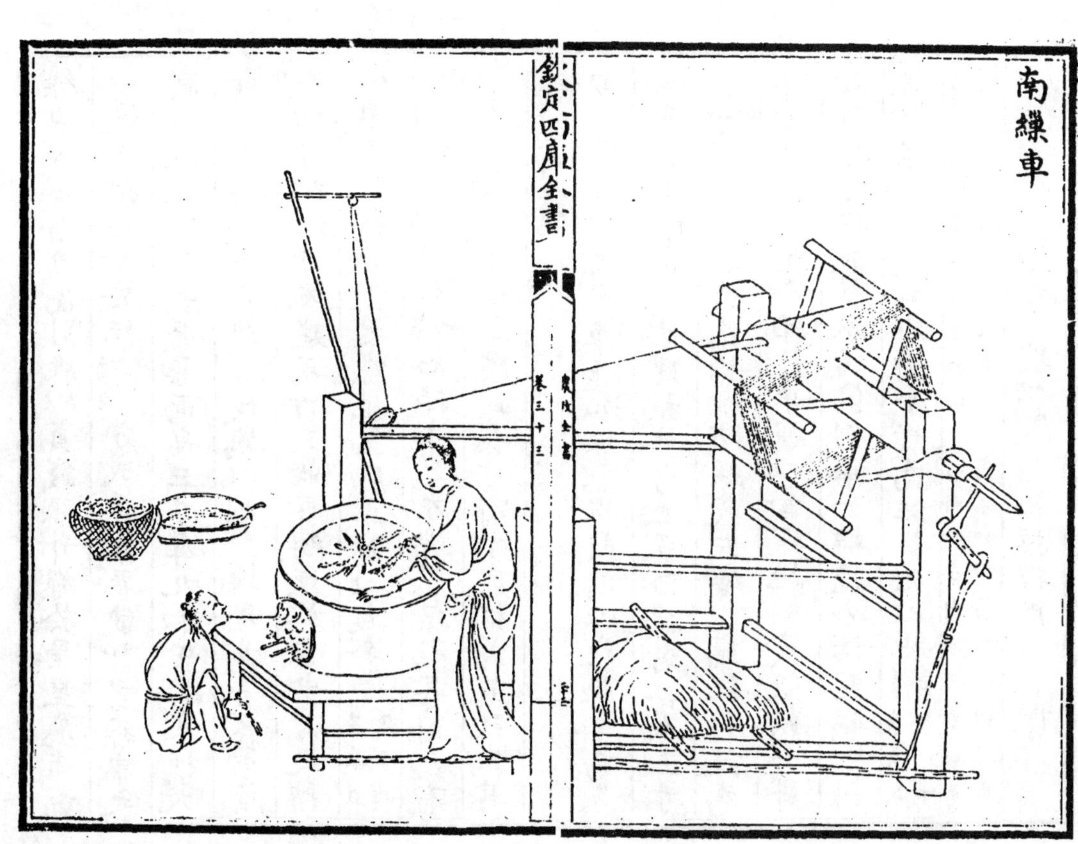

南繅車

北繅車

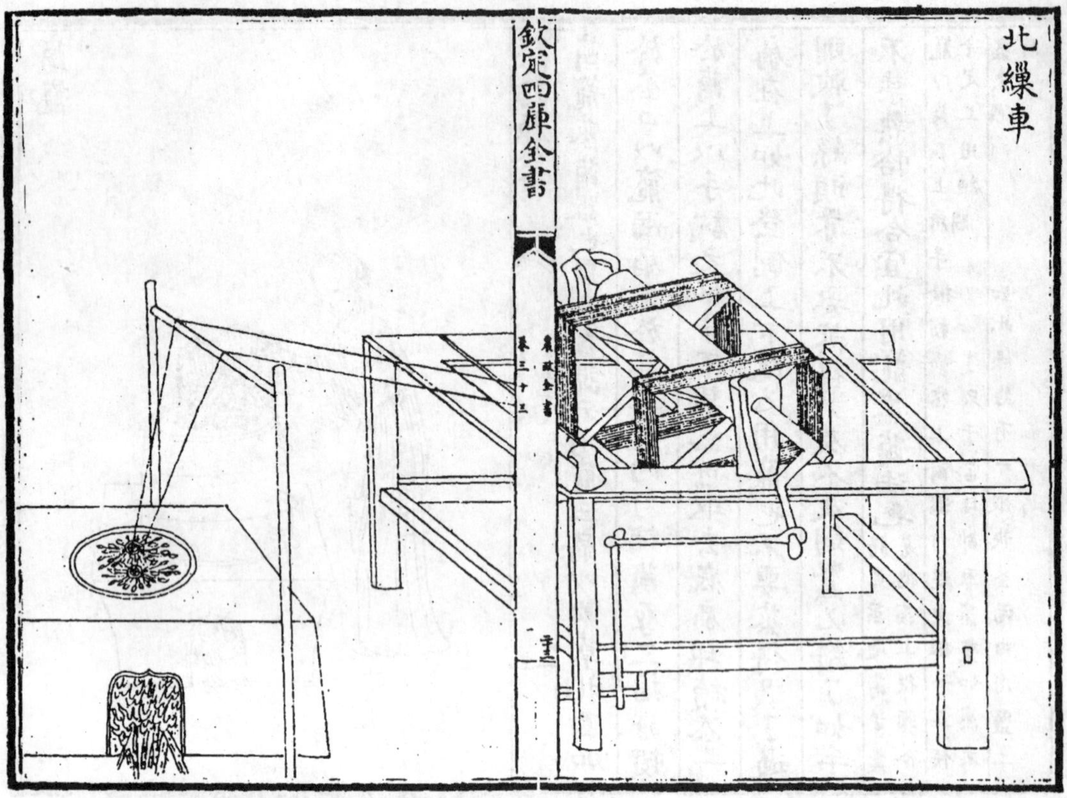

繅車繅絲自鼎面引絲以貫錢眼升繅於星星應車動以過添梯乃至於軖絲輪也方成繅車泰觀蠶書繅車之制　錢眼為版長過鼎面廣三寸厚九黍中其竅挿大錢一出其端横之鼎耳後鎮以石　鏁星為二蘆管管長四寸樞以圓木建兩竹夾鼎耳縛樞於當中管之轉以車下直錢眼謂之鏁星星應車動以過添梯農桑直說云竹筒子宜細鐵條子串筒兩捲子亦須鐵也添梯車之左端置環繩其前尺有五寸當牀左足之上建柄長寸有半區柄為鼓鼓生其寅以受環繩之應車運如環無端鼓因以旋鼓上為魚魚半出鼓其出之中建柄半寸上承添梯者二人五寸片竹也其上揉竹為鈎以防絲竅左端以應柄對鼓為耳方其穿以閑添梯故車運以牽環繩繩簇鼓鼓以舞魚魚振添梯故絲不過偏制車如轆轤必活兩輻以利脫絲竊謂上文云車者今呼為軖軖必以牀農桑直說云軖牀下鼎一尺軸長二尺中經四寸兩頭二寸用榆槐木四角或六角輻通長三尺五寸六角不如四角軖小則絲易解以承軖軸軸之一端以鐵為梟掉復用曲木擐作活

軸右足踏動軠即隨轉自下引絲上軠總名曰繅車

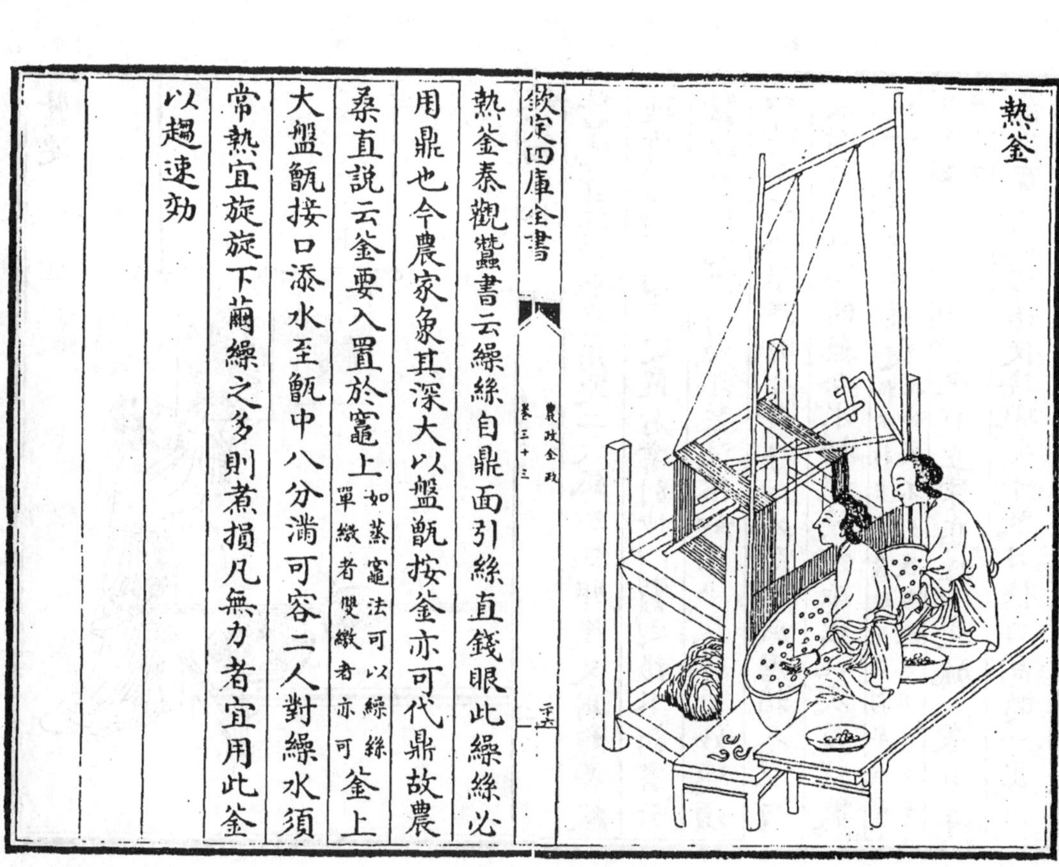

熱釜

熱釜秦觀蠶書云繅絲自鼎面引絲直錢眼此繅絲必用鼎也今農家象其深大以盤甑接釜亦可代鼎故農桑直說云釜要入置於竈上如蒸竈法可以繅絲單繳者雙繳者亦可釜上大盤甑接口添水至甑中八分滿可容二人對繅水須常熱宜旋旋下繭繅之多則煮損凡無力者宜用此釜以趨速効

冷盆

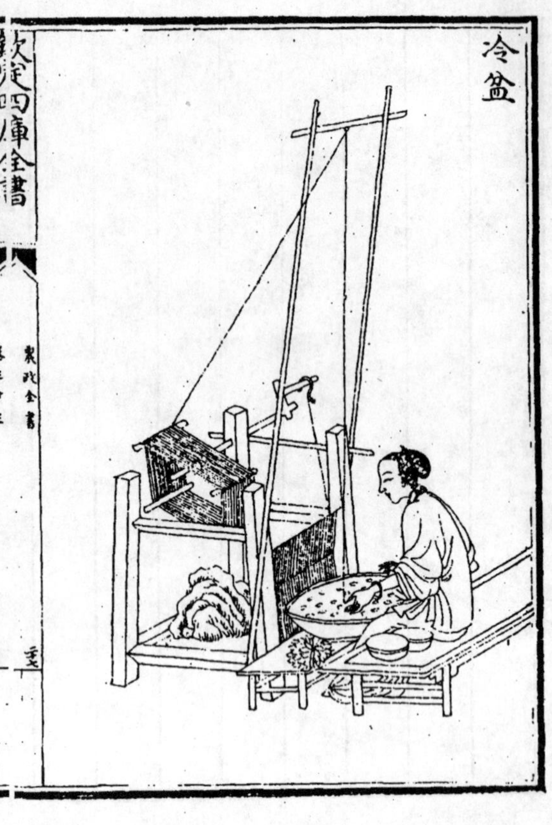

冷盆農桑直說云冷盆可繅全繳細絲中等繭可繅下繳比熱釜者有精神又堅韌也

玄扈先生曰冷盆絕略當由王氏北人不知冷盆之利耳輯要稍詳令人亦少用可急試也

又曰只說冷盆令人如何用之此則抄舊說節略其書耳非實有意欲前民用者也

欽定四庫全書　農政全書　卷三十三

蠶連

蠶連蠶種紙也舊用連二大紙蛾生卵後又用線長綴通作一連故因曰連近者嘗别抄以鬻之務本新書云蠶連厚紙為上薄紙不禁浸浴如用小灰紙更妙連須以時浴之浴畢挂時令蠶子向外恐有風磨損冬至日及臘月八日浴時無令水極深浸浴取出比及月望數連一卷桑皮索繫定（務本新書云蠶連不得用麻繩繫挂如或不忌後多乾死不生本草陳藏器云以苧麻近種則不生當遠之）庭前立竿高挂以受臘天寒氣年節後甕內豎連須使玲瓏安十數日候日高時一出每

陰雨後即便晒曝恐傷濕潤見風亦不可多時此蠶連浴養之法直至暖種而生

農政全書卷三十三

欽定四庫全書

農政全書卷三十四

明 徐光啟 撰

蠶桑

桑事圖譜織絍附

王禎曰夫蠶之用桑必有鉤筐等器以供其事然遠近之間習俗不通故其制度巧拙絕異彼有併力而不及此或一工而兼倍今特采輯去短從長使知所擇夫桑具蠶之用也故次於蠶事之後

桑几狀如高橈平穿二桄就作登級凡柔桑不勝梯附須登几上乃易得葉齊民要術云採桑必須高几士農必用云擔負高几遠樹上下今蠶家採彼女桑茲為便器圖不載

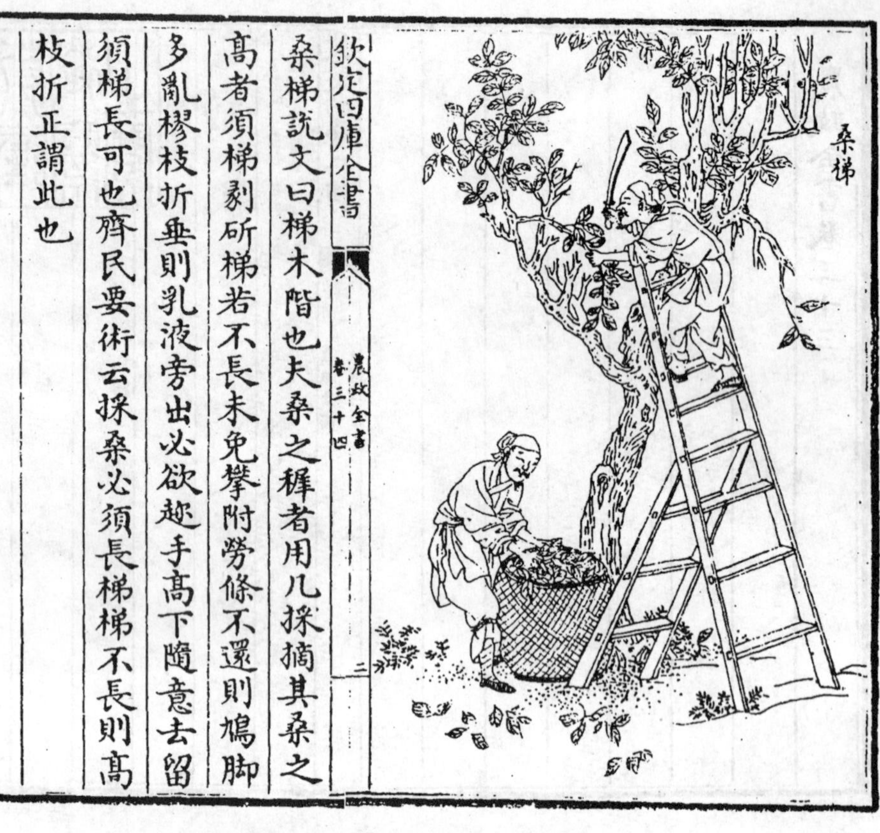

桑梯說文曰梯木階也夫桑之稺者用几採摘其桑之高者須梯剝斫梯若不長未免攀附勞條不還則鳩脚多亂樛枝折垂則乳液旁出必欲趂手高下隨意去留須梯長可也齊民要術云採桑必須長梯梯不長則高枝折正謂此也

斫斧

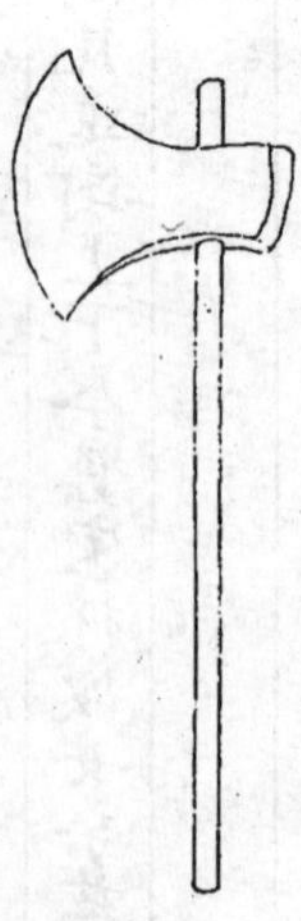

斫斧桑斧也其斧銎匾而刃闊與樵斧不同詩謂蠶月條桑取彼斧斨以伐遠揚士農必用云轉身運斧條葉偃落于外即謂以伐遠揚也凡斧所剝斫不煩再刃者為上至遇枯枝勁節不能拒遏又為上如剛而不闕利而不乏尤為上也然用斧有法必須轉腕回刃向上斫之枝查既順津脉不出則葉必復茂故農語云斧頭自有一倍葉以此知科斫之利勝惟在夫善用斧之效也桑鈎採桑具也凡桑者欲得遠揚枝葉引近就摘故用

鉤木以代臂指扳援之勞昔者親蠶皆用筐鉤採桑唐上元初獲定國寶十三內有採桑鉤一以此知古之採桑皆用鉤也然北俗伐桑而少採南人採桑而少伐歲歲伐之則樹脉易衰久久採之則枝條多結欲南北隨宜採斫互用則桑斧桑鉤各有所施故兩及之

桑籠

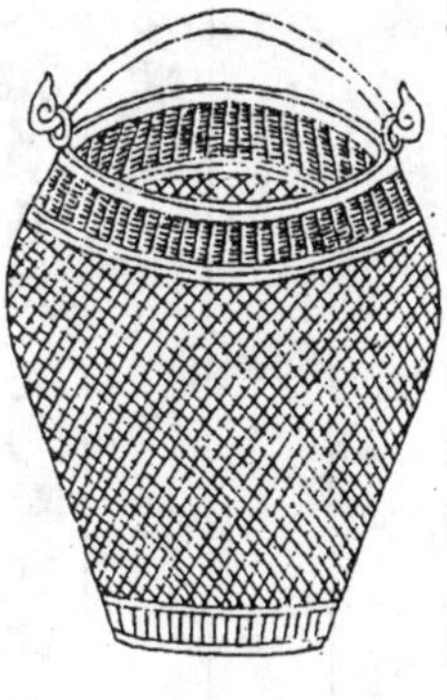

桑籠集韻云籠大篝也即今謂有係筐也桑者便於携挈古樂府云羅敷善採桑採桑城南頭青絲為籠繩桂枝為籠鉤今南方桑籠頗大以擔負之尤便於用

切刀

切刀斷桑刄也蠶蟻時用小刀蠶漸大時用大刀或用漫鏾蠶多者又用兩端有柄長刄切之名曰㦖刀㦖刀如皮匠刮刀長三尺許兩端有短木柄以手按刀半截半切斷桑甚積可供十筐先于長櫈上鋪葉匀厚人於其上俯按此刀左右切之一刄之利可桑百箔

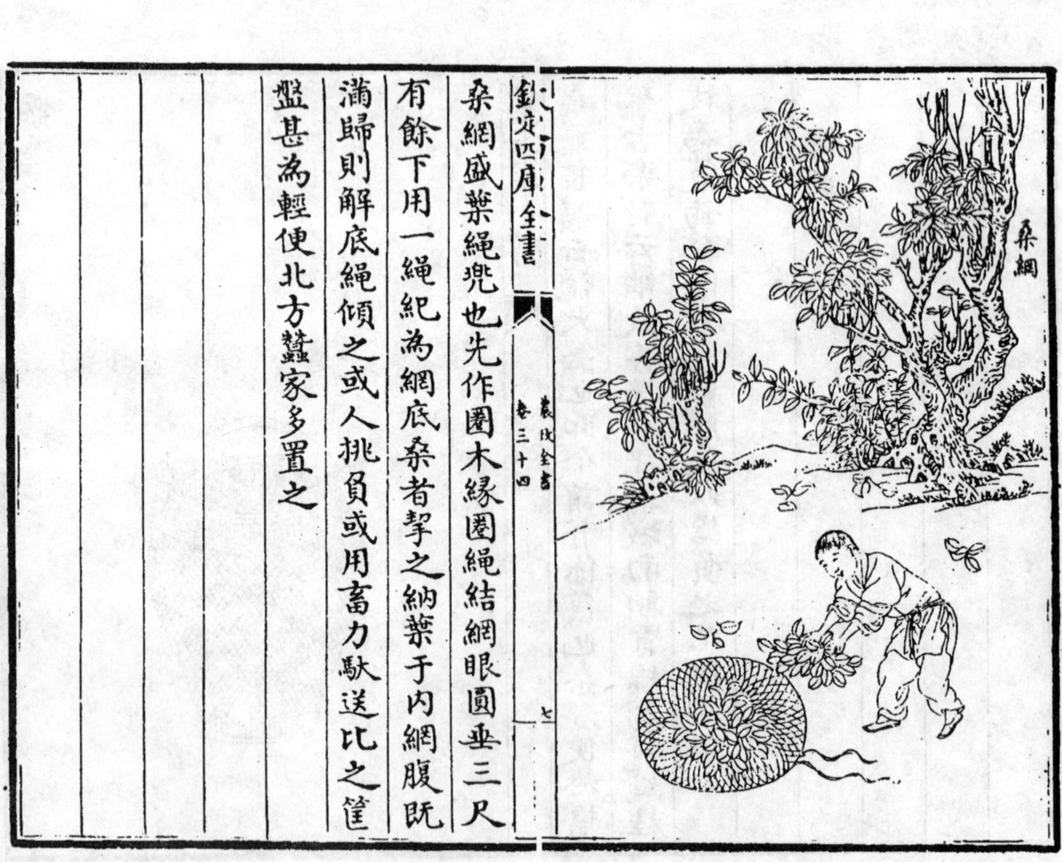

桑網盛葉繩兜也先作圏木緣圏繩結網眼圓延三尺有餘下用一繩紀為網底桑者挈之納葉于内網腹既滿歸則解底繩傾之或人挑負或用畜力馱送比之筐盤甚為輕便北方蠶家多置之

桑碪

桑碪爾雅曰碪謂之榩郭璞註曰碪木礩也碪從石榩從木即木碪也碪截木為碢圓形竪理切物乃不拒刃此北方蠶小時用刀切葉碪上或用几或用夾南方蠶無大小切桑俱用碪也玄扈先生曰木碪傷葉吳中用參秸造者為佳

劖刀

劖刀劖桑刃也刀長尺餘濶約二寸木柄一握南人斫桑劖桑俱用此刃北人斫桑用斧劖桑用鐮鐮刃雖利終非本器殆不若劖刀之輕且順也若南人斫桑用斧北人劖葉用刀去短就長兩為便也

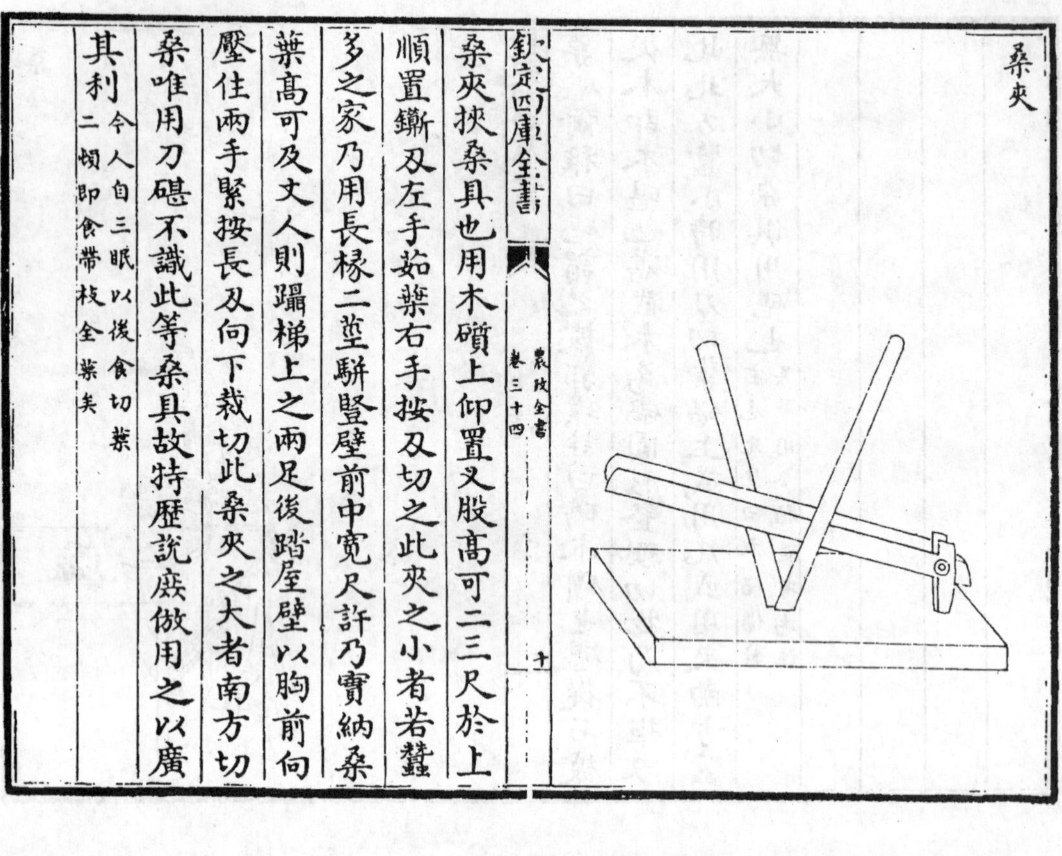

桑夾

桑夾挾桑具也用木礩上仰置叉股高可二三尺於上順置鏩及左手茹葉右手按及切之此夾之小者若蠶多之家乃用長椽二莖駢竪壁前中寛尺許乃實納桑葉高可及丈人則躡梯上之兩足後踏屋壁以胸前向壓住兩手緊按長及向下裁切此桑夾之大者南方切桑唯用刀碪不識此等桑具故特歷説庶倣用之以廣其利 令人自三眠以後食切葉二頓即食帶枝全葉矣

附織絍圖譜

王禎曰織絍婦人所親之事傳曰一女不織民有寒者古謂庶士以下各衣其夫秋而成事烝而獻功愆則有辟是也凡紡絡經緯之有數梭維機杼之有法雖一絲之緒一綜之交各有倫叙皆須積勤而得累工而至日夜精思不致差悞然後乃成幅匹如閨閫之屬務之不惟防閑驕逸又使知其服被之所自不敢易也

絲籰

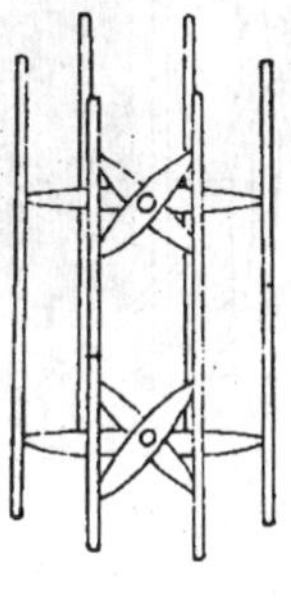

絲籰絡絲具也方言曰㯙兖豫河濟之間又謂之䡝郭璞注云所以絡絲説文曰籰收絲者也或作⿰角間從角間聲今字從竹又從矍竹㽞從人持之矍矍然此籰之義也然必竅貫以軸乃適于用為理絲之先具也

絡車

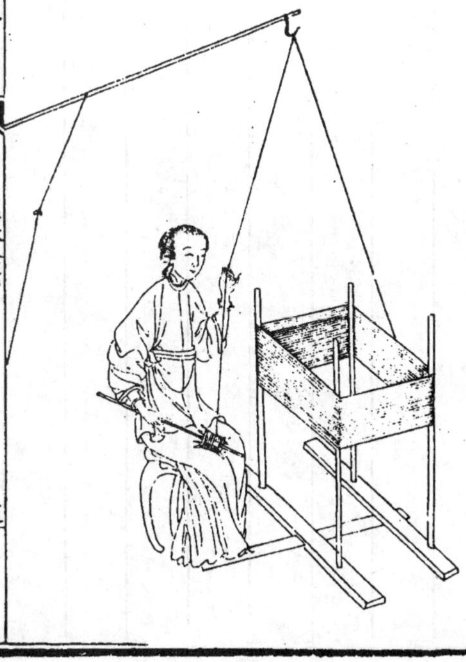

絡車方言曰河濟之間絡謂之給郭璞註曰所以轉籰給事也説文云車柎為柅易姤曰繫于金柅金者堅剛之物柅者制動之主通俗文曰張絲曰柅蓋以脫軠之絲張于柅上上作懸鉤引致緒端逗于車上其車之制必以細軸穿籰掛於車座兩柱之間謂一柱獨高中為通槽以貫其籰軸之首一柱下而管其籰軸之末人既繩牽軸動則籰隨軸轉絲乃上籰此北方絡絲車也南人但習掉籰取絲終不若絡車安且速也今紅音工女織繒惟用二躡

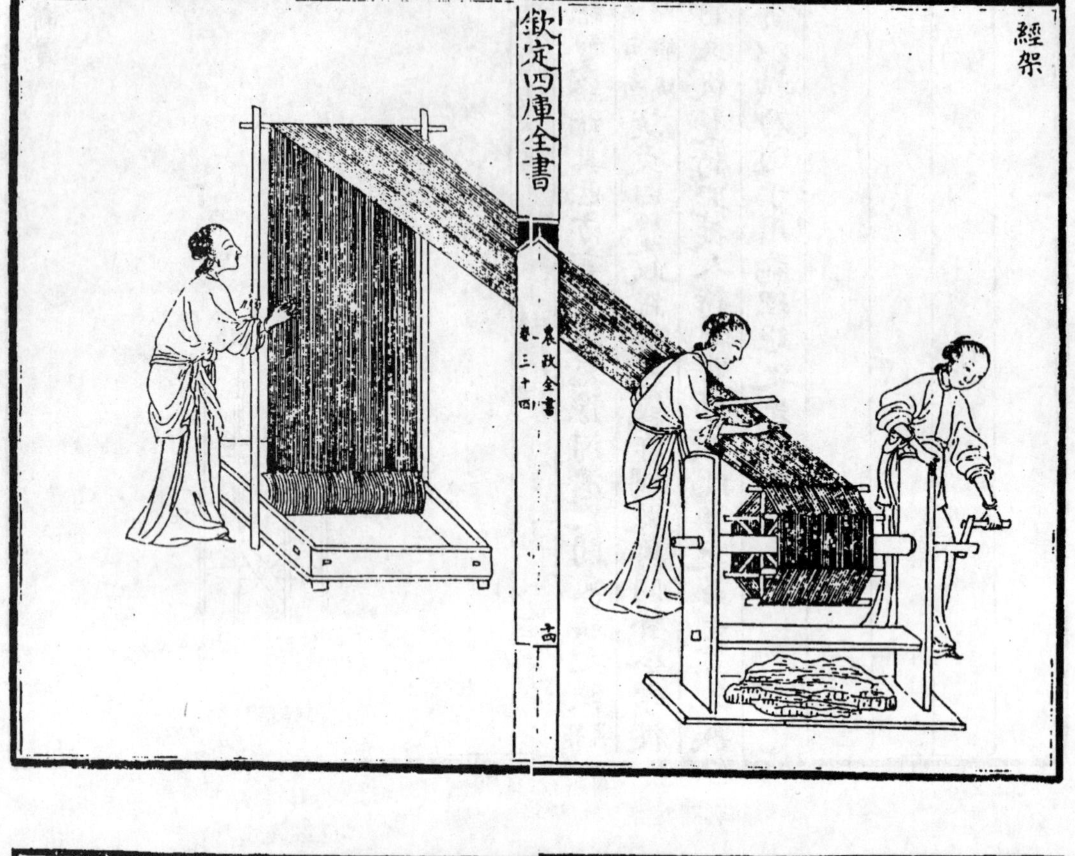

經架牽絲具也先排絲籰於下上架橫竹列環以引衆緒總于架前經簰(與牌同)一人往來挽而歸之紖軸然後授之機杼

緯車

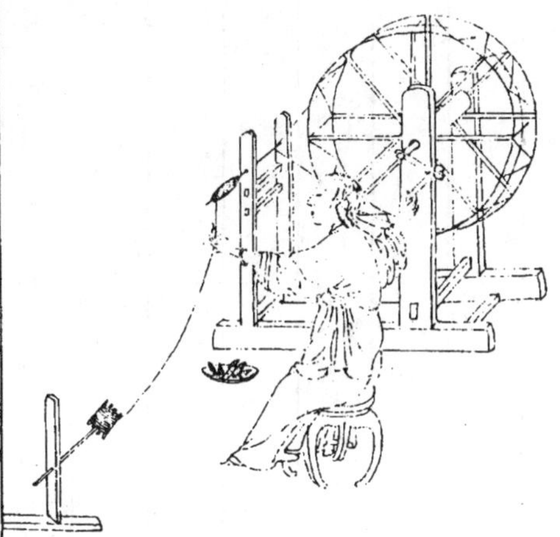

緯車方言曰趙魏之間謂之歷鹿車東齊海岱之間謂之道軌今又謂維車通俗文曰織纖謂之維受緯曰莩其拊上立柱置輪輪之上近以鐵條中貫細筒乃周輪與筒繚環繩右手掉綸則筒隨輪轉左手引絲上筒遂成絲維以充織緯

織機

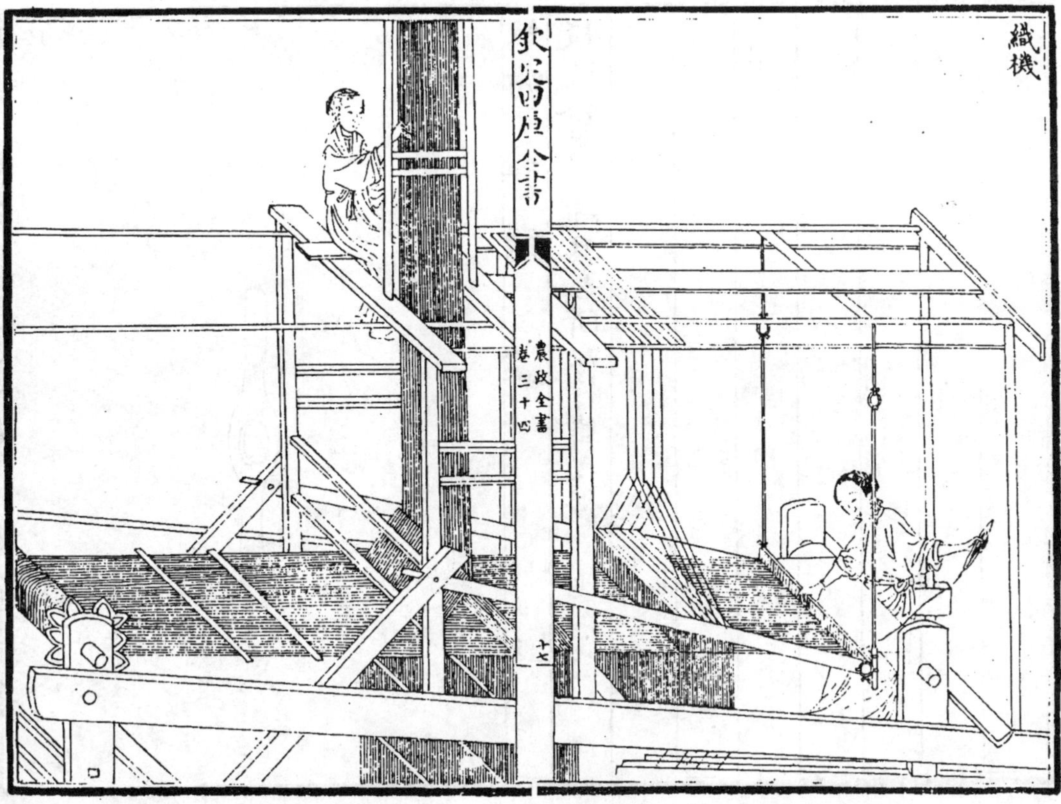

織機織絲具也按黃帝元妃西陵氏曰儽祖始勸蠶稼月大火而浴種夫人副褘而躬桑乃獻繭絲遂稱織紝之功因之廣織以給郊廟之服見路史傅子曰舊機五十綜者五十躡六十綜者六十躡馬生者天下之名巧也患其遺日喪巧乃易以十二躡今紅音工女織繒惟用二躡又為簡要凡人之衣被於身者皆其所自出也

梭

梭通俗文曰織具也所以行緯之莎

砧杵

砧杵擣練具也東宫舊事曰太子納妃有石砧一枚又擣衣杵卞荆州記曰秭歸縣有屈原宅女嬃廟擣衣石猶存盖古之女子對立各執一杵上下擣練于砧其丁冬之聲互相應答今易作卧杵對坐擣之又便且速易成帛也

王禎曰纊絮禦寒古今所尚然制造之法南北互有所長故特總輯庶知通用今附於後

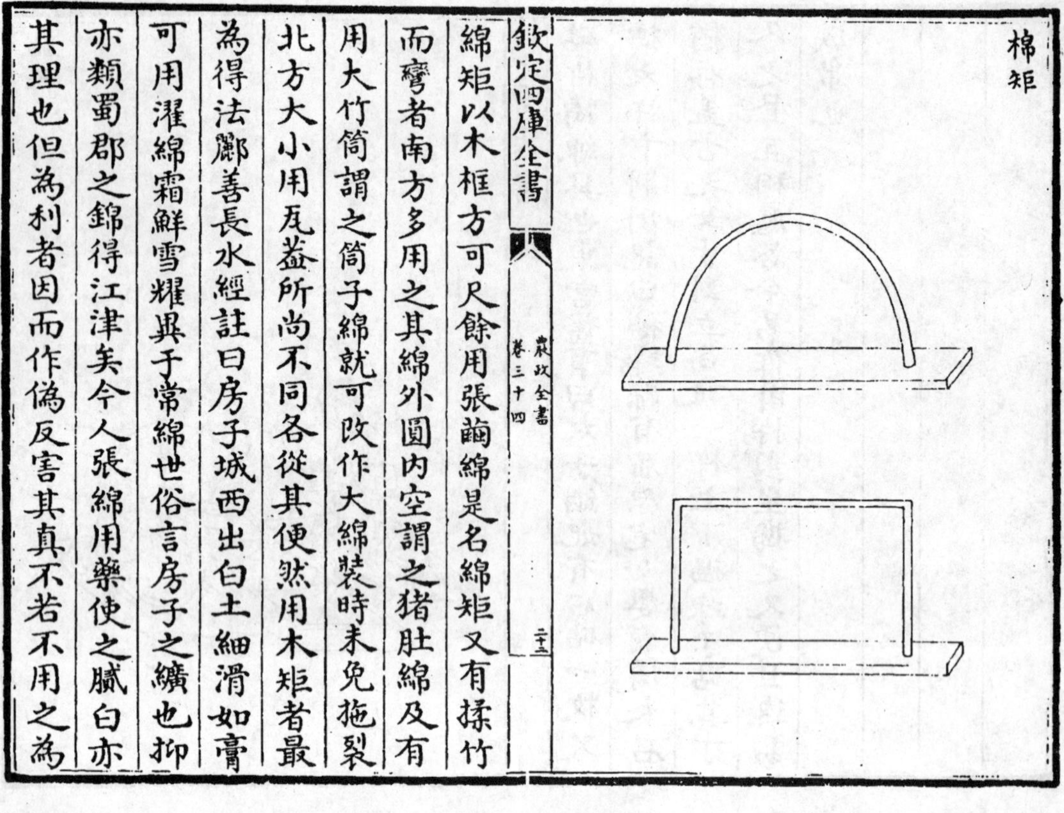

綿矩以木框方可尺餘用張繭綿是名綿矩又有揉竹而彎者南方多用之其綿外圓内空謂之猪肚綿又有用大竹筒謂之筒子綿就可改作大綿裝時未免拖裂北方大小用瓦盆所尚不同各從其便然用木矩者最為得法酈善長水經註曰房子城西出白土細滑如膏可用濯綿霜鮮雪耀異于常綿世俗言房子之纊也抑亦類蜀郡之錦得江津矣今人張綿用藥使之膩白亦其理也但為利者因而作偽反害其真不若不用之為愈因及之以為世戒

欽定四庫全書 農政全書 卷三十四 二十五

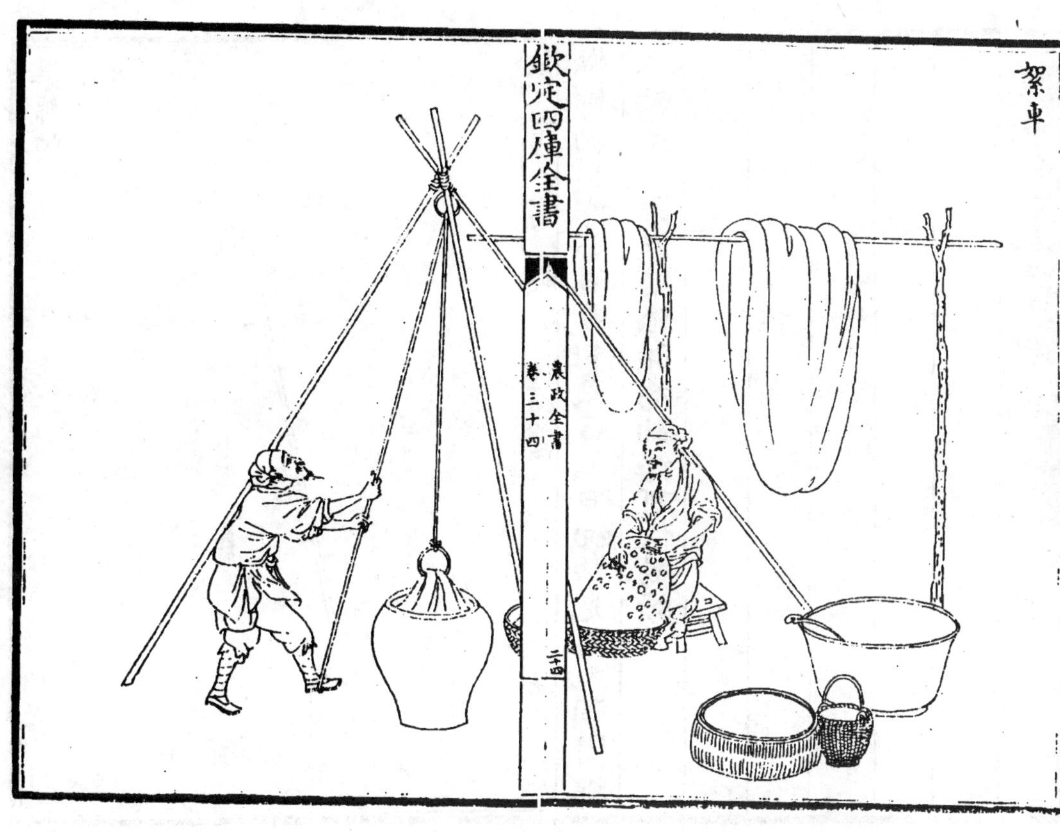

絮車構木作架上控鉤繩滑車下置煮繭湯甕絮者掣繩上轉滑車下徹甕內鉤繭出沒灰湯漸成絮段莊子所謂洴澼絖者疏云洴浮也澼漂也絖絮也古者纊絮綿一也今以精者為綿粗者為絮因蠶家退繭造絮故有此車煮之法常民藉以禦寒次于綿也彼有擣繭為胎謂之牽縭者較之車煮工拙懸絕矣

撚綿軸

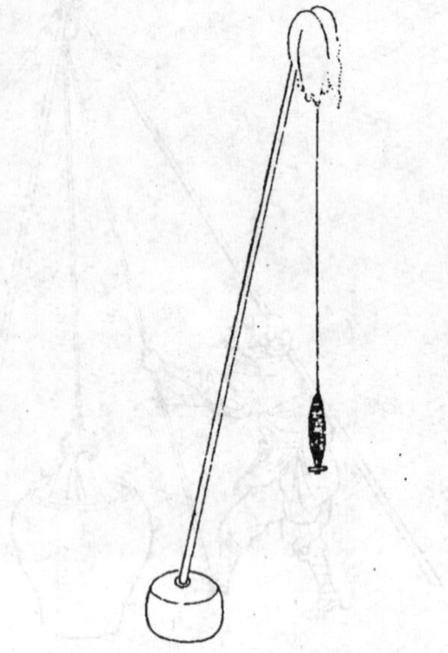

撚綿軸制作小碣或木或石上揷細軸先用叉頭掛綿上軸懸之撚作綿絲即為紬縷可代紡績

農政全書卷三十四

欽定四庫全書

農政全書卷三十五

明 徐光啟 撰

蠶桑廣類

木棉

禹貢曰島夷卉服厥篚織貝蔡沉傳曰卉服葛及木棉之屬南夷木棉之精好者亦謂之吉貝以卉服來貢而吉貝之精者則入篚焉裴淵廣州記曰蠻夷不蠶採木棉為絮方勺泊宅編曰南海蠻人以木棉紡織為布布上出細字雜花尤工巧名曰吉貝布即古白氎布也范政敏遯齋閒覽曰

林邑等國出吉貝布木棉為之南州異物志曰木棉吉貝木所生熟時狀如鵝毳細過絲綿中有核如珠珣用之則治出其核昔用輾軸今用攪車尤便但紡不績任意外抽牽引無有斷絕其為布曰斑布繁縟多巧曰城次麄者曰文縛又次麄者曰烏驎張勃吳錄曰交阯定安縣有木棉樹高丈實如酒杯口有綿如蠶之綿也又可作布名曰白緤一名毛布諸蕃雜志曰木棉吉貝木所生占城闍婆諸國皆有之今已為中國珍貨但不自本土所產不能足用李延壽南史曰高昌國有草實如繭繭中絲為細纑名曰白疊取以為帛甚軟白沈懷遠南越志曰桂州出古終藤結實如鵝毳核如珠珣治出其核約如絲綿染為斑布李時珍本草綱目曰木棉有草木二種交廣木綿樹大如抱其枝似桐其葉大如胡桃葉入秋開花紅似山茶花黃蕊花片極厚為房甚繁短側相比結實大如拳實中有白綿綿中有子今人謂之斑枝花訛為攀枝花江南淮北所種木

棉四月下種莖弱如蔓高者四五尺葉有尖如楓葉入秋開花黃色如葵花而小亦有紅紫者結實大如桃中有白綿綿中有子大如梧子亦有紫綿者八月採絿謂之綿花然則張勃所謂木棉蓋指似木之木棉也李延壽沈懷遠所謂木棉則指似草之木棉也此種出南番宋末始入江南今則徧及江北與中州矣不蠶而綿不麻而布利被天下其益大哉 又南越志言南詔諸蠻不養蠶惟収娑羅木子中白絮紉為絲織為幅名娑羅籠段祝穆方輿志言平緬出娑羅樹大者高三五丈結子有絨綿織為白氎名兠羅綿此亦斑枝花之類各方稱呼不同耳 玄扈先生曰吉貝之名獨昉于南史相傳至今不知其義意是海外方言也小說家所謂木棉其所謂布曰城曰文縟曰烏驎曰斑布曰白氎白緤曰屈眴者皆此故是草本而吳錄稱木棉者南中地煖一種後開花結實以數歲計頗似木芙蓉不若中土之歲一下種也故曰十餘年不換明非木本矣吉貝之稱木

即禹貢之言卉服別于蠶綿耳閩廣不稱木棉者彼中稱攀枝花為木棉也攀枝花中作裀褥雖柔滑而不韌絕不能牽引豈堪作布或疑木棉是此謂可為布而其法不傳非也吳錄所言木棉亦即是吉貝或疑其云樹高丈當是攀枝不知攀枝高十數丈南方吉貝數年不凋具高丈許亦不足怪蓋南史所謂林邑吉貝吳錄所謂永昌木棉皆指草本之木棉可為布意即娑羅木然與攀枝花絕不類又中土所織棉布及西洋布精麗不等絕無光澤而余見曹溪釋惠能所傳衣曰屈眴布即白氎布云是西域木棉心所織者其色澤如蠶絲豈即娑羅籠段邪抑西土吉貝尚有他種耶又嘗疑洋布之細非此中吉貝可作及見榜葛剌吉貝其核絕細綿亦絕軟與中國種大不類乃知向來所傳亦非其佳者又曰中國所傳木棉亦有多種江花出楚中棉不甚重二十而得五性強緊北花出畿輔山東柔細中紡織棉稍輕二十而得四或得五浙花出餘姚中紡織棉稍重二十而得四天下種大都類此更有數種稍異者一曰黃蔕穰核細黃色如粟米大棉重一曰青核核青色細于他種棉重一曰黑核核亦細純黑色棉重一曰寬大衣核白而穰浮棉重此四者皆二十而得九黃蔕稍強緊餘皆柔細中紡織堪為種又一種曰紫花浮細而核大棉輕二十而得四其布以製衣頗朴雅市中遂染色以售不如本色者良堪為種 又曰余見農人言吉貝者即勸令擇種須用青核等三四品棉重倍入矣或云凡種植必用本地種他方者土不宜種亦隨地變易余深非之乃擇種者竟獲棉重之利三五年來農家解此者十九矣嗚呼即如彼言吉貝白南海外物耳吾鄉安得而有之而今且奄有下土衣被九有哉 又曰嘉種移植間有漸變者如吉貝子色黑者漸白棉重者漸輕也然在近地不妨歲購種稍遠者不妨數歲一購其所由變者大半因種法不合間因天時水旱其緣地方而變者十有一二耳

孟祺農桑輯要曰栽木棉法擇兩和不下濕肥地於正月地氣透時深耕三遍擺蓋調熟然後作成畦畛每畦長八步闊一步内半步作畦面半步作畦背不斷二遍用杷耬平起出覆土於畦背上堆積至穀雨前後揀好天氣日下種先一日將已成畦畛連澆三次用水淘過子粒堆於濕地上瓦盆覆一夜次日取出用小灰搓得伶利看稀稠撒於澆過畦内將元起出覆土覆厚一指再勿澆待六七日苗出齊時旱則澆溉鋤治常要潔淨

穊則移栽稀則不須每步只留兩苗稠則不結實苗長高二尺之上打去衝天心旁條長尺半亦打去心葉葉不空開花結實直待綿欲落時為熟旋熟旋摘隨即攤于箔上日曝夜露待子粒乾取下用鐵杖一條長二尺麄如指兩端漸細如趕餅杖樣用梨木板長三尺闊五寸厚二寸做成床子逐旋取綿子置於板上用鐵杖回旋趕出子粒即為淨綿撚織毛絲或綿裝衣服特為輕暖

王禎農桑通訣曰木棉穀雨前後種之立秋時隨獲隨收其花黃如葵其根獨而直其樹不貴乎高長其枝榦貴乎繁衍不由宿根而出以子撒種而生所種之子初收者未實近霜者又不可用惟中間時月收者為上須經日晒燥帶綿收貯臨種時再晒旋碾即下 玄扈先生曰此處冬月碾子收藏風日所侵恐致油浥若受水濕仍當鬱爛故也余聞老農云棉種必於冬月碾取謂碾必須晒秋冬生氣收斂于時晒曝不傷萌芽春間生意茁發不宜大晒也二說皆有理余意謂春碾者秋收時間取種棉曝極乾置高燥處臨種時略晒即碾當無害秋碾者碾下種用草裹置高燥處不受風日水濕可無鬱浥惟春時旋買棉花碾作種即不可恐是陳棉或嘗受濕蒸故若旋買棉核作種尤不可恐是陳核或經火焙故今意創一法不論冬碾春碾收藏旋買但臨種時用水浥濕過半刻淘汰之其秕者遠年者火焙者油者鬱者皆浮其堅實不損者必沉沉者可種也又曰木棉核果當年者亦須淘汰擇取浮者秕種也其羸種亦沉取其沉者做撚之羸者殼軟而仁不滿其堅實者乃佳或疑導擇須功此不足慮也若依世俗密種畝用子數升誠難果如法料間三尺擺種之畝用子一升以外足矣 其種本南海諸國所產後福建諸縣皆有近江東陝右亦多種滋茂繁盛與本土無異種之則深荷其利悠悠之論率以風土不宜為說按農桑輯要云雖託之風土種藝不謹者有之種藝雖謹不

得其法者有之信哉言也 玄扈先生曰農桑輯要作于元初當時便云木棉種陝右行之其他州郡多以土地不宜為解獨孟祺苗好謙暢師文王禎之屬能排貶其說抑不知當時之人果以數子為是耶否耶至于今率土仰其利始信數君子非欺我者嗚呼豈獨木棉哉後之視今猶今之視昔也

便民圖纂曰棉花穀雨前後先將種子用水浸片時漉出以灰拌勻候芽生於糞地上每一尺作一穴種五七粒待苗出時密者芟去止留旺者二三科頻鋤時常掐去苗尖勿令長太高若高則不結子至八月間收花 玄扈先生曰木棉一步留兩苗三尺一株此相傳古法依此則能兩耐旱肥而多收圖纂作于近代云一尺一穴者

太密此通來稠種少收之濫觴也又曰吳人云千稭萬稭不如密花此言最害事稀不如密者就極瘠下田言已則瘠之而稠之自今薄收非最下惰農當作此語耶之所謂瘠田欲稠也田之肥瘠在糞多寡在人勤惰耳能肥肥則實繁而多收今肥田密種者既無行次稍即若田肥自不得密密則青酣不實實亦生蟲故稀種則強弱相害苗愈長愈不忍痛芟之櫛比而生不交遠風雖望之鬱葱而有葉無枝有花無實矣既慮其然則瘠其苗非從事之下邪棉之幹長數尺枝間數尺子百顆畝收二三石其本性也今人密種少收皆其夭閼不遂者耳齊魯人種棉者既壅田下種率三尺留一科苗長後花乾糞視苗之瘠者輒壅之畝收二三百斤以為常餘姚海堧之人種棉極勤亦二三尺一科長枝布葉科百餘子收極旱亦畝得二三百斤其為畦廣丈許中高旁下畦間有溝深廣各二三尺秋葉落積溝中爛壞冬則就溝中起生泥壅田歲種蠶豆至春翻稭作壅即地

虛行根極易又極深則能久雨能久旱能大風此皆稀種故能肥能肥故多收若如吾鄉之密種而又用齊魯之糞肥餘姚之草肥安得不青酣不蟲蠹耶但慮酣之為患不知稀之得力又慮稀之少收不知肥之得力人情之習于故常如此哉彼兩方人聞吾鄉之密種薄收也每大笑之

張五典種法曰種之時在清明穀雨節以霜氣既止也種之力或生地用糞耕蓋後種或花苗到鋤三遍高聳每根苗邊用熟糞半升培植鋤非六七遍盡去草茸不可種之疎密苗初頂兩葉時止剗去草顆宜密留以備死傷再鋤尚宜稍密三鋤則定苗顆宜疎不宜密大約每花苗一顆相拒八九寸遠斷不可兩顆連並苗之去葉心在伏中晴日三伏各一次有苗未長大者隨時去之花性忌燥燥則濕烝而桃易脫落花忌苗並並則直起而無旁枝中下少桃種不宜晚晚則秋寒早則桃多不成實即成亦不甚大而花軟無絨去心不宜於雨暗日雨暗去心則灌聾而多空幹此北方種花法也北方地高寒尚宜若此況此中地濕燥何可不以北法行之

按張山東信陽人萬歷乙卯按吳行部至海上時六月初察視田間花苗多羸弱恨其三五為簇即根以上尺

許無蓓蕾恨其密也曰江左賦繁役重全賴田收而樹蓺無法歲得半入此傷農之大者極論其理甚詳悉手書此則刻而傳之海上官民軍竈墾田幾二百萬畝大半種棉當不止百萬畝若此言必行畝益棉三十斤足供賦額五十斤足繇役豐歉獲收家戶殷給悉仁言之利矣

玄扈先生曰棉花密種者有四害苗長不作蓓蕾花開不作子一也開花結子雨後鬱烝一時隨落二也行根淺近不能風與旱三也結子暗蛀四也

又曰總種棉不熟之故有四病一秕二密三瘠四蕪秕者種不實密者苗不孤瘠者糞不多蕪者鋤不數

又曰凡田來年擬種稻者可種麥擬棉者勿種也諺曰歇田當一熟言息地力即古代田之義若人稠地狹萬不得已可種大麥或稞麥仍以糞壅力補之決不可種小麥凡高仰田可棉可稻者種棉二年翻稻一年即草根潰爛土氣肥厚蟲螟不生多不得過三年過則生蟲三年而無力種稻者收棉後周田作岸積水過冬入春凍解放水候乾耕鋤如法可種棉蟲亦不生

又曰棉田秋耕為良穫稻後即用人耕又不宜耙細須

大墢岸起令其凝沍來年凍釋土脉細潤正月初轉耕或用牛轉二月初再轉此二轉必撈盇令細清明前作畦畛土欲絕細畦欲闊溝欲深既作畦便于白地上鋤三四次雨後鋤為良則土細而草除鋤白一當鋤青二去草白其芽蘖故

又曰凡棉田于清明前先下壅或糞或灰或豆餅或生泥多寡量田肥瘠剉豆餅勿委地仍分定畦畛均布之吾鄉密種者不得過十餅以上糞不過十石以上懼太肥虛長不實實亦生蟲若依古法苗間三尺不妨一再倍也有種晚棉用黃花苕饒草底壅者田擬種棉秋則種草來年刈草壅稻留草根田中耕轉之若草不甚盛加別壅欲厚壅即並草罨覆之或種大麥蠶豆等並罨覆之皆草壅法也草壅之收有倍他壅者惟生泥棉所最急不論何物壅必須之故姚江之畦間有溝最良法凡水土氣過寒糞力盛峻熱生泥能解水土之寒能解糞力之熱使實繁而不蠹諺曰生泥好棉花甘國老但

下糞須在壅泥前泥上加糞併泥無力

又曰種棉有漫種者易種難鋤穴種者反之漫種者下種宜密鋤時簡別而痛芟之令絕疎穴種者穴四五核鋤時簡別去留之留不得過二留二者高五六寸則以塊亞其中而平分之使根榦相去面面生枝終不如孤生者良簡別之法老農云一二次鋤去大葉者此大核少棉種也三鋤後去小葉者此秕不實種也或實而油浥病種也第此為雜種言耳若純用黑核等佳種精擇

之自無大核雜種即全去小者
又曰棉子用臘雪水浸過不蛀亦能旱或云鰻魚汁浸之凡種皆然種棉須土實漫種者既覆土用木磟碡實之穴種者覆土後以足踐之
又曰苗高二尺打去衝天心者令旁生枝則子繁也旁枝尺半亦打去心者勿令交枝相揉傷花實也摘時視苗遲早早者大暑前後摘遲者立秋摘秋後勢定勿摘矣摘亦不復生枝

又曰鋤棉須七次以上又須及夏至前多鋤為佳諺曰鋤花要趁黃梅信鋤頭落地長三寸
又曰鋤棉者功須極細密昔有人傭力鋤者密埋錢于苗根鋤者貪覓錢深細爬梳棉則大熟
又曰棉田溝側勿種豆疑慮傷災利其微獲者是下農夫也畦中尺寸空餘少俟即枝條森接補豆一簇并害傍苗十數尤癡絕亦豆害棉更甚
又曰凡種植以旱為良吾吳濱海多患風潮若比常時先種十許日到八月潮信有旁根成實數顆即小收矣但早種遇寒苗出多死今得一法於舊冬或新春初耕後畝下大麥種數升臨種棉轉耕并麥苗稀覆之麥根在土棉根遇之即不畏寒麥兼四氣之和性故能寒也用此法可先他田半月十日種
又曰今人種麥雜棉者多苦遲亦有一法預于舊冬耕熟地穴種麥來春就于麥隴中穴種棉但能穴種麥即漫種棉亦可刈麥

又曰吉貝遇大水淹沒七日以下水退尚能發生若淹過八九日水退必須翻種矣遇大旱戽水潤之但戽水後一兩日得雨後損苗須較量陰晴方可車戽若能稀種行根深遠即車後得雨亦無妨也
陶九成南村輟耕録曰松江府東去五十里許曰烏泥涇其地土田磽瘠民食不給因謀樹藝以資生業遂覓木棉之種初無踏車椎弓之製率用手剖去子線弦竹弧置案間振掉成劑厥功甚艱國初時有嫗黃婆者自

崖州來乃教以作造捍彈紡織之具至於錯紗配色綜綫挈花各有其法以故織成被褥帶帨其上折枝團鳳棋局字樣粲然若寫人既受教競相作為轉貨他郡家既就殷未幾媪卒莫不感恩灑泣而共葬之又為立像祠焉越三十年祠毀鄉人趙愚軒重立

丘濬大學衍義補曰按自古中國布縷之征惟絲枲二者而已今世則又加以木棉焉唐人調法民丁歲輸絹綾絁及綿輸布及麻是時未有木棉也宋林勳作政本

書匹婦之貢亦惟絹與綿非蠶鄉則貢布麻元史種植之制丁歲種桑棗雜果亦不及木棉則是元以前未始以為貢賦也考之禹貢揚州島夷卉服註以為吉貝則虞時已有之島夷時或以充貢中國未有也故周禮以九職任民嬪婦惟治蠶枲而無木棉焉中國有之其在宋元之世乎蓋自古中國所以為衣者絲麻葛褐四者而已漢唐之世遠夷雖以木棉入貢中國未有其種民未以為服官未以為調宋元之間始傳其種入中國關陜閩廣首得其利蓋此物出外夷閩廣海通舶商關陜壤接西域故也然是時猶未以為征賦故宋元史食貨志皆不載至我國朝其種乃徧布于天下地無南北皆宜之人無貧富皆賴之其利視絲枲蓋百倍焉故表出之使天下後世知卉服之利始盛于今代

玄扈先生曰陶宗儀稱松江以黃媪故有棉布之利而仲深先生亦云其利視絲枲百倍此言信然然其利今不在民矣嘗攷宋紹興中松郡稅糧十八萬石耳今平米九十七萬石會計加編徵收耗剩起解鋪墊諸色役費當復稱是是十倍宋也壤地廣袤不過百里而遥農畝之入非能有加于他郡邑也所繇共百萬之賦三百年而尚存視息者全賴此

一機一杼而已非獨松也蘇杭常鎮之幣帛枲紵嘉湖之絲纊皆恃此女紅末業以上共賦稅下給俯仰若求諸田畝之收則必不可辦故論事者多言東南之民勤力以事上比于孝子順孫不虛耳松江志又言綾布二物衣被天下原此中之布實不如西洋之麗密曾見浙中一種細布亦此中所未見者徒以家紡户織遠近通流遂以為壤奠為利源也第事勢推移無數百年不變者元人稱閩陜而外諸郡土地不宜吉貝識者非之今之藝吉貝者所在而是焉何樹藝之獨然而織絍之獨不然也即安能禁他郡邑之人不為黃媪邪今北土之吉貝賤而布貴南方反是吉貝則汎舟而鬻諸南布則汎舟而鬻諸北此皆事之不可解者若以北之棉數南之織豈不反賤為貴反貴為賤佘居恒謂北方之人必有從事者若彼土風高不能抽引此語誠然顧豈無善巧之法而總料其不然亦未免為悠悠之論故常揣度後此數十年松之布當無所洩無所洩即無以上共賦

稅下給俯仰宜當早為計者人情多未以為然也而數年來肅寧一邑所出布疋足當吾松十分之一矣初猶莽莽今之細密幾與松之中品埒矣其值僅當十之六七則向所云吉貝賤故也夫以一邑漸及之他邑何難既能其一進之其十何難由下品而中由中品而上何難吾欲利而能謂人已邪北土既爾他方復然則後此數十年松之布竟何所洩哉至于此即當事者必有輕重經通之策第吾儕自朝謀夕竊謂宜及今兼事蠶桑以濟布疋之窮或者又復以土地不宜為言嗚呼慮始之難甚哉昔人有言未事豫言固常為虛及其已至又無所及余唯幸余言之不驗也夫即余言之不驗而以數十日之功收蠶桑之利餘日以事紡織亦安所不便乎

玄扈先生曰近來北方多吉貝而不便紡織者以北土風氣高燥綿毳斷續不得成縷縱能作布亦虛踈不堪用耳南人寓都下者多朝夕就露下紡日中陰雨亦紡不則徙業矣南方卑濕故作縷緊細布亦堅實今肅寧人乃多穿地窖深數尺作屋其上檐高于平地僅二尺許作窻欞以通日光人居其中就濕氣紡織便得緊實與南土不異若陰雨時窖中濕烝太甚又不妨移就平地也刱始何人殊有意致但南中用糊有二法其一先將綿維作絍糊盆度過復于撥車轉輪作維次用經車

縈迴成絍吳語謂之漿紗其一先將綿維入經車成絍次入糊盆度過竹木作架兩端用緯急維竹帚痛刷候乾上機吳語謂之刷紗南布之佳者皆刷紗也今肅寧尚未作此亦緣風土高燥塵沙坌起故耳法當如前作窖令長二三十丈廣三四丈冒以長廊循檐作窻欞開闔以避就風日于中經刷或輕陰無風纖塵不起亦不妨移向平地若作如此方便其成布當盛吳下第功力頗費當如農桑輯要所云義桑之法聚眾力成之若有力者作此計日僦用亦大收儎直也農桑通訣所載攪車用兩人今止用一人紡車用三維今吳下猶用之間有容四維者江西樂安至容五維往見樂安人于馮可大所道之因託可大轉索其器未得更不知五維向一手間何處安置也聊舉一二其他善巧所在有之且智巧日窮不盡後之制作若能虛訪勤求即吳宮機絕尚有進乎技者何況其他嗟乎又豈直杼軸之間蕞爾細事已哉

孟祺農桑輯要言一步留兩苗又言旁枝長尺半亦打去心此為每科相去皆三尺古法也便民圖纂言每一尺作一穴此為每科相去皆一尺近法也今或相去二三寸一二寸乃至三五成族是謂無法自取薄収耳祺又言苗長二尺打去衝天心此亦古法須三伏者方盛長時令旁生枝也吾鄉人知去心者百中有二三然非早種稀留肥壅亦自無由高大去心何益北土用熟糞者堆積乾糞罨覆踰時熱炁已過然後用之勢緩而力

厚雖多無害南土無之大都用水糞豆餅草薉生泥四物水糞積過半年以上與熟糞同此既難得旋用新糞畝不能過十石過則青䣛一為糞性熱一為花科密也豆餅亦熱畝不能過十餅過者與糞多同病若能稀種科間一尺此二物者可加一倍間二尺可加三倍間三尺可加五倍也更能于冬春下壅後耕盇之可加至十倍既不傷苗二三年後尚有餘力矣草壅甚熱過于糞餅糞因水解餅亦匀細草壅難匀當其多處峻熱傷苗故有時倍収有時耗損用此一物特宜詳慎生泥者或開挑溝底或鬭取草泥罨蒸去熱此種最良凡先下糞餅草薉用此覆之大能緩其勢益其力姚江法全用草壅加以生泥科間二尺方之吾鄉畝収數倍也蓋生泥中具有水土草薉和合淳熟其水土能制草薉之熱草薉能調水土之寒故良農重之有國老之稱矣余勸人稀種棉本疏中言之詳矣余法須苗間三尺或未信宜先一尺二尺試之今更有一論推明必然之理吾鄉種

棉花極稔時間有一二大株俗稱為花王者於榦上結實旁枝甚多實亦多人以為神異賽祭祈禱或罄其所入此至愚也余謂下一花子便當得一花王其不花王者皆夭閼不遂者耳意此中花種久受屈抑少全氣之核種之又遲又密又瘦故皆不獲遂其本性萬一中有豐滿之核種復早又偶值稀疎之虞偶遇肥饒之地偶當豐稔之時此四五事皆相得則花王矣然安能一一湊合若此所為萬萬中有一而花王絕少也若依吾法

歲歲擇種取其高大繁實者特留作種淘汰擇取精核又早種科間三尺科用糞數升而遇豐年豈不遍地花王哉即歉歲亦數倍恒時矣若不信此言請詳花王何物試言其理花合有王他卉木不合有王乎他卉木能遂其性者多矣獨花木也必予地三尺而後可按柱史所疏種花法與吾土者略有三指一曰稀二曰肥三曰早稀之為利稀則耐肥而能為利余既備論之今特論所云早者按吾鄉北極出地三十度山東濟南三十六

度相去六度寒煖甚懸絕柱史言其邑陽信俱于清明種木棉無過穀雨者則吾鄉當在清明前無疑但此時霜信未絕苗出土經霜則萎今定于清明前五日為上時後五日為中時穀雨為下時決不宜過穀雨矣如此早種即早實早收縱遇風潮之年亦有近根之實不至全荒也吾鄉向稱早種者在立夏前遲或至小滿後詢其緣由皆不獲已其一為惜麥北方地寬絕無麥底花得早種吾鄉間種麥雜花者不得不遲今請無惜麥必用荒田底即種麥亦空穴種可得早種花後收麥旋以厚壅起之也其一為力不辦翻耕北土堅強兼少梅雨故早種無耗損栽及夏至已得結桃南土虛浮濕烝翻耕首年十全無患三年以後土仍虛浮復生地蠶早種者或遇梅雨濯露其根遂多萎壞或遇地蠶斷根食葉一蟲之害赤地步武今請數翻耕即不辦亦宜冬灌春耕以實其田殺其蟲又不辦亦宜穴種花令根深不至濯露可無死慮蟲傷者耕地訖將種再耕之勞之殺其

蟲既被蟲食者檢殺其蟲移栽補之但令人不知擇種即秕者半不秕之中羸者半凡遇梅雨輒死或梅中草盛輒死皆羸種而咎早種乎此物即不死亦少成少實凡密種者其地力人力糞力半為此物所耗豈不可惜故擇種要矣又孟祺言概則移栽棉花帶土移栽一體成實人言茶與棉移栽不生皆妄也移栽不生亦羸種稠生故耳不移栽旋下子補種又晚矣大抵棉花早種必是晚種必非吾輩宜據理商求以圖成早種之是勿

執辭推諉以曲蓋晚種之非明此義者視世間萬事盡
然何獨執棉而已乎
每見議者執言此中棉花早種多死立夏前後種者即
不死此寒凍所致乃山東相去六度更寒清明下種却
不死其理難明也深求其故所以不禁寒凍者大抵由
於根淺根淺之緣復有數事一者種病二者漫種浮露
三者太密四者太瘦種病如胎尫更少壅兩者皆無力
可生根漫種者子粒浮露根不入土密則無處行根根

不遠不遠亦不深故雨濯其根風寒中其根多立死凡
種樹須築實其根土若有罅風中其根亦死此恒理也
犯此多病時在死法中更梅時鋤却一再遍土尤虛浮
淒風寒雨十日半月苗葉有餘根力不足故早種者中
寒則死梅中尤多死反不若遲種者根苗俱穉與草同
生過梅天已入盛夏不懼寒凍可得苟全也而生計薄
矣譬人通身是疾不禁霧露晏行早宿行路無幾何如
不病者櫛風沐雨日中而趨百里乎欲求不病擇種一

矣稀二矣厚壅三矣穴種者下種後覆土一指足踐實
之漫種者下子後亦覆土厚一指木磟碡實之若能穴
種復作畦壠者苗生耨壠草遺土附苗根也四矣此四
法者皆令根深能風雨亦且能旱即早種何慮死其他
蟲傷草熱則人事不精非關寒凍畧見上文未遑具論
也舊傳早種一法擬種棉地先耕地種大麥轉耕並麥
苗掩覆之耙蓋下種餘姚亦早種棉却先種蠶豆轉耕
掩覆之二法略同此是何理蓋皆令地虛苗得深遠行

根便能寒且能風雨旱亦深根之義耳且隨地翻罨草
壅必勻勝刈他草下壅餘姚法罨豆後仍上生泥泥不
止去草熱亦令草少蟲少種疊地花者不可不知
余為吉貝疏説棉頗詳恐不能徧農家茲刻宜可遍或
不逮不知書者令括之以四言儻知書者口授之婦女
嬰兒必可通也曰精揀核早下種深根短幹稀科肥壅
王禎木棉圖譜叙曰中國自桑土既蠶之後惟以繭纊
為務殊不知木棉之為用夫木棉產自海南諸種藝制

作之法駸駸北來江淮川蜀既獲其利至南北混一之後商販於此服被漸廣名曰吉布又曰棉布考之異物志云木棉之為布曰斑布繁縟多巧者曰城次麤者曰文緤又次麤者名曰烏驎其幅足之制特為長闊茸密輕暖可抵繒帛又為毳服毯段足代本物按裴淵廣州記云蠻夷不蠶採木棉為絮又諸番雜志云木棉吉貝木所生占城闍婆諸國皆有之今已為中國珍貨但不自本土所產不能足用比之蠶桑無採養之勞有必收之效埒之枲苧免績緝之工得禦寒之益可

謂不麻而布不繭而絮雖曰南產言其通用則北方多寒或繭纊不足而裘褐之費此最省便列製造之具於此庶遠近滋習農務助桑麻之用華夏兼蠻夷之利將自此始矣

木綿攪車

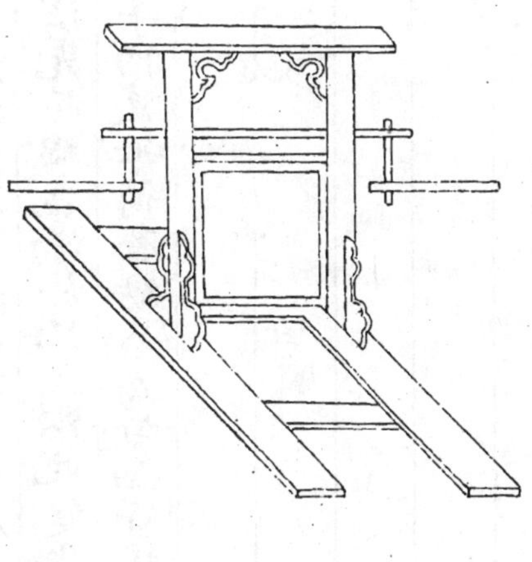

木棉攪車木棉初採曝之陰或焙乾用此以治出其核昔用輾軸今用攪車尤便夫攪車用四木作框上立二小柱高約尺五上以方木管之立柱各通一軸軸端俱作掉拐軸末柱竅不透二人掉軸一人喂上棉英二軸相軋則子落於內綿出於外比用輾軸工利數倍凡木棉多用此法即去子得棉不致積滯

玄扈先生曰今之攪車以一人當三人矣所見句容式一人可當四人太倉式兩人可當八人

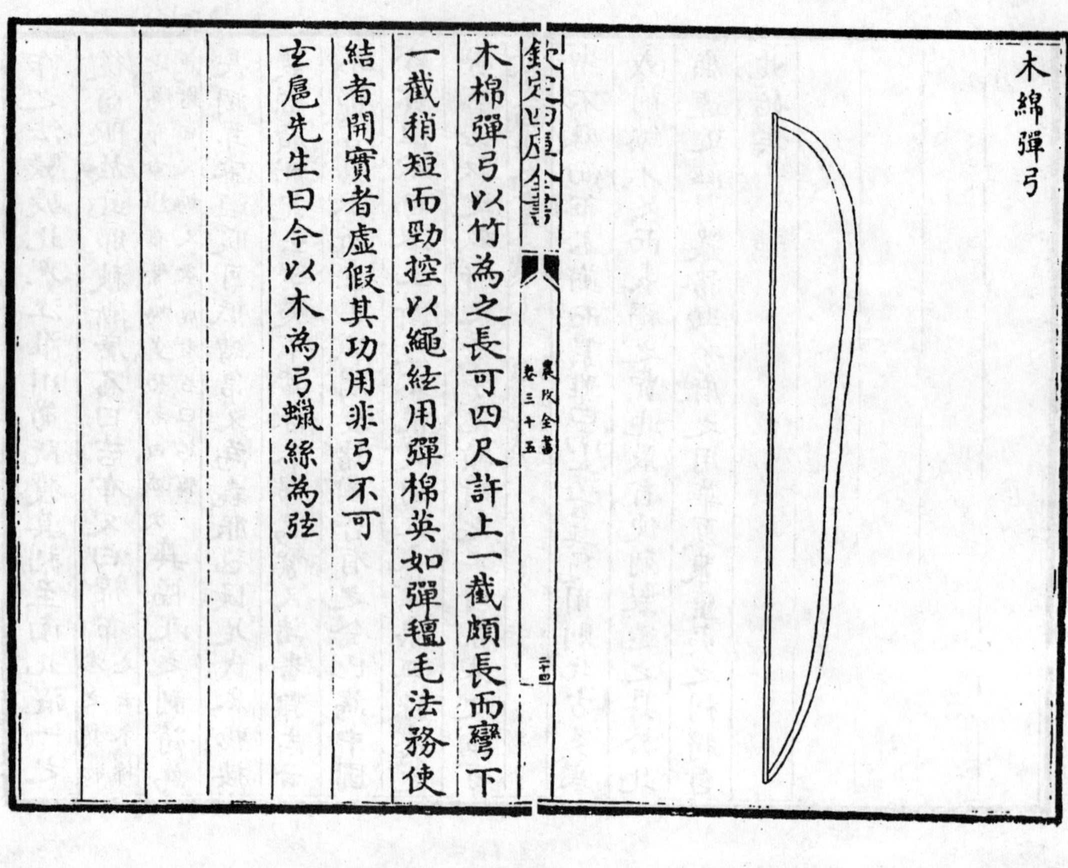

木綿彈弓

木棉彈弓以竹為之長可四尺許上一截頗長而彎下一截稍短而勁控以繩絃用彈棉英如彈氈毛法務使結者開實者虛假其功用非弓不可

玄扈先生曰今以木為弓蠟絲為弦

木綿捲筳

木棉捲筳淮民用蜀黍梢莖取其長而滑今他處多用無節竹條代之其法先將綿毳條於几上以此筳捲而扞之遂成綿筒隨手抽筳每筒牽紡易為勻細皆捲筳之效也

木綿紡車

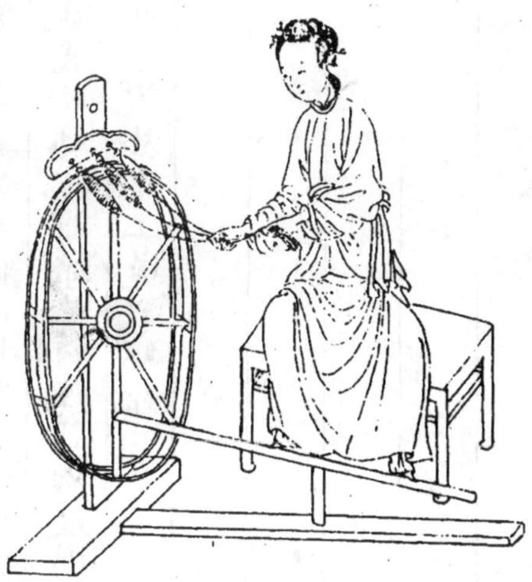

木棉紡車其制比麻苧紡車頗小夫輪動弦轉莩䉅隨之紡人左手握其綿筒不過二三續於莩䉅牽引漸長右手均撚俱成緊縷就繞䉅上欲作線織置車在左再將兩䉅線絲合紡可為綿線南州異物志曰吉貝木熟時狀如鵞毳但紡不績任意外抽牽引無有斷絶此即紡車之用也

玄扈先生曰置車在左不便若轉輪右旋可作亦不便令人以線為絃繞莩一周下成單繳即輪右左轉而能括莩右旋矣

木綿撥車

木綿撥車其制頗肖麻苧蟠車但以竹爲之方圓不等特更輕便按舊說先將紡訖綿維於稀糊盆内度過稍乾然後將綿維頭縷撥於車上遂成綿紝

木綿軠牀

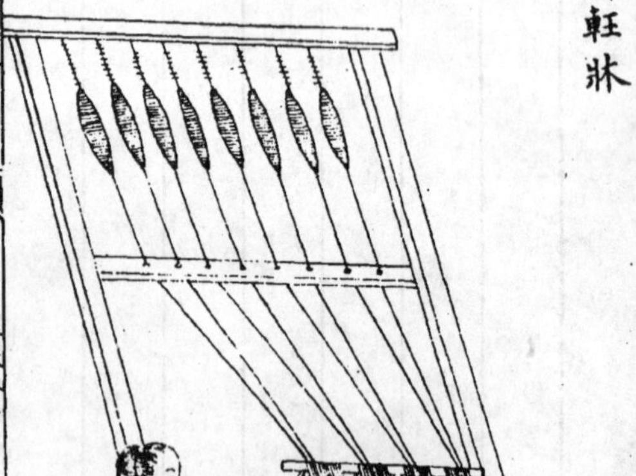

木棉軠床其制如所坐交椅但下控一軠四股軠軸之末置一掉枝上椅竪列八維下引綿絲轉動掉枝分絡軠上絲紝既成次第脫卸比之撥車日得八倍始出閩建今欲傳之他方同趨省便詩云八維綿絲絡一軠巧憑坐椅作軠床試將觸類深思索麻苧鄉中用亦良

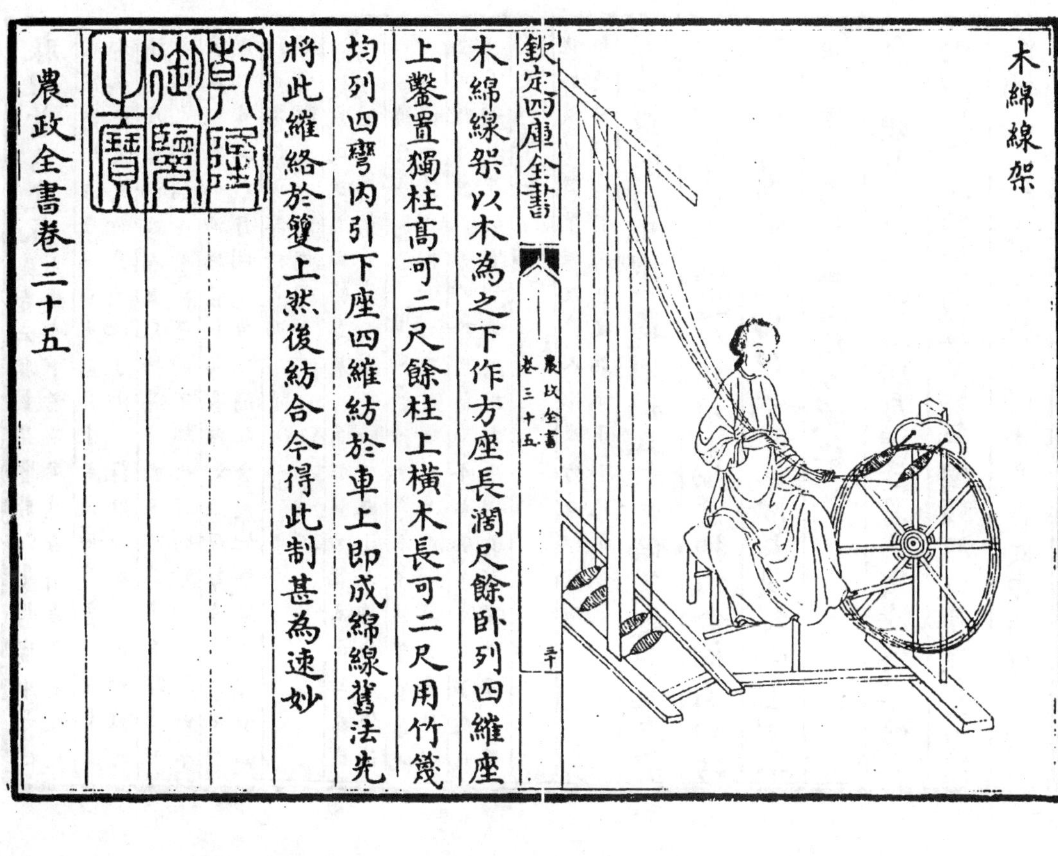

木綿線架以木為之下作方座長濶尺餘臥列四維座上鑿置獨柱高可二尺餘柱上横木長可二尺用竹篾均列四彎内引下座四維紡於車上即成綿線舊法先將此維絡於籰上然後紡合今得此制甚為速妙

農政全書卷三十五

欽定四庫全書

農政全書卷三十六

明 徐光啟 撰

蠶桑廣類

麻 苧麻 大麻 蘇麻 葛附

苧麻爾雅曰黂枲實又曰枲麻又曰莩麻母禮記曰苴麻之有蕡 崔寔註苴麻麻之有藴者苧麻是也 陶弘景曰苧麻今績苧麻是也 陸璣草木疏云苧一科數十莖宿根在地至春自生不須別種荆揚間歲三刈官令諸園種之剝取其皮以竹刮其表厚處自脫得裏如筋者煑之用緝 蘇頌曰苧根舊不載所出州土今閩蜀江浙有之其中可以績布苗高八九尺葉如楮葉而青背白有短毛其根黄白而輕虚二月八月採 王禎曰苧有二種一曰紫麻一曰白苧本南方之物近河南亦多藝之 寇宗奭曰苧如蕁麻花如白楊而長成穗每一朶凡數十穗青白色 李時珍曰苧家苧也又有山苧野苧凡麻絲之細者為絟粗者為紵 玄扈先生曰詩言漚紵傳稱紵衣中土之有紵舊矣而賈思勰不言種苧之法崔寔始言苧麻録是推之五代以前所謂紵所謂枲者殆皆苴麻之屬而今所謂苧者特南方有之陸璣始著其名唐甄權乃以入藥方至宋掌禹錫云南方績以為布顯是北方所無而釋詩者尚未知陸所謂苧非詩所謂紵也

大麻即火麻黄麻爾雅翼所謂漢麻也雄者名枲麻牡

麻雌者名苴麻吳普云麻蕡是實麻勃是花蕡中之仁先藏地中者及麻葉皆有毒食之殺人寇宗奭曰麻子海東毛羅島來者大如蓮實其次出上郡北地者大如豆南地子小　蘇頌曰麻子處處種之績其皮可以為布農家擇其子之有班黑文者謂之雌麻種之則結子繁他子則不結也李時珍曰大麻即今黃麻大科如油麻葉狹而長狀如益母草葉一枝七葉或九葉五六月開細黃花隨結實大如胡荽子可取油剝其皮作麻其稭白而有稜輕虛可為燭心

檾麻許氏說文曰檾枲屬　爾雅翼云檾高四五尺或五六尺葉似苧而薄實如大麻子或作苘或作檾種必連頃故謂之檾也周禮典枲麻草注草葛檾也王禎曰檾其長如竹葉大如扇上圓如葵花黃結子蓬如橡斗然　李時珍曰苘即今白麻多生卑濕處六七月開黃花結實如半磨形有齒嫩青老黑中子扁黑狀如黃葵其莖輕虛北人取皮作麻以莖蘸硫黃作焠燈引火甚速其嫩子小兒亦食之

齊民要術曰凡種麻地須耕五六遍倍糞之以夏至前十日下子亦鋤兩遍仍須用心細意抽拔全稠闊細弱不堪留者即去却一切但依此法除蟲災外小小旱不至全損何者緣糞磨數多故也

農桑輯要種苧麻法三四月種子者初用沙薄地為上兩和地為次園圃內種之如無園瀕河近井處亦得先倒斸土一二遍然後作畦闊半步長四步再斸一遍用脚浮躡或杴背浮按稍實不然著水虛懸再把平隔宿用水飲畦明旦細齒把浮摟起土再把平隨時用濕潤畦土半升子粒一合相和勻撒子一合可種六七畦撒畢不用覆土覆土則不出只須拺用極細梢杖三四根撥刺令平可畦搭二三尺高棚上用細箔遮蓋五六月內炎熱時箔上加苫重蓋惟使陰密不致曬死但地皮稍乾用炊箒細洒水於棚蓋常令其下濕潤或子未生或苗出力弱不禁注水陡澆故也如遇天陰及早夜撤去覆箔至十日後苗

出有草即拔苗高三指不須用棚如地稍乾用微水輕澆約長三寸却擇比前稍壯地別作畦移栽臨移時隔宿先將有苗畦澆過明旦亦將做下空畦澆過將苧麻苗用刀器帶土撅出轉移在內相離四寸一栽務要頻鋤三五日一澆如此將護二十日之後十日半月一澆至十月後用牛驢馬生糞蓋厚一尺預選秋耕擺熟肥地更用細糞糞過來年春首移栽地氣已動為上時芽動為中時苗長為下時栽法掘區成行方圍相去一尺

五寸將畦中科苗移出栽於區內擁土區中以水澆之若夏秋移栽須趂雨水地濕分根連土於側近地內分栽亦可移栽年深宿根者移時用刀斧將根截斷長可三四指栽時成行作區方圓各離一尺五寸每區卧栽三二根棋盤相對擁土畢然後下水候三五日復澆苗高勤鋤旱則澆之若地遠移栽者須根科少帶原土滿包封裹外復用席包掩合勿透風日雖數百里外栽之亦活栽培法如前初年長約一尺便割一鎌麻未堪用

再候長成所割即堪績用至十月即將割過根楂用牛馬糞蓋厚一尺不至凍死玄扈先生曰如此蓋厚則栽得過冬所以中土得種若北方未知可否吾鄉三十度上下地方蓋厚一二寸即得矣至二月初把去糞令苗出以後歲歲如此壓條滋胥如桑法移栽亦可第三年根科交胥稠密不移必漸不旺即將本科周圍稠密新科再依前法分栽每歲可割三鎌每割時須根傍小芽出土約高五分其大麻即為可割大麻既割其小芽榮長便是下次再割麻也若小芽過高大麻不割不惟小芽不旺又損已

成之麻大約五月初一鎌六月半一鎌八月半一鎌唯中間一鎌長疾麻亦最好刈倒時隨即用竹刀或鐵刀從梢分批開用手剝下皮即以刀刮其白瓤其浮上皴皮自去縛作小束搭於房上夜露晝曝如此五七日晝夜自然潔白然後收之若值陰雨即於屋底風前令透涼去聲恐經雨黑漬故也所剝之麻春夏秋溫暖時分績與常法同若於冬月用溫水潤濕易為分擘也如乾硬難分其績既成纏作纓子於水甕內浸一宿紡車紡訖

用桑柴灰淋下水內浸一宿撈出每纑五兩可用淨水一盞細石灰拌勻置於器物內停放一宿至來日澤去石灰却用黍楷灰淋水煮過自然白軟曬乾再用清水煮一度別用水擺拔極淨曬乾逗成纑鋪經胥織造與常法同此麻一歲三割每畝得麻三十斤少不下二十斤自今陳蔡間每斤價錢三百文已過常麻數倍善績者麻皮一斤得績一斤細者有一斤織布一疋次斤半一疋又次二斤三斤一疋其布柔韌潔白比之常布又價

高一二倍然則此麻但栽植有成便自宿根可謂暫勞永利矣

齊民要術曰種苧麻法止取實者種班黑麻子（班黑者饒實崔實曰苴麻子黑又實而重擣治作燭不作麻）耕須再遍一畝用子二升種法與大麻同三月種者為上時四月為中時五月初為下時大率二尺留一科（穊則不成荒則少實）鋤常令淨既放勃拔去雄（若未放勃去雄者則不成子實）凡五穀地畔近道旁者為六畜所犯宜種胡麻麻子（胡麻六畜不犯麻子齧頭則科大收此二種以供美燭之費也）慎勿於大豆地中雜種麻子（扇地兩損而收並薄）六月中可於麻子地間散蕪菁子而鋤之擬收其根

氾勝之書曰種麻預調和田二月下旬三月上旬傍雨種之麻生布葉鋤之率九尺一樹樹高一尺以蠶矢糞之樹三升無蠶矢以溷中熟糞糞之亦善樹一升天旱以流水澆之樹五升無流水曝井水殺其寒氣以澆之雨澤適時勿澆澆不欲數養麻如此美田則畝五十石及百石薄田尚三十石穫麻之法霜下實成速斫之其

樹大者以鋸鋸之崔實曰二三月可種苴麻（麻之有實者為苴）

玄扈先生曰苧初種用子一種之後宿根自生數年之後根多糾結即須分栽耳今安慶建寧諸處亦多掘根分栽無種子者亦如壓條栽桑趣易成速效而已然無根處取遠致為難即宜用種子之法凡苗長數寸即用糞和半水澆之割後旋澆澆必以夜或陰天日下澆苧有鏽瘢又最忌猪糞

又曰今年壓條來年成苧或云月月可栽

又凡種大麻用白麻子（白麻子為雄麻顏色雖白齧破枯焦無膏潤者秕子也亦不中種市糴者口含令少時顏色如舊者佳如變黑者裛崔實曰牡麻青白無實兩頭銳而輕浮）麻欲得良田不用故墟（故墟亦良有點葉夭折之患不任作布也）地薄者糞之（糞宜熟無熟糞者用小豆底亦得崔實曰正月糞疇疇麻田也）耕不厭熟（縱橫七徧以上則麻無葉也）田欲歲易（拋子種則節高）良田一畝用子三升薄田二升（穊則細而不長稀則粗而皮惡）夏至前十日為上時至日為中時至後十日為下時（麥黃種麻麻黃種麥亦良候也諺曰夏至後不沒狗或答曰但雨多沒橐駝又諺曰五月及澤父子不相借言及澤也夏至後者匪惟淺短皮亦輕薄此亦趨時不可失也）澤多者先漬麻子

令芽生取雨水浸之生芽疾用井水則生遲浸法著水中如炊兩石米頃出著席上布令厚三四寸數攪之令均得地氣一宿則芽出水若滂沛十日亦不生待地白背耬耩漫擲子空曳勞截雨脚即種者地濕麻生瘦待白背者麻生肥澤少者暫浸即出不得待芽生耬頭中下之不勞曳撻麻生數日中常驅雀布葉而鋤勃如灰便刈刈拔各隨鄉法禾勃者生收皮不成放勃不收即驪穊欲小縛欲薄穊古典反小束也縛普胡反為其易一宿輒翻之得霜露則皮壞也穫欲淨有葉者易爛漚欲清水生熟合宜濁水則麻黑水少則麻脆生則難剝大爛則不任燦泉不冰凍冬日漚者即為柔明也衛詩曰蓺麻如之何衡從其畝氾勝之

書曰種枲太早則剛堅厚皮多節晚則不堅寧失於早不失於遲收麻之法穗勃勃如灰拔之夏至後二十日漚枲枲和如絲崔實曰夏至先後五日可種牡麻

種大麻法曰十耕蘿蔔九耕麻地宜肥熟須殘年開墾俟凍過則土酥來春鋤成行壠正月半前後下種種子取班黑者為上撒後以灰蓋之密則細疎則粗布葉後以水糞澆灌恐葉焦死亦不可立行壠上恐踏實不長七月間收子麻布包之懸掛則易出

種苘麻法地宜肥濕早者四月種遲者六月亦可繁密處芟去則長

蘇恭曰縈麻宜九十月採陰乾為佳

農桑通訣曰苘與黃麻同時熟刈作小束池內漚之爛去青皮取其麻片潔白如雪耐水爛可織為毯被及作汲綆牛索或作牛衣雨衣草覆等具農家歲歲不可無者

附葛

葛詩葛之覃兮按葛一名黃斤一名鹿藿一名雞齊有野生有家種春長苗引藤蔓延治之可作布根外紫內白大如臂長者五六尺葉有三尖如楓葉七月著花纍纍成穗莢如小黃豆宜七八月採之

採葛法夏月葛成嫩而短者留之一丈上下者連根取謂之頭葛如太長看近根有白點者不堪用無白點者可截七八尺謂之二葛

練葛法採後即挽成綑紮火煮爛熟指甲剝看麻白不粘青即剝下長流水邊搥洗淨風乾露一宿尤白安陰

處忌日色紡之以織

葛根端陽日採破之晒乾敷蟲蛇傷平時採之亦可蒸及作粉食

葛花採之晒乾煠食

洗葛衣法清水揉梅葉洗前夏不脆或用梅樹葉擣碎泡湯入磁盆內洗之忌用木器則黑

王禎麻苧圖譜叙曰麻苧之有用具南北不無異同民俗豈能通變如南人不解刈麻北人不解治苧及有漚浸審生熟之節車紡分大小之工凡絺綌繩綆皆其所出今併所附類一一條列庶使南北互相為法云

玄扈先生曰苧性畏寒不宜北土北方地氣所絕無如之何然紵衣漚紵即又北方自古有之宜試種為得

刈刀

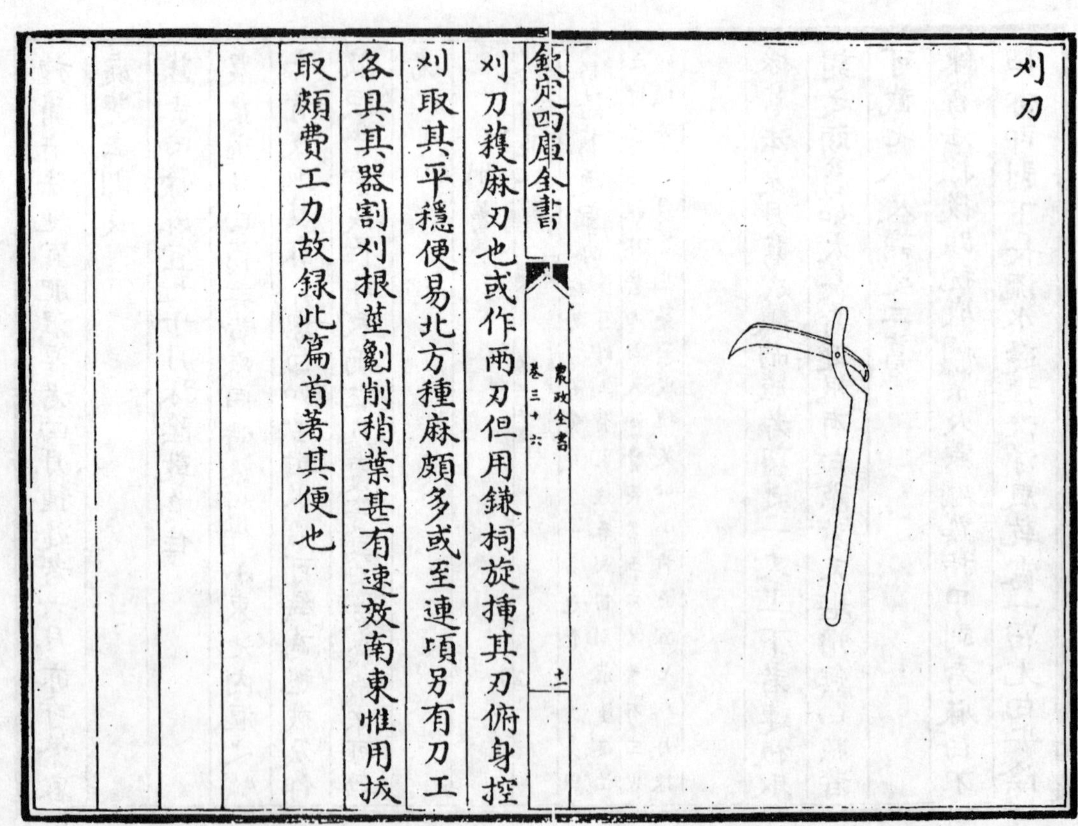

刈刀穫麻刃也或作两刃但用鎌梋旋插其刃俯身控刈取其平穩便易北方種麻頗多或至連頃另有刀工各具其器割刈根莖劖削稍葉甚有速效南東惟用拔取頗費工力故録此篇首著其便也

漚池

漚池漚浸漬也池猶泓也凡藝麻之鄉如無水處則當掘地成池或甃以磚石蓄水於內用作漚所大凡北方治麻刈倒即䕺之卧置池内水要寒煖得宜麻亦生熟有節須人體測得法則麻皮潔白柔韌可績細布南方但連根扳麻遇用則旋浸旋剥其麻片黄皮粗厚不任細績雖南北習尚不同然北方隨刈即漚於池可為上法又問之南方造苧者謂苧性本難輭與漚麻不同必先績苧已紡成纑乃用乾石灰拌和累日（夏天三日冬天五日春秋約中）既必抖去别用石灰煮熟待冷於清水中濯淨然後用蘆簾平鋪水面（如水遠則用大盆盛水鋪簾或卓攤纑浸曬每日換水亦可）攤纑於上半浸半曬遇夜收起瀝乾次日如前候纑極白方可起布此治苧池漚之法須假水浴日曝而成北人未之省也今書之冀南北通用（至有理可推廣其意别用之也）

苧刮刀

苧刮刀刮苧皮刀也㬊鐵為之長三寸許捲成小槽内插短柄兩刃向上以鋋為用仰置手中將所剥苧皮横覆刃上以大指就按刮之苧膚即脱農桑輯要云苧刈倒時用手剥下皮以刀刮之其浮皴自去宜制為兩刃鐵刀尤便於用

績簍

績簍盛麻績器也績集韻云緝也簍説文曰籠也又姑簍也字從竹或以條莖編之用則一也大小深淺隨其所宜制之麻苧蕉葛等為之絺綌皆本於此有日用生財之道也

小紡車
欽定四庫全書
農政全書
卷三十六
十六

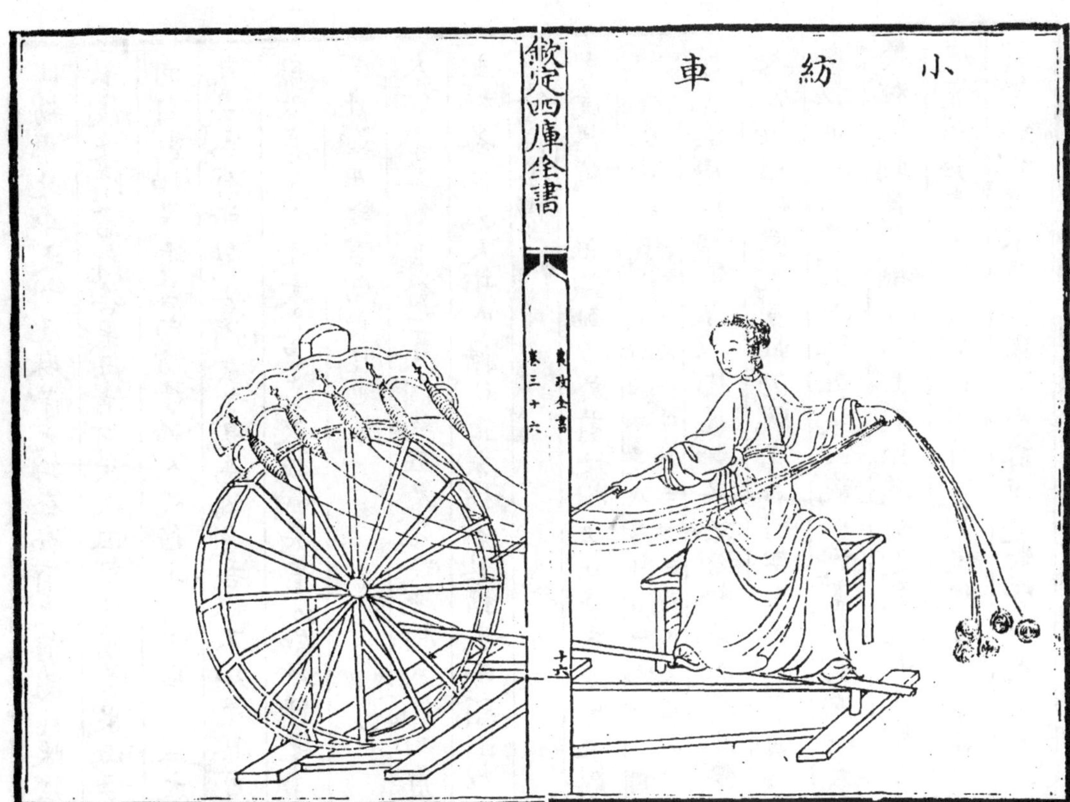

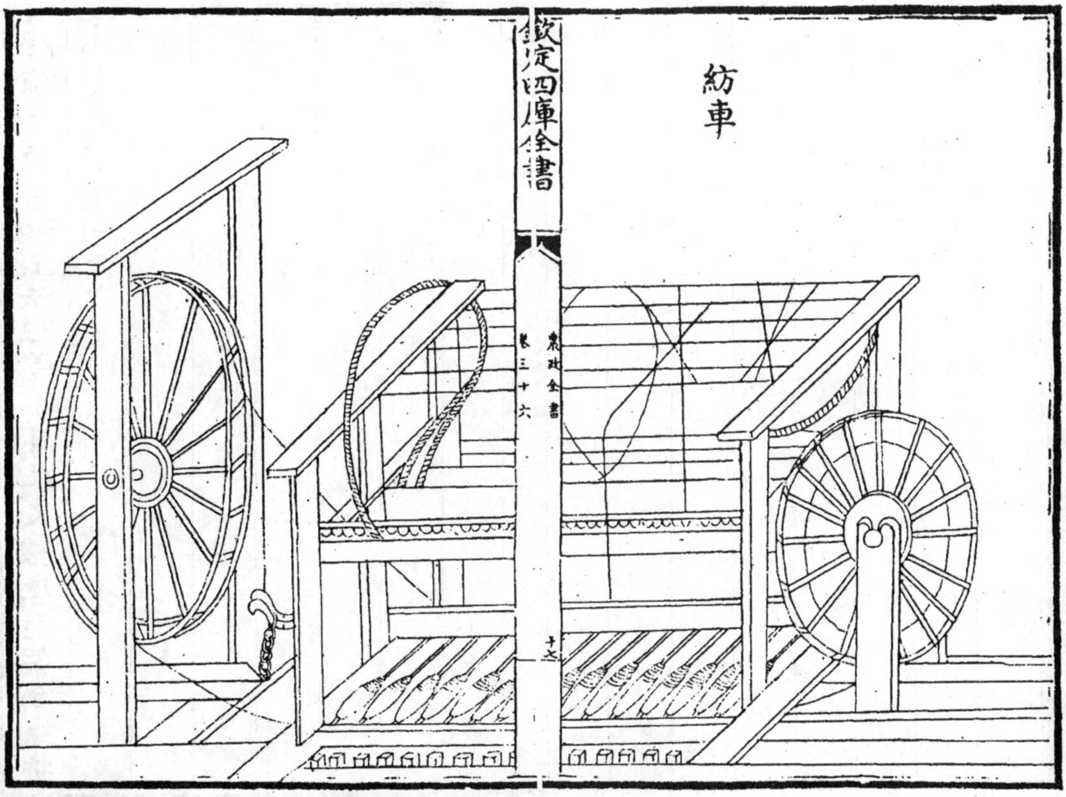

紡車
欽定四庫全書
農政全書
卷三十六
十六

小紡車此車之制凡麻苧之鄉在在有之前圖具陳茲不復述隋書鄭善果母清河崔氏恒自紡績善果曰母何自勤如是耶荅曰紡績婦人之務上自王后下至大夫妻各有所製若惰業者是為驕逸吾雖不知禮其可自敗名乎今士大夫妻妾衣被纖美曾不知紡績之事聞此鄭母之言當自悟也

大紡車其製長餘二丈闊約五尺先造地柎木相四角立柱各高五尺中穿横桄上架枋木其枋木兩頭山口卧受捲纑長軖鐵軸次於前地柎上立長木座座上列臼以承鑵底鐵簨夫鑵用木車成筩子長一尺二寸圍一尺二寸計三十二枚內受績纑鑵上俱用杖頭鐵環以拘鑵軸又於額枋前排置小鐵叉分勒績條轉上長軖仍就左右別架車輪兩座通絡皮弦下經列鑵上拶轉軖旋鼓或人或畜轉動左邊大輪弦隨輪轉衆機皆動上下相應緩急相宜遂使績條成緊纒於軖上晝夜紡績百斤或衆家績多乃集於車下秤績分纑不勞可畢中原麻布之鄉皆用之又新置

絲線紡車一如上法但差小耳比之露地街架合線特為省易因附于此

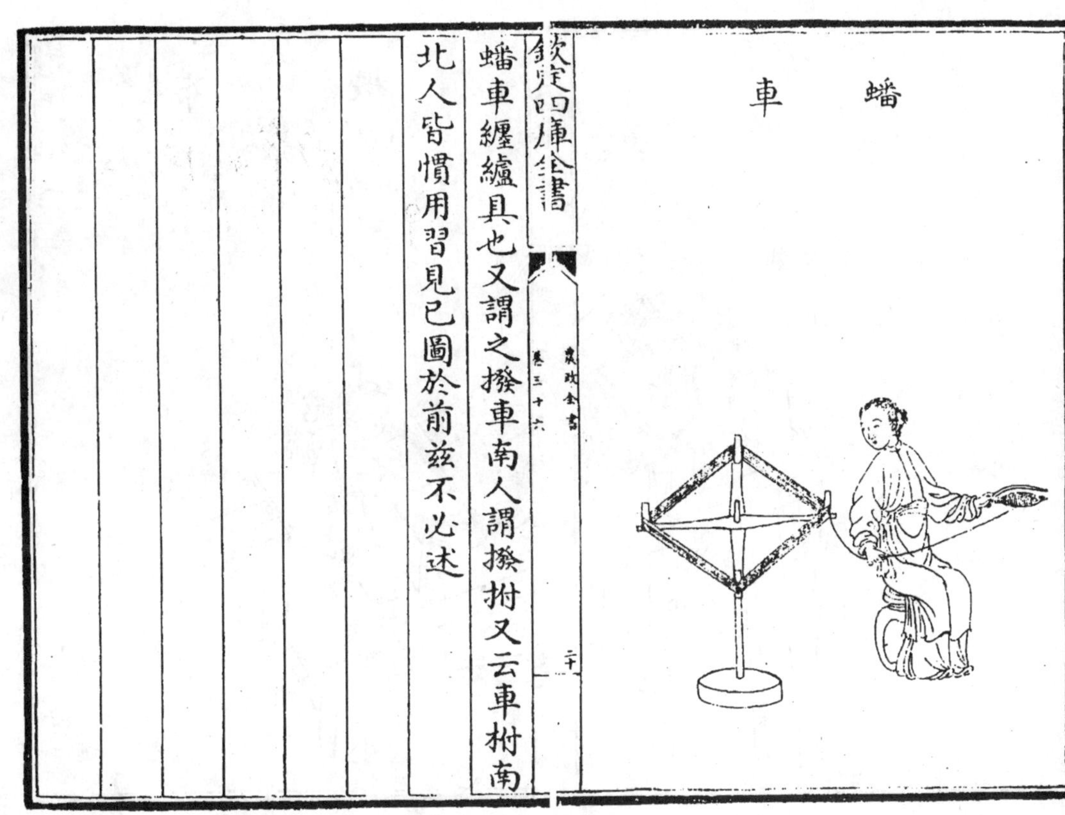

蟠車

蟠車纒纑具也又謂之撥車南人謂撥柎又云車柎南北人皆慣用習見已圖於前茲不必述

纑刷

纑刷疏布縷器也束草根為之通柄長可尺許圍可尺餘其纑縷杼軸既畢架以叉木下用重物掣之纑縷已均布者以手執此就加漿糊順下刷之即增光澤可授機織此造布之内雖曰細具然不可闕

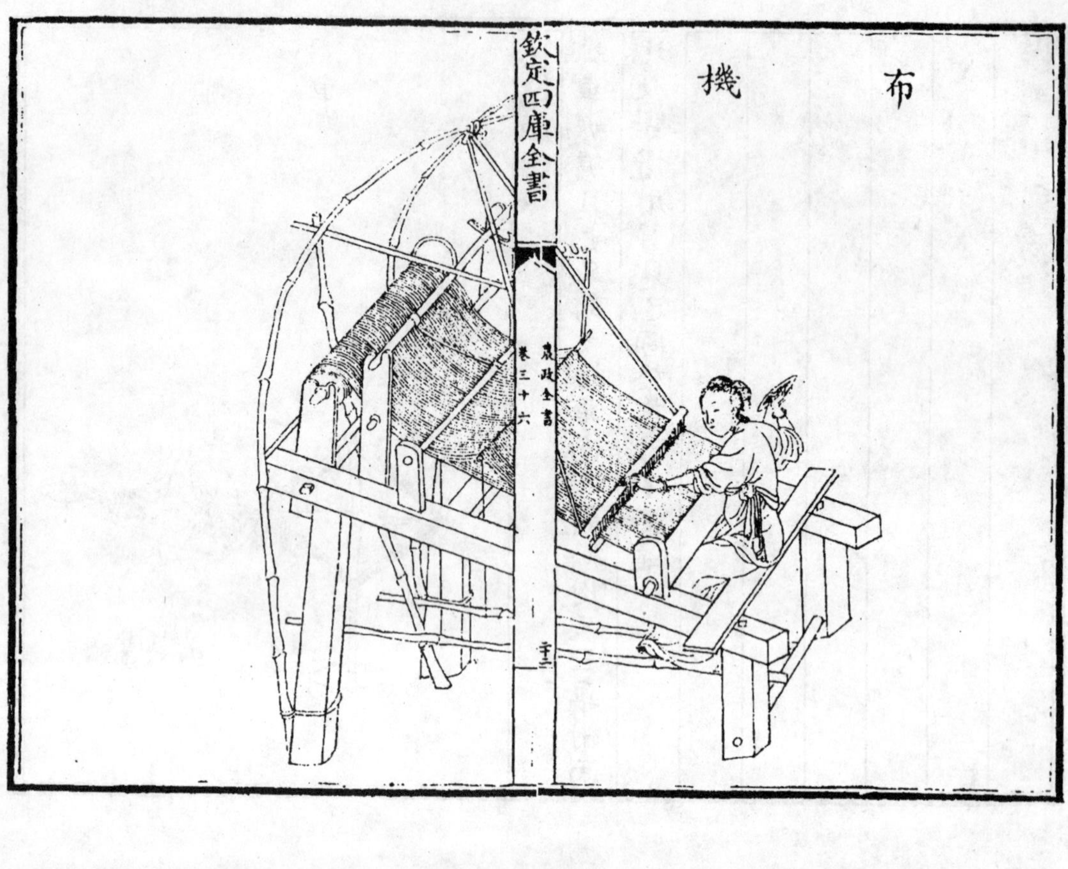

布機釋名曰布列諸縷淮南子曰伯餘之初作布也伯餘黄帝臣也緂麻索縷手經指挂後世為之機杼幅疋廣長疎密之制存焉農家春秋績織是為要具

行臺監察御史詹雲卿造布之法曰揀一色白苧麻水潤分成縷粗細任意旋緝旋搓本俗於腿上搓作纑逗成鋪不必車紡亦勿熟漚只經生纑論帖穿苧如常法以發過稀糊調細豆麪刷過更用油水刷之於天氣濕潤時不透風處或地窨子中洒地令潤經織為佳若風日高燥則纑縷乾脆難織每織必先以油水潤苧及潤纑經織成生布於好灰水中浸蘸曬乾再蘸再曬如此二日不得揉搓再蘸濕了於乾灰內周徧滲浥兩時久納於熱灰水內浸濕於甑中蒸之文武火養二三日頻頻翻覷要識灰性及火候緊慢次用淨水瀁濯天晴再三帶水搭曬如前不計次數惟以潔白為度灰須上等白者落梨桑柴豆稭等灰入少許炭灰妙北方古有此法今獨潮寧用之

鐵勒布法將揀下雜色苧麻水潤分縷隨緝隨搓織皆如前法水煮過便是先將生苧麻折作二尺五寸長不斷曬乾蒸過帶濕剥下去粗皮如常法水潤緝搓如前

麻鐵黎布法將雜色老火麻帶濕曲折作二尺五寸長曬乾收之欲用時旋於木甑中蒸過趂濕剥下曬乾以木枰子兩箇夾麻順歴數次至麻性頗軟堪緝為度水潤緝績紡作纑生織成布水煮便是

王禎曰此布妙處惟在不搓揉了麻之骨力好灰水蘸曬布子潔白而已雖曰蘸曬頗煩而省經榮熟纑等工亦多比之南布或有價高數倍者真良法也鏤板印布與世之治生君子共之

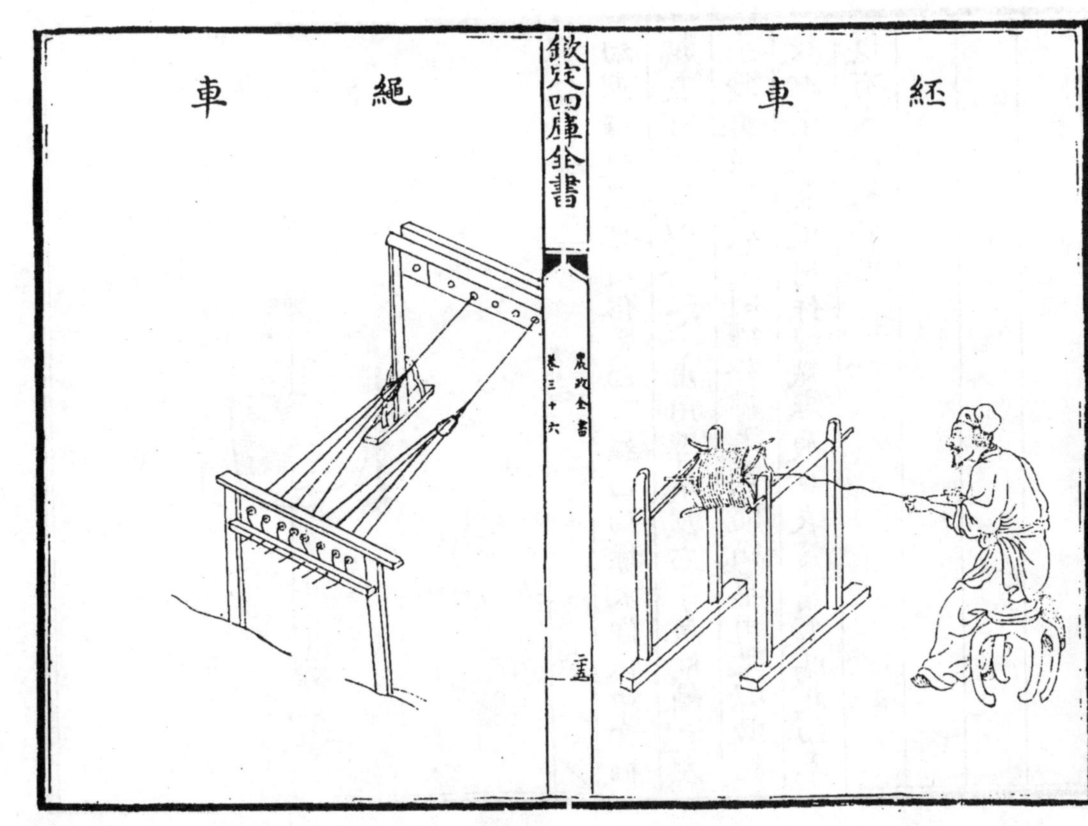

繩車絞合紝縻作繩也其車之制先立簨虡一座植木止之簨上加置横板一片長可五尺闊可四寸横板中間排鑿八竅或六竅各竅内置掉枝或鐵或木皆彎如牛角又作横木一莖列竅穿其掉枝復别作一車亦如上法兩車相對約量遠近將所成紝縻各結於兩車掉枝之足車首各一人將掉枝所穿横木俱各攪轉候紝股匀縻却將三股或四股撮而爲一各結於掉枝一足計成二繩然後將另制爪木置於所合紝縻之首復攪其掉枝使紝縻成繩爪木自行繩盡乃止凡農事中用繩頗多故田家習制此具遂列於農譜之内

紝車績豚枲紝縻具也造作簨虡高二尺上穿横軸長可二尺餘貫以軠轂左手引麻牽軠既轉右手續接麻皮成縻縱纏上軠紝縷既盈乃脱軠付之繩車或作别用

紉車

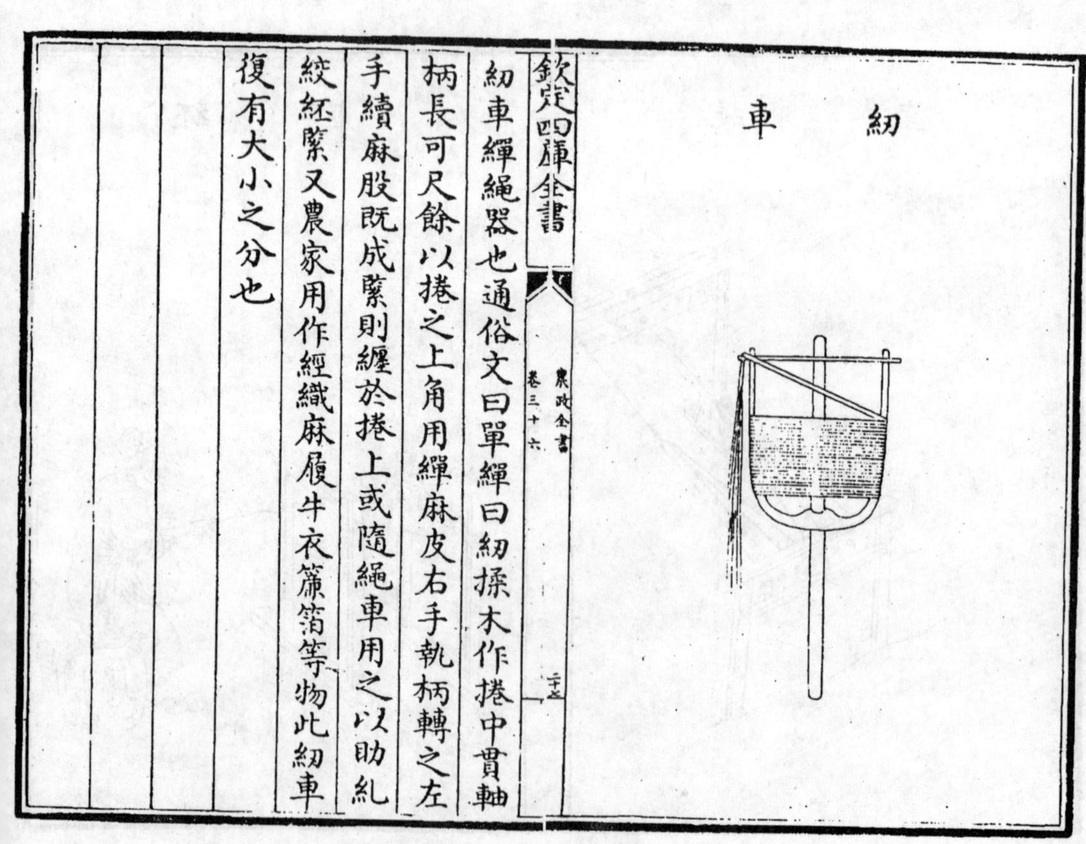

紉車縪繩器也通俗文曰單縪曰紉揉木作捲中貫軸柄長可尺餘以捲之上角用縪麻皮右手執柄轉之左手續麻股既成縻則纏於捲上或隨繩車用之以助紝絞紝縻又農家用作經織麻履牛衣簾箔等物此紉車復有大小之分也

旋椎

旋椎掉麻綫具也截木長可六寸頭徑三寸許兩間斫細㨾如腰鼓中作小竅插一鈎簨長可四寸用繫麻皮於下以左手懸之右手撥旋麻既成緊就纏椎上餘麻挽於鈎內復續之如前所成經緯可作粗布亦可織屨農隙時老稚皆能作此雖繫瑣細之具然於貧民不為無補故繫於此

農政全書卷三十六

欽定四庫全書

農政全書卷三十七

明　徐光啓　撰

種植

種法

齊民要術曰凡作園籬法於墻基之所方整耕深凡耕作三壟中間相去各二尺秋上酸棗熟時收於壟中概種之至明年秋生高三尺許間斷去惡者相去一尺留

一根必須稀概均調行伍條直相明當至明年春剥去橫枝剥必留距（若不留距侵皮痕大逢寒即死此剥樹常法也）剥訖即編為巴籬隨宜夾剥務使舒緩（急則不復得長故也）又至明年春更剥其末又編之高七尺便足（欲高作者亦任人意）匪直姦人慙笑而返狐狼亦息望而迴行人見者莫不嗟嘆不覺白日西移遂忘前途尚遠盤桓瞻矚久而不能去枳棘之籬折柳樊圃斯其義也（種樹書曰棘能辟霜花果以棘圍中即茂）其種柳作之者一尺一樹初時斜插插時即編其種榆莢者一同酸棗如其

栽榆與柳斜直高與人等然後編之數年長成共相蹙迫交柯錯葉特似房櫳既圖龍蛇之形復寫鳥獸之狀緣勢欻髙其貌非一若值巧人甚便採用則無事不成尤宜作杌其盤紆茀鬱其文互起縈布錦綉萬變不窮玄扈先生曰凡作園於西北兩邊種竹以禦風則果木畏寒者不至凍損若於園中度地開池以便養魚灌園則所起之土挑向西北二邊築成土阜種竹其上尤善西北既有竹園禦風但竹葉生高下半仍透風老圃家作稻草苫縛竹上遮滿之若種慈竹則上下皆隱蔽矣

凡作園籬諸品　冬青取其榦可作骨取子作藥取其葉冬夏不凋病在二十年後即爛壞或云以猪糞壅之則久宜試二三八九月移　爵梅取其條葉作刷綠布取其幹可作骨取其遠年者根株盤結可作几杌等器正二月移　五加皮取其榦可作骨取其刺可却姦取其芽可食取其根皮作藥作酒正月揷　金櫻子取其刺可却姦取其花香味可翫取其子可作藥正月揷　梅取其花香味可翫取其榦可作骨取其榦上微有刺移種不拘時　枸杞取其芽可食取其子作藥取其根作藥取其幹作骨正八九月揷　飛來子取其花可食種不拘時　椒取其刺可却姦取其榦可作骨取其實可食可作藥取其葉可作味核可作油四月種　茱萸取其榦可作骨取其實可食可作藥　梔子取其幹可作骨取其花香單臺者取其子作藥作染色取其葉不凋　猫奶子取其榦可作骨取其刺可却姦取其葉冬夏不凋取其花香取其嫩葉可食名神仙茶此移種者

迎春花取其花早種于籬内　酸棗取其榦可作骨取其枝可却姦取其子可食取其仁藥材移種不拘時　木筆取其榦可作骨取其花美分移於籬内　桑取其榦可作骨取其葉可飼蠶取其椹可食可作藥壓條　枳取其榦可作骨取其刺可却姦取其枝可荅墻可賣取其子可傳生接博移種　槿取其榦可作骨取其花不拘時揷　野薔薇取其刺可却姦取其花可蒸露可

插可移　穀樹取其榦可作骨取其汁可作膠書金字取其子中藥材取其皮可造紙取其木可種蕈　楝取其榦可作骨且速成　榆取其榦可作骨且速成莢可食　白楊取其榦可作骨速成修取為薪且不若楊柳之多蛀也宜插　刺杉取其榦可作骨刺可却姦　皁莢榦作骨且速成芽可食有刺可却姦　種山礬不凋花香易成　插金銀花花香中藥　移椿樹易成芽可食　種枇杷易成冬月開花花藥材榦葉俱青　插小葉樹易成芽可食　木龍易成葉貼毒瘡不凋

齊民要術曰凡移栽一切樹木欲記其陰陽不令轉易陰陽易位則難生小小栽者不須記也大樹髡之不髡風搖則死小則不髡先為深坑內樹訖以水沃之著土令如薄泥東西南北搖之良久搖則泥入根間無不活者不然後下土堅築近上二寸不築取其柔潤也時時灌溉常令潤澤每澆水盡即以燥土覆之覆則保澤不覆則乾涸埋之欲深勿令撓動凡栽樹訖皆不用手捉及六畜觸突戰國策曰夫柳縱橫顛倒樹之皆生十人樹之一人搖之則無生矣凡栽樹正月為上時諺曰正月可栽樹言得時易生也二月為中時三月為下時棗雞口槐兔目桑蝦蟇眼榆負瘤散自餘雜木鼠耳虻翅各其時此等名目皆是葉生形容之所象似以此時栽種者葉皆即生早栽者葉晚出雖然寧大早為佳不可晚也樹大率種數既多不可一一備舉凡不見者栽時之法皆求之此條崔寔曰正月自朔暨晦可移諸樹竹漆桐梓松柏雜木唯有果實者及望而止過十五日則果少實務本新書曰一切移栽技記南北根深土遠寬掘土以蓆包包裹不令見日大車上般載以人擁拽緩緩而行車前數百步平治路上車轍務要平坦不令車

輪搖擺於處所依法栽培樹樹決活古人有云移樹無時莫令樹知區宜寬深以水攪土成泥仍糝新粟大麥百餘粒即下樹栽樹大者須以木扶架若根不動搖雖丈許之木可活仍須芟去繁枝則不招風務本直言云近聞諸般材木比之往年價直重貴蓋因不種不栽一年少如一年可為深惜古人云木奴千無凶年木奴者一切樹木皆是也自生自長不費衣食不憂水旱其果

木材植等物可以自用有餘又可以易換諸物若能多廣栽種不惟無凶年之患抑亦有久遠之利焉種樹書曰凡移樹不要傷根鬚須潤不可去土恐傷根玄扈先生曰土封縱小無絕根鬚其法宜先寬掘土封漸用竹木剔去旁土勿傷細根約量人力可致者以繩束之新坑務揩令潤大令根鬚條直不可卷曲移樹者以小牌記取南枝不若先鑿窟沃水攪泥方栽築令實不可踏仍多以木扶之恐風搖動其顛則根搖雖尺許之木亦不活根不搖雖大可活更莖上無使枝葉繁則不招風又曰移樹木用穀調泥

漿水于根下沃之無不活者又曰凡栽植忌西風又曰凡植果木先于霜降後鋤掘轉成圓垛以草索盤定泥土復以鬆土填滿四遭用肥土澆實次年正二月移至今種處宜寬作區安頓端正然後下土半區將木棒斜築根垛底下須實上以鬆土加之高于地面二三寸度其淺深得所不可培壅太高但不露大根為限若本身高者必用椿木扶縛庶免風雨搖動澆以肥水天晴每朝水澆半月根實生意動則已大樹禿稍小不必禿若路遠未能便種必須遮蔽日色垛碎日炙則難活矣凡移果樹宜寬深開掘先入糞和泥乾次日用土蓋根無宿土者深栽泥中輕輕提起樹根使與地平則其根舒暢易活必三四日後方可用水澆灌勿令搖動柳宗元作郭橐駝傳曰駝所種樹或移徙無不活且碩茂蚤實以蕃他植者雖窺伺傚慕莫能如也有問之對曰橐駝非能使木壽且孳也以能順木之天以致其性焉爾凡植木之性其本欲舒其培欲平其土欲故其築欲密既

然已勿動勿慮去不復顧其蒔也若子其置也若棄則其天者全而其性得矣故吾不害其長而已非有能碩而茂之也不抑耗其實而已非有能蚤而蕃之也他植者則不然根拳而土易其培之也若不過焉則不及茍有能反是者則又愛之太恩憂之太勤旦視而暮撫已去而復顧甚者爪其膚以驗其生枯搖其本以觀其疎密而木之性日以離矣雖曰愛之其實害之雖曰憂之其實讐之故不我若也

玄扈先生曰凡諸木俱宜在下弦後上弦前移種地氣隨月而盛觀諸潮汐此理易晰矣方氣盛時生氣全在枝葉故移則傷其性接則失其氣伐用則潤氣滿中久而生蠹也

分栽者于樹木根傍生小株每株就本根連處截斷未可便移須待次年方可移植别處或叢生亦必按時月分植則易活也

壓條者身截半斷屈倒于地熟土㽵一區可深五指餘卧條于内用木鈎子攀拗在地以燥土壅近身半段露稍頭半段勿壅以肥水澆區中至梅雨時枝葉仍茂根必生矣次年此日初葉將萌方斷連處是年霜降後移栽尤妙

凡扦插花木先于肥地熟斸細土成畦用水滲定正二月間樹芽將動時揀肥旺發條斷長尺餘每條上下削成馬耳狀以小杖剌土深約與樹條過半然後以條插入土壅入每穴相去尺許常澆令潤搭棚蔽日至冬換作煖蔭次年去之候長高移栽初欲扦插天陰方可用手過雨十分無雨難有分數矣大凡草木有餘者皆可採條種尋枝條嫩直者刀削去皮二寸許以窖固底次用生山藥搗碎塗窖上將細軟黄泥裹外埋陰處自然生根

春花以半開者摘下即插之蘿蔔上實土花盆内種之灌溉以時花過則根生矣不傷生意又可得種亦奇法也立夏日取交春一個時辰内扦插各色樹木入地四五寸無不活者當年即便生結又云于正二月上旬取樹木嫩枝扦插勝于種核五年方大插扦全活則二年已生矣食經曰種名果法三月上旬斫好直枝如大母指長五尺内著芋魁種之無芋大蕪菁根亦可用

務本新書曰凡桑果以接博為妙一年後便可獲利昔人以之譬螟子者取其速肖之義也凡接枝條必擇其美（宜用宿條向陽者庶氣壯而茂嫩條陰弱而難成）根株各從其類（然荆桑亦可接魯桑梅可接杏桃可接李）接工必有用其細齒截鋸一連厚脊利刃小

刀一把要當心手凝穩又必趂時以春分前後十日為宜或取其條襯青為期然必待時暄可接益欲藉陽和之氣也一經接博二氣交通以惡為美以彼易此其利有不可勝言者矣接博其法有六一曰身接先用細鋸截去元樹枝莖作盤砧高可及肩以利刃小刀際其盤之兩旁微啟小罅深可寸半先用竹籤之測其深淺却以所接條約五寸長一頭削作小篦子先噙口中假津液以助其氣却內之罅中皮肉相對揷之訖用皮樹封繫寬緊得所用牛糞和泥斟酌封裹之勿令透風外仍上留二眼以泄其氣玄扈先生曰開砧宜用老鵶嘴為妙高如馬低如兀二曰根接先截斷元樹身去地五寸許以所接條削篦揷之一如身接法就以土培封之以棘之圍護之三曰又接用小利刃子於元樹身八字斜劄之以小竹

籤測其淺深以所接枝條皮肉相向揷之封固如前法候接枝發茂以斬去其元樹枝莖使之茁茂耳四曰枝接如皮接之法而差近之耳五曰靨接小樹為宜先於元樹橫枝上截了留一尺許於所取接條樹上眼外方半寸刀尖刻斷皮肉至骨併帶凝揭皮肉一方片須帶芽心納于口噙少時取出印濕痕於橫枝上以刀尖依痕刻斷元樹靨處大小如之以接按之上下兩頭以桑皮封繫緊慢得所仍用牛糞泥塗護之隨樹大小酌量多少接之六曰搭接將已種出芽條去地三寸許上削作馬耳將所接條併削馬耳相搭接之封繫如前法糞壅農桑輯要曰正月取樹本大如斧柯及臂者皆堪接謂之樹砧砧若稍大即去地一尺截之若去地近截之則地力大壯矣若夫所接之木稍小

即去地七八寸截之若砧小而高截則地氣難應須以細齒鋸截鋸齒麄即損其砧皮取快刀子於砧緣相對側劈開令深一寸每砧對接兩枝候俱活即待葉生去一枝弱者所接樹選其向陽細嫩枝如筯麄者長四寸許陰枝即少實其枝須兩節兼須是二年枝方可接接時微批一頭入砧處揷入砧緣劈處令入五分其入須兩邊批所接枝皮處揷了令與砧皮齊切令寬急得所寬即陽氣不應急則力大夾煞全在細意酌度揷枝了

別取本色樹皮一片長尺餘濶二三分纏所接樹枝并砧緣瘡口恐雨水入纏訖即以黃泥泥之其砧面并枝頭並以黃泥泥之對揷一邊皆同此法泥訖仍以紙裹頭麻繩縛之恐泥落故也砧上有葉生即旋去之乃以大糞擁其砧根外以刺棘遮護勿使有物動撥其枝春雨得所尤易活其實內子相類者林檎梨向木瓜砧上栗子向櫟砧上皆活蓋是類也張約齋種花法注云春分和氣盡接不得夏至陽氣盛種不得玄扈先生曰春接樹必待貼頭

回青無有不活大都在春分前後亦有宜待穀雨者何云春分不接也種則立夏後便不宜矣立春正月中旬宜接櫻桃木㮚徘徊黃薔薇正月下旬宜接桃梅杏李半支紅臘梅梨棗栗柿楊梅紫薔薇浙人亦云然宜試之恐彼中稍暖故得早耳二月上旬可接紫笑綿橙匾橘已上種接並於十二月間沃以糞壤兩至春時花果自然結實立秋後可接林檎川海棠黃海棠寒球轉身紅視家棠梨葉海棠南海棠以上接法並要時將頭與木身皮對皮骨對骨用麻皮緊緊纏上用箬葉寬覆之如萌出相長

即撤去箬葉無有不盛也但取實內核相似葉相同者皆可接換下向根貼謂之樹貼如桃貼接杏接梅㮚貼接栗葢此類也枳接柑橘亦宜本色接換本色美者最妙若貼大宜高截貼小宜近地截截訖用利刀鍤貼上齒痕尋樹本佳者取到接頭須經二年肥盛嫩枝如筯大者斷長三四寸以上根頭一寸半用薄刀子刻下中半刻成判官頭樣削其骨成馬耳狀又將馬耳尖頭薄骨翻轉劄去半分將接頭口內噙養溫暖以借生氣然後將刀于貼盤左右皮內膜外批豁兩道或三道納所噙接頭于渠子內極要快捷緊密須使老樹肌肉與接頭肌肉相對著或二或三皆了用竹籜擱寸許劈開雙指齊貼面于接頭外面所批痕處包裹定麻皮復用竹籜包其貼頂縛定次用爛泥封其纏處舊麻縛著上用寬兜盛土培養接頭勿令透風見日土乾則洒之所包土上條芽長出非接頭上者悉令去之以防分力培土上露接頭一二眼通活氣上用竹籜蔽之以防日雨種

樹書曰凡接花木雖已接活內有脂力未全包生接頭處切要愛護如梅雨浸其皮必不活又曰凡接矮果及花用好黃泥晒乾篩過以小便浸之又晒乾篩過再浸之凡十餘度以泥封樹皮用竹筒破兩半封裹之則根立生次年斷其皮截根栽之又曰接樹須取向南隔年者接之則著子多經數次接者核小但核不可種耳不可接者乃用過貼先移葉相似之小樹于其畔可以枝相交合處以刀各削其半對合著竹籜包裹麻皮纏固

泥封之大樹所合枝傍截半段小樹所合枝去稍弱不必半段欲花果兩般合色則勿去其稍來年春始截斷復待長定然後移栽貼綉毬花先取八仙花栽培于瓦盆中次年春連盆移就綉毬花畔將八仙花梗離根七八寸許刮去半邊皮約二三寸又將綉毬花嫩枝亦刮去皮半邊彼此挨合一處用麻繩縛頻用水澆至十月候皮生合為一處截斷綉毬本身入土栽培自然暢茂周歲斷者尤妙貼玉蘭花先以木筆同上法為之

玄扈先生曰接樹有三訣第一襯青第二就節第三對縫依此三法萬不失一

便民圖曰修葺法正月間削去低枝小亂者勿令分樹氣力則結子自肥大又曰凡樹脚下常令耘草清淨草多則引蟲蠹亦能偷力之樹弗使下有坑坎雨後水清根朽葉黄宜令平滿高如地面三五寸

玄扈先生曰凡果木皆須剪去繁枝使力不分不信時試看開花結果之際凡無花無果細枝後來亦須發葉豈不減力若預先芟去則力聚於花果矣又凡果俱三年老枝上所生則大而甘又曰凡樹欲取材如㯿榆杉栢之類可令挺枝無旁枝其他取花葉芽實者皆令枝旁生剝削令至六七尺其下可通人行可也如此便于採掇凡本樹未發芽前半月以上俱可修理

種樹書曰澆灌法凡木早晚以水沃其上以唧筒唧水其上必須用停久冷糞正宜臘月亦必和水三之一草之類宜四季用肥如正月則用五分糞五分水二月三

分糞七分水三四月二分糞八分水五六七八月十一二月八分糞二分水臘月純糞不妨遇天旱只宜白水澆或加一分糞二月或用澆肥多有所忌假如二月樹上已發嫩條必生新根澆肥則根枯而死如萌未發者不妨三月亦然又有一等不怕肥者如石榴茉莉之屬雖多肥不妨五月夏至梅雨時澆肥根必腐爛八月亦不可澆肥白露雨至必生細根肥之則死六七月花木發生已定者皆可輕輕用肥謹依月令等級澆之及小

春時便能發旺如柑橘之類則不可但用肥則皮被破脂流冬必死矣玄扈先生曰蘇人種柑橘用肥培壅一切樹木俱宜十一二月正月餘皆不可合用灰糞和土或麻餅屑和土壅根高三五寸澆水實定不可太過

收種下種法凡收子核必擇其美者作種必待果實熟甚擘取于墻下向陽煖處深寬為坑以牛馬糞和土以半于坑底鋪平取核尖頭向上排定復以糞土覆之令厚尺餘至春生芽萬不失一忌水浸風吹皆令仁腐一

切草木種子俱瓠盛懸掛為佳凡取種子必充實老黑者晒乾以瓶收貯高懸弗近地氣恐生白摸則無用隔年亦不生及時秧子勿使遲誤亦不宜太早地不厭高土肥為上鋤不厭數土鬆彌良各要按時及節臨下子時必日中晒曝擇淨然合浸者浸之不浸便用撒入土内子細者撒在土面下子訖即以糞沃其上成行與打潭種者亦然下子者必要晴雨則不出三五日後又要雨旱則不生須頻澆水

種樹書曰凡果須候肉爛和核種之否則不類其種

便民圖曰採果實法凡果實初熟時以兩手採摘則年年結實果子熟時須一頓摘其美者遲留之雖待熟亦不美勿先摘動被人盜吃飛禽就來窺食切宜謹之

遯齋閑覽曰用人髮掛枝上則飛鳥不敢近

種樹書曰凡果實未全熟時摘若熟了即抽過筋脉來歲必不盛玄扈先生曰宜少留以養其力有過不採者甚壞樹果實異常者根下必有毒蛇切不可食

文子曰冬冰可折夏木可結時難得而易失木方盛雖日採之而復生秋風下霜一夕而零故採摘不可不慎也

玄扈先生曰凡鳥來食果或張網罩樹多損樹枝或持竿鼓析甚費力須用弩射取一二置竿首倚竿于樹其鳥恐不來

便民圖曰治蠹蟲法正月間削杉木作釘塞其穴則蟲立死正月一日五更把火遍照一切果樹下則無蟲災

或清明日亦可農桑輯要曰木有蠹蟲以芫花納孔中或納百部葉蟲立死種樹書曰果樹生小青蟲虰蜻蛉掛樹自無

玄扈先生曰凡治樹中蠹蟲以硫黄研極細末和河泥少許令稠遍塞蠹孔中其孔多而細即遍塗其枝幹蟲即盡死矣又法用鐵線作鈎取之又用硫黄雄黄作烟塞之即死或用桐油紙油燃塞之亦驗如生毛蟲以魚腥水潑根或埋蠶蛾于地下

便民圖曰凡果樹茂而不結實者於元日五更以斧斑駁雜斫則子繁而不落謂之嫁果十二月晦日夜同若嫁李樹以石頭安樹丫中又曰正月間根芽未生於根旁寬深掘開尋攢心釘地根鑿去謂之騸樹留四邊亂根勿動仍用土覆益築實則結子肥大勝插接者農桑輯要曰凡木皆有雌雄而雄者多不結實可鑿木作方寸大以雌木填之乃實以銀杏雄樹試之便驗社日以杵舂百果樹下則結實牢不實者亦宜用此法種樹書曰鑿果樹納少鍾乳粉則子多且美又樹老以鍾乳末和泥於根上揭去皮抹之復茂

玄扈先生曰雄木無用而衆雌之中間有一二雄者更妙諺云羣雌間一雄結實飽蓬蓬

崔氏曰衛果法正月盡二月可剥樹枝二月盡三月可掩樹枝（埋樹枝土中令生二歲以上可移種矣）凡五果花盛時遭霜則無子常預於園中往往貯惡草糞天雨新晴北風寒切是夜必霜此時放火作煴少得烟氣則免於霜矣種樹書

曰草木羊食者不長凡花最忌麝香瓜尤忌之牓栽蒜薤之類則不損又法於上風頭以艾和雄黄末焚即如初種樹書曰木自南而北多枯寒而不枯只於臘月去根旁土麥穰厚覆之燃火深培如故則不過一二年皆結實若歲用此法則南北不殊猶人炷艾耳

齊民要術曰凡伐木四月七月則不蟲而堅肕榆莢下桑椹落亦其時也然則凡木有子實者候其子實將熟皆其時也（非時者蟲且脆也）凡非時之木水漚一月或火煏取

乾蟲則不生水浸之木皆亦柔韌周官曰仲冬斬陽木仲夏斬陰木鄭司農云陽木春夏生者陰木秋冬生者松栢之屬鄭玄曰陽木生山南者陰木生山北者冬則斬陽夏則斬陰調堅也今案北之性不生蟲蠹四時皆得無所選焉山中雜木自非七月四月兩時殺者率多生蟲無山南山北之異鄭君之説又無取則周官伐木蓋以順天道調陰陽未必為堅肕之異蟲蠹者也禮記月令孟春之月禁止伐木孟夏之月無伐大樹逆時氣也季夏之月樹木方盛乃命虞人入山行木無為斬伐季秋之月草木黃落乃伐薪為炭仲冬之月日短至則伐木取竹箭淮南子曰草木未落斧斤不入山林九月草木解也崔寔

曰自正月以終季夏不可伐木必生蠹蟲或曰以上旬伐之雖春夏不蠹猶有剖析間解之害又犯時令非急不伐十一月伐竹木十二月斬竹伐木不蛀斫松在下弦後上弦前永無白蟻他樹亦同

農政全書卷三十七

欽定四庫全書

農政全書卷三十八

明 徐光啟 撰

種植

木部

榆爾雅曰榆白枌又曰蘊荎註曰枌榆先生葉却著莢皮色白蘊荎今之刺榆廣志曰有姑榆有郎榆案今世有刺榆木甚牢韌可以為犢車材梜榆可以為車轂及器物山榆可以為蕪荑凡種者宜種刺梜兩種利者為多其餘軟弱例非佳好之木也

齊民要術曰榆性扇地其陰下五穀不植隨其高下廣狹東西北三方所扇各與樹等種者宜於園地北畔秋耕令熟至春榆莢落時收取漫散犁細畊勞之榆生共草俱長明年正月初附地芟殺以草覆上放火燒之一根上必十數條俱生止留一根強者餘悉掐去之一歲之中長八九尺矣不燒則長遲也後年正月二月移栽之初生即移者喜曲故須叢林長之三年乃移栽初生三年不用採葉尤忌採心採心則科茹太長更須依法燒之則依前茂矣不用剝沐剝者長而細又多瘢痕不剝則短麤而無病諺曰不剝沐十年成轂言易麤也必欲剝者宜留二寸於壍坑中種者以陳屋草

布塹中散榆莢於草上以土覆之燒亦如法陳草還似肥良勝糞無陳草者用糞糞之亦佳不糞雖生而瘦既栽移者燒亦如法也

又種榆法其餘地畔種者致雀損谷既非叢林率多曲戾不如割地一方種之其田土薄地不宜五穀者唯宜榆及白楊地須近市賣柴莢葉省功也梜榆刺榆凡榆三種色別種之勿令和雜梜榆莢葉味苦凡榆莢味甘甘者春時將煮賣是須別也先耕地作壟然後散榆莢壟者看好料理又易三寸一莢稀穊得中散訖勞之榆生芟殺燒斫一如前法三年春可將莢葉賣之五年之後

便堪作椽不梜者即可砍賣一根十文梜者鏇作獨樂及盞一箇三文十年之後魁椀瓶榼器皿無所不任一椀七文一魁二十瓶榼器皿一百文也十五年後中為車轂及蒲桃瓮瓮二口值二百車轂一具值絹三疋其歲歲科簡剝治之功指柴顧人十束雇一人無業之人爭來就作賣柴之利已自無貲歲出萬束一束三文則三十貫莢葉在外也況諸器物其利十倍於柴十倍歲收三十萬斫後復生不勞更種所謂一勞永逸能種一頃歲收千疋唯須一人守護指揮處分既無牛耕種子人功之費不慮水旱風蟲之災比之穀田勞逸萬倍男女初生各與小樹二十株比至嫁娶悉任車轂一樹三具一具值絹三疋成絹一百八十疋聘財資遣麤得充事

崔寔曰二月榆莢成及青收乾以為旨蓄旨美也蓄積也司部收青小蒸曝之至冬以釀酒滑香宜養老詩云我有旨蓄亦以御冬也色變白將落可作醔䤅隨節早晏勿失其適醔音牟䤅音頭榆醬

農桑通訣曰榆醬能助肺殺諸蟲下氣榆葉曝乾擣羅為末鹽水調勻日中炙曝天寒於火上熬過拌菜食之

味頗辛美榆皮去上皺澁乾枯者將中間嫩處剉乾磑為粉當歉歲亦可代食昔沛豐歲飢民以榆皮作屑煮食之人賴以濟焉

玄扈先生曰榆根皮作麪可和香劑嫩葉煠浸淘淨可食榆錢可羹又可蒸糕餌榆皮濕擣如糊粘瓦石極有力汴洛以石為碓嘴用此膠之

楸梓榎爾雅曰槐小葉曰榎大而皵楸小而皵榎椅梓鼠梓又曰如木楸曰喬郭璞注曰槐當為楸楸細葉者為榎老乃皮粗皵者為楸小而

皮粗皵者為榎椅梓即楸梗楸屬今人謂之苦楸江東人謂之虎梓　詩義疏曰楸梓之疏理色白而生子者為梓　說文曰檟楸也然則楸梓二木相類者也白色有角者名為梓似楸有角者名為𣏌　或名子根黃色無子者為柳楸世人見其色黃者為荊黃根也　楸之與梓本同末異梓名木王植于林諸木皆內拱造屋有此木則羣材皆不震楸木濕時脆燥則堅良材也榎檟也亦楸屬葉大而早脫故謂之楸葉小而早秀故謂之榎

齊民要術曰宜割地一方種之梓楸各別無令和雜

又曰種梓法秋耕地令熟秋末冬初梓角熟時摘取曝乾打取子耕地作壟漫散即再勞之明年春生有草拔

令去勿使荒沒後年正月間斸移之方步兩步一樹此樹須大不得概栽即無子可於大樹四面掘坑取栽移之一方兩步一根兩畝一行一行百一十株五行合六百株十年後一樹千錢柴在外車板盤合樂器所在任用以為棺材勝于松柏

玄扈先生曰春月斸其根瘞于土遂能發條取以分種

又曰花葉飼猪並能肥大且易養

松杉柏檜爾雅曰柏椈柀煔檜柏葉松身李時珍曰松百木之長猶公故字從公四時常青不改柯葉三針者為栝子松七針者為果松千歲之松下有茯苓上有兔絲又有赤松白松鹿尾松杉一名檆一名沙一名樧有赤白二種赤杉實而多油白杉虛而乾燥樹類松而榦端直柏一名椈陰木也凡木皆向陽柏獨向陰指西古以生泰山者為良今陝州宜州密州皆佳而乾陵尤異木之文理多為雲氣人物鳥獸狀態分明徑尺一株可值萬錢川柏亦細膩以為几案光滑悅目　檜一名栝今人名圓柏以別側柏

事類全書云栽松春社前帶土栽培百株百活舍此時決無生理也斫松木須五更初便削去皮後無白蟻山人斫老松根取松脂燃之以代油燭亦貧家之利

農桑通訣曰插松用驚蟄前後五日斬新枝斸阬入枝下泥杵緊相視天陰即插遇雨十分生無雨即看分數

種松柏法八九月中擇成熟松子柏子同去臺收頓至來春春分時甜水浸子十日治畦下水土糞漫散子於畦內如種菜法或單排點種上覆土厚二指許畦上搭短棚蔽日旱則頻澆常須濕潤至秋後去棚長高四五寸十月中夾蘆稭籬以禦北風畦內亂撒麥糠覆樹令稍上厚二三寸止南方宜微益至穀雨前後手爬去麥糠澆之

次冬封蓋亦如此二年之後三月中帶土移栽先概區用糞土相合內區中水調成稀泥植栽于內擁土令區滿下水堝實（無用杵築脚踏）次日有裂縫處以脚躡合常澆令濕至十月祛倒以土覆藏毋使露樹至春去土次年不須覆栽大樹者於三月中移廣留根土（謂如一丈樹留土方三尺地遠移者二尺五寸一丈五尺樹留土三尺或三尺五寸）用草繩纏束根上樹大者從下剸去枝三二層樹記南北運至區處栽如前法

種樹書曰栽松須去尖大根惟留四邊鬚根則無不盛春分後勿種松秋分後方宜種法大概與竹同只要根

實不令動搖自然活

齊民要術曰油松法將青松斫倒去枝于根上鑿取大孔入生桐油數斤待其滲入則堅久不蛀他木同

本草曰松花用布鋪地擊取其蘂和沙糖作餅甚清香不能久留

又曰松子出遼東雲南者尤大食之香美

又曰松脂一名松膏一名松香一名松膠一名松肪一名瀝青皆為物用

玄扈先生曰插杉法江南宣歙池饒等處山廣土肥先將地耕過種芝蔴一年來歲正二月氣盛之時截嫩苗頭一尺二三寸先用橛舂穴插下一半築實離四五尺成行密則長稀則大勿雜他木每年耘鋤至高三四尺則不必鋤如山可種則夏種粟冬種麥可（闕）杉木斑文有如雉尾者謂之野鷄斑入土不腐作棺尤佳不生白蟻燒灰最能發火藥今南方人造舟屋多用之

又曰種栢九月中栢子熟時採俟來年二三月間用水淘取沉者著濕地二三日淘一次候芽出將劚熟地調成畦水飲足以子勻撒其中覆細土半寸再以水壓下二三日澆一次勿太濕勿大乾既生四圍竪矮籬護之恐為蝦蟇所食常澆水糞俟長高數尺分栽

又曰秋時剪小枝二三尺亦可插活

農桑通訣曰檜種如松法插枝者二三月檜芽蘖動時先熟劚黃土地成畦下水飲畦一遍滲定再下水候成

泥燥斫下細如小指檜枝長一尺五寸許下削成馬耳狀先以杖刺泥成孔插檜枝於孔中深五六寸以上栽宜稠密常澆令潤澤上搭矮棚蔽日至冬換作煖㢈次年二三月去後候樹高移栽如松柏法

洞庭陸氏曰移松杉柏檜冬至及年盡雖不帶土根亦活正月九分活二月七分活清明後半活

便民圖曰松杉柏檜俱二月下種次年三月分栽

椿禹貢曰杶一作櫄一作楯今名香椿　農桑輯要曰椿本實而葉香有鳳眼草者謂之椿木疎而

氣臭無鳳眼草者謂之樗又云有花而莢者謂樗無花不實謂椿

玄扈先生曰椿宜于春分前後栽之

又曰其葉自發芽及嫩時皆香甘生熟鹽醃皆可茹

梧桐爾雅曰榮桐木又曰櫬梧郭璞注云即梧桐也今人以其皮青號曰青桐又名櫬皮其木無節直生理細而性緊四月開花五六月結子莢長三寸許五片合成老則開裂如箕名曰橐鄂子綴其上大如黃豆雲南者更大可生啖亦可炒食遁甲書云梧桐可知月正閏歲生十二葉一邊六葉從下數一葉為一月有閏則十三葉視葉小處則知閏何月立秋之日如某時立秋至期一葉先墜又有白桐一名華桐一名泡桐華而不實蔡邕月令曰桐始華桐木之後華者也　岡桐一名油桐一名荏桐一名罌子桐一名虎子桐實大而圓取子作桐油入漆及油器物艌船為時所須人多偽為之惟以篾圈擇起如皺面者為真　海桐生南海及雷州白而堅韌可作繩入水不爛

齊民要術曰青銅九月收子二三月中作一步圓畦種之方大則難裹所以須圓小治畦下水一如葵法五寸下一子少與熟糞和土覆之生後數澆令潤澤此木宜濕故也當歲即高一丈至冬豎草於樹間令滿外復以草圍之以葛擁道束置不然則凍死也明年三月中移植於廳齋之前娟淨妍秀極為可玩明年冬不須復裹成樹之後剝下子一石子於葉上

生多者五六少者二三也炒食甚美闕無闕也闕無子冬結似子者乃是明年之花房亦遶大樹掘坑取栽移闕之後任為樂器青桐則不中用於山石之間生者樂器闕青白二桐並堪車板盤合櫑等用作

玄扈先生曰正二月內以黃土拌鉅末少許或盆或地上俱可種上覆土末寸半許時時用水澆灌使土長濕待長尺餘移栽冬間不用苫蓋

又曰江東江南之地惟桐樹黃栗之利易得乃將旁近

山場盡行鋤轉種芝蔴收畢仍以火焚之使地熟而沃首種三年桐其種桐之法要在二人並耦可順而不可逆一人持桐油一瓶持種一籮一人持小鋤一把將地劉起即以油少許滴土中隨以種置之次年苗出仍要耘耔一遍此桐三年乃生首一年猶未盛第二年則盛矣生五六年亦衰即以栗櫼剥之一二年其栗便生且最大但其味畧滞耳首種三年桐為利近速圖久遠之利仍要樹千年桐法亦如前種黄栗之法候秋季落子

多收擇高厚之處掘地為坑下用礱糠鋪底將種放下上用稻草蓋定以土覆之俟來年春氣盛時治地成畦約一尺二寸成行分種空地之中仍要種豆使之二物爭長又可使直而不曲待長一二尺即將山場依前法燒鋤過約闊五尺成行移苗栽之次年耘耔

椒爾雅曰椴大椒椒椴帥醜菉郭璞注曰今椒樹叢生實大者名為椴范子計然曰蜀椒出五都秦椒出天水案今青州有蜀椒種本商人居椒為業見椒中黑實乃遂生意種之凡種數千株有一根生數歲之後更結子實芳香形色與蜀椒不殊氣勢微弱耳遂分布種移畧通州境也陸機詩疏云椒樹似茱萸有針刺葉堅而滑澤味辛香蜀人作茶吳人作茗皆以其葉合煮為香今成皐諸山有竹葉椒其木亦如蜀椒小毒熱不中合藥可入飲食中及蒸鷄豚東海諸島上亦有椒枝葉皆相似子長而不圓甚香其味似橘皮島上麞鹿食其葉其肉自然作椒橘香今南北所生一種椒其實大於蜀椒與陶氏及郭陸之說正相合當以實大者為秦椒即花椒也崖椒俗名野椒不甚香而子灰色野人用炒鷄鴨食出施州彼土四季採皮入藥 蔓椒蔓生氣臭如狗彘生雲中山谷及丘塚間采莖根煮釀酒 地椒出北地如蔓椒之小者煮羊肉香美 胡椒出摩伽陁國呼為昧履支今南番諸國及交趾滇南海南諸地皆有之已遍中國為日用之物矣 番椒亦名秦椒白花子如禿筆頭色紅鮮可觀味甚辣 椒樹最易繁衍四月生花五月結實生青熟紅

齊民要術曰熟時收取黑子俗名椒目不用人手數近捉之則不生也四月初畦種之治畦下水如種葵法方三寸一子篩土覆之令厚寸許復篩熟糞以蓋土上旱輒澆之常令潤澤生高數寸夏連雨時可移之移法先作小坑圓深三寸以刀子圓劚椒栽合土移之於坑中萬不失一若拔而移者率多死若移大栽者二月三月中移之先作熟穰泥掘出即封根合泥埋之行百餘里猶得生之此物性不耐寒陽中之樹冬須草裹不裹即死其生小陰中者少稟寒氣則不用裹所謂習以性成一木之性寒暑易容

(若朱藍之染能不易質故觀郤識士見友知人也)候實口開便速收之天時晴摘下薄布曝之令一日即乾色赤椒好(若陰時收者色黑失味)其葉及青摘取可以為菹乾而末之亦足充事

務本新書曰三鄉椒種秋深熟時揀粒秋深摘下蔭乾將椒子包裹掘地深埋春暖取出向陽掘畦種之二年後春月移栽樹小時冬月以糞覆根地寒處以草裹縛次年結子椒不歇條一年繁勝一年

玄扈先生曰中伏後晴天帶露收摘忌手捻陰一日晒

三日則紅而裂遇雨薄攤當風處頻翻若㷈則黑不香若收作種用乾土拌和埋于避雨水地内深一尺勿令水浸生芽其自開口者殺人

又曰椒子為油亦可食微辛甘晉中人多以炷燈也造油如小油法

穀小雅曰其下惟穀(說文曰穀楮也有二種一種皮有斑花文謂之穀今人用為冠者一種皮白無花枝葉相類或云斑者是楮白者是穀　陸璣詩疏云構幽州謂之穀桑或曰林桑荆揚交廣謂之穀　酉陽雜俎云穀田久廢必生構葉有瓣曰楮無曰構　李時珍曰楮木作柠其皮可積為紵故也)

齊民要術曰宜澗谷間種之地欲極良秋上楮子熟時多收淨淘曝令燥耕地令熟二月耬耩之和麻子漫散之即勞秋冬仍留麻勿刈為楮作煖(若不和麻子種卒多凍死)明年正月初附地芟殺放火燒之一歲即沒人(不燒者瘦而長亦遲)三年便中斫(未滿三年者皮薄不任用)斫法十二月為上四月次之(非此兩月而斫者則多枯死也)每歲正月常放火燒(自有乾葉在地足得火然不燒則不滋茂也)二月中間斫去惡根(斸者地熟楮科亦以留潤澤也)移栽者二月蒔之亦三年一斫(三年不斫者徒失錢無益也)楮地賣者省功而利少

煮剝賣皮者雖勞而大(其柴足以供然)自能造紙其利又多種三十畝者歲斫十畝三年一徧歲收絹百疋

陶弘景曰南人呼穀紙亦為楮紙武陵人作穀皮衣甚堅好

陸氏詩疏云食其嫩芽可當菜茹

李時珍曰穀有雌雄雄者不結實歉歲人采花食之雌者實如楊梅半熟時水澡去子蜜煎作果食

廣州記云蠻夷取穀皮熟搥為揭裹罽布以擬氈甚煖

也其木腐後生菌耳味甚佳

農桑通訣曰南方鄉人以穀皮作衣甚堅好當之實為貧家之利焉

槐爾雅曰櫰槐大葉而黑守宮槐葉晝聶宵炕又曰槐棘醜喬（郭璞註曰槐葉大色黑者名櫰葉晝聶合而夜炕布者名守宮槐槐有青黃白黑數色黑者為猪屎槐材不堪用花可染黃槐之生也季春五日而兔目十日而鼠耳更旬而始規二旬而葉成諸槐功用大畧相等有極高大者材實重可作器物）

齊民要術曰槐子熟時多收擘取數曝勿令蟲生五月夏至前十餘日以水浸之（如浸麻子法也）六七日當芽生好雨種麻時和麻子撒之當年之中即與麻齊麻熟刈去獨留槐槐既細長不能自立根別樹木以繩攔之（冬天多風雨繩攔宜以茅裹不則傷皮成痕瘢也）明年斸地令熟還於下種麻（脅槐令長）三年正月移而植之亭亭條直千百若一（所謂蓬生麻中不扶自直）若隨宜取栽匪直長遲樹亦曲惡（宜於園中剳地種之若園好未移之間妨廢耕墾也）

玄扈先生曰收取花可染黃并可入藥

又曰初生嫩芽煠熟水泡去苦味可薑醋拌食晒乾亦可代茶飲也

楊柳爾雅曰檉柜柳檉河柳旄澤柳楊蒲柳又曰桑柳醜條（郭璞注云檉今河旁赤莖小楊旄生澤中者楊可以為箭　說文曰柳小楊易生之木也柳一名雨師一名赤檉一名人柳一名三眠柳一名觀音柳一名長壽仙人柳性柔脆北土最多枝條長軟至春晚葉長成花中結細子上帶白絮如絨名柳絮又名柳絨隨風飛舞著毛衣即生蟲入池沼隔宿化為浮萍）楊有二種白楊青楊（白楊一名高飛一名獨搖微帶白色高者十餘丈青楊又有二種一種梧桐青楊身聳直高大一種身矮多岐枝不堪用楊與柳自是二物柳枝長脆葉狹長楊枝短硬葉圓闊）

齊民要術曰種柳正月二月中取弱柳枝大如臂長一尺半燒下頭二三寸埋之令沒常足水以澆之必數條俱生留一根茂者（餘皆斫去）別豎一柱以為依生每一尺以長繩柱欄之（若不欄必為風所摧不能自立）一年中即高一丈餘其旁生枝葉即掐去令直聳上高下人任取足便掐去正心即四散下垂婀娜可愛（若不掐心則枝不四散或斜或曲生亦不佳也）六七月中取春生少枝種則長倍疾（少枝葉青氣壯故長疾也）下田停水之處不得五穀者可以種柳八九月中水盡燥濕得所時

急耕則鐲楱之至明年四月又耕熟勿令有塊即作場壠一畝三壠一壠之中逆順各一到場中寬狹正似葱壟從五月初盡七月末每天雨時即觸雨折取春生少枝長疾三歲成椽比於餘木雖微脆亦足堪事一畝二千六百六十根三十畝六萬四千八百根根直八錢合收錢五十一萬八千四百文百樹得柴一載合柴六百四十八載直錢一百文柴合收錢六萬四千八百文都合收錢五十八萬三千二百文歲種三十畝三年種九

十畝歲賣三十畝終歲無窮

陶朱公術曰種柳千樹則足柴十年以後髠一樹得一載歲髠二百樹五年一週

憑柳可以為楯車輞雜材及椀

種箕柳法山澗河旁及下田不得五穀之處水盡乾時熟耕數遍至春凍釋于山陂河坎之旁刈取其柳三寸絕之漫散即勞勞訖引水停之至秋任為簸箕五條一錢歲收萬錢（山柳赤而脆河柳白而韌）

便民圖曰種杞柳二月間先將田用糞壅灌戽水耕平以柳鬚斷作三寸許每人一握隨田廣狹併力一日齊種頻以濃糞澆之有草即用小刀剜出田勿令乾八月斫起刮去柳皮晒乾為器根旁敗葉掃淨則不蛀至臘月間將重長小條復斫去長者亦可為器舊根常留

齊民要術曰種白楊秋耕地熟至正月二月中以犁作壟一壟之中以犁逆順各一到場中寬狹正似作葱壟作訖又以鍬掘底一坑作小塹所取白楊枝大如指長

三尺者屈著壟中以土壓上令兩頭出土向上直豎二尺一株明年正月中剝去惡枝一畝三壟一壟七百二十株一株兩根一畝四千三百二十株三年中為蠶擿（都狢反）五年任為屋椽十年堪為棟梁以蠶擿為率一根五錢一畝歲收二萬一千六百文（柴又作梁埽住在外）歲種三十畝三年九十畝一年賣三十畝得錢六十四萬八千文周而復始永世無窮比之農夫勞逸萬倍去山遠者實宜多種千根以上所求必備

白楊性甚勁直堪為屋材折則折矣終不曲撓榆性軟久無不曲比之白楊不如遠矣直木性多曲次之撓為下也

博聞錄曰楊柳根下先埋大蒜一枚不生蟲

種樹書曰種水楊須先用木樁釘穴方入楊庶不損皮易長臘月二十四日種楊樹不生蟲

女貞山海經曰貞木李時珍曰女貞木凌冬青翠有貞守之操故以貞女狀之東人因女貞茂盛亦呼為冬青與冬青同名異物蓋一類二種也二種皆因子自生最易長其葉厚而柔長綠色面青背淡女貞葉長者四五寸子黑色冬青葉微圓子紅色為異其花皆繁子並纍纍滿樹近時以放蠟蟲故俱呼為

蠟樹唐宋以前澆燭所用白蠟皆蜜蠟也此蟲白蠟自元以來人始知之今則為日用物矣四川湖廣滇南閩嶺吳越東南諸郡有之以川滇衡永產者為勝

便民圖曰臘月下種來春發芽次年三月移栽長七尺許可放蠟蟲栽女貞畧如栽桑法縱橫相去一丈上下則樹大力厚須糞壅極肥歲耕地一再過有草便鋤之令枝條壯盛即多蠟也

李時珍曰蠟蟲大如蟣虱芒種後延緣樹枝食汁吐涎粘於嫩莖化為白脂乃結成蠟狀如凝霜處暑後剝取謂之蠟渣過白露則粘住難刮矣其渣煉化濾淨或甑中蒸化瀝下器中待凝成塊即為蠟也其蟲微時白色作蠟及老則赤黑色乃結苞於樹枝初若黍米大入春漸長大如鷄頭子紫赤色纍纍抱枝宛若樹之結實也蓋蟲將遺卵作房正如雀甕螵蛸之類爾俗呼為蠟種亦曰蠟子子內皆白卵如細蟣一包數百次年立夏日摘下以箬葉包之分繫各樹芒種後苞折卵化蟲乃延出葉底復上樹作蠟也樹下要潔淨防蟻食其蟲玄扈先生

曰女貞之為白蠟勝國以前畧無紀載今則遍東南諸者皆有之向嘗疑焉以為古人著書未暇遠徵遐僻耳非果昔無今有也然見婺州人言彼中放蠟不過二十年吳興人言不過十許年即余邑五年前亦無人如此自余庚戌營先隴始樹女貞數百本擬作蠟近年來村中亦多自生蠟蟲頃寄子半用吳興子半用土子土人言土子為勝則昔無今有理亦有之事固非目前所見遽可懸斷也

汪機本草彙編曰蟲白蠟與蜜蠟之白者不同乃小蟲所作其蟲食冬青樹汁久而化為白脂粘敷樹枝人謂蟲矢著樹而然非也至秋刮取以水煮溶濾置冷水中則凝聚成塊矣碎之文理如白石膏而瑩澈人以和油

澆燭大勝蜜蠟也（玄扈先生曰蟲白蠟純用作燭勝他燭十倍若以和他油不過百分之一其燭亦不淋故為用頗廣多植無害）

宋氏雜部曰冬青子可種堪入酒至長盛時五月養以蠟子七月收蠟不宜盡採留迨來年四月又得生子取養蠟曬乾以越布蒙於甑口置蠟布上置器甑中釜内水沸蠟遂鎔下入器凝則堅白而為燭材其滓盛之以絹囊復投於熱油中則蠟盡油遂可為燭凡養蠟子經三年停亦三年

又曰巴蜀擷其子漬淅米水中十餘日搗去（闕）種之蠟生則近蹭伐去發肄再養蠟養一年停一年採蠟必伐木無老榦

玄扈先生曰女貞收蠟有二種有自生者有寄子者自生者初時不知蟲何來忽遍樹生白花（枝上生脂如霜雪人謂之花）取用煉蠟明年復生蟲子向後恒自傳生若不曉寄放樹枯則已若解放者傳寄無窮也寄子者取他樹之子寄此樹之上也其法或連年或停年或就樹或伐條若樹盛者連年就樹寄之俟有衰頓即斟酌停年以休其力培壅滋茂仍復寄放即宋氏雜部所謂養一年停一年者也伐條者取樹裁徑寸以上者種之俟盛長寄子生蠟即離根三四尺截去枝榦收蠟隨手下壅冬月再壅明年旁長新枝芽蘖以後恒擇去繁冗令直達又明年亦復修理恒加培壅第三年可放蠟子四年再放五年復放迨收蠟仍剪去枝如是更代無窮此所謂經三年停三年者也凡寄子皆于立夏前三日内從樹上連

枝剪下去餘枝獨留寸許令子抱木或三四顆乃至十餘顆作一簇或單顆亦連枝剪之剪訖用稻穀浸水半日許灑取水剝下蟲顆浸水中一刻許取起用竹箬虛包之大者三四顆小者六七顆作一苞韌草束之置潔淨甕中若陰雨頓甕中可數日天熱其子多迸出宜速寄之寄法取箬包剪去角作孔如小豆大仍用草係之樹枝間其子多少視枝小大斟酌之枝大如指者可寄枝太細榦太粗者勿寄也寄後數日間鳥來啄箬苞攫

取子勤驅之天漸暖蟲漸出苞先緣樹上下行若樹根有草即附草不復上矣故樹下須芟刈極淨也次行至葉底棲止更數日復下至枝條嚙皮入咂食其脂液因作花約畧蟲出盡即取下苞視有餘子并作苞别寄他樹秋分後檢看花老嫩若太嫩不成蠟太老不成蠟太老不可剥矣剥時或就樹或剪枝俱先洒水潤之則易落乘雨後或侵晨帶露華采之尤便次取蠟花投沸湯中鎔化候稍冷取起水面蠟再煎再取滓沉鍋底勺去之若蠟未淨再依前法煎澄之既淨乘熱投入繩套子

候冷牽繩起之成蠟堵也

又曰浸穀水漬蠟子剥下苞之此是婺州法吳興人但于立夏後剪子到小滿前三日連舊枝作苞寄之亦生蠟構李及吾邑有自生之子不煩寄放亦生蠟可見傳生之物氣足為上若吾鄉傳有土子不論節氣但俟其氣足欲迸時速剪下寄之可也

又曰立夏前二日剪子此是常法但浙東氣暖從他方鬻子還恐蟲迸出故以此為期若吳興在北吾邑又在吳興北則吾鄉往吳興及浙東買子者宜立夏後剪小滿前後寄也若浙東從吾鄉鬻子仍須立夏前剪去耳吾鄉以北愈寒寄宜愈遲依此消息之

又曰蠟子若本地所無傳貿他方者可行千里如浙中獨金華業此最盛而鬻子於紹興台州湖州川中獨南部西充嘉定最盛而鬻子于潼川其間相去各數百里蓋蠟子在立夏前氣已足可剪小滿前雖未出可寄耳亦須疾行遲則蟲先期出不及寄折損多矣諺云走馬

欽定四庫全書
農政全書 卷三十八
二十三

販蠟謂此若依前法先作苞置器中蟲出不離箬苞中尚可遲二三日寄也

又曰金華之於湖州也嘉定之於潼川也歲鬻子以去而不傳子明年又鬻之叩之則云金華嘉定但生花不生子故然金華尚有土子其價以半嘉定絕無之鬻子之價十倍潼川此理殊不可曉詧臆度之大都樹少多生花樹老多生子樹卑多生花樹高多生子一樹之中

寄子多則生花寄子少則生子又北種販至南多生花南種販至北多生子如湖州子販至金華盡生花金華子販至閩中又生花故金華子多入閩而轉販于吳興若金華種販至湖州又生子矣吳興在北金華在南閩又在金華南也又如潼川販至嘉定盡生花若嘉定種販至潼川又生子矣潼川在北嘉定在南也葢花性意煖子性能寒其以老少異以高下異以南北異理則一耳

又曰或云樹生花即無子生子即無花此間有之不盡然也大槩多花子並生者但欲留種不宜早收花絕不可見至春中方著枝如螺靨入夏頓長則花與子不相見耳子盛長時有膏如餳蜜去之即子枯

附冬青 陳藏器曰冬青木肌白有文作象齒笏其葉堪染緋 李時珍曰凍青亦女貞別種也山中時有之但以葉微團而子赤者為凍青葉長而子黑者為女貞 玄扈先生曰女貞吳下稱冬青產蠟處皆稱蠟樹此冬青吳下稱水冬青或稱細葉冬青

宋氏雜部曰水冬青葉細利于養蠟子

玄扈先生曰冬青樹凋枯以猪糞壅之即茂或云以猪溺灌之

附水槿 玄扈先生曰木槿葉似女貞而邊有鋸齒五葉攢生不花李所謂水蠟樹必此也蜀中又有一種插蠟葉似菊尤易生插之一年便可寄子三四年大如酒杯口即衰壞須更插矣此與水種異種水槿雖扦插易生卻難大又蜀中蠟子生女貞樹上少生插蠟樹上者多故當以蜀種為勝

李時珍曰有水蠟樹葉微似榆亦可放蟲生蠟

宋氏雜部曰水槿細葉小黃花又名水梠臘月斬其條而插之易成大木材可為器宜養蠟子以取蠟

附櫧 山海經曰前山有木其名白櫧 郭璞註曰櫧子似柞子可食冬月采之木作屋柱棺材難腐也 汪穎食物本草曰櫧子生江南皮樹如栗冬月不凋子小於橡子櫧子有苦甜二種治作粉食餻食褐色甚佳 李時珍曰櫧子處處山谷有之其木大者數抱高二三丈葉長大如栗葉稍尖而厚堅光澤鋸齒峭小凌冬不凋三四月開白花成穗如桑花結實大如槲子外有小苞冬時苞裂子內子圓褐而有尖大如苦提子內仁如杏但生食苦澀煮炒乃帶甘亦可磨粉甜櫧子粒小木文細白俗名麵櫧苦櫧子粒大木粗赤文俗名血櫧其色黑者名鐵櫧

李時珍曰甜櫧子亦可產蠟

玄扈先生曰余所聞樹可放蠟者數種以意度之當不

止此即如飼蠶之樹世人皆知有桑柘矣而東萊人育山繭者於樹無所不用獨楊樹否耳諸樹中獨椒繭最上桑柘次之椿次之樗為下由此言之事理無窮聞見之外遺佚甚多坐井自拘何為哉

烏臼玄中記曰荆陽有烏臼烏臼樹高數仞葉似梨杏花黄白紫黑色極易生長

玄扈先生曰烏臼樹收子取油甚為民利他果實總佳論濟人實用無勝此者江浙人種者極多樹大或收子二三石子外白穰壓取臼油造蠟燭子中仁壓取清油

然燈極明塗髮變黑又可入漆可造紙用每收子一石可得白油十斤清油二十斤彼中一畒之宮但有樹數株者生平足用不復市膏油也臨安郡中每田十數畒田畔必種臼數株其田主歲收臼子便可完糧如是者租額亦輕佃戶樂于承種謂之熟田若無此樹要當于田收完糧租額必重謂之生田兩省之人既食其利凡高山大道溪邊宅畔無不種之亦有全用熟田種者用油之外其渣仍可壅田可燎爨可宿火其葉可染皂其木可刻書及雕造器物且樹久不壞至合抱以上收子逾多故一種即為子孫數世之利吾三吳人家凡有隙地即種楊柳余進人即勸令人拔楊種臼則有難色凡所利于楊者歲取枝條作薪耳取臼子者須連枝條剝之亦何嘗不得薪也凡他方美利不能相通者其故有二種植力本人罕出途路江湖客遊人無意種植若夫殊方異種偶爾流傳遂成土利未有不從客游人攜來者余生財賦之地感慨人窮且少小游學經行萬里隨事咨詢頗有本末若力作人能相憑信無論豐凶必或

補于生計耳

又曰臼不須種野生者甚多若收子即佳種種出者亦不中用必須接博乃可未接者江浙人呼為草臼種草臼榦如酒杯口大便可接大至一兩圍亦可接但樹小低接樹大高接耳接須春分後數日接法與雜果同其種之佳者有二曰葡萄臼穗聚子大而穰厚曰鷹爪臼穗散而殼薄又聞山中老圃云臼樹不須接博但于春

間將樹枝一一捩轉碎其心無傷其膚即生子與接博者同余試之良然若地遠無從取佳貼者宜用此法此法農書未載農家未聞恐他樹木亦然宜逐一試之

又曰採臼子在中冬但以熟為候採須連枝條剝之但留取指大以上枝其小者總無子亦宜剝去則明年枝實俱繁盛其剝刀長三四寸廣半寸形如却月鉤刃在鉤內以竹木竿為柄刀著柄端令刃向上剝時向上鑱之不傷枝榦剝下枝仍充爨擇取浮子曬乾入臼舂

落外白穰篩出之蒸熟作餅下榨取油如常法即成白油如蠟以製燭若穰少不滿一榨者即作餅入他油餅雜榨之榨下盛油餅中置一草帚候油出冷定臼油即凝附草帚不雜他油矣其篩出黑子用石磨麤礲碎簸去殼存下核中仁復磨或碾細蒸熟榨油如常法即成清油凡製燭每臼油十斤加白蠟三錢則不淋蠟多更佳常時肆中賣者白油十斤雜清油十斤白蠟不過一二錢其燭則淋

又曰養魚池邊勿種臼落葉入水變黑色令魚病

又曰種烏臼取白油清油種女貞樹取白蠟其利濟人百倍他樹古來遂無人曉此北魏賈思勰撰齊民要術旣不著女貞獨有烏臼一則乃雜入殊方異物中陳藏器唐人也日華子五代人也各言烏臼油可染髮亦止是清油不及白油藏器說女貞亦言木虫在葉中卷葉如子羽化為虫亦不知虫之為蠟至元人開局撰農桑輯要王禎著農書二書是千年以來農家之褎然者亦

絕不及二物又何望近代俗書也白蠟之利今世最盛于蜀其次浙烏臼最盛于江浙豈元人修書詳于北產聞見所限未及遠徼吳蜀耶抑逼年始食其利前此未著耶若吳蜀舊有為元人所遺可見他方嘉種亟宜遷貿若宋元未有近代始食其利可見生財無盡亟宜講求恒農土著安知頃畝之外必求利物活人者其責不在冥冥之民也

又曰烏臼楂之屬但取膏油似不入救荒品中但膏油

不可闕而民間所用多取諸麻菽荏菜麻菽非穀耶荏菜非穀也藝荏菜者非穀田耶烏臼之屬比諸麻菽荏菜有十倍之收且取諸荒山隙地以供膏油而省麻菽以充糧省荏菜之田以種穀其益于積貯不為少矣

漆秦風曰山有漆說文云木汁可以髹物一作桼如水滴而下生漢中山谷梁益陜襄皆有金州者最善廣州者性急易燥今廣浙中出一種漆六月取汁漆物黃澤如金即唐書所謂黃漆也廣南漆作飴糖氣沾沾無力樹似榎而大高二三丈身如柿皮白葉似椿花似槐子似牛李子木心黃六七月刻取滋汁春分前移栽易成有利一云臘月種

取用者以竹筒釘入木中取汁或以剛斧斫其皮開以竹管承之滴汁則為漆也凡取時須荏油解破故淳者難得可重重別制拭之色黑如瑿若鐵石者為上等黃嫩若蜂窠者不佳凡驗漆惟稀者以物醮起細而不斷斷而復收更又塗于乾竹上蔭之速乾者並佳試訣有云微扇光如鏡懸絲急似鉤撼成琥珀色打著有浮漚

農桑通訣曰用漆在燥熱及霜冷時則難乾得陰濕雖寒月亦易乾物之性也若苦霑人以油治之凡漆器不問真偽送客之後皆須以水淨洗置牀薄上於日中半日許曝之使乾下晡乃收則堅牢耐久若不即洗者鹽醋浸潤氣徹則皺器便壞矣其朱裹者仰而曝之朱本和油性潤耐日故盛夏連雨土氣蒸熱什器之屬雖不經夏用六七月中各須一曝使乾俗人見漆器暫在日中恐其炙壞合著陰潤之地雖欲愛慎朽敗更速矣

又曰凡木畫服翫箱椀之屬八五月盡七月九月中每經雨以布纏指揩令熱徹膠不動作光淨耐久若不揩拭者地氣蒸熱徧上生衣厚潤徹膠便皺動處起發颯

然破矣

皂莢廣志曰雞栖子一名皂角一名烏犀一名懸刀有三種一種小如猪牙一種長而肥厚多脂而粘一種長而瘦薄枯燥不粘以多脂為佳今所在有之樹高大枝間有刺夏開花秋後實

玄扈先生曰猪牙者良其角亦有長尺一二寸者種者二三月種不結角者南北二面去地一尺鑚孔用木釘釘之泥封竅即結或曰樹不結鑿一大孔入生鐵三五斤以泥封之便開花結子既實以篾束其本數匝木楔之一夕自落用以洗垢滌膩最良角與刺俱堪入藥亦

物之利益于世者

椶櫚山海經曰石翠之山其木多椶一名栟櫚出嶺南西川今江南亦有之木高一二丈無枝條葉大而圓有如車輪萃于樹杪其下有皮重疊裹之每皮一匝為一節二旬一采皮轉復生上六七月生黄白花八九月結實作房如魚子黑色九月十月采其皮用

便民圖曰椶櫚二月間撒種長尺許移栽成行至四尺餘始可剝每年四季剝之半年一剝亦可其皮作繩入水千歲不爛昔有人開塚得一索已生根

李時珍曰椶櫚葉大如扇上聳四散岐裂其莖三稜四

時不凋其榦正直身赤黑皆筋絡宜為鍾杵亦可旋為器物其皮有絲毛錯縱如織剝取縷解可織衣帽褥椅之屬每歲必兩三剝之否則樹死或不長也

柞爾雅曰栩杼郭璞注曰柞樹俗人呼杼為橡子以橡殼為杼斗以剜剜似斗

齊民要術曰宜於山阜之曲三徧熟耕漫散橡子即勞之生則薅治常令淨潔一定不移十年中椽可雜用一根值十文二十歲中屋槫一根值百錢柴在外斫去尋生料理還復

玄扈先生曰橡子儉歲可以為飯豐年牧猪食之可以致肥

楝爾雅翼曰楝葉可以練物故謂之楝說文曰苦楝木也一名金鈴子有雌雄兩種雄者無子根毒食之使人吐不止雌者有子可入藥以蜀川者為佳今處處有之樹高丈餘易長三四月開花實如圓棗

齊民要術曰以楝子于平地耕熟作壟種之其長甚疾五年後可作大椽北方人家欲構堂閣先於三五年前種之其堂閣欲成則楝木可椽

農桑通訣曰子熟時雨後種如種桃李法成樹移栽

棠梨爾雅曰杜甘棠又曰杜赤棠白者棠郭璞注曰今之杜梨詩曰蔽芾甘棠毛云甘棠杜也詩義疏云今甘棠梨一名杜梨如梨而小味酢可食也唐詩曰有杕之杜毛云杜即棠也與白棠同但亦有赤白美惡子赤白色者為白棠甘棠也酢滑而美赤棠子澁而酢無味赤棠木理赤可作弓幹案今棠葉有中染絳者有惟中染土紫者杜則全不用其實三種則爾雅毛郭以為同未詳也　丹鉛錄云尹伯奇采楟花以濟飢註言楟即山梨乃今棠梨也

齊民要術曰棠熟時收種之否則春月移栽八月初天晴時摘葉薄布曬令乾可以染絳必候天晴時少摘葉乾之復晴則摘慎勿

頻收若過陰雨則浥浥不堪染絳也成樹之後歲收絹一百疋亦可多種利乃勝桑
也

附海紅一名海棠梨鄭樵通志云海棠子名海紅即爾雅赤棠也狀如木瓜而小二月開花八月熟

椰上林賦曰胥餘又名越王頭相傳林邑王與越王有怨使刺客乘其醉取其首懸于樹化
為椰子其核猶有兩眼故俗謂之越王頭而其漿猶如
酒也南州異物志曰椰樹大三四圍長十丈通身無
枝至百餘年有葉狀如蕨菜長丈四五尺皆直竦指天
其實生葉間大如升外皮苞之如蓮狀皮中核堅過於
石裏肉正白如雞子著皮而腹內空含汁大者含升餘
實形團團然或如瓜蔞橫破之可作爵形並應器用故
人珍貴之廣志曰椰出交趾家家種之

交州記曰椰子有漿截花以竹筒承其汁作酒飲之亦
醉也
寇宗奭曰椰子開之有汁白色如乳如酒極香別是一
種氣味強名為酒中有白瓤形圓如栝樓上起細壠亦
白色而微虛其紋若婦人裙褶味亦如汁與著殼一重
白肉皆可糖煎為菓其殼可為酒器如酒中有毒則酒
沸起或裂破今人漆其裏即失用椰子之意
玄扈先生曰椰用甚多南中人樹之者資生之類大率
在焉

梔子司馬相如賦曰鮮支黃爍註曰即支子佛書稱蒼蔔又名林蘭又名越
桃又名禪友有兩三種小異以七稜者為佳三四月開
花夏秋結實經霜乃收蜀中有紅梔子花紅色染物則
赭紅色

齊民要術曰十月選成熟梔子取子淘淨曬乾至來春
三月選沙白地斸畦區深一尺全去舊土却收地上濕
潤浮土篩細填滿畦區下種稠密如種茄法細土薄糝
上搭箔棚遮日高可一尺旱時一二日用水於棚上頻

頻澆灑不令土脉堅垎四十餘日芽方出土薅治澆漑
至冬月厚用蒿草藏護次年三月移開相去一寸一科
鋤治澆漑宜頻冬月用土深擁根株其枝梢用草包護
至次年三四月又移一步半一科栽成行列須園內穿
井頻澆冬月用土深擁須北面夾籬障以蔽風寒第四
年開花結實十月收摘甑內微蒸過曬乾用梅雨時以
沃壤一團插嫩枝其中置鬆畦內常灌糞水候生根移
種亦可

種樹書曰黃梔子候其大時摘青者曬收至黃熟則消化水矣大朶重臺者梅醬糖蜜製之可作羹果

楂 玄扈先生曰楂木生閩廣江右山谷間橡栗之屬也其樹易成材亦堅韌若修治令勁挺者中為杠實如橡斗斗無刺為異耳斗中函子或一或二或三四甚似栗而殼甚薄殼中仁皮色如榧瓤肉亦如栗味甚苦而多膏油江右閩廣人多用此油燃燈甚明勝于諸油亦可食 楂在南中為利甚廣乃字書既無此字而偏方雜記亦未之見或直書為茶尤非也獨本草有櫧子云小于橡子味苦澁皮樹如栗或者櫧楂聲近土俗音訛邪其不言子可為油或昔人未食其利如烏臼女貞之類耶不敢傳會姑志之以俟再考

玄扈先生曰種楂法秋間收子時簡取大者掘地作一小窖勿令及泉用沙土和子置窖中至次年春分取出畦種秋分後分栽三年結實

又曰作油法每歲于寒露前三日收取楂子則多油遲則油乾收子宜晾之高處令透風樓上尤佳過半月則罅發取去斗欲急開則攤曬一兩日盡開矣開後取子曬極乾入碓碓中碾細蒸熟榨油如常法

又曰楂油能療一切瘡疥塗數次即愈其性寒能退濕熱用造印色生者亦不沁或云以澤首尤勝諸膏油不染衣不膩髮其查可爨用法每餅作四破先于冷竈中叠架起下用乾柴發火發火後用餅屑漸次撒入則起燄燒熟者可以宿火勝用炭墼

農政全書卷三十八

欽定四庫全書

農政全書卷三十九

明　徐光啓　撰

種植

雜種上

竹爾雅曰莽數節桃枝四寸有節粼堅中簢䈂中仲無笐䈂箭萌篠箭簜禹貢曰揚州厥貢篠簜荊州厥貢箘簵竹紀云竹之品類六十有一黃魯直以為竹類至多竹紀所類皆不詳欲作竹史不果成　方竹產澄洲

體如削成勁挺堪為杖　桃源山亦有方竹隔洲亦出大者數丈寧波志云葛仙翁煉丹於定海靈峯植竹筯化為竹而方　斑竹即吳地稱湘妃竹者其斑如淚痕杭產者不如亦有二種出古辣者佳出陶虛山者次之土人栽為筯甚妙亦有大如甌者　棕竹有三種上曰筯頭梗短葉垂堪置書几次曰短栖　可列庭階次曰樸竹節稀葉硬全欠溫雅但可作扇骨料耳性喜陰畏寒風冬月藏不通風處三月方可見天原不見日秋分後可分須出盆視其根鬚不甚堅固處劈開栽盆欲變化多盆則盆大更旺澆用浸豆水極肥舍此俱不堪用　貓竹一作茅竹又作毛竹榦大而厚異於衆竹人取以為舟　雙竹篠篁嫩篠對抽並肩王子敬謂之扶竹　蘄竹生蘄州以色瑩者為簟節踈者為笛帶鬚者為杖　慈孝竹大叢長榦中聳群篠外護向陽高臺種茂　柯亭竹生雲夢南以七月望前生明年七月望前伐未期伐則音浮過期伐則音滯　觀音竹每節二三寸產占城

黃金間碧玉產成都青黃相間　龍公竹大徑七尺一節長丈二尺葉若焦出羅浮山　龍孫竹生辰州山谷間高不盈尺細僅如針　徑尺竹可為甑出湖湘　四季竹節長而圓中管籥生山石者音清亮　月竹每月抽笋不堪食出嘉定州　十二時竹產蘄州其竹繞節凸生地支十二字　䈽簩竹出䈽簩國可礪指甲新州有此種製成琴樣為礪甲之具用久微滑以酸漿漬之過宿快利如初亦可作箭　大夫竹凌雲園三尺鄜延一人伐此竹見內二仙翁相謂平生勁節惜為主人所伐遂騰空去　鳳尾竹纖小猗邪植盆可作清玩　龜文竹產陽縣寶陀岩製扇甚奇　人面竹出剡山節極促四面參差竹皮如魚鱗面凸頗類人面　黑竹如藤色如鐵　思摩竹出交廣筍自節生既成竹至春節中復生筍　無節竹出瓜州　大節竹出黎母山一節一丈　踈節竹六尺一節　通竹出溱州直上無節　扁竹出濡須　藤竹出占城　船竹出員卯　弓竹長百

尋郤曲如藤得木乃倚出東方質有文章須膏塗火灼乃見　沛竹出南荒長百丈　丹青竹葉黃碧丹相間出熊耳山　十抱竹出臨賀　慈竹內實節踈性弱形緊而細可代藤　桂竹高四五丈圍二尺狀如甘草而皮赤出南康以南傷人即死　桃竹葉如棕身似竹密節而實中厚理瘦骨蓋天成拄杖也出巴渝間出豫者細文一節四尺北人呼為桃絲竹　相思竹出廣東兩兩生笋　始興郡有笙竹大者圍二尺長四丈　交趾有簝竹　八月為竹小春竹之萌曰笋竹之節曰約竹之叢曰筤竹之得風而體夭屈曰笑竹死曰箹

齊民要術曰宜高平之地近山阜尤是所宜下田得水則死黃白軟土為良正月二月中斸取西南引根并莖芟去葉於園內東北角種之令坑深二尺許覆土厚五寸竹性愛向西南引故園東

北角種之數歲之後自當滿園諺云東家種竹西家治
地為滋蔓而來生也其居東北角者老竹種不生亦不
能滋茂故須取西南引少根也稻麥糠糞之（二糠各自堪糞不令和雜）不用水澆（澆則
淹死）勿令六畜入園二月食淡竹筍四月五月食苦竹筍
（蒸煮炰酢在人所好）其欲作器者經年乃堪殺（未經年者軟未成也）
農桑通訣曰種竹宜去稍葉作稀泥於坑中下竹栽以
土覆之杵築定勿令脚踏土厚五寸竹忌手把及洗手
面脂水澆著即枯死月庵種竹法深濶掘溝以乾馬糞
和細泥塡高一尺無馬糞礱糠亦得夏月稀冬月稠然

後種竹須三四莖作一叢亦須土鬆淺種不可增土於
株上泥若用钁打實則筍不生（種時斬去稍仍為架扶之使根不搖易活又法
三兩竿作一本移其根自相持則尤易活也或云不須斬稍只作兩重架尤妙）夢溪云種竹但
林外取向陽者向北而栽葢根無不向南必用雨下遇
有西風則不可花木亦然諺云栽竹無時雨下便移多
留宿土記取南枝志林云竹有雌雄雌者多筍故種竹
常擇雌者凡欲識雌雄當自根上第一枝觀之有雙枝
者乃為雌竹獨枝者乃為雄竹

種樹書曰種竹處當積土令稍高於傍地二三尺則雨
潦不浸損錢唐人謂之竹脚移時須是根埰大維以草
繩仍向背不失其舊為佳種竹須將竹母斬去只留四
五尺仍斜植之用龔糠和泥抱根然後用淨土傅其上
或鋪少大麥於其中令竹根着麥上以土蓋之其根易
行一法擇大竹就根上去三四寸許截斷之去其上不
用只以竹根截處打通節實以硫黃末顛倒種之第一
年生小竹隨即取之次年亦去之至第三年生竹其大

如所種者種時以舊茅茨夾土則竹根尋地脉而生禁
中種竹一二年間無不茂盛園子云初無他術只有八
字踈種密種淺種深種踈種謂三四步種一棵欲其地
虛行鞭密種謂種雖踈每窠却種四五竿欲其根密淺
種謂其種時不甚深深種謂種時雖淺却用河泥壅之
竹林中有樹切勿去之葢竹為樹枝所礙雖風雪不復
欹斜筀竹根多穿害堦砌惟聚皂莢刺埋土中障之根
則不過或用鐵屑栽油麻茸尤妙（玄扈先生曰筀竹根强能害他竹不宜雜）

種必須障之其法莫如深溝耳或云以炭屑實之太費或云以煤灰實之移竹惟五月十三日謂之竹醉日又謂竹迷日又謂龍生日栽竹則茂盛玄扈先生曰五月實竹笋已出生氣内歛故可移栽竹以六月為臘也龍生竹醉無理可通或曰不必五月但每月二十日皆可又一云正月一日二月二日三月三日皆可種無不活者每月倣此如要不間年出笋用正月一日二月二日又云用辰日山谷所謂根雖辰日斵笋看上番成又曰宜用臘日杜少陵詩東林竹影薄臘月更宜栽然臘月之說大謬少陵所謂臘正指夏月少陵通

達非衆所及也麥以五月為秋竹以六月為臘冬伐竹不蛀夏伐必蛀正謂潤澤在焉故也此論大謬矣竹之滋澤春發於枝葉夏藏於幹冬歸於根如冬伐竹經日一裂自首至尾不得全盛夏伐之最佳但於林有損夏伐竹則根色而鞭皆爛然要好竹非盛夏伐之不可七八月尚可自此滋澤歸根而不中用矣如要竹不蛀取五月以前但此月以前竹不生皆根爛竹與菊根皆長向上添泥覆之為佳

晉起居注曰惠帝二年巳酉郡竹生紫色花結實如麥皮青中米白味甜玄扈先生曰此恒有萬歷辛丑余鄉亦有此余嘗目見其米實與稞麥不異耳

玄扈先生曰移竹泥垛須厚所云多留宿土是也平地止掘深尺許將泥垛移置其上四週以鬆泥蓋之不用脚踏搥打日日以水澆之度其實乃巳又須搭架以防風搖　又法移竹種離生枝節上四五節斫斷即不帆風不須用架尤簡便若竹有花輙稿死花結實如稗謂之竹米一竿如此久之則舉林皆然其治之之法於初米時擇一竿稍大者截去近根三尺許通其節以糞入

之則止瑣碎錄云引竹法隔籬埋貍或猫於墻下明年筍自迸出竹以三伏内及臘月中斫者不蛀竹有六七年便生花所謂留三去四蓋三年者留四年者伐去諺曰一人種竹十年盛十人種竹一年盛言須大科移植方不傷其根也若只二三幹作一科四面根皆斵斷安得有生氣耶

又曰浙中人代園種竹甚有理所謂祖孫不相見也余

别有圖說此法甚得利而工人用竹者則以平園為勝謂山間代園之竹嫩而不堅不如平地園林者竹老而堅勒也蓋事不能兩利如此

又曰竹生花生實輒滿林枯死此有二病其一私者竹園既久根多蟠結故也治之之法將園地分段掘起宿根間一段起一段使其根舒展次年還復盛矣其一公者遍地皆然此必水澇之年或水災之後也此則無法可治但不可因其枯瘁遽起竹根片須留以待之一二年後自然復發依然故林倘是老園亦宜用間段掘根彼拙者不知此理遝自掘盡謂復栽之無論因循不栽即復栽豈能一二年遽盛耶

又曰箣竹為藩可禦大寇余謂南中宦遊者言之禦寇長策惟有村居者家有此籓而已今南土苗亂或至村落無居人而不知作此何哉此竹亦可移至北土而無人為我致之徒有舌敝唇焦耳箣竹實中勁强有毒銳似刺虎中之則死

又曰種箣竹以禦寇余曾為廣西大叅張叔翹言之渠

寇至廣右賫捧入都大以吾言為然後安南之寇來侵土司沿江有箣皆不能渡當益信余言不誣耳筍爾雅曰筍竹萌也說文曰笋竹胎也孫炎曰初生竹謂之筍詩義疏云筍皆四月生唯巴竹笋八月生盡九月成都有之篃冬夏生始數寸可煮以苦酒浸之可下酒及食又可米藏及乾以待冬月也陸佃云字從句從日包之日為筍解之日為竹又曰字從竹從旬旬内為筍旬外為竹也

農桑通訣曰採筍之法視其叢中斜密者芟取之竹鞭方行處不宜採採則竹不繁採時可避露日出後掘深土取之半折取鞭根旋得投密器中以油單覆之勿令見風風吹則堅筍味甘美有毒惟香與薑能殺其毒煮宜久熟生則損人然食品之中最為珍貴故禮云加豆之實筍俎魚醢詩云其蔌伊何維筍及蒲蓋貴之也

永嘉記曰含簷竹笋六月生迄九月味與箭竹笋相似凡諸竹笋十一月掘土取皆得長八九寸長澤民家盡養黄苦竹永寧南漢更年上笋大者一圍五六寸明年

應上令年十一月笋土中已生但未出須掘土取可至明年正月出土訖五月方過六月便有含籜筍含籜筍迄七月八月九月已有箭竹笋迄後年四月竟年常有筍不絶也種樹書曰陰雨土虚則鞭行明年筍莖交出也

竹譜曰棘竹筍味淡落人鬚髮筀節出筍無味雞頭竹筍肥美篃竹筍冬生者也

食經曰淡竹筍法取筍肉五六寸者按鹽中一宿出塩令盡煑𥻆一斗分五升與一升鹽相和𥻆熟須令冷内竹筍醎𥻆中一日拭之内淡𥻆中五日可食也

茶爾雅曰檟苦茶郭璞注曰樹小似梔子冬生葉可煮作羮飯今呼早採者為茶晚取者為茗一名荈蜀人名之苦茶　茶經云一曰茶二曰檟三曰蔎四曰茗五曰荈早採曰茶次曰檟又其次曰蔎晚曰茗至荈則老葉矣蓋以早為貴也六經中無茶蓋茶即荼也詩云誰謂荼苦其甘如薺以其苦而甘味也　南越志云茗苦澀亦謂之過羅有高一尺者有二尺者有數丈者有兩人合抱者出巴山峽川　有建州大小龍團始于丁謂成于蔡君謨熙寧末有旨下建州製密雲龍一品尤為奇絶蜀州雀舌鳥嘴麥顆蓋嫩芽取形似之又有片甲者早春黄芽葉相抱如片甲也蟬翼葉軟薄如蟬翼也清異録云開寳中竇儀以新茶飲予味極美奩面標云龍陂山子茶龍陂是顧渚山之别境洪州鶴嶺茶其味極妙蜀之雅州蒙山頂有露芽穀芽皆云火前者言採造於禁火之前也火後者次之一云雅州蒙頂茶其生最晚在春夏之交常有雲霧覆其上若有神物護持之又有五花茶者其片作五出花雲脚出袁州界橋其名甚著不若湖州之研膏紫筍烹之有緑脚垂下吳淑賦云雲垂緑脚有紫筍者其色紫而似筍唐德宗每賜同昌公主饌其茶有緑花紫英之號　草茶盛于兩浙日注第一自景祐以來洪州雙井白芽製作尤精遠在日注之上遂為草茶第一宜興灉湖出含膏宣城縣有丫山形如小方餅横鋪茗芽産其上其山東為朝日所燭號曰陽坡其茶最勝太守薦之京洛人士題曰丫山陽坡横文茶一名瑞草魁又有建州北苑先春洪州西山白露安吉州顧渚紫筍常州宜興紫筍陽羡春池陽鳳嶺睦州鳩坑南劍石花露鋑芽籛芽南康雲居峽州小江園碧澗藔明月藔茱萸藔東川獸目福州方山露芽壽州霍山黄芽六安州小峴春皆茶之極品玉壘關外寳唐山有茶樹産懸崖筍長三寸五寸方有一葉兩

葉太和山騫林茶初泡極苦澀至三四泡清香特異人以為茶寳涪州出三般茶最上賔化製于早春其次白馬最下涪陵收茶在四月嫩則益人粗則損人樹如瓜蘆葉如梔子花如白薔薇而黄心清香隱然實如栟櫚蔕如丁香根如胡桃

四時類要曰熟時收取子和濕沙土拌筐籠盛之穰草蓋不爾即凍不生至二月中出種之於樹下或北陰之地開坎圓三尺深一尺熟斸著糞和土每阬中種六七十顆子蓋土厚一寸强任生草不得耘相去二尺種一方旱時以米泔澆此物畏日桑下竹陰地種之皆可二

年外方可耘治以小便稀糞蠶沙澆擁之又不可太多恐根嫩故也大槩宜山中帶坡峻若於平地即於兩畔深開溝壟洩水水浸根必死三年後收茶

玄扈先生曰茶之為法釋滯去垢破睡除煩功則著矣其或採造藏貯之無法碾焙煎試之失宜則雖建芽浙茗秖為常品故採之宜早率以清明穀雨前者為佳過此不及然茶之美者質良而植茂新芽一發便長寸餘其細如針斯為上品如雀舌麥顆特次材耳採訖以甑

微蒸生熟得所（生則味硬熟則味減）蒸已用筐箔薄攤乘濕略揉之培勻佈火烘令乾勿使焦編竹為焙裹箬覆之以收火氣茶性畏濕故宜箬收藏者必以箬籠剪箬雜貯之則久而不浥宜置頓高處令常近火為佳凡煎試須用活水活火烹之故東坡云活水仍將活火烹者是也活水謂山泉水為上江水次之井水為下活火謂炭火之有焰者常使湯無妄沸始則蟹眼中則魚目纍然如珠終則泉湧鼓浪此候湯之法非活火不能爾東坡云蟹眼已過魚眼生颼颼欲作松風聲盡之矣茶之用有三曰茗茶曰末茶曰蠟茶凡茗煎者擇嫩芽先以湯泡去熏氣以湯煎飲之今南方多效此然末子茶尤妙先焙芽令燥入磨細碾以供點試凡點湯多茶少則雲腳散湯少茶多則粥面聚鈔茶一錢匕先注湯調極勻又添注入迴環擊拂視其色鮮白着盞無水痕為度其茶既甘而滑南方雖產茶而識此法者甚少蠟茶最貴而製作亦不凡擇上等嫩芽細碾入羅雜腦子諸香膏油調

齊如法印作餅子製樣任巧候乾仍以香膏油潤飾之其製有大小龍團帶胯之異此品惟充貢獻民間罕見之間有他造者色香味俱不及蠟茶珍藏既久點時先用溫水微漬去膏油以紙裹搥碎用茶鈐微炙旋入碾羅（旋碾則色白經宿則色昏新者不用漬）茶鈐屈金鐵為之砧用石椎用木碾餘石皆可茶之用筆胡桃松實脂麻杏栗任用雖失正味亦供咀嚼然茶性冷多飲則能消陽山谷益以薑鹽煎飲其亦以是歟因併及之夫茶靈草也種之則

利博飲之則神清上而王公貴人之所尚下而小夫賤隸之所不可闕誠民生日用之所資國家課利之一助也

又曰博物志云飲真茶令人少眠此是實事但茶佳乃效又須末茶飲之但葉烹者不效也

菊爾雅曰蘜治蘠郭璞註曰今之秋華菊也埤雅云蘜窮也花事至此而窮種有數百另有譜黄白者皆可入藥其莖青而作蒿氣者俱不堪薏也非菊也苗可入茶花子入藥然野菊大能瀉人惟真菊延年花乃黄中之色氣味和正花葉根實皆長生藥其性介烈不與百花同盛衰是以通仙靈甘菊花大如錢

花邉草葉中一大平心色黄苗可鹽滚湯綽過茶花可供藥造酒真菊延齡野菊瀉人不可不辨

務本新書曰宜白地栽甜水澆苗作菜食花入藥用三四月帶根土掘出作區下糞水調成泥擘根分栽每區一二科後極滋脩

玄扈先生曰凡藝菊有六事一貯土擇肥地一方冬至後以純糞瀼之候凍而乾取其土浮鬆者置塲地之上再糞之收水後乃收於室中春分後出而曬之日數次鋤之去其虫蟻及其草梗草梗不去則蒸而腐焉是生紅虫生土蠶生蚯蚓為菊之害土淨矣乃善藏以待登盆之需登盆也俱用此土又以待加盆之需菊登於盆或遭三日以上之雨土實根露則以土加而覆之一則受日之曝不枯其根一則收雨之澤不爛其根二留種冬初而菊殘也一衮即并莖葉而去其上莖其榦留五六寸焉或附於盆或出於盆埋之圃之陽鬆土之内臘之月必濃糞澆之以數次菊之性耐於寒故須土糞多則煖而不氷可以壯菊本可以禦隆寒可以潤澤而不

至於枯燥三分秧春分之後是分菊秧根多鬚而土中之莖黄白色者謂之老鬚少而純白者謂之嫩老可分嫩不可分分之於新鋤之鬆地不宜太肥肥則蘢菊頭而不能長發陰天之天可分有日分之則枯乾而難活種之其宿土也盡去否則恐有虫子之害既秧於土矣以越席架而覆之毋令經日經日則難醒每日晨灌之晚灌之天之陰不可傷於水秧心發芽矣可去其覆席先用半糞之水後用肥水灌之葉上不可以沾糞沾之

則葉枯用河之水則純河之水用井之水則純井之水不可雜焉四登盆立夏之候菊苗成矣可五六寸許是為上盆之期將上盆也數日不可以澆灌使苗受勞而堅老則在盆可以耐日起秧苗也掘根之土必廣而大少則露根而傷其本用臘前所瀼之土壅之其灌也視陰晴而為增損使土壯而入根服盆而生葉則用肥水灌之久雨加臘土以浥之其種也根深則不耐水淺不耐日隨土而稍深焉益菊之根其生也向上故常覆土

為加五理緝菊之尺許矣是宜理緝欲長也則去其旁枝欲短也則去其正枝花之朵視其種之大小而存之大者四五蘂焉次者七八蘂焉又次十餘蘂焉小者二十餘蘂焉惟甘菊寒菊獨梗而有千花不可去也六護養菊稍長也竹而縛之毋令風得搖之雨之久也宜出水盆內亦然菊傍之多蟻也則以鼈甲置於傍蟻必集焉移之遠所夏至之前後有虫焉黑色而硬殼其名曰菊虎晴煖而飛出不出於巳午未之三時宜候而除之

菊之為菊虎所傷也傷之處仍手微摘之磨去其牙虫毒可以免秋後之生虫如虎之多也必多栽易壯盛之菊於圃之周菊有香焉蟻上而糞之則生虫虫長而蟻又食之則菊籠頭而不長其虫之狀如白虱以棕線作帚而刷之扇以承之揮之於遠所秋後而不見虫也宜認糞跡是有象榦之虫其色與榦無殊也生於葉底上半月在於葉根之上榦下半月在於葉根之下榦凡草木盡然其膏脂以晦朔為升降故耳此物理也或破榦取之以紙撚縛之常以水

而潤其紙條花乃無恙或用鐵線磨為邪鋒之小刀上半月於蛀眼向上而搜虫下半月在蛀眼向下而搜虫有菊牛焉沿之則莖種臺葱則可以避麻雀愛取菊之葉而為巢取之則莖四之月雀乃為巢時宜慎也

農政全書卷三十九

欽定四庫全書

農政全書卷四十

明　徐光啓　撰

種植

雜種下

紅花博物志曰張騫得種於西域一名紅藍一名黄藍以其花似藍也今處處有之色紅黄葉綠有刺夏開花花下有梂花出梂上梂中結實大如小豆

齊民要術曰花地欲得良熟二三月間俟雨後速下或漫散種或耬下一如種麻法亦有鋤掊而掩種者子科大而易料理花出欲日日乘凉摘取不摘則乾摘必須盡餘留即合五月子熟收曝令乾打取之子亦不用鬱浥五月種晚花春初即留子入五月便種若待新花熟後取子則太晚矣七月中摘深色鮮明耐久不黦勝春種者負郭良田種頃者歲收絹三百疋一頃收子二百斛與麻子同價既任車脂亦堪為燭即是直頭成米二百石米已當穀田三百疋絹端然在外一頃收花日須百人摘以一家手力十不充一但駕車地頭每日當有小兒僮女百十餘羣自來分摘正須平量中半分取是以單夫隻妻亦得多種

便民圖纂曰八月中鋤成行攏春穴下種或灰或雞糞蓋之澆灌不宜濃糞次年花開侵晨採摘微擣去黄汁用青蒿蓋一宿捻成薄餅晒乾收用勿近濕墻壁去處

齊民要術曰殺花法摘取即碓持使熟以水淘布袋絞去黄汁更擣以粟飯漿清而醋者淘之又以布袋絞汁即收取染紅勿弃也絞訖著甕器中以布蓋上雞鳴更擣以粟令均於蓆上攤而曝乾勝作餅作餅者不得乾令花浥鬱也

又曰作胭脂法預燒落藜藜藋及蒿作灰無者即草灰亦得以湯淋取清汁初汁純厚大釅即放花不中用惟可洗衣取第三度湯者以用揉花和使好色也揉花十許變勢盡乃生布袋絞取純汁著甆椀中取醋榴兩三個劈取子擣破少著粟飯漿水極醋者和之布絞取瀋以和花汁若無石榴者以好醋和飯漿亦得若復無醋者清飯漿極酸者亦得空用之下白米粉大如酸棗粉多則白以淨竹箸不膩者良久痛攪蓋冐

至夜瀉去上清汁至淳處止傾著白練角袋子中懸之明日乾浥浥時撚作小瓣如半麻子陰乾之則成矣

又曰合香澤法如清酒以浸香（夏用冷酒春秋溫酒令暖冬則小熱）雞舌香（俗人以其似丁子則爲丁子香也）藿香苜蓿蘭香凡四種以新綿裹而浸之（夏一宿春秋再宿冬三宿）用胡麻油兩分猪腹（腹宜作脏或胰）一分内銅鐺中即以浸香酒和之煎數沸後便緩火微煎然後下所浸香煎緩火至暮水盡沸定乃熟（以火頭内澤中作聲者水未盡有煙出無聲者水盡也）澤欲熟時下少許青蒿以發色綿冪鐺觜瓶口瀉

又曰合面脂法牛髓（牛髓少者用牛脂和之若無髓空用脂亦得也）溫酒浸丁香藿香二種（浸法如煎澤法）煎法一同合澤亦著青蒿以發色綿濾著瓷漆盞中令凝若作脣脂者以熟朱和之青油裹之其冒霜雪遠行者常齧蒜令破以揩脣既不劈裂

又令辟惡賊（面患皴者夜燒梨令熟以糠湯洗面訖以煖梨汁塗之令不皴赤連染布嚼以塗面亦不皴也）

又曰合手藥法取猪脏一具（摘去其脂）合蒿葉於好酒中痛挼使汁甚滑白桃人二七枚（去黃皮研碎酒解取其汁）以綿裹丁香藿香甘松香橘核十顆（打碎）著脏汁中仍浸置勿出瓷貯之夜煮細糠湯淨洗面拭乾以藥塗之令手軟滑冬不皴

又曰作紫粉法用白米英粉三分胡粉一分（不著胡粉不著人面）和合勻調取葵子熟蒸生布絞汁和粉日曝令乾若色淺者更蒸取汁重染如前法

又曰作米粉法粱米第一粟米第二（如用一色純第米勿使有雜白）使

甚細（簡去碎者）各自純作莫雜餘種（其雜米糯米小麥黍米穄米作者不得好也）於槽中下水脚蹋十徧淨淘水清乃止大甕中多著冷水以浸米（春秋則一月夏則二十日冬則六十日唯多日佳）不須易水臭爛乃佳（日若淺者粉不潤美）日滿更汲新水就甕中沃之以手把攪淘去醋氣多與徧數氣盡乃止稍出著一砂盆中熟研以水沃攪之接取白汁絹袋濾著別甕中麄沉者更研之水沃接取如初研盡以杷子就甕中良久痛抨然後澄之接去清水貯出淳汁著大盆中以板一向攪勿左右

廻轉三百餘匝停置蓋甕勿令塵污良久清澄以杓徐徐去清以三重布帖粉上以粟糠著布上糠上安灰灰濕更以乾者易之灰不復濕乃止然後削去四畔麄白無光潤者别收之以洪麄用（麄粉米皮所成故無光潤）其中心圓如鉢形酷似鴨子白光潤者名曰粉英（英粉米心所成是以光潤也）無風塵好日時書布於牀上刀削粉英如曝之乃至粉乾足（將住反）手痛挼勿住（痛挼則滑美不挼則澀惡）擬人客作餅及作香粉以供粧摩身體

又曰作香粉法唯多著丁香於粉合中自然芬馥（亦有愛香木絹和粉者亦有水沒香以汁溲粉者皆損色又費香不如全著合中也）

玄扈先生曰苗生嫩時亦食其子搗碎煎汁入醋拌蔬食極肥美又可為車脂及燭

藍爾雅曰葴馬藍（郭璞注曰今大葉冬藍也　李時珍曰藍凡有五種蓼藍葉如蓼五六月開花成穗淺紅色子亦如蓼歲可三刈菘藍葉如白菘馬藍葉如苦蕒吳藍長莖如蒿而花白木藍長莖如決明葉似槐七月開花淡紅色別有一種甘藍可食）

齊民要術曰藍地欲得良三徧細耕三月中浸子令芽生乃畦種之治畦下水一同葵法藍三葉澆之（晨夜再澆之）薅治令淨五月中新雨後即接濕耬耩拔栽（夏小正曰五月洛雚藍蓼　玄扈先生曰栽時宜併功急手無令地燥也）三莖作一科相去八寸（栽時既濕白背不急鋤堅確也）五徧為良七月中作坑令受百許束作麥稈泥泥之令深五寸以苫蔽四壁刈藍倒豎於坑中下水以木石鎮壓令沒熱時一宿冷時再宿漉去荄內汁於甕中率十石甕著石灰一斗五升急抨（普彭反）之一食頃止澄清瀉去水別作小坑貯藍澱著坑中候如强粥還

出甕中盛之藍澱成矣種藍十畝敵穀田一頃能自染青者其利又倍矣

崔寔曰榆莢落時可種藍五月可刈藍六月種冬藍（冬藍木藍也）

農桑通訣曰木藍松藍可以為澱者蓼藍但可染碧不堪作澱藍一本而有數色刮行青綠雲碧青藍黃豈有青出於藍而青於藍者乎藍非獨可染青絞其汁飲之最能解蟲豸諸藥等毒不可闕也

便民圖纂曰正月中以布袋盛子浸之芽出撒地上用糞灰覆蓋待放葉澆水糞長二寸許分栽成行仍用水糞澆活至五六月烈日內將糞水潑葉上約五六次俟葉厚方割離土二寸許將梗葉浸水缸內晝夜濾淨每缸內用礦灰色清者灰八兩濃者九兩以木杴打轉澄清去水是謂頭靛其在地舊根旁須去草淨澆灌一如前法待葉盛亦如前法收割浸打謂之二靛又俟長亦如前澆灌斫則齊根浸打法亦同前謂之三靛其濾出

租靛田亦可

紫草爾雅曰藐茈草郭璞註曰一名紫𦳝廣志曰隴西紫草紫之上者本草經曰一名紫丹博物志曰平氏山之陽紫草特好也

齊民要術曰黃白軟良之地青沙地亦善開荒黍穄下大佳性不耐水必須高田秋耕地至春又轉耕之三月種之耬耩地逐壟手下子良田一畝用子二升薄田用子三升下訖勞之鋤如穀法唯淨為佳其壟底草則拔之壟底用鋤則傷紫草九月中子熟刈之候稃芀蒲反燥載聚打取子濕載子則鬱浥即深細耕不細不深則失草矣尋壟以杷耬取整理收草宜併手力速竟為良遭雨則損草也一把隨以茅結之擘葛彌善四把為一束當日則斬齊顛倒十重許為長行置堅平之地以板石鎮之令扁濕鎮直而長燥鎮則碎折不鎮賣難售也兩三宿豎頭著日中曝之令浥浥然不曝則鬱黑太燥則碎折五十頭作一洪洪十字大頭向外以葛纏絡著敞屋下陰涼處棚棧上其棚下勿使驢馬糞及人溺又忌煙皆令草失色其利勝藍若欲久停者入五月內著屋中閉戶塞向密泥勿使風入漏氣過立秋然後開草出色不異若

經夏在棚棧上草便變黑不復任用

務本新書曰種訖拖瓶擺之或以輕鈍碾過秋深子熟旁去其土連根取出就地鋪稀頓乾輕振其土以茅葉束切去虛稍以之染紫其色殊美

附地黃種須黑良田五徧細耕三月以上旬為上時中旬為中時下旬為下時一畝下種五石其種還用三月中掘取者逐犁後如禾麥法下之至四月末五月初生苗訖至八月盡九月初根成中染若須留為種者即在

地中勿掘之待來年三月取之為種計一畝可收根三十石有草鋤不限徧數鋤時别作小刀鋤勿使細土覆心今秋收訖至來年更不須種自旅生也唯鋤之如此得四年不要種之皆餘根自出矣

枸杞爾雅曰杞枸檵郭璞註曰今枸杞也一名枸棘一名天精一名地仙一名却老一名苦杞一名甜菜一名地節一名羊乳枸杞二木名此木棘如枸之刺莖如杞之條故兼稱之處處有之春生苗葉軟薄堪食其莖幹高三五尺叢生六七月開花紅紫色隨結實微長生青熟紅味甘美根皮名地骨皮古以韋山為上近以甘州者為絶品今陝之蘭州靈州以西並是大樹子圓如櫻桃乾時可作果食

種樹書曰收子及掘根種於肥壤中待苗生剪為蔬食甚佳

博聞録曰種枸杞法秋冬間收子淨洗日乾春耕熟地作町濶五寸紐草稕如臂大置畦中以泥塗草稕上然後種子以細土及牛糞蓋令徧苗出頻水澆之又可揷種

務本新書曰枸杞宜故區畦種葉作菜食子根入藥秋時收好子至春畦種如種菜法　又三月中苗出時移栽如常法伏内壓條特為滋茂　一法截條長四五指許掩於濕土地中亦生

農桑通訣曰春夏採葉秋採莖實冬採根朱孺子幼事道士王延正居大若巖汲於溪見二花犬因逐之入於枸杞叢下掘之根形如二犬食之忽覺身輕諺云去家千里勿食蘿摩枸杞言其補精氣也

茱萸禮記曰三牲用藙注曰藙茱萸也　李時珍曰此即欓子也蜀人呼為艾子楚人呼為辣子古人謂之藙及欓子因其辛辣蜇口慘腹使人有殺毅黨然之狀故有諸名　蘇恭謂茱萸之開口者為食茱萸孟詵謂茱萸之閉口者為欓子馬志謂粒大色黄黑者為食茱萸粒緊小色青緑者為吳茱萸山茱萸則不任食也其樹處處有之江淮蜀漢猶多木高丈餘三月開花七八月結實

齊民要術曰二月栽之宜故城隄冢高燥之處凡於城上種蒔者先宜隨長短掘壍停之經年然後於壍中種蒔保澤沃壤與平地無差不爾者土堅澤流長物不達經年倍樹木尚小候實開便收之挂著屋裏壁上令陰乾勿使煙熏煙熏則苦而不辛也用時去中黑子肉醬魚醬偏可所用

萬畢術曰井上宜種茱萸茱萸葉落井中有化水者無瘟病

風土記曰俗尚九月九日謂之上九茱萸到此日氣烈熟色赤可折其房以插頭云辟惡氣禦冬

決明爾雅曰薢茩郭璞注曰藥草決明也即青葙子有二種一種馬蹄決明入藥最良一種茳芒決明又小異二種皆可作酒麴嫩苗及花角惟茳芒可食馬蹄勒苦不堪食也

四時類要曰二月取子畦種同葵法葉生便食直至秋間有子若嫌老嗇種亦得若入藥不如種馬蹄者

博聞録曰園圃四旁宜多種蛇不敢入

黃精博物志曰天老云太陽之草名黃精詳見救荒本草

四時類要曰二月擇取葉相對生者是真黃精擘長二寸許稀種之一年後甚稠種子亦得其葉甚美入菜用其根堪為煎朮與黃精仙家所重

五加異物志云文章作酒能成其味以金買草不言其貴即五加也一名五花一名文章草一名白刺一名追風使一名木骨一名金鹽一名豺漆一名豺節又名五佳五葉交加者良

玄扈先生曰取根深掘肥地二尺埋一根令没舊根甚易活苗生從一頭剪取每剪訖鋤土壅之久服輕身耐老明目下氣補中益氣精堅筋骨強志意葉可作蔬菜食五七月採根陰乾造酒有服五加皮散而獲延年者不勝記或即為散以代湯茶餌之驗亦同

又曰正二月取枝插亦易活

百合一名𧅭一名強瞿一名蒜腦藷一名夜合根如葫蒜數十片相累或云是蚯蚓相纏結變作之其葉短而闊微似竹葉白花四垂者百合也葉長而狹尖如柳葉紅花不四垂者山丹也莖葉似山丹而高紅花帶黃而四垂上有黑斑點其子先結在枝葉間者卷丹也又有一種色微綠者開花最遲俗名真百合

四時類要曰二月種百合此物尤宜雞糞每阬深五寸如種蒜法又云取根曝乾搗為麪細篩甚益人

玄扈先生曰宜肥地加雞糞熟鋤春取根大者擘雜於畦中如種蒜法五寸一科二月半鋤之滿三遍則不鋤不長三年大如盞頻澆則花開爛熳清香滿庭秋分亦可分

薏苡漢書曰馬援在交阯常餌薏苡載還為種一名芑實一名屋菼一名贛米一名鮮蠡一名薏珠子一名西番蜀秫一名回回米一名草珠兒處處有之交阯者最大春生

苗莖高三四尺葉如黍五六月結實以顆小色青味甘粘矛者良形尖而殼薄米白如糯米此真薏苡也可粥可麪可同米釀其一種圓而殼厚者即菩提子也

玄扈先生曰九月霜後收子至來年三月中隨耕地於壠內點種撈蓋令平有草則鋤

芭蕉廣志曰芭蕉一曰芭葅或曰甘蕉莖如荷芋重皮相裹大如盂升子有角子長六七寸有蔕三四寸角著蔕生為行列兩兩共對若相抱形剝其上皮色黃白味似葡萄甜而脆亦飽人其根大如芋魁大一石青色南方異物志曰甘蕉草類望之如樹株大者一圍餘葉長一丈或七八尺廣尺餘華大如酒杯形色如芙蓉莖末百餘子大名為房根似芋魁大者如車轂實在華中每華一闔各六子先後相次子不俱生華不俱落

此蕉有三種一種子大如拇指長而銳有似羊角名羊角蕉味最甘好一種大如雞卵有似羊乳味微減羊角蕉一種蕉大如藕長六七寸形正名方蕉少甘味最弱其莖如芋取濩而煮之則如絲可紡績　玄扈先生曰今南中獨漳浦甘蕉絕美味

齊民要術曰其莖解散如絲織以為葛謂之蕉葛雖脆而好色黃白不如葛色出交阯建安異物志曰甘蕉如飴蜜甚美食之四五枚可飽而餘滋味猶在齒牙間顧微廣州記曰甘蕉與吳花實根葉不異直是南土暖不輕霜凍四時花葉展其熟甘未熟時亦

苦澀玄扈先生曰此謬矣吳下所有者蘘荷也

萱詩曰焉得諼草註曰諼草忘憂婦人佩其花則生男故名宜男鹿食九種解毒之草萱乃其一故又名鹿葱董子云欲忘人之憂則贈之丹棘吳人謂之療愁有單臺有重臺有秋萱有夏萱又有一種以色言之則名金萱以香言之名麝香萱五月開花姿韻可愛令田野間處處有之

玄扈先生曰春間芽生移栽栽宜稀一年自稠密矣春剪其苗若枸杞食至夏則不堪食種時用根向上葉向下當年開花皆千葉也

又曰五月採花八月採根今人多採其嫩苗及花跗作

葅食

芥藍王禎農桑通訣曰芥之嫩者為芥藍極脆東坡詩云芥藍如菌蕈脆美牙頰響　玄扈先生曰芥藍芥屬也葉色如藍故南人謂之芥藍仍可擘取食故北人謂之擘藍其葉大於菘根大於芥臺苗大於白芥子大於蔓菁花淡黃色其苗葉根心俱任為蔬子可壓油亦四時可種四時可食大略如蔓菁也但食根之菜如芥藍蔙蔓菁之屬魁皆在土中此則魁在土上為異耳收根者須四五月種少長擘食其葉漸擘魁漸大八九月并根葉取之葉作葅或作乾菜根剝去皮或煮食或糟藏醬豉留根至明春復發苗可採食三月花四月實子每畝收可三四石

玄扈先生曰種芥藍宜耕熟地厚壅之土強者多用草

灰和之耕熟後或漫散子取次耘之或種苗長數寸移植之或就平地種或作埒大略與種蔓菁同法但須疎行則魁大子多每本令相去一尺餘

又曰凡菜種多冬榮夏枯獨芥藍乾枯收子之後根復生蘖經數年不壞蓋一種之後無論子粒傳生即原本亦供數年採拾冬月悉取葉空留根來年亦上或并斲去大根稍存入土細根來年亦生

又曰芥藍莖葉用芝蔴油煑如常煑菜法食之并歃其汁能散積痰其葉及子亦能消食積解麪毒

又曰菜名藍者不止因葉色似藍北人直用作澱可染紬帛勝于福青

蓴魯頌曰薄採其茆（註云茆鳧葵也詩義疏云茆與葵相似葉大如手赤圓有肥斷著手中滑不得停也莖大如箸皆可生食又可約滑羹江南人謂之蓴菜或謂之水葵本草云雜鯉魚作羹亦逐水而性滑謂之淳菜或謂之水芹服食之不可多）

齊民要術曰近陂湖可於湖中種之近流水者可決水為池種之以深淺為候水深則莖肥葉少水淺則葉多而莖瘦蓴性易生一種永得宜潔淨不耐汚糞穢入池即死矣種一斗餘許足用

葦爾雅曰葦醜芀葭華蒹薕葭蘆菼薍其萌虇（郭璞註曰葦其類皆芀葭即今蘆也蒹似萑而細葭葦也菼似葦而小實中今江東呼蘆筍為虇然則蘆葦之類其初生者皆名虇花名蓬蕽詩疏云薍或謂之荻至秋堅成即刈謂之萑生下濕地長丈許今處處有之）

農桑輯要曰葦四月苗高尺許選好葦連根栽成土墩如椀口大於下濕地內掘區栽之縱橫相去一二尺（欲得力則）窖藏至冬放火燒過次年春芽出便成好葦十月後刈之

一法二月熟耕地作壠取根卧栽以土覆之次年成葦

又壓栽法其葦長時掘地成渠將莖祛倒以土壓之露其稍凡葉向上者亦植令出土下便生根上便成笋與壓桑無異五年之後根交當隔一尺許斸一钁即滋旺矣其花絮沾濕地即生蘆然不如根栽者

三月初生其心挺出其下本大如箸上銳而細有黃黑勃著之汙人手把取正白噉之甜脆一名蘧蒢揚州謂之

馬尾幽州謂之旨苹

蒲爾雅曰莞苻蘺其上蒚郭璞註曰今西方人呼蒲為莞蒲蒚謂其頭臺首也今江東謂之苻蘺西方亦名蒲蒚中莖為蒚用之為席又名甘蒲又名醮石花上黃粉名蒲黃農桑通訣曰四月揀綿蒲肥旺者廣帶根泥移出於水地内栽之次年即堪用其水深者白長水淺者白短玄扈先生曰春初生嫩葉出水時取其中心入地白蒻大如匕柄者生啖之甘脆以酣浸食如食笋法亦美周禮所謂蒲菹也亦可煠食烝食及晒乾磨粉作餅食詩

曰惟筍及蒲是矣八九月收葉可作扇又可作包裹

蓆草玄扈先生曰小暑後斫起以備織蓆留老根在田壅培發苗至九月間鋤起擘去老根將苗去稍分栽如插稻法用河泥與糞培壅清明穀雨時復用糞或豆餅壅之即耘草立梅後不可壅若灰壅之則生蟲退色

燈草元扈先生曰種法與蓆草同最宜肥田瘦則草細五月斫起晒乾以尖刀釘板櫈上劃開其心可點燈及為燭心其皮可製雨蓑

農政全書卷四十

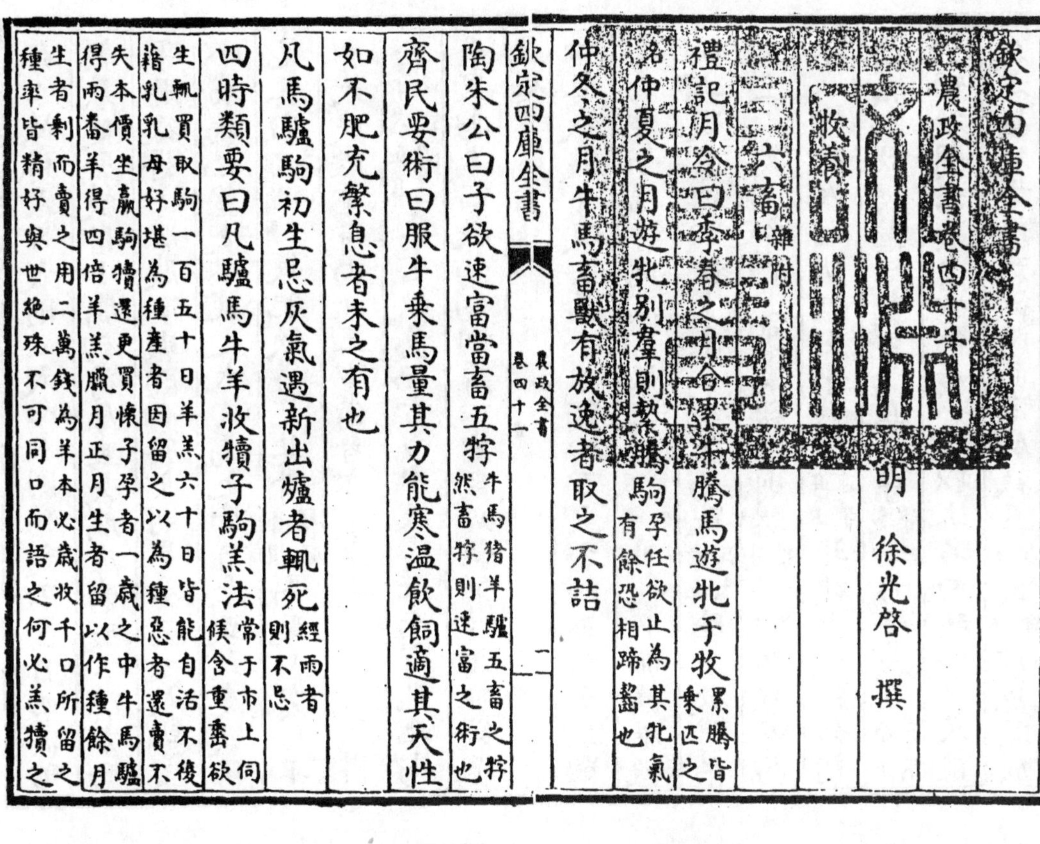

欽定四庫全書

農政全書卷四十一

明 徐光啓 撰

牧養

六畜 雜附

禮記月令曰季春之月合累牛騰馬遊牝于牧累騰皆乘匹之名仲夏之月遊牝別羣則縶騰駒孕任欲止為其牝氣有餘恐相蹄齧也仲冬之月牛馬畜獸有放逸者取之不詰

陶朱公曰子欲速富當畜五牸牛馬猪羊驢五畜之牸然畜牸則速富之術也

齊民要術曰服牛乘馬量其力能寒温飲飼適其天性如不肥充繁息者未之有也

凡馬驢駒初生忌灰氣遇新出爐者輒死經雨者則不忌

四時類要曰凡驢馬牛羊收犢子駒羔法常于市上伺候含重垂欲生輒買取駒一百五十日羊羔六十日皆能自活不復藉乳乳母好堪為種產者因留之以為種惡者還賣不失本價坐贏駒犢還更買懷子孕者一歲之中牛馬驢得兩番羊得四倍羊羔臘月正月生者留以作種餘月生者剩而賣之用二萬錢為羊本必歲收千口所留之種率皆精好與世絕殊不可同日而語之何必羔犢之饒又贏駱之利也羔有死者皮好作裘縟肉好作乾腊及作肉醬味又甚美

玄扈先生曰居近湖草廣之處則買小馬二十頭大騾馬兩三頭又買小牛三十頭大牸牛三五頭搆草屋數十間使二人掌管牧養二人仍各授一便業以為日用飲食之資久而羣聚增人牧守湖中自可任以休息養之得法必致繁息且多得糞可以壅田

馬爾雅曰騊駼馬又曰宗廟齊毫戎事齊力田獵齊足郭璞註曰齊毫尚純也齊力尚強也齊足尚疾也

相馬經曰馬頭為王欲得方目為丞相欲得光脊為將軍欲得強腹脇為城郭欲得張四下為令欲得長凡相馬之法先除三羸五駑乃相其餘大頭小頸一羸弱脊大腹二羸小頸大蹄三羸大頭緩耳一駑長頸不折二駑短上長下三駑大髂短脅四駑淺髖薄髀五駑騮馬驪肩鹿毛騧黄馬驒駱馬皆善馬也馬生墮地無毛行千里溺舉一腳行五百里相馬不藏法肝欲得小耳小則肝小肝小識人意肺欲得大鼻大則肺大肺大則能

奔心欲得大目大則心大心大則猛利不驚目四滿則朝暮健腎欲得小腸欲得厚且長腸厚則腹下廣方而平脾欲得小䐠腹小則脾小脾小則易養望之大就之小筋馬也望之小就之大肉馬也皆可乘致致瘦欲得見其肉謂前肩守肉致肥欲得見其骨骨謂頭顱馬龍顱突目平脊大腹脞重有肉此三事備者亦千里馬也水火欲得分水火在鼻兩孔間也上唇欲急而方口中欲得紅而有光此馬千里馬上齒欲鉤鉤則壽下齒欲鋸鋸則怒頷下欲深

下唇欲緩牙欲去齒一寸則四百里牙劒鋒則千里嗣骨欲廉如織杼而瀾又欲長頰下側八骨是目欲滿而澤眶欲小上欲弓曲下欲直素中欲廉而張素鼻孔上陰中欲得平股下主人欲小股裏上近前也陽裏欲高則怒股中上之主人頷欲方而平八肉欲大而明耳下玄中欲深耳下近牙耳欲小而銳如削筒相去欲促鬣欲載中骨高二寸鬣中骨也易骨欲直眼下直下骨也頰欲開赤長膺下欲廣一尺以上名曰挾一作扶尺能久走鞅欲方頰前喉欲曲而深胸欲直而出髀間前向鳧間欲

開望視之如雙鳧頸骨欲大肉次之髻欲桯而厚且折季毛欲長多覆肝肺無病髮後毛是背欲短而方脊欲大而抗胸筋欲大夾脊筋也飛鳧見者怒胸欲筋也三府欲齊兩髂及中骨也尻欲頹而方尾欲減本欲大脅肋欲大而窪名曰上渠能久走龍翅欲廣而長升肉欲大而明髀外肉也輔肉欲大而明前腳下肉腸欲充腔小腔肷季肋欲張短肋懸薄欲厚而緩腳腔虎口欲開股肉腹下欲平滿善走名曰下渠日三百里陽肉欲上而高起髀外近前髀欲廣厚汗溝欲深明直肉欲

方能久走髀後肉也輸一作輸鼠欲方直肉下也胸肉欲急髀裏間也筋欲急短而減善細走輸鼠下筋機骨欲舉上曲如懸匡馬頭欲高距骨欲出前間骨欲出前後曰外鳧臨蹄骨也附蟬欲大前後目夜眼股欲薄而博善能走後髀前骨臂欲長而膝本欲起有力前腳膝上向前肘後欲開能走膝欲方而痺髀骨欲短兩肩骨欲深名曰前渠怒蹄欲厚三寸硬如石下欲深而明其後開如鷂翼能久走相馬從頭始頭欲得高峻如削成頭欲重宜少肉如剝兔頭壽骨欲得大如綿

絮苞圭石壽骨者髮所生處也白從額上入口名俞膺一名的顱奴乘客死主乘棄市大兇馬也馬眼欲得高眶欲得端正骨欲得成三角睛欲得如懸鈴紫艷光目不四滿下脣急不愛人又踐不健食目中縷貫瞳子者五百里下上徹者千里睫亂者傷人目下而多白畏驚瞳子前後肉不滿皆凶惡若旋毛眼眶上壽四十年值眶骨中三十年值中眶下十八年在目下者不借睛卻轉後白不見者喜旋而不前目睛欲得黃目欲大而光目皮欲得

厚目上白中有橫筋五百里上下徹者千里目中白縷者老馬子目赤睫亂齧人反睫者善奔傷人目下有橫毛不利人目有火字在者壽四十年目偏長一寸三百里目欲長大旋毛在目下名曰承泣不利人目中五采盡具五百里壽九十年良多血氣也駑多赤青肝氣也走多黃膓氣也材知多白骨氣也材多黑腎氣也駑用策乃使訖也白馬黑目不利人目多白卻視有態畏物喜驚馬耳欲得相近而前豎小而厚一寸三百里三寸千里耳欲得小而前竦耳欲得短殺者良植者駑小而長者亦駑耳欲得小而促狀如斬竹筒耳方者千里如斬筒七百里如雞距者五百里鼻孔欲得大鼻頭文如王火字欲得明鼻上文如王公五十歲如火四十歲如天三十歲如小一十歲如今十八歲如四八歲如宅七歲鼻如水文二十歲鼻欲得廣而方脣不覆齒少食上脣欲得急下脣欲得緩上脣欲得方下脣欲得厚而多理故曰脣如板鞮御者啼黃馬白喙不利人口中色欲

得紅白如火光為善材多氣良且壽即黑不鮮明上盤不通明為惡材少氣不壽一曰相馬氣發口中欲見紅白色如穴中看此皆老壽一曰口中欲正赤上理文欲使通直勿令斷錯口中青者三十歲如虹腹下皆不盡壽駒齒死矣口吻欲得長口中色欲得鮮好旋毛在物後為御禍不利人刺芻欲竟骨端刺芻者齒間肉齒左右蹉不相當難御齒不周密不久疾不滿不原不能久走一歲上下生乳齒各二二歲上下生齒各四三歲上下生齒

各六四歲上下生成齒二(成齒皆背三入四方生也)五歲上下著成齒四六歲上下著成齒六(兩廂黃生區受麻子也)七歲齒兩邊黃各缺區平受米八歲上下盡區如一受麥九歲下中央兩齒臼受米十歲下中央四齒臼十一歲下六齒盡臼十二歲下中央兩齒平十三歲下中央四齒平十四歲下中央六齒平十五歲上中央兩齒臼十六歲上中央四齒臼(若看上齒依下齒次第者)十七歲上中央六齒皆臼十八歲上中央兩齒平十九歲上中央四齒平二十歲上中央

六齒平二十一歲下中央兩齒黃二十二歲下中央四齒黃二十三歲下中央六齒盡黃二十四歲上中央二齒黃二十五歲上中央四齒黃二十六歲上中央六齒盡黃二十七歲下中二齒白二十八歲下中四齒白二十九歲下中盡白三十歲上中央二齒白三十一歲上中央四齒白三十二歲上中盡白頸欲得䏶而長頸欲得重頷欲折胸欲出臆欲廣頸項欲厚而强迴毛在頸不利人白馬黑毛不利人肩肉欲寧(寧者却也)雙鳧欲大而

上(雙鳧胷兩邊肉如鳧)脊欲得平而廣能負重背欲得平而方鞍下有迴毛名負尸不利人從後數其脇肋得十者良凡馬十一者二百里十二者千里過十三者天馬萬乃有一耳(一云十三肋五百里十五肋千里也)腋下有迴毛名曰挾尸不利人左脇有白毛直下名曰帶刀不利人腹下欲平有八字腹下毛欲前向腹欲大而垂結脉欲多大道筋欲大而直(大道筋從腸下抵股者是)腹下陰前兩邊生逆毛入腸帶者行千里一尺者五百里三封欲得齊如一(三封者即尻上三骨也)尾骨

欲高而垂尾本欲大尾下欲無尾汗溝欲得深尻欲多肉莖欲得粗大蹄欲得厚而大踠欲得細而促髂骨欲得大而長尾本欲大而張膝骨欲圓而長大如杯盂溝上通尾本者蹹殺人馬有雙脚脛亭行六百里迴毛起踠膝是也胜欲得圓而厚裏肉生馬後脚欲曲而立臂欲大而短骹欲小而長腕欲促而大其間纔容靽烏頭欲高(烏頭後足外節)後足輔骨欲大(輔足骨者後足骹之後骨)後左右足白不利人白馬四足黑不利人黃馬白喙不利人後左右

足白殺婦相馬視其四蹄後兩足白老馬子前兩足白駒馬子白毛者老馬也四蹄欲厚且大四蹄顛倒若豎履不可畜

便民圖曰看馬捷法頭欲高峻面欲瘦而少肉眼下無肉多咬人胸堂欲濶肋骨過十二條者良三山骨欲平則易肥四蹄欲注實則能負重腹下兩邊生逆毛到膁者良

相馬毛旋歌括云項上須生旋有之不用誇還緣不利

長所以號騰蛇後有喪門旋前無有挾尸勸君不用畜無事也須疑牛額并銜禍非常害長多古人如是說此事不虛歌帶劍渾閑事喪門不可當的盧如八口有福也須防黑色耳全白從來號孝頭假饒千里足奉勸不須留背上毛生旋驢騾亦有之只惟鞍貼下此者是駝尸銜禍口邊銜時間禍必逢古人稱是病馬敢不言凶眼下毛生旋遙看是淚痕假饒福也病無禍亦防侵毛病深知害妨人不在占大都知此類無禍也宜嫵檜耳駞鬃項雖然毛病殊若然無豹尾有實不如無

玄扈先生曰五明為國馬四足白去之三足白可自乘二足白速去之一足白留之　訣曰一明留二明丟三明收四明售五明國馬載王侯

齊民要術曰久步即生筋勞筋勞則發蹄痛凌氣一曰生骨則發癰腫一曰發蹄生癰也　久立則發骨勞骨勞即發癰腫久汗不乾則生皮勞皮勞者驏而不振汗未善燥而飼飲之則生氣勞氣勞者即驏而不起驅馳無節則生血勞血勞

則發强行何以察五勞終日驅馳舍而視之不驏者筋勞也驏而不時起者骨勞也起而不振者皮勞也振而不噴者氣勞也噴而不溺者血勞也筋勞者兩絆却行三十步而已一曰筋勞者輾起而絆之徐行三十里而已　骨勞者令人牽之起從後笞之起而已皮勞者夾脊摩之熱而已氣勞者緩繫之櫪上遠餧草噴而已血勞者高繫無飲食之大溺而已飲食之節食有三芻飲有三時何謂也一曰惡芻二曰中芻三曰善芻善謂飢時與惡芻飽時與善芻引之令食食常飽則無不肥剉

草粗雖是豆穀亦不肥充細剉無節蓰而食之者令馬肥不唑自然好矣何謂三時一曰朝飲少之二曰晝飲則胷嚮水三曰暮極飲之一曰夏汗冬寒皆當節飲諺曰旦起騎穀日中騎水斯言旦飲須節水也每飲食令行驟則消水小驟數百步亦佳十日一放令其陸梁舒展令馬硬實也夏即不汗冬即不寒汗而極乾

便民圖曰馬者火畜也其性惡濕利居高燥之地日夜餵飼仲春羣蘱順其性也季春必啗恐其退也盛夏午間必牽於水浸之恐其傷于暑也季冬稍遮蔽之恐其傷于寒也啗以猪膽犬膽和料餵之欲其肥也餵料時須擇新草篩簸豆料若熟料用新汲水浸淘放冷方可餵飼一夜須二三次起餵草料若天熱時不宜加熟料止可用豌豆大麥之類生餵夏月自早至晚直飲水三次秋冬只飲一次可也飲宜新水宿水能令馬病冬月飲畢亦宜緩騎數里卸鞍不宜當簷下風吹則成病

飼父馬令不鬬法多有父馬者別作一坊多置槽廄剉芻及穀頭各自別安唯著鞴頭浪放不繫非直飲食遂性舒適自在至于黃溺自然一處不須掃除乾地眠臥不濕不汙百匹羣行亦不鬬也

飼征馬令硬實法細剉芻杴擲揚去葉專取剉和穀豆秣等置槽于迥地雖復雪寒仍令安

廄下一日一走令其肉熱馬則硬實而耐寒苦也

凡以猪槽飼馬以石灰泥馬槽馬汗繫著門此三事皆

令馬落駒術曰常繫獼猴于馬坊令馬不辟惡消百病故也

治馬病疫氣方取獺屎煮以灌之獺肉及肝更良不能得肉肝只用屎耳

治馬患喉痺欲死方纏刀子露鋒刃一寸刺咽喉令潰破即愈不治必死也

治馬黑汗方取燥馬屎置瓦上以人頭亂髮覆之火燒馬屎及髮令烟出着馬鼻下熏之使烟入馬鼻中須臾即瘥也

又方取猪脊引脂雄黃亂髮凡三物著馬鼻下燒之使烟入馬鼻中須臾即瘥

治馬中熱方煮大豆及熟飯噉馬三度愈也

治馬汗淩方取美豉一升好酒一升夏著日中冬則溫熱浸豉使液以手搦之絞去滓以斗灌口汗出則愈矣

治馬疥方用雄黃頭髮二物以臘月猪脂煎之髮消以㼽塼疥令赤及熱塗之即愈也

又方湯洗疥拭令乾煮麵糊熱塗之即愈也

又方燒柏脂塗之良

又方研芥子塗之差六畜疥悉愈然柏瀝芥子並是燥藥其徧體患疥者宜歷落班駁以漸塗之待差更塗餘處一日之中頓塗徧體則無不死

治馬中水方取鹽着兩鼻中各如雞子黃許大捉鼻令馬眼中淚出乃止良也

治馬中穀方手捉甲上長髮向上提之令皮離肉如此數過以鈹刀子刺空中皮令突過以手當刺孔則有如風吹人手則是穀氣耳令人溺上又以鹽塗使人立乘數十步即愈耳

又方取餳如雞子大打碎和草飼馬甚佳也

又方取麥蘖末三升和穀飼馬亦良

治馬脚生附骨不治者入膝節令馬長跛方取芥子熟擣如雞子黃許取巴豆三枚去皮留臍三枚亦擣熟以水和令相著和時用刀子不爾破人手當附骨上拔去毛骨外融蜜蠟周而擁之不爾恐藥緣瘡大著蠟罷以藥敷骨上取生布割兩頭作三道急裹之骨小者一宿便盡大者

不過再宿然須要數看恐骨盡便傷好處看附骨盡取冷水淨洗瘡上刮取車軸頭脂作餅子著瘡上速以淨布急裹之三四日解去即生毛而無瘢此法甚良大勝炙者然瘡未瘥不得輒乘若瘡中出血便成大病也此方可治研

治馬被刺脚方用穬麥和小兒哺塗即愈

治馬炙瘡未瘥不用令汗瘡白痂時慎風得瘥後從意騎耳

治馬瘙蹄方以刀刺馬踠叢毛中使出血愈

又方融羊脂塗瘡上以布裹之

又方取鹹土兩石許以水淋取一石五斗釜中煎取三二斗剪去毛以泔清淨洗乾以鹹汁洗之三度即愈

又方以湯洗淨燥拭之嚼芥子塗之以布帛裹三度愈若不斷用穀塗五六度即愈

又方剪去毛以鹽湯淨洗去加燥拭於破瓦中煮人屎令沸熱塗之即愈

又方以鋸子割所患蹄頭前正當中斜割之令上狹下濶如鋸齒形去之如剪箭括向深一寸許刀子摘令血出色心黑出五升許解放即愈

又方先以酸泔清洗淨然後爛煮豬蹄取汁及熱洗之瘥

又方取炊釜底湯淨洗以布拭水令盡取黍米一升作稠粥以故布廣三四寸長七八寸以粥糊布上厚裹蹄上瘡處以散麻纏之三日去之即當瘥也

又方耕地中拾取禾荄東倒西倒者若東西橫地取南倒北倒者一壟取七科三壟凡取二十一科淨洗釜中煮取汁色黑乃止剪却毛泔淨洗去痂以禾荄汁熱塗之一上即愈

又方尿清羊糞令液取屋四角草就上澆令灰入鉢中研令熟用泔洗蹄以糞塗之再三愈

又方煮酸棗根取汁淨洗訖水和酒糟毛袋盛漬蹄沒瘡處數度即瘥也

又方淨洗了擣杏仁和豬脂塗四五上即當愈

治馬大小便不通眠起欲死須急治之不治一日即死以脂塗人手探穀道中去結屎以鹽納溺道中須臾得溺便當瘥也

治馬卒腹脹眠臥欲死方用冷水五升鹽二斤研鹽令消以灌口中必愈

治馬發黃方 用黃栢雄黃木鼈子仁等分為末醋調塗瘡上紙貼之初見黃腫處便用針遍即塗藥

治馬疥癆方 馬疥癆及瘙痒用川芎大黃防風全蝎各一兩荆芥穗五兩為末分作五服白湯調冷灌之

治馬梁脊破方 成瘡不能騎坐如未破將馬脚下濕稀泥塗上乾即再易濕者三五次自消或只用溝中青臭泥亦可已破成瘡者用黃丹枯白礬生薑燒存性人天靈蓋燒存性各等分為末入麝香少許瘡乾用麻油調若瘡濕有膿用漿水同葱白煎湯洗淨傅之立效

治馬中結方 川山甲炒黃色大黃郁李仁各一兩風化石灰一合如無灰以朴硝代之共為末作

一服用麻油四兩釅醋一升調勻灌之立效如灌藥不通用猪牙皂角為細末同麻油各四兩和勻塡糞門中再灌前藥一服即愈

常啖馬藥方 鬱金大黃甘草貝母山梔子白藥黃藥款花黃栢黃連知母桔梗各等分為末每服二兩以油蜜和灌之若駒則隨其大小量為加減啖後不得飲水至渴喂飼

治馬諸病方 用白鳳仙花連根葉熬成膏抹于馬眼角上汗出即愈

治馬諸瘡方 夜合花葉黃丹乾薑檳榔五倍子為末先以鹽水洗瘡後用麻油加輕粉調敷

治馬傷料方 用生蘿蔔三五個切作片子啖之效

治馬傷水方 用葱鹽油相和搓作團納鼻中以手掩其鼻令氣不通良久便淚出即愈

治馬錯水方 緣馳驟喘息未定即與水飲須臾兩耳并鼻息皆冷或流冷涕即此證也先燒人亂髮熏兩鼻後用川烏草烏白芷猪牙皂角胡椒各等分麝香少許為細末用竹筒盛藥一字吹入鼻中立效又法葱一握鹽一兩同杵為泥罨兩鼻內須臾打通清水流出是其效也

治馬患眼方 用青鹽黃連馬牙硝蕤仁各等分同研為末用蜜煎入磁瓶內盛貯點時旋取多少以井水浸化點

治馬類骨脹方 用羊蹄根草四十九箇燒灰熨骨上冷即換之如無羊蹄根以楊柳枝如指頭大者炙熱熨之

治馬喉腫方 螺青川芎知母川鬱金牛蒡炒薄荷貝母同為末每服二兩蜜二兩用水煎沸候溫

調灌之

又方 取乾馬糞置瓶中以頭髮覆蓋燒烟熏其兩鼻

治馬舌硬方 用款冬花瞿麥山梔子地仙草青黛硼砂朴硝油烟墨等分為細末每用五錢許塗舌上立瘥

治馬傷脾方 川厚朴去麄皮為末同薑棗煎灌一應脾胃有傷不食水草寒唇似笑鼻中氣短宜速與此藥治之

治馬心熱方 甘草芒硝黃栢大黃山梔子瓜蔞為末水調灌一應心肺壅熱口鼻流血跳躑煩燥宜急與此藥治之

治馬肺毒方天門冬知母貝母紫蘇芒硝黄芩甘草薄荷葉同為末飯湯入少許醋調灌療肺毒熱極鼻中噴水

治馬肝壅方朴硝黄連為末男子頭髮燒灰存性漿水調灌一應邪氣衝肝眼昏似睡忽然眩倒此方主治

治馬卒熱肚脹方用藍汁二升井花水二升或冷水和灌之立効

治馬流沫方當歸菖蒲白术澤瀉赤石脂枳殼厚朴加甘草為末每服一兩半酒一升葱白三握水煎温灌之

治馬氣喘方玄參葶藶升麻牛蒡兜苓黄耆知母貝母同為末每服二兩漿水調草後灌之一應喘嗽皆治

治馬啌喘毛焦方用大麻子揀淨一升餵之大效

治馬結糞方皂角燒灰存性大黄枳殼麻子仁黄連厚朴為末清米泔調灌若腸突加蔓荆子末同調

治馬傷蹄方大黄五靈脂木鼈子去油海桐皮甘草土黄芸薹子白芥菜子為末黄米粥調藥攤帛上裹之

治療馬結熱起臥戰不食水草方黄連二兩杵末白鮮皮一兩杵末油五合猪脂四兩細切右以温水一升半和藥調停灌下牽行拋糞即愈

治新生小駒子瀉肚方藁本末三錢七大麻子研汁調灌下咽喉便效次以黄連末大麻汁解之

治馬氣藥方青橘皮當歸桂心大黄芍藥木通郁李仁瞿麥白芷牽牛子右件一十味各等分同搗羅為末用温酒調灌每疋馬藥末半兩

治馬急起臥方取壁上多年石灰細杵羅用油酒調二兩用水灌之立効

治馬食槽内草結方好白礬末一兩分為二服每貼和飲水後啖之不過三兩度即内消却此法神驗

治馬腎搐方烏藥芍藥當歸玄參山茵蔯白芷山藥杏仁秦艽每服一兩酒一大升同煎温灌隔日再灌

治馬尿血方黄耆烏藥芍藥山茵蔯地黄兜苓枇杷為末漿水煎沸候冷調灌應卒熱尿血皆主療之

治馬結尿方滑石朴硝木通車前子為末每服一兩温水調灌隔時再服結時甚則加山梔子赤芍藥同末

治馬隔痛方羌活白藥甜瓜子當歸没藥芍藥為末春夏漿水加蜜秋冬小便調療腸痛低頭難不食草

附驢大都類馬驢覆馬生驘則准常以馬覆驢所生騾

者形容壯大彌後勝馬然選七八歲草驢骨口正大者母長則受駒父大則子壯草驢不產產無不死養草驢常須防勿令離羣也

治驢漏蹄方 鑿厚磚石令容驢蹄深二寸許熱燒磚令熱赤削驢蹄令出漏孔以蹄頓著磚孔中傾鹽酒醋令沸浸之牢捉勿令脚動待磚冷然後放之即愈入水遠行悉不發

治驢打磨破潰方 馬齒菜石灰一處搗為團晒乾後復搗羅為末先口含鹽漿水洗淨用藥末貼之驗

牛爾雅曰犘牛犦牛犤牛犩牛犣牛犝牛犑牛角一俯

一仰觭皆踊觢黒脣犉黒眥牰黒耳犚黒腹牧黒脚犈其子犢體長牬絶有力欣犌

農桑通訣曰牛之為物切于農用善畜養者勿犯寒暑勿使太勞固之以勞捷順之以涼燠時其飢飽以適其性情節其作息以養其血氣若然則皮毛潤澤肌體肥腯力有餘而老不衰其何困若羸瘠之有於春之初必去牢欄中積滯蓐糞自此以後但旬日一除免穢氣蒸鬱為患且浸漬蹄甲易以生疾又當以時祓除不祥淨爽乃善方舊草凋朽新草未生之時宜取潔淨藁草細剉之和以麥麩穀糠碎豆之屬使之微濕槽盛而飽飼之春秋草茂放牧飲水然後與草則腹不脹至冬月天氣積陰風雪嚴凜即宜處之煖燠之地煑糜粥以啖之又當預收豆楮之葉舂碎而貯積之以米泔剉草糠麩以飼之 玄扈先生曰冬月以棉餅飼之 古人有臥牛衣而待旦則知牛之寒蓋有衣矣飯牛而牛肥則知牛之餒蓋啖以菽粟矣衣以褐薦飯以菽粟古人豈重畜如此哉以此為

衣食之本故耳此所謂時其飢飽以適性情者也每遇耕作之月除已牧放夜復飽飼至五更初乘日未出天氣涼而用之則力倍于常半日可勝一日之功日高熱喘便令休息勿竭其力以致困乏此南方晝耕之法也若夫北方陸地平遠牛皆夜耕以避晝熱夜半仍飼以芻豆以助其力至明耕畢則放去此所謂節其作息以養其血氣也且古者分田之制必有萊牧之地稱田為等差故養牧得宜而無疾苦觀宣王考牧之詩可見矣

令夫藁秸不足以充其飲水漿不足以濟其渴涷之曝之困之瘠之役之勞之又從而鞭箠之則牛之斃者過半矣飢欲得飲渴欲得食物之情也至于役使困乏氣喘汗流耕者急于就食或放之山或逐之水牛困得水動輒移時毛竅空疎因而乏食以致疾病生焉放之高山筋力疲乏顛蹶而僵仆者往往相藉也利其力而傷其生烏識其為愛養之道哉失之為病不一其用藥與人相似但大為劑以飲之無不愈者便溺有血傷于熱

也以致便血之藥治之冷結則鼻乾而不喘以發散藥投之熱結即鼻汗而喘以解利藥投之其或天行疫癘率多薰蒸相染其氣然也愛之則當離避他所祓除沴氣而救藥或可偷生傳曰養備動時則天下能使之病然有病而治猶愈于不治若夫醫治之宜則亦有說周禮獸醫掌療獸病凡療獸病灌而行之以發其惡則藥之其來尚矣

齊民要術曰牛岐胡有壽岐胡牽兩腋亦分為三也眼去角近行駛眼欲得大眼中有白脉貫瞳子最快二軏齊者快二軏從鼻至髀為前軏甲至髂為后軏頸骨長且大快壁堂欲得闊壁堂脚股間也倚欲得如絆馬聚而正也莖欲得小膺庭欲得廣膺庭天胸也天關欲得成天關脊接骨也儁骨欲得垂儁骨脊骨中央欲得下也洞胡無壽洞胡從頭至臆也旋毛在珠淵無壽珠淵當眼下也上池有亂毛起妨主上池兩角中一曰戴麻也倚脚不正有勞病角冷有病毛拳有病毛欲得短密若長踈不耐寒氣耳多長毛不耐寒熱單膂無力有生癖即決者有大勞病尿射前脚者快直下

者不快亂睫者觗人後脚曲及直並是好相直尤勝進不甚直退不甚曲為下行欲得似羊行頭不用多肉臀欲方尾不用至地至地少力尾上毛少骨多者有力膝上縛肉欲得硬角欲得細橫竪無在大身欲得促形欲得如卷卷者其形側也插頸欲得高一曰體欲得緊大膁疎肋難飼龍穴目好跳又云不能行也鼻如鏡鼻難牽口方易飼蘭株欲得大蘭株尾株豪筋欲得人就豪筋脚後橫筋豐岳欲得大豐岳膝株骨也蹄欲得竪竪如羊角垂星欲得有努肉垂星蹄上有肉覆蹄謂之努肉

力桂欲得大而成（力桂常車）肋欲得密肋骨欲得大而張（張而廣也）髀骨欲得出儁骨上（出背脊骨上也）易牽則易使難牽則難使泉根不用多肉及多毛（泉根莖所出也）懸蹄欲得橫（如八字也）陰虹屬頸行千里（陰虹者有雙筋白毛骨屬頸甯公所）陽鹽欲得廣（陽鹽者夾尾株前兩膁也）當陽鹽中間脊骨欲得窜（窜則雙膂不窜則為單膂）常有似鳴者有黃

便民圖曰相母牛法毛白乳紅者多子乳踈而黑者無子生犢時子卧面相向者吉相背者生子踈一夜下糞

三堆者一年生一子一夜下糞一堆者三年生一子

農桑直說曰餵養牛法農隙時入暖屋用場上諸糠穰鋪牛脚下謂之牛鋪牛糞其上次日又覆糠穰每日一覆十日除一次牛一具三隻每日前後餉約飼草三束豆料八升或用蠶沙乾桑葉水三桶浸之牛下餉嘿透刷飽飯畢辰巳時間上槽一頓可分三和皆水拌第一和草多料少第二比前草減半少加料第三草比第二又減半所有料全繳拌食盡即往使耕嘿了牛無力夜餵牛各帶一鈴草盡牛不食則鈴無聲即拌之飽即使耕俗諺云三和一繳須管要飽不要嘿了使去最好

水牛飲飼與黃牛同夏須得水池冬須得煖厰牛衣

家政法云四月伐牛骨茭（四月毒草與茭豆不殊齊俗不收所失大也）

治牛腹脹欲死方（研麻子取汁溫令微熱擘口灌之五六升許愈此治生豆腹脹垂死者大良）

又方（用燕子屎一合調灌之）

治牛肚反及嗽方（取榆白皮水煑極熟令甚滑以五升灌之即瘥也）

治牛中熱方（取兎腸肚勿去屎以裹草吞之不過再三即愈）

治牛虱方（以胡麻油塗之即愈猪脂亦得凡六畜虱脂塗悉愈）

治牛病（用牛膽一个灌牛口中瘥）

又方（真安息香于牛欄中燒如燒香法如初覺有一頭至兩頭是疫即牽出以鼻吸之立愈）

又方（十二月兎頭燒作灰和水五升灌口中良）

治牛鼻脹方（以醋灌口中立差）

治牛疥方（煑烏豆汁熱洗五度差一本作烏頭汁）

治牛瘴疫方（用真茶末二兩和水五升灌之又治牛卒疫而動頭打脇急用巴豆七箇去殼細研

出油和灌之即愈又燒蒼朮令牛鼻吸其香止

治牛尿血方川當歸紅花為細末以酒二升半煎取二升冷灌之又法豉汁調服鹽灌

治牛患白膜遮眼方用炒鹽并竹節燒存性細研一錢貼膜効

治牛氣噎方以皂角末吹鼻中更以鞋底拍尾停骨下効

治牛觸人方牛顛走逐人即膽大也用黃連大黃各半兩為末雞子清酒一升調灌之

治牛尾焦不食水草方以大黃黃連白芷各五錢為末雞子清酒調灌之

治牛氣脹方淨水洗汗韈取汁一升好醋半斤許灌之愈

治牛肩爛方舊綿絮二兩燒存性麻油調抹忌水五日愈

治牛漏蹄方紫礦為末豬脂和納入蹄中燒鐵篦烙之愈

治牛沙疥方喬麥穰多寡燒灰淋汁入綠礬一合和塗愈

治水牛患熱方用白朮二兩半蒼朮四兩二錢紫苑葉本各三兩三錢牛膝三兩二錢麻黃三兩去節厚朴三兩一分當歸三兩半共為末每服二兩以酒二升煎放溫草後灌之

治水牛氣脹方用白芷一兩茴香官桂細辛各一兩一錢桔梗一兩芍藥蒼朮各一兩三錢橘皮九錢五分共為末每服一兩加生薑一兩鹽水一升同煎候溫灌之

治水牛水瀉方青皮陳皮各二兩一錢白礬一兩九錢蒼朮橡斗子乾薑各三兩二錢枳殼一兩九錢芍藥細辛各二兩五錢茴香二兩三錢共為末每服一兩生薑一兩鹽三錢水二升煎灌之

羊爾雅曰羊牡羒牝牂夏羊牡羭牝羖角不齊觤角三觠羷羳羊黃腹未成羊羜絕有力奮

便民圖曰羊者火畜也其性惡濕利居高燥作棚宜高常除糞穢若食秋露水草則生瘡

齊民要術曰常留臘月正月生羔為種者上十一月二月生者次之非此月數生者毛必焦卷骨髓細小所以然者是逢寒遇熱故也其八九十月生者雖值秋肥至冬暮母乳已竭春草未吐是故不佳其三四月生者雖茂美而羔小未食常飲熱乳所以亦惡六七月生者兩熱相仍中之甚其十一月及二月生者母既含重膚軀充儲草雖枯亦不羸瘦母乳適盡即得春草是以亦佳也大率十口一羝羝少則不孕羝多則亂羣不孕者必瘦瘦則非惟不蕃息經冬或死羝無角者更佳有角者喜相觝觸傷胎所由也供廚者宜剩剩一作剩之剩法十餘十日用布裹齒搥碎也羊必須老人及心性宛順者起居以時調其宜適卜式云牧民何異於是者若使急性人及小兒者攔約不得必有打傷之災或勞戲不看則有狼犬之害懶不驅行無肥充之理將息失所有羔死之患也唯遠水為良二日一飲頻飲則傷水而鼻膿緩驅行勿停息息則不食而羊瘦急行則坌塵而羊顙也春夏早放秋冬晚出春夏氣軟所以宜早秋冬霜露所以宜晚養羊經云春夏早起與雞俱興秋冬晏起必待日光此其義也夏月盛暑須得陰涼若日中不避熱則塵汗相

斬秋冬之間必致癬疥七月以後霜氣降後必須日出霜露晞解然後放之不爾則逢毒氣令羊口瘡腹脹也圈不厭近必須與人居相連開窗向圈所以然者羊性怯弱不能禦物狼一入圈或能絶羣也架北墻為廄為屋即傷熱熱則疥癬且屋處慣煖冬月入田尤不耐寒圈中作臺開竇無令停水二日一除勿使糞穢穢則汚毛停水則挾蹄眠濕則腹脹也圈内須並墻豎柴栅令周匝羊不揩土毛常自淨不豎柴者羊揩墻壁土鹹相得毛皆成氈又豎栅頭出墻者虎狼不敢踰也羊一千口者三四月中種大豆一頃雜穀并草留之不須鋤治八九月終刈作青茭若不種豆穀者初草實成時收刈雜草薄鋪

使乾勿令鬱浥豍豆葫或蓬藜荆棘為上大小豆萁次之高麗豆萁尤有所便蘆亂二種則不種凡秋刈草非直為羊然大凡悉皆倍勝崔寔曰十月七日刈芻茭既至冬寒多饒風霜或春初雨落青草未生時則須飼不宜出放積茭之法于高燥之處豎桑棘木作兩圓栅各五六步許積茭著栅中高一丈亦無嫌任羊遶栅食竟日通夜口常不住終冬過春無不肥充若不作栅假有千車茭擲與十口羊亦不得飽羣羊踐躡而已不得一莖入口不收茭者初冬乘秋似如有膚羊羔乳食其母比至正月母皆瘦死羔小未能獨食水草尋亦俱死非直不滋息或滅羣斷種矣余昔有羊二百口茭豆既少無以飼一歲之中餓死過半假有在者疥瘦羸弊與死不殊毛復淺短全無潤澤余初謂家自不宜又疑歲道疫病乃飢餓所致無他故也人家八月收穫之始多無庸假且買羊雇人所費既少所存者大傳曰三折臂始為良醫又曰亡羊治牢未為晚也世事畧皆如此安可不存意哉寒月生者須然火於其邊夜不然火必凍死也凡初產者宜煮穀豆飼之白羊留母二三日即母子俱放白羊性狼不得獨留并母久住則令乳之羖羊但留母一日寒月者内羔子坑中日父母還乃出之坑中煖不苦風寒地熱使眠如常飽者也十五日後方喫草乃放之白羊三月得草力毛牀動則鉸之鉸訖于河水之中淨洗羊則生白淨之毛也五月毛牀將落鉸取之鉸訖更洗如前八月初胡

菜子未成時又鉸之鉸了亦洗如初其八月半後鉸者勿洗白露已降寒氣侵人洗即不益胡菜子成然後鉸者匪直著毛難治又歲稍晚比至寒時毛長不足令羊瘦損漠北塞之羊則八月不鉸鉸則不耐寒中國必須鉸不鉸則毛長相著作氈難成也

便民圖曰棧羊法向九月初買朡羯羊多則成百少則不過數十羫初來時與細切乾草少着糟水拌經五七日後漸次加磨破黑豆稠糟水拌之每羊少飼不可多與與多則不食可惜草料又兼不得肥勿與水與水則退膘溺多可一日六七次上草不可太飽則有傷少則

不飽不飽則退腺欄圈常要潔淨一年之中勿餵青草餵之則減腺破腹不肯食枯草矣

家政法云養羊法當以瓦器盛一升鹽置於柵中羊喜鹽自數還啖之不勞人收　羊有病輒相汚欲令別病法當欄前作瀆深二尺廣四尺往還皆跳過者無病不能過者入瀆中行過便別之　術曰懸羊蹄著户上辟盜賊

龍魚河圖曰羊有一角食之殺人

玄扈先生曰牧養須巳出未入不使沾星露之草則無耗羊一羣擇其肱而大者而立之主一出一入使之倡先或圈于魚塘之岸草糞則每早掃于塘中以飼草魚而羊之糞又可飼鰱魚一舉三得矣露草上有緑色小蜘蛛羊食之即死故不宜早放

作氊法春毛秋毛中半和用秋毛緊強春毛軟弱獨用太偏是以須雜三月桃花水氊第一凡作氊不須厚大惟緊薄均調乃佳耳二年敷卧小覺垢以九月十月賣作鞾氊明年四五月出氊時更買新者此為長存不穿敗若不數換非直垢汙穿穴之後便無所直虛成糜費此不朽之功豈可同年而語也

令氊不生蟲法夏月敷席不卧上則不生蟲若氊多無人卧上者預收榷柴蘖灰入五月中羅灰徧著氊上厚五寸許卷束于風涼之處閣置蟲亦不生如其不爾無不生蟲

羝羊四月末五月初鉸之性不耐寒早鉸寒則凍死雙生者多易為緊息性既豐乳有酥酪之饒毛堪酒袋氊繩索之利其潤益又過于白羊也

作酪法牛羊乳皆得別作和作隨人意牛產日即粉穀如糕屑多著水煮作則薄粥待冷飲牛若不飲者莫與水明日渴自飲牛產三日以繩絞牛項頸令偏身脈脹倒地即縛以手痛挼乳核令破以脚二七徧蹴乳房然後解放羊產三日直以手挼痛令破不破脚蹴若不如此破核者乳脈細微攝身則閉核破脈開捋乳易得曾經破核後產者不須復治牛產五日外羊十日外羔犢得乳力強健能噉水草然後取乳之時須人斟

酌三分之中當留一分以與羔犢若取乳太早及不留一分乳者羔犢瘦死三月末四月初牛羊飽草便可取酪以取其利至八月末止從九月一日後止可小小供食不得多作天氣枯寒牛羊漸瘦故也大作酪時日暮牛羊還即間羊犢別著一處凌旦早放母子別羣至日東南角噉露草飽驅歸捋之訖還放之聽羔犢隨母日暮還別如此得乳多牛羊不瘦若不先放先捋者比覺日高則露解常食滌草無復膏潤非直漸瘦得乳亦少捋訖於鐺釜中緩火煎之火急則著底焦常以正月二月預收乾牛羊矢煎乳第一好草既灰汁柴又喜焦乾糞火輒無此三患常以杓揚乳勿令溢出時復徹底縱橫直勾慎勿圓攪圓攪喜斷亦勿口吹則解四五沸便止瀉著盆中勿便揚之待小冷遂取乳皮著別器中以為酥屈木為棬以張生絹袋子濾熟乳著瓦瓶中卧之卧之新瓶即直用之不燒若舊瓶已曾卧酪時輒須灰火中燒瓶令津出迴轉燒之皆使周匝熱徹好乾待冷乃用

不燒者有潤氣則酪斷不成若日日燒瓶酪猶有斷者作酪屋中有蛇蝦蟇故也宜燒人髮羊牛角以辟之聞臭氣則去矣其卧酪待冷煖之節溫溫小煖于人體為合宜適熱卧則酪醋傷冷則難成濾乳訖以先成甜酪為酵大率熟乳一升用酪半匙著杓中以匙痛攪令散瀉著熟乳中仍以杓攪使均調以氊絮之屬茹瓶令煖良久以單布蓋之明旦酪成若去城中遠無熟酪作酵者急揄醋飧研熟以為酵大率一斗乳下一匙酵攪令均調亦得成其酢酪為酵者酪亦醋甜酵傷多酪亦醋其六七月中作者卧時令如人溫直置冷地上必須溫茹冬天作者卧時少令熱於人體降餘月茹令極熱

作乾酪法 七月八月中作之日中炙酪酪上皮成掠取更炙之又掠肥盡無皮乃止得一升許于鐺中炒少許時即出於盤上曝浥浥時作團大如梨許又曝使乾得經數年不壞以供遠行作粥作漿時細削著

水中煮沸便有酪味亦有全擲一團著湯中嘗有酪味還漉取曝乾一徧則得五徧煮不破看勢兩漸薄乃削研用者倍矣

作漉酪法 八月中作取好淳酪生布袋盛懸之當有水出滴滴水不盡著鐺中暫炒即出於盤上日曝浥浥時作團大如梨許亦數年不壞削粥漿味勝前者炒雖味短不及生酪然不炒生蟲不得過夏乾漉二酪久停皆暍氣不如年別作歲管用盡

作馬酪酵法 用驢乳汁二三升和馬乳不限多少澄酪成取下澱團曝乾後歲作酪用此為酵也

抨酥法 以夾榆木椀為杷法割去椀半上剡四廂各作一圓孔大小徑寸許正底施長柄如酒杷刑抨酥酥酪甜皆得所數日陳酪極大酪著亦無嫌酪多用大甕酪少用小甕置甕於日中旦起瀉酪著甕中炙直至日西南角起手抨之令杷子常至甕底一食頃作熱湯水解令得下手瀉著甕中湯多少令常半酪及抨之良久酥出下冷水多少亦于湯等更急抨之于此時杷子不須復達甕底酥已浮出故也酥既偏覆酪上更下冷水多少如前酥凝抨上大盆盛冷水著甕邊以手接酥沈手盆水中酥自浮出更掠如初酥盡乃止酥酪漿中和飧粥盆中浮酥待冷悉凝以手接取撇去水作團著銅器中或不津瓦器亦得十日許得多少併納鐺中然羊矢緩火煎如香澤法當日內乳涌出如雨打水中乳既盡聲之沸定酥便成矣冬即內著羊肚中夏盛不津器初煎乳時上有皮膜以手隨即掠取著器中寫熟乳著盆中未濾之前乳皮凝厚亦悉掠取明者酪成若有黃皮亦悉掠取併著甕中有物痛熟研良久下湯又研隨亦下冷水純是好酪接取作團與大段同煎矣

羊有疥者間別之不別相染汙或能合羣致死羊疥先

著口者難治多死

治羊疥方 取藜蘆根㕮咀令破以泔浸之以瓶盛塞口於竈邊常令煖數日醋香便中用以甎瓦刮疥令赤若強硬痂厚者亦可以湯洗之去痂拭燥以藥汁塗之再上愈若多者日別漸漸塗之勿頓塗令徧羊不堪藥勢便死矣

又方 去痂如前洗燒葵根為灰煮醋澱熱塗之以灰厚傅再上愈寒時勿剪毛去即凍死矣

又方 臘月猪脂加熏黃塗之即愈

羊膿鼻眼不淨者皆以中水治方 以湯和鹽用杓研之極鹹塗之為佳更待冷接取清以小角受一雞子者灌兩鼻各一角非直水瘥永息天虫五日後必飲以眼鼻淨為候不瘥更灌一

如前法

羊膿鼻口頰生瘡如乾癬者名曰可妬運迭相染易著者多死或能絶羣治之方豎長竿于圈中竿頭施橫板令獮猴上居數日自然差此獸辟惡常安于圈中亦好

治羊挾蹄方取羝脂和鹽煎使熟燒熟令微赤著脂烙之著乾勿令水沉入七日自然瘥耳

凡羊經疥得差者至夏後初肥時宜賣易之不爾後年春疥發必死矣

治羊火蹄方以羖羊脂煎熟去滓取鐵篦子燒熱將脂勻塗篦上烙之勿令入水次日即愈

豬爾雅曰豕子豬豶豬幺幼奏者豱豕三豵二師一特所寢槽四豴皆白豥其跡刻絶有力豟牝豝注云彘也其子曰豚一歲曰豵廣志曰豨祖彘豕也豰艾豭也

齊民要術曰母豬取短喙無柔毛者良喙長則牙多三牙以上則不煩畜為難肥故有柔毛治難淨也牝者子母不同圈子母一圈喜聚不食則不充肥牡者同圈則無嬎圈不厭小圈外肥疾處不厭穢泥穢得避暑亦須小廄以避雨雪春夏中生隨時放牧糟糠之屬當日別與八九十月放而不飼所有糟糠則蓄待冬春初豬性甚便水生之草把數水藻等近岸豬食之皆肥初產者宜煮穀飼之其子三日掐尾六十日後犍三日則不畏風凡死者皆尾風所致耳犍不截尾則前大後小犍者骨細肉多不犍者骨粗肉少如犍牛法者無風死之患十二月子生者豚一宿蒸之蒸法索籠盛腦凍不合出旬便死所以然者豚性腦少寒盛則不能自煖故須煖氣攻之供食豚乳下者佳簡取別飼之愁其不肥共母圈粟豆難足宜埋車輪為食場散粟豆於内小豚足食出入自由則肥速

農桑通訣曰江南水地多湖泊取近水諸物可以飼豬

凡占山皆用橡食蘂苗謂之山豬其肉為上江北陸地可種當約量多寡計畝數種之易活耐旱割之比終一畝其初已茂用之漸切以泔糟等水浸於大檻中令酸黄或拌麩糠雜飼之特為省力易得肥腯前後分別歲歲可鬻足供家費

四時類要曰閹豬了待瘡口乾平復後取巴豆兩粒去殼爛搗和麻籸糟糠之類飼之半日後當大瀉其後日見肥大

玄扈先生曰猪多總設一大圈細分為小圈每小圈止容一猪使不得閙轉則易長也肥猪法用管仲三觔蒼朮四兩黄荳一斗芝麻一升各炒熟共為末餌之十二日則肥

肥猪法 麻子二升搗十餘杵鹽一升同煮和糠三升飼之立肥

治猪病方 割去尾尖出血即愈若瘟疫用蘿蔔或及梓樹葉與食之不食難救

狗爾雅曰犬生三猣二師一玂未成毫狗長喙獫短喙猲獢絕有力狣尨狗也

便民圖曰凡人家勿養高脚狗彼多喜上卓櫈竈上養矮脚者便益純白者能為怪勿畜之凡黑犬四足白者凶後二足白頭黄者吉足黄招財尾白者大吉一足白者益家白犬黄頭吉背白者害人帶虎班者吉黄犬前二足白者吉胸白者吉口黑者招官事四足俱白者凶青犬黄耳者吉犬生三子俱黄四子俱白八子俱黄五子六子俱青吉

治狗病方 用水調平胃散灌之加赤殼巴豆尤妙

治狗卒死方 用葵根塞鼻内即活

治狗癩方 狗遍身膿癩用百部濃煎汁塗之狗蠅多者以香油遍身擦之立去

猫爾雅曰猫如麂善登木 郭璞注曰健上樹

便民圖曰猫兒身短最為良眼用金銀尾用長面似虎威聲要喊老鼠聞之自避藏露爪能翻瓦腰長會走家面長雞絕種尾大懶如蛇又法口中三坎者捉一季五坎者捉二季七坎捉三季九坎者捉四季花朝口咬頭牲耳薄不畏寒毛色純白純黑純黄者不須揀若看花猫身上有花又要四足及尾花纏得過者方好

治猫病方 凡猫病用烏藥磨水灌之若煨火瘦悴用硫黄少許入猪湯中炮熟餵之或入魚湯中餵之亦可小猫悞被人踏死用蘇木濃煎湯濾去祖灌之

鵞爾雅曰舒雁鵞 廣雅曰駕鵞野鵝也說文曰鴚鵝也晉沈充鵞賦序曰於時綠眼黄喙家家有焉大康中太倉有鵝從喙至足四尺有九寸體色豐麗鳴驚人

鴨爾雅曰舒鳧鶩 說文曰鶩舒鳧廣雅曰鶩雅也野雅雄者赤頭有短鶩生百卵或一日再生有露鶩以秋冬生頓並世蜀口

齊民要術曰鵞鴨並一歲再伏者為種 一伏者待時少三伏者冬寒雛

亦多死也大率鵞三鴨一雄鴨五雌一雄鵝初輩生子十餘鴨生數十後輩皆漸少矣常足五穀飼之生子多不足者生子少欲放廠屋之下作窠以防猪犬狐狸驚恐之害多著細草于窠中令煖先刻白木為卵形窠別著一枚以誑之不爾不肯入窠喜西浪生若獨著窠後有爭窠之患生時尋即收取別作一煖處以柔細草覆之停置窠中凍即須死伏時大鵞一十子大鴨二十子小者減之多則不周數起者不任為種數起則凍死也其貪伏不起者須五六日一與食起之令洗浴久不起者飢羸身冷雛伏無熱鵞鴨皆一月雛出量雛

欲出之時四五日內不用聞打鼓紡車大叫猪犬及舂聲又不用器淋灰不用親見產婦觸忌者雛多厭殺不能自出假令出亦尋死也雛既出別作籠籠之先以粳米為粥糜一頓飽食之名曰填嗉不爾喜軒虛羌丘量而死然後以粟飯切苦菜蕪菁英為食以清水與之濁則易不易歷塞鼻則死入水中不用停久尋宜驅出此既水禽不得水則死臍未合久在水中冷徹亦死於籠中高處敷細草令寢處溫暖雛小臍未合十五日後乃出早放者匪直乏力政恐有寒冷兼烏鴟災也鵞唯食五穀稗子草菜不食生虫葛洪方曰居射工之地常養鵝見此物食之故鵞羣此物也鴨靡不食矣水稗成實時尤是所便噉此足得肥充供廚者子鵞百日以外子鴨六七十日佳過此肉硬大率鵞鴨六年以上老不復生伏矣宜去之少者初生伏又未能工惟數年之中佳耳風土記曰鴨春季雛到夏五月則任啖故俗五六月則烹食之

便民圖曰凡相鵞鴨母其頭欲小口上齕有小珠滿五者生卵多滿三者為次

棧鵞易肥法稻子或小米大麥不計煮熟先用磚蓋成小屋放鵞在內勿令轉側門中木棒簽定只令出頭喫食日餵三四次夜多與食勿令住口撏去尾際毳毛如此三日加肥一觔

養雌鴨法每年五月五日不得放棲只乾餵不得與水則日日生卵不然或生或不生土硫黃飼之易肥

作杬子法純取雌鴨無令雜雄足其粟豆常令肥飽一鴨便生百卵俗所謂谷生者此卵既非陰陽合生雛伏亦不成雛宜以供贍杬木皮爾雅曰杬魚毒郭璞注曰杬大本子似栗生南方皮厚汁赤中藏卵黑無杬皮者虎杖根牛並作用爾雅曰荼虎杖郭璞注云似紅草粗大有細刺可以染赤淨洗細莖剉煮取汁率二斗及熟

下鹽一升許和之汁極冷內甕中（汁熱卵則致敗不堪久停）浸鴨子一月任食煮而食之酒食俱用鹹徹則卵浮（吳中多作者至十數斛久停彌善亦得經夏也）

鷄爾雅曰雞大者蜀蜀子維未成雞健絕有力奮雞三尺為鶤（郭璞注曰陽溝巨鶤古之雞名廣志曰雞有胡髮五指金骹反翅之種大者蜀小者荊自雞金骹者鳴美吳中送長鳴雞雞鳴長倍于常雞異物志曰九真長鳴雞最長聲甚好清朗鳴未必在曙時潮水夜至因之並鳴或名曰伺潮雞風俗通云俗說朱氏公化而為雞故呼雞者皆言朱朱）

齊民要術曰雞種取桑落時生者良（形小淺毛腳細短是也守窠少聲則無雞子）春夏生者則不佳（形大毛羽悅澤腳粗長者是遊蕩饒聲產乳易厭既不守窠則無緣蓄息也）雞春夏雛二十日內無令出窠飼以燥飯（出窠早不免烏鴟與濕飯則令臍膿也）雞棲宜據地為籠內著棧雖鳴聲不朗而安穩易肥又免狐狸之患若任之樹林一遇風寒大者損瘦小者或死燃柳柴雞雛小者死大者盲（此亦燒穰殺瓠之流其理難悉）

家政法曰養雞法二月先耕一畝作田秫粥灑之刈生芽覆上自生白虫便買黃雌雞十隻雄一隻于地上作屋方廣丈五于屋下懸簀令雞宿上并作雞籠懸中夏月盛晝雞（闕）園中築作小屋覆雞得養子烏不得就

龍魚河圖曰畜雞白頭食之病人雞有六指者亦殺人雞有五色者亦殺人

養生論曰雞肉不可食小兒食令生疣虫又令消體瘦鼠肉味甘無毒令小兒消穀除寒熱炙食之良也

玄扈先生曰或設一大園四圍築垣中築垣分為兩所凡兩園墻下東西南北各置四大雞棲以為休息每一旬撒粥于園之左地覆以草二日盡化為蟲園右亦然俟左盡即驅之右如此代易則雞自肥而生卵不絕若遇瘟疫傳染即須以藍盛雞入口懸挂或移于樓閣上即免矣

養雞令速肥不杷屋不暴園不畏烏鴟狐狸法（別築墻匡開小門作小廠令雞閉兩目雖雄皆斬去六翮無令得飛出圈多收稗胡之類以養之亦作小槽以貯水荊藩為棲去地一尺數掃去屎鑿墻為窠亦去地一尺惟冬天著草不茹則子凍春夏秋三時則不須直置匡上任其產伏留草則昆虫生雞出則著外許以罩籠之鵪鶉大還內墻匡中其供食者又別作墻匡蒸小麥飼之三七

日便肥大矣

又穀產雞子供常食法 別取雌雞勿令與雄相雜其墻匡斬翅荊樓土窠一法惟多與穀令竟冬肥盛自然穀產矣一雞生百餘卵不雛並食之無咎餅炙所須皆宜用此

瀹雞子法 打破著沸湯中浮出即掠取生熟正得即加鹽醋也

炒雞子法 打破銅鐺中攪令黃白相雜細擘葱白下鹽米渾豉麻油炒之甚香矣

棧雞易肥法 以油和麪捻成指尖大塊日與十數枚食之又以做成硬飯同土硫黃研細每次與五分許同飯拌勻餵數日即肥

養雞不菢法 母雞下卵時日逐食內夾以麻子餵之則常生卵不菢

養生雞法 雞初來時即以淨溫水洗其脚自然不走

治雞病方 凡雞雜病以真麻油灌之皆立愈若中蜈蚣毒則研茱萸解之

治鬬雞病方 以雄黃末攪飯飼之可去其胃蟲此藥性熱又可使其力健

魚 越陶朱公曰治生之法有五水畜第一水畜魚也以六畝地為池池中有九洲求懷子鯉魚長三尺者二十頭牡鯉魚長三尺者四頭以二月上庚日內池中令水無聲魚必生至四月內一神守六月內二神守八月內三神守神守者鼈也內鼈則魚不復飛去在池中周遶九洲無窮自謂游江湖也至來年二月得魚長一尺者一萬五千三尺者五千枚二尺者萬枚直五千得錢一百二十五萬至明年一尺者十萬枚二尺者五萬枚三尺者五萬枚長四尺者四萬枚留長二尺者三千枚作種所餘皆賣得錢五百一十萬候至明年不可勝計所以養鯉魚者不相食易長又貴也

農桑通訣曰凡育魚之所須擇泥土肥沃蘋藻繁盛為上然必召居人築舍守之仍多方設法以防獺害凡所

居近數畝之湖如依陶朱法畜之可致速富今人但上江販魚取種塘內畜之飼以青䓍歲可及尺以供食用亦為便法

農圃四書魚種古法俱求懷子鯉魚納之池中但自涵育或在取近江湖數澤陂湖水際之土數舟布底則二年之內土中自有大魚宿子得水即生也今之俗惟購魚秧其秧也漁人汎大江乘潮而布網取之者初也如針鋒然乃飼之以雞鴨之卵黃或大麥之麩屑或炒大

豆之末稍大則鬻魚池養之家閩録云仲春取子于江曰魚苗畜于小池稍長入蘼塘曰蘼鯇可尺許徙之廣池飼以草九月乃取有難長之秧曰艋艘其首黃色曰螺師青以其食螺師也故名爾雅翼曰鱒魚螺蚌是也其口尖期年而鼻竅始通不得通則死長至尺許乃易大惟鯶魚為良其口濶而盆首似鯉而身圓謂之草魚食草而易長爾雅翼曰鯇魚食草白鰱乃魚之貴者白露左右始可納之池中或前一月或後一月皆不育漁

人擕于舟若煎炙油氣觸之則目皆瞎京口録云巨首細鱗池塘中多畜之鯔魚松之人於潮泥地鑿仲春潮水中捕盈寸者養之秋而盈尺腹背皆腴為池魚之最是食泥與百藥無忌京口録云頭匾而骨軟閩志云目赤而身圓口小而鱗黑吳王論魚以鯔為上也其魚至冬能夅被而自藏

養法凡鑿池養魚必以二有三善焉可以蓄水鬻時可去大而存小可以解汎此池汎可入彼池不可以漚麻一日即汎魚遭鴿糞則汎以圊糞解之魚之自糞多而返復食之則汎亦以圊糞解之池不宜太深深則水寒而難長魚食雞鴨卵之黃則中寒而不子故魚秧皆不子魚之行遊晝夜不息有洲島環轉則易長池之傍樹以芭蕉則露滴而可以解汎樹楝木則落子池中可以飽魚樹葡萄架子于上可以免鳥糞種芙蓉岸周可以辟水獺魚食楊花則病亦以糞解之食蟋蟀嫩草食稗子池之正北後宜塘深魚必聚焉則三面有日而易長飼之草

亦宜此方一日而兩番須有定時魚小時草必細剉至冬則不食凡魚嘯子必沿水痕雖乾涸十年遇水即生其長甚易其嘯子也以五月鯉魚以五月下惟銀魚鱠殘魚嘯子于氷氷解三日乃生也飼魚之草不可撩水草恐有黑魚鮎魚等子在草上是能食魚黑魚者鱧魚也夜則仰首而戴斗鮎魚者鮧魚也即鯷魚也大首方口背青黑而無鱗是多涎池中不可著礆水石灰能令魚汎凡池之蘄相傳一夜生七子太密則魚皆鬱死必

去其半乃佳

便民圖曰凡魚遭毒翻白急疏去毒水别引新水入池多取芭蕉葉擣碎置新水來處使吸之則解或以溺澆池面亦佳

玄扈先生曰江西養魚法掘小池方一丈深八尺底又作小池方五尺深二尺用杵築實畜水至清明前後出時買鰱魚鯶魚苗長一寸上下者每池鰱六百鯶二百每日以水荇帶草喂之無草時可用鹹蛋殼食之常時

積下至時用之冬月尤宜用之令魚并泥食之不散游至五月五日後五更時用夏布衹于塘近邊釘四樁張布衹其上次以夏布兜撈魚苗傾衹内選去雜魚另置一水盆中其鰱鯶入水桶旋送入中池中池方二三丈每池可放七八百池中先栽荇草栽法于二三月邉舊魚入大塘去水晒半乾栽荇草于内栽完放水長草以養新魚其中池移過大塘之鯶魚每百日用草二擔則中池過塘時魚重一觔者至十月可得三四觔大塘者大小為魚多寡水宜深五尺以上每食魚只于大塘内取之中塘荇草盡再入之或用正本草若大池面方二三十步以上者可放三四斤以上魚即與老草連根食之刮苧麻取下葉以席蓋之勿晒乾至晚入池中當夜食盡又冬月大魚無食有一法常時積舊草薦置僻處使人溺其上久之至冬月剉細以稻泥或黄土和草成碗大團子晒乾置池中心深處大魚則并泥食之中池中魚剉草宜更細入水二三日和土成團冬月乾塘取

起魚寄别池内或入大桶速乾水起生泥壅池生泥只取爛泥勿取乾者池瘦傷魚令生虱取過泥速栽荇草放水入魚魚虱如小豆大似團魚凡山中暴雨入池帶惡蟲穢氣亦令魚生虱則極瘦凡取魚見魚瘦宜細檢視之有則以松毛遍池中浮之則除凡小池定在大池之旁以便冬月寄魚小池過小魚于中中池即栽荇

又曰作羊棧于塘岸上安羊每早掃其糞于塘中以飼草魚而草魚之糞又可以飼鰱魚如是可以損人打草

但魚畧有微滯耳水畜之利須擇背山面湖中聚水曲之處起造住宅先置田地山塲凡僕從即便播谷種蔬樹植蠶繅以為衣食之源然後掘築方圍大塘以收水利塘内有九州八谷如同江湖納蝦鼈螺螄為神守使魚相忘相若自以為江湖之中日夜遊戲而不息矣

蜜蜂王楨曰人家多於山野古窯中收取蜜蜂蓋小房或編荆囤兩頭泥封開一二小竅使通出入另開一小門泥封時時開却掃除常淨不令他物所侵及于家院

掃除蛛網及關防山蜂土蜂不使相傷秋花彫盡留冬月可食蜜脾餘者割取作蜜蠟至春三月掃除如前常于蜂窠前置水一器不致渴損　月蜂盛一窠止留一王其餘摘之其有蜂王分窠羣蜂飛去用碎土撒而收之別置一窠其蜂即止春夏合蜜及蠟每窠可得大絹一疋有收養生分息數百窠者不必他求而可致富也

經世民事曰十月割蜜天氣漸寒百花已盡宜開蜂窶後門用艾燒烟微薰其蜂自然飛向前去若怕蜂螫用薄荷葉嚼細塗在手面其蜂自然不螫或用紗帛蒙頭及身上截或皮套五指尤妙約量冬至春其蜂食之餘者揀大蜜脾用利刀割下却封其窶將蜜絞淨不見火者為白沙蜜見火者為紫蜜入窶盛頓將絞下蜜柤入鍋内慢火煎熬候融化掬出絞柤再熬預先安排錫鏇或瓦盆各盛冷水次傾蠟水在内凝定自成黄蠟以柤内蠟盡為度要知其年收蜜多寡則看當年雨水何如若雨水調匀花木茂盛其蜜必多若雨水少花木稀其

蜜必少或蜜不敷蜜蜂食用宜以草雞或一隻或二隻退毛不用肚腸懸掛窶内其蜂自然食之又力倍常至春來二月門開其封止存雞骨而已

玄扈先生曰冬月割蜜過多則蜂飢飢時可將嫩雞白煮置房側令食之

農政全書卷四十一

欽定四庫全書

農政全書卷四十二

明 徐光啓 撰

製造

食物

齊民要術曰凡甕七月坯為上八月為次餘月為下凡甕無問大小皆須塗治甕津則造百物皆惡悉不成所以時宜留意新出窰及熱脂塗者大良若市買者先宜

塗治勿使盛水未塗遇雨亦惡塗法掘地為小員坑傍開兩道以引風火生炭火於坑中合甕口於坑上而熏之火盛喜破微則難熱務令調適乃佳數以手摸之熱灼人手便下瀉熱脂於甕中迴轉濁流極令周匝脂不復滲乃止牛羊脂為第一好猪脂亦得俗人用麻子脂者誤人耳若脂不濁流直一徧拭之亦不免津俗人釜上蒸甕者水氣亦不佳玄扈先生曰黃蠟甚佳價貴用松脂亦可以熱湯數斗著甕中滌盪疏洗之瀉却滿盛冷水數日便中用用時更洗淨日曝令乾

治釜令不渝法常於暗信處買取最初鑄者鐵精不渝輕利易然其渝黑難然者皆是鐵滓鈍濁所致玄扈先生曰清之又清之可作佳器也治令不渝法以繩急束蒿軒兩頭令齊著水釜中以乾牛屎然釜湯煖以蒿三遍淨洗抒却水乾然使熱買肥豬肉脂合皮大如手者三四段以脂處處徧揩拭釜察作聲復著水痛疎洗視汁黑如墨抒却更脂拭疎洗如是十徧許汁清無復黑乃止則不復渝煮杏酪煑餳煑地黃染皆須先治釜不爾則黑惡

造神麴凡作三斛麥麴法蒸炒生各一斛炒麥黃莫令焦生麥擇治甚令精好種各别磨磨欲細磨乾合和之

七月取甲寅日使童子著青衣日未出時面向殺地汲水二十斛勿令人潑人長水亦可瀉却莫令人用其和麴之時面向殺地和之令使絶强團麴之人皆是童子小兒亦面向殺地有行穢者不使不得令入室近團麴當日使訖不得隅宿屋用草屋勿使用瓦屋地須淨掃不得穢惡勿令濕畫地為阡陌周成四巷作麴人各置巷中假置麴王王者五人麴餅隨阡陌比肩相布訖使

主人家一人為主莫令奴客為主與王酒脯之法濕麴王手中為椀中盛酒脯湯餅主人三徧讀文各再拜其房欲得板戶密泥塗之勿令風入至七日開當處翻之還令泥戶至二七日聚麴還令塗戶莫使風入至三七日出之盛著甕中塗頭至四七日穿孔繩貫日曝欲得使乾然後内之其餅麴手團二寸半厚九分

祝麴文曰某年月某日辰朔日敬啓五方五土之神主人某甲謹以七月上辰造作麥麴數千百餅阡陌縱横

以辨疆界須建立五王各布封境酒脯之薦以相祈請願垂神力勤鑒所願使出類絶蹤穴虫潛影衣色錦布或蔚或炳殺熱火熯以烈以猛芳越椒熏味超和鼎飲利君子既醉既逞惠彼小人亦恭亦静敬告再三格言斯整神之聽之福應自冥人願無為希從畢永祝三遍各再拜

又造神麴法其麥蒸炒生三種齊等預前事麥三種合和細磨之七月上寅日作麴溲欲剛擣欲粉細作熟餅用圓鐵範令徑五寸厚一寸五分於平板上令壯士熟踏之以杙刺作孔淨掃東向開戶屋布麴餅於地閉塞窗戶密泥縫隙勿令通風滿七日翻之二七日聚之皆還密泥三七日出外日中曝之令燥麴成矣任意舉閣亦不用甕盛甕盛者則麴烏腹烏腹者遶孔黑爛若欲多作者任人耳但須三麥齊等不以三石為限此麴一斗殺米三石笨麴一斗殺米六斗省費懸絶如此用七月七日焦麥麴及春酒麴皆笨麴法

女麴法秫稻米三斗淨淅炊為飯軟炊停令極冷以麴範中用手餅之以青蒿上下奄之置牀上如作麥麴法三七二十一日開看徧有黄衣則止三七日無衣乃停要須衣徧乃止出日日曝之燥則用以藏瓜菹最妙

釀酒法皆用春酒麴其米糠瀋汁饙飯皆不用人及狗鼠食之

黍米法酒預剉麴曝之令極燥三月三日秤麴三斤三兩取水三斗三升浸麴經七日麴發細泡起然後取黍

米三斗三升淨淘凡酒米皆欲極淨水清乃止法酒尤宜存意淘米不得淨則酒黑炊作再餾飯攤使冷著麴汁中搦黍令散兩重布蓋甕口候米消盡更炊四斗半米酘之每酘皆搦令散第三酘炊米六斗自此以後每酘以漸和米甕無大小以滿為限酒味醇美宜合醅飲食之飲半更炊米重酘如初不著水麴唯以漸加米還得滿甕竟夏飲之不能窮盡所謂神異矣

作當梁酒法當梁下置甕故曰當梁以三月三日日未

出時取水三斗三升乾麴末三斗三升炊黍米三斗三升為再餾黍攤使極冷水麴黍俱時下之三月六日炊米六斗酘之三月九日炊米九斗酘之自此以後米之多少無復斗數任意酘之滿甕便止若欲取者但言偷酒勿云取酒假令出一石還炊一石米酘之甕還復滿亦為神異其糠瀋悉瀉坑中勿令狗鼠食之

秔米作酒法三月三日取井花水三斗三升絹篵麴末三斗三升秔米三斗三升稻米佳無者旱稻米亦得充

事再餾弱炊攤令小冷先下水麴然後酘之七日更酘用米六斗六升一七日更酘用米一石三斗二升二七日更酘用米二石六斗四升乃止量酒備足便止合醅飲者不復封泥令清者以盆密蓋泥封之經七日便極清澄接取清者然後押之

作頤酒法八月九月中作者水定難調適宜煎湯三四沸待冷然後浸麴酒無不佳大率用水多少酘米之節畧準春酒而須以意消息之十月桑落時者酒氣味頗

類春酒

河東頤白酒法六月七月作用笨麴陳者彌佳剗治細剉麴一斗熟水三斗黍米七斗麴殺多少各隨門法常於甕中釀無好甕者用先釀酒大甕淨洗曝乾側甕著地作之旦起煮甘水至日午令湯色白乃止量取三斗著盆中日西淘米四斗使淨即浸夜月炊作再餾飯令四更中熟下黍飯席上薄攤令極冷於黍飯初熟時浸麴向曉昧旦日未出時下釀以手搦破塊仰置勿蓋日

西更淘三斗米浸炊還令四更中稍熟攤極冷日未出前酘之亦搦破塊明日便熟押出之酒氣香美乃勝桑落時作者六月中唯得作一石米酒停得三五日七月半後稍稍多作於北向戶大屋中作之第一如無北向戶屋於清涼處亦得然要須日未出前清涼時下黍日出已後熱即不成一石米者前炊五斗半後炊四斗半

笨麴桑落酒法預前淨刻麴細剉曝乾作釀池以藁茹甕不茹甕則酒甜用穰則大熱黍米淘須極淨九月九

日日未出前收水九斗浸麴九斗當日即炊米九斗為饙下饙著空甕中以釜內炊湯及熱沃之令饙上者水深一寸餘便止以盆合頭良久水盡饙熟極軟瀉著蓆上攤之令冷挹取麴汁於甕中搦塊令破瀉甕中復以酒杷攪之每酘皆然兩重布蓋甕口七日一酘每酘皆用米九斗隨甕大小以滿為限假令六酘半前三酘皆用沃饙半後三酘作再餾黍其七酘者四炊沃饙三炊黍飯甕滿好熟然後押出香美勢力倍勝常酒

笨麴白醪酒法淨削治麴曝令燥清麴必須累餅置水中以水沒餅為候七日許搦令破漉出滓炊糯米為黍攤令極冷以意酘之且飲且酘乃至盡粇米亦得作作時必須寒食前令得一酘之也

作黃衣法（黃衣一名麥䴷）六月中取小麥淨淘納於甕中以水浸之令醋漉出熟蒸之槌箔上敷席置麥於上攤令厚二寸許預前一日刈亂葉薄無亂葉者刈胡葈（胡葈蒼耳也）擇去雜草無令有水露氣候麥冷以胡葈覆之七日看黃衣色足便出曝之令乾去胡葈而已慎勿颺簸齊人喜

當風颺去黃衣此大謬凡有所造作用麥䴷者皆仰其衣為勢今反颺去之作物必不善

作黃蒸法七月中取生小麥細磨之以水溲而蒸之氣餾好熟便下之攤令冷布置覆蓋成就一如麥䴷法亦勿颺之慮其所損

作蘗法八月中作盆中浸小麥即傾去水日曝之一日一度着水即去之腳生布麥于席上厚二寸一日一度以水澆之芽生便止即散收令乾勿使餅餅則不復任

用此煮白餳蘖若煮黑餳即待芽生青成餅然後以刀劚取乾之欲令餳如琥珀色者以大麥為其蘖

造常滿鹽法以不津甕受十石者一口置庭中石上以白鹽滿之以甘水泛之令上恒有淅水須用時挹取煎即成鹽還以甘水添之取一升添一升日曝之熱盛還即成鹽永不窮晝風塵陰雨則蓋天晴爭還仰若黃鹽鹹水者鹽汁則苦是以必須白鹽甘水

玄扈先生曰是法令鹽味佳永不窮晝恐無此理姑試之

造花鹽印鹽法五月中旱時取水二斗以鹽一斗投水中令清盡又以鹽投之水鹹極則鹽不復消融易器淘治沙汰之澄去垢土瀉清汁於淨器中鹽甚白不廢常用又一石還得八斗汁亦無多損好日無風塵時日中曝令成鹽浮即便是花鹽厚薄光澤似鍾乳久不接取即成印鹽大如豆粒四方千百相似而成印輙沈漉取之花印一鹽白如珂雪其味尤美

作醬法十二月正月為上時二月為中時三月為下時用不津甕甕津則壞植酢者亦不中用之置日中高處石上夏雨無令水浸甕底以一鉎鍬一本作生縮鐵釘子皆歲殺釘著甕底石下後雖有妊娠婦人食之醬亦不壞爛也用春種烏豆春豆粒小而均晚豆粒大而雜於大甑中燥蒸之氣餾半日許復貯出更裝之迴在上居下不爾則生熟不多調均也氣餾周徧以灰覆之經宿無令火絕取乾牛屎圓累令中央空然之不烟勢類好炭者能多收常用作食既無灰塵又不失火勢於草遠矣罯看豆黃色黑極熟乃下日曝取乾夜則聚覆無令潤濕臨炊舂去皮更裝入甑中蒸令氣餾則下一日曝之明旦起淨簸擇滿臼舂之而不碎若不重餾碎而難淨簸

揀去碎者作熱湯於大盆中浸豆黃良久淘汰挼去黑皮湯少則添慎勿易湯易湯則走失豆味令醬不美也漉而蒸之淘豆湯汁即煑細豆作醬以供旋食大醬則不用汁一炊傾下置淨席上攤令極冷預前日曝白鹽黃蒸草蒿麥麴令極乾燥鹽色黃者發醬苦鹽若潤濕令醬壞黃蒸令醬赤美蒿令醬芬芳蒿挼簸去草土麴及黃蒸各別擣細末篩馬尾羅彌好大率豆黃一斗麴末一斗黃蒸末一斗白鹽五升蒿子三指一撮鹽少令醬酢後雖加鹽無復美味其用神麴者一升當笨麴三升殺多故也豆黃堆量不槩鹽麴輕重平槩三種量訖於盆中面向太歲和之向太歲則無蛆虫也攪令

均調以手痛挼皆令潤徹亦面向太歲內著甕中手挼令堅以滿為限半則難熟盆蓋密泥無令漏氣熟便開之（臘月五七日正月二月四七日三月三七日）當縱橫裂周迴匝甕底生衣悉貯出擣破𥑻兩甕分為三甕日未出前汲井花水於盆中以燥鹽和之率一石水用鹽三斗澄取清汁又取黃蒸於小盆內減鹽汁浸之挼取黃滓漉去滓合鹽汁瀉著甕中（率十石醬黃蒸三斗鹽水多少亦無定方醬如薄粥便是豆乾水故也）仰甕口曝之（諺曰萎蕤葵日乾醬言其美矣）十日內每日數度以杷徹底攪之

十日後每日輒一攪三十日止雨即蓋甕無令水入（水入生虫）每經雨後輒須一攪解後二十日堪食然要百日始熟耳

作酢法（酢者今醋也凡酢甕下皆須安磚石以離濕潤為妊娠婦人所壞者磚輒中乾土末淘著甕中即還好）崔寔曰四月可作酢五月五日亦可作酢

作大酢法七月七日取水作之大率麥䴷二斗勿揚簸水三斗粟米熟飯三斗攤令冷任甕大小依法加之以滿為限先下麥䴷次下水次下飯直置物攪之以綿幕甕口拔刀橫甕上一七旦著井花水一碗三七日旦又著一碗便熟常置一瓠瓢以挹酢若用濕器內甕中則壞酢味也

秫米神酢法七月七日作置甕於屋下大率麥䴷一斗水一石秫米三斗無秫者粘黍米亦中用隨甕大小以向滿為限先量水浸麥䴷訖然後淨淘米炊而再餾攤令冷細擘面破勿令有塊子一頓下釀更不重投又以水就甕裏搦破小塊痛攪令和如粥乃止以綿幕口一

七日一攪二七日一攪三七日亦一攪一月日極熟十石甕不過五斗澱得數年停久為驗其淘米泔即瀉去勿令狗鼠啖得食貴添亦不得人啖

又法亦以七月七日取水大率麥䴷一斗水三斗粟米熟飯二斗隨甕大小以向滿為度水及黃衣當日頓下之其飯分為三分七日初作時下一分當夜即沸又三七日更炊一分投之又三日復投一分但綿幕甕口無機刀益水之事溢即加甑也

大麥酢法七月七日作若七日不得作者必須收藏取七日水十五日作除此兩日則不成於屋裏近戶裏邊置甕大率小麥䴸一石水三石大麥細造一石不用作米則科麗是以用造簸訖淨淘炊作再餾飯揮令小煖如人體下釀以杷攪之綿幕甕口二日便發時數攪不攪則生白醭則不好以棘子徹底攪之恐有人髮落中則壞醋悉爾亦去髮則還好六七日淨淘粟米五升亦不用過細炊作再餾飯亦揮如人體投之杷攪綿幕三

四日看水消攪而嘗之味甘美則罷若苦者更炊三二升粟米投之以意斟量二七日可食三七日好熟香美淳釅一盞醋和水一碗乃可食之八月中接取清別甕貯之盆合泥頭得停數年未熟時一日三日須以冷水澆甕外引出熱氣勿令生水入甕中若用黍米投彌佳白倉粟米亦得

食經作大小豆千歲苦酒法（苦酒醋也）用大豆一斗熟沃之漬令澤炊曝極燥以酒灌之任性多少以此為率

作小麥苦酒法小麥三斗炊令熟著堈中以布密封其口七日開之以二石薄酒沃之可久長不敗也

豆豉六月造豆豉黑豆不限多少三二斗亦得淨淘宿浸漉出瀝乾蒸之令熟於簟上攤候如人體蒿覆一如黃衣法三日一看候黃衣上遍即得又不可太過簸去黃曝乾以水浸拌之不得令太濕又不得令太乾但以手捉之使汁從指間出為候安瓮中實築桑葉覆之厚可三寸以物蓋甕口密泥於日中七日開之曝乾又以

水拌卻入甕中一如前法六七度候好顏色即蒸過攤卻大氣又入瓮中實築之封泥即成矣

麩豉六月造麩豉麥麩不限多少以水勻拌熟蒸攤如人體蒿艾罨取黃衣遍出攤曬令乾即以水拌令浥浥卻入缸瓮中實捺安於庭中倒合在地以灰圍之七日外取出攤曬若顏色未深又拌依前法入瓮中色好為度色好黑後又蒸令熱及熱入瓮中築泥卻一冬取喫溫暖勝豆豉

夏月飯甕井口邊無虫法清明節前二日夜雞鳴時炊黍熟取釜湯遍洗井口甕邊地則無馬蚿百虫不近井甕矣甚是神驗

蒸藕法水和稻穰糟揩令淨斫去節與蜜灌孔裏使滿溲蘇麪封下頭蒸熟除麪瀉去蜜削去皮以刀截奠之又云夏生冬熟雙奠亦得按食經所載食物法甚多今以其近于農者錄之

缹茄子法用子未成者子成則不好也以竹刀骨刀四破之用鐵則渝黑也湯煠去腥氣細切葱白蒸油香醬清擘葱白與茄

子共下缹令熟下椒薑末

作菹藏生菜法蕪菁菘葵蜀芥鹹菹皆同收菜時即擇取好者菅蒲束之作鹽水令極鹹於鹽水中洗菜即內甕中若先用淡水洗者菹爛其洗菜鹽水澄取清者瀉著甕中令沒菜肥即止不復調和菹色仍青以水洗去鹹汁煮為茹與生菜不殊其蕪菁蜀芥二種三日抒出之粉黍米作粥清擣麥䴸作末絹篩布菜一行以䴸末薄坌之即下熱粥清重如此以滿甕為限其布菜法每行必莖葉顛倒安之舊鹽汁還瀉甕中菹色黃而味美作淡菹用黍米粥清及麥䴸末味亦勝

釀菹法菹菜也一曰菹不切曰釀菹用乾蔓菁正月中作以熱湯浸菜令柔軟解辦擇治淨洗沸湯煠即出於水中淨洗便復作鹽水斬度出著箔上經宿菜色生好粉黍米粥清亦用絹篩麥䴸末澆菹布菜如前法然後粥清不用大熱其汁纔令相淹不用過多泥頭七日便熟菹甕以穰茹之釀酒法

藏生菜法九月十月中於墻南日陽中掐作坑深四五尺取雜菜種別布之一行菜一行土去坎一尺便止穰厚覆之得經冬須即取粲然與夏菜不殊

食經藏瓜法取白米一斗䥶中熬之以作糜下鹽使鹹淡適口調寒熱熟拭瓜以投其中密塗甕此蜀人方美好又法取小瓜百枚豉五升鹽三升破去瓜子以鹽布瓜片中次著甕中緜其口三日豉氣盡可食之

拗酸酒法若冬月造酒打扒遲而作酸即炒黑豆一二

升石灰二升或三升量酒多少加減却將石灰另炒黃二件乘熱傾入缸內急將扒打轉過一二日榨則全美矣○又方每酒一大瓶用赤小豆一升炒焦袋盛放酒中即解

造千里醋烏梅去核一斤以釅醋五升浸一伏時曝乾再入醋浸曝乾以醋盡為度擣為末以醋浸蒸餅和為丸如雞豆大投一二丸於湯中即成好醋

治醬生蛆用草烏五七個切作四片撒入其蛆自死

治飯不餿用生莧菜鋪蓋飯上則飯不作餿氣

營室 襍附

沈括曰營室之法謂之木經或云喻晧所撰凡屋有三分自梁以上為上分地以上為中分階為下分凡梁長幾何則配極幾何以為榱等如梁長八尺配極三尺五寸則廳法堂也此謂之上分楹若干尺則配堂基若干尺以為榱等若一丈一尺則階基四尺五寸之類以至承拱榱桷皆有定法謂之中分階級有峻平慢三等宮中則以御輦為法凡自下而登前竿垂盡臂後竿展盡臂為峻道荷輦十二人前二人曰前竿女曰前條又次曰前會後三人曰後脇又後曰後條末後曰後竿輦前隊長一人曰傳倡後一人曰報賽前竿平肘後竿平肩為慢道前竿垂手後竿平肩為平道此之為下分其書三卷近歲土木之工益為嚴道善舊木經多不用未有人重為之亦良工之一業也

王禎法製長生屋論曰天生五材民並用之而水火皆能為災火之為災尤其暴者也春秋左氏傳曰天火曰

災人火曰火夫古之火正或食于心或食于咮咮為鶉火心為大火天火之孽雖曰氣運所感亦必假於人火而後作焉人之飲食非火不成人之寢處非火不明人火之孽失於不慎始於毫髮終于延綿且火得木而生得水而熄至土而盡故木者火之母人之居室皆資于木易以生患水者火之牡而足以勝火人皆知之土者火之子而足以禦火而人未之知也水者救之于已然之後土者禦于未然之前救于已然之後者難為功禦

於未然之前者易為力此曲突徙薪之謀所以愈于焦頭爛額之功也吾嘗觀古人救火之術宋災樂喜為政使伯氏司里火所未至徹小屋塗大屋陳畚挶具綆缶備水器蓄水潦積土塗表火道此救療之法也是皆救于已然之後嘗見往年腹裏諸郡所居瓦屋則用磚裘杣簷草屋則用泥杇上下既防延燒且易救護又有別置府藏外護磚泥謂之土庫火不能入竊以此推之凡農家居屋廚屋蠶屋倉屋牛屋皆宜以法製泥土為用

先宜選用壯大材木締構既成椽上鋪板板上傅泥泥上用法製油灰泥塗飾待日曝乾堅如瓷石可以代瓦凡屋中内外材木露者與夫門窗壁堵通用法製灰泥杇墁之務要匀厚固密勿有罅隙可免焚爇之患名曰法製長生屋是乃禦於未然之前誠為長策又豈特農家所宜哉今之高堂大厦危樓傑閣所以居珍寶而奉身體者誠為不貲一旦患生于不測釁起于微眇轉盼㨶足化為煨燼之區瓦礫之場千金之軀亦或不保良可哀憫平居暇日誠能依此製造不惟歷劫火而不壞亦可防風雨而不朽至若闤闠之市居民輳集雖不能盡依此法其間或有一焉亦可以間隔火道不至延燒安可惜一時之費而不為永久萬全之計哉

法製灰泥法用磚屑為末白善泥桐油枯如無桐油枯以油代之莩炭石灰糯米膠以前五件等分為末將糯米膠調和得所地面為磚則用磚模脱出趁濕于良平地面上用泥墁成一片半年乾硬如石磚然杇墁屋宇則加紙筋

和匀用之不致折裂塗飾材木上用帶筋石灰如材木光處則用小竹釘簪麻鬚惹泥不致脱落

造雨衣法茯苓狼毒與天仙貝母蒼术等分全半夏浮萍加一倍九升水煮不須添騰騰慢火熬乾淨雨下隨君到處穿莫道單衫元是布勝如披著幾重氊

去墨汙衣用棗嚼爛搓之仍用冷水洗無迹或用飯擦之或嚼生杏仁旋吐旋洗皆可

去油汙衣用蛤粉厚摻汙處以熱熨斗坐粉上良久即

去或用蕎麥麪鋪上下紙隔定熨之無迹或用白沸湯泡紫蘇擺洗若牛油汙者用生粟米洗之羊油汙者用石灰湯洗之皆淨

洗黄泥汙衣以生薑挼過用水擺去

洗蟹黄汙衣用蟹中腮措之即去

洗血汙衣用冷水洗即淨若瘡中膿汙衣用牛皮膠洗之

洗白衣取豆稭灰或茶子去殼洗之或煮蘿蔔湯或煮

芋汁洗之皆妙

洗葛蕉清水揉梅花葉洗之不脆或用梅葉擣碎泡洗之亦可

洗竹布竹布不可揉洗須褶起以隔宿米泔浸半日次用温水淋之用手輕按晒乾則垢膩盡去

洗黄草布以肥皂水洗取清灰汁浸壓不可揉

漂苧布用梅葉擣汁以水和浸次用清水漂之帶水鋪晒未白再浸再晒

治漆汙衣用油洗或以温湯畧擺過細嚼杏仁挼洗又擺之無迹或先以麻油洗去用皂角洗之亦妙

治糞汙衣埋土中一伏時取出洗之則無穢氣

燻衣除虱用百部秦艽擣為末依焚香樣以竹籠覆蓋放衣在上燻之虱自落若用二味煮湯洗衣尤妙

去蠅矢汙巾帽上取蟾酥一蜆殼許用新汲水化開淨刷牙蘸水遍刷過候乾則蚊蠅自不作穢或用大燈草

或束捲定堅擦其迹自去

絡絲不亂木槿葉揉汁浸絲則不亂

收氊物不蛀用芫花末摻之或用晒乾黄蒿布撒收捲則不蛀

收皮物不蛀用芫花末摻之則不蛀或以艾捲置甕口泥封甕口亦可

補磁碗先將磁碗烘熱用雞子清調石灰補之甚牢又法用白芨一錢石灰一錢水調補之

補缸缸有裂縫者先用竹篾箍定烈日中曬縫令乾用

瀝青火鎔塗之入縫内令滿更用火畧烘塗開水不滲漏勝於油灰

穿井凡開井必用數大盆貯水置各處俟夜氣明朗觀所照星何處最大而明則地必有甘泉試之屢驗

補磚縫草官桂末補磚縫中則草不生

浸炭不爆米泔浸炭一宿架起令乾燒之不爆

留宿火用好胡桃一箇燒半紅埋熱灰中三日尚不燼

長明燈雄黃硫黃乳香瀝青大麥麪乾漆胡蘆頭牙硝等分為末漆和為丸如彈子大穿一孔用鐵線懸繫陰

乾一丸可點一夜

點書燈用麻油炷燈不損目每一斤入桐油二兩則不燥又辟鼠耗若菜油每斤入桐油三兩以鹽少許置盞中亦可省油以生薑擦盞不生滓暈以蘇木煎燈心晒乾炷之無燼

乾蜜法地丁花皂角花百合花共陰乾等分為末黃蠟丸如彈子大收之每十斤蜜砂鍋内煉沸滾攄碎一丸在蜜候滾乾滴在水内如凝不散成蠟得三十兩

祛寒法用馬牙硝為細末唾調塗手及面則寒月迎風不冷

護足法用防風細辛草烏為末摻鞋底若著靴則水調塗足心若草鞋則以水濕草鞋之底沾上藥末雖遠行不疼不跰

治壁虱用蕎麥稈作薦可除或蜈蚣萍晒乾燒烟熏之

辟蟻凡器物用肥皂湯洗抹布抹之則蟻不敢上

辟蠅臘月内取楝樹子濃汁煎澄清泥封藏之用時取出些少先將抹布洗淨浸入楝汁内扭乾抹宴用什物則蠅自去

辟蚊蟲諸虫用鰻鱺魚乾于室中燒之蚊虫皆化為水若熏氊物斷蛀虫置其骨于衣箱中則斷蠹魚若熏屋宅免竹木生蛀及殺白蟻之類

治菜生虫用泥礬煎湯候冷灑之虫自死

辟魘魅凡卧房内有魘魅捉出者不要放手速以熱油

煎之次投火中其匠不死即病○又法起造房屋于上梁之日偷匠人六尺竿并墨斗以木馬兩個置二門外東西相對先以六尺竿横放木馬上次將墨斗線横放竿上不令匠知上梁畢令衆匠人跨過如使魘魅者則不敢跨

逐鬼魅法人家或有鬼怪密用水一鍾研雌黄一二錢向東南桃枝縛作一束濡雌黄水洒之則絶跡矣所用物件切忌婦女知之有犯再用新者

祛狐狸法妖貍能變形惟千百年枯木能照之可尋得年久枯木擊之其形自見

農政全書卷四十二

欽定四庫全書

農政全書卷四十三

明 徐光啓 撰

荒政

備荒總論

穀梁傳曰古者税什一豐年補助不外求而上下皆足也雖累凶年民弗病也一年不艾而百飢君子非之

荀卿曰田野縣鄙者財之本也垣（墻也）窌（窖也）倉廪者財之

末也百姓時和（謂天時和順）事業得叙者（耕稼得其次序）貨之源也等賦（謂以差等制賦也）府庫者貨之流也故明主必謹養其和節其流開其源而時斟酌焉潢然使天下必有餘而上不憂不足如是則上下俱當交無所藏之是知國計之極也故禹十年水湯七年旱而天下無菜色者十年之後年穀復熟而陳積有餘是無他故焉知本末源流之謂也（丘濬曰荀卿本末源流之說有國家者不可以不知也誠知本之所在則厚之源之所自則開之謹守其末節制其流量入以為出挹彼以注此使下常有餘上無不足以供天下之用其平居雖不至于虐取其

民而有急則不免于厚賦故其國可靜而不可動可逸而不可勞此亦一時之計也至于最下而無謀者量出以為入用之不給則取之益多天下晏然無大患難而盡用衰世苟且之法不知有急則將何以加之此所謂不終月之計也

管子曰天以時為權地以財為權人以力為權君以令為權失天之權則人地之權亡湯七年旱禹九年水民之無饘賣子者湯以莊山之金鑄幣而贖之禹以歷山之金鑄幣而贖之故天權失人地之權皆失也

鼂錯曰聖王在上而民不凍餒者非能耕而食之織而衣之也為開其資財之道也故堯禹有九年之水湯有七年之旱而國亡捐瘠者以畜積多而備先具也今海內為一土地人民之衆不辟湯禹加以亡天災數年之水旱而畜積未及者何也地有遺利民有餘力生穀之土未盡墾山澤之利未盡出也游食之民未盡歸農也民貧則奸邪生貧生于不足不足生于不農不農則不地著不地著則離鄉輕家民如鳥獸雖有高城深池嚴法重刑猶不能禁也夫寒之于衣不待輕煖飢之于食不待甘旨飢寒至身不顧廉恥人情一日不再食則飢終歲不製衣則寒夫腹飢不得食膚寒不得衣雖慈母不能保其子君安能以有其民哉明主知其然也故務民于農桑薄賦斂廣畜積以實倉廩備水旱故可得而有也今農夫五口之家其服役者不下二人其能耕者不過百畝百畝之收不過百石春耕夏耘秋穫冬藏伐薪樵治官府給徭役春不得避風塵夏不得避暑熱秋不得避陰雨冬不得避寒凍四時之間亡日休息又私自送往迎來弔死問疾養孤長幼在其中勤苦如此尚

復被水旱之災急政暴虐賦斂不時朝令而暮改當其有者半賈而賣亡者取倍稱之息于是有賣田宅鬻子孫以償債者矣而商賈大者積貯倍息小者坐列販賣操其奇贏日游都市乘上之所急所賣必倍故其男不耕耘女不蠶織衣必文采食必粱肉亡農夫之苦有阡陌之得因其富厚交通王侯力過吏勢以利相傾千里游敖冠蓋相望乘堅策肥履絲曳縞此商人所以兼并

農人農人所以流亡者也今法律賤商人商人已富貴矣尊農夫農夫已貧賤矣故俗之所貴主之所賤也吏之所卑法之所尊也上下相反好惡乖忤而欲國富法立不可得也方今之務莫若使民務農而已矣欲民務農在于貴粟粟者王者大用政之本務陸贄嘗謂國家救荒所費者財用所得者人心鼂錯謂腹飢不得食雖慈母不能保其子人君安能以有其民此意惟贄得之

陸贄曰君養人以成國人戴君以成生上下相成事如一體然則古稱九年六年之蓄者蓋率土臣庶通為之

計耳固非獨豐公庾不及編甿

范鎮知諫院言今歲荒歉朝廷為放稅免役及以常平倉軍食拯貸存恤不為不至然而人民流離父母妻子不能相保者平居無事時不能寬其力役輕其租賦雖大熟使民不得終歲之飽及小歉雖重施固已無及矣此無他重斂之政在前故也臣竊以為水旱之作由民生不足憂愁無聊之嘆上薄天地之和耳

蘇軾曰救災恤患尤當在早若災傷之民救之于未飢則用物約而所及廣不過寬減上供糴賣常平官無大失而人人受賜今歲之事是也若救之于已飢則用物博而所及微至于耗散省倉虧損課利官為一困而已飢之民終于死亡熙寧之事是也熙寧之災傷本緣天旱米貴而沈起張靜之流不先事奏聞但立賞閉糴富民皆事藏穀小民無所得食小民能束手斃乎今世之沈起張靜不少矣而人以為救荒奇策有言勿閉糴者指為為鬬游說有言勿抑價者以為為富民游說也奈何哉流殍既作然後朝廷知之始敕運江西及截本路上供米一百二十三

萬石濟之巡門俵米攔街散粥終不能救飢饉既成繼之以疫疾本路死者五十餘萬人城郭蕭條田野丘墟兩稅課利皆失其舊勘會熙寧八年計所失共計三百餘萬石其餘耗散不可悉數至今轉運司貧乏不能舉手此無他不先事處置之過也去年浙西數郡先水後旱災傷不減熙寧二聖仁智聰明于去年十一月中首發德音截撥本路上供斛斗二十萬石賑濟又于十二月終寬減轉運司元祐四年上供斛三分之一為米五

千餘斛盡用其錢買銀絹上供了無一毫虧損縣官而命下之日所在歡呼官既住糴米價自落又自正月開倉糶常平米仍免數路稅場所收五穀力勝錢且賜度牒三百道以助賑濟本路帖然絶無一人餓殍者此無他先事處置之力也

程頤曰常見今時州縣濟飢之法或給之米豆或食之粥飯來者與之不復有辨中雖欲辨之不能也穀貴之時何人不願得倉廩既竭則殍死者在前無以救之矣

雞鳴而起親自俵散官吏後至者必責怒之于是流民歌詠至者日衆未幾穀盡殍者滿道愚常矜其用心而嗤其不善處事救飢者使之免死而已當擇寬廣之處宿或使晨入至巳午而後與之食給米者午時出日得一食則不死矣其力自能營一食者皆不來矣比之不擇而與者當活數多倍之也凡濟飢當分兩處擇羸弱者作稀粥早晚兩給勿使至飽俟氣稍完然後一給第一先營寬廣居處切不得令相藉如作粥飯須官員親嘗恐生及入石灰或不給浮浪游手無此理也平日當禁游惰至其飢餓哀矜之一也

呂祖謙曰大抵荒政統而論之先王有預備之政上也修李悝平糶之政次也所在蓄積有可均處使之流通移民移粟又次也咸無焉設糜粥最下也

王禎曰蓋聞天災流行國家代有堯有九年之水湯有七年之旱雖二聖人亦不能逃其適至之數也春秋二百四十二年書大有年僅二而水旱螽蝗屢書不絶然則年穀之豐蓋亦罕見為民父母者當為思患豫防之

計故古者三年耕必有一年之食九年耕必有三年之食以三十年之通制國用雖有旱乾水溢而民無菜色者蓄積多而備先具也玄扈先生曰闕國于不傾之地脩備是也

楊溥曰堯湯之世不免水旱之患而不聞堯湯之民有困窮之難者蓋預有備也凡古聖賢立曰必修預備之政我太祖高皇帝惓惓以生民為心凡有預設備荒定制洪武年間每縣于四境設立倉場出官鈔糴穀儲貯其

中又于近倉之處僉點大户看守以備荒年賑貸官籍其數斂散皆有定規又于縣之各鄉相地所宜開濬陂塘及修築濱江近河損壞堤岸以備水旱耕農甚便皆萬世之利自洪武以後有司雜務日繁前項便民之事率無暇及該部雖有行移亦皆視為文具是以一遇水旱飢荒民無所賴官無所措公私交窘只如去冬今春畿内郡縣艱難可見況聞今南方官倉儲穀十處九空甚者穀既全無倉亦無存矣大抵親民之官得人則百

廢舉不得其人則百弊與此固守令之責若養民之務風憲之臣皆所當問年來因循亦不之及此事雖若可緩其實關係甚切

何景明曰救荒之策竊為民計大率利一而其害有三徵求之擾工役之勤寇盜之憂此為三害而所利于民者獨發倉廪一事耳夫發倉廪本以利民而其弊反甚倉舍一啓豪強騈集里胥鄉老匿貧佑富公家之積秪以飽市井遊食之徒而野處之民曾不得見糠粃富者連車方輿而貧者曾不獲斗升鄉民有入城待給者資糧已盡日貸餅餌自啖而卒不得與此其少得不足償貸反因是等死耳聞目覩可為痛扼夫欲有所與必先為去其所奪養馴兔者不畜獵犬植茂樹者不先斧柯以其近害也故止沸不换其薪徒酌水浥之沸不見止養人餉其口腹而刲其股肉終不得活今三害未去而欲與一利以救民之凶也何以異此也

焦竑曰天下事有見以為緩而其實不可不早為之計

者備荒弭盜是已嘗觀周禮以荒政十二而除盜賊即具于中何者國富民殷善良自衆民窮財盡奸宄易生蓋天下大勢往往如此昔人謂聖王之民不餒治平之世無盜此篤論也今飢饉頻仍羣不逞之徒鈎連盤詰此非盛世所宜有也愚以為備荒弭盜皆今急務而備荒為尤急總之修先王儲偫之政上也綜中世斂散之規次也在所畜積均布流通移粟移民衰盜益縮下也咸無焉而孳孳糜粥之設是激西江之水蘇涸轍之魚

歲有及矣試詳論之周官既有荒政為遇凶救濟之法矣而又遺人所掌收諸委積為待凶施惠之法廩人所掌歲計豐凶為嗣歲移就之法未荒也預有以備之將荒也先有以計之既荒也大有以救之故上古之民災而不害後世每多臨事權宜之術非經遠之道也

俞汝為論捕蝗曰昔唐太宗吞蝗姚崇捕蝗或者譏其以人勝天予竊以為不然夫天災非一有可以用力者有不可以用力者凡水與霜非人力所能為姑得任之

至于旱傷則有車戽之利蝗蝻則有捕瘞之法凡可以用力者豈可坐視而不救耶為守宰者當激勸斯民使自為方畧以禦之可也吳遵路知蝗不食豆苗且慮其遺種為患故廣收豌豆教民種植非惟蝗虫不食次年三四月間民大獲其利古人處事其周密如此夫宋朝捕蝗之法甚嚴然蝗虫初生最易捕打往往村落之民惑于祭拜不敢打撲以故遺患未知姚崇倪若水盧懷慎之辨論也

備荒考上

周禮大司徒以荒政十有二聚萬民一曰散財二曰薄征三曰緩刑四曰弛役五曰舍禁六曰去幾（開市不幾察）七曰眚禮（凡有禮節皆從減省）八曰殺哀（凡行喪禮皆從降殺）九曰蕃樂（閉藏樂器）十曰多昏（不備禮而婚娶）十一曰索鬼神（求廢祀而修之）十二曰除盜賊（飢饉盜賊多戒備緝捕以除之）

荒政要覽曰管仲相桓公通輕重之權曰歲有凶穰故穀有貴賤民有餘則輕之故人君斂之以輕民不足則

重之故人君散之以重使萬室之邑有萬鍾之藏千室之邑有千鍾之藏故大賈蓄家不得豪奪吾民矣

李悝為魏文侯作平糴之法曰糴甚貴傷民甚賤傷農若民傷則離散農傷則國貧故甚賤與甚貴其傷一也善為國者使民無傷而農益勸故大熟則上糴三而舍一（計民食終歲長四百石官糴一百石）中熟糴二下熟糴一使民適足價平而止小饑則發小熟之斂中饑則發中熟之斂大饑則發大熟之斂而糶之故雖遇饑饉水旱糴不貴而民

不散取有餘而補不足行之魏國國以富強董煟曰今之和糴其弊在于籍數定價且不能視上中下熟故民不樂與官為市最為患者吏胥為奸交納之際必有誅求稍不滿欲量折監賠之患紛然而起故糴米之官不得不低價滿量豪奪于民以逃曠責是其為糴也烏得謂之和哉至于已糴之後又不能以新易陳故積而不散化為埃塵而民間之米愈少也

隋開皇五年度支尚書長孫平奏令民間每秋家出粟麥一石以下貧富有差輸之當社委社司檢校以備凶年名曰義倉胡寅曰賑飢莫要乎近其人隋義倉取之于民不厚而置倉于當社飢民之得食也其庶矣乎後世義倉之名固在而置倉于州郡一有凶飢無狀有司固不以上聞也良有司敢以聞矣比及報可委吏胥出而施之文移反復給散艱阻監臨胥吏相與侵沒其受惠者大抵城郭之近力能自達之人耳居百里之遠者安能扶老攜幼數百里以就龠合之廩哉

唐李訢曰去歲京師不稔移民就豐既廢營生困而後達又于國體實有虛損曷若預儲倉粟安而給之豈不愈于驅督老弱餬口千里之外哉宜敕州郡常調九分之二京師度支歲用之餘各立官司年豐糴粟積之于倉儉則加私之二糶之于人如此民必力田以取官絹積財以取官粟年登則常積歲凶則直給數年之中穀積而人足雖災不為害矣

辛棄疾帥湖南賑濟榜文衹用八字曰劫禾者斬閉糴者配丘濬曰荒歉之年民間閉糴固是不仁然當此際亦自量其家口之衆多恐嗣歲之不繼耳彼有何罪而配之耶若夫劫禾之舉此盜賊之端禍亂之萌也周人荒政除盜賊正以此耳小人乏食計出無聊謂飢死與殺死等死耳與其飢而死不若殺而死況又未必殺耶聞粟所在羣趨而赴之哀告求貸苟有不從即肆劫奪自諉曰我非盜也迫于飢寒不得已耳嗚呼白晝攫人所有謂之非盜可乎漸不可長彼知其負罪于官因之鳥駭鼠竄竊弄鋤梃以扞游徼之吏不幸而傷一人焉勢不容已遂至變亂亦或有之臣願明敕有司遇有旱災之歲勢必至飢窘必先榜示禁其劫奪諭之不從痛

懲首惡以警餘衆決不可行姑息之政此非但救飢荒乃弭禍亂之先務也然則富民閉糴何以處之曰必先諭之以惠鄰次開之以積福許其隨時取直禁人侵其所有民之無力者官為之券許其取息待熟之後官為追償苟積粟之家丁口頗衆亦必為之計算推其贏餘以濟匱乏若彼僅僅自足亦不可強也然亦嚴為之限凡有所積不肯發者非至豐穰禁不許出糶彼見得利恐其後時自計有餘亦不能以不發矣

趙抃救災記曰熙寧八年吳越大旱州縣吏錄民之孤老疾弱不能自食二萬一千九百餘人以故事歲廩窮人當給粟三千石而止及簡富人所輸及僧道士食之羨者得粟四萬八千餘石佐其費使自十月朔日人受

粟日一升幼小者半之憂其衆相蹂也使受粟男女異日而人受二日之食憂其且流亡也于城市郊野為給粟之所五十有七使各以便受之而告以去其家者勿給計官為不足用也取吏之不在職而寓于境者給其食而任以事告富人無得閉糴又為之出官粟得五萬二千餘石平其價予民為糶粟之所凡十有八使糴者自便如受粟又僦民修城四千一百人為工三萬八千計其傭與粟再倍之民取息錢者告富人縱予之而待

熟官為責其償棄男女者使人得收養之明年春疫病為病坊處疾病之無歸者募僧二人屬以視醫藥飲食令無失時凡死者使在處收瘞之法廪窮人盡三月當止是歲五月而止事有非便文者抃一以自任不以累其屬有上請者或便宜多輒行事無巨細必躬親給病者藥食多出私錢民得免于轉死得無失斂埋者皆抃力也

又曰烖沴之行治世不能使之無而能為之備民病而後圖之與夫先事而為計者則有間矣不習而有為與夫素得之者則有間矣

富弼擘畫屋舍安泊流民事行移曰當司訪聞青淄登濰萊五州地分甚有河北災傷流移人民逐熟過來其鄉村縣鎮人户不那趲房屋安泊多是暴露並無居處目下漸向冬寒切慮老小人口别致飢凍死甚損和氣須議别行擘畫下項

一州縣坊郭等人户雖有房屋又緣見是出賃與人户居住難得空閑房屋今逐等合那趲房屋間數如後

第一等五間　第二等三間　第三等兩間　第四等五等一間

一鄉村等人户甚有空閑房屋易得小可屋舍逐等合那趲間數如後

第一等七間　第二等五間　第三等三間

右各請體認見今流民不少在州即請本州出榜在縣鎮鄉村即指揮縣司曉示人户依前項房屋間數各令那趲立定日限須管數足仍叮嚀約束管當人等不得因緣騷擾乞覓人户錢物如有違犯嚴行斷決仍指揮州縣城鎮門頭人常切辨認才候見有上件災傷流民

老小到門内其在州則引于司理處出頭其在縣即引于知縣處出頭其在鎮内即引于監務處出頭各仰逐官相度人數指定那趲房屋主人姓名令幹當人畫時引押于抄點下房屋内安泊如門頭不肯引領者許流民于隨處官員處出頭速取勘決訖當便指揮安泊了當如有流民欲前去未肯安泊者亦聽從便如有流民不奔州縣直往鄉村内安泊者仰耆壯畫時引領于趲那下房内安泊訖申報本縣及當職官員躬親勸誘逐

家量口數各與桑土或貨種救濟種植度日如内有見在房數少者亦令收拾小可材料權與蓋造應副若有下等人户委的貧虚别無房屋那應不得一例施行除此擘畫之外如更有安泊不盡老小即指撝逐處僧尼等寺道士女冠宮觀門樓廊廡及更别趲那新居房屋安泊河北逐熟老小如有指揮不及事件亦請當職官員相度利害一面指揮施行務要流民安居不致暴露失所

富弼曉示流民許令諸般採取營運不得邀阻事曰當司訪聞得上件飢民等多在山林泊野打刈柴薪草木貨賣糴食及拾橡子造作吃用并于淤河打魚取採蒲葦博口食多被逐處地主或地分耆壯妄稱係官或有主地土諸般名目邀阻不得採取似此向去冬寒必是大段抛擲死損須至專行指撝

右請當職官員體認見今流移飢民至處立便叮嚀指揮諸縣官火急行遣遍於鄉村道店村疃内分明粉壁曉示應係流移飢民等除人户墓園桑棗果園及應係耕種地内諸般樹不得採取斫伐外其近外遠去處泊

野山林内柴薪草木橡子并淤河蒲葦茭打捕魚諸般養活流民等事件不拘係官係私有主地分自隨流民諸般採取養活骨肉其耆壯地主並不得輒有約攔阻障如違仰逐地方耆壯具地主姓名解押送官嚴行斷遣若耆壯通同攔障並仰流民于近便縣鎮官員處出頭陳告立便追捉重行勘斷申當司所有前項事件盖為應急救濟流移飢民才候向去豐熟日即依舊施行

富弼告諭勸誘人户各量出斛米以救濟飢民事曰勘會當路淄青濰登萊五州自春以來風雨時若夏巳大稔秋復倍登咸遂收成絶無災害兼曽指撝州縣許人户就近輸納務從百姓之便不顧公家之煩當司累奉

朝廷指撝凡事並從寛恤一無騷擾頗獲安居令者河北一方盡遭水害老小流散道路填塞風霜日甚衣食不充已逼飢寒將棄溝壑坐見死亡之阨豈無賑恤之方又緣廪所收薄書有數流民不絶濟贍難周欲盡救災必須衆力庶幾凍餒稍可安存況乎令年田苗既大豐于累載而又諸郡物價復數倍于常時蓋因流民之來遂收踴貴之值豈可只思厚已不肯救人共覩災傷諒皆痛憫兼日累據諸處申報以斛斗不住增長價例

乞當司指撝諸州縣城郭鄉村百姓不得私下擅添物價所貴飢民易得糧食見令別路州縣城郭鄉村並皆有此指撝惟當司不曾行蓋恐止定價例則傷我土居之人須至别作擘畫可使兩無所失其上項五州鄉村人户分等第並令量出口食以濟急難施斗石之微在我則無所損聚萬千之數于彼則甚有功凡在部封共成利濟斂本路之物救鄰封之民寔用通其有無豈復分于彼此今具逐家均定所出斛米數目如後

第一等二石　第二等一石五斗
第三等一石　第四等七斗
第五等四斗　客户三斗　已上並米豆中半送納

富弼支散流民斛斗畫一指揮行移曰當司昨為河北遭水失業流民擁併過河南于京東青淄濰登萊五州豐熟處逐處散在城郭鄉村不少當司雖已諸般擘畫採取事件指揮逐州官吏多方安泊存恤救濟施行本使體量尚恐流民失所尋出給告諭文字送逐州給散諸縣令逐耆長將告諭指揮鄉村等第人户并客户依

所定石斗出辦米豆數内近州縣鎮只于城郭内送納其去州縣鎮城遠處只于逐耆令耆長置歷受納于逐耆第一等人户處圖那房屋盛貯收附封鎖施行去訖自後據逐州申報已告諭到斛米數目受納各有次第令體量得飢餓死損須至令上項五州一例于正月一日委官分頭支散上件勸諭到斛斗救濟飢民者

一請本州纔候牒到立便酌量逐縣耆分多少差官每一官令專十耆或五七耆據耆分合用員數除逐縣正官外請于見任并前資寄居及文學助教長史等官員内須是揀擇有行止清廉幹當得事不作過犯

官員仍斟會所差官員本貫將縣分交互差委支散免致所居縣分親故顧情不肯盡公及將封去貼牒書填定官員職位姓名所管耆分去處給與逐官收執火急發遣往差定縣分計會縣司晝時將在縣收到贓罰錢或頭子錢并檢取遠年不用故紙賣錢收買小紙依封去式樣字號空歇離造印板酌量流民多少覓剩出給印押歷子頭各于歷子後粘連空紙三兩張使令差定官員令本縣約度逐耆流民家數分擘歷子與所差官員便令親自收執分頭下鄉勒耆壯引領排門點檢抄劄流民每見流民逐家盡底喚出本家骨肉數目當面審問的寔人口填定姓名口數逐家便各給歷子一道收執照証准備請領米豆即不差委公人耆壯抄劄別致作弊虛偽重疊請却歷子

一指揮差委官抄劄給歷子時仔細點檢逐處流民如內有雖是流民見今已與人家作客鋤田養種及有

錢本機織販舂諸般買賣圖運過日不致失所人吏不得一例劄姓名給與歷子請領米豆

一應係流民雖有屋舍權時居住只是旋打刈柴草日逐求口食人等並盡底抄劄給與歷子令請領米豆

一應有流民老小羸疲全然單寒及孤獨之人只是尋討乞丐安泊居止不然等人委所差官員勞畫歸著耆分或神廟寺院安泊亦便出給歷子令請米豆不得謂見難為拘管輒敢遺棄却致拋擲死損請提舉官常切覺察

一應係土官貧窮年老殘患孤獨見求乞貧子等仰抄劄流民官員躬親檢點如別不是虛偽亦各依歷子令依此請領米豆

一指揮差委官員須是于十二月二十五日已前抄劄集定流民家口數給散歷子了當須管自皇祐元年正月一日歲首一齊支給不得拖延貽悞至日支給不得日數前後不齊

一流民所支米豆十五歲已上每人日支二升十五歲以下每日給五合五歲已下男女不在支給仍歷子頭上分明細算定一家口數合請米豆都數逐旋依都數支給所貴更不臨時旋計者

一緣已就門抄劄見流民逐家口數及歲數則支散日更不令全家到來只每家一名親執歷子請領

一逐官如管十耆即每日支兩耆逐耆并支五日口食候五日支遍十耆即却從頭支散所貴逐耆每日有官員躬親支散如管五七耆者即將耆分大者每日散支一耆其分小者每日支散兩耆亦須每日一次支遍逐次併支五日口食仍須先有村庄剩出曉示及令本耆壯丁四散各報流民指定支散日分去處分明開說甚字號耆分仍仰差去官員須是及早親自先到所支斛斗去處等候流民到來逐旋支散纔

候支絕一耆速往下次合支耆分不得自作違慢拖延過時別至流民歸家遲晚道途凍露

一指揮差管官員相度逐處受納下米豆如內有在耆分遙遠第一等戶人家收附恐流民所去請令遙遠即勒耆壯量事圖那車乘般赴本耆地分中心穩便人家房屋室內收附就彼便行支散貴要一耆之內流民盡得就近請領

一指揮所差官員除抄劄籍定給散流民外如有逐旋新到流民並須官員親到審問仔細點檢本家的寔口數安泊去處如委不是重疊虛偽立便給與歷子據所到口分起請如有已得歷子流民起移仰居停主人畫時令流民將元給歷子于監散官員毀抹若是不來申報及稱帶却歷子並仰量行科決不得鹵莽重疊給印歷子亦不得阻滞流民

一逐耆盡各均匀納下斛斗切慮流民于逐耆安泊不均仰縣司勘會據流民多處耆分酌量人數發遣趲併于少處耆分安泊令逐耆均匀支散救濟若是流民安泊處穩便不願起移即趲併別耆斛斗就便支俵不得抑勒流民須令起移

一州縣鎮城郭内流民若差委本處見任官員亦先且躬親排門抄劄逐戸家口數依此給與歷子每一度并支五日米豆候食盡挨排日分接續支給米豆一般施行

一逐州除逐處監放官員仍請委通判或選差清幹職官一員住本州界内往來都大提舉諸縣支散米豆官吏仍點檢逐耆元納并逐官支散文歷一依逐件鈐束指揮施行仍親到所支散米豆處仔細體問流民所請米豆委的均濟別無漏落如有官員弛慢不切用心信縱手下公人作弊減剋流民合請米豆不

得均濟即容具事由申報本州別選差官充替訖申當司不得蓋庇

一所支斛斗如州縣内支絶已納到告諭斛外有未催到數目便且于省倉斛斗内權時借支據見欠斛斗如未足處亦逐旋請緊切催促不得闕絶支散閙誤流民

一每官一員在縣摘道手分斗子各一名隨行幹當仍給升斗各一隻仍差本縣公人三兩人當直如在縣公人數少即權差壯丁亦不得過三人

一所差官員除見任官外應係權差請官如手下幹當人并耆壯等及流民内有作過者本官不得一面區分具事由押送本縣勘斷施行

一權差官每月于前項贓罰錢内支給食直錢五貫文見任官不得一例支給

一權差官已有當司封去帖牒若差見任官員即請本州出給文示幹當其賞罰一依當司封去權差官帖牒内事理施行

一纔候起支當司必然別州差官偏詣逐州逐縣逐耆點檢如有一事一件違慢本州承牒手分并縣司官吏必然勘罪嚴斷的不虚行指揮

一逐州縣鎮候差定官員將印行指揮畫一抄劄一本付逐官收執照會施行

一勘會二麥將熟諸處流民盡欲歸鄉尋指揮逐州并監散官員將見今籍定流民據每人合請米豆數目自五月初一日算至五月終一併支與流民充路糧令各任便歸鄉

一指揮出榜青淄等州河口曉示與免流民稅渡錢仍不得邀難住滯

一指揮青淄等州曉示道店不得要流民房宿錢事

右具如前事須各牒青淄濰登萊五州候到各請一依前項逐件指揮施行訖報所有當司封去帖牒如右剩數却請封送當司不得有違

富弼宣問救濟流民事劄子曰臣復奉聖旨取索擘畫救濟過流民事件令節畧編纂作四冊具狀繳奏去訖臣部下九州軍其間近河五州頗熟遂醵于民得粟十五萬斛第一等兩石第五等三斗而已民甚樂輸只令人戸就本村耆隨處

散納貴不傷土民（多差官員領之見任不足即借倩前資寄任待闕閑官）又先時已于州縣城鎮及鄉村抄下舍宇十餘萬間流民來者隨其意散處民舍中逐家給一歷歷各有號使不相侵欺仍歷前計定逐家口數及合給物數令官員詣逐廂逐者就流人所居處每人日給生豆米各半升流民至者安居而日享食物又以其散在村野薪水之利甚不難致以此直養活至去年五月終麥熟仍各給與一去路糧而遣歸而按籍總三十餘萬人此是以必死之中

救得活者也與夫只于城中煮粥使四遠飢羸老弱每日奔走屯聚城下終日等候或得或不得悶誤死者大不侔也其餘未至羸病老弱稍營運自給者不預此籍然亦徧曉示五州人民應是山林河泊有利可取者其地主不得占恡一任流民採掇如此救活者甚多即不見數目山林河泊地主寧非所損然損者無大害而流民獲利者便活性命其利害皎然也又減利物廣招兵從一萬餘人（尋常利物每一人可招三人）有四五口及四五萬人大約通計不下四五十萬人生全傳云百萬者妄也謹具劄子奏聞

蘇軾奏臣在浙江二年親行荒政只用出糶常平米一事更不施行餘策若欲抄劄飢貧不惟所費浩大有出無收而此聲一布飢民雲集盜賊疾疫客主俱斃惟有依條將常平斛斗出糶即官司簡便不勞抄劄勘會給納煩費但得數萬石斛斗在市自然壓下物價境內百姓人人受賜古今之法莫良于此

曾鞏救災議曰河北地震水災有司建言請發倉廩與之粟壯者人日二升幼者人日一升然百姓暴露乏食已廢其業矣使之相率日待二升之廩于上則其勢必不暇乎他為是農不復得修其畎畝商不復得治其貨賄工不復得利其器用閑民不復得轉移執事一切棄百事而專意于待升合之食以偷為性命之計是直以餓殍養之而已非深思遠慮為百姓長計也以中戶計之戶為十人壯者六人月當受粟三石六斗幼者四人月

當受粟一石二斗率一户月當受粟五石難可以久行也不行則百姓何以贍其後久行之則被水之地既無秋成之望非至來歲麥熟賑之未可以罷自今至于麥熟凡十月一户當受粟五十石今被災者十餘州州以二十萬户計之中等以上及非災害所被不仰食縣官者去其半則仰食縣官者為十萬户食之不遍則為施不均而民猶無告者也食之徧則當用粟五百萬石而足何以辦此又非深思遠慮為公家長計也至于給授

之際有淹速有均否有真偽有會集之擾有辨察之煩措置一差皆足致弊又羣而處之氣久蒸薄必生疾癘此皆必至之害也且此不過能使之得旦暮之食耳其于屋廬修築之費將安取哉屋廬修築之費既無所處而就食于州縣必相率而去其故居雖有頹墻壞屋之尚可全者故材舊瓦之尚可因者什器衆物之尚可賴者必棄之而不暇顧甚則殺牛馬而去之者有之伐桑棗而去之者有之其害又可謂甚也萬一或出于無聊之計有窺倉庫盜一囊之粟一束之帛者彼知已負有司之禁則必鳥駭鼠竄竊弄鉏梃于草茆之中以扞游徼之吏強者既囂而動則弱者必隨而聚矣不幸或連一二城之地有枹鼓之警國家胡能晏然而已乎然則為今之策下方紙之詔賜之以錢五十萬貫貸之以粟一百萬石而事定矣何則今被災之州為十萬户姑計一户得粟十石得錢五千下户常産之貲平日未有及此者也彼得錢以全其居得粟以給其食則農得修其

畎畝商得治其貨賄工得利其器用閒民得轉移執事一切得復其業而不失其常生之計與專意以待一升之廪于上而勢不暇乎他為豈不遠哉由有司之說則用十月之費為粟五百萬石由今之說則用兩月之費為粟一百萬石況貸之于今而收之于後足以賑其艱乏而終無損于儲偫之實所實費者錢五鉅萬貫而已此可謂深思遠慮為公家長計者也

朱子社倉法曰臣所居建寧府崇安縣開耀鄉有社倉

一所係昨乾道四年鄉民艱食本府給到常平米六百石委臣與本鄉土居朝奉郎劉如愚同其賑貸至冬收到元米次年夏間本府復令依舊貸與人戶冬間納還臣等申府措置每石量收息米二斗自後逐年依舊斂散或遇小歉即蠲其息之半大饑即盡蠲之至今十有四年量支息米造成倉廒三間收貯已將元米六百石納還本府其見管三千一百石並是累年人戶納到息米已申本府照會將來依前斂散更不收息每石只收

耗米三升係臣與本鄉土居官及士人數人同其掌管遇斂散時即申府差縣官一員監視出納以此之故一鄉四五十里之間雖遇凶年人不闕食竊謂其法可以推廣行之他處乞特依義役體例行下諸路州軍曉諭人戶有願依此置立社倉者州縣量支常平倉米斛責與本鄉出等人戶主執斂散每石收息二斗仍差本鄉土居官員士人有行義者與本縣官同其出納收到息米十倍本米之數即送元米還官却將息米斂散每石只收耗米三升其有富家情願出米作本者亦從其便息米及數亦與撥還如有鄉土風俗不同者更許隨宜立約申官遵守實為久遠之利其不願置立去處官司不得抑勒則亦不至騷擾

一逐年五月下旬新陳未接之際預于四月上旬申府乞依例給貸仍乞選差本縣清强官一員人吏一名斗子一名前來與鄉官同共支貸

一申府差官訖一面出榜排定日分分都支散先遠後

近一日一都曉示人戶產錢六百文以上及自有營運衣食不闕不得請貸各依日限具狀（狀內開說大人小兒口數）結保每十人結為一保遞相保委如保內逃亡之人同保均賠取保十人以下不成保不支正身赴倉請米仍仰社首保正副隊長大保長並各赴倉識認面目照對保簿如無偽冒重疊即與簽押保明其社首保正等人不保而掌主保明者聽其日監官同鄉官入倉據狀依次支散其保明不實別有情弊者許人告首隨事施行其餘

即不得妄有邀阻如人户不願請貸亦不得妄有抑勒

一收支米用淳熙七年十二月本府給到新漆黑官桶及官斗仰斗子依公平量其監官鄉官人從逐廳只許兩人入中門其餘並在門外不得近前挨拶攙奪人户所請米斛如違許被擾人當廳告覆重作施行

一豐年如遇人户請貸官米即開兩倉存留一倉若遇飢歉則開第三倉專賑貸深山窮谷耕田之民庶幾豐荒賑貸有節

一人户所貸官米至冬納還不得過十一月下旬先于十月上旬定日申府乞依例差官將帶吏斗前來公共受納兩年交量舊例每石收耗米二斗今更不收上件耗米又慮倉廒折閱無所從出每石量收三升准備折閱及支吏斗等人飯米其米正行附歷收支

一申府差官訖即一面出榜排定日分分都交納先近後遠一日一都仰社首隊長告報保頭告報人户遞相糾率造一色乾硬糙米具狀同保共為一狀未足不得交納如保內有人逃亡即同保均賠約足赴倉交納監官鄉官吏斗人等至日赴倉受納不得妄有阻節及過數多取其餘並依給米約束施行其收米人吏斗子要知首尾次年夏支貸日不可差換

一收支米訖逐日轉上本縣所給印歷事畢日具總數申府縣照會

一每遇支散交納日本縣差到人吏一名斗子一名社倉算交司一名倉子兩名每名日支飯米一斗約半日

發遣裹足米二石共計米一十七石五斗又貼書一名貼斗一名各日支飯米一斗約半月發遣裹足米六斗共計四石二斗縣官人從共一十名每名日支飯米五升十日共計米八石五斗已上共計米三十石二斗一年收支兩次共用米六十石四斗逐年蓋墻并買藁薦收補倉廒約米九石通計米六十九石四斗

一排保式某里第某都社首某人今同本都大保長隊長編排到都内人口數下項

一請米狀式某都第某保隊長某人大保長某人下某處地名保頭某人等幾人今遞相保委就社倉借米每大人若干小兒減半候冬收日備乾硬糙米每石量收耗米三升前來送納保内一名走失事故保内人情願均賠取足不敢有違謹狀

一簿書鎖鑰鄉官公共分掌其大項收支須同監官簽押其餘零碎出納即委官公共掌管務要均平不得徇私容情别生奸弊

一如遇豐年人户不願請貸至七八月而産户願請者聽

一倉内屋宇什物仰守倉人常切照管不得毁損及借出他用如有損失鄉官點檢勒守倉人賠償如些小損壞逐時修整大段改造臨時具因依申府乞撥米斛

宋隆興中中書門下省言河南江西旱傷立賞格以勸積粟之家凡出米賑濟係崇尚義風不與進納同

丘濬曰鬻爵非國家美事然用之他則不可用之于救荒則是國家為民無所利之也宋人所謂崇尚義風不與進納同是也臣願遇歲凶荒民間有積粟者輸以賑濟則定為等第授以官秩自遠而來者并計其路費授官之後給與璽書俾有司加禮優待與凡任同雖有過犯亦不追奪如此則平寧之時人爭積粟荒歉之歲民爭輸粟矣是亦救荒之一策也

宋淳熙敕諸虫蝗初生若飛落地主鄰人隱蔽不言者保不即時申舉撲除者各杖一百許人告報當職官承

報不受理及受理而不即親臨撲除或撲除未盡而妄申盡淨者各加二等諸官司荒田牧地同經飛蝗住落處令佐應差募人取掘虫子而取不盡因致次年生發者杖一百諸蝗虫生發飛落及遺子而撲掘不盡致再生發者地主耆保各杖一百

又因穿掘打撲損苗種者除其稅仍計價官給地主錢數毋過一頃　玄扈先生曰見北人云蝗子初生在地土脉墳起趂此撲除極易為力

王禎備荒法曰北方高亢多粟宜用竇窖可以久藏南

方塾溼多稻宜用倉廩亦可歷遠年其備旱荒之法則莫如區田區田者起于湯旱時伊尹所制斲地為區布種而灌溉之救水荒之法莫如櫃田櫃田者于下澤沮洳之地四圍築土形高如櫃種蓺其中水多浸淫則用水車出之可種黄穋稻地形高處亦可陸種諸物區田櫃田詳見農器譜此皆救水旱永遠之計也備蟲荒之法惟捕之乃不為之災然蝗之所至凡草木葉靡有遺者獨不食芋桑與水中菱芡亦不食豌豆宜廣種此其餘則果食之脯

米豆之麵棲于山者有粉葛取葛根肉為粉蕨萁取蕨根搗碎以水淘汰停其粉為蒟蒻橡栗之利瀕于水者有魚鱉蝦蟹皆可救飢也

農政全書卷四十三

欽定四庫全書

農政全書卷四十四

明　徐光啓　撰

荒政

備荒考中

洪武元年八月詔曰令歲水旱去處所在官司不拘時限從實踏勘實災租稅即與蠲免

永樂九年七月戶部言賑北京臨城縣饑民三百餘戶給糧三千七百石有奇上曰國家儲蓄上以供國下以

濟民故豐年則斂凶年則散但有土有民何憂不足今後但遇水旱民饑即開倉賑給無令失所

洪熙元年正月詔曰各處遇有水旱災傷所司即便從實奏報以憑寬恤毋得欺隱坐視民患

宣德二年十一月詔曰各處鹽糧稅糧除宣德二年以來未完者依例徵納其宣德三年稅糧鹽糧以十分為率蠲免三分

宣德三年三月工部侍郎李新自河南還言山西民饑流徙至南陽諸郡不下十萬餘口有司軍衛各遣人捕逐民死亡者多上諭夏原吉曰民饑流移豈其得已仁人君子所宜矜念昔富弼知青州飲食居處醫藥皆為區畫山林湖泊之利聽民取之不禁所活至五十餘萬人今乃使之失所不仁甚矣其即委官往同布政司及府縣官加意撫綏發倉廩給之隨所至居住有捕治者罪之

宣德九年十月敕諭巡撫侍郎周忱比聞直隷亢旱人民乏食爾等即委官前去於所在官倉量給米糧賑濟毋得坐視民患一各處府州縣逃移人戶其遞年拖欠非見徵糧草爾等即同府州堂上官從實取勘見徵俱令停徵仍設法招撫其復業蠲免糧差一年

正統五年七月敕諭工部侍郎周忱朕惟饑饉之患治平之世不能無之惟國家思患預防其為賑濟自古聖帝明王暨我祖宗成憲於茲洪武中倉廩有儲旱澇有備具在令典民用賴之比年所任州縣匪人不知保民隳廢成法凡遇饑荒民無仰給今特命爾兼總督南直隷應天鎮江蘇州常州松江太平安慶池州寧國徽州十府及廣德州預備之務爾等其精選各府州縣之廉公才幹者委之專理必在得人爾則往來提督朕承祖宗大統夙夜惓惓以生民為心爾等其祗體朕心堅乃操勵乃志精謀慮勤慎毋怠凡事所當行者並以便宜施行具奏來聞勿怠勿徐須處置有方不致騷擾而必

見成效使倖遇災荒民患有資不至甚艱朕選擇而委任爾必精白一心以副委任其往懋哉如所選委官先有別差爾則差官代理其先辦之事令選委者遇其考滿亦須事完然後赴京爾亦不必來朝有事但遣人齎奏一切合行事宜條示於後故諭

一見今官司收貯諸色課程并贓法等項鈔貫及收貯諸色物料可以貨賣者即依時價對換粳粟或易鈔糴買隨土地所產不拘稻穀米粟二麥之類務要堅實潔淨不許摻和糠秕沙土等項并須照依當地時直兩平變易不許虧官不許擾民凡州縣正官所積預備穀粟須計民多寡約量足照備用如本處官庫支糶本府官

庫不敷具申戶部奏聞處置

一凡有丁力田廣及富實良善之家情願出穀粟於官以備賑貸者悉與收受仍具姓名數目奏聞非情願者不許抑逼科擾

一糶米在倉每倉須立文簿一樣二扇備書所積之數一本州縣收掌一付看倉之人收掌并用州縣印信鈐記但遇饑歲百姓艱苦即便賑貸并須州縣官一員躬親監支不許看倉之人擅自散支二處文簿并書放支之數選官之數亦用放支之後并將實數具申戶部所差看倉須選忠厚中正有行止老人富戶就薦收支不許濫用素無行止之人及僉斗級等項名色庶免從來作弊

一凡各處閘洪陂塘圩田濱江近河堤岸有損壞當修築者先計工程多寡務要農隙之時量起人夫用工或

人力不敷工程多者先於緊要去處整理其餘以次用工不可追急若近江河隄防工程浩大者但於受利之處令起夫協同修理其起集人夫務在驗其丁力均平差遣毋容徇私作弊凡所作工程務要堅固經久不許苟且徒費人力府縣正佐官時常巡視毋致損壞

一各處陂塘圩岸果有實利及比先有司或失於開報許令條陳利民之實踏勘明白畫圖貼說具申工部定奪如利不及衆不許虛費人力

一但遇近經水旱災傷去處預備之事并暫停止豐年有收依例整理或有衝決圩岸必須修理者及時修整亦須斟酌人力

正統五年七月二十四日勅行在工部右侍郎周忱得奏鎮常蘇松等府潦水為患農不及耕心為惻焉今遣員外郎王瑛往視就齎勅諭爾爾即躬自踏勘凡各部所渰沒不得耕種之處具實奏來處置其被水之民有艱難乏食者悉於官倉儲糧給濟仍戒飭郡縣官善加存恤毋令失所比聞浙江湖州嘉興皆被水患今亦命爾一體整理朝廷専以數郡養民之務委爾爾宜夙夜用心勤思精慮區畫以稱付託欽哉故勅

正統六年四月初八日勅行在工部左侍郎周忱比聞應天太平池州安慶等府自去年四月以來水旱相仍

軍民艱食嘗勅南京守備等官糶糧接濟尚慮貧難之民無由糴買朕深念之勅至爾即查究被災郡邑如果人民缺食將預備倉糧量給賑濟加意撫綏毋令失所仍戒飭有司官吏人等不許託此作弊違者就拿問罪故勅

正統十四年十一月十九日遣官招撫河南流民勅曰今聞河南開封府陳州等處多有各處逃來趂食流民

或與本處居民相聚一處誠恐其中有等小人久則至於誘惑為非難以處置今特簡命爾往彼處會同左副都御史王來及彼處三司堂上官并原專一撫流民官員及巡按御史及本府州縣堂上能幹官平日為民所信服者分投設法小心招撫令各自散處耕種生理有缺食者量給米糧賑濟無田種者量撥與田耕種務令得所宣諭朝廷恩重使之警悟不許急逼致有激變又為患害其中果有能體朝廷恩恤各散復業者量與免

其糧差三年庶俾有所慕戀仍提督所在衛所官軍操練軍馬固守城池如有寇盜生發即令相機勦捕毋致滋蔓爾為近臣受朝廷之委命必須夙夜盡心以畢乃事不可因循怠忽有悞事機如違罪有所歸事妥民安之時具奏俟命然後回京故諭

萬曆十七年敕戶科右給事中楊文舉曰直隸浙江係財賦重地近該各撫按官奏報旱災異常小民饑困流離失所朕心惻然已該部議發太僕寺馬價及南京戶部銀各二十萬兩分給賑濟今特命爾前去南直隸應天蘇松等府及浙江杭嘉湖三府地方會同彼處撫按官查照被災輕重人戶多寡將前項銀兩通融分派仍慎選實心任事有司官員計口給賑務須放散如法使饑民各沾實惠不許任憑里書人等侵尅冒支其應徵應停及改折等項錢糧仍與撫按官備細查理逐一示諭小民無使奸猾吏胥及糧長土豪通同作弊各該承委官員悉聽爾會同撫按官嚴加稽考遵照上中下定

格分別薦獎論劾倘有無知惡少乘機嘯聚假名勸借公行搶奪甚至拒捕傷人者爾即會同撫按官遵照先次諭旨擒拿首惡審實一面梟示一面具奏若府州縣官有縱容隱匿者從實參奏敕內開載未盡事宜聽爾斟酌奏請施行事完之日通將賑過州縣用過銀兩數目造冊奏繳爾受茲委任尤當持法奉公悉心經畫務使惠溥人安以副朕軫恤小民至意如或遷延踈玩具文塞責罪有所歸爾其欽哉故敕

席書奏疏曰嘉靖十七年臣竊見今歲南京地方夏秋旱澇相仍人民饑饉殊甚初賣牛畜繼鬻妻女老弱展轉少壯流移或縊死於家餓死於路父老皆言今非昔比各官已嘗具奏廷議已下賑恤但饑民甚多錢糧甚少以此數乏錢穀茲欲按圖給濟如汲壺水以潤涸河徒有虛聲決無實補為今日計先須分別等第酌量緩急以地言之江北鳳陽廬淮揚四府滁和二州為甚江南應天鎮江太平三府次之徽寧池安蘇常等府又次

之此地有三等難於一例處也以戶言之有絕爨枵腹垂命旦夕者有貧難已甚可營一食得免溝壑者有秋禾全無尚能舉貸者民有三等難於一槩施也今賑恤兩畿宜先江北次及江南二等三等州縣可也賑濟戶口宜先垂死次及可緩二等三等人民可也臣日夜籌計今日有司倉庫既無儲備戶部錢糧又難遍給考求荒政於古率多有礙於今惟作粥一法不須審戶不須防奸至簡至要可以舉行時下可以救死目前令世俗皆謂作粥不可輕舉緣曾有聚於一城不知散布諸縣以致四遠饑民聞風併集生者勢力難給死者堆積無計遂謂作粥之法不宜輕舉可痛可惜今計南畿相應作粥州縣江南宜於應天太平鎮江分布一十二縣江北擇要急者宜分布三十二縣總計四十三州縣大約大縣設粥十六處中縣減三之一小縣減十之五如臣賑粥事宜欵目備行各該州縣設粥廠分約日並舉凡窮餓者不分本郡外省不分江南江北不分或軍或民

不分男女老幼一家三口五口但赴廠者一體給粥賑濟計自十一月中起至麥熟為止四個半月為率江南十二縣約用米五萬餘石江北三十州縣約用米十萬餘石有司能守此法一行餓窮垂死之人晨舉而午即受惠三四舉而即免死亡其效甚速其功甚大此古遺法非今創舉竊謂此法非但宜於兩畿實可推於天下舍此而欲將今在銀兩審係貧民唱名支散飽者多或竊冒餓者率至潰亡死者仍死逃者仍逃求補尺寸萬

萬決無能矣

林希元曰（嘉靖八年）救荒有二難曰得人難審戶難有三便曰極貧之民便賑米次貧之民便賑錢稍貧之民便賑貸有六急曰垂死貧民急饘粥疾病貧民急醫藥病起貧民急湯米既死貧民急墓瘞遺棄小兒急收養輕重繫囚急寬恤有三權曰借官錢以糴糶興工作以助賑貸牛種以通變有六禁曰禁侵漁禁攘盗禁遏糶禁抑價禁宰牛禁度僧有三戒曰戒遲緩戒拘文戒遣

使（戒遣使何也在得人耳如萬歷己丑之役使者如中川之鍾化民何可不遣如江南之楊何可遣）其綱有六其目二十有三

程文德疏曰（嘉靖三十二年）水災異常言官屢奏持議未見歸一臣以今日内帑不必發大臣不必往夫救荒莫便於近莫不便於拘宜各遣行人齎詔宣諭令各州縣自為賑給聽其便宜處置凡官帑公廪贖納勸借苟可濟民一不限制又近日戶部申明開帑事例亦許就本地上納即粟麥黍菽凡可救饑者得輸官計直請劄受官（決不可開事例）仍登計全活之數定為等則以憑黜陟即撫按守巡賢否亦以是稽之得旨下部行之

馮應京寔用編載張朝瑞保甲法曰弭盗救荒莫良於保甲二者相須並行方克成功蓋保甲為弭盗而設是以治之之道綿之也民情莫不偷安故其成也難為賑饑而設是以養之之道編之也民情莫不好利故其成也易先將城内以治所為中央城門為東南西北四坊如東坊以東一保東二保東三保等為號每保統十甲

設保正副各一人每甲統十戶設甲長一人南西北坊亦如之東坊自北編起南坊自東編起西坊自南編起北方自西編起至東北而合坊不可易而序不可亂大約如後天八卦流行之序自東方之震起馴由南方之離西方之兑北方之坎至東北之艮止次將境内以城郭為中央餘外鄉郢亦分東南西北四方各量山川道里即令在城四坊保正副分方下鄉會同該鄉保正副量村莊為界編之其編亦如在城法大村分為數保中

村自為一保小村合鄰近數處共為一保一保十甲聽自增減甲數因民居也一甲十戶不可增減戶數便官查也或餘剩二三戶總附一保之後名曰畸零此皆不分土著流寓而一體編之也其在鄉四坊保正俱以在城保正副分坊統之如在城東一保統東鄉幾保在城東二保統東鄉幾保以至南與西北莫不皆然是保甲者舊法也分東南西北四坊而以在城統在鄉者余之管見也蓋計坊分統內外相維久之周知其地里熟察

其人民凡在鄉戶口真偽盜賊有無饑饉輕重在城皆得與聞或有在鄉保長抗令者即添差人役助在城保長拿治之此法行則不煩青衣下鄉而公事自辦矣有司惟就近隨事覺察在城保長使不為鄉邸害耳此蓋居重馭輕強幹弱枝之意亦待衰世之微權也而於弭盜賑饑尤為切要編完以在城四坊保數及所統在鄉保數要見在城某坊一保統某鄉幾保某保坐落何地名及各甲數并保正副甲長姓名俱要開寫真正書名

不許混造排行或曰往歲賑饑皆領於里甲而今欲編保甲以代之不亦迂乎不知國初之里甲猶今時之保甲也初以相鄰相近故編為一里今年代久遠里甲人戶皆散之四方矣每見里長領賑輒自侵隱甲首在居窵遠難以周知及至知而來來而取取而訟訟而追追而得計所得不足償其所失是故強者怒於言懦者怒於色只得隱忍而去甚有鰥寡孤獨之人里甲曰彼保甲報之我何與焉保甲曰彼里甲報之我何與焉互相推

諉使其轉死溝壑無與控訴者往往有之不若立為畫一之法俱歸保甲蓋凡編甲之民萃處一處責之查審其呼喚為易集其貧富為易知其奸弊為易察也昔熙寧就村賑濟張詠照保糶米徐寧孫逐鎮分散朱文公分都支給皆用此法何名為迂哉

附放糶倉廒法各倉所錢糧出入之地奸偽易生若不立法稽核恐民不霑平糶實惠各縣凡遇放糶先宜當官較準斗斛等秤務與時勢相合印單釘號給各領用

仍存一副在官備照次置官單照式刊刻聽各收銀富民刷印塡給交銀已完之人執憑支穀每倉置木籌三十根每根長三尺方一寸二分以天地人三字編號自天一號歷至天十號止地人俱照編號并發委官收候給糴穀人執照出入各富民於倉外擇一近便空處專收價銀經收守倉居民在倉發穀該縣選發謹愼吏役四名赴糴穀倉聽用一名掌籌傳送一名在東邊門外查驗單票號籌放人入倉二名在西邊門內一收單驗穀一收籌放穀出門倉內用大銅鑼一面東邊門外置鼓一面凡有保甲人民持銀赴糴富民即時將銀秤收明白備將保甲人名銀數并應與穀數登記號簿及塡單付糴穀人執候類有十人先將天字號籌十根散各執單持籌從東邊聽吏查明擊鼓三聲放入如糴穀二石或一石五斗者必數人支領單上明註幾人進倉領籌幾根即一人止糴穀五斗亦准領籌一根蓋有一人即執一籌也量穀牙斗用溫平斛不許用手平斛致有

高下十人量完發穀之人將單即註發訖二字鳴鑼一聲十人負穀齊行然後門外擊鼓放人入廒倉內不致壅雜若散天字號籌已盡即散地字號籌地字號籌已盡即散人字號籌計散人字號籌之時而送天字號籌之吏已至矣相繼輪轉周流不窮如東無單籌執照而入者與西無單籌負穀而出者及有單無籌有籌無單并穀比單數多者許各吏一體拏送究治委官選差皁隸四名守門捕役四名內外巡綽以防奸弊至晚收單吏將單類送委官查銷委官將銀封貯縣庫仍聽道府并府管糧官該縣正官不時親臨倉所查驗或曰限以五斗恐貧民銀少聽其升糴恐人衆擁擠富民收銀不及宜另擇空處每晨領穀數石或以升糶或以斗糶此不論保甲不用單籌不拘銀錢聽其便宜令糶至晚交價還官此亦一法也

耿橘條議曰荒年煮粥全在官司處置有法就村落散設粥廠若盡聚之城郭少壯棄家就食老弱道路難堪

一不便也竟日伺候二飧遇夜投宿無地二不便也穢雜易染疾疫給散難免擠踏三不便也非上人親嘗嚴察人衆虞粥缺少增入生水食之往往致疾且有摻和雜物於米麥中甚至有摻入白土石灰者立見斃亡以上諸弊一一講防窮民庶可藉延喘息有謂煑粥不若分米蓋目擊其艱苦也若城郭中官司加意經理各處村落屬募義者主之畫地分煑澤易徧而取效速亦荒政之不可廢者

城四門擇空曠處為粥塲繩列數十行每行兩頭豎木橛繫繩作界饑民至令入行中挨次坐定男女異行有病者另入一行乞丐者另入一行預諭饑民各攜一器粥熟鳴鑼行中不得動移每粥一桶兩人舁之而行見人一口分粥一杓貯器中須臾而畫分畢再鳴鑼一聲聽民自便分者不患雜踩食者不苦見遺上午限定辰時下午限定申時亦無守候之勞庶法便而澤周也

王士性賑粥十事一曰示審法夫賑恤所以不霑實惠者止因官照里甲排年編造而里甲細戶散住各鄉不在一處故里老得任意詭造花名借甲當乙無由查核既居住不一則其勢不得不裹糧入城赴縣候審喧集耽延今約報饑民不照里排止照保甲州縣官先畫分界小縣分為十四五方大縣二三十方大約每方二十里每方內一義官一殷實戶領之如此方內若干村某村若干保某保災民若干名先令保正副造冊義官殷實戶覈完送縣仍依冊用一小票粘各人自己門首縣

官親到逐保令饑民跪伏門首按冊覈查排門沿戶舉目瞭然貧者既無遺漏富者又難詭名且不致聚集縣縣之民赴縣淹待他日散粟散粥亦俱照方舉號挈領提綱官民兩便

二曰別等第夫賑多詭冒良不如散粥便第生儒之輩門楣之家有寧餓死不食嗟來者則賑尤不可後也所慮賑粟散粥兩相影射重支則倉粟不及各保正副報冊之時即確查次貧願領賑災民某人極貧願食粥災

民某人其次貧願賑者又分為二等某係正次量賑若干某係極次應多賑若干庶無冐破

三曰定賑期賑之不霑實惠者非獨詭名冐領即賑矣里甲一召四鄉雲集由其居錯犬牙一動百動故也及至城市動淹旬日得不償失遂棄而歸此穀皆為里長歇家有耳今既招保甲可以隨方定期如初三日開倉則初一日出示初三日賑東方災民仰天字號地字號若干方保甲帶領應賑人赴縣餘方不許預動初四日

賑西方亦如之南北亦然如東方至者亦視其遠近以為次第庶無積日空回之弊

四曰分食界今煮粥者多止於城內則仍為强棍所得啜而遠者病者殘軀體者猶然溝中瘠也故莫若分界而多置爨所令既每方二十里則以當中一村為爨所州縣出示此方東至某村西至某村南至某村北至某村但在此方之內居住饑民已報名者方得每日至村就食令保甲察之不在此方內者申令還本方不得預此方之食庶乎方內之民極遠者不過行十里而返近者或一二里人縱饑餓然午得一飽緩步而歸明日早至決不致損命

五曰立食法夫煮粥之難難在分散待哺既衆彼我相擠隨手授之不得人人均其多寡當令饑民至者隨其先後來一人則坐一人後至者坐先至肩下但坐下者即不許起一行坐盡又坐一行以面相對以背相倚空其中街可用走動坐者令直其雙足不許蹲踞盤辟轉

身附耳人頭一亂查數為難有起便手者畢則仍回本處坐至正午官擊梆一聲唱給一次食即令兩人擡粥桶兩人執瓢杓令饑民各持碗坐給之其有速食先畢者或不得再與再與則亂生須將頭碗散遍然後擊二梆高唱給二次食從頭又散亦如之又遍然後擊三梆高唱給三次食從頭分散亦如之三食已畢縱頭食者不得過多但求免死而已然後再查簿中誰係有父母妻子饑病在家不能自行者以其所執瓶罐再給一人

之食與之携歸如是處分俱訖方令饑民起行其有流民欲去東西南北從此方過者亦照此坐食但食畢即分派保甲數人欲東者押過東方欲西者押過西方送此境訖明日不得再預此方之食恐其聚為亂階也

六曰立賑法臨賑無法則强壯先得孱弱空手甚至病瘠者且踐踏而死矣當令各村保饑民隨地遠近各定立某處聚集弗混先後每一村保用藍旗一竿先引次用大牌一面即照册書各姓名於上要以軍法廵行保

正副領各細户執門首原票魚貫從左而入交票於官官驗畢鈐二斗三斗字樣於票執之向厰口領穀一村保畢堂上鳴鑼一聲仍執旗牌從右引出聽聲則左者復入厰無混亂出者仍令原人押送關外貧民不許在街停留富民不許邀截討債再差探馬於近城一二十里外不時查訪違者即枷號遊示以警其餘

七曰備爨具煮粥之穀必發於官倉不勸借富民但必須殷實户領之所領之穀亦不必定將原穀以夫車絡繹於道但令伊將已穀舂用不失官數則已其所領倉穀任從殷實户附城自糴在官胥徒不得指以糴官穀勒措之至於領穀之後殷寔户與保甲擇中村寬濶處所置灶十餘座或公舘或寺院無則空地搭蓋籬泊須可隱風毋令饑者凍死又當多置缸桶鍋杓其碗筯則饑民自備柴亦取給於官穀若取於保甲又必指此科派細户矣水則令保甲編户挑之煮粥之人借用殷寔户家丁厰官與結筭穀石之時不得指他人影射為奸

人饑必成疫須多置蒼朮醋碗薰燒以逐瘟氣其粥成之後又須嚴禁將生水攙稀致久饑者食後暴死

八曰登日歷監爨官署一歷簿送州縣鈐印如今日初一日起分為二大款一本處饑民照其坐位從頭登寫花名趙天錢地孫玄李黄有父母妻子病在家下不能來者公同保甲查的即註於本人下父係何名妻係何姓不得冒支前件以上若干人二外處流民又分作東西南北四小款一某處人某人某人係欲過東者一某

係欲走西走南走北者其下即註本日保甲某人送出境訖違者連坐保甲前件亦結以上共若干人至初二日又分作三大欵一本處舊管饑民即昨日給過粥者官則先照昨日舊名盡數填此項下來者分付先儘舊人照昨日坐定㸃名如有不到者大紅筆抹去前件總結共若干人二本處新救饑民其有新來者令坐舊人之下以便查㸃亦結共若干人三外處流移若流民則每日皆新來者其昨日給過舊人除病老不能動移外

再與給食餘者不得存留照前記共若干人至初三日以後即與初二日同但初二新收者亦作初三舊管登如初三無新收即於本欵下註無字如此不惟人數有所稽查有一人即有一人之食合勺米穀無由冒破

九曰禁亂民如此賑粟如此煑粥則邑無不遍之村人無不得之食病而死者有餓而死者無矣各災民但當安心守法聽候賑期本州縣窮民不許三三五五强行勒借富户譟呼嚷亂致生事端其外州縣流民亦當散處乞食不許百十為羣搶奪市集驚動鄉村違者以亂民論先打一百棍綁縛遊示三日處以强盜之律各州縣將本地方饑民有無勒借流民有無嘯聚盜賊有無生發五日馬上一報見形察影預為撲滅

十曰省冗費此行審饑必以官就民本道單車就道止用藍旗四竿執板皂隸四名行李一槓差遣舍快馬足稱是到處中火止蔬肉三器諸長吏亦宜如是如州縣正官遍歷不完分遣佐貳或教官陰醫巡驛等官亦無不可但須單騎糲役自齎飲食可也

玄扈先生除蝗疏曰國家不務畜積不備凶饑人事之失也凶饑之因有三曰水曰旱曰蝗地有高卑雨澤有偏被水旱為災尚多倖免之處惟旱極而蝗數千里間草木皆盡或牛馬毛幡幟皆盡其害尤慘過於水旱也雖然水旱二災有重有輕欲求恒稔雖唐堯之世猶不可得此殆由天之所設惟蝗不然先事修備既事修救人力苟盡固可殄滅之無遺育此其與水旱異者也雖

然水而得一畝一坵旱而得一井一池即单寒孤子聊足自救惟蝗又不然必藉國家之功令必須百郡邑之恊心必賴千萬人之同力一身一家無戮力自免之理此又與水旱異者也總而論之蝗災甚重而除之則易必合衆力共除之然後易此其大指矣謹條例如左

一蝗災之時謹案春秋至於勝國其蝗災書月者一百二十有一書二月者二書三月者三書四月者十九書五月者二十書六月者三十一書七月者二十書八月

者十二書九月者一書十二月者三是最盛於夏秋之間與百穀長養成熟之時正相值也故為害最廣小民遇此乏絕最甚若二三月蝗者按宋史言二月開封府等百三十州蝗蝻復生多去歲蟄者漢書安帝永和四年五年比歲書夏蝗而六年三月書去歲蝗處復蝗子生曰蝗蝻蝗子則是去歲之種蝗非蟄蝗也聞之老農言蝗初生如粟米數日旋大如蠅能跳躍羣行是名為蝻又數日即羣飛是名為蝗所止之處喙不停嚙故易林名為饑蟲也又數日孕子於地矣地下之子十八日復為蝻蝻復為蝗如是傳生害之所以廣也秋月下子者則依附草木枵然枯朽非能蟄藏過冬也然秋月下子者十有八九而災于冬春者百止一二則三冬之候雨雪所摧隕滅者多矣其自四月以後而書災者皆本歲之初蝗非遺種也故詳其所自生與其所自滅可得殄絕之法矣

一蝗生之地謹按蝗之所生必於大澤之涯然而洞庭

彭蠡具區之旁終古無蝗也必也驟盈驟涸之處如幽涿以南長淮以北青兖以西梁宋以東諸郡之地湖濼廣衍暵溢無常謂之涸澤蝗則生之歷稽前代及耳目所睹記大都若此若他方被災皆所延及與其傳生者耳略據往牘如元史百年之間所載災傷路郡州縣幾及四百而西至秦晉稱平陽解州華州各二稱隴陝河中稱絳耀同陝鳳翔岐山武功靈寶者各一大江以南稱江浙龍興南康鎮江丹徒各一合之二十有二於四

百為二十之一耳自萬歷四十三年北上至天啟元年南還七年之間見蝗災者六而莫盛於丁巳是秋奉使夏州則關陝邠岐之間徧地皆蝗而土人云百年來所無也江南人不識蝗為何物而是年亦南至常州有司士民盡力撲滅乃盡故涸澤者蝗之原本也欲除蝗圖之此其地矣

一蝗生之緣必於大澤之旁者職所見萬歷庚戌滕鄒之間皆言起於昭陽呂孟湖任邱之人言蝗起于趙堡

口或言來從葦地葦之所生亦水涯也則蝗為水種無足疑矣或言是魚子所化而職獨斷以為蝦子何也凡倮蟲介蟲與羽蟲則能相變如螟蛉為果蠃蛣蜣為蟬水蛆為蚊是也若鱗蟲能變為異類未之聞矣此一證也爾雅翼言蝦善游而好躍蝻亦善躍此二證也物雖相變大都蛻殼即成故多相肖若蝗之形酷類蝦其首其身其紋脉肉味其子之形味無非蝦者此三證也又蠶變為蛾蛾之子復為蠶太平御覽言豐年則蝗變為蝦知蝦之亦變為蝗也此四證也蝦有諸種白色而殼柔者散子於夏初赤色而殼堅者散子于夏末故蝗蝻之生亦早晚不一也江以南多大水而無蝗蓋湖漅積瀦水草生之南方水草農家多取以壅田就不其然而湖水常盈草恒在水蝦子附之則復為蝦而已北方之湖盈則四溢草隨水上迨其既涸草留涯際蝦子附於草間既不得水春夏鬱蒸乘濕熱之氣變為蝗蝻其勢然也故知蝗生於蝦蝦子之為蝗則因於水草之積也

一考昔人治蝗之法載籍所記頗多其最著者則唐之姚崇最嚴者則宋之淳熙勑也崇傳曰開元三年山東大蝗民祭且拜坐視食苗不敢捕崇奏詩云秉彼蟊賊付畀炎火漢光武詔曰勉順時政勸督農桑去彼螟蜮以及蟊賊此除蝗證也且蝗畏人易驅又田皆有主使自救其地必不憚勤請夜設火坎其旁且焚且瘞乃可盡古有討除不勝者特人不用命耳乃出御史為捕蝗使分道殺蝗汴州刺史倪若水上言除天災者當以德

昔劉聰除蝗不克而害愈甚拒御史不應命崇移書謂之曰聰偽主德不勝妖今妖不勝德古者良守蝗避其境謂修德可免彼將無德致然乎今坐視食苗忍而不救因以無年刺史其謂何若水懼乃縱捕得蝗四十萬石時議者諠譁帝疑復以問崇對曰庸儒泥文不知變事固有違經而合道反道而適權者昔魏世山東蝗小忍不除至人相食後秦有蝗草木皆盡牛馬至相噉毛今飛蝗所在充滿加復蕃息且河南河北家無宿藏一

不獲則流離安危繫之且討蝗縱不能盡不愈於養以遺患乎帝然之黃門監盧懷慎曰凡天災安可以人力制也且殺蝗多必戾和氣願公思之崇曰昔楚王吞蛭而厥疾瘳叔敖斷蛇福乃降今蝗幸可驅若縱之穀且盡如百姓何殺蟲救人禍歸於崇不以累公也蝗害訖息宋淳熙敕諸蟲蝗初生若飛落地主隣人隱蔽不言耆保不即時申舉撲除者各杖一百許人告報當職官承報不受理不即親臨撲除或撲除未盡而妄申盡淨者各加二等諸官司荒田牧地經飛蝗住落處令佐應差募人取掘蟲子而取不盡因致次年生發者杖一百諸蝗蟲生發飛落及遺子而撲除不盡致再生發者地主耆保各杖一百又因穿掘撲打損苗種者除其稅仍計價官給地主錢數毋過一頃此外復有二法一曰以粟易蝗晉天福七年命百姓捕蝗一斗以粟一斗償之此類是也一曰食蝗唐貞元元年夏蝗民蒸蝗曝颺去翅足而食之臣謹按蝗蟲之災不捕不止倪若水盧懷

慎之說謬也不忍於蝗而忍於民之饑而死乎為民禦災捍患正應經義亦何違經反道之有修德修刑理無相左寇狄盜賊比於蝗災總為民害寧云修德可弭一切攘卻捕治之法廢而不為也淳熙之敕初生飛落咸應申報撲除取掘悉有條章今之官民所未聞見似應依倣申嚴定為公罪著之絜令也食蝗之事載籍所書不過二三唐太宗吞蝗以為代民受患傳述千古矣乃今東省畿南用為常食登之盤飧臣嘗治田天津適遇

此災田間小民不論蝗蝻悉將煑食城市之內用相餽遺亦有熟而乾之鬻于市者則數文錢可易一斗噉食之餘家戶囷積以為冬儲質味與乾蝦無異其朝晡不充恒食此者亦至今無恙也而同時所見山陜之民猶惑於祭拜以傷觸為戒謂為可食卽復駭然蓋妄信流傳謂戾氣所化是以疑神疑鬼甘受戕害東省畿南旣明知蝦子一物在水為蝦在陸為蝗卽終歲食蝗與食蝦無異不復疑慮矣

一令擬先事消弭之法臣竊謂旣知蝗生之緣卽當于原本處計畫宜令山東河南南北直隸有司衙門凡地方有湖蕩淘窪積水之處遇霜降水落之後卽親臨勘視本年潦水所至到今水涯有水草存積卽多集夫衆侵水芟刈斂置高處風戾日曝待其乾燥以供薪燎如不堪用就地焚燒務求淨盡此須撫按道府實心主持令州縣官各各同心恊力方為有益若一方怠事就此生發蔓及他方矣姚崇所謂討除不盡者人不用命此之謂也若春夏之月居民于湖淘中捕得子蝦一石減蝗百石乾蝦一石減蝗千石但令民通知此理當自為之不煩告戒矣

一水草旣去蝦子之附草者可無生發矣若蝦子在地明年春夏得水土之氣未免復生則須臨時捕治其法有三其一臣見傍湖官民言蝗初生時最易撲治宿昔變異便成蝻子散漫跳躍勢不可遏矣法當令居民里老時加察視但見土脉墳起卽便報官集衆撲滅此時

措手力省功倍其二已成蝻子跳躍行動便須開溝捕打其法視蝻將到處預掘長溝深廣各二尺溝中相去丈許卽作一坑以便埋掩多集人衆不論老弱悉要趨赴沿溝擺列或持箒或持撲打器具或持鍬鍤每五十人用一人鳴鑼其後蝻聞金聲努力跳躍或作或止漸令近溝臨溝卽大擊不止蝻蟲驚入溝中勢如注水衆各致力掃者自掃撲者自撲埋者自埋至溝坑俱滿而止前村如此後村復然一邑如此他邑復然當淨盡矣

若蝻如豆大尚未可食長寸以上即燕齊之民畚盛囊括負戴而歸烹煮暴乾以供食也其三振羽能飛飛即蔽天又能渡水撲治不及則視其落處糾集人衆各用繩兜兜取布囊盛貯官司以粟易之大都粟一石易蝗一石殺而埋之然論粟易則有一說先儒有言救荒莫要乎近其人假令鄉民去邑數十里負蝗易粟一往一返即二日矣臣所見蝗盛時幕天匝地一落田間廣數里厚數尺行二三日乃盡此時蝗極易得官粟有幾乃

令人往返道路乎若以金錢近其人而易之隨收隨給即以數文錢易蝗一石民猶勸為之矣或言差官下鄉一行人從未免蠶食里正民户不可不戒臣以為不然也此時為民除害膚髮可捐更率人蠶食尚可謂官乎佐貳為此正官安在正官為此院道安在不於此輩創一警百而懲噎廢食亦復何官不可廢何事不可已耶且一郡一邑豈乏義士若紳若弁青衿義民擇其善者無不可使亦且有自願捐貲者何必官也其給粟則以得蝗之難易為差無須預定矣

一後事剪除之法則淳熙令之取掘蟲子是也元史食貨志亦云每年十月令州縣正官一員巡視境内有蟲蝗遺子之地多方設法除之臣按蝗蟲下子必擇堅垎黑土高亢之處用尾栽入土中下子深不及一寸仍留孔竅且同生而羣飛羣食其下子必同時同地勢如蜂窠易尋覔也一蝗所下十餘形如豆粒中止白汁漸次充實因而分顆一粒中即有細子百餘或云一生九十

九子不然也夏月之子易成八日内遇雨則爛壞否則至十八日生蝻矣冬月之子難成至春而後生蝻故遇臘雪春雨則爛壞不成亦非能入地千尺也此種傳生一石可至千石故冬月掘除尤為急務且農力方閒可以從容搜索官司即以數石粟易一石子猶不足惜第得子有難易受粟宜有等差且念其衝冒嚴寒尤應厚給使民樂趨其事可矣臣按以上諸事皆須集合衆力無論一身一家一邑一郡不能獨成其功即百舉一隳

猶足償事唐開元四年夏五月勅委使者詳察州縣勤惰者各以名聞繇是連歲蝗災不至大饑蓋以此也臣故謂主持在各撫按勤事在各郡邑盡力在各郡邑之民所惜者北土閒曠之地土廣人稀每遇災時蝗陳如雲荒田如海集合佃衆猶如晨星畢力討除百不及一徒有傷心慘目而已昔年蝗至常州數日而盡雖緣官勤亦因民衆以此思之乃愈見均民之不可已也

一備蝗雜法有五

一王禎農書言蝗不食芋桑與水中菱芡或言不食菉豆豌豆豇豆大麻苘麻芝麻薯蕷凡此諸種農家宜兼種以備不虞

一飛蝗見樹木成行多翔而不下見旌旗森列亦翔而不下農家多用長竿挂衣裙之紅白色光彩映日者羣逐之亦不下也又畏金聲砲聲聞之遠舉總不如用鳥銃入鐵砂或稻米擊其前行前行驚奮後者隨之去矣

一除蝗方用稈草灰石灰灰等分爲細末篩羅禾穀之上蝗即不食

一傅子曰陸田命懸于天人力雖修苟水旱不時一年之功棄矣水田之制由人力人力苟修則地利可盡也且蟲災之害又少于陸水田既熟其利兼倍與陸田不侔矣

一元仁宗皇慶二年復申秋耕之令蓋秋耕之利掩陽氣于地中蝗蝻遺種翻覆壞盡次年所種必盛于

常禾也

玄扈先生曰荒饑之極則辟穀之法亦可用爲辟穀方者出于晉惠帝時黃門侍郎劉景先遇太白山隱士所傳曾見石本後人用之多驗今録于此昔晉惠帝時永寧二年黃門侍郎劉景先表奏臣遇太白山隱士傳濟饑辟穀仙方上進言臣家大小七十餘口更不食別物惟水一色若不如斯臣一家甘受刑戮今將真方鏤板廣傳天下大豆五斗淨淘洗蒸三遍去皮又用大麻子

三斗浸一宿漉出蒸三遍令口開右件二味豆黄搗為末麻仁亦細擣漸下黄豆同搗令勻作團子如拳大入甑内蒸從初更進火蒸至夜半子時住火直至寅時出甑午時曬乾搗為末乾服之以飽為度不得食一切物第一頓得七日不饑第二頓得四十九日不饑第三頓得三百日不饑第四頓得二千四百日不饑更不服永不饑也不問老少但依法服食令人强壯容貌紅白永不憔悴渴即研大麻子湯飲之轉更滋潤臟腑若要重

喫物用葵子三合許水煎冷服取下其藥如金色任喫諸物並無所損前知隨州朱頌教民用之有驗序其首尾勒石于漢陽軍大列山太平興國寺又傳寫方用黑豆五斗淘淨蒸三遍曬乾去皮細末秋麻子三升温浸一宿去皮曬乾為細末細糯米三升做粥熟和擣前二味為劑右件三味合搗為如拳大入甑中蒸一宿從一更發火蒸至子時日出方纔取出甑曬至日午令乾再搗為末用小棗五斗煮去皮核同前三味為劑如拳頭大再入甑中蒸一夜服之一飽為度如渴者淘麻子水飲之便更滋潤臟腑芝麻汁無白湯亦得少飲不得别食一切之物又許真君方武當山李道人傳累試有驗

避難歇食方用白麫六兩黄蠟三兩白膠香五兩右拌將前麫冷水溲令熟如打麫一同然後為圓如黑豆大日曬乾再將蠟溶成汁了將圓子投入内打令勻候冷單紙褁安在淨處如服時每日早晨空心可服三五十九冷水嚥下不得熱食如要喫時任意不妨又服蒼朮

方用蒼朮一斤好白芝蔴香油半斤右件將朮用白米泔浸一宿取出切成片子前香油炒令熟用瓶盛取每日空心服一撮用冷水湯嚥下大能壯氣駐顏色辟邪又能行履饑即服之詳此數方其間所用品味不出乎穀民間亦難卒得若官中預畜品味饑歲荒年給賜饑民無資粮賑濟之勞而可延餓莩時月之命寔益世之方安可秘而不流傳哉

農政全書卷四十四

欽定四庫全書

農政全書卷四十五

明 徐光啟 撰

荒政

備荒考下

張朝瑞建議常平倉廒曰伏覩大明會典洪武初令天下縣分各立預備四倉官為糴穀收貯以備賑濟就責本地年高篤實人民管理蓋次災則賑糶其貴小極災

則賑濟其費大曰賑濟則賑糶在其中矣賑糶即常平法也奈何歲久法湮各州縣僅存城內預備一倉其餘鄉社倉盡亡之矣看得天災流行國家代有則救荒之政誠當亟講顧既荒而賑救之也難未荒而預備之也易今之談荒政者不越二端曰義倉曰社倉此預備而斂散者也曰平糶曰常平此預備而糶糴者也昔魏李悝平糶法中饑則發中熟之所斂大饑則發大熟之所斂而糶之漢耿壽昌請令邊郡築倉以穀賤時則增價

而糴以利農穀貴時則減價而糶以利民名曰常平倉英雄豪傑先後所見略同萬世理荒之上策在是矣今欲為生民長久之計則常平倉斷乎當復者茲欲令各屬縣備查四鄉有倉者因之有而廢者修之無者各於東西南北適中水陸通達人煙輳集高阜去處官為各立寬大堅固常平倉一所倉基約四畝合用工料本道查發贓罰并該府縣查處無礙官銀輳合陸續備辦建造每歲將守巡道及府縣所理罪犯抵贖實將一半糴

穀入倉或查有廢寺田產及無礙官銀聽其隨宜糴買又或民願納穀者一如祖宗已行之法一千五百石請勑獎為義民三百石以上勒石題名或如近日救荒之令二百石以上給與冠帶五十石以上給與旌扁大約每鄉一倉上縣糴穀五千石中縣糴穀四千石下縣糴穀三千石各實之但不許逼抑科擾平民各擇近倉殷富篤實居民二名掌管免其雜差准其開耗每收穀一百石待後發糶之時每名准與平糶三石二名共糶六

石以酬其勞糶完即換掌管勿使重役城中預備倉照常造送查盤四鄉常平倉免送查盤止於年終各倉經管居民將舊管新收開除實在總撒數目用竹紙小冊開報該縣縣將四倉類冊申送各院并布政司及道府查考凡收糶俱該縣掌印官或委賢能佐貳官監督不許濫委滋弊穀到用該縣原發較勘平準斛斗收量明白暫貯別所積至百石以上方許稟官一收如有臨收留難及未收虛出倉收既收侵盜私用冒借虧欠等弊

查追完足各縣徑自從輕發落其有侵冒至百石者通詳定奪每歲秋冬之交本道或該府掌印管糧官單車閭一巡視以防掌印官之治名而不治實者每除無饑小饑之年不糶外或值中饑大饑四鄉管倉人役稟官監糶另委富民數名用官較平等收銀其出糶一節當與四隣保甲之法並行如該鄉穀多即糶穀一日保甲一週穀少則糶穀分為二三日或四五日保甲一週務使該鄉積貯之穀數可待飢民冬春之糶數方善四鄉不能盡同各宜審量行之大率賑糶與賑濟不同不必每甲尋貧民而審別之以多寡其穀數如一甲應糶五斗或一石或二石則甲甲皆同惟以穀攤人不因人增穀糶銀每甲一封亦可庶乎易簡不擾或甲中十家輪糶則每日每甲糶不過二人每人糶不過二斗此荒年賑糶之大較也每鄉除無災都保不開外先期將有災保甲派定次序分定月日某日糶某保某甲某日糶某保某甲明日出令保正副公舉貧民至期令其持價糶買如富者混買連坐保甲仍行宋張詠賑蜀之法一家

犯罪十家皆坐不得糶中饑糶倉穀之半大饑糶倉穀之全俱照原糶價銀出糶不可加增寧減之大約減荒年市價三分之一方可壓下穀價不至騰踴或倉穀糶盡而民饑未已則慎選員役持所糶之穀本赴有收去處循環糴糶源源而來民自無飢救荒有功員役分別獎賞此蓋儲用社倉之法而糶用常平之意者也四鄉糶完即將穀價送官聽掌印官於秋成之日就近各選

殷實人戶領銀盡數照時價糴穀雖牙脚等費晒揚等耗與造冊紙張工食等項俱准開銷其穀晒揚乾潔官監上倉如法安置仍總計糴穀正銀并牙脚折耗等費每石約共銀若干報官貯冊以為日後出糶張本官不得將銀貯庫過冬致高穀價難買如穀賤不糴責有所歸是倉不設於空僻去處者恐荒年盜起是齎之糧也穀不隷於臺使查盤者恐委盤問罪是遺之害也行平糶之政而不用稱貸取息之法者恐出納追呼蹈青苗

法之擾民也蓋社倉之法立則以時斂散富者不得取重息而貧民霑惠於一歲之中常平之法立則減價糶賣富者不得騰高價而貧民受賜於數十年後大飢之日昔蘇文忠公自謂在浙中二年親行荒政只用出糶常平米一事更不施行餘策若欲抄劄饑貧不惟所費浩大有出無收而此聲一布饑民雲集盜賊疾疫客主俱斃惟有依條將常平斛斗出糶即官司簡便不勞抄劄勘會給納煩費但將數萬石斛斗在市自然壓下物價境內百姓人人受賜此前賢已試之法信不我欺故曰常平法斷當復也就經金衢二府勘議申呈隨該本道看得城內之預備倉以待賑濟然有出無收其費甚鉅四鄉之社倉以待斂散然易散難斂其弊頗多惟常平倉胡端敏公所謂不必更為立倉就當藏穀于四鄉倉之側者其法專主糴糶而糶本常存蓋不費之惠其惠易徧弗損之益其益無方誠救荒之良策矣矧今節奉明文建倉積穀以備凶荒此正興復常平倉之大機

也但積穀固難建倉尤難建一時美觀之倉非難建百年永賴之倉為難欲如法建倉非多方處費不可今據二府屬縣查勘四鄉倉基雖各就緒而營造之費則未備也本道隨查將守巡兩道項下紙贖每縣先坐發銀四十兩各為買基造倉之費餘少工料合聽陸續議處外惟事當經始若非仰藉各院明示允賜遵行曷克有濟合無候詳允日備行各府定委管糧通判専董其事仍嚴督各縣掌印官先將查出各鄉倉基舊址及空閒

官地并尚義捐助者聽從建倉外若係湊買民地即以所發紙贖照時値給買不得虧損於民其倉務要宏敞堅固可垂百年蓋藏之計寧廣毋狹寧質毋文毋惜小費毋急近功見在興工匠役食費應照府議行令各縣酌量動支預備倉穀給用倉簿內按季開報欠少工料價値悉聽本道陸續查發贓罰或該府縣查處無礙官銀請詳動支湊合建造並不許分毫科擾里甲如工費一時不能接濟許於四倉之中擇近便或一倉或二倉

先行起建餘聽漸舉至於各倉穀本以後許將守巡道并府縣所理罪犯紙贖鍰將一半糴穀入倉仍聽查處別項無礙官銀隨宜糴買陸續積貯不急取盈如民間有義助建倉及輸粟備賑者照依前例呈請分別獎勸但不許坐派大户科罰擾民其餘糴買安置掌管稽查糶放等項事宜悉照前議舉行工完之日聽道府親行查閱有功員役甄別獎賞年久倉有損壞如無官銀准及時支穀修理但不許賤筭穀價仍令該府縣掌印官遵照新頒保民實政簿式將創修過倉廒積貯過穀數等項逐欵塡造遇蒙各院巡歷復命及本官考滿一體申送稽核中間未盡事宜俟本道博採輿論隨時斟酌舉行

一定倉基　凡倉基俱南向以四畝爲率或地不足四畝者聽其隨地建造前後左右段落務要酌量停匀毋使偏邪甚有基地不足三畝者聽其將社學及看倉耳房從便另造于別地不造入倉內亦可然地基窄狹者

正廳房門可小而兩倉房間架斷不可小以其每間盛穀原約四百石有餘小則難容也各倉基址必擇高阜之處以避水濕侵穀若地有不平者須塡補方正平坦方可興工四面水道必開濬歸一不得聽其二三漫流各縣先將四倉四至丈尺畝數坐落地名與應建倉廒廳舍間數每倉畫圖一張貼說明白并應給買民基價數一一勘處停妥徑送二道及該府廳查覈

一定倉式　保民實政簿開各縣立四鄉倉每縣積穀

務期萬石為率州縣大者倍之則大縣當儲二萬石中縣一萬五千石小縣一萬石矣今議頒倉式該府廳督令各縣相度地基依式建造每縣各分四鄉每鄉建倉一所　頭門一座約高一丈三尺八寸中闊一丈入深連簷一丈七尺六寸兩傍耳房每間闊八尺以便住看倉人役頂上用大竹箯覆之蓋瓦大門二扇每扇闊三尺　東西廒房大縣共該貯穀五千石每邊應造廒房七間中縣約共四千石每邊應造廒房五間小縣約共

二千五百石每邊應造廒房三間　每廒房一間約貯穀四百石以上約高一丈三尺六寸闊一丈一尺二寸入深一丈六尺廒內先用地工將廒深築堅實外簷用石板鑲砌內用厚磚砌底仍用條石墊擱楞木從直鋪釘松木杉木厚板方鋪簟蓆其倉頂上方木為椽椽上用板幔板上用大貓竹打笆覆之笆上用土土上蓋瓦其瓦須容各週圍廒墻角闊二尺八寸先行築實方用條石砌脚三層上用地伏磚扁砌純灰抿縫中用稍碎

磚瓦少以泥和填實仍用鐵牽銷釘如地勢高燥者四面俱用磚墻廒後及兩側墻俱包簷廒前墻上簷闊二尺四寸不拘七間五間三間中俱隔為三段七間者中三間兩傍各二間五間者中三間兩傍各一間三間者亦隔三段各開三門氣樓亦如之其廒內貼墻處用木柵釘相思縫厚板使穀不著墻以防浥爛廒口亦用相思厚板橫閘如地勢卑濕者廒前一面不用磚墻廒板外用圓木柵欄一帶上面建廊闊五尺六寸廳前及兩

倉外明堂空地俱用石板鋪平以便晒穀　正廳三間中間止作一天花板懸聖諭六條以便朔望講習鄉約約高一丈九尺六寸中間闊一丈四尺八寸兩傍每間闊一丈四寸入深除簷二丈八寸中間照壁門六扇廳前兩傍用欄杆外簷三尺頂上用便磚磚上用瓦內地用方磚砌簷下石板幔三面墻垣墻脚闊二尺先用地工築實方用大石板砌脚三層上用地伏磚扁砌亦用鐵牽銷釘牢固　後社學三間或買舊磚建造約高一

丈七尺二寸中間闊一丈一尺二寸兩傍每間闊一丈入深一丈六尺四寸頂上用幔板鋪完葢瓦內地用方磚砌兩傍用磚砌腰墻上用窻每邊四扇中間用槅門四扇三面墻垣墻脚闊二尺先用地工築實脚用石砌二層高二尺上用磚砌　本倉外週圍墻垣墻脚闊三尺五寸約高一丈一尺上用墻梯瓦葢先用地工深築堅實墻脚用大石塊砌高三尺方用土築務離倉墻一二丈內可容人行其土不可貼近本墻掘取　以上各

項倉房廳舍務期堅固經久不在華美其丈量地基起造房屋并量木植磚石俱用大官鈔尺為準其木匠小尺不用須使畫一毋致參差

一辦倉料　倉廒每邊七間合用柱木每根徑六寸矮柱每根徑六寸桁條每根徑五寸五分抽楷每根徑四寸椽木每根徑三寸穿柵木每根徑四寸地板楞木每根徑五寸地板壁板每塊厚八分　正廳三間合用中柱木每根徑一尺一寸用賔木邊柱每根徑九寸大梁每根長二丈徑一尺四寸二梁每塊長一丈徑一尺一寸步梁每塊長八尺徑一尺抽楷木每根徑四寸五分桁條每根徑六寸椽木每根徑三寸　門房三間合用柱木每根徑五寸桁條每根徑四寸抽楷木每根徑三寸大門二扇每扇闊三尺　後社學三間合用柱木每根徑六寸桁條每根徑五寸五分抽楷木每根徑三寸五分大梁每根徑九寸長一丈八尺二梁每根徑八寸五分長一丈椽木每根徑二寸五分項上用幔板鋪完

葢瓦其餘幇機連簷門窻等項開載不盡者俱要隨宜酌量採買製作務使與各項材木大小規式相稱　凡磚瓦就於近倉之地立窰一二座令窰户自燒造石灰見買地伏磚每塊長一尺二寸闊七寸厚三寸秤重十八斤上燒常平二字開磚每塊長一尺一寸濶五寸厚一寸上燒常平二字方磚每塊長一尺闊一尺便磚每塊長七寸闊六寸三分瓦每塊長九寸闊七寸重一斤半　凡採買木植俱要選擇圓長首尾相應乾燥老黄

色者毋將背山白色嫩木搪塞虛應石板採買上好青白堅細者黄色疎爛者不用其磚瓦須擇青色者如黄色者不用　以上各項物料各縣掌印官親將每倉應造厫房廳舍逐一親自從實勘估酌量某項應用若干該價若干某項應用若干該價若干估定照數給銀責令原定各役採買木石等料搬運一到即具數報掌印官并佐貳委官及總管各查驗揀選堪用者收之不堪者即時退換不得虛冒混收燒造磚瓦不如式者不許

混用仍置簿送縣印鈐日逐登填收發數目明白委官不時稽查各縣仍將查估過工料價銀總撒數目逐一造册報道查核　東西兩邊倉厫與正廳一應木石磚瓦皆用新料其門房社學材植等料倘有見成民房願賣可以改用者一照時價給與見銀平買庶工省費廉建造尤速惟不虧其價而人自樂從矣

一督保甲凡保甲之法先行府督令各縣舉行當趁冬月農隙之時上緊督催各查照原行審編其四鄉保甲以在城保甲分東西南北各統之凡各鄉倉工如有遲悞即以在城保甲各催在鄉保甲以在鄉保甲各催管工人役不得用公差下鄉恐滋煩擾

呂坤積貯條件曰穀積在倉第一怕地濕房漏第二怕雀入鼠穿此其防禦不在人力乎大凡建倉擇於城中最高處所院中地基務須鍬背院墻水道務須多留凡鄰倉庾居民不許挑坑聚水違者罰修倉厫　一倉屋根基須掘地實築有石者石為根脚無石者用熟透大

磚磨邊對縫務極嚴亟厚須三尺丁横俱用交磚做成一家以防地震房須寛寛則積不蒸須高高則氣得洩仰覆瓦須用白礬水浸雖連陰彌月亦不滲漏梁棟椽柱務極粗大應費十金者費十五二十金一時無處搆利於苟完數年即更實貽之倍費故善事者一勞永逸一費永省究竟較多寡一費之所省為多也以室家視倉厫者當細思之　一風窻本為積熱壞穀而不知雀之為害也既耗我穀而又遺之糞食者甚不宜人今擬

風窓之内障以竹篾編孔僅可容指則雀不能入倉墻成後洞開風窓過秋始得乾透其地先鋪煤灰五寸加鋪麥糠五寸上墁大磚一重糯米雜信浸和石灰稠黏對合磚縫如木有餘再加木板一週欽木處所釘蓆一週可也　一假如倉廒五間東西稍間各用板隔斷與門楷齊穀止積於四間留板隔東一間如常閒空候六七月久陰氣濕或新收穀石生性未除倘不發洩必生内熱州縣官責令管倉人役將穀自東第三間起倒入

東一間閒空之處一間倒一間是滿倉翻轉一遍熱氣盡洩本味自全何紅腐之有　一大倉禁用燈火令各倉積柴安竈全無禁約萬一火起何以救之以後不許仍用官吏以下飯食外面喫來不得已者送飯冬月但用湯壺如違重治　一倉斛有洪武年間鐵樣用木邊角以鐵葉裹之以防開縫仍用印烙其四裹以防剜空但有不係官烙自作矮身闊口及小出大入者坐贓重究

附笋粥法吳興掌故云嘗見山僧作笋粥幽尚可愛又云山僧煮笋用大塊云薄則味脫大塊久煮令軟其味自全贊寧寄問天目舊友山中所出伊僧報詩云山中人事違天眼中修定我本無根株只將笋為命但笋亦有毒須用薑或茱萸醬制之一説滑利大腸而益于肺謂之刮腸箆一云竹實少陽之氣而尅脾土

淡黃虀煮粥法取菜洗淨貯缸中用麥麵入滾熱水調極薄漿澆菜上以石壓之不用鹽滲六七日後菜變黃

色味有微酸便成黃虀矣此後但以菜投入虀汁中便可作虀更不復用麵取虀切碎虀米相兼煮粥食之每米二升可當三升之用雖不及純米養人充塞飢腸聊以免死亦儉歲節縮之一法也往從陽羨山中野人家得此法念其可以度荒每用語人且如此用菜菜之用益弘穀不熟曰饑菜不熟曰饉古人饑饉並言良有以也

辟穀方用黃蠟炒粳米充饑食胡桃肉即解

千金方蜜二斤白麪六斤香油二斤茯苓四兩甘草二兩生薑四兩去皮乾薑二兩炮為末拌勻搗為塊子蒸熟陰乾為末絹袋盛每服一匙冷水調下可待百日玄扈先生曰未必然

生服松栢葉法用茯苓骨碎補杏仁甘草搗羅為末取生葉蘸水衮藥末同食香美

食草木葉法用杜仲醋鹽炒去絲茯苓甘草荊芥等分為末糊丸如桐子大每服數丸細嚼即喫草木可以充飢止有竹實惡草不可食嘗見苦行僧人入山眈靜必炒鹽入竹筒攜往云食草葉有毒惟鹽可解玄扈先生曰或云先食碧芸草則草木葉皆可食

食生黄豆法取槿樹葉同生黄豆嚼之味不作嘔可以下咽每日食豆二三合可度一日

服百滚水法水經百滚煎熬亦能補人曾在嚴陵見衲僧枯坐深崖多積山柴每日煎服沸水數碗棗數枚芝蔴合許可百日不死

療垂死飢人法邊海有失風船飄至塘船中人餓將絕者急與食往往狼吞致死有煑稀粥潑卓上令饑人漸漸吮食之盡生饑腸微細不堪頓食也

救水中凍死人法凡隆冬冒氷雪或入水中凍死急取綿絮蓋煖用熱灰鋪心膂間可活若遽用火烘炙逼冷氣入內多不能生

長史卞同序救荒本草曰植物之生於天地間莫不各有所用苟不見諸載籍雖老農老圃亦不能盡識而可亨可芼者皆躪藉於牛羊鹿豕而已自神農氏品嘗草木辨其寒溫甘苦之性作為醫藥以濟人之夭札後世賴以延生而本草書中所載多伐病之物而於可茹以充腹者則未之及也敬惟周王殿下體仁遵義孳孳為善凡可以濟人利物之事無不留意嘗讀孟子書至於五穀不熟不如荑稗因念林林總總之民不幸罹於旱澇五穀不熟則可以療饑者恐不止荑稗而已也苟能知悉而載諸方册俾不得已而求食者不惑甘苦于荼

薺取昌陽棄烏喙因得以裨五穀之缺則豈不爲救荒之一助哉於是購田夫野老得甲坼勾萌者四百餘種植於一圃躬自閱視俟其滋長成熟迺召畫工繪之爲圖仍疏其花實根榦皮葉之可食者彙次爲書一帙名曰救荒本草命臣同爲之序臣惟人情於飽食暖衣之際多不以凍餒爲虞一旦遇患難則莫知所措惟付之於無可奈何故治已治人鮮不失所今殿下處富貴之尊保有邦域於無可虞度之時乃能念生民萬一或有

之患深得古聖賢安不忘危之旨不亦善乎神農品嘗草木以療斯民之疾殿下區別草木欲濟斯民之饑同一仁心之用也雖然今天下方樂雍熙泰和之治禾麥產瑞家給人足不必論及於荒政而殿下亦豈忍覩斯民仰食於草木哉是編之作蓋欲辨載嘉植不沒其用期與圖經本草並傳于後世庶幾辨實有徵而凡可以亨芼者得不躪藉于牛羊鹿豕苟或見用於荒歲其及人之功利又非藥石所可擬也尚慮四方所產之多不能盡錄補其未備則有俟於後日云

僉事李濂序重刻救荒本草曰淮南子曰神農嘗百草之滋味一日而七十毒由是本草興焉陶隱居徐之才陳藏器日華子唐慎微之徒代有演述皆爲療病也嗣後孟詵有食療本草陳士良有食性本草皆因飲饌以調攝人非爲救荒也救荒本草二卷乃永樂間周藩集錄而刻之者今亡其板濂家食時訪求善本自汴攜來晉臺按察使石岡蔡公見而嘉之以告於巡撫都御史

蒙齋畢公公曰是有裨荒政者乃下令刊布命濂序之按周禮大司徒以荒政十二聚萬民五曰舍禁夫舍禁者謂舍其虞澤之厲禁縱民采取以濟饑也若沿江瀕湖諸郡邑皆有魚蝦螺蜆菱芡茭藻之饒饑者猶有賴焉齊梁秦晉之墟平原坦野彌望千里一遇大祲而鵠形鳥面之殍枕藉於道路吁可悲已後漢永興二年詔令郡國種蕪菁以助食然五方之風氣異宜而物產之形質異狀名彙既繁真贗難別使不圖列而詳說之鮮

有不以砒床當蘼蕪薺苨亂人參者其弊至於殺人此救荒本草之所以作也是書有圖有說圖以肖其形說以著其用首言產生之壤同異之名次言寒熱之性甘苦之味終言淘浸烹煮蒸晒調和之法草木野菜凡四百一十四種見舊本草者一百三十八種新增者二百七十六種云或遇荒歲按圖而求之隨地皆有無艱得者苟如法采食可以活命是書也有功於生民大矣昔李文靖為相每奏對常以四方水旱為言范文正為江

淮宣撫使見民以野草煮食即奏而獻之畢蔡二公刊布之盛心其類是夫

救荒本草總目

草木野菜等共四百一十四種出本草一百三十八種新增二百七十六種

草部二百四十五種

木部八十種

米穀部二十種

果部二十三種

菜部四十六種

葉可食二百三十七種

實可食六十一種

葉及實皆可食四十三種

根可食二十八種

根葉可食一十六種

根及實皆可食五種

根笋可食三種

根及花可食二種

花可食五種

花葉可食五種

花葉及實皆可食二種

葉皮及實皆可食二種

莖可食三種

笋可食一種

笋及實皆可食一種

農政全書卷四十五

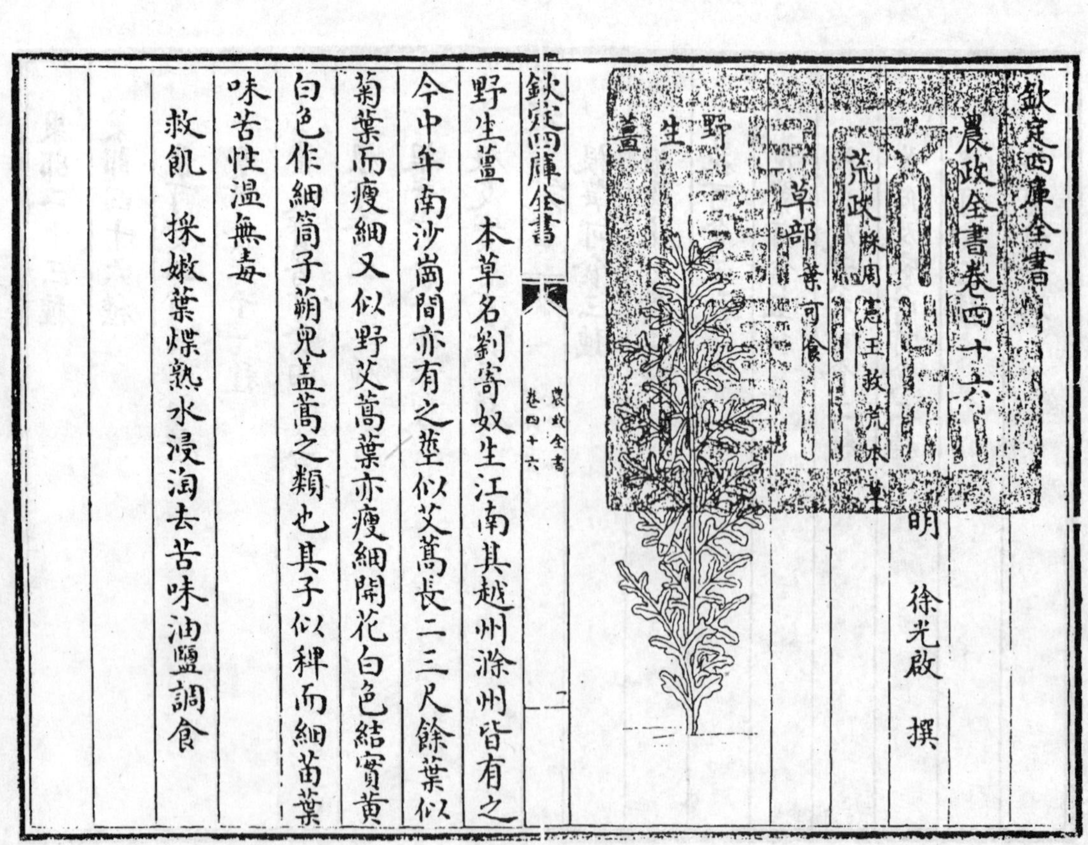

欽定四庫全書

農政全書卷四十六

明 徐光啟 撰

荒政

救荒本草

草部 葉可食

野生薑 本草名劉寄奴生江南其越州滁州皆有之今中牟南沙崗間亦有之莖似艾蒿長二三尺餘葉似菊葉而瘦細又似野艾蒿葉亦瘦細開花白色結實黃白色作細筒子蒴兒盖蒿之類也其子似稗而細苗葉味苦性温無毒

救飢 採嫩葉煠熟水浸淘去苦味油鹽調食

刺薊菜

刺薊菜　本草名小薊俗名青刺薊北人呼為千針草出冀州生平澤中今處處有之苗高尺餘葉似苦苣葉莖葉俱有刺而葉不皺葉中心出花頭如紅藍花而青紫色性凉無毒一云味甘性温

救飢　採嫩苗葉煠熟水浸淘淨油鹽調食甚美除風熱

大薊

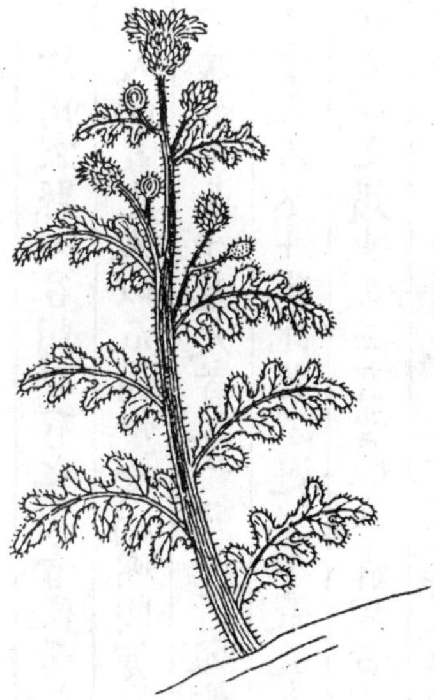

大薊　生山谷中今鄭州山野間亦有之苗高三四尺莖五稜葉似大花苦苣菜葉莖葉俱多刺其葉多皺葉中心開淡紫花味苦性平無毒根有毒

救飢　採嫩苗葉煠熟水淘去苦味油鹽調食

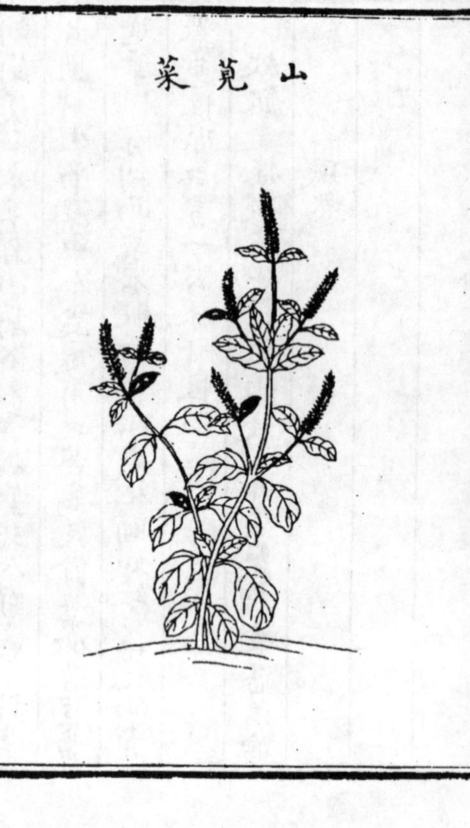

山莧菜 本草名牛膝一名百倍俗名脚斯蹬又名對節菜生河内川谷及臨朐江淮閩粤關中蘇州皆有之然皆不及懷州者為真蔡州者最長大柔潤今鈞州山野中亦有之苗高二尺已來莖方青紫色其莖有節如鶴膝又如牛膝狀以此名之葉似莧菜葉而長頗尖艄音哨葉皆對生開花作穗根味苦酸性平無毒葉味甘微酸惡螢火陸英龜甲白前

救飢 採苗葉煠熟換水浸去酸味淘淨油鹽調食

欵冬花

欵冬花 一名橐吾一名顆東一名虎鬚一名菟奚一名氐冬生常山山谷及上黨水傍關中蜀北宕昌秦州雄州皆有今鈞州密縣山谷間亦有之莖青微帶紫色葉似葵葉甚大而叢生又似石葫蘆葉頗團開黄花根紫色圖經云葉如荷而斗直大者容一升小者容數合俗呼為蜂斗葉又名水斗葉此物不避氷雪最先春前生雪中出花世謂之鑽凍又云有葉似草薢開黄花青紫蕚去土一二寸初出如菊花蕚通直而肥實無子陶

隱居所謂出高麗百濟者近此類也其葉味苦花味辛甘性温無毒杏仁為之使得紫菀良惡皁莢硝石玄參畏貝母辛夷麻黄黄芩黄連青箱

救飢　採嫩葉煠熟水浸淘去苦味油鹽調食

萹蓄

萹蓄　一名萹竹生東萊山谷今在處有之布地生道傍苗似石竹葉微闊嫩綠如竹赤莖如釵股節間花出甚細淡桃紅色結小細子根如蒿根苗葉味苦性平一云味甘無毒

救飢　採苗葉煠熟水浸淘淨油鹽調食

大藍

大藍　生河内平澤今處處有之人家園圃中多種苗高尺餘葉類白菜葉微厚而狹窄尖艄淡粉青色莖义稍間開黄花小莢其子黑色本草謂菘藍可以為靛染青以其葉似菘菜故名菘藍又名馬藍爾雅所謂葴馬藍是也味苦性寒無毒

救飢　採葉煠熟水浸去苦味油鹽調食

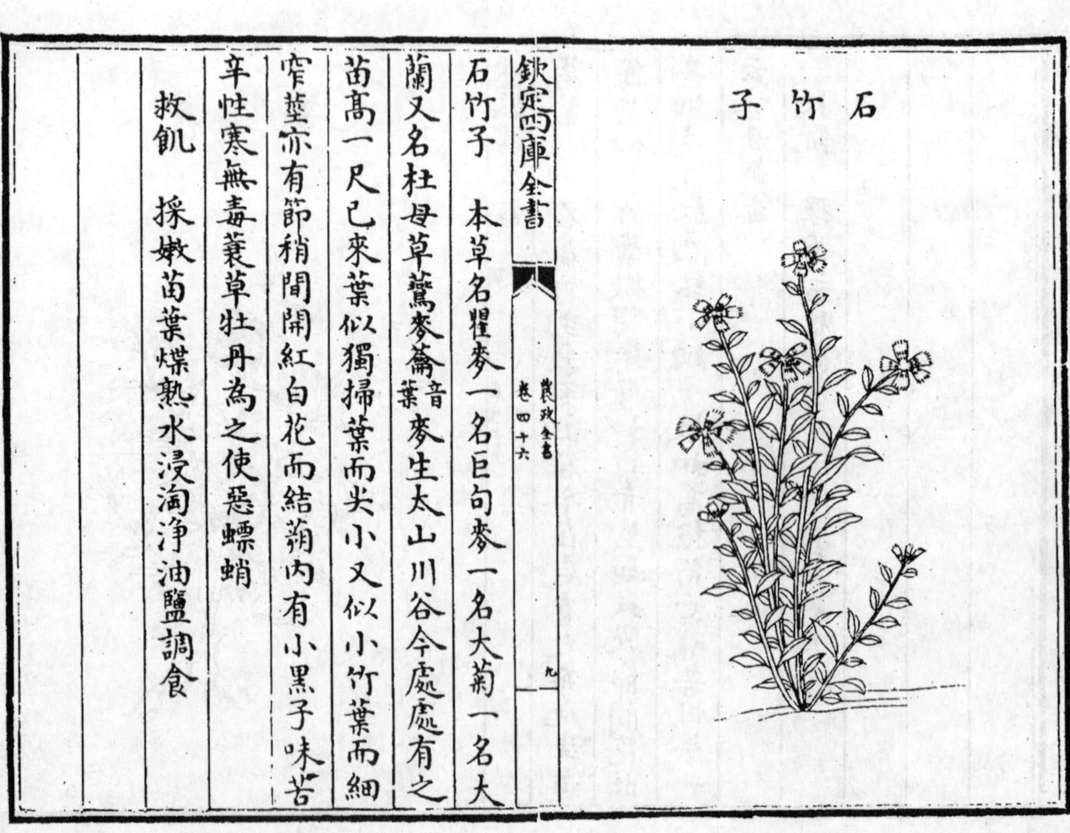

石竹子

石竹子　本草名瞿麥一名巨句麥一名大菊一名大蘭又名杜母草鷰麥蘥[音藥]麥生太山川谷今處處有之苗高一尺已來葉似獨掃葉而尖小又似小竹葉而細窄莖亦有節稍間開紅白花而結蒴内有小黑子味苦辛性寒無毒蘘草牡丹為之使惡螵蛸

救飢　採嫩苗葉煠熟水浸淘淨油鹽調食

紅花菜

紅花菜　本草名紅藍花一名黄藍出梁漢及西域滄魏亦種之今處處有之苗高二尺許莖葉有刺似刺薊葉而潤澤窊面稍結梂彙亦多刺開紅花蘂出梂上圃人採之採已復出至盡而罷梂中結實白顆如小豆大其花暴乾以染真紅及作胭脂花味辛性温無毒葉味甘

救飢　採嫩葉煠熟油鹽調食子可笮作油用

萱草花

萱草花　俗名川草花本草一名鹿葱謂生山野花名宜男風土記云懷姙婦人佩其花生男故也人家園圃中多種其葉就地叢生兩邊分垂葉似菖蒲葉而柔弱又似粉條兒菜葉而肥大葉間攛葶開金黄花味甘無毒根凉亦無毒葉味甘

救飢　採嫩苗葉煠熟水浸淘淨油鹽調食

玄扈先生曰花葉芽俱嘉蔬不必救荒根亦可作粉如治蕨法遇歲洊飢山民多賴之京師人食其土中

嫩芽名扁穿花葉芽俱嘗過

車輪菜

車輪菜　本草名車前子一名當道一名芣苢一名蝦蟇衣一名牛衣一名勝舄菜爾雅云馬舄幽州人謂之一舌草生滁州及真定平澤今處處有之春初生苗葉布地如匙而累年者長及尺餘又似玉簪葉稍大而薄葉叢中心攛葶三四莖作長穗如鼠尾花甚密青色微赤結實如葶藶子赤黑色生道傍味甘鹹性寒無毒一云味甘性平葉及根味甘性寒常山為之使

救飢　採嫩苗葉煠熟水浸去涎沫淘淨油鹽調食

白水紅苗

白水紅苗　本草名紅草一名鴻鷁有赤白二色爾雅云紅蘢古其大者蘬鄭詩云隰有遊龍是也所在有之生水邊下溼地葉似蓼葉而大長有澁花開紅白又似馬蓼其莖有節而赤味鹹性微寒無毒

救飢　採嫩苗葉煠熟水浸淘淨油鹽調食洗淨蒸食亦可

黃耆

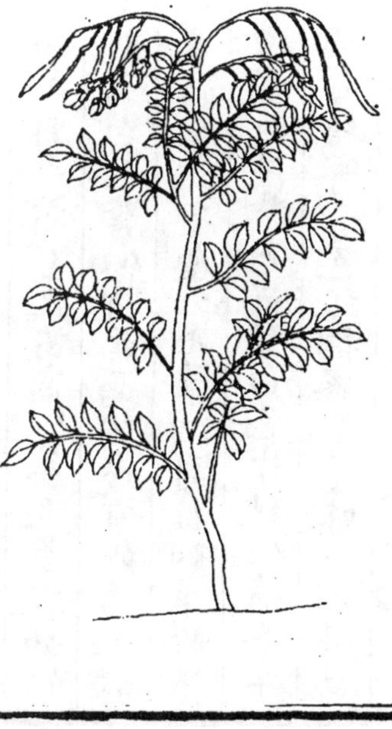

黃耆　一名戴糝一名戴椹一名獨椹一名芰草一名蜀脂一名百本一名王孫生蜀郡山谷及白水漢中河東陝西出綿上呼為綿黃耆今處處有之根長二三尺獨莖叢生枝榦其葉扶踈作羊齒狀似槐葉微尖小又似蒺藜葉闊大而青白色開黃紫花紅槐花大結小尖角長寸許味甘性微溫無毒一云味苦微寒惡龜甲白鮮皮

救飢　採嫩苗葉煠熟換水浸淘洗去苦味油鹽調

食藥中補益呼為羊肉

威靈仙

威靈仙　一名能消出商州上洛華山并平澤及陝西河東河北河南江湖石州寧化等州郡不聞水聲者良今密縣梁家衝山野中亦有之苗高一二尺莖方如釵股四稜莖多細茸白毛葉似柳葉而闊邊有鋸齒又似旋覆花葉其葉作層生每層六七葉相對排如車輪樣有六層至七層者花淺紫色或碧白色作穗似蒲臺子亦有似菊花頭者結實青色根稠密多鬚味苦性溫無毒惡茶及麵湯以甘草枝子代飲可也

救飢　採葉煠熟換水浸去苦味再以水淘淨油鹽
調食

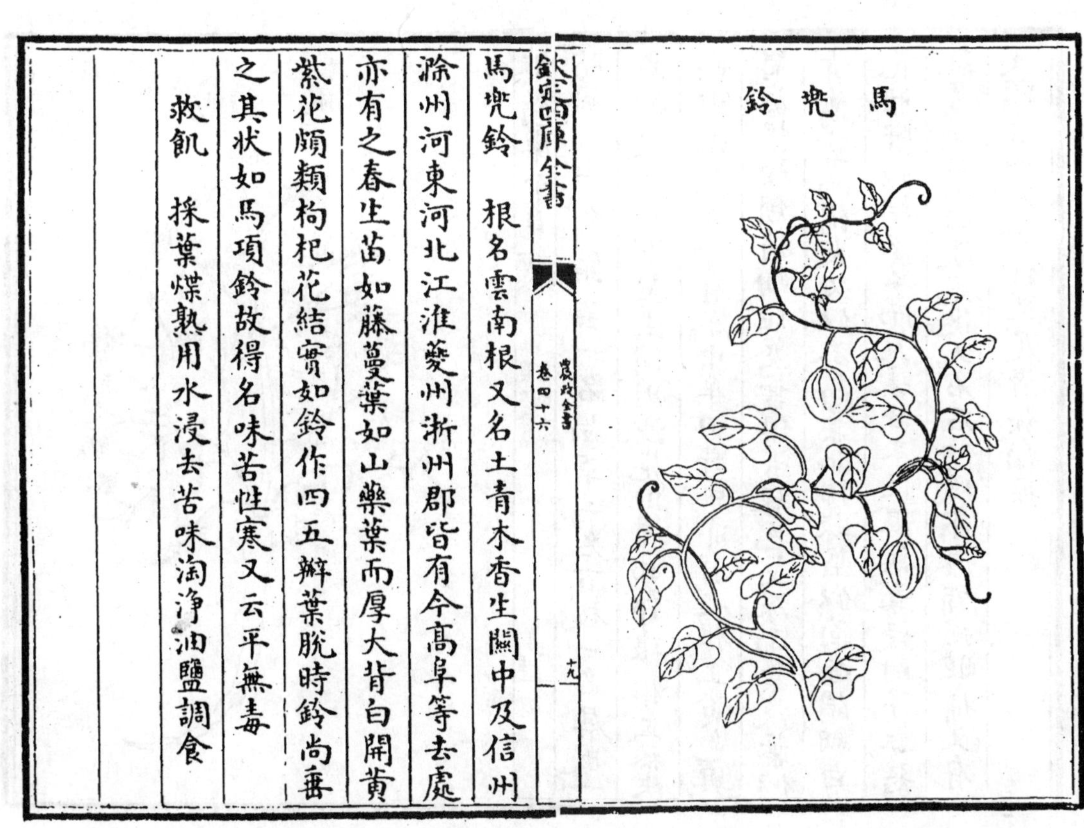

馬兜鈴　根名雲南根又名土青木香生關中及信州滁州河東河北江淮夔州淅州郡皆有今高阜等去處亦有之春生苗如藤蔓葉如山藥葉而厚大背白開黄紫花頗類枸杞花結實如鈴作四五瓣葉脱時鈴尚垂之其狀如馬項鈴故得名味苦性寒又云平無毒

救飢　採葉煠熟用水浸去苦味淘淨油鹽調食

旋覆花

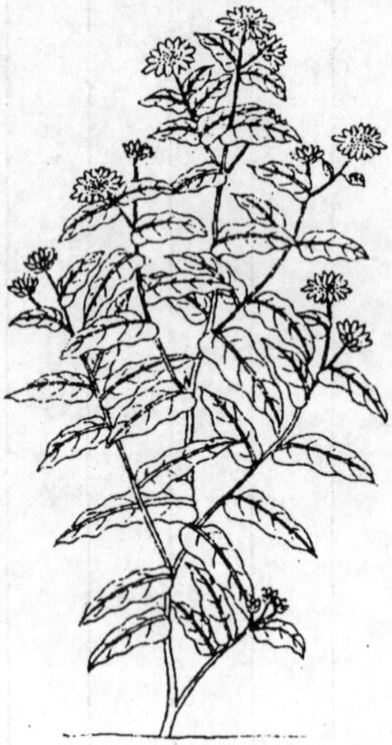

旋覆花　一名戴椹一名金沸草一名盛椹上黨田野人呼為金錢花爾雅云蕧盜庚出隨州生平澤川谷今處處有之苗多近水傍初生大如紅花葉而無刺苗長二三尺已來葉似柳葉稍寬大莖細如蒿簳開花似菊花如銅錢大深黃色花味鹹甘性温微冷利有小毒葉味苦性凉

救飢　採葉煠熟水浸去苦味淘淨油鹽調食

防風

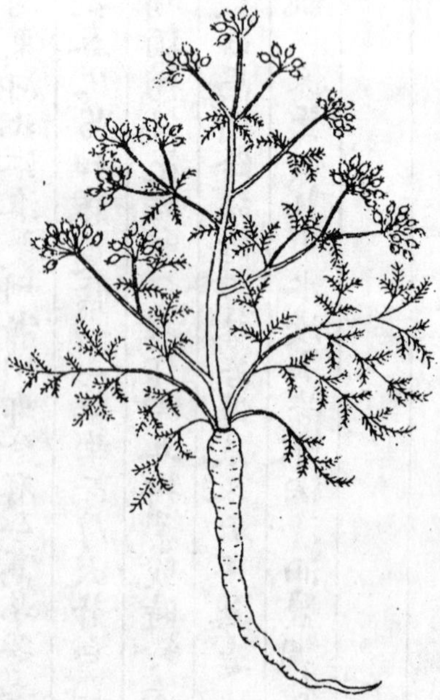

防風　一名銅芸一名茴草一名百枝一名屏風一名簡根一名百蜚生同州沙苑川澤邯鄲琅邪上蔡陝西山東處處皆有今中牟田野中亦有之根土黃色與蜀葵根相類稍細短莖葉俱青緑色莖深而葉淡葉似青蒿葉而闊大又似米蒿葉而稀疎莖似茴香開細白花結實似胡荽子而大味甘辛性温無毒殺附子毒惡乾薑藜蘆白斂芫花又名石防風亦療頭風眩痛又有叉頭者令人發狂叉尾者發痼疾

救飢 採嫩苗葉作菜茹煠熟極爽口

鬱臭苗

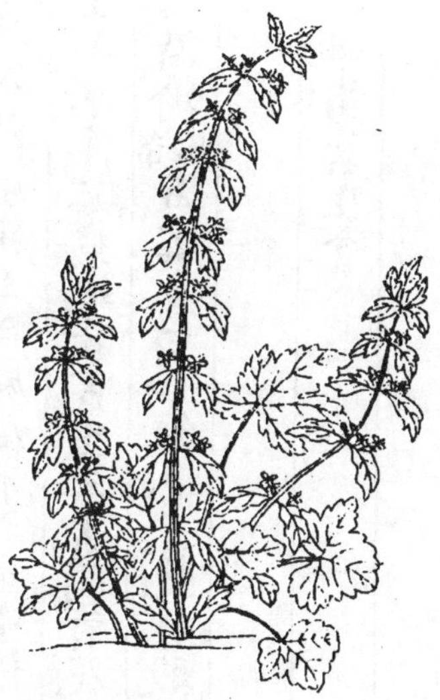

鬱臭苗 本草茺蔚子是也一名益母一名益明一名大札一名貞蔚皆云蓷(音推)益母也亦謂蓷臭穢生海濵池澤今田野處處有之葉似荏子葉又似艾葉而薄小色青莖方節節開小白花結子黑茶褐色三稜細長味辛甘微温一云微寒無毒

救飢 採苗葉煠熟水浸淘浄油鹽調食

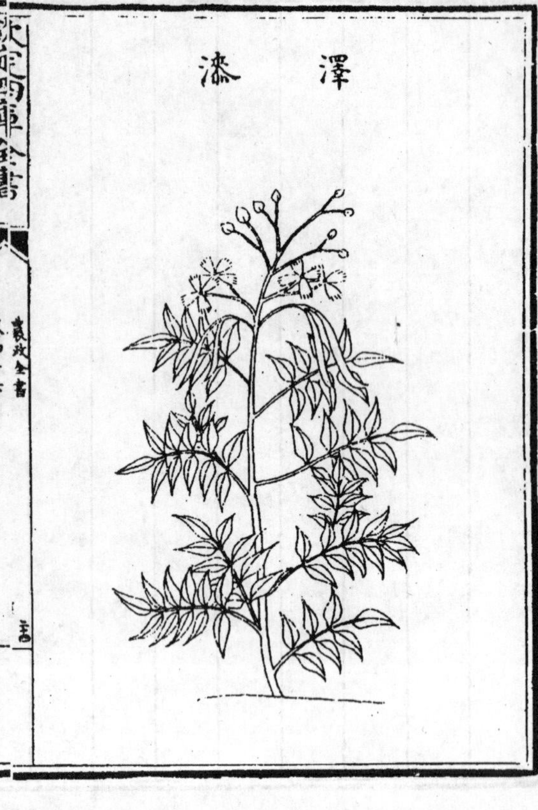

澤漆　本草一名漆莖大戟苗也生太山川澤及冀州鼎州明州今處處有之苗高二三尺科叉生莖紫赤色葉似柳葉微細短開黃紫花狀似杏花而瓣頗長生時摘葉有白汁出亦能嚙剌人故以為名味苦辛性微寒無毒一云有小毒一云性冷微毒小豆為之使惡薯蕷今嘗葉味澁苦食過回味甜

救飢　採葉及嫩莖煠熟水浸淘淨油鹽調食採嫩葉蒸過晒乾做茶喫亦可

酸漿草

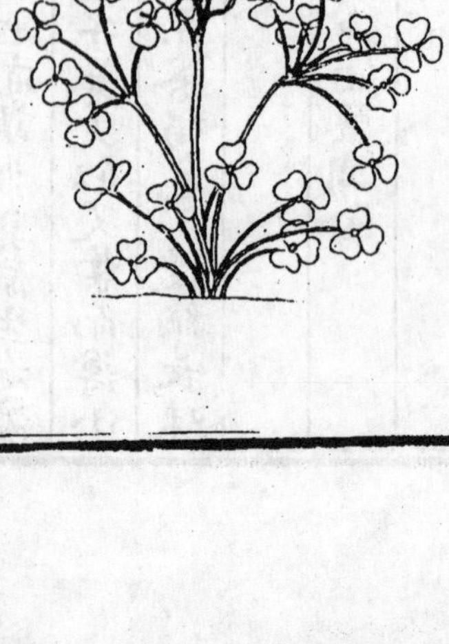

酸漿草　本草名酢漿草一名醋母草一名鳩酸草俗為小酸茅舊不著所出州土今處處有之生道傍下溼地葉如初生小水萍每莖端皆叢生三葉開黃花結黑子南人用苗揩鍮(音偷)石器令白如銀色光艶味酸性寒無毒

救飢　採嫩苗葉生食

蛇床子

蛇床子　一名蛇粟一名蛇米一名虺床一名思益一名繩毒一名棗棘一名牆蘼爾雅一名盱生臨淄川谷田野今處處有之苗高一二尺青碎作叢似蒿枝葉似黄蒿葉又似小葉蘼蕪又似藁本葉每枝上有花頭百餘結同一窠開白花如傘蓋狀結子半黍大黄褐色味苦性甘無毒性平一云有小毒惡牡丹巴豆貝母

救飢　採嫩苗葉煠熟水浸淘洗淨油鹽調食

茴香

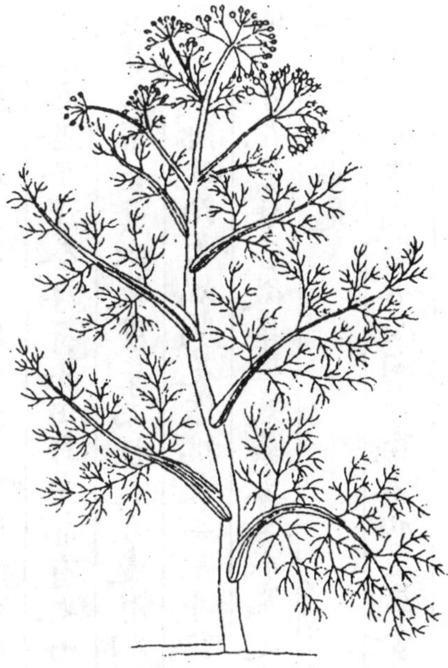

茴香　一名蘹香子北人呼為土茴香茴蘹聲相近故云耳今處處有之人家園圃多種苗高三四尺莖粗如筆管傍有淡黄袴葉抪莖而生袴葉上發生青色細葉似細蓬葉而長極踈細如絲髮狀袴葉間分生叉枝稍頭開花花頭如傘蓋黄色結子如蒔蘿子微大而長亦有線瓣味苦辛性平無毒

救飢　採苗葉煠熟換水淘淨油鹽調食子調和諸般食味香美

玄扈先生曰葉可作恒蔬

夏枯草

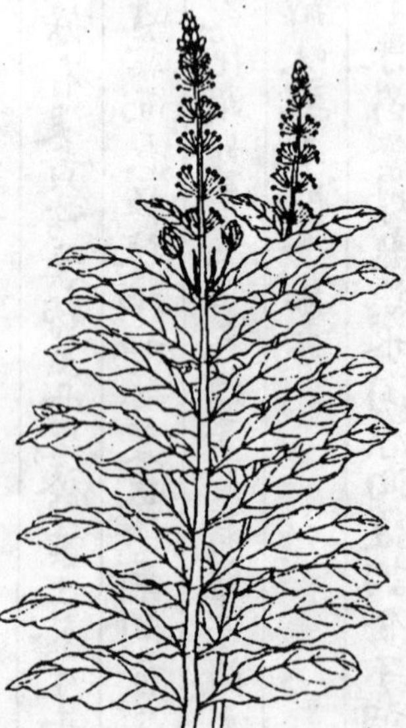

夏枯草　本草一名夕句一名乃東一名燕面生蜀郡川谷及河淮浙滁平澤今祥符西田野中亦有之苗高二三尺其葉對節生葉似旋覆葉而極長大邊有細鋸齒背白上多氣脉紋路葉端開花作穗長二三寸許其花紫白似丹参花葉味苦微辛性寒無毒土爪為之使俗又謂之鬱臭苗非是

救飢　採嫩葉煠熟換水浸淘去苦味油鹽調食

藁本

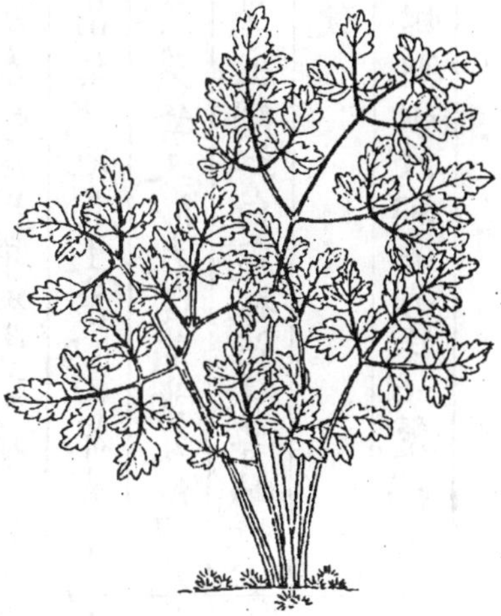

藁本　一名鬼卿一名地新一名微莖生崇山山谷及西川河東兖州杭州今衛輝輝縣栲栳圈山谷間亦有之俗名山園荽苗高五七寸葉似芎藭葉細小又似園荽葉而稀踈莖比園荽莖頗硬直味辛微苦性温微寒無毒惡藺茹畏青葙子

救飢　採嫩苗葉煠熟水浸淘浄油鹽調食

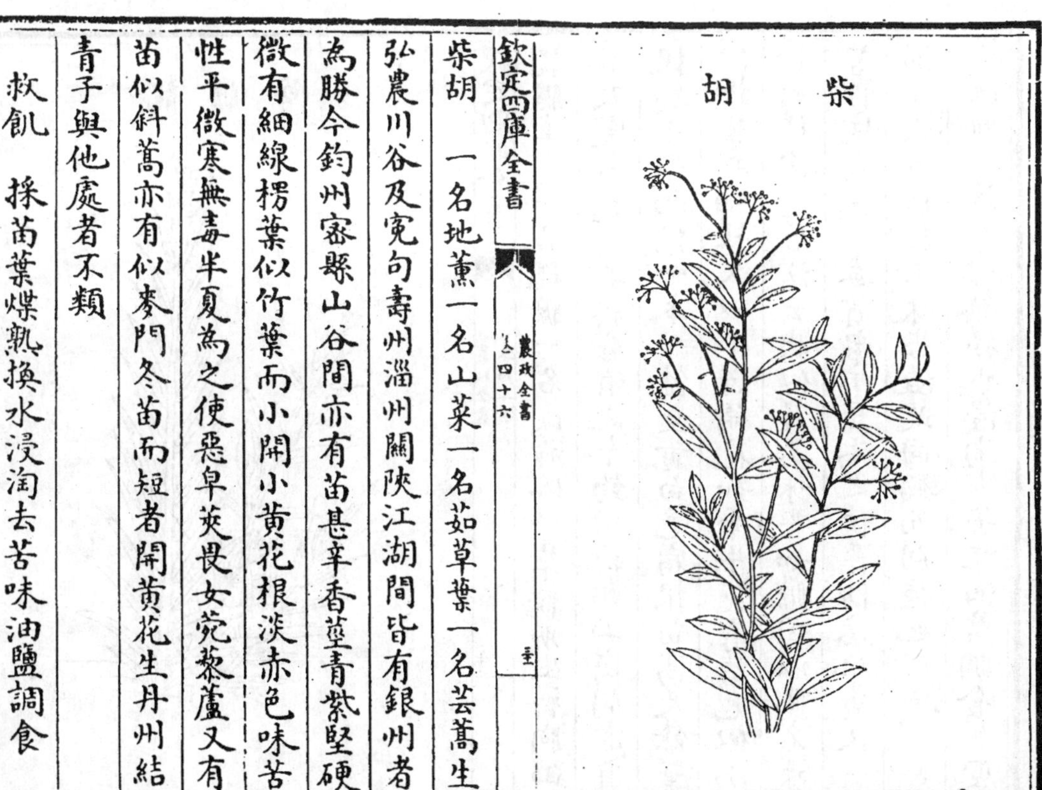

柴胡

柴胡　一名地薰一名山菜一名茹草葉一名芸蒿生弘農川谷及寃句壽州淄州關陝江湖間皆有銀州者為勝今鈞州密縣山谷間亦有苗甚辛香莖青紫堅硬微有細線楞葉似竹葉而小開小黄花根淡赤色味苦性平微寒無毒半夏為之使惡皁莢畏女菀藜蘆又有苗似斜蒿亦有似麥門冬苗而短者開黄花生丹州結青子與他處者不類

救飢　採苗葉煠熟換水浸淘去苦味油鹽調食

漏蘆

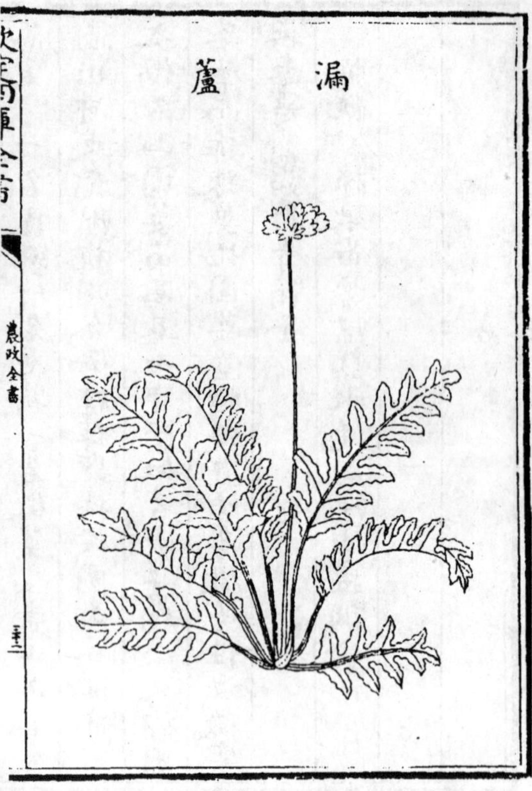

漏蘆　一名野蘭俗名莢蒿根名鹿驪根俗呼為鬼油麻生喬山山谷及泰州海州單州曹兖境今鈞州新鄭沙崗間亦有之苗葉就地叢生葉似山芥菜葉而大又多花叉有似白屈菜葉又似大蓬蒿葉及似風花菜腳葉而大葉中攛葶上開紅白花根苗味苦鹹性寒大寒無毒連翹為之使

救飢　採葉煠熟水浸淘去苦味油鹽調食

龍膽草

龍膽草　一名龍膽一名陵游俗呼草龍膽生齊朐山谷及寃句襄州吳興皆有之今鈞州新鄭山崗間亦有根類牛膝而根一本十餘莖黄白色宿根苗高尺餘葉似柳葉而細短又似小竹開花如牽牛花青碧色似小鈴形樣陶隱居注云狀似龍葵味苦如膽因以為名味苦性寒大寒無毒貫衆小豆為之使惡防葵地黄又云浙中又有龍膽草味苦澁此同類而别種也

救飢　採葉煠熟換水浸淘去苦味油鹽調食勿空

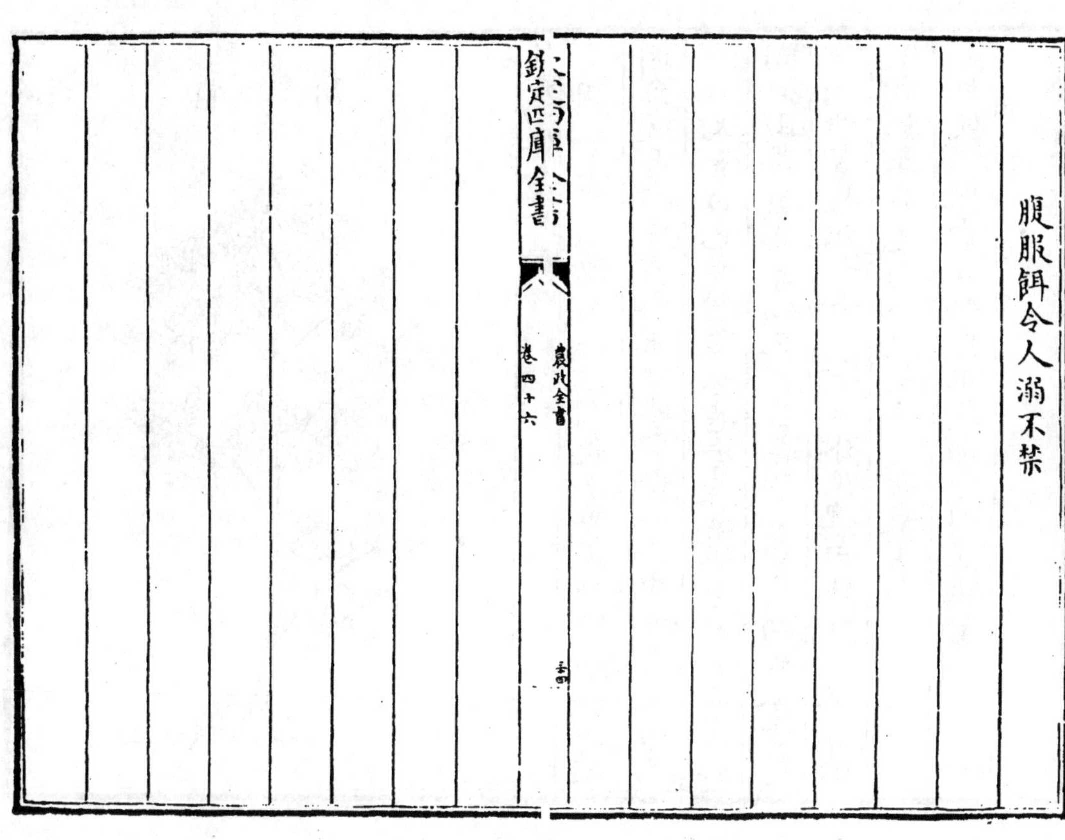

腹脹餌令人溺不禁

鼠菊

鼠菊　本草名鼠尾草一名葝音勁一名陵翹出黔州及所在平澤有之今鈞州新鄭崗野間亦有之苗高一二尺葉似菊花葉微小而肥厚又似野艾蒿葉而脆色淡綠莖端作四五穗穗似車前子穗而極疎細開五瓣淡粉紫色花又有赤白二色花者黔中者苗如蒿爾雅謂葝鼠尾可以染皁味苦性微寒無毒

救飢　採葉煠熟換水浸去苦味再以水淘令淨油鹽調食

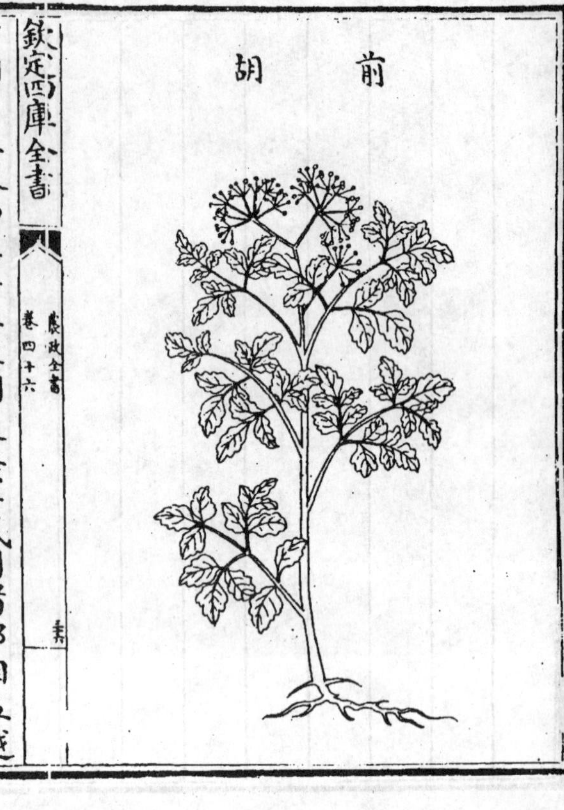

前胡　生陝西漢梁江淮荆襄江寧成州諸郡相孟越衢婺睦等州皆有今密縣梁家衝山野中亦有之苗高一二尺青白色似斜蒿味甚香美葉似野菊葉而瘦細頗似山蘿蔔葉亦細又似芸蒿開黪白花類蛇床子花秋間結實根細青紫色一云外黑裡白味甘辛微苦性微寒無毒半夏為之使惡皁莢畏藜蘆

救飢　採葉煠熟換水浸淘淨油鹽調食

地榆

地榆　生桐柏山及寃句山谷今處處有之密縣山野中亦有此多宿根其苗初生布地後攛葶直高三四尺對分生葉葉似榆葉而狹細頗長作鋸齒狀青色開花如椹子紫黑色又類豉故名玉豉其根外黑裡紅似柳根亦入釀酒藥燒作灰能爛石味苦甘酸性微寒一云沉寒無毒得髮良惡麥門冬

救飢　採嫩葉煠熟用水浸去苦味換水淘淨油鹽調食無茶時用葉作飲甚解熱

川芎

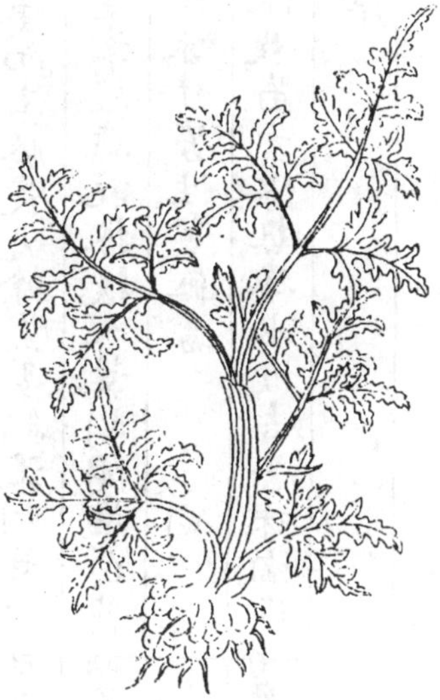

川芎　一名芎藭一名胡藭一名香果其苗葉名蘼蕪一名微蕪一名江蘺生武功川谷斜谷西嶺雍州川澤及冤句其關陝蜀川江東山中亦多有以蜀川者為勝今處處有之人家園圃多種苗葉似芹而葉微細窄却有花叉又似白芷葉亦細又如園荽葉微壯又有一種葉似蛇床子葉而亦粗壯開白花其芎人家種者形塊大重實多脂潤其裡色白味辛甘性温無毒山中出者瘦細味苦辛其節大莖細狀如馬銜謂之馬銜芎伏如

雀腦者謂之雀腦芎皆取有力白芷為之使畏黃連其蘼蕪味辛香性温無毒

救飢　採葉煠熟換水浸去辛味淘淨油鹽調食亦可煮飲甚香

葛勒子

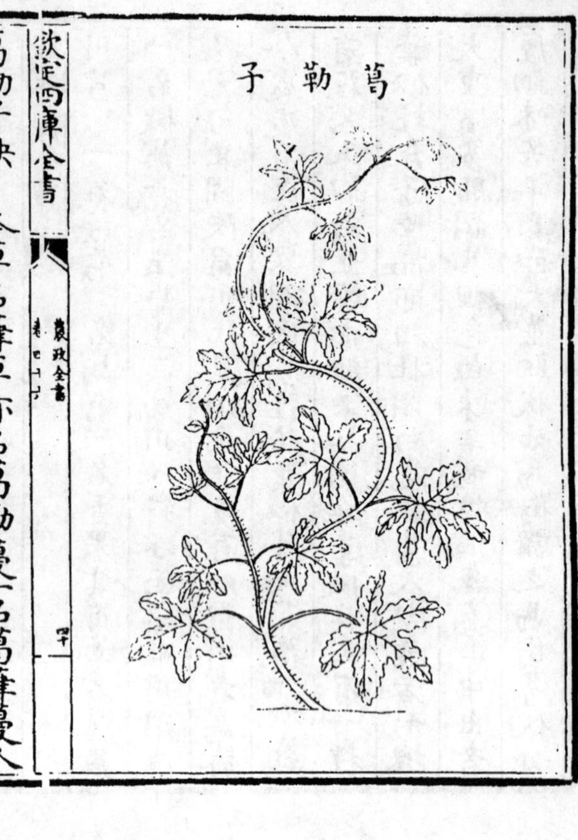

葛勒子秧　本草名葎草亦名葛勒蔓一名葛葎蔓人名澁蘿蔓蔓而生藤長丈餘莖多細澁刺葉似萆麻葉而小亦薄莖葉極澁能抓挽人葉間開黄白花結子頰山絲子其葉味甘苦性寒無毒

救飢　採嫩苗葉煠熟換水浸去苦味淘淨油鹽調食

猪牙菜

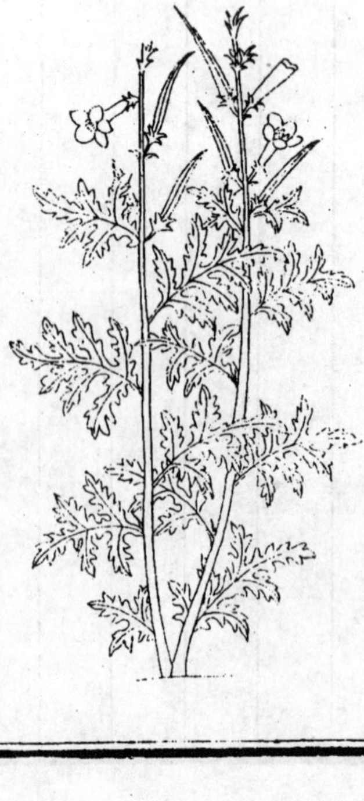

猪牙菜　本草名角蒿一名莪蒿一名蘿蒿又名藁蒿舊云生高崗及澤田漥洳處多有今處處有之生田野中苗高一二尺莖葉如青蒿葉似斜蒿葉而細又似蛇床子葉以稍間開花紅赤色鮮明可愛花罷結角子似蔓菁角長二寸許微彎中有子黑色似王不留行子味辛苦性温無毒一云性平有小毒

救飢　採嫩苗莖葉煠熟水浸去苦味淘淨油鹽調食

連翹

連翹　一名異翹一名闕　一名折根一名軹音紙一名三廉爾雅謂之連一名連苕生太山山谷及河中江寧澤潤淄兖鄂岳利州南康皆有之今密縣梁家衝山谷中亦有科苗高三四尺莖桿赤色葉如榆葉大而光色青黄邊微細鋸齒又似金銀花葉微尖艄開花黄色可愛結房狀似山梔子蒴微區而無稜瓣蒴中有子如雀舌樣極小其子折之間片片相比如翹以此得名味苦性平無毒葉亦味苦

救飢　採嫩葉煠熟換水浸去苦味淘洗淨油鹽調食

農政全書卷四十六

欽定四庫全書

農政全書卷四十七

荒政　採周憲王救荒本草

明　徐光啟　撰

草部　葉可食

桔梗

桔梗　一名利如一名房圖一名百樂一名梗草一名薺苨生嵩高山谷及寃句和州解州今鈞州密縣山野亦有之根如手指大黄白色春生苗莖高尺餘葉似杏葉而長橢四葉相對而生嫩時亦可煮食開花紫碧色頗似牽牛花秋後結子葉名隱忍其根有心無心者乃薺苨也根葉味辛苦性微溫有小毒一云味苦性平無毒節皮為之使得牡礪遠志療恚怒得硝石石膏療傷寒畏白芨龍眼龍膽

救飢　採葉煠熟換水浸去苦味淘淨油鹽調食

青杞

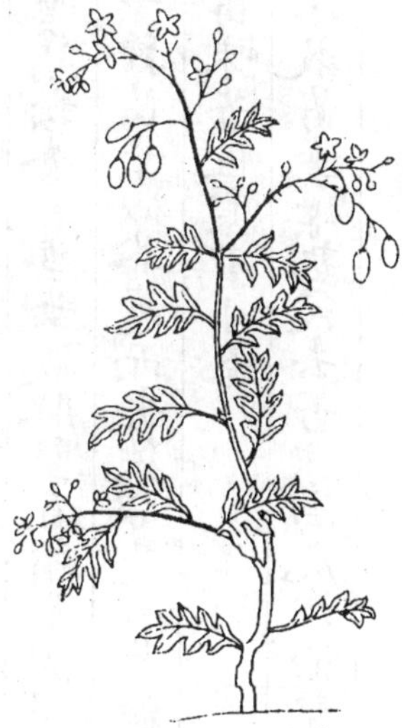

青杞　本草名蜀羊泉一名羕泉一名羊飴俗名漆姑生蜀郡山谷及所在平澤皆有之今祥符縣西田野中亦有苗高二尺餘葉似菊葉稍長花開紫色子類枸杞子生青熟紅根如遠志無心有椮味苦性微寒無毒

救飢　採嫩葉煠熟水浸去苦味淘洗淨油鹽調食

馬蘭頭

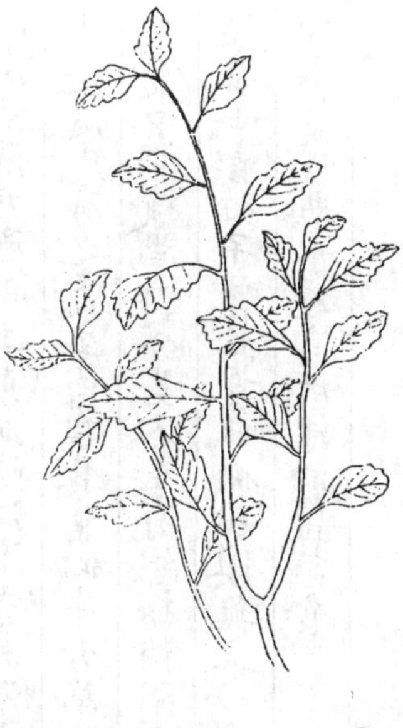

馬蘭頭　本草名馬蘭舊不著所出州土但云生澤傍如澤蘭北人見其花呼為紫菊以其花似菊而紫也苗高一二尺莖亦紫色葉似薄荷葉邊皆鋸齒又似地瓜兒葉微大味辛性平無毒又有山蘭生山側似劉寄奴葉無椏不對生花心微黄赤

救飢　採嫩苗葉煠熟新汲水浸去辛味淘洗淨油鹽調食

玄扈先生曰葉可作恒蔬嘗過

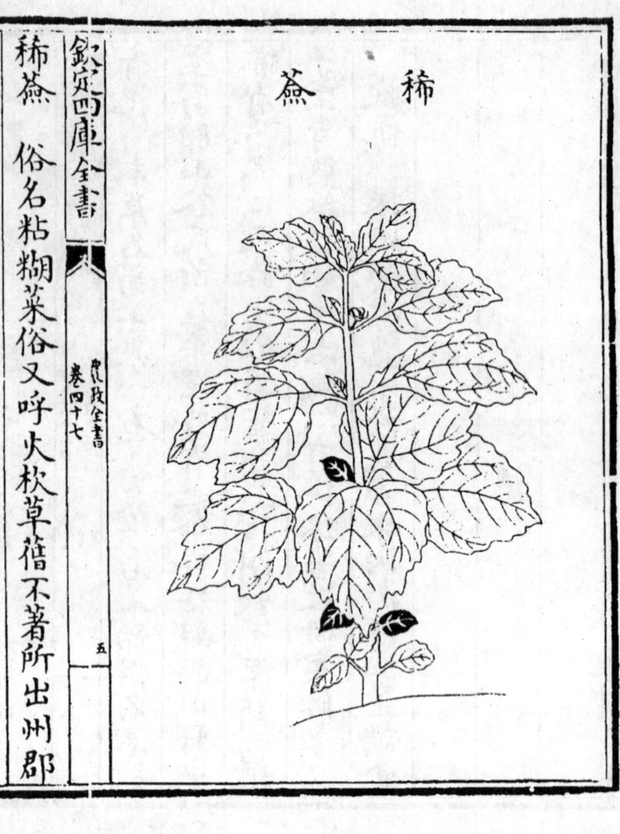

稀薟 俗名粘糊菜俗又呼火枕草舊不著所出州郡今處處有之苗高三四尺金稜銀線素根紫䅶莖又對節而生莖葉頗類蒼耳莖葉紋脉竪直稍葉間開花深黃色又有一種苗葉似芥葉而尖狹開花如菊結實頗似鶴虱科苗味苦性寒有小毒

救飢 採嫩苗葉煠熟浸去苦味淘洗淨油鹽調食

澤瀉

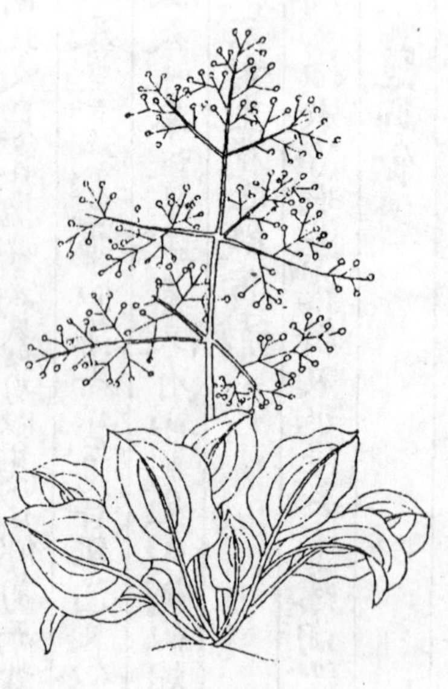

澤瀉 俗名水蓄菜一名水瀉一名及瀉一名芒芋一名鵲瀉生汝南池澤及齊州山東河陝江淮亦有漢中者為佳今水邊處處有之叢生苗葉其葉似牛舌草葉紋脉竪直葉叢中間攛葶對分莖叉莖有線楞稍開三瓣小白花結實小青細子味甘葉味微鹹俱無毒

救飢 採嫩葉煠熟水浸淘洗淨油鹽調食

竹節菜

竹節菜　一名翠蝴蝶又名翠娥眉又名笪竹花一名倭青草南北皆有今新鄭縣山野中亦有之葉似竹葉微寛短莖淡紅色就地叢生攛節似初生嫩葦節稍葉間開翠碧花狀類蝴蝶其葉味甜

救飢　採嫩苗葉煠熟油鹽調食

玄扈先生曰南方名淡竹葉嘗過

獨掃苗

獨掃苗　生田野中今處處有之葉似竹形而柔弱細小抪莖而生莖葉稍間結小青子小如粟粒科莖老時可為掃帚葉味甘

救飢　採嫩苗葉煠熟水浸淘淨油鹽調食晒乾煠食不破腹尤佳

玄扈先生曰可作恒蔬南人名落帚嘗過

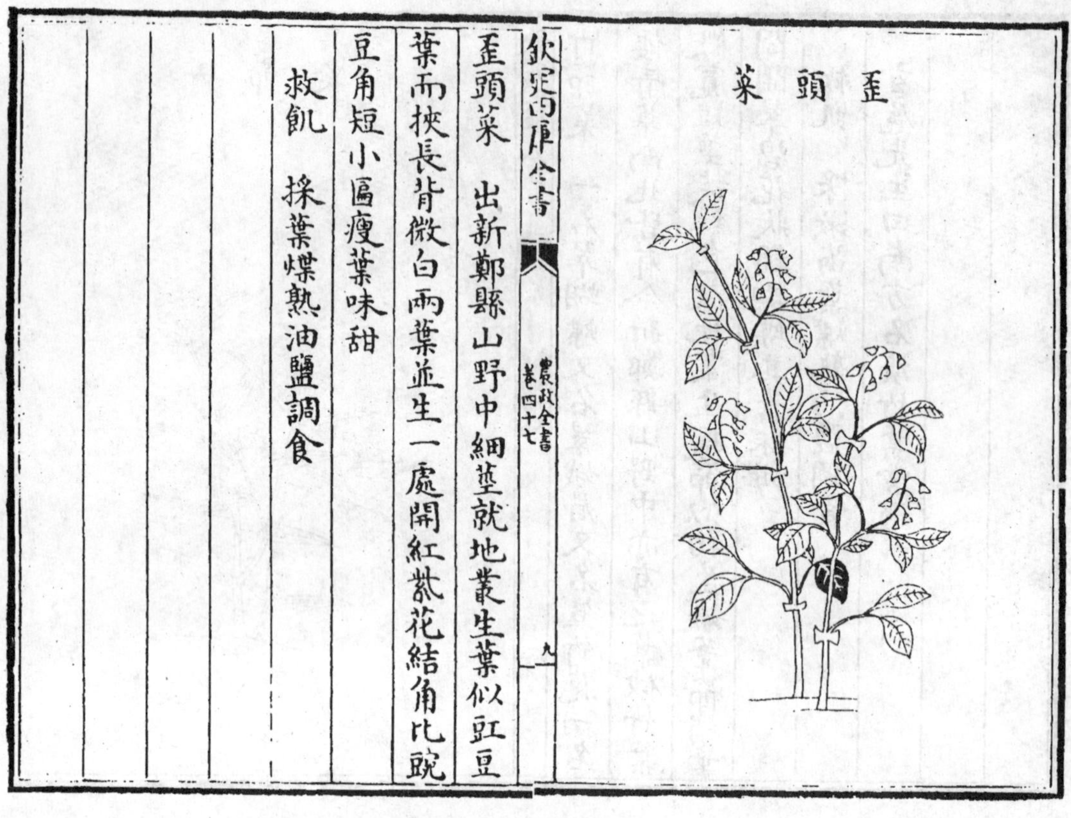

歪頭菜

歪頭菜　出新鄭縣山野中細莖就地叢生葉似豇豆葉而狹長背微白兩葉並生一處開紅紫花結角比豌豆角短小匾瘦葉味甜

救飢　採葉煠熟油鹽調食

兎兒酸

兎兒酸　一名兎兒漿所在野田中皆有之苗比水葒矮短莖葉皆類水葒其莖節密其葉亦稠比水葒葉稍薄小味酸性寒無毒

救飢　採苗葉煠熟以新汲水浸去酸味淘淨油鹽調食

鹻蓬

鹻蓬　一名鹽蓬生水傍下濕地莖似落藜亦有線楞葉似蓬而肥壯比蓬葉亦稀疏莖葉間結青子極細小其葉味微鹹性微寒

救飢　採苗葉煠熟水浸去鹹味淘洗淨油鹽調食

蕳蒿

蕳蒿　田野中處處有之苗高二尺餘莖幹似艾其葉細長鋸齒葉抪莖而生味微苦性微温

救飢　採嫩苗葉煠熟水浸淘淨油鹽調食

玄扈先生曰可作恒蔬嘗過

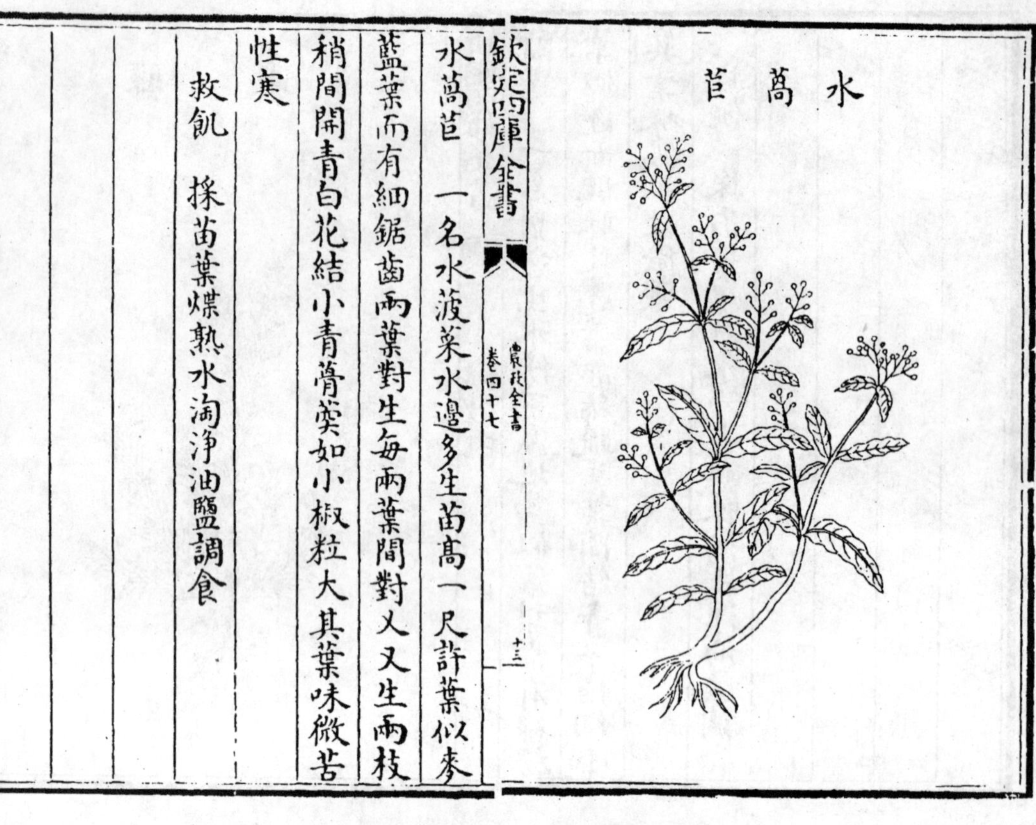

水蒿苣

欽定四庫全書　農政全書　卷四十七　十三

水蒿苣　一名水菠菜水邊多生苗高一尺許葉似麥藍葉而有細鋸齒兩葉對生每兩葉間對叉又生兩枝稍間開青白花結小青蓇葖如小椒粒大其葉味微苦性寒

救飢　採苗葉煠熟水淘淨油鹽調食

金盞菜

欽定四庫全書　農政全書　卷四十七　十四

金盞菜　一名地冬瓜菜生田野中苗高二三尺莖初微赤而有線路葉似線柳葉微厚抪莖而生莖葉稠密開花紫色黃心其葉味甘性鹹

救飢　採苗葉煠熟水淘淨油鹽調食

水辣菜

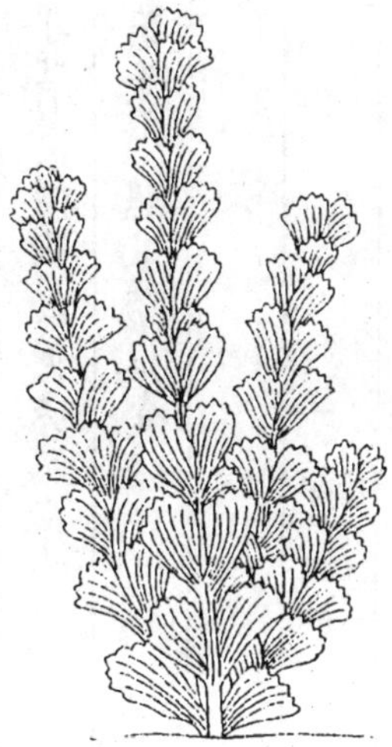

水辣菜　生水邊下濕地中莖高一尺餘莖圓葉似雞兒腸葉頭微齊短又似馬蘭頭葉亦更齊短其葉抪莖生稍間出穗如黄蒿穗其葉味辣

救飢　採嫩苗葉煠熟換水淘去辣氣油鹽調食生亦可食

紫雲菜

紫雲菜　生密縣傅家衝山野中苗高一二尺莖方紫色對節生乂葉似山小菜葉頗長抪梗對生葉頂及葉間開淡紫花其葉味微苦

救飢　採嫩苗葉煠熟水浸淘去苦味油鹽調食

鴉葱

鴉葱　生田野中枝葉尖長搨地而生葉似初生蜀秫葉而小又似初生大藍葉細窄而尖其葉邉皆曲皺葉中攛葶吐結小蓇葖後出白英味微辛

救飢　採苗葉煠熟油鹽調食

匙頭菜

匙頭菜　生密縣山野中作小科苗其莖面窊背圓葉似團匙頭樣有如杏葉大邉微鋸齒開淡紅花結子黄褐色其葉味甜

救飢　採葉煠熟水浸淘净油鹽調食

雞冠菜

雞冠菜　生田野中苗高尺餘似青荚葉窄小又似山菜葉而窄艄稍間出穗似兔兒尾穗却微細小開粉紅花結實如莧菜子苗葉味苦

救飢　採苗葉煠熟水浸淘去苦氣油鹽調食

水蔓菁

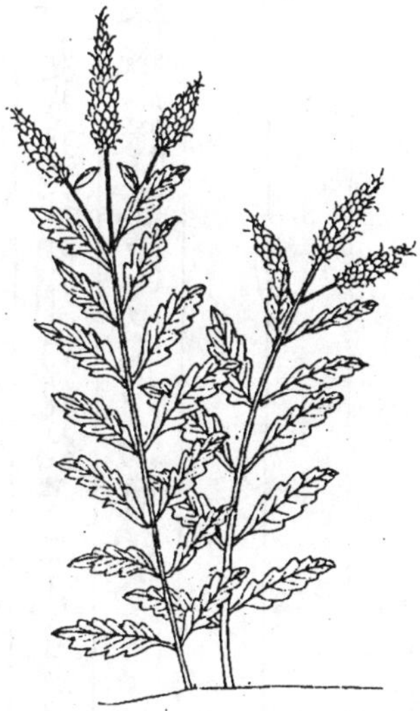

水蔓菁　一名地膚子生中牟縣南沙堈中苗高一二尺葉彷彿似地瓜兒葉却甚短小捲邊窊面又似雞兒腸葉頗尖艄稍頭出穗開淡藕絲褐花葉味甜

救飢　採苗葉煠熟油鹽調食

野園荽

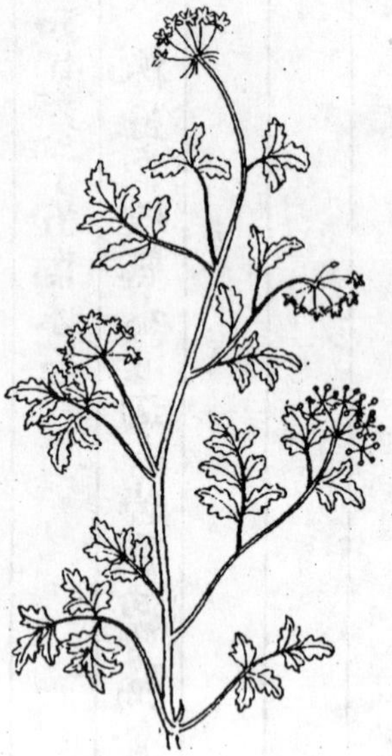

野園荽　生祥符縣西北田野中苗高一尺餘苗葉結實皆似家胡荽但細小瘦窄味甜微辛香

救飢　採嫩苗葉煠熟油鹽調食

牛尾菜

牛尾菜　生輝縣鴉子口山野間苗高二三尺葉似龍鬚菜葉葉間分生叉枝及出一細絲蔓又似金剛刺葉而小紋脉皆竪莖葉梢間開白花結子黑色其葉味甘

救飢　採嫩葉煠熟水浸淘淨油鹽調食

山蕎菜

山蕎菜　生密縣山野中苗初搨地生其葉之莖背圓面竅葉似初出冬蜀葵葉稍五花叉鋸齒邊又似蔚臭苗葉而硬厚頗大後攛莖叉莖深紫色稍葉頗小味微辣

救飢　採苗葉煠熟換水浸淘淨油鹽調食

綿絲菜

綿絲菜　生輝縣山野中高一二尺葉似兎兒尾葉但短小又似柳葉菜葉亦比短小稍頭攢生小青葖開黲白花其葉味甜

救飢　採嫩苗葉煠熟水浸淘淨油鹽調食

米蒿

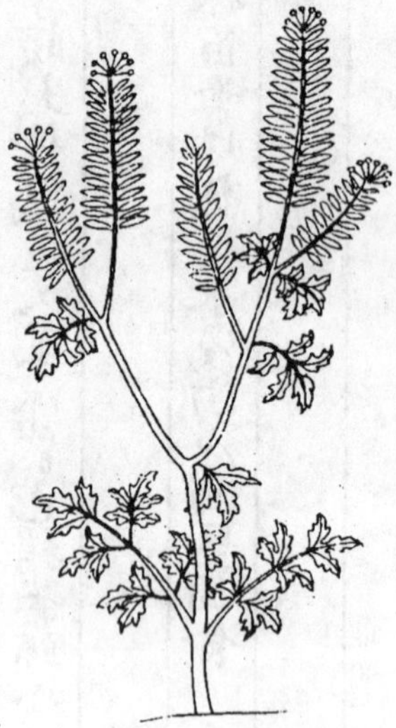

米蒿　生田野中所在處處有之苗高尺許葉似園荽葉微細葉叢間分生莖叉稍上開小青黄花結小細角似葶藶角兒葉味微苦

救飢　採嫩苗葉煠熟水浸過淘淨油鹽調食

山芥菜

山芥菜　生密縣山坡及岡野中苗高一二尺葉則家芥菜葉瘦短微尖而多花叉開小黄花結小短角兒味辣微甜

救飢　採苗葉揀擇淨煠熟油鹽調食

舌頭菜

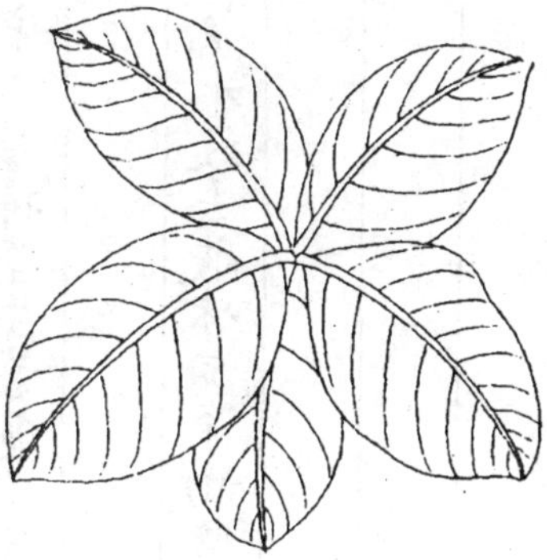

舌頭菜　生密縣山野中苗葉搨地生葉似山白菜葉而小頭頗團葉面不皺比小白菜葉亦厚狀類猪舌形故以為名味苦

救飢　採葉煠熟水浸去苦味換水淘淨油鹽調食

紫香蒿

紫香蒿　生中牟縣平野中苗高一二尺莖方紫色葉似邪蒿葉而背白又似野胡蘿蔔葉微短莖葉稍間結小青子比灰菜子又小其葉味苦

救飢　採葉煠熟水浸去苦味油鹽調食

金盞兒花

金盞兒花　人家園圃中多種苗高四五寸葉似初生萵苣葉比萵苣葉狹窄而厚抪莖生葉莖端開金黄色盞子樣花其葉味酸

救飢　採苗葉煠熟水浸去酸味淘浄油鹽調食

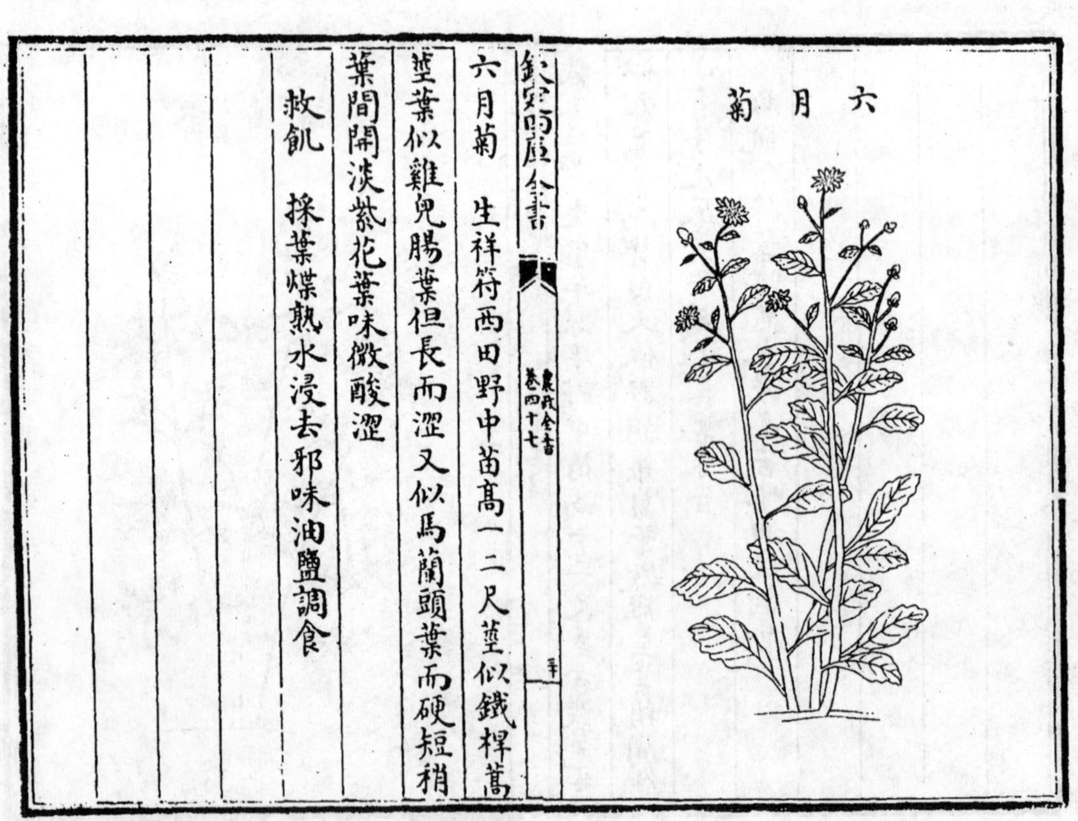

六月菊

六月菊　生祥符西田野中苗高一二尺莖似鐵桿蒿莖葉似雞兒腸葉但長而澀又似馬蘭頭葉而硬短稍葉間開淡紫花葉味微酸澀

救飢　採葉煠熟水浸去邪味油鹽調食

費菜

費菜　生輝縣太行山車箱衝山野間苗高尺許似火䕡草葉而小頭頗齊上有鋸齒其葉㨗莖而生葉稍上開五瓣小尖淡黄花結五瓣紅小花蒴兒苗葉味酸

救飢　採嫩苗葉煠熟換水淘去酸味油鹽調食

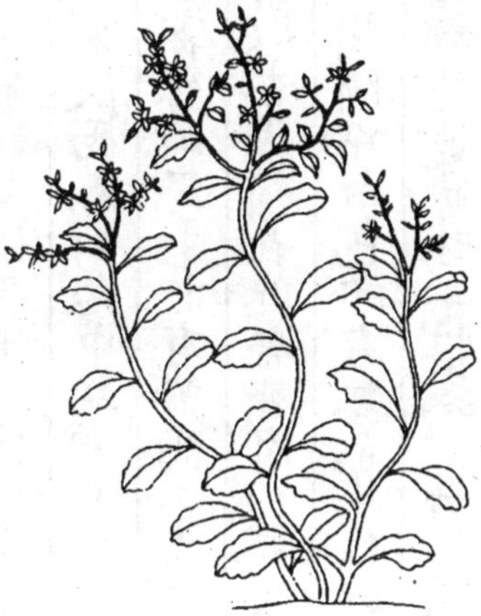

千屈菜

千屈菜　生田野中苗高二尺許莖方四楞葉似山梗菜葉而不尖又似柳葉菜葉亦短小葉頭頗齊葉皆相對生稍間開紅紫花葉味甜

救飢　採嫩苗葉煠熟水浸淘淨油鹽調食

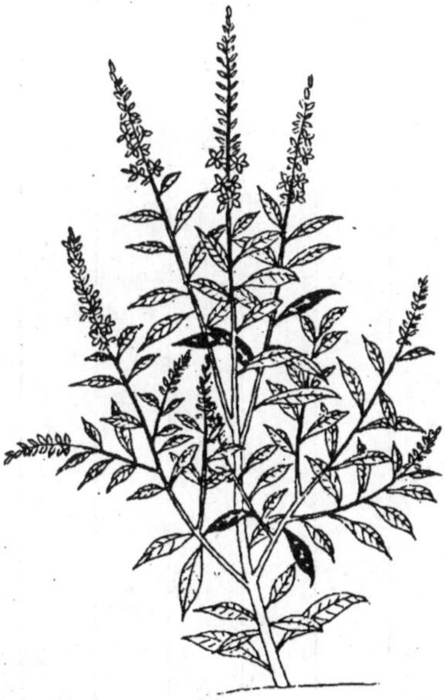

仙靈脾

仙靈脾　本草名淫羊藿一名剛前俗名黄德祖千兩金乾雞筋放杖草棄杖草俗又呼三枝九葉草生上郡陽山山谷及江東陜西泰山漢中湖湘汾州等郡并永康軍皆有之今密縣山野中亦有苗高二尺許莖似小豆莖極細緊葉似杏葉頗長近蒂皆有一缺又似緑豆葉亦長而光稍間開花白色亦有紫色花作碎小獨頭子根紫色有鬚類黄連狀味辛性寒一云性温無毒生處不聞水聲者良署預紫芝為之使

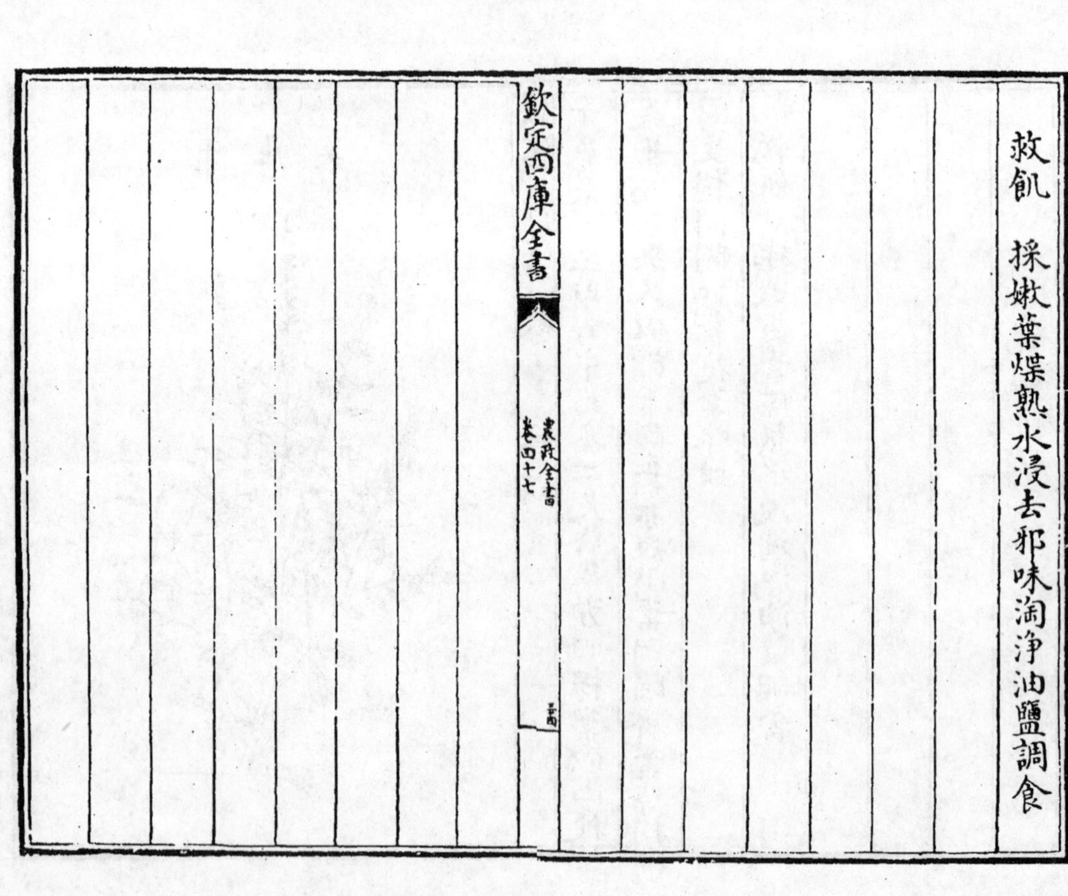

救飢　採嫩葉煠熟水浸去邪味淘淨油鹽調食

柳葉菜

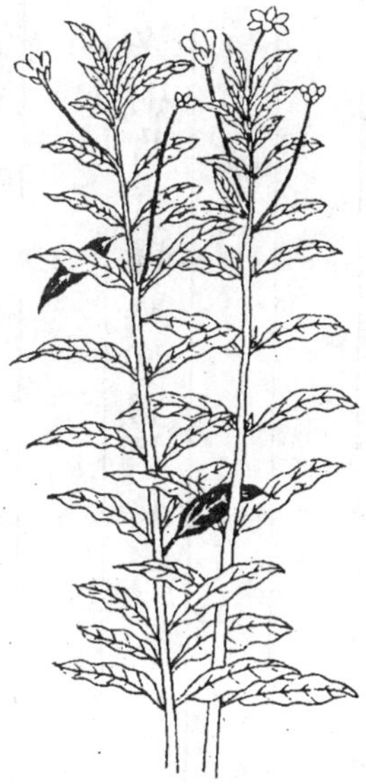

柳葉菜　生鄭州賈峪山山野中苗高二尺餘莖淡黄色葉似柳葉而厚短有澀毛稍間開四瓣深紅花結細長角兒其葉味甜

救飢　採苗葉煠熟油鹽調食

農政全書卷四十七

欽定四庫全書

農政全書卷四十八

明　徐光啓　撰

荒政

採周憲王救荒本草

草部　菜

剪刀股

剪刀股　生田野中處處有之搨地作科苗葉似嫩苦苣菜而細小色頗似藍亦有白汁莖叉稍間開淡黄花葉味苦

救飢　採苗葉煠熟水浸淘去苦味油鹽調食

婆婆指甲菜

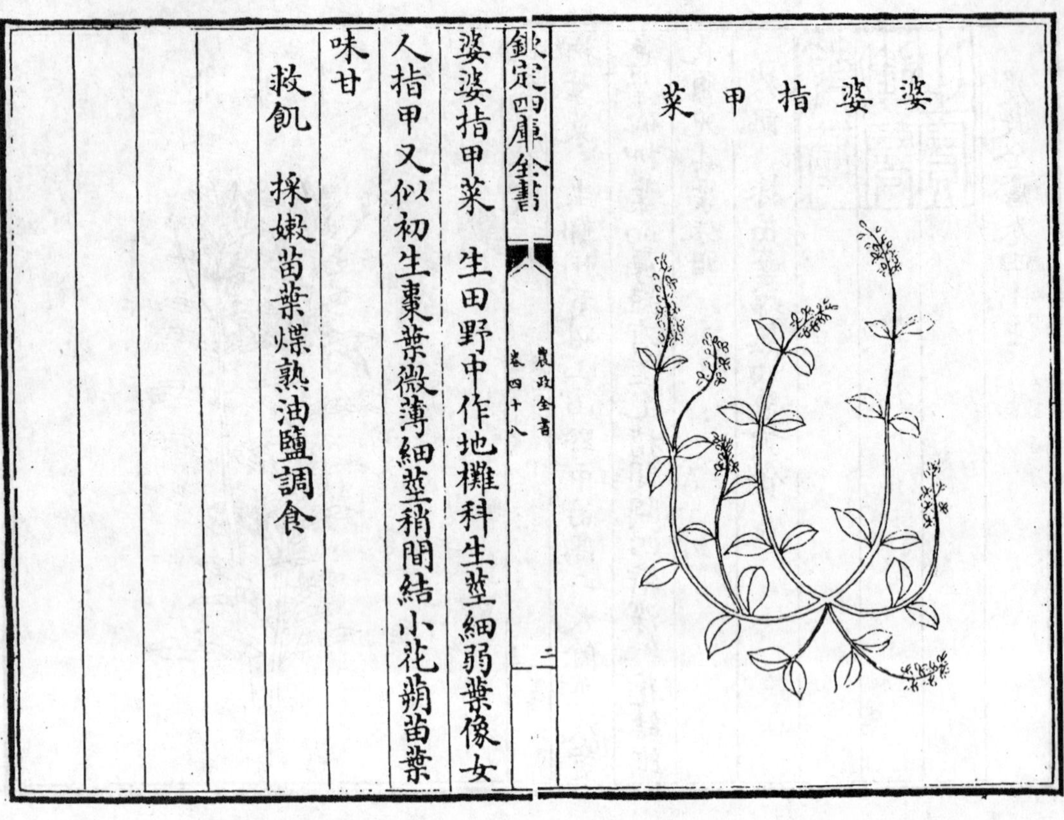

婆婆指甲菜　生田野中作地攤科生莖細弱葉像女人指甲又似初生棗葉微薄細莖稍間結小花蒴苗葉味甘

救飢　採嫩苗葉煠熟油鹽調食

鐵桿蒿

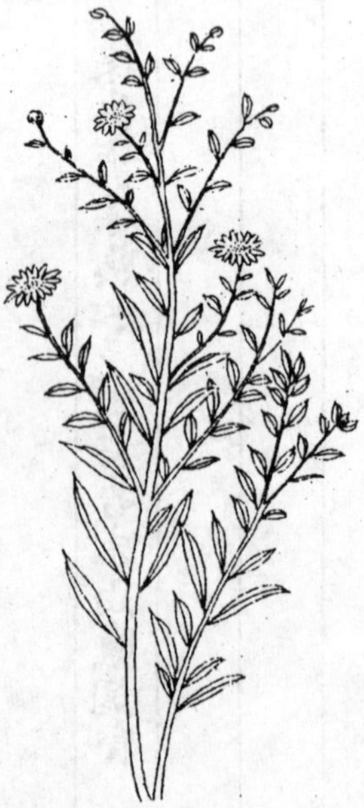

鐵桿蒿　生田野中苗莖高二三尺葉似獨掃葉微肥短又似扁蓄葉而短小分生莖叉稍間開淡紫花黃心葉味苦

救飢　採葉煠熟淘去苦味油鹽調食

山甜菜

山甜菜 生密縣韶華山山谷中苗高二三尺莖青白色葉似初生綿花葉而窄花叉頗淺其莖葉間開五瓣淡紫花結子如枸杞子生則青熟則紅色葉味苦

救飢 採葉煠熟換水浸淘去苦味油鹽調食

水蘇子

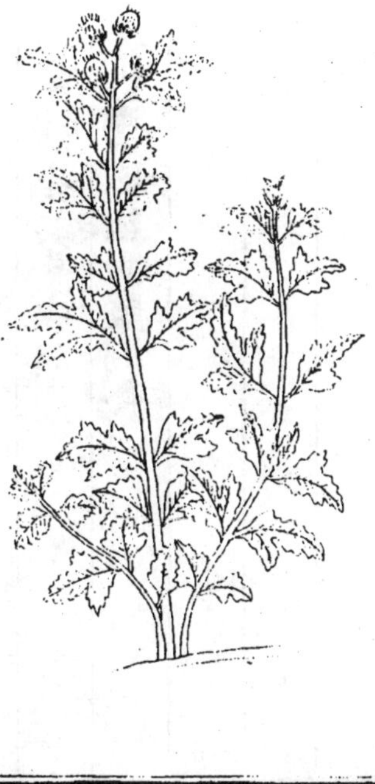

水蘇子 生下溫地莖淡紫色對生莖叉葉亦對生其葉似地瓜葉而窄邊有花鋸齒三叉尖葉下兩傍叉有小叉葉稍開花黃色其葉微辛

救飢 採苗葉煠熟油鹽調食

風花菜

風花菜 生田野中苗高二尺餘葉似芥菜葉而瘦長又多花叉稍間開黃花如芥菜花味辛微苦

救飢 採嫩苗葉煠熟換水浸淘去苦味油鹽調食

鵝兒腸

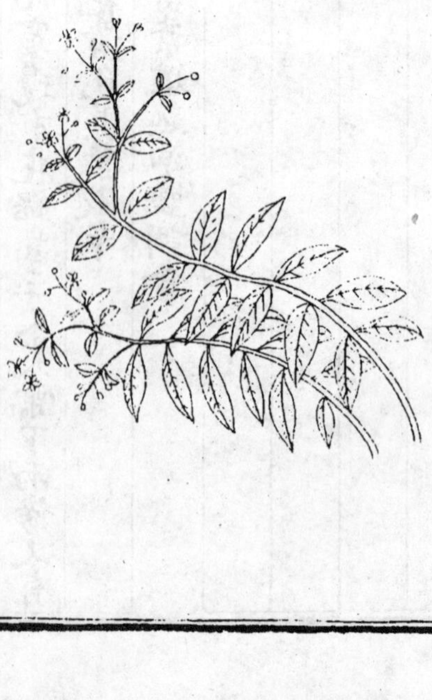

鵝兒腸 生許州水澤邊就地妥莖而生對節生葉葉似蹶豆葉而薄又似佛指甲葉微觵葉間分生枝叉開白花結子似葶藶子其葉味甜

救飢 採苗葉煠熟油鹽調食

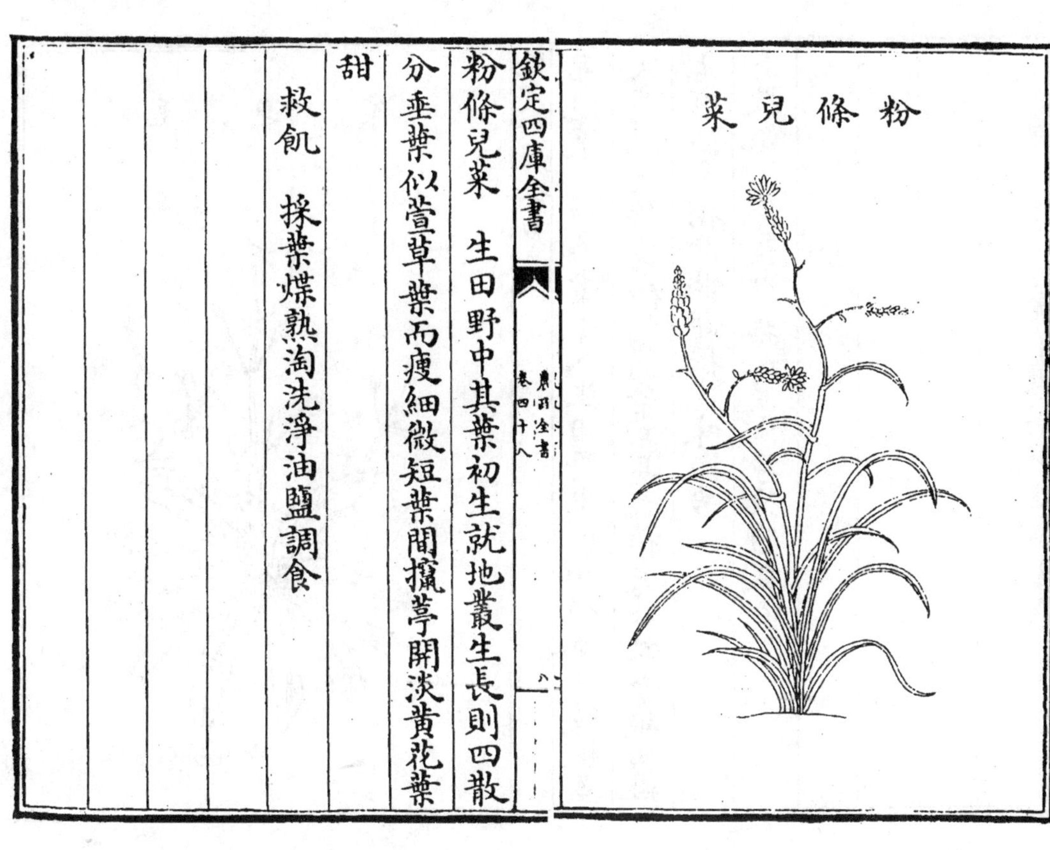

粉條兒菜　生田野中其葉初生就地叢生長則四散分垂葉似萱草葉而瘦細微短葉間攛葶開淡黄花葉甜

救饑　採葉煠熟淘洗淨油鹽調食

辣辣菜

辣辣菜　生荒野中今處處有之苗高五七寸初生尖葉後分枝莖上出長葉開細青白花結小匾蒴其子似米蒿子黄色味辣

救饑　採嫩苗葉煠熟水浸淘淨油鹽調食生揉亦可食

毛連菜

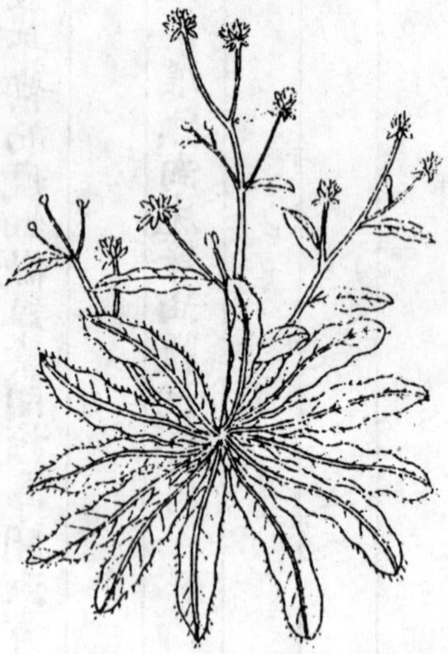

毛連菜 一名常十八生田野中苗初搨地生後攛莛义高二尺許葉似刺蓟葉而長大稍尖其葉邊褔曲皺上有澁毛稍間開銀褐花味微苦

救飢 採葉煠熟水浸淘淨油鹽調食

小桃紅

小桃紅 一名鳳仙花一名夾竹桃又名海蒳俗名染指甲草人家園圃多種今處處有之苗高二尺許葉似桃葉而旁邊有細鋸齒開紅花結實形類桃樣極小有子似蘿蔔子取之易迸散俗稱急性子葉味苦微澁

救飢 採苗葉煠熟水浸一宿做菜油鹽調食

玄扈先生曰嘗過難食

青莢兒菜

青莢兒菜　生輝縣太行山山野中苗高二尺許對生莖叉葉亦對生其葉面青背白鋸齒三叉葉脚葉花叉頗大狀似荏子葉而狹長尖艄莖葉稍間開五瓣小黄花衆花攢開形如穗狀其葉味微苦

救飢　採苗葉煠熟換水浸淘去苦味油鹽調食

八角菜

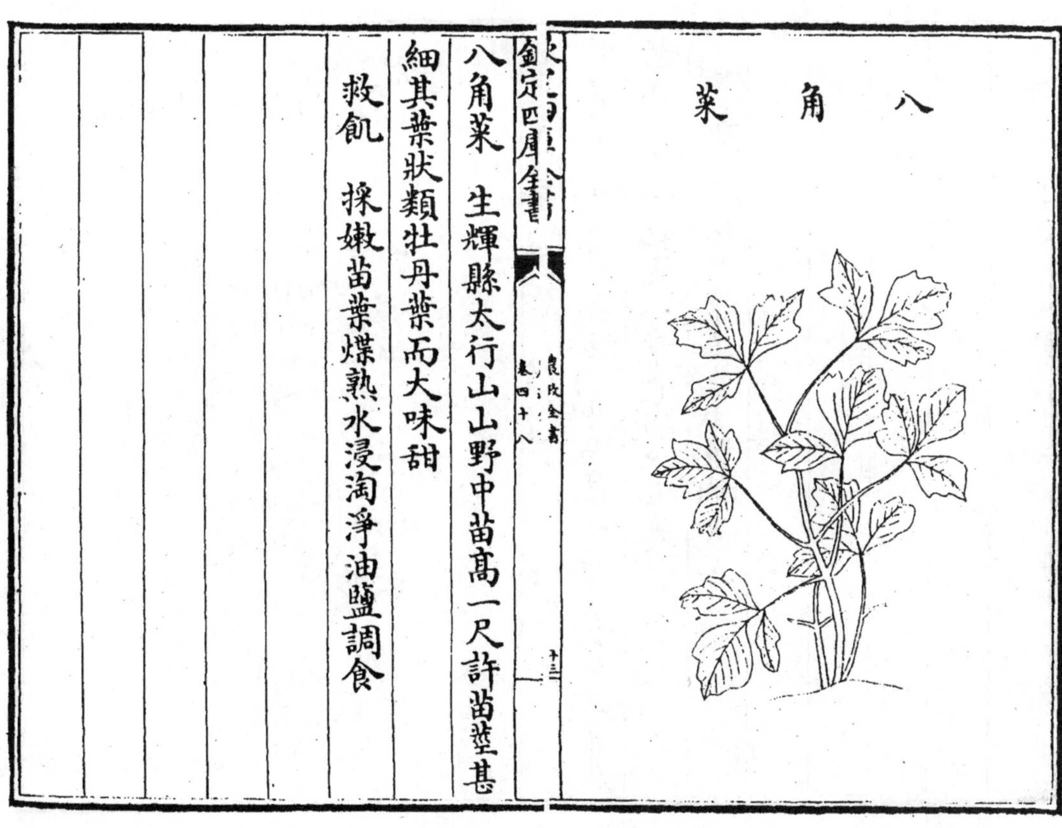

八角菜　生輝縣太行山山野中苗高一尺許苗莖甚細其葉狀類牡丹葉而大味甜

救飢　採嫩苗葉煠熟水浸淘淨油鹽調食

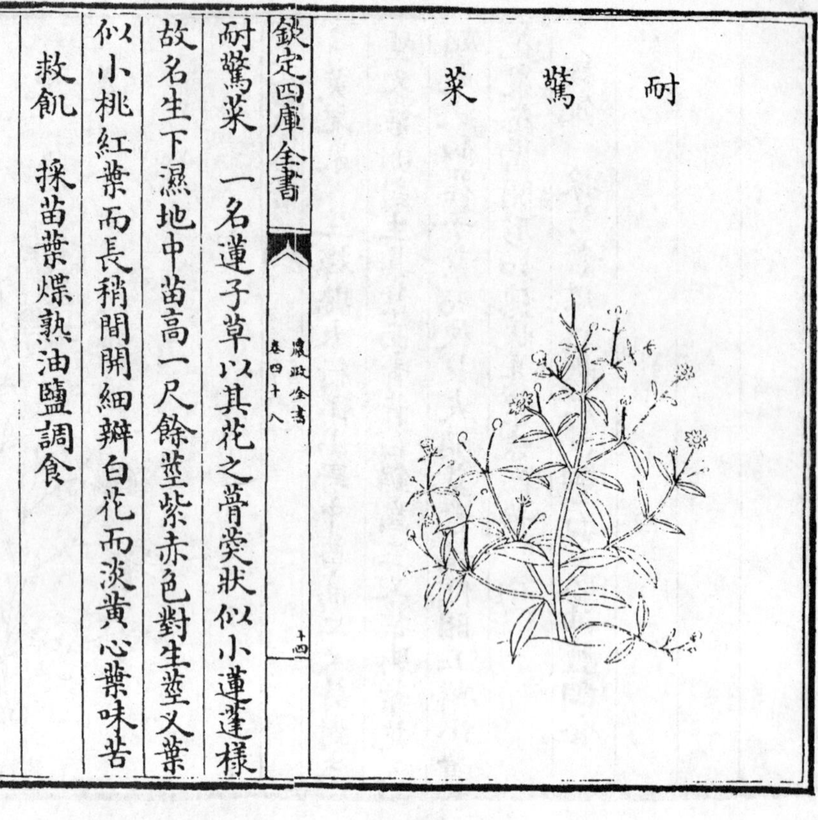

耐驚菜　一名蓮子草以其花之𦵏熒狀似小蓮蓬樣故名生下濕地中苗高一尺餘莖紫赤色對生莖叉葉似小桃紅葉而長稍間開細瓣白花而淡黃心葉味苦

救飢　採苗葉煠熟油鹽調食

地棠菜

地棠菜　生鄭州南沙堈中苗高一二尺葉似地棠花葉甚大又似初生芥菜葉微狹而尖味甜

救飢　採嫩苗葉煠熟油鹽調食

雞兒腸

雞兒腸　生中牟田野中苗高一二尺莖黑紫色葉似薄荷葉微小邊有稀鋸齒又似六月菊稍葉間開細瓣淡粉紫花黄心葉味微辣

救飢　採葉煠熟换水淘去辣味油鹽調食

雨點兒菜

雨點兒菜　生田野中就地叢生其莖脚紫稍青葉如細柳葉而窄小抪莖而生又似石竹子葉而頗硬稍間開小尖五瓣白花結角比蘿蔔角又大其葉味甘

救飢　採葉煠熟水浸作過淘洗令淨油鹽調食

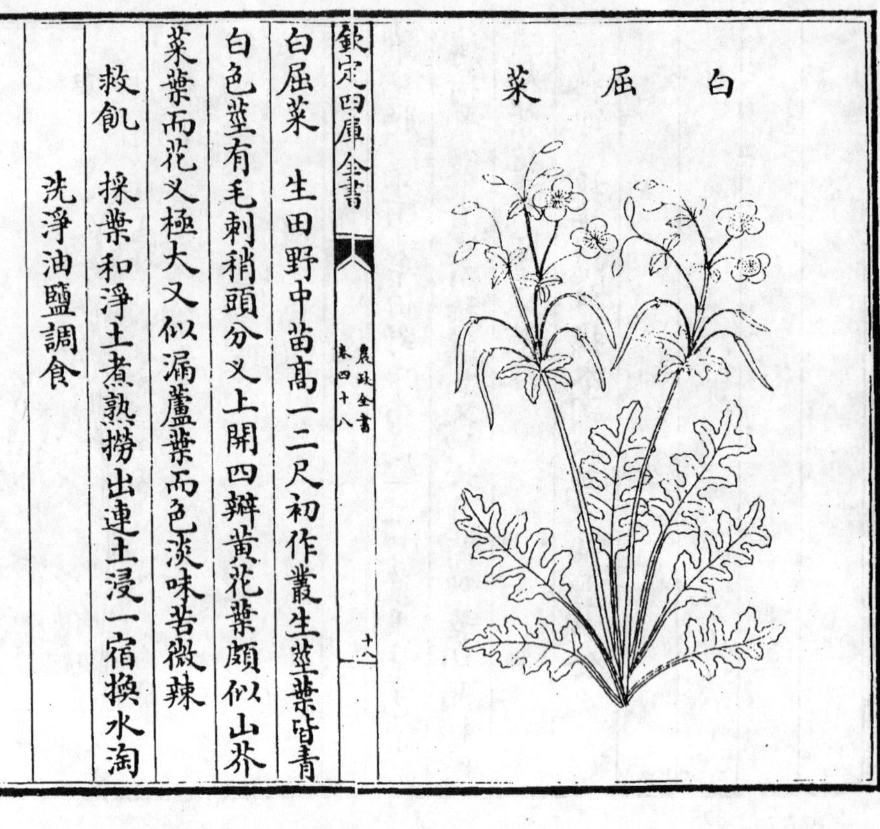

白屈菜 生田野中苗高一二尺初作叢生莖葉皆青白色莖有毛刺稍頭分叉上開四瓣黄花葉頗似山芥菜葉而花叉極大又似漏蘆葉而色淡味苦微辣

救飢 採葉和淨土煮熟撈出連土浸一宿換水淘洗淨油鹽調食

扯根菜

扯根菜 生田野中苗高一尺許莖赤色紅葉似小桃紅葉微窄小色頗緑又似小柳葉亦短而厚窄其葉週圍攢莖而生開碎瓣小青白花結小花蒴似蒺藜樣葉苗味甘

救飢 採苗葉煠熟水浸淘淨油鹽調食

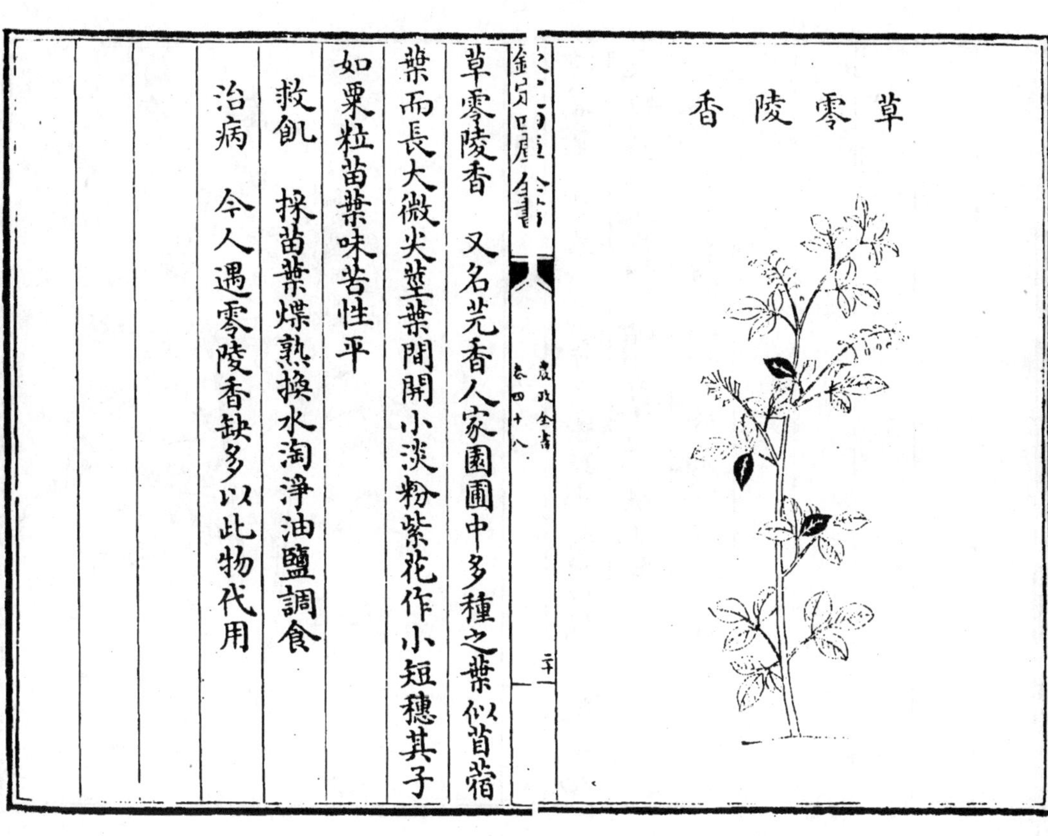

草零陵香

草零陵香　又名芫香人家園圃中多種之葉似苜蓿葉而長大微尖莖葉間開小淡粉紫花作小短穗其子如粟粒苗葉味苦性平

救飢　採苗葉煠熟換水淘淨油鹽調食

治病　今人遇零陵香缺多以此物代用

水落藜

水落藜　生水邊所在處處有之莖高尺餘莖色微紅葉似野灰菜葉而瘦小味微苦澁性凉

救飢　採苗葉煠熟換水浸淘洗淨油鹽調食晒乾煠食尤好

涼蒿菜

涼蒿菜　又名甘菊芽生密縣山野中葉似菊花葉而長細尖艄又多花叉開黄花其葉味甘

救飢　採葉煠熟換水浸淘淨油鹽調食

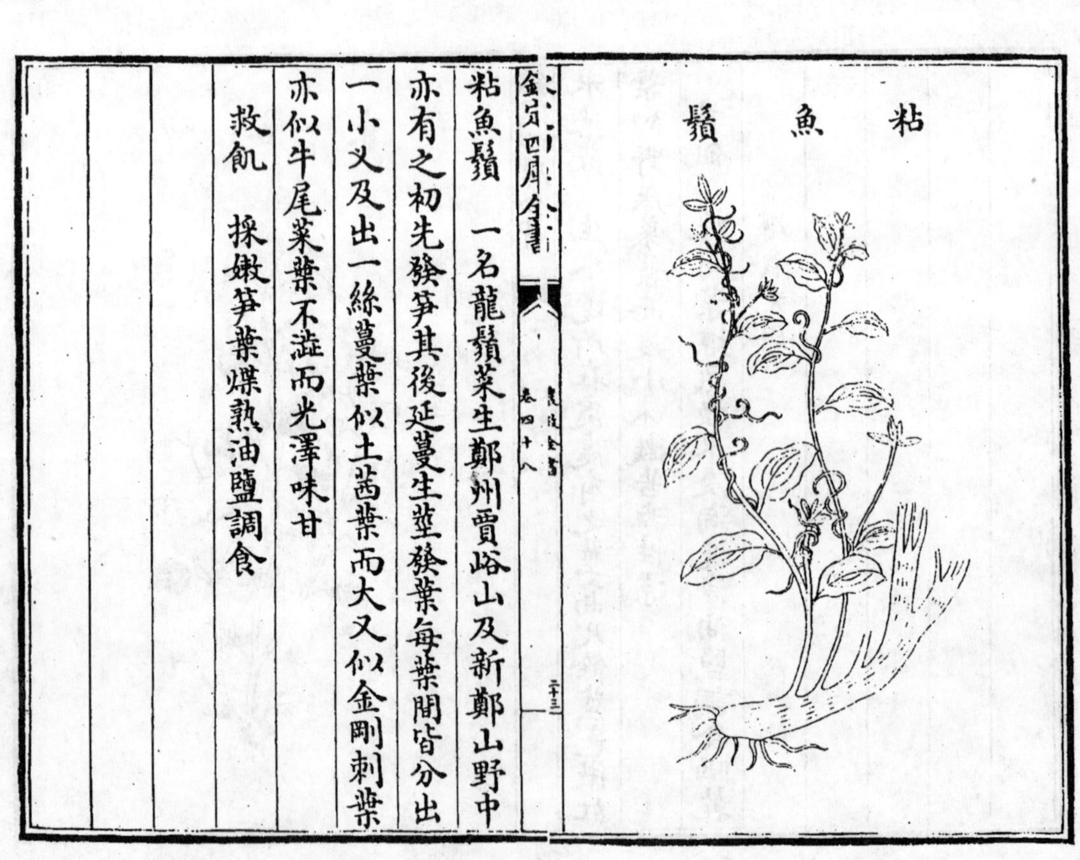

粘魚鬚　一名龍鬚菜生鄭州賈峪山及新鄭山野中亦有之初先發笋其後延蔓生莖發葉每葉間皆分出一小叉及出一絲蔓葉似土茜葉而大又似金剛刺葉亦似牛尾菜葉不澁而光澤味甘

救飢　採嫩笋葉煠熟油鹽調食

節節菜

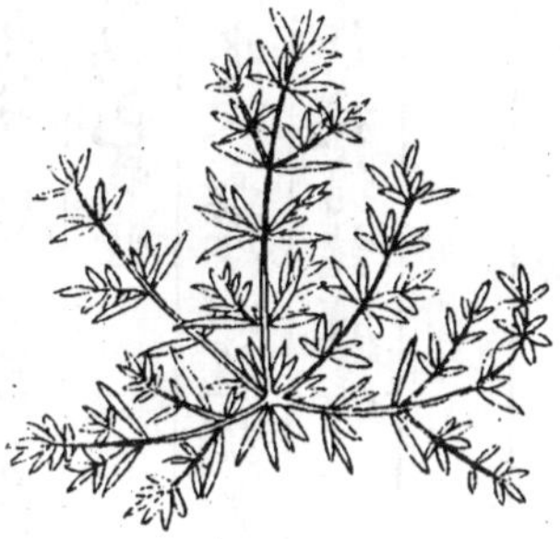

節節菜　生荒野下濕地科苗甚小葉似鹻蓬又更細小而稀疎其莖多節堅硬葉間開粉紫花味甜

救飢　採嫩苗揀擇淨煠熟水浸淘過油鹽調食

野艾蒿

野艾蒿　生田野中苗葉類艾而細又多花叉葉有艾香味苦

救飢　採葉煠熟水淘去苦味油鹽調食

堇堇菜

堇堇菜　一名箭頭草生田野中苗初搨地生葉似鈹箭頭樣而葉蒂甚長其後葉間攛葶開紫花結三瓣蒴兒中有子如芥子大茶褐色味甘

救飢　採苗葉煠熟水浸淘淨油鹽調食

治病　今人傳說根葉搗傅諸腫毒

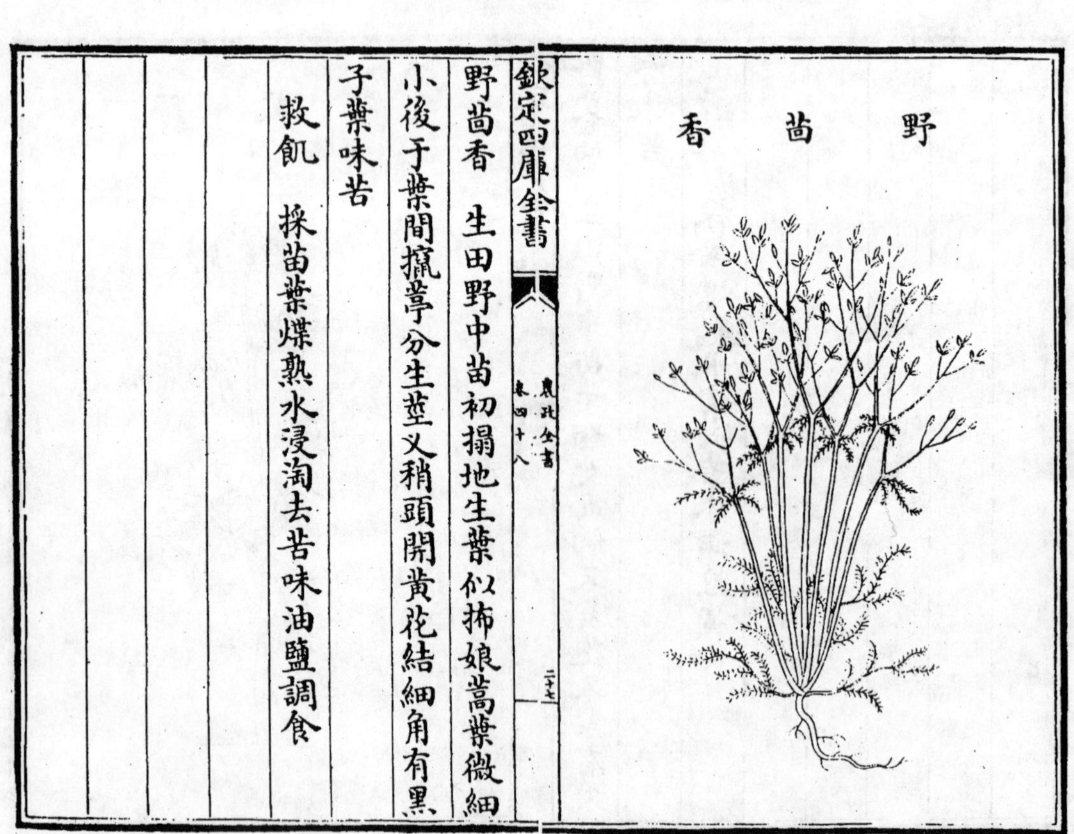

野茴香　生田野中苗初搨地生葉似抪娘蒿葉微細小後于葉間攛葶分生莖叉稍頭開黃花結細角有黑子葉味苦

救飢　採苗葉煠熟水浸淘去苦味油鹽調食

𧑞子花菜

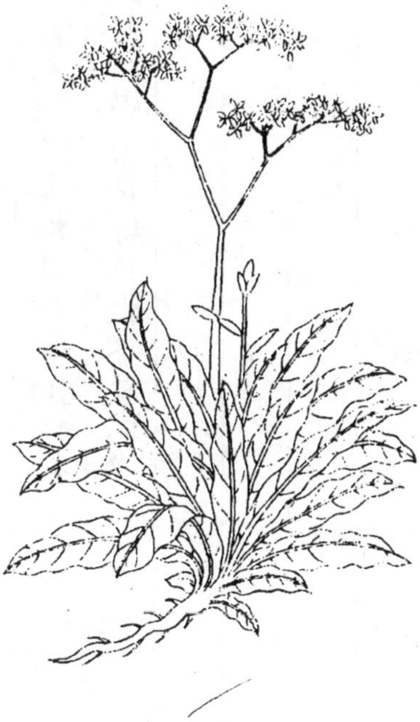

𧑞子花菜　又名虼蚤花一名野菠菜生田野中苗初搨地生葉似初生菠菜葉而瘦細葉間攛生莛叉高一尺餘莖有線楞稍間開小白花其葉味苦

救飢　採嫩葉煠熟水淘淨油鹽調食

白蒿

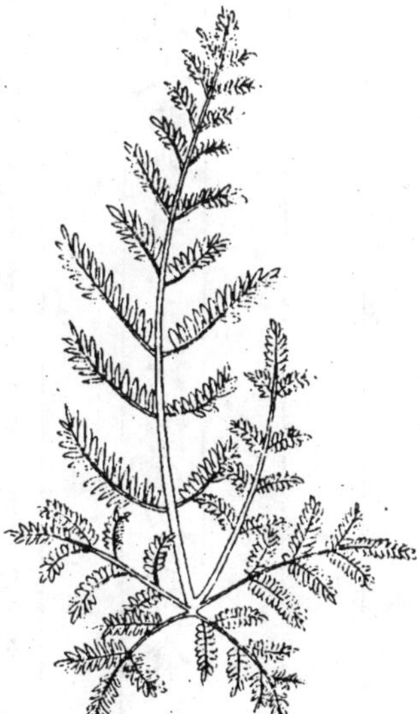

白蒿　生荒野中苗高二三尺葉如細絲似初生松針色微青白稍似艾香味微辣

救飢　採嫩苗葉煠熟換水浸淘淨油鹽調食

野同蒿

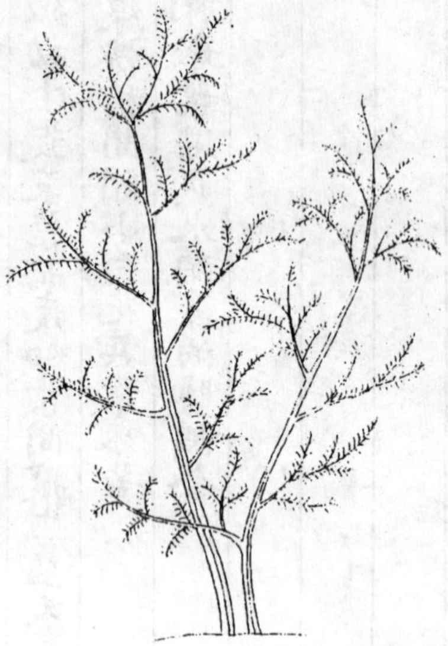

野同蒿　生荒野中苗高二三尺莖紫赤色葉似白蒿色微青黄又似初生松針而茸細味苦

救飢　採嫩苗葉煠熟換水浸淘淨油鹽調食

野粉團兒

野粉團兒　生田野中苗高一二尺莖似鐵桿蒿葉似獨埽葉而小上下稀疎枝頭分叉開淡白花黄心味甜辣

救飢　採嫩苗葉煠熟水浸淘淨油鹽調食

蚵蚾菜

蚵蚾菜　生密縣山野中苗高二三尺許葉似連翹葉微長又似金銀花葉而尖紋皺却少邊有小鋸齒開粉紫花黃心葉味甜

救飢　採嫩苗葉煠熟水浸淘淨油鹽調食

農政全書卷四十八

農政全書卷四十九

明　徐光啓　撰

荒政　明周憲王救荒本草

草部　葉可食

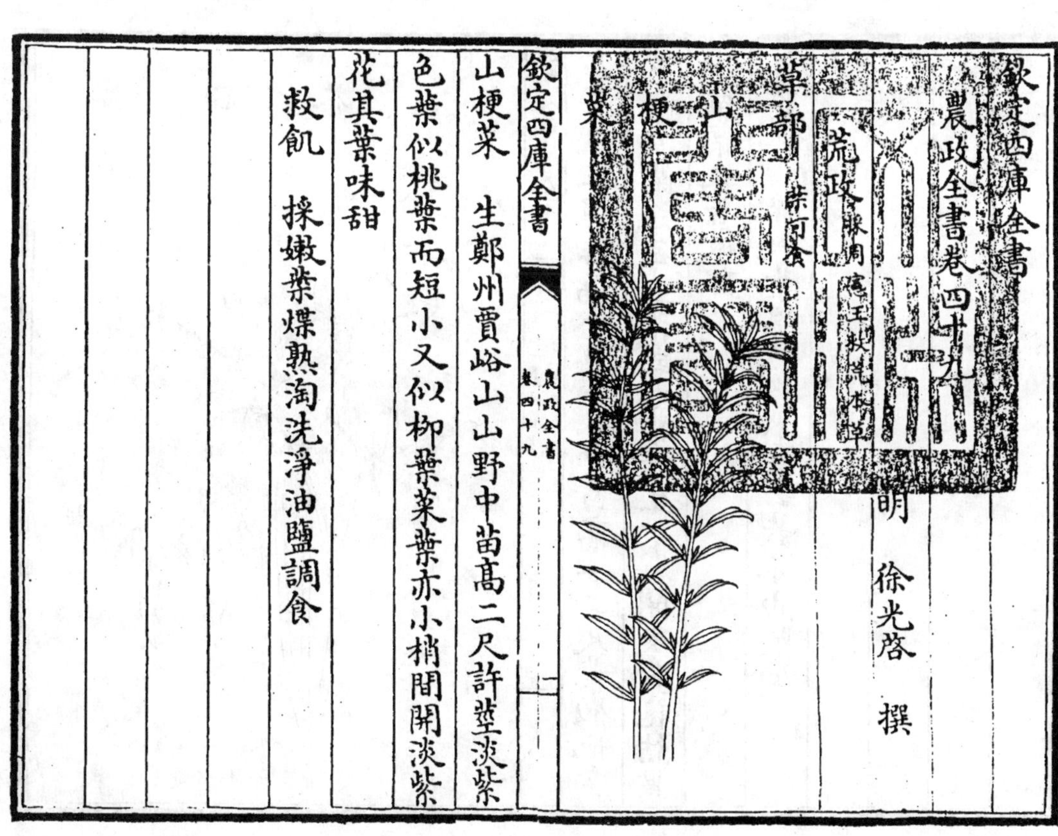

山梗菜

山梗菜　生鄭州賈峪山山野中苗高二尺許莖淡紫色葉似桃葉而短小又似柳葉菜葉亦小梢間開淡紫花其葉味甜

救飢　採嫩葉煠熟淘洗淨油鹽調食

狗掉尾苗

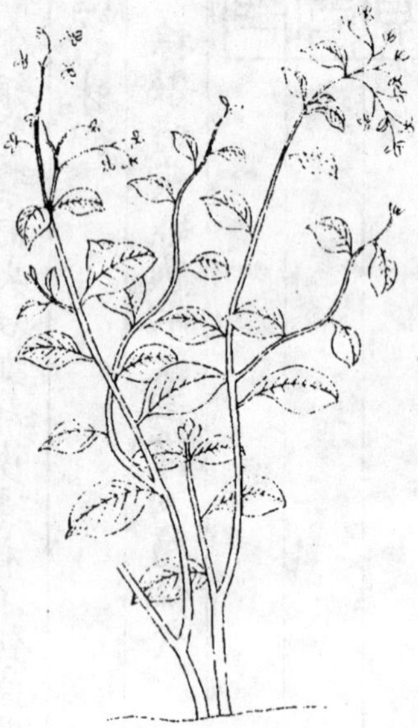

狗掉尾苗　生南陽府馬鞍山中苗長二三尺拖蔓而生莖方色青其葉似歪頭菜葉稍大而尖艄色深緑紋脉微多又似狗筋蔓葉梢間開五瓣小白花黄心衆花攢開其狀如穗葉味微酸

救飢　採嫩葉煠熟水浸去酸味淘淨油鹽調食

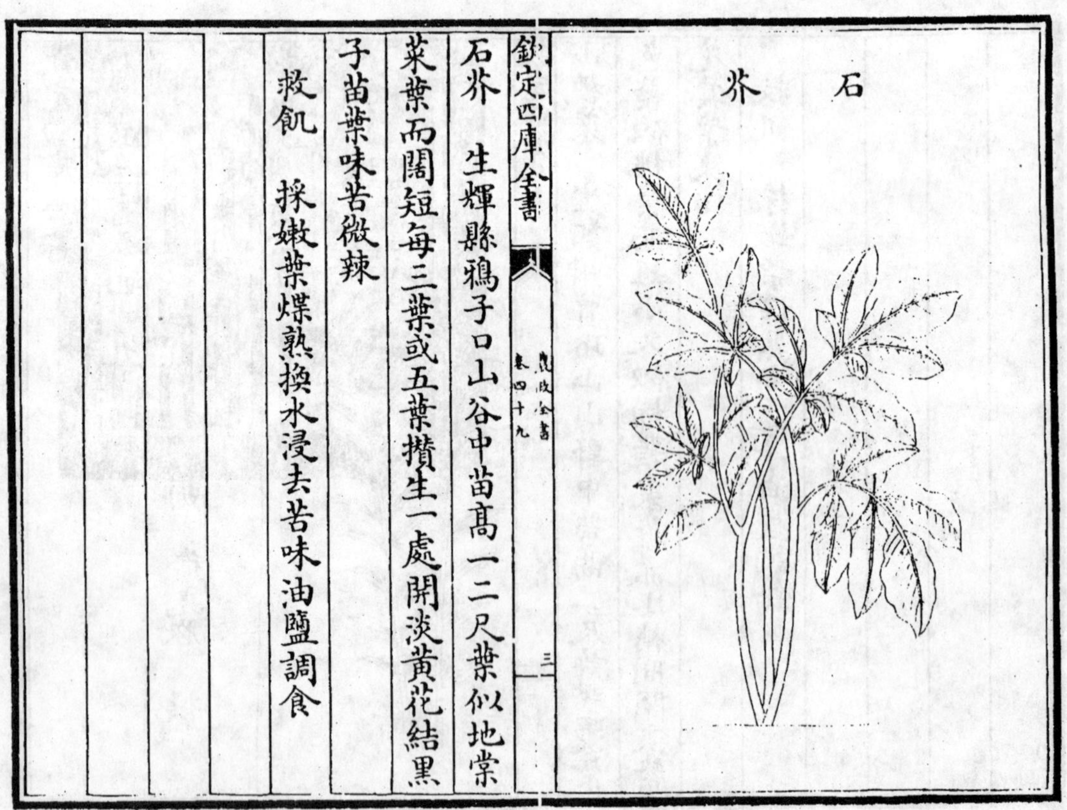

石芥

石芥　生輝縣鴉子口山谷中苗高一二尺葉似地棠菜葉而闊短每三葉或五葉攢生一處開淡黄花結黑子苗葉味苦微辣

救飢　採嫩葉煠熟換水浸去苦味油鹽調食

獾耳菜

獾耳菜　生中牟平野中苗長尺餘莖多枝叉其莖上有細線楞葉似竹葉而短小亦軟又似萹蓄葉却頗闊大而又尖莖葉俱有微毛開小黲白花結細灰青子苗葉味甘

救飢　採嫩苗葉煠熟水浸淘淨油鹽調食

回回蒜

回回蒜　一名水胡椒又名蟣虎草生水邊下濕地苗高一尺許葉似野艾蒿而硬又甚花叉又似前胡葉頗大亦多花叉苗莖梢頭開五瓣黄花結穗如初生桑椹子而小又似初生蒼耳實亦小色青味極辛辣其葉味甜

救飢　採葉煠熟換水浸淘淨油鹽調食子可擣爛調菜用

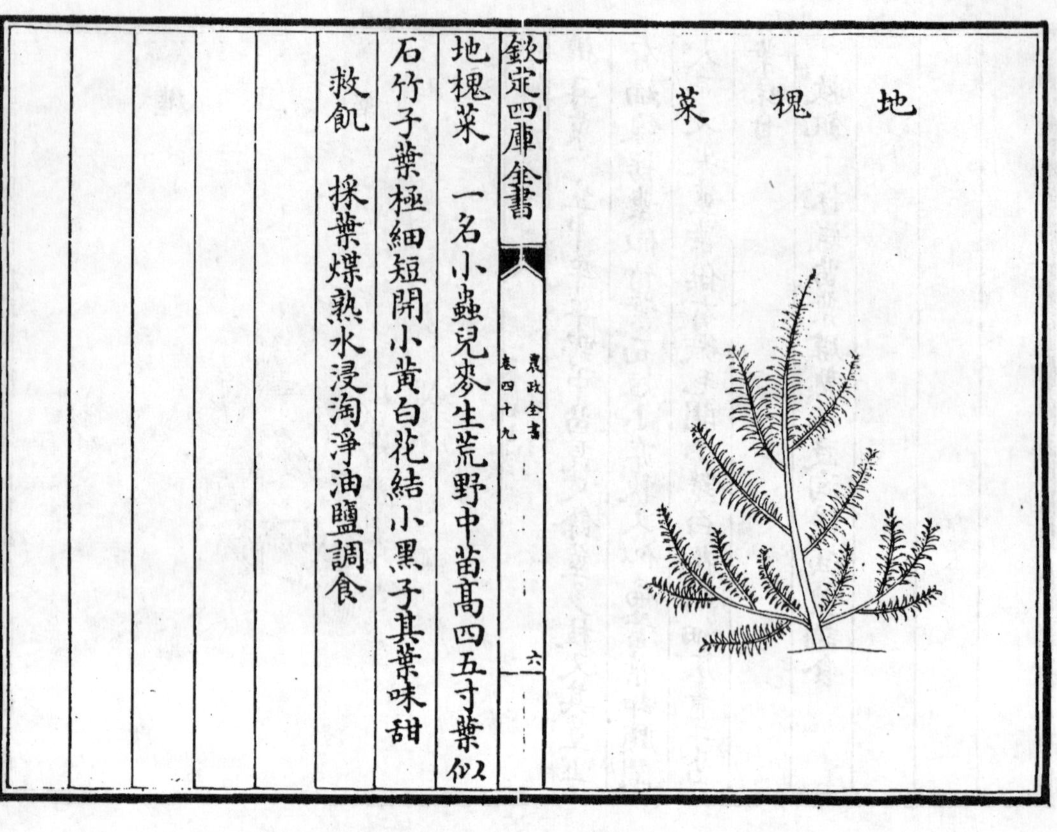

地槐菜　一名小蟲兒麥生荒野中苗高四五寸葉似石竹子葉極細短開小黄白花結小黑子其葉味甜

救飢　採葉煠熟水浸淘淨油鹽調食

螺黶兒

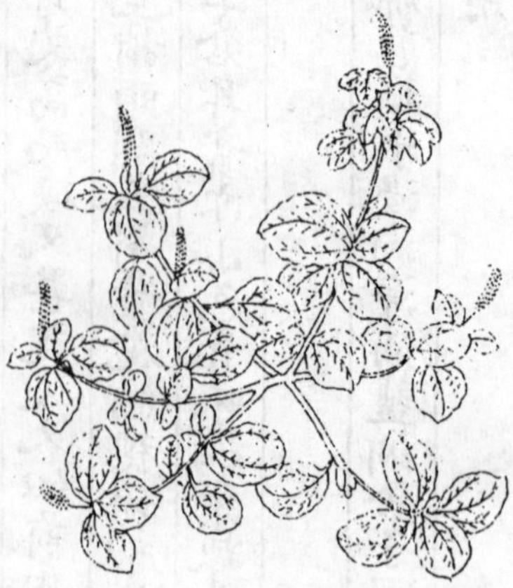

螺黶兒　一名地桑又名痢見草生荒野中莖微紅葉似野人莧葉微長窄而尖開花作赤色小細穗兒其葉味甘

救飢　採苗葉煠熟水浸淘去邪味油鹽調食

治病　今人傳説治痢疾採苗用水煮服甚効

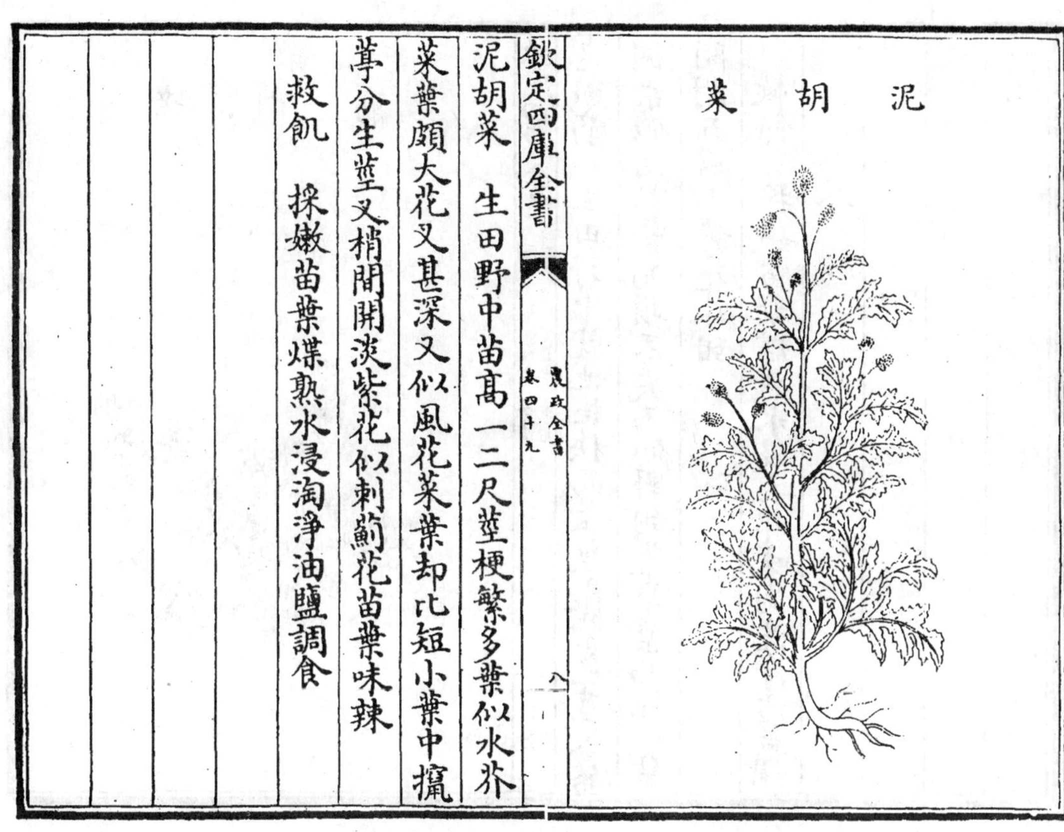
泥胡菜

泥胡菜　生田野中苗高一二尺莖梗繁多葉似水芥菜葉頗大花叉甚深又似風花菜葉却比短小葉中攛葶分生莖叉梢間開淡紫花似刺薊花苗葉味辣

救飢　採嫩苗葉煠熟水浸淘淨油鹽調食

兎兒絲

兎兒絲　生田野中其苗就地拖蔓節間生葉如指頂大葉邊似雲頭樣小黃花苗葉味甜

救飢　採嫩苗葉煠熟水浸淘淨油鹽調食

老鸛筋

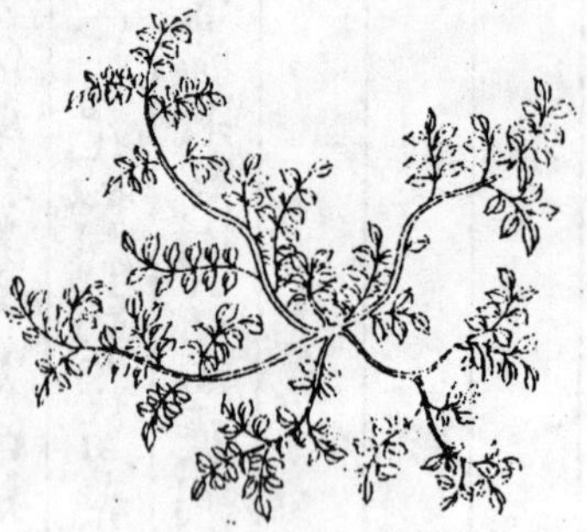

老鸛筋　生田野中就地拖秧而生莖微紫色莖叉繁稠葉似園荽葉而頭不尖又似野胡蘿蔔葉而短小葉間開五瓣小黄花味甜

救飢　採嫩苗葉煠熟水浸去邪味淘洗淨油鹽調食

絞股藍

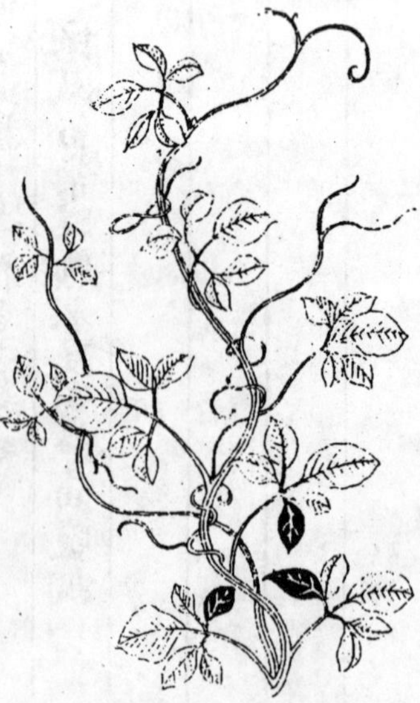

絞股藍　生田野中延蔓而生葉似小藍葉短小軟薄邊有鋸齒又似痢見草葉亦軟淡緑五葉攢生一處開小花黄色又有開白花者結子如豌豆大生則青色熟則紫黑色葉味甜

救飢　採葉煠熟水浸去邪味涎沫淘洗淨油鹽調食

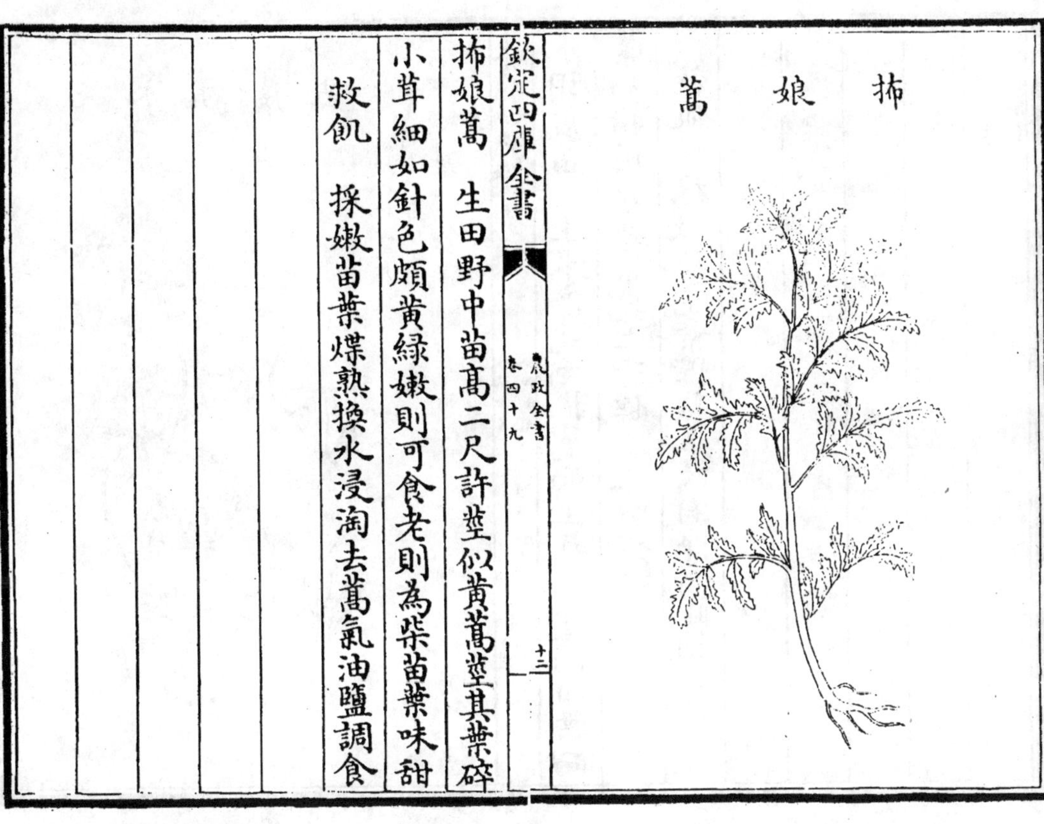

抪娘蒿　生田野中苗高二尺許莖似黃蒿莖其葉碎小茸細如針色頗黃綠嫩則可食老則為柴苗葉味甜

救饑　採嫩苗葉煠熟換水浸淘去蒿氣油鹽調食

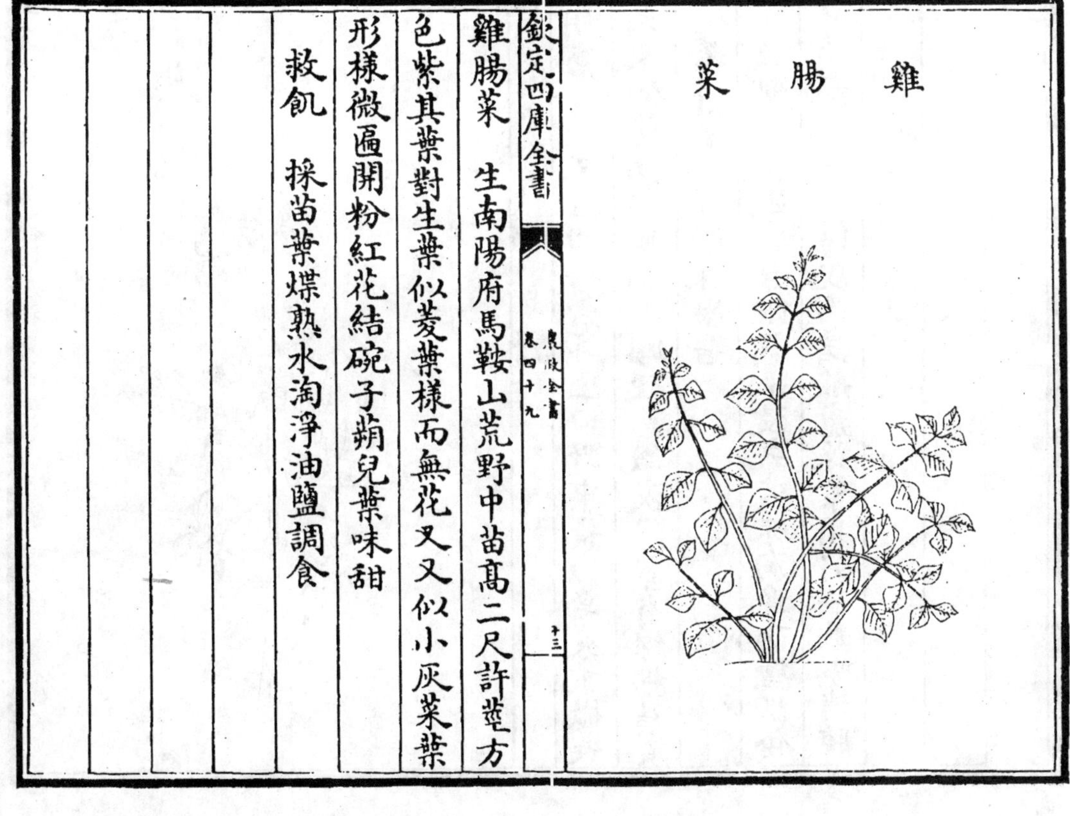

雞腸菜　生南陽府馬鞍山荒野中苗高二尺許莖方色紫其葉對生葉似菱葉樣而無花叉又似小灰菜葉形樣微匾開粉紅花結碗子蒴兒葉味甜

救饑　採苗葉煠熟水淘淨油鹽調食

水胡蘆苗

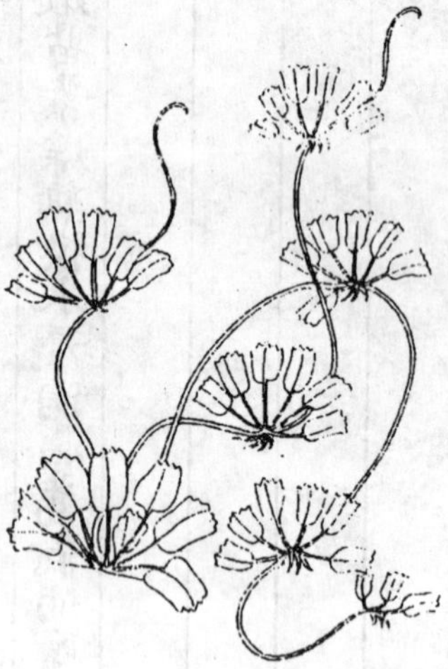

水胡蘆苗　生水邊就地拖蔓而生每節間開四葉而葉如指頂大其葉尖上皆作三叉味甜

救飢　採嫩秧連葉煠熟水浸淘淨油鹽調食

胡蒼耳

胡蒼耳　又名回回蒼耳生田野中葉似皂莢葉微長大又似望江南葉而小頗硬色微淡緑莖有線楞結實如蒼耳實但長艄味微苦

救飢　採嫩苗葉煠熟水浸去苦味淘淨油鹽調食

治病　令人傳說治諸般瘡採葉用好酒熬喫消腫

水棘針苗

水棘針苗　又名山油子生田野中苗高一二尺莖方四楞對分莖叉葉亦對生其葉似荊葉而軟鋸齒尖葉莖葉紫綠開小紫碧花葉味辛辣微甜

救飢　採苗葉煠熟水淘洗淨油鹽調食

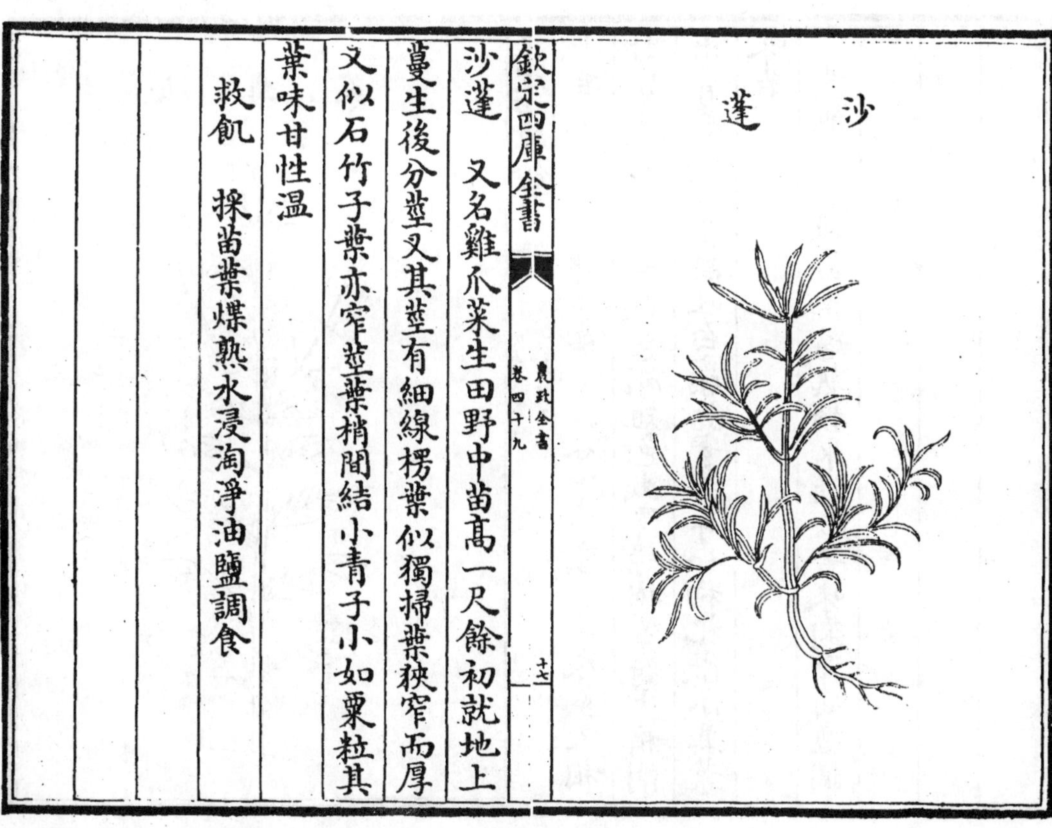

沙蓬

沙蓬　又名雞爪菜生田野中苗高一尺餘初就地上蔓生後分莖叉其莖有細線楞葉似獨掃葉狹窄而厚又似石竹子葉亦窄莖葉梢間結小青子小如粟粒其葉味甘性温

救飢　採苗葉煠熟水浸淘淨油鹽調食

麥藍菜

麥藍菜　生田野中莖葉俱深莴苣色葉似大藍梢葉而小頗尖其葉抱莖對生每一葉間攛生一叉莖叉梢頭開小肉紅花結蒴有子似小桃紅子苗葉味微苦

救飢　採嫩苗葉煠熟水浸淘淨油鹽調食

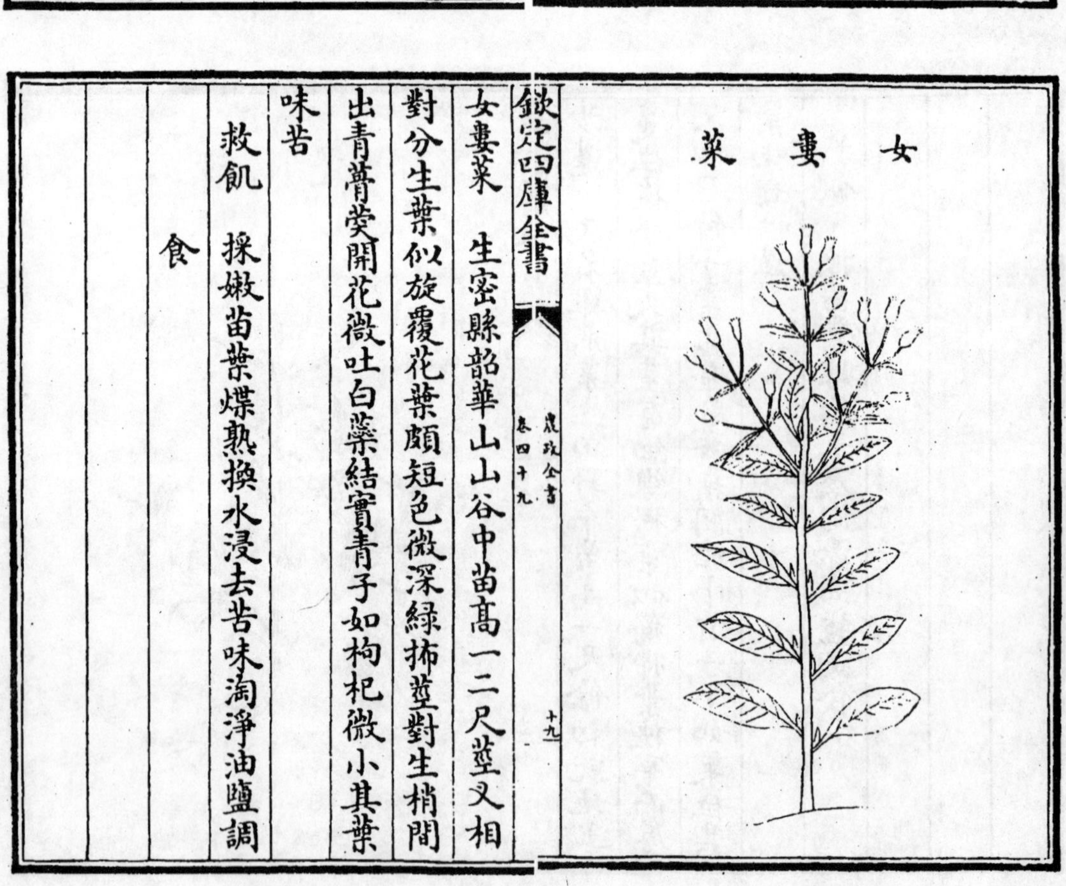

女婁菜

女婁菜　生密縣韶華山山谷中苗高一二尺莖叉相對分生葉似旋覆花葉頗短色微深綠抪莖對生梢間出青蓇葖開花微吐白蘂結實青子如枸杞微小其葉味苦

救飢　採嫩苗葉煠熟換水浸去苦味淘淨油鹽調食

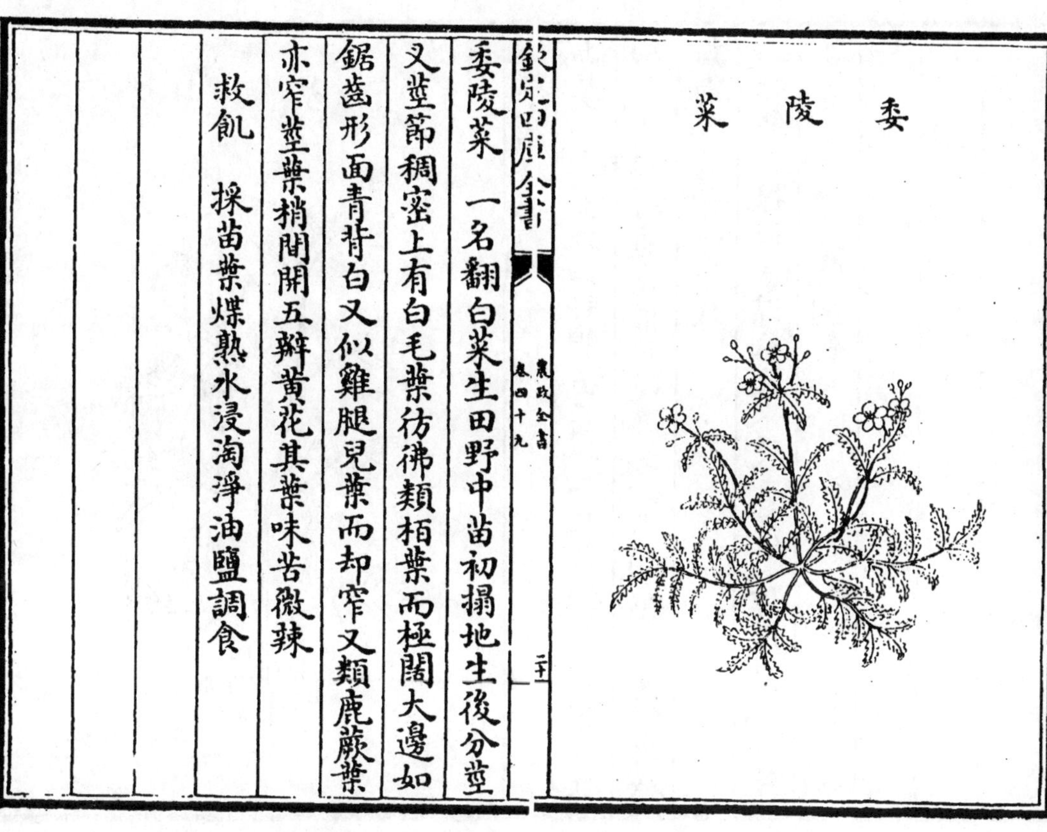

委陵菜　一名翻白菜生田野中苗初搨地生後分莖叉莖節稠密上有白毛葉彷彿類柏葉而極闊大邊如鋸齒形面青背白又似雞腿兒葉而却窄又類鹿蕨葉亦窄莖葉梢間開五瓣黄花其葉味苦微辣

救飢　採苗葉煠熟水浸淘淨油鹽調食

獨行菜

獨行菜　又名麥稭菜生田野中科苗高一尺許葉似水棘針葉微短小又似水蘇子葉亦短小狹窄作瓦隴樣梢出細葶開小黲白花結小青蓇葖小如菉豆粒葉味甜

救飢　採嫩苗葉煠熟換水淘淨油鹽調食

山蓼

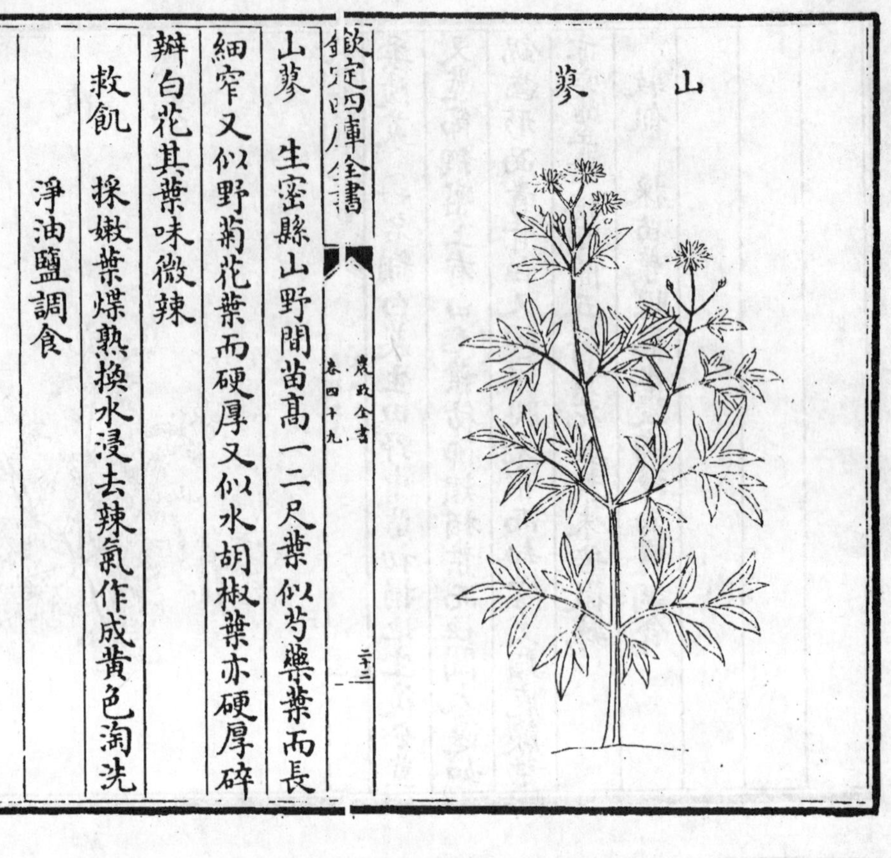

山蓼　生密縣山野間苗高一二尺葉似芍藥葉而長細窄又似野菊花葉而硬厚又似水胡椒葉亦硬厚碎瓣白花其葉味微辣

救飢　採嫩葉煠熟換水浸去辣氣作成黄色淘洗淨油鹽調食

葛公菜

欽定四庫全書
農政全書　卷四十九
二十三

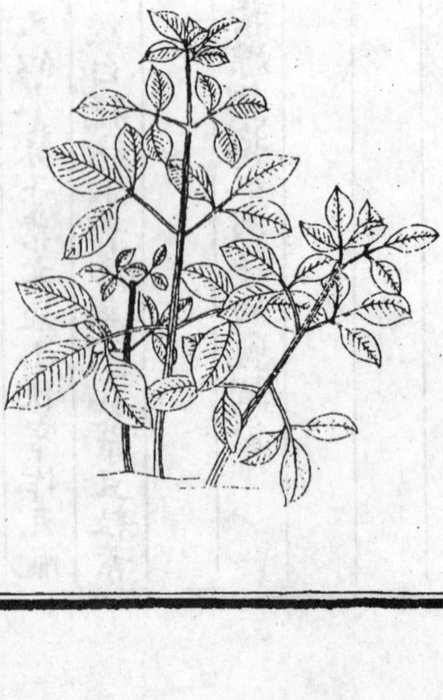

葛公菜　生密縣韶華山山谷間苗高二三尺莖方窊面四楞對分莖叉葉方對生葉似蘇子葉而小又似荏子葉而大梢間開粉紅花結子如小米粒而茶褐色其葉味甜微苦

救飢　採葉煠熟水浸去苦味換水淘淨油鹽調食

鯽魚鱗

鯽魚鱗　生密縣韶華山山野中苗高一二尺莖方而茶褐色對分莖叉葉亦對生葉似雞腸菜葉頗大又似桔梗葉而微軟薄葉面却微紋皺梢間開粉紅花結子如小栗粒而茶褐色其葉味甜

救飢　採葉煠熟水浸淘淨油鹽調食

尖刀兒苗

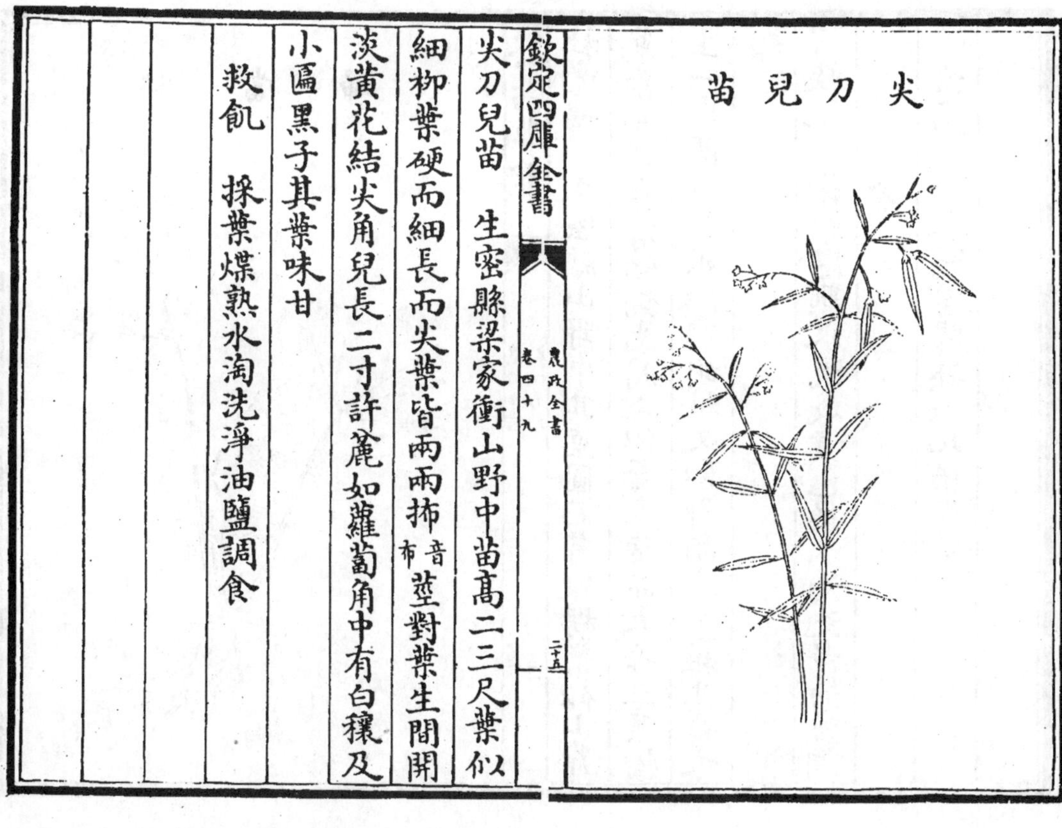

尖刀兒苗　生密縣梁家衝山野中苗高二三尺葉似細柳葉硬而細長而尖葉皆兩兩抪音布莖對葉生間開淡黃花結尖角兒長二寸許麄如蘿蔔角中有白穰及小匾黑子其葉味甘

救飢　採葉煠熟水淘洗淨油鹽調食

珍珠菜

珍珠菜　生密縣山野中苗高二尺許莖似蒿稈微帶紅色其葉狀似柳葉而極細小又似地梢瓜葉頭出穗狀類鼠尾草穗開白花結子小如菉豆粒黄褐色葉味苦澀

救飢　採葉煠熟換水浸去澀味淘淨油鹽調食

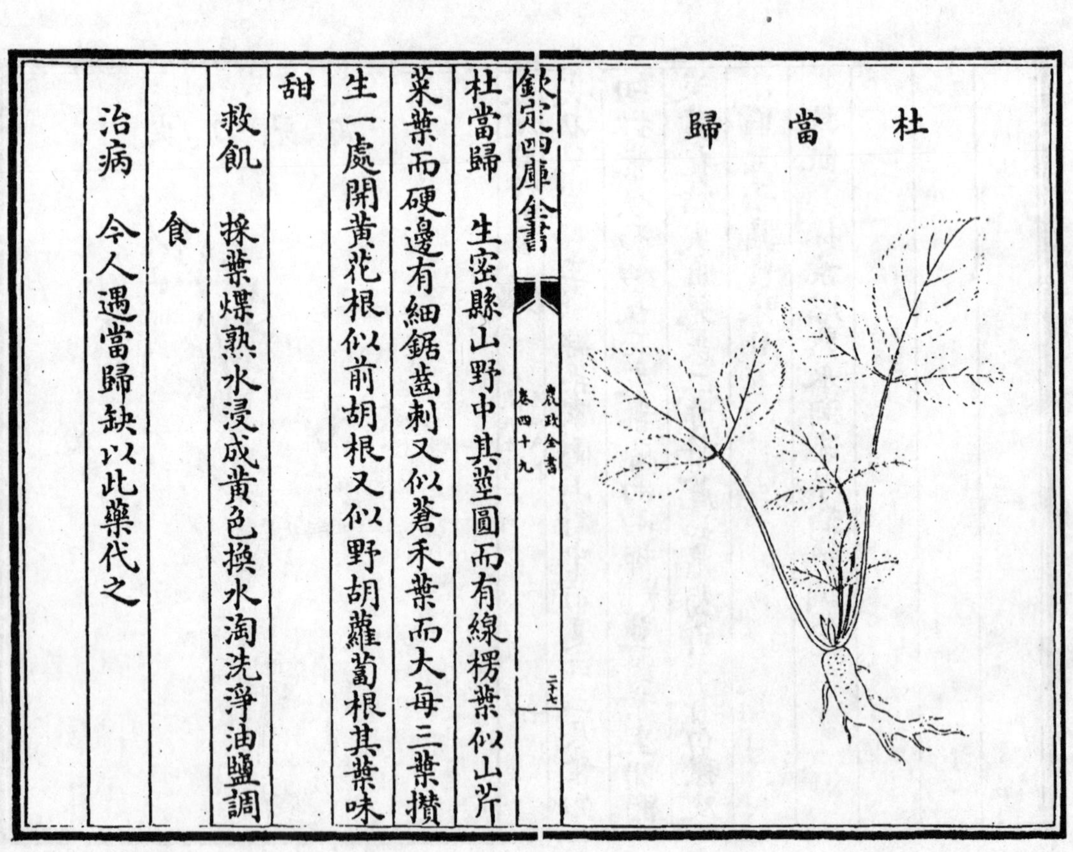

杜當歸

杜當歸　生密縣山野中其莖圓而有線楞葉似山芹菜葉而硬邊有細鋸齒刺又似蒼禾葉而大每三葉攢生一處開黄花根似前胡根又似野胡蘿蔔根其葉味甜

救飢　採葉煠熟水浸成黄色換水淘洗淨油鹽調食

治病　令人遇當歸缺以此藥代之

薔䕷

薔䕷（音牆梅）又名刺䕷今處處有之生荒野崗嶺間人家園圃中亦栽科條青色莖上多刺葉似椒葉而長鋸齒又細背頗白開紅白花亦有千葉者味甜淡

救飢 採芽葉煠熟換水浸淘淨油鹽調食

風輪菜

風輪菜 生密縣山野中苗高二尺餘方莖四楞色淡綠微白葉似荏子葉而小又似威靈仙葉微寬邊有鋸齒又兩葉對生而葉節間又生子葉極小四葉相攢對生開淡粉紅花其葉味苦

救飢 採葉煠熟水浸去邪味淘洗淨油鹽調食

拖白練苗

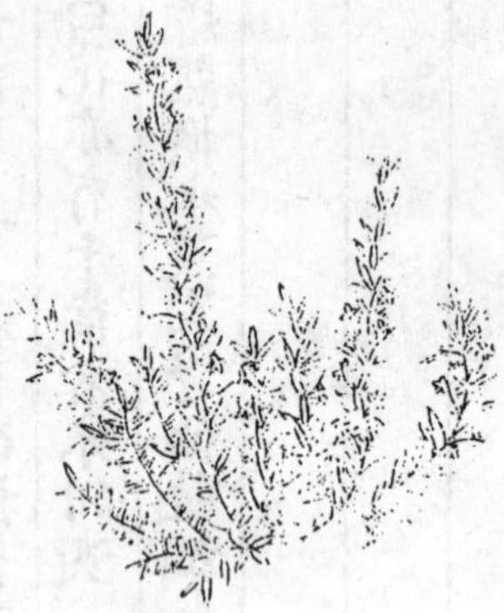

拖白練苗　生田野中苗搨地生葉似垂盆草葉而又小葉間開小白花結細黄子其葉味甜

救飢　採苗葉煠熟油鹽調食

酸桶笋

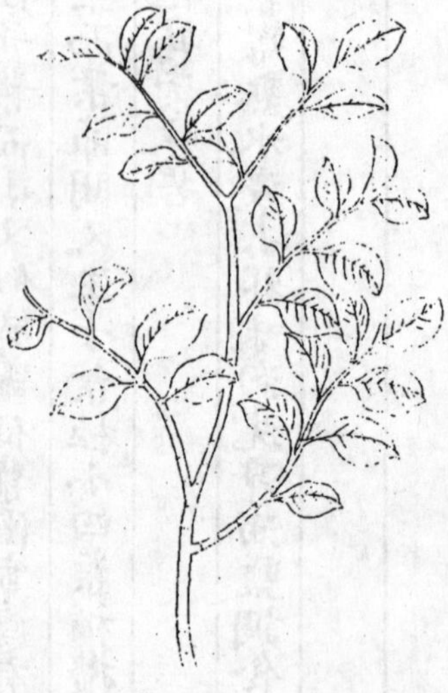

酸桶笋　生密縣韶華山山澗邊初發笋葉其後分生莖叉科苗高四五尺莖稈似水葒莖而紅赤色其葉似白槿葉而澁又似山格刺菜葉亦澁紋脈亦麄味甘微酸

救飢　採嫩笋葉煠熟水浸去邪味淘淨油鹽調食

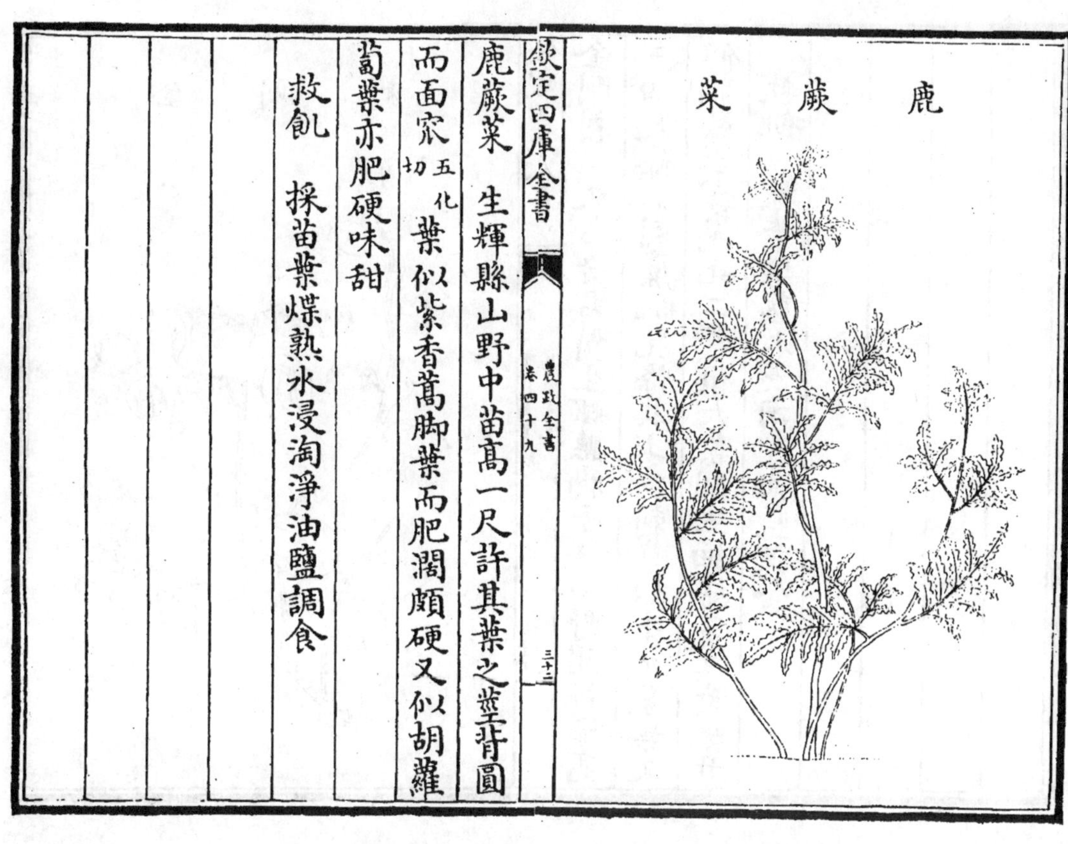

鹿蕨菜　生輝縣山野中苗高一尺許其葉之莖背圓而面窊(五化切)葉似紫香蒿脚葉而肥濶頗硬又似胡蘿蔔葉亦肥硬味甜

救飢　採苗葉煠熟水浸淘淨油鹽調食

山芹菜

山芹菜　生輝縣山野間苗高一尺餘葉似野蜀葵葉稍大而有五叉又似地牡丹葉亦大葉中攛生莖叉稍結刺毬如鼠粘子刺毬而小開花黪白色葉味甘

救飢　採苗葉煠熟水浸淘淨油鹽調食

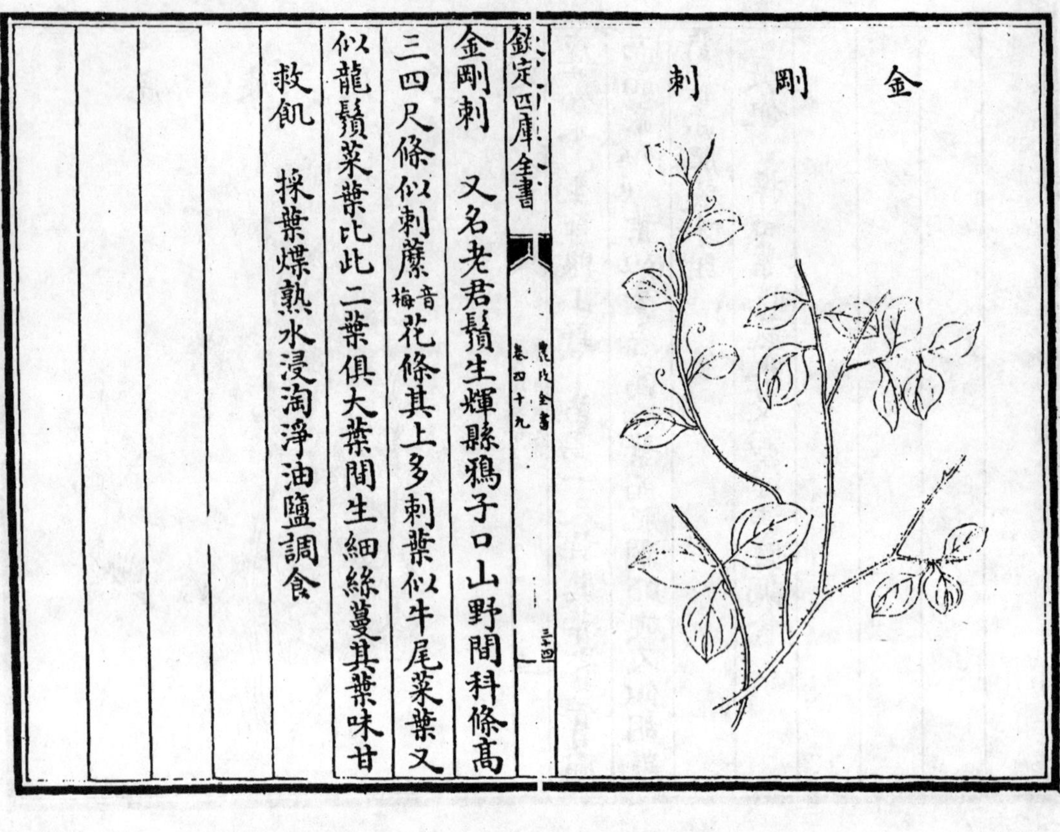

金剛刺　又名老君鬚生輝縣鵶子口山野間科條高三四尺條似刺蘪(音梅)花條其上多刺葉似牛尾菜葉又似龍鬚菜葉比此二葉俱大葉間生細絲蔓其葉味甘

救飢　採葉煠熟水浸淘淨油鹽調食

柳葉菜

柳葉青　生中牟荒野中科苗高二尺餘莖似蒿莖葉似柳葉而短抪莖而生開小白花銀褐心其葉味微辛

救飢　採嫩葉煠熟水浸淘淨油鹽調食

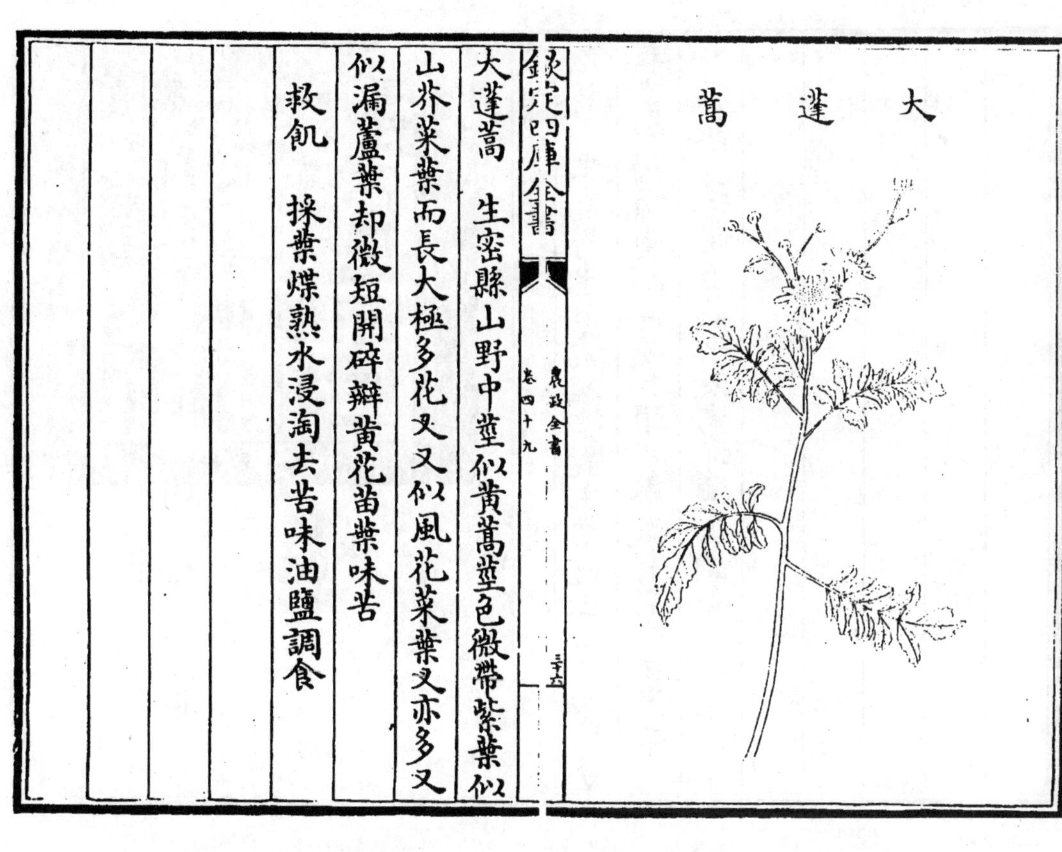

大蓬蒿 生密縣山野中莖似黄蒿莖色微帶紫葉似山芥菜葉而長大極多花叉又似風花菜葉叉亦多叉似漏蘆葉却微短開碎瓣黄花苗葉味苦

救飢 採葉煠熟水浸淘去苦味油鹽調食

狗筋蔓

狗筋蔓 生中牟縣沙崗間小科就地拖蔓生葉似狗掉尾葉而短小又似月芽菜葉微尖艄而軟亦多紋脈兩葉對生梢間開白花其葉味苦

救飢 採葉煠水浸淘去苦味油鹽調食

農政全書卷四十九

欽定四庫全書

農政全書卷五十

荒政　救荒本草

草部　葉可食

明　徐光啓　撰

花蒿

花蒿　生荒野中苗葉就地叢生葉長三四寸四散分垂葉似獨掃葉而長硬其頭頗齊微有毛澁味微辛

救飢　採葉煠熟水浸淘淨油鹽調食

兔兒傘

兔兒傘　生滎陽塔兒山荒野中其苗高二三尺許每科初生一莖莖端生葉一層有七八葉每葉分作四叉排生如傘蓋狀故以為名後於葉間攛生莖叉上開淡紅白花根似牛膝而踈短味苦微辛

救飢　採嫩葉煠熟換水浸淘去苦味油鹽調食

地花菜

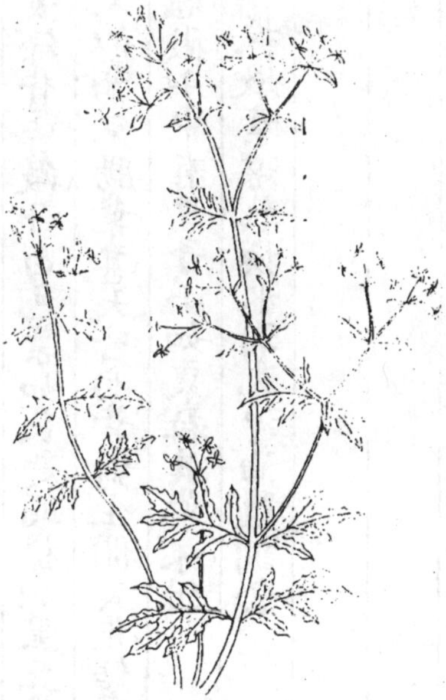

地花菜　又名墓頭灰生密縣山野中苗高尺餘葉似野菊花葉而窄細又似鼠尾草葉亦瘦細稍葉間開五瓣小黄花其葉味微苦

救飢　採葉煠熟水浸淘洗淨油鹽調食

杓兒菜

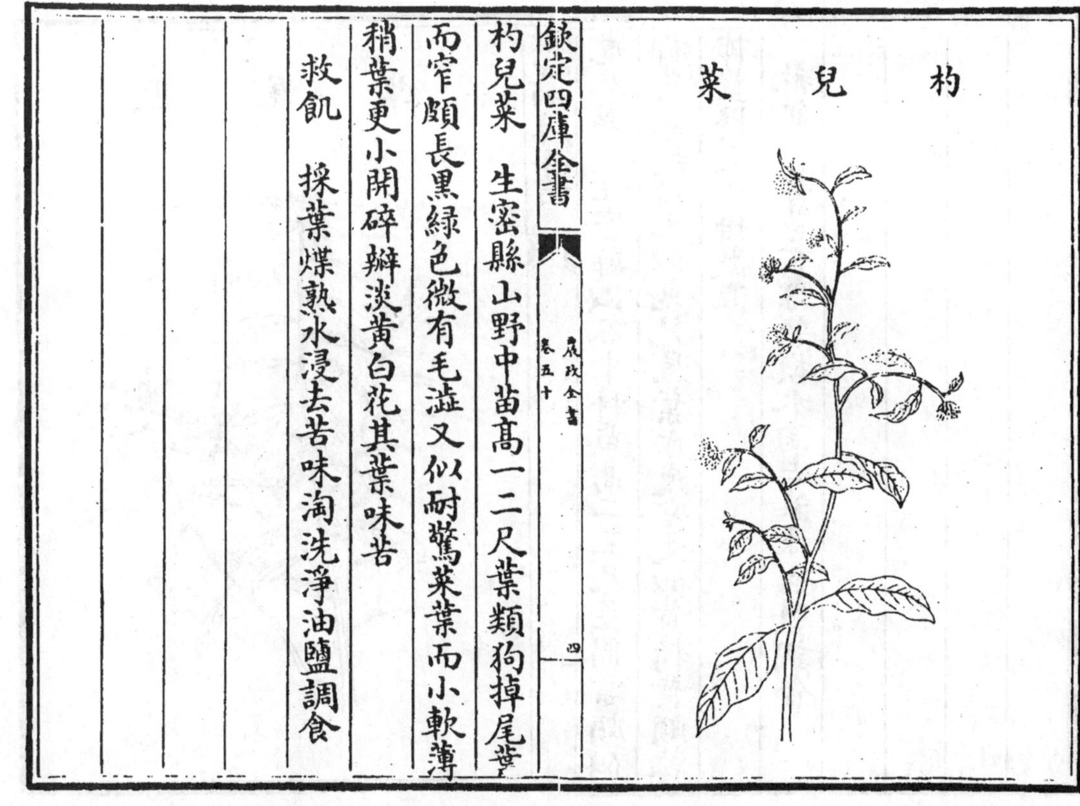

杓兒菜　生密縣山野中苗高一二尺葉類狗掉尾葉而窄頗長黑綠色微有毛澁又似耐驚菜葉而小軟薄稍葉更小開碎瓣淡黄白花其葉味苦

救飢　採葉煠熟水浸去苦味淘洗淨油鹽調食

佛指甲

佛指甲 生密縣山谷中科苗高一二尺莖微帶赤黃色其葉淡緑背皆微帶白色葉如長匙頭樣似黑豆葉而微寬又似鵞兒腸葉甚大皆兩葉對生開黃花結實形如連翹微小中有黑子小如粟粒其葉味甜

救飢 採嫩葉煠熟換水淘洗淨油鹽調食

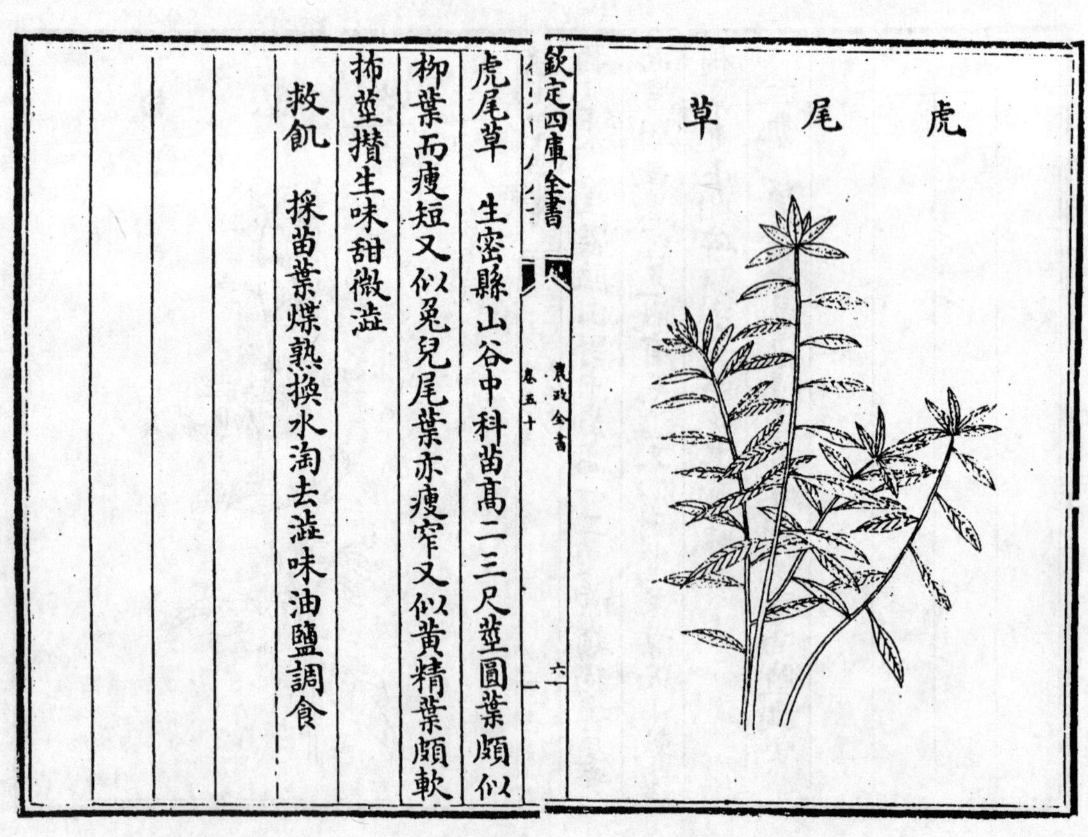

虎尾草

虎尾草 生密縣山谷中科苗高二三尺莖圓葉頗似柳葉而瘦短又似兔兒尾葉亦瘦窄又似黃精葉頗軟抪莖攢生味甜微澁

救飢 採苗葉煠熟換水淘去澁味油鹽調食

野蜀葵

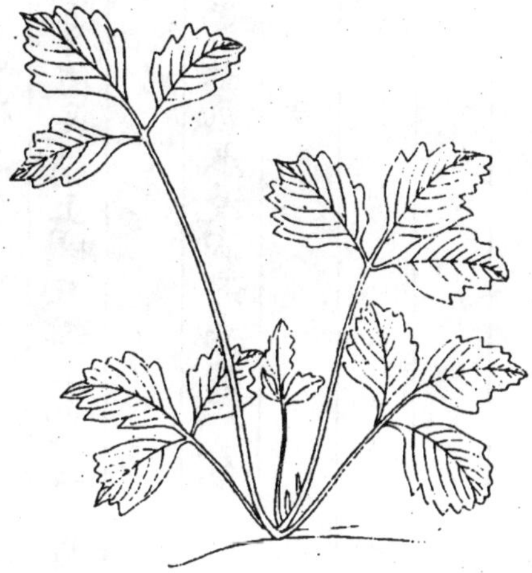

野蜀葵　生荒野中就地叢生苗高五寸許葉似葛勒子秧葉而厚大又似地牡丹葉味辣

救飢　採嫩葉煠熟水浸淘淨油鹽調食

蛇葡萄

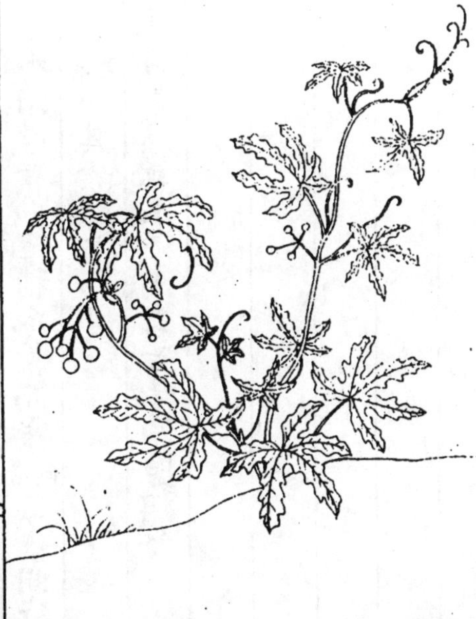

蛇葡萄　生荒野中拖蔓而生葉似菊葉而小花叉繁碎又似前胡葉亦細莖葉間開五瓣小銀褐色結子如豌豆大生青熟則紅色苗葉味甜

救飢　採葉煠熟換水浸淘淨油鹽調食

星宿菜

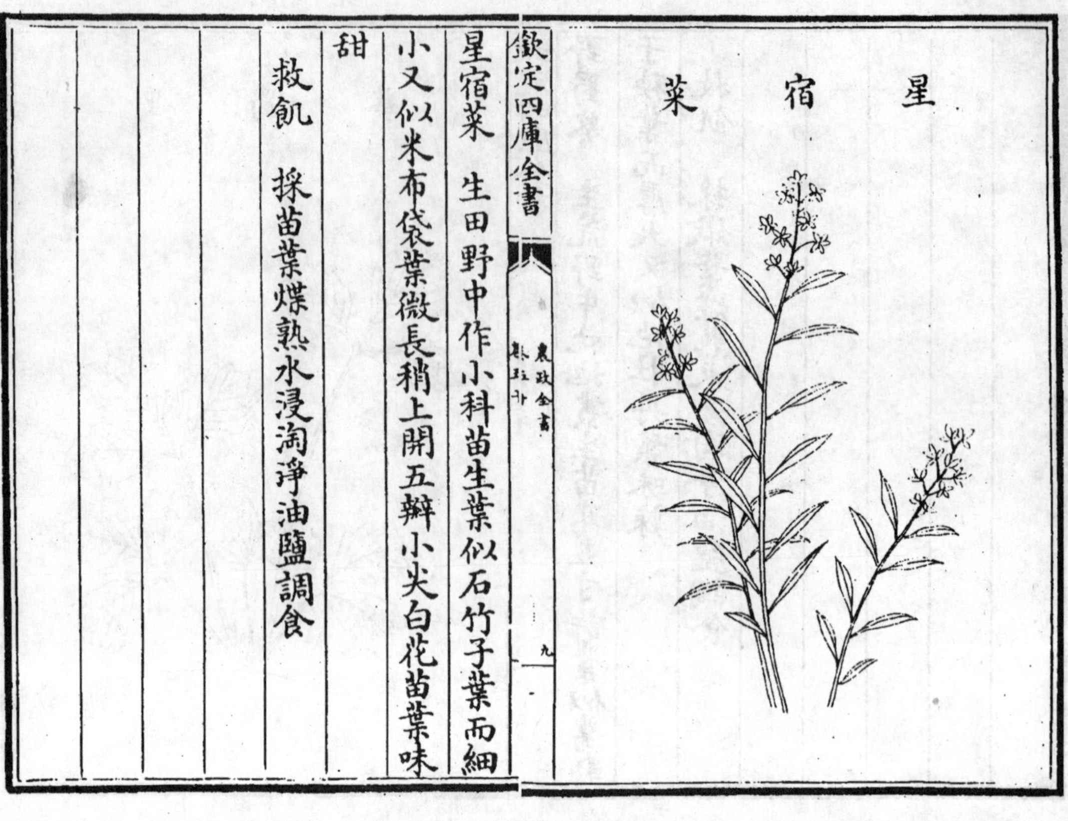

星宿菜　生田野中作小科苗生葉似石竹子葉而細小又似米布袋葉微長稍上開五瓣小尖白花苗葉味甜

救飢　採苗葉煠熟水浸淘淨油鹽調食

水蓑衣

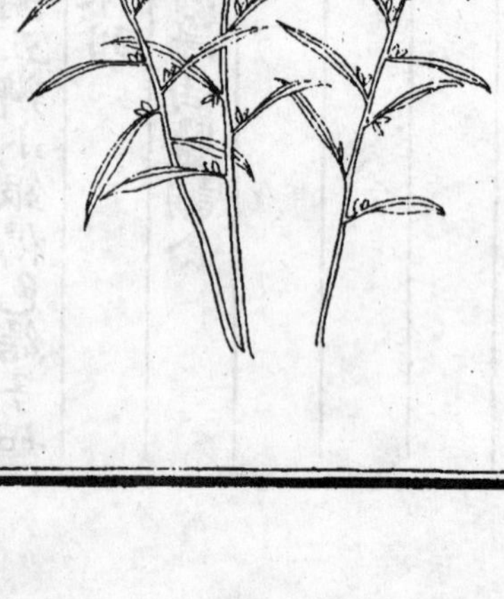

水蓑衣　生水泊邊葉似地稍瓜葉而窄音側每葉間皆結小青蓇葖音骨突其葉味苦

救飢　採苗葉煠熟水浸淘去苦味油鹽調食

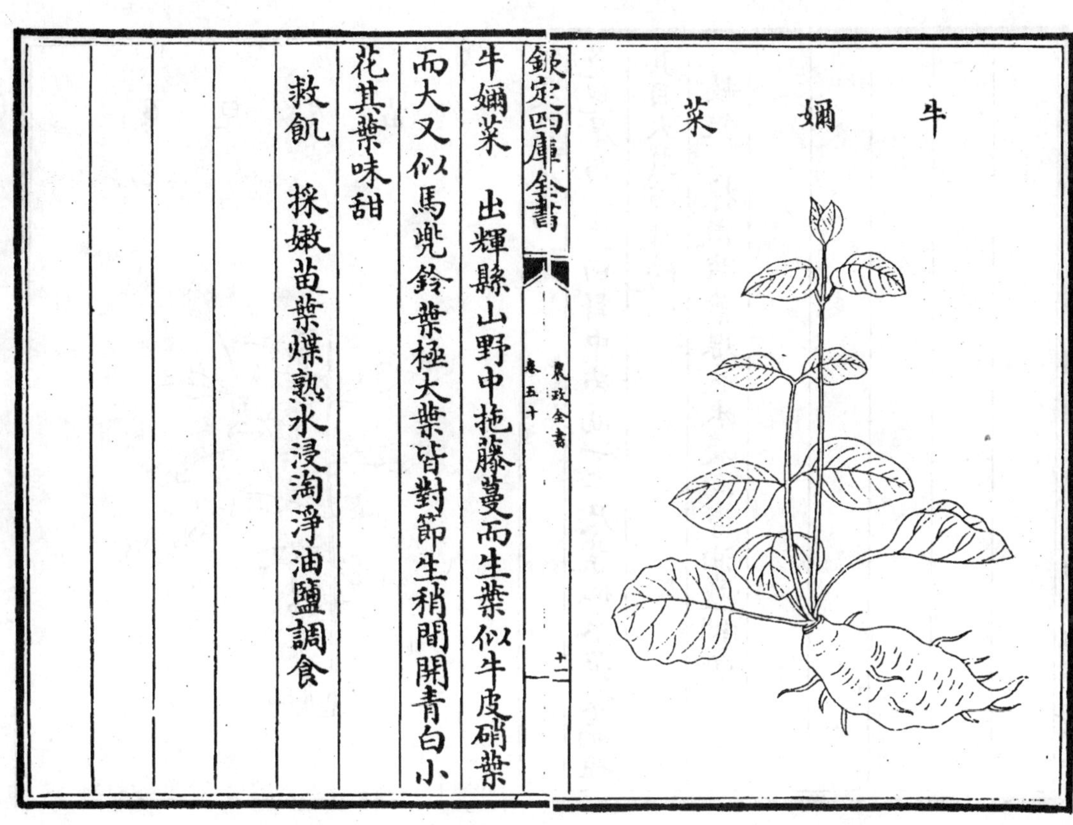

牛嬭菜　出輝縣山野中拖藤蔓而生葉似牛皮硝葉而大又似馬兜鈴葉極大葉皆對節生稍間開青白小花其葉味甜

救飢　採嫩苗葉煠熟水浸淘淨油鹽調食

小虫兒卧單

小虫兒卧單　一名鐵線草生田野中苗搨地生葉似星宿葉而極小又似鷄眼草葉亦小其莖色紅開小紅花苗味甜

救飢　採苗葉煠熟水浸淘淨油鹽調食

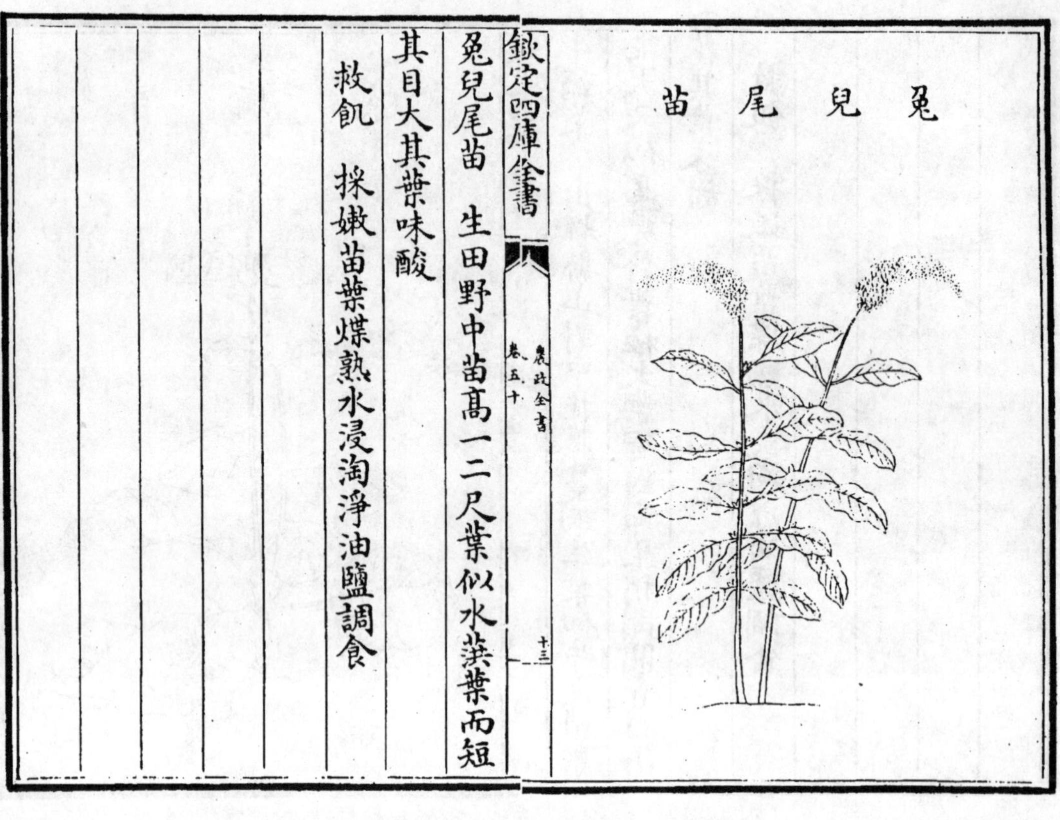

兔兒尾苗

兔兒尾苗　生田野中苗高一二尺葉似水荭葉而短其目大其葉味酸

救飢　採嫩苗葉煠熟水浸淘淨油鹽調食

地錦苗

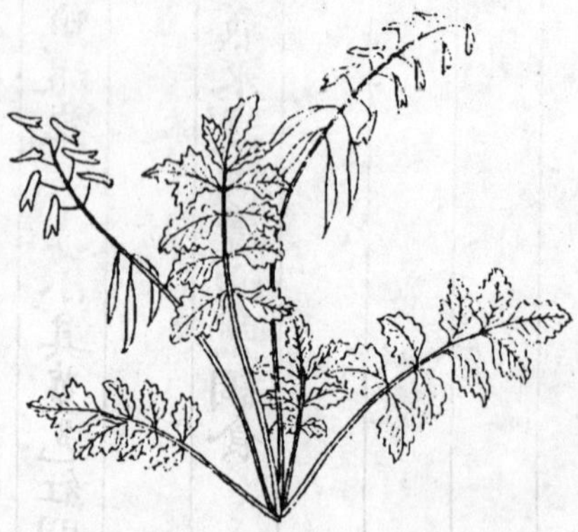

地錦苗　生田野中小科苗高五七寸莖葉似園荽音雖葉間開紫花結小角兒苗葉味苦

救飢　採苗葉煠熟水浸淘淨油鹽調食

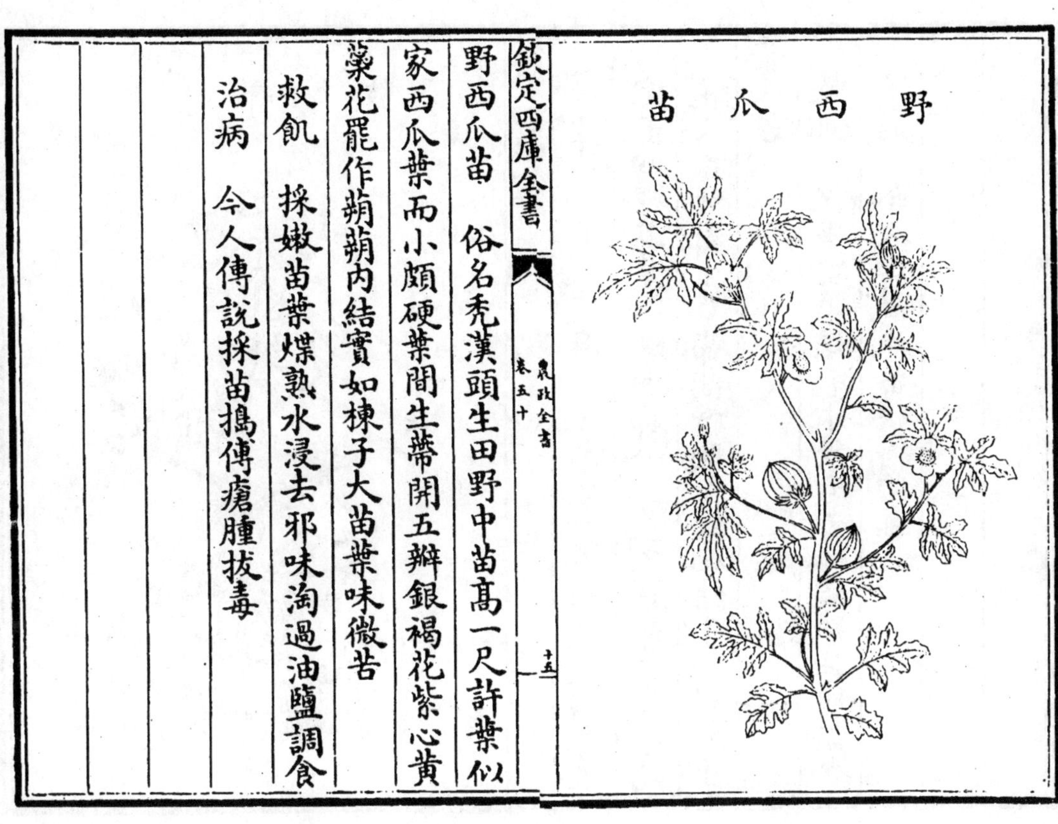

野西瓜苗　俗名秃漢頭生田野中苗高一尺許葉似家西瓜葉而小頗硬葉間生蔕開五瓣銀褐花紫心黃蘂花罷作蒴蒴内結實如楝子大苗葉味微苦

救飢　採嫩苗葉煠熟水浸去邪味淘過油鹽調食

治病　今人傳說採苗擣傅瘡腫拔毒

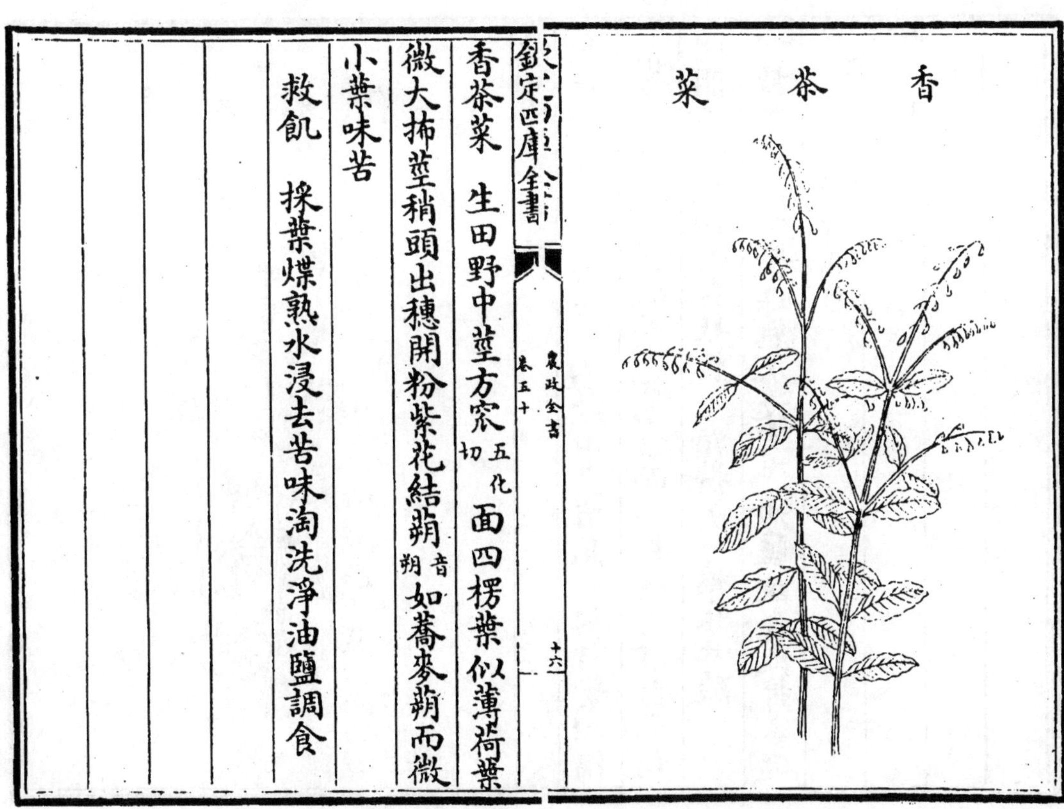

香茶菜　生田野中莖方窊（五化切）面四楞葉似薄荷葉微大抪莖稍頭出穗開粉紫花結蒴（音朔）如蕎麥蒴而微小葉味苦

救飢　採葉煠熟水浸去苦味淘洗淨油鹽調食

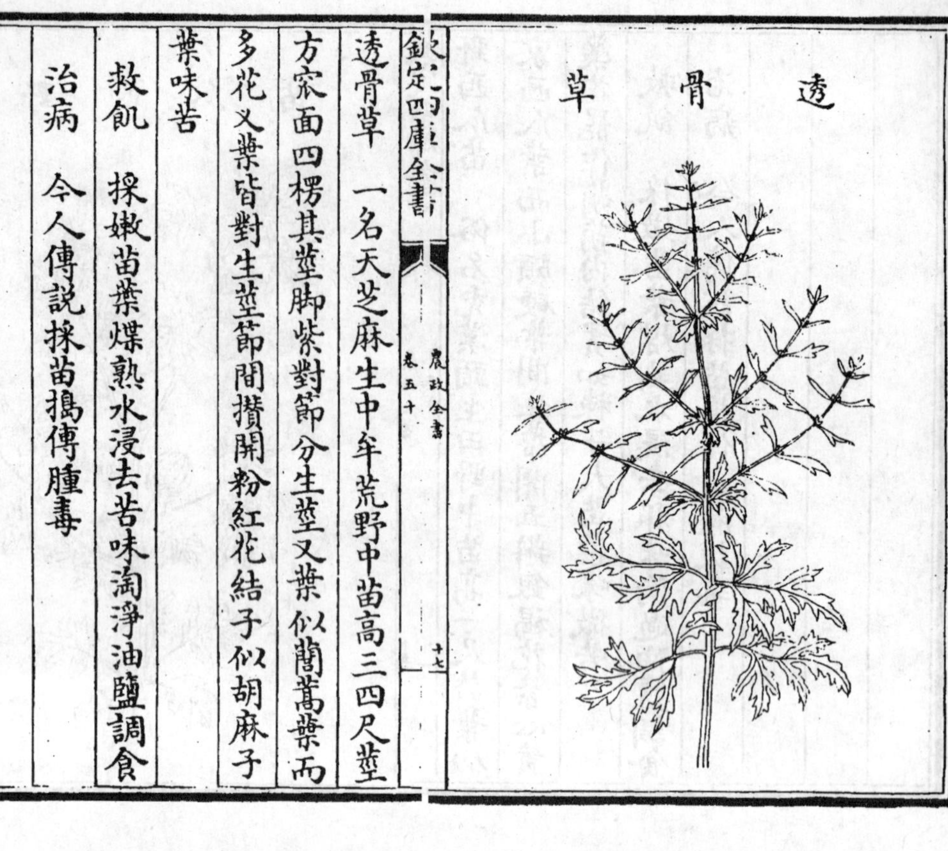

透骨草

透骨草　一名天芝麻生中牟荒野中苗高三四尺莖方窊面四楞其莖脚紫對節分生莖叉葉似蔄蒿葉而多花叉葉皆對生莖節間攢開粉紅花結子似胡麻子葉味苦

救飢　採嫩苗葉煠熟水浸去苦味淘淨油鹽調食

治病　今人傳說採苗擣傳腫毒

毛女兒菜

毛女兒菜　生南陽府馬鞍山中苗高一尺許葉似綿系菜葉而微尖又似兔兒尾葉而小莖葉皆有白毛稍間開淡黄花如大黍粒數十顆攢成一穗味甘酸

救飢　採苗葉煠熟水浸淘淨油鹽調食或拌米麪蒸食亦可

虺牛兒苗音麗又名鬬牛兒苗生田野中就地拖秧而生莖蔓細弱其莖紅紫色葉似蔍蓡葉瘦細而稀疎開五瓣小紫花結青蓇葖音骨突兒上有一嘴即委切甚尖銳音尚如細錐音追子狀小兒取以為鬬戲葉味微苦

救飢　採葉煠熟水浸去苦味淘淨油鹽調食

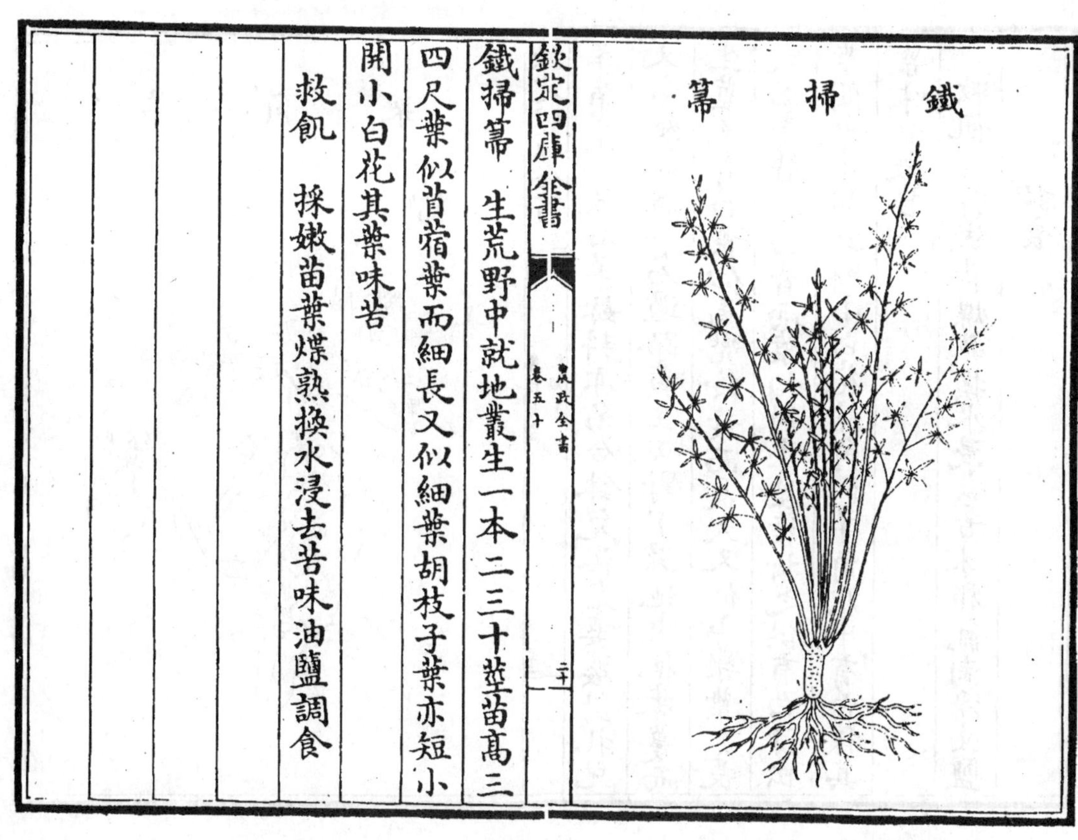

鐵掃箒　生荒野中就地叢生一本二三十莖苗高三四尺葉似苜蓿葉而細長又似細葉胡枝子葉亦短小開小白花其葉味苦

救飢　採嫩苗葉煠熟換水浸去苦味油鹽調食

山小菜

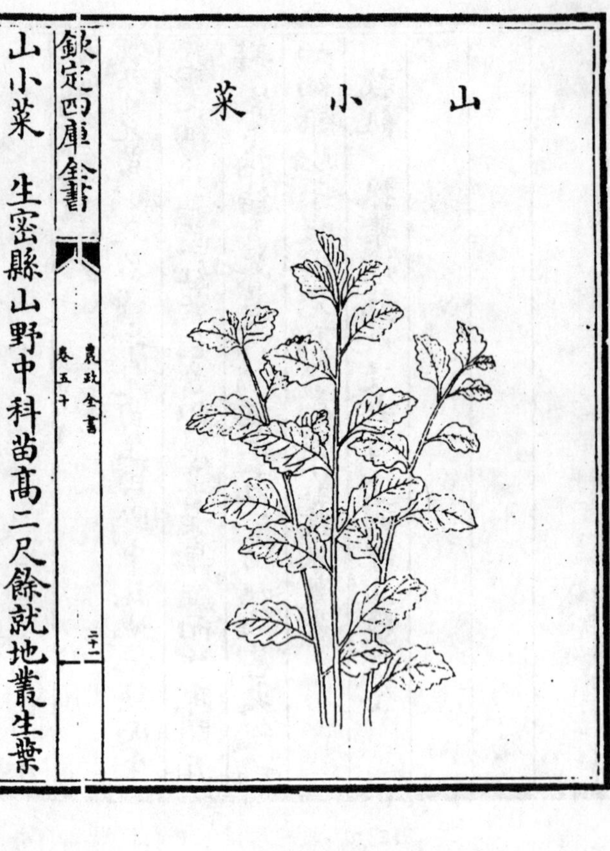

山小菜　生密縣山野中科苗高二尺餘就地叢生葉似酸漿子葉而窄小面有細紋脉邊有鋸齒色深綠又似桔梗葉頗長艄味苦

救飢　採葉煠熟水浸淘去苦味油鹽調食

羊角菜

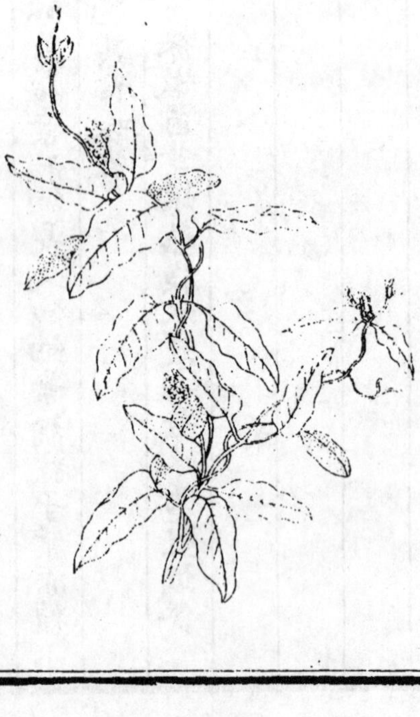

羊角菜　又名羊妳科亦名合鉢兒俗名婆婆針扎兒又名細絲藤一名過路黄生田野下濕地中拖藤蔓而生莖色青白葉似馬兜鈴葉而長大又似山藥葉亦長大面青背頗白皆兩葉相對生莖葉折之俱有白汁出葉間出蒴開五瓣小白花結角似羊角狀中有白穰其葉味甘微苦

救飢　採嫩葉煠熟換水浸去苦味邪氣淘淨油鹽調食

耬斗菜

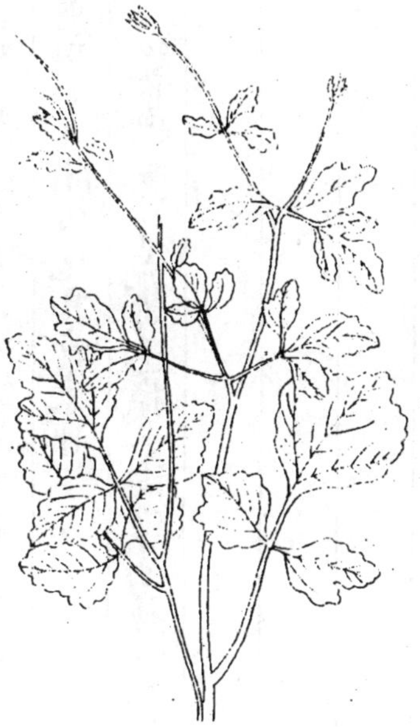

耬斗菜　生輝縣太行山山野中小科苗就地叢生苗高一尺許莖梗細弱葉似牡丹葉而小其頭頗團味甜

救飢　採葉煠熟水浸淘淨油鹽調食

甌菜

甌菜　生輝縣山野中就地作小科苗生莖方葉似山見菜葉而有鋸齒又似山小菜葉其鋸齒比之却小味甜

救飢　採嫩苗葉煠熟水浸淘淨油鹽調食

變豆菜

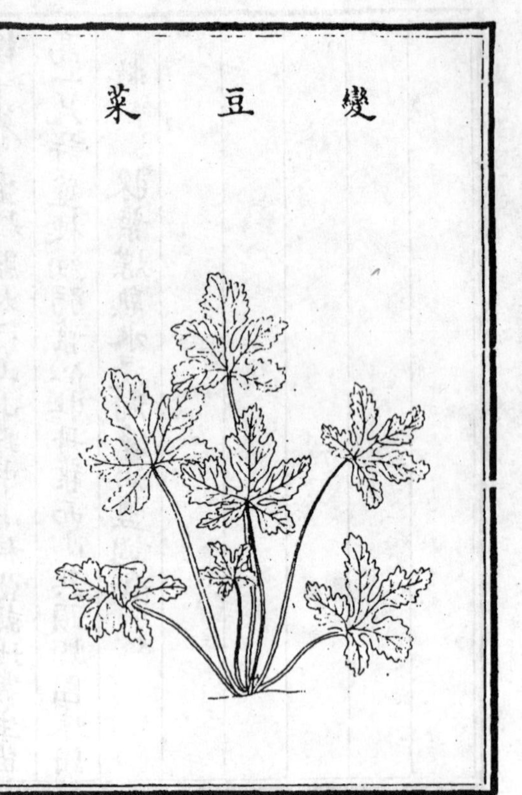

變豆菜　生輝縣太行山山野中其苗葉初作地攤科生葉似地牡丹葉極大五花叉鋸齒尖其後葉中分生莖叉稍葉頗小上開白花其葉味甘

救飢　採葉煠熟作成黃色換水淘淨油鹽調食

和尚菜

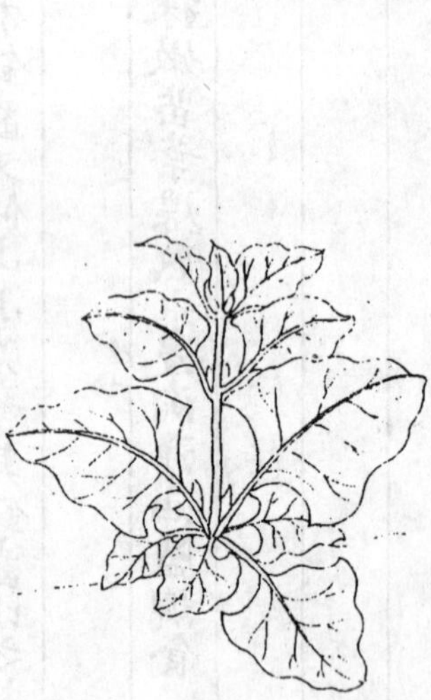

和尚菜　田野處處有之初生搨地布葉葉似野天茄兒葉而大背微紅紫色後攛苗高二三尺葉似莙蓬葉短小而尖又似紅落藜葉而色不紅結子如灰菜子葉味辛酸微鹹

救飢　採嫩葉煠熟換水浸去邪味淘淨油鹽調食或晒乾煠食亦可或云不可多食久食令人面腫

農政全書卷五十

欽定四庫全書

農政全書卷五十一

明 徐光啓 撰

荒政 救荒本草

草部 根可食

沙參

沙參 一名知母一名苦心一名志取一名虎鬚一名白參一名識美一名文希生河内川谷及寃句般陽續山并淄齊潞隨歸州而江淮荆湖州郡皆有今輝縣太行山邊亦有之苗長一二尺叢生崖坡間葉似枸杞葉微長而有叉牙鋸齒開紫花根如葵根赤黄色中正白實者佳味微苦性微寒無毒惡防巳反藜蘆又有杏葉沙參及細葉沙參氣味與此相類但圖經内不曾該載此二種葉苗形容未敢併入本條今皆另條開載

救饑 掘根浸洗極淨换水煮去苦味再以水煮極熟食之

百合

百合　一名重葙一名摩羅一名中逢花一名强瞿生荆州山谷今處處有之苗高數尺幹麄如箭面有葉如鷄距又似大柳葉而寛青色稀踈葉近莖微紫莖端碧白開淡黄白花如石榴嘴而大四垂向下覆長蘂花心有檀色每一顆須五六花子色圓如梧桐子生於枝葉閒每葉一子不在花中此又異也根色白形如松子殼四向攅生中閒出苗又如葫蒜重疊生二三十瓣味甘辛平無毒一云有小毒又有一種開紅花名山丹不堪用

救飢　採根煮熟食之甚益人氣又云蒸過與蜜食之或為粉尤佳

玄扈先生曰嘗過根本嘉蔬不必救荒

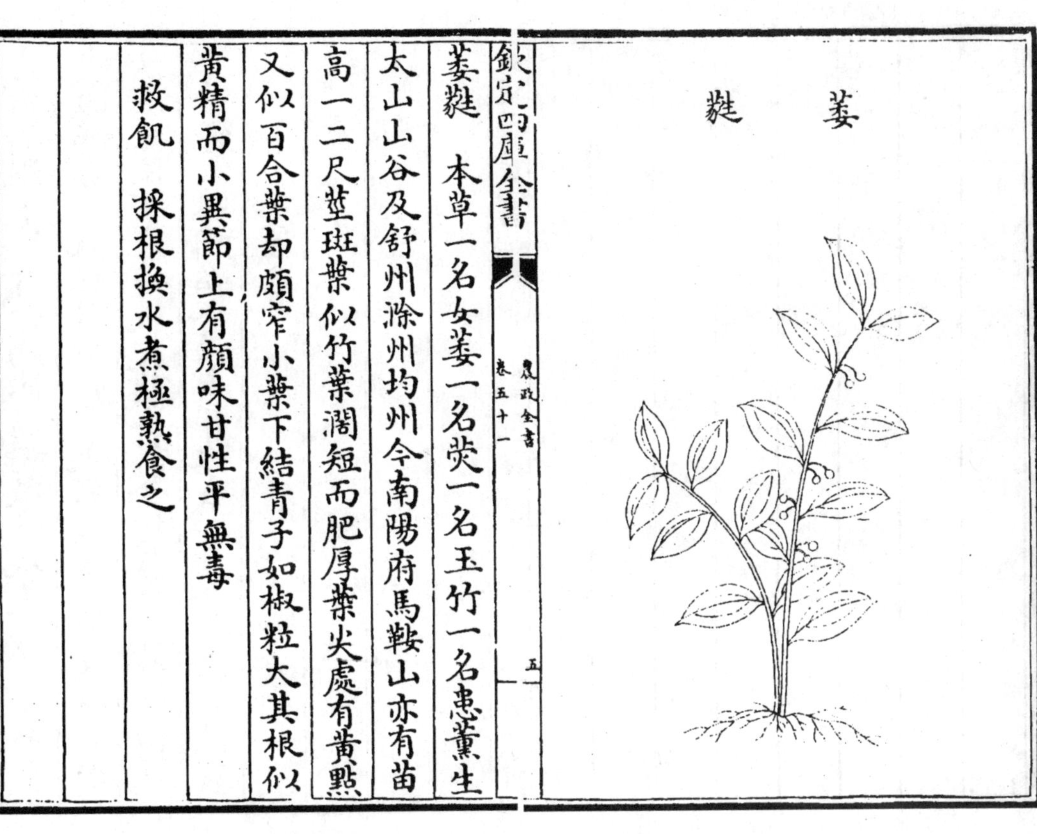

萎蕤 本草一名女萎一名熒一名玉竹一名患薰生太山山谷及舒州滁州均州今南陽府馬鞍山亦有苗高一二尺莖斑葉似竹葉闊短而肥厚葉尖處有黃點又似百合葉却頗窄小葉下結青子如椒粒大其根似黃精而小異節上有鬚味甘性平無毒

救飢 採根換水煮極熟食之

天門冬

天門冬 俗名萬歲藤又名婆羅樹本草一名顛勒或名地門冬或名筵門冬或名巔棘或名淫羊食或名管松生奉高山谷及建州漢州今處處有之春生藤蔓大如釵股長至丈餘延附草木上葉如茴香極尖細而踈滑有逆刺亦有澁而無刺者其葉如絲杉而細散皆名天門冬夏生白花亦有黃花及紫花者秋結黑子在其根枝傍入伏後無花暗結子其根白或黃紫色大如手指長二三寸大者為勝其生高地根短味甜氣香者上

其生水側下地者葉細似蘊而微黄根長而味多苦氣臭者下亦可服味苦甘性平大寒無毒垣衣地黄及貝母為之使畏曾青服天門冬誤食鯉魚中毒浮萍解之

救飢 採根換水浸去邪味去心煮食或晒乾煮熟入蜜食

章柳根

章柳根 本草一名商陸一名蓫根一名夜呼一名白昌一名當陸一名章陸爾雅則謂之蓫廣雅則謂之馬尾亦謂之莧陸生咸陽川谷今處處有之苗高三四尺幹麓似鷄冠花幹微有線楞色微紫赤葉青如牛舌微潤而長根如人形者有神亦有赤白二種花赤根亦赤花白根亦白赤者不堪服食傷人乃至痢血不已白者堪服食亦有一種名赤昌苗葉絶相類不可用須細辨之商陸味辛酸一云味苦性平有毒一云性冷得大蒜

良

救飢　取白色根切作片子煠熟換水浸洗淨淡食

得大蒜良凡製薄切以東流水浸二宿撈出

與豆葉隔間入甑蒸從午至亥如無葉用豆

依法蒸之亦可花白者年多仙人採之作脯

可為下酒

麥門冬

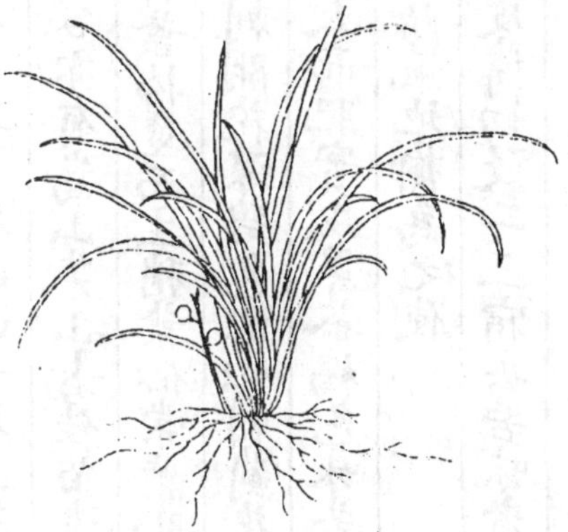

麥門冬　本草云秦名羊韭齊名愛韭楚名馬韭越名

羊蓍一名禹葭一名禹餘糧生隨州陸州及函谷堤坂

肥土石間久廢處有之今輝縣山野中亦有葉似韭葉

而長冬夏長生根如穬麥而白色出江寧者小潤出新

安者大白大者苗如鹿葱小者如韭味甘性平微寒無

毒地黄車前為之使惡款冬苦瓠苦芺畏木耳苦參青

蘘

救飢　採根換水浸去邪味淘洗淨蒸熟去心食

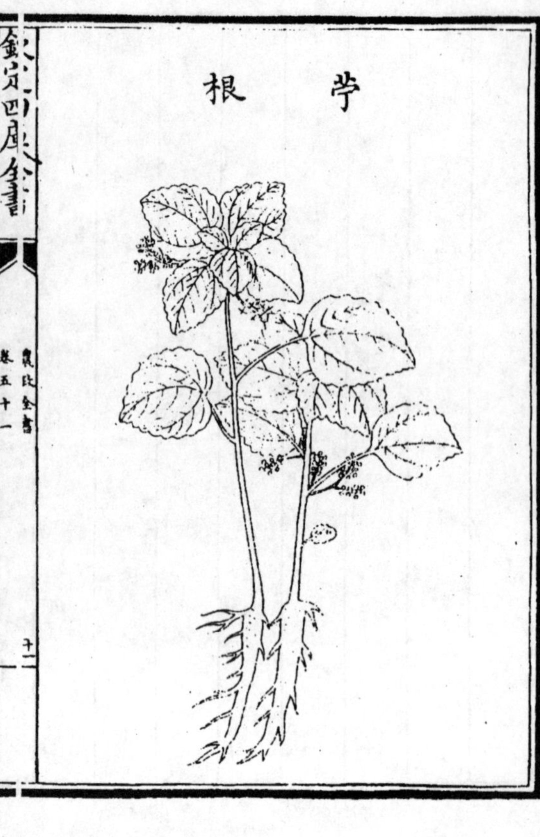

苧根　舊云閩蜀江浙多有之今許州人家田園中亦有種者苗高七八尺一科十數莖葉如楮葉而不花叉面青背白上有短毛又似蘇子葉其葉間出細穗花如白楊而長每一朵凡十數穗花青白色子熟茶褐色其根黄白色如手指麄宿根地中至春自生不須藏種根味甘性寒

救飢　採根刮洗去皮煮極熟食之甜美

蒼朮

蒼朮　一名山薊一名山薑一名山連一名山精生由漢中山谷今近郡山谷亦有嵩山茅山者佳苗淡青色高二三尺莖作蒿簳葉抪莖而生稍葉似棠葉脚葉有三五叉皆有鋸齒小刺開花深碧色亦似刺薊花或有黄白花者根長如指大而肥實皮黑茶褐色味苦甘一云味甘辛性温無毒防風地榆為之使

救飢　採根去黒皮薄切浸二三宿去苦味煮熟食　亦作煎

菖蒲

菖蒲　一名堯韭一名昌陽生上洛池澤及蜀郡嚴道戎衛衡州并嵩岳石磧上今池澤處處有之葉似蒲而匾有脊一如劒刃其根盤屈有節狀如馬鞭辭大根傍引三四小根一寸九節者良節尤密者佳亦有十二節者露根者不可用又一種名蘭蓀又謂溪蓀根形氣色極似石上菖蒲葉正如蒲無脊俗謂菖蒲生於水次失水則枯其菖蒲味辛性温無毒秦皮秦艽為之使惡地膽麻黃不可犯鐵令人吐逆

救飢　採根肥大節稀水浸去邪味製造作果食之

玄扈先生曰難食

葍子根

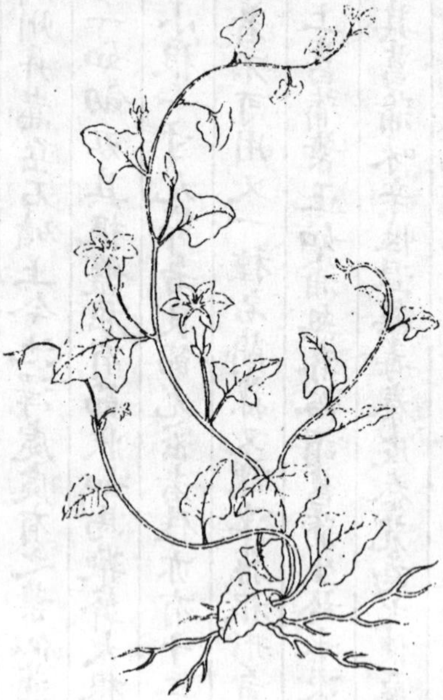

葍子根　俗名打碗花一名兎兒苗一名狗兒秧幽薊間謂之燕葍根千葉者呼為纒枝牡丹亦名穰花生平澤中今處處有之延蔓而生葉似山藥葉而狹小開花狀似牽牛花微短而圓粉紅色其根甚多大者如小筯麄長一二尺色白味甘性温

救飢　採根洗淨蒸食之或晒乾杵碎炊飯食亦好或磨作麪作燒餅蒸食皆可久食則頭暈破腹間食則宜

玄扈先生曰嘗過吳人呼秧子根弃地宜移植備荒

荍蕿根

荍蕿根　俗名麪碌碡音祿軸　生水邊下濕地其葉就地叢生葉似蒲葉而肥短葉背如劒脊樣葉叢中閗攛葶上開淡粉紅花俱皆六瓣花頭攢開如傘蓋狀結子如韭花蓇葖其根如鷹爪黃連樣色如墐泥色味甘

救飢　採根揩去皴及毛用水淘淨蒸熟食或晒乾炒熟食或磨作麪蒸食皆可

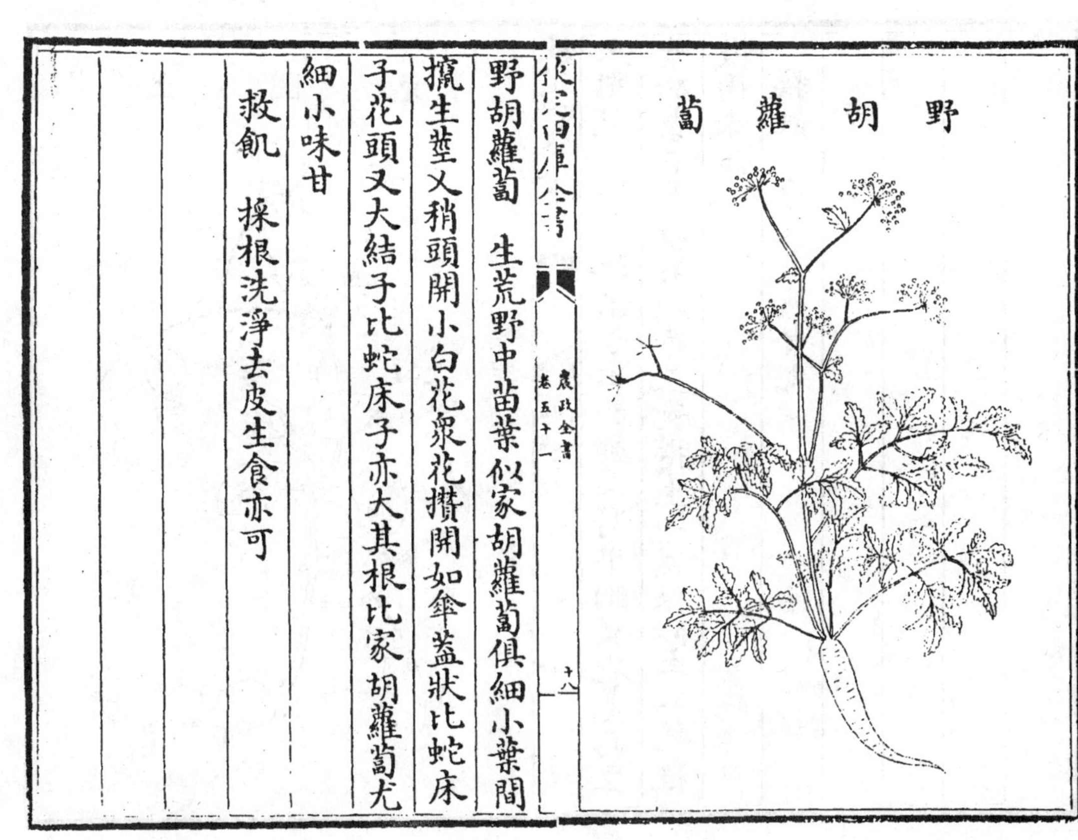

野胡蘿蔔　生荒野中苗葉似家胡蘿蔔俱細小葉間攛生莖叉稍頭開小白花衆花攢開如傘蓋狀比蛇床子花頭又大結子比蛇床子亦大其根比家胡蘿蔔尤細小味甘

救飢　採根洗淨去皮生食亦可

綿棗兒

綿棗兒　一名石棗兒出密縣山谷中生石間苗高三五寸葉似韭葉而濶瓦隴樣葉中攛葶出穗似鷄冠莧穗而細小開淡紅花微帶紫色結小蒴兒其子似大藍子而小黑色根類獨顆蒜又似棗形而白味甜性寒

救飢　採取根添水久煮極熟食之不換水煮食後腹中鳴有下氣

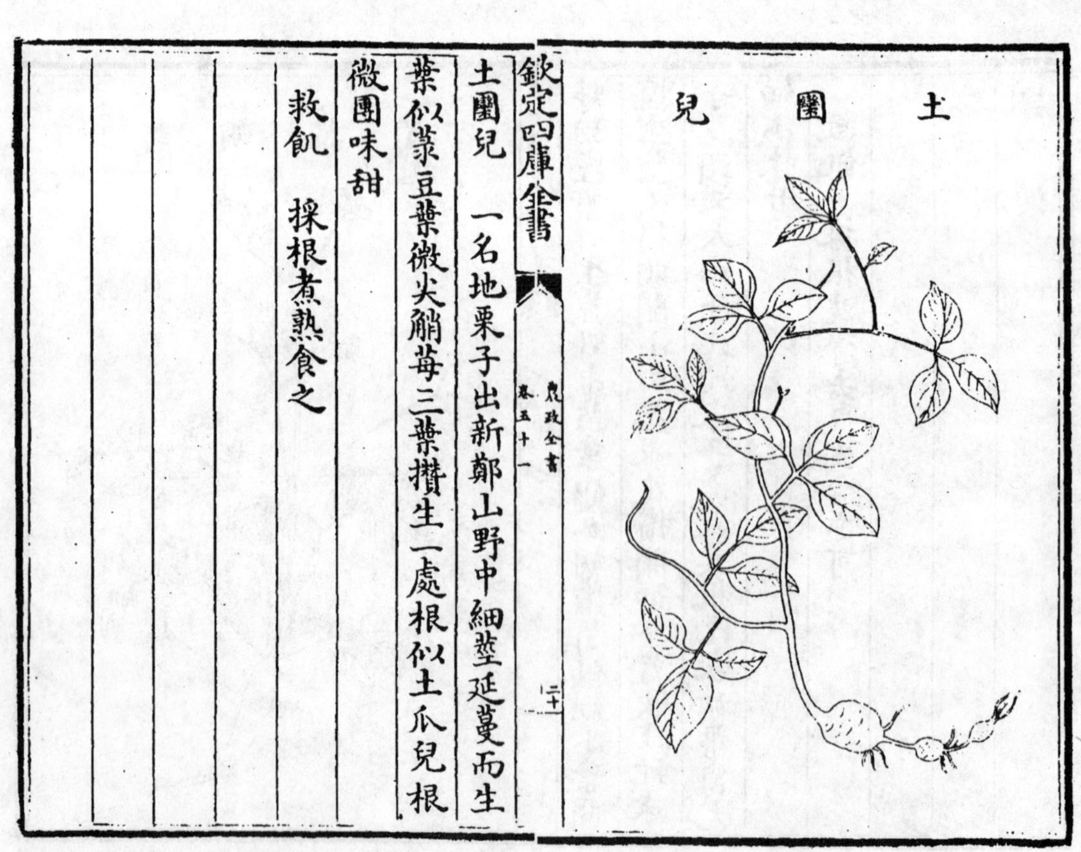

土圞兒　一名地栗子出新鄭山野中細莖延蔓而生葉似菉豆葉微尖艄毎三葉攢生一處根似土瓜兒根微團味甜

救飢　採根煮熟食之

野山藥

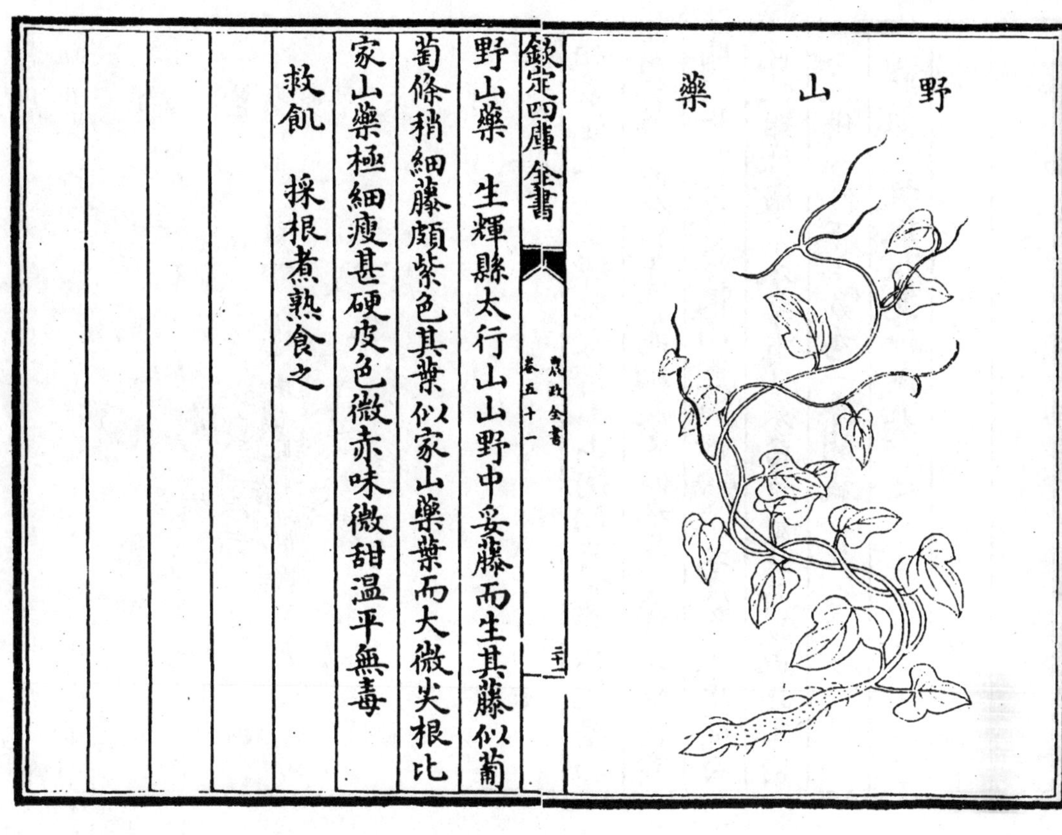

野山藥　生輝縣太行山山野中妥藤而生其藤似葡萄條稍細藤頗紫色其葉似家山藥葉而大微尖根比家山藥極細瘦甚硬皮色微赤味微甜温平無毒

救飢　採根煮熟食之

金瓜兒

金瓜兒　生鄭山田野中苗初生似小葫蘆葉而微小又似赤雹兒葉莖方莖葉俱有毛刺每葉間出一細藤延蔓而生開五瓣尖碗子黃花結子如馬瓟音雹大生青熟紅根形如鷄彈微小其皮土黃色內則青白色味微苦性寒與酒相反

救飢　掘取根換水煮浸去苦味再以水煮極熟食之

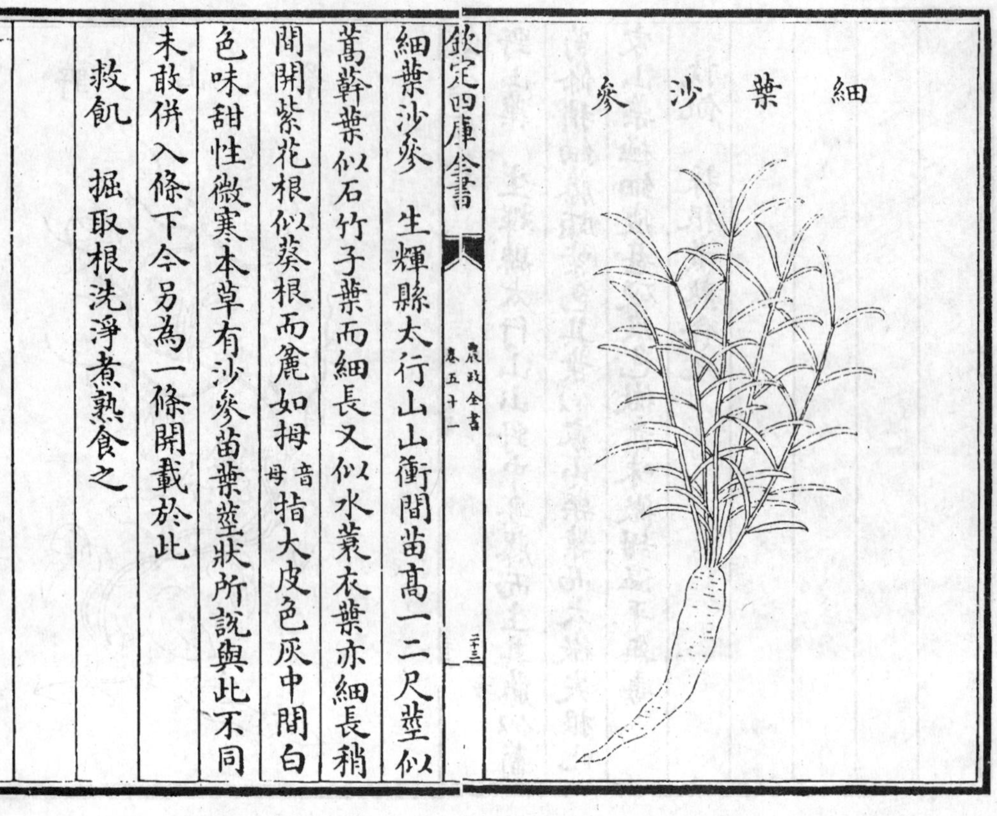

細葉沙參　生輝縣太行山山衝間苗高一二尺莖似蒿幹葉似石竹子葉而細長又似水蓑衣葉亦細長稍間開紫花根似葵根而麄如拇（音母）指大皮色灰中間白色味甜性微寒本草有沙參苗葉莖狀所說與此不同未敢併入條下今另為一條開載於此

救飢　掘取根洗淨煮熟食之

雞腿兒

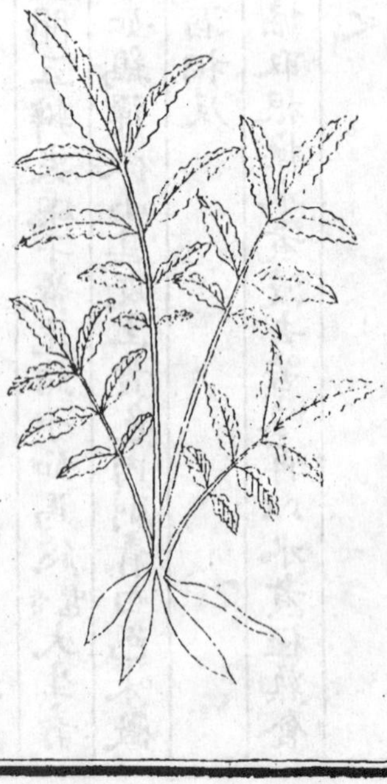

雞腿兒　一名翻白草出鈞州山野中苗高七八寸細長鋸齒葉硬厚背白其葉似地榆葉而細長開黃花根如指大長三寸許皮赤內白兩頭尖艄味甜

救飢　採根煮熟食生食亦可

山蔓菁

山蔓菁　出鈞州山野中苗高一二尺莖葉皆萵苣色葉似桔梗葉頗長艄而不對生又似山小菜葉微窄根形類沙參如手指麄其皮灰色中間白色味甜

救飢　採根煮熟生食亦可

老鴉蒜

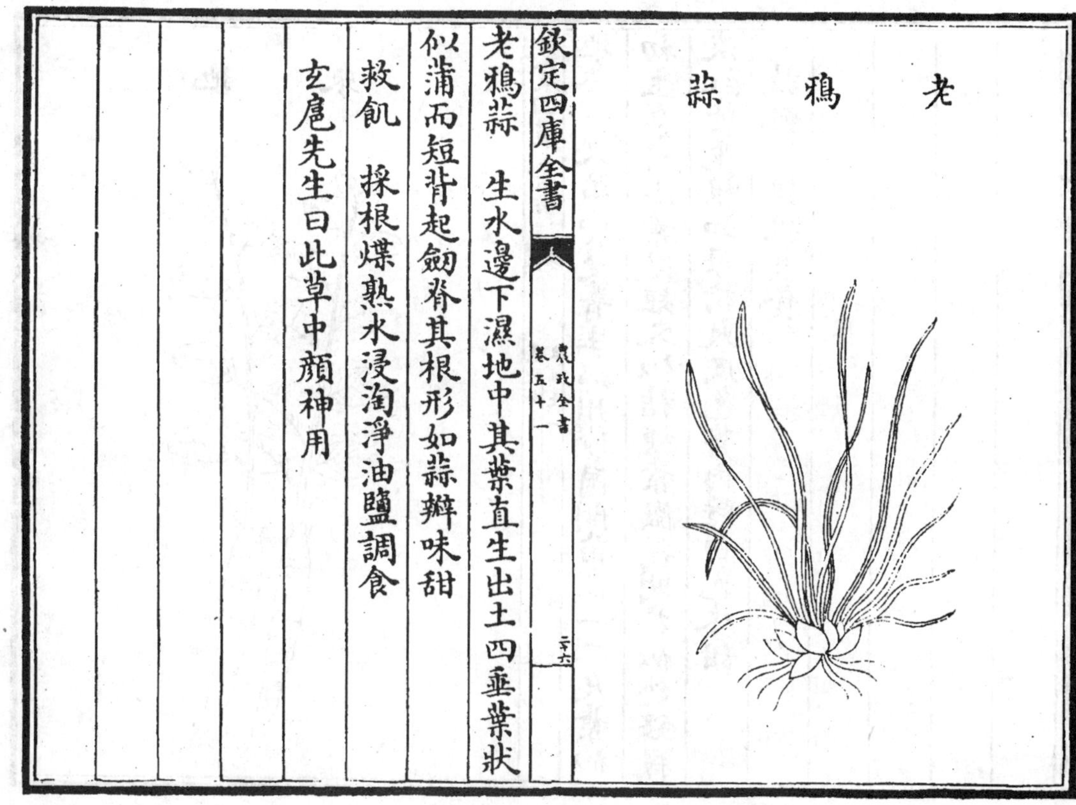

老鴉蒜　生水邊下濕地中其葉直生出土四垂葉狀似蒲而短背起劒脊其根形如蒜瓣味甜

救飢　採根煠熟水浸淘淨油鹽調食

玄扈先生曰此草中顛神用

山蘿蔔

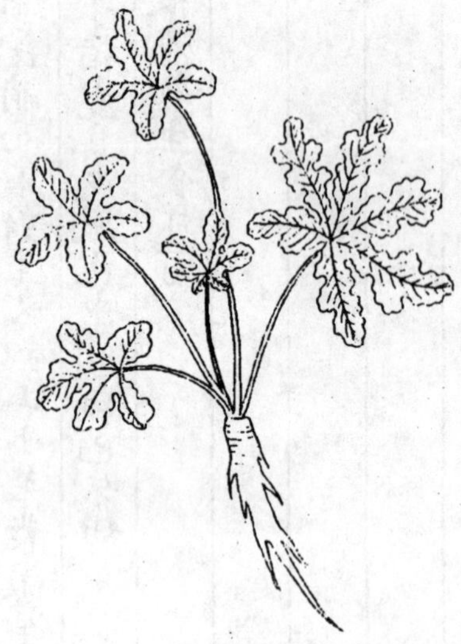

山蘿蔔　生山谷間田野中亦有之苗高五七寸四散分生莖葉其葉似菊葉而潤大微有艾香每莖五七排生如一大葉稍間開紫花根似野胡蘿蔔根而帶黪白色味苦

救飢　採根煠熟水浸淘去苦味油鹽調食

地參

地參　又名山蔓菁生鄭州沙崗間苗高一二尺葉似初生桑科小葉微短又似桔梗葉微長開花似鈴鐸様淡紅紫花根如母指大皮色蒼肉黪白色味甜

救飢　採根煮食

獐牙菜

獐牙菜　生水邊苗初搨地生葉似龍鬚菜葉而長窄其葉頭頗圓而不尖其葉嫩薄又似牛尾菜葉亦長窄其根如芽根而嫩皮色灰黑味甜

救飢　掘根洗淨煑熟油鹽調食

雞兒頭苗

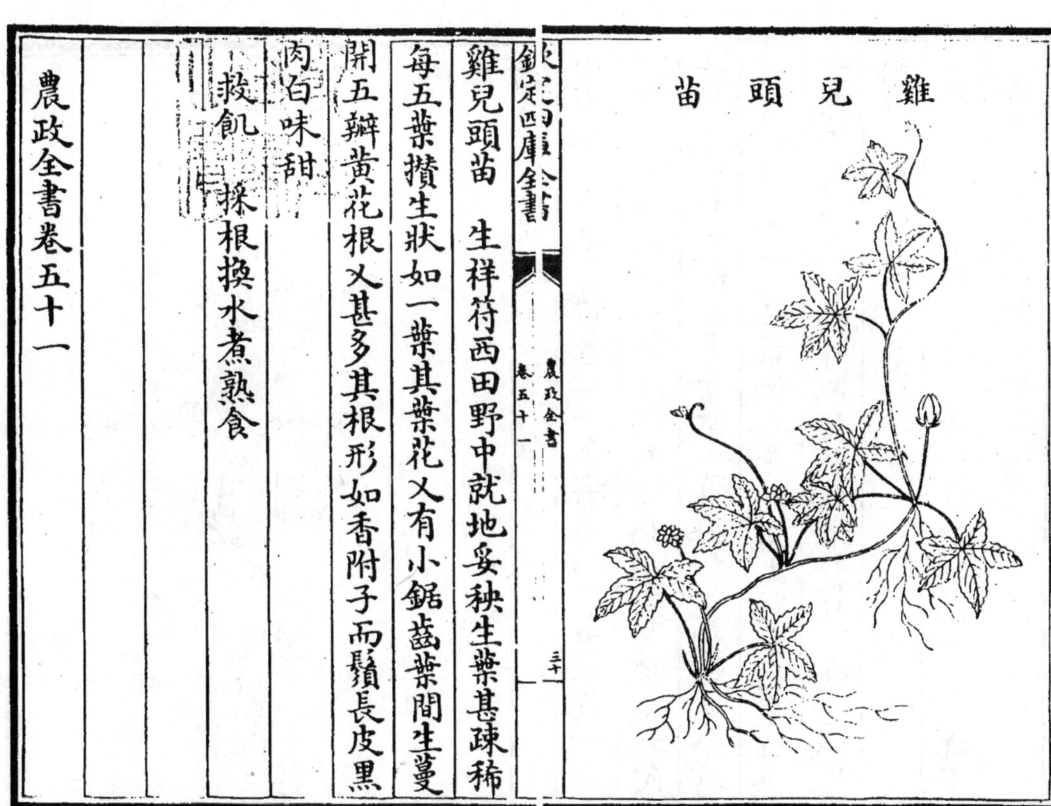

雞兒頭苗　生祥符西田野中就地妥秧生葉甚疎稀每五葉攢生狀如一葉其葉花叉有小鋸齒葉間生蔓開五瓣黃花根叉甚多其根形如香附子而鬚長皮黑肉白味甜

救飢　採根換水煑熟食

農政全書卷五十一

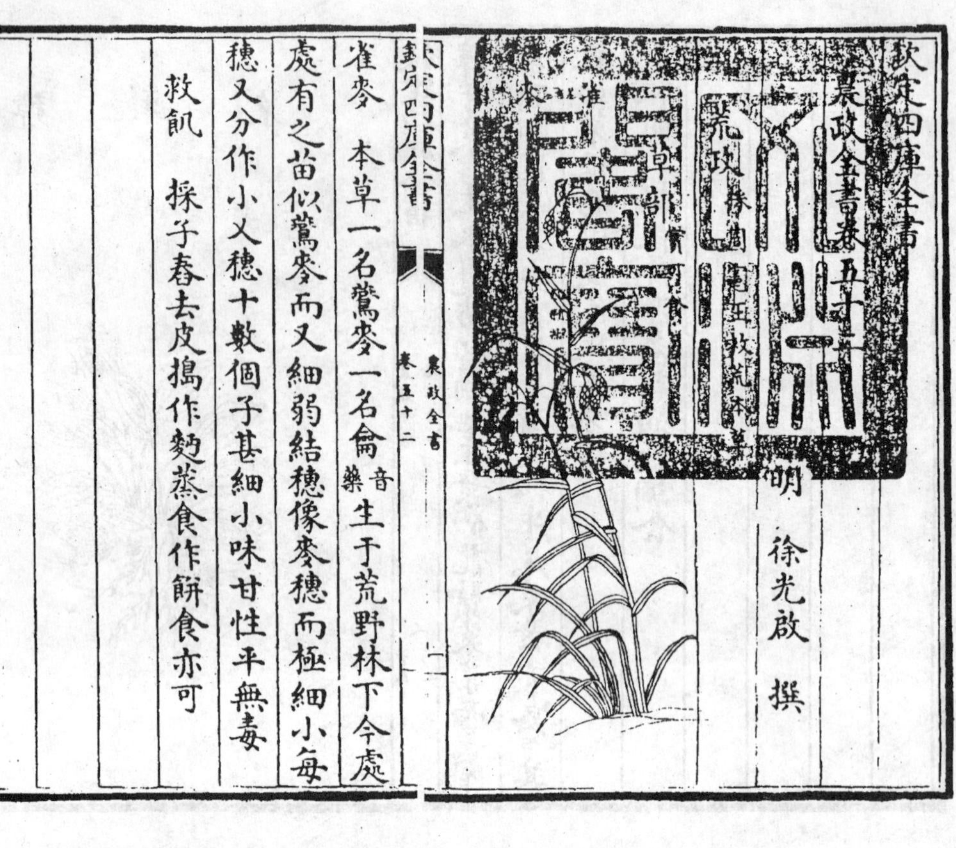

欽定四庫全書

農政全書卷五十二

明 徐光啓 撰

荒政 救荒本草

草部 實可食

雀麥 本草一名鷰麥一名龠音藥生于荒野林下今處處有之苗似鷰麥而又細弱結穗像麥穗而極細小每穗又分作小叉穗十數個子甚細小味甘性平無毒

救飢 採子舂去皮擣作麪蒸食作餅食亦可

回回米

回回米 本草名苡薏仁一名解蠡音離一名屋菼一名起實一名贛音繒俗名草珠兒又呼為西番蜀秫生真定平澤及田野交阯生者子最大彼土人呼為贛珠今處處有之苗高三四尺葉似黍葉而稍大開紅白花作穗子結實青白色形如珠而稍長故名薏珠子味甘微寒無毒今人俗亦呼為菩提子

救飢 採實舂去殼其中仁煑粥食取葉煑飲亦香

玄扈先生曰嘉穀良藥不必救荒

蒺蔾子

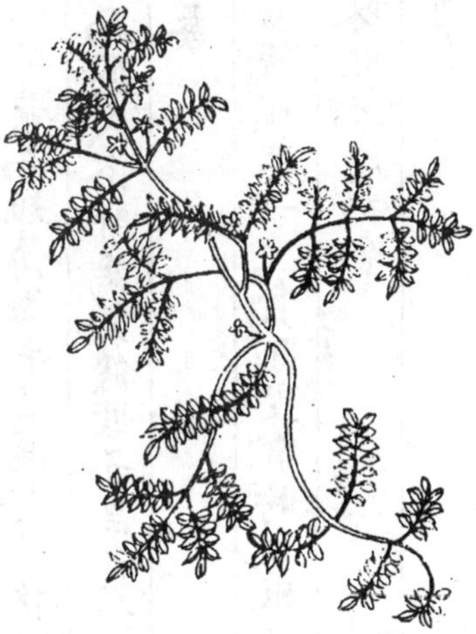

蒺蔾子　本草一名旁通一名屈人一名止行一名豺音柴羽一名升推一名即蔾一名茨生馮翊平澤道傍今處處有之布地蔓生細葉小黃花結子有三角刺人是也味苦辛性溫微寒無毒烏頭為之使又有一種白蒺蔾出同州沙苑開黃紫花作莢子結子狀如腰子樣小如黍粒補腎藥多用味甘有小毒

救飢　收子炒微黃搗去刺磨麪作燒餅或蒸食皆可

玄扈先生曰本是勝藥嘗過

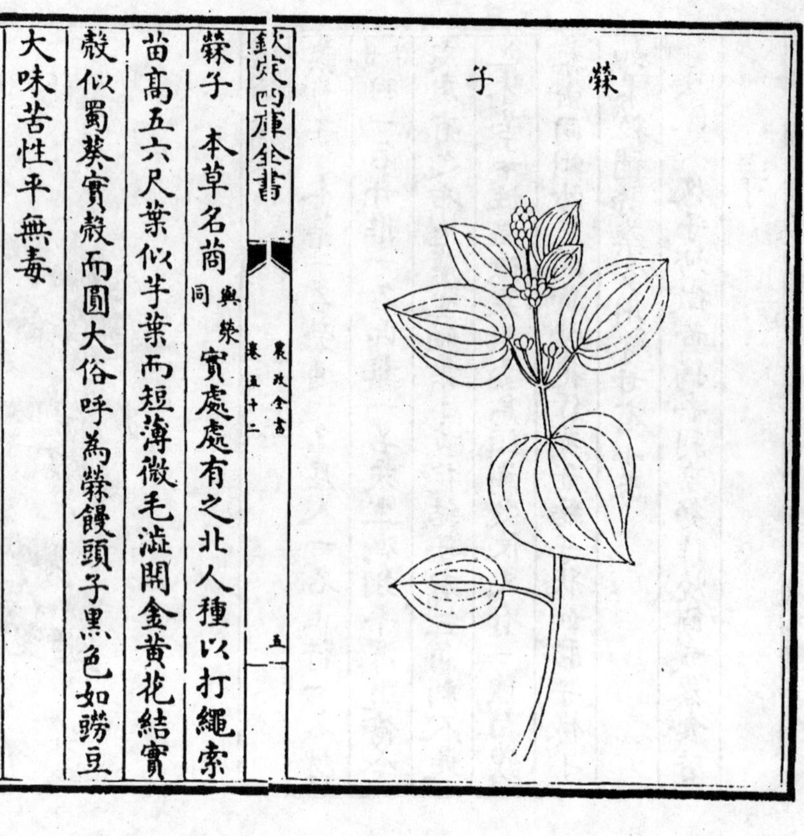

欽定四庫全書　農政全書　卷五十二　五一

䔛子　本草名莔與檾同實處處有之北人種以打繩索苗高五六尺葉似芋葉而短薄微毛澁開金黄花結實殼似蜀葵實殼而圓大俗呼為䔛饅頭子黑色如豍豆大味苦性平無毒

救飢　採嫩䔛饅頭取子生食子堅實時收取子浸去苦味晒乾磨麪食

玄扈先生曰可食

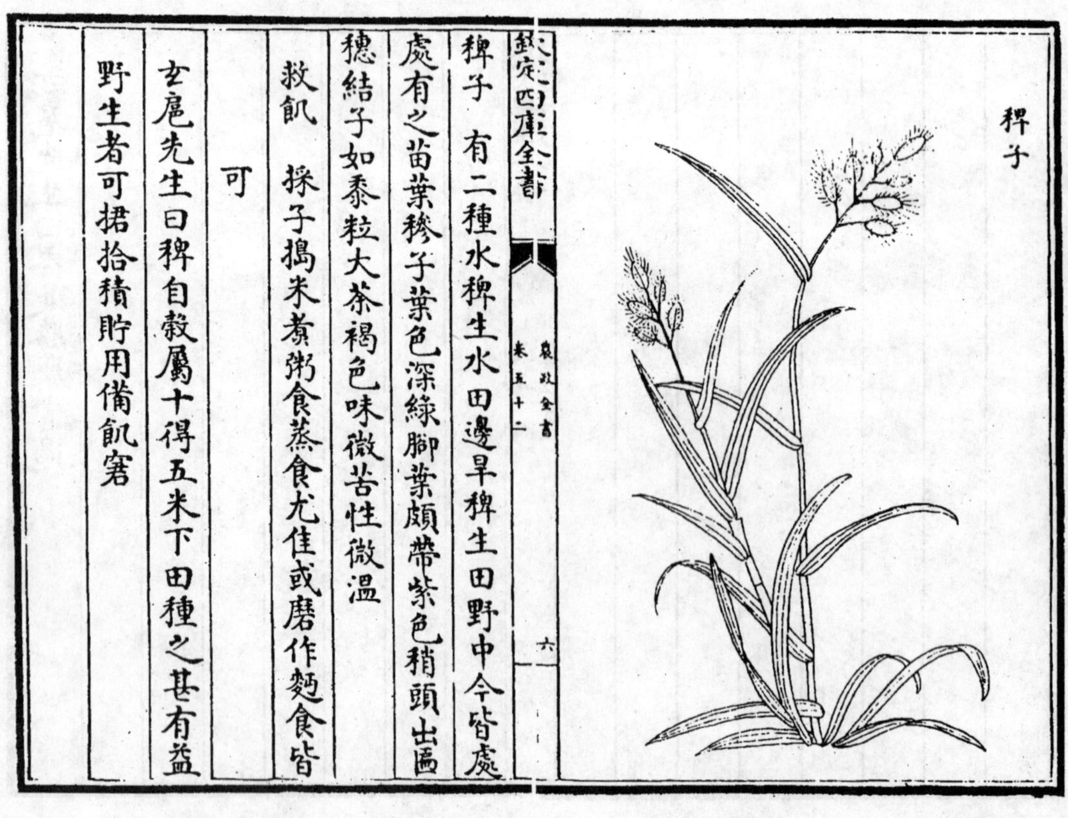

欽定四庫全書　農政全書　卷五十二　六

稗子　有二種水稗生水田邊旱稗生田野中今皆處處有之苗葉似穇子葉色深綠脚葉頗帶紫色稍頭出匾穗結子如黍粒大茶褐色味微苦性微温

救飢　採子搗米煮粥食蒸食尤佳或磨作麪食皆可

玄扈先生曰稗自穀屬十得五米下田種之甚有益野生者可捃拾積貯用備飢窘

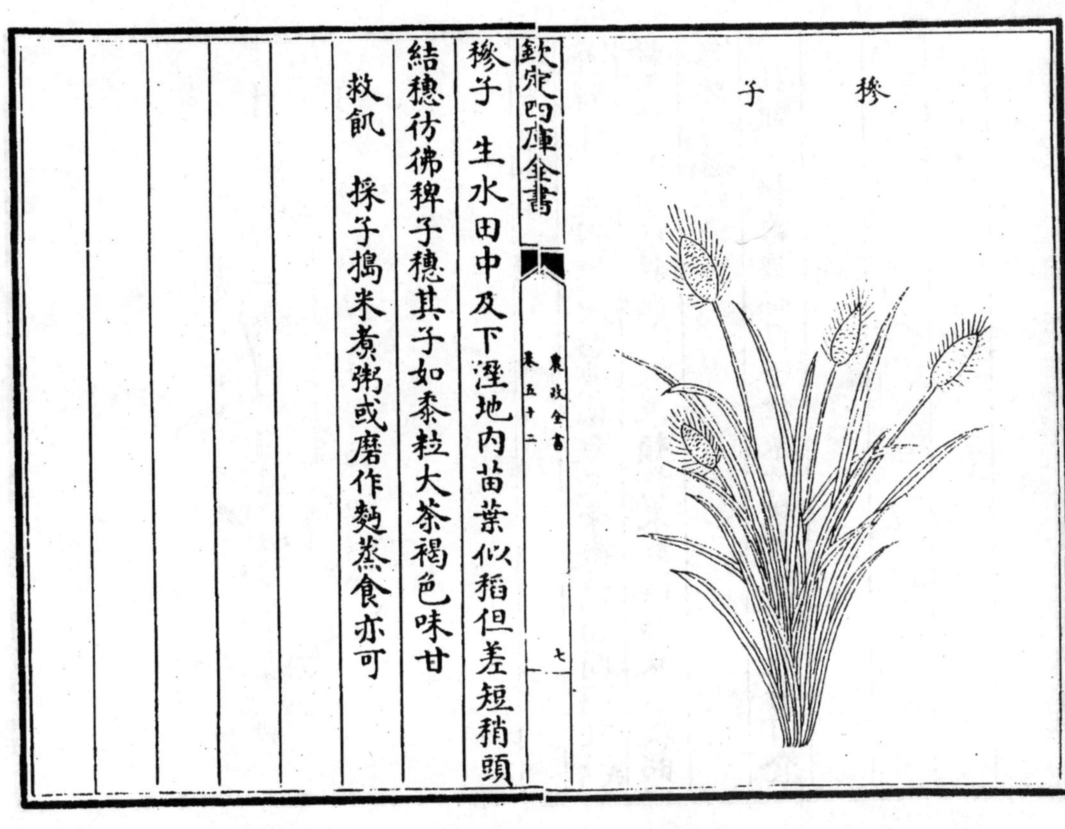

穇子 生水田中及下溼地內苗葉似稻但差短稍頭結穗彷彿稗子穗其子如黍粒大茶褐色味甘

救飢 採子擣米煮粥或磨作麫蒸食亦可

川穀

川穀 生汜水縣田野中苗高三四尺葉似初生薥秫葉微小葉間叢開小黃白花結子似草珠兒微小味甘

救飢 採子擣爲米生用冷水淘淨後以滾水湯三五次去水下鍋或作粥或作炊飯食皆可亦堪造酒

莠艸子

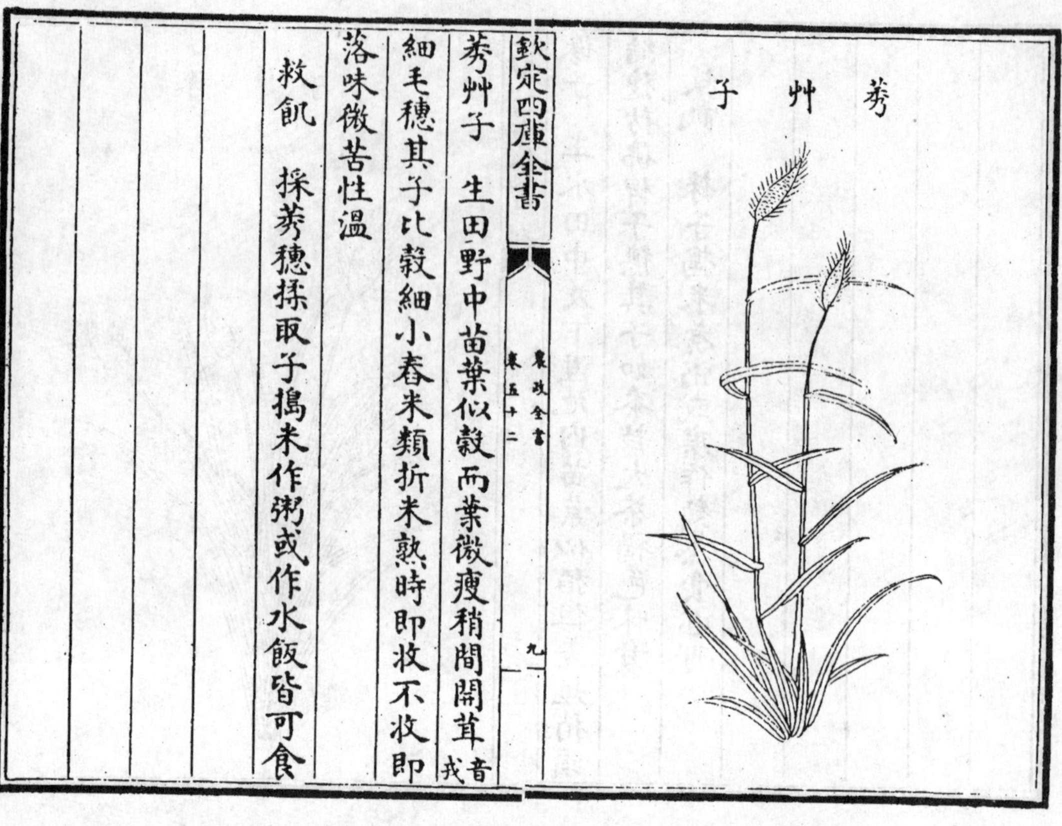

莠艸子 生田野中苗葉似穀而葉微瘦稍間開茸音戎細毛穗其子比穀細小舂米類折米熟時即收不收即落味微苦性溫

救飢 採莠穗揉取子搗米作粥或作水飯皆可食

野黍

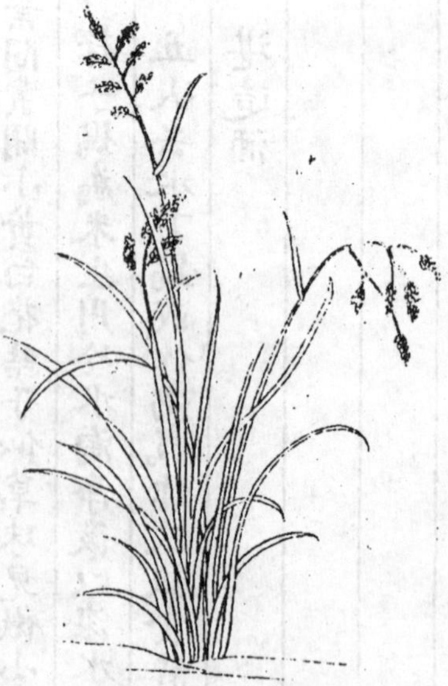

野黍 生荒野中科苗皆類家黍而莖葉細弱穗甚瘦小黍粒亦極細小味甜性微溫

救飢 採子舂去粗糠或搗或磨麪蒸餻食甚甜

雞眼草

雞眼草　又名掐不齊以其葉用指甲掐之作劐不齊故名生荒野中搨地生葉如雞眼大似三葉酸漿葉而圓又似小蟲兒臥單葉而大結子小如粟粒黑茶褐色味微苦氣與槐相類性温

救飢　採子搗取米其米青色先用冷水淘淨却以滾水泡三五次去水下鍋或煑粥或作炊飯食之或磨麪作餅食亦可

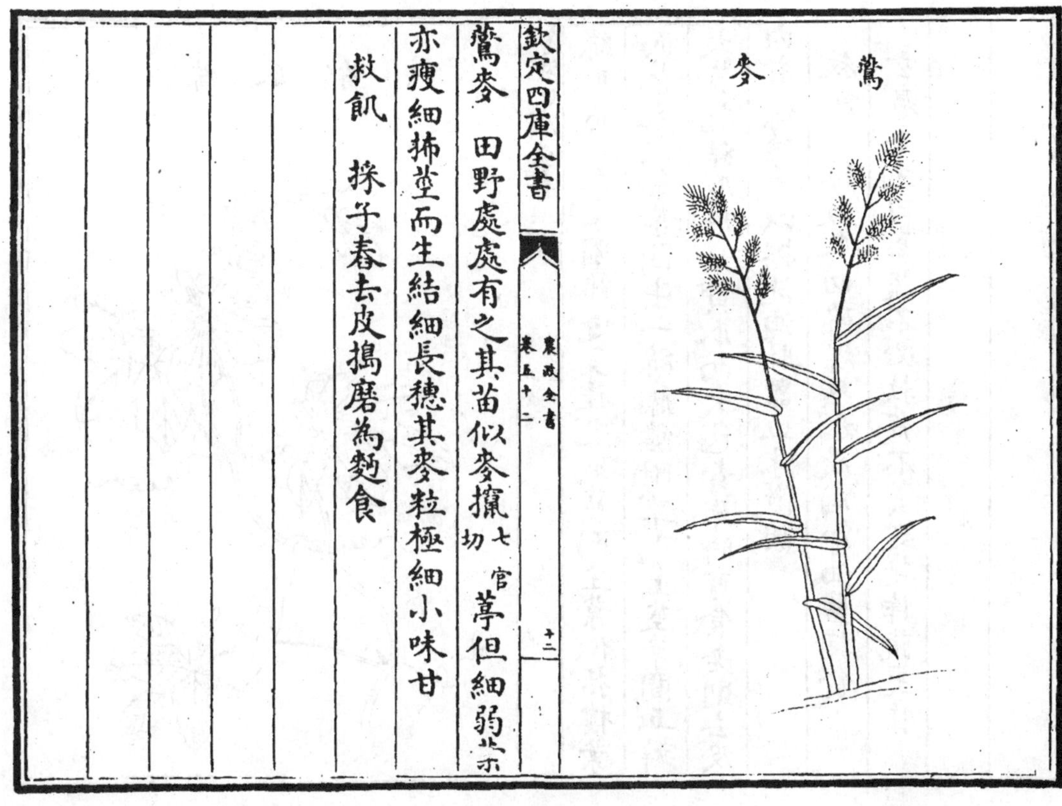

鷰麥

鷰麥　田野處處有之其苗似麥攛（七官切）葶但細弱葉亦瘦細抪莖而生結細長穗其麥粒極細小味甘

救飢　採子舂去皮搗磨為麪食

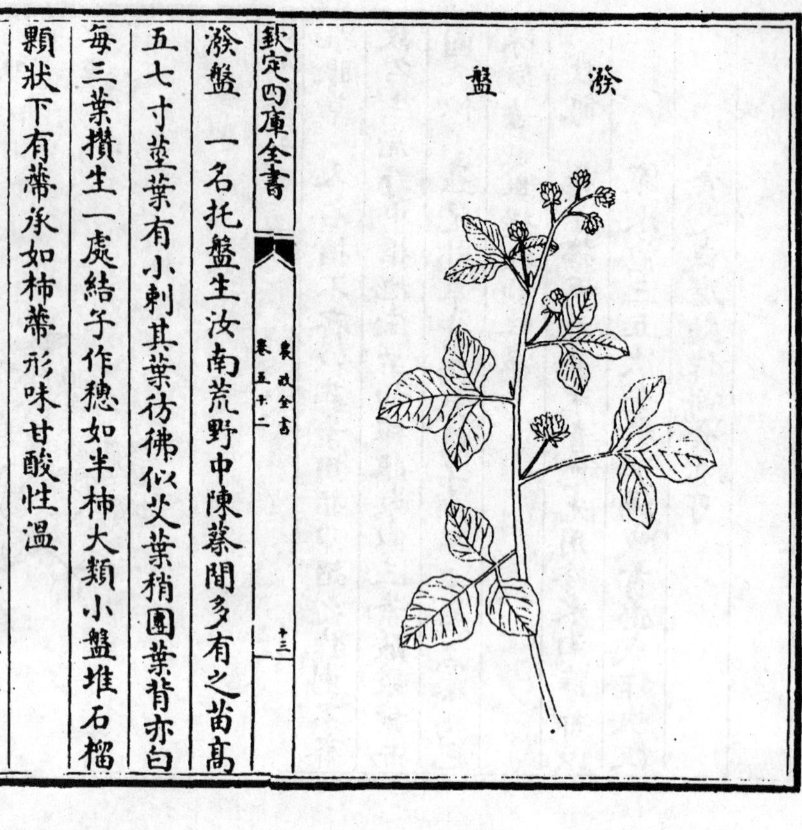

湀盤　一名托盤生汝南荒野中陳蔡間多有之苗高五七寸莖葉有小刺其葉彷彿似艾葉稍團葉背亦白每三葉攢生一處結子作穗如半柿大類小盤堆石榴顆狀下有蔕承如柿蔕形味甘酸性温

救飢　以湀盤顆粒紅熟時採食之彼土人取以當果

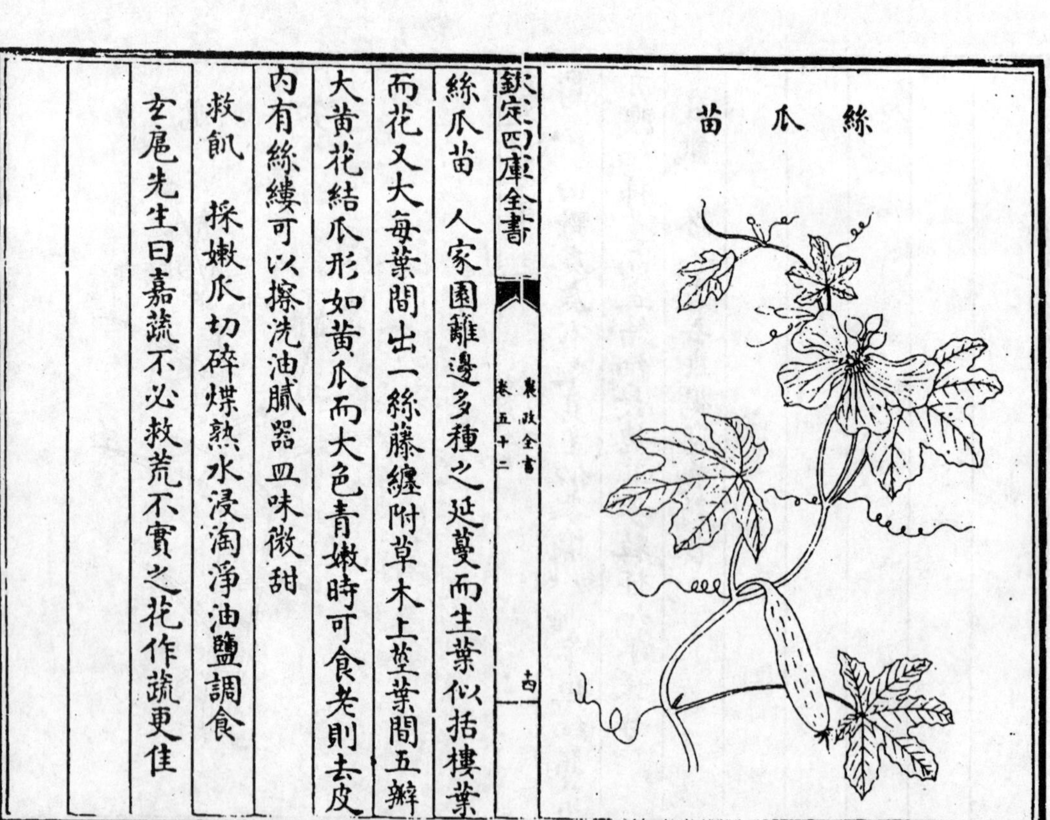

絲瓜苗　人家園籬邊多種之延蔓而生葉似括樓葉而花又大每葉間出一絲藤纏附草木上莖葉間五瓣大黄花結瓜形如黄瓜而大色青嫩時可食老則去皮内有絲縷可以擦洗油膩器皿味微甜

救飢　採嫩瓜切碎煠熟水浸淘淨油鹽調食

玄扈先生曰嘉蔬不必救荒不實之花作蔬更佳

地角兒苗

地角兒苗　一名地牛兒苗生田野中搨地生一根就分數十莖其莖甚稠葉似胡豆葉微小葉生莖面每攢四葉對生作一處莖傍另又生葶稍頭開淡紫花結角似連翹角而小中有子狀似蹽豆顆味甘

救飢　採嫩角生食硬角煮熟食豆

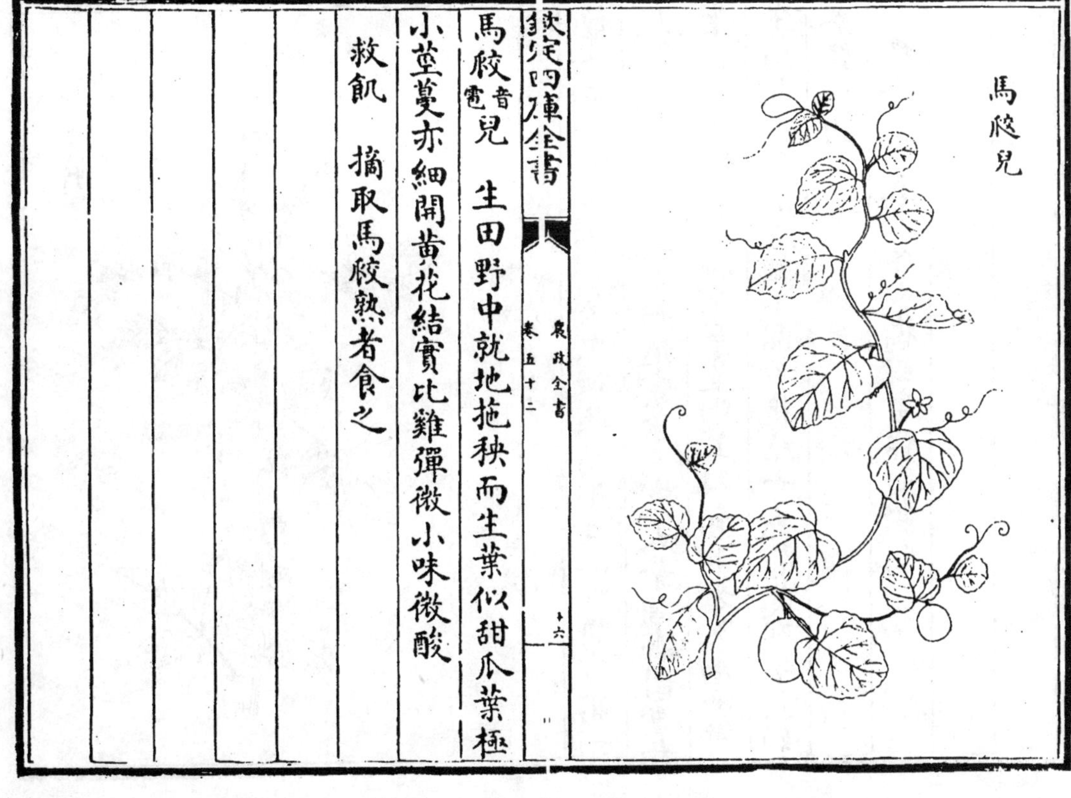

馬瓟兒

馬瓟（音雹）兒　生田野中就地拖秧而生葉似甜瓜葉極小莖蔓亦細開黃花結實比雞彈微小味微酸

救飢　摘取馬瓟熟者食之

山黧豆

山黧豆一名山䝁豆生密縣山野中苗高尺許其莖窊面劍脊葉似竹葉而齊短兩兩對生開淡紫花結小角兒其豆匾如𧿹豆味甜

救飢 採取角兒煑食或打取豆食皆可

龍芽艸

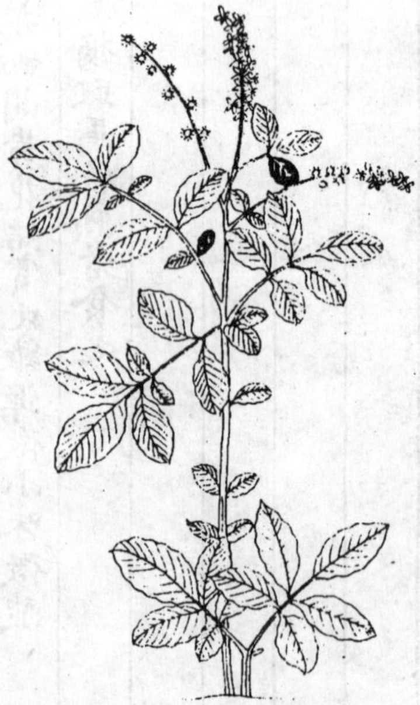

龍芽草一名瓜香草生輝縣鴨子口山野間苗高一尺餘莖多澁毛葉形如地棠葉而寬大葉頭齊團每五葉或七葉作一莖排生葉莖脚上又有小芽菜兩兩對生稍間出穗開五瓣小圓黄花結青毛膏葖有子大如黍粒味甜

救飢 收取其子或搗或磨作麪食之

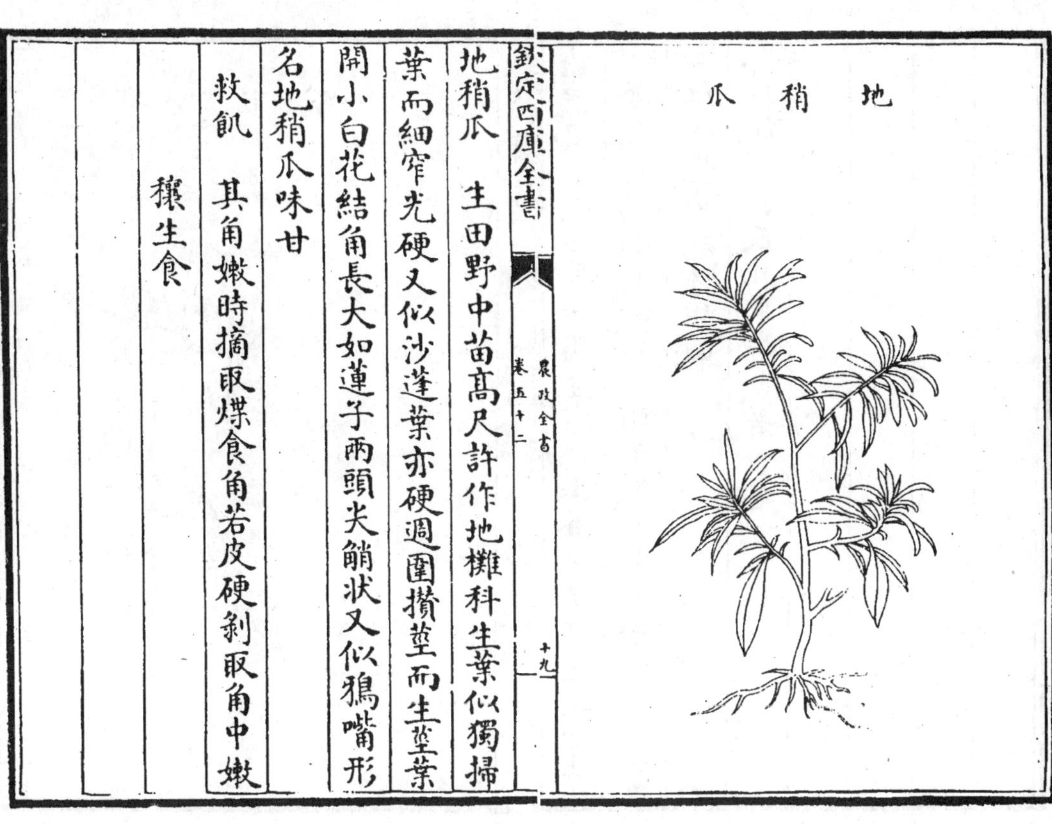

地稍瓜　生田野中苗高尺許作地攤科生葉似獨掃葉而細窄光硬又似沙蓬葉亦硬週圍攢莖而生莖葉開小白花結角長大如蓮子兩頭尖䚡狀又似鵶嘴形名地稍瓜味甘

救飢　其角嫩時摘取煠食角若皮硬剝取角中嫩穰生食

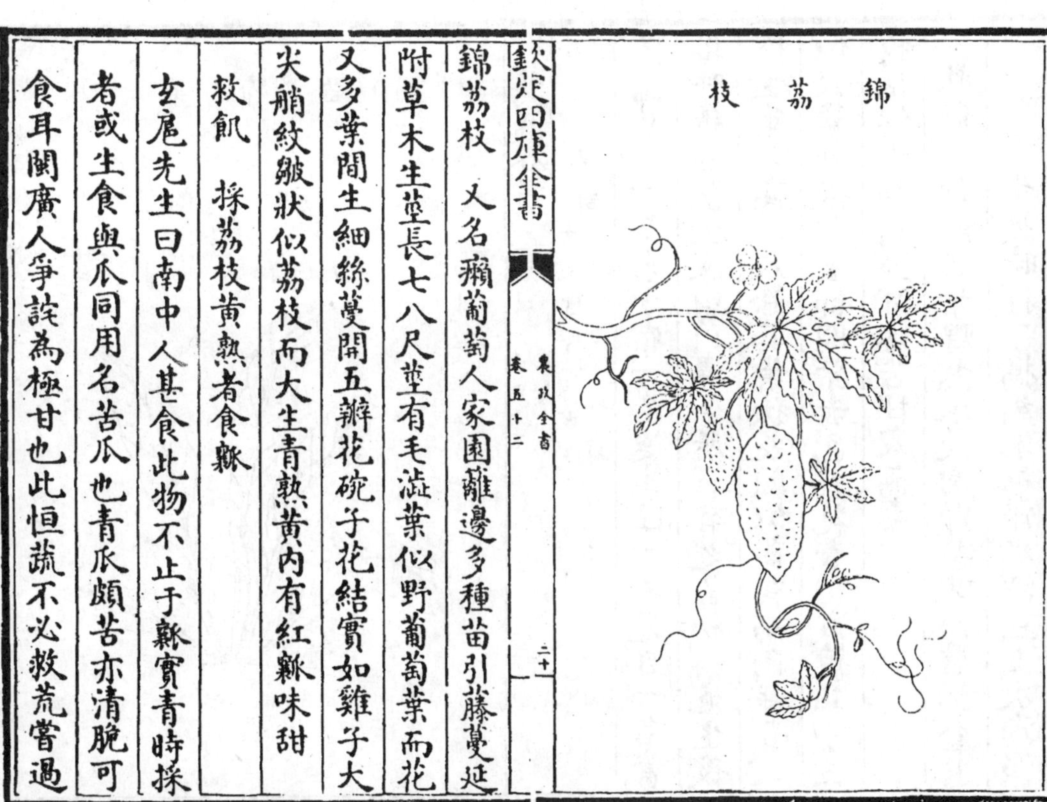

錦荔枝　又名癩葡萄人家園籬邊多種苗引藤蔓延附草木生莖長七八尺莖有毛澁葉似野葡萄葉而花又多葉間生細絲蔓開五瓣花碗子花結實如雞子大尖䚡紋皺狀似荔枝而大生青熟黃內有紅瓤味甜

救飢　採荔枝黃熟者食瓤

玄扈先生曰南中人甚食此物不止于瓤實青時採者或生食與瓜同用名苦瓜也青瓜頗苦亦清脆可食耳閩廣人爭詫為極甘也此恒蔬不必救荒嘗過

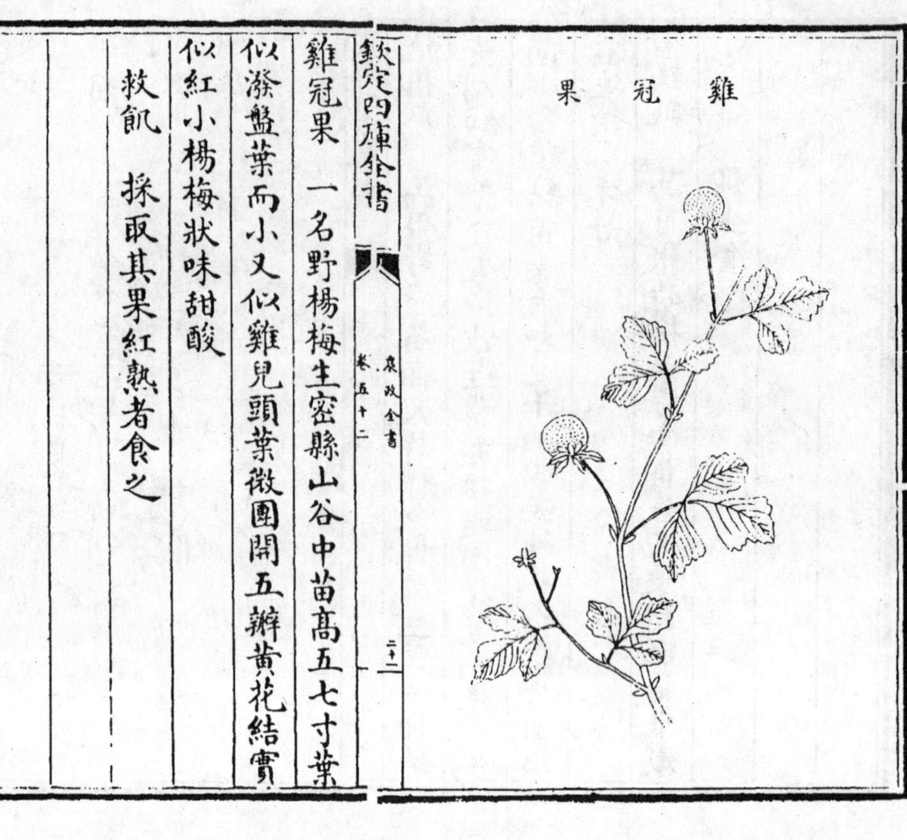

雞冠果

雞冠果　一名野楊梅生密縣山谷中苗高五七寸葉似潑盤葉而小又似雞兒頭葉微團開五瓣黃花結實似紅小楊梅狀味甜酸

救飢　採取其果紅熟者食之

羊蹄苗

草部　葉及實皆可食

羊蹄苗　一名東方宿一名連虫陸一名鬼目一名蓄俗呼猪耳朶生陳留川澤今所在有之苗初搨地生後攛生莖叉高二尺餘其葉狹長頗似萵苣而色深青又似大藍葉微濶莖節間紫赤色其花青白成穗其子三稜根似牛蒡而堅實味苦性寒無毒

救飢　採嫩苗葉煠熟水浸淘淨苦味油鹽調食其子熟時打子擣為米以滚水湯三五次淘淨

下鍋作水飯食微破腹

蒼耳

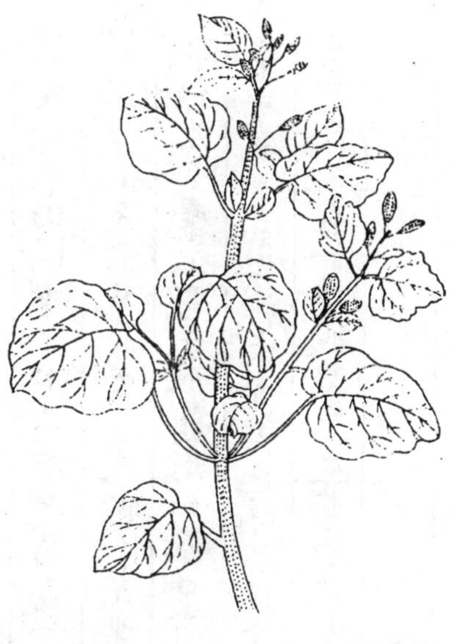

欽定四庫全書

蒼耳 本草名葈音徙耳俗名道人頭又名喝起草一名胡葈一名地葵一名葹音詩一名常思一名羊負來詩謂之卷耳爾雅謂之苓耳生安陸川谷及六安田野今處處有之葉青白類粘糊菜葉莖葉稍間結實比桑椹短小而多刺其實味 甘性溫葉味苦辛性微寒有小毒又云無毒

救飢 採嫩苗葉煠熟換水浸去苦味淘淨油鹽調食其子炒微黃擣去皮磨為麪作燒餅蒸食

亦可或用子熬油點燈

玄扈先生曰油可食北人多用以煠寒具

姑娘菜

姑娘菜　俗名燈籠兒又名掛金燈本草名酸漿一名醋漿生荆楚川澤及人家田園中今處處有之苗高一尺餘苗似水莨而小葉似天茄兒葉窄小又似人莧葉頗大而尖開白花結房如囊似野西瓜蒴形如撮口布袋又類燈籠樣囊中有實如櫻桃大赤黄色味酸性平寒無毒葉味微苦别條又有一種酸漿草三葉與此不同治證亦别

救飢　採葉煠熟水浸淘去苦味油鹽調食子熟摘

取食之

土茜苗

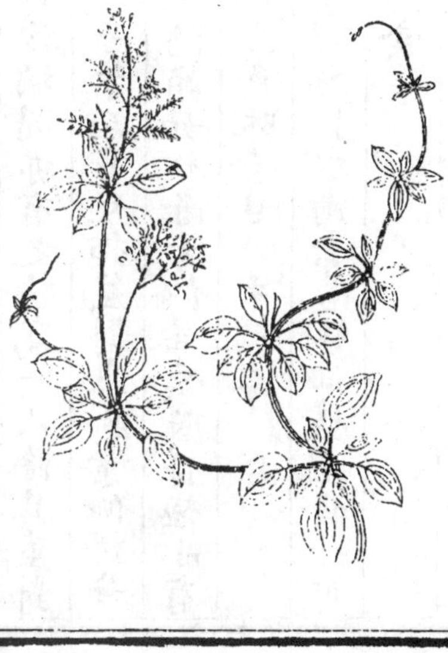

土茜苗　本草根名茜根一名地血一名茹藘一名茅蒐一名蒨生喬山川谷徐州人謂之牛蔓西土出者佳今北土處處有之名土茜根可以染紅葉似棗葉形頭尖下闊紋脈竪直莖方莖葉俱澁四五葉對生節間莖蔓延附草木開五瓣淡銀褐花結子小如菉豆粒生青熟紅根紫赤色味苦性寒無毒一云味甘一云味酸畏鼠姑葉味微酸

救飢　採葉煠熟水浸作成黄色淘淨油鹽調食其

子紅熟摘食

王不留行

王不留行　又名翦金草一名禁宮花一名翦金花生太山山谷今祥符沙堈間亦有之苗高一尺餘其莖對節生叉葉似石竹子葉而寬短抪莖對生脚葉似槐葉而狹長開粉紅花結蒴如松子大似罌粟殻樣極小有子如葶藶子大而黑色味苦甘性平無毒

救飢　採嫩葉煠熟換水淘去苦味油鹽調食子可擣為麪食

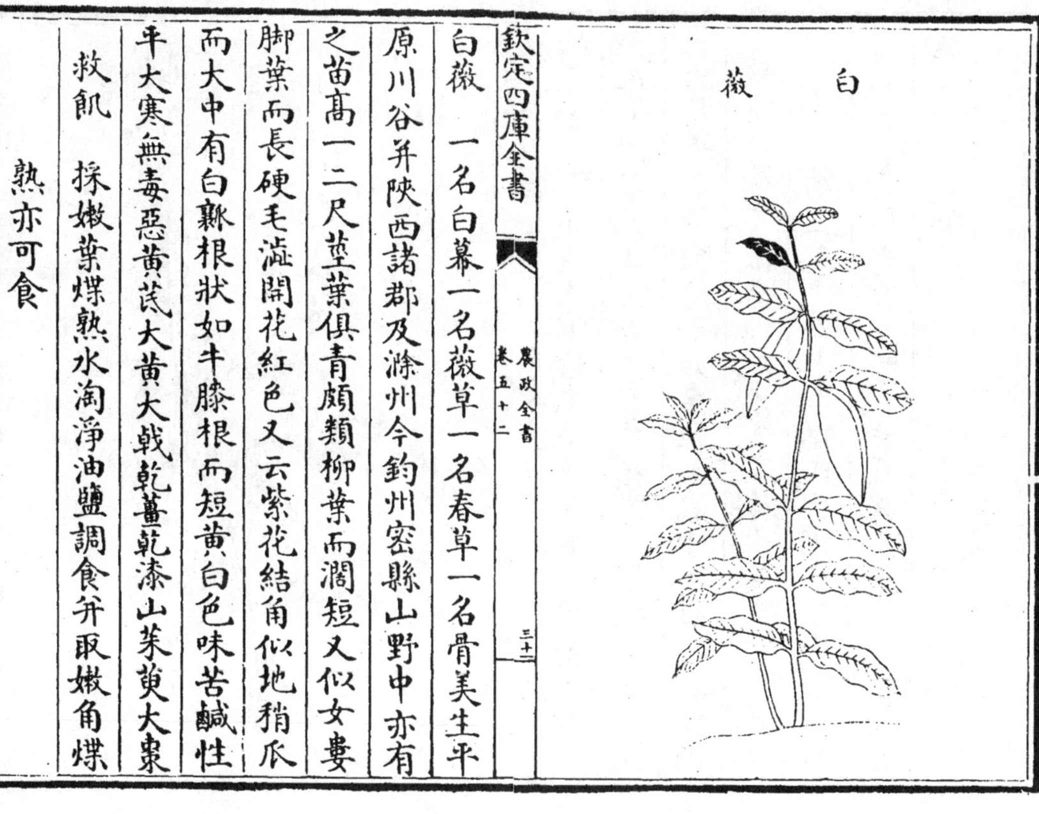

白薇

白薇　一名白幕一名薇草一名春草一名骨美生平原川谷并陝西諸郡及滁州今鈞州密縣山野中亦有之苗高一二尺莖葉俱青頗類柳葉而潤短又似女婁脚葉而長硬毛澁開花紅色又云紫花結角似地稍瓜而大中有白瓤根狀如牛膝根而短黄白色味苦鹹性平大寒無毒惡黄芪大黄大戟乾薑乾漆山茱萸大棗

救飢　採嫩葉煠熟水淘淨油鹽調食并取嫩角煠熟亦可食

蓬子菜

蓬子菜　生田野中所在處處有之其苗嫩時莖有紅紫線楞葉似鹻蓬葉微細苗老結子葉則生出叉刺其子如獨掃子大苗葉味甜

救飢　採嫩苗葉煠熟水浸淘淨油鹽調食晒乾煠食尤佳及採子搗米青色或煮粥或磨麪作餅蒸食皆可

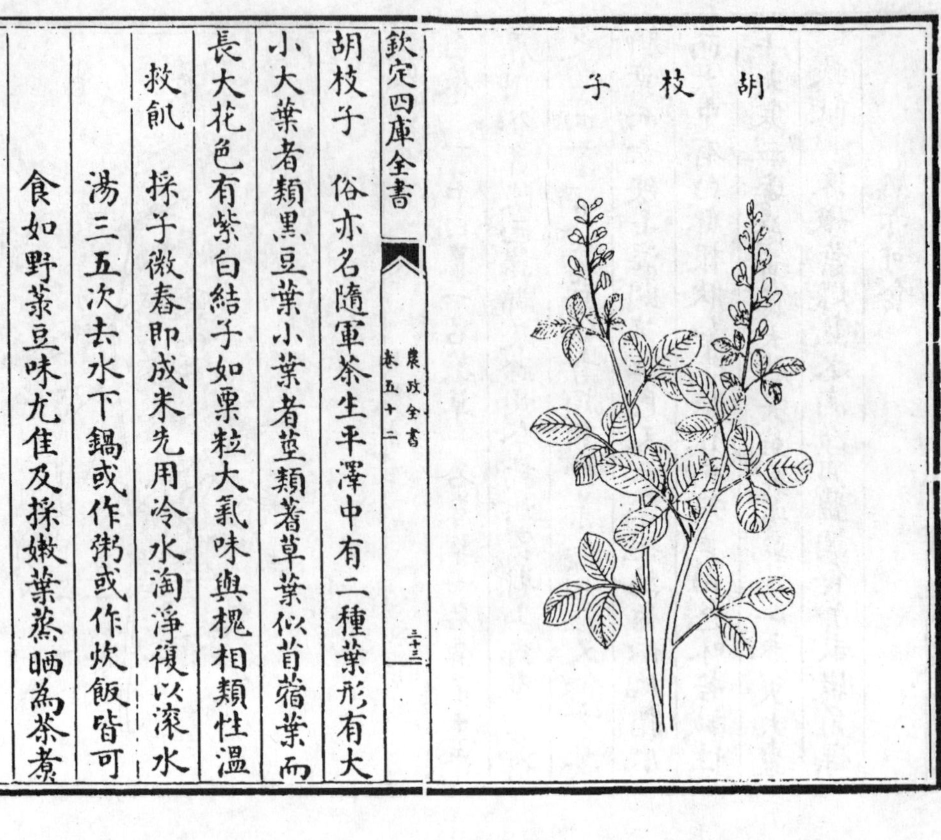

胡枝子　俗亦名隨軍茶生平澤中有二種葉形有大小大葉者類黑豆葉小葉者莖類蓍草葉似苜蓿葉而長大花色有紫白結子如粟粒大氣味與槐相類性温

救飢　採子微舂即成米先用冷水淘淨復以滚水湯三五次去水下鍋或作粥或作炊飯皆可食如野菉豆味尤佳及採嫩葉蒸晒為茶煮飲亦可

米布袋

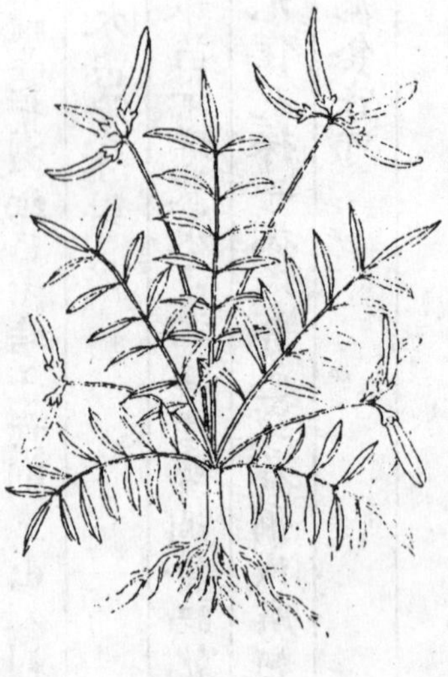

米布袋　生田野中苗搨地生葉似澤漆葉而窄其葉順莖排生稍頭攢結三四角中有子如黍粒大微區味甜

救飢　採角取子水淘洗淨下鍋煮食其嫩苗葉煠熟油鹽調食亦可

天茄苗兒

天茄苗兒 生田野中苗高二尺許莖有線楞葉似姑娘草葉而大又似和尚菜葉卻小開五瓣小白花結子似野葡萄大紫黑色味甜

救饑 採嫩葉煠熟水浸去邪味淘淨油鹽調食其子熟時亦可摘食

治病 今人傳說採葉傅貼腫毒金瘡拔毒

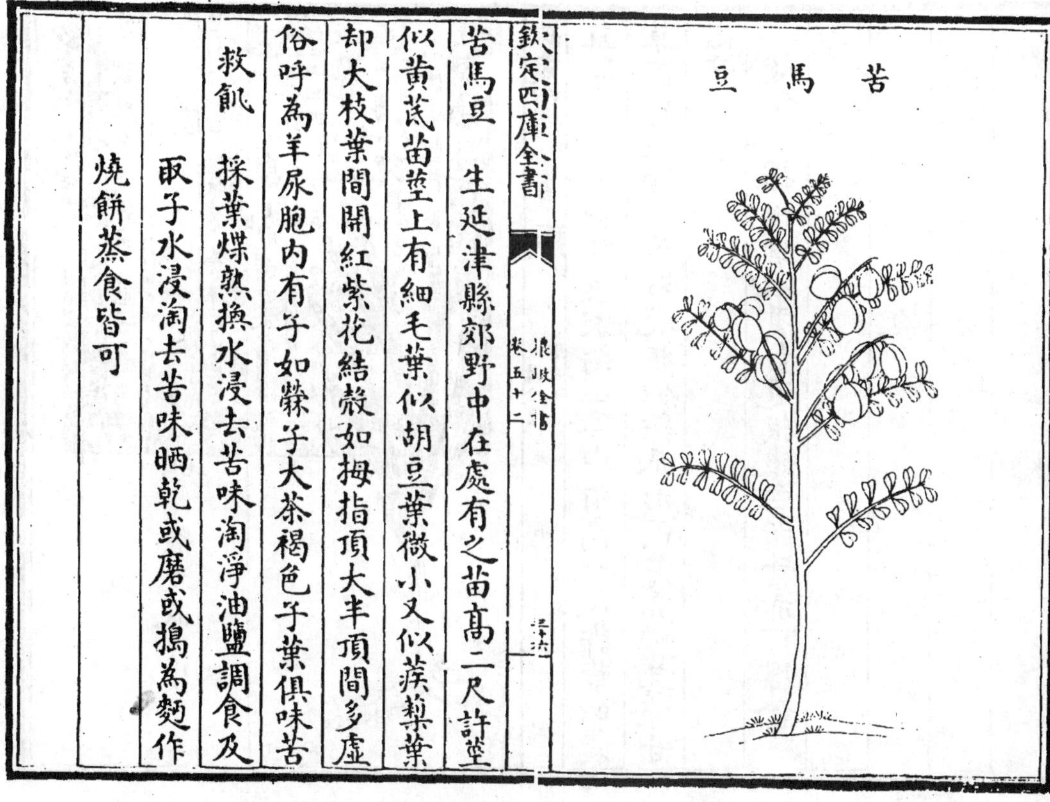

苦馬豆

苦馬豆 生延津縣郊野中在處有之苗高二尺許莖似黃芪苗莖上有細毛葉似胡豆葉微小又似蒺藜葉卻大枝葉間開紅紫花結殼如拇指頂大半頂間多虛俗呼為羊尿胞內有子如檾子大茶褐色子葉俱味苦

救饑 採葉煠熟換水浸去苦味淘淨油鹽調食及取子水浸淘去苦味晒乾或磨或擣為麪作燒餅蒸食皆可

猪尾把苗

欽定四庫全書　農政全書　卷五十二　三十七

猪尾把苗　一名狗脚菜生荒野中苗長尺餘葉似甘露兒葉而甚短小其頭頗齊莖葉皆有細毛每葉間順條開小白花結小蒴兒中有子小如粟粒黑色苗葉味甜

救飢　採嫩葉煠熟換水浸淘淨油鹽調食子可搗為麪食

農政全書卷五十二

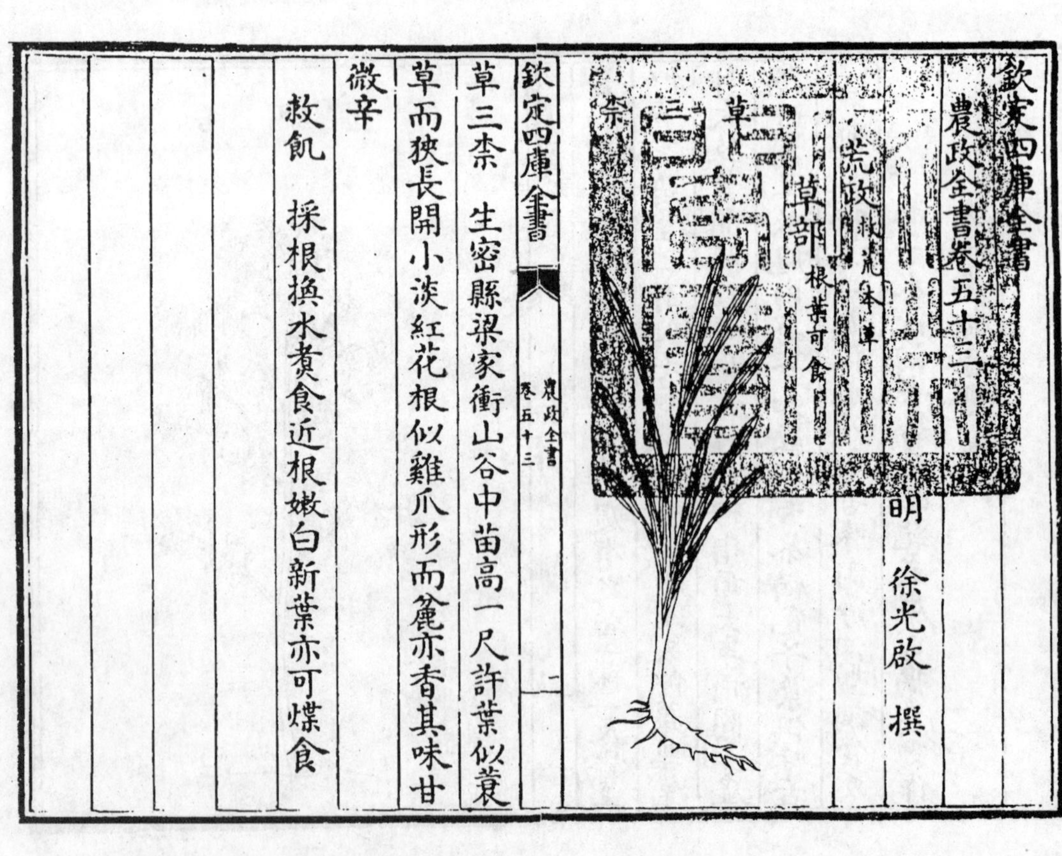

欽定四庫全書

農政全書卷五十三

明　徐光啟　撰

荒政　救荒本草

草部　根葉可食

草三柰

欽定四庫全書　農政全書　卷五十三　二

草三柰　生密縣梁家衝山谷中苗高一尺許葉似蓑草而狹長開小淡紅花根似雞爪形而麄亦香其味甘微辛

救飢　採根換水煑食近根嫩白新葉亦可煠食

黃精苗

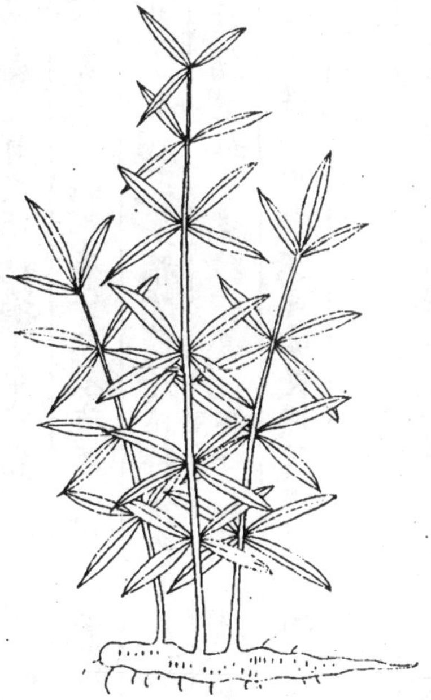

黃精苗　俗名筆管菜一名重樓一名菟竹一名雞格一名救窮一名鹿竹一名萎蕤一名仙人餘粮一名垂珠一名馬箭一名白及生山谷南北皆有之嵩山茅山者佳根生肥地者大如拳薄地者猶如拇指葉似竹葉或二葉或三葉或四五葉俱皆對節而生味甘性平無毒又云莖光滑者謂之太陽之草名曰黃精食之可以長生其葉不對節莖葉毛鉤子者謂之太陰之草名曰鉤吻食之入口立死又云莖不紫花不黃為異

救飢　採嫩葉煠熟換水浸去苦味淘淨油鹽調食山中人採根九蒸九暴食甚甘美其蒸暴用瓮去底安釜上裝滿黃精密蓋蒸之令氣溜即暴之如此九蒸九暴令極熟不熟則刺人喉咽久食長生辟穀其生者若初服只可一寸半漸漸增之十日不食他食能長服之食止三尺服三百日後盡見鬼神餌必升天又云花實可食罕見難得

玄扈先生曰嘗過根本勝藥苗亦恒蔬

地黃苗

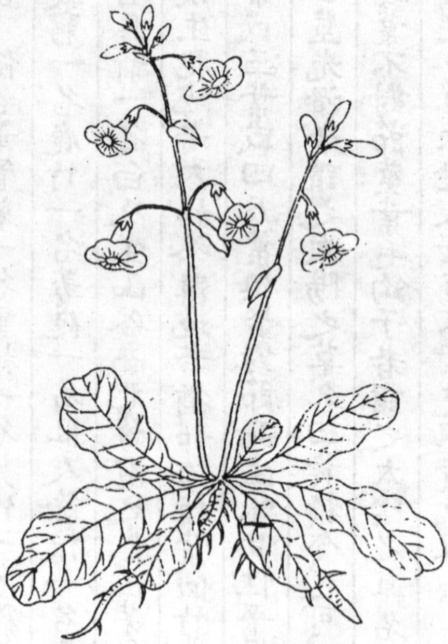

地黃苗　俗名婆婆嬭一名地髓一名苄一名芑生咸陽川澤今處處有之苗初搨地生葉如山白菜葉而毛澁葉面深青色又似芥菜葉而不花叉北芥菜葉頗厚葉中攛葶上有細毛葶稍開筒子花紅黃色北人謂之牛嬭子花結實如小麥粒根長四五寸細如手指皮赤黃色味甘苦性寒無毒惡貝母畏無荑得麥門冬清酒良忌鐵器

救飢　採葉煑羮食或擣絞根汁搜麪作飫飥及冷淘食之或取根浸洗淨九蒸九暴任意服食或煎以為煎食久服輕身不老變白延年

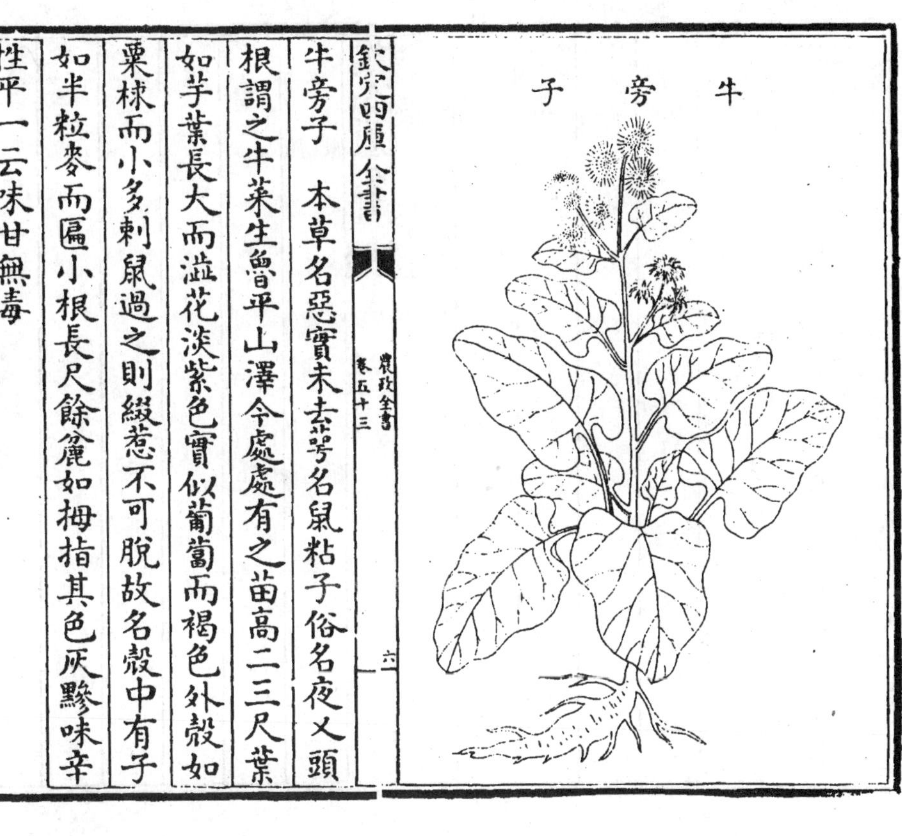

牛旁子　本草名惡實未去萼名鼠粘子俗名夜义頭根謂之牛菜生魯平山澤今處處有之苗高二三尺葉如芋葉長大而澁花淡紫色實似葡萄而褐色外殼如栗梂而小多刺鼠過之則綴惹不可脫故名殼中有子如半粒麥而匾小根長尺餘麄如拇指其色灰黪味辛性平一云味甘無毒

救飢　採葉煠熟水浸去邪氣淘洗淨油鹽調食及取根洗淨煑熟食之久食甚益人身輕耐老

遠志

遠志　一名棘菀一名葽繞一名細草生太山及寃句川谷河陝商齊泗州亦有俗傳夷門遠志最佳今密縣梁家衝山谷間多有之苗名小草葉似石竹子葉又極細開小紫花亦有開小紅白花者根黃色形如蒿根長及一尺許亦有根黑色者根葉俱味苦性温無毒得茯苓冬葵子龍骨食殺天雄附子毒畏珍珠藜蘆蜚蠊齊蛤蠐螬

救飢　採嫩苗葉煠熟換水浸去苦味淘淨油鹽調

食及掘取根換水煮浸淘去苦味去心再換水煮極熟食之不去心令人心悶

杏葉沙參

杏葉沙參 一名白麪根生密縣山野中苗高一二尺莖色青白葉似杏葉而小邊有叉牙又似小小菜葉微尖而背白稍間開五瓣白碗子花根形如野胡蘿蔔頗肥皮色灰黲中間白色味甜性微寒本草有沙參苗葉根莖其說與此形狀皆不同未敢併入條下乃另開于此其杏葉沙參又有開碧色花者

救飢 採苗葉煠熟水浸淘淨油鹽調食掘根換水煑食亦佳

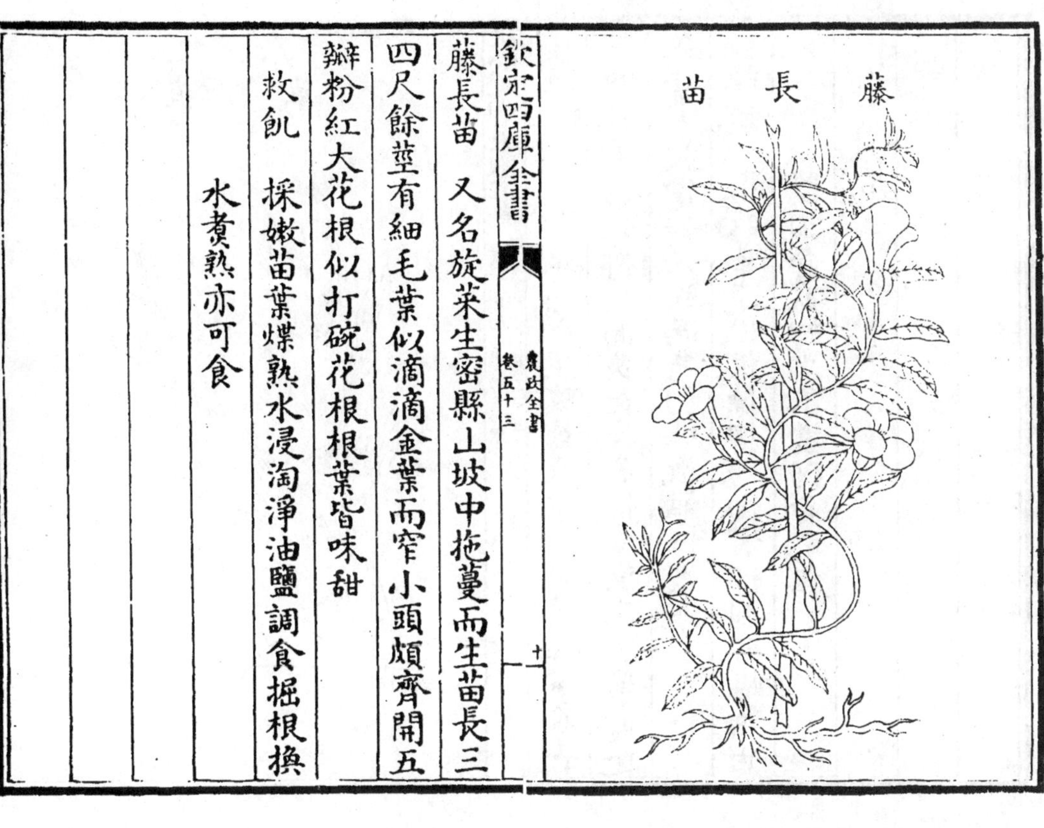

藤長苗　又名旋菜生密縣山坡中拖蔓而生苗長三四尺餘莖有細毛葉似滴滴金葉而窄小頭頗齊開五瓣粉紅大花根似打碗花根根葉皆味甜

救飢　採嫩苗葉煠熟水浸淘淨油鹽調食掘根換水煮熟亦可食

牛皮消

牛皮消　生密縣野中拖蔓而生藤蔓長四五尺葉似馬兜鈴葉寬大面薄又似何首烏葉亦寬大開白花結小角兒根類葛根而細小皮黑肉白味苦

救飢　採葉煠熟水浸去苦味油鹽調食及取根去黑皮切作片換水煮去苦味淘洗淨再以水煮極熟食之

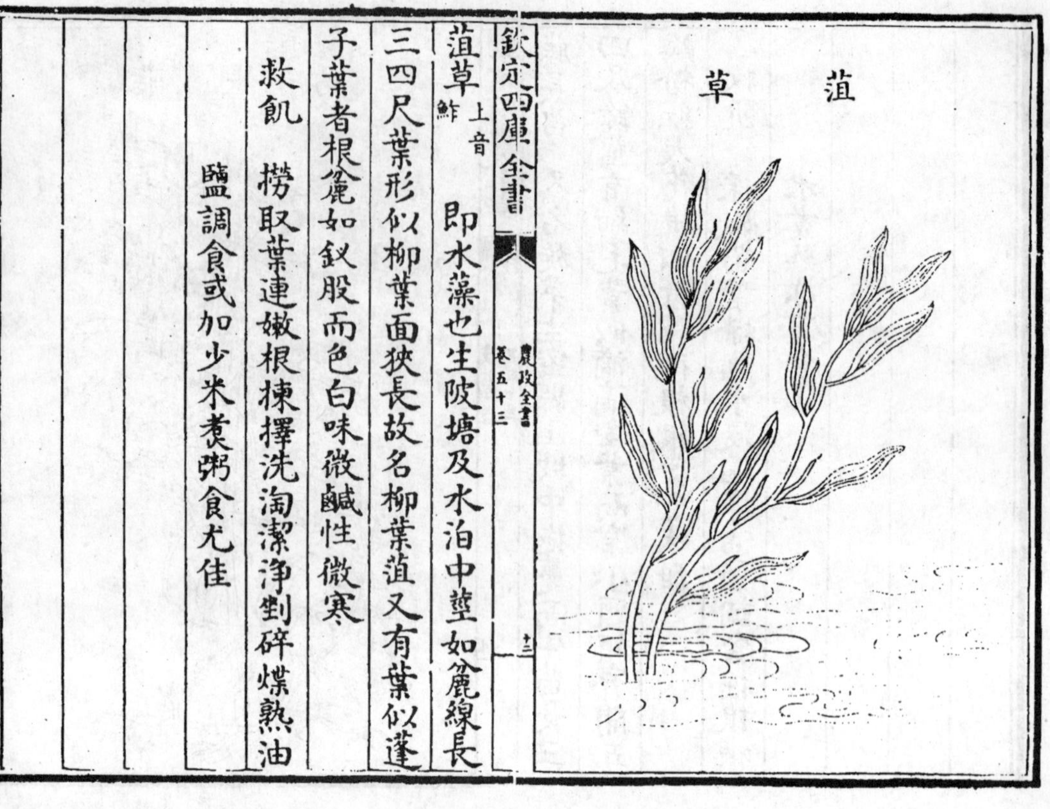

欽定四庫全書　農政全書 卷五十三　十三

菹草上音鮓　即水藻也生陂塘及水泊中莖如麄線長三四尺葉形似柳葉而狹長故名柳葉菹又有葉似蓬子葉者根麄如釵股而色白味微鹹性微寒

救飢　撈取葉連嫩根揀擇洗淘潔淨剉碎煠熟油鹽調食或加少米煑粥食尤佳

水豆兒

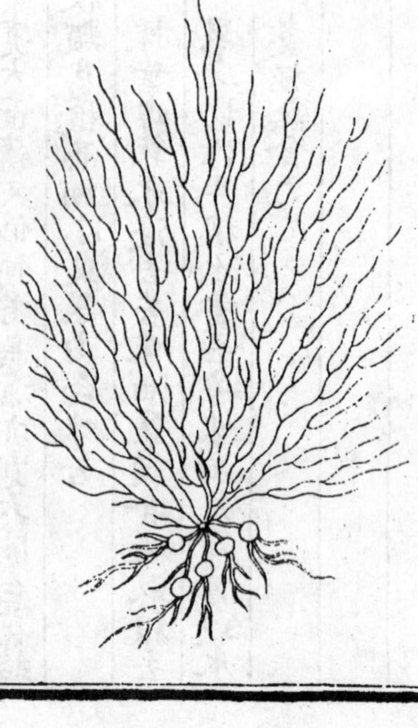

欽定四庫全書　農政全書 卷五十三　十三

水豆兒　一名菽菜生陂塘水澤中其莖葉比菹草又細狀類細線連綿不絕根如釵股而色白根下有豆如退皮菉豆瓣味甘

救飢　採秧及根豆擇洗潔淨煑食生醃食亦可

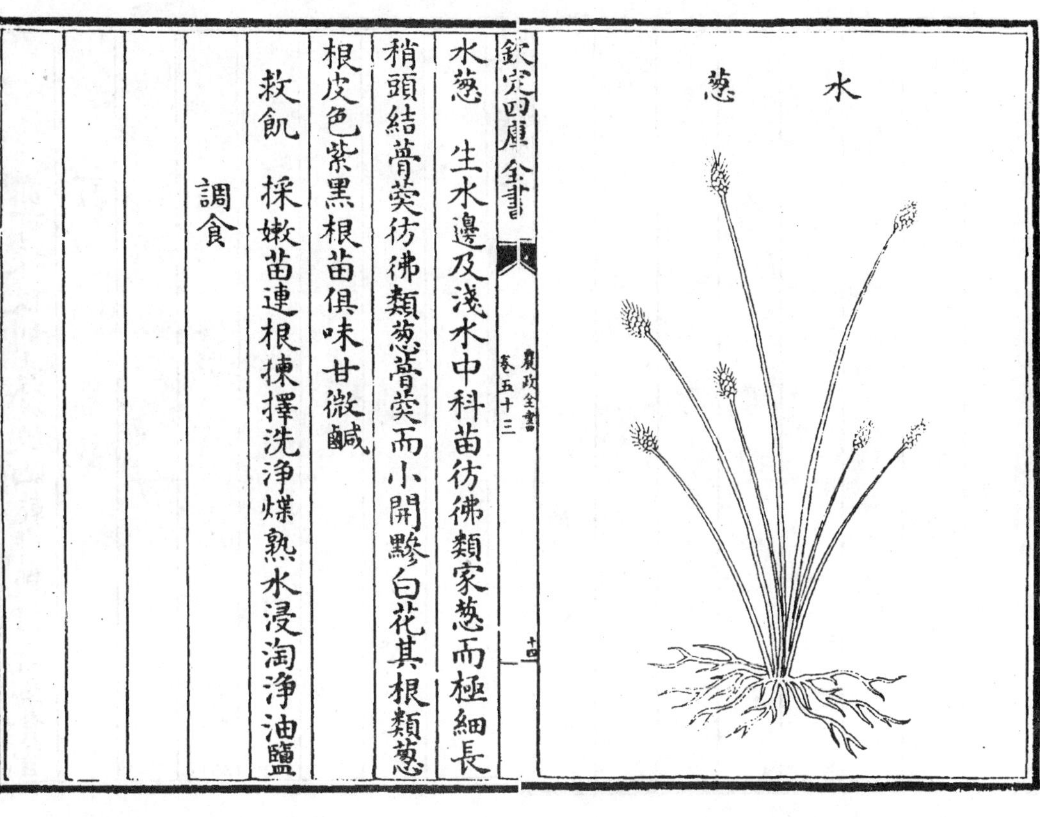

水葱　生水邊及淺水中科苗彷彿類家葱而極細長稍頭結蓇葖彷彿類葱蓇葖而小開黲白花其根類葱根皮色紫黑根苗俱味甘微鹹

救飢　採嫩苗連根揀擇洗淨煠熟水浸淘淨油鹽調食

蒲筍

蒲筍　本草名其苗為香蒲即甘蒲也一名雎一名醮俚俗名此蒲為香蒲謂菖蒲為臭蒲其香蒲水邊處處有之根比菖蒲根極肥大而少節其葉初未出水時葉莖紅白色採以為筍後攛梗於叢葉中花抱梗端如武士棒杵故俚俗謂蒲棒蒲黃即花中蘂屑也細若金粉當欲開時有便取之市鄽間亦採以蜜搜作果食貨賣甚益小兒味甘性平無毒

救飢　採近根白筍揀剝洗淨煠熟油鹽調食蒸食

亦可採根刮去麄皴晒乾磨麪打餅蒸食皆可

蘆筍

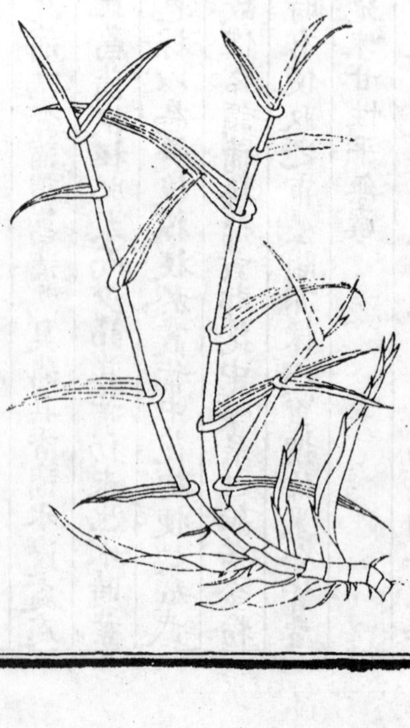

蘆筍　其苗名葦子草本草有蘆根爾雅謂之葭葦生下隰陂澤中其狀都似竹但差小而葉抱莖生無枝叉花白作穗如茅花根如竹根亦差小而節踈露出浮水者不堪用味甘一云辛性寒

救飢　採嫩笋煠熟油鹽調食其根甘甜亦可生咂食之

玄扈先生曰嘗過根本勝藥北方亦作果食其笋則北方者可食南產不可食

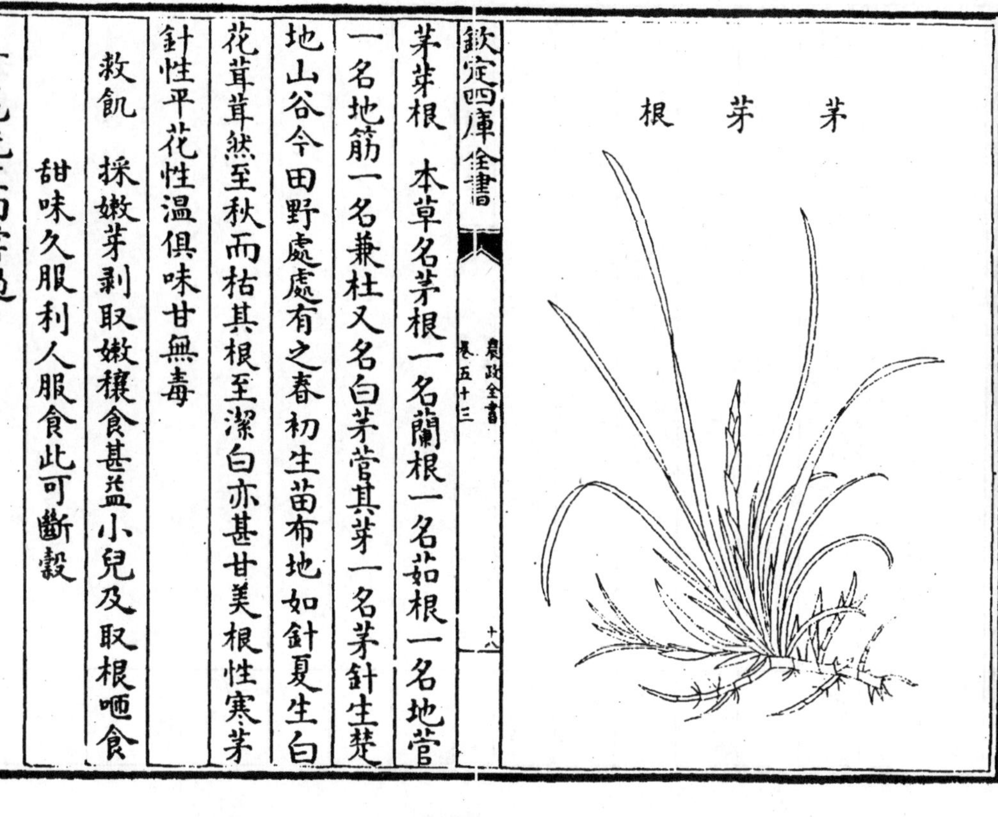

茅芽根　本草名茅根一名蘭根一名茹根一名地菅一名地筋一名兼杜又名白茅菅其芽一名茅針生楚地山谷今田野處處有之春初生苗布地如針夏生白花茸茸然至秋而枯其根至潔白亦甚甘美根性寒茅針性平花性溫俱味甘無毒

救飢　採嫩芽剝取嫩穰食甚益小兒及取根咂食甜味久服利人服食此可斷穀

玄扈先生曰嘗過

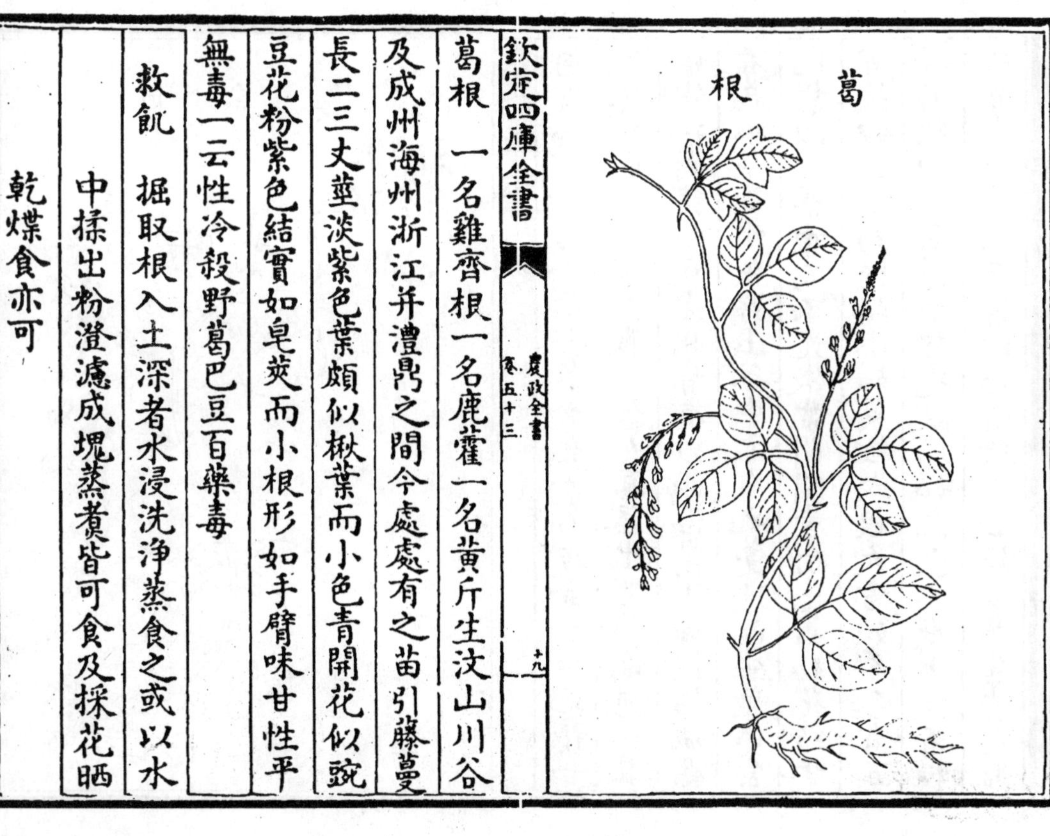

葛根　一名雞齊根一名鹿藿一名黃斤生汶山川谷及成州海州浙江并澧鼎之間今處處有之苗引藤蔓長二三丈莖淡紫色葉頗似楸葉而小色青開花似豌豆花粉紫色結實如皂莢而小根形如手臂味甘性平無毒一云性冷殺野葛巴豆百藥毒

救飢　掘取根入土深者水浸洗淨蒸食之或以水中揉出粉澄濾成塊蒸煮皆可食及採花晒乾煠食亦可

玄扈先生曰嘗過

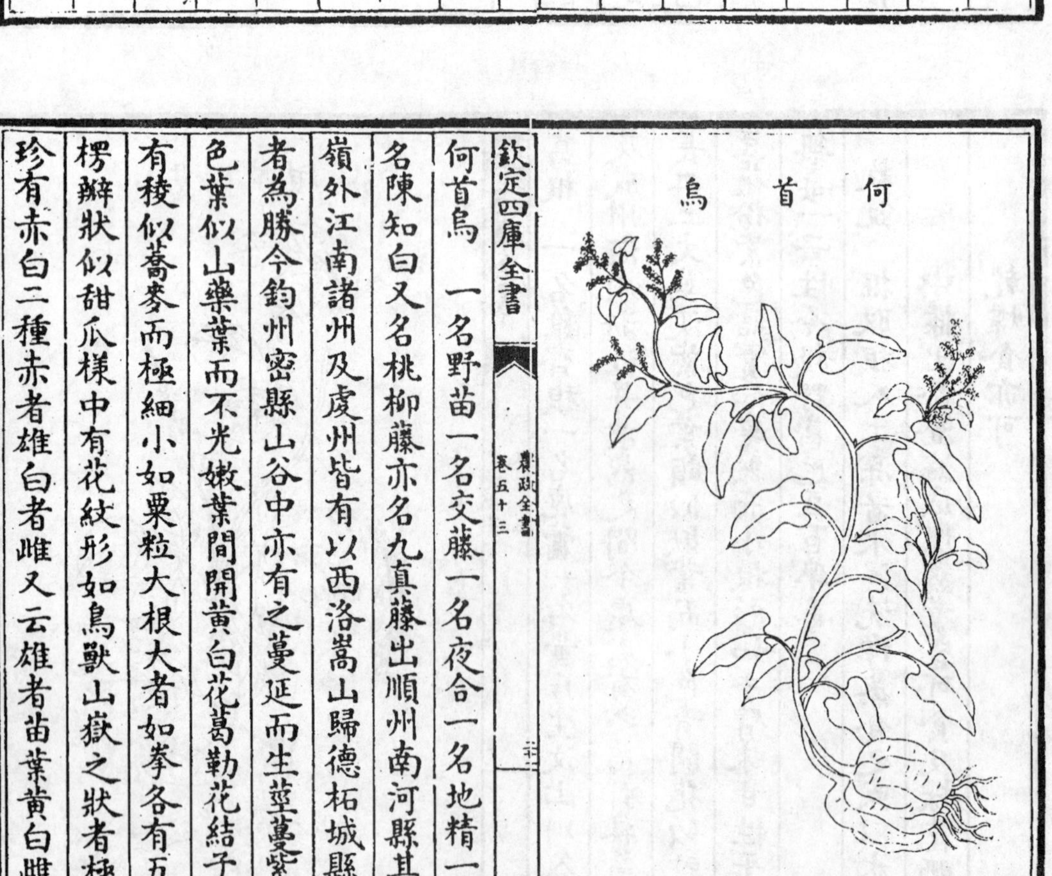

何首烏　一名野苗一名交藤一名夜合一名地精一名陳知白又名桃柳藤亦名九真藤出順州南河縣其嶺外江南諸州及虔州皆有以西洛嵩山歸德柘城縣者為勝今鈞州密縣山谷中亦有之蔓延而生莖蔓紫色葉似山藥葉而不光嫩葉間開黃白花葛勒花結子有稜似蕎麥而極細小如粟粒大根大者如拳各有五楞瓣狀似甜瓜樣中有花紋形如鳥獸山嶽之狀者極珍有赤白二種赤者雄白者雌又云雄者苗葉黃白雌

者赤黄色一云雄苗赤生必相對遠不過三四尺夜則苗蔓相交或隱化不見凡修合藥須雌雄相合服有驗宜偶日服二四六八日是也其藥本無名因何首烏見藤夜交採服有功因以採人為名耳又云仙草其為五十年者如拳大號山奴服之一年髭髮烏黑百年如碗大號山哥服之一年顏色紅悦百五十年如盆大號山伯服之一年齒落重生二百年如斗栲栳大號山翁服之一年顏如童子行及奔馬三百年如三斗栲栳大號

山精服之一年延齡純陽之體久服成地仙又云其頭九數者服之乃仙味苦濇性微温無毒一云味甘茯苓為之使酒下最良忌鐵器猪羊血及猪肉無鱗魚與蘿蔔相惡若並食令人髭鬢早白腸風多熱

救飢　掘根洗去泥土以苦竹刀切作片米泔浸經宿換水煑去苦味再以水淘洗淨或蒸或煑食之花亦可煠食

玄扈先生曰嘗過根本勝藥不必救荒

瓜樓根

瓜樓根　俗名天花粉本草名栝樓實一名地樓一名果蠃一名天瓜一名澤姑一名黄瓜生弘農川谷及山陰地今處處有之入土深者良生鹵地者有毒詩所謂果蓏之實是也根亦名白藥大者細如手臂皮黄肉白苗引藤蔓葉似甜瓜葉而作花叉有細毛開花似葫蘆花淡黄色實在花下大如拳生青熟黄根味苦性寒無毒枸杞為之使惡乾姜畏牛膝乾漆反烏頭

救飢　採根削皮至白處寸斷之水浸一日一次換

水浸經四五日取出爛搗研和絹袋盛之澄濾令極細如粉或將根晒乾搗為麪水浸澄澱二十餘遍使極膩如粉或為蒸餅或作煎餅切細麪皆可食採栝樓穰煮粥食極甘取子炒乾搗爛用水熬油亦可

玄扈先生曰嘗過根本良藥

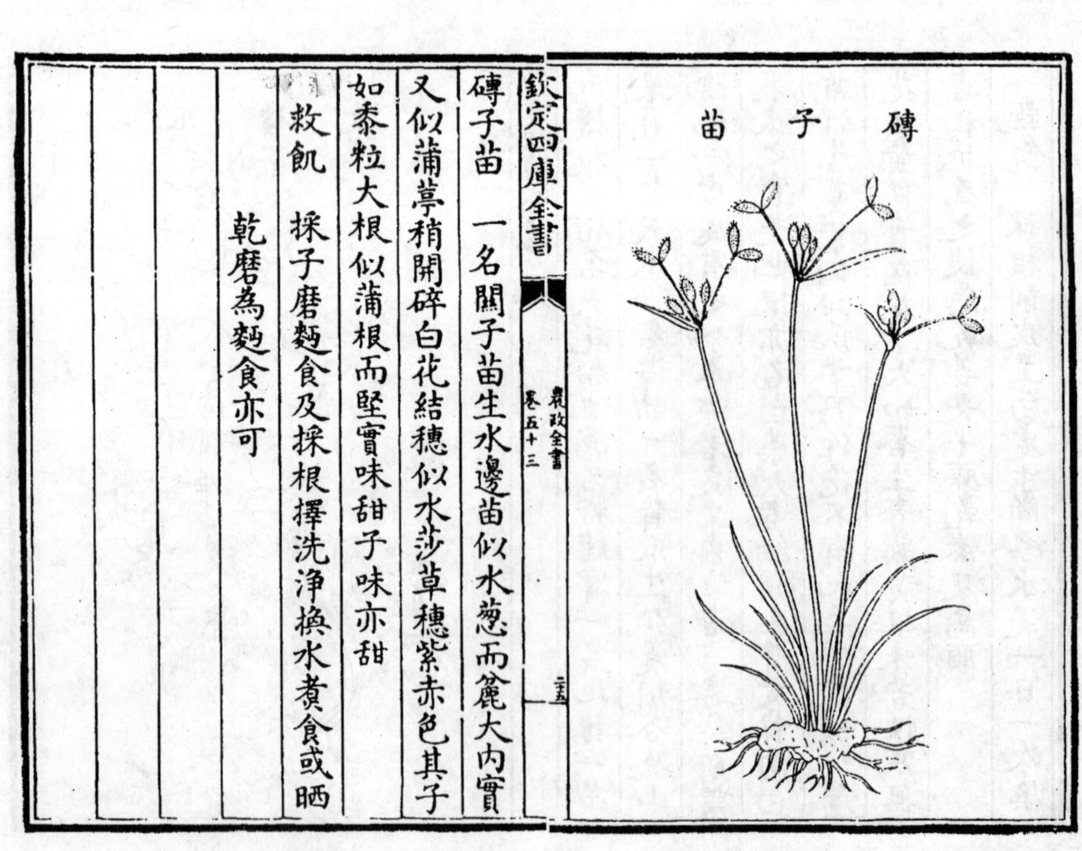

磚子苗　一名關子苗生水邊苗似水葱而麄大內實又似蒲葶稍開碎白花結穗似水莎草穗紫赤色其子如黍粒大根似蒲根而堅實味甜子味亦甜

救飢　採子磨麪食及採根擇洗淨換水煮食或晒乾磨為麪食亦可

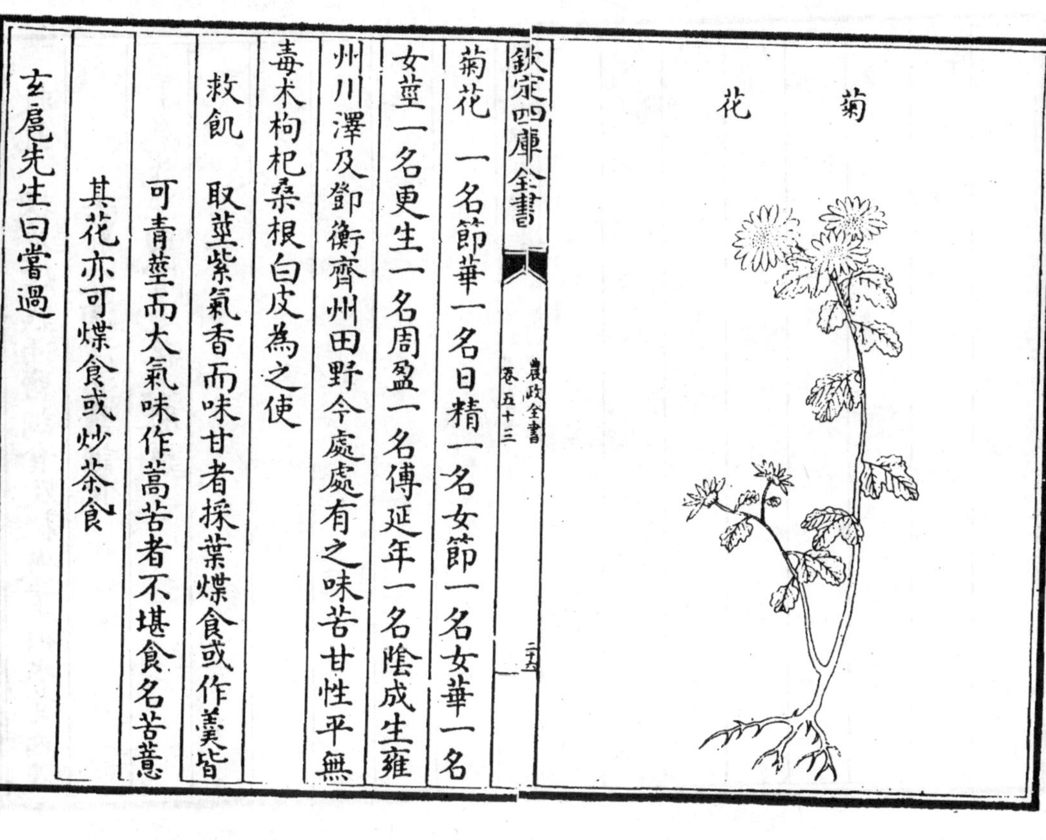

菊花　一名節華一名日精一名女節一名女華一名女莖一名更生一名周盈一名傅延年一名陰成生雍州川澤及鄧衡齊州田野今處處有之味苦甘性平無毒术枸杞桑根白皮為之使

救飢　取莖紫氣香而味甘者採葉煠食或作羮皆可青莖而大氣味作蒿苦者不堪食名苦薏

其花亦可煠食或炒茶食

玄扈先生曰嘗過

金銀花

金銀花　本草名忍冬一名鷺鷥藤一名左纏藤一名金釵股又名老翁鬚亦名忍冬藤舊不載所出州土今輝縣山野中亦有之其藤凌冬不凋故名忍冬草附樹延蔓而生莖微紫色對節生葉葉似薜荔葉而青又似水茶舊葉頭微團而軟背頗澁又似黑豆葉而大開花五出微香蔕帶紅色花初開白色經一二日則色黄故名金銀花本草中不言善治癰疽發背近代名人用之奇効味甘性温無毒

救飢 採花煠熟油鹽調食及採嫩葉換水煮熟浸去邪味淘淨油鹽調食

玄扈先生曰嘗過花本勝藥

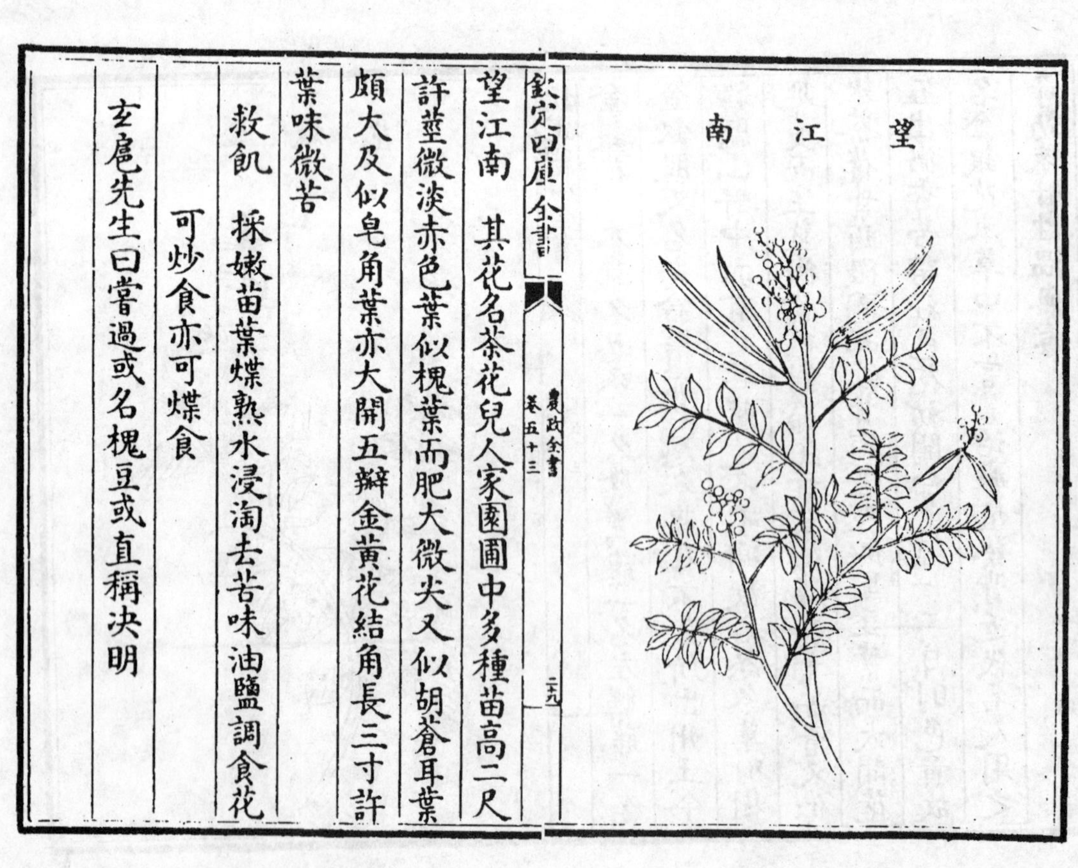

望江南 其花名茶花兒人家園圃中多種苗高二尺許莖微淡赤色葉似槐葉而肥大微尖又似胡蒼耳葉頗大及似皂角葉亦大開五瓣金黄花結角長三寸許葉味微苦

救飢 採嫩苗葉煠熟水浸淘去苦味油鹽調食花可炒食亦可煠食

玄扈先生曰嘗過或名槐豆或直稱決明

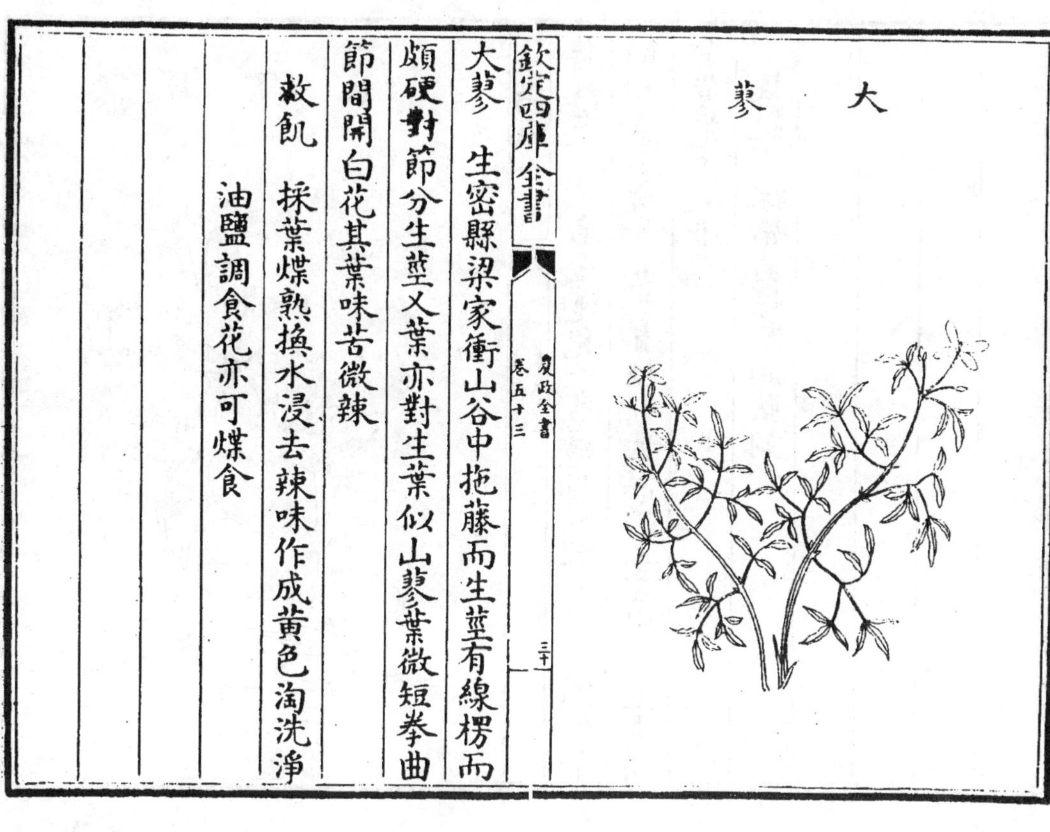

大蓼 生密縣梁家衝山谷中拖藤而生莖有線楞而頗硬對節分生莖叉葉亦對生葉似山蓼葉微短拳曲節間開白花其葉味苦微辣

救飢 採葉煠熟換水浸去辣味作成黃色淘洗淨油鹽調食花亦可煠食

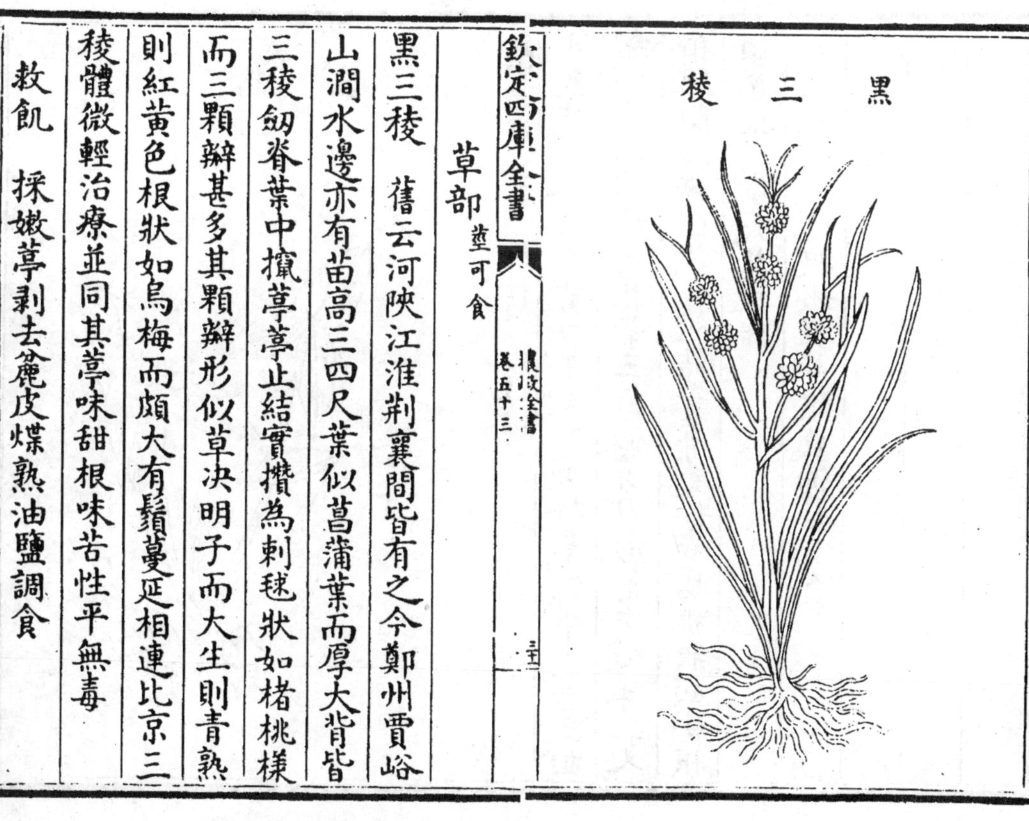

草部 莖可食

黑三稜 舊云河陝江淮荊襄間皆有之今鄭州賈峪山澗水邊亦有苗高三四尺葉似菖蒲葉而厚大背皆三稜劒脊葉中攛葶葶上結實攢為刺毬狀如楮桃樣而三顆瓣甚多其顆瓣形似草決明子而大生則青熟則紅黃色根狀如烏梅而頗大有鬚蔓延相連比京三稜體微輕治療並同其葶味甜根味苦性平無毒

救飢 採嫩葶剝去麄皮煠熟油鹽調食

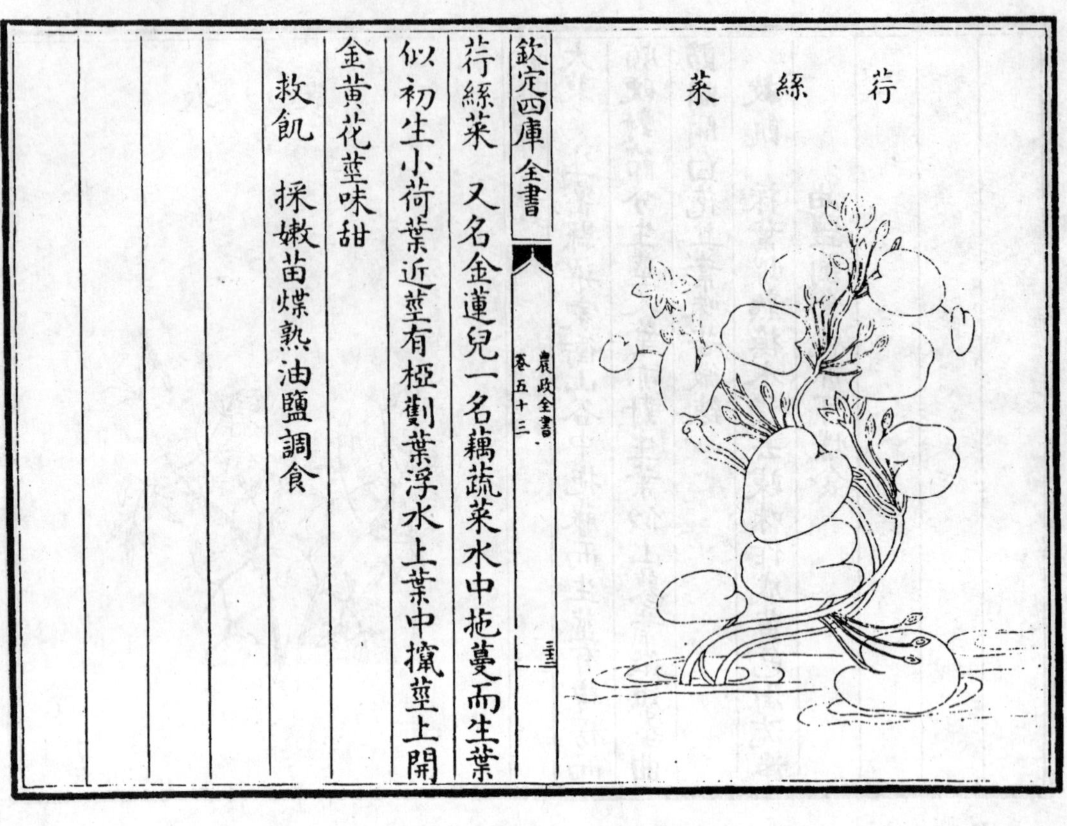

荇絲菜 又名金蓮兒一名藕蔬菜水中拖蔓而生葉似初生小荷葉近莖有椏劃葉浮水上葉中攛莖上開金黃花莖味甜

救飢 採嫩苗煠熟油鹽調食

水慈菰

水慈菰 俗名為剪刀草又名剪搭草生水中其莖面窊背方背有線楞其葉三角似剪刀形葉中攛生莖叉稍間開三瓣白花黄心結青蓇葖如青楮桃狀頗小根類葱根而麄大其味甜

救飢 採近根嫩笋莖煠熟油鹽調食

茭筍

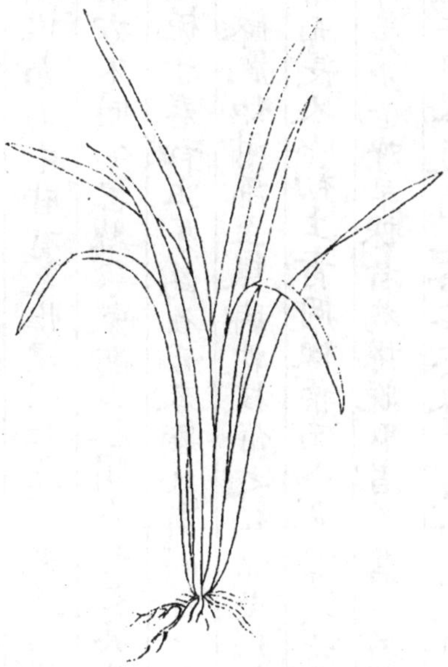

草部 筍及實皆可食

茭筍 本草有菰根又名菰蔣草江南人呼為茭草俗又呼為茭白生江東池澤水中及岸際今在處水澤邊皆有之苗高二三尺葉似蔗荻又似茅葉而長濶厚葉間攛葶開花如葦結實青子根肥剝取嫩白筍可噉久根盤厚生菌音窘細嫩葉可噉名菰菜三年已上心中生葶如藕白軟中有黑脉甚堪噉名菰首味甘性大寒無毒

救飢 採茭菰筍煠熟油鹽調食或採子舂為米合粟煮粥食之甚濟飢

玄扈先生曰嘗過

農政全書卷五十三

欽定四庫全書

農政全書卷五十四

明 徐光啓 撰

荒政 採周憲王救荒本草

木部 葉可食

茶樹

茶樹 本草有茗苦搽圖經云生山南漢中山谷閩浙蜀荆江湖淮南山中皆有之惟建州北苑數處産者性味獨與諸方不同今密縣梁家衝山谷間亦有之其樹大小皆類梔子春初生芽為雀舌麥顆又有新芽一發便長寸餘微麄如針漸至環脚軟枝條之類葉老則似水茶白葉而長又似初生青岡橡葉而小光澤又云冬生葉可作羮飲世呼早採者為搽晚取者為茗一名荈蜀人謂之苦搽今通謂之茶茶荼聲近故呼之又有研

治作餅名為臘茶者皆味甘苦性微寒無毒如茱萸葱薑等良又別有一種蒸山中頂上清峯茶云春分前後多聚人力候雷初發聲併手齊採若得四兩服之即為地仙

救飢 採嫩葉或冬生葉可煮作羮食或蒸焙作茶皆可

夜合樹

夜合樹　本草名合歡一名合昏生益州及雍洛山谷今鈞州鄭州山野中亦有之木似梧桐其枝甚柔弱似皂莢葉又似槐葉極細而密互相交結每一風來輙似相解了不相牽綴其葉至暮而合故名合昏花發紅白色瓣上若綠茸然散垂結實作莢子極薄細味甘性平無毒

救飢　採嫩葉煠熟水浸淘淨油鹽調食晒乾煠食尤好

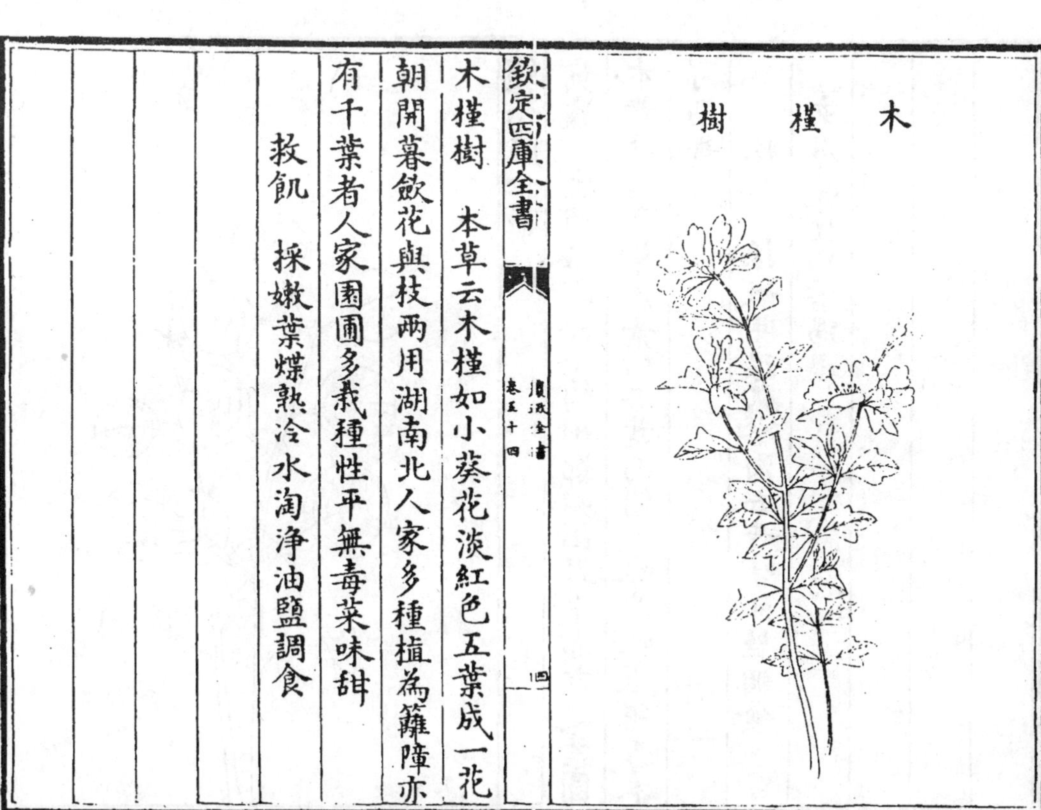

木槿樹

木槿樹　本草云木槿如小葵花淡紅色五葉成一花朝開暮斂花與枝兩用湖南北人家多種植為籬障亦有千葉者人家園圃多栽種性平無毒葉味甜

救飢　採嫩葉煠熟冷水淘淨油鹽調食

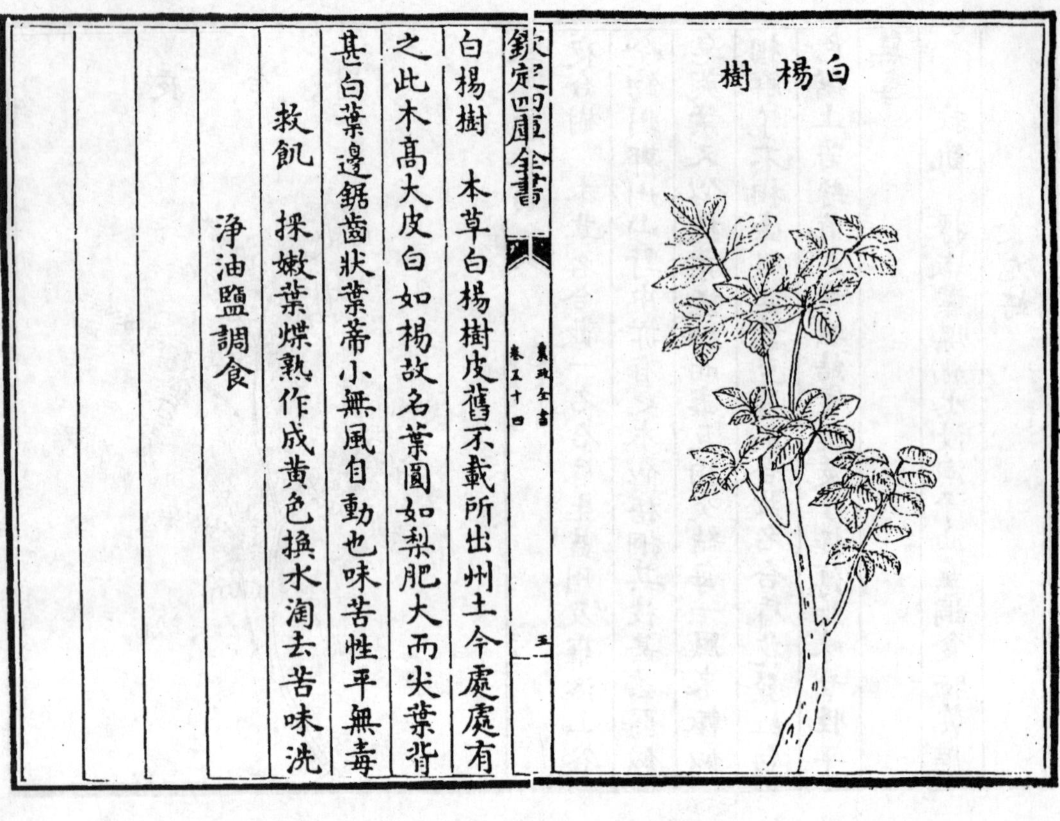

白楊樹

白楊樹　本草白楊樹皮舊不載所出州土今處處有之此木高大皮白如楊故名葉圓如梨肥大而尖葉背甚白葉邊鋸齒狀葉蒂小無風自動也味苦性平無毒

救飢　採嫩葉煠熟作成黃色換水淘去苦味洗淨油鹽調食

黃櫨

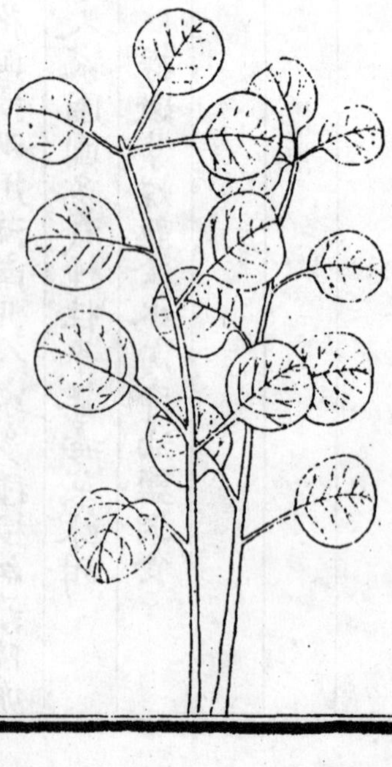

黃櫨　生商洛山谷今鈞州鄭州山野中亦有之葉圓木黃枝莖色紫赤葉似杏葉而圓大味苦性寒無毒木可染黃

救飢　採嫩芽煠熟水淘去苦味油鹽調食

玄扈先生曰嘗過

椿樹芽

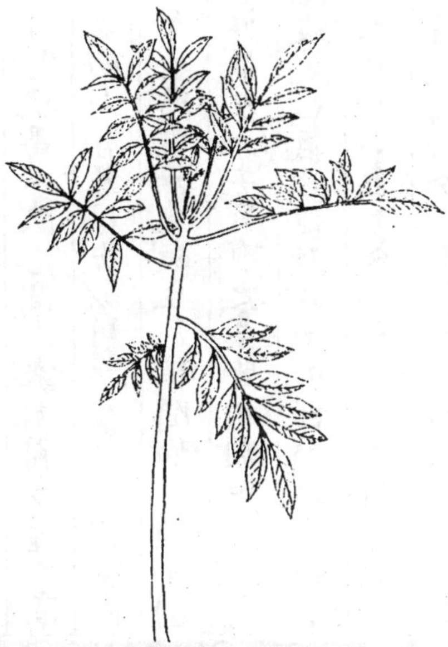

椿樹芽　本草有椿木樗木舊不載所出州土今處處有之二木形幹大抵相類椿木實而葉香可啖樗木踈而氣臭膳夫熬去其氣亦可啖北人呼樗為山椿江東人呼為虎目葉脫處有痕如樗蒲子又如眼目故得此名夏中生莢樗之有花者無莢有莢者無花莢常生臭樗上未見椿上有莢者然世俗不辨椿樗之異故俗名為椿莢其實樗莢耳其無花不實木大端直為椿有花而莢大小幹多迂矮者為樗椿味苦有毒樗味苦有小毒性溫一云性闕無毒

救飢　採嫩芽煠熟水浸淘淨油鹽調食

玄扈先生曰嘗過

椒樹

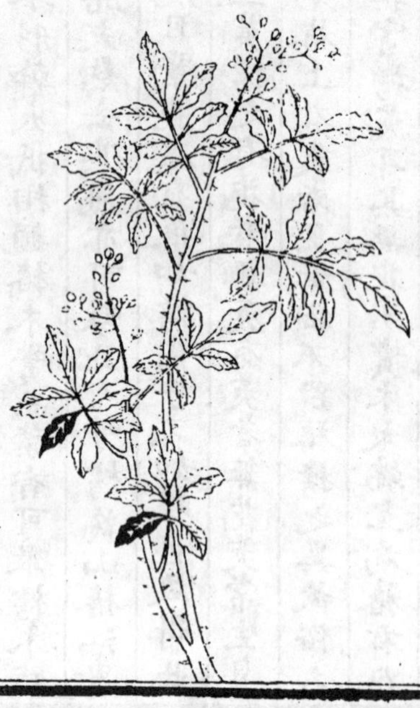

椒樹　本草蜀椒一名南椒一名巴椒一名蓎藙生山都川谷及巴郡歸峽蜀川陝洛間人家園圃多種之高四五尺似茱萸而小有針刺葉似刺蘼葉微小葉堅而滑可煮食甚辛香結實無花但生於葉間如豆顆而圓皮紫赤此椒江淮及北土皆有之莖皆相類但不及蜀中者皮肉厚腹裏白氣味濃烈耳又云出金州西城者佳味辛性溫大熱有小毒多食令人乏氣口閉者殺人十月不食椒損氣傷心令人多忘杏仁為之使畏款冬

花

救飢　採嫩葉煠熟換水浸淘淨油鹽調食椒顆調和百味香美

椋子樹

椋子樹　本草有椋子木舊不載所出州土今密縣山野中亦有之其樹有大者木則堅重材堪為車輞初生作科條狀類荆條對生枝叉葉似柿葉而薄小兩葉相當對生開白花結子細圓如牛李子大如豌豆生青熟黑味甘鹹性平無毒葉味苦

救飢　採葉煠熟水浸淘去苦味洗淨油鹽調食

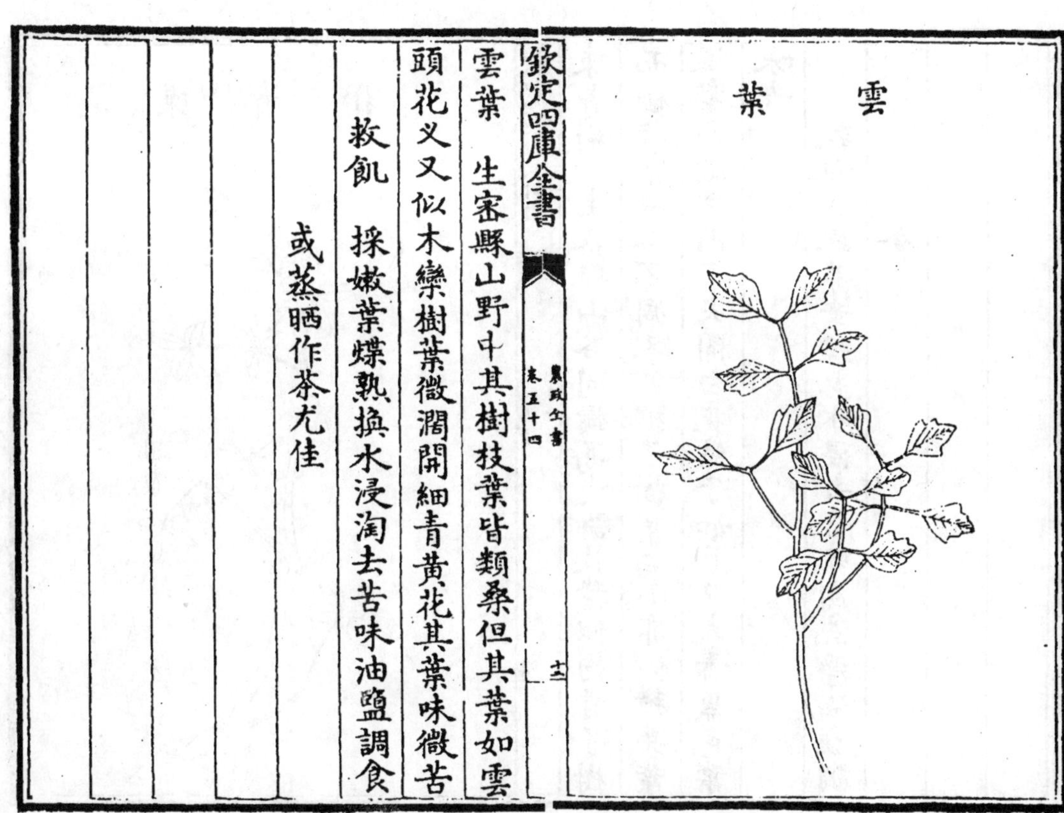

雲葉

雲葉　生密縣山野中其樹枝葉皆類桑但其葉如雲頭花叉又似木欒樹葉微潤開細青黃花其葉味微苦

救飢　採嫩葉煠熟換水浸淘去苦味油鹽調食或蒸晒作茶尤佳

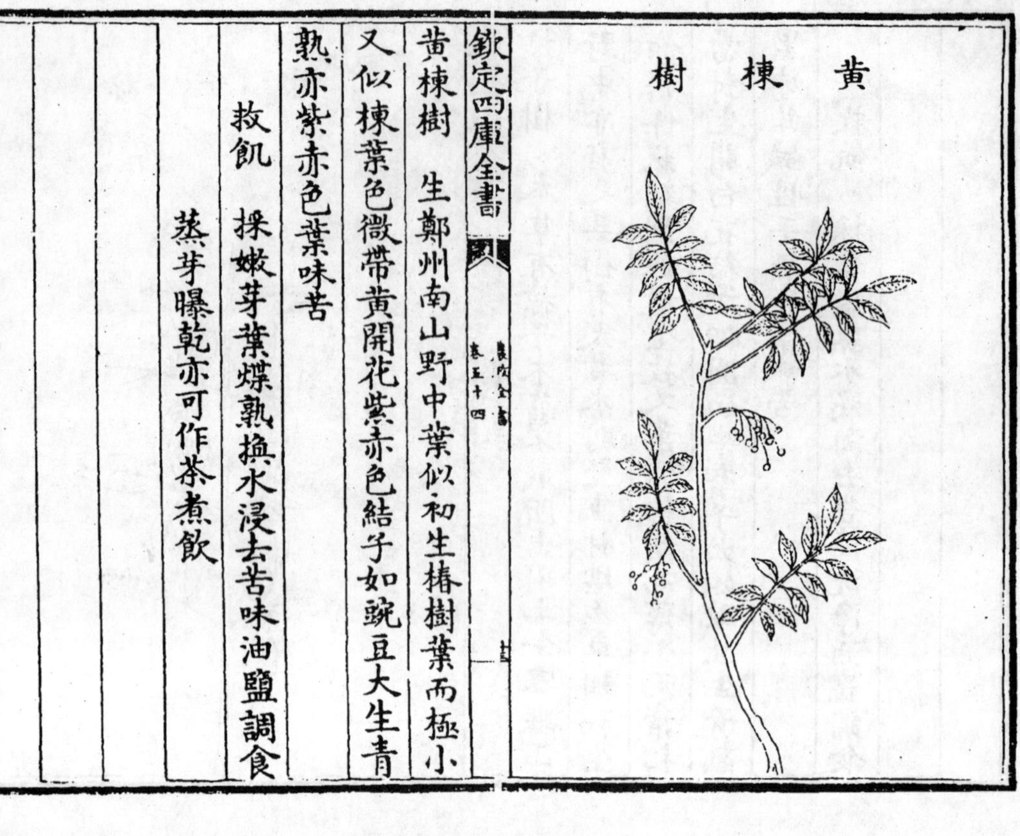

黃楝樹

黃楝樹　生鄭州南山野中葉似初生椿樹葉而極小又似楝葉色微帶黃開花紫赤色結子如豌豆大生青熟亦紫赤色葉味苦

救飢　採嫩芽葉煠熟換水浸去苦味油鹽調食

蒸芽曝乾亦可作茶煮飲

凍青樹

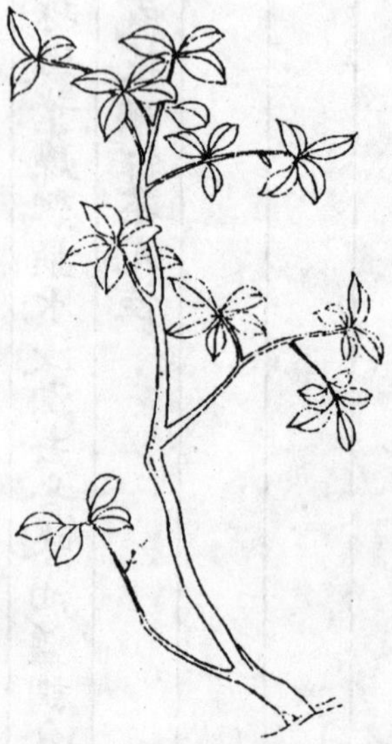

凍青樹　生密縣山谷間樹高丈許枝葉似枸骨子樹而極茂盛凌冬不凋又似樝子樹葉而小亦似穉芽葉微窄頭頗團而不尖開白花結子如豆粒大青黑色葉味苦

救飢　採芽葉煠熟水浸去苦味淘洗淨油鹽調食

稗芽樹

稗芽樹　生輝縣山野中科條似槐條葉似冬青葉微長開白花結青白子其葉味甜

救飢　採嫩葉煠熟水淘淨油鹽調食

月芽樹

月芽樹　又名芀芽生田野中莖似槐條莖似歪頭菜葉微短稍硬又似稗芽葉頗長艄其葉兩兩對生味甘微苦

救飢　採嫩葉煠熟水浸淘淨油鹽調食

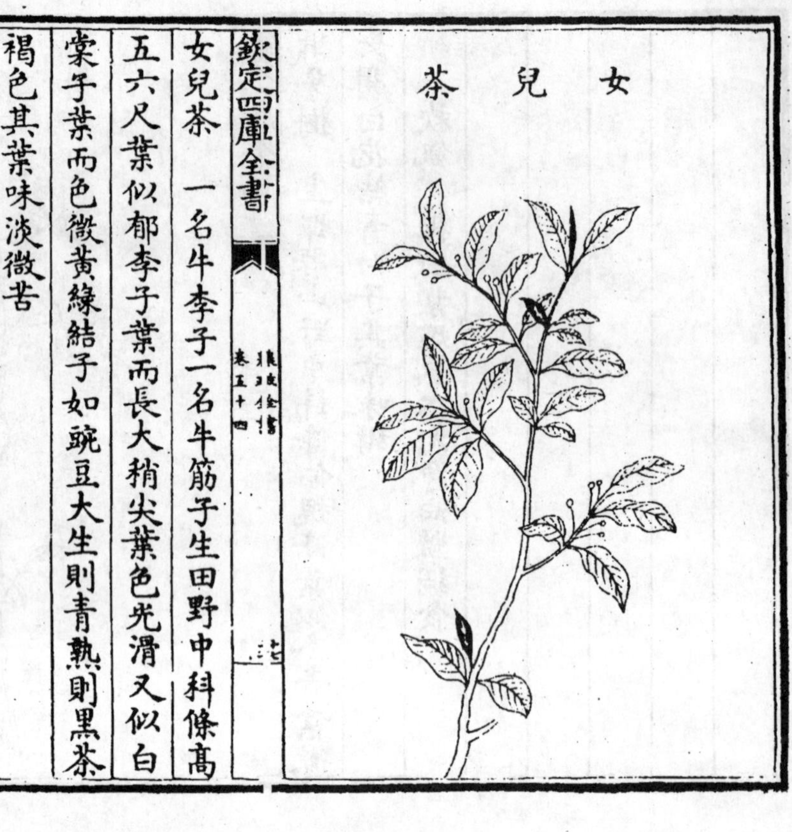

欽定四庫全書　農政全書　卷五十四　十七

女兒茶

女兒茶　一名牛李子一名牛筋子生田野中科條高五六尺葉似郁李子葉而長大稍尖葉色光滑又似白棠子葉而色微黃綠結子如豌豆大生則青熟則黑茶褐色其葉味淡微苦

救飢　採嫩葉煠熟水浸淘淨油鹽調食亦可蒸曝作茶煑飲

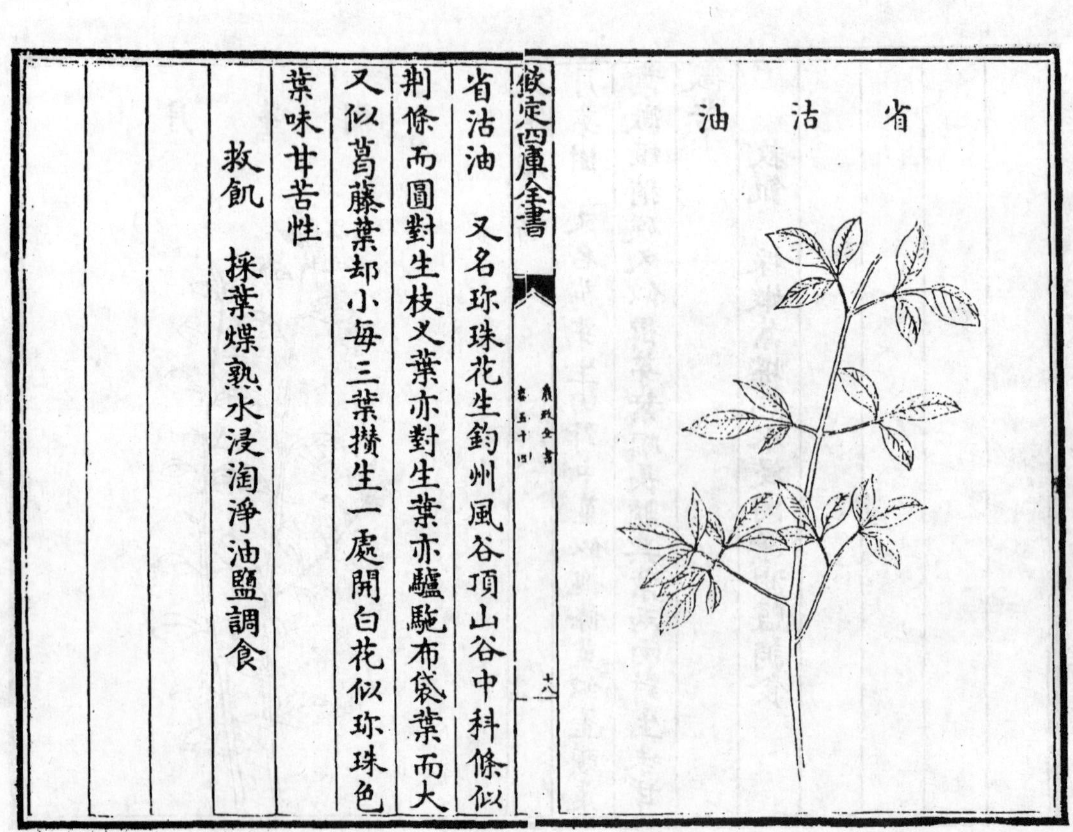

欽定四庫全書　農政全書　卷五十四　十八

省沽油

省沽油　又名珎珠花生鈞州風谷頂山谷中科條似荆條而圓對生枝叉葉亦對生葉亦驢駞布袋葉而大又似葛藤葉却小每三葉攢生一處開白花似珎珠色葉味甘苦性

救飢　採葉煠熟水浸淘淨油鹽調食

白槿樹

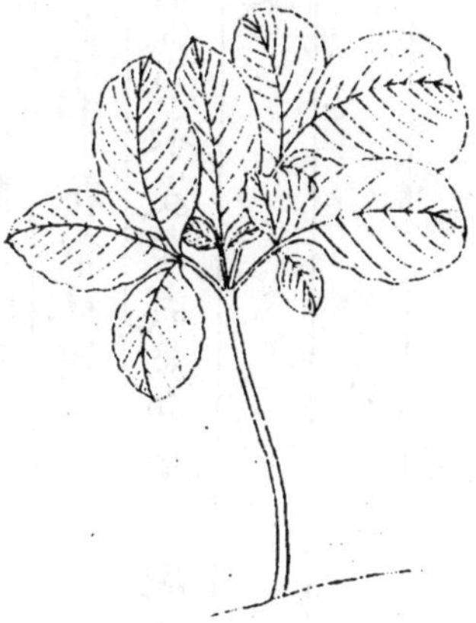

白槿樹　生密縣梁家衝山谷中樹高五七尺葉似茶葉而甚濶大光潤又似初生青岡葉而無花叉又似山格剌樹葉亦大開白花其葉味苦

救飢　採葉煠熟水浸淘淨油鹽調食

回回醋

回回醋　一名淋樸樕生密縣韶華山山野中樹高丈餘葉似兜櫨樹葉而厚大邊有大鋸齒又似厚椿葉而亦大或三葉或五葉排生一莖開白花結子大如豌豆熟則紅紫色味酸葉味微酸

救飢　採葉煠熟水浸去酸味淘淨油鹽調食其子調和湯味如醋

楲樹芽

楲樹芽 生鈞州風谷頂山谷間木高一二丈其葉狀類野葡萄葉五花尖叉亦似綿花葉而薄小又似絲瓜葉却甚小而淡黄綠色開白花葉味甜

救飢 採葉煠熟以水浸作成黄色換水淘淨油鹽調食

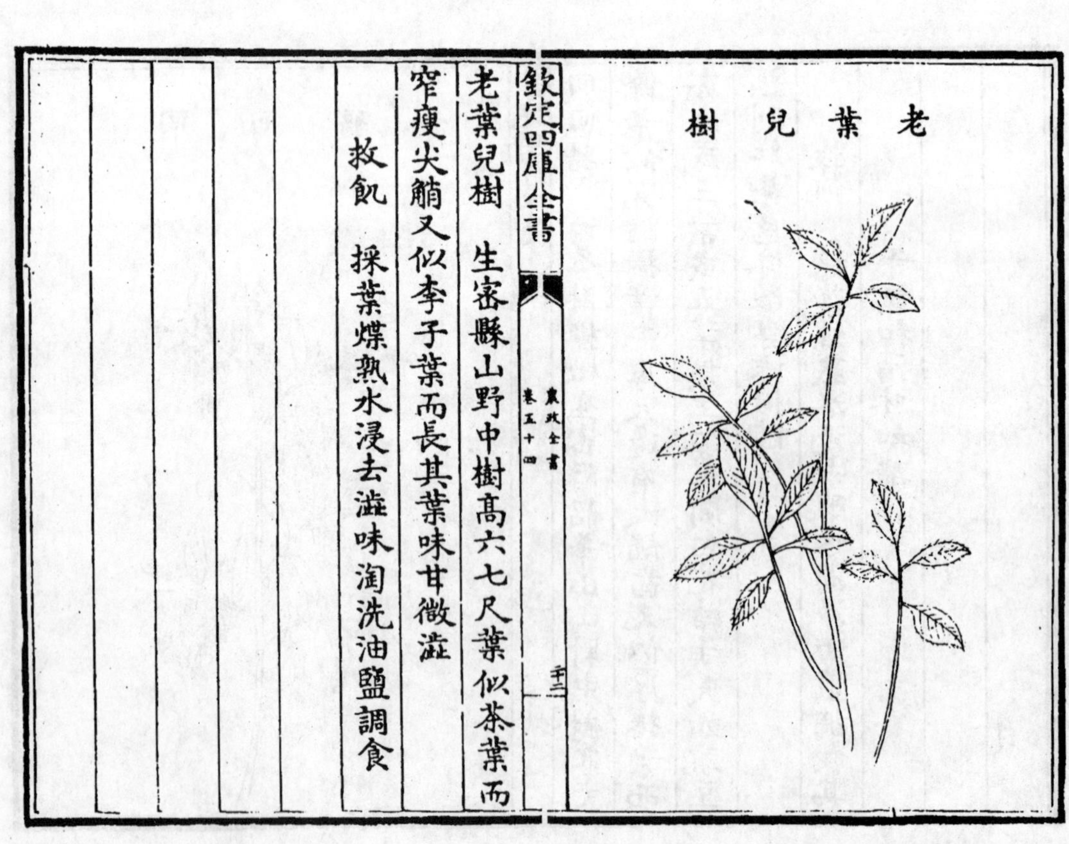

老葉兒樹

老葉兒樹 生密縣山野中樹高六七尺葉似茶葉而窄瘦尖艄又似李子葉而長其葉味甘微澁

救飢 採葉煠熟水浸去澁味淘洗油鹽調食

青楊樹

青楊樹 在處有之今密縣山野間亦多有其樹高大葉似白楊樹葉而狹小色青皮亦頗青故名青楊其葉味微苦

救飢 採葉煠熟水浸作成黃色換水淘洗油鹽調食

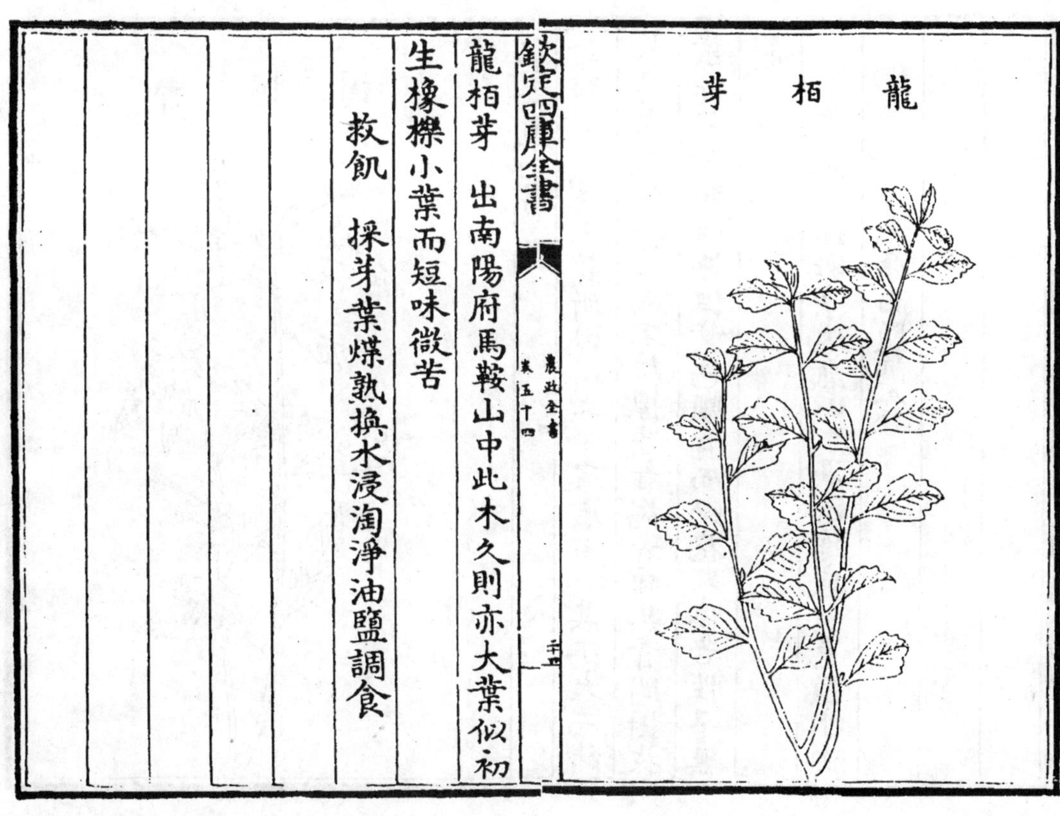

龍栢芽 出南陽府馬鞍山中此木久則亦大葉似初生橡櫟小葉而短味微苦

救飢 採芽葉煠熟換水浸淘淨油鹽調食

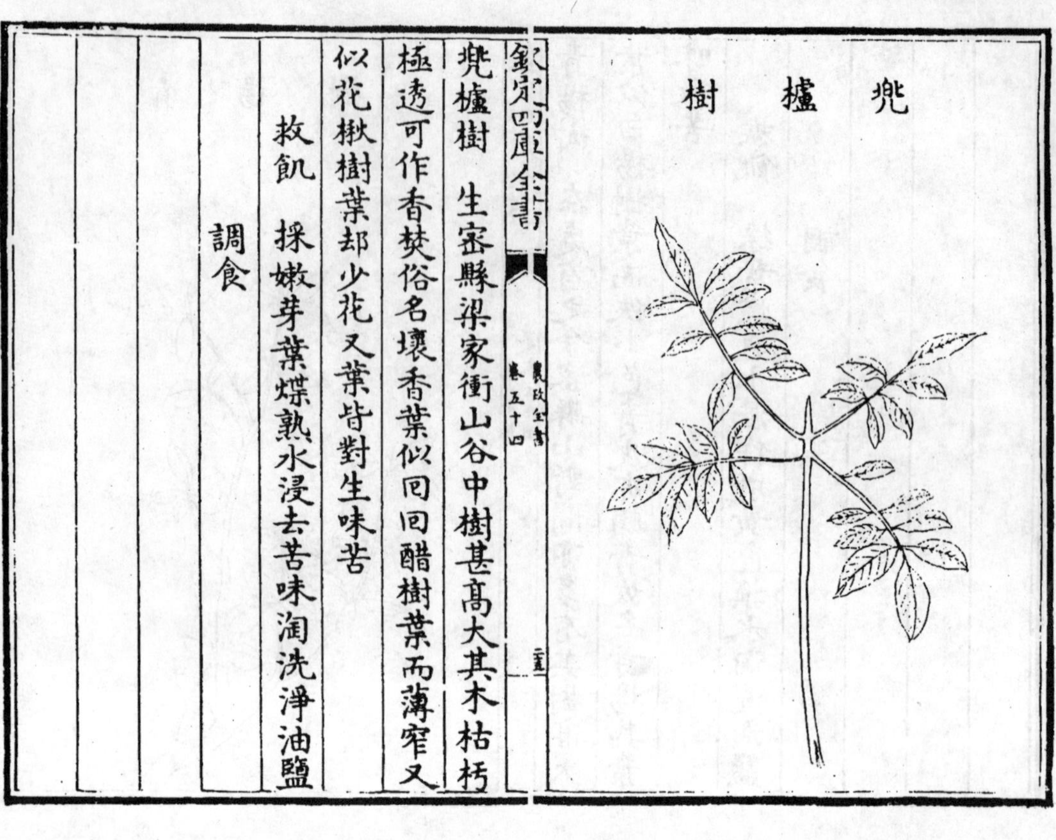

兆櫨樹

兆櫨樹　生密縣梁家衝山谷中樹甚高大其木枯朽極透可作香焚俗名壞香葉似回回醋樹葉而薄窄又似花楸樹葉却少花叉葉皆對生味苦

救飢　採嫩芽葉煠熟水浸去苦味淘洗淨油鹽調食

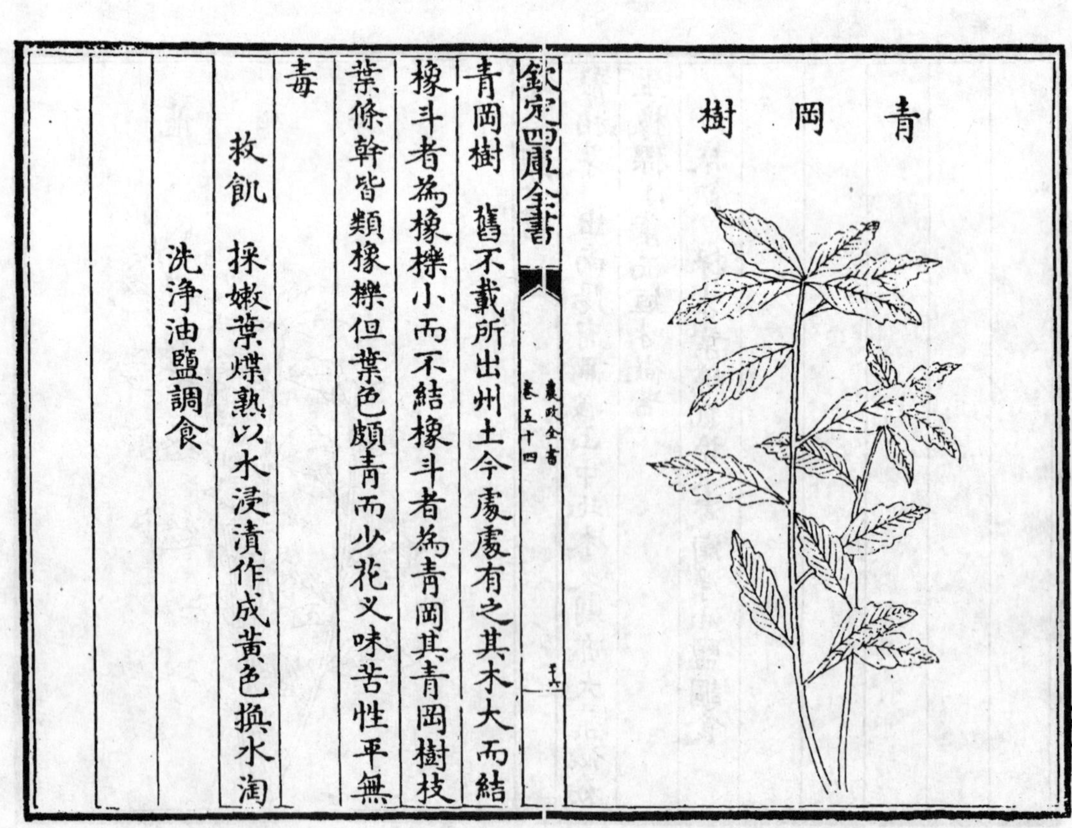

青岡樹

青岡樹　舊不載所出州土今處處有之其木大而結橡斗者為橡櫟小而不結橡斗者為青岡其青岡樹枝葉條幹皆類橡櫟但葉色頗青而少花叉味苦性平無毒

救飢　採嫩葉煠熟以水浸漬作成黃色換水淘洗淨油鹽調食

櫄樹芽

櫄樹芽　生密縣山野中樹高一二丈葉似槐葉而長大開淡粉紫花葉味苦

救飢　採嫩芽葉煠熟換水浸去苦味淘洗淨油鹽調食

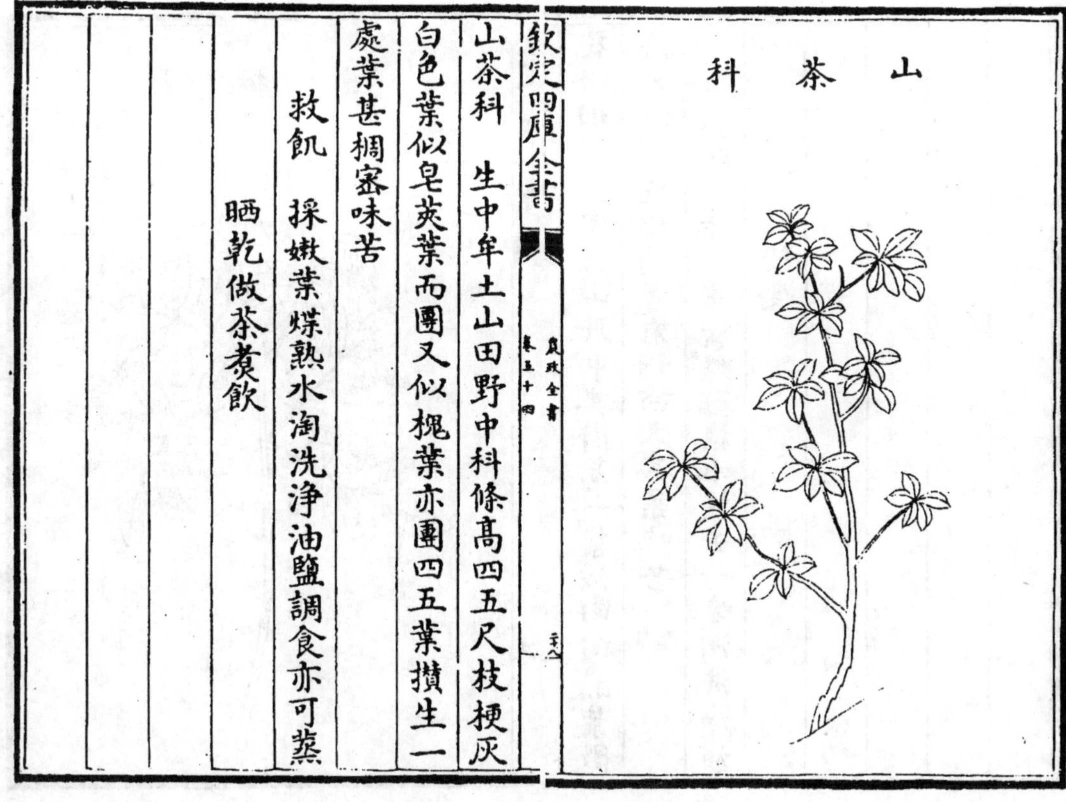

山茶科　生中牟土山田野中科條高四五尺枝梗灰白色葉似皂莢葉而團又似槐葉亦團四五葉攢生一處葉甚稠密味苦

救飢　採嫩葉煠熟水淘洗淨油鹽調食亦可蒸曬乾做茶煑飲

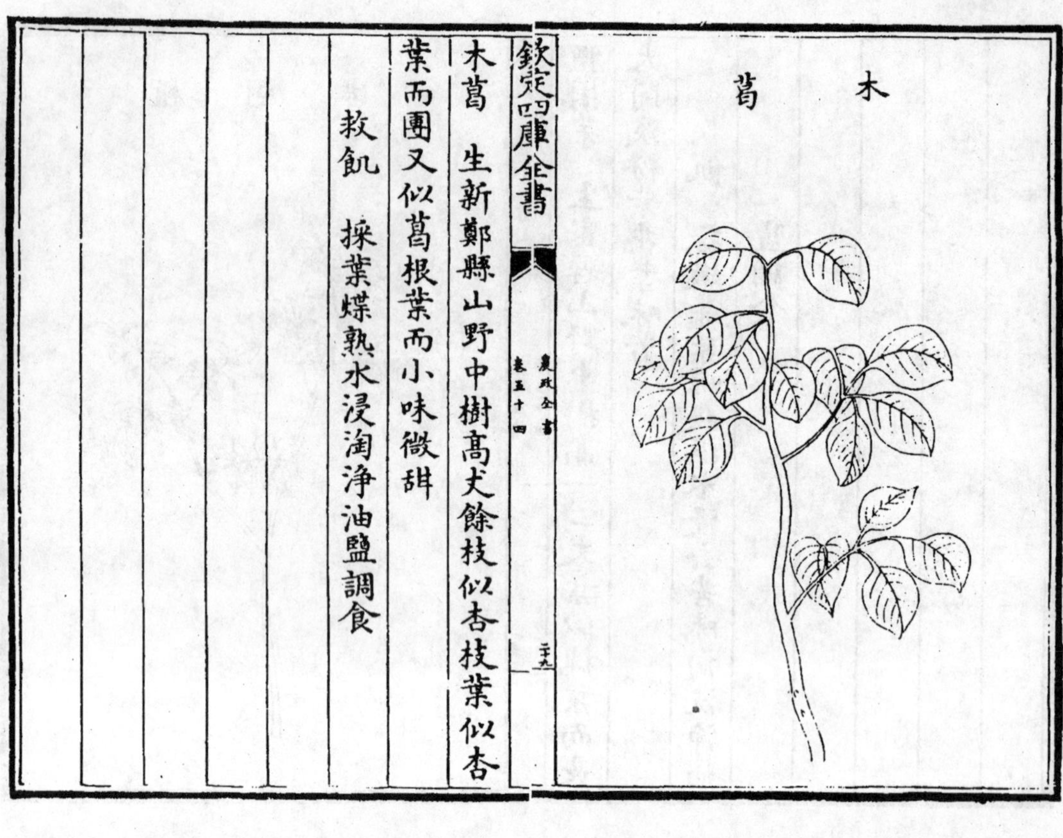

木葛　生新鄭縣山野中樹高丈餘枝似杏枝葉似杏葉而團又似葛根葉而小味微甜

救飢　採葉煠熟水浸淘淨油鹽調食

花楸樹

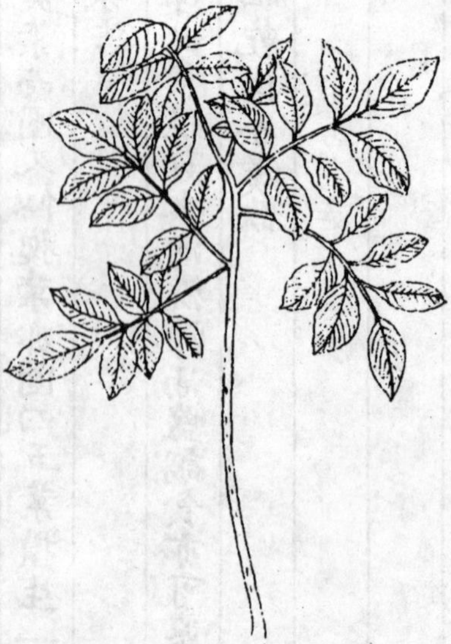

花楸樹　生密縣山野中其樹高大葉似回回醋葉微薄又似兜櫨樹葉邊有鋸齒叉其葉味苦

救飢　採嫩芽葉煠熟換水浸去苦味淘洗淨油鹽調食

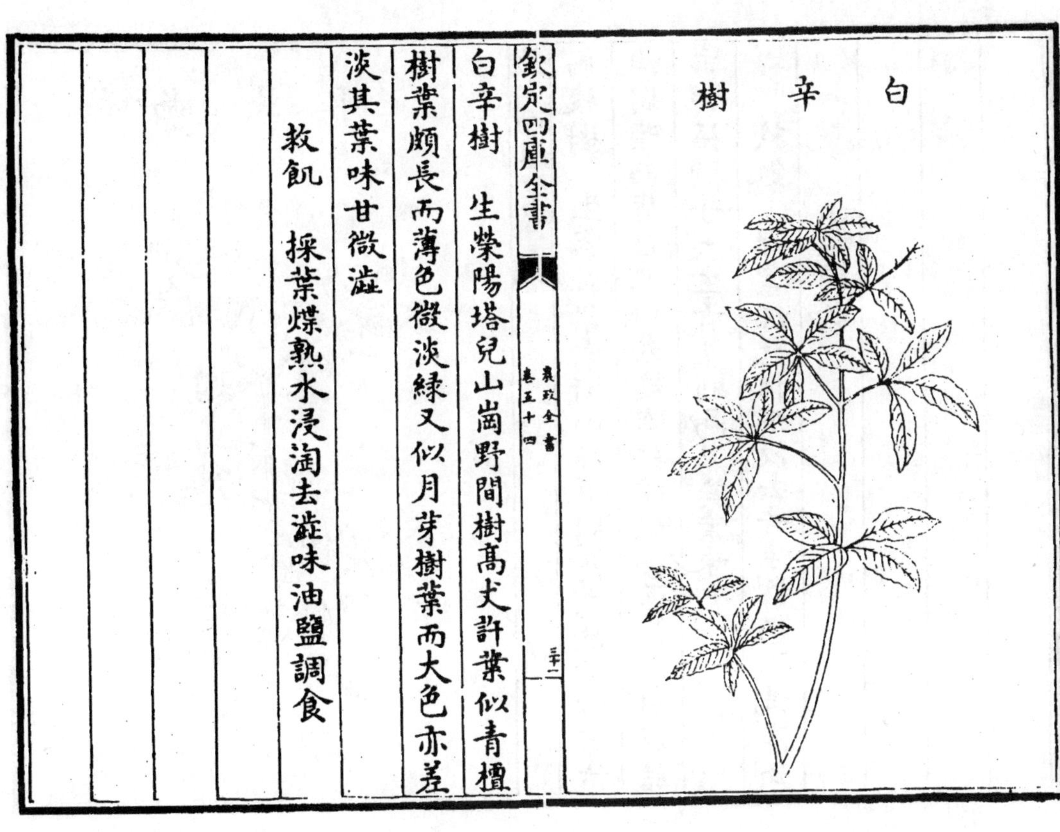

白辛樹　生滎陽塔兒山崗野間樹高丈許葉似青檀樹葉頗長而薄色微淡綠又似月芽樹葉而大色亦差淡其葉味甘微澁

救飢　採葉煠熟水浸淘去澁味油鹽調食

木欒樹

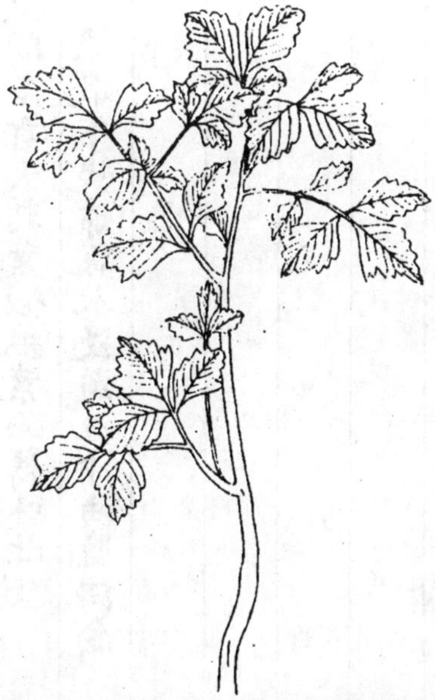

木欒樹　生密縣山谷中樹高丈餘葉似楝葉而寛大稍薄開淡黃花結薄殼中有子大如豌豆烏黑色人多摘取串作數珠葉味淡甜

救飢　採嫩芽葉煠熟換水浸淘淨油鹽調食

烏棱樹

烏棱樹　生密縣梁家衝山谷中樹高丈餘葉似省沽油樹葉而背白又似老婆布鞊葉微小而艄開白花結子如梧桐子大生青熟則烏黑其葉味苦

救飢　採葉煠熟換水浸去苦味作過淘洗淨油鹽調食

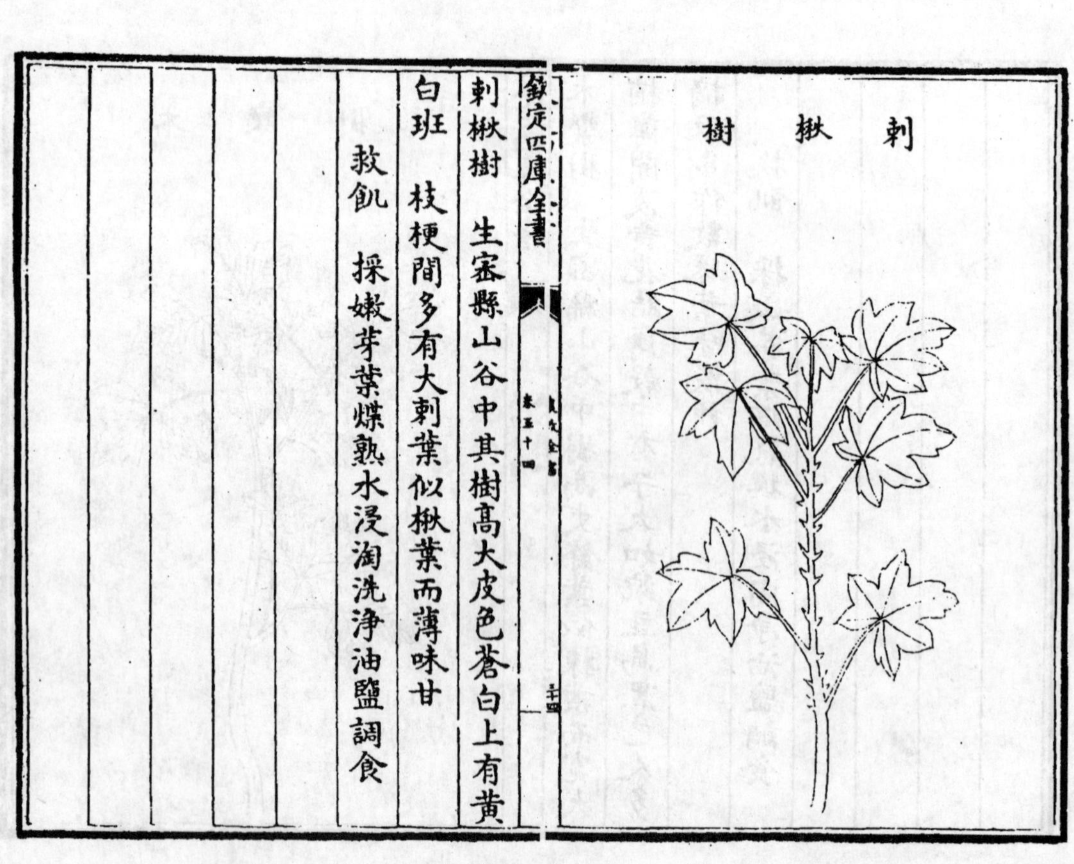

刺楸樹　生密縣山谷中其樹高大皮色蒼白上有黃白班枝梗間多有大刺葉似楸葉而薄味甘

救飢　採嫩芽葉煠熟水浸淘洗淨油鹽調食

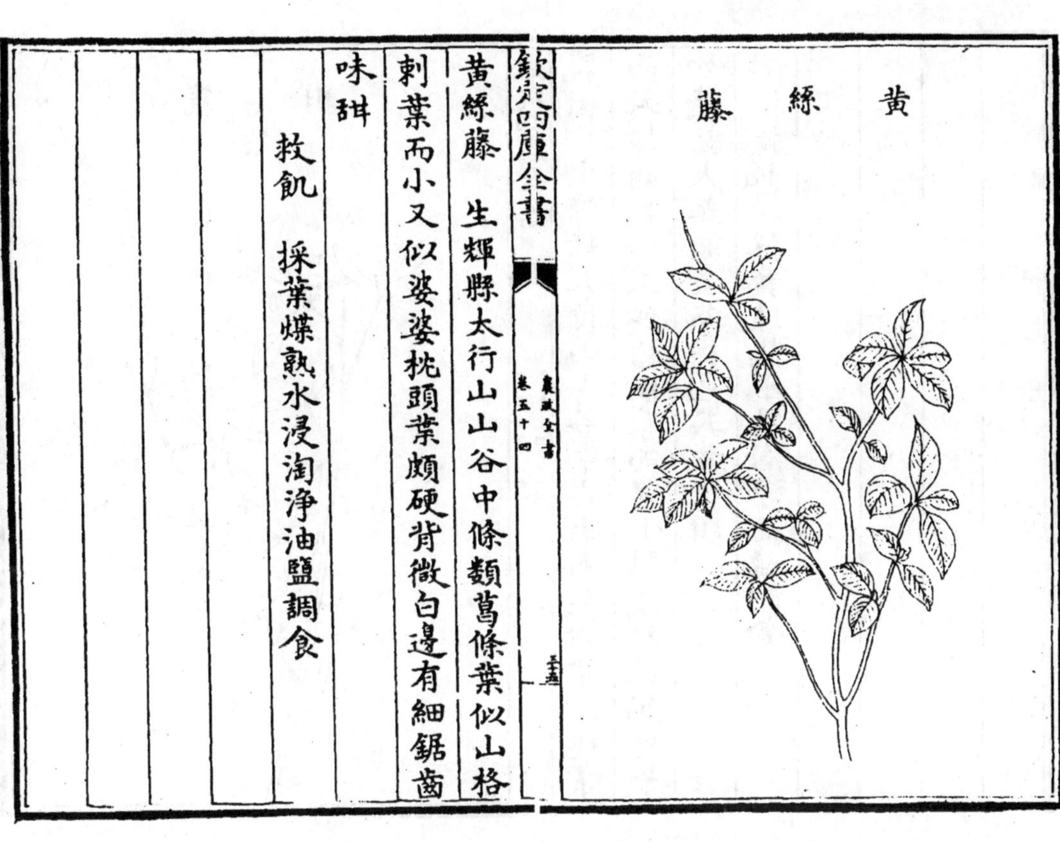

黃綵藤

黃綵藤　生輝縣太行山山谷中條類葛條葉似山格刺葉而小又似婆婆枕頭葉頗硬背微白邊有細鋸齒味甜

救飢　採葉煠熟水浸淘淨油鹽調食

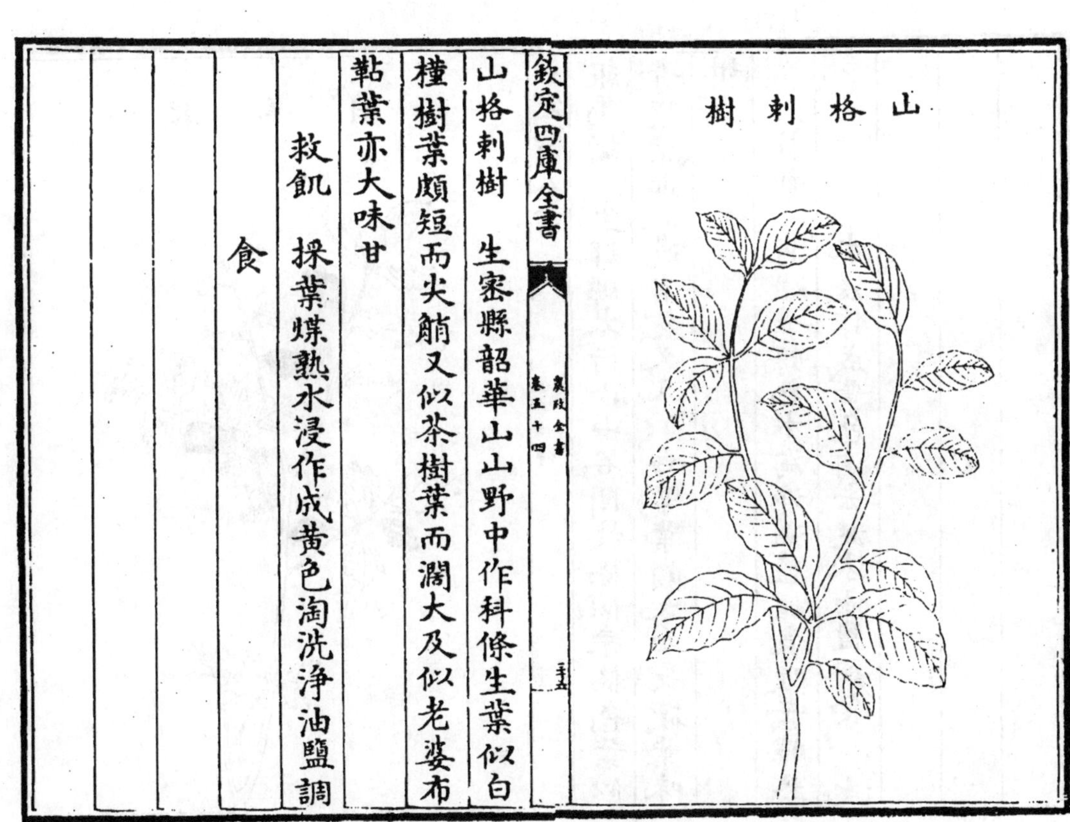

山格刺樹

山格刺樹　生密縣韶華山山野中作科條生葉似白槿樹葉頗短而尖艄又似茶樹葉而濶大及似老婆布鞊葉亦大味甘

救飢　採葉煠熟水浸作成黃色淘洗淨油鹽調食

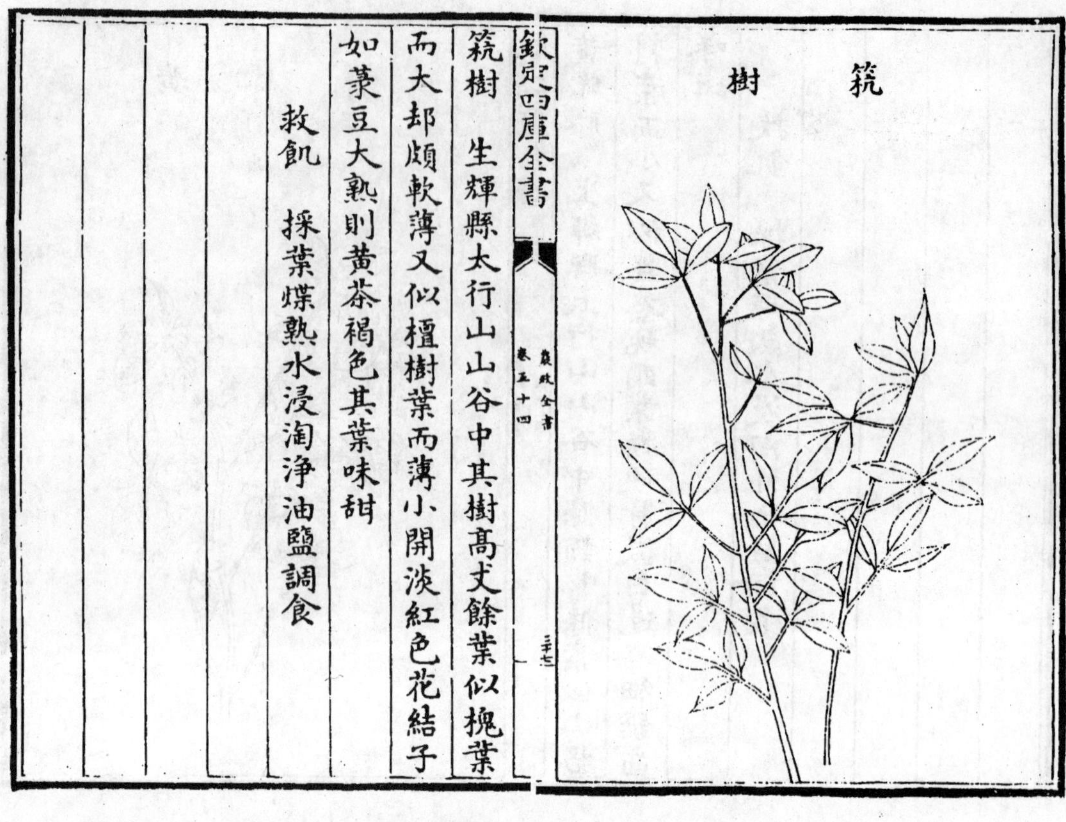

⿱竹絖樹

⿱竹絖樹　生輝縣太行山山谷中其樹高丈餘葉似槐葉而大却頗軟薄又似檀樹葉而薄小開淡紅色花結子如菉豆大熟則黄茶褐色其葉味甜

救飢　採葉煠熟水浸淘浄油鹽調食

報馬樹

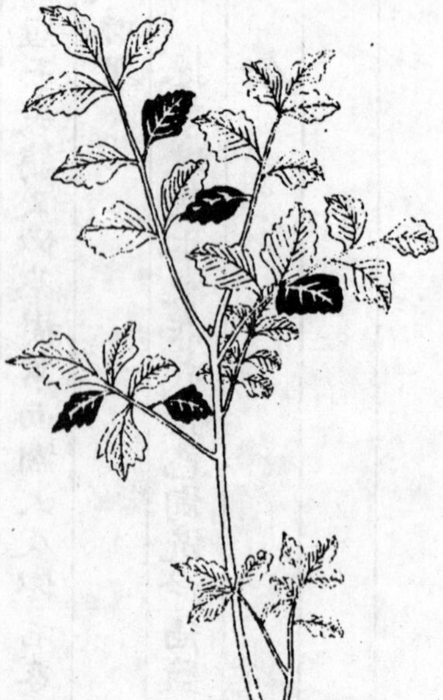

報馬樹　生輝縣太行山山谷間枝條似桑條色葉似青檀葉而大邊有花叉又似白辛葉頗大而長硬葉味甜

救飢　採嫩葉煠熟水淘浄油鹽調食硬葉煠熟水浸作成黄色淘去涎沫油鹽調食

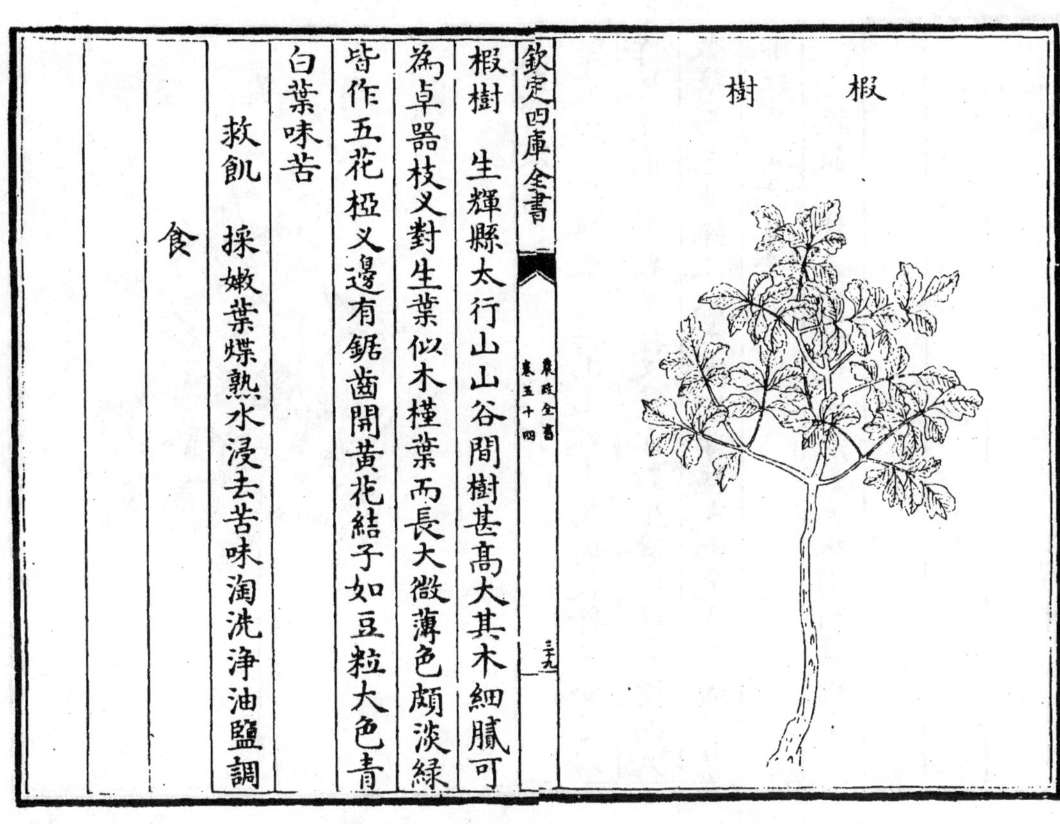

椵樹 生輝縣太行山山谷間樹甚高大其木細膩可為卓器枝叉對生葉似木槿葉而長大微薄色頗淡綠皆作五花桠叉邊有鋸齒開黃花結子如豆粒大色青白葉味苦

救飢 採嫩葉煠熟水浸去苦味淘洗淨油鹽調食

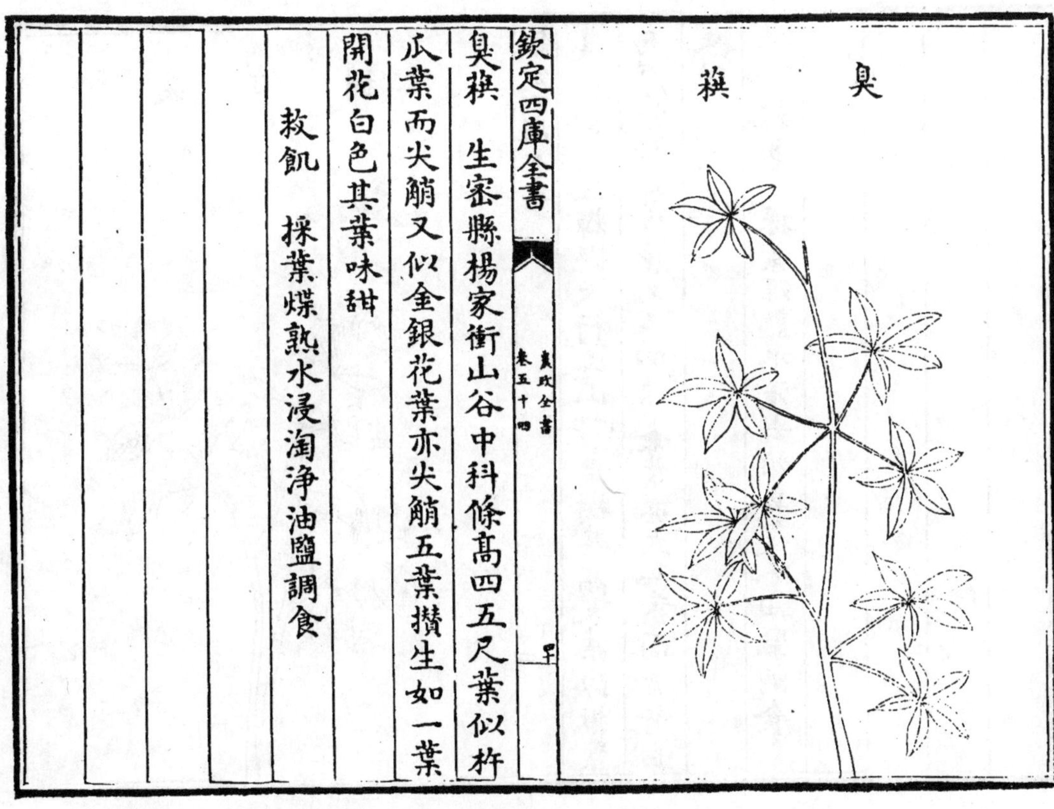

臭䅊 生密縣楊家衝山谷中科條高四五尺葉似杵瓜葉而尖艄又似金銀花葉亦尖艄五葉攢生如一葉開花白色其葉味甜

救飢 採葉煠熟水浸淘淨油鹽調食

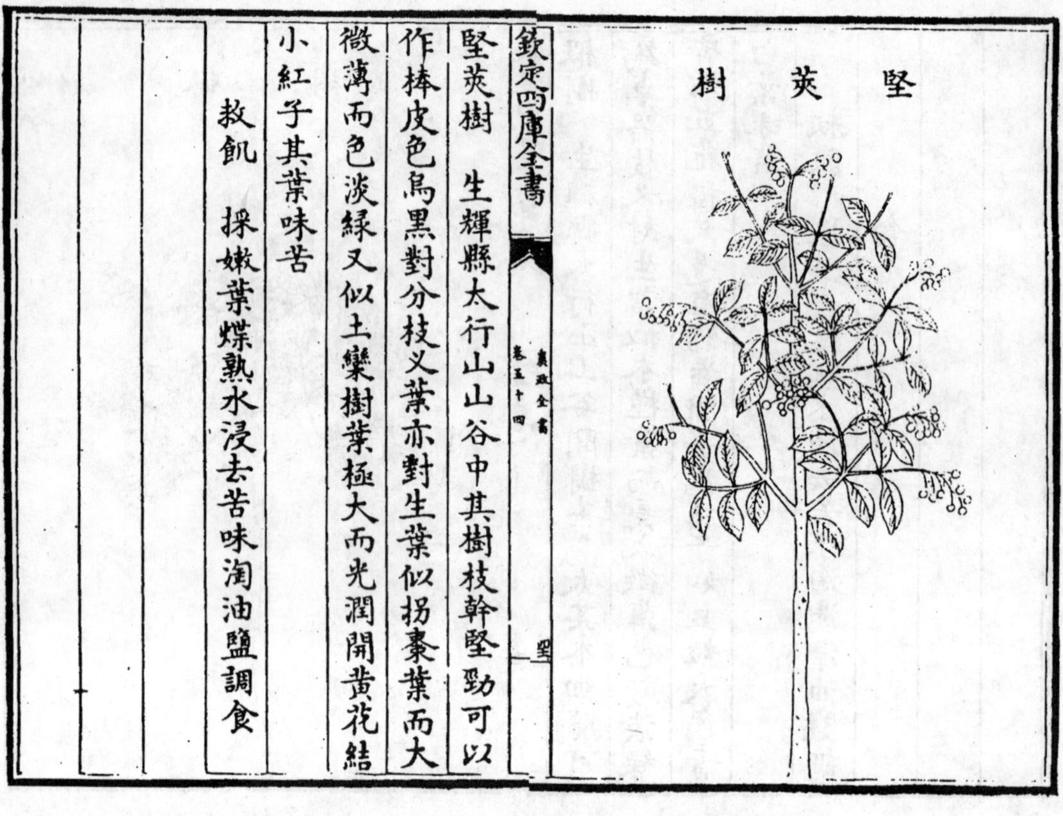

堅莢樹

欽定四庫全書　農政全書 卷五十四

堅莢樹　生輝縣太行山山谷中其樹枝幹堅勁可以作棒皮色烏黑對分枝叉葉亦對生葉似拐棗葉而大微薄而色淡綠又似土欒樹葉極大而光潤開黄花結小紅子其葉味苦

救飢　採嫩葉煠熟水浸去苦味淘油鹽調食

臭竹樹

欽定四庫全書　農政全書 卷五十四

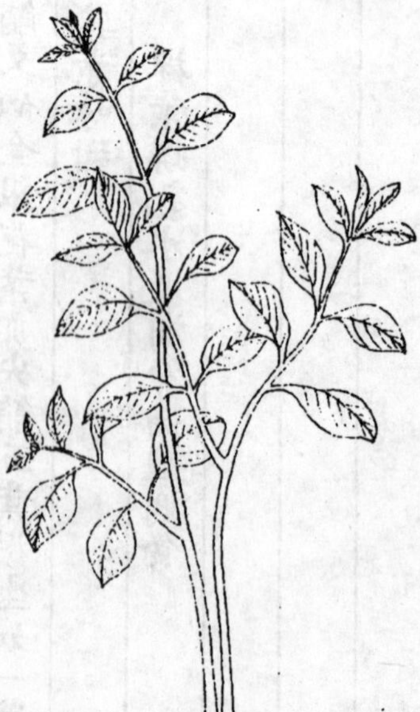

臭竹樹　生輝縣太行山山野中樹甚高大葉似楸葉而厚頗艄却少花叉又似拐棗葉亦大其葉面青背白味甜

救飢　採葉煠熟水浸去邪臭氣味油鹽調食

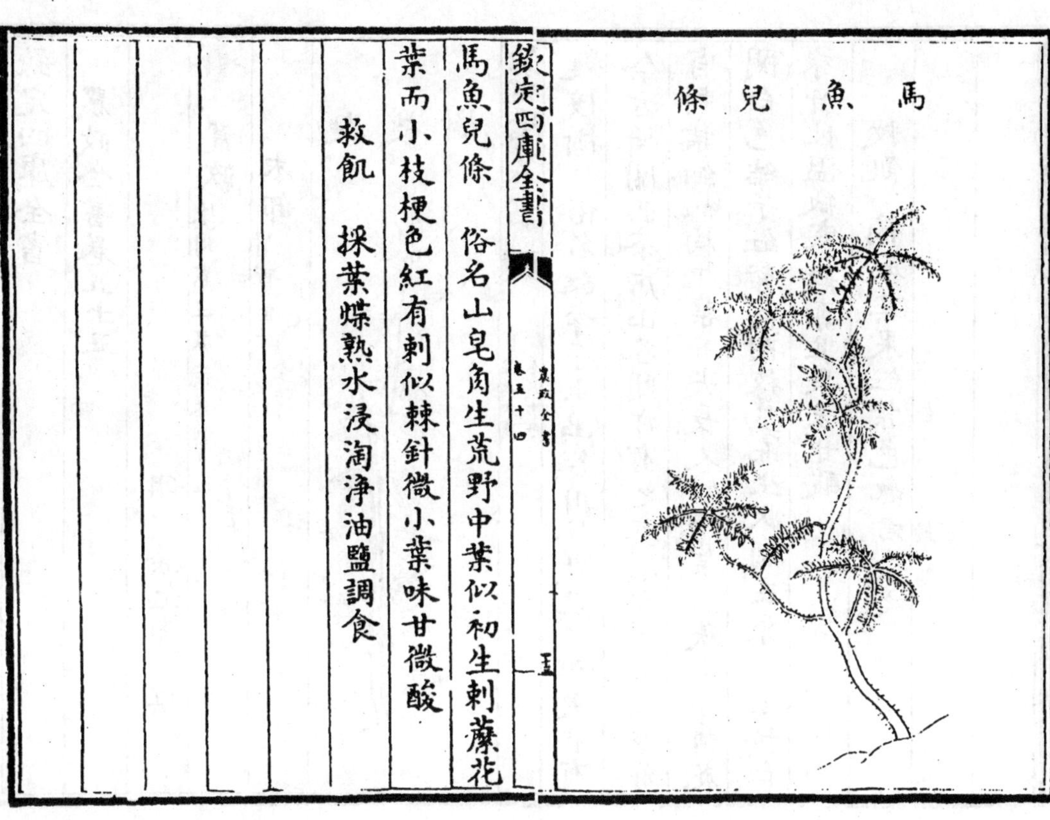

馬魚兒條

馬魚兒條　俗名山皂角生荒野中葉似初生刺蘼花葉而小枝梗色紅有刺似棘針微小葉味甘微酸

救飢　採葉煠熟水浸淘淨油鹽調食

老婆布鞊

老婆布鞊　生鈞州風谷頂山野間科條淡蒼黄色葉似匙頭樣色嫩綠而光俊又似山格刺葉却小味甘性闕

救飢　採葉煠熟水浸作過淘淨油鹽調食

農政全書卷五十四

欽定四庫全書

農政全書卷五十五

明 徐光啓 撰

荒政 採周憲王救荒本草

木部 實可食

䴵核樹

䴵核樹 俗名䴵李子生函谷川谷及巴西河東皆有今古崤關西茶店山谷間亦有之其木高四五尺枝條有刺葉細似枸杞葉而尖長又似桃葉而狹小亦薄花開白色結子紅紫色附枝莖而生狀類五味子其核仁味甘性温微寒無毒其果味甘酸

救飢 摘取其果紅紫色熟者食之

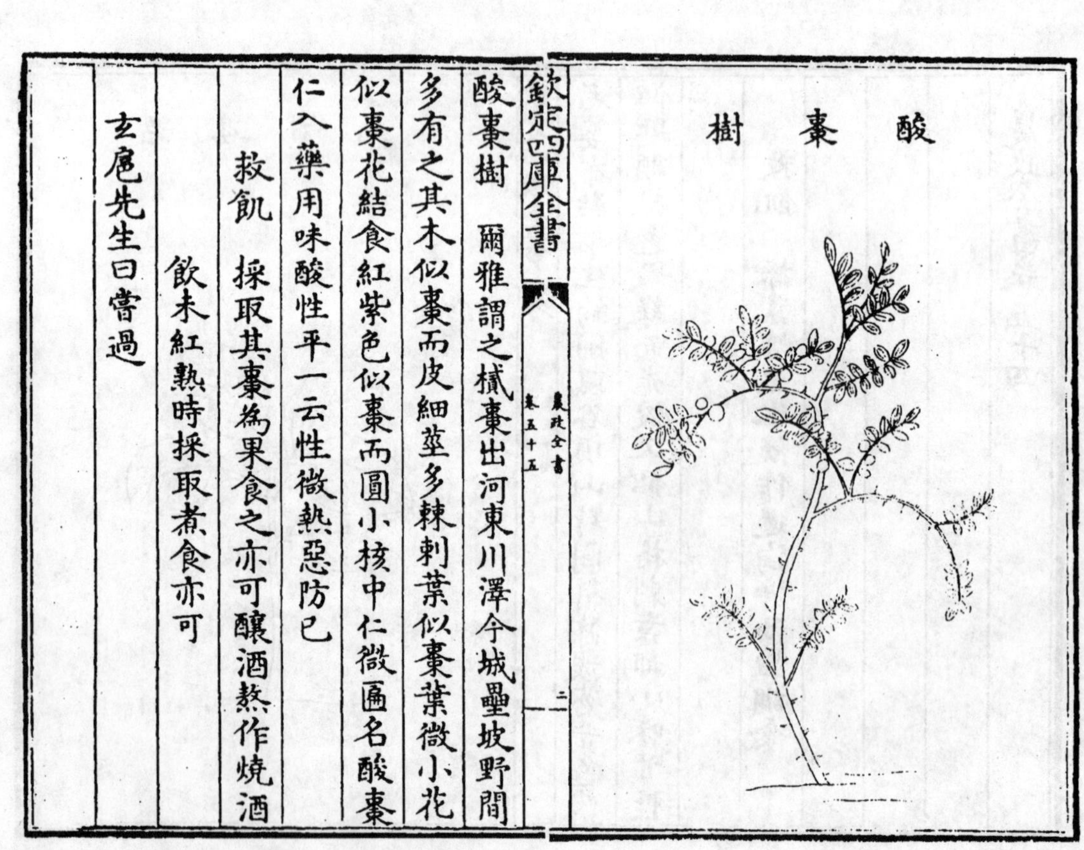

酸棗樹

酸棗樹 爾雅謂之樲棗出河東川澤今城壘坡野間多有之其木似棗而皮細莖多棘刺葉似棗葉微小花似棗花結食紅紫色似棗而圓小核中仁微匾名酸棗仁入藥用味酸性平一云性微熱惡防已

救飢 採取其棗為果食之亦可釀酒熬作燒酒飲未紅熟時採取煮食亦可

玄扈先生曰嘗過

橡子樹

橡子樹　本草橡實櫟木子也其殼一名杼斗所在山谷有之木高二三丈葉似栗葉而大開黃花其實橡也有梂彙自裹其殼即橡斗也橡實味苦澁性微溫無毒其殼斗可染皂

救飢　取子換水浸煮十五次淘去澁味蒸極熟食之厚腸胃肥健人不飢

玄扈先生曰食麥橡令人徤行

又曰取子碾或舂或磨細水淘去苦味次淘取粗查飼豕甚充腸淘取細粉如製真粉天花粉法與栗粉不異也凡木實草根去惡味取淨粉法並同

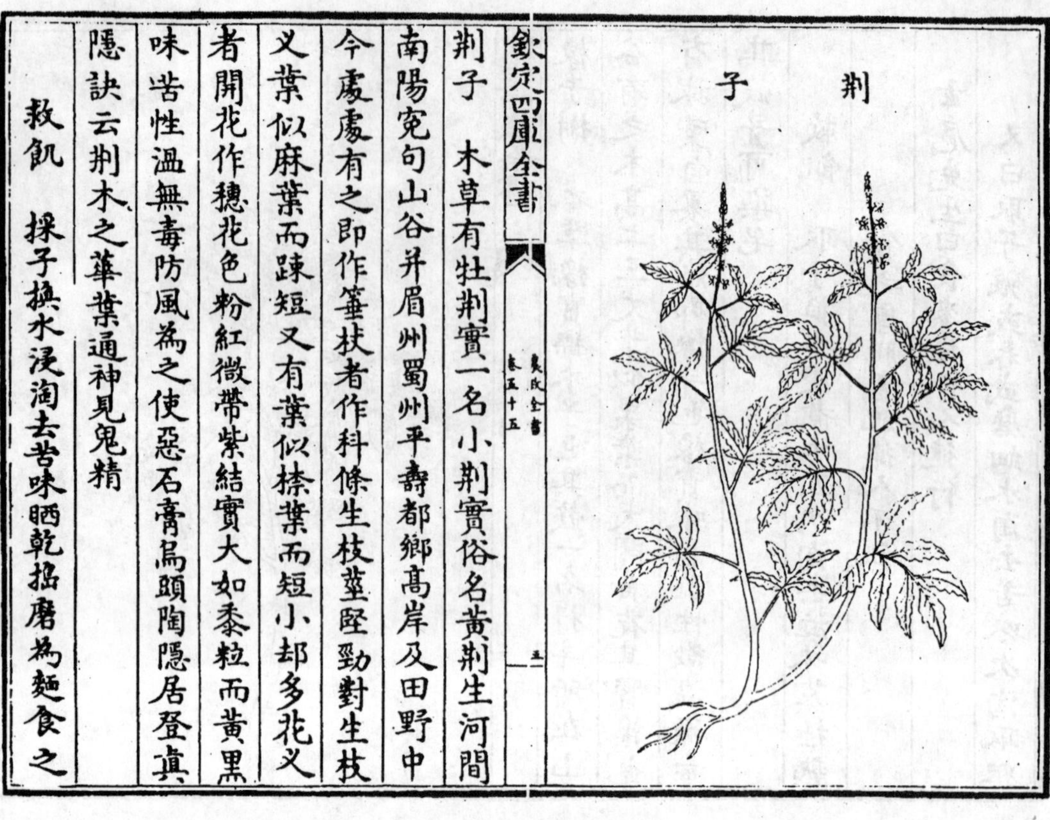

荆子　本草有牡荆實一名小荆實俗名黄荆生河間南陽宛句山谷并眉州蜀州平壽都鄉高岸及田野中今處處有之即作箠杖者作科條生枝莖堅勁對生枝叉葉似麻葉而踈短又有葉似棶葉而短小却多花叉者開花作穗花色粉紅微帶紫結實大如黍粒而黄黑味苦性温無毒防風為之使惡石膏烏頭陶隱居登真隱訣云荆木之華葉通神見鬼精

救飢　採子換水浸淘去苦味晒乾搗磨為麪食之

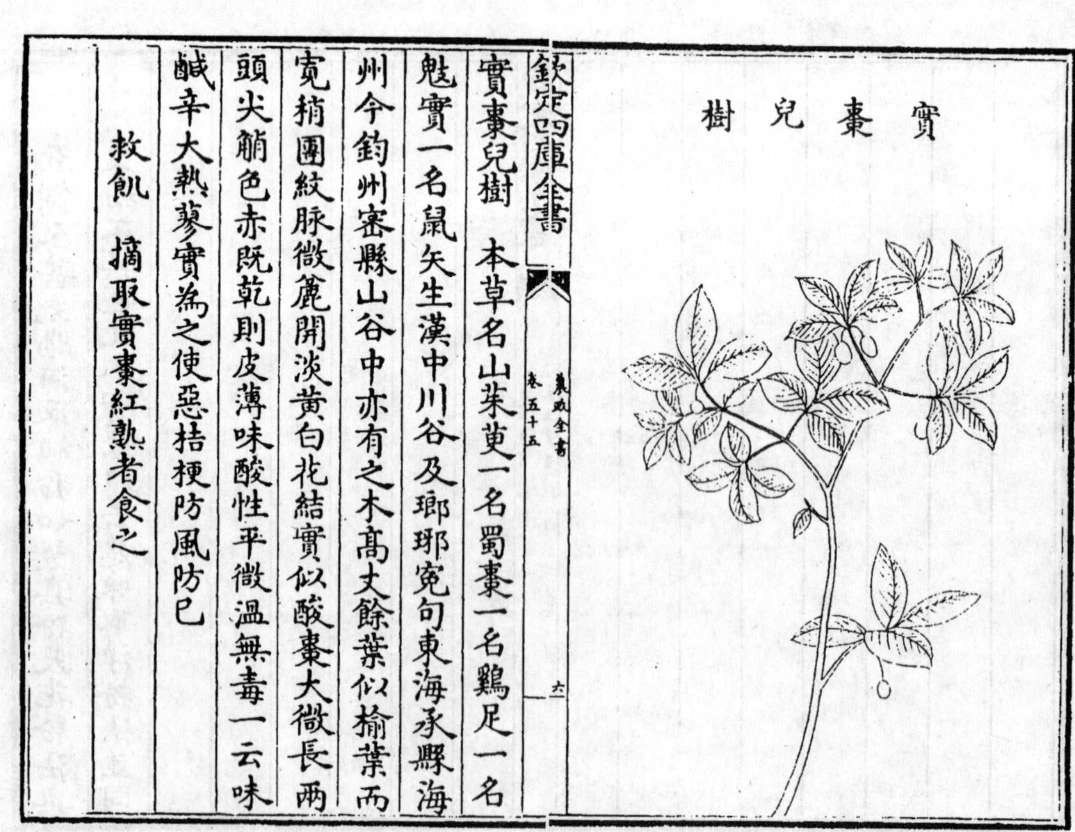

實棗兒樹　本草名山茱萸一名蜀棗一名鷄足一名鬾實一名鼠矢生漢中川谷及瑯琊宛句東海承縣海州今鈞州密縣山谷中亦有之木高丈餘葉似榆葉而寛稍團紋脉微麄開淡黄白花結實似酸棗大微長兩頭尖鮹色赤既乾則皮薄味酸性平微温無毒一云味鹹辛大熱蓼實為之使惡桔梗防風防已

救飢　摘取實棗紅熟者食之

孩兒拳頭

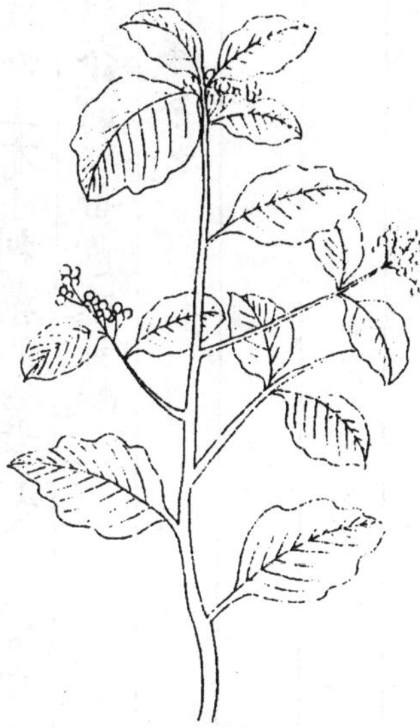

孩兒拳頭　本草名莢蒾一名擊蒾一名弄先舊不著所出州土但云所在山谷多有之今輝縣太行山山野中亦有其木作小樹葉似木槿而薄又似杏葉頗大亦薄澁枝葉間開黄花結子似溲疏兩兩切並四四相對數對共為一攅生則青熟則赤色味甘苦性平無毒藍櫃榆之類也其皮堪為索

救飢　採子紅熟者食之又煮枝汁少加米作粥甚美

玄扈先生曰詩疏云斫檀不得得繫迷即此木也

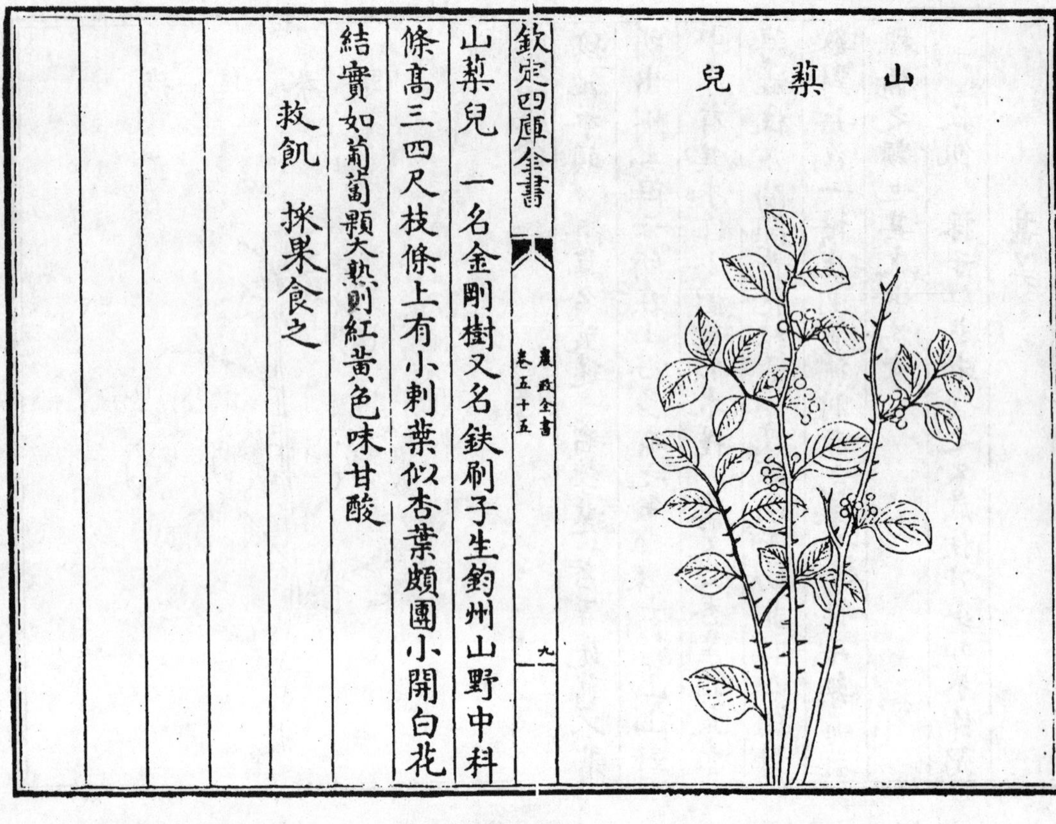

山菜兒

山菜兒 一名金剛樹又名鉄刷子生鈞州山野中科條高三四尺枝條上有小刺葉似杏葉頗團小開白花結實如葡萄顆大熟則紅黄色味甘酸

救飢 採果食之

山裏果兒

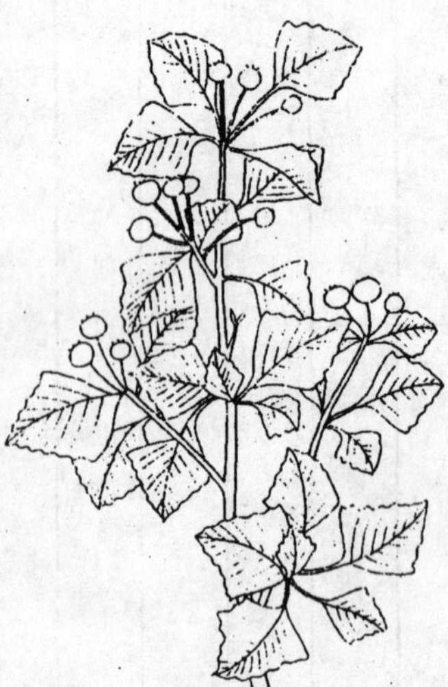

山裏果兒 一名山裏紅又名映山紅果生新鄭縣山野中枝莖似初生桑條上多小刺葉似菊花葉稍團又似花桒葉亦團開白花結紅果大如櫻桃味甜

救飢 採樹熟果食之

無花果

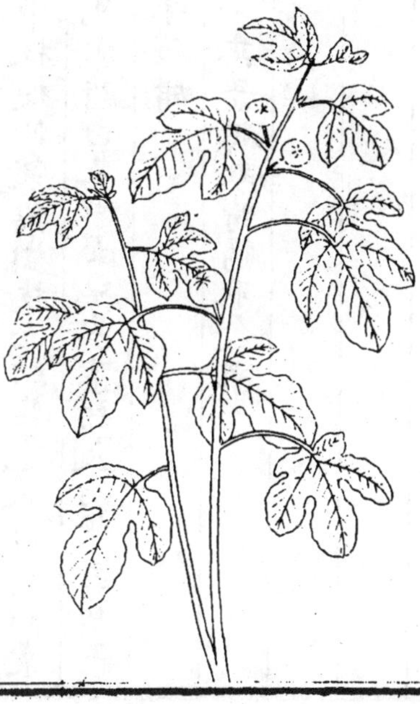

無花果　生山野中今人家園圃中亦栽葉形如葡萄葉頗長硬而厚稍作三叉枝葉間生果初則青小熟大狀如李子色似紫茄色味甜

救飢　採果食之

治病　今人傳說治心痛用葉煎湯服甚効

玄扈先生曰子本佳果第須良種宜廣植之

青舍子條

青舍子條　生密縣山谷間科條微帶柿黄色葉似胡枝子葉而先後微尖枝條間開淡粉紫花結子似枸杞子微小生則青而後變紅熟則紫黑色味甜

救飢　採摘其子紫熟者食之

白棠子樹

白棠子樹　一名沙棠梨兒一名羊奶子樹又名剪子果生荒野中枝梗似棠梨樹枝而細其色微白葉似棠葉而窄小色亦頗白又似女兒茶葉却大而背白結子如豌豆大味酸甜

救飢　其子甜熟時摘取食之

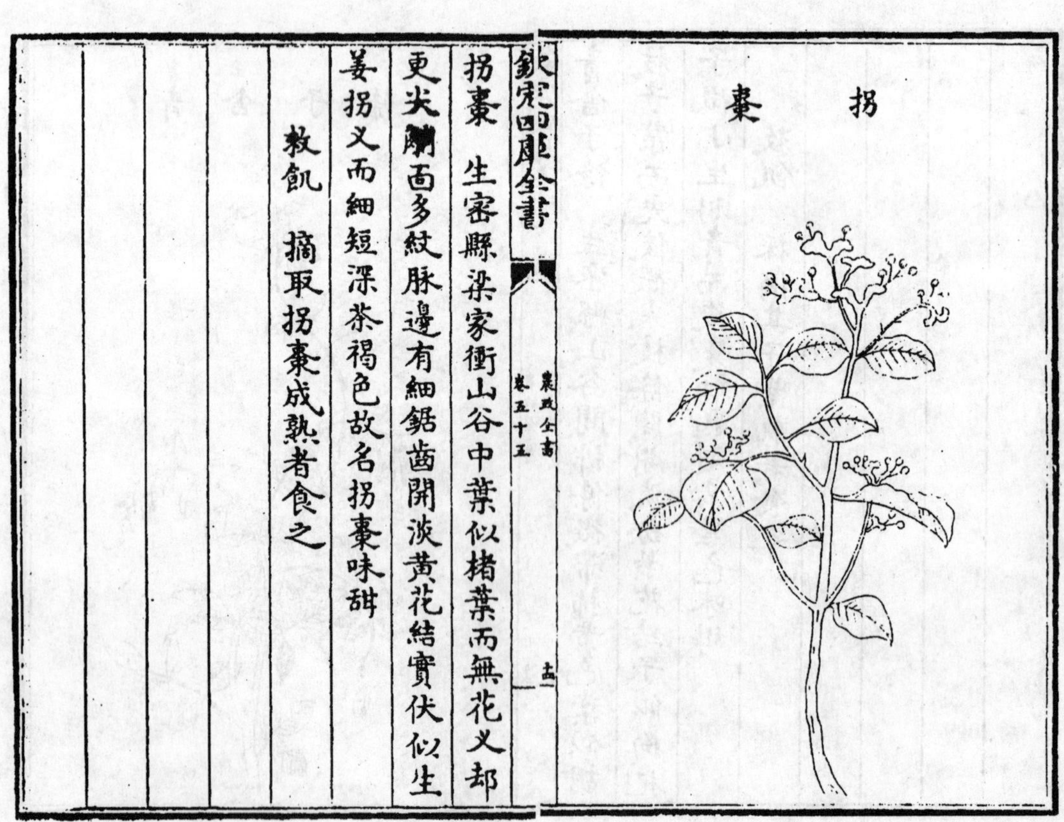

拐棗

拐棗　生密縣梁家衝山谷中葉似楮葉而無花叉却更尖艄面多紋脉邊有細鋸齒開淡黃花結實伏似生薑拐叉而細短深茶褐色故名拐棗味甜

救飢　摘取拐棗成熟者食之

木桃兒樹

木桃兒樹　生中牟土山間樹高五尺餘枝條上氣脉積聚為疙狀類小桃兒極堅實故名木桃其葉似楮葉而狹小無花叉却有細鋸齒又似青檀葉稍間另又開淡紫花結子似梧桐子而大熟則淡銀褐色味甜可食

救飢　採取其子熟者食之

石岡橡

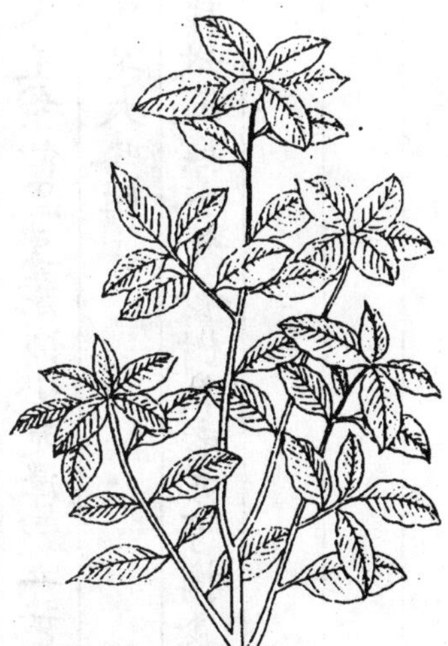

石岡橡　生汜水西茶店山谷中其木高丈許葉似橡櫟葉極小而薄邊有鋸齒而少花叉開黄花結實如橡斗而極小味澁微苦

救飢　採實换水煮五七水令極熟食之

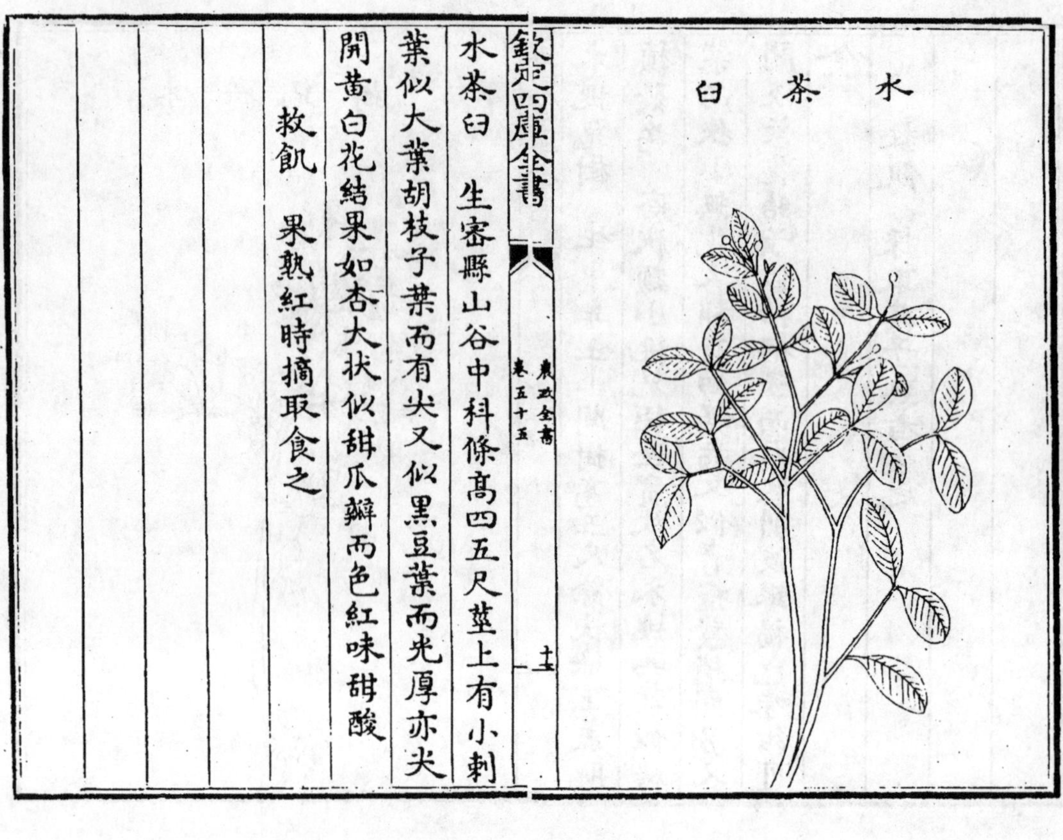

水茶臼　生密縣山谷中科條高四五尺莖上有小刺葉似大葉胡枝子葉而有尖又似黑豆葉而光厚亦尖開黃白花結果如杏大狀似甜瓜瓣而色紅味甜酸

救飢　果熟紅時摘取食之

野木瓜

野木瓜　一名八月樝又名杵瓜出新鄭縣山野中蔓延而生妥附草木上葉似黑豆葉微小光澤四五葉攢生一處結瓜如肥皂大味甜

救飢　採嫩瓜換水煮食樹熟者亦可摘食

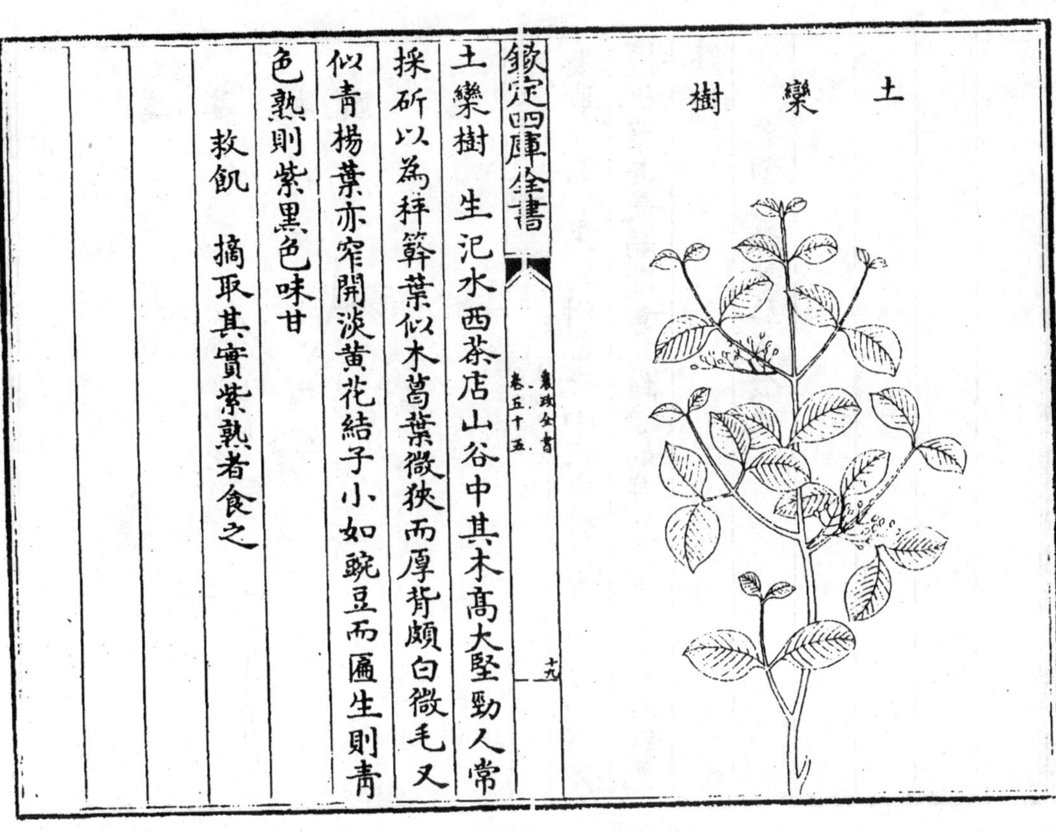

土欒樹　生汜水西茶店山谷中其木高大堅勁人常採斫以為秤簳葉似木葛葉微狹而厚背頗白微毛又似青楊葉亦窄開淡黃花結子小如豌豆而匾生則青色熟則紫黑色味甘

救飢　摘取其實紫熟者食之

驢駝布袋

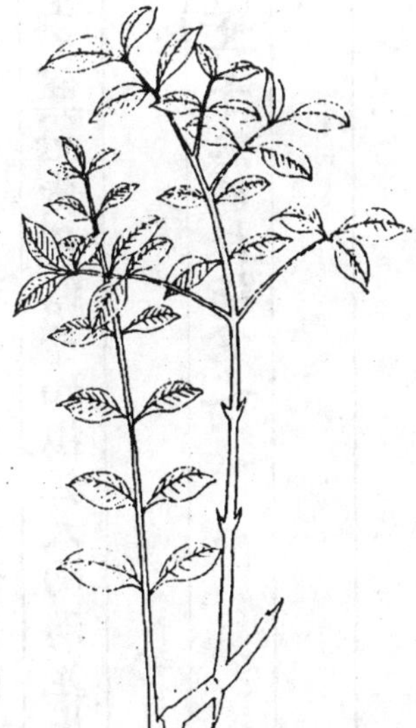

驢駝布袋　生鄭州沙崗間科條高四五尺枝梗微帶赤黃色葉似郁李子葉頗大而光又似省沽油葉而尖頗齊其葉對生開花色白結子如菉豆大兩兩並生熟則色紅味甜

救飢　採紅熟子食之

婆婆枕頭

婆婆枕頭　生鈞州密縣山坡中科條高三四尺葉似櫻桃葉而長艄開黄花結子如菉豆大生則青熟紅色味甜

救飢　採熟紅子食之

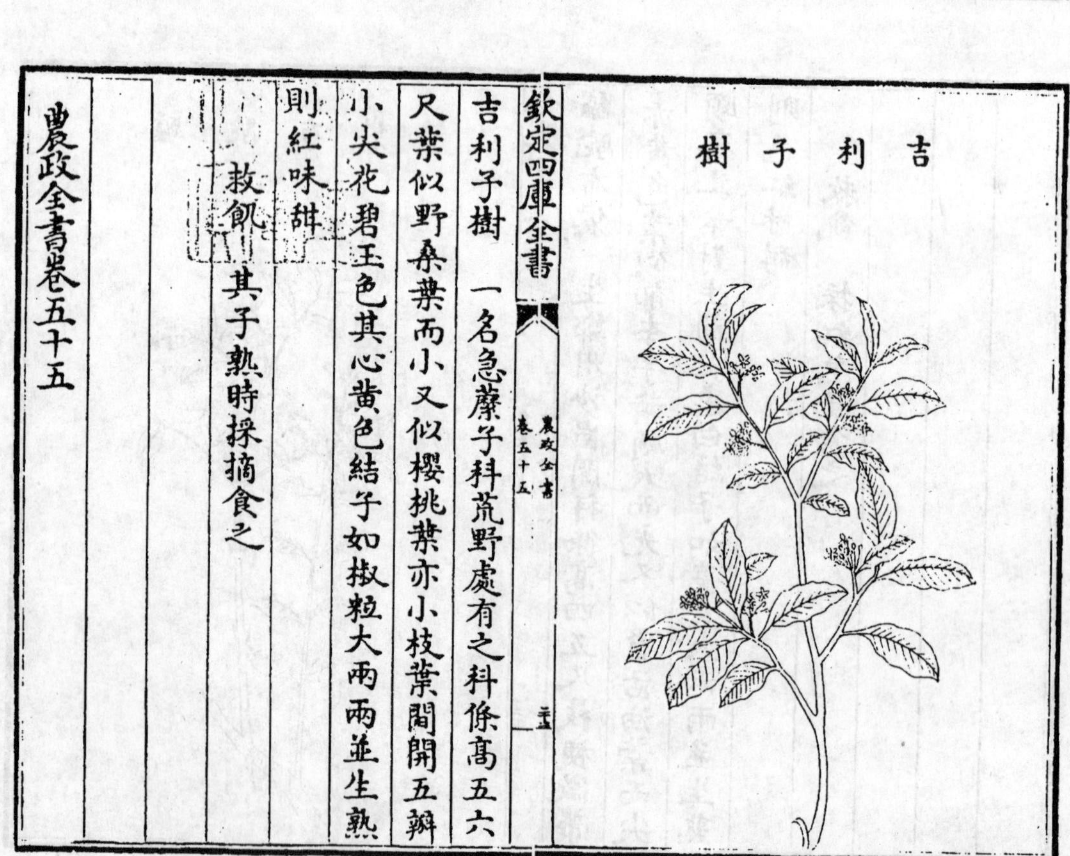

吉利子樹

吉利子樹　一名急蘼子科荒野處有之科條高五六尺葉似野桑葉而小又似櫻桃葉亦小枝葉間開五瓣小尖花碧玉色其心黄色結子如椒粒大兩兩並生熟則紅味甜

救飢　其子熟時採摘食之

農政全書卷五十五

欽定四庫全書

農政全書卷五十六

荒政 採周憲王救荒本草

木部 葉及實皆可食

枸杞

明 徐光啓 撰

枸杞 一名杞根一名枸忌一名地輔一名羊乳一名却暑一名仙人杖一名西王母杖一名地仙苗一名托盧或名天精或名却老一名枸檵杞同一名苦杞俗呼為甜菜子根名地骨生常山平澤今處處有之其莖幹高三五尺上有小刺春生苗葉如石榴葉而軟薄莖葉間開小紅紫花隨便結實形如東核熟則紅色味微苦性寒根大寒子微寒無毒白色無刺者良陝西枸杞長一二丈圍數寸無刺根皮如厚朴甘美異於諸處生子如櫻桃全少核暴乾如餅

救飢 採葉煠熟水淘淨油鹽調食作羮食皆可子紅熟時亦可食若渴煮葉作飲以代茶飲之

玄扈先生曰嘗過子本勝藥葉亦嘉蔬

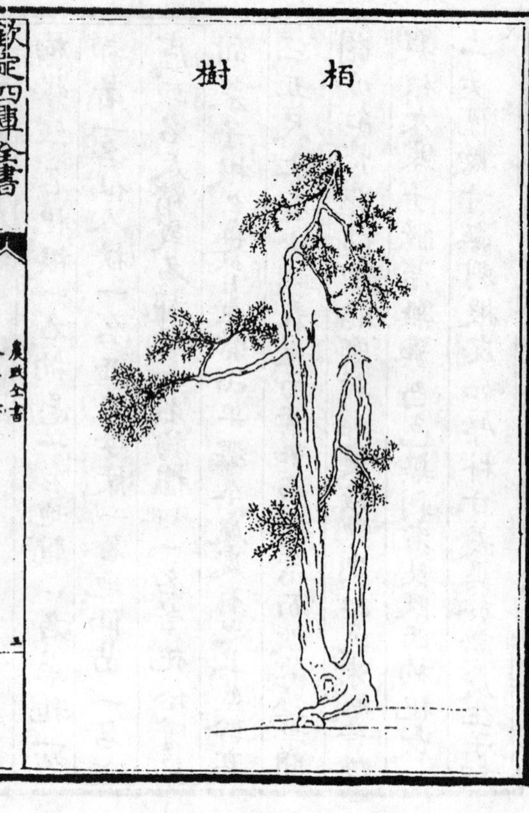

栢樹　本草有栢實生太山山谷及陜州宜州其乾州者最佳宼州側栢葉尤佳今處處有之味甘一云味甘辛性平無毒葉味苦一云味苦辛微溫無毒牡礪及桂瓜子為之使畏菊花羊蹄草諸石及麫麯

救飢　列仙傳云赤松子食栢子齒落更生採栢葉新生并嫩者換水浸其苦味初食苦澁入蜜或棗肉和食尤好後稍易喫遂不復飢冬不寒夏不熱

皁莢樹

皁莢樹　生雍州川谷及魯之鄒縣懷孟產者為勝今處處有之其木極有高大者葉似槐葉瘦長而尖枝間多刺結實有三種形小者為豬牙皁莢良又有長六寸及尺一者用之當以肥厚者為佳味辛鹹性溫有小毒栢實為之使惡麥門冬畏空青人參苦參可作沐藥不入湯

救飢　採嫩芽煠熟換水浸洗淘淨油鹽調食又以子不以多少炒舂去赤皮浸軟　熟以

糖漬之可食

玄扈先生曰嘗過

楮桃樹

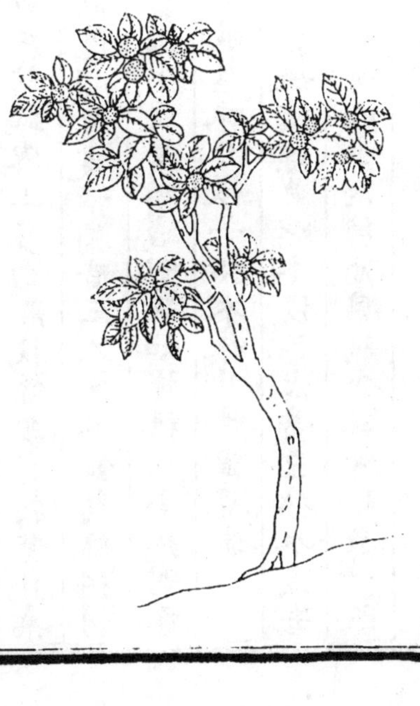

楮桃樹　本草名楮實一名穀實生少室山今所在有之樹有二種一種皮有斑花紋謂之斑穀人多用皮為冠一種皮無花紋枝葉大相類其葉似葡萄作瓣又上多毛澁而有子者為佳其桃如彈大青綠色後漸變深紅色乃成熟浸洗去穰取中子入藥一云皮斑者是楮皮白者是穀洗可作食實味甘性寒葉味甘性涼俱無毒

救飢　採葉幷楮桃蔕花煠爛水浸過握乾作餅焙熟食之或取樹熟楮桃紅色食之甘美

不可久食令人骨軟

玄扈先生曰嘗過子花勝樂

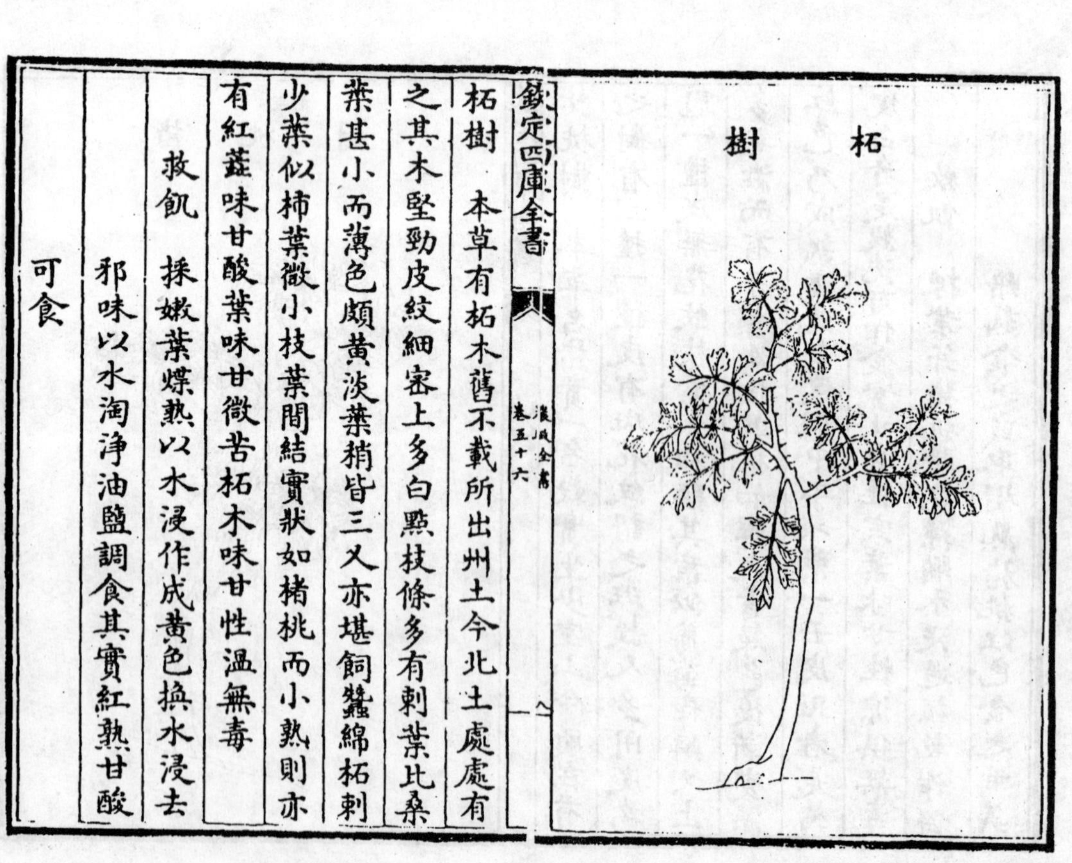

柘樹　本草有柘木舊不載所出州土今北土處處有之其木堅勁皮紋細密上多白點枝條多有刺葉比桑葉甚小而薄色頗黃淡葉梢皆三叉亦堪飼蠶綿柘刺少葉似柿葉微小枝葉間結實狀如楮桃而小熟則亦有紅蕋味甘酸葉味甘微苦柘木味甘性溫無毒

救飢　採嫩葉煠熟以水浸作成黃色換水浸去邪味以水淘淨油鹽調食其實紅熟甘酸可食

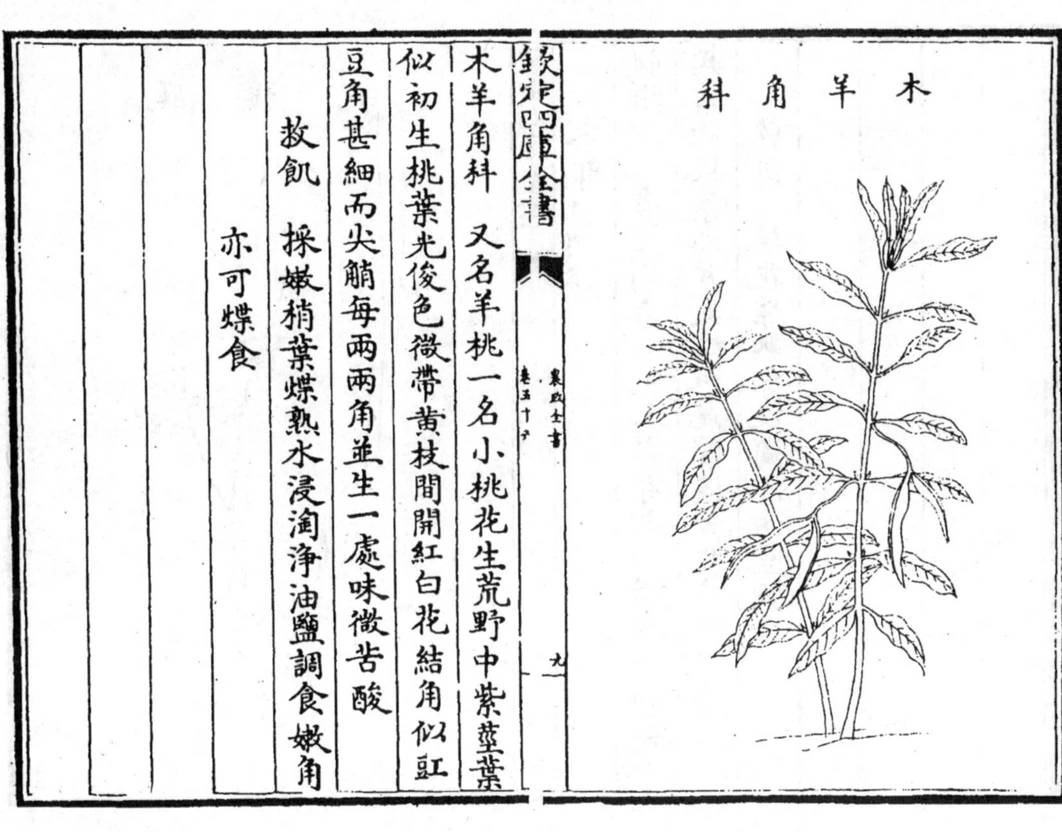

木羊角科　又名羊桃一名小桃花生荒野中紫莖葉似初生桃葉光俊色微帶黄枝間開紅白花結角似豇豆角甚細而尖艄每兩兩角並生一處味微苦酸

救飢　採嫩稍葉煠熟水浸淘淨油鹽調食嫩角亦可煠食

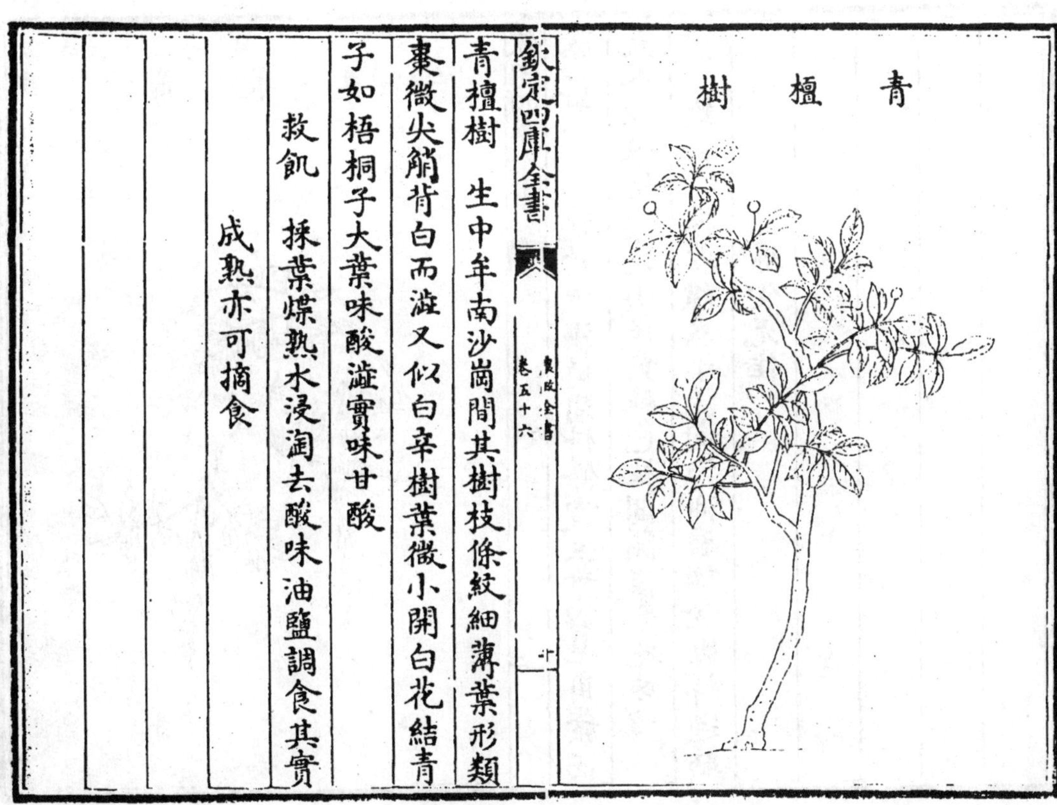

青檀樹　生中牟南沙崗間其樹枝條紋細薄葉形類棗微尖艄背白而澁又似白辛樹葉微小開白花結青子如梧桐子大葉味酸澁實味甘酸

救飢　採葉煠熟水浸淘去酸味油鹽調食其實成熟亦可摘食

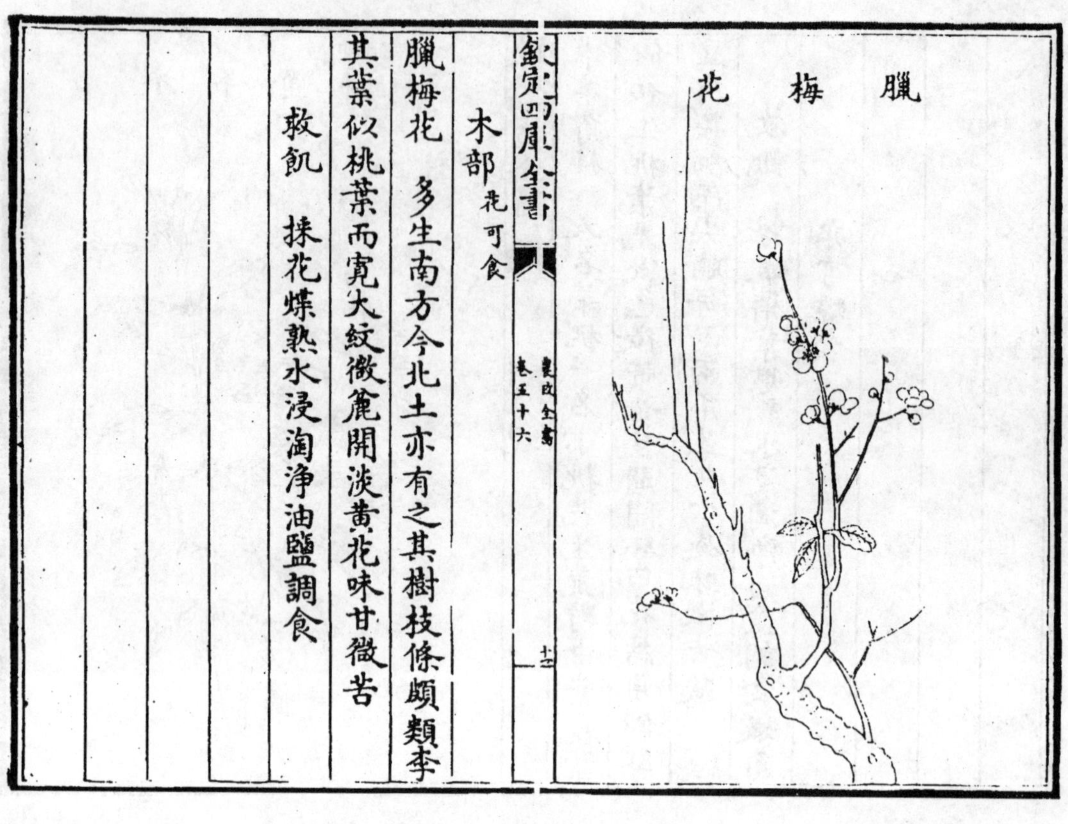

欽定四庫全書　農政全書　卷五十六　十二

木部花可食

臘梅花　多生南方今北土亦有之其樹枝條頗類李其葉似桃葉而寬大紋微麄開淡黄花味甘微苦

救飢　採花煠熟水浸淘淨油鹽調食

藤花菜

欽定四庫全書　農政全書　卷五十六　十三

藤花菜　生荒野中沙崗間科條叢生葉似皂角葉而大又似嫩椿葉而小淺黄綠色枝間開淡紫花味甘

救飢　採花煠熟水浸淘淨油鹽調食微焯過晒乾煠食尤佳

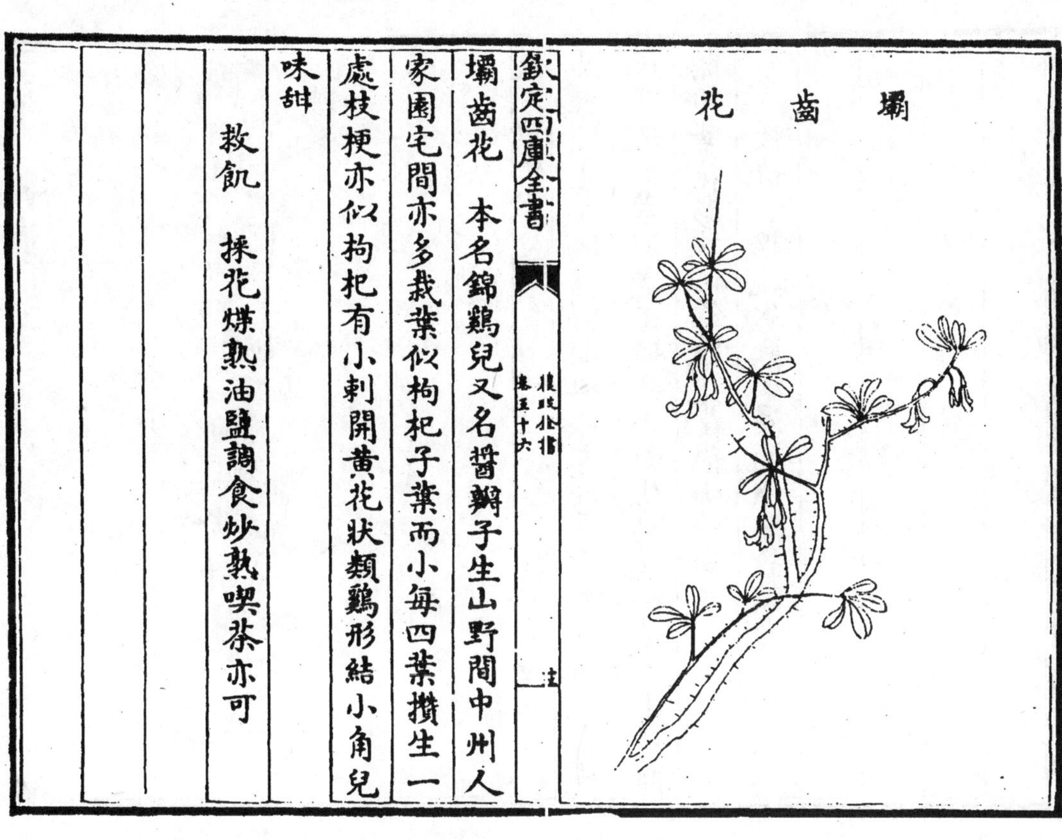

壩齒花　本名錦鷄兒又名醬瓣子生山野間中州人家園宅間亦多栽葉似枸杞子葉而小每四葉攢生一處枝梗亦似枸杞有小刺開黄花狀頗鷄形結小角兒味甜

救飢　採花煠熟油鹽調食炒熟喫茶亦可

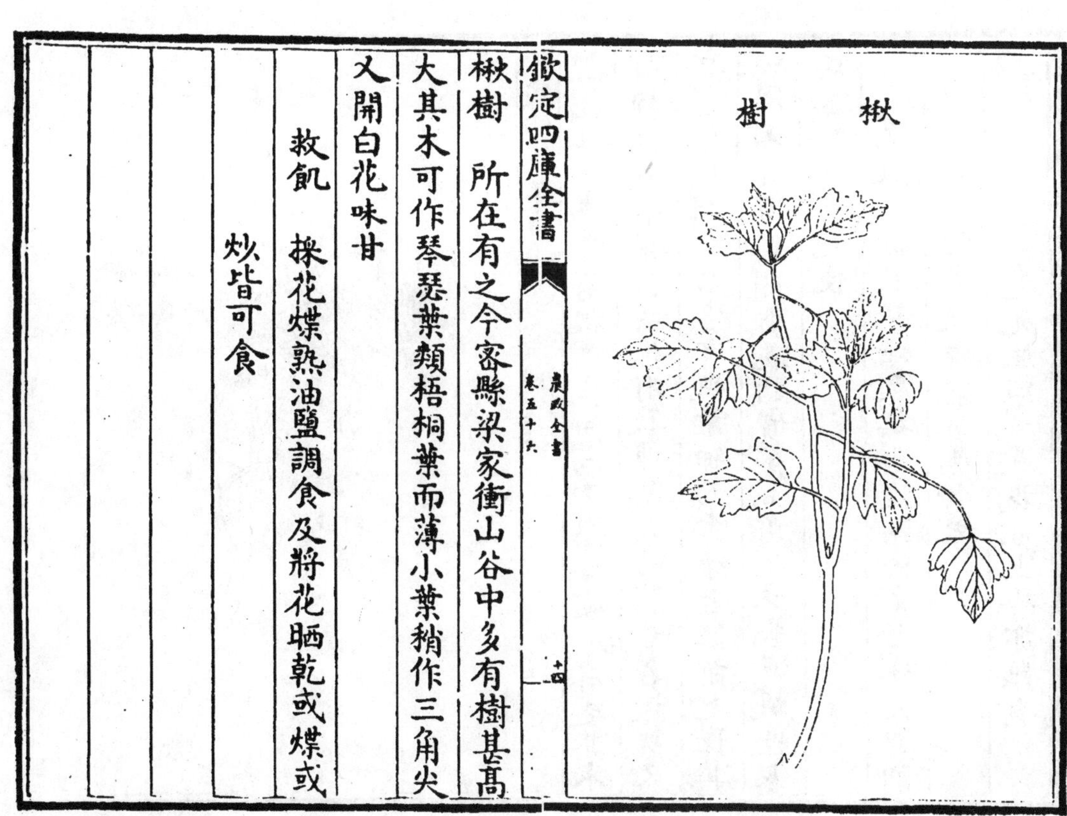

楸樹　所在有之今密縣梁家衝山谷中多有樹甚高大其木可作琴瑟葉頗梧桐葉而薄小葉稍作三角尖叉開白花味甘

救飢　採花煠熟油鹽調食及將花晒乾或煠或炒皆可食

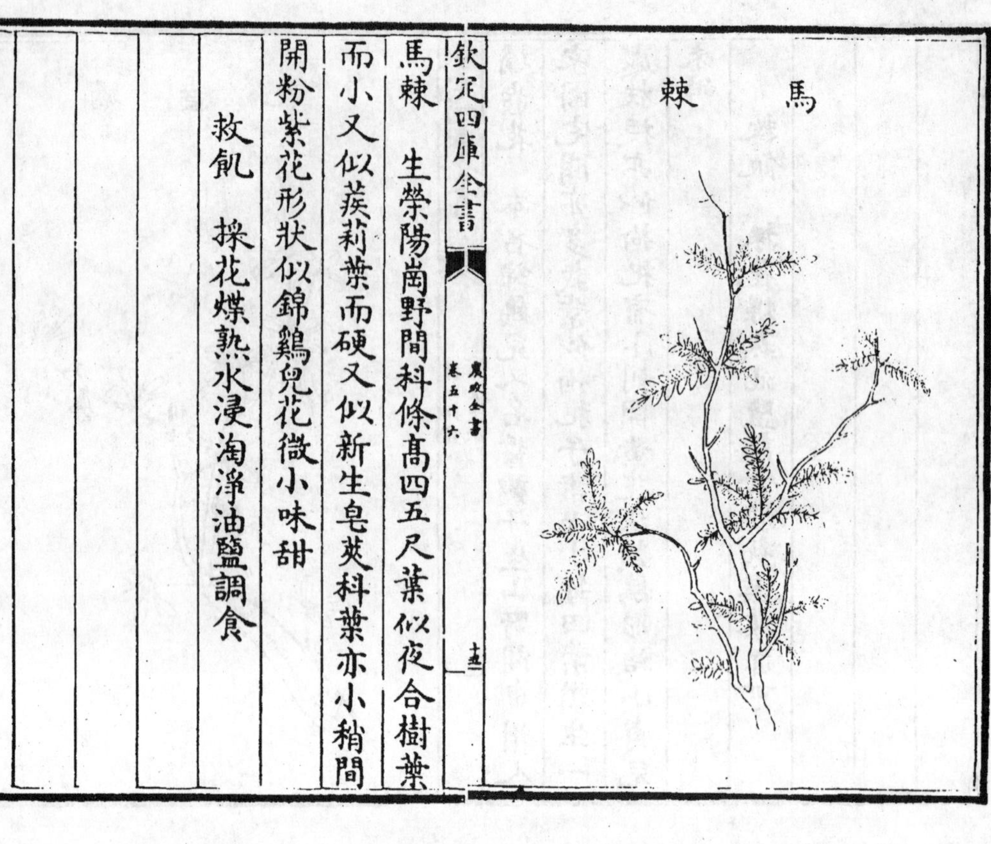

馬棘　生滎陽崗野間科條高四五尺葉似夜合樹葉而小又似蒺藜葉而硬又似新生皂莢科葉亦小稍間開粉紫花形狀似錦鷄兒花微小味甜

救飢　採花煠熟水浸淘淨油鹽調食

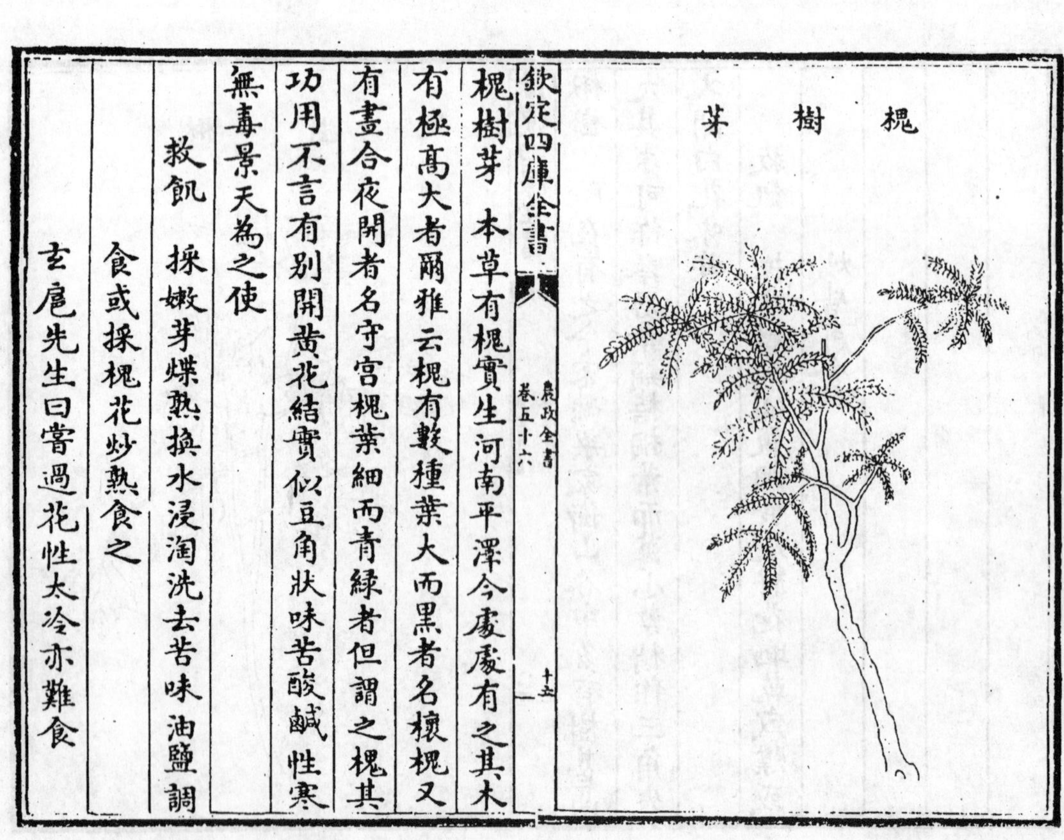

槐樹芽　本草有槐實生河南平澤今處處有之其木有極高大者爾雅云槐有數種葉大而黑者名櫰槐又有晝合夜開者名守宮槐葉細而青綠者但謂之槐其功用不言有別開黄花結實似豆角狀味苦酸鹹性寒無毒景天爲之使

救飢　採嫩芽煠熟換水浸淘洗去苦味油鹽調食或採槐花炒熟食之

玄扈先生曰嘗過花性太冷亦難食

晉人多食槐葉又槐葉枯落者亦拾取和米煮飯食之嘗見曹都諫真予述其鄉先生某云世間真味獨有二種謂槐葉煮飯蔓菁煮飯也

乙卯見趙六亨民部言食槐芽法煠熟置新磚瓦上陰乾更煠如是三過絶不苦凡食樹芽葉並宜用此法去其苦味

棠梨樹

棠梨樹 今處處有之生荒野中葉似蒼朮葉亦有團葉者有三乂葉者葉邊皆有鋸齒又似女兒茶葉其葉色頗白開白花結棠梨如小楝子大味甘酸花葉味微苦

救飢 採花煠熟食或晒乾磨麪作燒餅食亦可及採嫩葉煠熟水浸淘浄油鹽調食或蒸晒作茶亦可其棠梨經霜熟時摘食甚美

文冠花

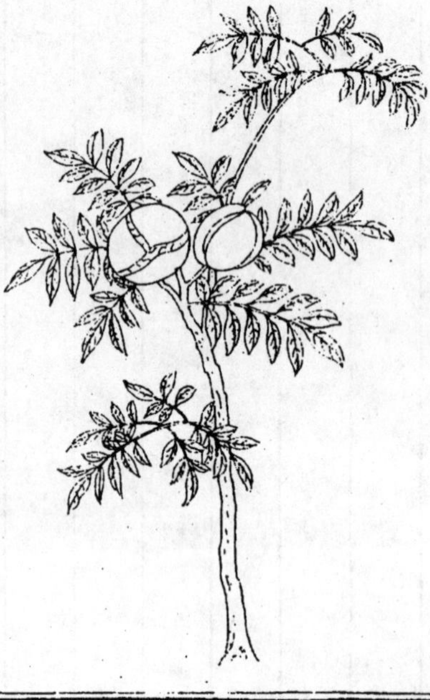

文冠花　生鄭州南荒野間陜西人呼為崖木瓜樹高丈許葉似榆樹葉而狹小又似山茱萸葉亦細短開花彷彿似藤花而色白穗長四五寸結實狀似枳殼而三瓣中有子二十餘顆如肥皂角子子中瓤如栗子味微淡又似米麪味甘可食其花味甜其葉味苦

救飢　採花煠熟油鹽調食或採葉煠熟水浸淘去苦味亦用油鹽調食及摘實取子煑熟食

玄扈先生曰嘗過子本嘉果花甚多可食

桑椹樹

桑椹樹　本草有桑根白皮舊不載所出州土今處處有之其葉飼蠶結實為桑椹有黑白二種桑之精英盡在於椹桑根白皮東行根益佳肥白者良出土者不可用殺人味甘性寒無毒製造忌鐵器及鈆葉椏者名鷄桑最堪入藥續斷麻子桂心為之使桑椹味甘性暖或云木白皮亦可用

救飢　採桑椹熟者食之或熬成膏攤於桑葉上晒乾搗作餅收藏或直取椹子晒乾可藏

經年及取椹子清汁置瓶中封三二日即成酒其色味似葡萄酒甚佳亦可熬燒酒可藏經年味力愈佳其葉嫩老皆可煠食皮炒乾磨麪可食

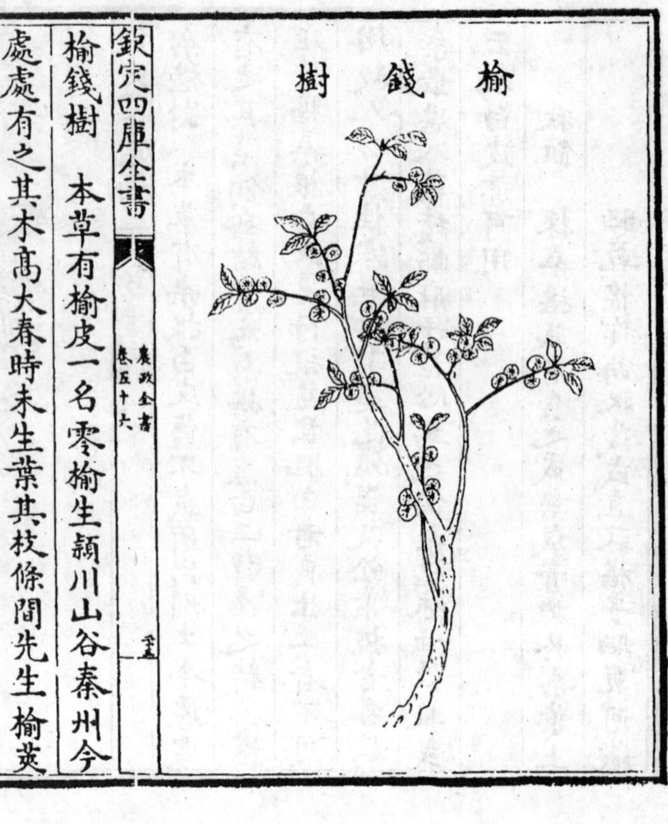

榆錢樹　本草有榆皮一名零榆生潁川山谷秦州今處處有之其木高大春時未生葉其枝條閒先生榆莢形狀似錢而薄小色白俗呼為榆錢後方生葉似山茱萸葉而長尖艄潤澤榆皮味甘性平無毒

救飢　採肥嫩榆葉煠熟水浸淘淨油鹽調食其榆錢煮糜羹食佳但令人多睡或焯過晒乾備用或為醬皆可食榆皮刮去其上乾燥皴濇者取中閒軟嫩皮剉碎晒乾炒焙極乾擣磨為麪拌糠麧草末蒸食取其滑澤易食又云榆皮與檀皮為末服之令人不飢根皮亦可擣磨為麪食

竹笋

竹笋 本草竹葉有箽竹葉苦竹葉淡竹葉本經並不載所出州土今處處有之竹之類甚多而入藥者惟此三種人多不能盡别箽竹堅而促節體圓而質勁成白如霜作笛者有一種亦不名箽竹苦竹亦有二種一種出江西及閩中本極麄大笋味甚苦不可啖一種出江浙近地亦時有之肉厚而葉長濶笋味微苦俗呼甜苦笋食所最貴者亦不聞入藥用淡竹肉薄節間有粉南人以燒竹瀝者醫家只用此一品又有一種薄殼者名甘竹葉最勝又有實中竹篁竹並以笋為佳於藥無用凡取竹瀝惟用淡竹苦竹箽竹爾陶隱居云竹實出藍田江東乃有花而無實而頃来斑斑有實狀如小麥堪可為飯圖經云竹笋味甘無毒又云寒

救飢 採竹嫩笋煠熟油鹽調食焯過晒乾煠食尤好

農政全書卷五十六

欽定四庫全書

農政全書卷五十七

荒政 採周憲王救荒本草　　明　徐光啓　撰

米穀部 實可食

野豌豆

野豌豆　生田野中苗初就地拖秧而生後分生莖又苗長二尺餘葉似胡豆葉稍大又似苜蓿葉亦大開淡粉紫花結角似家豌豆角但秕小味苦

救飢　採角煑食或收取豆煑食或磨麪製造食用與家豆同

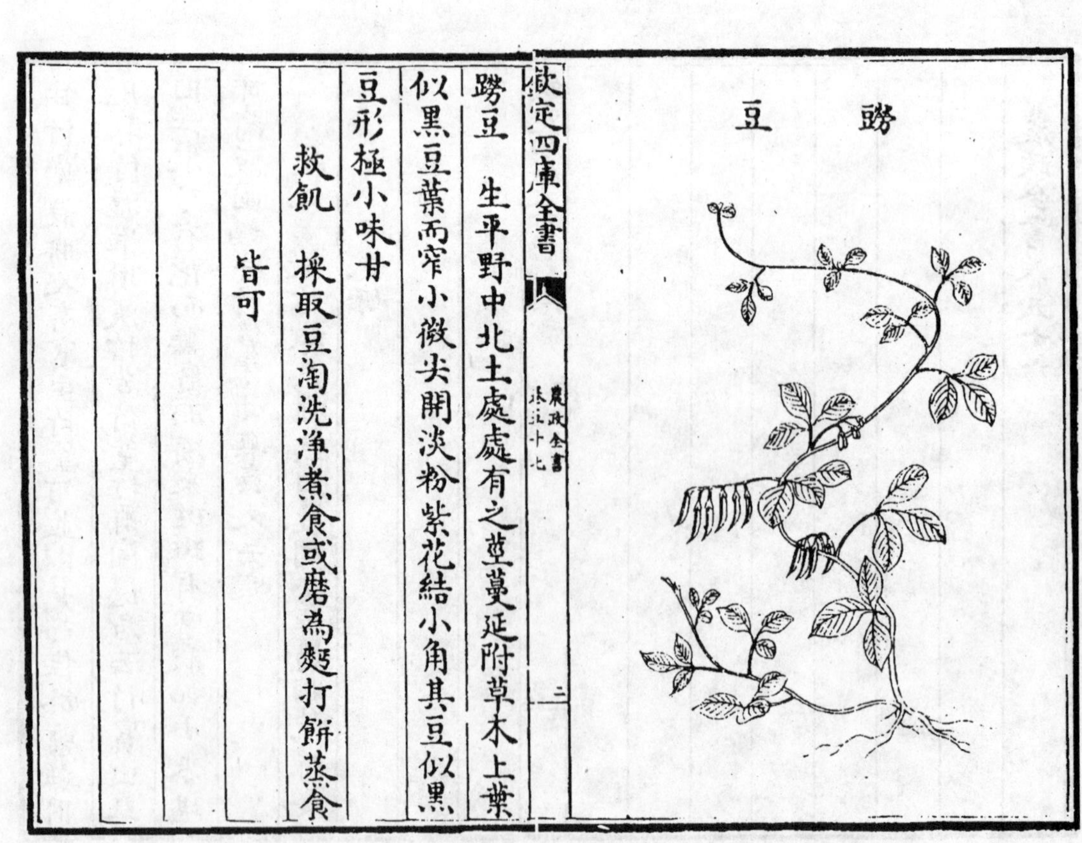

踍豆

踍豆　生平野中北土處處有之莖蔓延附草木上葉似黑豆葉而窄小微尖開淡粉紫花結小角其豆似黑豆形極小味甘

救飢　採取豆淘洗淨煑食或磨為麪打餅蒸食皆可

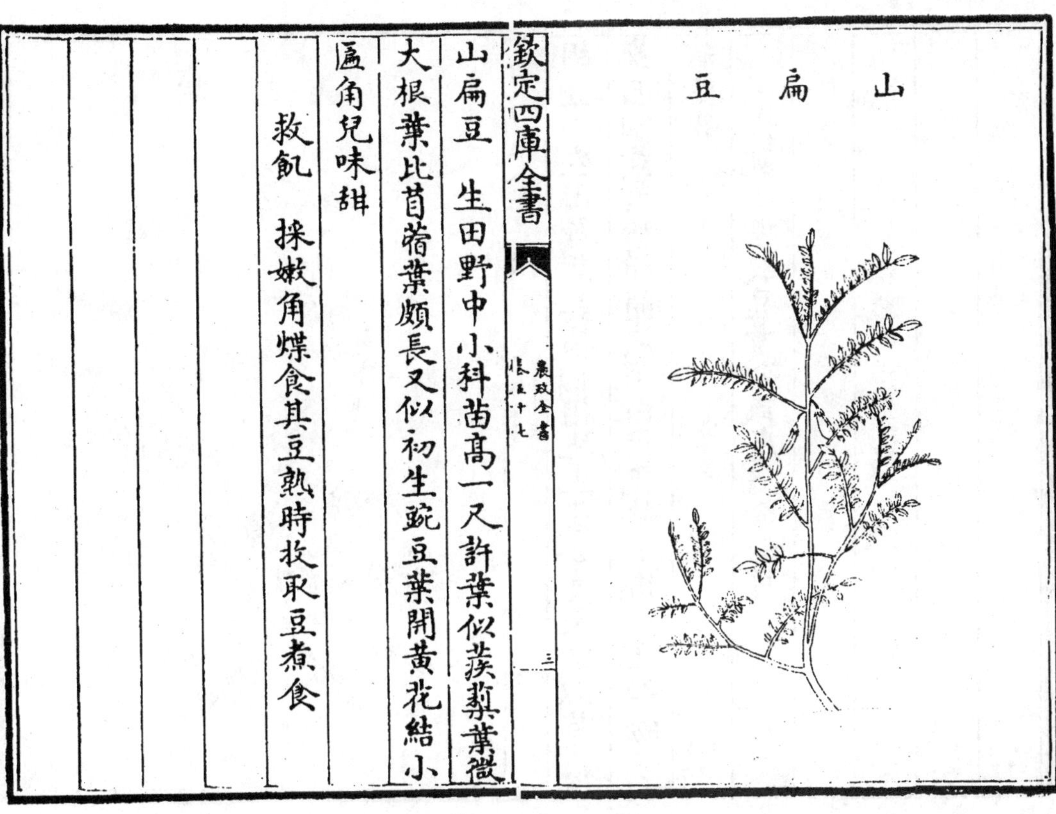

山扁豆 生田野中小科苗高一尺許葉似蒺藜葉微大根葉比苜蓿葉頗長又似初生豌豆葉開黃花結小匾角兒味甜

救飢 採嫩角煠食其豆熟時收取豆煮食

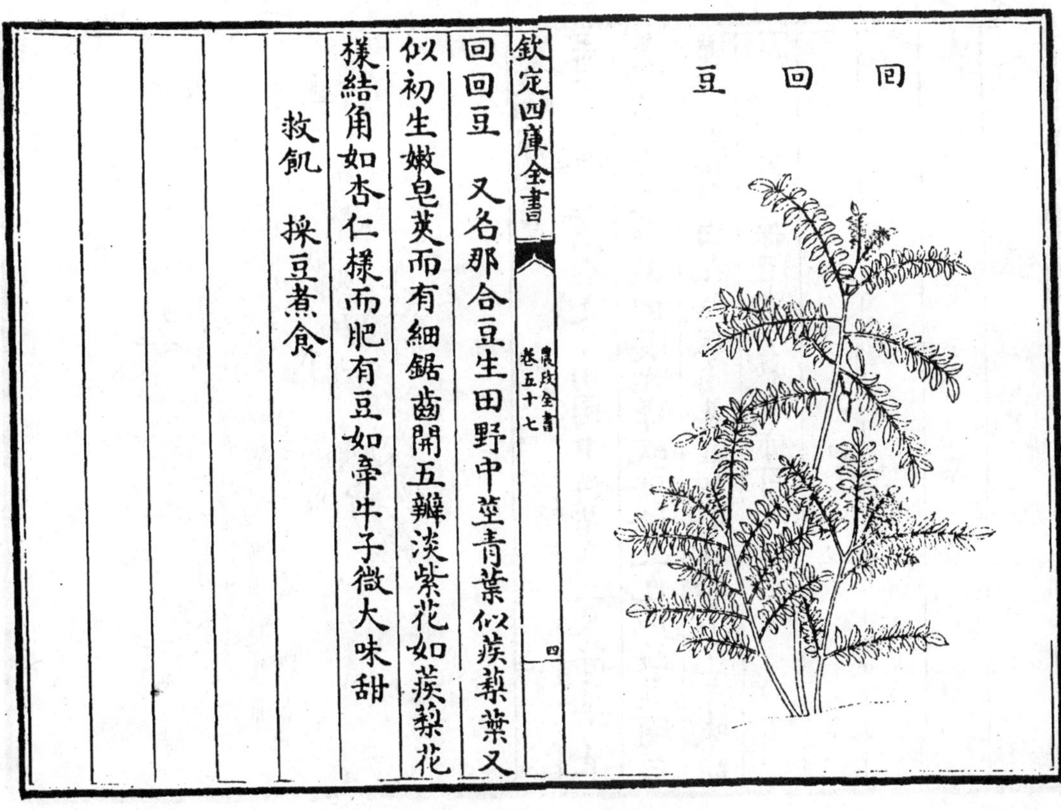

回回豆 又名那合豆生田野中莖青葉似蒺藜葉又似初生嫩皂莢而有細鋸齒開五瓣淡紫花如蒺藜花樣結角如杏仁樣而肥有豆如牵牛子微大味甜

救飢 採豆煮食

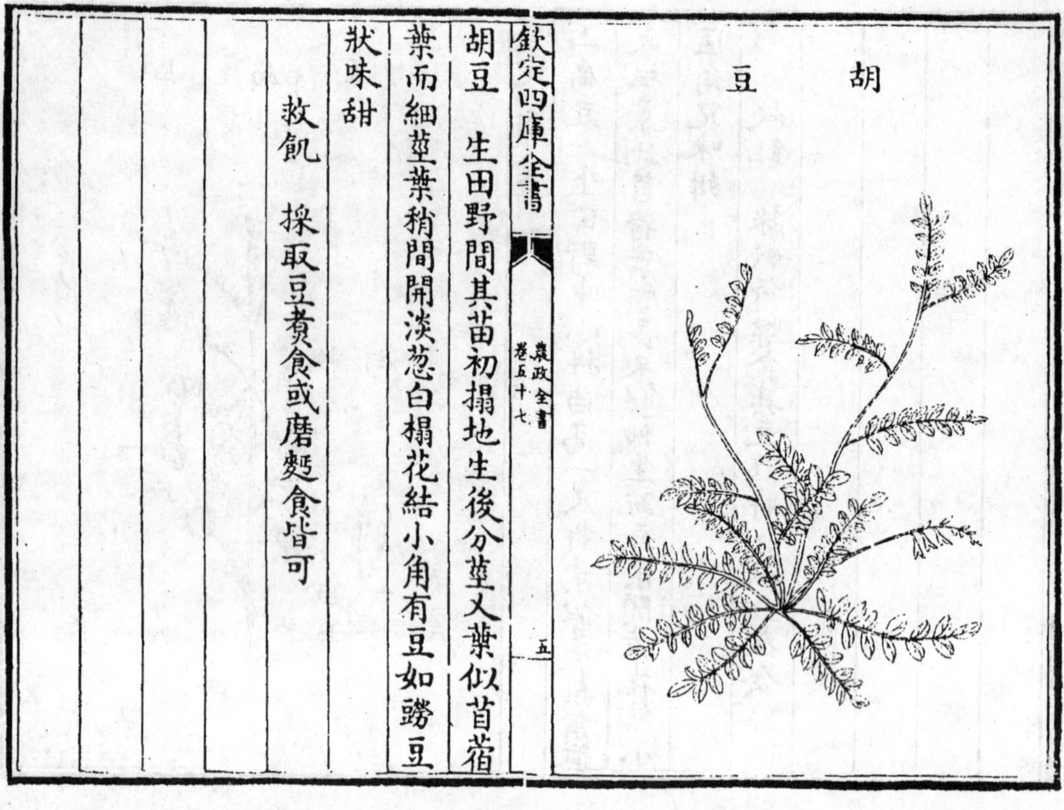

胡豆

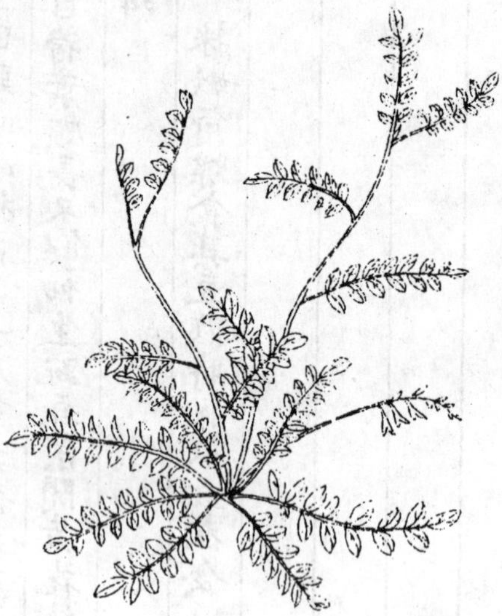

胡豆 生田野間其苗初搨地生後分莖叉葉似苜蓿葉而細莖葉稍間開淡葱白褐花結小角有豆如虸豆狀味甜

救飢 採取豆煑食或磨麪食皆可

蠶豆

蠶豆 今處處有之生田園中科苗高二尺許莖方其葉狀類黑豆葉而團長光澤紋脉竪直色似豌豆頗白莖葉稍間開白花結短角其豆如豇豆而小色赤味甜

救飢 採豆煮食炒食亦可

山菉豆

山菉豆　生輝縣太行山車箱衝山野中苗莖似家菉豆莖微細葉比家菉豆葉狹窄艄開白花結角亦瘦其豆黯綠色味甘

救飢　採取其豆煮食或磨麪攤煎餅食亦可

蕎麥苗

蕎麥苗　處處種之苗高二三尺許就地科叉生其莖色紅葉似杏葉而軟微艄開小白花結實作二小蒴味甘平性寒無毒

救飢　採苗葉煠熟油鹽調食多食微瀉其麥或蒸使氣餾音溜於烈日中晒令口開舂取人煮作飯食或磨為麪作餅蒸食皆可

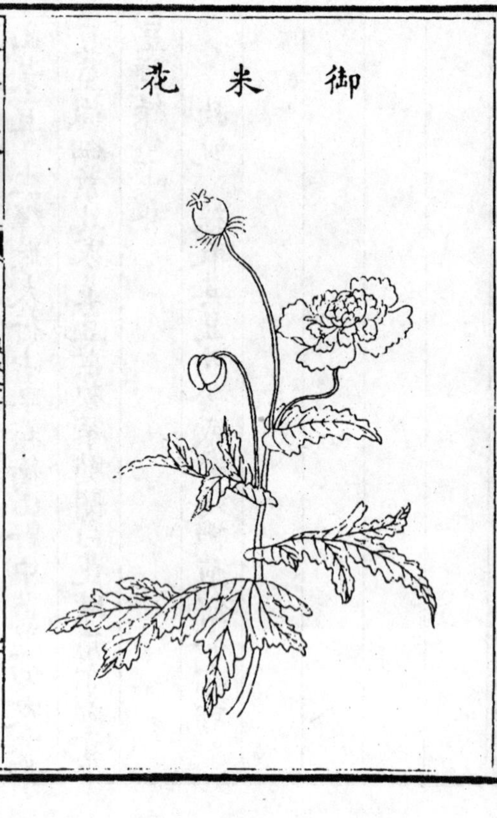

御米花　本草名罌子粟一名象穀一名米囊一名囊子處處有之苗高一二尺葉似靛葉色而大邊皺多有花乂開四瓣紅白花亦有千葉花者結穀似骲音雹箭頭殼中有米數千粒似葶藶子色白隔年種則佳米味甘性平無毒

救飢　採嫩葉煠熟油鹽調食取米作粥或與麪作餅皆可食其米和竹瀝煑粥食之皆美

玄扈先生曰嘗過嘉蔬嘉實不必救荒

赤小豆

赤小豆　本草舊云江淮間多種蒔今北土亦多有之苗高一二尺葉似豇豆葉微團艄開花似豇豆花微小淡銀褐色有腐氣人故亦呼為腐婢結角比菉豆角頗大角之皮角微白帶紅其豆有赤白黧色三種味甘酸性平無毒合鮓食成消渴為醬合鮓食成口瘡人食則體重

救飢　採嫩葉煠熟水淘洗淨油鹽調食明目豆角亦可煑食又法赤小豆一升半炒大黄

豆一升半焙二味擣末每服一合新水下日三服盡三升可度十一日不飢又說小豆食之逐津液行小便久服則虛人令人黑瘦枯燥

山絲苗

山絲苗 本草有麻蕡音焚一名麻勃一名莩音字一名麻母生太山川谷今皆處處有之人家園圃中多種之績其皮以爲布苗高四五尺莖有細線楞葉形狀似柳葉而邊皆有叉牙鋸齒每八九葉攢生一處又似荆葉而狹色深青開淡黄白花結實小如菉豆顆而匾圖經云麻蕡此麻上花勃勃者味辛性平有毒麻子味甘性平微寒滑利無毒入土者損人畏牡蠣白薇惡茯苓

救飢 採嫩葉煠熟換水浸去邪惡氣味再以水

淘洗淨油鹽調食不可多食亦不可久食動風子可炒食亦可打油用

油子苗

油子苗　本草有白油麻俗名脂麻舊不著所出州上今處處有之人家園圃中多種苗高三四尺莖方窊面四楞對節分生枝又葉類蘇子葉而長尖艄邊多花又葉間開白花結四稜蒴兒每蒴中有子四五十餘粒其子味甘微苦生則性大寒無毒炒熟則性熱壓窄為油大寒

救飢　採嫩苗葉煠熟水浸淘洗淨油鹽調食其子亦可炒熟食或煑食及笮為油食皆可

黄豆苗

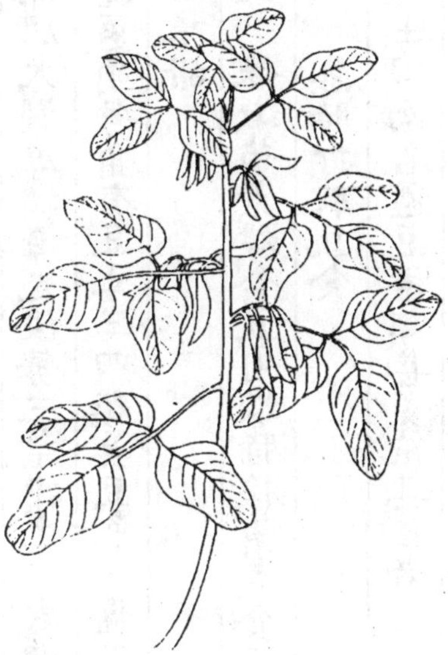

黄豆苗　今處處有之人家田園中多種苗高一二尺葉似黑豆葉而大結角比黑豆葉角稍肥大其葉味甘

救飢　採嫩苗葉煠熟水浸淘浄油鹽調食或採角煮食或收豆煮食及磨為麵食皆可

刀豆苗

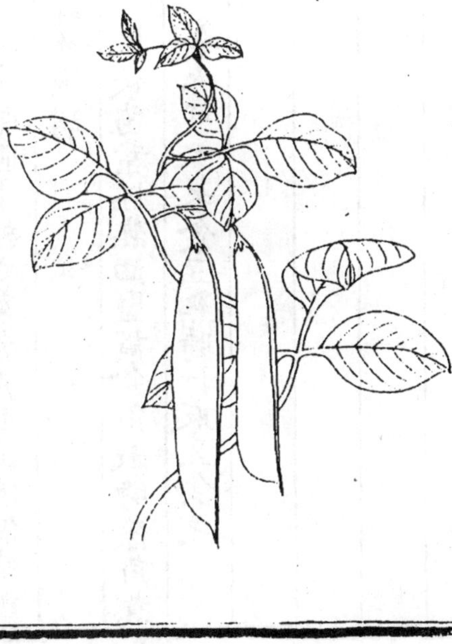

刀豆苗　處處有之人家園籬邊多種之苗葉似豇豆葉肥大開淡粉紅花結角如皂角狀而長其形似屠刀樣故以名之味甜微淡

救飢　採嫩苗葉煠熟水浸淘浄油鹽調食豆角嫩時煮食豆熟之時收豆煮食或磨麪食亦可

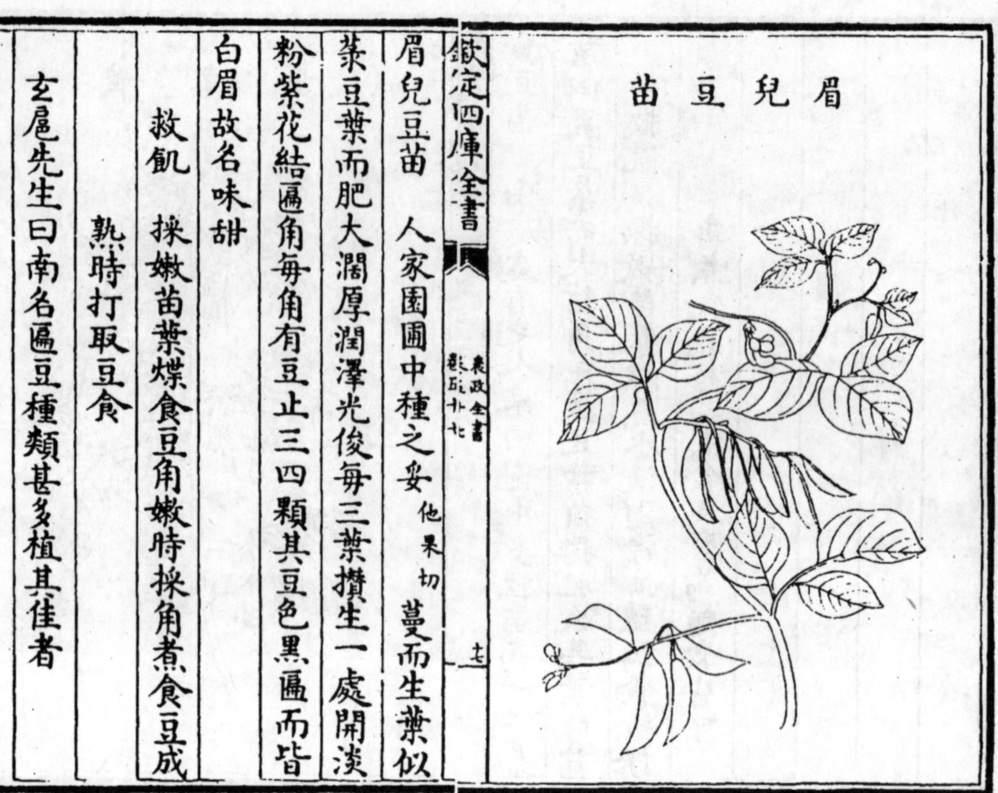

眉兒豆苗　人家園圃中種之妥（他果切）　蔓而生葉似菉豆葉而肥大濶厚潤澤光俊每三葉攢生一處開淡粉紫花結匾角每角有豆止三四顆其豆色黑匾而皆白眉故名味甜

救飢　採嫩苗葉煠食豆角嫩時採角煮食豆成熟時打取豆食

玄扈先生曰南名匾豆種類甚多植其佳者

紫豇豆苗

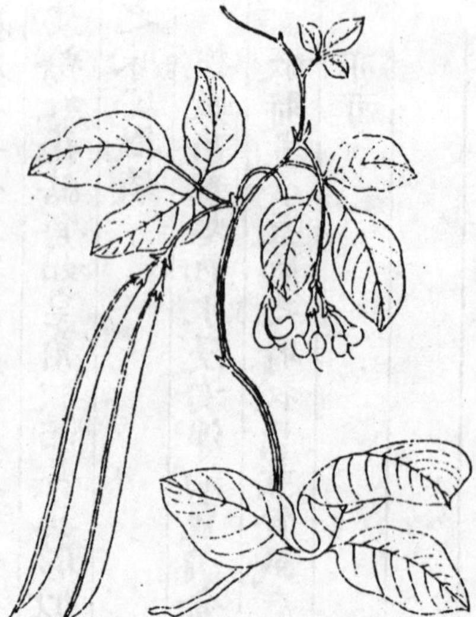

紫豇豆苗　人家園圃中種之莖葉與豇豆同但結角色紫長尺許味微甜

救飢　採嫩苗葉煠熟油鹽調食角嫩時採角煮食亦可做菜食豆熟時打取豆食之

蘇子苗

蘇子苗　人家園圃中多種之苗高二三尺莖方窊面四楞上有澁毛葉皆對生似紫蘇葉而大開淡紫花結子比紫蘇子亦大味微辛性温

救飢　採嫩葉煠熟換水淘洗淨油鹽調食子可炒食亦可笮油用

豇豆苗

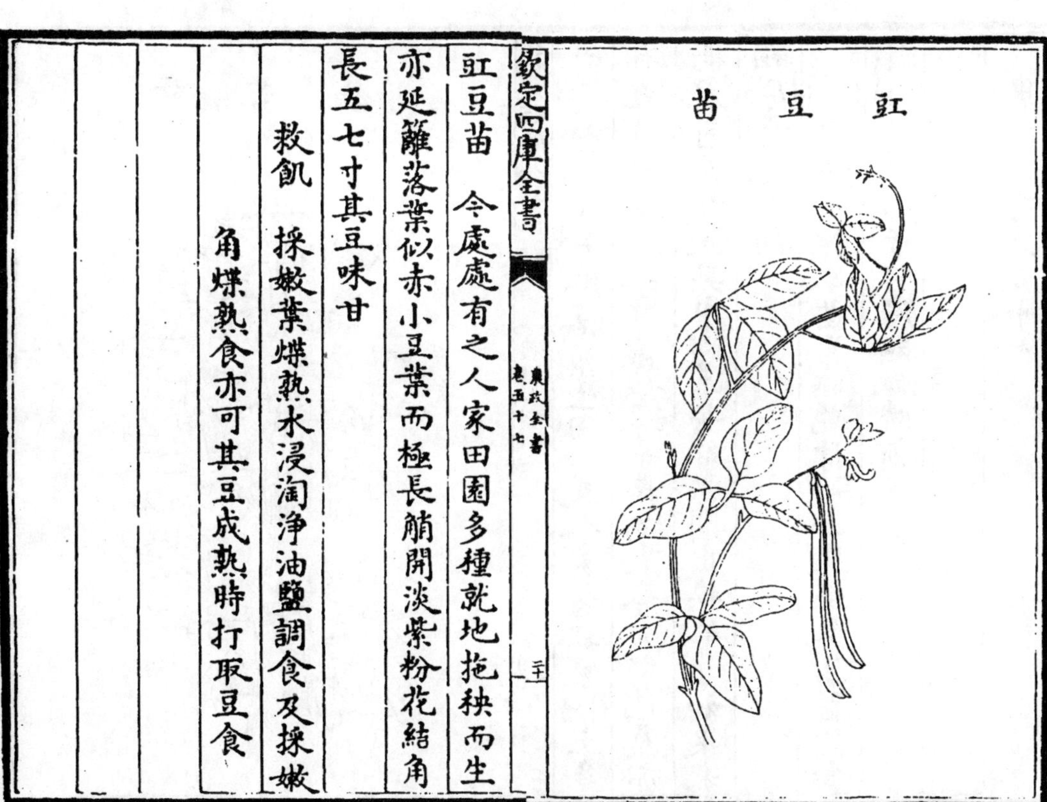

豇豆苗　今處處有之人家田園多種就地拖秧而生亦延籬落葉似赤小豆葉而極長艄開淡紫粉花結角長五七寸其豆味甘

救飢　採嫩葉煠熟水浸淘淨油鹽調食及採嫩角煠熟食亦可其豆成熟時打取豆食

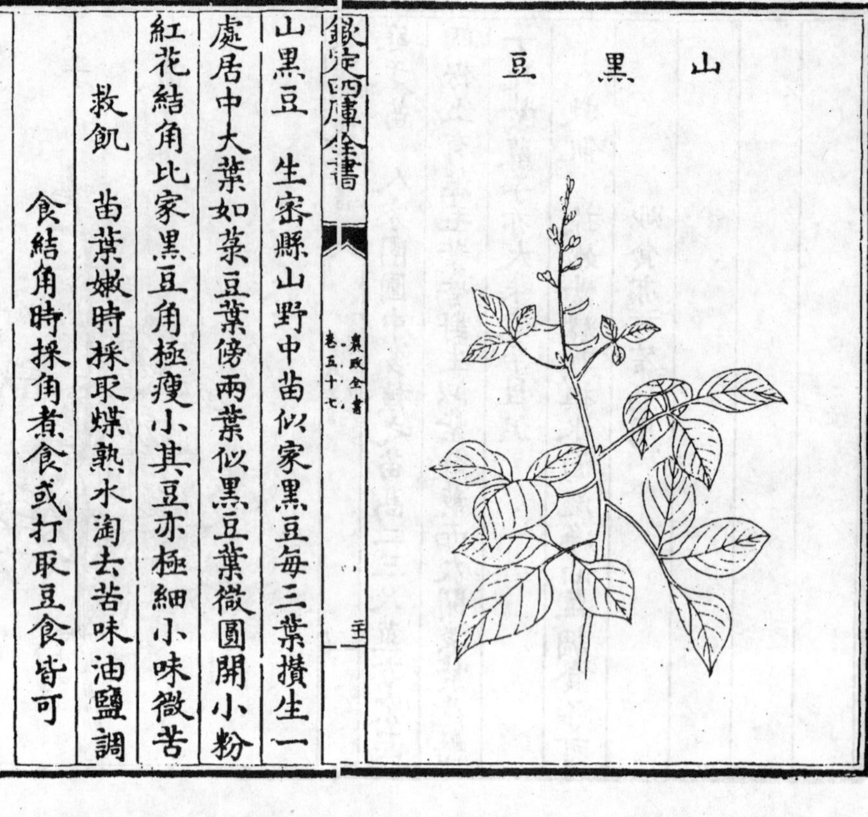

山黑豆　生密縣山野中苗似家黑豆每三葉攢生一處居中大葉如菉豆葉傍兩葉似黑豆葉微圓開小粉紅花結角比家黑豆角極瘦小其豆亦極細小味微苦

救飢　苗葉嫩時採取煠熟水淘去苦味油鹽調食結角時採角煮食或打取豆食皆可

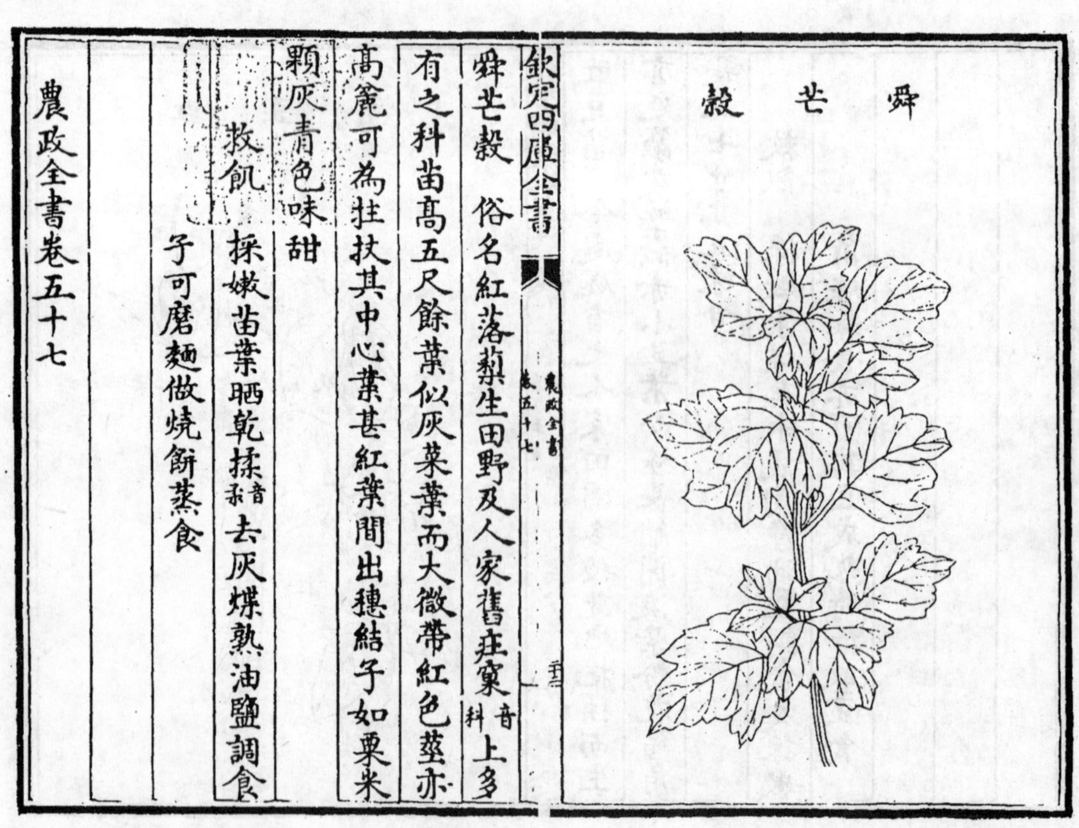

舜芒穀　俗名紅落藜生田野及人家舊莊窠（音科）上多有之科苗高五尺餘葉似灰菜葉而大微帶紅色莖亦高麄可為拄杖其中心葉甚紅葉間出穗結子如粟米顆灰青色味甜

救飢　採嫩苗葉晒乾揉（音柔）去灰煠熟油鹽調食子可磨麵做燒餅蒸食

農政全書卷五十七

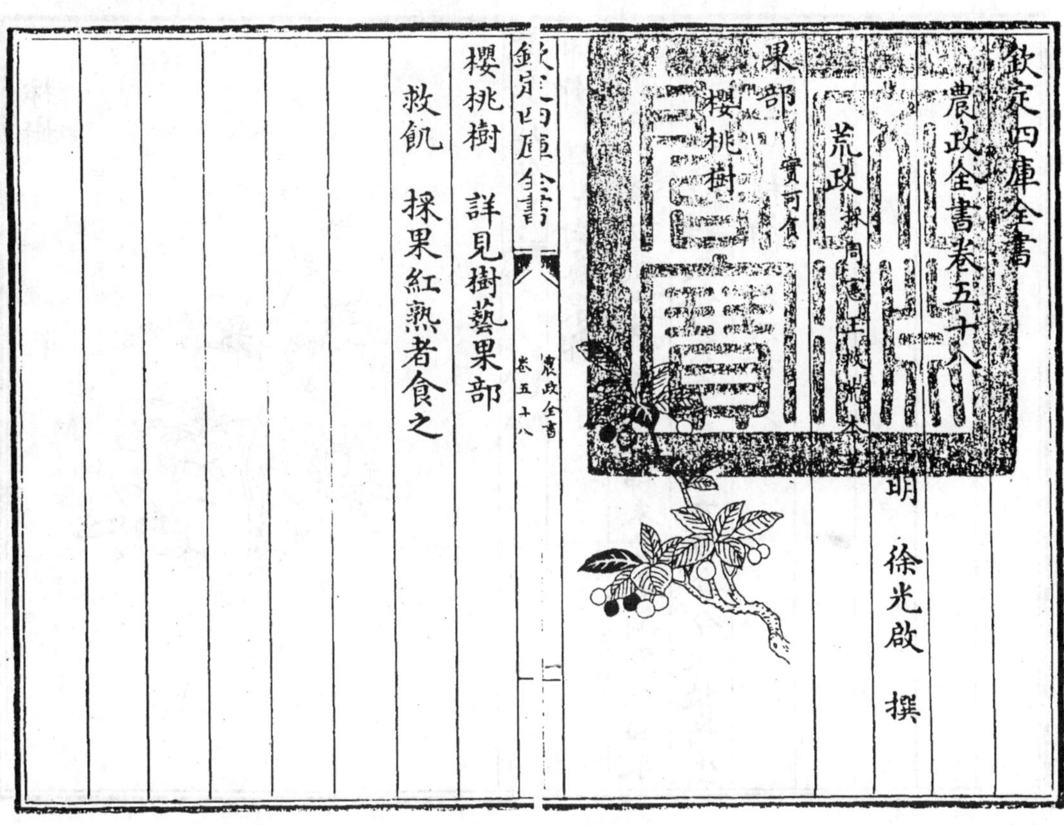

欽定四庫全書

農政全書卷五十八

明　徐光啟　撰

荒政　採周憲王救荒本草

果部　實可食

櫻桃樹

櫻桃樹　詳見樹藝果部

救飢　採果紅熟者食之

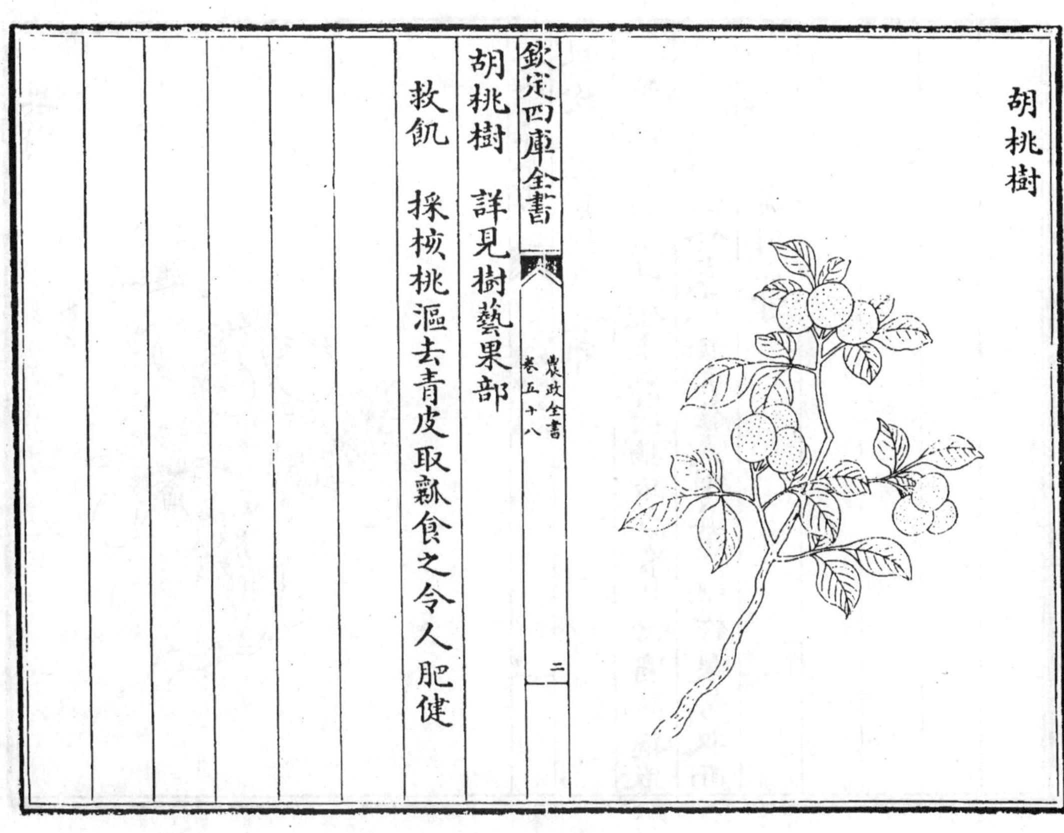

胡桃樹

胡桃樹　詳見樹藝果部

救飢　採核桃漚去青皮取瓤食之令人肥健

柿樹

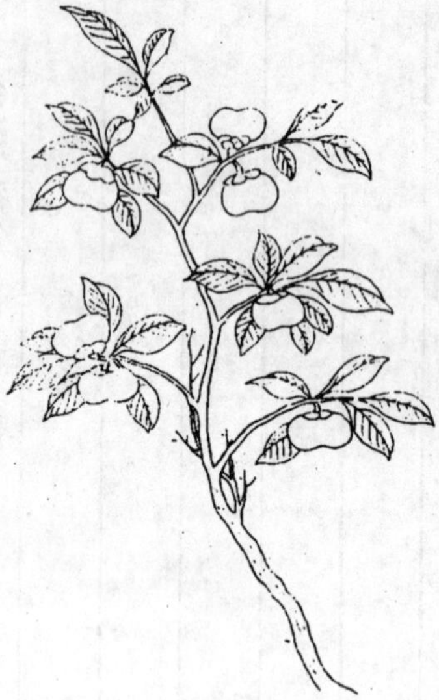

柿樹　詳見樹藝果部

救飢　摘取軟熟柿食之其柿未軟者摘取以温水醂（音林）爁（音覽）熟食之麗心柿不可多食令人腹痛生柿彌冷尤不可多食

梨樹

梨樹　詳見樹藝果部

救飢　其梨結硬未熟時摘取煑食已經霜熟摘取生食或蒸食亦佳或削其皮晒作梨糁收而備用亦可

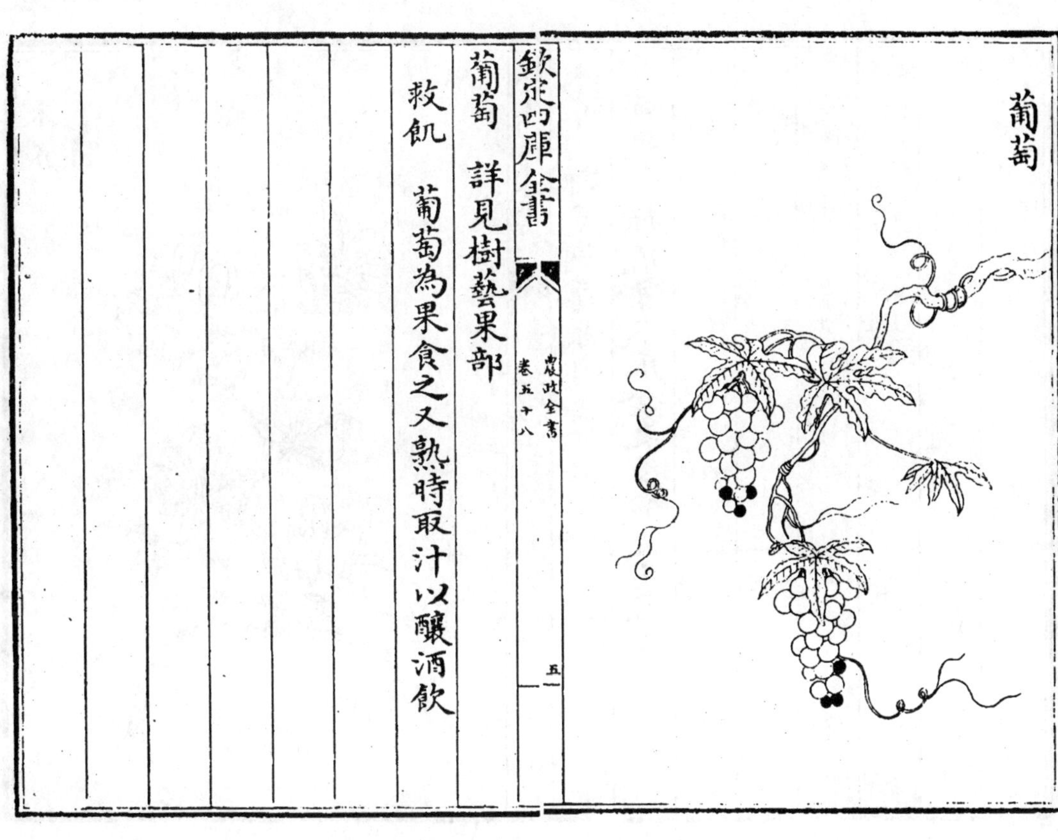

葡萄　詳見樹藝果部

救飢　葡萄為果食之又熟時取汁以釀酒飲

李子樹

李子樹　詳見樹藝果部

救飢　取摘李實色熟者食之不可臨水上食亦不可和蜜食損五臟及與雀肉同食和漿水食令人霍亂澀氣多食令人虛熱

木瓜

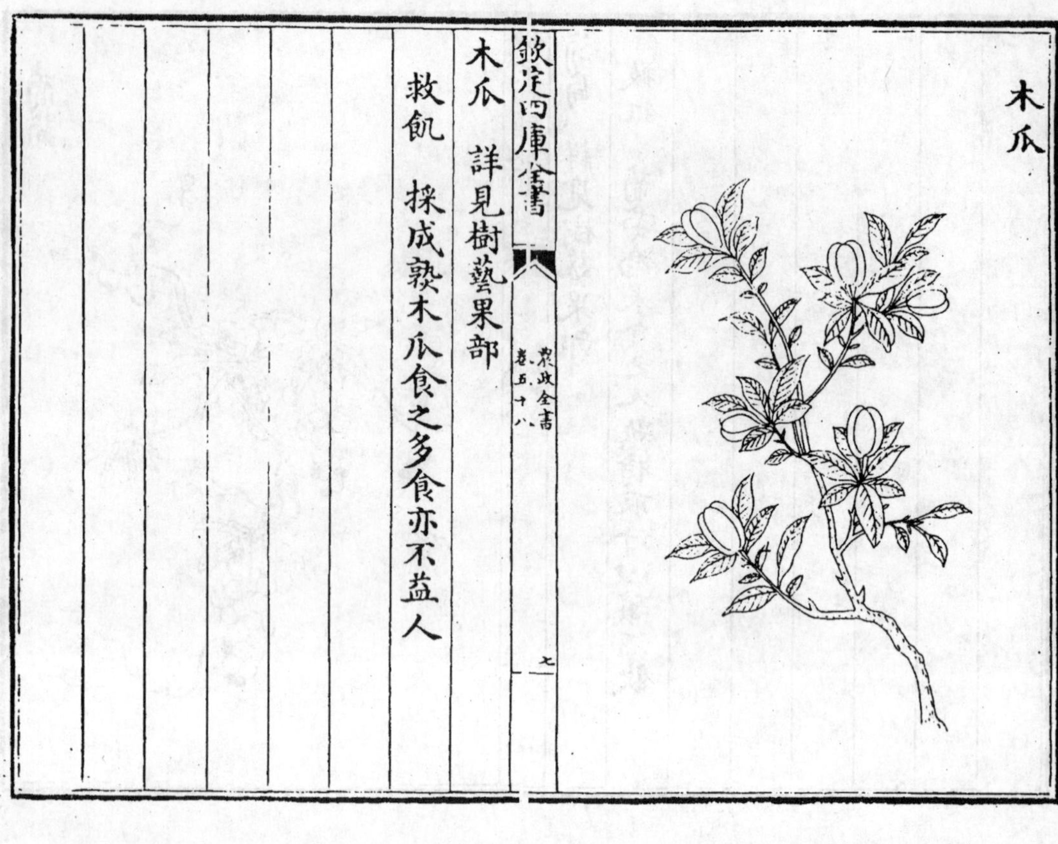

木瓜 詳見樹藝果部

救飢 採成熟木瓜食之多食亦不益人

櫨子樹

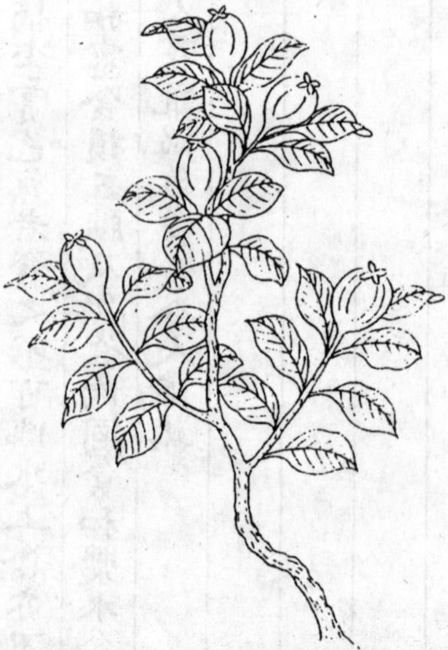

櫨子樹 舊不著所出州土今輝縣趙峯山野中多有之樹高丈許葉似冬青樹葉稍潤厚背色微黃葉形又類棠梨葉但厚結果似木瓜稍團味酸甜微澀性平

救飢 果熟時採摘食之多食損齒及筋

郁李子

郁李子　詳見樹藝果部

救飢　其實紅熟時摘取食之酸甜味美

菱角

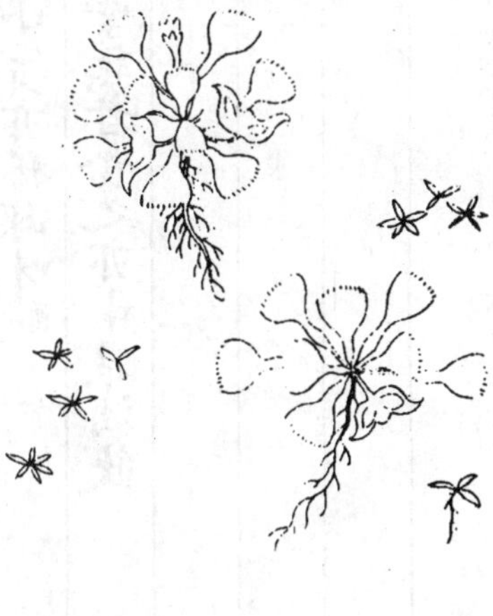

菱角　詳見樹藝蓏部

救飢　採菱角鮮大者去殼生食殼老及雜小者煮熟食或晒其實火熇以為米充糧作粉極白潤宜人服食家蒸爆蜜和餌之斷穀長生又云多食臟冷損陽氣痿莖腹脹滿暖薑酒飲或含吳茱萸嚥津液即消

軟棗

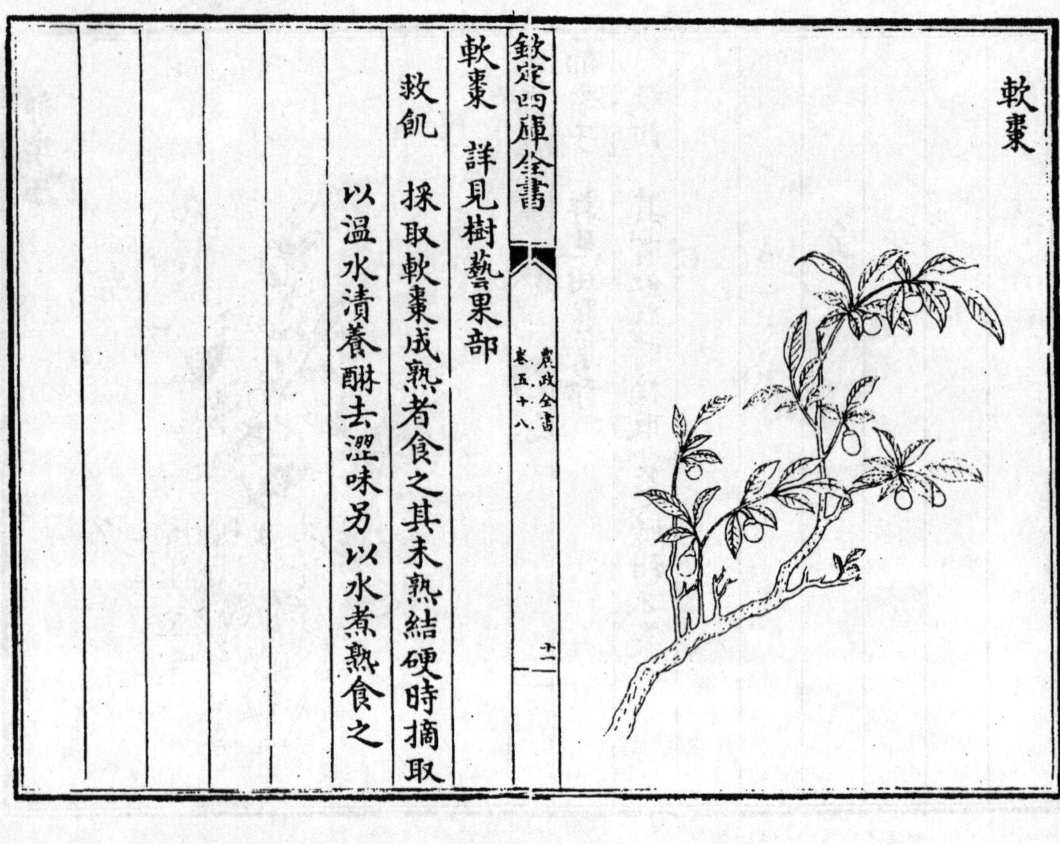

軟棗　詳見樹藝果部

救飢　採取軟棗成熟者食之其未熟結硬時摘取以温水漬養醂去澀味另以水煮熟食之

野葡萄

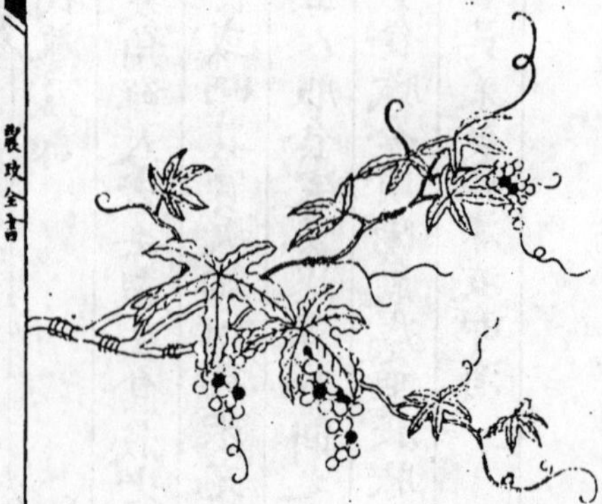

野葡萄　俗名煙黑生荒野中今處處有之莖葉及實俱似家葡萄但皆細小實亦稀疎味酸

救飢　採葡萄顆紫熟者食之亦中釀酒飲

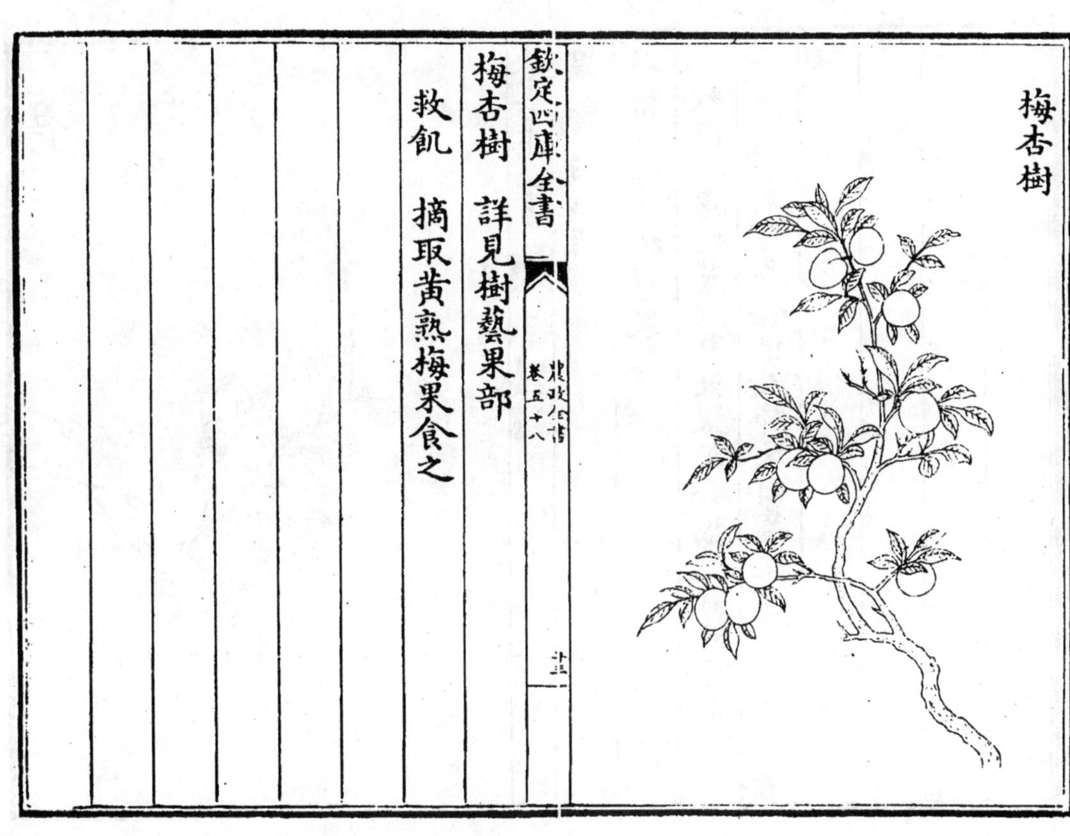

梅杏樹 詳見樹藝果部

救飢 摘取黃熟梅果食之

野櫻桃

野櫻桃 生鈞州山谷中樹高五六尺葉似李葉更尖開白花似李子花結實比櫻桃又小熟則色鮮紅味甘微酸

救飢 摘取其果紅熟者食之

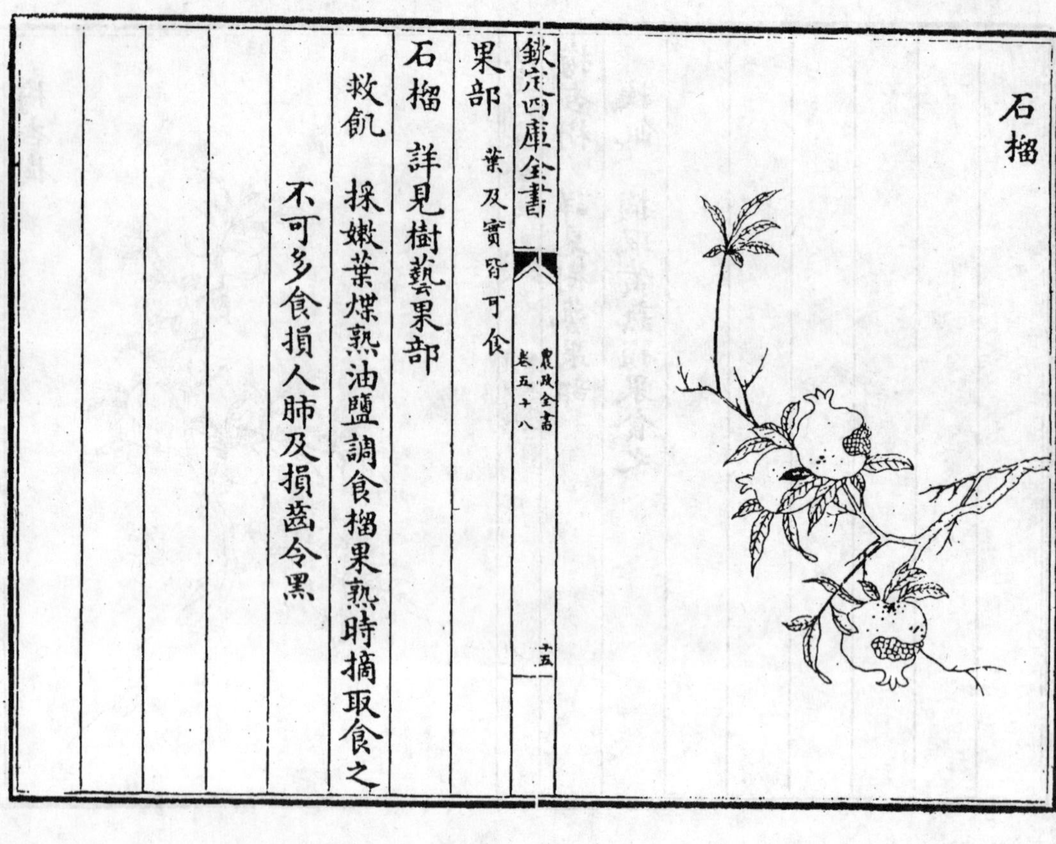

果部 葉及實皆可食

石榴 詳見樹藝果部

救飢 採嫩葉煠熟油鹽調食榴果熟時摘取食之不可多食損人肺及損齒令黑

杏樹

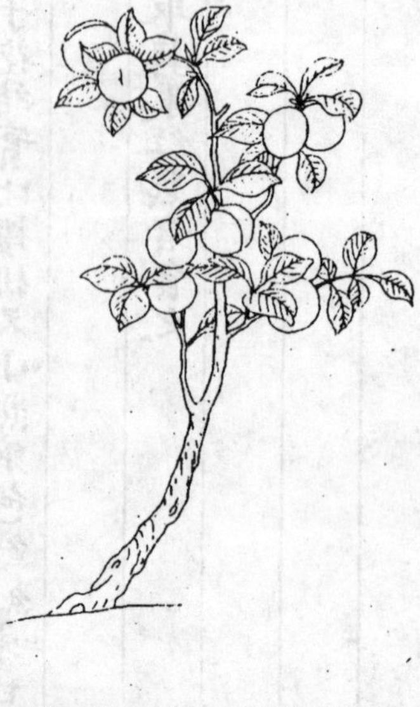

杏樹 詳見樹藝果部

救飢 採葉煠食以水浸漬作成黃色換水淘淨油鹽調食其杏黃熟時摘取食不可多食令人發熱及傷筋骨

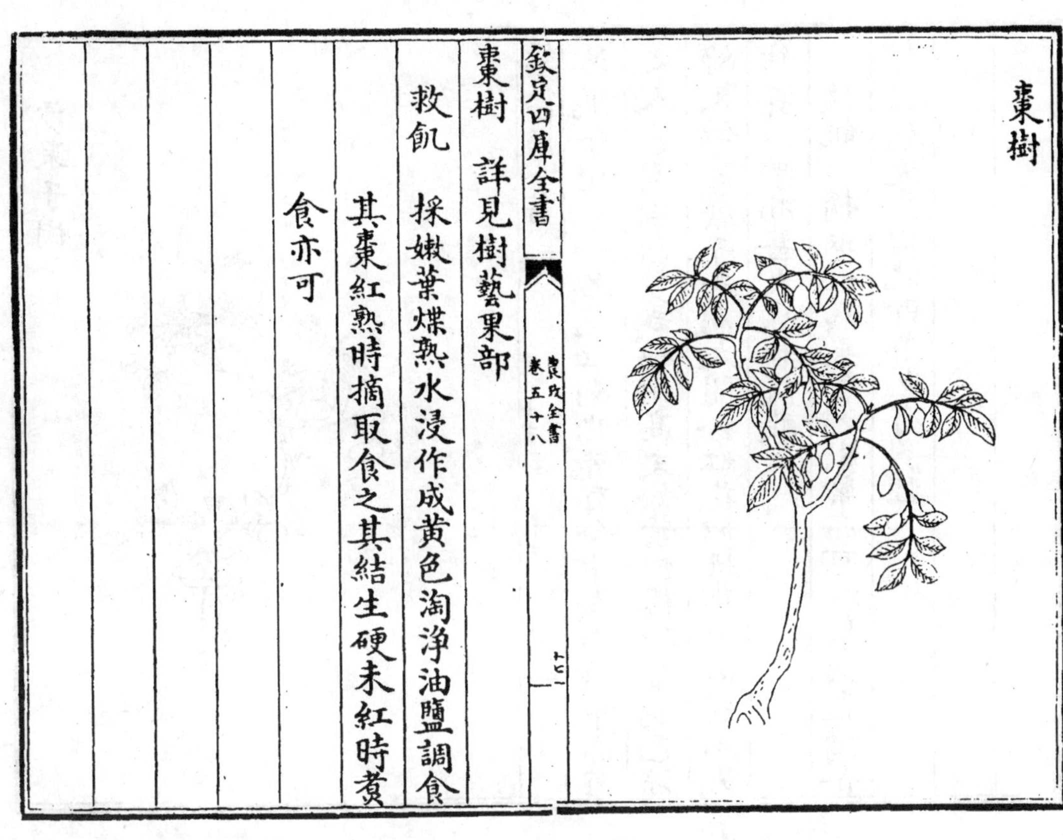
棗樹

棗樹　詳見樹藝果部

救飢　採嫩葉煠熟水浸作成黄色淘淨油鹽調食其棗紅熟時摘取食之其結生硬未紅時煑食亦可

桃樹

桃樹　詳見樹藝果部

救飢　採葉煠熟水浸作成黄色換水淘淨油鹽調食桃實熟軟時摘取食之其結硬未熟時亦可煑食或切作片晒乾為粆收藏備用

沙果子樹

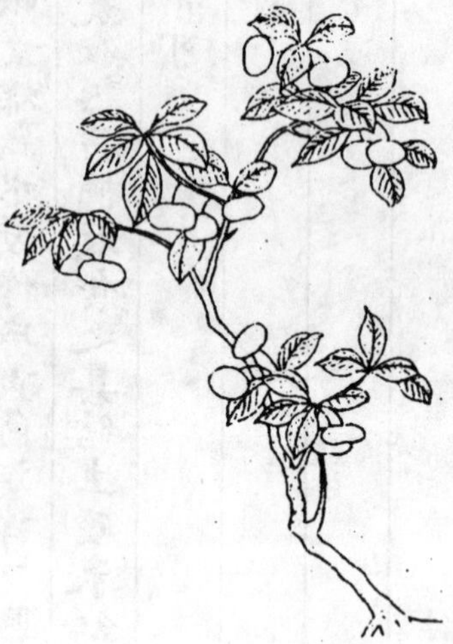

沙果子樹　一名花紅南北皆有今中牟崗野中亦有之人家園圃亦多栽種樹高丈餘葉似櫻桃葉而色深綠又似急縻子葉而大開粉紅花似桃花瓣微長不尖結實似李而甚大味甘微酸

救飢　摘取紅熟果食之嫩葉亦可煠熟油鹽調食

玄扈先生曰此即柰也有多種

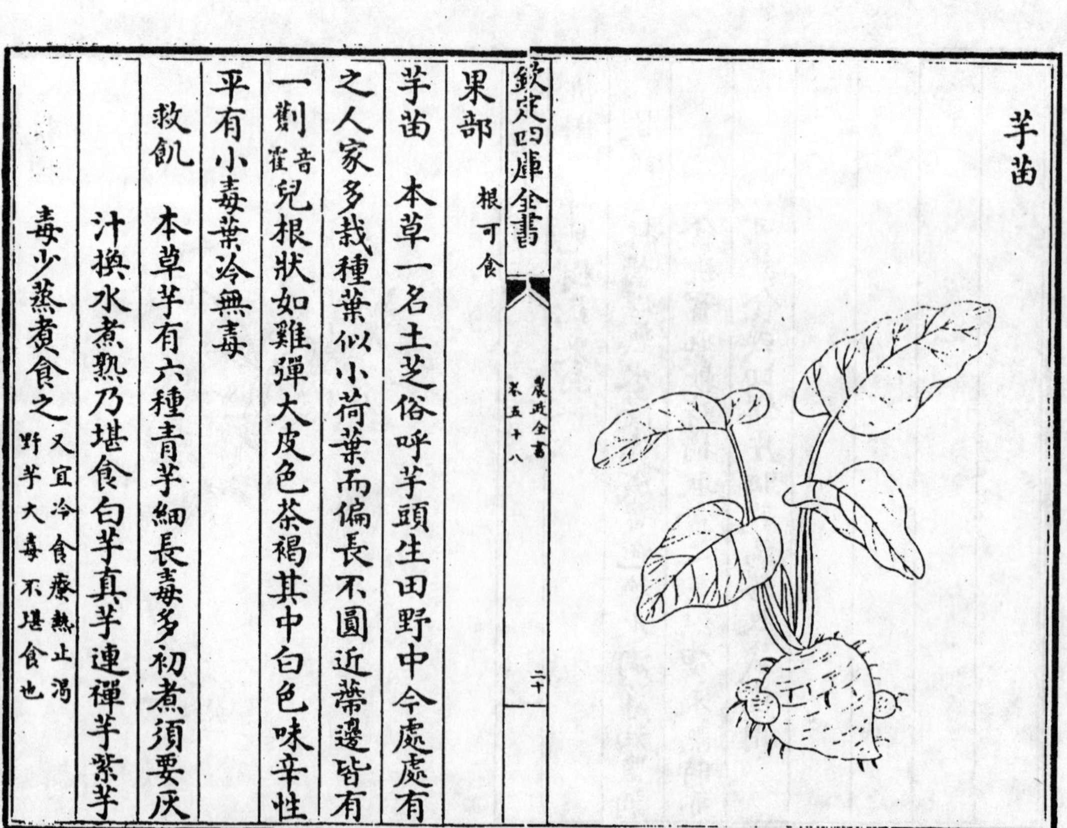

芋苗

果部　根可食

芋苗　本草一名土芝俗呼芋頭生田野中今處處有之人家多栽種葉似小荷葉而偏長不圓近蔕邊皆有一劐（音霍）兒根狀如雞彈大皮色茶褐其中白色味辛性平有小毒葉冷無毒

救飢　本草芋有六種青芋細長毒多初煮須要灰汁換水煮熟乃堪食白芋真芋連禪芋紫芋毒少蒸煮食之　又宜冷食療熱止渴　野芋大毒不堪食也

鉄荸臍

鉄荸臍　本草名烏芋詳見樹藝蓏部

救飢　採根煮熟食製作粉食之厚人腸胃不飢服丹石人尤宜食解丹石毒孕婦不可食

玄扈先生曰茨菰荸臍二種絕異混合註釋為不精也

蓮藕

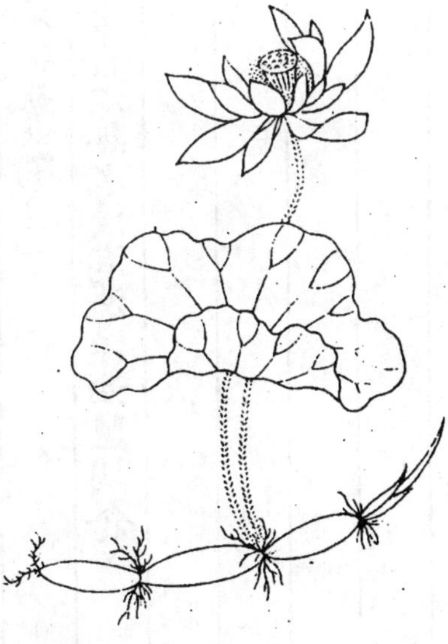

果部　根及實皆可食

蓮藕　詳見樹藝蓏部

救飢　採藕煠熟食生食皆可蓮子蒸食或生食亦可又可休糧仙家貯石蓮子乾藕經千年者食之至妙又以蓮磨為麪食或屑為米加粟煑飯食皆可

雞頭實

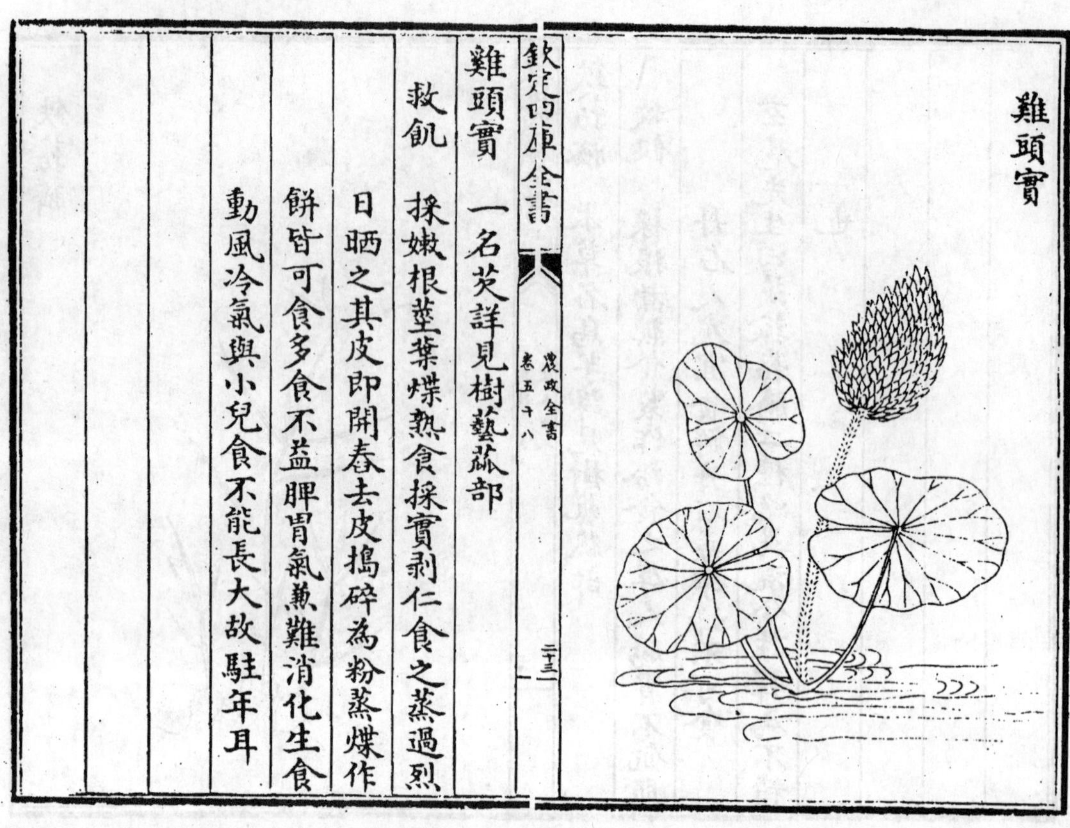

雞頭實　一名芡詳見樹藝蓏部

救飢　採嫩根莖葉煠熟食採實剥仁食之蒸過烈日晒之其皮即開舂去皮搗碎為粉蒸煠作餅皆可食多食不益脾胃氣兼難消化生食動風冷氣與小兒食不能長大故駐年耳

蕓薹菜

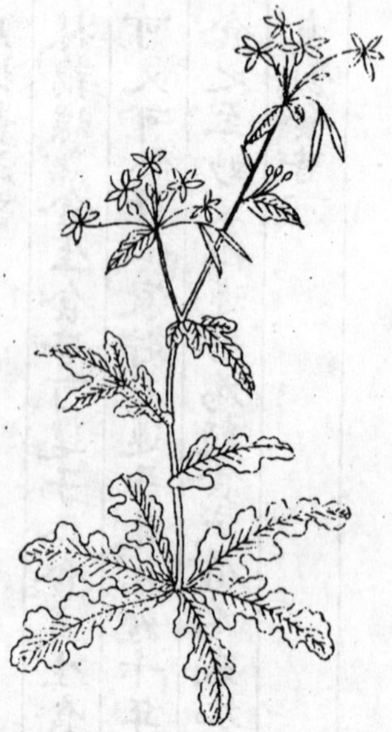

菜部　葉可食

蕓薹菜　詳見樹藝蔬部

救飢　採苗葉煠熟水浸淘洗淨油鹽調食

莧菜

莧菜　詳見樹藝蔬部

救飢　採苗葉煠熟水淘洗淨油鹽調食晒乾煠食尤佳

玄扈先生曰恒蔬不必救荒

苦苣菜

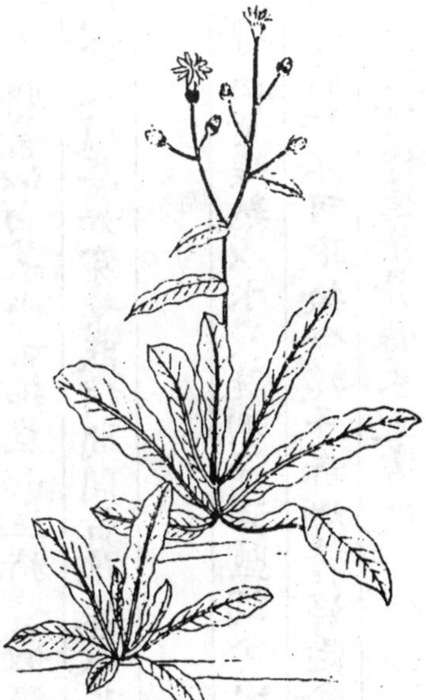

苦苣菜　本草云即野苣也又名褊苣俗名天精菜舊不著所出州土今處處有之苗搨地生其葉光者似黄花苗葉葉花者似山苦蕒葉莖葉中皆有白汁味苦性平一云性寒

救飢　採苗葉煠熟用水浸去苦味淘洗淨油鹽調食生亦可食雖性冷甚益人久食輕身少睡調十二經脉利五臓不可與血同食作痔疾一云不可與蜜同食

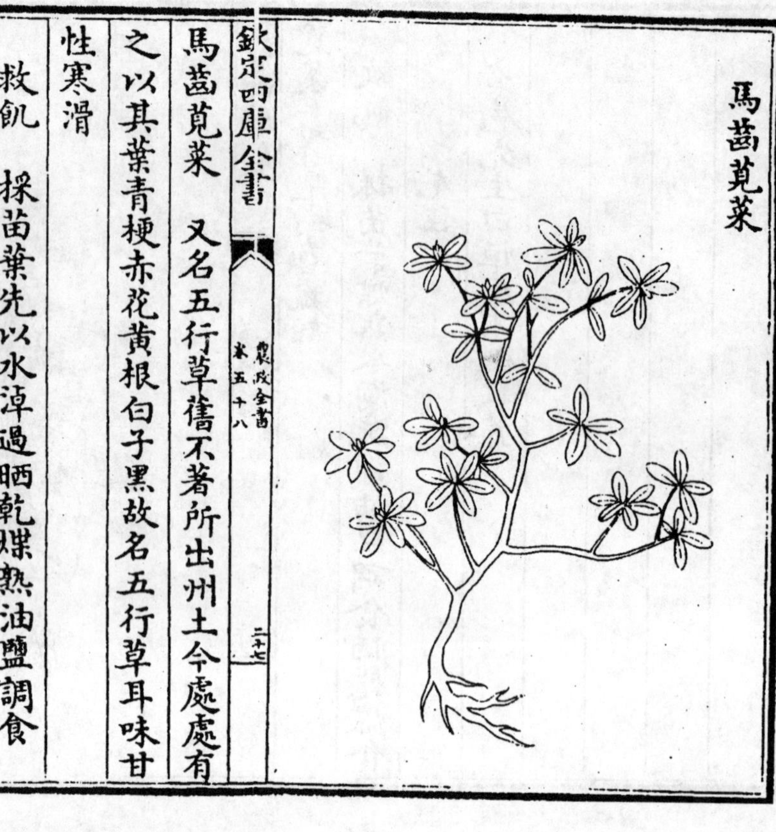

馬齒莧菜　又名五行草舊不著所出州土今處處有之以其葉青梗赤花黄根白子黒故名五行草耳味甘性寒滑

救飢　採苗葉先以水淖過晒乾煠熟油鹽調食

玄扈先生曰嘗過可作恒蔬

苦蕒菜

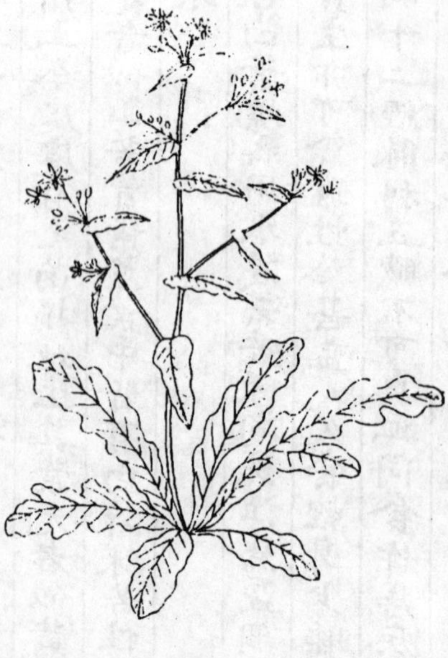

苦蕒菜　俗名老鸛菜所在有之生田野中人家園圃種者為苦蕒脚葉似白菜小葉抪莖而生梢葉似鴉嘴形每葉間分叉攛葶如穿葉狀稍間開黄花味微苦性冷無毒

救飢　採苗葉煠熟以水浸洗淘淨油鹽調食出蠶蛾時切不可取拗令蛾子赤爛蠶婦忌食

玄扈先生曰可作恒蔬蠶特忌之嘗過

莙薘菜

莙薘菜　所在有之人家園圃中多種苗葉搨地生葉類白菜而短葉莖亦窄葉頭稍團形狀似糜匙様味鹹性平寒微毒

救飢　採苗葉煠熟以水浸洗淨油鹽調食不可多食動氣破腹

玄扈先生曰恒蔬

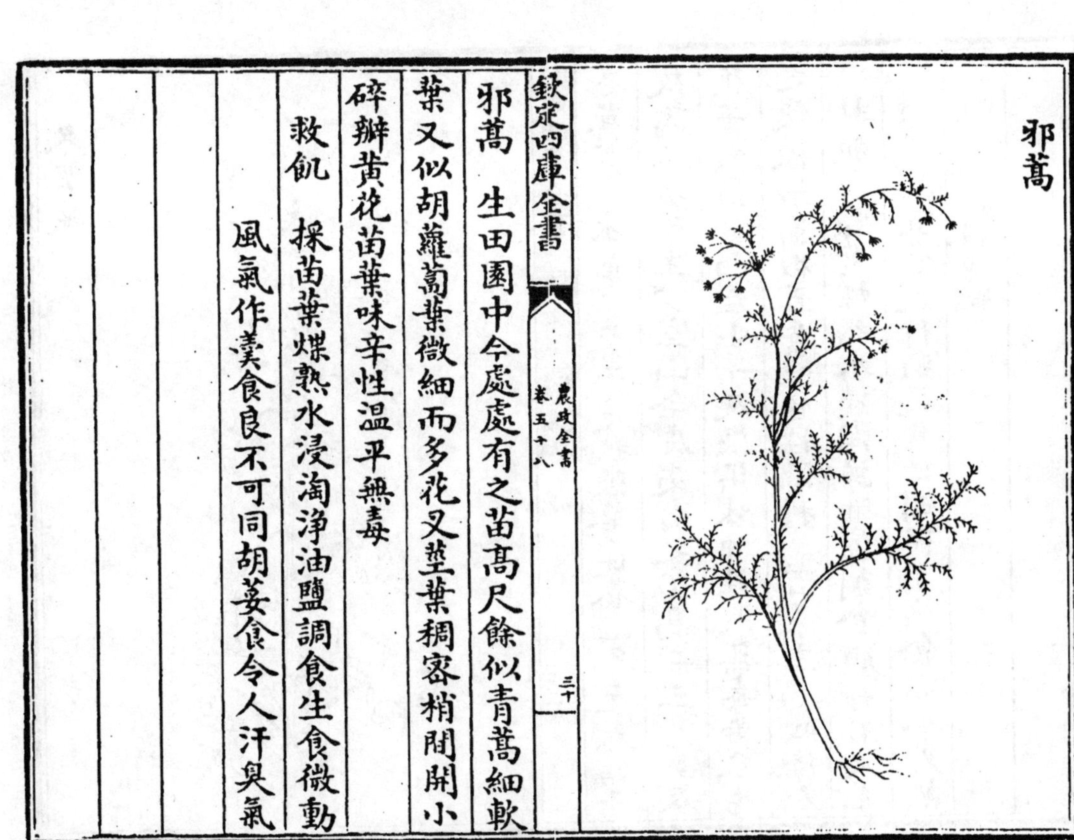

邪蒿

邪蒿　生田園中今處處有之苗高尺餘似青蒿細軟葉又似胡蘿蔔葉微細而多花叉莖葉稠密梢間開小碎瓣黃花苗葉味辛性温平無毒

救飢　採苗葉煠熟水浸淘淨油鹽調食生食微動風氣作羹食良不可同胡荽食令人汗臭氣

同蒿

同蒿　處處有之人家園圃中多種苗高一二尺葉類葫蘿蔔葉而肥大開黃花似菊花味辛性平

救飢　採苗葉煠熟水浸淘淨油鹽調食不可多食動風氣熏人心令人氣滿

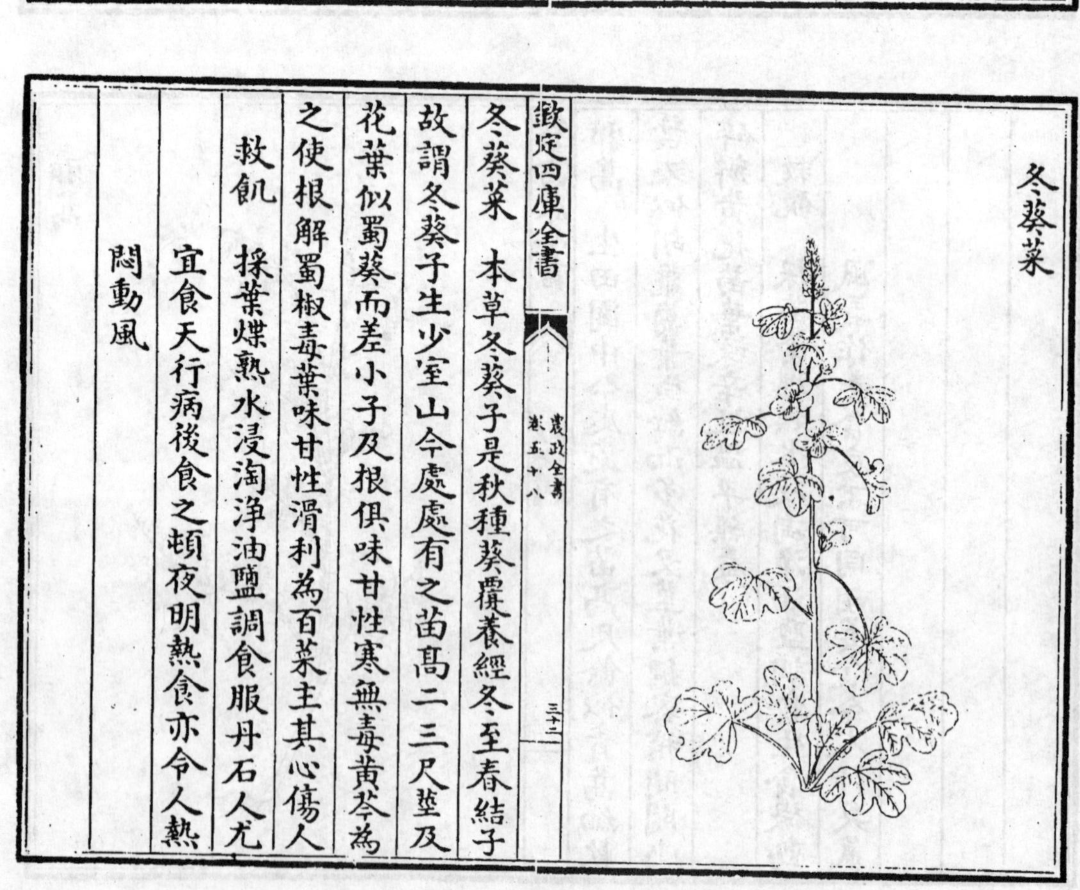

冬葵菜　本草冬葵子是秋種葵覆養經冬至春結子故謂冬葵子生少室山今處處有之苗高二三尺莖及花葉似蜀葵而差小子及根俱味甘性寒無毒黃芩為之使根解蜀椒毒葉味甘性滑利為百菜主其心傷人

救飢　採葉煠熟水浸淘淨油鹽調食服丹石人尤宜食天行病後食之頓夜明熱食亦令人熱悶動風

蓼芽菜

蓼芽菜　本草有蓼實生雷澤川澤今處處有之葉似小藍葉微尖又似水葒葉而短小色微帶紅莖微赤梢開出穗開花赤色莖葉味辛性温

救飢　採苗葉煠熟水浸去辣氣淘淨油鹽調食

苜蓿

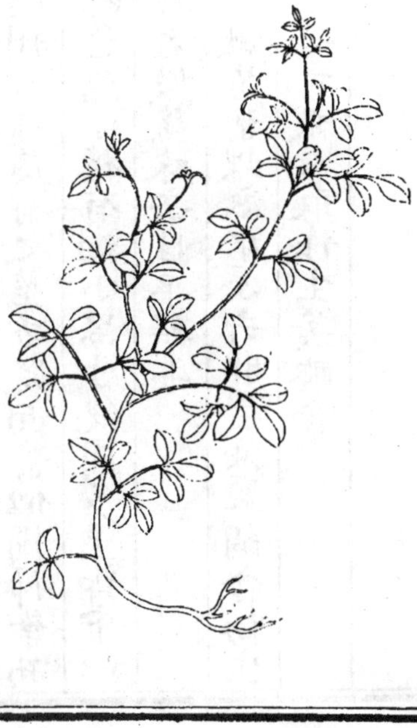

苜蓿　出陝西今處處有之苗高尺餘細莖分叉而生葉似綿雞兒花葉微長又似豌豆葉頗小每三葉攢生一處梢間開紫花結彎角兒中有子如黍米大腰子樣味苦性平無毒一云微甘淡一云性涼根寒

救飢　苗葉嫩時採取煠食江南人不甚食多食利

大小腸

玄扈先生曰嘗過嫩葉恒蔬

薄荷

薄荷　一名雞蘇舊不著所出州土今處處有之莖方葉似荏子葉小頗細長又似香菜葉而大開細碎黪白花其根經冬不死至春發苗味辛苦性溫無毒一云性平東平龍腦崗者尤佳又有胡薄荷與此相類但味少甘為別生江浙間彼人多作茶飲俗呼為新羅薄荷又有南薄荷其葉微小

救飢　採苗葉煠熟水浸去辣味油鹽調食與薤作虀食相宜煎豉湯暖酒和飲煎茶並宜新病瘥人勿食令人虛汗不止貓食之即醉物相感耳

荊芥

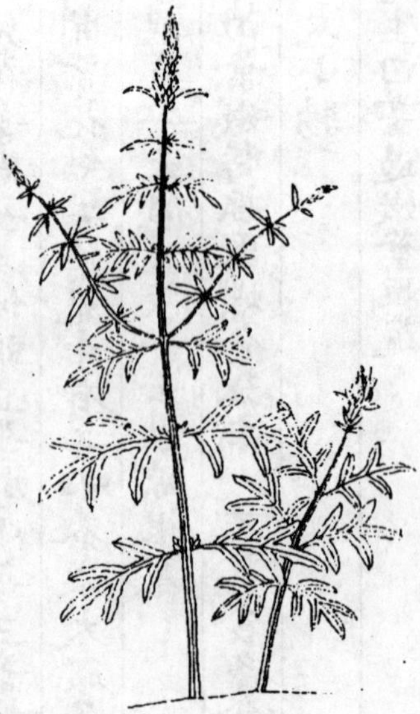

荊芥　本草名假蘇一名鼠蓂一名薑芥生漢中川澤及岳州歸德州今處處有之莖方窊面葉似獨掃葉而狹小淡黃綠色結小穗有細小黑子銳圓多生節中以香氣似蘇故名假蘇味辛性平無毒

救飢　採嫩苗葉煠熟水浸去邪氣油鹽調食初生香辛可噉人取作生菜醃食

水蘄

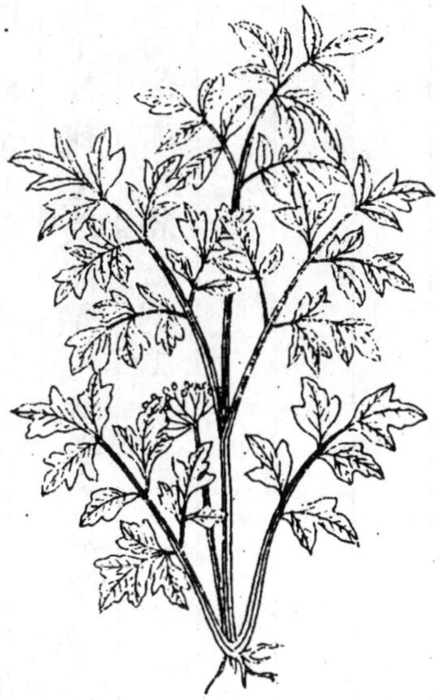

水蘄 音勤 俗作芹菜一名水英出南海池澤今水邊多有之根莖離二三寸分生莖叉其莖方窊面四楞對生葉似痢見菜葉而濶短邊有大鋸齒又似薄荷葉而短開白花似蛇床子花味甘性平無毒又云大寒春秋二時龍帶精入芹菜中人遇食之作蛟龍病

救飢 發英時採之煠熟食芹有兩種秋芹取根白色赤芹取莖葉並堪食又有渣芹可為生菜食之

玄扈先生曰恒蔬

農政全書卷五十八

欽定四庫全書

農政全書卷五十九

明 徐光啟 撰

荒政 採周憲王救荒本草

菜部

香菜

香菜 生伊洛間人家園圃種之苗高一尺許莖方窊面四稜莖色紫稔葉似薄荷葉微小邊有細鋸齒亦有細毛稍頭開花作穗花淡藕褐色味辛香性溫無毒

救飢 採苗葉煠熟油鹽調食

銀條菜

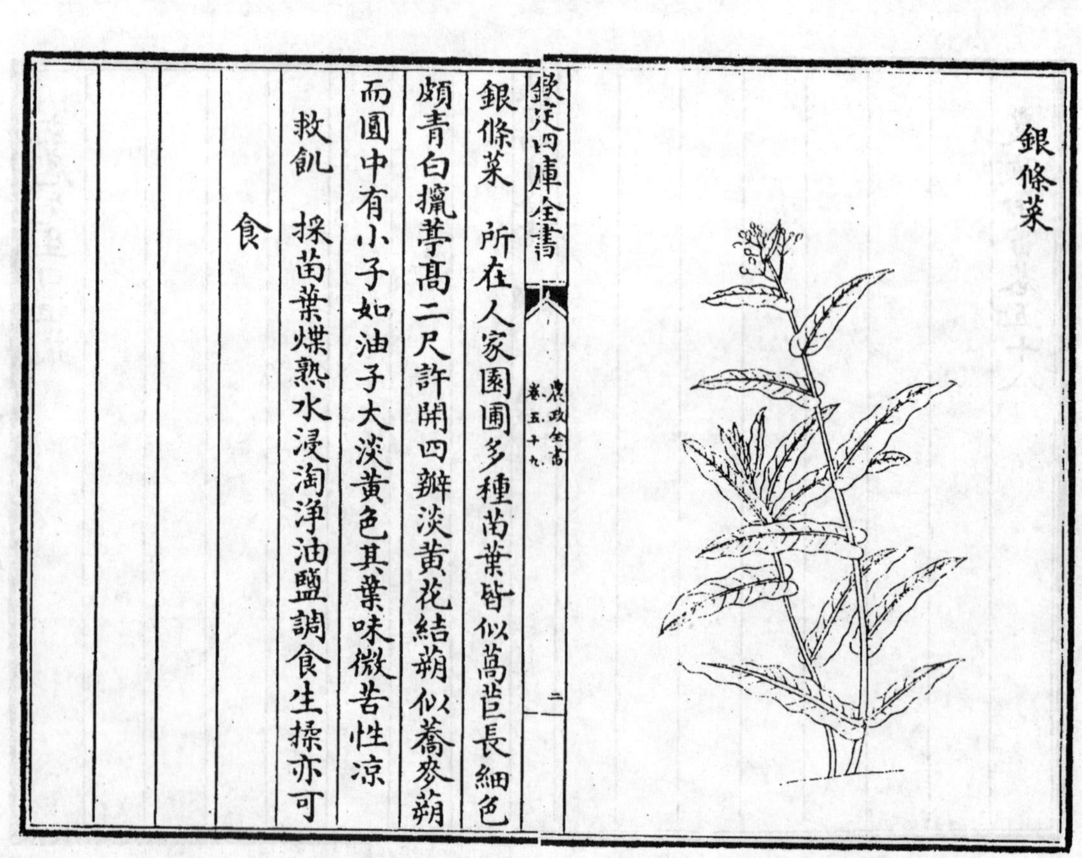

銀條菜 所在人家園圃多種苗葉皆似萵苣長細色頗青白攛葶高二尺許開四瓣淡黄花結蒴似蕎麥蒴而圓中有小子如油子大淡黄色其葉味微苦性涼

救飢 採苗葉煠熟水浸淘淨油鹽調食生揉亦可食

後庭花

後庭花 一名雁來紅人家園圃多種之葉似人莧葉其葉中心紅色又有黄色相間亦有通身紅色者亦有紫色者莖葉間結實比莧實差大其葉衆葉攢聚狀如花朶其色嬌紅可愛故以名之味甜微澁性涼

救飢 採苗葉煠熟水浸淘浄油鹽調食晒乾煠食尤佳

玄扈先生曰莧屬也可作恒蔬

火焰菜

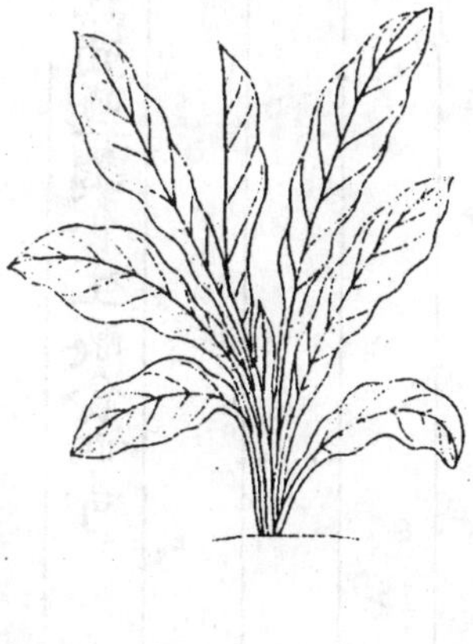

火焰菜 人家園圃多種苗葉俱似菠菜但葉稍微紅形如火焰結子亦如菠菜子苗葉味甜性寒冷

救飢 採苗葉煠熟水淘洗浄油鹽調食

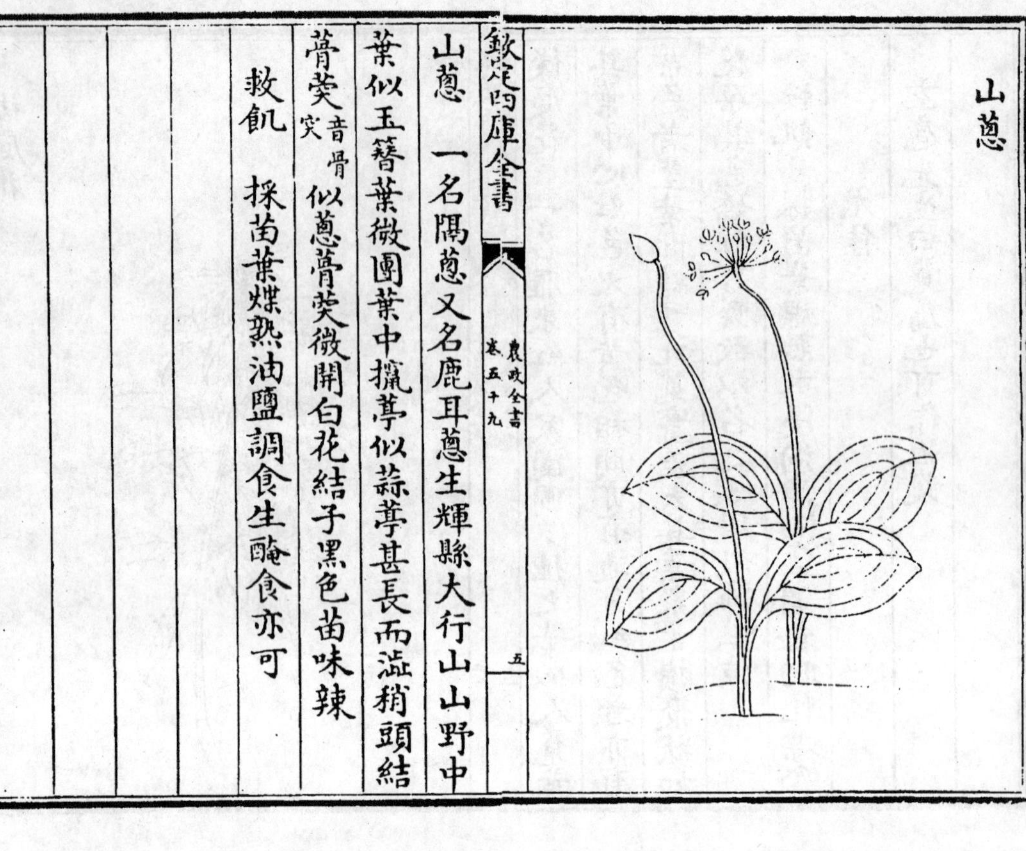

山葱　一名隔葱又名鹿耳葱生輝縣大行山山野中葉似玉簪葉微團葉中攛葶似蒜葶甚長而澁稍頭結骨葖音骨突似葱骨葖微開白花結子黑色苗味辣

救飢　採苗葉煠熟油鹽調食生醃食亦可

背韭

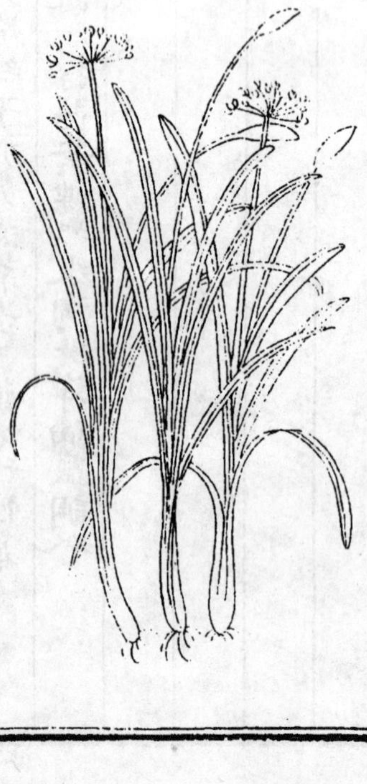

背韭　生輝縣太行山山野中葉頗似韭葉而甚寬大根似葱根味辣

救飢　採苗葉煠熟油鹽調食生醃食亦可

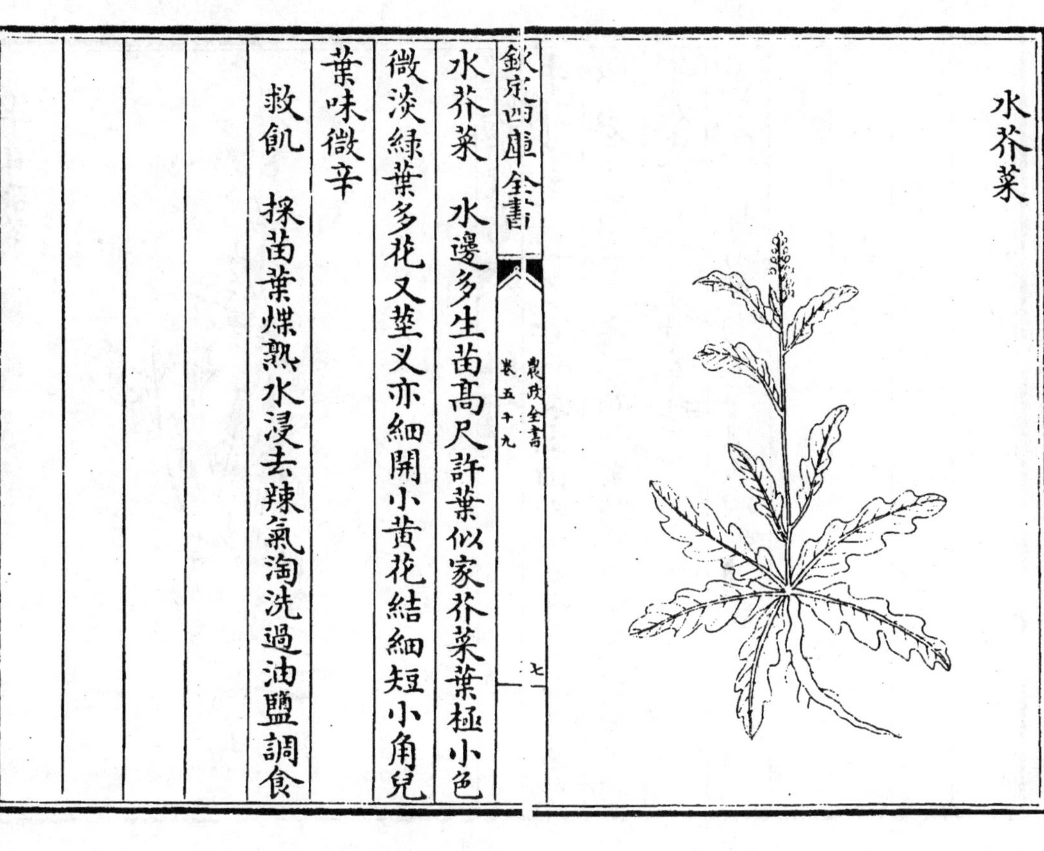

水芥菜　水邊多生苗高尺許葉似家芥菜葉極小色微淡緑葉多花又莖叉亦細開小黄花結細短小角兒葉味微辛

救飢　採苗葉煠熟水浸去辣氣淘洗過油鹽調食

遏藍菜

遏藍菜　生田野中下濕地苗初搨地生葉似初生菠菜葉而小其頭頗團葉間攛葶分叉上結莢兒似榆錢狀而小其葉味辛香微酸性微温

救飢　採葉煠熟水浸去酸辣味復用水淘淨作虀油鹽調食

牛耳朵菜

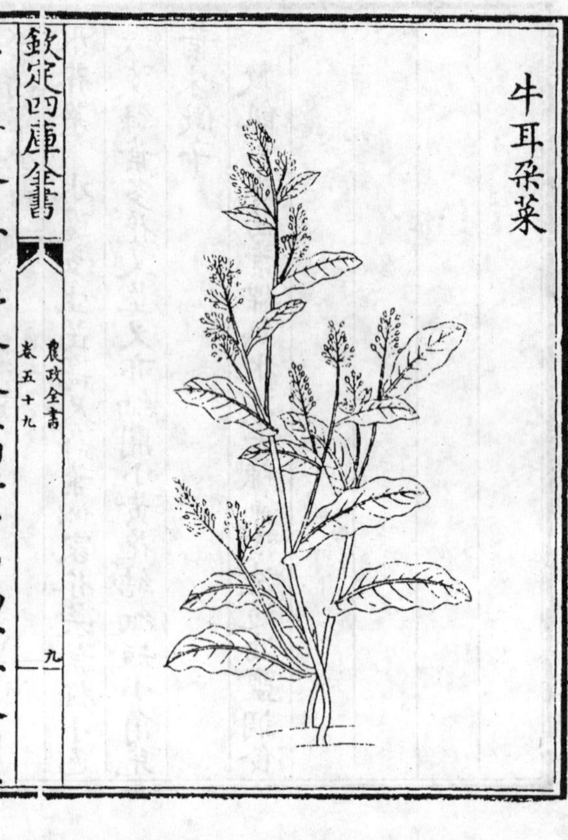

牛耳朵菜　一名野芥菜生田野中苗高一二尺苗莖似蒿色葉似牛耳朵形而小葉間分攛葶叉開白花結子如粟粒大葉味微苦辣

救飢　採苗葉淘洗淨煠熟油鹽調食

山白菜

山白菜　生輝縣山野中苗葉頗似家白菜而葉莖細長其葉尖艄有鋸齒叉又似莙蓬菜葉而尖瘦亦小味甜微苦

救飢　採苗葉煠熟水淘淨油鹽調食

山宜菜

山宜菜　又名山苦菜生新鄭縣山野中苗初搨地生葉似薄荷葉而大葉根兩傍有叉背白又似青荚兒菜葉亦大味苦

救飢　採苗葉煠熟油鹽調食

山苦蕒

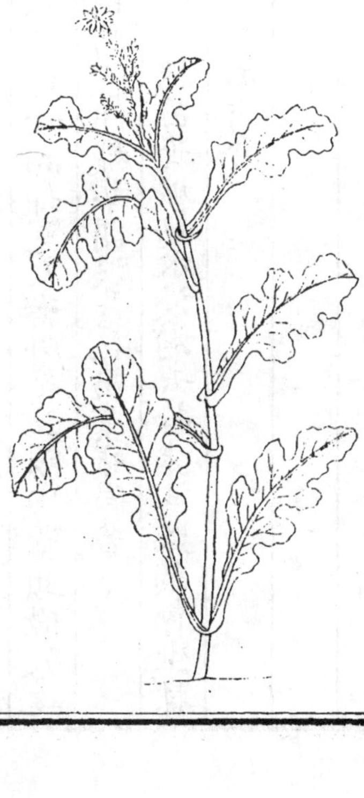

山苦蕒　生新鄭縣山野中苗高二尺餘莖似萵苣葶而節稠其葉甚花有三五尖叉似花苦苣葉甚大開淡棠褐花表微紅味苦

救飢　採嫩苗葉煠熟水淘去苦味油鹽調食

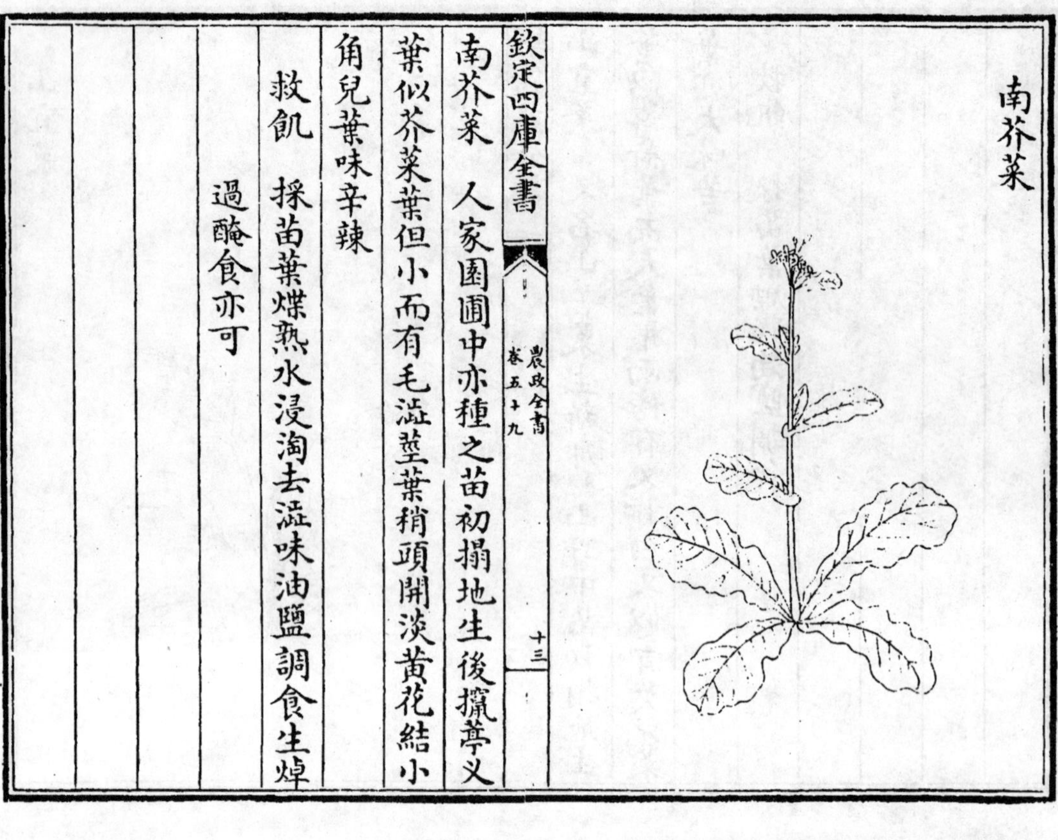

南芥菜

南芥菜　人家園圃中亦種之苗初搨地生後攛葶乂葉似芥菜葉但小而有毛澁莖葉稍頭開淡黃花結小角兒葉味辛辣

救飢　採苗葉煠熟水浸淘去澁味油鹽調食生焯過醃食亦可

山萵苣

山萵苣　生輝縣山野間苗葉搨地生葉似萵苣葉而小又似苦苣葉而却寬大葉脚花乂頗少葉頭微尖邊有細鋸齒葉間攛葶開淡黃花苗葉味微苦

救飢　採苗葉煠熟水浸淘去苦味油鹽調食生揉亦可食

黃鵪菜

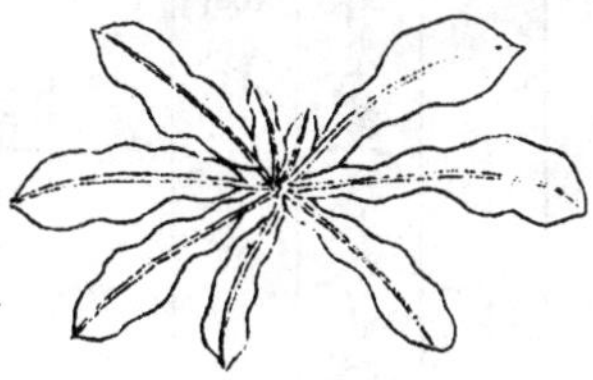

黃鵪菜　生密縣山谷中苗初搨地生葉似初生山萵苣葉而小葉脚邊微有花叉又似孛孛丁葉而頭頗團葉中攛生葶叉高五六寸許開小黄花結小細子黄茶褐色葉味甜

救飢　採苗葉煠熟換水淘淨油鹽調食

鵓兒菜

鵓兒菜　生密縣山澗邊苗葉搨地生葉似匙頭樣頗長又似牛耳朶菜葉而小微澁又似山萵苣葉亦小頗硬而頭微團味苦

救飢　採苗葉煠熟換水浸淘淨油鹽調食

孛孛丁菜

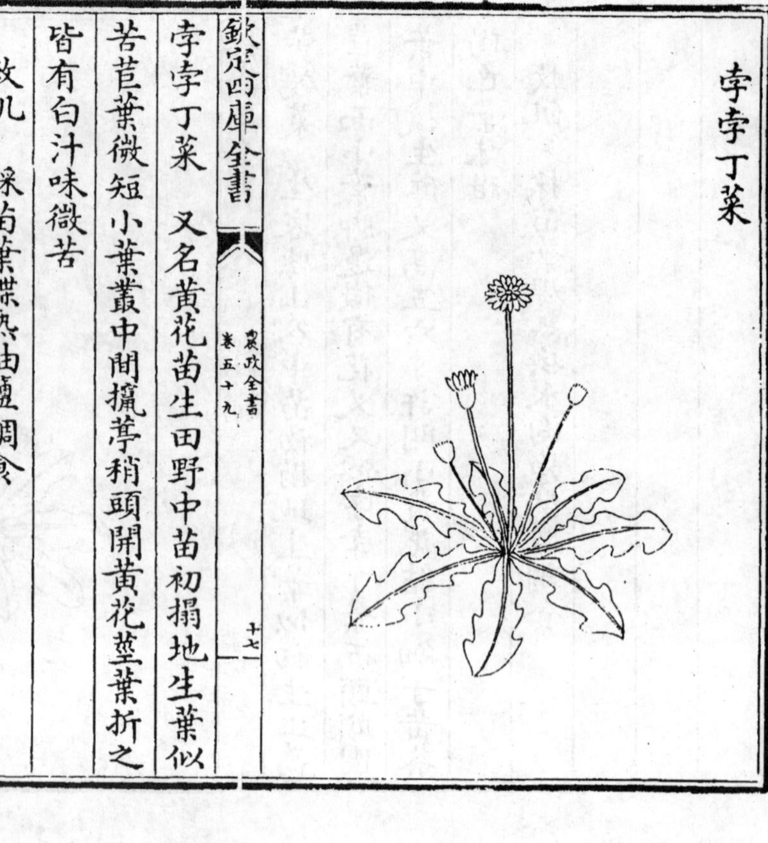

孛孛丁菜　又名黃花苗生田野中苗初搨地生葉似苦苣葉微短小葉叢中間攛葶稍頭開黃花莖葉折之皆有白汁味微苦

救飢　採苗葉煠熟油鹽調食

玄扈先生曰南俗名黃花郎本草蒲公英

紫韭

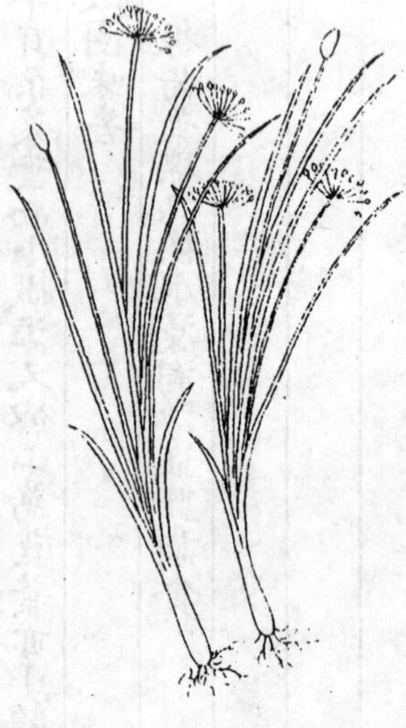

紫韭　生荒野中苗葉形狀如韭但葉圓細而瘦葉中攛葶開花如韭花狀粉紫色苗葉味辛

救飢　採苗葉煠熟水浸淘淨油鹽調食生醃食亦可

野韭

野韭　生荒野中形狀如韭苗葉極細弱葉圓比糕韭又細小葉中攛葶開小粉紫花似韭花狀苗葉味辛

救飢　採苗葉煠熟油鹽調食生醃食亦可

甘露兒

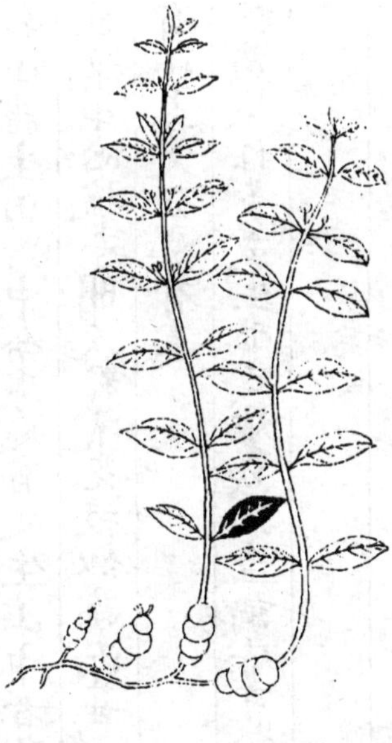

菜部 根可食

甘露兒　人家園圃中多栽葉似地瓜兒葉甚澀多有毛澁其葉對節生色微淡綠又似薄荷葉亦寬而皺開紅紫花其根呼為甘露兒形如小指而紋節甚稠皮色黲白味甘

救飢　採根洗淨煠熟油鹽調食生醃食亦可

玄扈先生曰又一種與甘露同而根作直枝無節者名銀條菜

地瓜兒苗

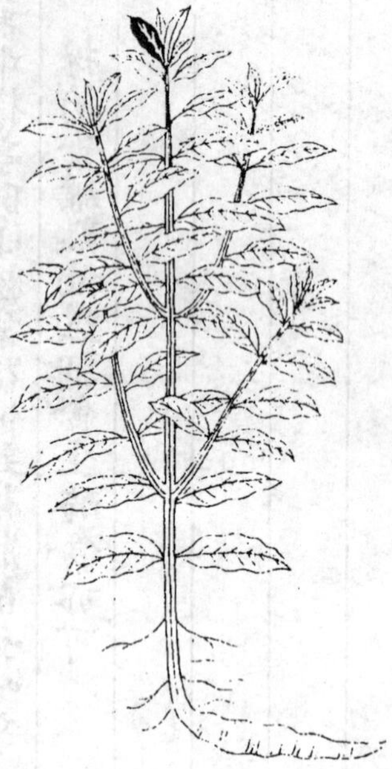

地瓜兒苗　生田野中苗高二尺餘莖方四楞葉似薄荷葉微長大又似澤蘭葉抪莖而生根名地瓜形類甘露兒更長味甘

救飢　掘根洗淨煠熟油鹽調食生醃食亦可

澤蒜

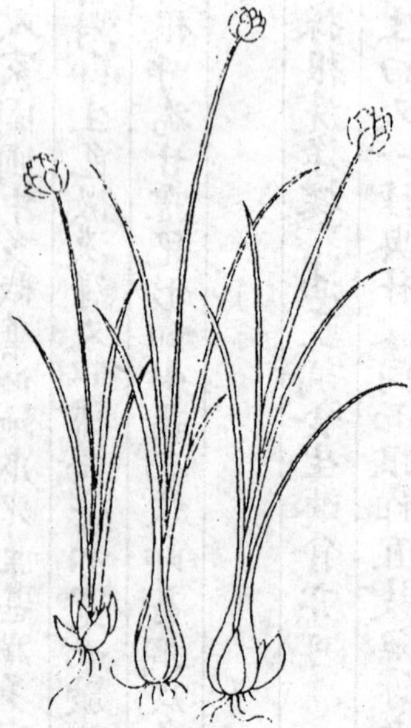

菜部　根葉皆可食

澤蒜　又名小蒜生田野中今處處有之生山中者名蒿苗似細韭葉中心攛葶開淡粉紫花根似蒜而甚小味辛性溫有小毒又云熱有毒

救飢　採苗根作羹或生醃或煠熟油鹽調皆可食

樓子葱

樓子葱　人家園圃中多栽苗葉根莖俱似葱其葉稍頭又生小葱四五枝疊生三四層故名樓子葱不結子但掐下小葱栽之便活味甘辣性温

救飢　採苗莖連根擇去細鬚煠熟油鹽調食生亦可食

治病　與本草菜部木葱同用

玄扈先生曰俗名龍爪葱

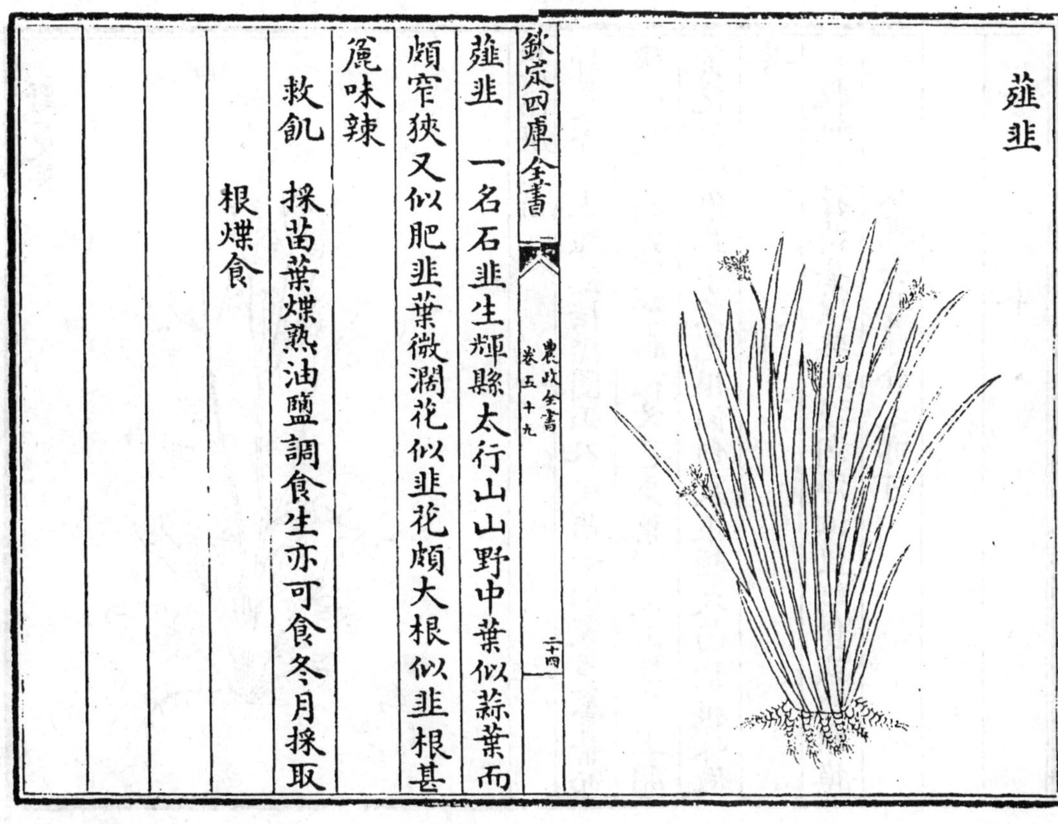

蕹韭

蕹韭　一名石韭生輝縣太行山山野中葉似蒜葉而頗窄狹又似肥韭葉微濶花似韭花頗大根似韭根甚麄味辣

救飢　採苗葉煠熟油鹽調食生亦可食冬月採取根煠食

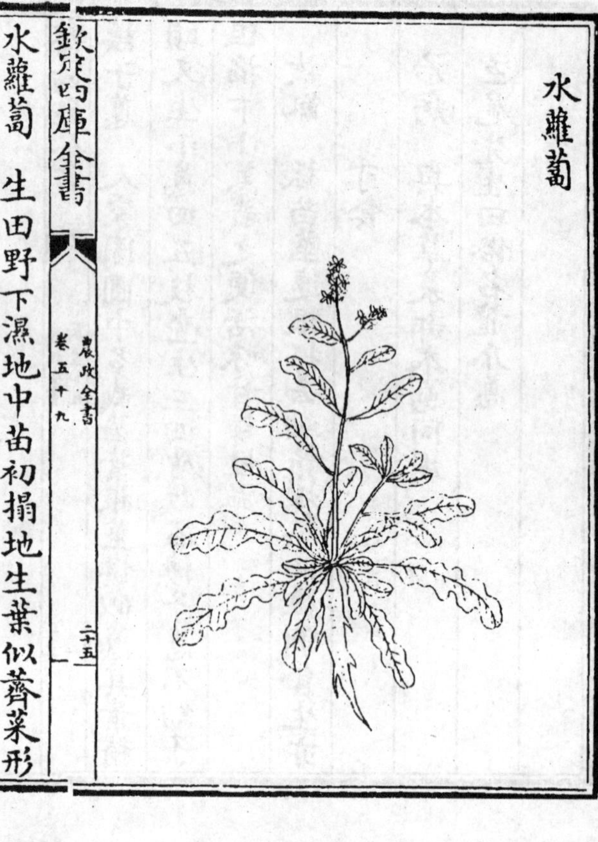
水蘿蔔

水蘿蔔　生田野下濕地中苗初搨地生葉似薺菜形而厚大鋸齒尖花葉又似水芥葉亦厚大後分莖叉稍間開淡黃花結小角兒根如白菜根而大味甘辣

救饑　採根及葉煠熟油鹽調食生亦可食

野蔓菁

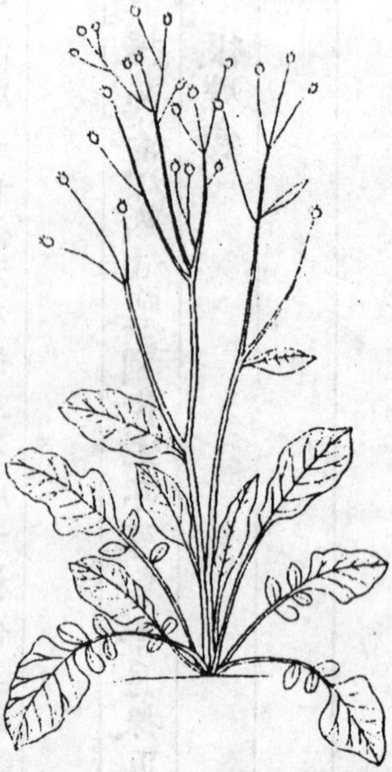

野蔓菁　生輝縣栲栳圈山谷中苗葉似家蔓菁葉而薄小其葉頭尖艄葉脚花叉甚多葉間攛出枝叉上開黃花結小角其子黑色根似白菜根頗大苗葉根味微苦

救饑　採苗葉煠熟水浸淘淨油鹽調食或採根換水煮去苦味食之亦可

薺菜

菜部　葉及實皆可食

薺菜　生平澤中今處處有之苗搨地生作鋸齒葉三四月出葶分生莖叉稍上開小白花結實小似菥蓂（音錫覓）子苗葉味苦性温無毒其實亦呼菥蓂子其子味甘性平患氣人食之動冷疾不可與麪同食令人背悶服丹石人不可食

救飢　採子用水調攪良久成塊或作燒餅或煮粥食味甚粘滑葉煠作菜食或煮作羹皆可

玄扈先生曰恒蔬

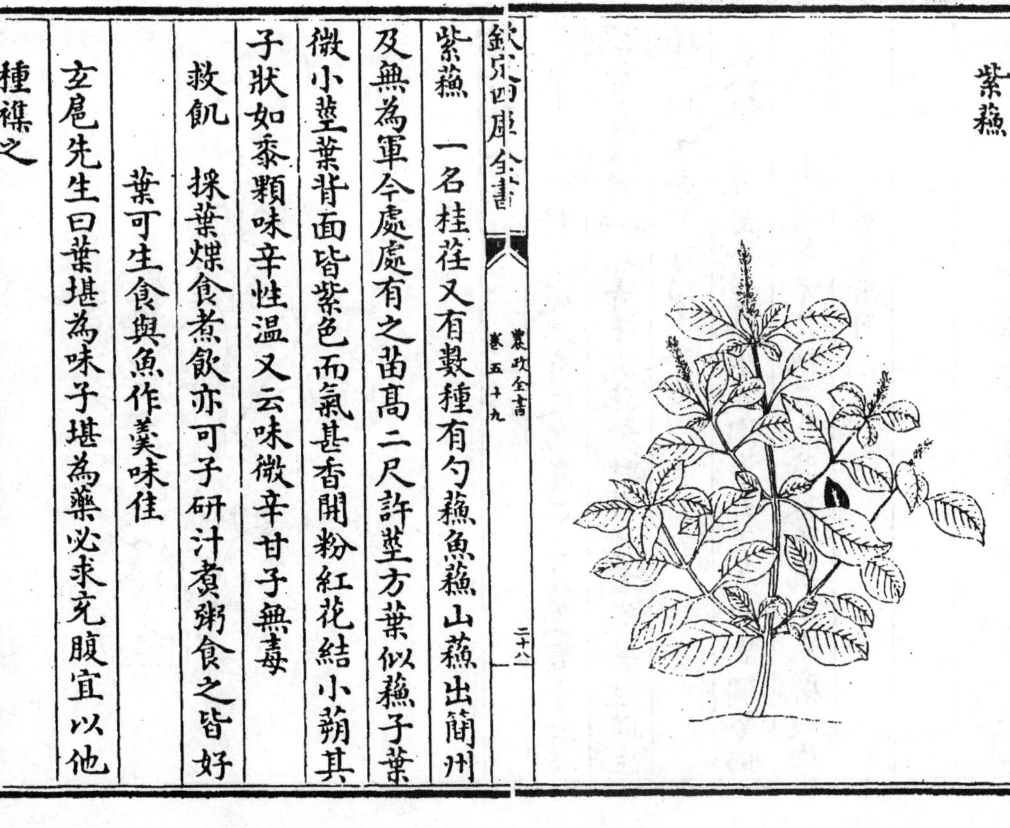

紫蘇

紫蘇　一名桂荏又有數種有勺蘇魚蘇山蘇出簡州及無為軍今處處有之苗高二尺許莖方葉似蘇子葉微小莖葉背面皆紫色而氣甚香開粉紅花結小蒴其子狀如黍顆味辛性温又云味微辛甘子無毒

救飢　採葉煠食煮飲亦可子研汁煮粥食之皆好

葉可生食與魚作羹味佳

玄扈先生曰葉堪為味子堪為藥必求充腹宜以他種禳之

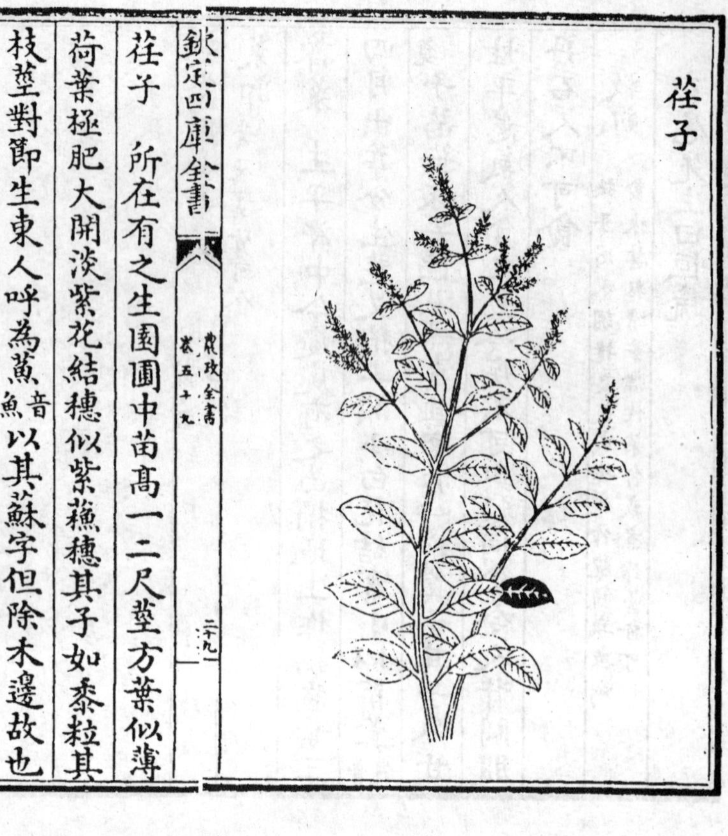

荏子 所在有之生園圃中苗高一二尺莖方葉似薄荷葉極肥大開淡紫花結穗似紫蘇穗其子如黍粒其枝莖對節生東人呼為⿱艹魚音魚以其蘇字但除禾邊故也味辛性温無毒

救飢 採嫩苗葉煠熟油鹽調食子可炒食又研雜米作粥甚肥美亦可笮油用

灰菜

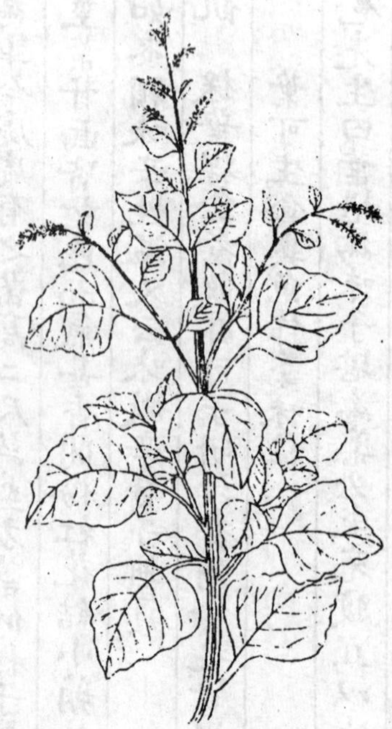

灰菜 生田野中處處有之苗高二三尺莖有紫紅線楞葉有灰⿺麦孛音勃結青子成穗者甘散穗者微苦性暖生墻下樹下者不可用

救飢 採苗葉煠熟水浸淘淨去灰氣油鹽調食晒乾煠食尤佳穗成熟時採子搗為米磨麪作餅蒸食皆可

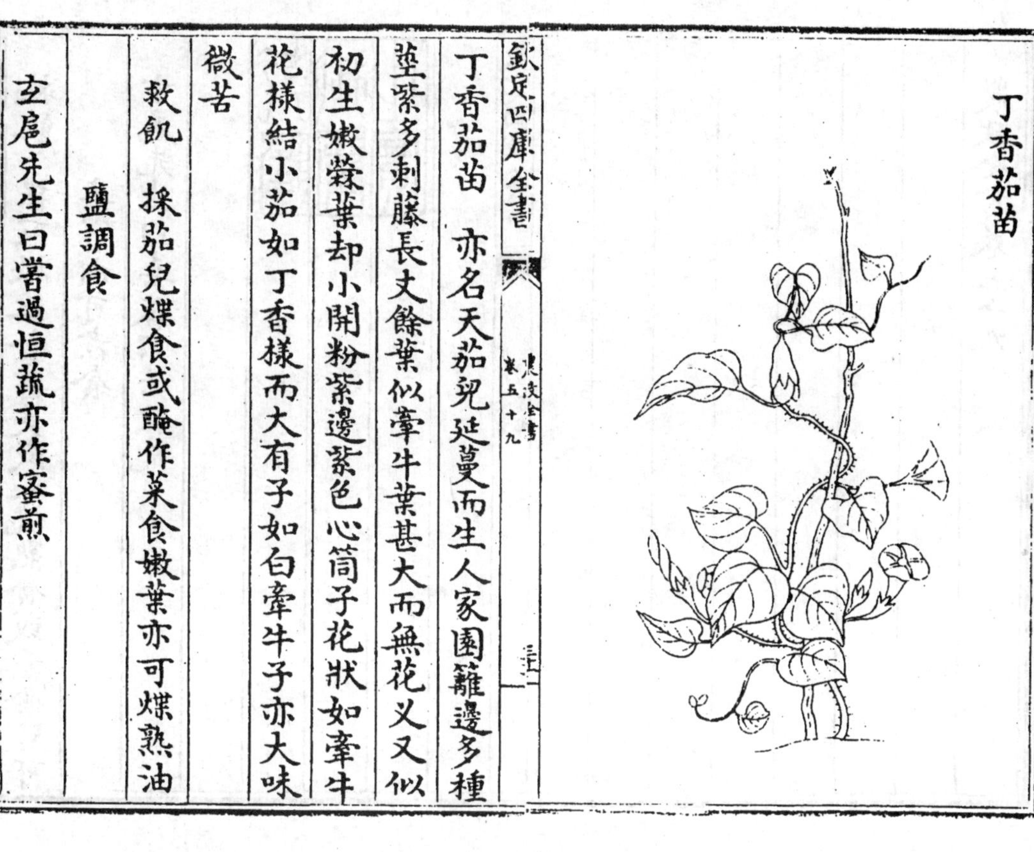

丁香茄苗　亦名天茄兒延蔓而生人家園籬邊多種莖紫多刺藤長丈餘葉似牽牛葉甚大而無花叉又似初生嫩蘇葉卻小開粉紫邊紫色心筒子花狀如牽牛花樣結小茄如丁香樣而大有子如白牽牛子亦大味微苦

救飢　採茄兒煠食或醃作菜食嫩葉亦可煠熟油鹽調食

玄扈先生曰嘗過恒蔬亦作蜜煎

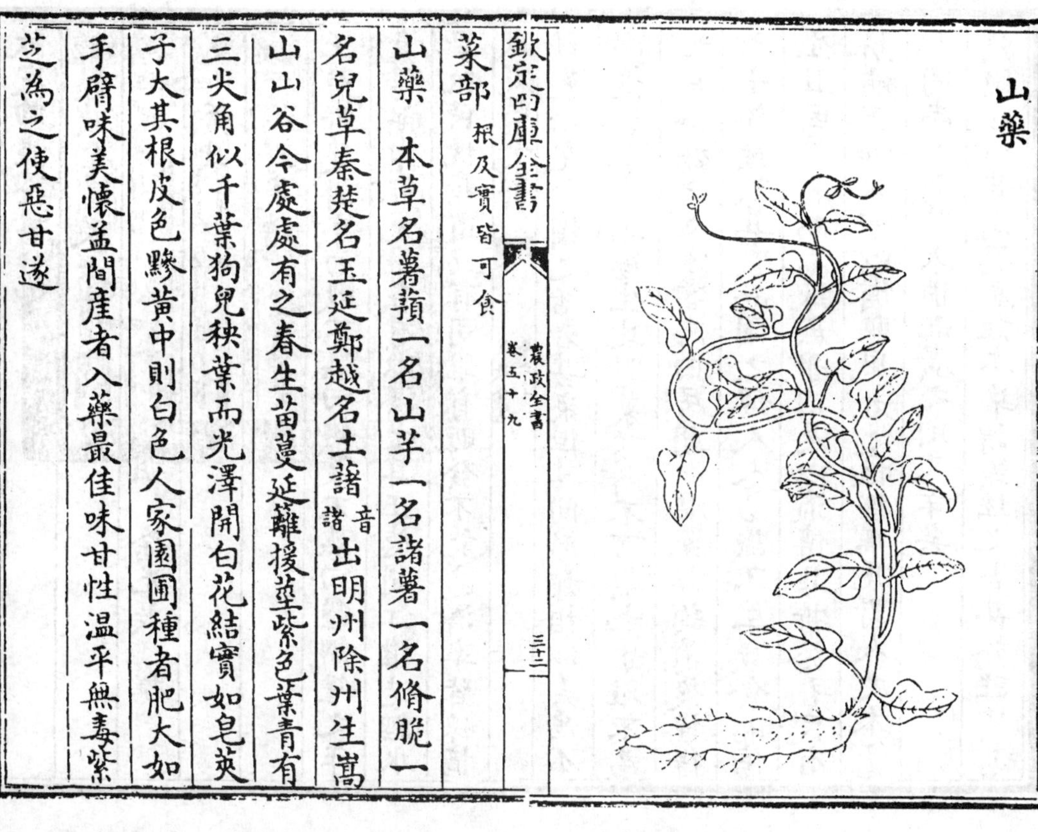

菜部　根及實皆可食

山藥　本草名薯蕷一名山芋一名諸薯一名脩脆一名兒草秦楚名玉延鄭越名土藷音諸出明州除州生嵩山山谷今處處有之春生苗蔓延籬援莖紫色葉青有三尖角似千葉狗兒秧葉而光澤開白花結實如皂莢子大其根皮色黲黄中則白色人家園圃種者肥大如手臂味美懷孟間產者入藥最佳味甘性溫平無毒紫芝為之使惡甘遂

救飢　掘取根蒸食甚美或火燒熟食或煮食皆可

其實亦可煮食

玄扈先生曰嘉蔬不必救荒

農政全書卷五十九

欽定四庫全書

農政全書卷六十

明　徐光啟　撰

荒政

野菜譜

王磐野菜譜序曰穀不熟曰饑菜不熟曰饉饑饉之年堯湯所不能免惟在有以濟之耳正德間江淮迭經水旱飢民枕藉道路有司雖有賑發不能遍濟率皆採摘

野菜以充食賴之活者甚衆但其間形類相似美惡不同誤食之或至傷生此野菜譜所不可無也予雖不為世用濟物之心未嘗忘田居朝夕歷覽詳詢前後僅得六十餘種取其象而圖之俾人人易識不至誤食而傷生且因其名而為詠庶乎因是以流傳非特於吾民有所補濟抑亦可以備觀風者之採擇焉此野人之本意也同志者因其未備而廣之則又幸矣

張綖跋曰昔陶隱居註本草謂誤註之害甚於註周易

之誤其言雖過要之有補於世也吾西樓著野菜譜觀其自叙亦隱居之意歟較又微矣雖然無逸豳風其言稼穡艱難至矣自井田廢王政缺民生之艱尤有不忍言者斯譜備述閭閻小民艱食之情仁人君子觀之當憮然而感惻然而傷由是而講孟子之王道備周官之荒政思艱圖易使怨咨者獲乃寧之願不特多識庶草之名而已故曰可以備觀風者之採擇意正在此歟然則斯譜也孰謂其微哉孰謂其微哉

白鼓釘

白鼓釘

白鼓釘白鼓釘豐年賽社鼓不停凶年罷社鼓絶聲鼓絶聲社公惱白鼓釘化為草

救飢　一名蒲公英四時皆有惟極寒天小而可用采之熟食

猪殃殃

猪殃殃

猪殃殃胡不祥猪不食遺道傍我拾之充餱粮

救飢 春采熟食猪食之則病故名

絲蕎蕎

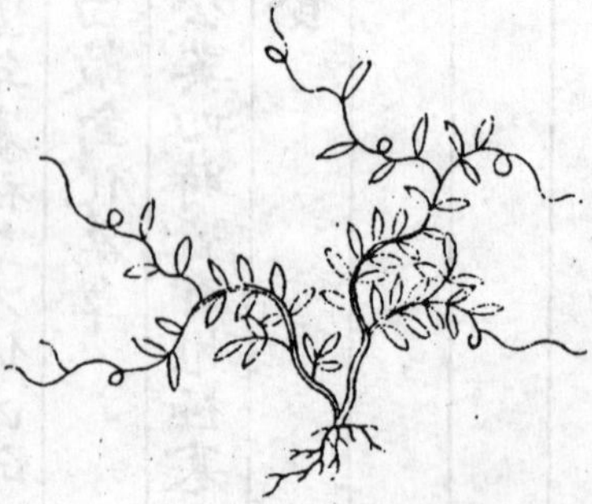

絲蕎蕎

絲蕎蕎如絲縷昔為養蠶人今作挑菜侶養蠶衣整齊挑菜衣襤褸張家姑李家女隴頭相見淚如雨

救飢 二三月采熟食四月結角不用

牛塘利

牛塘利

牛塘利牛得濟種草有餘青蓄水有餘味年來水草枯忽變為荒蕪采采療人飢更得牛塘利

救飢　二三月采熟食亦可作虀

浮蔷

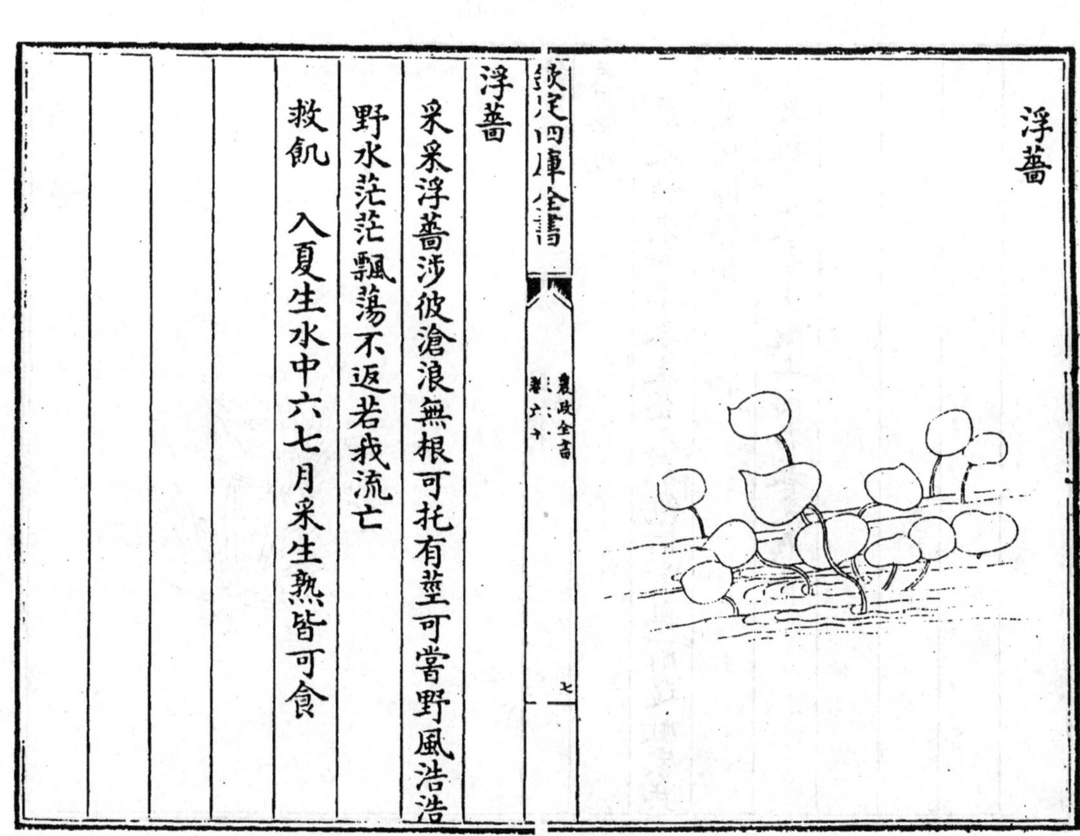

浮蔷

采采浮蔷涉彼滄浪無根可托有莖可嘗野風浩浩野水茫茫飄蕩不返若我流亡

救飢　入夏生水中六七月采生熟皆可食

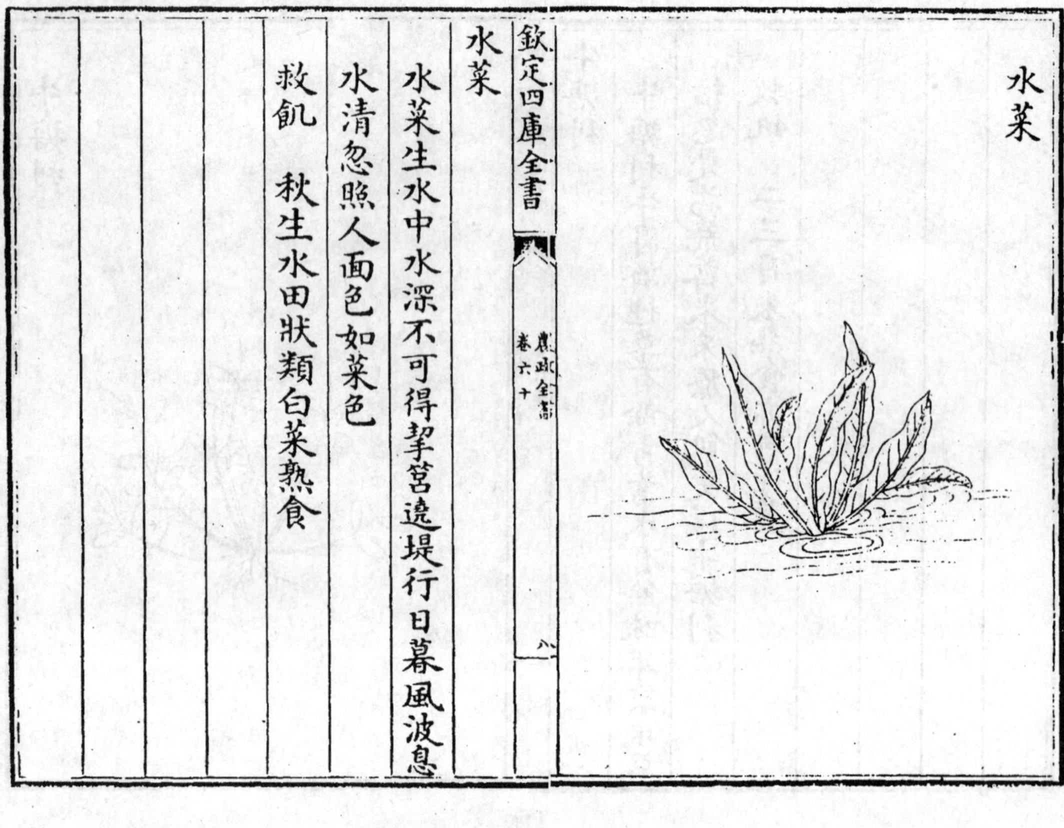

水菜

水菜

水菜生水中水深不可得挐䒭遶堤行日暮風波息

水清忽照人面色如菜色

救飢 秋生水田狀類白菜熟食

看麥娘

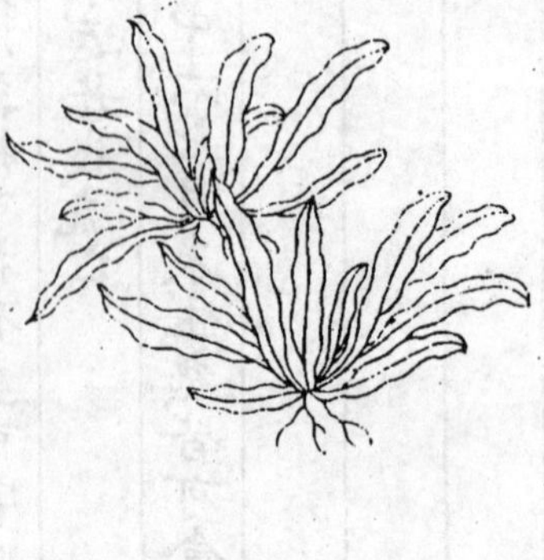

看麥娘

看麥娘來何早麥未登人未飽何當與爾還厥家共

嚥糟糠暫相保

救飢 隨麥生隴上因名春采熟食

狗脚跡

狗脚跡

狗脚跡何處尋狡兎亂走妖狐吟北風揚沙一尺深

狗脚跡何處尋

救飢 生霜降時采之熟食葉如狗印故名

破破衲

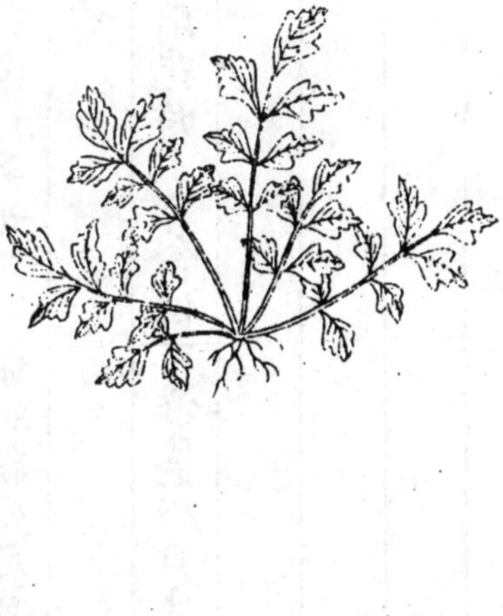

破破衲

破破衲不堪補寒且飢聊作脯飽煖時不忘汝

救飢 臘月便生正二月采熟食三月老不堪食

斜蒿

欽定四庫全書　　農政全書　卷六十　十二

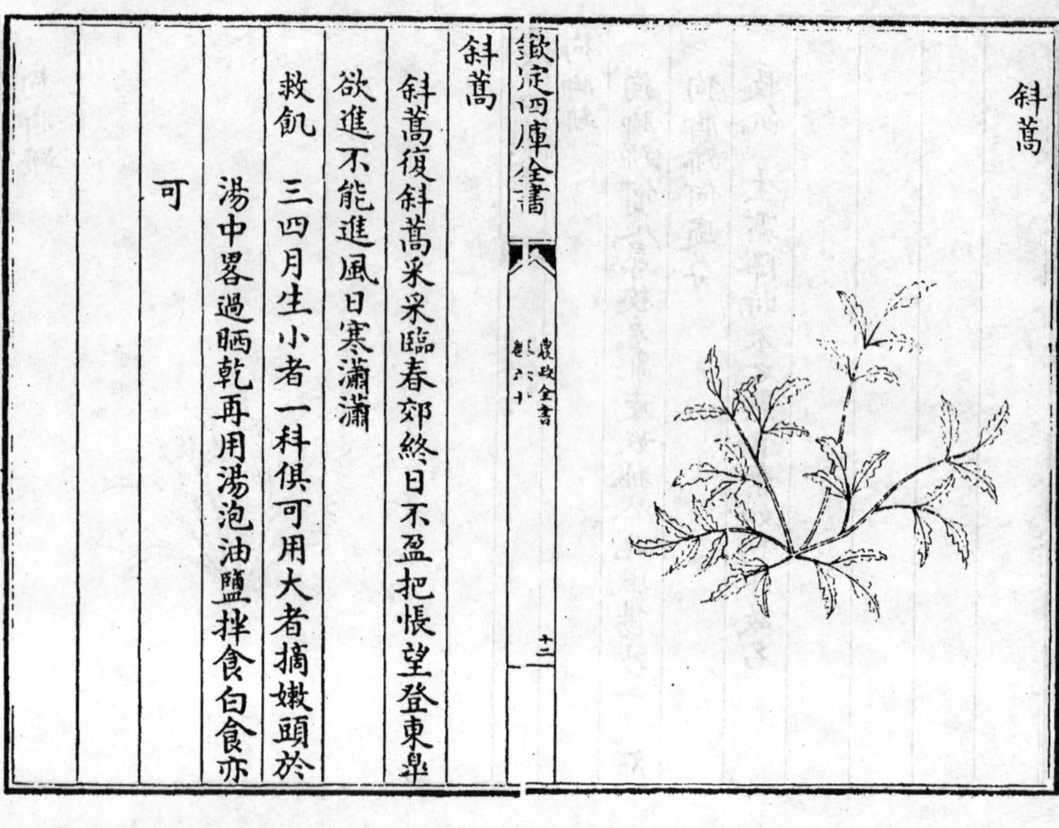

斜蒿

斜蒿復斜蒿采采臨春郊終日不盈把悵望登東臯

欲進不能進風日寒瀟瀟

救飢　三四月生小者一科俱可用大者摘嫩頭於

湯中煠過晒乾再用湯泡油鹽拌食白食亦

可

江薺

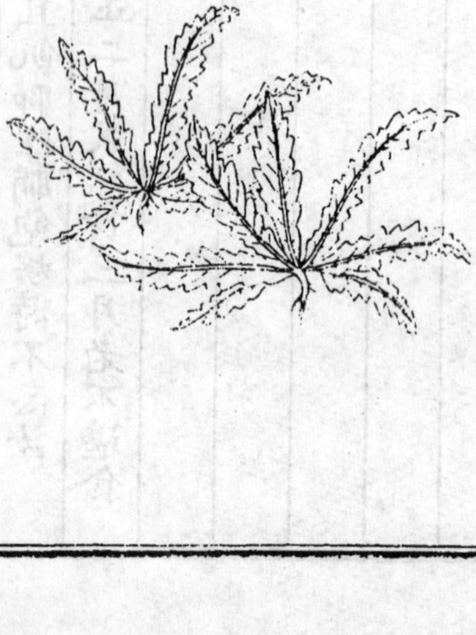

欽定四庫全書　　農政全書　卷六十　十三

江薺

江薺青青江水緑江邊挑菜女兒哭爺娘新死兄趂

熟止存我與妹看屋

救飢　生熟皆可用花時不可食但可作虀臘月生

燕子不來香

燕子不來香

燕子不來香燕子來時便不香我願今年燕不來常與吾民充饑粮

救饑 早春採可熟食燕來時則腥臭不堪食故名

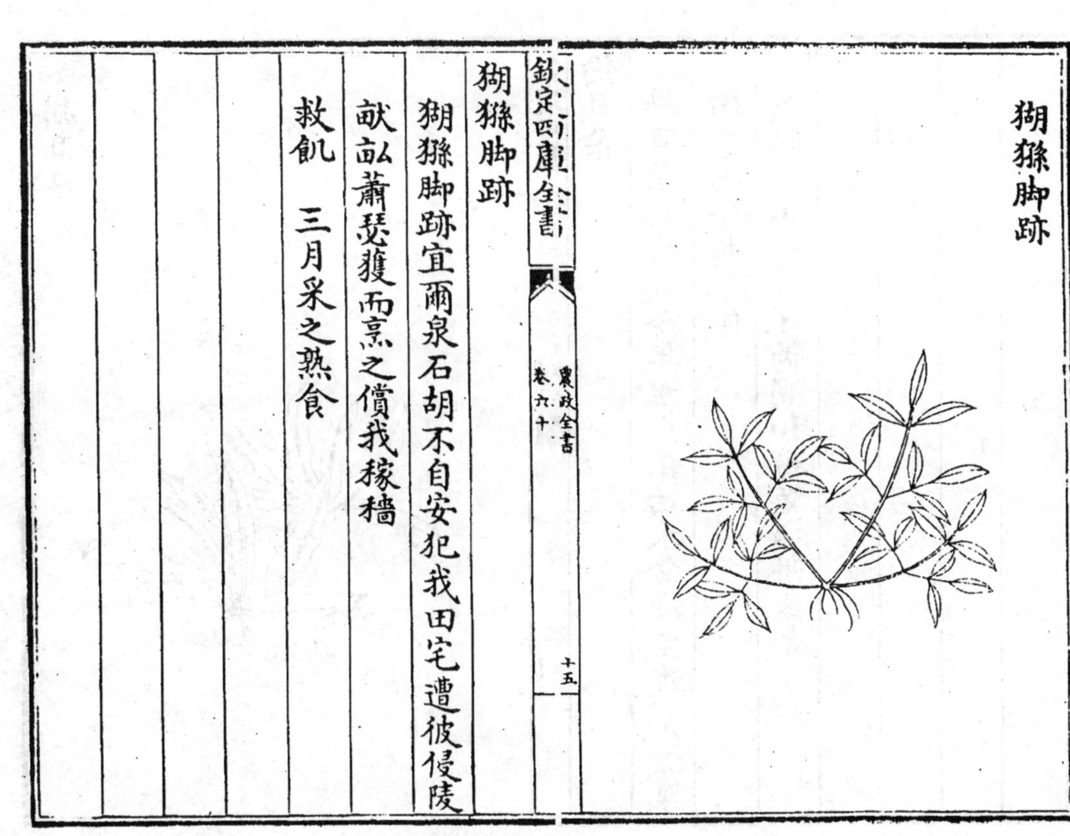

猢猻脚跡

猢猻脚跡

猢猻脚跡宜爾泉石胡不自安犯我田宅遭彼侵陵畒畒蕭瑟獲而烹之償我稼穡

救饑 三月采之熟食

眼子菜

眼子菜

眼子菜如張目年年盼春懷布穀猶向秋來望時熟何事頻年倦不開愁看四野波漂屋

救飢　采之熟食六七月採生水澤中青葉背紫色莖柔滑而細長可數尺

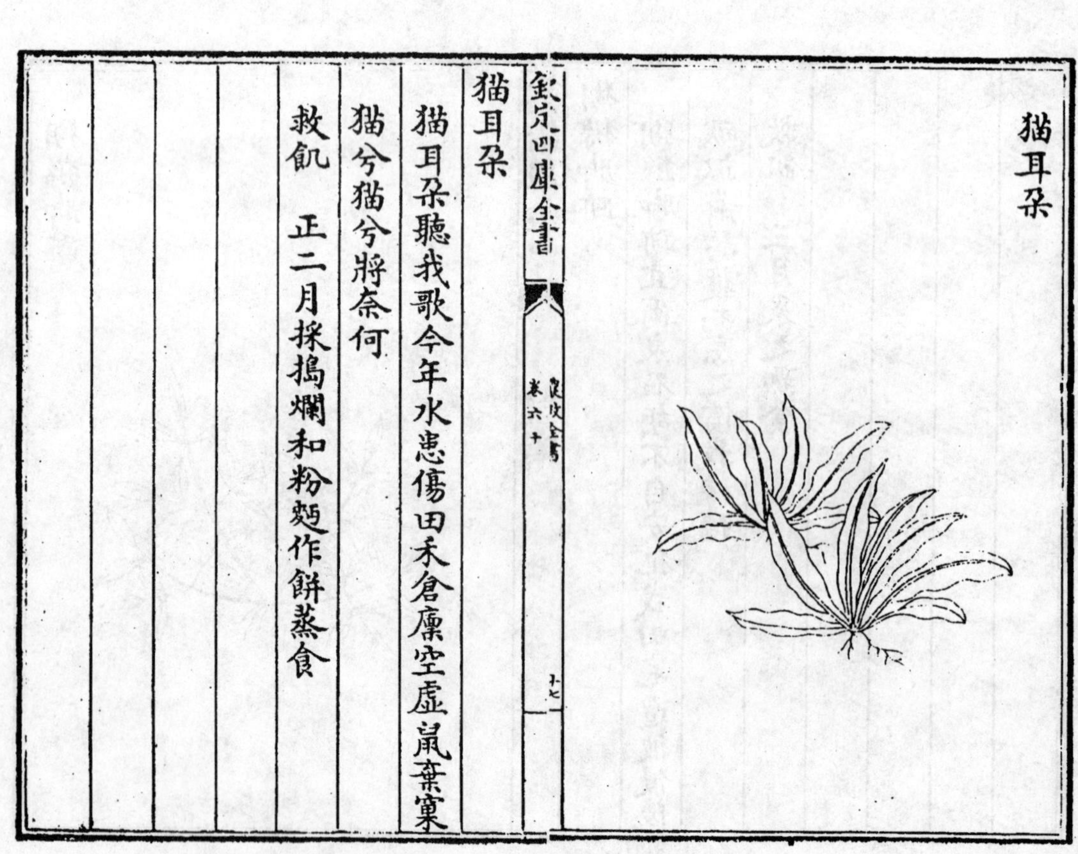

猫耳朵

猫耳朵

猫耳朵聽我歌今年水患傷田禾倉廩空虛鼠棄窠猫兮猫兮將奈何

救飢　正二月採搗爛和粉麪作餅蒸食

地踏菜

地踏菜

地踏菜生雨中晴日一照郊原空莊前阿婆呼阿翁相携兒女去匆匆須臾采得青滿籠還家飽食忘歲凶東家懶婦睡正濃

救飢　一名地耳狀如木耳春夏生雨中雨後采熟食見日即枯沒

窩螺薺

窩螺薺

窩螺薺如螺髻生水邊照華麗去年郎家田不收挑菜女兒不上頭出門忽見窩螺羞

救飢　正月二月采之熟食

烏藍擔

烏藍擔

烏藍擔擔不動去時腹中飢歸來肩上重肩上重行路遲日暮還家方早炊

救飢　此菜但可熟食烏大也村人呼大為烏

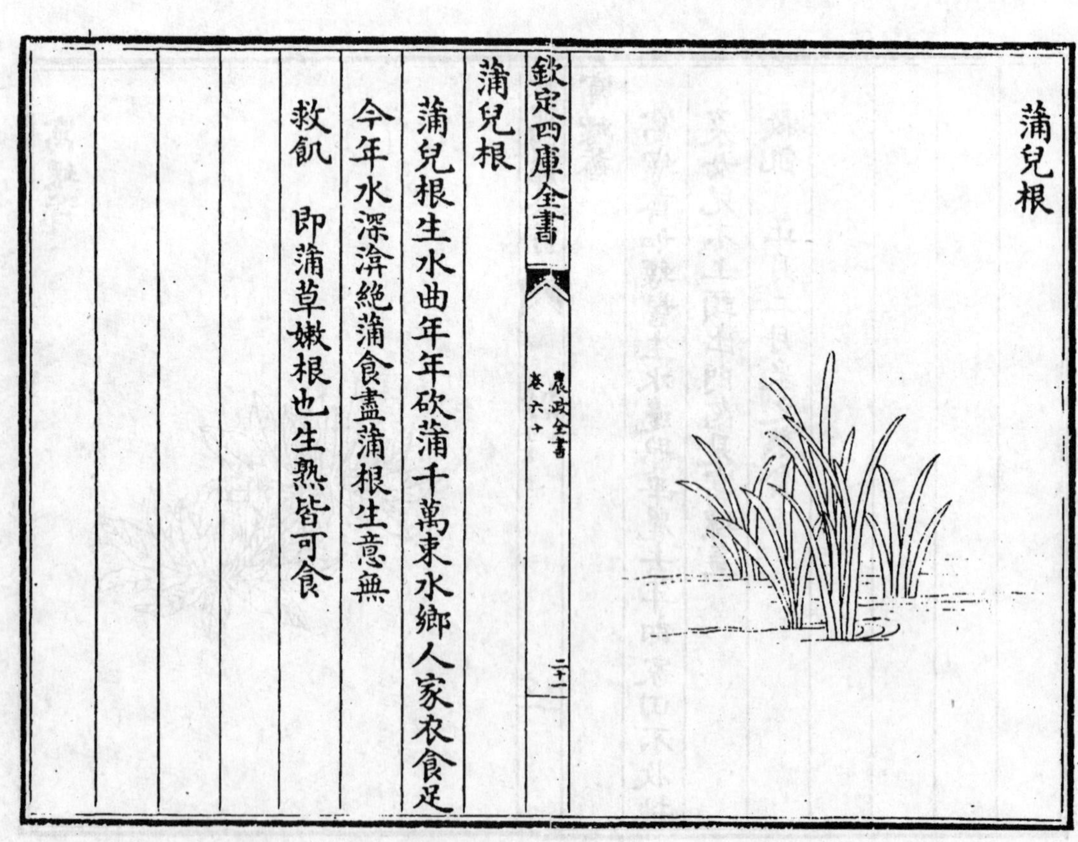

蒲兒根

蒲兒根

蒲兒根生水曲年年砍蒲千萬束水鄉人家衣食足今年水深淤絶蒲食盡蒲根生意無

救飢　即蒲草嫩根也生熟皆可食

馬攔頭

馬攔頭

馬攔頭攔路生我為拔之容馬行只恐救荒人出城騎馬直到破柴荆

救飢 二三月叢生熟食又可作虀

青蒿兒

青蒿兒

青蒿兒纔發頴二月二日春猶冷家家競作茵陳餅茵陳療病還療飢借問采蒿知不知

救飢 即茵陳蒿春月采之炊食時俗二月二日和粉麪作餅者是也

藩蘺頭

藩蘺頭

藩蘺頭延蔓草傍籬生青裊裊今年薪貴穀不收折

藩蘺煮藩蘺頭

救飢 臘月采熟食入春不用

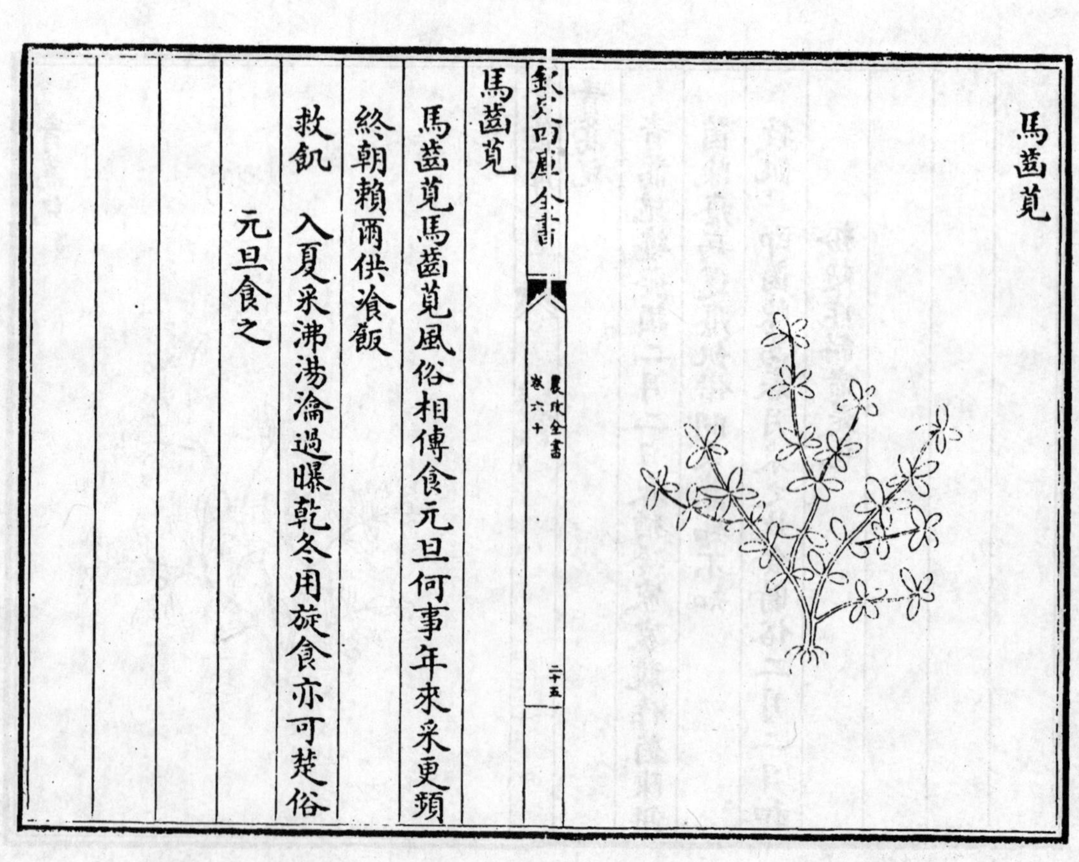

馬齒莧

馬齒莧

馬齒莧馬齒莧風俗相傳食元旦何事年來采更頻

終朝賴爾供飡飯

救飢 入夏采沸湯淪過曝乾冬用旋食亦可楚俗

元旦食之

鴈腸子

鴈腸子

鴈腸子遺溝壑應是今年絶飲啄兩翼低垂去不前若遺餓鶻相擒搏嗟哉鴈兮有羽翰何況人生行路難

救飢　二月生如豆芽菜熟食之生亦可食

野落籬

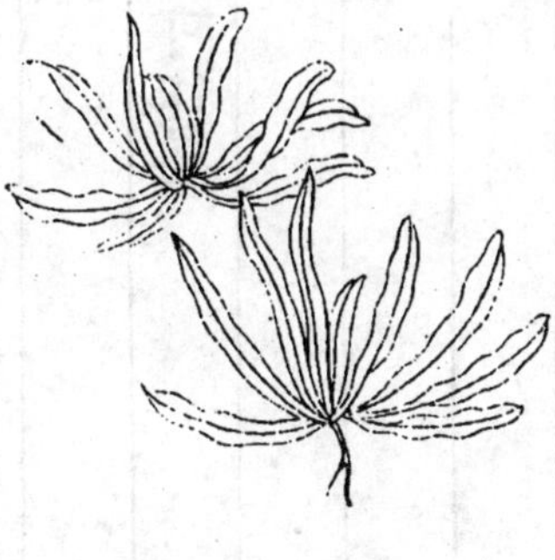

野落籬

野落籬舊遮護昔為里正家今作逃亡戸春來荠薺滿堦生挑菜人穿屋裏行

救飢　正二月采頭湯過可食

茭兒菜

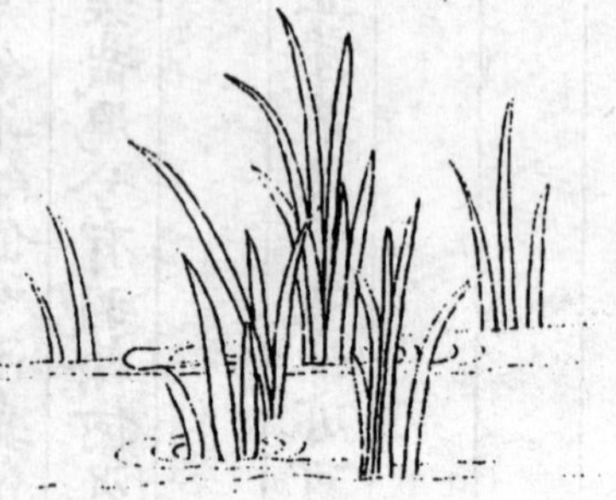

茭兒菜

茭兒菜生水底若蘆芽勝菰米我欲充飢采不能濡眼風波淚如洗

救飢 入夏生水澤中即茭芽也生熟皆用

倒灌薺

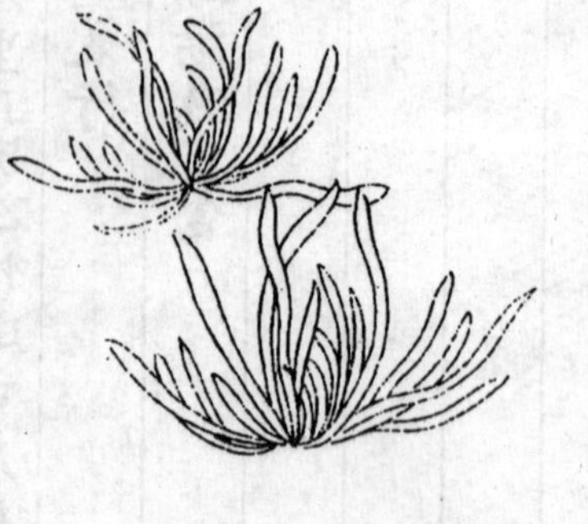

倒灌薺

倒灌薺生旱田上無雨露下有泉抱甕不來還自鮮造物冥冥解倒懸

救飢 采之熟食亦可作虀

灰條

灰條 北翟也葉間有勃故稱灰爲北方翟條同音

灰條復灰條采采何辭勞野人當年飽藜藿凶歲得此爲佳殽東家鼎食滋味饒徹却少牢羮太牢

救飢　此菜二種一種葉大而赤即藜藿一種葉小而青即今所采者湯過油鹽拌食

烏英

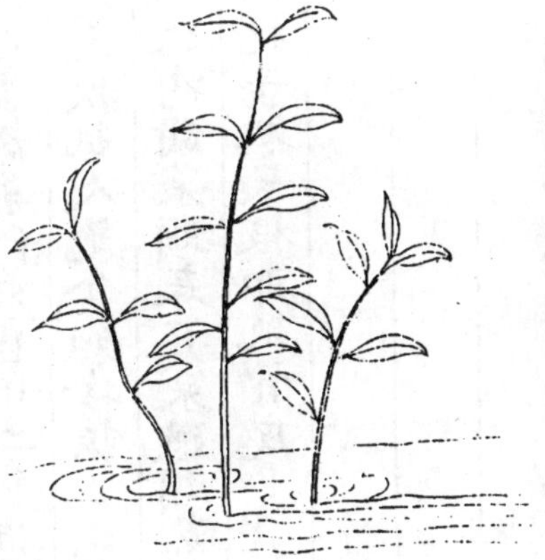

烏英

烏英花烏英菜菜可茹兮花可愛連朝摘菜不聊生豈有心情摘花戴

救飢　一名烏英花入夏生水澤中生熟皆食六月不可用

抱孃蒿

抱孃蒿

抱孃蒿結根牢解不散如漆膠君不見昨朝兒賣商
船上兒抱孃啼不肯放

救飢　二三月采熟食叢生故名

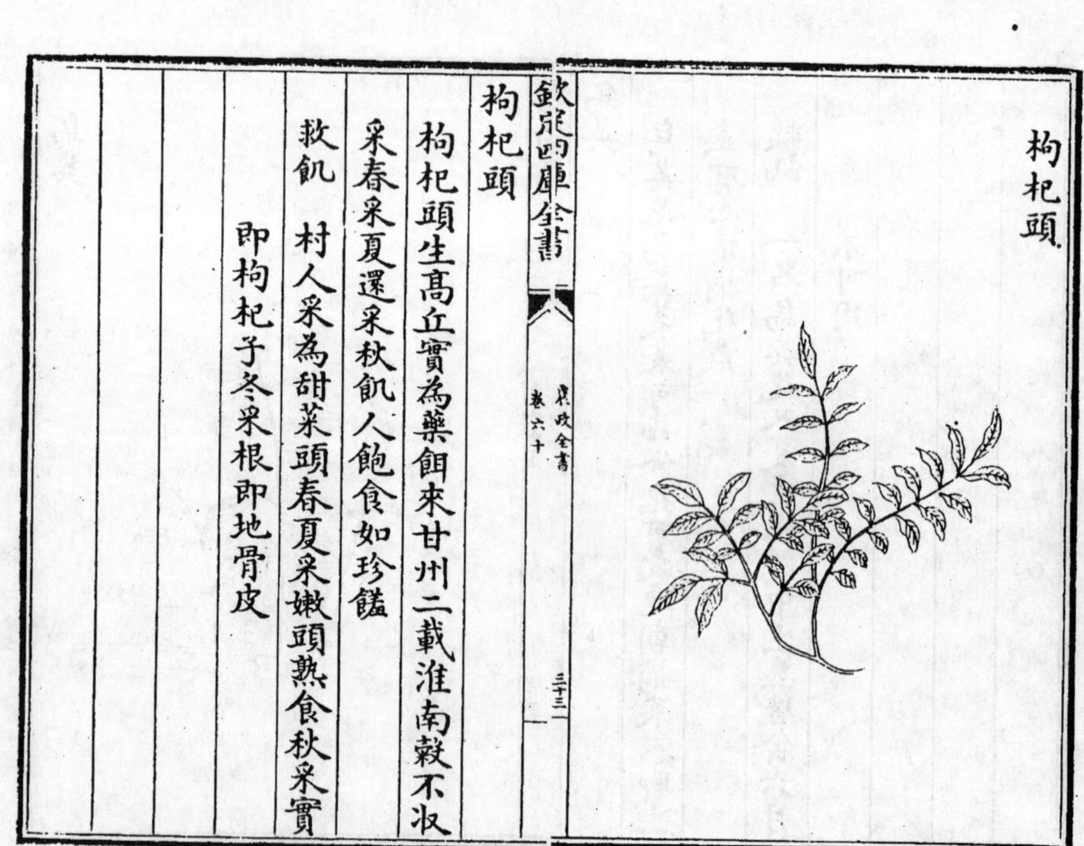

枸杞頭

枸杞頭

枸杞頭生高丘實爲藥餌來甘州二載淮南穀不收
采春采夏還采秋飢人飽食如珍饈

救飢　村人采爲甜菜頭春夏采嫩頭熟食秋采實
即枸杞子冬采根即地骨皮

苦蕒臺

苦蕒臺

苦蕒臺帶苦嘗雖逆口勝空腸但願收租了官府不辭喫盡田家苦

救飢 三月采用葉搗和麪作餅生亦可食

羊耳禿

羊耳禿

羊耳禿短簇簇穿藩籬如羝觸飢來進退無如何前村後村荆棘多

救飢 二三月采熟食

剪刀股

剪刀股

剪刀股剪何益剪得今年地皮赤東家羅綺西家綾今年不聞剪刀聲

救飢　春采生食煮可作虀

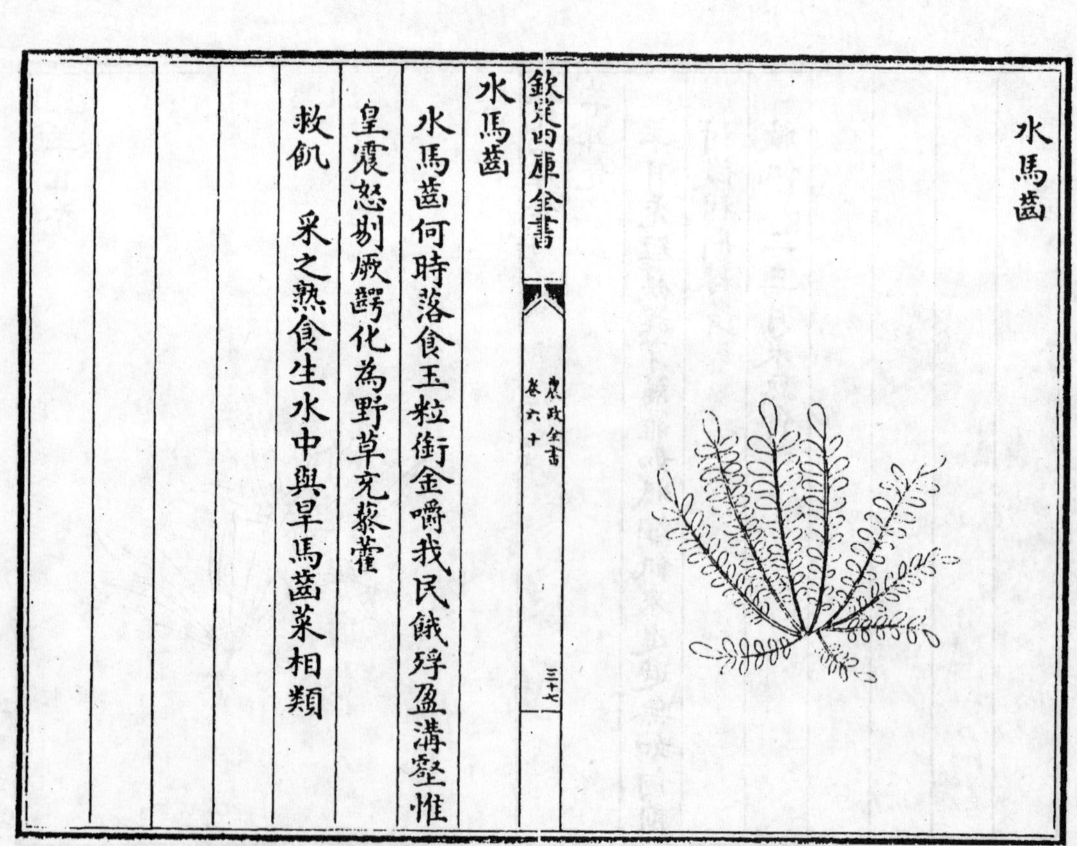

水馬齒

水馬齒

水馬齒何時落食玉粒銜金嚼我民餓殍盈溝壑惟皇震怒刷厥孽化為野草充藜藿

救飢　采之熟食生水中與旱馬齒菜相類

野莧菜

野莧菜

野莧菜生何少盡日采來充一飽城中赤莧美且肥一錢一束賤如草

救飢 夏采熟食類家莧

黄花兒

黄花兒

黄花兒郊外草不愛爾花愛爾充我飽洛陽姚家深院深一年一賞費千金

救飢 正二月采熟食

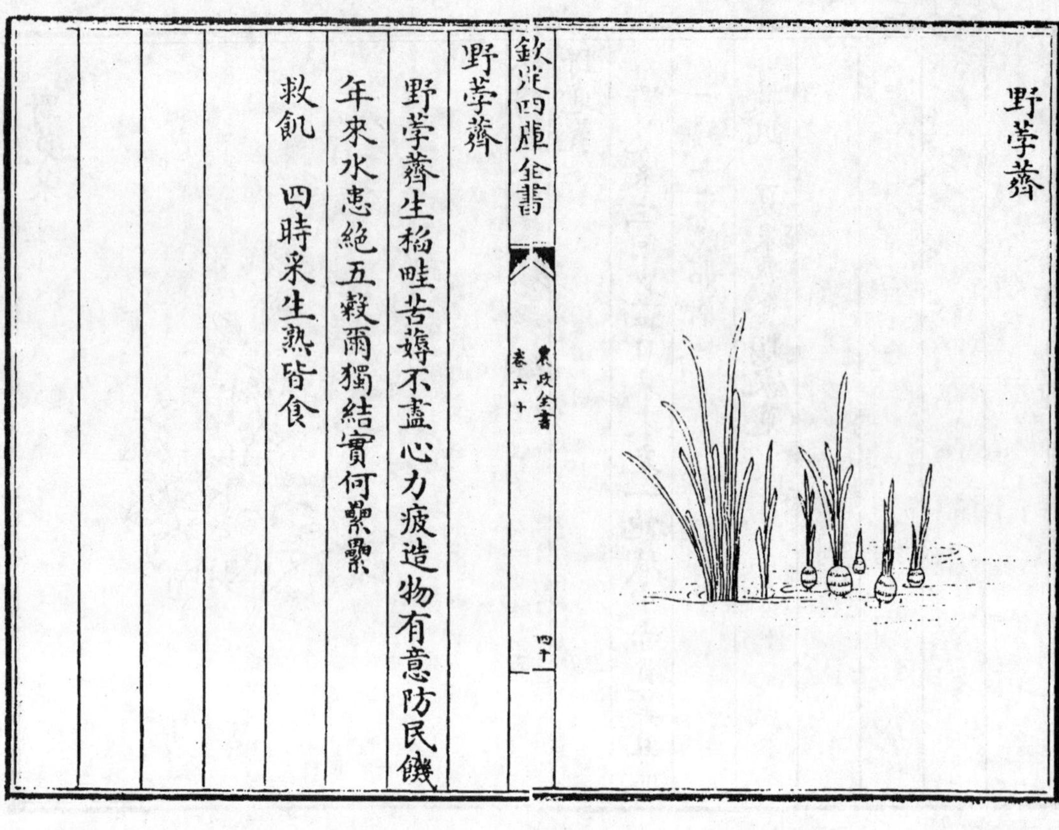

野荸薺

野荸薺生稲畦苦薅不盡心力疲造物有意防民饑
年來水患絶五穀爾獨結實何纍纍

救飢　四時采生熟皆食

蒿柴薺

蒿柴薺

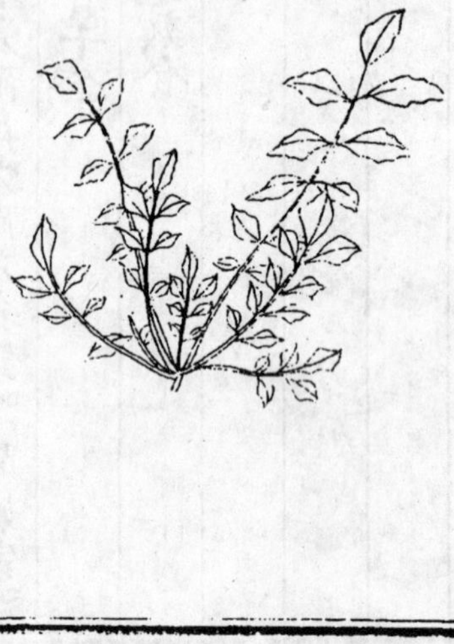

蒿柴薺我獨憐葉可食稭可燃連朝風雪攔村路饑
寒不能出門去

救飢　正二三月采熟食又可作虀

野菉豆

野菉豆

野菉豆匪耕耨不種而生不萁而秀摘之無窮食之無臭百穀不登爾何獨茂

救飢　生熟皆可食莖葉似菉豆而小生野田多藤蔓

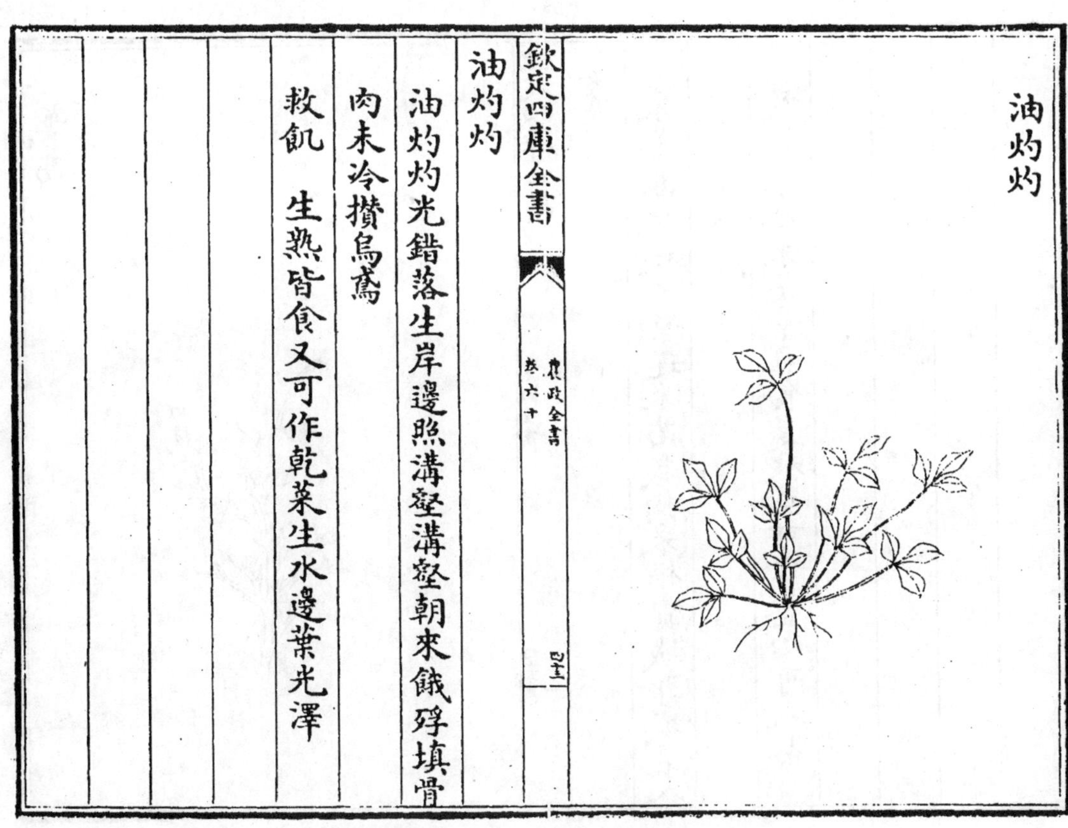

油灼灼

油灼灼

油灼灼光錯落生岸邊照溝壑溝壑朝來餓殍填骨肉未冷攢烏鳶

救飢　生熟皆食又可作乾菜生水邊葉光澤

雷聲菌

雷聲菌

雷聲菌如卷耳恐是蟄龍兒雷聲呼輒起休誇瑞草生莫嘆靈芝死如此凶年穀不登縱有禎祥安足倚

救飢　夏秋雷雨後生茂草中如蔴菇味亦相似

蔞蒿

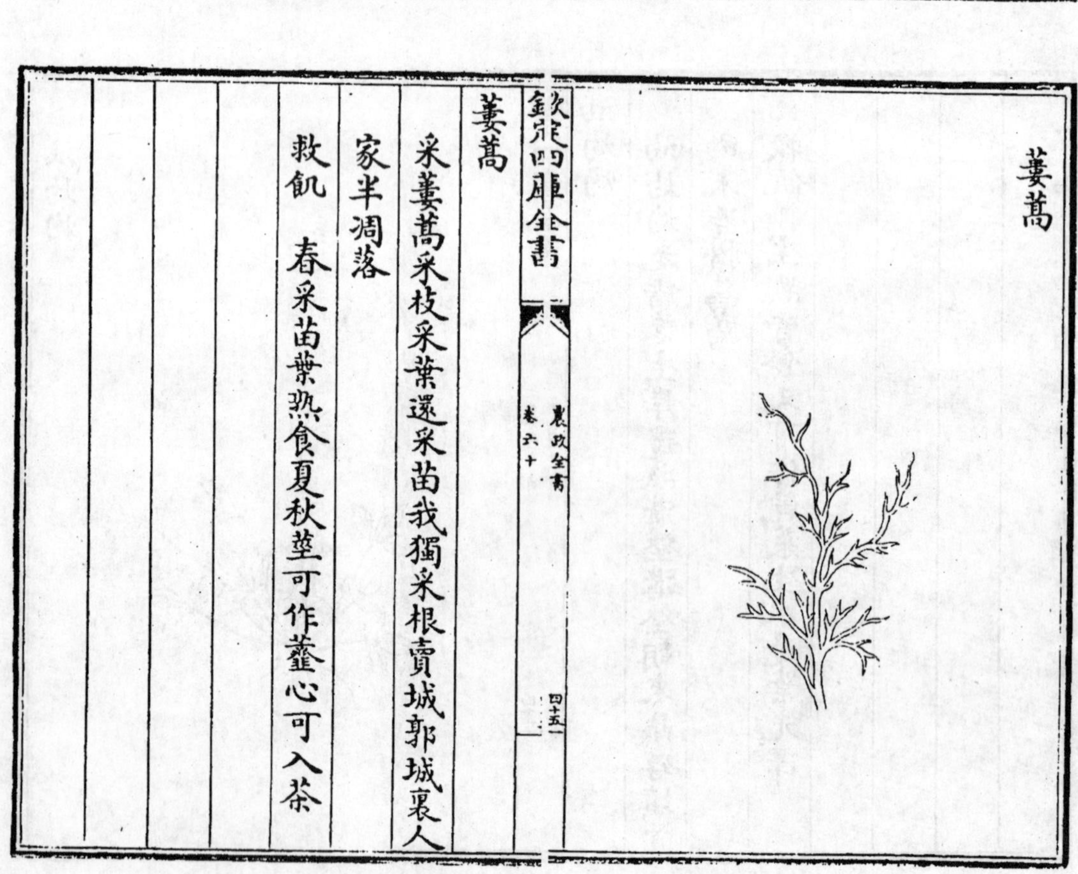

蔞蒿

采蔞蒿采枝采葉還采苗我獨采根賣城郭城裏人家半凋落

救飢　春采苗葉熟食夏秋莖可作虀心可入茶

掃帚薺

掃帚薺

掃帚薺青簇簇去年不收空倚屋但願今年收兩熟塲頭掃帚掃盡禿

救飢 春采熟食

雀兒綿單

雀兒綿單

雀兒綿單託彼終宿如茵如衾匪絲匪穀年饑願得充我餐任穿我屋敝雨寒

救飢 三月采可作虀此菜甚延蔓鋪地而生故名

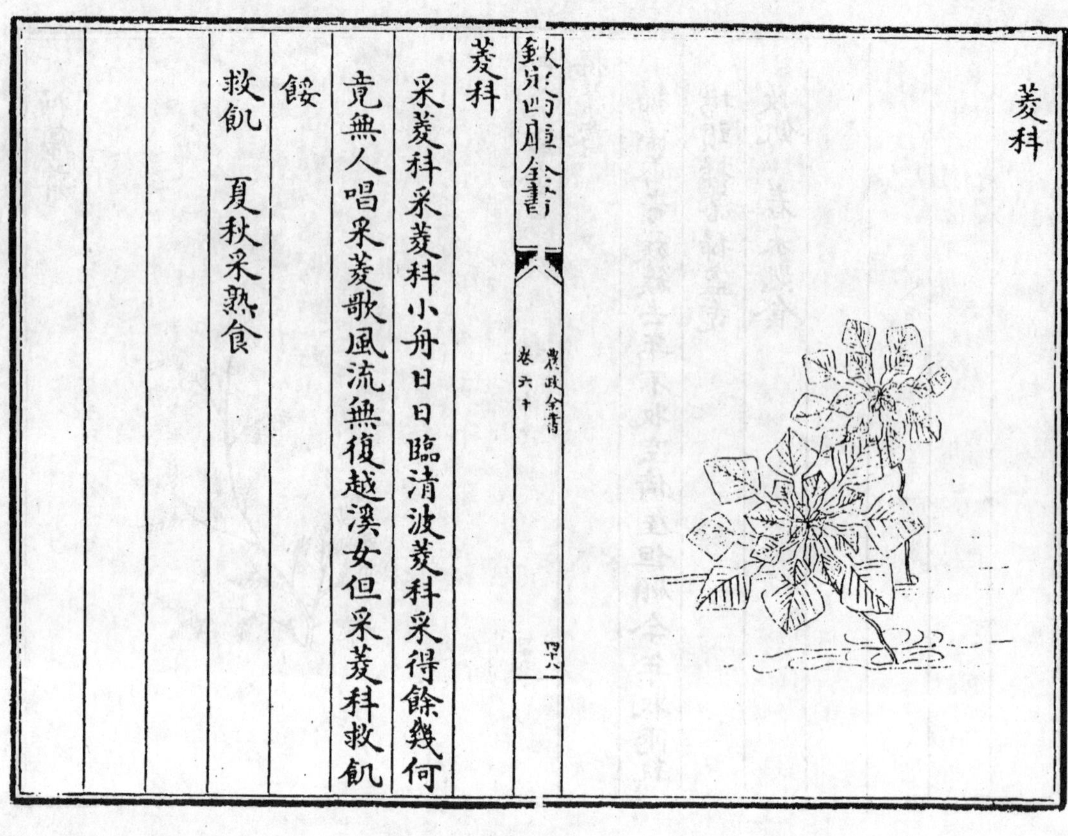

菱科

采菱科采菱科小舟日日臨清波菱科采得餘幾何竟無人唱采菱歌風流無復越溪女但采菱科救飢

餧

救飢　夏秋采熟食

燈蛾兒

燈蛾兒

燈蛾兒落滿地化作草青青遭此饑荒歲曾見當年遶絳紗於今燈火幾人家

救飢　二月采熟食

薺菜兒

薺菜兒

薺菜兒年年有采之一二遺八九今年纔出土眼中挑菜人來不停手而今狼籍已不堪安得花開三月三

救飢　春月采之生熟皆可食

芽兒拳

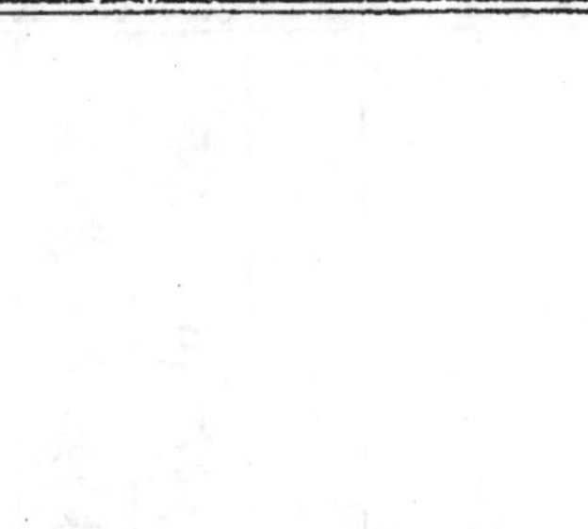

芽兒拳

芽兒拳生樹邊白如雪軟如綿煮來不食淚如雨昨朝兒賣他州府

救飢　正二月采熟食

板蕎蕎

板蕎蕎

板蕎蕎兮吾不識出無路兮入無室將學道兮歸空山草為衣兮木為食

救飢　正二月和菱采之炊食三四月結角老不堪用

碎米薺

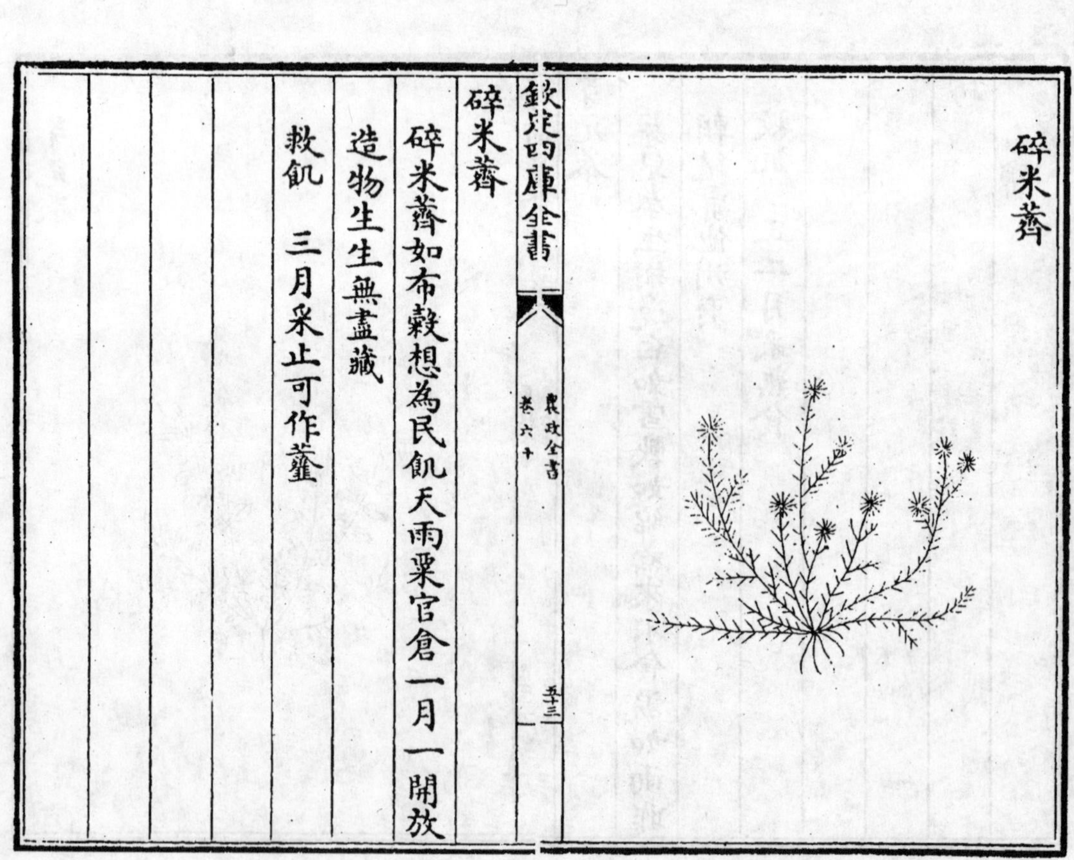

碎米薺

碎米薺如布穀想為民飢天雨粟官倉一月一開放造物生生無盡藏

救飢　三月采止可作虀

天藕兒

天藕兒

天藕兒降平陸活生民如雨粟昨日湖邊聞野哭忽憶當年采蓮曲

救飢　根如藕而小熟食楷葉不可食

老鸛觔

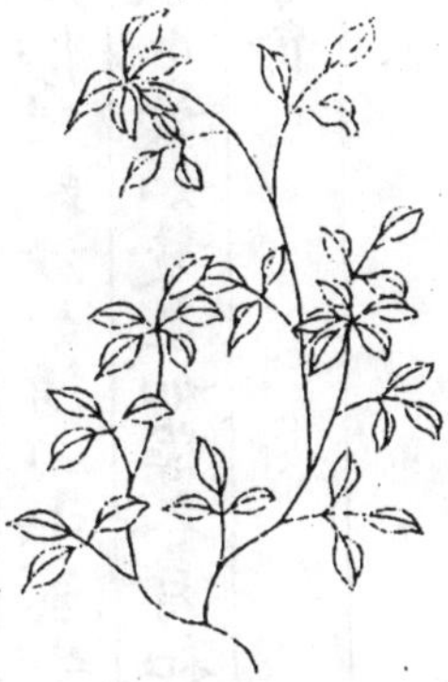

老鸛觔

老鸛觔老鸛觔去年水涸無纖鱗蟻垤纍纍聲不聞老鸛何在觔獨存

救飢　二月采之熟食亦可作虀

鵝觀草

鵝觀草

鵝觀草滿地青青鵝食飽年來赤地不堪觀又被饑人分食了鵝觀草

救飢 正二月如麥青炊食

牛尾瘟

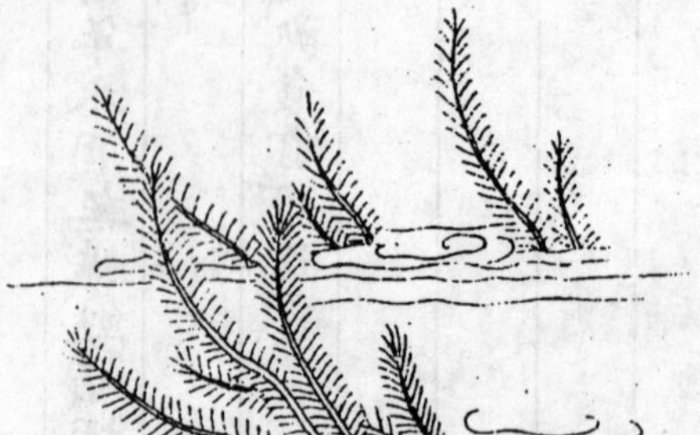

牛尾瘟

牛尾瘟不敢吞疫氣重流遠村黄毛牸烏毛㹀十莊九疃無一存摩抄犁耙淚如湧田中無牛更無種

救飢 生深水中葉如髮莖如藻冬月和魚煮食夏秋亦可食

兎絲根

兎絲根

兎絲根美可嘗千萬結如我腸餓人得食不輟口腸細食多死八九

救飢　一名兎絲苗春采葉苗秋冬采根蒸食味甘多食令人眩暈

野蘿蔔

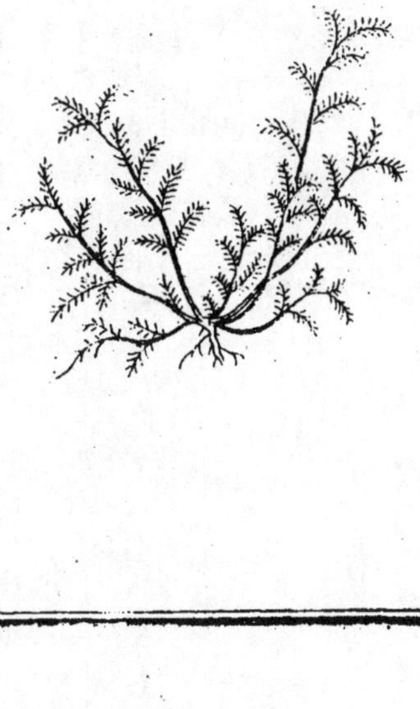

野蘿蔔

野蘿蔔生平陸匪蔓菁若蘆菔求之不難烹易熟飢來獲之勝粱肉

救飢　葉似蘆菔故名熟食

農政全書卷六十